Fachkenntnisse Metallbauer und Konstruktionsmechaniker

Lernfelder 5–13/14

Josef Moos
Jörg Schieck
Hans Werner Wagenleiter
Peter Wollinger

4., überarbeitete Auflage

HANDWERK UND TECHNIK – HAMBURG

Die technischen und grafischen Zeichnungen wurden nach Vorlagen ausgeführt von: Dipl. Ing. Manfred Appel, A & I Planungsgruppe, 23570 Lübeck

Die Übersetzungen in die englische Sprache wurden nach Vorlagen erstellt von:
Dipl.-Übers. Ursula Jabs, 22941 Bargteheide

ISBN 978-3-582-83400-3 Best.-Nr. 31910

Die Normblattangaben werden wiedergegeben mit Erlaubnis des DIN Deutsches Institut für Normung e.V. Maßgebend für das Anwenden der Norm ist deren Fassung mit dem neuesten Ausgabedatum, die bei der Beuth Verlag GmbH, Burggrafenstraße 6, 10787 Berlin, erhältlich ist.

Verlag Handwerk und Technik GmbH,
Lademannbogen 135, 22339 Hamburg; Postfach 63 05 00, 22331 Hamburg – 2021
E-Mail: info@handwerk-technik.de – Internet: www.handwerk-technik.de

Satz: Reemers Publishing Services GmbH, 47799 Krefeld
Layout: CMS – Cross Media Solutions GmbH, Würzburg
Umschlagmotiv: dormakaba Deutschland GmbH, Ennepetal (Karusselltür); Gebr. Meiser GmbH, Schmelz-Limbach (Treppe); Metallbau Kreiterling, Köln (Tor); R & S Metalldesign GmbH & Co. KG, Lennestadt (Balkongeländer)
Druck: FIRMENGRUPPE APPL aprinta druck GmbH, 86650 Wemding

Vorwort

Die Ausbildung in den Berufen Metallbauer und Konstruktionsmechaniker wurde in modifizierten Ausbildungsordnungen und lernfeldorientierten KMK-Lehrplänen für den Unterricht in der Berufsschule den Erfordernissen einer zukunftsweisenden Berufsausbildung angepasst. Der berufsbegleitende Unterricht in der Berufsschule, bisher in Fächer wie Fachtheorie, Fachrechnen, Arbeitsplanung etc. gesplittet, wurde von fächerübergreifenden Lernfeldern abgelöst, ohne jedoch eine strukturierende Fachsystematik ganz aufzugeben. Das Werk **Fachkenntnisse Metallbauer und Konstruktionsmechaniker Lernfelder 5–13/14** folgt in seiner Konzeption und Gliederung diesen Veränderungen und den Erfordernissen einer zeitgemäßen Ausbildung in Handwerk und Industrie (Fachrichtung Konstruktionstechnik). Es fasst die Inhalte der bewährten Einzelbände Technologie, Technische Mathematik und Fachzeichen, Arbeitsplanung zu einem Gesamtband zusammen und gliedert sie nach den KMK-Lehrplänen in die Lernfelder

- Herstellen von Blechbauteilen
- Herstellen von Umformteilen
- Herstellen von Konstruktionen aus Profilen
- Montieren und Demontieren von Baugruppen
- Konstruktionen des Metall- und Stahlbaus: Treppen und Geländer
- Konstruktionen des Metall- und Stahlbaus: Stahlhochbau
- Konstruktionen des Metallbaus: Fenster, Fassaden, Glasanbauten
- Konstruktionen des Metallbaus: Türen, Tore, Gitter
- Instandhaltung

Die in allen Lernfeldern zu behandelnden Arbeitsgebiete wurden eigenen lernfeldübergreifenden Kapiteln zusammengefasst:

- Thermisches Trennen und Fügen
- Befestigungstechnik
- Werkstoffprüfung
- Steuerungs- und Regelungs-Technik
- CNC-Technik
- Baurecht
- Qualitätsmanagement

Damit sind die sehr breiten und vielfältigen Arbeitsgebiete des Metall- und Stahlbaus ausreichend repräsentiert, die Auszubildenden, aber auch interessierte Gesellen, Facharbeiter und Meister finden sich mit ihrem Tätigkeitsgebiet vertreten.

Je nach Organisation des Unterrichts können die Lernfelder in beliebiger Reihenfolge und von unterschiedlichen Lehrern/Lehrerinnen unterrichtet werden. So bleibt die Organisation in der pädagogischen Freiheit der Lehrenden und auch den Schwerpunkten in den Lehrplänen der einzelnen Bundesländer ist Rechnung getragen.

Beibehalten wurde der schon in den Vorgängerbänden und im Werk Grundkenntnisse Metallbauer und Konstruktionsmechaniker nach Lernfeldern bewährte pädagogische Anspruch: die sehr praxisnahen Inhalte und die für Auszubildende leicht erfassbare Sprache, ergänzt und illustriert durch Werkstücke, Maschinen und Tätigkeiten aus ihren Berufsalltag eignen dieses Werk auch für das Selbststudium. Das soll nicht nur zur Vertiefung durch Selbstlernen anregen, sondern auch die enge Verzahnung von Berufspraxis und den dazu notwendigen theoretischen Grundlagen bewusst machen.

Jedes Lernfeld ist in sich abgeschlossen, und umfasst sowohl die fachtheoretischen Grundlagen als auch die für die Fertigung notwendigen Berechnungen und die Darstellung in Skizzen und technischen Zeichnungen. Die an den Anfang der Lernfelder gestellten Projekte aus dem Berufsalltag oder eine Fertigungsaufgabe fördern einen ganzheitlichen Ansatz und ein handlungsorientiertes Lernen und Lehren. Die jedes Lernfeld beherrschende Fachsystematik vermittelt die für die Lösung der vielfältigen Aufträge im Stahl- und Metallbau notwendigen Qualifikationen, die sich dann auf andere Fertigungsaufgaben übertragen lassen. Die abschließenden Übungen dienen der Selbstkontrolle und sichern das für die Abschlussprüfung notwendige Wissen.

Die zunehmende Globalisierung der Arbeitswelt fordert neben der sicheren Beherrschung der deutschen Sprache und der Fachterminologie ausbaufähige Grundkenntnisse des Englischen. Dazu dienen die in englisch angebotenen einfachen Texte, denn sie fassen die Lerninhalte des jeweiligen Lernfeldes zusammen und eigenen sich auch zur Wiederholung und Festigung von Lern- und Arbeitsgebieten des sehr vielseitigen Stahl- und Metallbaus.

Der Umfang des Werks ergibt sich zum einen aus seiner Zielsetzung, jedes Lerngebiet sowohl fachsystematisch als auch mit den notwendigen mathematischen Grundlagen zu erschließen und mit der im Stahl- und Metallbau üblichen Form darzustellen. Weiter wurde den Lehrplänen aller Bundesländer Rechnung getragen, und das breit gestreute Arbeitsgebiet der Zielgruppe verlangt einen breiten Raum, um sie zumindest im Überblick darzustellen. Das bietet den Lehrenden vielfältige Auswahlmöglichkeiten und Beispiele für die Gestaltung des Unterrichts und die Sicherung des Ausbildungserfolgs. Auch in der beruflichen Fortbildung zum Meister oder Techniker bietet dieses Werk ein reiches Angebot an Inhalten.

Autoren und Verlag

Inhaltsverzeichnis

Lernfeldübergreifend:

Anhang:

1 Herstellen von Blechbauteilen

1.1 Blech im Metallbau

Blech ist ein Flacherzeugnis aus gewalztem Stahl oder NE-Metallen und für die Herstellung von Metallbauerzeugnissen vielerlei Formen, Größen und Anwendungsgebiete durch seine besonderen Merkmale bestens geeignet. Sehr dünne Bleche nennt man auch Folien. Blech zeichnet sich aus durch

- geringe Dicke, und deshalb ein geringes Gewicht bei großflächigen Konstruktionen,
- geringen Energieeinsatz beim Umformen und thermischen Fügen,
- viele genormte Lieferformate an abgestuften Tafelgrößen und Coils,
- die Möglichkeit, daraus Blechprofile durch Kanten herzustellen.

Je nach Anforderungen der Blechformteile verwendet man Tafeln oder Coils aus

- Baustahl: z. B. für Behälter, Dach- und Wandbekleidungen, Container, Schaltschränke, Balkonbekleidungen,
- tiefziehgeeignetem Stahl: z. B. für Zargen, Gefäße und vor allem PKW- und LKW-Karosserien,
- Kesselblech für Behälter mit thermischer Beanspruchung,
- Aluminium: z. B. Dacheindeckungen und Fassadenbekleidungen,
- EDELSTAHL Rostfrei®: z. B. für Behälter in der chemischen Industrie, Fassadenbekleidungen, Lebensmittelindustrie,
- Kupfer: z. B. für Dacheindeckungen, Fassadenbekleidungen, dekorative Behälter und Vasen,
- Messing: z. B. für Gefäße, im Bauwesen und für Bauteile der Elektrotechnik,
- Sonderwerkstoffe wie Gold, Silber, Blei, Titan: sie sind aber in der Metallbautechnik unbedeutend.

Auch in der Herstellung von Möbeln für Büros, Werkstätten und Küchen hat Blech einen großen Marktanteil gewonnen.

1.2 Projekt Modellanlage

Am Beispiel einer Modellanlage (Bild 1) für die chemische Industrie soll die in der Blechbearbeitung übliche Prozesskette der Fertigung dargestellt werden. Sie beginnt immer mit der Konstruktion der Anlage und dem Abwickeln der Einzelteile.

Dann folgt der Zuschnitt und die Flachbearbeitung, z. B. durch Nibbeln, Lochen oder Stanzen. Anschließend werden die Einzelbauteile durch Kanten, Gesenkbiegen oder handwerkliche Verfahren wie Treiben oder Kümpeln umgeformt und mit Versteifungen oder Anschlusselementen, wie Durchzügen oder Anschweißmuttern versehen.
Das endgültige Fügen zur fertigen Anlage kann durch Falzen, Kleben, Löten, Schweißen, Schrauben oder Druckfügen erfolgen. Abschließend muss eine Konstruktion aus Stahlblech noch einen dauerhaften Korrosionsschutz erhalten, ehe sie an den Kunden ausgeliefert und bestimmungsgemäß verwendet werden kann.
Bei Bauteilen aus NE-Metallen entfällt der Korrosionsschutz, sie werden oft nur als Farbgebung pulverbeschichtet oder wie Kupferblech patiniert.

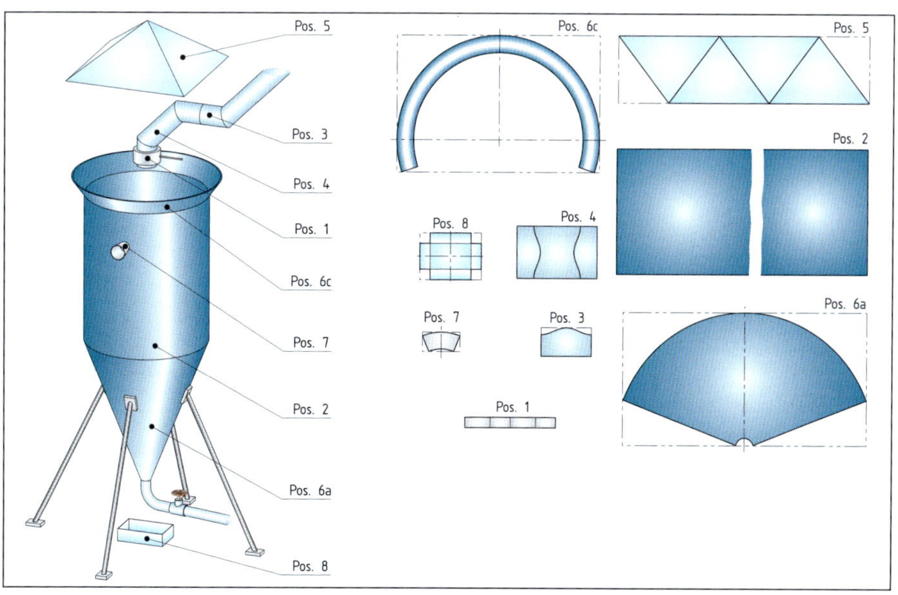

1 Modellanlage mit Abwicklung der einzelnen Bauteile

1.3 Blechwerkstoffe

Bleche lassen sich unterscheiden nach

Werkstoff:	Stahl, EDELSTAHL Rostfrei®, Aluminium, Kupfer, Zink, Zinn, Titanzink, Blei, Gold, Silber
Güte:	Handelsgüte, Tiefziehgüte, besondere Tiefziehgüte, Elektro- und Trafoblech mit geringen Hystereseverlusten, u. a.
Dicke:	Feinstblech $t \leq 0{,}35$ mm, Feinblech 0,35 mm < t < 3 mm, Grobblech ≥ 3 mm
Handelsform:	Tafel, Band, Coil
Art der Herstellung:	warmgewalzt, kaltgewalzt
Oberfläche:	unbehandelt bzw. rau, glatt, behandelt, z. B. beschichtet, mit Relief, Mustern, Struktur, Lochblech, u. a.

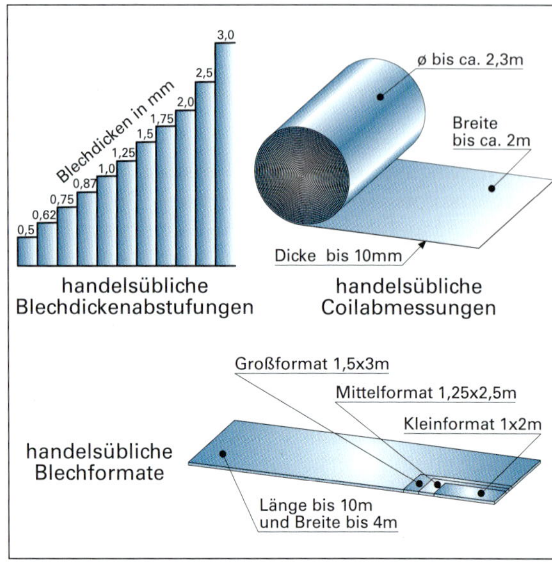

1 Blechdickenabstufungen in mm, Coilabmessungen, Tafelformate

In der weiteren Verarbeitung des kaltgewalzten Feinblechs unterscheidet man in der Fachsprache zwischen „Blech" und „Band". **Band** ist Blech in Form von Coils bis zu einer Breite von 630 mm, alle größeren Breiten, ob Tafel oder Coil, nennt man üblicherweise „Blech". Der am häufigsten verwendete Werkstoff ist Stahlblech, es ist in gestuften Dicken, Tafelgrößen und Coils erhältlich (Bild 2). Auch Kupfer- und Aluminiumblech sind in diesen Handelsformen erhältlich.

2 Fassadenbekleidung aus Wellblech

1.3.1 Berechnungen zum Blechbedarf

Für die üblichen Dicken von Feinblech lässt sich die flächenbezogene Masse in kg/m² aus Tabellen ablesen und für Berechnungen nutzen.

Blechdicke t in mm	0,35	0,50	0,60	0,70	0,90	1,00	1,20	1,50	2,00	2,50	3,0
Flächenbezogene Masse m" in kg/m²	2,75	3,92	4,71	5,49	7,06	7,85	9,42	11,8	15,7	19,6	23,6

3 Blechdicken und flächenbezogene Masse

Beachte: Flächenbezogene Masse m'' für Blech mit t = 1 mm ≙ Dichte ϱ

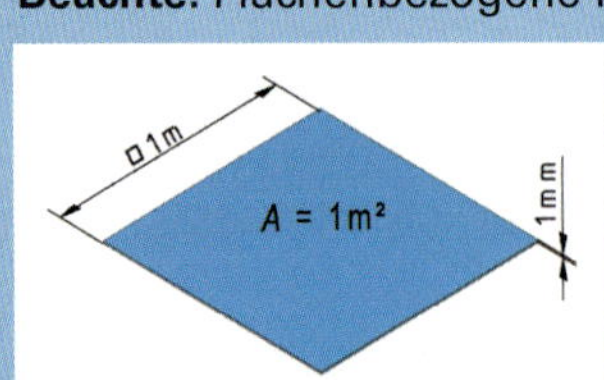

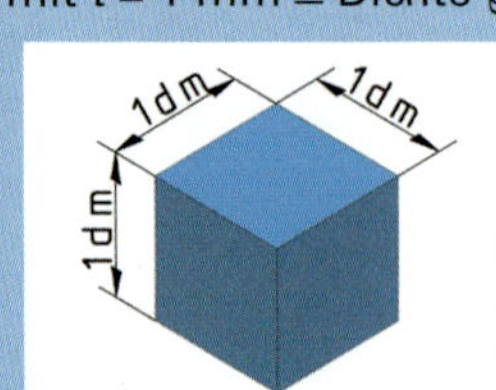

$V = 10\ \text{dm} \cdot 10\ \text{dm} \cdot 0{,}01\ \text{dm}$

$V = 1\ \text{dm}^3$

$\boldsymbol{m'' = 7{,}85\ \dfrac{kg}{m^2}}$

← **Werkstoff Stahl** →

$V = 1\ \text{dm} \cdot 1\ \text{dm} \cdot 1\ \text{dm}$

$V = 1\ \text{dm}^3$

$\boldsymbol{\varrho = 7{,}85\ \dfrac{kg}{dm^3}}$

Masse m in kg = Flächenbezogene Masse m'' in kg/m² · Fläche A in m²

$$m = m'' \cdot A$$

$$A = \frac{m}{m''}$$

Beispiel:
Ein Bauteil aus Stahlblech mit t = 0,50 mm und einer Fläche A von 1,65 m² hat eine Masse **m = 3,92 kg/m² × 1,65 m² = 6,47 kg.**

Ist die Fläche nicht bekannt, wiegt man das Formteil und misst die Blechdicke.
Eine Haube aus Feinblech mit t = 0,50 mm wiegt 7,5 kg. Die Fläche A beträgt dann

$$A = \frac{7{,}5\ \text{kg}}{3{,}92\ \text{kg/m}^2}$$

$$A = 1{,}92\ \text{m}^2$$

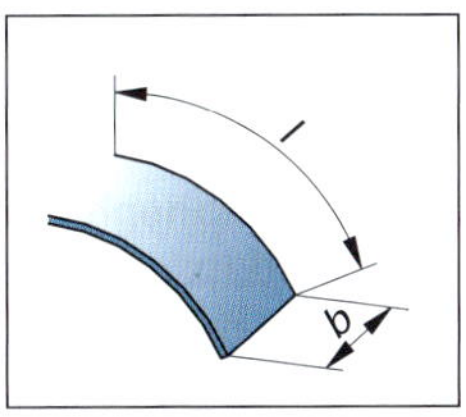

1 Skizze zur Aufgabe

Bei einer Tafel- oder Coilbreite b = 1 m ist so für die Fertigung eine Tafel- bzw. Coillänge von l = 1,91 m bzw. eine Tafelgröße von 1000 mm × 2000 mm notwendig.

$$\textbf{Notwendige Länge } l \textbf{ in m} = \frac{\textbf{Fläche } A \textbf{ in m}^2}{\textbf{Breite } b \textbf{ in m}}$$

$$l = \frac{A}{b}$$

Bei gekrümmten Bauteilen sind b und l die Maße am gekrümmten Bauteil.

Diese Beziehung lässt sich auf andere Werkstoffe erweitern. Als Hilfsgröße bei der Berechnung verwendet man die flächenbezogene Masse m', angegeben in kg/m² × mm.

Merke:
1 m² Blech von 1 mm Dicke wiegt soviel in kg wie die Dichte ϱ in kg/dm³ beträgt.
oder
Masse m (in kg) = Fläche A (in m²) · Dicke t (in mm) · Dichte ϱ (in kg/dm³)

$$m = A \cdot t \cdot \varrho$$

Beispiele:

a) 1 m² Stahlblech von 1 mm Dicke wiegt 7,85 kg (Dichte von Stahl 7,85 kg/dm³).
Die Masse für andere Blechdicken und Abmessungen lässt sich durch Multiplizieren ermitteln.

b) Eine Kupferblechtafel von 1 m × 2 m und einer Dicke von 0,35 mm wiegt:
m = (1 m · 2 m) · 0,35 mm · 8,9 kg/dm³
m = 6,23 kg

Diese Beziehung lässt sich zur Berechnung der Fläche von Blechformteilen ermitteln, wenn diese nicht mehr einfach zu bestimmen ist, z. B. bei zweifach gekrümmten Bauteilen. Dazu wird die Masse m in kg durch Wiegen ermittelt und die Blechdicke t in mm gemessen. Entscheidend ist natürlich der Werkstoff (Dichte).

Masse m in kg = Fläche A in m² · Blechdicke t in mm · Dichte ϱ des Werkstoffs in kg/m²

$$m = A \cdot t \cdot \varrho$$

$$A = \frac{m}{t \cdot \varrho}$$

Beispiel:
Ein Bauteil aus Stahlblech t = 0,62 mm wiegt 9,6 kg. Wie groß muss die Fläche A in m² des Ausgangsmaterials sein?

$$A = \frac{m}{t \cdot \varrho} = \frac{9{,}6\ \text{kg}}{0{,}62\ \text{mm} \cdot 7{,}85\ \text{kg/dm}^3} = 1{,}97\ \text{m}^2$$

Für ein Bauteil aus Aluminium von gleicher Masse m und gleicher Blechdicke t wären zu verarbeiten

$$A = \frac{m}{t \cdot \varrho} = \frac{9{,}6\ \text{kg}}{0{,}62\ \text{mm} \cdot 2{,}07\ \text{kg/dm}^3} = 7{,}48\ \text{m}^2$$

Für die Herstellung von Blechformteilen durch Abwickeln ist allerdings nicht nur die Fläche des Fertigteils, sondern sind vor allem die Maße von **Länge** und **Breite** des notwendigen rechteckigen Zuschnitts entscheidend. Geringe Fehler entstehen auch bei beschichteten Blechen, da ihre Dichte etwas von der Dichte des Grundwerkstoffs abweicht.

1.3.2 Stahlblech

Im Metallbau ist **kaltgewalztes Blech** üblich, seine Bezeichnung richtet sich nach dem Ausgangsmaterial: **Warmgewalztes Blech** ist eher im Behälterbau üblich, Kupfer- und Aluminiumblech in der Spenglerei und Anlagentechnik.

Körper	Abwicklung	Tafelgröße (ohne Zugabe)	Bemerkung
3 schräggeschnittenes Rohr 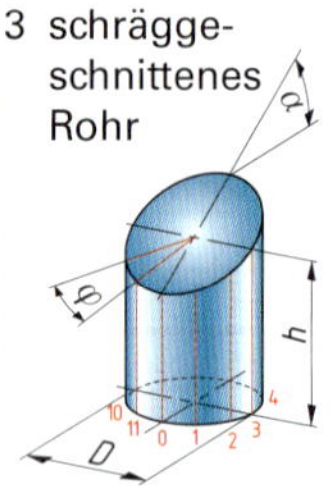	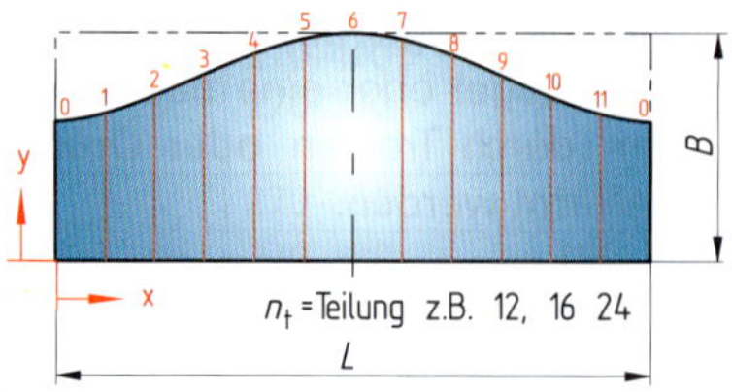 n_T = Teilung z.B. 12, 16 24	$L = \pi \cdot d$ $B = y_{max}$	Abwicklung $<$ Tafelgröße $\phi = \frac{360°}{n_T}$ $x_n = \pi \cdot d \cdot n \cdot \frac{\phi}{360°}$ $y_n = h - \frac{d}{2} \cdot \tan \alpha \cdot \cos(n \cdot \phi)$ $y_{max} = h + \tan \alpha \cdot \frac{d}{2}$
4 Rohrbogen 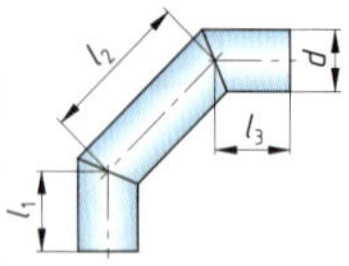	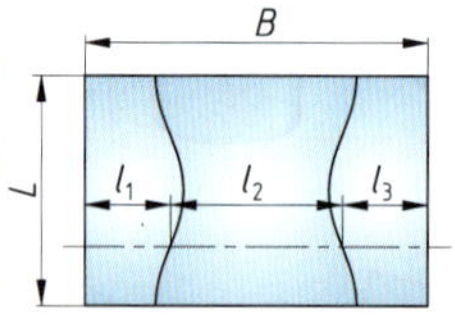	$L = \pi \cdot d$ $B = l_1 + l_2 + l_3$	Abwicklung = Tafelgröße
5 Trichter 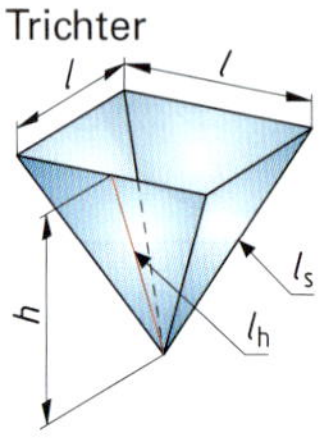	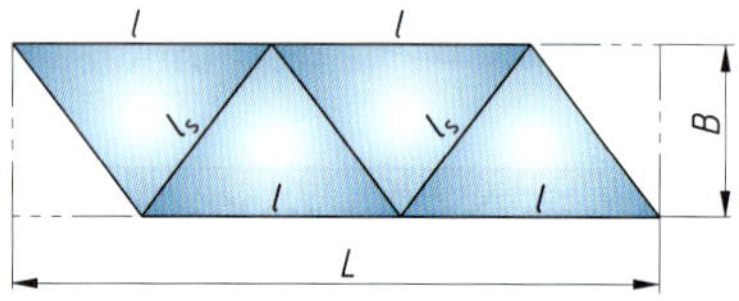	$L = 2 \cdot l + \frac{1}{2} \cdot l$ $B = l_h$ $l_h = \sqrt{\left(\frac{l}{2}\right)^2 + h^2}$ $l_s = \sqrt{\left(\frac{l}{2}\right)^2 + l_h^2}$	Abwicklung $\leq$ Tafelgröße oder Abwicklungen der Teilsegmente
6 Kegel 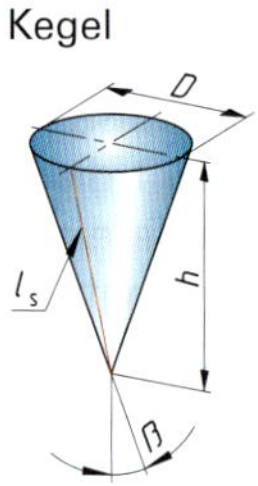	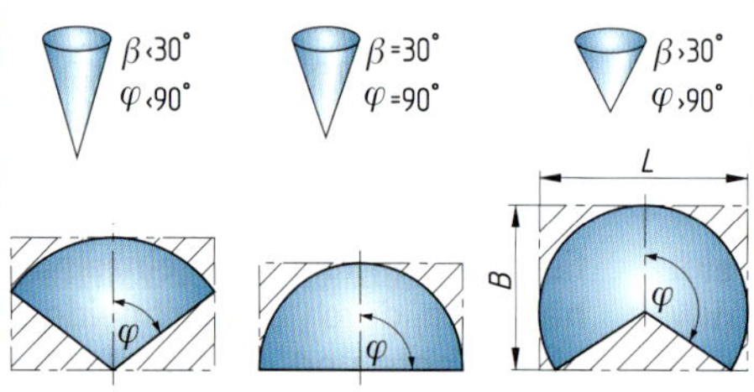	$L = 2 \cdot l_s \cdot \sin \phi$ $B = l_s$ 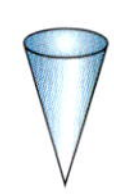 $L = 2 \cdot l_s$ $B = l_s$ 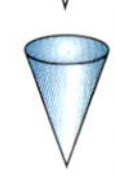 $L = 2 \cdot l_s$ $B = l_s(1 - \cos \phi)$ 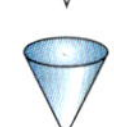	Abwicklung $<$ Tafelgröße $l_s = \sqrt{h^2 + \left(\frac{D}{2}\right)^2}$ $l_s = \frac{D}{2 \cdot \sin \beta}$ $\tan \beta = \frac{D}{2 \cdot h}$ $\varphi = 180° \cdot \sin \beta$
7 Kegelstumpf 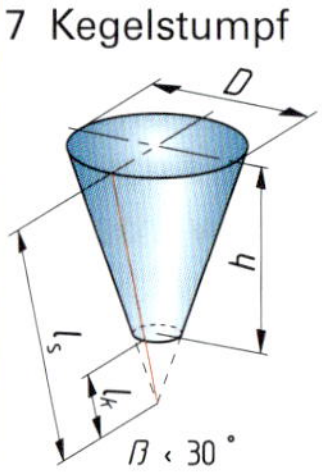	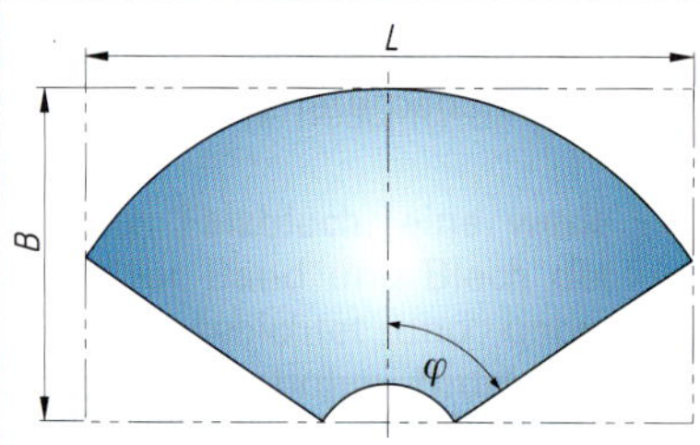	für $\beta < 30°$ bzw. $\varphi < 90°$ $L = 2 \cdot l_s \cdot \sin \varphi$ $B = l_s - l_k \cdot \cos \varphi$ für $\beta \geq 30°$ bzw. $\phi \geq 90°$ $L = 2 \cdot l_s$ $B = l_s(1 - \cos \varphi)$	Abwicklung $<$ Tafelgröße $l_s = \frac{D}{2 \cdot \sin \beta}$ $l_k = \frac{d}{2 \cdot \sin \beta}$ $\tan \beta = \frac{D-d}{2 \cdot h}$, $\phi = 180° \cdot \sin \beta$

3 Abwicklungen der Bauteile der Modellanlage (Fortsetzung)

Pos. 3

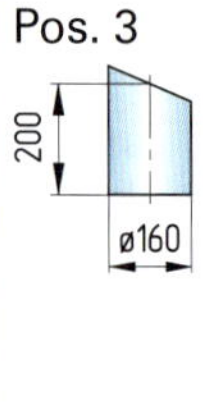

$L = \pi \cdot d$

$L = \pi \cdot 160$ mm

$\underline{L = 503 \text{ mm}}$

$B = y_{max} = h + \tan \alpha \cdot \frac{d}{2}$

$B = 200 \text{ mm} + \tan 22{,}5° + \frac{160 \text{ mm}}{2}$

$\underline{B = 245 \text{ mm}}$

$\underline{\underline{L \cdot B = 0{,}5 \text{ m} \cdot 0{,}25 \text{ m}}}$

Pos. 4

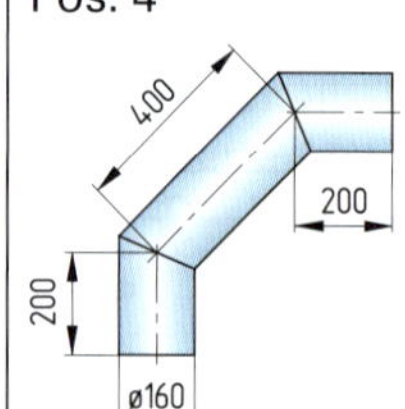

$L = \pi \cdot d$

$L = \pi \cdot 160$ mm

$\underline{L = 503 \text{ mm}}$

$B = l_1 + l_2 + l_3$

$B = 200 \text{ mm} + 400 \text{ mm} + 200 \text{ mm}$

$\underline{B = 800 \text{ mm}}$

$\underline{\underline{L \cdot B = 0{,}5 \text{ m} \cdot 0{,}8 \text{ m}}}$

1 Berechnungen zur Modellanlage S. 2: schräggeschnittenes Rohr, Rohrbogen (links), Schrägschnitte am Rohr (rechts)

Für die Positionen 3 und 4 sind die Berechnungen ausgeführt (Bild 1, S. 6). Das schräggeschnittene Rohr (Pos. 3) wird durch Runden gefertigt, der Rohrbogen (Pos. 4) ist nach dem Zuschnitt an den Risskanten zu trennen, die drei Einzelteile werden dann gerundet, an den Stoßkanten gefalzt und anschließend stumpf geschweißt. Eine Alternative wäre, ein fertiges Rohr mit zwei Schrägschnitten zu trennen, die Einzelrohre um jeweils 180° zu drehen und an das Mittelrohr anzufügen. Die Zugaben für Falzen, Löten oder Schweißen müssen immer an die Abwicklung angefügt bzw. zwischen den Schneidkanten als Zugabe berücksichtigt werden. Dazu gibt es Erfahrungswerte (siehe Tabellenbuch).

1.4.2 Zeichnerische Verfahren

Zum Zeichnen der Abwicklung eines Blechformteils müssen alle Flächen durch geometrische Verfahren in eine Ebene geklappt werden. Dabei müssen oft erst die wahren Längen der Bauteile konstruiert werden. Bild 1 zeigt die Abwicklung von Pos. 8 (s. S. 1), einen rechteckigen Behälter in Quaderform. Dazu werden die Seitenteile in die Ebene geklappt. Die beim Kanten auftretenden Verkürzungen können nicht konstruiert werden, sie müssen durch Formeln ermittelt und von den Längen abgezogen werden.

An der Haube (Pos. 5, s. S. 1) ist in der Dreitafelprojektion die wahre Länge der Deckfläche nicht erkennbar. Sie muss durch „Drehen" in die Vorderansicht erst bestimmt werden (Bild 2).

Bei Leichtbauprofilen, die durch Kanten aus Blechstreifen hergestellt werden, ist für den Zuschnitt durch Längsteilen die Zuschnittbreite zu ermitteln. Dazu werden die Schenkel in eine Ebene geklappt und die beim Kanten auftretenden Verkürzungen i. d. R. berechnet (Bild 3).

Rundrohre, wie z. B. Pos. 2 der Modellanlage, lassen sich durch **Runden** von Rechtecktafeln fertigen. Die Abwicklung ist dabei die Umkehrung des Fertigungsverfahrens *Runden*. In Bild 1 (nächste Seite) ist die zeichnerische Lösung im Prinzip dargestellt:

1. Vorder- und Draufsicht zeichnen
2. Draufsicht am Umfang in 12 Teile teilen.
3. Teilungen in die Vorderansicht projiziert ergibt die Mantellinien
4. Teilung 12-mal waagerecht abtragen ergibt die Mantelfläche. Die Abwicklung wird genauer, wenn man die Länge *L* der Abwicklung (= Umfang des Zylinders) berechnet und die Teilung nach Skizze bestimmt. Die Abwicklung nach 12-er Teilung ist zu ungenau, da die wahre Länge des Bogens l_b größer als die Teilung *t* für ein 12-Eck ist.
5. Die Außenmaße ergeben den Zuschnitt, der noch um eine Zugabe für das Fügen zu ergänzen ist.

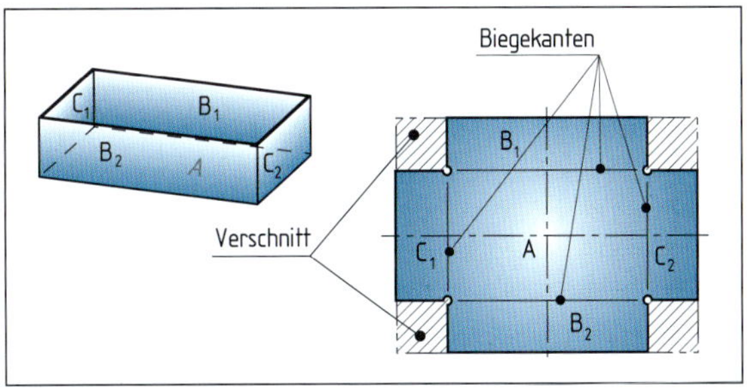

1 Abwicklung Behälter Pos. 8

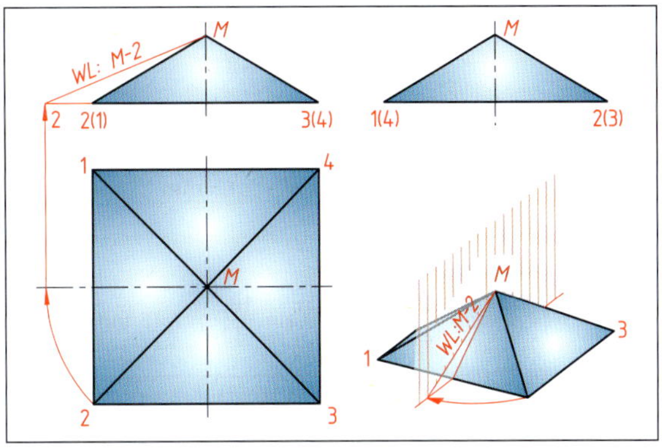

2 Abwicklung Haube Pos. 5: Wahre Länge der Deckfläche

Aufgaben

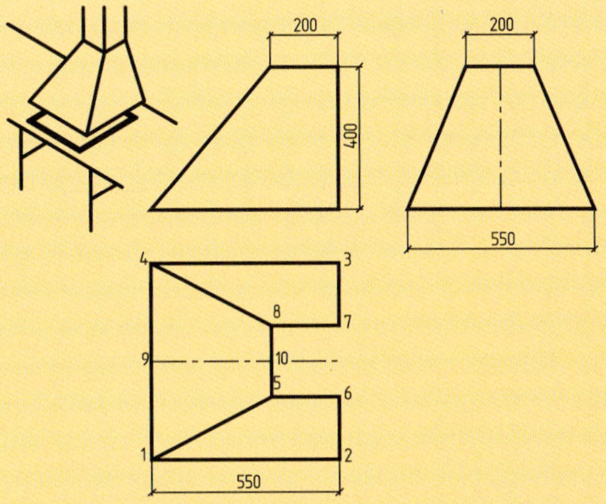

Der skizzierte Rauchfang einer Schmiede wird aus 3 mm Stahlblech in einzelnen Segmenten gefertigt und mit Kehlnähten an den Stoßkanten verschweißt.

a) Ermitteln Sie die wahren Längen der Kanten in den gezeichneten Ansichten.

b) Vergeben Sie Positionsnummern und wickeln Sie die einzelnen Segmente mit minimalem Verschnitt ab.

c) Bemaßen Sie Segmente und Tafelgrößen.

d) Ermitteln Sie den theoretischen Blechbedarf in m² (ohne Verschnitt).

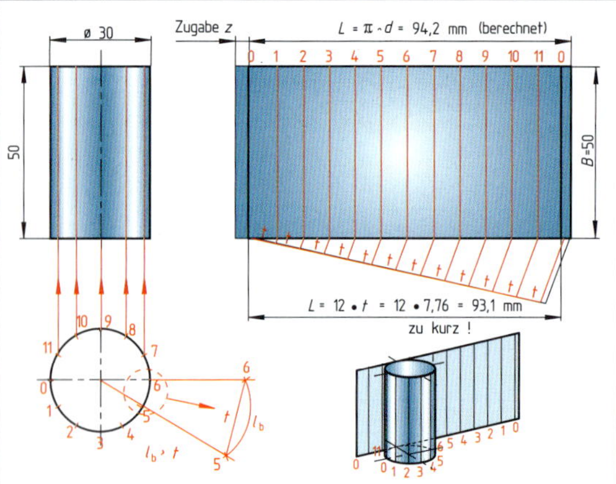

Für $d = 30$ mm gilt:

$$l_b = \frac{U}{12} = \frac{\pi \cdot d}{12} = \frac{\pi \cdot 30\ \text{mm}}{12} = \underline{7{,}85\ \text{mm}}$$

t = Kantenlänge 12 – Eck

$$t = d \cdot \sin\frac{180^\circ}{12} = 30\ \text{mm} \cdot \sin\frac{180^\circ}{12} = \underline{7{,}76\ \text{mm}}$$

1 Abwicklung Zylinder Pos. 2

Schnitte an Rundrohren ergeben je nach Lage der Schnittfläche unterschiedliche Formen in der Abwicklung (Seite 6).

Für ein Rohrknie, wie z. B. Pos. 3 der Modellanlage (Bild 2), wird das sog. Mantellinienverfahren angewandt.

1. Zylinder in der Vorderansicht zeichnen und halbe Draufsicht nach unten klappen.
2. Umfang in 6 Teile teilen, ergibt eine 12-er Teilung des Mantels in der Vorderansicht.
3. Mantellinien in die Vorderansicht projizieren.
4. Schnittpunkte nach rechts in die Seitenansicht projizieren.
5. Teilungen 12-mal waagerecht an der Abwicklung abtragen.
6. Die Schnittpunkte der senkrechten Mantellinien in der Abwicklung mit den waagerechten Projektionslinien ergibt die jeweilige Mantelhöhe, die Verbindung der Schnittpunkte den Verlauf der Oberkante der Abwicklung.
7. An den senkrechten Seitenkanten sind noch die Zugaben für das Fügeverfahren zu ergänzen.

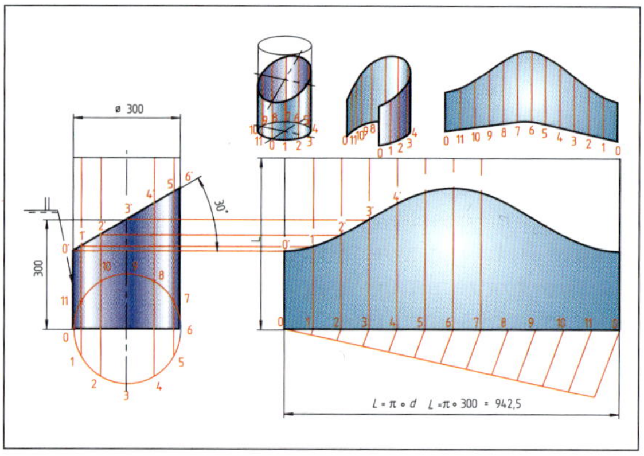

2 Abwicklung Rohrknie Pos. 3

Die für den Zuschnitt notwendige rechteckige Tafelgröße wird berechnet oder der Zeichnung entnommen.

Kegelige Hauben, wie z. B. Pos. 6a der Modellanlage, haben einen kreisförmigen Querschnitt, der sich zur Spitze hin verjüngt. Die Abwicklungen sind immer Kreisausschnitte (Kreisektoren), abhängig von der Gestalt des Kegels und verändert durch möglich Schnitte. So wenn z. B. die Spitze fehlt und ein Kegelstumpf vorliegt (Bild 3).

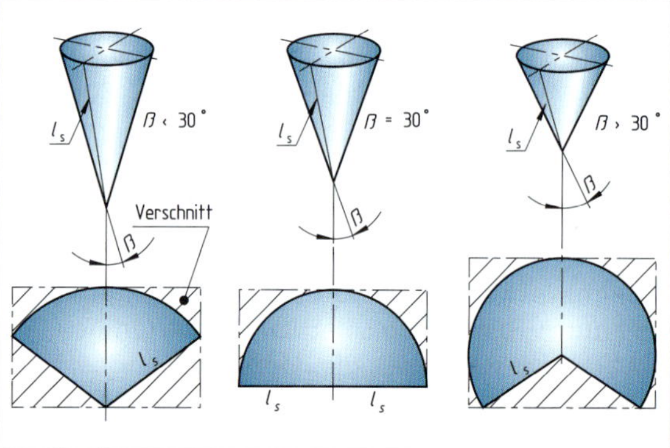

3 Kegelige Hauben: Formen je nach Schnitt

Bei der Konstruktion der Abwicklung ist immer erst zu prüfen, ob sie als Ganzes auf eine Blechtafel platziert werden kann, oder ob sie in Segmenten abgewickelt werden muss. Dabei fallen Fügekanten an, für die jeweils ein Zuschlag zu ergänzen ist. In Bild 1 (nächste Seite) ist die zeichnerische Lösung im Prinzip dargestellt:

1. Haube in der Vorderansicht zeichnen und halbe Draufsicht nach unten klappen.
2. Umfang in 6 Teile teilen, ergibt eine 12-er Teilung des Mantels in der Vorderansicht.
3. Mantellinien in die Vorderansicht projizieren.

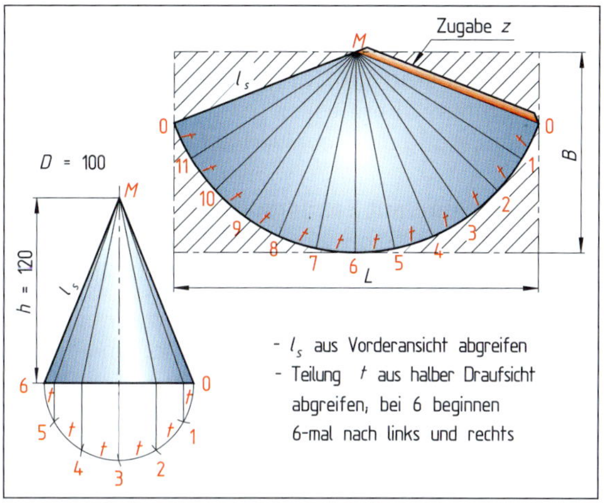

1 Abwicklungskonstruktion einer kegeligen Haube

4. Ein Kreis um M mit Radius l_s ergibt die Form der Abwicklung
5. Punkt 6 auf der Mittellinie festlegen
6. Vom Punkt 6 aus jeweils sechs mal Umfangsabschnitte aus der halben Draufsicht abtragen, dies ergibt die Punkte 5,...0 und 7,...0.
8. An den senkrechten Seitenkanten sind noch die Zugaben für das Fügeverfahren zu ergänzen.

Die für den Zuschnitt notwendige rechteckige Tafelgröße wird berechnet oder der Zeichnung entnommen.

1.5 Trennen von Blechen

Im Metallbau werden Bleche und Profile und Fertigteile zur Herstellung von Konstruktionen eingesetzt. Für die Modellanlage (Bild 1, Seite 1) aus 1 mm Kupferblech und die Originalanlage muss zunächst die Kontur auf das Blech übertragen werden.
Die benötigten Umrisse können:

- mit Anreißwerkzeugen und Schablonen (Naturgrößen) auf die Bleche übertragen werden,
- mittels Maschinenanschlägen, ohne Anriss gefertigt,
- an einer CNC-Maschine gefertigt,
- mittels Maßstabschablone und Abtaststeuerung auf das Werkstück übertragen oder gefertigt werden.

Die Fertigung, der Anriss und der Zuschnitt benötigter Bauteile richtet sich nach der geforderten Genauigkeit, Anzahl der Werkstücke und der vorhandenen Maschinenausstattung.
Für die Modellanlage aus Kupfer bieten sich überwiegend handgeführte Schneidwerkzeuge an wie z. B. Handblechscheren, als Durchlaufschere oder als gerade Schere für Außenradien.

Bei der Verwendung von beispielsweise X5CrNi18-10 (austenitischer, nichtrostender Stahl) und bei der Originalanlage werden wegen des höheren Kraftaufwandes Maschinen eingesetzt (Hebelscheren u. a.).

1.5.1 Trennen von Flacherzeugnissen

Maschinen zum Zerteilen, Scheren oder Schneiden arbeiten nach dem gleichen Prinzip:

Zwei Messer,

- Ober- und Untermesser,
- beide parallel zueinander, oder Obermesser geneigt,
- mit geraden oder gekrümmten Schneiden,
- mit gradliniger oder rotierender Bewegung,
- mit einem zuvor bestimmten Schneidspalt,

werden aneinander vorbei geführt und trennen das Werkstück.

Ein Niederhalter verhindert das Kippen des Bleches beim Schneidvorgang.
Bei nichtrostendem Stahl wird zum Schutz der Oberfläche ein Oberflächenschutz (Folie) aufgebracht, oder am Niederhalter ein Belag aus Gummi oder ähnlichem Material befestigt.
Die Trennverfahren werden wie folgt unterschieden:

- **Ziehender (gleitender) Schnitt**
  Fortlaufendes Schneiden mit schräger, gerader oder gekrümmter Schneide
- **Trennschnitt**
  Paralleler, schlagartiger Schnitt
- **kontinuierlicher Schnitt**
  Fortlaufender Schnitt längs einer Schnittlinie

Die Güte der Schnittkante wird mit kleinerem Schneidspalt besser, jedoch nimmt die aufzubringende Trennkraft zu.
Faustformel: Spaltbreite s ≈ 10...20 % Blechdicke
Bei nicht rostendem Stahl soll die Spaltbreite etwa 5 % der Blechdicke betragen.

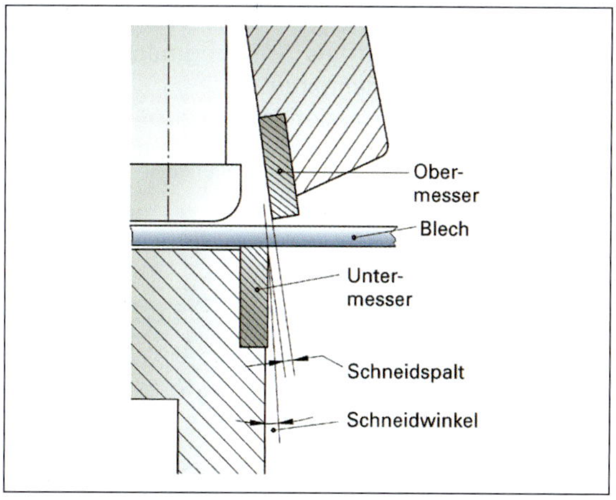

2 Scheren mit einer Tafelschere

τ_{aB} in $\frac{N}{mm^2}$ \ s in mm	0,4 bis 0,6	0,7 bis 0,8	0,9 bis 1,0	1,5 bis 2,0	2,5 bis 3,0	3,5 bis 4,0	4,5 bis 5,0
bis 250	0,01	0,015	0,02	0,03	0,04	0,05 bis 0,06	0,07 bis 0,08
250 bis 400	0,015	0,02	0,03	0,04 bis 0,05	0,06 bis 0,07	0,08 bis 0,09	0,11 bis 0,13
400 bis 600	0,02	0,03	0,04	0,05 bis 0,07	0,09 bis 0,10	0,11 bis 0,13	0,15 bis 0,17
über 600	0,025	0,04	0,05	0,07 bis 0,09	0,11 bis 0,13	0,15 bis 0,17	0,19 bis 0,21

1 Schneidspalt u_s (in mm) in Abhängigkeit von der Werkstückdicke s und der Scherfestigkeit für Stahl τ_{aB}

1.5.2.1 Handhebelscheren

Handhebelscheren gibt es in verschiedenen Ausführungen:

a) **Hebeltafelschere oder Schlagschere.**
⇒ Ziehender Schnitt

Das Obermesser wird um einen festen Drehpunkt geschwenkt.
Ist das Obermesser gerade, verringert sich kontinuierlich der Öffnungswinkel.
Bei gekrümmtem Obermesser bleibt der Öffnungswinkel von ca. 15° annähernd konstant.
Das Obermesser führt einen **durchlaufenden, ziehenden Schnitt** durch (geringerer Kraftaufwand.
Im Anschnitt sind die Hebelverhältnisse günstig, bei fortlaufendem Schnitt wird der Handkraftaufwand durch die Verschiebung der Hebellängen ungünstiger. Das Gegengewicht dient beim Schnitt als Schwungmasse zur Unterstützung der Handkraft.
Handhebelscheren eignen sich zum Schneiden von Feinblechen bis zu einer Schnittlänge von ca. 1 m.

b) **Hebelschere mit Doppelhebel.**
⇒ Ziehender Schnitt.

Die Handhebelkraft wird durch einen weiteren Hebel übertragen.
1. Hebel = Handhebel, Übertragung der Kraft mittels Druckgelenk,
2. Hebel = Obermesser, es wird um einen festen Drehpunkt geschwenkt.

Diese Scheren gibt es mit geradem oder gekrümmtem Obermesser.
(Veränderung der Hebelverhältnisse siehe oben.)

c) **Hebelschere mit Zahnradübersetzung.**
⇒ Ziehender Schnitt.

Am Handhebel befindet sich ein Zahnrad, welches sich an einer Gegenverzahnung abwälzt, die am Gestell befestigt ist. Über einen Hebel wird die Abwälzbewegung des Zahnrades auf das Obermesser übertragen. Das Obermesser wird um einen festen Drehpunkt geschwenkt. Der Schnittwinkel vermindert sich fortlaufend.
Durch die Übersetzung lassen sich große Schnittkräfte erzeugen und somit lassen sich dickere Bleche von Hand trennen.
Der Blechabschnitt wird jedoch durch die Schneide nach unten verbogen.
Diese oder ähnliche Handhebelscheren sind in jeder Metallbauwerkstatt zu finden.

d) **Hebelscheren mit Zahnradübersetzung und Parallelführung. (Profilstahlschere)**
⇒ Ziehender Schnitt.

Am Handhebel befindet sich ein Zahnrad, welches sich an einer Gegenverzahnung abwälzt, die am Gestell befestigt ist. Über einen Hebel wird die Abwälzbewegung des Zahnrades auf das parallel geführte Obermesser übertragen.
Durch diese Übersetzung lassen sich große Schnittkräfte erzeugen.
Mithilfe von Zusatzeinrichtungen lassen sich mit diesen Hebelscheren auch Profile trennen, daher sind sie in Handwerksbetrieben üblich.

e) **Hebelrollenscheren.**
⇒ Ziehender Schnitt.
für Stahlbleche bis 3,2 mm

Am Handhebel befindet sich eine Schneidrolle kombiniert mit einer Mitnehmerrolle.
Das Blech wird beim Schneidvorgang gegen eine zweite am Rahmen drehbar befestigte Rolle mit gleitendem Schnitt getrennt.

Diese leichte und kompakte Hebelrollenschere ist flexibel einsetzbar und ermöglicht schnelle, saubere und präzise Schnitte mit minimalem Kraftaufwand. Sie schneidet gerade oder in Kurven, auch für Wellblech geeignet.
Siehe auch Kap. 1.5.3

1.5.2.2 Hydraulisch oder elektrisch mit Kurbeltrieb betriebene Maschinenscheren:

Handgeführte Plattenscheren: Mit Elektromotor betriebene Blechscheren erlauben **kontinuierliche** Abschnitte und Kurvenschnitte in Blechen bis zu 4,2 mm Dicke je nach Festigkeit des Werkstoffs. Das Untermesser steht fest. Das Obermesser wird mit dem Antrieb in einer Hubbewegung auf und ab bewegt.
Das Blech verformt sich an der Schnittkante. Spanniederhalter sorgen für den Schutz des Bedieners und ermöglichen einen kontinuierlichen, störungsfreien Schnitt.

1.5.2.3 Tafelscheren (Schlagscheren)

Tafelscheren gibt es in verschiedenen Ausführungen.
Schneidbar sind Werkstoffdicken je nach Ausführung von Folienstärke bis zu 200 mm.
Der Trennvorgang erfolgt bei der **kulissengeführten Schere** durch das senkrecht geführte Messer, bei der **Schwingschnittschere** durch ein kreisförmig schwingendes Messer.
Um eine rechtwinklige Schnittfläche zu erhalten, schert das Obermesser unter einer Neigung von ca. 3° durch die Blechtafel. Beim Schwingschnitt wird dieses durch die Lage der Schwingachse ermöglicht.

Kulissengeführte Schere: Schlagschere

Beim Schneiden wird das Blech in einem Arbeitsgang gerade abgeschert.
Der Trennvorgang erfolgt bei der kulissengeführten Schere durch das senkrecht geführte Messer.

- Das schräge Obermesser führt einen durchlaufenden ziehenden Schnitt durch (geringerer Kraftaufwand).
- Der gleichbleibende Öffnungswinkel von 3° ermöglicht den Schnitt bei gleichbleibender Kraft.

Einsatzbereich: Lange Schnitte von 1...6 m bei Blechdicken bis zu ca. 25 mm.
Es können auch Bleche mit unterschiedlicher Blechdicke durch den Einsatz hydraulisch federnder Niederhalter getrennt werden.
Bei parallel geführten Messern (**Schlagscheren**) wird ein Trennschnitt durchgeführt. Hierbei wird der gesamte Querschnitt mit sehr hohem Kraftaufwand getrennt.

Schwingschnittschere

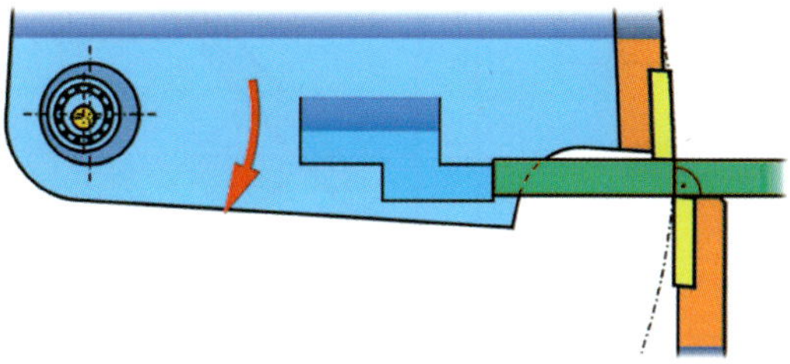

Der Schnittvorgang erfolgt durch ein schwingendes Messer (hier mit Hinteranschlag).
Der Schneidspalt und der Schnittwinkel können durch an der Drehachse befindliche Exzenter eingestellt werden.
Durch einen kleinen Schnittwinkel von 1° (zwischen Ober- und Untermesser) wird der Zuschnitt verwindungsfrei.
Vorteil: Zuschnitte von Blechstreifen sind gerade.
Nachteil: Höhere Schneidkraft erfordert steifere Maschinenkonstruktion.

1.5.3 Rundmesserscheren, Rollenscheren

Rollen- und Rundmesserscheren eignen sich besonders zur wirtschaftlichen Herstellung von
- Behälterböden (Bild 4, nächste Seite),
- Ronden für Tiefzieh- und Drückteile,
- Abwicklungen aus dünnen Blechen mit gekrümmten Schneidkanten (Bild 7, nächste Seite),
- Herstellung von Blechstreifen (Bild 5, nächste Seite) und
- zum Anfasen von Blechstreifen (Bild 3, nächste Seite).

Wichtige Bestandteile dieser Scheren sind
- eine Zentrier- und Aufspanneinheit sowie
- zwei senkrechte zueinander stehende Rundmesser (Bild 1, nächste Seite) oder
- unter 45° geneigte Rundmesser (Bild 2) mit parallel geführten Achsen oder
- ein Rundmesser über einem waagerechten Untermesser (Bild 3).

Das Zerteilen erfolgt dabei mit einem kontinuierlichen Schnitt.
Eine Sonderform der Rundmesserschere ist die Rollen- oder Streifenschere (Bild 5, 6 und 7).
Hiermit können:

- Streifen von Blechtafeln geschnitten,
- Blechtafeln zugeschnitten oder
- durch geneigte Messerrolle Schweißnahtfasen z. B. für die Rohrherstellung (Pipeline) gefertigt werden.

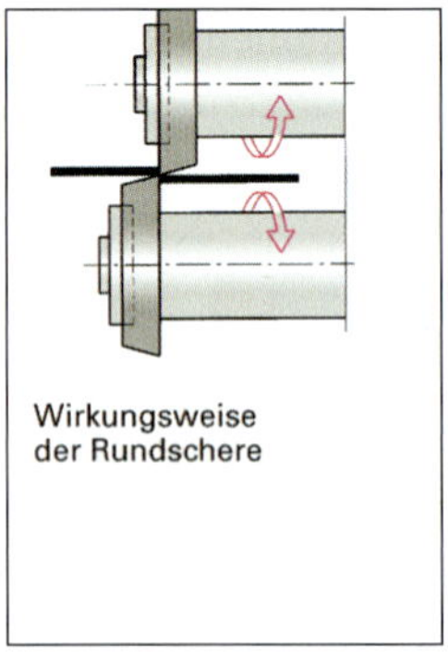

1 Rundschere

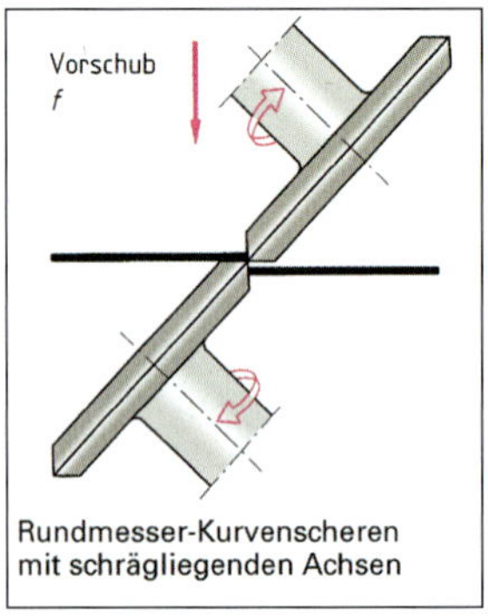

2 Rundmesser-Kurvenschere

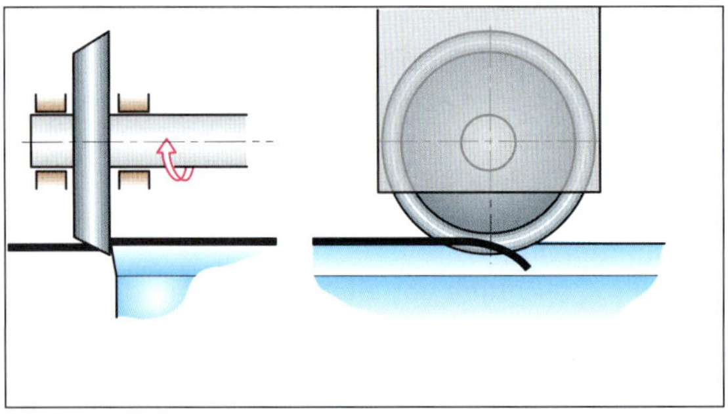

3 Rollenschere mit geneigtem Messer, auch zum Anfasen für Schweißnähte z. B. zur Pipelineherstellung

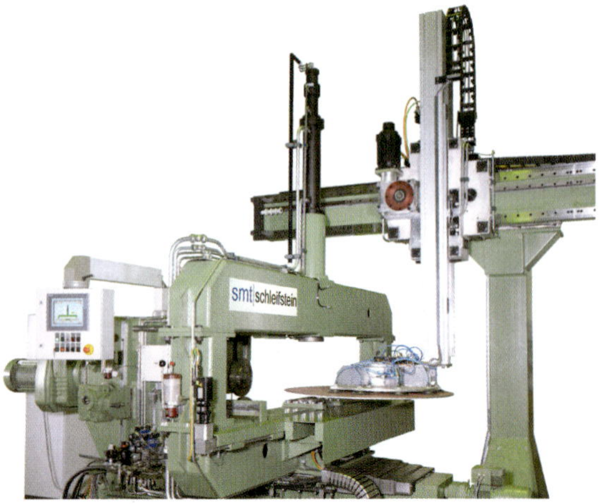

4 Kreisschere für hochfeste Bleche bis 15 cm Wandstärke, hier mit automatischer Beschickungsanlage

5 Rollenschere zur Herstellung von Blechstreifen

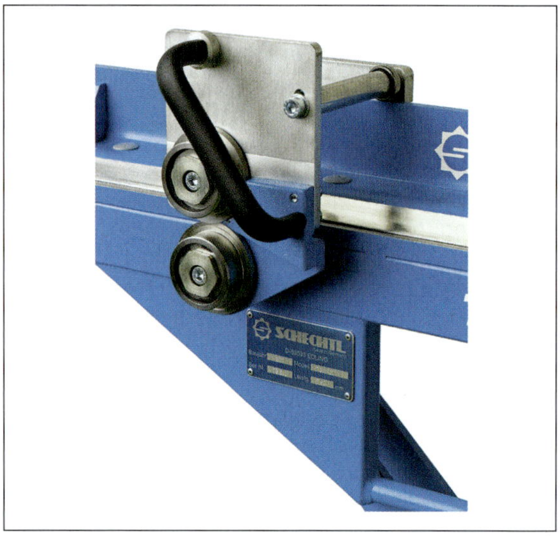

6 Rollenschere an einer Kantbank

7 Kurvenschneider

Der Kurvenschneider (Bild 7) kann Blechplatten bis 1,1 mm Dicke mit vier verstellbaren Rollmessern exakt zuschneiden für:

- Rohrbogensegmente,
- Ovalrohrbogensegmente,
- Rohrversatzstücke und
- Kuppelsegmente.

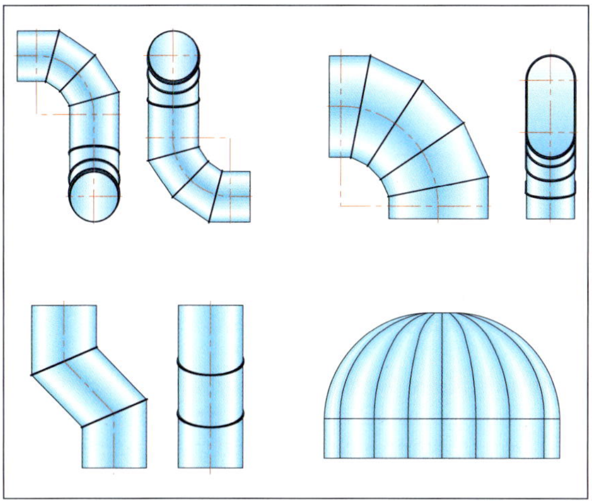

1 Blechzuschnitt mit dem Kurvenschneider

1.5.4 Kiemen, Schlitzen

1.5.4.1 Kiemen

Eine Kieme ist eine längliche, ausgeformte Öffnung im Blech. Anwendung z.B. Lüftungsschlitze in Maschinenverkleidungen oder Schränken.

Durch Kiemen werden durch einen kombinierten Scher- und Umformvorgang zunächst Bleche in vorbestimmter Länge mit einem Stanzwerkzeug eingeschnitten und im gleichen Arbeitshub mit diesem umgeformt (Bild 2 und 3).

2 Kiemen eines Verkleidungsbleches

3 90°-Kieme mit Werkzeug (Matrize)

4 Schlitzen einer Innenkontur

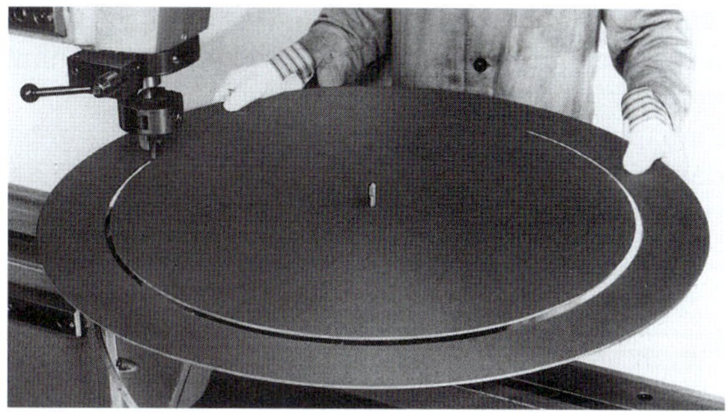

5 Gratfreies Schlitzen eines Blechringes

1.5.4.2 Schlitzen, Multishear

Mit Schlitzen wird ein doppelseitiges Scheren bezeichnet. Hierbei wir das Blech nicht verformt, es entsteht kein Grat an den Schnittkanten.

Gerade Kanten, insbesondere Sichtkanten, werden nicht genibbelt, sondern geschlitzt, da bei diesem Verfahren keine Ansätze zu sehen sind.

Die Schneidmesser bei handgeführten Schlitzscheren und die Stempel bei Schlitzmaschinen haben rechteckige Querschnitte. Die Schnittfläche ist angeschrägt.

Eine besondere Form des Schlitzens ist das **Multishear**. Es wird dabei mit zwei Hüben, Schlitzhub und Trennhub, gearbeitet (siehe Bild 6).

Die bleibende Schnittkante dient hierbei als Führung für den folgenden Schnitt. Es entstehen hochwertige Kanten. Das Verfahren lässt sich jedoch nur an geraden Konturen einsetzen.

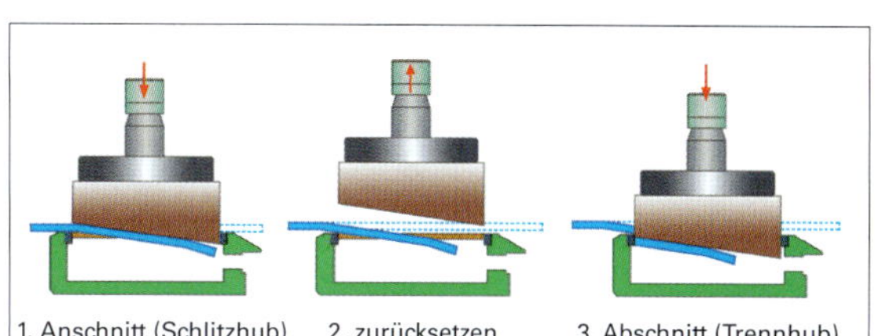

6 Multishear

1.5.5 Stanzen, Nibbeln, Knabbern

Nibbeln bzw. Knabbern ist ein Stanz- bzw. Lochvorgang. Die Stanzausschnitte werden so aneinandergesetzt, dass sie sich überschneiden und eine durchgehende Schneidkante ergeben.

Je mehr sich die Ausschnitte überlappen, desto glatter wird die entstehende Kante (Bild 2).
Beim Nibbeln entstehen in der Regel kurze Segmentspäne.

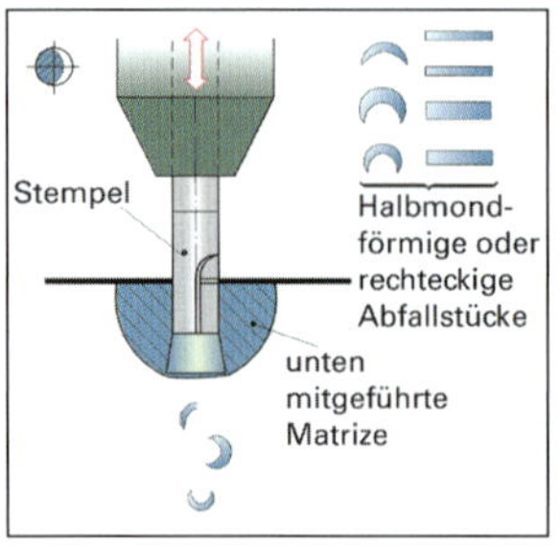

1 Prinzip des Nibbelns

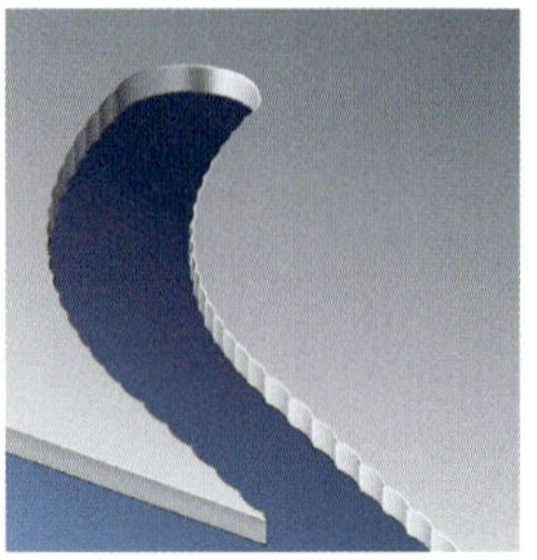
2 Werkstückkante

1.5.5.1. Handgeführte Nibbel- bzw. Knabbermaschinen

Knabbermaschinen (Bild 3 bis Bild 7) eignen sich zur Bearbeitung von Trapezblechen mit bis zu 85 mm Sickentiefe, sowie für Wellbleche, Profile und Tafelbleche. Es lassen sich Kurvenschnitte und Ausschnitte herstellen.
Eine hohe Kurvengängigkeit wird durch Drehen des Matrizenträgers in 45°-Schritten um 360° ermöglicht.

Leistungsstarke Maschinen bearbeiten Blechdicken von 5 mm bei Stahl bis 400 N/mm² bei einer Hubzahl von 750/min und einer Schneidgeschwindigkeit von 1,3 m/min.
Zur Vorbereitung von innenliegenden Schnitten müssen **Eintauchbohrungen** (Bild 1 und Bild 4) mit dem Eintauchdurchmesser der Matrize gefertigt werden.
Der kleinste Kurvenradius und die Schneidspurbreite werden durch den Durchmesser des Schneidstempels bestimmt.

3 Kurvenschnitt

4 Eintauchbohrung

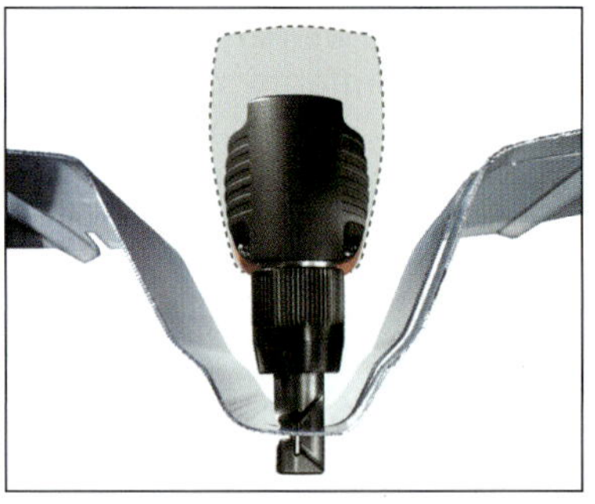
5 Arbeitsraum

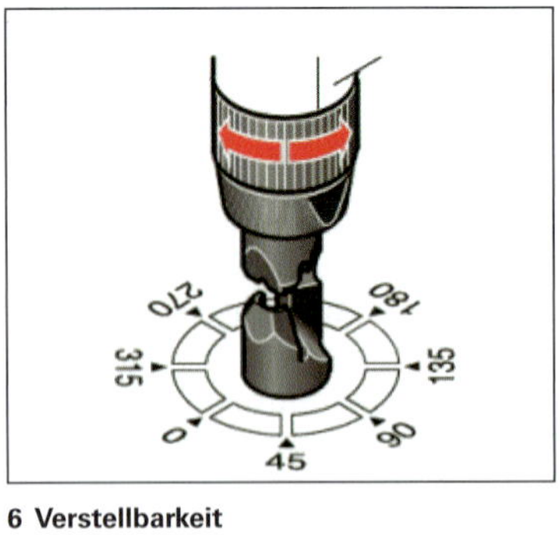

6 Verstellbarkeit

7 Arbeiten mit 90° verdrehtem Werkzeug

Technische Daten:

Werkstückdicke bei:
- Stahl bis 400 N/mm² = 2 mm
- Stahl bis 800 N/mm² = 1 mm
- NE-Metalle bis 250 N/mm² = 2,5 mm
- Eintauchdurchmesser mit Matrize = 18 mm
- Schneidspurbreite 8 mm
- kleinster Innenradius 0 mm
- kleinster Außenradius 4 mm.

Mit sogenannten **Rundstemplern** (Bild 1 und Bild 2, nächste Seite) lassen sich Kurvenschnitte ohne Verdrehen des Schneidkopfes gut ausführen. Mit einer Spannvorrichtung für den Schraubstock sind sie auch für den stationären Betrieb einsetzbar.

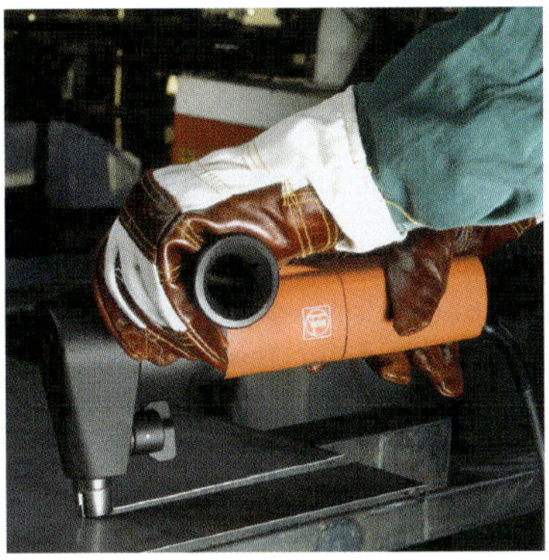

1 Handstempler

2 Stationärer Einsatz

Technische Daten:
Werkstückdicke bei:
- Stahl bis 400 N/mm² = 3,5 mm
- NE-Metalle bis 250 N/mm² = 5 mm
- Eintauchdurchmesser mit Matrize = 30 mm
- Schneidspurbreite 14 mm
- kleinster Innenradius 0 mm
- kleinster Außenradius 7 mm

1.5.5.2 Stationäre Nibbelmaschinen

Für exakteres Arbeiten werden stationäre Nibbelmaschinen eingesetzt. Hier sind über Führungen genaue Positionierungen von Schnitten, Ausschnitten und Kreisen möglich.

3 Stationäre Nibbelmaschine

1.5.5.3 CNC-Blechbearbeitungszentrum

Mit CNC-gesteuerten Bearbeitungszentren ist es kostengünstig möglich, Ausschnitte, Durchbrüche, Kreise, Konturen, Lochreihen usw. in einer Aufspannung des Werkstückes zu nibbeln oder in einem Hub zu lochen.
Die Zustellbewegung wird hierbei vom Aufspanntisch CNC-gesteuert durchgeführt. Die Werkzeugbewegung und -drehungen sowie nötige Werkzeugwechsel werden ebenfalls von der Steuerung übernommen.

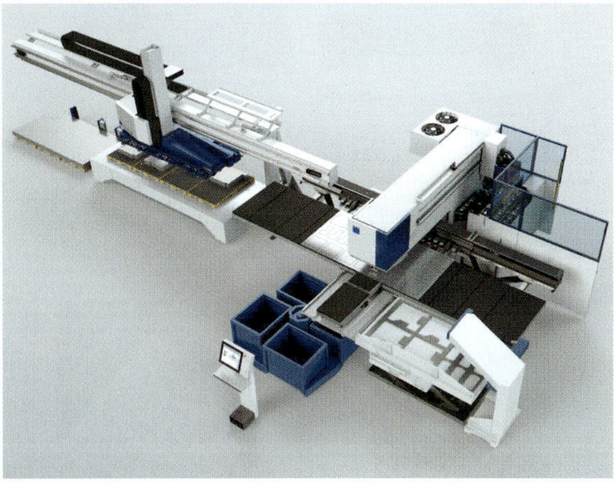

4 CNC-Blechbearbeitungszentrum

1.5.6 Lochen (Stanzen)

Das Lochen, umgangssprachlich auch Stanzen genannt, erzeugt in einem Blech oder Profil eine Ausnehmung, z. B. einen kreisförmigen Ausschnitt mit geschlossener, umlaufender Schnittkante.

Ein Schneidstempel (entspricht dem Obermesser) wird durch das Werkstück gegen eine Matrize (= Schneidplatte, entspricht dem Untermesser) gedrückt und schneidet das Abfallstück aus.

Niederhalter fixieren das Werkstück und ermöglichen den Rückhub des Schneidstempels durch Festhalten des Werkstückes. Die Reibungskräfte zwischen Stempel und Schnittkante würden das Werkstück sonst von der Matrize abheben und mit nach oben ziehen.

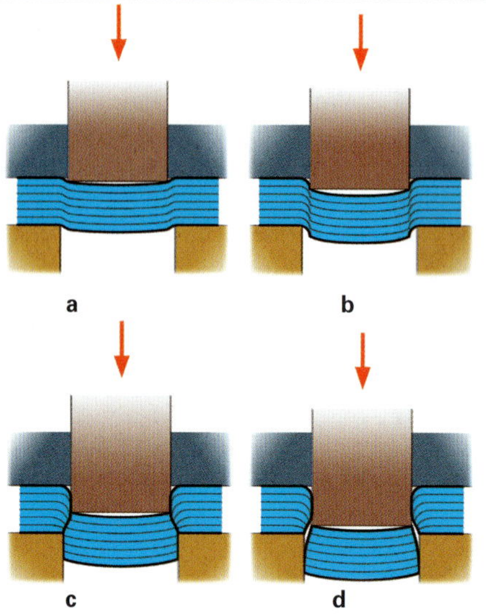

Der Stanzvorgang:
Der Stempel drückt das Blech gegen (a) und in die Matrize (b). Das Blech wird verformt, im oberen Teil geschnitten (c) und schließlich gebrochen (d).

Beispiele von Lochplatten

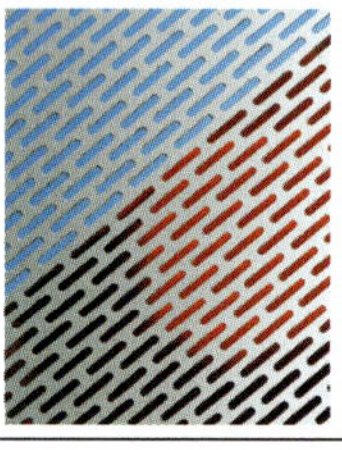

Lochplatte mit Langlochung

Balkonfüllung mit Dekorlochung in Sonderform

Lochplatte an einem Balkon

Der Begriff Lochplatte hat den Begriff Lochblech abgelöst (DIN 4185-2 und DIN 24041).

Die Begriffe Lochblech und gelochtes Blech werden von vielen Herstellern jedoch weiterhin verwendet.

Eine Lochplatte ist nach den vorgenannten DIN-Normen eine Platte (Blech, Tafel usw.) mit gleichartigen Öffnungen bzw. Löchern in regelmäßigen Anordnungen.

Von diesen Normen abweichend werden auch Lochplatten mit unregelmäßigen Anordnungen und Löchern hergestellt.

Zu den einfachsten Lochformen gehören die **Hauptlochformen** (Bild 1), die ca. 80 % der hergestellten Lochplatten ausmachen.

Neben den Hauptlochformen werden die **Sonderlochformen** (Bild 1) nur begrenzt für bestimmte Verwendungszwecke eingesetzt.

Lochplatten (Lochbleche) werden in Einzelaufträgen oder in Großserie auch in Sonderabmessungen überwiegend von Fachbetrieben vom Coil (Rolle) oder aus Tafeln gefertigt.

Zur Herstellung werden bevorzugt Schritt- bzw. Streifenpressen, Breitpressen, Blechbearbeitungszentren wie Stanz-, Nibbel-, und Laserautomaten eingesetzt (Bild 1 und 2, nächste Seite).

Jede Lochplatte muss nach dem Lochvorgang maschinell gerichtet werden.

Hauptlochformen		**Sonderlochformen**		
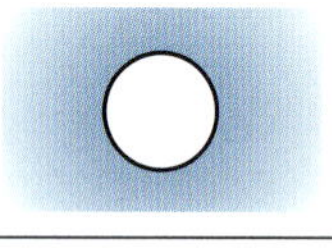		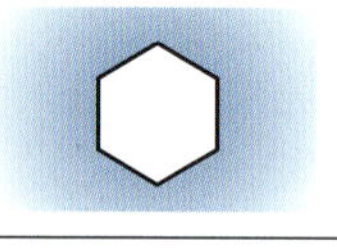	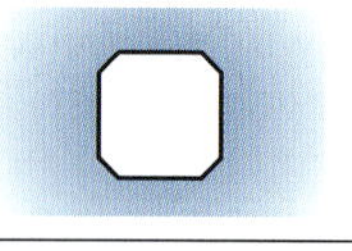	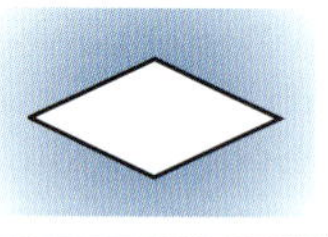
Rundloch	Langloch mit abgerundeten Enden	Sechskantloch	Quadratloch mit abgeschrägten Ecken	Rautenloch, Spießkantloch
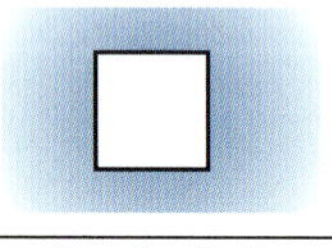		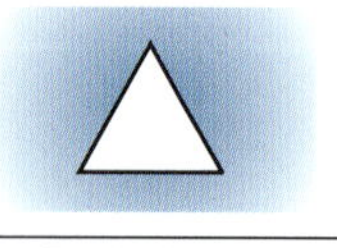		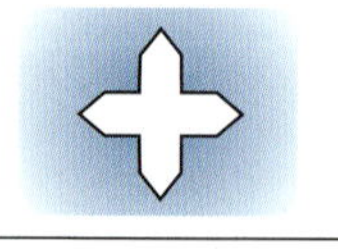
Quadratloch	Langloch eckig	Dreieckloch	Schlüsselloch	Sternloch

1 Lochformen

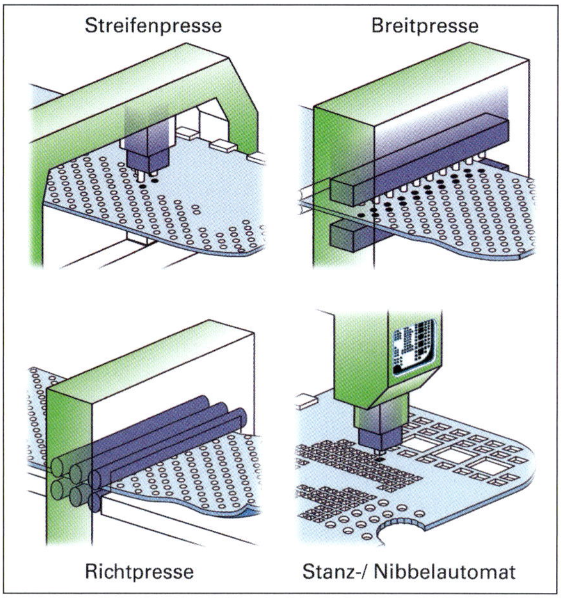

1 Maschinen zur Lochplattenherstellung

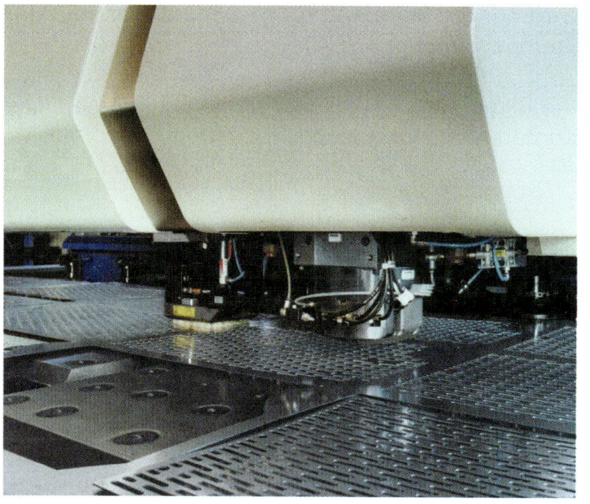

2 Detail eines CNC-gesteuerten Stanz-, Nibbel-, Laserzentrums

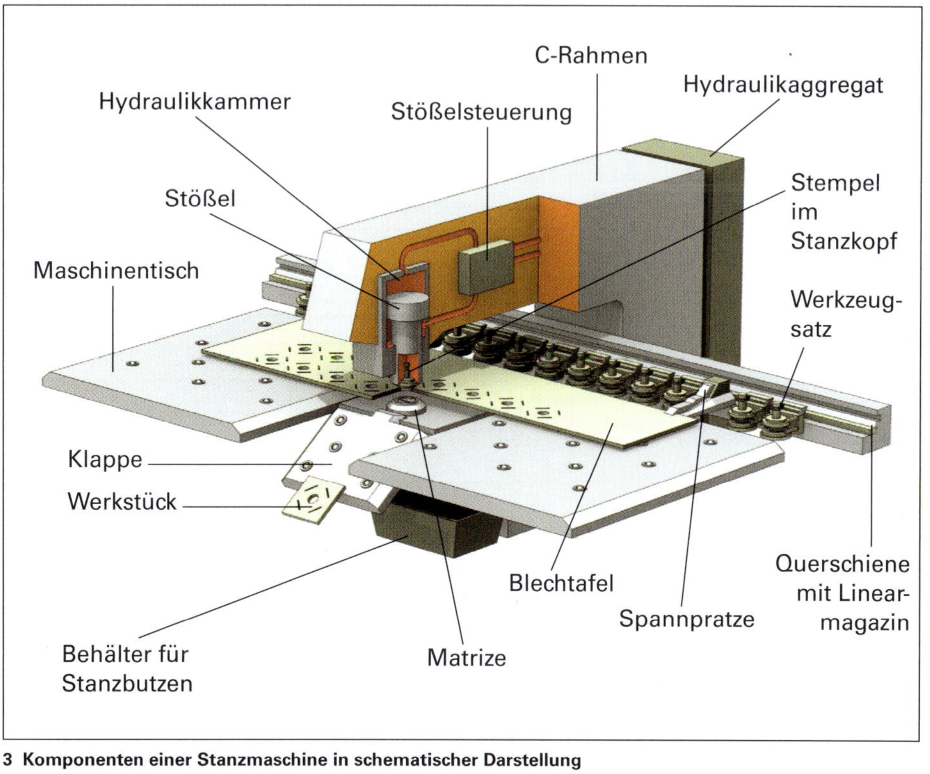

3 Komponenten einer Stanzmaschine in schematischer Darstellung

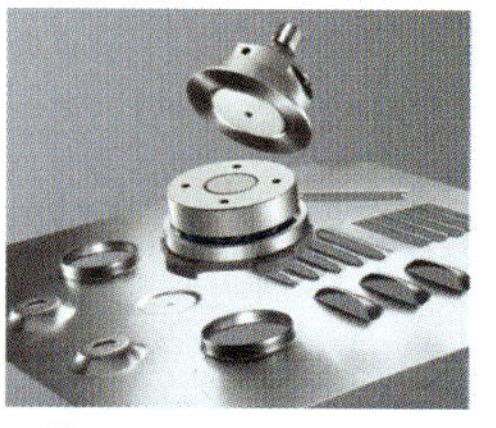

4 Konturenbeispiele

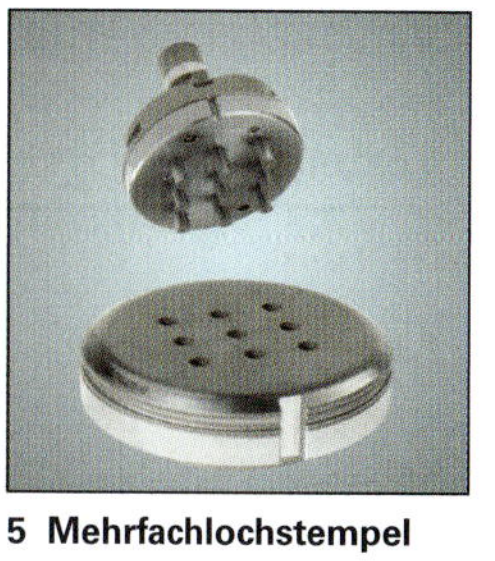

5 Mehrfachlochstempel

6 Mehrfachstempel

Genaugenommen sind die modernen Stanzmaschinen als Bearbeitungszentren anzusehen, da sie mehr leisten können als nur dieses eine Fertigungsverfahren. Die klassischen Verfahren, bei denen Löcher und Ausnehmungen im Blech zurückbleiben, werden heute ergänzt durch Umformen, Gewindeformen, Abkanten, Kiemen und weitere Verfahren.

Bei mehreren Schnitten im gleichen Werkstück werden die Teilstempel nacheinander eingesetzt, sodass immer nur ein Teilstempel schneidet.

Der Mehrfachlochstempel (Bild 5) hat beispielsweise vier unterschiedlich hohe Stempel, die nacheinander in das Werkstück eindringen. Hierdurch wird nur die Stanzkraft für einen und nicht für vier Stempel benötigt.

Die Bilder 4 bis 6 (Vorseite) zeigen einige mögliche Konturen und Werkzeuge.

Arbeitssicherheit für das Trennen von Blechen

- Nur einwandfreie Werkzeuge und Hilfsmittel benutzen.
- Unfallgefahr durch scharfe Blechkanten, deshalb zum Transport geeignete Trage- bzw. Transporthilfen und Arbeitshandschuhe tragen.
- Große Werkstücke auf geeignete Unterlagen legen, gegen Kippen sichern.
- Lange Werkstücke mit geeigneten Auflagen sichern gegen Hochschnellen und Herunterfallen nach dem Schnitt. Das gleiche gilt auch für den Abschnitt.
- Die Hebel der Hebelschere müssen gegen Herunterfallen gesichert werden.
- Der Arbeitsbereich des Hebels muss gesichert sein.
- Nie mit der Hand in den Bereich der Messer gelangen. Schutzvorrichtung bei Maschinenscheren beachten.
- Maschinen nie überlasten. Max. Werkstückdicke siehe Typenschild bzw. Herstellerhinweis.
- Vor dem Schnitt muss der Schneidspalt richtig eingestellt und der Niederhalter aufgesetzt werden, damit das Werkstück nicht zwischen die Schneiden gezogen werden kann.
- Scheren verursacht scharfe Kanten und Grate. Nie ohne Handschuhe arbeiten, Werkstücke entgraten.

1.5.8 Berechnungen (Scheren)

Im folgenden Beispiel werden die erforderliche maximale Schneidkraft F_S in N und die zugehörige Schneidarbeit W in Nm berechnet.

Beispiel:

Gegeben:
$l_S = 250$ mm; $s = 2$ mm; $R_m = 600$ N/mm²; $\alpha = 1{,}2°$

Gesucht:
τ_B = ?; F_S = ? (paralleler und geneigter Schnitt)
W = ? (mittlerer Schneidspalt, paralleler Schnitt)

Lösung:
$\tau_B = 0{,}8 \cdot R_m = 0{,}8 \cdot 600\ \text{N/mm}^2 = \mathbf{480\ N/mm^2}$

$F_S = l_S \cdot s \cdot \tau_B = 250\ \text{mm} \cdot 2\text{mm} \cdot 480\ \text{N/mm}^2$
$= 240\,000\ \text{N} = \mathbf{240\ kN}$ (paralleler Schnitt)

$F_S = \frac{0{,}5 \cdot s^2 \cdot \tau_B}{\tan\alpha}$
$= 0{,}5 \cdot 4\ \text{mm}^2 \cdot 480\ \text{N/mm}^2 \cdot 47{,}7$
$= 45\,830\ \text{N} \approx \mathbf{45{,}83\ kN}$ (geneigter Schnitt)

$W = 0{,}5 \cdot F_S \cdot s = 0{,}5 \cdot 240\ \text{kN} \cdot 0{,}002\ \text{m}$
$= 0{,}24\ \text{kNm} = \mathbf{240\ Nm}$ (paralleler Schnitt)

(Die Schneidarbeit W für den geneigten Schnitt wurde nicht berechnet. Hierzu muss der Schnittweg in Abhängigkeit von der Blechdicke und -länge bekannt sein.)

Wirkungsweise: Trennschnitt	
Parallele Messerbalken	**Parallele Messerbalken**
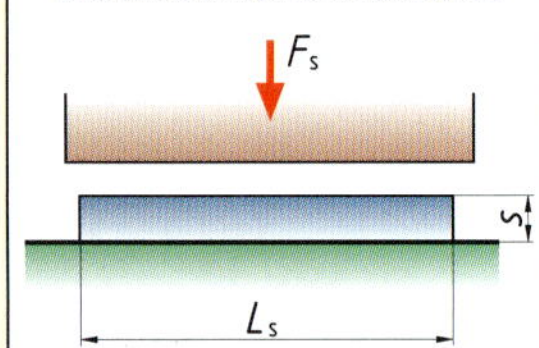	$F_S = l_S \cdot s \cdot \tau_B$
Wirkungsweise: Ziehender Schnitt	
Geneigte Messerbalken	**Geneigte Messerbalken**
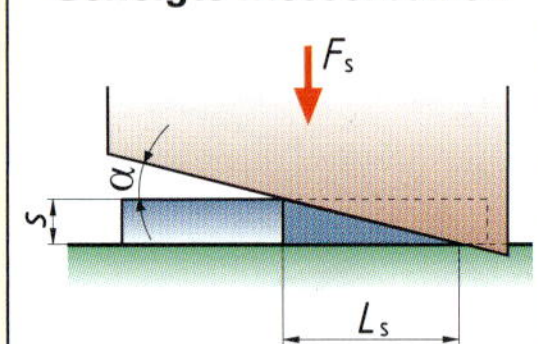	$l_S = \frac{s}{\tan\alpha}$ $F_S = \frac{0{,}5 \cdot s^2 \cdot \tau_B}{\tan\alpha}$

F_S	Schneidkraft in kN
R_m	Zugfestigkeit in N/mm²
τ_B	Scherfestigkeit in N/mm²
W	Schneidarbeit in Nm
l_S	Länge der Schnittlinie in mm
s	Bleckdicke in mm
α	Schneidwinkel

$$\tau_B = 0{,}8 \cdot R_m$$

$$W = (0{,}3 \ldots 0{,}6) \cdot F_S \cdot s$$

(Höhere Werte gelten für kleinere Schneidspalte, da die erforderlichen Schnittkräfte größer werden.)

Aufgaben

1. Worin unterscheiden sich trennender, ziehender und kontinuierlicher Schnitt?
2. Von welchen Faktoren ist die Schneidkraft abhängig?
3. Begründen Sie, warum bei einer Handhebelschere mit gekrümmtem Obermesser die Handkraft am Anfang und am Ende des Schnittes unterschiedlich groß ist.
4. Welche Aufgabe hat ein Niederhalter?
5. Nennen Sie die Anwendungsgebiete von handgeführten Plattenscheren.
6. Zu welcher Art des Trennens gehört das Nibbeln?
7. Wählen Sie geeignete Scherwerkzeuge für die Anfertigung der Zuschnitte der Modellanlagenteile 2, 5 und 6 aus 1 mm Kupferblech.
8. Welche Werkzeuge sind bei der Herstellung der Originalanlage aus S235JR (Kap.1.2) zu wählen?
9. Die Anlage ist aus nichtrostendem Stahl zu fertigen. Was ist hierbei zu beachten?
10. Nennen Sie geeignete Verfahren des Trennens ohne Schneide für die Bearbeitung von nichtrostendem Stahl.
11. Wie können die Bauteile der Modell- und Originalanlage (Kap.1.2) gefügt werden?
12. Worin unterscheiden sich die Verfahren Schlitzen und Nibbeln?
13. Berechnen Sie die Scheidkraft für ein 10 mm Stahlblech 150 mm lang, aus S235JR. Schneidenwinkel 15°.
14. Nennen Sie fünf Unfallverhütungsmaßnahmen, die beim Scheren an einer Hebelschere zu beachten sind.
15. Bleche und Profile können gebohrt oder gelocht (gestanzt) werden. Nennen Sie die Vor- und Nachteile.
16. Beschreiben Sie den Arbeitsvorgang beim Kiemen.

1.6 Handwerkliche Fertigung von Blechbauteilen

Gebogene und gekrümmte Blechformteile werden durch Umformen gefertigt. Die Umformverfahren lassen sich nach DIN 8582 einteilen in Druck-, Biege-, Zugdruck- und Zugumformen (Bild 1). Von den möglichen Formgebungsverfahren sind aber nur wenige im Metallbau und in der Konstruktionstechnik von Bedeutung. Daneben gibt es eine Vielzahl von Umformverfahren, die in der Norm nicht erfasst sind, weil sie keine eigenständige Verfahren, sondern nur die Kombination von Verfahren sind, wie z. B. das Treiben oder das Kümpeln. Auch die Oberflächengestaltung durch Hämmern und Schlichten ist kein Umformen. Es wird dabei zwar der Werkstoff in seiner Form geringfügig verändert, doch ist dies nur eine Folge von Oberflächenbearbeitung.

Gemeinsam ist allen Umformverfahren: Das Umformen findet im plastischen Bereich statt, die Streckgrenze R_e des Werkstoffs muss überschritten werden, die Bruchgrenze R_m darf aber nicht erreicht werden, sonst reißt der Werkstoff. Will man große Umformgrade erreichen, muss die zulässige Dehnung in % und der Bereich zwischen Streckgrenze R_e und Bruchgrenze R_m sehr groß sein. Die beim Umformen auftretende Kaltverfestigung lässt sich durch Glühen beseitigen.

1.6.1 Kanten

Das Kanten ist die werksatttübliche Bezeichnung für Biegeumformen an einer gerade Kante, z. B. ein Biegen von Bändern und Blechen zur Herstellung von Kaltprofilen. Nach der Kinematik bei der Formgebung unterscheidet man Schwenkbiegen und Gesenkbiegen. An beiden Maschinen tritt an der Biegekante durch Werkstoffverfestigung eine Verkürzung ***v*** auf, die für die jede Biegekante gesondert zu berechnen ist und beim Zuschnitt berücksichtigt werden muss. Der Zuschnitt ist also in jedem Fall kleiner als die Summe der abgewickelten Längen.

Umformverfahren für Blech			
Handwerkliche Umformverfahren		**Industrielle Umformverfahren**	
Druckumformen	**Biegeumformen**	**Zugdruckumformen**	**Zugumformen**
z. B. • Walzen • Runden	z. B. • Schwenkbiegen • Gesenkbiegen • Sicken	z. B. • Tiefziehen • Drücken • Kragenziehen	z. B. • Streckziehen

1 Umformverfahren für Blech

1.6.1.1 Verkürzungen beim Kanten

Ausführen von Kantungen

Beim Schwenk- und beim Gesenkbiegen sind die durch jede Biegekante verursachte Verkürzung sowie der materialabhängige Mindestbiegeradius zu beachten. Es ist also nicht möglich, den Zuschnitt nach den Außenmaßen allein vorzunehmen.

Bei der Ankerschiene (Bild 1) ergäbe die Summe der Außenmaße eine Blechstreifenbreite von 300 mm. Tatsächlich darf nach Berechnung die Streifenbreite nur 282 mm betragen. Durch die vier Kantungen tritt eine Verkürzung der Außenmaße ein.

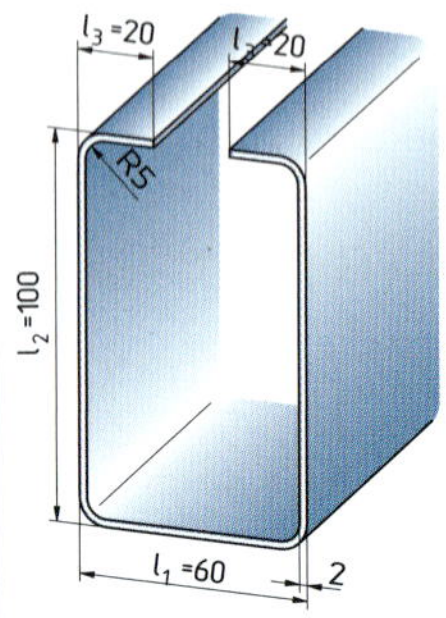

Abwicklungsbreite:

$$B = \Sigma\, l_a - n \cdot v$$

- Summe aller Außenmaße $\Sigma\, l_a$:
  $\Sigma\, l_a = 11 + 2 \cdot 12 + 2 \cdot 13$
  $\Sigma\, l_a = 60 + 2 \cdot 100 + 2 \cdot 60$
  $\Sigma\, l_a = 300$ mm
- Anzahl der Kantungen:
  $n = 4$
- Die Verkürzung v hängt ab von:
  - Blechdicke t
  - Biegeradius R

Ermittlung der Verkürzung *v* mit:

- Tabellen (Tabellenbuch)
- Faustformel („Schlosserregel")
  $v \approx 2 \cdot t$
  Faustformel nur anwenden, wenn $R \approx R_{min}$!
- genaue Formel:
  $v = 0{,}43 \cdot R + 1{,}48 \cdot t$

$R_{min} \approx 2{,}5$ mm (Tabellenbuch!):

Da $R >> R_{min}$, wird v mit der genauen Formel berechnet:

$v = 0{,}34 \cdot 5\text{ mm} + 1{,}48 \cdot 2\text{ mm}$
$\underline{v = 5{,}1\text{ mm}}$

Abwicklungsbreite B:
$B = 300\text{ mm} - 4 \cdot 5{,}1\text{ mm}$
$\underline{\underline{B = 279{,}6\text{ mm}}}$

1 Berechnungen zum Abkanten

Ist der Biegeradius R größer als die zehnfache Blechdicke s, so berechnet man die Abwicklungsbreite als die gestreckte Länge des Formteiles.

Gestreckte Länge = Länge der neutralen Faser.

Für die Arbeit an den Maschinen merke man sich:

Schwenkbiegemaschine

- Mitte der Abkantung anreißen, dazu von jeder Schenkellänge die halbe Verkürzung abziehen,
- Anrisslinie knapp unter der Oberwange einspannen,
- freie Abwicklungsbreite vor der Oberwange einstellen und Reststreifen einspannen,
- Probestreifen kanten,
- Prüfen der Maße und Winkel.

Gesenkbiegepresse

- Mitte der Abkantung wie an der Schwenkbiegemaschine anreißen,
- Anrissmitte genau unter die Kimmenmitte des Stempels platzieren und Hinteranschlag positionieren,
- Kontrolle: Abstand Kimmenmitte zum Anschlag = Fertigmaß minus halbe Verkürzung,
- Probestreifen kanten,
- Prüfen der Maße und Winkel.

1.6.1.2 Schwenkbiegen

Kennzeichnend für eine Schwenkbiegemaschine sind drei linealartige Wangen, die feste Ober- und Unterwange und die schwenkbare Biegewange (Bild 2). Das Blech wird fest zwischen Ober- und Unterwange eingeklemmt. Ihr Abstand ist zum Einführen und für unterschiedliche Blechdicken veränderbar. Durch Schwenken der Biegewange um den geforderten Biegewinkel am Formteil wird das Blech umgeformt. Für die unterschiedlichsten Biegeaufgaben lassen sich Ober- und Biegewange auswechseln. Durch den Einsatz unterschiedlicher Schienen im Druckbalken

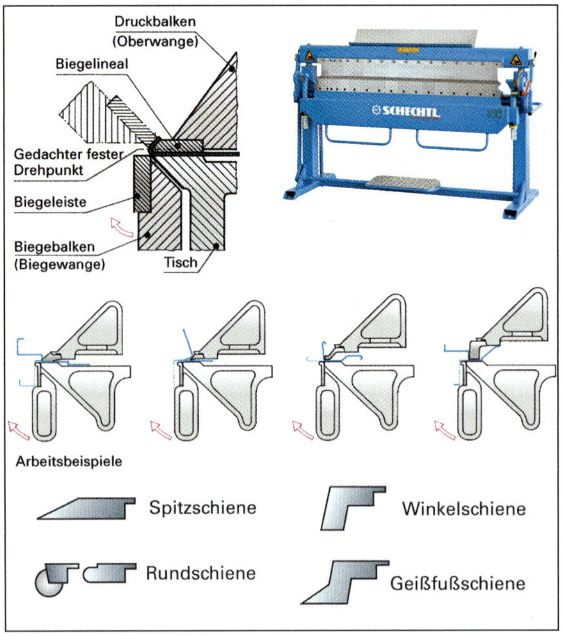

2 Arbeitsweise einer Schwenkbiegemaschine

(Oberwange), Biegebalken (Biegewange) und Unterwange (nicht eingezeichnet) können verschiedene Biegearbeiten durchgeführt werden. Das Spannen zwischen den Wangen und das Schwenken geschieht bei kleinen Maschinen manuell, bei großen Anlagen hydraulisch.

Arbeitsbeispiel: Türzarge
Die Fertigungsschritte und die Arbeiten an einer Schwenkbiegmaschine lassen sich am Beispiel der Fertigung des Zargenrahmens einer Stahltür nachvollziehen. Es liegt eine Zeichnung der Zarge vor (Bild 1).

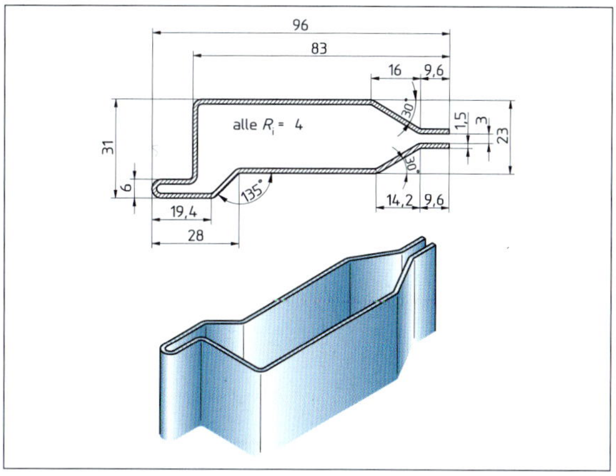

1 Zeichnung Zarge

Arbeitsschritte:
1. Berechnen der Abwicklungslänge und damit des Zuschnitts der Streifenbreite.
2. Lage der Biegekanten festlegen; dabei sind die Verkürzungen zu beachten.
3. Anschlagpositionen festlegen, dabei behilft man sich mit einem von Hand gebogenen Draht oder dünnen Blechstreifen, dessen Biegefolge im Biegeplan visualisiert wird.
4. Biegeplan erstellen. Für die Fertigung sind 10 Arbeitsschritte notwendig.

Die so festgelegten Daten werden nun in einen Biegeplan eingetragen, aus dem an der Maschine alle notwendigen Arbeitsschritte entnommen werden können.

Biegeplan

Drahtmodell

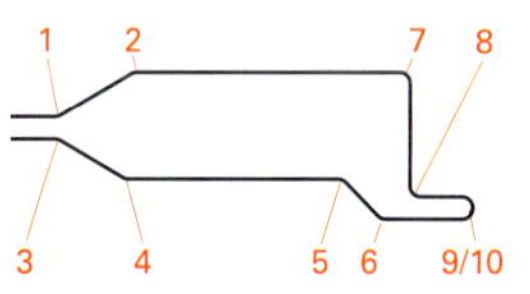

	Datum	Name
bearbeitet:	25.02.2007	Appel
geprüft:	02.04.2007	Moos
Maschine:	38/5	
O-Werkzeug:	OW / 55-04-45	
U-Werkzeug:	UG 25	
B-Werkzeug:	BA-9	
W-Plan:	ohne	
Vorgabezeit:		

Benennung:	Türzarge	Werkstoff: St37-2
Zeichnungs-Nr.:	HT31902-5607	
Plan-Nr.:	Ht31902-001	Gewicht: 4,8 kg
Auftrags-Nr.:	HT31902-AB	
Stückzahl:	150	

Bemerkung:
Biegewangenverstellung 3mm
Anschlag mit erhöhter Anschlagleiste
Sonderzudrückwerkzeug HT31902-AB-1

Biegefolge / Endform

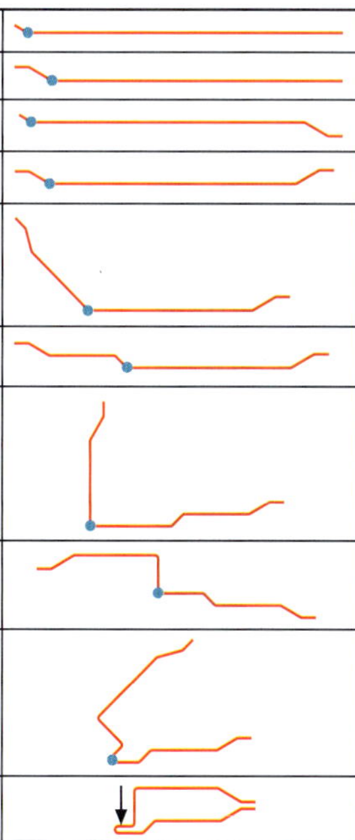

Nr.							F	f		f		f
1	1,5	30	2	210								
2	1,5	30	15	196		*						
3	1,5	30	2	209	*	*						
4	1,5	30	15	195		*						
5	1,5	45	15	153	*	*						
6	1,5	45	15	145		*						
7	1,5	90	15	119	*	*						
8	1,5	90	25	104	*	*						
9	1,5	135	25	98	*	*						
10	6	-	40	210			100					

2 Biegeplan

Biegefolge 9 und 10:				
	Biegefolge-Endform	Fertigungsart	Vorrichtung	Bemerkung
9	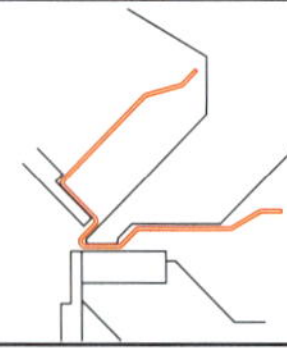	biegen	Oberwangenwerkzeug HT31902 OW / 55-04-45 Unterwangenwerkzeug HT31902 UG 25 Biegewangenwerkzeug HT31902- BA-9	Werkzeugwechsel notwendig
10	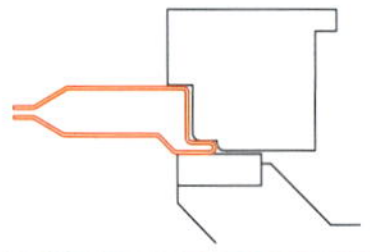	zudrücken	Oberwangenwerkzeug HT31902 OW / 55-04-85 Unterwangenwerkzeug HT31902 UG 25 Biegewangenwerkzeug HT31902- BA-9	Presskraft beachten

1 Biegeplan

1.6.1.3 Gesenkbiegen

Arbeitsweise einer Gesenkbiegepresse

Bei dieser Maschine liegt der Blechstreifen auf einem Prisma mit verschieden geformten Aussparungen, dem Gesenk. In die hydraulisch betätigte Oberwange ist der Stempel eingespannt. Fährt er senkrecht nach unten, drückt er den Blechstreifen in die Aussparung und formt ihn so im gewünschten Winkel.

Der erzielte Winkel hängt ab von

- Presskraft, Geschwindigkeit und Eintauchtiefe des Stempels,
- Kantenradius und Form des Stempels,
- Breite der Aussparung im Gesenk,
- Auffederung des Werkstoffes.

Durch Versuche müssen die Werte so lange verändert werden, bis der gewünschte Biegewinkel erreicht ist. Das Unterwerkzeug ist für verschiedene Kantarbeiten drehbar und wie der Stempel auswechselbar.

Großformatige Bleche können während des Biegevorgangs mit zwei hochschwenkbaren Konsolen laufend abgestützt werden. Die Hubgeschwindigkeit der Konsolen ist stufenlos einstellbar. In der unteren Endlage dienen die Blechauflagekonsolen als Biegehilfe. Der verstellbare Hinteranschlag erlaubt genaue Mehrfachbiegungen hintereinander, wie sie z. B. für Zargen typisch sind.

Gesenkbiegepressen werden bis 16 m Baulänge und 800 t Presskraft hergestellt. Es lassen sich Breitbänder bis 25 mm Dicke umformen. Sie arbeiten auch schneller als Schwenkbiegemaschinen, da das Spannen der Bleche entfällt. Ein Nachteil der Schwenkbiegemaschine ist, dass nur geringere Schenkelhöhen abgekantet werden können.

Bild 2 zeigt das Kernstück jeder Gesenkbiegepresse – den auswechselbaren Oberstempel, auch Schwert genannt – sowie das schwenkbare Prisma. Die Kröpfung des Schwerts ist für Zargen und Mehrfachkantungen notwendig (siehe Arbeitsbeispiele Bild 1).

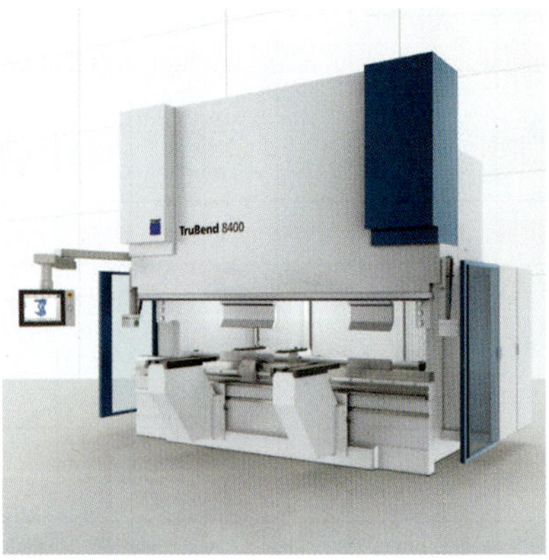

Gesenkbiegepresse

Biegebereich einer Gesenkbiegepresse

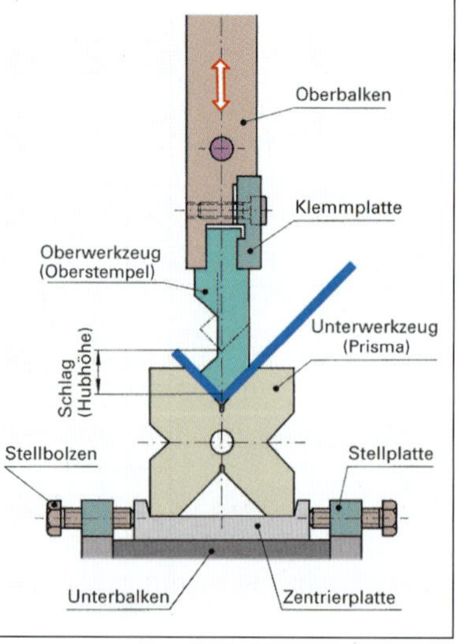

2 Arbeitsweise einer Gesenkbiegepresse

Programmgesteuerte Maschinen
Eine wesentliche Verkürzung der Fertigungszeiten brachte die Ausrüstung von Biegemaschinen mit einer CNC-Steuerung.

Eine unbegrenzte Anzahl von Programmschritten und Zusatzinformationen kann gespeichert werden. Dabei umfasst ein Programmschritt einen vollständigen Biegevorgang:

- An der **Schwenkbiegemaschine**: Positionieren des Anschlags für das Blech, Schließen der Oberwange, Auf- und Abschwenken der Biegewange, Öffnen der Oberwange.
- An der **Gesenkbiegepresse:** Positionieren des Anschlags für das Blech, Eintauchen des Stempels bei gleichzeitigem Abstützen und Zurückfahren des Stempels.

Die Zusatzinformationen wie „Blech drehen", „Blech wenden" oder „hinten anschlagen" geben dem Bediener wertvolle Hinweise bei umfangreichen Kantarbeiten.

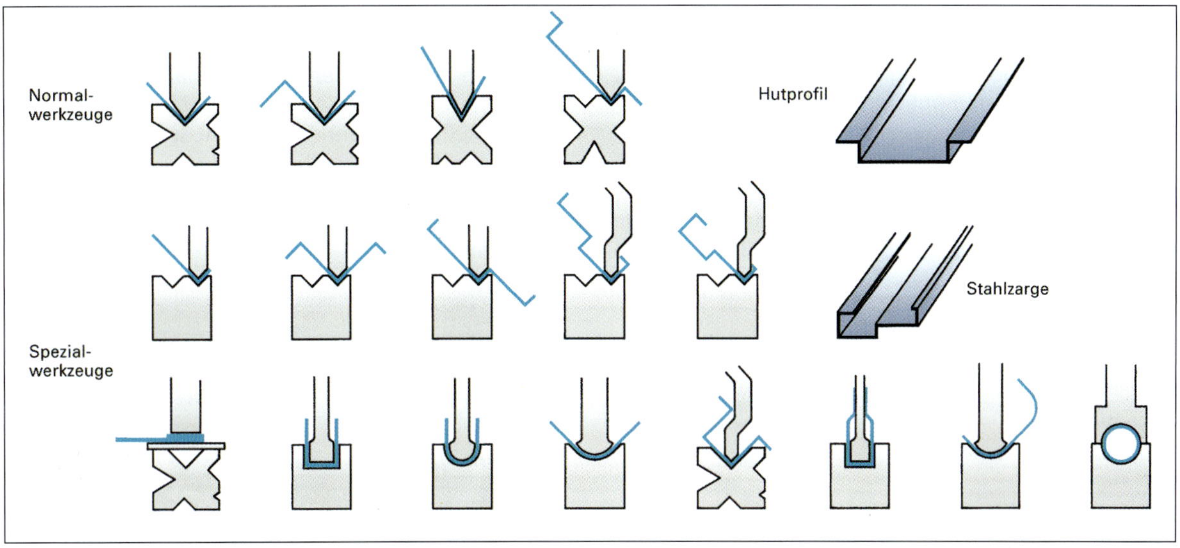

1 Arbeitsbeispiele Gesenkbiegen

1.6.2 Treiben

Das Treiben ist keine eigenständige Umformtechnik, sondern die Kombination unterschiedlicher Verfahren zur Herstellung von räumlich verformten Blechkörpern, z.B. von Kugeln, Schalen, Vasen, Behältern und anderen „bauchigen" Formen. Dabei werden sowohl Kleinformen mit dem Treibhammer am Treibstock als auch Teile mit mehreren Metern Durchmesser am Kraftumformer hergestellt, wie man sie z.B. in der Getränkeindustrie und im Großbehälterbau braucht.

Grundsätzlich unterscheidet man beim Treiben das **Formtreiben** und **freies Treiben**.

Beim **Formtreiben** wird das Blech in eine Form „hineingehämmert", im einfachsten Fall ist das ein vertieftes Relief in einer Holzplatte, bei größeren Stückzahlen auch eine Stahlplatte. Das Blech wird auf die Platte gespannt und mit einem Kugelhammer solange in die Vertiefungen „gedrängt" bzw. „getrieben", bis es die Negativform angenommen hat. Bei mehreren Vertiefungen muss großflächig

2 Metallkrug, getrieben

1 Schalenförmige Bleche mit Kraftumformer

gearbeitet werden, das heißt, das Blech muss in alle Vertiefungen allmählich und gleichzeitig getrieben werden. Es darf also nicht erst eine Vertiefung fertiggestellt und dann die nächste ausgeformt werden. Beim Anpassen an die Form muss sich der Werkstoff dehnen können. Die Hammerschläge beginnen also immer am Rand der Vertiefung und wandern – wenn immer möglich – kreisförmig nach innen. Günstig ist es, wenn die Hammerbahn den Werkstoff „vor sich hertreiben" kann und nicht verdichtet. Trotzdem muss das Werkstück mehrmals geglüht werden, um die Festigkeitssteigerung abzubauen.

Beim **freien Treiben** ergibt sich die Form ausschließlich durch Hammerschläge auf einer glatten Unterlage. Die sich dabei ergebende Außenkontur wird laufend mit einer Schablone überprüft. Da meist kalottenförmige Hohlkörper zu treiben sind, behilft man sich mit einem Holzklotz als Unterlage, in den Mulden unterschiedlicher Größe eingearbeitet sind. Die Ronde wird außen beginnend mit kreisförmig angeordneten Hammerschlägen gedehnt und krümmt sich deshalb am Rand nach oben, es bildet sich ein konkaver Hohlkörper, man spricht auch von Auftiefen bzw. Wölben. Würde man die Ronde in der Mitte beginnend an einem Polierstock bearbeiten, so würde sie innen gedehnt werden und sich konvex nach unten wölben.

Wichtig beim freien Treiben ist: Die Blechronde wird in der Hand gehalten und unter den Hammerschlägen gedreht.

2 Formtreiben

3 Getriebene Form

4 Freies Treiben: Drehen von Hand

5 Freies Treiben: Fertige Form

Mit zunehmender Krümmung lässt sich eine sich bildende Schale in die Vertiefung des Holzklotzes hineintreiben, wobei das Blech aber nicht fest ist wie beim Formtreiben, sondern laufend gedreht wird. Grundsätzlich gilt: Je mehr Hammerschläge, desto stärker die Krümmung; so lassen sich auch unregelmäßige Hohlkörper herstellen.
Bei größeren Bauteilen behilft man sich mit einem Kraftumformer, er ersetzt die Hammerschläge. Die Ronde wird mit beiden Händen gehalten und am Hammerbär des Kraftumformers solange vorbeigedreht, bis die gewünschte Endform durch Krümmen erreicht ist.
Auch beim freien Treiben muss der verdichtete Werkstoff laufend weichgeglüht und zum Abschluss die Oberfläche durch Hämmern geschlichtet werden. Man bezeichnet dieses Oberflächenfinsh auch als **Planieren**.

1.6.3 Bördeln, Schweifen, Einziehen

Bördeln ist das Aufstellen von schmalen Rändern, genannt Borde, an Blechformteilen von beliebiger Form, z. B. an Blechböden. Das Bördeln ist oft eine Vorarbeit, wenn der Rand für die Nahtbildung durch Falzen, Löten Nieten oder Schweißen gebraucht wird, um z. B. einen Behälterboden mit einer Zarge zu verbinden. Borde dienen aber auch der Randversteifung.
Borde lassen sich durch verschiedene handwerkliche und industrielle Formgebungsverfahren herstellen.

Bild 1 zeigt die Herstellung von Borden (Rändern) durch verschiedene Techniken.

- Kanten: an geraden Blechrändern.
- Schweifen: an Innenbögen → Streckung des Werkstoffes („Ausbördeln").
- Einziehen: an Außenbögen → Stauchung des Werkstoffes („Einbördeln").

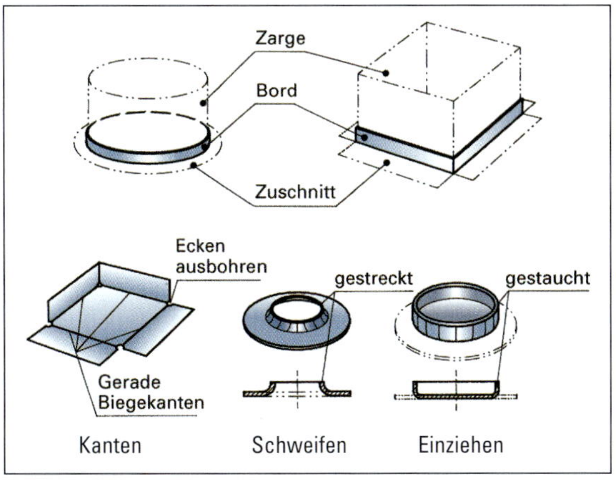

1 Borde an Blechböden und Arbeitstechniken beim Bördeln

1.6.4 Sicken

Das Sicken ist ein Eindrücken von Vertiefungen in die Wandung von ebenen oder runden Blechformteilen. Dadurch werden die Werkstücke

- formstabiler (Absaugkanäle oder Dosen),
- beulen nicht so leicht ein,
- erhalten Anschlag und Griffflächen (Dosen und Behälter).

Die Form der Sicke richtet sich nach dem Verwendungszweck (Bild 2).

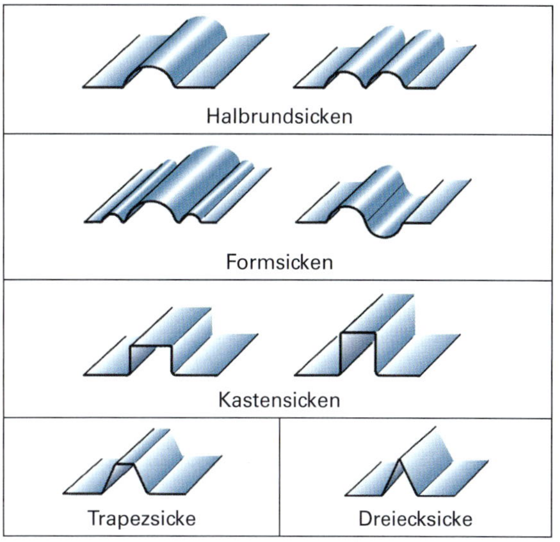

2 Sickenformen

	Verzierung mit Perlsicke	z. B. Kunstgewerbe
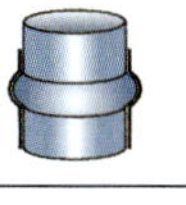	Anschlag verhindert Durchrutschen	z. B. Fallrohre aus Blech
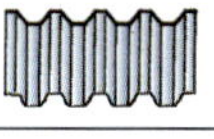	Vergrößerung der Oberfläche	z. B. Plattenheizkörper
	Vorbereitung zum Fügen	z. B. Behälterboden wird anschließend verschweißt oder verlötet
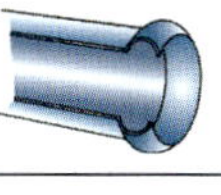	als Unfallschutz	z. B. Randversteifung
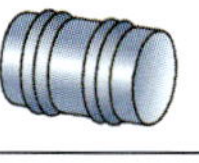	zur Verringerung des Rollwiderstandes	z. B. Laufsicke an einem Fass
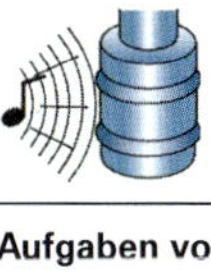	zur Geräuschdämpfung	z. B. Anbringen von Sicken an stark vibrierenden Stellen

3 Aufgaben von Sicken

Das Sicken kann frei auf Auflageflächen oder mit Sickenmaschinen erfolgen. Beim freien Sicken verwendet man einen speziellen Sickenhammer mit querstehender, abgerundeter Hammerbahn. Es braucht sehr viel Erfahrung und handwerkliches Geschick, denn der Werkstoff muss im Bereich der Sicke umgeformt werden, die übrige Blechfläche muss aber eben bzw. gerundet bleiben.

Beim Sicken auf Maschinen durchläuft der Blechformkörper zwei abgerundete Formrollwalzen, das kann teilmaschinell oder vollautomatisch wie z.B. bei Konservendosen erfolgen. Beim Sicken an einer handbetriebenen Sickenmaschine muss das Werkstück einige Male durch das Walzenpaar laufen, bis der nötige Umformgrad erreicht ist. Anschläge erleichtern die Arbeit. Fehler entstehen meist durch die falsche Einstellung der Maschine und Handhabung des Werkstücks:

- die beiden Walzen müssen genau übereinander laufen, sie dürfen nicht versetzt zueinander sein,
- die Walzen dürfen nur nach jedem Durchlauf zugestellt werden,
- die führende Hand darf das Werkstück nicht verkanten.
- die Verformung der Außenkontur ebener Werkstücke bei tiefen Sicken ist zu berücksichtigen.

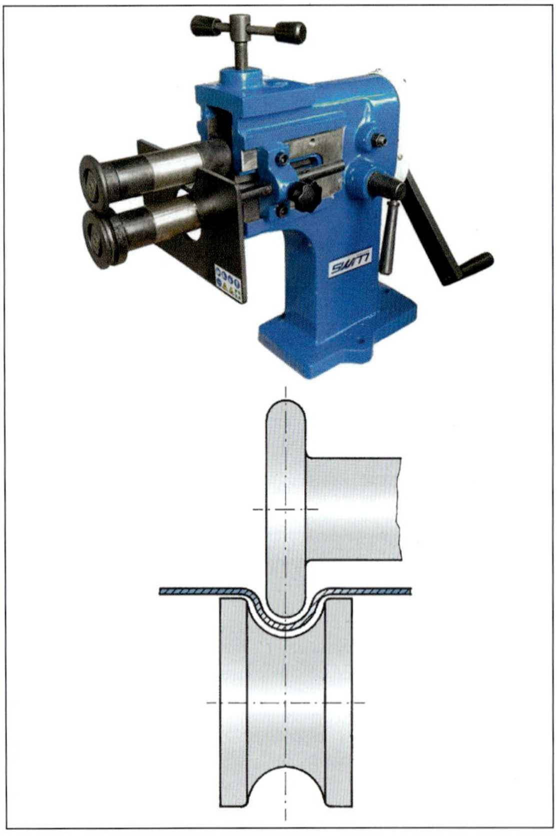

1 Sicken an der Sickenmaschine

Mit der Bodenrandformmaschine wird hier eine Sicke an einen Behälterboden angebracht

2 Sickenmaschine

Eine Alternative zum Sicken im Leichtbau ist die Verwendung von

- profilierten Blechen, z.B. Trapez- oder Wellblech,
- profilierten Leichtbauprofilen, z.B. Hutprofilen,
- Oberflächenbearbeitung von Blechflächen durch Punzieren oder Abhämmern.

In allen Fällen lassen sich so formstabile Flächen ohne die teure handwerkliche Bearbeitung erreichen.

1.6.5 Drücken, Kümpeln im Handwerk

In der Blechbearbeitung lassen sich runde und gekrümmte Formkörper sowohl **handwerklich** als auch **industriell** (s. Kap. 1.7) auf einfache Weise durch Drücken und Kümpeln herstellen.

1.6.5.1 Drücken

Drücken ist ein einfaches Verfahren zur Herstellung rotationssymetrischer Blechformkörper. Dazu wird in eine Drehmaschine die Innenform des Werkstücks eingespannt und eine Platine dagegen gedrückt. Form und Platine werden in Rotation versetzt und dann die Platine mit einem aufgelagerten handgeführten Drückstab allmählich an die Form gedrückt. Die Werkstoffdicke bleibt dabei erhalten.
Hinterschnittene Formen lassen sich mit zerlegbaren Formen herstellen, diese müssen sich aus dem fertigen Werkstück herausnehmen lassen. Das Verfahren kann auch teilautomatisiert werden. Dann wird zur Formgebung eine von einer Kopiereinrichtung geführte Drückrolle verwendet.

Bei großen Abmessungen und großen Wanddicken muss der Werkstoff erwärmt werden. So werden z. B. Gasflaschen auf CNC-gesteuerten Drückmaschen hergestellt. Vorteile so geformter Werkstücke sind

- der „Faserverlauf" wird nicht unterbrochen,
- das Verfahren ist automatisierbar,
- die Fertigungszeit ist gering,
- es tritt weniger Verschnitt auf,
- Fügearbeiten wie Schweißen entfallen,
- es können zueinander passgenaue Formkörper hergestellt werden, z. B. Kappen auf Flaschen.

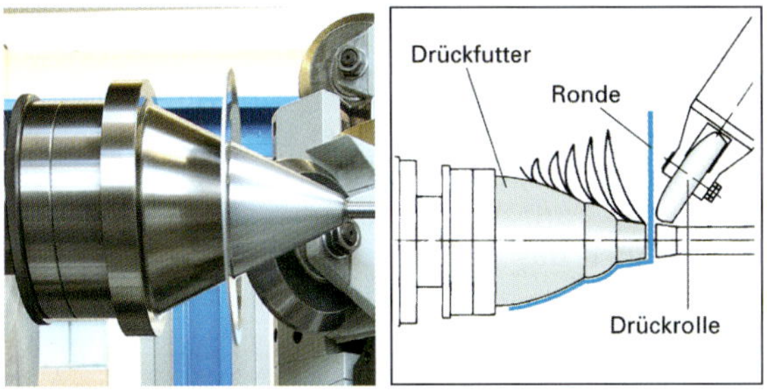

1 Teilautomatisiertes Drücken mit einer Drückrolle

2 Drücken von Gasflaschen aus Rohren

1.6.5.2 Handwerkliches Kümpeln

Das Kümpeln ist eine alte Bezeichnung für das Herstellen von gewölbten Blechformteilen, wie Schalen oder Behälterböden. Es lässt sich für kleine Werkstücke in der Einzelfertigung am Schraubstock ausführen. Große Formteile wie Behälter oder Siloböden werden an Maschinen umgeformt.

Beim handwerklichen Kümpeln liegt die runde Blechplatine auf einer konvexen Auflage. Spiralförmig gesetzte Schläge mit einem Kugelhammer, von innen nach außen geführt, strecken den Werkstoff und bringen ihn in die gewünschte Form. Das Verfahren kann nicht streng vom Treiben abgegrenzt werden, man könnte es auch als Formtreiben bezeichnen. Das Blech wird allerdings nicht in eine Vertiefung „eingetrieben" sondern „ausgetrieben".

Beim maschinellen Kümpeln übernimmt einen Werkzeugpaar die Umformarbeit. Das Formteil wölbt sich wie bei freien Kümpeln immer nach unten. Ist das Oberwerkzeug profiliert, so lassen sich feine Vertiefungen in den Boden drücken, die eine zusätzliche Versteifungswirkung ergeben.

Wird der Werkzeugeinsatz ausgetauscht, so kann mit dem Kraftumformer auch gebördelt, geschweift, gehämmert, gelocht und sogar ausgeklinkt werden

3 Wölben eines Behälterbodens

1.7 Industrielle Formgebungsverfahren

1.7.1 Kanten mit CNC-Maschinen

Zur Herstellung von Stahlleichtbauteilen, Türzargen, Kastenrinnen, Lüftungsbauteilen, Traufen, Fensterblechen, Falzbauteilen usw. müssen Bleche mit kleinen Biegeradien und geraden Biegekanten versehen werden. Dieses Arbeitsverfahren wird **Kanten** genannt.

Das Kanten wird maschinell mit Schwenkbiegemaschinen oder Gesenkbiegepressen (Abkantpressen) durchgeführt.

Biegeumformen mit **drehender Werkzeugbewegung** bezeichnet man als Schwenkbiegen oder Abkanten.
Biegeumformen mit **gradliniger Werkzeugbewegung** bezeichnet man als Gesenkbiegen, Abkant- oder Gesenkpressen.

1.7.1.1 Schwenkbiegemaschinen, Langabkantmaschinen

Für Kleinserien und Einzelfertigungen bieten sich Schwenkbiegemaschinen, für industrielle Großserien CNC gesteuerte Schwenkbiegeanlagen an.

Schwenkbiegen eignet sich besonders für große Bleche, die in den Randbereichen ein- oder mehrfach umgeformt werden. Es können sehr kurze Schenkel gebogen werden.
Langabkantmaschinen gibt es zur Zeit bis zu einer Länge von 18 m in Mehrständerbauweise.

Der Mitarbeiter kann große Bleche von der Rückseite über den Tisch mit Hinteranschlag und kleine Teile von der Vorderseite der Maschine einführen und bearbeiten.

Bei kleinen Bauteilen kann durch Aneinanderreihen von kurzen Segmenten mit verschiedenen Radien gebogen werden.
Bei Mehrfachkantungen, z.B. zur Herstellung von Türzargen, ist es vorteilhaft mehrere Schwenkbiegemaschinen einzusetzen, um Werkzeugwechsel und hohe Rüstzeiten zu vermeiden.

Rollbiegen

Eine patentierte Sonderform des Schwenkbiegens ist das Rollbiegen. Hierbei bewegt sich während des Biegevorganges die Biegewange kontrolliert vom Blech weg. Es findet keine Relativbewegung zwischen Blech und Werkzeug statt, hierdurch entstehen keine Spuren an der Oberfläche von z.B. Edelstahl, vorlackierten oder beschichteten Blechen. Durch das gesteuerte Wegfahren der Biegewange können vorprogrammierbare Biegeradien gefertigt werden.

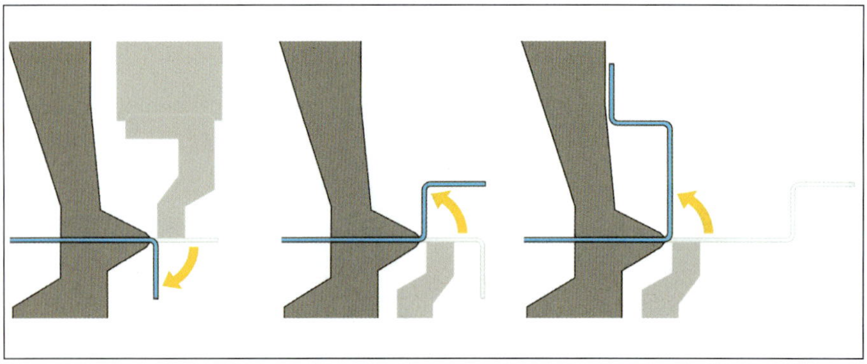

1 Bewegungen der Biegewange beim Rollbiegen

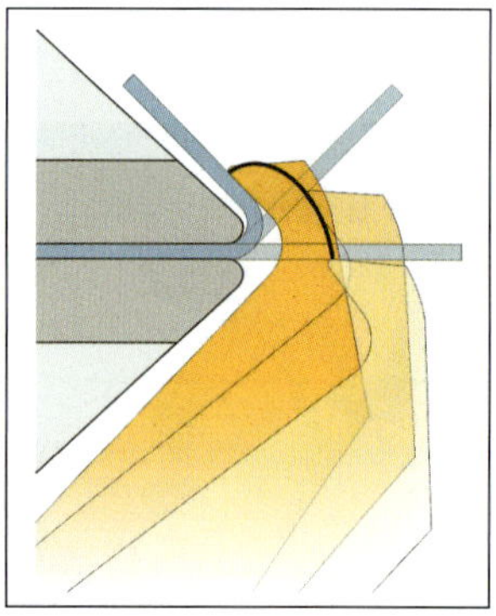

2 Stellungen der Biegewange

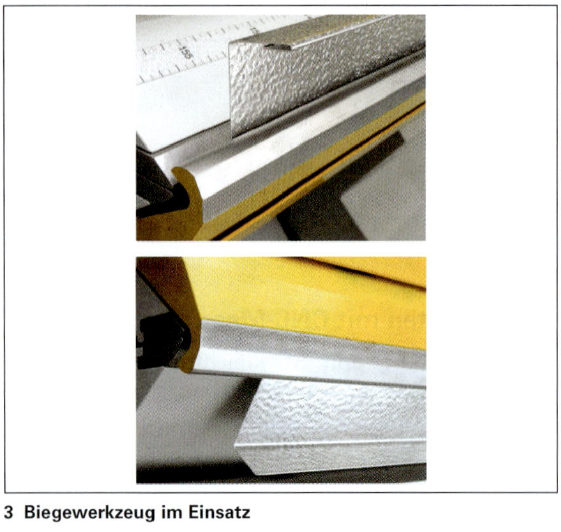

3 Biegewerkzeug im Einsatz

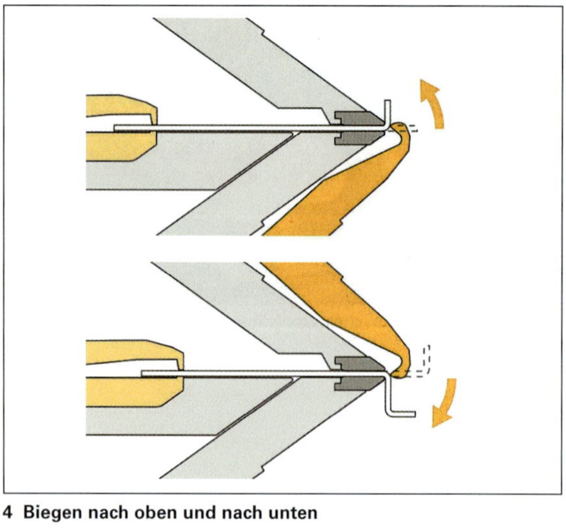

4 Biegen nach oben und nach unten

Industrielles Biegen

In der Serienfertigung von Blechbauteilen werden in der Industrie CNC-Biegemaschinen und -Zentren eingesetzt. Die Bestückung mit Biegewerkzeugen erfolgt automatisch aus einem Werkzeugmagazin.
Je nach Anforderung können die Biegewerkzeuge bzw. -segmente (Bild 3) zwischen den Biegeschritten gewechselt, zugestellt oder verschoben werden. Das Werkstück kann durch Handhabungsautomaten (Roboter) oder eingebaute Einrichtungen zugeführt, positioniert, gedreht, gewendet oder geschwenkt werden.
Alle Biegevorgänge sowie das Be- und Entladen laufen automatisch ab.

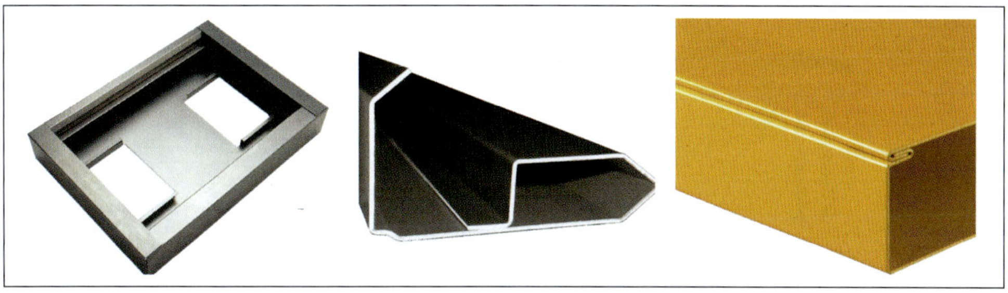

1 Auf einer CNC-gesteuerten Schwenkbiegeanlage hergestellte Werkstücke

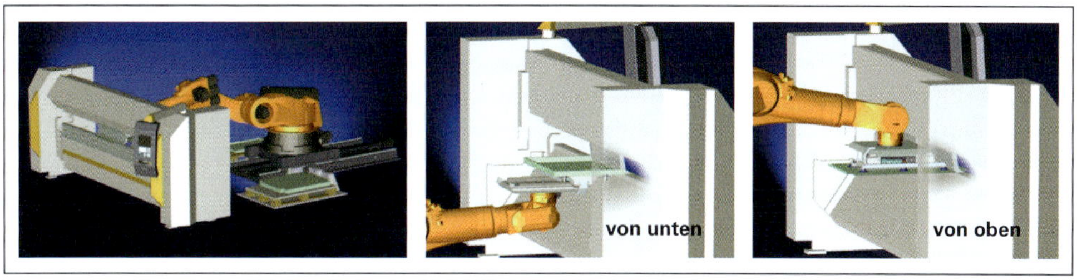

2 Roboter-unterstütztes Biegen

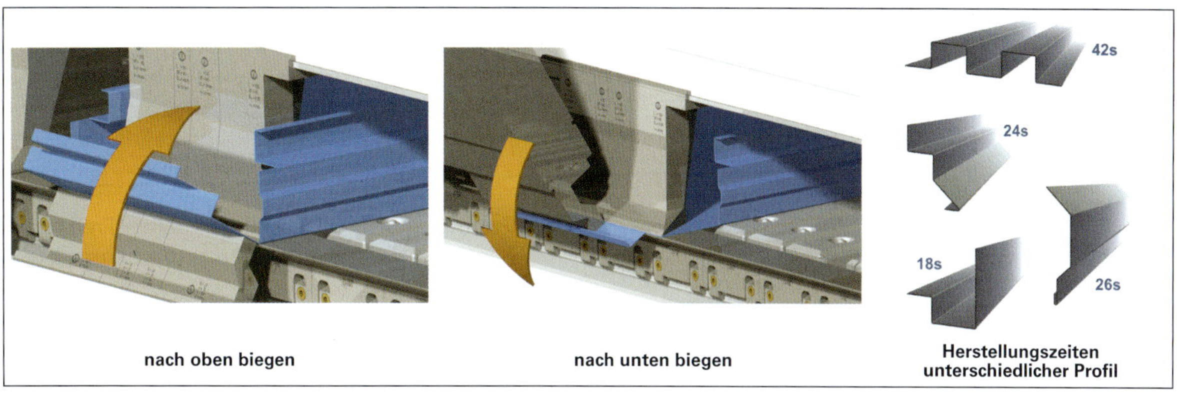

3 Profilbiegen

Arbeitssicherheit, Schutzmaßnahmen

Moderne Biegemaschinen werden über 2-pedalige Stellungsfußschalter mit je drei Steuerstellungen betätigt.

Mit dem linken Pedal kann die Oberwange
- bis zum selbsttätigem Halt 15 mm oberhalb des Bleches verfahren,
- geschlossen und
- im Eilgang aufgefahren werden.

Mit dem rechten Pedal kann die Biegewange
- gestartet werden, wenn die Spannposition erreicht ist,
- gestoppt werden oder
- die Oberwange im Eilgang aufgefahren werden.

1.7.1.2 Gesenkbiegemaschinen

Gesenkbiegepressen, Abkantpressen bzw. Biegepressen bezeichnet ein Biegeverfahren, bei dem mit gradliniger Bewegung ein Blech zwischen einem aus dem Oberwerkzeug (Stempel) und dem Unterwerkzeug (Matrize) gebildetem Gesenk mittels hoher Druckkräfte umgeformt wird.

Die wesentlichen Bestandteile einer Gesenkbiegepresse sind in Bild 1 dargestellt.

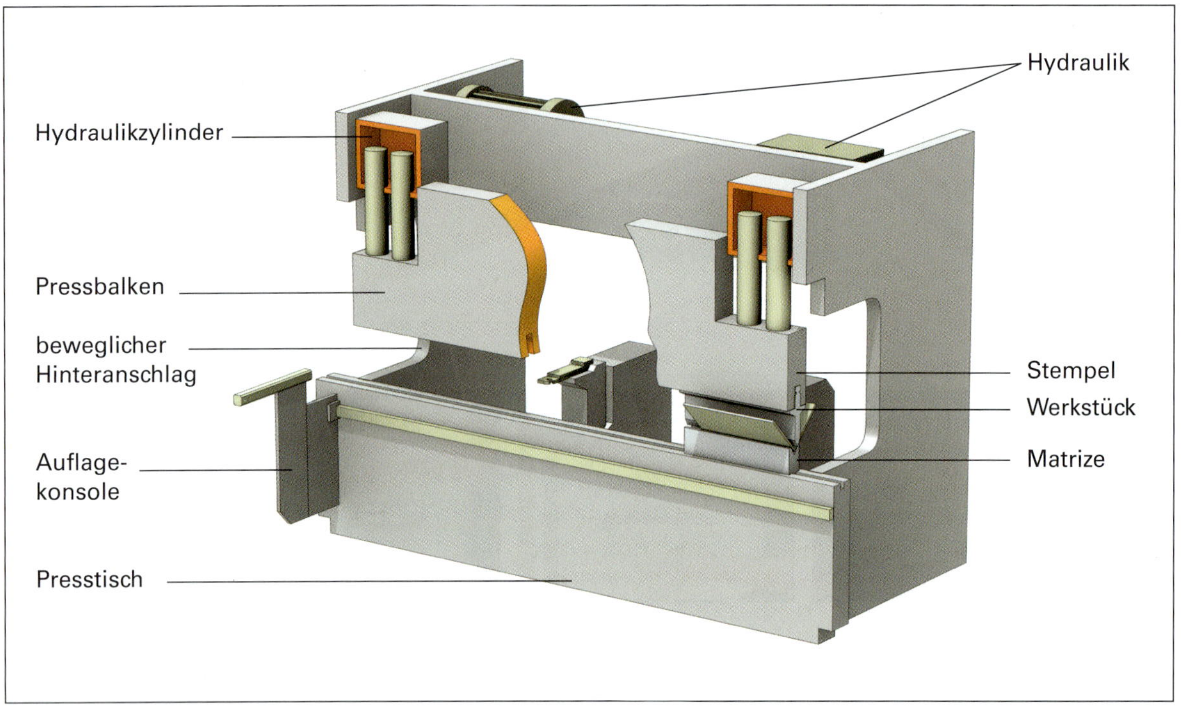

1 Gesenkbiegemaschine

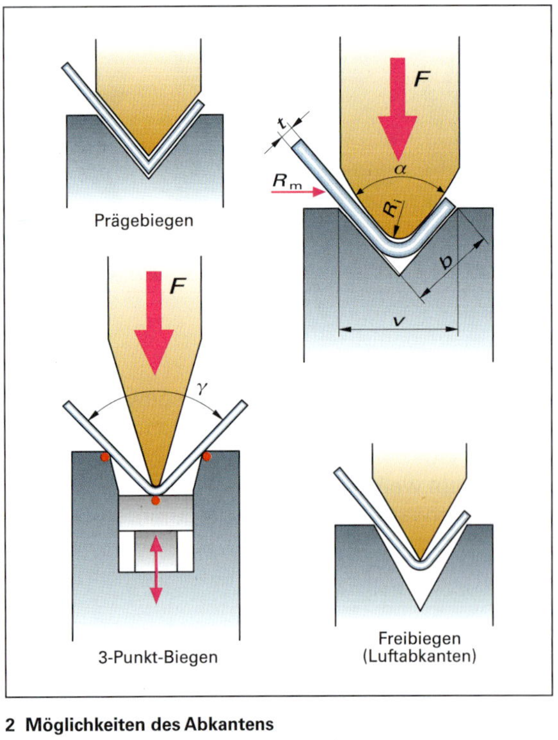

2 Möglichkeiten des Abkantens

Beim Abkanten werden drei Varianten unterschieden, das Freibiegen, das Prägebiegen und das 3-Punkt-Biegen.

Die erforderlichen Presskräfte beim **Freibiegen** sind aus den Herstellertabellen zu entnehmen und richten sich nach :

- Matrizenöffnungsweite $v = 6 - 12 \cdot t$
- v ist ab hängig von dem kürzesten Schenkel b und dessen Winkel α.

Bei kleinerer Öffnungsweite v wird auch der mögliche Innenradius R_i kleiner.

Für das **Prägebiegen** wird die 3–8-fache Presskraft gegenüber dem Freibiegen benötigt.

3-Punkt-Biegen

Beim Dreipunktbiegen drückt der Stempel das Werkzeug bis auf die Matrize („U-Öffnung"), sodass das Werkzeug die Matrize an drei Punkten berührt. Das Biegeergebnis ist präziser als beim freien Biegen, der Öffnungswinkel wird durch die Position der drei Werkstückauflagepunkte bestimmt. Die Matrize ist mit einem in der Höhe verfahrbaren Gegenhalter ausgestattet, sodass sich auch unterschiedliche Biegewinkel ohne Werkzeugwechsel herstellen lassen. Allerdings ist die Steuerung wegen der zusätzlichen gesteuerten Achse (d. h. dem beweglichen Gegenhalter) und wegen der Notwendigkeit, den unteren Endpunkt des Stempels genau auf die Position des beweglichen Gegenhalters abzustimmen, aufwändiger. Außerdem sind die Werkzeuge teurer.

Der unten stehenden Tabelle kann die notwendige Presskraft in Abhängigkeit von der Blechgröße entnommen werden. Abzulesen sind: R_i, b, v und F pro Meter Biegelänge.

Presskrafttabelle
(Richtwerte)

Erforderliche Presskraft für 90° Freibiegen

Material: 400 N/mm², STAHL

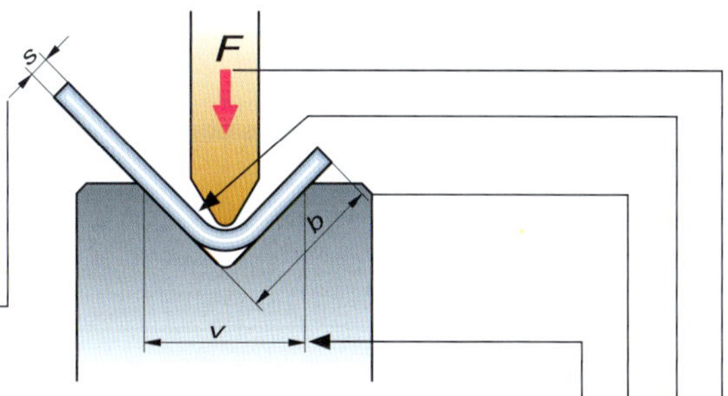

s \ v	6	8	10	12	16	20	24	30	40	50	60	70	80	90	100	120
b	4,5	6	7,5	9	12	15	18	22,5	30	37,5	45	52,5	60	67,5	75	90
R_i	1	1,3	1,6	1,9	2,6	3,2	3,8	4,8	6,4	8	9,6	11	13	14	16	19
0,75	52	39	31	26												
1	93	70	56	47	35											
1,25	145	109	87	73	55	44										
1,5	209	157	126	105	79	63										
1,75		214	171	143	107	86	71									
2			223	186	140	112	93									
2,5				291	218	175	145	116								
3					314	251	209	168	126							
3,5					428	342	285	228	171	137						
4						447	372	298	223	179	149					
4,5						566	471	377	283	226	189	162				
5								466	349	279	233	200	175			
6								670	503	402	335	287	251	223		
7									684	547	456	391	342	304	274	
8										715	596	511	447	397	358	298
10												798	698	621	559	466
12													1005	894	804	670

F′ (Kraft pro m Kantlänge)

F in kN; s, v, b, R_i in mm

▭ = optimale Gesenkweite

1 Presskrafttabelle

Vermeidung von Biegefehlern durch Bombiersysteme

Durch die Steifigkeit der Maschine wird die Geradheit der Biegung bestimmt. Bei großen Blechdicken und langen Bauteilen wird ein sogenanntes **Bombiersystem** eingesetzt. Es gleicht durch eine CNC-Steuerung die beim Anbiegen über Sensoren gemessene Durchbiegung der Biegewange aus.

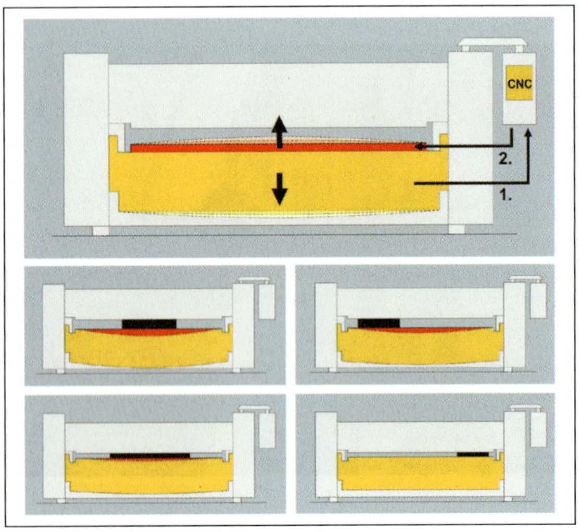

1 Bombiersystem

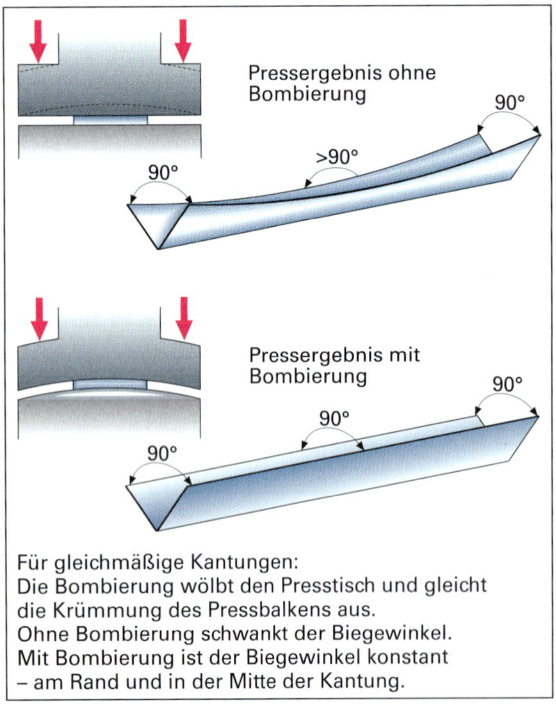

2 Gleichmäßige Kantungen mit Bombierung

Die erforderlichen Gesenk- und Stempelformen werden von den Werkzeugherstellern durch Versuchsreihen ermittelt und mit den Maschinen und Werkzeugen an den Kunden ausgeliefert (s. Kap. 1.6).

Für unterschiedliche Kantungen ist das Unterwerkzeug (Prisma s. auch Bild 1, S. 30 und Bild 2, S. 31) drehbar, die Oberwerkzeuge (Stempel bzw. Stempelsegmente) sind auswechselbar.

Große Biegeteile werden mit in drei Achsen verstellbaren Hinteranschlägen (Bild 3) positioniert. So können auch schräge und dreidimensionale Formen gebogen und Mehrfachkantungen vorgenommen werden.

Auf der Bedienerseite, von der aus die Bleche von Hand eingelegt werden, unterstützen verschiebbare Biegehilfen das aus der Maschine herausragende Werkstück auch während des Biegevorganges (Bild 4).

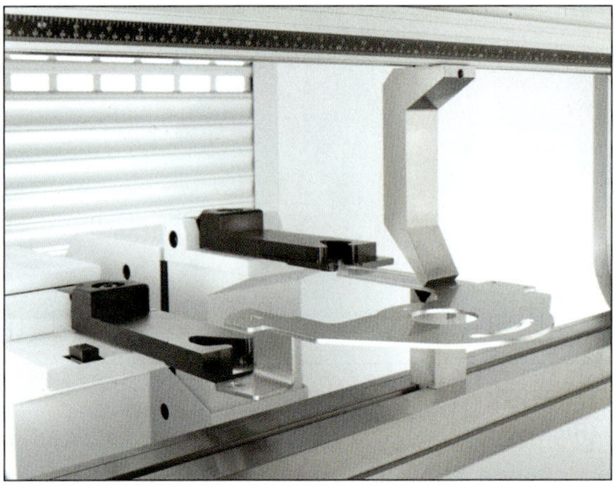

3 Hinteranschlag

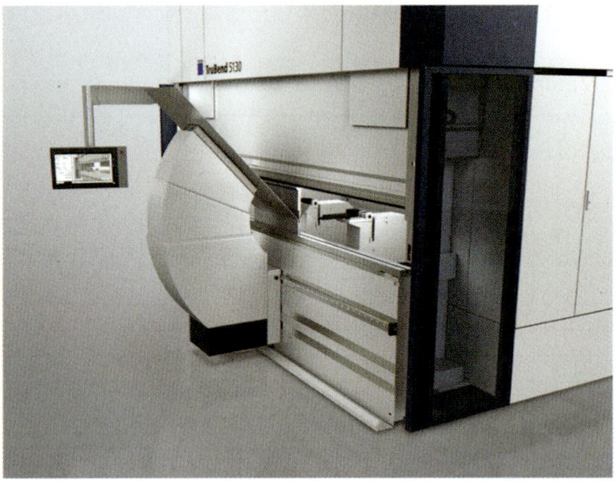

4 Biegehilfe

Gesenkbiegepressen werden bis zu einer Baulänge von 16 m und Presskräften bis zu 8000 MN für Breitbänder bis zu 25 mm Dicke hergestellt.

In der Industrie werden Biegevorgänge nicht mehr von Mitarbeitern, sondern von Knickarmrobotern oder Handhabungsautomaten vollautomatisch ausgeführt und u.a. mit Sensoren überwacht.

Moderne Sicherheitseinrichtungen mit Lichtvorhängen und Lichtbändern bzw. Lichtschranken, schnelle Überbrückung der Anfahrwege bis zum sogenannten Mutepunkt (Abstand zwischen dem Stempel und dem Blech, zwischen den kein Finger mehr passt) mit Schnellabschaltung des Biegevorganges gewährleisten gefahrloses Bedienen der Maschine.

In der Industrie werden Blechdicken bis 100 mm in Presslängen bis 14000 mm Länge in allen Materialqualitäten in Pressen mit 600 bis ca. 1800 Tonnen Presskraft abgekantet (s. Bild 1).

1 Abkantpresse

Selbst schwierige Formteile, die früher aus zwei Teilen gefertigt wurden, lassen sich in mehreren Biegungen aus einem Teil herstellen (s. Bild 2). Das gezeigte Biegeteil aus S355 hat eine Länge von 2700 mm und eine Blechdicke von 40 mm.

2 Formbiegeteil

1.7.1.3 Walzprofilieren, Profilwalzen

Eine weitere Möglichkeit Blechstreifen zu Profilen zu bearbeiten bietet das sogenannte Walzprofilieren.

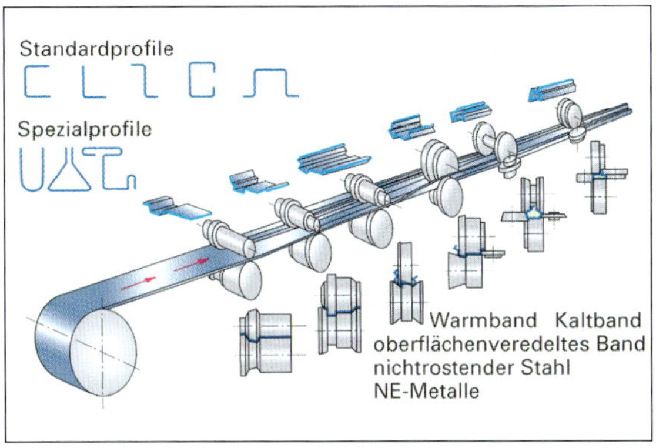

3 Profilwalzen von Bandmaterial

Ein Beispiel für die Herstellung eines Türrahmenprofils durch Walzprofilieren zeigt Bild 4.

Arbeitsweise

Zwischen je zwei Profilwalzen und evtl. zusätzlich erforderlichen Andruckwalzen werden schrittweise nacheinander alle erforderlichen Verformungen bis zum Zusammenbiegen des fertiggeformten Werkstückes durchgeführt. Es können auf diese Art ebenfalls Türzargen hergestellt werden. Eine weitere Möglichkeit besteht darin, zwei Profilteile durch Falzbiegen mittels Walzen und Andruckrollen zu verbinden.

Der Nachteil dieses Verfahrens ist der hohe Maschinenaufwand, da für jeden Verformungsschritt eine eigene Walzanlage erforderlich ist.

1.7.1.4 Biegeautomaten

Mit Biegeautomaten kann um einen Biegekern herum nacheinander mit mehreren Werkzeugen die gewünschte Form erzeugt werden.

4 Arbeitsschritte beim Walzprofilieren

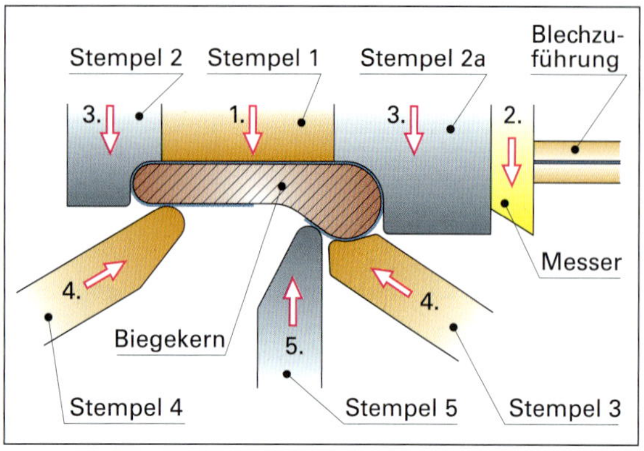

1 Biegeautomat

Arbeitsschritte zu Bild 1

Der zu bearbeitende Werkstoff wird durch eine Blechzuführung gegen einen Anschlag (nicht eingezeichnet) in Position gebracht.

1. Stempel 1 fährt aus und spannt das Werkstück.
2. Das Werkstück wird mit dem Messer abgeschnitten.
3. Stempel 2 und 2a fahren aus und erzeugen eine 90° Biegung.
4. Stempel 3 und 4 fahren aus und setzen die Biegung fort.
5. Stempel 5 vollendet die Biegung rechts.
6. Die Stempel fahren zurück, das Werkstück kann entnommen werden.

1.7.2 Tiefziehen

Als Tiefziehen bezeichnet man das Umformen von flachen Teilen in einseitig offene Hohlteile durch Ziehring und Ziehstempel, nötigenfalls unter Verwendung von Niederhaltern.

Man unterscheidet im Wesentlichen drei verschiedene Arbeitsweisen:

- Tiefziehen mit Formwerkzeugen, wie z. B. Ziehring, Stempel, Niederhalter.
- Tiefziehen mit Wirkmedien, wie z. B. Gase oder Flüssigkeiten.
- Tiefziehen mit Wirkenergie, z. B. Hochgeschwindigkeitsumformen.

Im nachfolgenden Beispiel wird das am weitesten verbreitete Tiefziehen mit starren Werkzeugen beschrieben (vgl. Bild 2).

Wirkungsweise

Zum Tiefziehen wird eine unten offene oder geschlossene Endform (Matrize oder Ziehring) benötigt. Diese hat die äußere Form des tiefzuziehenden Werkstückes als Innenform.

Der zugehörige Formstempel hat als Außenkontur die spätere Innenkontur des Werkstückes.

Beide Werkzeuge müssen an den Ecken abgerundet sein, bei scharfkantigen Werkzeugen reißt der Werkstoff bei der Umformung und kann nicht fließen.

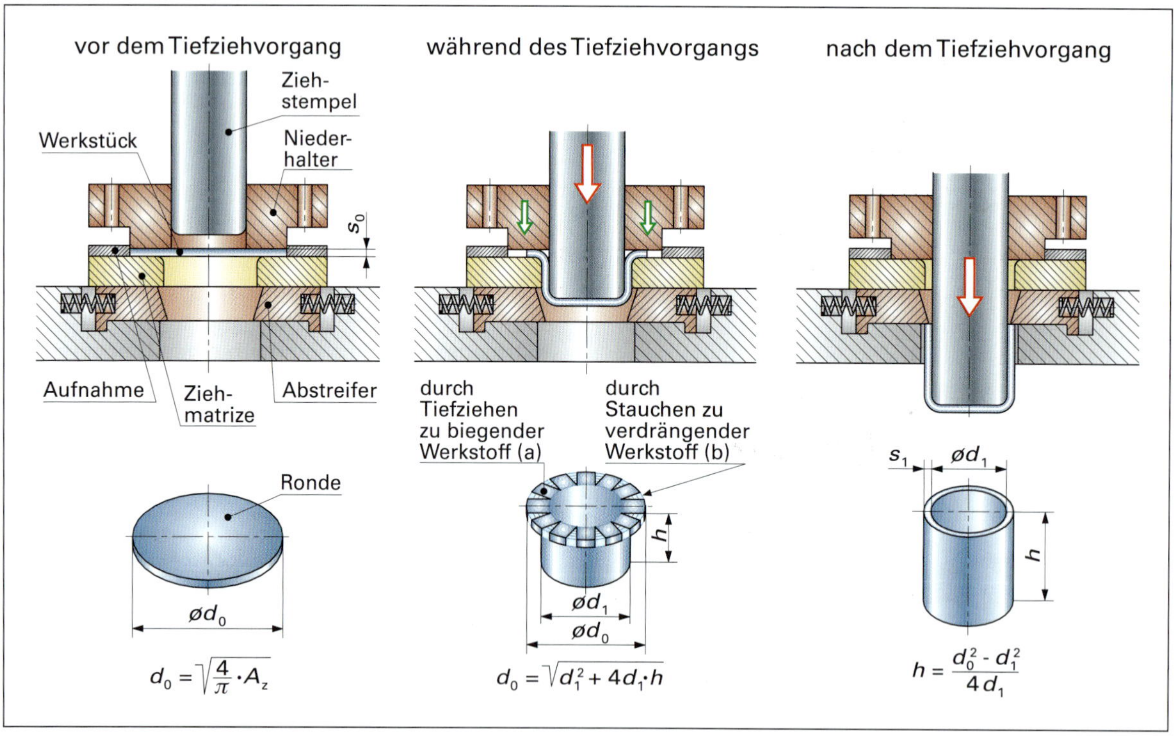

2 Tiefziehen einer Dose: Wirkungsweise

Das zu verformende Blechwerkstück (Ronde) wird zentriert auf die Matrize gelegt, ein Niederhalter hält nur im äußeren Bereich das Blech fest, sodass der nicht eingespannte Teil umgeformt bzw. fließen kann. Der Stempel fährt nun gegen die Ronde und formt die Innenkontur, während die Matrize die Außenkontur des Werkstückes erzeugt.

Dieser Ziehvorgang wird mit **in einem Zug** bezeichnet; sind mehrere Ziehvorgänge mit verschiedenen Werkzeugen nötig, wird von mehreren Zügen gesprochen.

Wird ein Werkstück ganz durch die Matrize geschoben und beim Rückzug abgestreift, wird dieser Vorgang als **Durchzug** bezeichnet. Behalten die Werkstücke am oberen Rand einen Flansch, so darf der Stempel nur bis zu einer bestimmten Tiefe einfahren. Das Werkstück muss mit einem Auswerfer nach oben ausgestoßen werden. Dieser Vorgang wird als **Rückstoßzug** bezeichnet.

Bei Ziehvorgängen bzw. Umformungen treten durch das Verschieben des Werkstoffgefüges zum Teil sehr große Werkstoffwanderungen auf.

In der Darstellung sind die zu verformenden Bereiche a (zu biegender Bereich) und b (Bereich in dem der Werkstoff verdrängt wird) gekennzeichnet.

Für runde Ziehteile können die Maße der Ronde bei annähernd gleichbleibender Blechdicke aus der Oberfläche des Fertigteils (A_z) berechnet werden.

Bei Ziehteilen mit unterschiedlichen Wanddicken z. B. Getränkedosen, Töpfe usw. werden die Summen der Einzelflächenelemente zur Volumenbestimmung zur Rondenberechnung benötigt.
Die Werkstücke erfahren bei dem Tiefziehen große Formänderungen durch Biegen und Verschieben des Werkstoffes. Die Werkstoffe zeichnen sich durch sehr gute Dehnfähigkeiten aus.

Ein weiterer hilfreicher Wert für die Beurteilung der Tiefziehfähigkeit ist die Brucheinschnürung **Z** aus dem Zugversuch. Gut tiefziehfähige Werkstoffe zeigen wenig Neigung zur Einschnürung bei großer plastischer Dehnung.

Im Metallbau wird meist DC04 wegen seiner guten Tiefziehfähigkeit eingesetzt.

Werkstoffe zum Tiefziehen

Ziehwerkstoff Blech aus:	Zugfestigkeit R_m in N/mm²	Bruch-Dehnung A in %	Erreichbares Ziehverhältnis β			Glühtemperatur in °C
			Erstzug	1. Weiterzug		
				ohne Zwischenglühen	mit Zwischenglühen	
DC04	270...350	38	2,0	1,3	1,7	700
X15 CrNiSi25 20	590...740	30...28	2,0	1,2	1,8	700
CuZn28 weich	260...300	50...5	2,1	1,3	1,8	580
Cu95,5 weich	200	45...42	1,9	1,4	1,8	580
Al99,5	70	40...4	1,95	1,4	1,8	350

Arbeitsschritte für ein Werkstück, das in einem Zug hergestellt werden kann

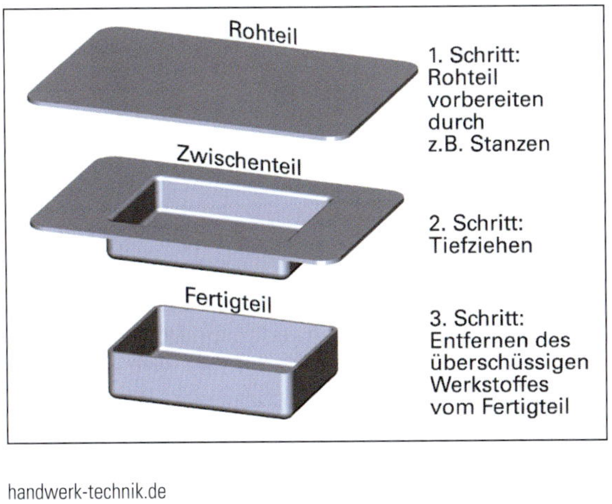

Wichtig sind für ein gutes Ziehergebnis sind
- die guten Zieheigenschaften des Werkstoffes,
- die Wahl des richtigen Ziehspaltes,
- die Radienwahl an der Matrize,
- die Radienwahl am Stempel,
- die Wahl der Blechoberflächengüte,
- die Andruckkraft und Andruckoberfläche des Niederhalters,
- die Wahl des richtigen Zeihschmierstoffes und
- die Wahl der Ziehstufen.

Ist der Ziehspalt zu groß, bilden sich Falten. Ist der Ziehspalt zu klein reißt das Werkstück.

Bei Stahlblech haben sich Ziehspaltweiten von ca. 1,1 bis 1,3 mal Blechdicke bewährt.

Das Ziehverhältnis

Je höher und schlanker das fertige Teil ist, umso stärker muss der Werkstoff umgeformt werden. Aufschluss über den Grad der Umformung gibt das Ziehverhältnis β:

$$\beta = \frac{d_0}{d_1}$$

d_0 = Durchmesser der Ronde in mm
d_1 = Durchmesser des Fertigteils in mm (Stempel)

Beispiel:
Ein Becher mit den Maßen d_1 = 80 mm und einer Höhe h = 50 mm soll durch Tiefziehen aus einem Blech DC04 gefertigt werden.

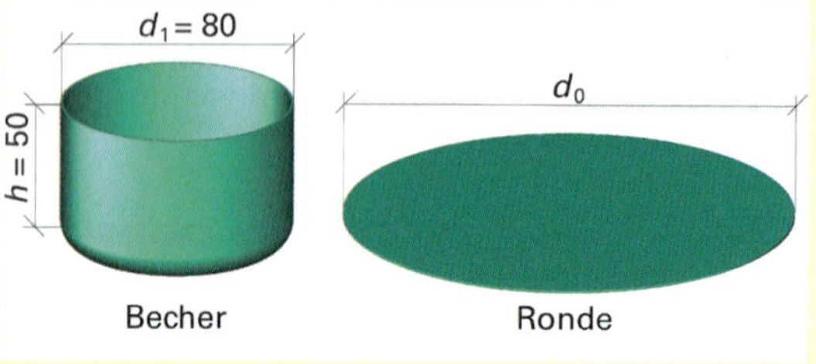

Notwendiger Rondendurchmesser d_0:

$d_0 = \sqrt{(d_1^2 + 4 \cdot d_1 \cdot h)}$

$d_0 = \sqrt{(80^2 + 4 \cdot 80 \cdot 50)}$

d_0 = 149,7 mm

Ziehverhältnis β:

$$\beta = \frac{149{,}7\ \text{mm}}{80\ \text{mm}}$$

β = 1,87

Da das erreichbare Ziehverhältnis von DC04 im Erstzug bei β = 2,0 liegt, kann der Becher in einem Zug gefertigt werden.

Muss der Werkstoff stärker umgeformt werden als es das Ziehverhältnis zulässt, wird in mehreren Zügen umgeformt (Bild 1). Bei den weiteren Zügen verringert sich aber die Dehnfähigkeit die Ziehverhältnisse sind also kleiner als beim Erstzug. Durch Zwischenglühen wird die Umformbarkeit und damit das Ziehverhältnis wieder etwas erhöht (vgl. Tabelle „Werkstoffe zum Tiefziehen“).

Streckziehen ist Tiefen eines Blechzuschnittes mit einem starren Stempel. Das Werkstück wird hierbei am Rand fest eingespannt. Dieses Verfahren wird im Behälterbau angewendet.

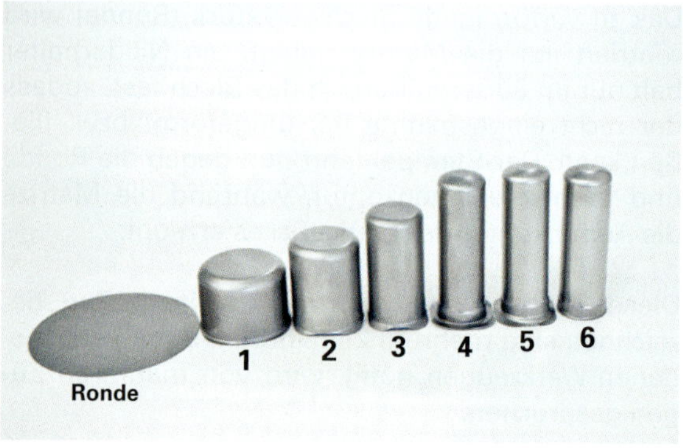

1 Arbeitsschritte für ein Werkstück, das in sechs Zügen hergestellt wird

2 Tiefziehteile

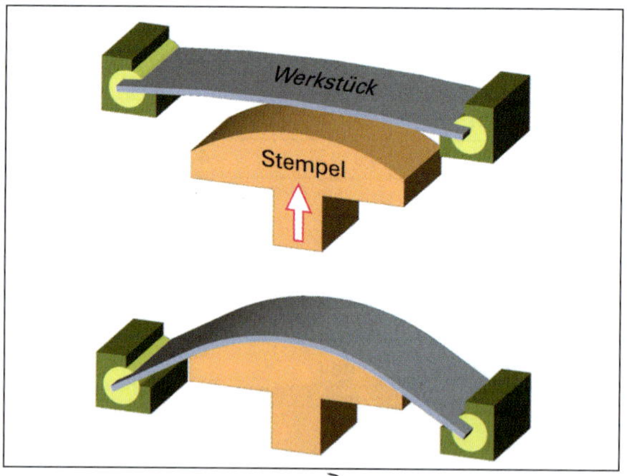

3 Arbeitsbeispiel Streckziehen

Tiefen ist ein Zugumformen zur Erzeugung von Vertiefungen an ebenen oder gewölbten Blechwerkstücken. Bei diesem Verfahren wird die Oberfläche vergrößert bei gleichzeitiger Blechdickenverringerung.

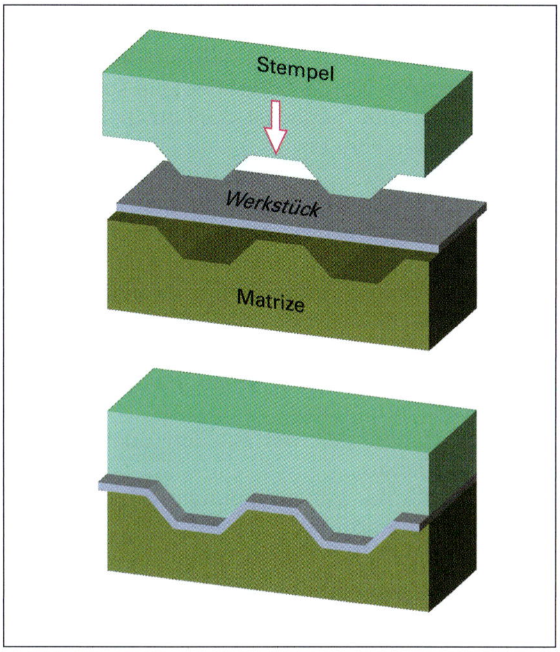

1 Arbeitsbeispiel Tiefen: Herstellen von Leichtbauprofilen

Hohlprägen ist Tiefen zwischen einem Stempel und einem Gegenwerkzeug, die Vertiefungen sind gegenüber den Abmessungen des Ausgangswerkstückes klein.

1.7.3 Fließpressen

Fließpressen gehört zum Druckumformen. Durch ein- oder mehrstufige Massivumformungen entstehen Hohl- oder Vollkörper. Es ist eine Variante des Pressens. Unter sehr hohem Druck wird ein Werkstück durch die Öffnung zwischen einem Presstempel und dem Werkzeugunterteil so zum Fließen gebracht, dass der Werkstoff ohne Längenbegrenzung hindurchgepresst wird (Bild 2 und Bilder 1 und 2, nächste Seite).

Stahlwerkstoffe lassen sich nur in begrenztem Umfang Fließpressen, da die Flächenpressung am Werkzeug 2000 N/mm² bis 2500 N/mm² nicht überschreiten sollte. Bei der Überschreitung dieser Werte wird das Werkzeug selbst verformt und unbrauchbar.

Es werden folgende Verfahren, je nach Fließrichtung, unterteilt:

- **Vorwärtsfließpressen** mit Werkstofffluss in Richtung der Maschine.
- **Rückwärtsfließpressen** mit Werkstofffluss entgegen der Wirkrichtung der Maschine.
- **Querfließpressen** mit Werkstofffluss quer zur Wirkrichtung der Maschine

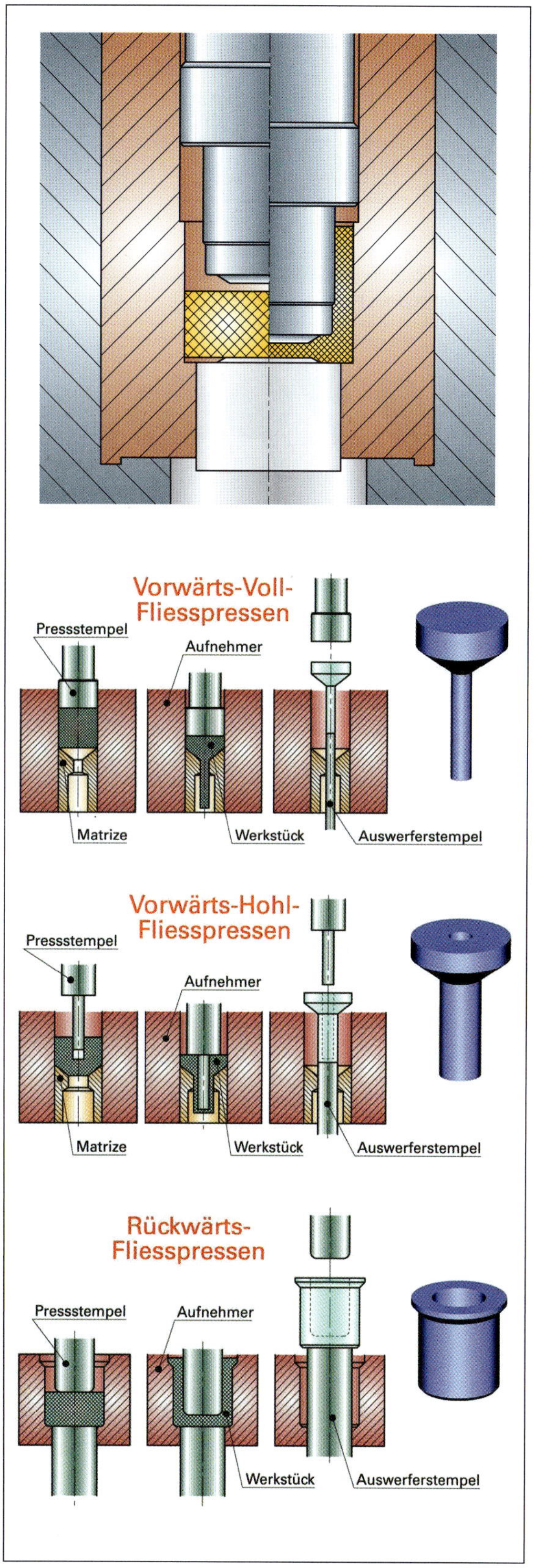

2 Arbeitsbeispiele Kaltfließpressen

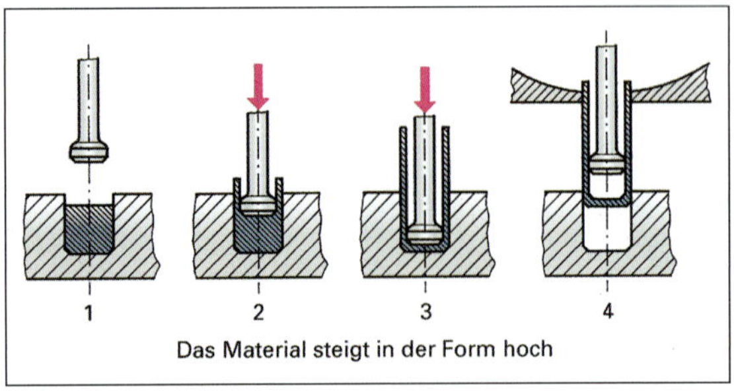

1 **Arbeitsfolge beim Fließpressen**

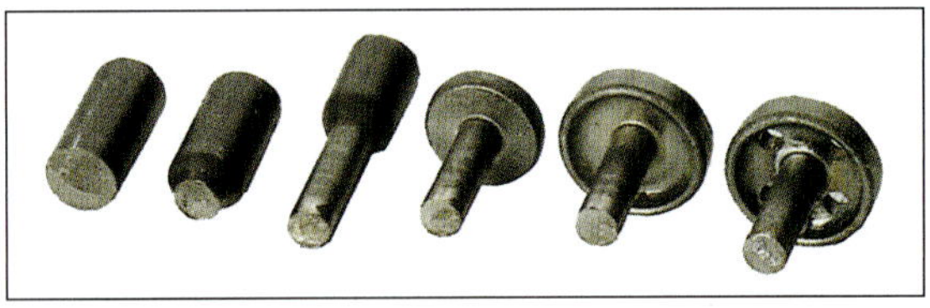

2 **Fließpressen in mehreren Zügen**

Weiterhin wird unterschieden nach den hergestellten Teilen in

- Voll-Vorwärts-Fließpressen,
- Hohl-Vorwärts-Fließpressen oder
- Napf-Vorwärts-Fließpressen

Zu den Fließpressverfahren mit Wirkmedien gehört z.B. das **hydrostatische Fließpressen**. Hier wirkt nicht der Stempel direkt auf das Werkstück, sondern eine Flüssigkeit, die das Werkstück umfließt. Die Flüssigkeit wirkt mit einem Druck von 15000–20000 bar und wird mit Pumpen oder Pressen erreicht.

1.7.4 Versteifen von Blechbauteilen

Durch die Anforderung an kostengünstige und leichte Produkte werden Blechbauteile so konstruiert, dass sie aus möglichst dünnen Blechen hergestellt werden können.

Dünnbleche sind biegeweich, deshalb müssen Versteifungen angebracht werden, welche die Biegesteifigkeit erhöhen, die scharfkantigen Ränder verstärken und Verletzungsgefahren verhindern.

Mögliche Versteifungen sind:

- Klemm- und Steckprofile zur Randversteifung und Blechverbindung.
- Klebeverbindungen mit Profilen oder Blechen (Karosseriebau).
- Schweiß- und Lötverbindungen mit Profilen (Korrosion beachten).
- Umschläge als Randversteifung.
- Flächenversteifungen durch Tiefen und Sicken.

Die im Handwerk am weitest verbreiteten Verfahren zur Aussteifung von Blechbauteilen sind:

Randversteifungen

- Einfacher Umschlag
- Doppelter Umschlag
- Hohlumschlag
- Rollumschlag, Rollumschlag mit Drahteinlage
- Bördeln

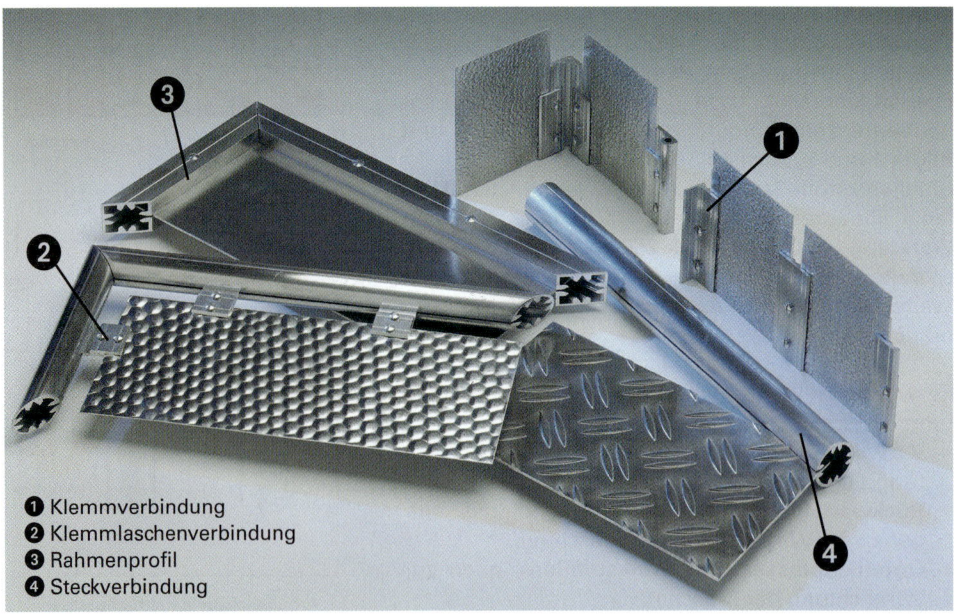

3 **Randversteifungen**

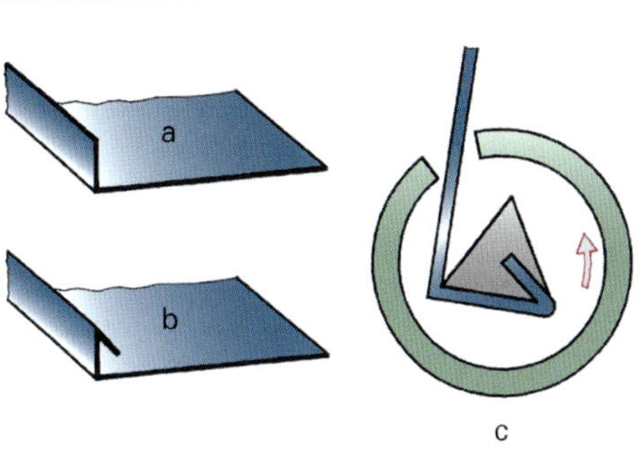

a) Rechtwinkliger Rand, herstellbar an Abkant- oder Schwenkbiegemaschine.
b) Dreikantwulst, herstellbar an einer Dreikantwulstmaschine.

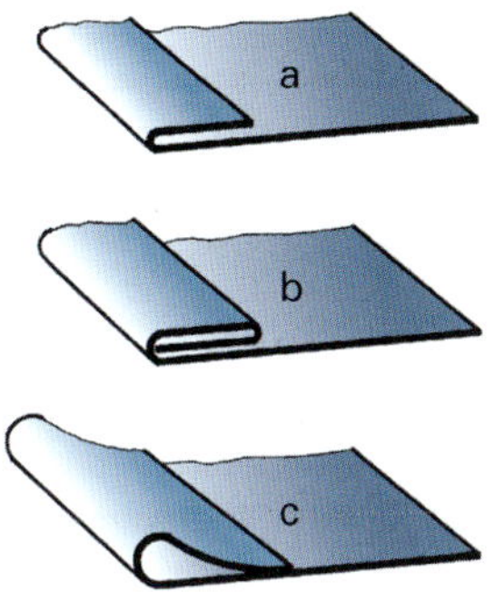

a) einfacher Wulst
b) doppelter Umschlag
c) Hohlumschlag

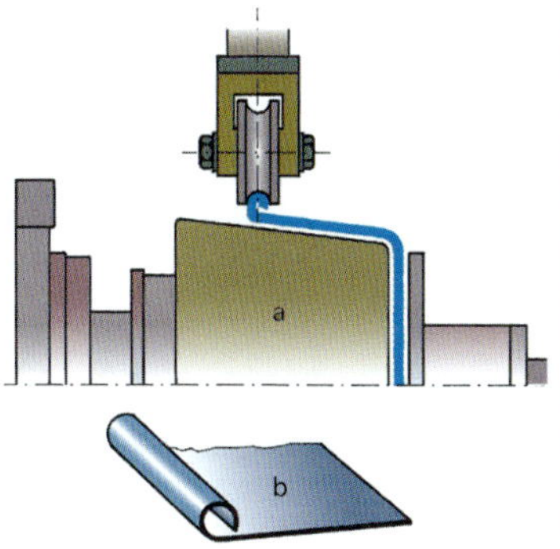

a) Herstellen eines Wulstes auf der Drückmaschine
b) Dieser Wulst wurde auf einer Wulstmaschine hergestellt.

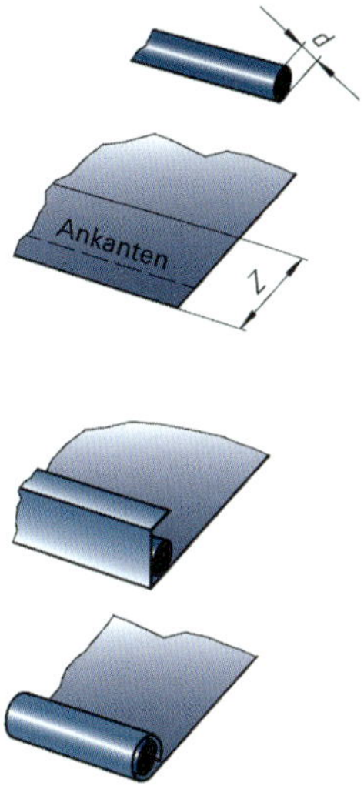

Herstellen einer Drahteinlage:

Blechzuschnitt

Blechzugabe:
Z ~ 2,5 · *d*

Abkanten

fertige Einlage

Bordieren des Werkstückrandes auf der Drückmaschine

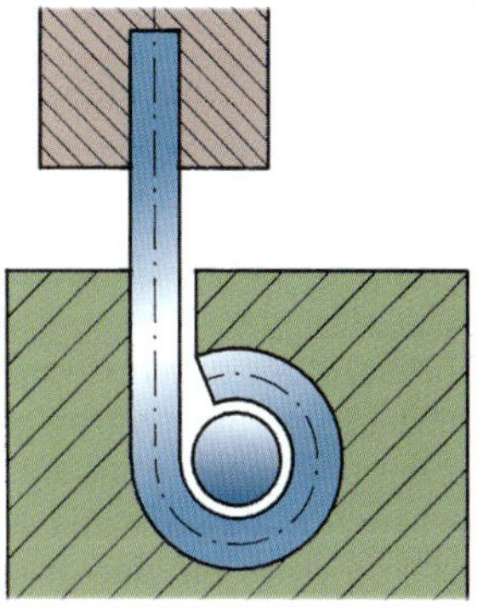

Alternative Fertigung einer Randversteifung mit Drahteinlage

Bördeln von Rohrenden

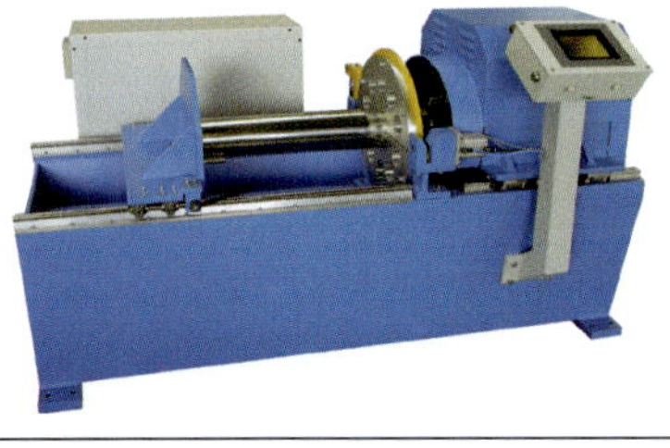

Bördeleinzelanlage für Einrollarbeiten an Rohrenden für Blechdicken von 1.5–2,5 mm und Rohrlängen von 100–1500 mm

1 Randversteifungen

Flächenversteifungen werden hergestellt durch (s. auch Kap. 1.6):

- Sicken,
- Wölben, Kümpeln (für Behälterböden, Kunstgewerbe),
- Bördeln,
- Tiefen (z. B. für Garagentore) (s. Kap. 1.7.2).

Sicken (s. Kap. 1.6)
Die Einflussgrößen für die Versteifungswirkung der Sicken sind:

- Sickenhöhe (hoher Einfluss),
- Sickenbreite (weniger Einfluss),
- Sickenlage und -orientierung (wichtigster Einfluss),
- Sickenwinkel (weniger Einfluss),
- Versickungsgrad (lokal 50 % = maximale Steifigkeit).

Wölben, Kümpeln (s. auch Kap. 1.6)

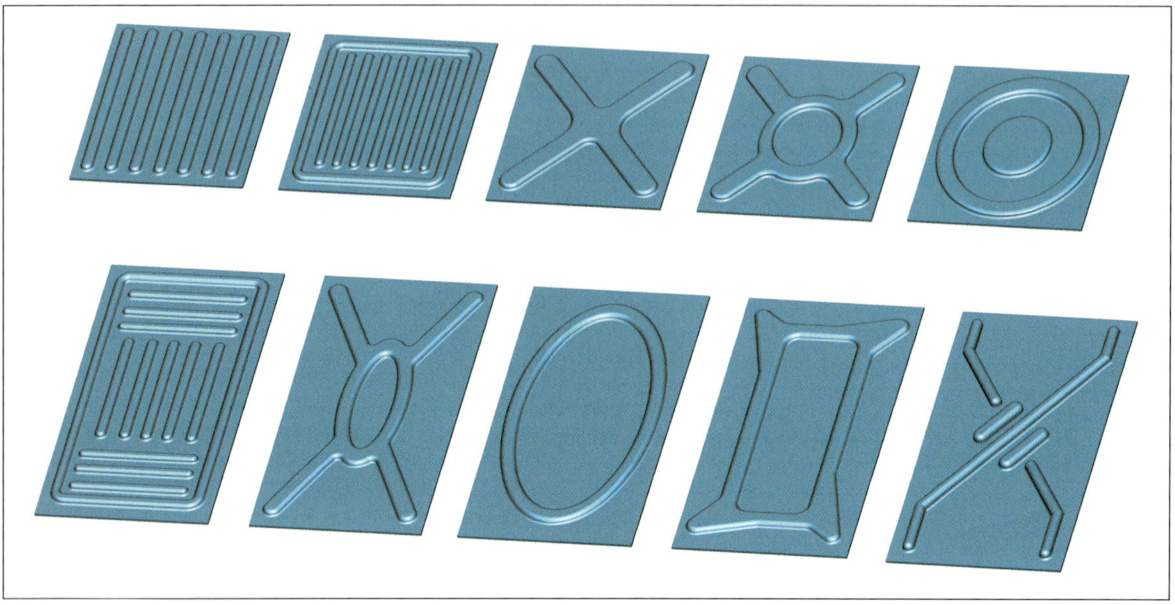

1 Sickenformen (zunehmende Biegesteifigkeit von links nach rechts)

Böden für Kessel, Behälter, Apparate, Rohrleitungs-, Anlagen- und Kraftwerksbau werden warmgepresst oder durch Kümpeln und Bördeln hergestellt. Es werden warm- und kaltformbare Werkstoffe verarbeitet. Eine auf Maß bearbeitete Ronde wird mehrmals auf einer Kümpelpresse bearbeitet (= gekümpelt), bis der gewünschte Radius erreicht ist. Danach wird die gewölbte Scheibe auf einer Bördelmaschine, auf den Millimeter genau, mit dem erwünschten Bord versehen (= gebördelt).

Einige Bodenformen (z.B.: Halbkugeln, Tellerböden, Flachböden, Diffuseurböden) können durch **Warmpressen** hergestellt werden (Bild 2 und 2, nächste Seite).

Die Werkstücke müssen je nach Verformungsgrad zwischengeglüht und nach der Verformung normalgeglüht werden.

Eine abschließende Kantenbearbeitung z.B. für Anschweißkanten erfolgt auf Drehmaschinen oder mittels Plasmabrennen. Für die Verbindung mit zylindrischen Bauteilen kann auch eine Bordeinziehung (Sicken) vorgenommen werden.

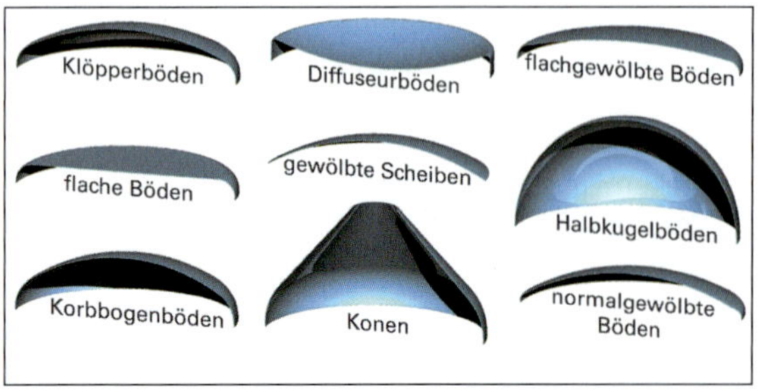

2 Auswahl von industriell gefertigten Bodenformen

Das industrielle Kümpeln wird mit Kümpelpressen über einem Gesenk vorgenommen (Bild 3 und 4). Die Umsetzung des Werkstückes wird mit Manipulatoren (= Handhabungsautomat bzw. -vorrichtung) vorgenommen (s. Bild 4). Sie können das Werkstück neigen und drehen.

Bördeln (s. auch Kap. 1.6)

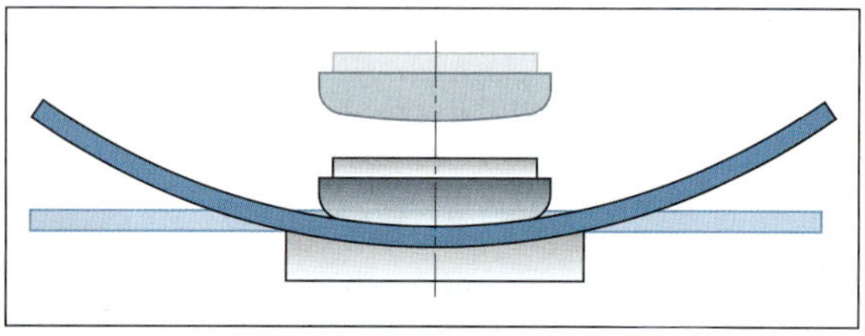

3 Arbeitsvorgang Kümpelmaschinen

4 6000 MN (600 t) Kümpeleinheit mit Kümpelpresse und Manipulator

Das industrielle Bördeln erfolgt an Bördelmaschinen im kalten oder im warmen Zustand. Je nach Ausformung werden abgerundete Kegelwalzen oder kugelförmige Druckwalzen eingesetzt. Es wird mit oder ohne Stützrollen gebördelt.

Bördelmaschine

Detail Walze

Bördelvorgang ohne Stützrollen

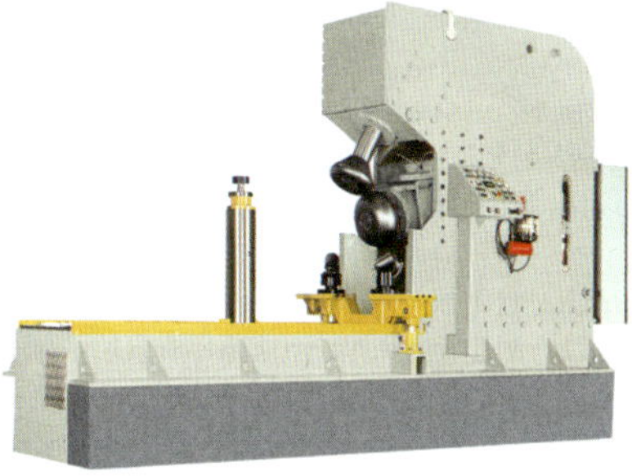
Bördelmaschine mit Stützrollen

Stützrollen

Stützrolle

1 Bördelmaschinen für Behälterboden

Bödenherstellung durch Warmpressen
(s. auch Kap. 1.7.2)
Die Ronden werden im Glühofen erwärmt und mit Großpressen mit einem geformten Stempel durch eine Matrize gepresst.

2 Warmpressen von Behälterböden

Beispiele für industriell gefertigte Behälterböden

3 Tankwagen

4 Druckbehälter

1.8 Fügen von Blechbauteilen

Blechbauteile können
- lösbar oder unlösbar,
- durch Kraft-, Form-, oder Stoffschluss

verbunden werden.

Blechbauteile werden häufig durch Umformen gefügt.

1.8.1 Falzen

Durch Falzen werden dünne Blechbauteile ohne Verbindungsmittel unlösbar formschlüssig miteinander verbunden.
Hierbei werden die Blechränder, die durch Umschläge, Schweifen oder Bördeln vorbereitet wurden, zusammengehakt, zusammengedrückt und gekröpft bzw. durchgesetzt. Die Bauteile sind so gegen Lösen gesichert.
Typische Falzverbindungen sind zu finden bei Blechdosen, Rohrverbindungen, Rohrisolierungen, Lüftungskanälen, Bedachungen und Fassadenverkleidungen.
Die Bauteile werden von Hand mit Falzwerkzeugen oder mit Maschinen vorbereitet, anschließend ineinander gesteckt und geschlossen.
Standardisierte Dosen werden maschinell hergestellt und in den Abfüllanlagen luft- und flüssigkeitsdicht verschlossen.
Bei großen Werkstücken, wie Lüftungskanälen und Blechdächern, wird wegen der unterschiedlichen und großen Maße zum Schließen mit Handfalzmaschinen, Falzhammer oder Falzzange gearbeitet. Zusätzliche Abdichtungen lassen sich durch Klebstoffe oder Dichtungsbänder erzielen.

1 Lüftungsanlage aus verzinktem Stahlblech, gefalzt

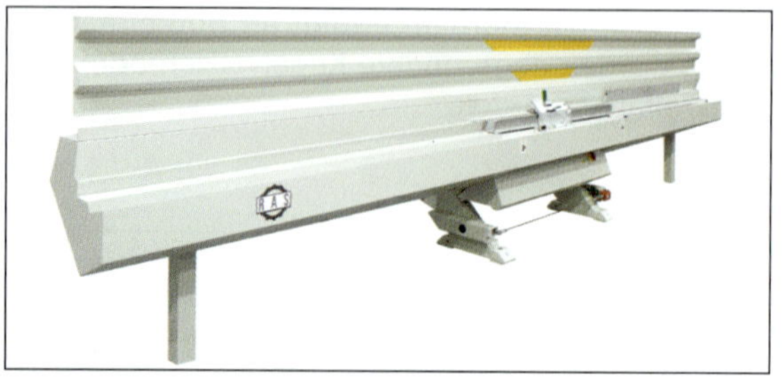

2 Kanalfalzmaschine mit Blechleitsystem

Bei der Vorbereitung und Herstellung der Falzverbindungen ist zu beachten, dass hier Biegevorgänge stattfinden, die 180° und Rückbiegungen bei kleinen Biegeradien beinhalten. Wichtig sind also die Werkstoffauswahl, die evtl. vorhandene Beschichtung, die Wahl des Biegeradius und die Walzrichtung der Bleche.

Die Falzverbindung hat gegenüber den Kraft- und Stoffschlussverbindungen herausragende **Vorteile**:
- Kein Verzug durch Wärmeeinwirkung.
- Keine Beschädigung der Oberflächen. Kunststoffbeschichtete und verzinkte Bleche lassen sich verbinden, da eine Umformung im kalten Zustand erfolgt.
- Keine überstehenden Verbindungselemente.
- Keine Zerstörung der Verbindung durch Wärmeeinfluss wie z. B. bei Klebeverbindungen.
- Falze versteifen Blechflächen zusätzlich.
- Keine zusätzlichen Verbindungsmittel notwendig.

1.8.1.1 Herstellung von Falzverbindungen

Liegender Falz		
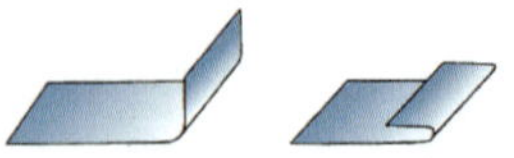	Anbiegen durch an- und umkanten des Bleches	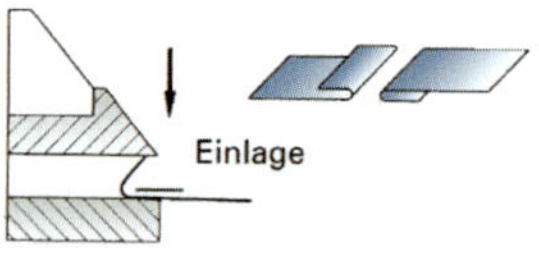
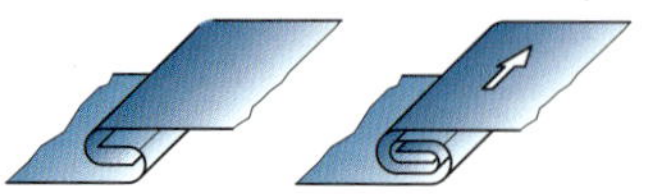	Einhaken des einfachen, einschieben des doppelten Falzes	
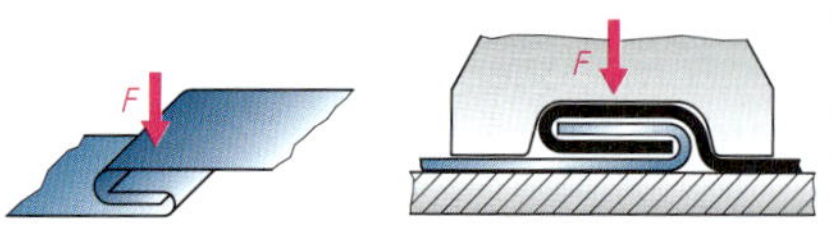	Zusammen- bzw. dichtschlagen, drücken oder Durchsetzen des einfachen Falzes oder eines Doppelfalzes.  per Hand	 maschinell

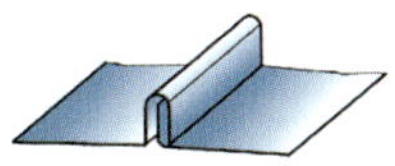

Zusammendrücken eines Stehfalzes an einem Lüftungsrohr mit elektrisch betriebener Handfalzschließmaschine.

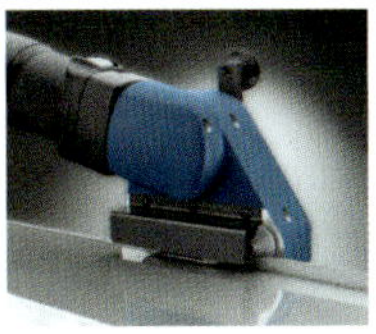

Pittsburghfalz für Lüftungskanal

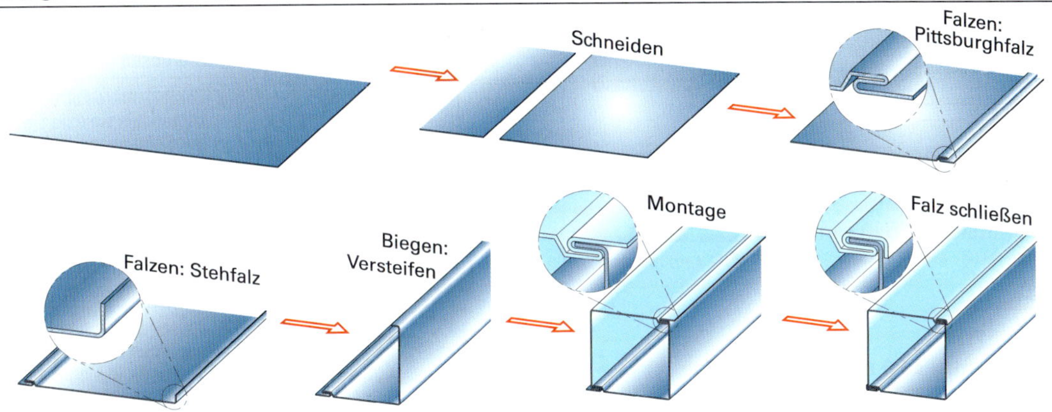

Das Erzeugnis bestimmt die Falzart.
Die Falze werden unterschieden:

- Nach der Art der Umschläge in
  - einfache und doppelte Falze.
- Nach der Lage in
  - Liege- und Stehfalze.
- Nach der Verwendung in
  - Rohr-, Längs- oder Zargenfalz,
  - Mantel-, Boden-, Eckfalz, amerikanische Falz (Spezialfalz) und
  - Schnappfalz

Falzbreiten für Längsfalze betragen je nach Werkstückgröße 5 bis 10 mm, bei Mantel-, Boden-, und Eckfalzen 4 bis 5 mm. Zu große Falzbreiten wirken unschön und erfordern breite Bördel- oder Schweifränder.
Falze für Lüftungskanäle, Fassadenelemente und Dacheindeckungen können wesentlich größer ausfallen.
An die Fassadenfalze lassen sich ohne Beschädigung gut Werbetafeln oder Lampen befestigen. An den Falzen von Dacheindeckungen können mit Klemmelementen z. B. Antennenhalterungen oder Solarelemente befestigt werden.

1.8.1.2 Falzarten

Die folgenden Darstellungen geben einen Überblick über die gebräuchlichen Falzarten.

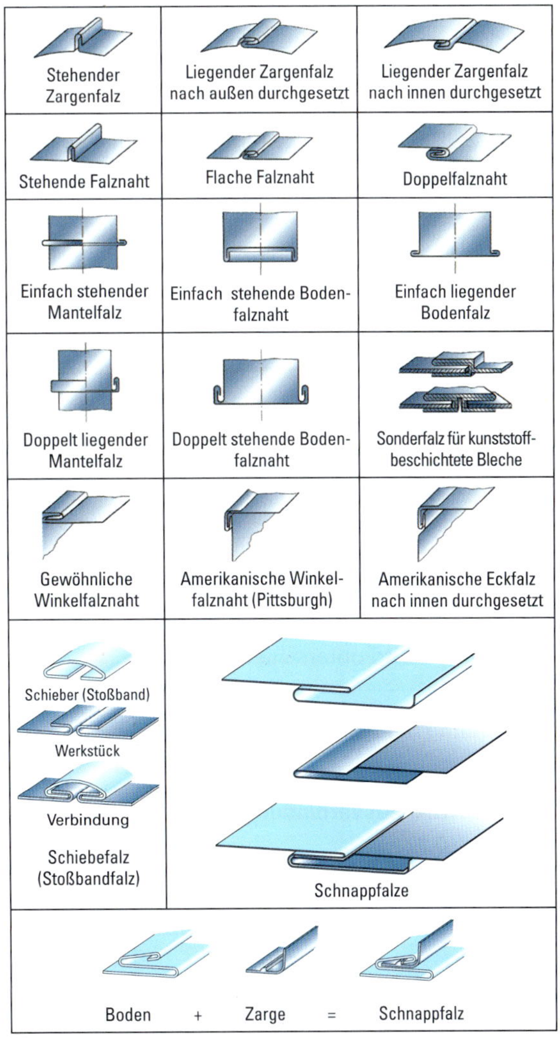

1.8.1.3 Berechnungen zum Falzen

Beispiel:
Lüftungskanal 1 mm Stahlblech,
Falzbreite $b = 10$ mm.

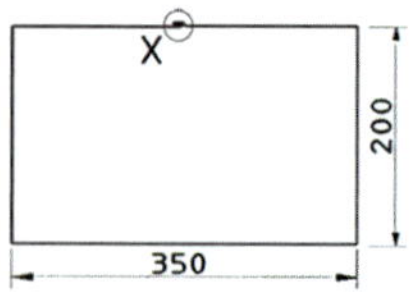

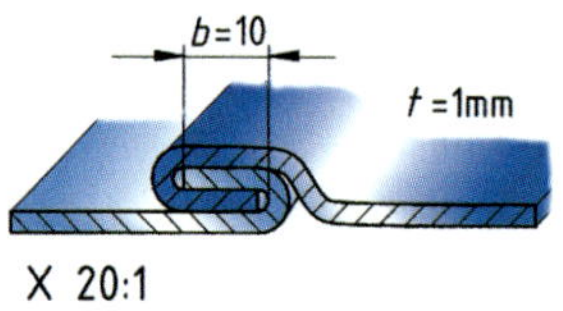

Gesucht:
a) Falzzugabe Z in mm
b) Zuschnittslänge B in mm

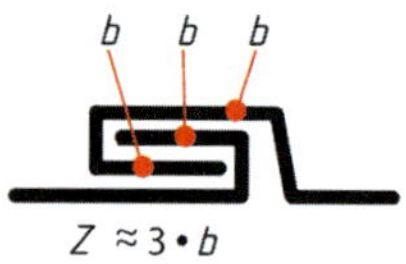

Lösung:

a) $Z = 3 \cdot b$

$Z = 3 \cdot 10\ \text{mm} = \mathbf{30\ mm}$

b) $L = \sum l_a - n \cdot v + Z$

($\sum l_a$: Summe aller Außenmaße; n: Anzahl der Kantungen; v: Verkürzung; Z: Falzzugabe)

$v = 2 \cdot t$ $\quad v = 2 \cdot 1\ \text{mm} \rightarrow \mathbf{v = 2\ mm}$

$B = 2 \cdot 200\ \text{mm} + 2 \cdot 350\ \text{mm} - 4 \cdot 2\ \text{mm} + 30\ \text{mm}$
$\mathbf{B = 1122\ mm}$

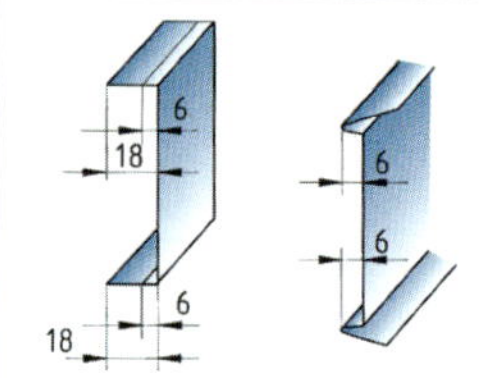	1. Blech im 18 mm Kantenabstand anreißen und im Winkel von 90° abkanten. Falzzugabe 3 · 6 = 18 mm 2. Gekanteter Rand 12 mm einspannen und so weit wie möglich im spitzen Winkel kanten.
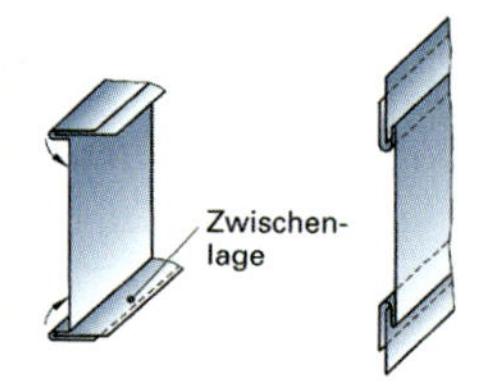	3. Zwischenlage einlegen (ca. 1,5 mm) und den Falz zudrücken 4. Vorgerichtete Falze soweit kanten, bis sie eine Linie mit der Seitenwand bilden
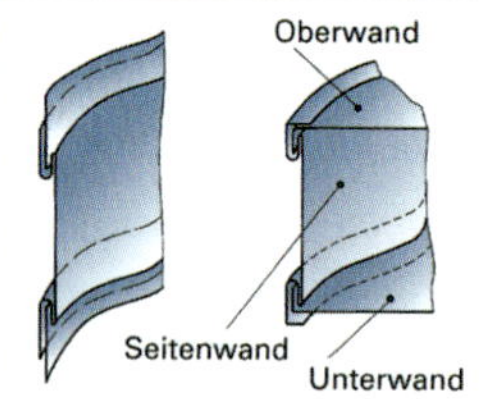	5. Seitenteil mit Zwischenlage auf der Rundmaschine nach vorgegebenem Krümmungsradius runden 6. Zwischenlage entnehmen, zugeschnittene Ober- und Unterwände einfügen und Rand umschlagen

1 Arbeitsbeispiel Falzen

Aufgabe

Berechnen Sie den Zuschnitt für ein gefalztes Rohr mit $d = 150$ mm inklusive der Falzzugabe.

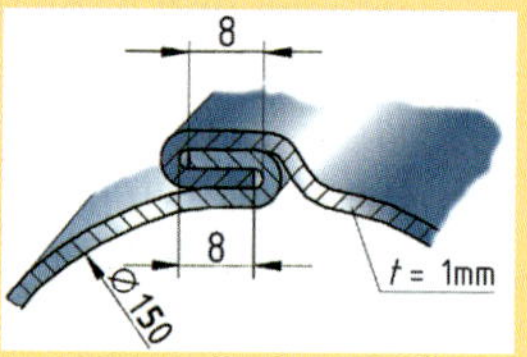

1.8.2 Nieten

Nieten ist das älteste dauerhafte Fügeverfahren und findet vorwiegend im Schiffs-, Kessel- und Stahlbau, sowie im Leichtmetallbau (Flugzeugbau) Verwendung. Durch die Entwicklung der Schweißtechnik wurde es weitgehend verdrängt.

Das Warmnieten ist nur bei Instandsetzungs- und Reparaturarbeiten z. B. an Schleusentoren und alten Brücken üblich.

Das Nieten ist heute auf Sondergebiete des Metallbaus beschränkt, beispielsweise im Feinblechbau, Leichtbau und Fahrzeugbau.

Beim Nieten wird unterschieden in:

Verbindung beidseitig zugänglich				**Verbindung einseitig zugänglich**
Mit zusätzlichem Verbindungselement			**Ohne Verbindungselement**	**Mit zusätzlichem Verbindungselement**
Warmnieten Ab 10 mm ∅	**Kaltnieten** Bis 10 mm ∅	**Clinchnieten**	**Clinchen**	**Blindnieten (Hohlnieten)**
Kraftschluss + Formschluss	Formschluss	Kraftschluss + Formschluss	Kraftschluss + Formschluss	Formschluss

Zugehörige Verbindungselemente:
- Warmnieten: Halbrundniet, Senkniet, Linsenkopfniet, Flachrundniet
- Kaltnieten: Halbrundniet, Senkniet, Linsenniet, Flachrundniet, Halbhohlniet
- Clinchnieten: Clinchniet
- Clinchen: Kein zusätzliches Verbindungselement
- Blindnieten (Hohlniete): Spreiz – Blindniet, Dicht – Blindniet, Presslaschen – Blindniet, Blindniet mit konusförmigem Dornkopf, Blindniet mit rundem Dornkopf,Planbruch – Blindniet mit speziellem Setzkopf

1.8.2.1 Warmnieten

Arbeitsfolge

Die Bilder 1 und 2 zeigen verschiedene Nietformen und die Arbeitsfolge für den Einbau von Nieten.
- Bleche richten.
- Vorbereiten der Bohrungen:
  bei Blechnieten 0,1...0,5 mm, bei Stahlbaunieten 1 mm größer als Nietdurchmesser bohren und Entgraten (bei gestanzten Löchern kleiner Stanzen und nachfolgend 2 mm aufreiben).
- Nietschaftlänge berechnen.
- Arbeitsgeräte bereitlegen: Setzstock oder Gegenhalter, Nietenzieher, Schellhammer oder Döpper, Hammer oder Presslufthammer etc.
- Erwärmen des Nietes auf 1250...1300 °C (= Weißglut) und anschließendes Entzundern.
- Einsetzen des Nietes in das Nietloch und den Gegenhalter oder Setzstock aufpressen.
- Einziehen und Zusammendrücken der Bleche mit dem Nietenzieher (Bild 2a).
- Schaft aufstauchen bis der Niet das Nietloch ausfüllt, das Nietschaftende wird verdickt (Bild 2b). (Es entsteht Formschluss zwischen Kopf und Blech sowie Schaft und Bohrung).
- Schließkopf vorbilden durch Schläge auf den Rand des angestauchten Schaftes (Bild 2b).
- Schließkopf formen durch Schläge auf den aufgesetzten Kopfmacher bzw. Döpper (Bild 2c). (Es entsteht Kraftschluss durch das Anstauchen und das Schrumpfen des Schaftes bei Abkühlung zwischen den Nietköpfen und den Blechen).
- Kontrolle: Ein an den Nietkopf gelegter Gegenstand z. B. eine Mutter oder Scheibe darf sich nicht durch leichte Schläge auf der gegenüberliegenden Kopfseite des Nietes „wegschießen" lassen.

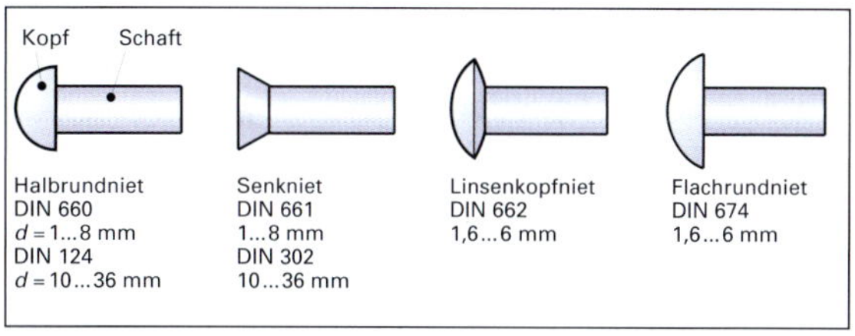

1 Nietformen

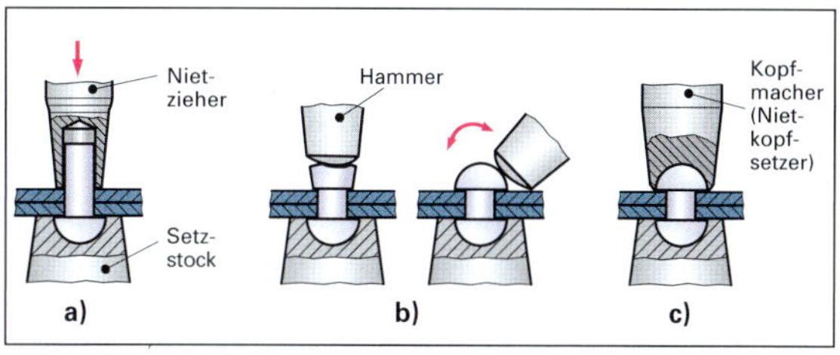

2 Arbeitsbeispiel

Berechnungen zum Nieten

Die Blechdicke einer Verbindung hängt von den wirkenden Kräften ab und wird durch Berechnungen festgelegt. Die Größe der Kräfte und die Blechdicken bestimmen den Nietdurchmesser *d* und die Nietschaftlänge *l*. Mithilfe einer Faustformel kann der Nietdurchmesser berechnet werden. Die Nietschaftlänge errechnet sich aus der Summe der Einzelblechdicken und Zuschlägen, die sich aus der Kopfform der Niete ergeben. Aus Sicherheitsgründen (lose Nietverbindungen) wird die Tragfähigkeit der Nietverbindung durch Nachrechnen der Abscherfestigkeit überprüft.

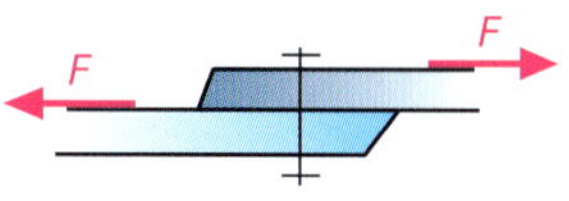

Berechnung des Nietdurchmessers *d* und der Nietschaftlänge *l*

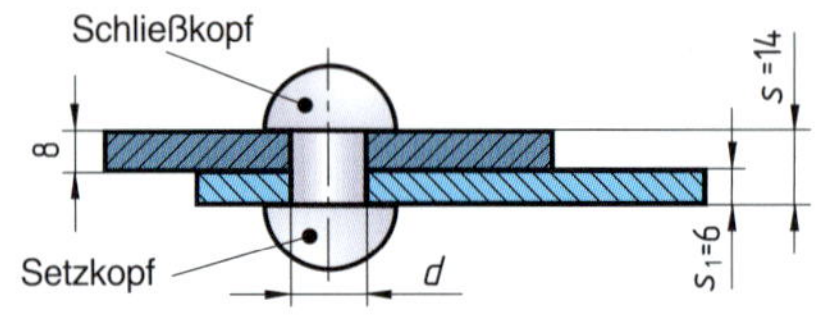

Berechnen mit Faustformeln

Faustformel für den Nietdurchmesser *d*

$d \approx \sqrt{50\ \text{mm} \cdot t_{min}} - 2\ \text{mm}$

$d \approx \sqrt{50\ \text{mm} \cdot 6\ \text{mm}} - 2\ \text{mm}$

$d \approx \sqrt{300\ \text{mm}^2} - 2\text{mm}$

$d \approx 15{,}3\ \text{mm} \Rightarrow$ gewählt 15 mm

Nietschaftlänge für Halbrundniet

Faustformel für die Nietschaftlänge *l*

Halbrundniet:	$l = 1{,}1 \cdot s + 1{,}3 \cdot d$ (bis ∅ 20)
Senkkopfniet:	$l = 1{,}1 \cdot s + 0{,}5 \cdot d$
Linsensenkkopfniet:	$l = 1{,}1 \cdot s + 0{,}7 \cdot d$
	s = Klemmlänge

Auswahl der Nietschaftlänge:
→ Halbrundniet
$l = 1{,}1 \cdot S + 1{,}3 \cdot d$
$l = 1{,}1 \cdot 14\ \text{mm} + 1{,}3 \cdot 15\ \text{mm}$
$l = 34{,}9\ \text{mm}$

Berechnen der Tragfähigkeit über die Abscherfestigkeit τ_{aB}

Nietwerkstoff S233JR
($\tau_{aB} = 0{,}8 \cdot R_m$, $\tau_{aB} = 0{,}8 \cdot 340\ \frac{\text{N}}{\text{mm}^2}$, $\tau_{aB} = 272\ \frac{\text{N}}{\text{mm}^2}$)

$$F_{max} = \tau_{aB} \cdot S$$

Max. Abscherkraft in N = Scherfestigkeit in $\frac{\text{N}}{\text{mm}^2}$ · Querschnittsfläche in mm²

$F_{max} = 272\ \frac{\text{N}}{\text{mm}^2} \cdot \frac{(15\ \text{mm})^2 \cdot \pi}{4}$

$F_{max} = 48\,066\ \text{N} \Rightarrow F_{max} =$ **48,1 kN**

Nietfehler und Abhilfe

Grat oder Bohrspäne zwischen den Blechen	Bohrung zu tief entgratet oder gesenkt	Bohrungen versetzt, nicht nachgerichtet, Nietquerschnitt ist in der Nietmitte geschwächt, Festigkeit der Verbindung ist geringer	Niet zu lang, Kopfmacher zu klein
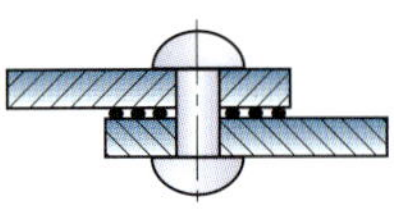	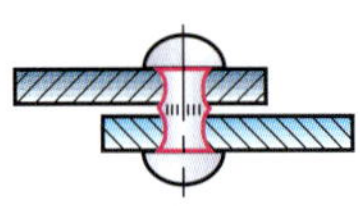	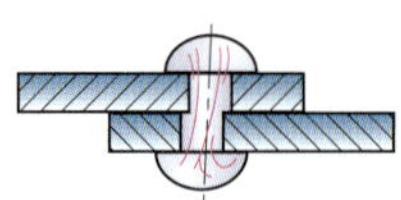	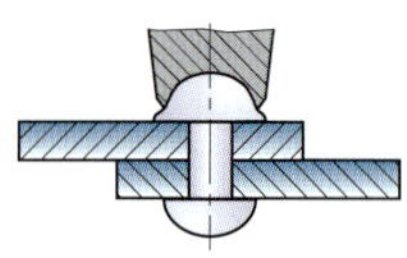
Bohrlöcher vorher Entgraten.	*Entnieten, Bohrungen bei Einzelniet vergrößern auf neuen Nietdurchmesser nur leicht Entgraten.*	*Entnieten, Bohrungen bei Einzelniet vergrößern (Nachreiben) auf neuen Nietdurchmesser.*	*Entnieten, Nietlänge und Werkzeugauswahl beachten.*
Zu wenig eingezogen	Bohrung zu groß, wird beim Stauchen nicht ausgefüllt, evtl. Schließkopf zu klein	Bleche nicht gerichtet	Niet zu kurz, Schließkopf wird zu klein, Kopfmacher beschädigt Blech.
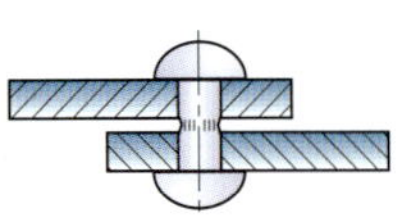	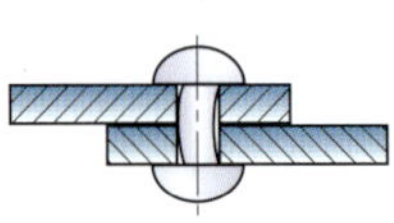	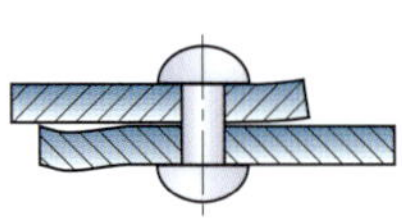	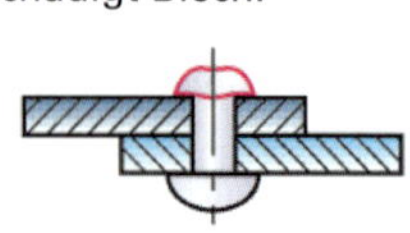
Entnieten, Bleche richtig einziehen, evtl. Spannmittel einsetzen.	*Ausschuss. Bei Einzelniet evtl. größeres Niet einsetzen.*	*Entnieten, Bleche richten, neu nieten.*	*Evtl. Ausschuss Entnieten, mit richtigem Niet neu vernieten.*

Weitere mögliche Nietfehler:
- Bohrung schief → Kopf einseitig.
- Kopfmacher zu groß → Kopfmacher beschädigt das Blech.
- Kopfmacher schräg aufgesetzt → Kopfmacher beschädigt das Blech.
- Zu stark eingezogen → Bleche beulen sich zwischen den Nieten hoch.
- Falsche Nietfolge → Bleche strecken sich und liegen nicht mehr an.

Beim Nieten ist verantwortungsvolles Arbeiten erforderlich, da die Fehler beim Bohren, Senken, der Nietlängenberechnung, dem Einziehen und Schlagen, im Gegensatz zu anderen Arbeitsverfahren, zum Teil nicht oder nur schwer erkennbar sind.

Lösen von Nietverbindungen
Bei Reparaturarbeiten und fehlerhaften Nietverbindungen müssen die Verbindungen wieder gelöst werden. Der Niet wird hierbei zerstört.

Arbeitsfolge
Niet „abbohren" (Nietkopf mit kleinerem Durchmesser als der Schaft aufbohren), danach Nietkopf mit Nietquetscher (einseitig angeschliffener Meißel) und Vorschlaghammer abschlagen, mit einem passenden Bolzen austreiben.
Bei Nietverbindungen von dünnen Blechen, wie Verkleidungen, kann auf das Aufbohren verzichtet werden. Hier wird direkt mit dem einseitig angeschliffenen Meißel der Nietkopf entfernt, der Niet mit einem Durchschlag ausgetrieben. Nach der Entfernung des Bleches kann ein neues Blech angepasst werden. Die alten Nietbohrungen sollten stets um mindestens 2 mm aufgebohrt werden. Die Nietung des Bleches sollte immer von der Mitte nach außen erfolgen.

Reparatur oder Rekonstruktion von Nietverbindungen
Unter Denkmalschutz stehende Stahlkonstruktionen (Bild 1) erfordern eine regelmäßige Sanierung. Die zu ersetzenden Nietverbindungen wurden durch erneutes Einsetzen von Nieten oder Nietkopfschrauben repariert.

1 Sanierter Hauptbahnhof Frankfurt

2 Stahlkonstruktion Bahnhofshalle Salzburg

Im Fall der historischen Bahnhofshalle in Salzburg (Bild 2 und 3) wurde die gesamte Stahlkonstruktion (bei laufendem Bahnbetrieb) demontiert, saniert und wiedererrichtet. Die Verstärkungs- und Orginalkonstruktionen in dieser Bahnhofshalle wurden durch 25000 Nietschrauben verbunden.

3 Auflager der Stahlkonstruktion

Die Köpfe einer Verbindung mit Nietschrauben (HV-Schrauben) sind den Nietköpfen ähnlich und entsprechen den Anforderungen des Denkmalschutzes (Bild 4).

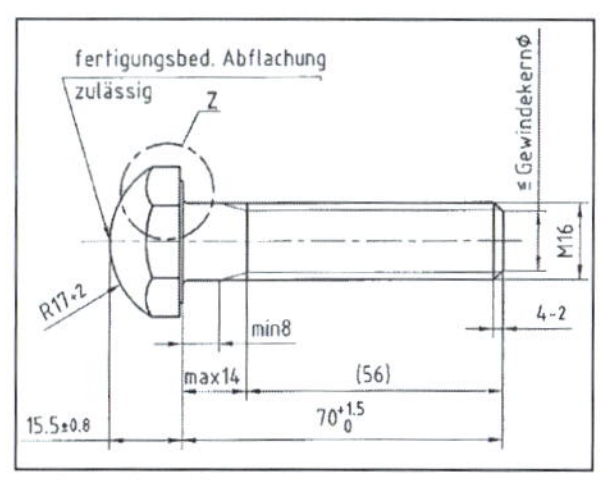

4 Nietkopfschraube/Schraubniet

1.8.2.2 Kaltnieten

Beim **Kaltnieten** werden, im Gegensatz zu herkömmlichen Nietverfahren, auch Niete aus nichtrostendem Stahl, Aluminium, Kupfer, Titan und Legierungen eingesetzt.

Nietformen für das Kaltnieten
Halbrundniet, Senkniet, Linsenniet, Flachrundniet, Halbhohlniet, Sonderniete.

Beim Kaltnieten wird die Presskraft der Verbindung ausschließlich über das Formen des Kopfes aufgebracht.
Herstellung:
- Bleche richten.
- Mit einem „Nietenzieher" wird vorher das zu verbindende Paket gestaucht und gehalten.
- Vorbereiten der Bohrungen, Durchmesser ca. 5 % bzw. 0,1...0,2 mm größer als der Schaftdurchmesser des Nietes.
- Herstellen der Senkung.
- Entgraten der Bohrungsränder.
- Niet setzen.

- Gegenhalter ansetzen.
- Kaltnietung durchführen:
  - In der Einzelfertigung mit Döpper (a) und Handhammer (b) oder mit Nietmaschinen, die hämmernd, quetschend in rollenden oder taumelnden (c) Bewegungen den Nietkopf formen.
  - In der Industrie werden Nietmaschinen eingesetzt.

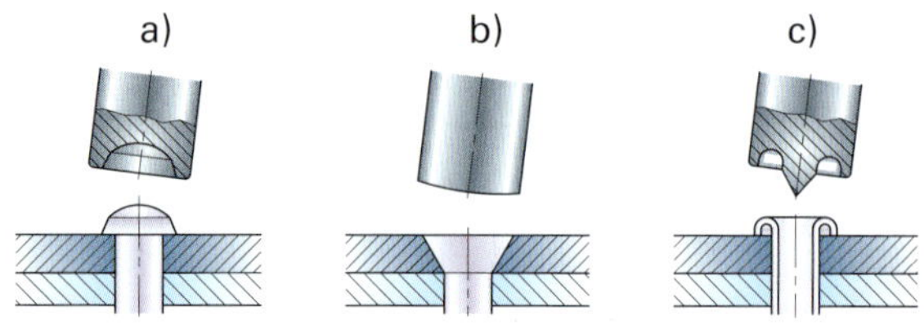

Halbhohlstanzniet, Vollstanzniet

Vernieten eines Stanznietes/Vollnietes

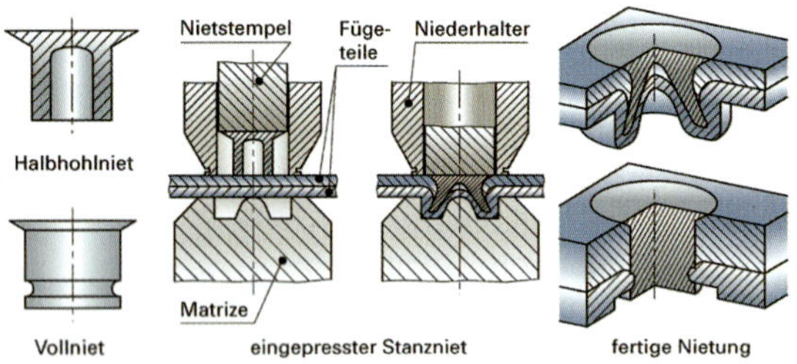

Beim Halbhohlstanznieten werden die zu vernietenden Bleche ohne Vorbohrung durch den Niederhalter vorgespannt und ein Halbhohlstanzniet zwischen Nietstempel und Matrize gedrückt.

Der Vollstanzniet wird von der Stempelseite selbststanzend gegen die Matrize gedrückt, es wird nur das Blech verformt.

1.8.2.2.1 Ähnliche Verfahren

Schließringbolzen

Vernieten eines Schließringbolzens

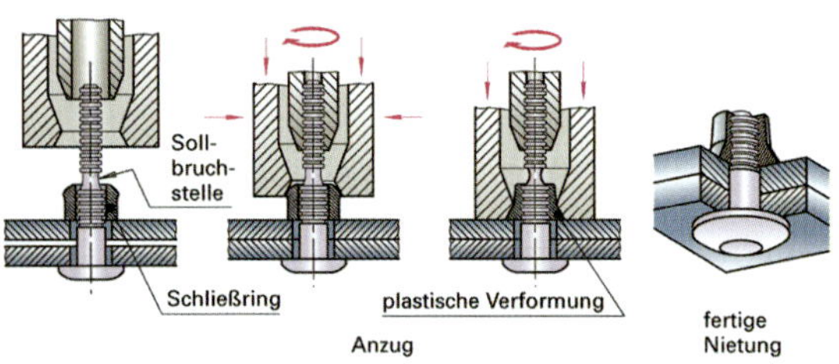

Dieses Verfahren erfordert vorgelochte Bleche. Durch diese wird von der einen Seite der Bolzen eingeführt. Von der anderen Seite wird der Schließring aufgeschoben. Der Bolzen mit Sollbruchstelle wird gegen die Bleche gezogen und der Schließring durch plastische Verformung, bei gleichzeitigem Zusammendrücken der Bauteile um den Bolzen geformt. Nach erfolgter Verformung wird der Bolzen oberhalb des Schließringes abgerissen.

Nietmutter und Nietbolzen

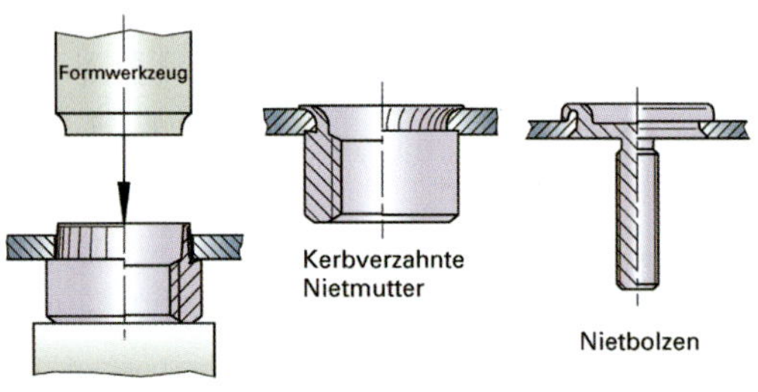

Hier werden Nietmutter oder -bolzen von einer Seite in eine vorgefertigte Bohrung geschoben und gehalten. Von der Gegenseite wird der Kragen mittels Werkzeug genietet.

Stanzmutter und Stanzbolzen

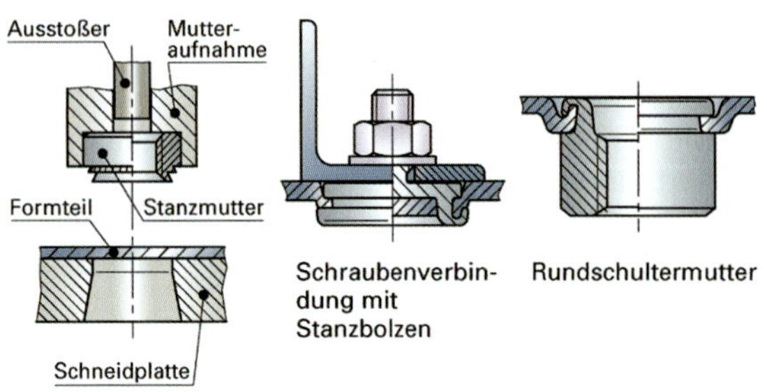

Mutter oder Bolzen haben eine Schneidkante, die über einer Schneidplatte in das ungelochte Blech gedrückt werden. Eine Ronde wird ausgeschnitten, durch den Ausstoßer durch die Schneidplatte ausgeworfen und die Mutter durch einen Gegenhalter an der Oberseite eingedrückt sowie an der Unterseite am Rand der Stanzung verformt.

1 Nietsonderformen

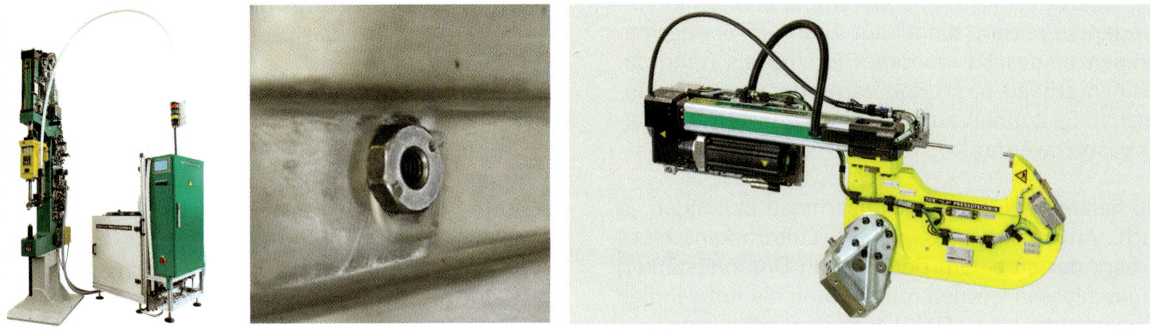

Anlage zum Einpressen von selbstgestanzten Muttern | Nietzange zum Betrieb an einem Roboter

1 Nietgeräte zum Clinchnieten

Es gilt stets der Grundsatz: Die Niete müssen aus dem gleichen Werkstoff wie die zu verbindenden Bauteile sein, das verhindert Kontaktkorrosion. Dies ist bei den dargestellten Verfahren nicht immer möglich/der Fall.

1.8.3 Nieten ohne zusätzliches Verbindungselement

Clinchen, Durchsetzen

Clinchen verbindet durch Kaltumformung Bleche und Profile form- und kraftschlüssig, zwei- und mehrlagig, miteinander. Die Bleche werden hierbei zwischen Stempel und Matrize durch Verformung miteinander verbunden.

Der Einsatz verschiedener Fügewerkzeuge ermöglichen es:

- ein rundes Clinchfügeelement ohne Schneidanteil oder
- ein eckiges Clinchfügeelement mit Schneidanteil,

für harte Werkstoffe wie Edelstahl, zu erzeugen.

Clinchen nicht schneidend, rund	Clinchen nicht schneidend, rund Flachpunkt	Clinchen Blech vorgelocht	Clinchen schneidend, eckig, (Balkenpunkt)
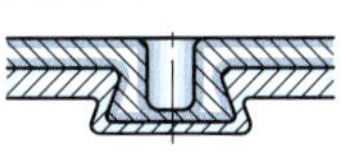	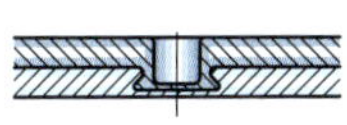	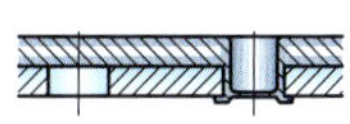	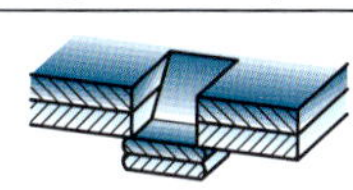
Gesamtdicke ca. 11 mm		Gesamtdicke ca. 11 mm	Gesamtdicke max. 5 mm
keine Vorbereitung	Hier ist oft ein Rundpunkt Grundlage, der nachträglich verpresst wird.	ein Blech vorbohren oder stanzen	keine Vorbereitung

2 Möglichkeiten des Clinchens

Bild 3 zeigt den Arbeitsvorgang des Clinchens.

Fügevorgang

- Positionieren
- Durchsetzen bzw. Einziehen der Werkstücke in die Matrize.
- Stauchen:
  Setzt das untere Werkstück auf dem Amboss auf, beginnt es seitlich zu fließen. Die beweglichen Matrizensegmente werden dadurch nach außen bewegt. Durch den Fließvorgang der Werkstücke entsteht der Schließkopf.
- Rückstellung: Der Stempel fährt in Ausgangslage zurück.

Durch die Umformung ist eine form- und kraftschlüssige Verbindung entstanden.

Bei Entnahme des Werkstücks werden die Seitenteile der Matrize durch eine Feder wieder in die Ausgangsstellung gebracht.

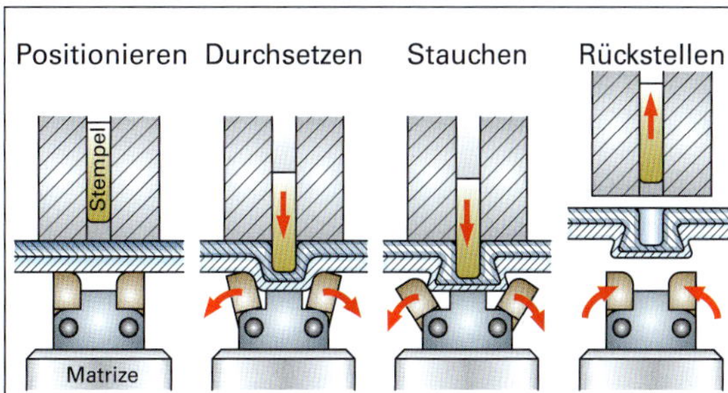

3 Arbeitsvorgang des Clinchens

Die unterschiedlichen Fügesysteme können in vorhandene Pressen eingebaut oder in Sondermaschinen eingesetzt werden. Sie sind als Handmaschinen erhältlich, an Robotern oder stationär einsetzbar. Es können auch mehrere Punkte gleichzeitig gesetzt werden.

Die handelsüblichen Clinchmaschinen benötigen, je nach Antriebsart, z.B. einen Luftdruckanschluss (6 bar), der an einem Booster (ein Druckverstärker) angeschlossen werden muss, damit die notwendige Fügekraft von bis zu 50 kN erzeugt werden kann.
Die Steuerung der Arbeitsbewegungen erfolgt über eine Pneumatikleitung vom Handgerät zum Booster.

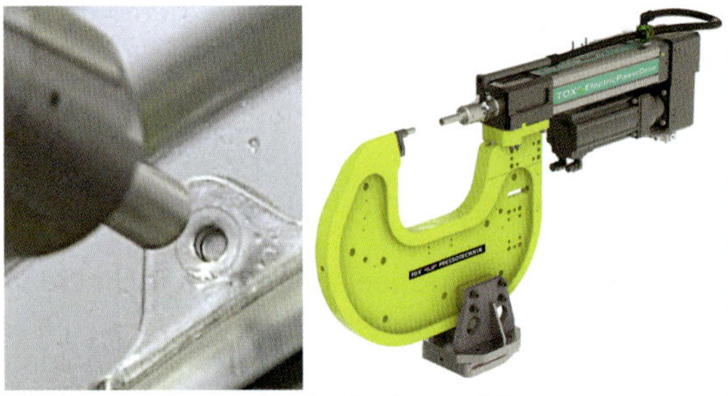

Clinchen von Karosserieteilen im Automobilbau: Die Clinchzange ist mit einem elektromechanischen Antrieb ausgestattet und wird vom Roboter ans Bauteil geführt.

Geclinchte Waschmaschinentrommel

Stromführende Bauteile werden geclincht.

Clinchmaschine mit pneumohydraulischem Antrieb.

1 Clinchmaschinen

Vorteile der Verbindungsart

- Es sind keine zusätzlichen Verbindungselemente nötig.
- Geringer Energieverbrauch.
- Keine thermische Belastung der Fügezone.
- Durch Messen ist eine zerstörungsfreie Kontrolle der Verbindung möglich.
- Keine Vor- oder Nacharbeit (außer bei vorgelochter Verbindung) nötig.
- Alle Verbindungspunkte sehen gleich aus.
- Keine Oberflächenbeschädigung, auch bei beschichteten Werkstoffen.
- Einbringung von Klebstoffen oder Folien möglich.
- Umweltfreundlich.
- Hoch belastbar.

Die nachfolgende Grafik zeigt die Belastbarkeit einer Clinchverbindung an einer Alu-Verbindung im Scherzug-, Schälzug- und Kopfzugversuch.

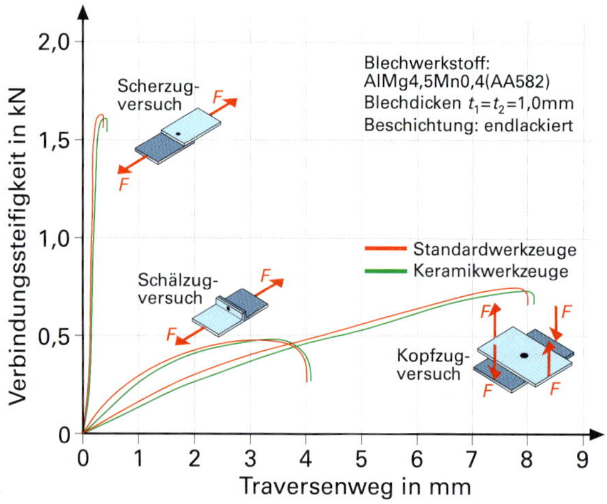

1.8.4 Hohlnieten (Blindnieten)

Die großen Vorteile dieses Nietverfahrens liegen in der einfachen, schnellen und kostengünstigen Verbindung von Bauteilen an Hohlprofilen und an nur einseitig zugänglichen Stellen.

Blindniete bestehen aus zwei Teilen:

- **Nietschaft** mit dem angeformten Setzkopf, der sich auf der Verarbeitungsseite befindet und in Durchmesser und Form variabel ist.
  Senkkopfformen sind:
  - F = Flachrundkopf,
  - S = Senkkopf und
  - K = Großkopf oder großer Flachkopf.

  Schaftformen:
  - Glatt
  - Gerillt
  - mit M-Gewinde

- **Nietdorn (Zugdorn)**, der unterteilt wird in die Abschnitte
  - Dornkopf, der den Nietschaft verformt,
  - Sollbruchstelle, an welcher der Nietdorn nach erfolgter Verformung des Nietes abreißt,
  - Füllabschnitt, der im Hohlniet verbleibende Anteil des Nietdorns und
  - Restdorn, der Anteil des Nietdornes, der mittels des Nietgerätes aus dem gesetzten Niet gezogen und entsorgt wird.

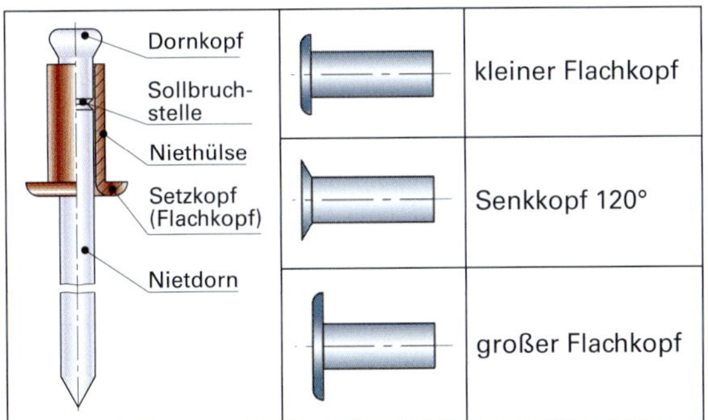

Blindniete DIN EN ISO 15977...84 und DIN EN ISO 16582...84

1 Blindniete

Im Allgemeinen wird für die Nietvorbereitung die Bohrung 1/10 mm größer als der einzubringende Nietschaft aufgebohrt.

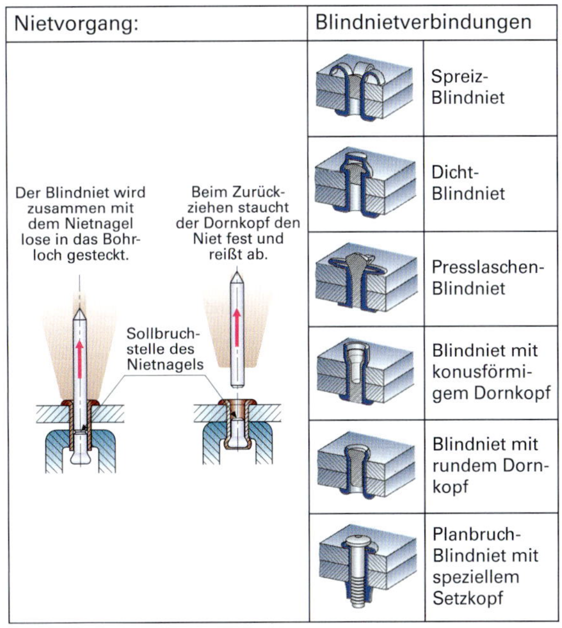

2 Nietvorgang

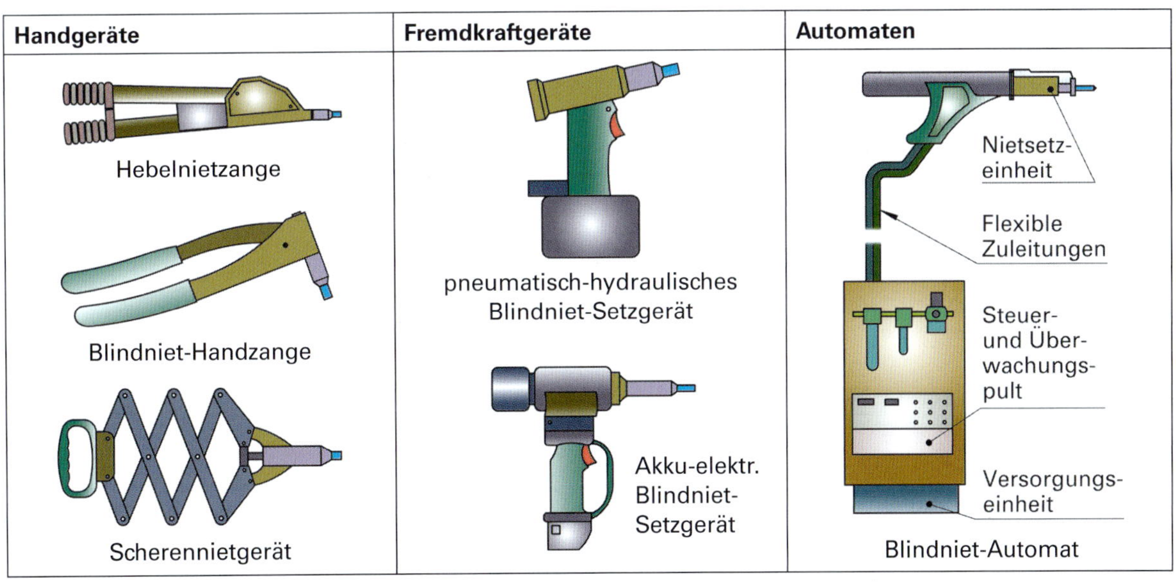

2 Arbeitsgeräte zum Blindnieten

Blindniet-Mutter und Blindniet-Bolzen:

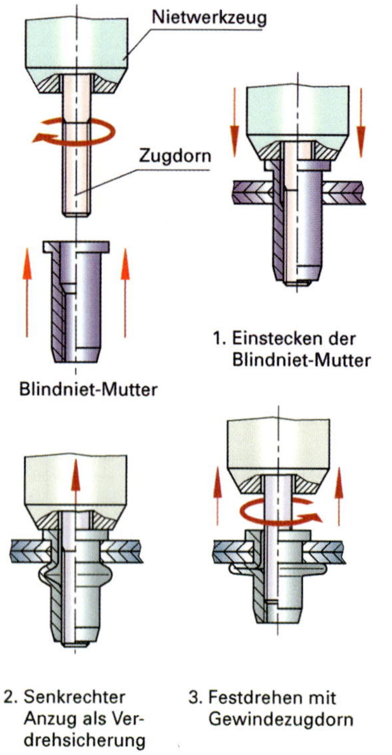

Die Blindnietmutter wird auf den Zugdorn des Nietwerkzeuges geschraubt. Nach Einführen in die vorgefertigte Bohrung wird die Nietmutter gegen das Werkstück gedrückt und der Zugdorn um eine vorbestimmte Strecke gezogen. An vorbestimmter Stelle beult die Mutter ein und verklemmt sich. Durch Weiterziehen verspannt die Mutter die Bleche. Der Zugdorn kann ausgedreht und das Nietwerkzeug entfernt werden.

Verbindungsmöglichkeiten mit Blindniet-Mutter und Blindniet-Bolzen

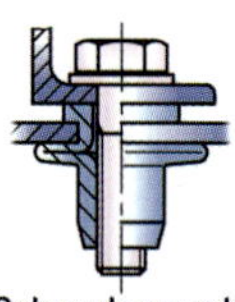
Schraubenverbindung mit Standard-Blindniet-Mutter

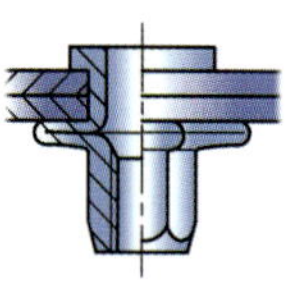
Standard-Blindniet-Mutter mit Sechskantschaft

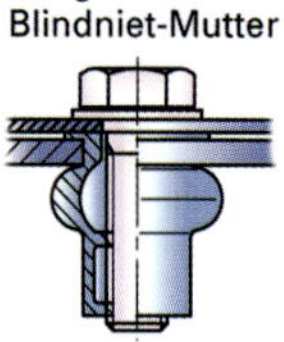
Schraubenverbindung mit lösbarer Blindniet-Mutter

Schraubenverbindung mit Blindniet-Bolzen

1 Blindnietsonderformen

1.8.5 Nietanordnungen und Kennzeichnung

Bei der Herstellung von Nietverbindungen wird nach der Schnittigkeit und der Anordnung der Niete unterschieden in (Bemaßung und Abstände siehe Tabellenbuch):

Darstellung:	**Einschnittige Nietungen:**
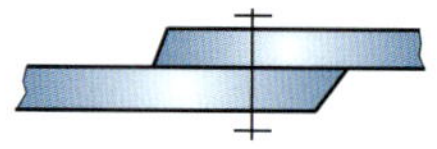 Überlappung einreihig, eingebaut in der Werkstatt	Einreihige Überlappungsnietung, die einfachste Nietverbindung, sie ist einschnittig, d. h. der Nietschaft wird nur an einer Stelle geschnitten.
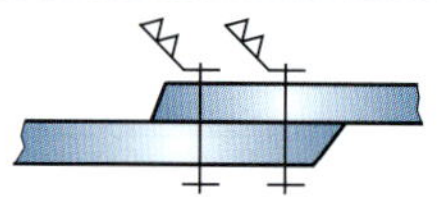 Überlappung zweireihig, gebohrt und eingebaut auf der Baustelle (ohne Senkung)	Zweireihige Überlappungsnietung Reihen nebeneinander, Ketten- oder Reihennietung. Zweireihige Überlappungsnietung, Reihen versetzt, Zickzacknietung.
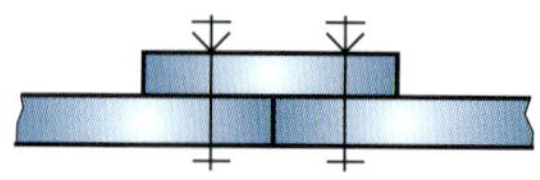 Laschennietung einreihig, eingebaut in der Werkstatt (mit Senkung oben)	Einreihige Laschennietung Über den Blechen ist eine Lasche als Verbindungsblech mit je einer Nietreihe angenietet.
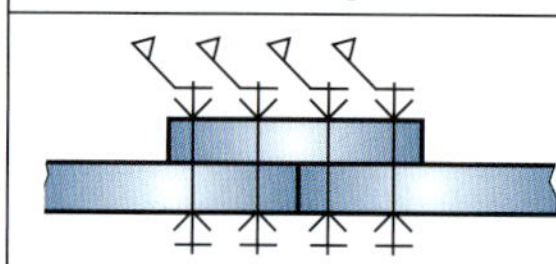 Laschennietung zweireihig, eingebaut auf der Baustelle (mit Senkung oben und unten)	Zweireihige Laschennietung Über den Blechen ist eine Lasche als Verbindungsblech mit je zwei Nietreihen angenietet.
Darstellung:	**Zweischnittige Nietung:**
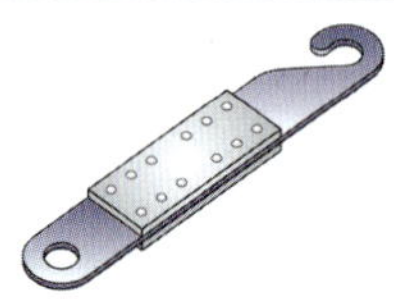	Beispiel einer dreireihigen Doppellaschennietung. Auf Ober- und Unterseite ist je eine Lasche vorhanden. Die Nietbolzen werden an zwei Stellen auf Abscherung beansprucht

2 Nietanordnungen

1.9 Oberflächengestaltung von Blechbauteilen

1.9.1 Einleitung

Um Stahl-, Aluminium- und Edelstahlbleche, besonders nichtrostende Feinbleche, fachgerecht zu verarbeiten, ist es erforderlich, dass der Metallbauer klare Kenntnisse hat über:

- die Bearbeitungsmöglichkeiten,
- die Nachbearbeitungsmöglichkeiten,
- das Aussehen,
- die Eignung,
- die Oberflächenausführungen und
- die möglichen Oberflächenbehandlungsmethoden.

1.9 Oberflächengestaltung von Blechbauteilen

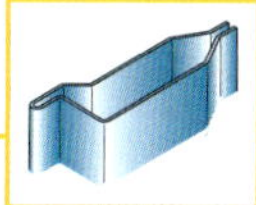

An fast allen Blechbauteilen ist eine Nachbearbeitung erforderlich, um Spuren zu beseitigen, die durch Handhabung, Formgebung, Verbindungstechniken und Wärmebehandlungen verursacht werden.

Für den Kunden ist es wichtig, neben einem gutem Design, gute Gebrauchseigenschaften und Funktionstüchtigkeit bei langer Lebensdauer der Bauteile zu erhalten.

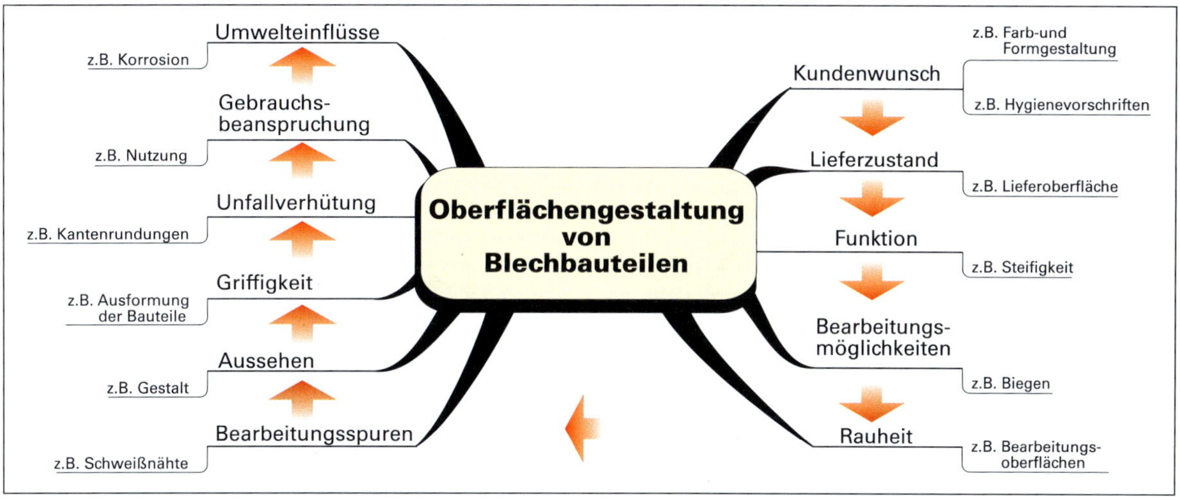

1 Abhängigkeiten bei der Oberflächengestaltung

Nachfolgende Übersicht zeigt die Kriterien zur Auswahl der Oberflächengestaltung von Blechbauteilen.

1. Kundenwunsch	Der Kunde beschreibt das anzufertigende Bauteil und die zu erfüllenden Bedingungen in Bezug auf Funktion, Form und Oberflächenbeschaffenheit.
2. Lieferzustände	Blechwerkstoffe, Stahl- und Edelstahlbleche werden in verschiedenen Oberflächenausführungen angeliefert (EN10088). In der Form z. B. dessinierte (mit Muster gewalzte) Bleche, Lochbleche, Riffel-/Tränenbleche, Wellbleche, Reliefplatten, Noppen und Waffelbleche, Sickenbleche, Trapezbleche, Strukturbleche. In der Oberfläche z. B. gewalzt, geprägt, geschliffen, gebürstet, poliert, gestrahlt, strukturiert, elektropoliert, gefärbt und beschichtet. Es lassen sich auch durch photochemische Verfahren Ätzungen und durch Strahlen, Musterwalzen, Schleifen und Polieren Muster nach Kundenwunsch erzeugen. Bleche werden mit Folien zum Oberflächenschutz vor Bearbeitungs- und Transport- und Einbauspuren beschichtet. **Oberflächenbeispiele**:  Sandrelief Perlen Eisblume Schachbrett Karo positiv Rauten Lochblech Warzenblech
3. Funktion	Für die Funktion des zu erstellenden Bauteils sind ggf. folgende Punkte zu berücksichtigen: **Versteifungen** ⇒ z. B. durch Sicken , Abkanten. **Feuerwiderstand** ⇒ besondere Anstriche z. B. bei feuerfesten Türen. **Leicht und widerstandsfähig** ⇒ Sandwichbleche z. B. Flugzeugküchen, Campingwagen, mobile Verkaufsstätten, Kleincontainer, Lkw-Aufbauten. **Kraftaufnahme** ⇒ Form, Beschläge, Material, Versteifungen. **Dichtigkeit** ⇒ Klare, geschlossene Fronten, Befestigungen möglichst verdeckt an den Seiten. **Vermeidung von elektrischen Störfeldern** ⇒ z. B. bei Computergehäusen ⇒ Bauteilanordnung, Isolierung etc. **Montage/Demontage, Beweglichkeit** ⇒ z. B. Ausformung von Griffmulden **Stapelbarkeit** ⇒ z. B. Ausformung der Ober- und Unterseite von Stapelcontainern

Auswahlkriterien zur Oberflächengestaltung von Blechbauteilen **(Fortsetzung nächste Seite)**

<table>
<tr><td>4. Bearbeitungsmöglichkeiten</td><td>Durch die Wahl geeigneter Bearbeitungsverfahren wird die Oberflächengüte der zu fertigenden Bauteile entscheidend beeinflusst, z. B. durch:
Trennen ⇒ Scheren, Lochen, Sägen,
Verformen ⇒ Bördeln, Biegen, Abkanten,
Fügen ⇒ Schweißen, Falzen, Nieten,
Oberflächenbearbeitung ⇒ Feilen, Schleifen, Polieren,
Oberflächenschutz ⇒ Einölen, Verzinken, Beschichten.</td></tr>
<tr><td>5. Rauheit:</td><td>Die Rauheit der gefertigten Oberflächen ist unter anderem abhängig von:
Beschichtung ⇒ Plasmabeschichtung,
Bearbeitungsoberflächen ⇒ Schleifen, Polieren etc.
Verformungsoberflächen ⇒ Auswahl der Umformverfahren und -größen.

Spiegelpolierter Edelstahl

Garagentor, geätzt spiegelpoliert</td></tr>
<tr><td>6. Bearbeitungsspuren</td><td>Am Werkstück sichtbare Bearbeitungsspuren können verhindert oder beseitigt werden durch z. B.:
• Vermeidung durch Werkzeug- und Material- und Verfahrenauswahl,
• Beseitigung von Schweiß- und Lötrückständen ⇒ Schleifen, Beizen ...,
• Bearbeitungsspuren ⇒ Schleifen, Beizen,
• Unebenheiten, Welligkeiten ⇒ Richten,
• Temperaturverwerfungen ⇒ geeignete Schweißfolge, Glühen,
• Korrosion ⇒ Werkstoffauswahl,
• Anlauffarben durch Wärmebehandlung und Schweißen (Bild a),
Beseitigung der Wärmebehandlungsspuren ⇒ Schleifen, Beizen, Elektropolieren,
• Kantenbearbeitung usw. ⇒ Schleifen, Polieren etc.,
• Entfernen der Schutzfolien und -lacke (Vorschriften der Hersteller beachten) (Bild b).
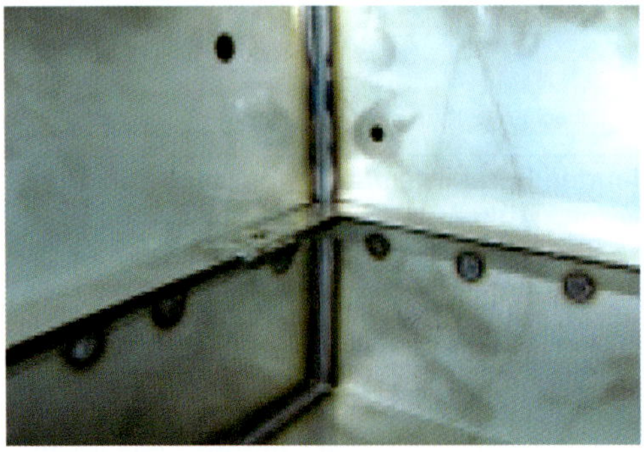
a) Behälteroberfläche vor dem Elektropolieren oder Beizen

b) Formbleche mit Schutzfolie</td></tr>
</table>

Auswahlkriterien zur Oberflächengestaltung von Blechbauteilen (Fortsetzung)

7. Aussehen

Kundenwünsche (z. B. Farb- und Formgestaltung)
⇒ Form, Gestalt, Farbgestaltung (Design), Werbung, (Firmenname), Dekorbeschichtungen,

Anordnung der Bauteile
⇒ Fassadenelemente, Dacheindeckungen
⇒ Teilungen, Ausrichtungen und Verbindungstechniken beachten,
⇒ Tore (Tore siehe Kapitel 8),
⇒ Werbetürme, Werbetafeln, Schauvitrinen etc.

Hygienevorschriften und -wünsche
⇒ Spezielle Oberflächen: Molkereibehälter, Profiküchen, Weiße Ware (Kühlschränke, Waschmaschinen usw.)

Information
⇒ Gebrauchsanweisungen, Bewegungsrichtungen etc.

Oberflächenbearbeitung bzw. -aussehen
⇒ (Siehe auch Kapitel 9.4 Korrosionsschutz)

- Beizen
- Tauchgrundieren
- Feuerverzinken
- Brünieren
- Elektropolieren von EDELSTAHL Rostfrei®
- Passivieren
- Korrosionsschutzöle
- Lackieren, Spritzlackieren
- Pulverbeschichten
- Chromatieren
- Eloxieren
- Zinkphosphatieren
- Elektropolieren von VA–Stahl
- Aluminiumchromatieren
- Siebdrucken mit Folien
- Dekorbeschichtungen
- Phosphatieren als Untergrundbehandlung
- Fotopolieren (Auftragen von Fotos und Symbolen)
- Gravuren, Ätzungen oder Laserbeschriftungen.

Farbenmuster für Pulverbeschichtungen und Lackierungen

Laserbeschriftete Metallwerkstücke

Dekorbeschichtung

Elektropolierter Behälter

Dekorbeschichtung auf pulverbeschichteter Oberfläche

Beschriftungsmöglichkeiten:

Lasergravur

Laserausschnitt

Ätzverfahren

Auswahlkriterien zur Oberflächengestaltung von Blechbauteilen (Fortsetzung)

8. Unfallverhütung	• Kennzeichnung von gefährdeten Bereichen ⇒ Farbanstrich in Signalfarben, • Verletzungsgefahren ⇒ Vermeiden von vorstehenden Kanten und Ecken, Verbindungen, Verbindungstechniken, • Isolation gegen elektrischen Strom, Wärme, Schall, • Funktion, Anordnung der Bauteile • Rutschhemmung  Einstieg an einem Fischkutter
9. Griffigkeit, Haptik (Tastsinn)	• Ausformung von Griffen ⇒ Ergonomie (Arbeitswissenschaften) z. B.: – Ausformung, um kraftsparend oder gelenkschonend zu arbeiten. – Rund statt eckig ⇒ liegt gut in der Hand, Vermeiden von Verletzungen durch scharfe Kanten. • Gummierung ⇒ z. B.: an Griffen und Laufflächen, um Abrutschen zu verhindern (gleichzeitig isolierend, schalldämmend). • Schleifen und Polieren, Gleitschleifen (Trowalisieren) etc. ⇒ Glatte Oberflächen, Oberflächen- und Kantenbearbeitung.
10. Gebrauchsbeanspruchung	• Pflege der Oberflächen ⇒ Reinigung ⇒ z. B. EDELSTAHL Rostfrei®: Erstreinigung: Schutzschichten entfernen etc., abrasiv wirkende Reinigungsmittel (mit weichen Polierkörpern) oder saure (frei von Salzsäuren) Reinigungsmittel nach Herstellerangaben einsetzen. Harte Beläge nie mit Werkzeugen aus normalem Stahl abschaben! Zur laufenden Reinigung können auch Hochdruckreiniger eingesetzt werden. (*Genauere Informationen bieten Edelstahlhersteller an z. B.: Informationsstelle EDELSTAHL Rostfrei®, Merkblatt 824, Die Reinigung von EDELSTAHL Rostfrei®)* • Stoßbeanspruchungen, Steinschlag ⇒ Spezialbeschichtungen wie beim Kfz-Unterbodenschutz ⇒ elastische bzw. schlagfeste Beschichtungen z. B. Gummierungen von Behältern. • Nutzung ⇒ Gebrauchsspuren, z. B.: Speziallackierungen gegen Fingerabdrücke auf Edelstahl
11. Umwelteinflüsse	• Dampf, Wasser ⇒ Korrosionsschutz (siehe Kapitel 9.4) Korrosionsverhinderung z. B. durch richtigen Umgang bei der Verarbeitung von EDELSTAHL Rostfrei®, Gummierungen z. B. bei Wasch- und Filteranlagen. • Lösungsmittel, Kühlschmierstoffe ⇒ Beständigkeit der Oberflächenbeschichtung • Wärme, Kälte ⇒ Reflektionsvermögen, Isolationsvermögen, Beständigkeit der Lacke • Staub, Emission, Immission, ⇒ Beständigkeit der Lacke/Beschichtungen • Lärm ⇒ Schallisolierung durch Sandwichbleche, Gummierungen

Auswahlkriterien zur Oberflächengestaltung von Blechbauteilen (Fortsetzung)

Aufgabe

Beschreiben Sie an einem in Ihrem Ausbildungsbetrieb gefertigten Bauteil
- den Kundenwunsch, der zum Auftrag führte,
- die Beratung, mit evtl. folgender Abänderungen der Kundenvorstellllung,
- die Materialauswahl mit Begründung,
- die Bearbeitungsmöglichkeiten mit Begründung,
- mögliche erforderliche Nacharbeiten,
- Gestaltungsmöglichkeiten (Aussehen, Funktion, Formgebung, usw.)
- Schutzmöglichkeiten (Oberfläche, Schutz des Bedieners usw.)
- Vorschriften, die zu beachten sind (Bauvorschriften, Hygienevorschriften).

2 Herstellen von Umformteilen

Die im Metallbau bevorzugten Umformverfahren Biegen, Kanten, Runden, Schmieden und Richten haben den Vorteil, dass bei der Formgebung kein Werkstoff ungenutzt verloren geht. Metallbauarbeiten, wie z. B. Tore, Geländer, Gitter, Treppen, Handläufe, Blech- und Profilformteile, lassen sich überwiegend ohne große spanende Bearbeitung – mit Ausnahme des Zuschnittes, der Bohrungen und den Schweißnahtvorbereitungen – herstellen.

Vorteile des Umformens:
- geringe Fertigungszeit,
- wenig Werkstoffverlust,
- Gefügeverbesserung,
- mögliche Anpassung der Gestalt an die Belastung,
- Anpassung der Gestalt an angrenzende Bauteile.

2.1 Umformteile: Übersicht

Die nachfolgenden Bilder zeigen Umformarbeiten mit Arbeitsbeispielen.

Biegeumformen	Druckumformen	Zugumformen	Zugdruckumformen	Schubumformen
Biegen von Profilen in kaltem und warmem Zustand Kanten von Blechen Biegen von Rohren Runden von Blechen zu Formteilen  Behälter mit Verstärkungsring aus L-Profil	Schmieden: Freiform am Amboss oder Lufthammer industriell mit Pressen in Gesenken  geschmiedete Rahmenecke mit angenietetem Diagonalstab	z. B. Streckziehen (Tiefen) 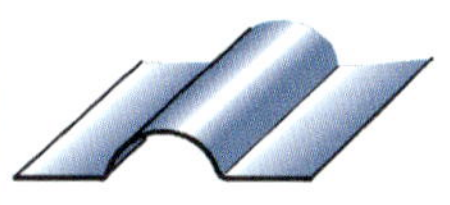 Ein Stempel drückt sich in ein Blech, es nimmt dessen Form an.	Techniken zur Herstellung von Blechformteilen wie ● Schweifen ● Treiben ● Bördeln von Hand oder mit Maschinen 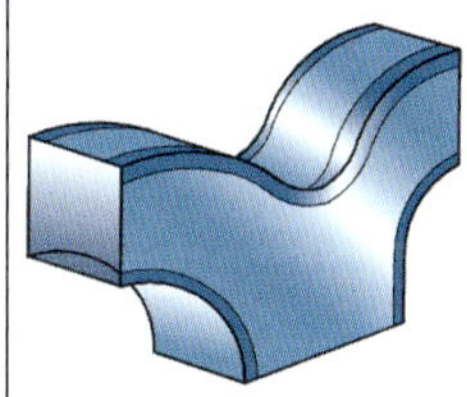 T-förmiger Rohrabzweig	z. B. Verdrehen, Verdrillen  Ein Stab wird um seine Achse verdreht.

2.2 Projekt Gartentor

1 Tor aus Profilen

Das Tor (Bild 1) setzt sich zusammen aus
- einem Blechrahmen,
- Füllstäben,
- Zierelementen,
- Schloss und
- Bändern.

Aufbau: In den Blechrahmen sind die ausschließlich durch Biegen hergestellten Füllstäbe eingeschweißt. Die aufgeschweißten Zierelemente, das Schloss und die Bänder sind Fertigteile, die nicht vom Metallbauer hergestellt sind.

Die Formgebung durch Umformen, wie z. B. Sicken, hat den Vorteil, dass flächige Bauelemente versteift, Blechtafeln und Ronden an den Rändern steifer und formstabiler werden. Zudem besitzen geschmiedete Bauteile eine höhere Gestaltfestigkeit als spanend hergestellte Bauteile.
Durch geschickte Auswahl der Umformverfahren kann das Aussehen und die Wirkung einer Metall-

baukonstruktion positiv beeinflusst werden. Ränder können hervorgehoben, Formteile betont, Flächen belebt und das Auge durch Anordnung oder die Führung der Sicken über eine Fläche geleitet werden.

2.3 Biegen von Profilen

An „geschlossenen" Flächen wie Gittern, Abdeckungen oder Geländern fallen je nach Gestaltung verschiedene Biegearbeiten an.

Biegen verleiht Handläufen und Geländern, Geländerkrümmlingen sowie Füllstäben und Verzierungen die gewünschte Form. Die Oberfläche sowie der Querschnitt werden hierbei im Gegensatz zu Schmiedearbeiten kaum verändert, jedoch durch Nachbearbeitungen wie Profilieren oder Prägen nachträglich vorgetäuscht. Der Werkstückquerschnitt und der Werkstoff geben vor, ob warm oder kalt gebogen werden muss.
Im Schraubstock lassen sich folgende Querschnitte aus Baustahl von Hand kalt biegen:

- 100 mm × 6 mm oder 50 mm × 6 mm, Rund- oder Vierkantstahl bis ca. ∅ 18 mm,
- mit Sonderbacken ausgeklinkter Winkelstahl bis 60 mm × 8 mm.

Bei Aluminium und Kupfer sind größere Querschnitte möglich.

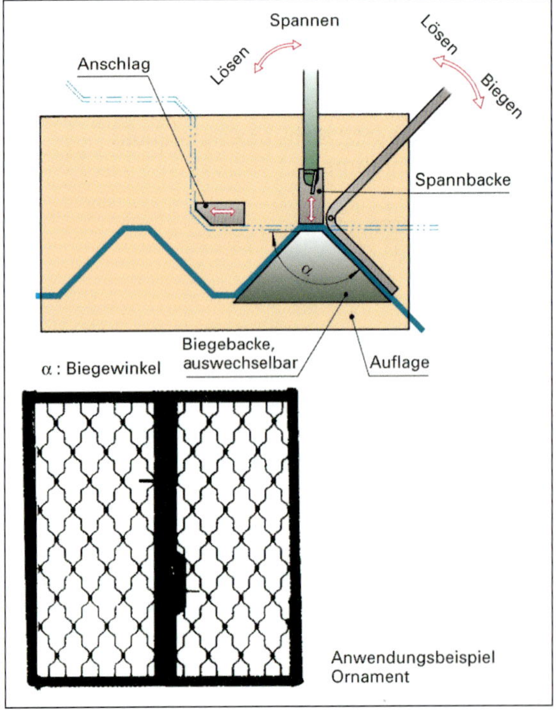

1 Biegevorrichtung

2.3.1 Biegeverfahren

Winkelbiegen
Für wiederkehrende einfache Biegearbeiten können mit wenig Aufwand Biegevorrichtungen selbst hergestellt werden. Damit lassen sich wie im Beispiel gezeigt einfache Geländer und Gitterausfachungen sowie „Florentiner", das sind die Querstäbe eines Rollgitters, sehr kostengünstig herstellen (Bild 1).

Mit **Winkelbiegern** (Bild 2) können auch kompliziertere Biegungen und spitzere Winkel gebogen werden. Charakteristisch ist die Ausbildung der Biegebacken mit ihren Aussparungen. Durch einen umsteckbaren Dorn kann in Verbindung mit einer Stellschraube der Biegewinkel eingestellt und begrenzt werden.

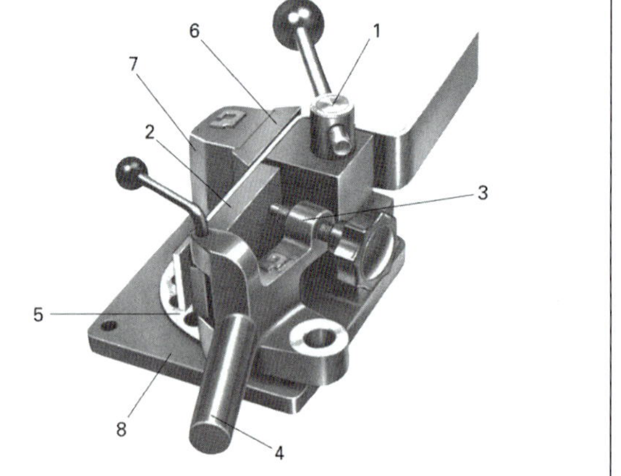

1 Selbsthemmende Exzenterspannung
2 Druckplatte
3 Spindelstock
4 Biegehebel liegt unter der Biegeebene
5 Winkelanschlag stufenlos einstellbar von 0...120°, Stecklöcher anstatt Nute, in der der Anschlag rutscht
6 Biegebacke
7 bruchsicherer Sphäroguss, geringe Abmessungen ermöglichen enge Biegungen
8 Grundkörper

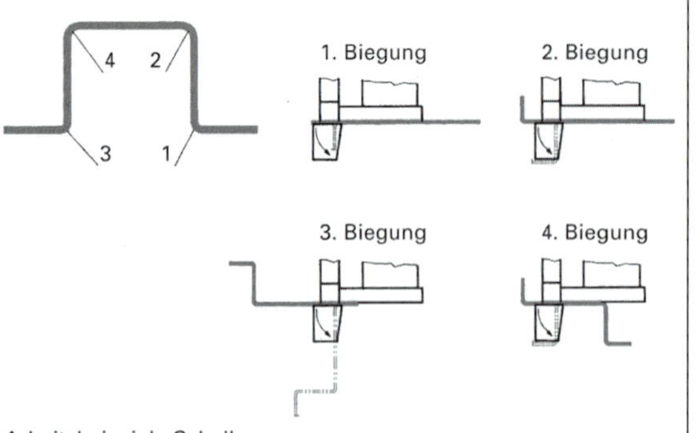

Arbeitsbeispiele Schelle

2 Winkelbieger

a) Tisch mit Arbeitsplatte

b) Biegen eines Handlaufgurts

c) Biegen einer Schelle mit verstellbarem Anschlag

d) Kanten eines Rahmens aus L-Profil

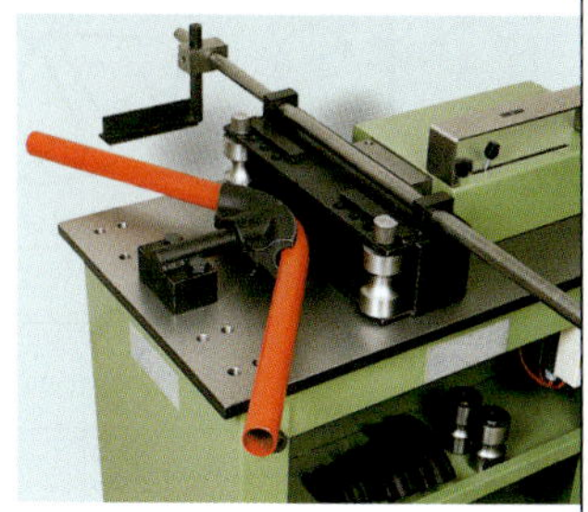

e) Rohrbiegen mit speziellen Biegebacken und Gegenhalter

1 Biegezentrum und Arbeitsbeispiele

Biegezentren

Für Metallbaubetriebe, in denen viele verschiedene Biegearbeiten durchgeführt werden, sind sogenannte Biegezentren wirtschaftlich. Damit lassen sich die unterschiedlichen Stabstähle, aber auch Rund- und Rechteckrohre biegen und Bleche ankanten.

Hydraulisch oder mechanisch angetriebene Abkantmaschinen für die Werkstatt sind mit einem massiven Tisch zur Werkzeugaufnahme ausgerüstet. In eingearbeitete Aufnahmebohrungen lassen sich der Biegestempel und entsprechende Formwerkzeuge einsetzen. Je nach Hersteller können die Antriebseinheiten, welche die Umformarbeit leisten, am Biegestempel oder am Formwerkzeug installiert sein (Bild 1a).

Je nach Aufrüstung der Maschine lassen sich Flachstähle hochkant biegen (Bild 1b) oder abkanten (Bild 1c), Winkelprofile biegen (Bild 1d) oder Rohre pressbiegen (Bild 1e). Zum Rohrbiegen gibt es Zusatzeinrichtungen und spezielle Backen. Größere Profilquerschnitte wärmt man beim Arbeiten an diesen Maschinen auf Hellrotglut vor – der Formänderungswiderstand sinkt. Das Umformen muss auf jeden Fall beendet sein, bevor die Temperatur auf ca. 300 °C absinkt. In diesem Bereich ist der Stahl blaubrüchig und neigt stärker zur Rissbildung als bei Raumtemperatur.

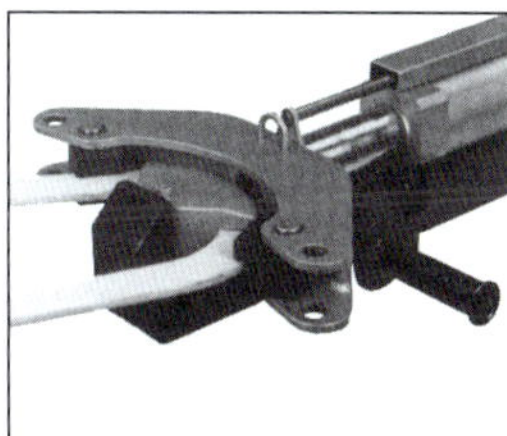

a) Biegen eines Geländergurts

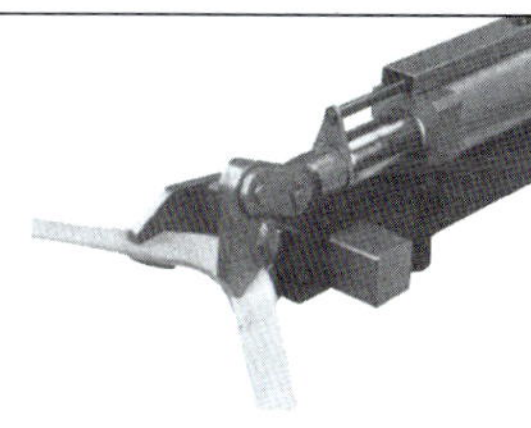

b) „Hochstellen" des Gurts zum Krümmling

2 Hydraulischer Handbieger

Hydraulische Handbieger werden in der Werkstatt und auf Baustellen überwiegend im Geländerbau eingesetzt. Für Handläufe lässt sich Flachstahl 40 × 8 noch hochkant biegen, dieses ist ausreichend für Handlaufkrümmlinge. Zuerst wird der Innenradius gebogen (Bild 2a), danach wird der Bogen zum Krümmling verwunden (Bild 2b).

Schnörkelbiegen

Flach- oder Vierkantprofile werden im kalten Zustand mit dem Schnörkelbieger zu Schmiedeschnörkeln, Bauchstäben oder Ringen geformt.
Schmiedeschnörkel werden an den Enden vorher breitgezogen, der zu formende Stab wird auf den Biegeteller gelegt. Der feststehende Biegeeinsatz ist auswechselbar. Mit einer Andruckrolle am Biegearm wird das Werkstück gegen den Biegeeinsatz gedrückt und die gewünschte Biegeumformung erzeugt. Nach der Umformung schwenkt der Biegearm

mit der Andruckrolle zurück. Das fertige Werkstück federt auf und kann leicht entnommen werden. Für bauch- und korbförmig gebogene Stäbe muss das Biegewerkzeug nur ausgewechselt werden, das Prinzip des Biegevorganges ändert sich nicht.

1 Biegeformen

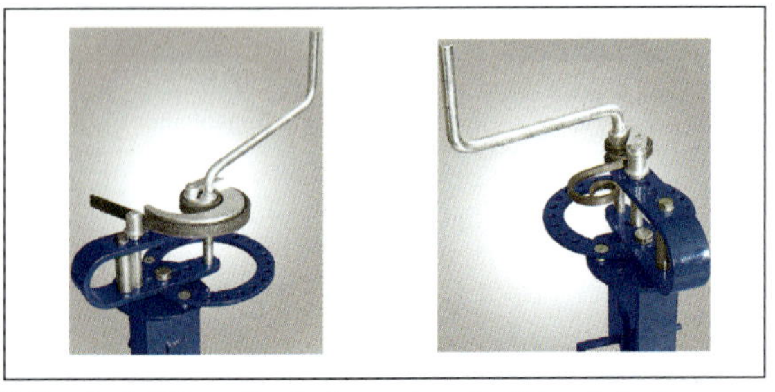

2 Handspiralbieger für die Anwendung im Schraubstock

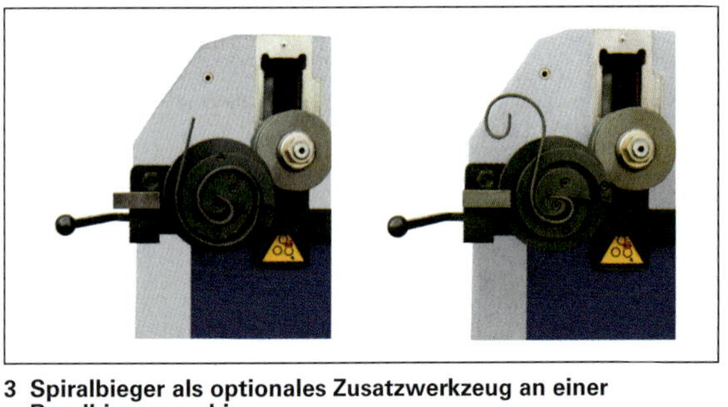

3 Spiralbieger als optionales Zusatzwerkzeug an einer Rundbiegemaschine

4 Profilbieger mit Handkurbel

Verdrehen, Verdrillen

Die am meisten verbreitete Verzierung an Stäben wird durch Verdrehen (auch Verdrillen oder Torsieren genannt) um ihre Längsachse erzeugt. Hierzu werden die Stäbe im erwärmten oder kalten Zustand an einem Ende eingespannt und am anderen Ende verdreht.

Die Werkzeuge zum Verdrehen werden Dreh- oder Torsiereisen genannt.

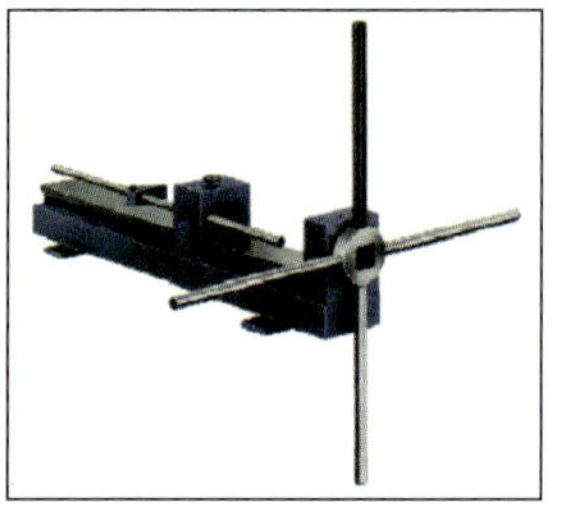

5 „Eisendreher" zum Verdrehen Verdrillen von Stäben

6 Optionales Biegezubehör zum Drehen von schmiedeeisern Zierstäben für eine Rundbiegemaschine

Profilbiegen

Das Biegen von rechteckigen Querschnitten beansprucht die Druck- und Zugzonen gleichmäßig.

Beim Biegen von unsymmetrischen Profilen ist die Beanspruchung durch die unterschiedliche Verteilung der Querschnittsflächen ungleichmäßig. So entstehen z.B. bei einem Winkelprofil im Außenschenkel beim Biegen sehr ausgeprägte Zugzonen bzw. im Innenschenkel sehr ausgeprägte Druckzonen.

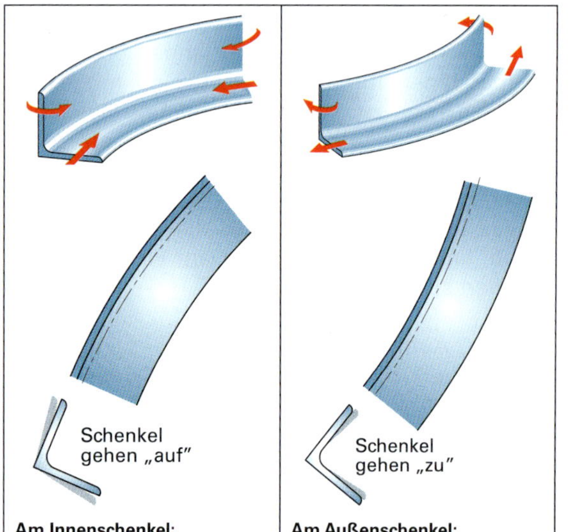

Am Innenschenkel: Ausgeprägte Druckzone Folge: Der rechte Winkel des Profils wird nach außen geformt und somit größer. Gegenmaßnahme: Winkel vor dem Biegen zusammendrücken.	**Am Außenschenkel:** Ausgeprägte Zugzone Folge: Der rechte Winkel des Profils wird nach innen geformt und somit kleiner. Gegenmaßnahme: Winkel vor dem Biegen auseinander drücken.

7 Biegen von unsymmetrischen Profilen

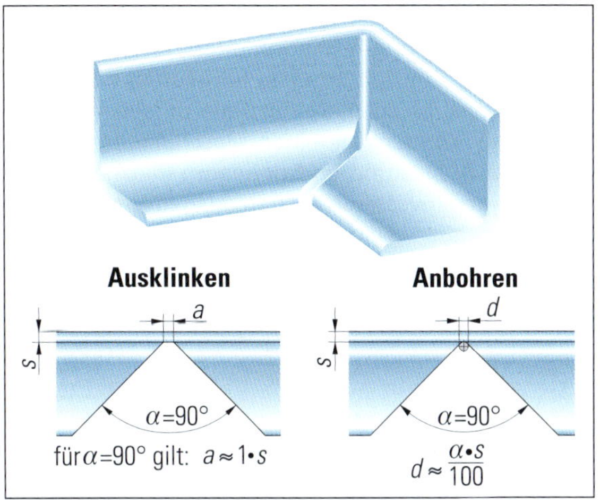

1 Ausklinken oder Anbohren von Innenecke

2 Biegefehler: ungleichmäßiges Biegen, Materialquetschung

Das Biegen von Flachstahl und Profilen erfordert die Einhaltung folgender Regeln:

1. Einhaltung der Mindestbiegeradien. Abhängig von: Temperatur, Werkstoff (Dehnungsverhalten), Querschnittsform, Biegewinkel und Materialdicke. In der Regel beträgt der Innenradius ca. 0,5 (warm) ... 2,5 (kalt) × Profildicke.
2. Da das Werkstück an der neutralen Faser in der Länge unverändert bleibt, ist die Länge der neutralen Faser gleich der Zuschnittlänge.
3. Überdehnen des Werkstückes vermeiden. Sichtbar an rauen und porigen Oberflächen in der Biegezone. Der Werkstoff ist dann überdehnt und kaltverfestigt und würde beim Zurückbiegen sofort reißen.
4. Das Biegen von Winkelprofilen erfordert vorherige Ausgleichsbiegungen an den Schenkeln der Winkel, da der Werkstoff versucht zur neutralen Faser hin auszuweichen (s. Bild 6, Vorseite).
5. Scharfkantiges Biegen von Profilen erfordert ein Anbohren oder Ausklinken mit Steg um die Kerbwirkung und Materialquetschung durch Werkstoffanhäufung zu vermindern und Biegefehler zu vermeiden (s. Bild 1 und 2).

2.3.2 Berechnungen zum Biegen von Profilen

Gestreckte Längen in Abhängigkeit von der Blechdicke s und der Profilart.

a) Es soll aus einem Flachstahl, Fl 40 × 12 hochkant, ein Ring mit 500 mm Innendurchmesser gebogen werden.

b) Aus einem ungleichschenkligen L-Profil 40 × 20 × 4 hochkant soll ein Ring mit 500 mm Innendurchmesser gebogen werden.

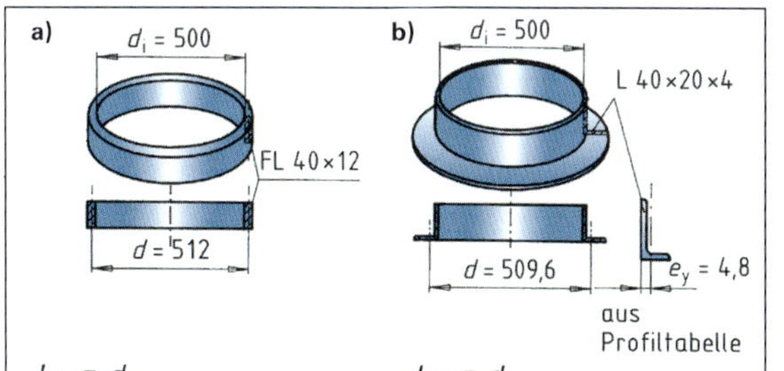

a) $L = \pi \cdot d$
$L = \pi \cdot 512$ mm
$L = 1608$ mm

b) $L = \pi \cdot d$
$L = \pi \cdot 509{,}6$ mm
$L = 1601$ mm

Aufgaben:

1. Berechnen Sie die gestreckte Länge für einen Flachstahlring wie in Beispiel a (vorherige Seite) (flach) aus Fl 60 × 10, D_i = 800 mm.

2. Berechnen Sie die gestreckte Länge für einen Ring aus L-Profil DIN EN 10056-1, 60 × 30 × 5
a) kurzer Schenkel nach außen, D_i = 800 mm.
b) langer Schenkel nach außen, D_i = 800 mm.

3. Der abgebildete Winkelrahmen aus L 50 × 50 × 5 ist in einem Stück zu fertigen. Geben Sie die fehlenden Maße und Ausklinkungen an.

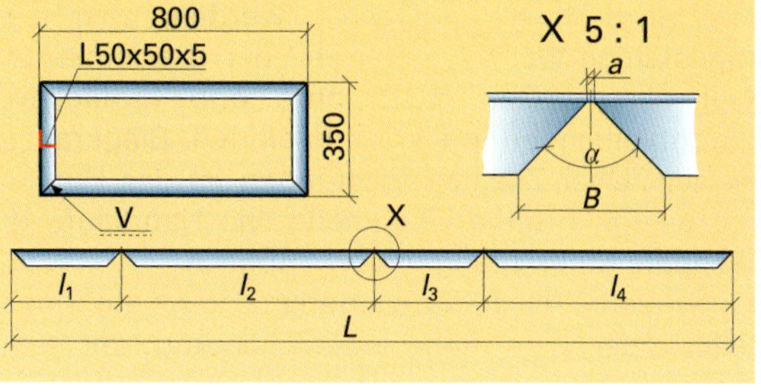

2.3.3 Industrielle Verfahren: Biegen und Runden

Biegen ist immer richtungsändernd, **Runden** ist kontinuierlich, kreisförmig, elliptisch oder spiralförmig.
Bleche, Drähte, Stäbe und Profile mit unterschiedlichen Querschnittsformen werden in der Serienfertigung in einer Vielzahl von Verfahren gebogen. In der Regel werden die Werkstücke kalt gebogen. Sehr kleine Biegeradien und sehr große Materialdicken erfordern allerdings das Anwärmen der Werkstücke, um die erforderlichen Biegekräfte gering zu halten und Kaltversprödungen des Materials zu vermeiden.
Da für die Einsatzgebiete Anlagenbau, Metallbau, Fenster- und Fassadenbau mit unterschiedlichsten Materialien, Profilquerschnitten und Biegeradien gearbeitet wird, müssen die Biegemaschinen bzw. Profilbiegemaschinen flexibel einsetzbar sein.

Ringbiegemaschine Vertikale 3-Rollen-Ringbiegemaschine für Handbetrieb, mit zwei Geschwindigkeiten, Tischgerät mit angetriebener Oberrolle.

Dreiwalzenbiegemaschine, Biegewalze von Hand verstellbar.

1 Biegemaschinen

Sogenannte **Universalbiegemaschinen** sind modular aufgebaut. So können Universalmaschinen z. B. als horizontale Biegepresse für anfallende Press- und Richtarbeiten eingesetzt werden, über leistungsfähige Walzbiegeantriebe der drei einzelnen Walzrollen lassen sich Rohre und Profile mit gleichbleibenden oder wechselnden Biegeradien walzen. Über Zusatzeinrichtungen ist das Herstellen wendelförmiger Biegeteile wie Handläufe für Treppen, Kühlschlangen usw. möglich.
Ein weiteres Ausstattungsmerkmal kann ein Biegeteller oder eine Rohrbiegeeinrichtung mit oder ohne Dorn sein. Hiermit können auch dünnwandige Rohre mit engen Biegeradien z. B. für den Geländer- oder Rohrleitungsbau hergestellt werden.
Vorteil dieser Maschinen: Fast alle anfallenden Biegearbeiten können an einer Maschine, bei hoher möglicher Auslastung und geringem Platzbedarf sowie geringen Investitionskosten ausgeführt werden.
Die folgenden Abbildungen zeigen einige Möglichkeiten, Profile zu biegen.

Schenkel nach innen oder außen

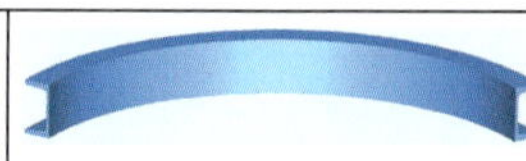

Schenkel nach außen

Schenkel nach innen

Schenkel nach oben bzw. nach unten

Runden über starke Achse

Runden über schwache Achse

Rechteckrohr über die schwache Achse

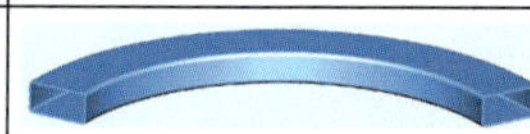

Rechteckrohr über die starke Achse

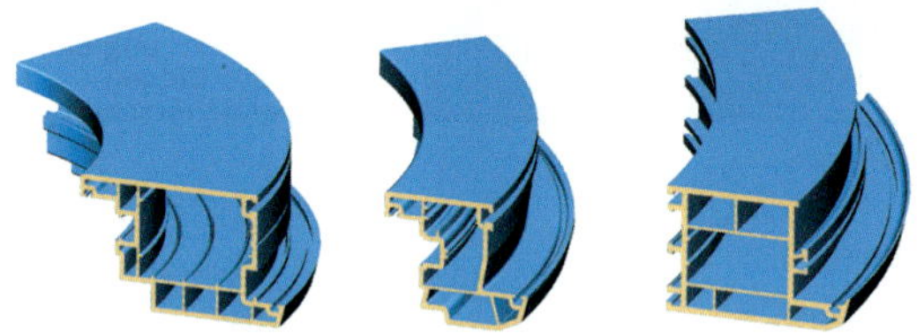

Neben den oben gezeigten Profilen lassen sich für Fenster und Fassaden auch Profile aus Aluminium für Rahmen, Glasleisten, Kämpfer und Flügel nach Maß biegen.

Im Wesentlichen unterscheidet man zwischen Biegen mit **gradlinig** (linear) geführter Werkzeugbewegung und dem Biegen mit **drehenden** Biegwerkzeugen (Bild 1, nächste Seite). Siehe auch Kapitel 2.5 – Runden.

Einsatzgebiet:
Eingangsbereich eines Warenhauses (Bild 2, nächste Seite). Dachkonstruktion bestehend aus einem Rahmen mit aufgeschweißten IPE-Profilen, Hochkant um die starke Achse gebogen.

1 Trägerbiegemaschine mit drehenden Biegewalzen.

2 Gebogene Träger

Industrielle Anwendungen

3 3-Walzen Ringbiegemaschine

4 Biegen über die schwache Achse IPE 600

2.4 Biegen von Rohren

2.4.1 Biegeverfahren

Die Biegeverfahren lassen sich nach der Art des Biegevorganges, des Materialflusses und der Umformvorgänge unterscheiden in:

- Rotationsbiegen (Dornbiegen),
- Kompressionsbiegen,
- Pressbiegen,
- Walzenbiegen, 3- oder 4-Rollen-Biegen, 3D-Rollenbiegen,
- Freiformbiegen, Augen- oder Druckbiegen und
- Handwerkliche Verfahren.

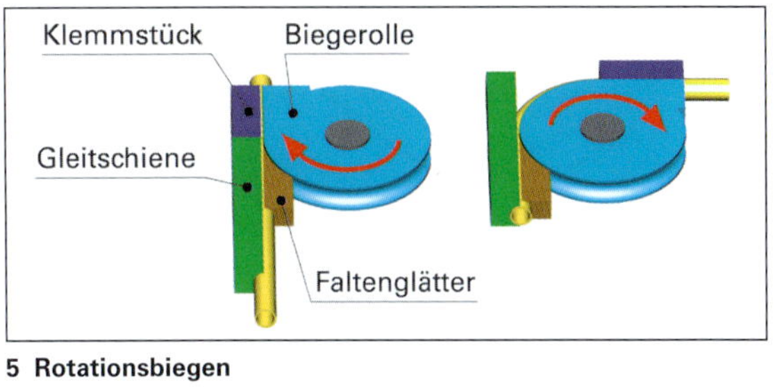

5 Rotationsbiegen

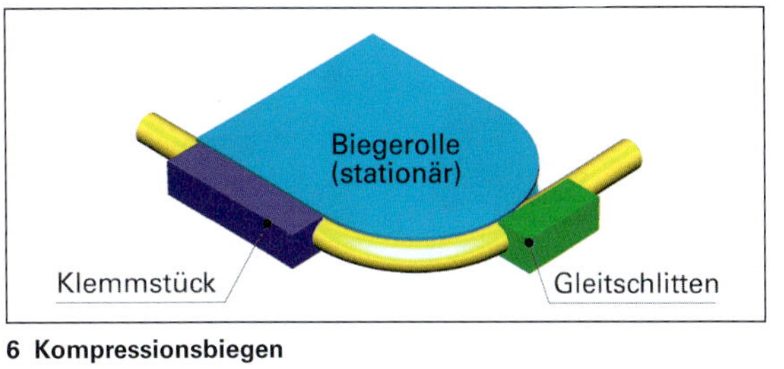

6 Kompressionsbiegen

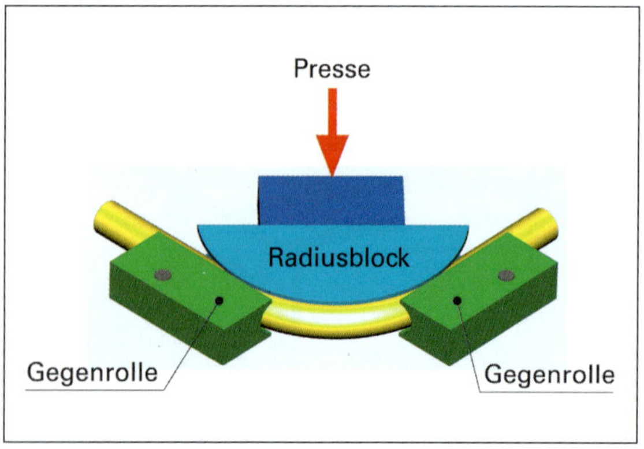

1 Pressbiegen

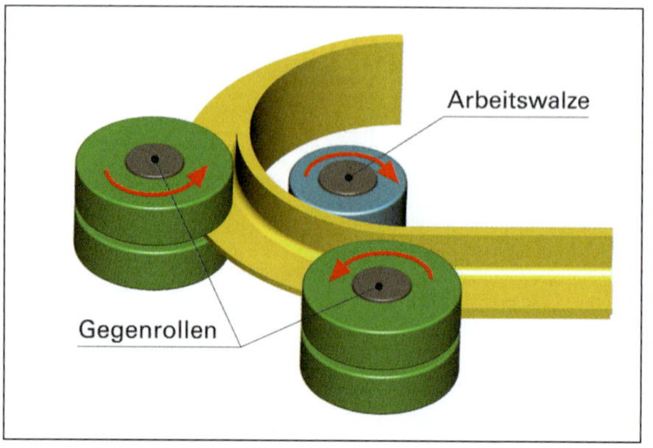

2 3-Rollen-Biegen

2.4.1.1 Handwerkliche Biegeverfahren

Rohre lassen sich im kalten und im erwärmten Zustand biegen.

Um beim Biegen von Rohren ein Einknicken oder Faltenbildung am Innenradius der Biegestelle zu verhindern sowie Ovalität zu vermeiden, werden sie vor dem Warmbiegen üblicherweise mit Sand gefüllt oder eine Zugfeder eingeführt. Bei Füllungen sind die Rohrenden mit Holzpropfen zu verschließen. Blei- oder Kunststoffgranulatfüllungen erfüllen beim Kaltbiegen den gleichen Zweck.

Sandfüllungen haben den großen Vorteil, während des Biegens die gespeicherte Wärme an das Rohr abzugeben und die Umformzeit zu verlängern. Durch die Füllungen bleibt der Rohrquerschnitt während des Biegevorganges rund.

Durch fehlerhaftes Biegen von Rohren treten in der Biegezone Querschnittsveränderungen auf. Die Rohrwand mit hohen Zug- und Druckspannungen weicht zur neutralen Faser hin aus. Das Rohr flacht ab. Bei geringer Werkstoffdehnung, kleinerem Biegeradius, dünnerer Rohrwandstärke und größerem Rohrdurchmesser wird die Abflachung größer. Werden geschweißte Rohre gebogen, muss die Schweißnaht in der Ebene der neutralen Faser liegen.

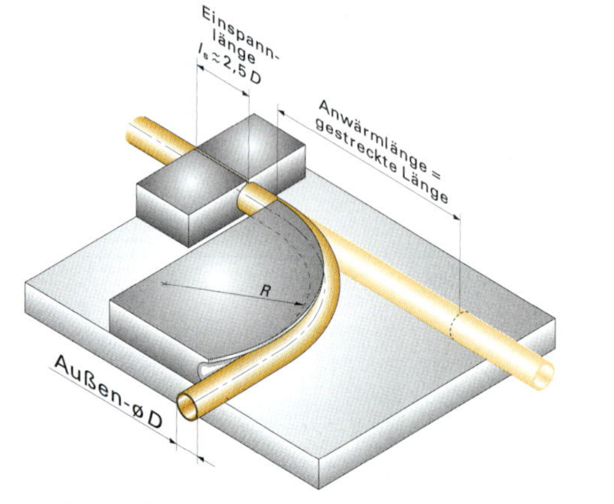

Vorgehensweise bei Warmbiegen:

- Anwärmbereich (= gestreckte Länge) ermitteln und anzeichnen.
- Entsprechende Längenanreißen und abtrennen.
- Rohr mit Sand oder Wachs füllen und verschließen.
- Anwärmen der Biegezone,
- Randbereiche abkühlen,
- Biegen, ablöschen und Prüfen.

Richtwerte für Mindestbiegeradien:
Stahlrohr: $R \approx 2 \cdot D$

Rohrbiegewerkzeug

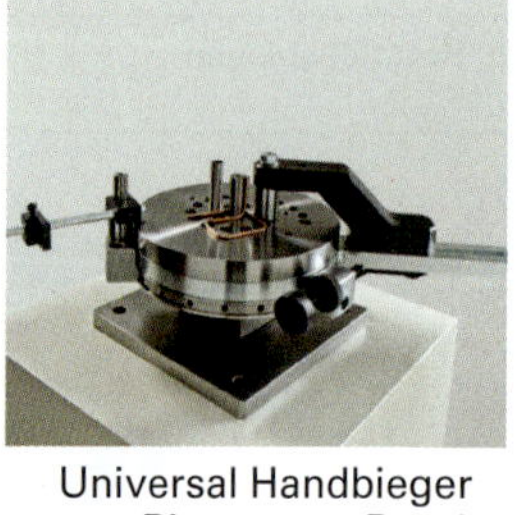

Universal Handbieger zum Biegen von Rundmaterial und Rohren

Kaltbiegen:
Universalhandbieger eignen sich für kleine Querschnitte und geringe Rohrdurchmesser.

Richtwerte zum Rohrbiegen (kalt)

Stahl S235JR			Aluminium			Kupfer		
D (ca.)	*s*	*R* (ca.)	*D* (ca.)	*s*	*R* (ca.)	*D* (ca.)	*s*	*R* (ca.)
6	1	16	10	1	30	6	1	20
10	1	20	20	1,5	80	10	1	40
30	2	50	40	3	200	20	1	100
40	2	100	60	4	300	40	1,5	200
60	4	200	im weichgeglühten Zustand *R* wie bei Stahl					
100	5	300						

2.4.1.2 Rohrbiegemaschinen

Für das Kaltbiegen sind folgende Biegeverfahren üblich:

Pressbiegen

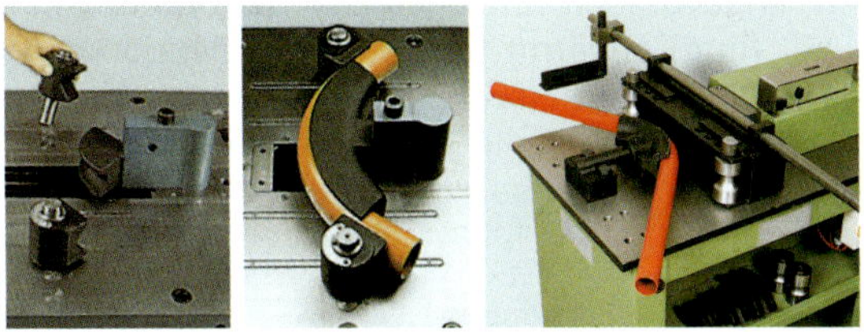

Für **starkwandige** Rohre mit **kleinem** bis **mittlerem Biegeradius**. Das Rohr wird mit einer Matrize, dem sogenannten Biegesegment, hydraulisch gegen zwei Gegenhalter gepresst und verformt.
Das richtige Verhältnis von Rohrabmessung und Biegeradius muss gewährleistet sein. Für jedes Rohr und jeden Biegeradius muss einentsprechendes Biegewerkzeug vorhanden sein (vgl. Bild 1, Seite 64).

Dornbiegen (Rotationszubiegen)

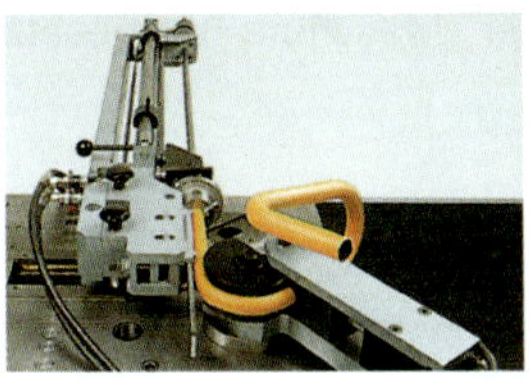

Dornbiegemaschine (vgl. Bild 5, Seite 63)

Biegekopf mit Biegerolle, Spannbacken, Dorn

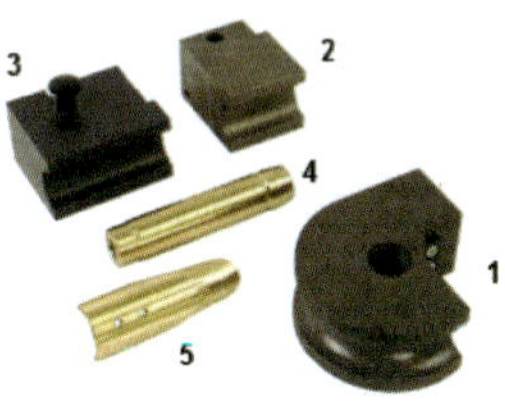

Werkzeugsatz für das Rotationszubiegen, bestehend aus:
1 Biegerolle
2 Klemmstück
3 Gleitschiene
4 Dorn
5 Faltenglätter

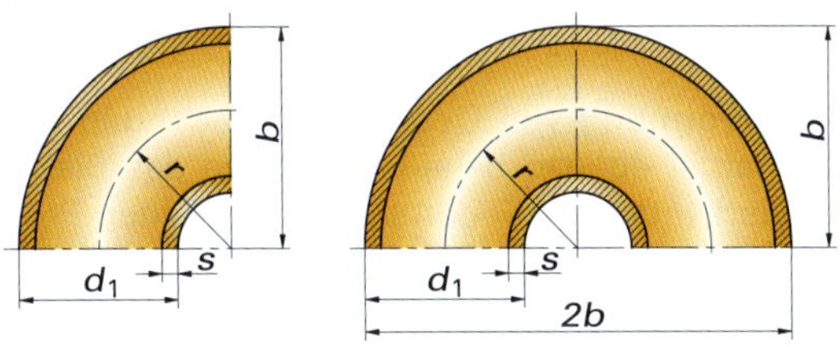

Radien mit dem Dornbiegeverfahren

Für **dünnwandige** Rohre mit **kleinem Biegeradius**. Ein wichtiges Biegeverfahren bei Rohren ist das Dorn- oder Ziehbiegen. Bei diesem Verfahren wird das Rohr gegen eine Biegescheibe mit dem zu biegenden Rohrdurchmesser geklemmt und dann um diese Biegescheibe gezogen.
Im Rohr steckt ein an seinem Ende eingespannter Dorn, der das Innenrohr in der Biegezone ausfüllt und Faltenwurf verhindert.

Für jeden Biegedurchmesser ist eine entsprechende Biegescheibe notwendig. Es gibt manuell bediente und CNC-gesteuerte Biegemaschinen.
Biegeradien von ca. 1 bis 5 × D sind bei Dornbiegen möglich.

Walzen- oder Rollenbiegen

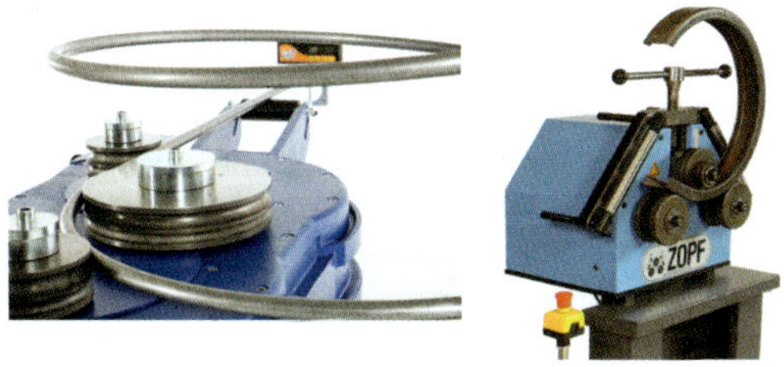

Diese Biegemaschinen gibt es in Horizontal- und Vertikalausführung.

Rohre mit sehr großem Biegeradius und Rohrschlangen werden mit diesem Verfahren hergestellt. Eine höhenverstellbare Biegewalze drückt das Rohr gegen zwei walzenförmige Gegenhalter. In alle Walzen ist der Rohrradius eingearbeitet. Es wird nicht in einem Durchlauf gearbeitet, sondern in mehrmaligem Vor- und Rücklauf bei gleichzeitiger Zustellung der Biegewalze. Höhenverstellbare Walzen ermöglichen die Fertigung von Rohrschlangen. Sehr große Rohre ab ca. 300 mm Durchmesser werden warm gebogen. Kaltverfestigung wird so vermieden, der Umformwiderstand ist geringer.

Kompressionsbiegen

Das Kompressionsbiegen (vgl. Bild 6, Seite 63) ist dem Rotationsbiegen bzw. dem Rotationszubiegen ähnlich. Bei diesem Verfahren wird jedoch das Rohr zwischen der stationären Biegerolle und einem Klemmstück eingeklemmt. Der Gleitschlitten rotiert um die Biegerolle und biegt das Rohr auf den Radius der Biegerolle.

Freiformbiegen

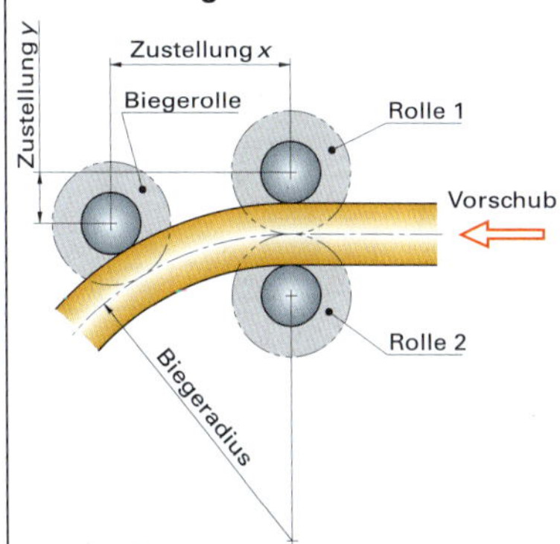

Prinzip des Freiformbiegens
Vorschubeinheit dargestellt durch Rolle 1 und 2
Matrize dargestellt durch die Biegerolle

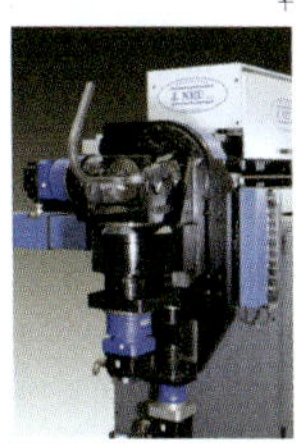

Freiformbiegen wird auch als Augen- oder Druckbiegen bezeichnet. Hierbei wird das Rohr von einer **Vorschubeinheit** durch eine **Führungshülse** und eine **Biegematrize** geschoben. Matrize und Hülse sind CNC-gesteuert in mehreren Achsen einstellbar. Die Lage von Hülse zur Matrize zueinander bestimmt die dreidimensionale Krümmung, das Rohr muss nicht unbedingt verdreht werden. Das Verfahren des Freiformbiegens ermöglicht es, dreidimensionale Kurven, mit Radien größer als 5 × D (Rohrdurchmesser), deren Richtung sich an jedem Punkt ändern kann, herzustellen. Je nach Rohrdurchmesser und Werkstoff sind sogar Biegungen von 2,3 × D möglich.

Die Rohrbiegemaschinen werden in erster Linie unterschieden nach dem max. verarbeitbarem Rohrdurchmesser (Bild 1), der zu verarbeitenden Wanddicke (Bild 2), dem Rohrprofil (Bild 3), dem möglichen Biegeradius (Bild 5), der Anzahl der Biegeachsen (Bild 4) bis hin zum Freiformbiegen (3D) und dem Automatisierungsgrad.
Bei 1-Achs-gesteuerten Biegemaschinen ist nur die Biegefunktion automatisiert, die Zuführung, der Vorschub und die Verdrehung erfolgen manuell.
CNC-Rohrbiegemaschinen stellen alle Funktionen automatisiert zur Verfügung und lassen sich mit automatischen Zuführ- und Entnahmesystemen erweitern.

1 Biegen großer Rohrdurchmesser

2 Induktionsbiegemaschine für dickwandige Rohre

3 Induktorbiegen

Da das Biegen von Rohrleitungen mit großen Durchmessern und großen Wanddicken enorme Verformungskräfte benötigt, müssen diese erwärmt werden. Für die Rohrleitungstechnik wird die Erwärmung nach dem Induktionsbiegeverfahren angewendet. Ein Induktor (stromdurchflossener Ring) erwärmt hierbei durch elektromagnetische Induktion (schnell wechselnde Magnetfelder) die Biegestelle in einem eng begrenzten Bereich (im Gegensatz zur Ofen- oder Flammerwärmung).

Das zu verformende Rohr wird kontinuierlich durch den Induktor vorgeschoben, erwärmt und mit einem Biegearm verformt. Vor und hinter der direkten Biegezone wird das Rohr mittels Ringwasserbrausen abgekühlt, um unerwünschte Verformungen zu verhindern.

Über die Anbindung von CNC-Steuerungen können Rohrleitungsdaten für Mehrfach- und Raumbiegungen direkt von der Maschine umgesetzt werden.

4 Mehrachsen-Rohrbiegemaschine

Die Umformung von Ovalrohren, Flach- und Vollmaterial ist ebenso beherrschbar wie das Biegen von Vierkantprofilen oder sonstigen offenen Profilen. Je nach Form der Werkstücke werden die benötigten Umformwerkzeuge (Biegerolle, Klemmstück, Gleitstück, Dorn und Faltenglätter) entsprechend angepasst.

5 Mehrere Biegeachsen

2.4.2 Berechnungen zum Rohrbiegen

Beispiel:

Ein Rohr DIN EN 10305-E235 ∅ 200 × 10 soll mit $R = 5\,D$ um 90° warm gebogen werden. Wie groß sind die Einspannlänge l_s und die Anwärmlänge l?

Mittlerer Biegeradius R_m:

$$R_m = R + \frac{D}{2}$$

$$R_m = 5 \cdot 200\text{ mm} + \frac{200\text{ mm}}{2}$$

$$R_m = 1100\text{ mm}$$

Einspannlänge l_s:

$$l_s \approx 2{,}5 \cdot D$$

$$l_s \approx 2{,}5 \cdot 200\text{ mm}$$

$$\underline{\underline{l_s \approx 500\text{ mm}}}$$

Anwärmlänge l:

$$l \approx 2 \cdot R_m \cdot \frac{\pi}{4}$$

$$l \approx 1100\text{ mm} \cdot 0{,}785$$

$$l \approx 1727 \approx \underline{\underline{1730\text{ mm}}}$$

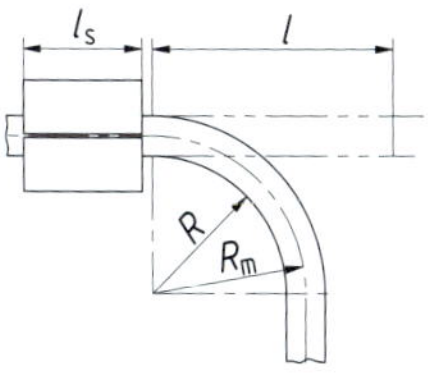

Rohrleitungen in isometrischer Darstellung

Der Rohrzuschnitt L wird ermittelt über:

- die Achsmaße der Rohrleitungen (gerader Abstand zwischen 2 Rohrachsen) L_1, L_2 … L_n
- das Eckenmaß L_E (siehe Tabelle)
- Die Bogenlängen L_{B1}, L_{B2} … L_{Bn}

Isometrischer Würfel mit Kreisen, Richtungen a : b : c = 1 : 1 : 1

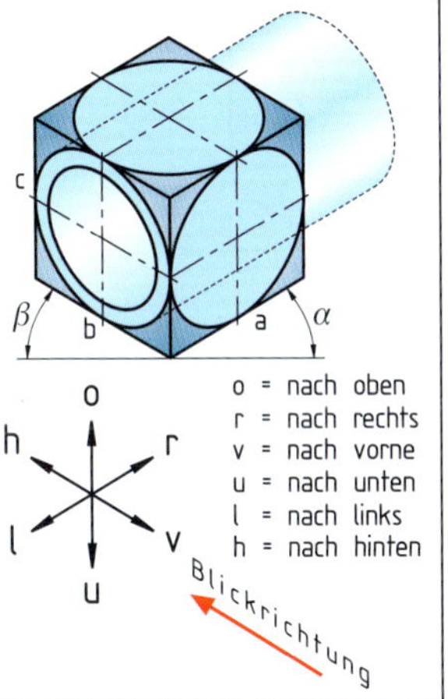

Beispiel für ein Eckenmaß:

Bogen: R10, 120°

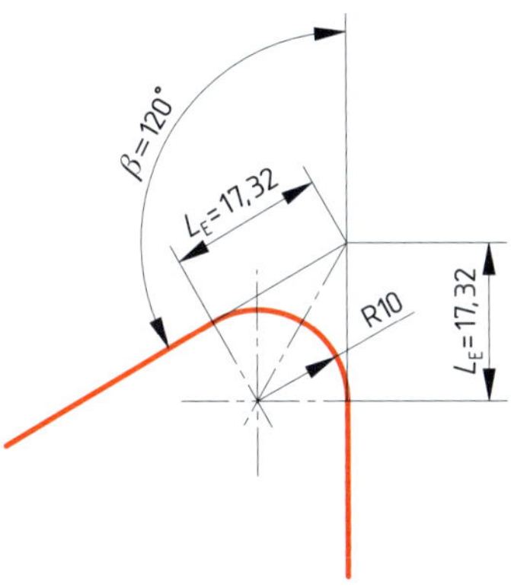

Das erforderliche Eckenmaß L_E lässt sich ermitteln aus dem Bogenradius (R_m) mal dem Eckenmaßfaktor des Biegewinkels. $L_E = R_m \cdot f_E$

Bogenwinkel β	Eckenmaßfaktor f_E
15°	**0,132**
30°	**0,268**
45°	**0,414**
60°	**0,577**
75°	**0,767**
90°	**1,0**
105°	**1,303**
120°	**1,732**
135°	**2,414**
150°	**3,732**
165°	**7,596**

Beispiel: Ein Rohr soll nach Isometrie aus einem Stück gefertigt werden.

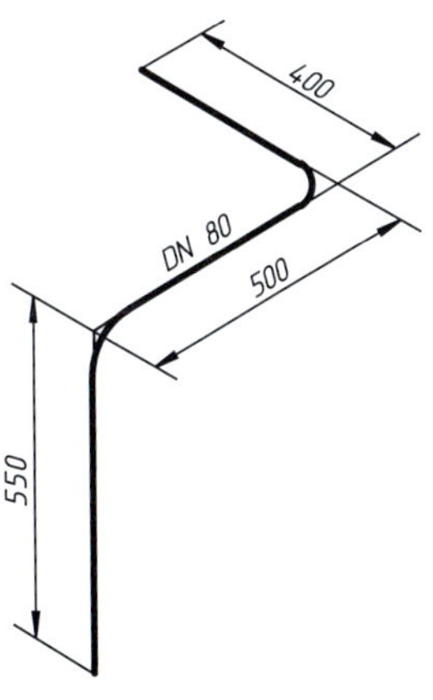

Gegeben:
Rohr EN 10220-88,9 × 3,2 – S235
$R_m = 200$ mm; $\beta = 90°$
Gesucht: Zuschnittlänge L

$$L = L_1 + L_2 + L_3 - 4 \cdot L_E + 2 \cdot L_B$$

$L_1 = 550$ mm
$L_2 = 500$ mm
$L_3 = 400$ mm
$L_E = R_m \cdot f_E = 200\text{ mm} \cdot 1{,}0 = 200$ mm

$$L_B = \frac{D_m \cdot \pi}{4} = \frac{400\text{ mm} \cdot \pi}{4} = 314\text{ mm}$$

$L = 550\text{ mm} + 500\text{ mm} + 400\text{ mm} - 4 \cdot 200\text{ mm} + 2 \cdot 314\text{ mm}$
$= \mathbf{1278\text{ mm}}$

Das erforderliche Rohr muss eine Länge von 1278 mm haben. (Plus erforderlicher Passlänge)

2.4.3 Zeichnerische Darstellung von Rohrleitungsverläufen mit Stützdreiecken

Bei Biegungen von Rohrleitungen in einer Ebene, die vom 90°-Winkel abweichen, wird in der isometrischen Projektion der von den Hauptachsen abweichende Verlauf durch schraffierte Stützdreiecke verdeutlicht, wobei sich die Schraffur nach den Regeln der isometrischen Projektion entsprechend Bild1 richtet.
Somit erhalten stehende Stützdreiecke eine senkrechte Schraffur, die Schraffur der waagerecht im Raum liegenden Stützdreiecke erfolgt unter 30° (Bild 2) Der von den Hauptachsen abweichende Verlauf der Rohrleitung wird eindeutig durch die Bemaßung der Paralleleogrammseiten und der Diagonale *d* festgelegt. Diese Diagonale ergibt sich aus:

$$d = \sqrt{a^2 + b^2}$$

also hier: $\sqrt{(400\ \text{mm})^2 + (250\ \text{mm})^2} = \underline{472\ \text{mm}}$

und $\sqrt{(300\ \text{mm})^2 + (150\ \text{mm})^2} = \underline{335\ \text{mm}}$

Beim Verlauf einer Rohrleitung in zwei Ebenen (Raumdiagonale) dient ein um den betreffenden Rohrabschnitt gelegtes, bemaßtes Prisma zur Verdeutlichung (Bild 3). Dabei zeigt das Stützdreieck mit senkrechter Schraffur eindeutig den Rohrleitungsverlauf an dieser Stelle. Die Raumdiagonale *D* errechnet sich aus:

$$D = \sqrt{a^2 + b^2 + c^2}$$

mit a, b, c = Kantenlängen des eingelegten Prismas, also hier:

$$D = \sqrt{(200\ \text{mm})^2 + (350\ \text{mm})^2 + (500\ \text{mm})^2} = \underline{642\ \text{mm}}$$

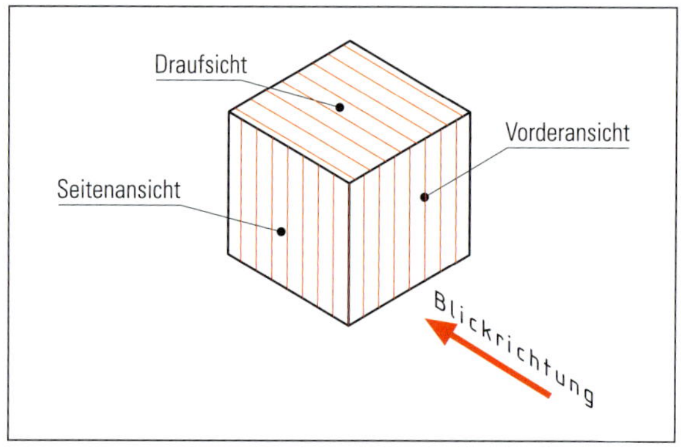

1 Schraffierter Würfel

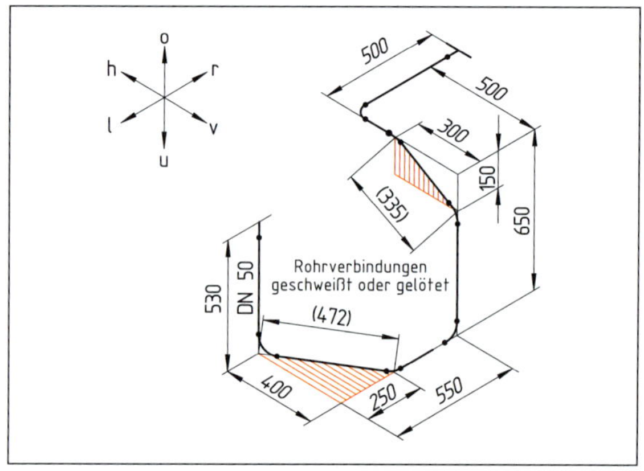

2 Rohrleitungen in einer Ebene gebogen

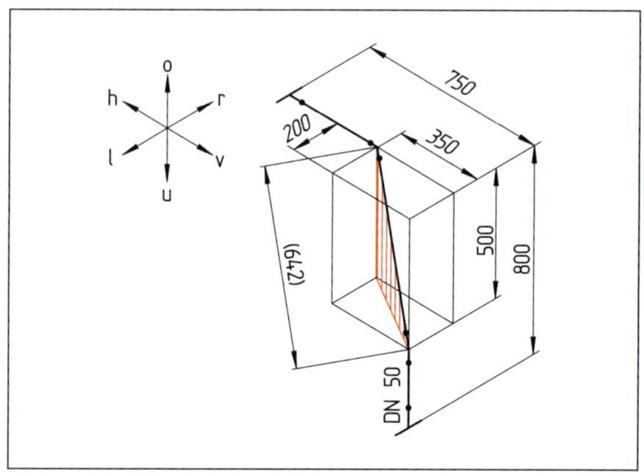

3 Rohrleitungen in zwei Ebenen gebogen

Aufgaben

Berechnen Sie die erforderliche Biegelänge.

1. Gegeben:
Rohr EN 10220-48,9 × 3,2 – S235JR
R_m = 125 mm (2,5 · d)
Gesucht: Biegelänge

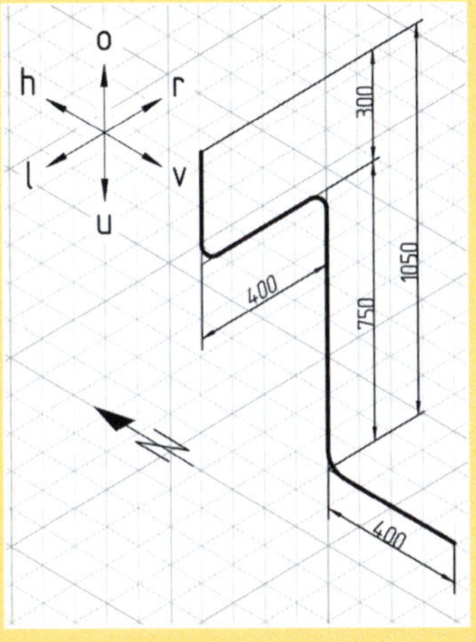

2. Gegeben:
Rohr EN 10220-25 × 2,0 – S235JR
Unbemaßte Radien R_m = 40 mm
Gesucht: Biegewinkel, Eckenmaße, Biegelänge

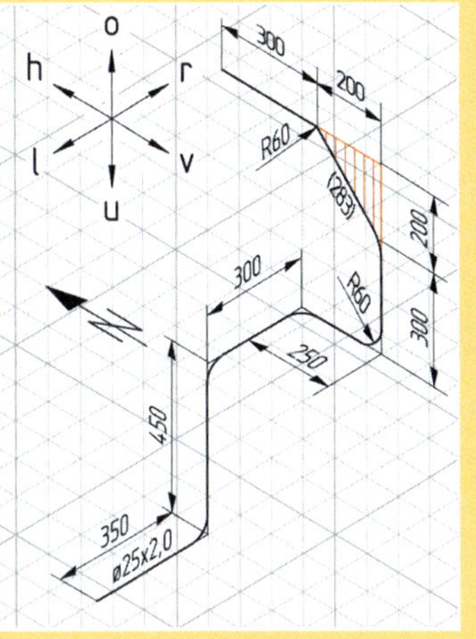

3. Gegeben:
Rohr EN 10220-25 × 2,0 – S235JR
Unbemaßte Radien R_m = 50 mm
Gesucht: Biegewinkel, Eckenmaße, Biegelänge.

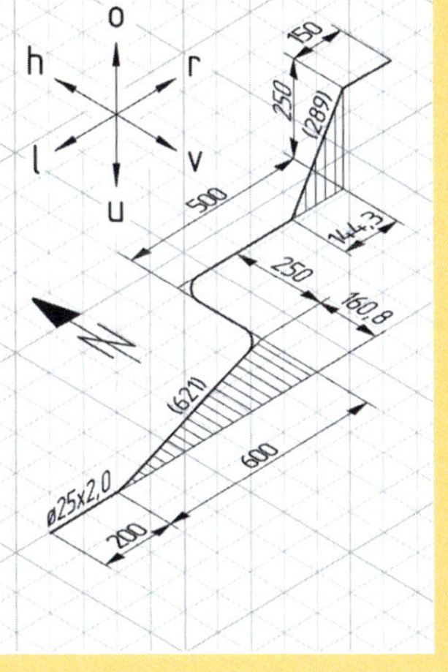

2.5 Runden von Blechen

Aus Blechtafeln lassen sich mit Walzrundmaschinen Formteile wie Rohre, Behälter, Übergangskörper (Reduzierungen, Konen ...), Treppenwangen und andere zylindrische Blechkonstruktionen formen.

Die Dimensionen der formbaren Werkstücke sind abhängig von der Größe der einsetzbaren Maschine. Vom Feinstblech für Lüftungskanäle bis hin zu dickwandigen Rohren und Kesseln mit Längen von 6 bis 8 Metern bei Blechdicken bis zu 100 mm können Formteile gerundet werden.

Dicke Bleche, besonders mit kleinen Biegeradien, lassen sich nur warm runden.

Das Walzrunden erfolgt immer nach dem gleichen Prinzip. Ein Blech läuft zwischen drei oder vier Walzen hindurch und wird durch die Anstellung der Walzen zueinander zu einer Zylinderform gebogen.

Der Vortrieb des Bleches geschieht durch die angetriebene Oberwalze, die das Blech gegen eine oder zwei Unterwalzen drückt. Die Unterwalzen, Druckwalzen oder Seitenwalzen werden gegen das Blech zugestellt und führen den Biegvorgang durch.

Alle Biegemaschinen lassen sich im Rechts- und Linkslauf schalten, um so das Blech im Vor- und Rücklauf kontinuierlich in die gewünschte Form zu biegen.

2.5.1 Verfahren

Zylindrisches Runden

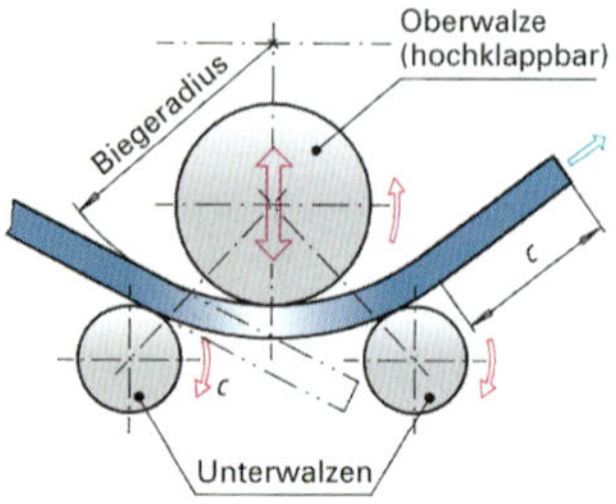

3-Walzenrundmaschine

– mit symmetrischen Walzen

Die Oberwalze kann zugestellt werden. Die Zustellung verändert den Biegeradius. Ein Anbiegen der Endstücke ist nur bei nach innen verschiebbaren Unterwalzen möglich. Können die Endstücke *c* nicht vorgebogen werden müssen sie nachträglich abgetrennt werden.
Der kleinst Biegeradius wird vom Durchmesser der Oberwalze und der Auffederung des gebogenen Bleches bestimmt.

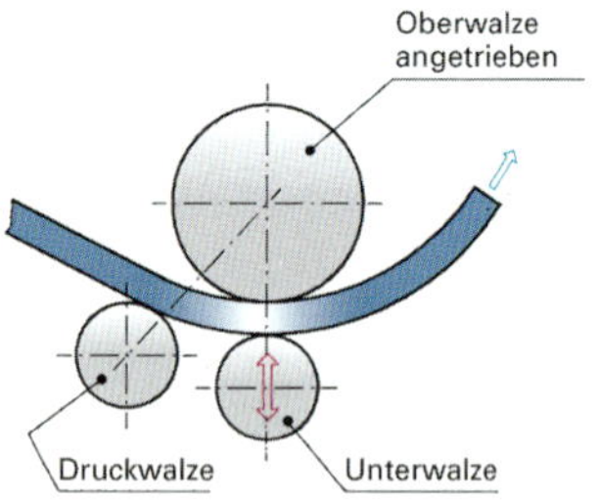

– mit asymmetrischen Walzen

Hier ist das Anbiegen der Endstücke möglich. Das Werkstück wird zwischen Druckwalze und Unterwalze, die zugestellt wird, geführt und durch die Anstellung der Druckwalze angebogen. Nach dem ersten Anbiegen wird das Werkstück mit dem anderen Ende eingeführt und angebogen.
Erst jetzt folgt der restliche Biegevorgang durch die Druckwalze.

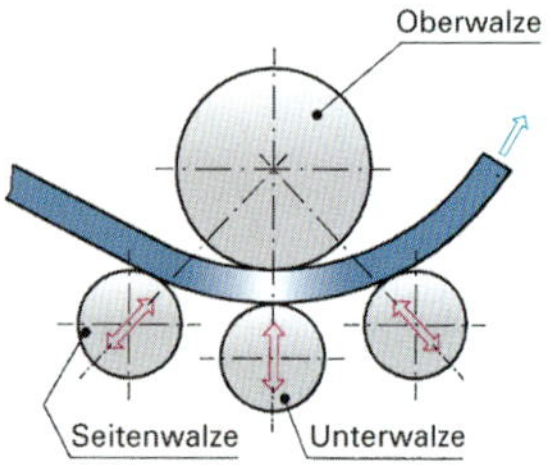

Vierwalzenrundmaschine

Die Unterwalze wird zugestellt und spannt das Blech gegen die Oberwalze. Die Seitenwalzen, je nach Walzrichtung auch Einlauf- oder Auslaufwalzen genannt, werden für den Biegevorgang angestellt. Ein Anbiegen beider Enden ist hier ohne Entnahme und drehen des Bleches möglich.
Die Anbiege- und Biegevorgänge werden im unteren Schema dargestellt.

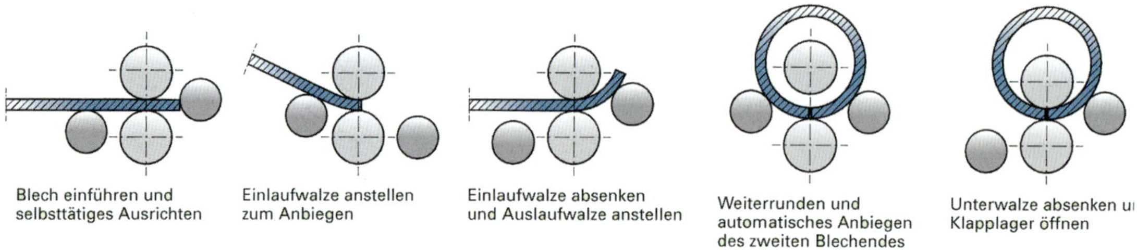

1 Funktion der Walzen an Walzrundmaschinen

Die nebenstehende Darstellung zeigt einen Schnitt durch eine Vierwalzenrundmaschine beim Anbiegen des Stoßes. Die Druckwalze ist angetrieben und nicht höhenverstellbar. Durch Hydraulikzylinder können die Unterwalze sowie die Einlauf- und Auslaufwalze in Richtung der Zylinderachse zugestellt werden.

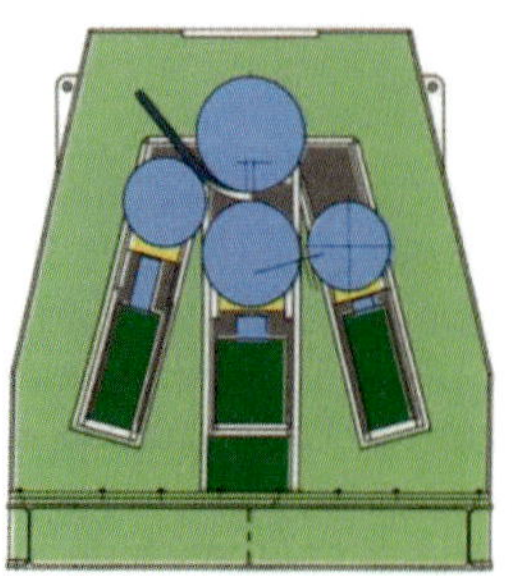

Das Umformverhalten der Bleche kann durch Erhöhung der Druckkräfte zwischen Ober und Unterwalze verbessert werden.

2 Beispiele für gewalzte Rohre

1 **Aufstellung der Druckwalze bei geöffnetem Klapplager zur Werkstückentnahme**

Die gewalzten Zylinderformen müssen an der Nahtstelle noch verschweißt werden.

a) Manuell betriebene 3-Walzen Rundmaschine für Blechdicken von 0,2 bis 6 mm. Die Oberwalze wird zur Entnahme des Werkstückes seitlich ausgeklappt.

b) 4-Walzen Rundbiegeautomat mit Hochhaltevorrichtung und Rohrabstützung für Bleche von, 2 bis 6 mm

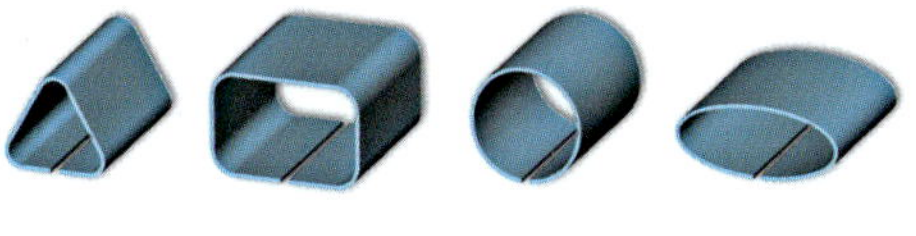

c) mögliche Walzformen, die auf diesen Handwerkermaschinen hergestellt werden können.

2 **Kleine Rundbiegemaschinen**

Spiralrunden

Um die in Bild 4 gezeigte spiralförmigen Wange einer Treppe herzustellen, muss ein zugeschnittener Blechstreifen entsprechend gerundet werden. Hierzu lässt man den Blechstreifen schräg zu den Walzen einlaufen (Bild 3). Der Streifen muss die Maschine kontinuierlich verlassen können. Der Einführ- und Steigungswinkel α lässt sich aus der Stockwerkshöhe und der senkrecht projizierten Krümmung der Treppenwange ermitteln.

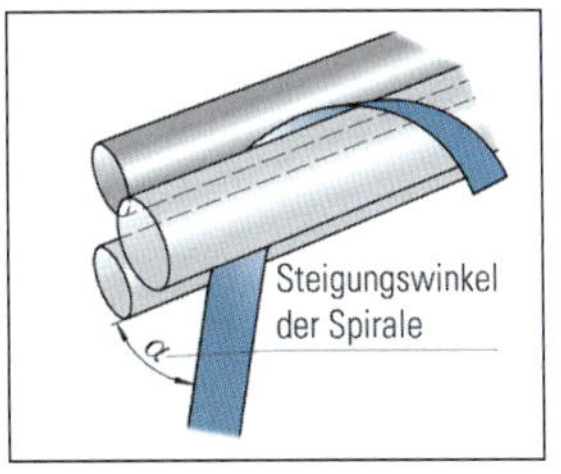

3 **Spiralrunden**

4 **Treppenwange**

Konisches Runden

Zu den schwierigsten Biegeaufgaben, die lange Erfahrung und Geschick voraussetzen, gehört das Konusbiegen. Ein Blechzuschnitt, die Abwicklung des Kegelmantels, Geife genannt, wird in die Maschine eingeführt. Der Antrieb für Vor- und Rücklauf beim Biegen erfolgt durch die Oberwalze. Die Unterwalze wird leicht schräg gestellt und klemmt am großen Durchmesser mit der Oberwalze die Geife. Die Seitenwalzen drücken durch die Schrägstellung am kleinen Durchmesser der Geife, der bedingt durch die Durchmesserunterschiede eine kleinere Umfangsgeschwindigkeit hat. Hier ist die Geife nicht eingespannt (Bild). Es entsteht ein axialer Schub, der von einem sogenannten Konusklotz oder einem Gleitschuh abgefangen wird (s. Bild 2, nächste Seite). An einigen Maschinen wird die Geife mit der Unterwalze am kleinen Radius geklemmt und von Hand oder mittels Greifer am großen Radius nachgezogen, um den Konusbiegevorgang durchzuführen. Für die Herstellung von schlanken Biegeteilen können spezielle Konuswalzen eingesetzt werden (Bild 1, nächste Seite).

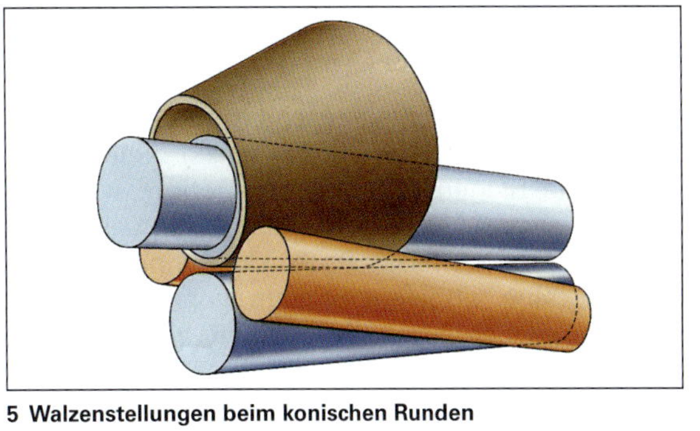

5 **Walzenstellungen beim konischen Runden**

1 Konuswalzen

2 Konusklotz an Biegemaschine

3 Beispiele für konisch gebogene Werkstücke

Eckigrunden

4 Beispiel: Eckigrunden

Um aus einem Rechteckzuschnitt einen Rechteckquerschnitt zu biegen (z. B. für Tanks) bieten CNC-gesteuerte Biegemaschinen die Option, während des Biegevorganges die Abstände der Seitenwalzen zu verändern. Der Rechteckzuschnitt wird in die Maschine eingelegt und im geraden Teil nur zwischen Oberwalze und Unterwalze bewegt. Durch schnelles Anstellen der Seitenwalzen (Druckwalzen) wird der Blechzuschnitt im geforderten Bereich umgebogen. Die Anstellung wird zurückgenommen, und der Blechzuschnitt kann mit größerem Radius oder ohne Biegevorgang weiter transportiert werden. Dieser Vorgang wird an der nächsten Kante wiederholt, bis das Werkstück fertig geformt ist.

2.5.2 Berechnungen

Ein zylindrisches Lüftungsrohr (Bild 1, nächste Seite) soll aus Feinblech gerundet, mit einem einfachen Falz verbunden und einseitig durch eine Drahteinlage versteift werden.

Folgende Arbeitsgänge sind notwendig:

- Zuschnitt bei Beachtung der Zugaben und Auszwickungen vorrichten,
- einseitig Draht einlegen,
- Bleche im Schraubstock anrunden,
- Falze entgegengesetzt kanten,
- auf der Rundmaschine in mehreren Durchgängen runden, dabei Blechkante genau parallel zur Oberwalzenachse halten,
- Oberwalze hochklappen und Blechmantel abziehen,
- falzen, Drahteinlage herstellen und prüfen.

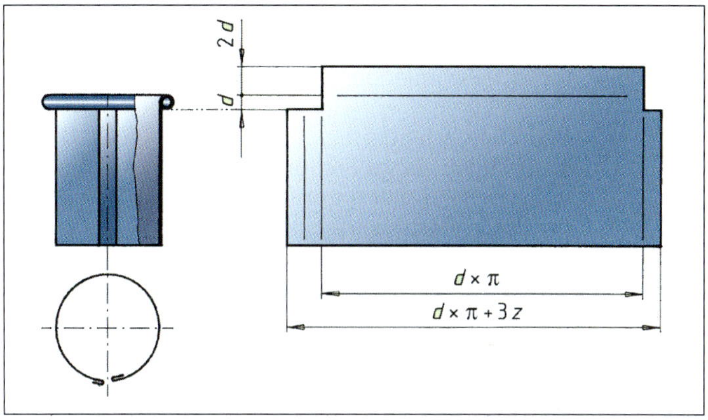

1 Lüftungsrohr

Berechnungen für konisch geformte Werkstücke

Körper	**Abwicklung**	**Tafelgröße** (ohne Zugabe)	**Bemerkung**
Kegelstumpf 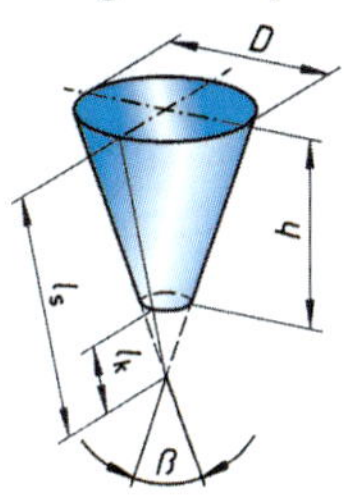	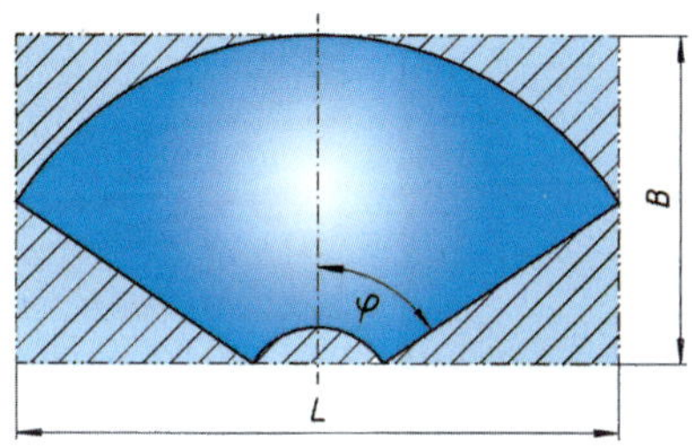	für $\beta < 30°$ bzw. $\varphi < 90°$ $L = 2 \cdot l_s \cdot \sin \varphi$ $B = l_s - l_k \cdot \cos \varphi$ für $\beta \geq 30°$ bzw. $\varphi \geq 90°$ $L = 2 \cdot l_s$ $B = l_s \cdot (1 - \cos \varphi)$	Abwicklung < Tafelgröße $l_s = \frac{D}{2 \cdot \sin \beta}$ $l_k = \frac{d}{2 \cdot \sin \beta}$ $\tan \beta = \frac{D}{2 \cdot \sin \beta}$ $l_s = \frac{D - d}{2 \cdot h}$ $\varphi = 180° \cdot \sin \beta$
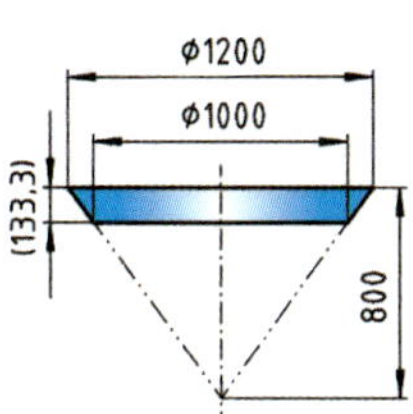	$\tan \beta = \frac{D}{2 \cdot h}$ $\tan \beta = \frac{1200\ \text{mm}}{2 \cdot 800\ \text{mm}}$ $\tan \beta = 0{,}75$ $\beta = 36{,}9°$ $\varphi = 180° \cdot \sin \beta$ $\varphi = 180° \cdot \sin 36{,}9°$ $\varphi = 108°$	$L = 2 \cdot l_s$ $L = 2 \cdot 1000\ \text{mm}$ $\underline{L = 2000\ \text{mm}}$ $B = l_s \cdot (1 - \cos \varphi)$ $B = 1000\ \text{mm} \cdot (1 - \cos \varphi)$ $B = 1000\ \text{mm} \cdot 1{,}31$ $\underline{B = 1310\ \text{mm}}$ $\underline{L \times B = 2\ \text{m} \times 1{,}31\ \text{m}}$	$l_s = \sqrt{h^2 + \left(\frac{D}{2}\right)^2}$ $l_s = \sqrt{800^2\ \text{mm}^2 + \left(\frac{1200\ \text{mm}}{2}\right)^2}$ $l_s = 1000\ \text{mm}$
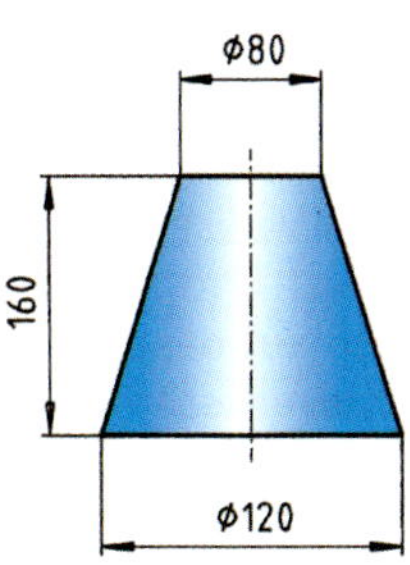	$L = 2 \cdot l_s \cdot \sin \varphi$ $L = 2 \cdot 483{,}4\ \text{mm} \cdot \sin 22{,}33°$ $L = 366{,}8\ \text{mm}$ $\underline{L = 367\ \text{mm}}$ $B = l_s - l_k \cdot \cos \varphi$ $B = 483{,}4\ \text{mm} - 322{,}3\ \text{mm} \cdot \cos 22{,}3°$ $B = 483{,}4\ \text{mm} - 322{,}3\ \text{mm} \cdot 0{,}93$ $B = 483{,}4\ \text{mm} - 298{,}2\ \text{mm}$ $B = 185{,}2\ \text{mm}$ $\underline{B = 185\ \text{mm}}$ $\underline{L \times B = 0{,}37\ \text{m} \times 0{,}19\ \text{m}}$	$l_s = \frac{D}{2 \cdot \sin \beta}$ $l_s = \frac{120\ \text{mm}}{2 \cdot \sin 7{,}13°}$ $l_s = 483{,}4\ \text{mm}$ $l_k = \frac{d}{2 \cdot \sin \beta}$ $l_k = \frac{120\ \text{mm}}{2 \cdot \sin 7{,}13°}$ $l_k = 322{,}3\ \text{mm}$	$\tan \beta = \frac{D - d}{2 \cdot h}$ $\tan \beta = \frac{120\ \text{mm} - 80\ \text{mm}}{2 \cdot 160\ \text{mm}}$ $\tan \beta = 0{,}125$ $\beta = 7{,}13°$ $\varphi = 180° \cdot \sin \beta$ $\varphi = 180° \cdot \sin 7{,}13°$ $\varphi = 180° \cdot 0{,}124$ $\varphi = 22{,}33°$

2.6 Umformen durch Schmieden

Das Schmieden ist die spanlose Formgebung eines Werkstoffs im glühenden Zustand durch äußere Kräfte und neben dem Gießen das älteste Metallbearbeitungsverfahren. Der Beruf des Schmieds entstand vor gut 5000 Jahren in Mesopotamien. Aus ihm haben sich mit der Zeit viele metallverarbeitende Berufe abgeleitet, bis hin zum Metallbauer und Konstruktionsmechaniker. In der handwerklichen Metallbearbeitung von individuellen Auftragsarbeiten spielt das Schmieden eine wichtige Rolle (s. Kap. 10 Metallgestaltung: Herstellen von Schmiedeteilen). Aber auch Massenteile entstehen durch Umformen in sogenannten Industrieschmieden.

Man unterscheidet:

- Handwerkliches Freiformschmieden am Amboss
  - mit Hammer und Hilfswerkzeugen,
  - in einfachen Gesenken am Amboss.
- Industrielles Schmieden
  - durch Formgebung in Gesenken,
  - durch Freiformschmieden mit Pressen und Maschinenhämmern.

1 **Geschmiedetes Renaissance-Tor in Freiberg (Sachsen) von Meister Gabriel Mehner, signiert mit: „ABR. EL. MEHNER HVFSCHMIT MACHTE DIESE THÜRE 1672"**

2 **Schmiedegesenk und Werkstück**

a) geschmiedete Kurbelwelle im Gesenk
b) Einlegen der Kurbelwelle in das Abgratgesenk mit danebenliegenden Abgraten
c) fertig gestrahlte und verputzte Kurbelwelle

Beim **Freiformschmieden** am Amboss wird der glühende Werkstoff frei zwischen Hammer und Amboss geformt. Das Ergebnis der Schmiedearbeit hängt überwiegend vom handwerklichen Geschick des Schmieds ab.
Beim **Gesenkschmieden** schlägt der Hammer oder drücken Pressen den glühenden Werkstoff in eine geteilte Hohlform (= Gesenk). Die fertigen Konturen des Werkstücks entsprechen der Innenform des Gesenks.
Beim industriellen Schmieden ersetzen Krane und Manipulatoren die Hand bzw. die Zange des Schmieds; die Schmiedemaschinen sind ebenso wie die Werkstückhalterung CNC-gesteuert.

Im Vergleich zu spanenden Fertigungsverfahren hat das Schmieden zwei entscheidende Vorteile:

- Werkstoffeinsparung und
- Werkstoffverbesserung.

Es wird Werkstoff gespart, da die Werkstücke ihre Endform aus dem Halbfertigfabrikat (Profil) erhalten. Die Nacharbeit beschränkt sich auf das Richten oder Entfernen des Grats beim Gesenkschmieden. Besonders durch industrielles Gesenkschmieden erreicht man hohe Maß- und Formgenauigkeit.
Durch das intensive Durchschmieden des Werkstoffs tritt eine Verbesserung ein. Der Faserverlauf wird nicht, wie beim Spanen, unterbrochen, son-

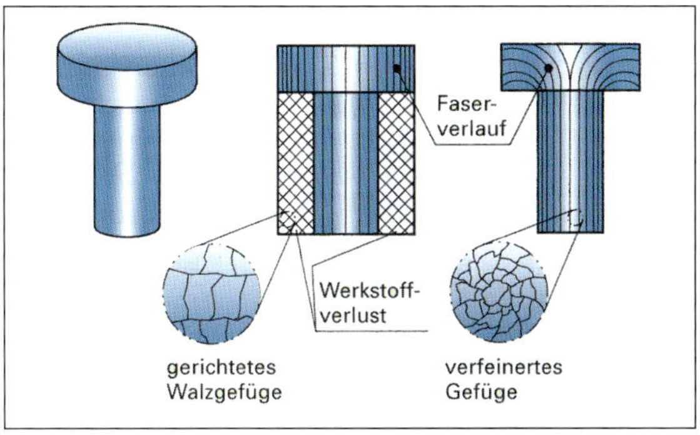

1 Schnitt durch ein Werkstück

dern die Werkstofffasern werden nur umgelenkt und der Form des Werkstücks angepasst (Bild 1). Das ist besonders wichtig bei Bauteilen aus dem Großmaschinenbau wie Wellen und Kraftwerksturbinen. Sie werden hoch beansprucht, haben oft eine Masse von mehreren Tonnen und Abmessungen bis 10 m Länge und 2 m Durchmesser.
Geschmiedete Werkstücke zeichnen sich aus durch

- erhöhte Festigkeit und Zähigkeit,
- Gefügeverfeinerung durch intensives „Durchkneten",
- gleichmäßige Struktur; die einseitige Ausrichtung des Werkstoffgitters (= Textur) durch das Walzen verschwindet.

So lässt sich allein durch Schmieden eine Steigerung der Festigkeit des Werkstoffs um bis zu 50 % erreichen. Das spart teure hochfeste Werkstoffe und verringert die Festigungszeit.

2.6.1 Werkstoffe und Temperaturen

Es lassen sich nur die Metalle und deren Legierungen schmieden, die vor dem Schmelzen einen plastischen Zustand einnehmen. Dies gilt für Stahl, viele Aluminium- und Kupferwerkstoffe, aber auch für Silber und Gold. Diese spielen aber in der Metallgestaltung nur als Überzüge eine Rolle. Die meisten Graugussarten sind nicht schmiedbar, da sie wegen des hohen Kohlenstoffgehaltes direkt vom festen in den flüssigen Zustand übergehen.

Bei Stahl ist die Schmiedbarkeit vor allem abhängig von:

- Kohlenstoffgehalt,
- Schmiedeanfangs- und Endtemperatur (Bild 2),
- Legierungsbestandteilen.

Stahl lässt sich schlecht schmieden, wenn

- der Kohlenstoffgehalt über 0,2 % ist,
- er z. B. mit Mangan legiert ist,
- die Schmiedetemperatur zu niedrig ist.

Schmiedetemperatur und Kohlenstoffgehalt von Stahl			
Kohlenstoff %	Höchste Schmiedetemperatur °C	Kohlenstoff %	Höchste Schmiedetemperatur °C
0,1	1350	0,7	1170
0,2	1320	0,8	1150
0,3	1290	0,9	1120
0,4	1270	1,0	1100
0,5	1240	1,1	1080
0,6	1210	1,2	1050

Schmiedebereich von Stählen		
Werkstoff	Schmiedeanfangstemperatur °C	Schmiedeendtemperatur °C
Unlegierter Stahl mit geringem C-Gehalt	1300	750
Unlegierter Stahl mit hohem C-Gehalt	1000	800
Ni- und Ni-Cr-Stähle mit hohem C-Gehalt	1300	900
Werkzeugstähle je nach Legierungsgehalt	1200	900

2 Schmiedetemperaturen und C-Gehalt von Stahl

Farbbezeichnung	Temperatur °C
Weiß	1250 ... 1350
Hellgelb	1150 ... 1250
Dunkelgelb	1050 ... 1150
Gelbrot	880 ... 1050
Hellrot	830 ... 880
Hellkirschrot	800 ... 830
Kirschrot	780 ... 800
Dunkelkirschrot	750 ... 780
Dunkelrot	650 ... 750
Braunrot	580 ... 650
Schwarzbraun	520 ... 580

3 Temperaturen und Glühfarben bei Stahl

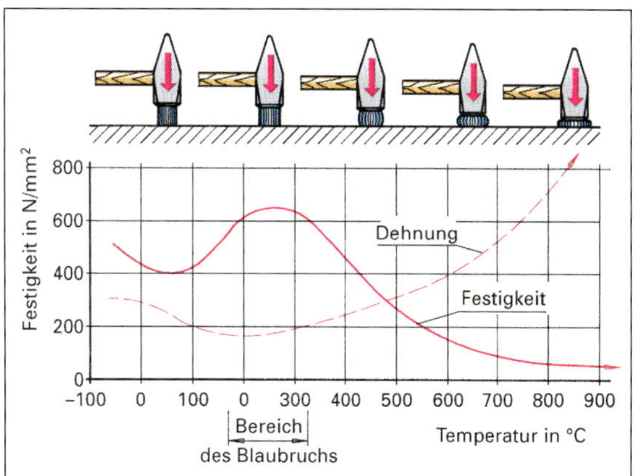

4 Schmiedetemperatur bei Stahl und Einfluss auf die Formbarkeit

2. Schritt: Zuschlag des Abbrands

Gesamte Rohlänge = Schmiederohlänge + Zugabe

$$l_{Rges} = l_R + l_z \qquad l_z = l_R \cdot \frac{5}{100}$$

$l_{Rges} = 230\text{mm} + 11{,}5\text{ mm}$

$\underline{l_{Rges} \approx 241{,}, \text{ mm}}$

$l_z = 230\text{ mm} \cdot \frac{5}{100}$

$l_z = 11{,}5\text{ mm}$

Gesenkschmieden

Beim Gesenkschmieden wird der Rohling im Gasfeuer auf Schmiedetemperatur erwärmt und anschließend zwischen Ober- und Untergesenk mit wenigen Schlägen in Form geschlagen. Das Gesenk muss um die Volumenzunahme beim Erwärmen größer als das fertige Werkstück sein. Die Berechnung erfolgt analog dem Verfahren für freie Formen mit einem Zuschlag für Abbrand von ca. 2 %. Berechnet werden nicht Längen in mm, sondern Volumina des Rohlings. Da bei abgesetzten Formen kein Grat am Absatz entstehen darf, können die Abmessungen des Rohlings nur durch Versuche ermittelt werden. Für Metallbau und Konstruktionstechnik sind Berechnungen an Gesenkschmiedestücken nicht von Bedeutung.

Aufgaben

1. Ein Vierkantstab 40 mm x 40 mm ist auf einer Länge von 60 mm einseitig auf die Hälfte abzusetzen. Der Abbrand beträgt ca. 10 %. In welchem Abstand vom Stabende ist der Absatz einzukerben?
2. Ein Stab 60 mm x 40 mm ist keilförmig auszuschmieden. Wie groß ist die Länge l in mm bei 5 % Abbrand?

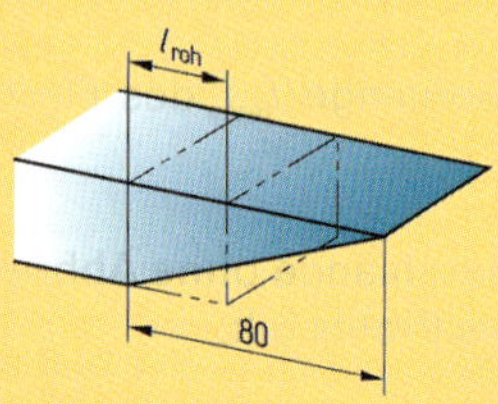

3. Der Beschlag wurde während der Formgebung sechsmal jeweils zur Hälfte im offenen Ofen erwärmt; Abbrand 15 %. Wie viel Flachstahl braucht man für zwei Beschläge?

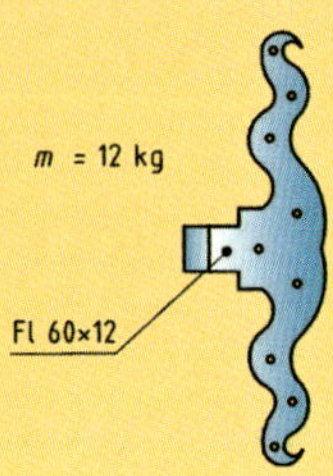

2.6.4.2 Berechnungen zum Energieverbrauch

Wärmemenge beim Schmieden

Die beim Erwärmen eines Schmiedestücks notwendige Wärmemenge Q und damit die erforderliche Leistung des Ofens bzw. der Esse ist abhängig von

- Masse m in kg des Schmiedestücks,
- Temperaturdifferenz ΔT in K zwischen Raum- und Schmiedeanfangstemperatur,
- spezifischer Wärmekapazität c in J/kg K des Werkstoffs,
- Wirkungsgrad η des Ofens bzw. der Esse.

$$Q = m \cdot c \cdot \Delta T$$

Die spezifische Wärmekapazität c eines Stoffes ist die Wärmemenge, die notwendig ist, um 1 kg dieses Stoffes um 1 K zu erwärmen (c aus Tabellenbuch).

Die in einer Esse oder einem Gasofen erzeugte Energiemenge Q ist abhängig von der

- Art des Brennstoffs,
- Menge des Brennstoffs.

feste/flüssige Brennstoffe: $Q = m \cdot H_u$
gasförmige Brennstoffe: $Q = V \cdot H_u$

Q_n: Verbrennungswärme in kJ (bei 100 % Wirkungsgrad)
M: Masse des Brennstoffs in kg
V: Volumen gasförmiger Brennstoffe in m^3
H_u: Heizwert des Brennstoffs in kJ/kg bzw. kJ/m^3 (H_u aus Tabellenbuch)

Für den tatsächlich notwendigen Brennstoffbedarf Q_{real} ist der Wirkungsgrad η zu berücksichtigen.

$$Q_{real} = \frac{Q}{\eta}$$

$\eta_{Esse} \approx 0{,}05$ (5 %)
$\eta_{Ofen} \approx 0{,}1 \ldots 0{,}3$ (10 % offen…30 % geschlossen)

Arbeitsbeispiel:

Ein Rundstahl mit $d = 60$ mm und $l = 200$ mm wird zum Absetzen im offenen Gasofen vollständig auf 850 °C erwärmt.

- Welche Wärmemenge Q in J ist dazu notwendig?
- Welche Wärmemenge Q_{real} muss der Ofen liefern?
- Wieviel Gas wird verbraucht?
- Wie hoch sind die Brennstoffkosten?

1. Schritt: Berechnung der Wärmemenge Q für das Werkstück

$Q = m \cdot c \cdot \Delta T$

m = Volumen $V \cdot$ Dichte ϱ
$\varrho = 7{,}85\ \text{kg/dm}^3$

$V = d^2 \cdot \pi \cdot \frac{l}{4}$

$V = 0{,}6^2\ \text{dm}^2 \cdot \pi \cdot \frac{2\ \text{dm}}{4}$

$V = 0{,}565\ \text{dm}^3$

$m = 0{,}565\ \text{dm}^3 \cdot 7{,}85\ \text{kg/dm}^3$
$m = 4{,}44\ \text{kg}$

ΔT = Schmiedeanfangstemperatur – Raumtemperatur
$\Delta T = 850°\text{C} - 20°\ \Delta T = 830°\text{C}$ entspricht 830 K

$c = \frac{460\ \text{J}}{\text{kg} \cdot \text{K}}$ (aus Tabellenbuch)

$Q = 4{,}44\ \text{kg} \cdot 460\ \text{J/ kg K} \cdot 830\ \text{K}$
$Q = 169\,519\ \text{J}$
$\underline{Q = 169{,}5\ \text{kJ}}$

Zum Erwärmen des Schmiedestücks sind min. 169,5 kJ notwendig.

2. Schritt: Berechnung der notwendigen Verbrennungswärme Q_{real}

$Q_{real} = \frac{Q}{\eta}$

$Q_{real} = \frac{169{,}5\ \text{kJ}}{0{,}1}$

$\underline{Q_{real} = 1695\ \text{kJ}}$

3. Schritt: Berechnung des Gasverbrauchs V

$Q_{real} = V \cdot H_u$

$V = \frac{Q_{real}}{H_u}$

$V = \frac{1695\ \text{kJ}}{34\,000\ \text{kJ/m}^3}$

$\underline{V = 0{,}05\ \text{m}^3}$

4. **Schritt**: Berechnung der Gaskosten

$K_{gas} = V$ in $\text{m}^3 \cdot K$ €/m³
$K \approx 0{,}50$ €/m³ (von Energieversorgungsunternehmen zu erfragen)
$K_{gas} = 0{,}05$ in $\text{m}^3 \cdot 0{,}50$ €/m³
$K_{gas} = 0{,}025$ €
$\underline{K_{gas} \approx 0{,}03\ €}$

Diese Rechnung ist nur theoretisch und praktisch ohne Belang, denn der Gasofen brennt ununterbrochen. Für die betriebliche Kostenrechnung ist nicht die Größe und Art des Schmiedestücks, sondern die tägliche Betriebsdauer eines Ofens und sein Verbrauch in m³/ h entscheidend.

Aufgaben

1. Ein Stahlstück mit $m = 12$ kg wird vollständig in der Esse von 20 °C auf 1270 °C erwärmt. Wie groß sind die:
a) theoretisch notwendige Wärmemenge $Q \triangleq Q_n$?
b) tatsächlich notwendige Wärmemenge Q?
c) erforderliche Menge m_{Kohle} an Schmiedekohle (Steinkohle)?

2. Fünfzig Füllstäbe aus Schmiedebronze sind nach Skizze bei 850 °C anzustauchen. Wie viel Steinkohle wird dafür in der Esse mindestens verbrannt, wenn im Schnitt zweimal erwärmt werden muss?

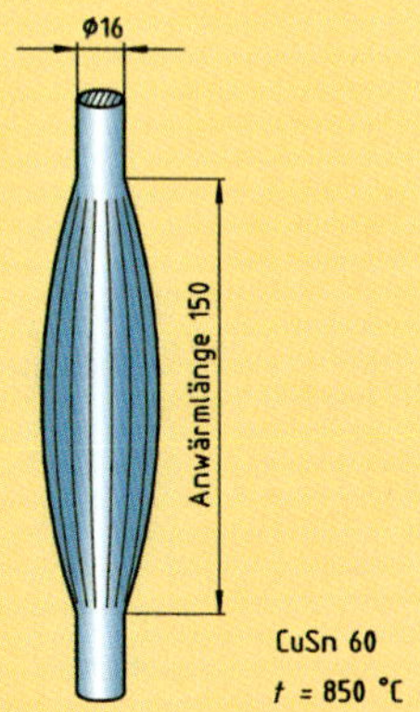

3. Ein Beschlag nach Skizze wurde während der Formgebung sechsmal jeweils zur Hälfte im offenen Ofen bei 1250 °C erwärmt. Wie viel m³ Erdgas wurden theoretisch verbrannt?

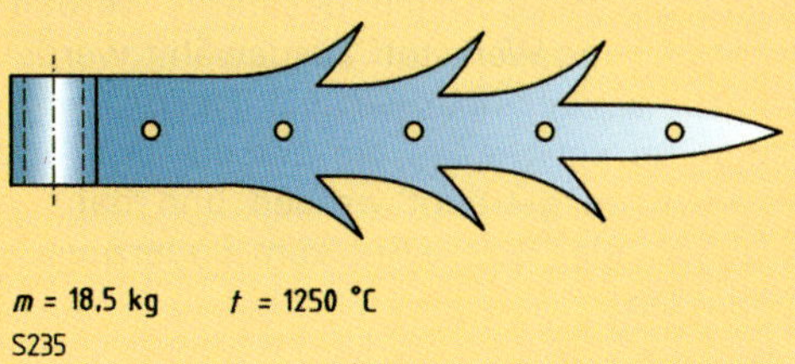

3 Herstellen von Konstruktionen aus Profilen

Der Systemträger (Bild 1) ist ein typisches Erzeugnis für den Stahlbau. Er kann in waagerechter oder senkrechter Lage eingebaut werden und die Fertigung ist bei entsprechender Stückzahl teilautomatisierbar. Die Fertigung des Systemträgers erfolgt als ganzes Stück, und er wird dann zum Einsatzort transportiert und montiert. Je nach Größe der einwirkenden Kräfte werden die Durchmesser/Wanddicken der Rohre und der Werkstoff angepasst.

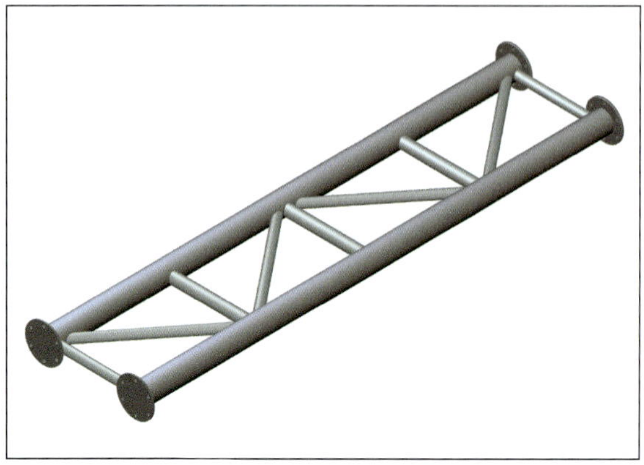

1 Systemträger

3.1 Projekt Systemträger

Für die Ausgestaltung des Systemträgers erstellt der Auftragnehmer ein Lastenheft, in dem alle wichtigen Daten und Wünsche festgelegt werden. In einem Lastenheft für den Systemträger können folgende Festlegungen erfolgen (siehe Bild 2).

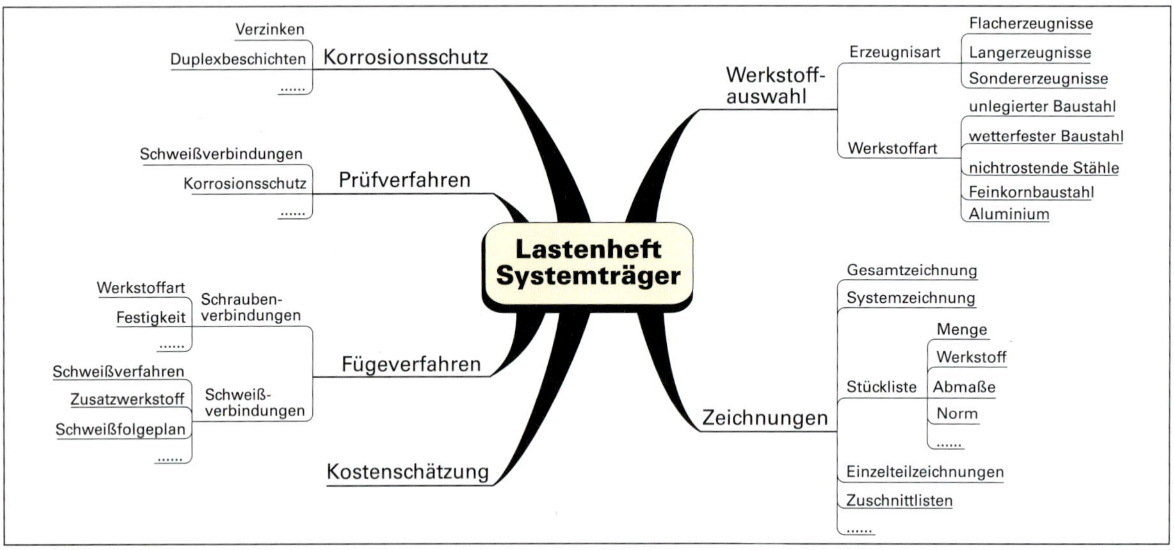

2 Übersicht Lastenheft Systemträger

3.2 Werkstoffe im Stahl- und Metallbau

Neben den gestalterischen Vorgaben müssen besonders die Belastungen bestimmt werden und dann Profil und Werkstoff ausgewählt werden. Im Stahlbau werden überwiegend Flach- und Langerzeugnisse verwendet, die auf die notwendigen Abmessungen getrennt werden und dann durch Schrauben oder Schweißen zum Enderzeugnis gefügt werden.

3.2.1 Stähle im Metallbau

3.2.1.1 Stahlwerkstoffe

In Werkstoffhandbüchern, z. B. dem „Stahlschlüssel", sind eine Vielzahl von lieferbaren Stahlsorten aufgelistet. Sie unterscheiden sich in ihren Eigenschaften und in ihrer chemischen Zusammensetzung.

Steht die Verwendung im Vordergrund, so ordnet man im Metallbau nach (Bild 1, nächste Seite)

- Baustählen,
- Werkzeugstählen,
- Nichtrostenden Stählen.

Stahl	Verwendung	Eigenschaften
Baustähle	Konstruktionen, z. B. Treppen, Geländer, Hallen, Stahlskelettbau, Behälter	schweißbar, verformbar, garantierte Festigkeitseigenschaften
Werkzeugstähle	Werkzeuge, z. B. Meißel, Gesenke, Schlagwerkzeuge	härtbar, verschleißfest
Nichtrostende Stähle	Bauteile mit besonderen Beanspruchungen, z. B. Behälter, Rohre, Fassaden	korrosionsbeständig, polierfähig

1 Stahlwerkstoffe im Metallbau

2 Hausfront eines Einfamilienhauses aus vorgehängten Stahlplatten aus wetterfestem Baustahl

Die große Gruppe der Baustähle lässt sich noch weiter unterteilen in:

- Allgemeine Baustähle mit garantierter Mindeststreckgrenze, z. B. S235JR,
- Baustähle mit besonderen Gebrauchseigenschaften, z. B. S275J0 für Rohre,
- Baustähle, die sich zur Wärmebehandlung eignen, z. B. C60E,
- Schweißgeeignete Feinkornbaustähle, z. B. S355N.

Teilt man Stähle nach ihrer Zusammensetzung ein, so unterscheidet man

- unlegierte und
- legierte Stähle (früher üblich: niedrig- bzw. hochlegiert).

Legierte Stähle spielen im Metallbau, außer bei rostfreien Stählen, nur eine untergeordnete Rolle. Aus der Kurzbezeichnung des Stahlwerkstoffes lässt sich oft auf Zusammensetzung, Eigenschaften und Verwendung schließen.

Die Bezeichnung von Stählen ist in Europa einheitlich geregelt (DIN EN 10 027-1).

Der Bezeichnung S235JR können folgende Informationen entnommen werden:

S: Stähle für den allgemeinen Stahlbau
235: Mindeststreckgrenze R_{eH} = 235 N/mm²
J: Kerbschlagarbeit = 27 J
R: Prüftemperatur = 20 °C

3.2.1.1.1 Wetterfeste Baustähle

Eine Besonderheit bei den Baustählen ist der wetterfeste Baustahl nach DIN EN 10025; er ist auch unter der Bezeichnung Petinax (Herstellerbezeichnung) bekannt. Die Korrosionsbeständigkeit wird durch die Legierungszusätze Kupfer, Phosphor, Silizium, Nickel und Chrom deutlich erhöht. Es bildet sich auf der Oberfläche eine besonders dichte Schicht aus Eisenoxid, welche den Zutritt von Feuchtigkeit deutlich herabsetzt und damit die Korrosionsgeschwindigkeit stark verlangsamt. Konstruktionen, die sich schlecht verzinken lassen (Brücken, Türme, Abgasanlagen...), werden aus wetterfestem Baustahl gefertigt und dann farbbeschichtet. Er hat die gleichen fertigungstechnischen Eigenschaften (z. B. gute Schweißeignung) wie der allgemeine Baustahl und hat im Kurznamen das Symbol W: z.B. S355J2W (1.8965).

Bei Schraubverbindungen muss der Schraubenwerkstoff artgleich sein, um die Bildung elektrochemischer Lokalelemente zu vermeiden; Schrauben aus nichtrostendem Stahl sind geeignet.

3.2.1.2 Feinkornbaustahl

Feinkornbaustahl ist ein Baustahl, der sich speziell zum Schweißen eignet. Feinkornbaustähle haben eine höhere Streckgrenze als vergleichbare Stähle. Der maximale Kohlenstoffgehalt bei Feinkornbaustählen beträgt weniger als 0,2 %. Die feine Körnung im Gefüge wird durch Legierungselemente erreicht, deren Nitride und Carbide erst bei höheren Temperaturen in Lösung gehen. Feinkornbaustähle werden vor allem bei hoch auf Zug beanspruchten Stahlbetonkonstruktionen, beim Bau von Kränen, Hydraulikzylindern oder anderen Schweißkonstruktionen eingesetzt.

3 Baukräne aus Feinkornbaustahl

Bezeichnungsbeispiel für einen Feinkornbaustahl nach DIN EN 10025: S355N (N = Normalgeglüht)

3.2.1.1.3 Nichtrostende Stähle

Korrosionsbeständiger und säurebeständiger Stahl wird allgemein als **Rostfreier Edelstahl** bezeichnet; die fachgerechte Benennung lautet **Nichtrostender Stahl**. Die häufig verwendete Bezeichnung Edelstahl ist irreführend, da es sich dabei um einen Stahl besonderer Reinheit handelt, der nicht unbedingt auch korrosionsbeständig sein muss. Nichtrostender Stahl ist unter vielen verschiedenen Handelsnamen bekannt, z. B. „V2A", „V4A", „Cromargan®", hierbei handelt es sich um Markennamen von Herstellern für ihre Produkte. Viele Hersteller von nichtrostendem Stahl haben sich in dem Warenzeichenverband EDELSTAHL Rostfrei® zusammengeschlossen.
Die Einsatzgebiete von rostfreiem Stahl sind überall dort, wo hohe Korrosionsbeständigkeit gefordert wird; z. B. Treppen/Geländer, Behälterbau für chemische und Lebensmittelindustrie.

1 Markenzeichen des Warenzeichenverbandes Edelstahl-Rostfrei e.V.

2 Moderne Stahltreppe aus EDELSTAHL Rostfrei® in Kombination mit Hartholz

Eigenschaften nichtrostender Stähle
Nichtrostende Stähle enthalten als wesentliches Legierungselement Chrom (≥ 10,5 %) bei geringem Kohlenstoffanteil (≤ 1,2 %) und werden unterschieden in

- korrosionsbeständige,
- hitzebeständige und
- warmfeste nichtrostende Stähle.

Die Korrosionsbeständigkeit ist durch eine an der Oberfläche vorhandenen Passivschicht gegeben, die sich bei Anwesenheit von Sauerstoff bildet. Bei leichten Oberflächenzerstörungen z. B. Kratzer erneuert sich die Passivschicht wieder. Grundsätzlich ist eine feine Oberfläche anzustreben, damit sich die gewünschte lange Korrosionsbeständigkeit einstellt.

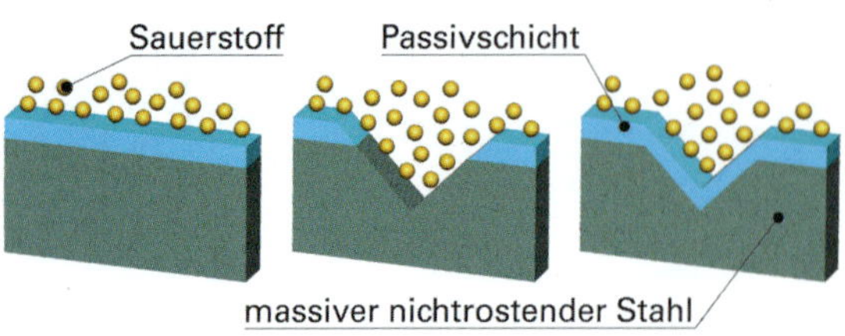

Nichtrostende Stähle rosten auch, nur erheblich verlangsamt.

Sorten/Arten nichtrostender Stähle
Alle nichtrostenden Stähle werden in DIN EN 10088 zusammengefasst. Teil 1 der Norm unterscheidet zwischen

- 20 ferritischen Stählen
- 20 martensitische und ausscheidungshärtende Stähle
- 37 austenitische Stähle und
- 6 austenitische-ferritische Stähle.

Die Bezeichnung der verschiedenen nichtrostenden Stähle erfolgt über die Werkstoffnummer und Kurznamen, welche die Anteile der Legierungselemente angibt, z. B. X3CrNiMo 17-13-3 (1.4436): 0,03 % Kohlenstoff – 17 % Chrom – 13 % Nickel – 3 % Molibdän
Ein weit verbreiteter ferritischer nicht rostender Stahl ist die Sorte X6Cr17 (1.4016); Diese Legierung kann nur in Umgebungen mit geringer Korrosionsbelastung eingesetzt werden und das optische Erscheinungsbild darf nicht bedeutend sein. Durch Zulegieren von Chrom und Molybdän verbessern sich Korrosionsbeständigkeit und Aussehen; die Legierungselemente Titan und Niob verbessern die Schweißeignung.

Die „Standardsorte" bei austenitischen Stählen ist X5CrNi18-10 (1.4301). Folgende Mindmap zeigt, wie durch Verändern der Legierungszusammensetzung die Eigenschaften an den Bedarf angepasst werden können.

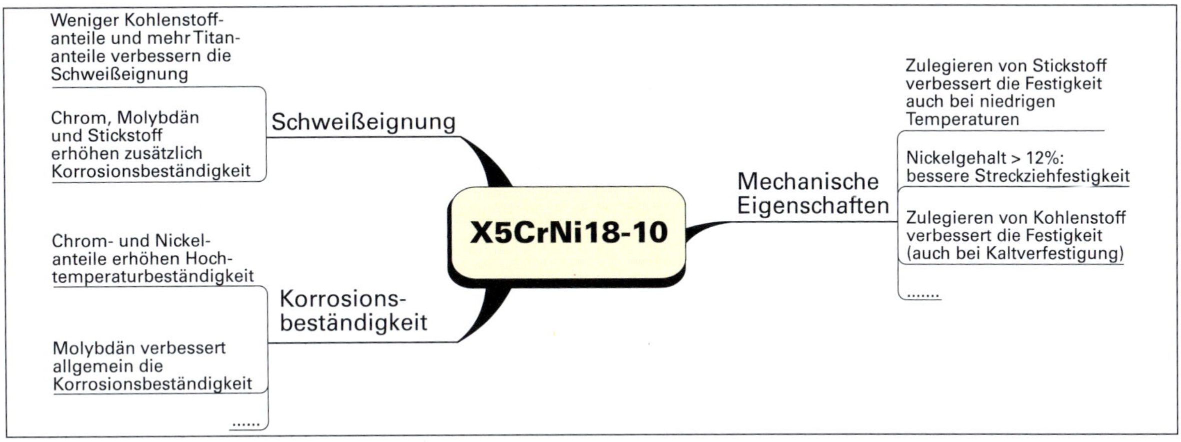

Eine Besonderheit stellt die Kennzeichnung der **Ausführungsart** und der **Oberflächenbeschaffenheit** dar.

Ausführungsart	Oberflächenbeschaffenheit (Auswahl)
1 → warmgefertigtes oder 2 → kaltgefertigtes Flach- oder Langerzeugnis	G → geschliffen, K → seidenmattpoliert, J → gebürstet, P → blankpoliert
Beispiel: 1J → warmgefertigtes und gebürstetes Erzeugnis	

Folgende Tabelle beschreibt Eigenschaften und Anwendungsbereiche ausgewählter nichtrostender Stähle (Auszug):

Kurzbezeichnung	Werkstoff-nummer	Erläuterung
X6Cr17	1.4016	Geglüht, chemisch beständiger, nichtrostender Stahl mit < 2,5 % Ni, tiefziehbar, **ferritisch**, korrosionsbeständig, hochfest, gut verformbar, gut schweißbar, magnetisch. Besteck, Spültischauskleidung, Stoßstange, Radkappe, Decke, Wandverkleidung, Aufzugskabine, Fahrtreppe, Fassadenverkleidung.
X5CrNi18-10	1.4301	Lösungsgeglüht, chemisch beständiger, nichtrostender Stahl mit > 2,5 % Ni, säurebeständig, **austenitisch**, gute Korrosionsbeständigkeit, sehr gute Schweißbarkeit, tiefziehbar, verschleißfest, gut polierbar, nicht magnetisch. Außenbauteile, Haushaltsgeräte, Lebensmittelindustrie.
X5CrNiMo17-12-2	1.4401	Geglüht, chemisch beständiger, nichtrostender Stahl mit > 2,5 % Ni, korrosionsbeständig, hochfest, gut verformbar, gut schweißbar, problemlos recycelbar, **austenitisch**, polierbar, nicht magnetisch. Decke, Wandverkleidung, Aufzugskabine, Fahrtreppe, Fassadenverkleidung.
X6CrNiTi18-10	1.4541	Warmgeformt, legierter Edelstahl, chemisch beständiger nichtrostender Stahl mit Sonderzusätzen, hochfest, **austenitisch**, gut verformbar, gut schweißbar, problemlos recycelbar, nicht magnetisch. Brüstungen, Dacheindeckungen Dachzubehör, Gitter, Portale, Türen, Treppen, Geländer. Besonders geeignet für Schrauben und Schwerlastanker.

Verarbeitung nichtrostender Stähle

Nichtrostende Stähle werden wie Baustähle als Bleche, Rohre, Profile und profilierte Bleche geliefert. Sie lassen sich umformen (z. B. Abkanten, Biegen, Falzen ...) und mit allen spanenden Bearbeitungsverfahren trennen. Beim Umformen sind die höhere Rückfederung und eine verstärkte Kaltverfestigung zu beachten. Bei den spanenden Bearbeitungsverfahren muss besonders gekühlt und geschmiert werden; Ursache ist die geringere Wärmeleitfähigkeit im Vergleich zu Baustählen.

Grundsätzlich lassen sich nichtrostende Stähle mit allen elektrischen Schweißverfahren verschweißen; überwiegend werden die Schutzgasschweißverfahren Metall-Aktivgas-Schweißen (MAG) und Wolfram-Inertgas-Schweißen (WIG) eingesetzt. Beim MAG-Schweißen werden deutlich höhere Abschmelzleistungen erzielt. Geschweißt wird mit Gleichstrom, und die Drahtelektrode wird am Pluspol angeschlossen. (Weitere Informationen siehe Kapitel 10).

Nationale Werkstoffbezeichnungen werden durch europäische Bezeichnungen ersetzt. Folgende Bezeichnungen werden eingeführt:

- Stähle nach DIN EN 10027-1 und -2
- Gusseisenwerkstoffe nach DIN EN 1560
- Aluminiumwerkstoffe nach DIN EN 573-3 und
- Kupferwerkstoffe nach DIN EN 1412.

Nicht aktualisierte Zeichnungen und Stücklisten können noch veraltete Bezeichnungen enthalten.

Lieferformen von Stahlprofilen

Stahlwerke liefern den Verarbeitern ca. 70000 verschiedene Fertigerzeugnisse in unterschiedlichen Lagerlängen. Sie lassen sich einteilen in

- Langerzeugnisse (Bild 2)
- Flacherzeugnisse (Bild 3)
- Sondererzeugnisse, z.B. Rohre, Sonderprofile.

Für die Herstellung dieser Profilvielfalt gibt es eine einfache Begründung:

Im Metallbau soll möglichst wenig spanend bearbeitet werden. Die Konstruktion bestimmt die Profilform. Die Lagerlängen sind so zu wählen, dass der Verschnitt gering wird.

Sonderanfertigungen, z.B. Profile zur Herstellung eines Fahrbahnübergangs, sind nicht frei im Handel erhältlich. Sie werden nur dem Hersteller des Fahrbahnüberganges geliefert (Bild 4).

4 Fahrbahnübergang aus Sonderprofilen

Sonderprofile sind auch **RP-Profile**, aus denen Stahlfenster und -türen gefertigt werden. Sie lassen sich untereinander kombinieren und können zusammen mit allen notwendigen Beschlägen, Dichtungen, Verarbeitungshinweisen, Fertigungszeichnungen etc. vom Profilhersteller bezogen werden. Man spricht dann von **„Systemprofilen"**.

Stück	Benennung	Normblatt	Werkstoff	Pos.	Halbzeug
4	Sechskantmutter M5	DIN EN ISO 4032	4.6	23	
2	Scheibe B21	DIN EN ISO 7090	St	22	
1	Rolle		St	5	Rohr 48,3×2,6 – 53 EN 10220
2	Lasche		S235JR	4	L EN 10 056-1 – 40×20×3
1	Schutzblech		DC04	3	Blech EN 10 130–15×70×90
1	Deckel		DC04	2	Blech EN 10 130–2×62×82
1	Lasche				

1 Auszug Stückliste

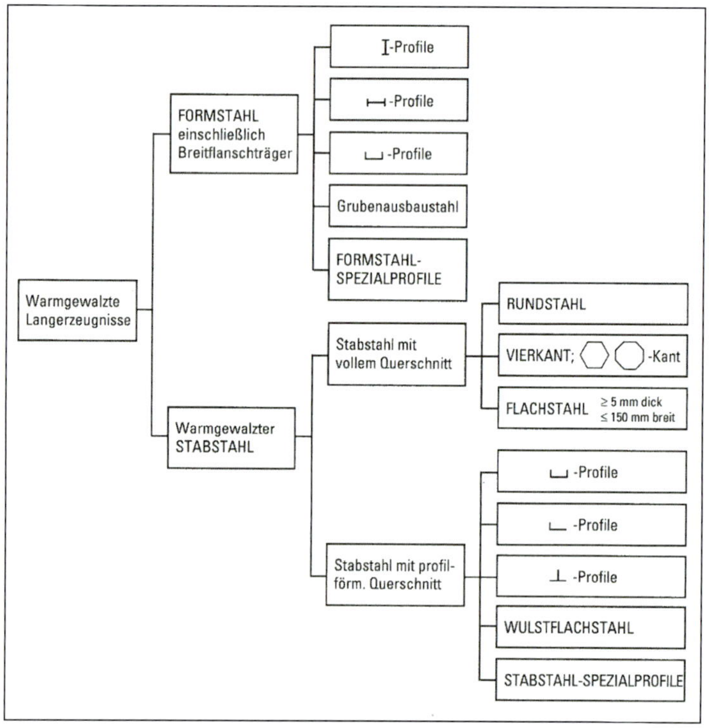

2 Walzwerkserzeugnisse: Langerzeugnisse

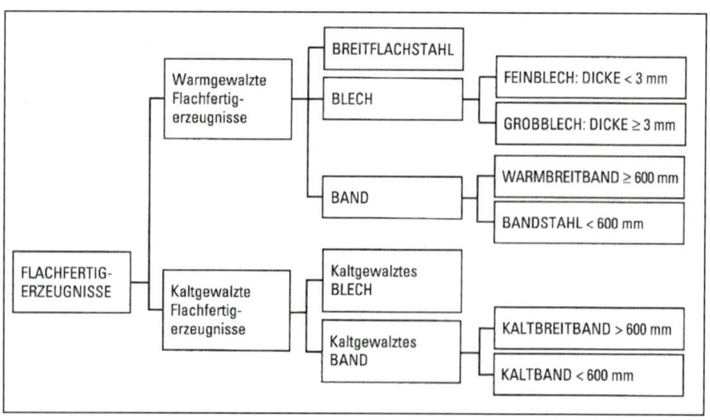

3 Walzwerkserzeugnisse: Flacherzeugnisse

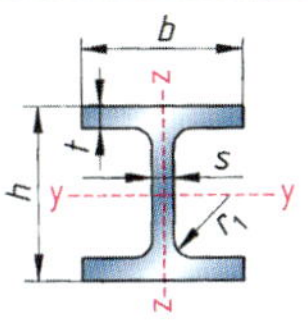

Breite I-Träger
Verstärkte Ausführung Reihe IPBv = HE-M
Normallängen bei Profilhöhen unter 300 mm 8 bis 16 m
300 mm und mehr 8 bis 18 m

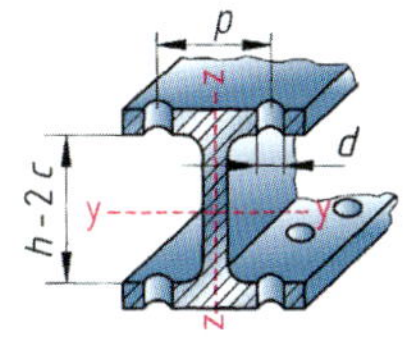

Kurzzeichen IPBv HE-M	Maße in mm für							S	m'	Für die Biegeachse						Anreißmaß p und Schraubenauswahl		Anstrichfläche = Profilabwicklung u
										y − y			z − z					
	h	b	s	t	r	c	$h - 2c$	cm^2	$\frac{kg}{m}$	I_y cm^4	W_y cm^3	i_y cm	I_z	W_z	i_z	p in mm	*Schraubenauswahl*	$\frac{m^2}{m}$
100	120	106	12	20	12	32	56	53,2	41,8	1 140	190	4,63	399	75,3	2,74	62 … 64	M10	0,619
⋮	⋮	⋮	⋮	⋮	⋮	⋮	⋮	⋮	⋮	⋮	⋮	⋮	⋮	⋮	⋮			⋮
200	220	206	15	25	18	43	134	131	103	10 640	967	9,00	3 650	354	5,27	106	M27	1,20
⋮	⋮	⋮	⋮	⋮	⋮	⋮	⋮	⋮	⋮	⋮	⋮	⋮	⋮	⋮	⋮			⋮
800	814	303	21	40	30	70	674	404	317	442 600	10 870	33,1	18 630	1230	6,79	138 … 198	M27	2,75

1 Auszug Profiltabelle IPBv Reihe (HE-M Reihe)

Für die Arbeit in der Werkstatt ist wichtig, dass man die Profilangaben einer Stückliste entschlüsseln und sich, wenn notwendig, weitere Informationen aus Tabellenbüchern oder Profilhandbüchern besorgen kann.

Einige Größen, wie Profilhöhe *h* und Profilbreite *b*, erkennt man unmittelbar aus der Darstellung des Profils. Ein Konstrukteur von Stahlbauten benötigt für Entwurf und Berechnungen alle angegebenen Größen (Bild 1):

- die **Profilquerschnittfläche** *S* für die Berechnung von Spannungen und Flächenpressungen,
- die **Flächenmomente 2. Grades** I_y und I_z sind ein Maß für den Widerstand gegen Knicken,
- die **Widerstandsmomente** W_z und W_y als Maß für den Widerstand gegen Durchbiegung,
- die **Trägheitsradien** i_y und i_z bei der Verwendung des Profils als Stütze,
- die **Wurzelmaße** *w* geben erforderliche Abstände von Schraubenlöchern an,
- d_1 und d_2 geben die **größtmöglichen Lochdurchmesser** an,
- die **Anstrichfläche** ist ein wichtiger Kostenfaktor bei Oberflächenbeschichtungen.

Die Angaben in Profilhandbüchern machen eine Bemaßung der Profile in einer Konstruktionszeichnung überflüssig. Das Profil erhält nur eine Positionsnummer, die in der Stückliste mit Profilkurzbezeichnung und -länge erläutert wird.
Eine Auswahl der im Metallbau und Stahlhochbau üblichen Profile zeigt Bild 1 auf der nächsten Seite.
Eine Reihe von Kaltprofilen wird zwar von Stahlherstellern für Sonderzwecke angeboten, sie sind jedoch nicht genormt, wie z. B. Traufen- und Wandriegelprofile für den Hallenbau, spezielle Türbauprofile oder Geländerhohlprofile (Bild 3).

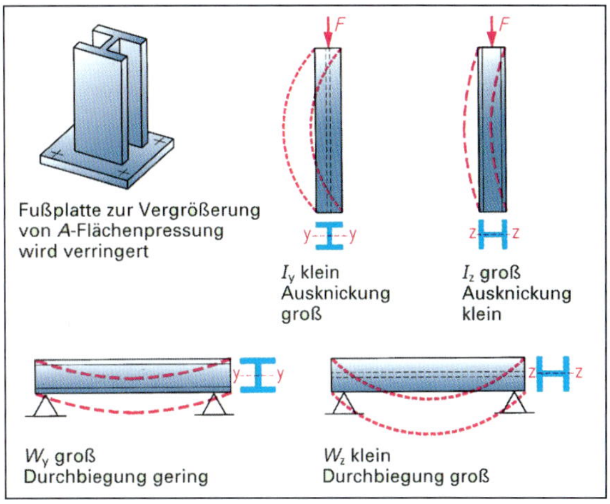

2 Profilbeanspruchung

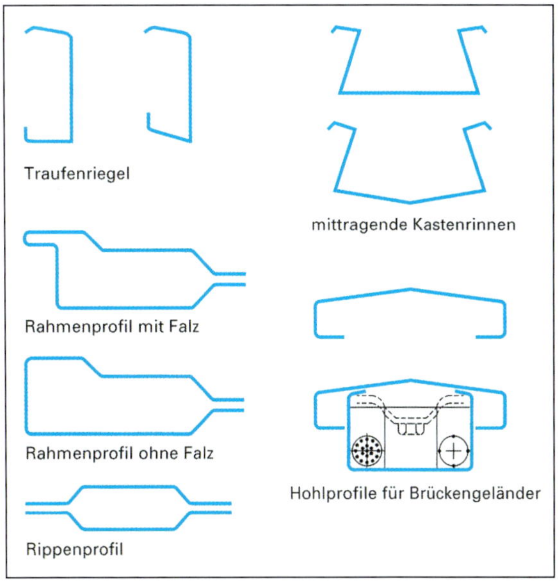

3 Kaltprofile für Hallen, Türen, Geländer

Angabe in der Stückliste	Erläuterung	Skizze	Liefer-größen
I-Profil DIN 1025 – I 120 – 3000	Schmaler I-Träger, 120 mm hoch, 3000 mm lang, nach DIN 1025-1 (möglichst vermeiden, da Flanschflächen geneigt!)		80 ... 600
I-Profil DIN 1025 – IPE 200 – 4000 (HE-A 200-4000)	Mittelbreiter I-Träger mit parallelen Flanschflächen 200 mm hoch, 4000 mm lang nach DIN 1025-5		80 ... 600
I-Profil DIN 1025 – IPBI 220 – 4600 (HE-A_0 220-4600)	Breiter I-Träger mit parallelen Flanschflächen, leichte Ausführung, 220 mm hoch, 4600 mm lang nach DIN 1025-3	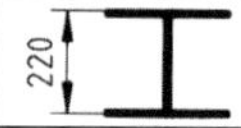	100 ... 1000
I-Profil DIN 1025 – IPB 300 – 8000 (HE-B 300-8000)	Breiter I-Träger mit parallelen Flanschflächen, 300 mm hoch, 8000 mm lang, nach DIN 1025-2	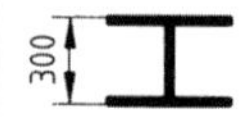	100 ... 1000
I-Profil DIN 1025 – IPBv 600 – 6000 (HE-M 600-6000)	Breiter I-Träger mit parallelen Flanschflächen, verstärkte Ausführung, 600 mm hoch, 6000 mm lang, nach DIN 1025-4	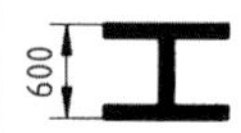	100 ... 1000
I PBS 360/380 – 4000 (HE-C)	Breiter I-Träger mit parallelen, breiteren Flanschen, 360 mm hoch, 380 mm breit, 4000 mm lang, nicht genormt	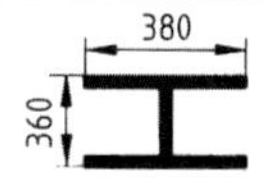	360/380 ≑ ≑ 1000/400
U-Profil DIN 1026 – U 160 – 550	U-Profil 100 mm hoch, 550 mm lang, nach DIN 1026-1		30 ... 400
L EN 10 056-1 60 × 60 × 5 – 800	Winkelstahl rundkantig, gleichschenkelig, 60 mm Schenkelbreite, 5 mm dick, 800 mm lang, nach DIN EN 10 056-1	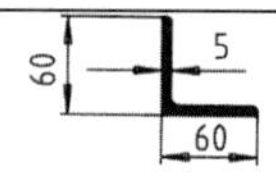	20 × 30 200 × 24
LS 50 × 5 – 700 DIN 1022	Winkelstahl scharfkantig, gleichschenklig, 50 mm Schenkelbreite, 5 mm dick, 700 mm lang, nach DIN 1022	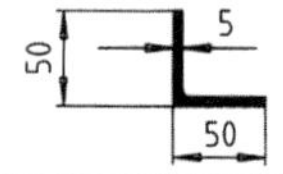	20 × 3 ≑ ≑ 50 × 5
L EN 10 056-1 100 × 50 × 8 – 3400	Winkelstahl rundkantig, ungleichschenkelig, 100 und 50 mm Schenkelbreiten, 8 mm dick, 3400 mm lang, nach DIN EN 10 056-1	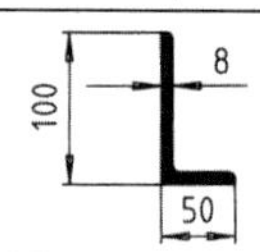	30 × 20 × 3 ≑ ≑ ≑ 200 × 100 × 14
Z-Profil DIN 1027 – Z 100 – 1200	Z-Stahl rundkantig, 100 mm hoch, 1200 mm lang, nach DIN 1027	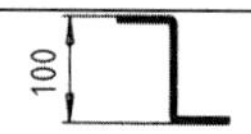	30...160
T-Profil EN 10 055 – T 60 – 1400	T-Stahl hochstegig, 60 mm Höhe, 1400 mm lang, nach DIN EN 10 055	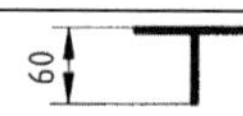	20...140
T-Profil EN 10 055 – TB 60 – 1200	Breitfüßiger T-Stahl, rundkantig, 60 mm hoch, 1200 mm lang, nach DIN EN 10 055	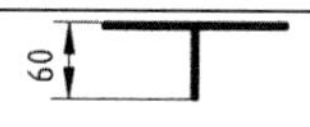	30...60
T-Profil DIN 59 051 – TPS 40 × 4000	Scharfkantiger T-Stahl mit parallelen Flansch- und Stegseiten, 40 mm hoch, 4000 mm lang, nach DIN 59 051	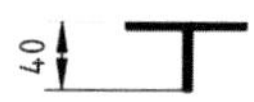	20...40
Flach EN 10 058 – 80 × 10 – 1000	Flachstahl mit 80 mm Breite, 10 mm dick, 1000 mm lang, nach DIN 1017	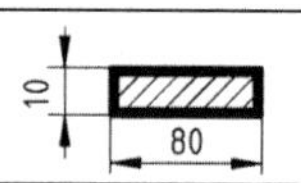	10 × 5 ≑ ≑ 150 × 60
C 80 × 3 – 3000	Kaltprofil mit C-Form, 80 mm hoch, 3 mm dick, 3000 mm lang, nicht genormt	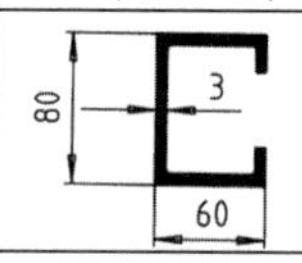	80 × 3 ≑ ≑ 200 × 3
U 140/60 × 3 – 2000	Kaltprofil mit U-Form, 140 mm hoch, 60 mm breit, 3 mm dick, 2000 mm lang, nicht genormt	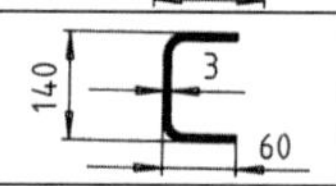	20/20 × 1,5 ≑ ≑ ≑ 200/80 × 6
U-Profil EN 1993 UPE 200-800	U-Profil mit parallelen Flanschen 200 mm hoch, 800 mm lang, nach EN 1993	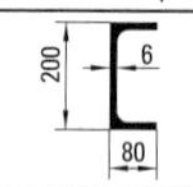	120...400
Hut 25/150/70/25 – 5 ≑ ≑ ≑	Kaltprofil mit Hutform, 150 mm hoch, Hut 80 mm breit, Krempen 25 mm breit, 5 mm dick, nicht genormt	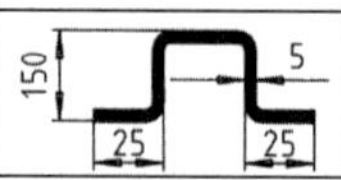	15/ 25/ 40/15 × 1,5 ≑ ≑ 30/150/110/30 × 7

1 Normung und Bezeichnung von Profilen

3.2.1.3 Stähle für Bleche und Band

Die Anschlussplatten des Systemträgers werden aus Blechen herausgeschnitten. Lieferformen sind Blechtafeln oder aufgerolltes Stahlband (Coil genannt). Bleche werden unterschieden nach der Dicke, der Werkstoffart, der Form oder der Oberflächenstruktur.

Bleche kommen als **Schwarzblech** mit verbesserter Oberfläche oder oberflächenbehandelt in die Werkstatt. **Riffel-, Raupen-, Tränen-** oder **Warzenbleche** und **Lochplatten** eignen sich wegen ihrer Strukturierung und Dicke (3...24 mm) besonders für Bauteile, die trittsicher sein müssen. Man findet sie bei Treppenstufen, Podesten und Bühnen (Bild 1 und 2), **Trapez-** und **Pfannenbleche** sind meist verzinkt, da sie überwiegend im Freien verwendet werden.

Wurden früher Bleche nach ihrer Dicke in Fein-, Mittel- und Grobblech eingeteilt, so unterscheidet man heute nach Norm:

- DIN EN 10048: warmgewalztes Blech 0,8...3 mm dick, Warmband 0,8...20 mm dick, Norm legt die Lieferbedingungen fest.
- DIN 1623: kaltgewalztes Blech und Breitband ≤ 3 mm dick, Bezeichnungsbeispiel S215G.
- DIN EN 10111: kontinuierlich warmgewalztes Blech und Band (in Rollen) 600 mm breit, 1... 11 mm dick, Norm legt die Lieferbedingungen fest.
- DIN EN 10202, DIN EN 10205: Feinstblech und Weißblech in Dicken bis 1 mm (mit angegebener Zinnauflage bei Weißblech), Lieferformen Blech oder Rolle.
- DIN EN 10130: Kaltgewalzte Flacherzeugnisse aus weichen Stählen zum Kaltumformen über 600mm breit, 0,35...3 mm dick, Bezeichnungsbeispiel: DC01.
- DIN EN 10028: Flacherzeugnisse aus Druckbehälterstählen, Bezeichnungsbeispiel: P235GH.
- DIN EN 10088: Nichtrostende Stähle, Bezeichnungsbeispiel: X6CrNiTi18-10.
- ...

Üblich sind Tafeln der Abmessungen 1 × 1 m sowie 1 × 2 m und Rollen von 1...2 m Breite und bis zu 50 m Länge. Für Sonderzwecke gibt es Bänder bis 600 mm Breite. Kaltgewalzte Bleche aus St 13 und St 14 eignen sich besonders zum Tiefziehen, wobei Oberflächenart und Ausführung genormt sind. Für Behälter verwendet man besondere warmfeste Kesselbleche der Güteklassen P235GH und P265GH (früher H I und H II).

In der Stückliste wird ein Blech wie folgt angegeben:

Blech Dicke × Breite × Länge Normblatt-Nr. Werkstoff
Bl 3 × 250 × 2000 DIN1623 S235JR
Bl 3 × 250 × 2000 DIN EN 10130 DC04

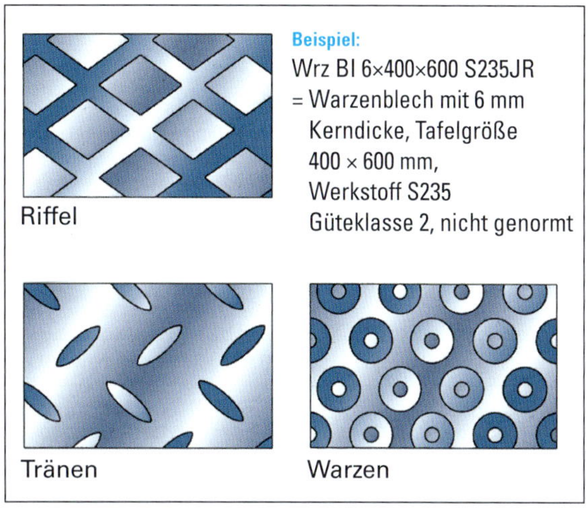

1 Strukturierte Bleche (die Form bestimmt die Benennung)

2 Außentreppe aus Stahl

3.2.1.4 Hohlprofile

Geschlossene Hohlprofile, wie **Rund-, Quadrat-** und **Rechteckrohre**, finden im Metallbau für druck- und biegebelastete Bauteile Verwendung. Man findet sie im Kranbau ebenso wie als Stützen im Hochbau. Wegen ihrer geschlossenen Form knicken sie weniger leicht als offene Profile.

In der Rohrleitungstechnik fördern sie flüssige und gasförmige Stoffe und werden dort meist oberflächenbehandelt, z. B. verzinkt.

<table>
<tr><td colspan="2">Fertigung</td><td colspan="2">Verwendung</td></tr>
<tr><td>nahtlose Rohre
DIN EN 10 220
aus dem Vollblock durch Eindrücken eines Stempels und gleichzeitiges Walzen erzeugt
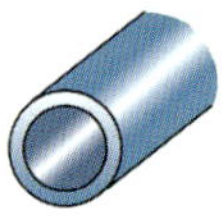</td><td>geschweißte Rohre
DIN EN 10 220
aus Band geformt und verschweißt oder als Spiralrohr gewickelt
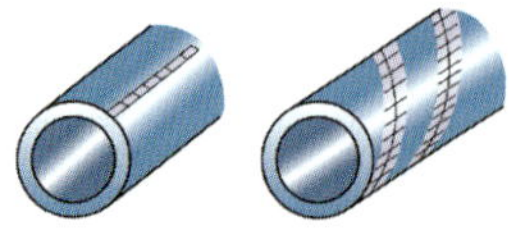</td><td>Gewinderohre
DIN EN 10 255 (schwere Reihe)
Die Nennweite entspricht dem Innendurchmesser

Beispiel:
Gewinderohr
EN 10 255 – DN 20</td><td>Präzisionsstahlrohre
DIN EN 10 305
Angegeben werden Außendurchmesser und Wanddicke
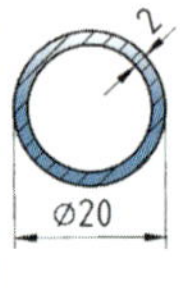

Beispiel:
Rohr EN 10 305 –
E235 – D20 x d16</td></tr>
<tr><td colspan="4">Die sonstigen Hohlprofile sind aus Band geformt, geschweißt und evtl. kalt gewalzt und profiliert.</td></tr>
<tr><td>quadrat. Hohlprofile
DIN EN 10 210-2, DIN EN 10 219-2,
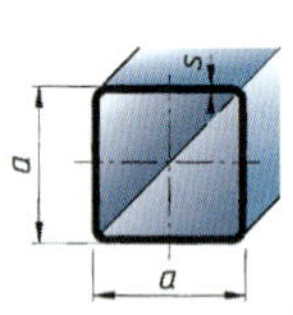

a: 40 . . . 250
s: 2,9 . . . 12,5</td><td colspan="2">rechteckige Hohlprofile
DIN EN 10 210-2, DIN EN 10 219-2
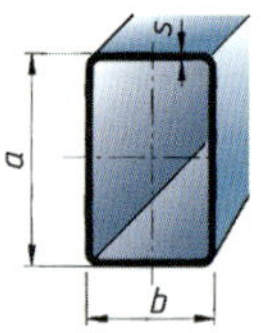

a x b: 50 x 30 . . . 250 x 180
s: 2,9 . . . 10</td><td>Hohlprofile, nicht genormt
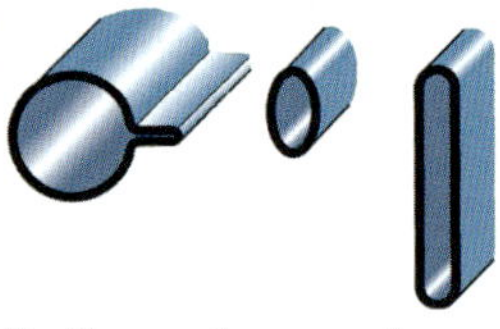
Der Verwendungszweck bestimmt die Form</td></tr>
</table>

1 Runde, quadratische und rechteckige Hohlprofile

Nach der Fertigung unterscheidet man **nahtlose** und **geschweißte Rohre**, nach der Verwendung **Gewinderohre** und **Präzisionsstahlrohre** (Bild 1).

Sonstige Hohlprofile sind aus Band geformt, kalt gewalzt und profiliert.

Für besondere architektonische Anforderungen und Gestaltungsaufgaben an Metallbauten stellen die Hersteller auch besondere Profile zur Verfügung. So lässt sich die Füllung von Balkongeländern nicht nur mit Profilstäben gestalten, sondern zunehmend wählen Architekten auch Lochplatten mit unterschiedlichen Löchern und Farben (Bild 2). Die Lochplatten werden nach Größe, Lochmuster und Lochanordnung direkt beim Hersteller bestellt und dann in den tragenden Rahmen eingeschweißt.

2 Lochpattengeländer

In einer Stückliste gibt man Rohre an:

Form	Außenmaß(e)	×	Wanddicke	–	Länge	Norm	Werkstoff
Ro	100 × 50	×	4,0	–	2600	DIN EN 10219-2	S235JR
Ro	100 × 50	×	4,0	–	2600	DIN EN 10219-2	S235JR
Ro	76,1	×	3,6	–	1650	DIN EN 10220	S275JR
Ro	76,1	×	3,6	–	1650	DIN EN 10220	S275JR

oder

Form	Nennwerte	–	Länge	Norm	Werkstoff
Ro	DN 20	–	4390	DIN EN 10255	S195T

Alle weiteren Angaben kann der Verarbeiter Profiltabellen entnehmen.

Nichtrostende Stähle sind meist schweißbar und lötbar. Für die Auswahl des Schweiß-/Lötverfahrens, geeigneter Zusatzwerkstoffe und Nachbehandlung der Nähte siehe Kapitel 15.

3.2.2 Aluminium als Konstruktionswerkstoff

Aluminium hat sehr günstige Eigenschaften:
- Korrosionsbeständigkeit,
- Meist schweißbar,
- Geringe Dichte,
- Verformbarkeit bei ausreichender Festigkeit,
- Möglichkeiten der Oberflächenbehandlungen.

Deshalb wurde er zu einem wichtigen Konstruktionswerkstoff für Fahrzeugbau (Automobilindustrie, Luft- und Raumfahrt u. a. m.) und im Metallbau.

Es gibt eine Vielzahl von Aluminiumwerkstoffen:

- **Unlegierte Aluminiumwerkstoffe**, z.B. EN AW-1050A (Al99,5), Verwendung für z.B. Profile, Dosen, Haushaltsfolien
- **Aluminium-Knetlegierungen**
  - Nicht aushärtbar, z.B. EN AW- 3103 (AlMn1), Verwendung für z.B. Fassadenverkleidung, Schrauben, Nieten
  - Kalt- und warmaushärtbar, z.B. EN AW-6060 (AlMgSi), Verwendung für z.B. für Rohre , Drähte
- **Aluminium-Gusslegierungen**, z.B. EN AC-AlCuMgTi, Verwendung für z.B. Flugzeugbau, Gelenkteile.

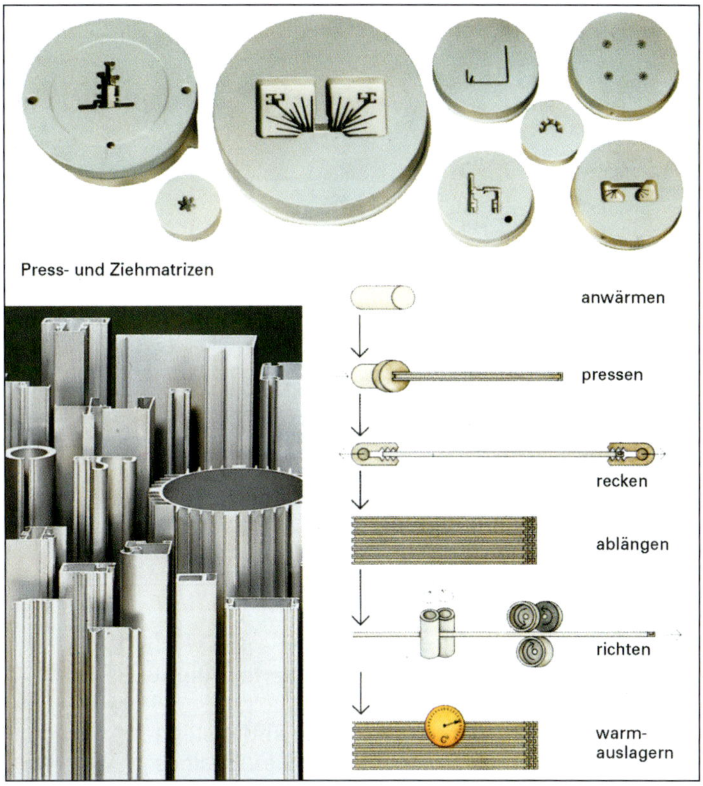

1 Stranggepresste Aluminiumprofile

Im Metallbau werden Bleche, Bänder und Profile zu Fassadenverkleidungen, Fenster- und Türrahmen, Behältern, Geländerstäben, aber auch zu tragenden Konstruktionen im Leichtbau verarbeitet.

Eine sehr wichtige Rolle spielen stranggepresste Aluminiumprofile (Bild 1). So sind z.B. an Fensterbauprofilen Kammern und Führungen für Beschläge und Eckwinkel, aber auch Schraubkanäle und Einpressnuten integriert. Der Zusammenbau erfolgt dann in wenigen einfachen Arbeitsgängen.

Diese Profile sind weder genormt noch frei verkäuflich, sondern wurden von Systemherstellern entwickelt und stehen nur deren Lizenznehmern zur Verfügung. Systemhersteller liefern den Verarbeitern nicht nur Profile, sondern auch die notwendigen Beschläge und Zeichnungen.

Reinaluminium wird im Metallbau wegen seiner geringen Festigkeit nur für dekorative Bauteile, z.B. Verkleidungen, verwendet.

3.2.1.5 Herstellen von Halbzeugen

Aluminiumhütten stellen Reinaluminium verschiedener Reinheitsgrade sowie Aluminiumguss- und -knetlegierungen her. Nur Knetlegierungen lassen sich durch Umformen bearbeiten. Die im Metallbau häufigste Legierung ist die Knetlegierung mit der Werkstoffnummer 3.3206.07 (neue Norm: EN AW-6060):

Kurzzeichen:

Al MgSi 0,5 F 22

Grundmetall:	Aluminium
Legierungselemente:	Magnesium, Silicium
Gehaltsangabe:	0,5 % Magnesium
Zustand:	Zugfestigkeit 220 N/mm²
Legierungstyp:	Knetlegierung

Weitere Informationen zu Bruchdehnung, Härte, bevorzugte Verwendung sind in Tabellenbüchern oder Herstellerhinweisen enthalten.

Ist die Art der Aluminiumlegierung nicht bekannt, so behilft man sich in der Werkstatt mit der Tüpfelprobe (siehe Kap. 17). Sie liefert bei geringem Zeit- und Kostenaufwand befriedigende Ergebnisse.

Durch Walzen von Barren stellt man Bleche, Bänder und Folien her. Aus Bändern werden dünne einfache Profile und aus stranggepresstem Vormaterial werden Rohre und Drähte gezogen (Bild 1, nächste Seite).

Da nur Reinaluminium korrosionsbeständig ist, müssen Profile geschützt werden. Bewährt hat sich

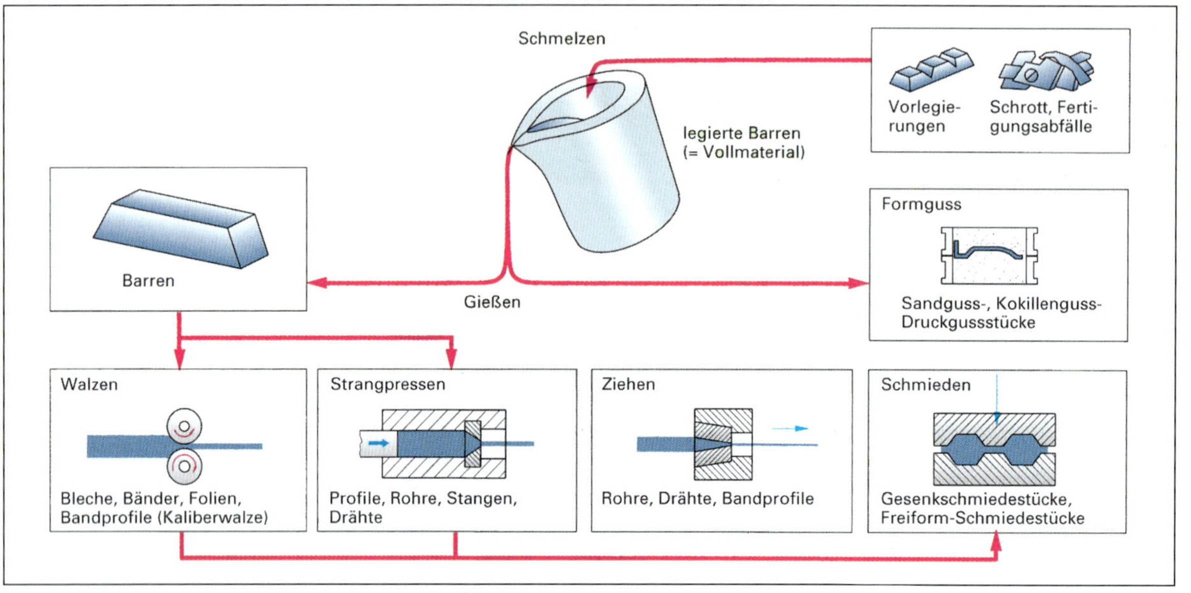

1 Weiterverarbeitung von Aluminium

das **Eloxalverfahren** (= **el**ektrisch **ox**idiertes **Al**uminium) (siehe Kap. 9.4.2).
Nach dem Pressen werden die Profile entfettet, gebeizt und in Anodisierbetrieben eloxiert. Keinesfalls darf der Werkstoff mit Kupfer legiert sein, das würde Flecken beim Eloxieren ergeben. Es sind mehrere Farbnuancen möglich.
Leuchtende Farben, z. B. für hellrote Fensterrahmen, sind jedoch nur durch Lackieren möglich. Grundsätzlich wird immer vor dem Verarbeiten eloxiert oder lackiert.
Im Fenster-, Türen- oder Förderanlagenbau sind oft gekrümmte Profile, z. B. Bogen, notwendig. Sie wurden früher in der Werkstatt mit Vorrichtungen und Beilagen über Schablonen gebogen. Besser ist die Verwendung fertiger Bögen, die an NC-gesteuerten Biegeanlagen geformt wurden.
Aluminiumprofile werden durch Spezialniete wie Blind- und Durchziehniete (Vollniete nur noch im Flugzeugbau), Schrauben (Schrauben aus Edelstahl) und Schweißen (siehe Kapitel 15) gefügt.

Aufgaben

1. Welche Vorteile hat der Konstruktionswerkstoff Aluminium gegenüber Stahl?
2. Entschlüsseln Sie folgende Aluminium-Legierungen mit dem Tabellenbuch: EN-AW-1050 A, EN AW-3101.
3. Nennen Sie Beispiele für Stranggussprofile aus Aluminium, die in Ihrem Betrieb verwendet werden und beschreiben Sie deren Fertigung.

3.3 Technische Unterlagen

Für die Fertigung des Systemträgers werden folgende technische Unterlagen benötigt:

3.3.1 Gesamtzeichnung

Gesamtzeichnung mit den notwendigen Maßen für die Fertigung, z. B. Systemmaße, Fertigungstoleranzen, Schweißangaben, Oberflächen.

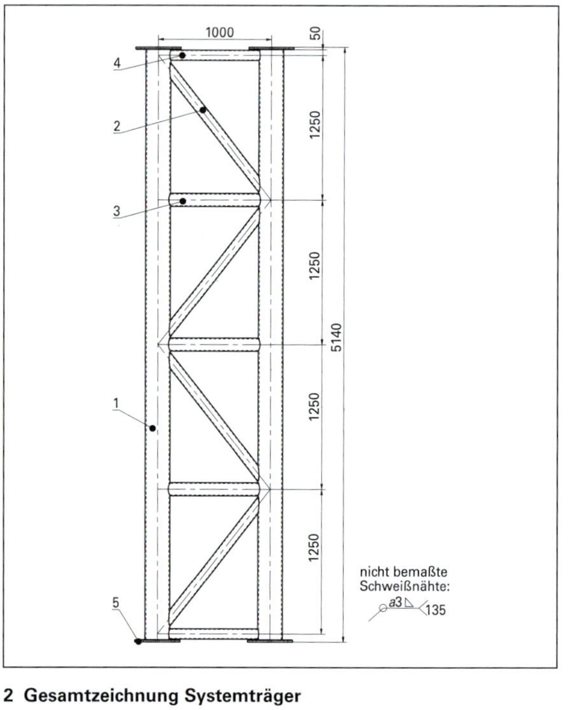

2 Gesamtzeichnung Systemträger

Aufgabe

Erstellen Sie vom Systemträger eine Gesamtzeichnung auf einem A3 Blatt (Hochformat). Beachten Sie dabei die Angaben der unten stehenden Stückliste.

3.3.2 Systemzeichnung

Systemzeichnungen beinhalten nur die Verläufe der Mittellinien, die hier als Volllinie dargestellt werden, die Profilabmaße, Bemaßung der Systemlinien, Längen der Systemlinien u.a.m. (siehe auch Kapitel 6.5).

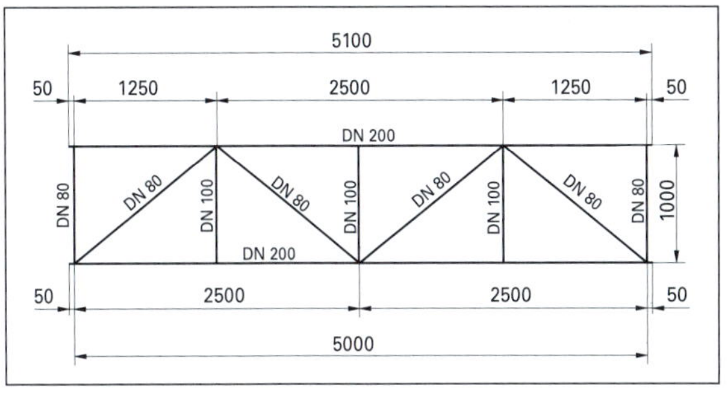

1 Systemzeichnung

Aufgabe

Erstellen Sie vom Systemträger eine Systemzeichnung auf einem Blatt A4 (Querformat). Bemaßen Sie zusätzlich die Längen der diagonalen Systemlinien (Beachten Sie die Angaben in der Stückliste).

3.3.3 Stücklisten

Stücklisten beinhalten alle in der Baugruppe enthaltenen Bauteile.

Stückliste für Systemträger

Pos.	Menge	Einheit	Benennung	Norm	Bemerkung
1	2		Gurt	EN 10210	Rohr 219,1×10-5120
2	4		Diagonal-strebe	EN 10210	Rohr 114,3×8-......, S235JR
3	3		Horizontal-strebe	EN 10210	Rohr 114,3×8-......, S235JR
4	2		Horizontal-strebe, schmal	EN 10210	Rohr 88,9×6 -......, S235JR
5	4		Anschluss-platte	EN 10025	A20 × ∅400, S235JR

Aufgabe

Berechnen Sie die fehlenden Längen für Pos. 2, 3 und 4. Berechnen Sie die Masse in Kilogramm und tragen Sie die Ergebnisse in die Stückliste ein.

3.3.4 Einzelteilzeichnung

Von allen Teilen werden Einzelteilzeichnungen mit Bemaßung erstellt, wenn sie im Betrieb angefertigt werden. Bild 2 zeigt die Einzelteilzeichnung von Teil 5.

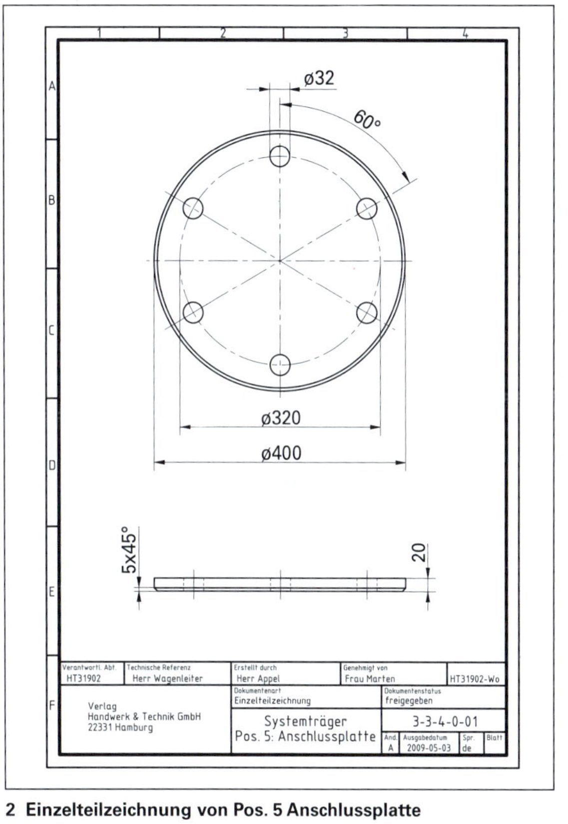

2 Einzelteilzeichnung von Pos. 5 Anschlussplatte

3.3.5 Zuschnittlisten

Für Baugruppen aus Langerzeugnissen wie z.B. T-Profile, die durch Sägeschnitte auf Länge geschnitten werden, werden in der Stückliste oder in einer eigenen Liste die Zuschnitte bestimmt. Es werden dabei die Schnittlänge und der Schnittwinkel angegeben, ein Beispiel zeigt Bild 3.

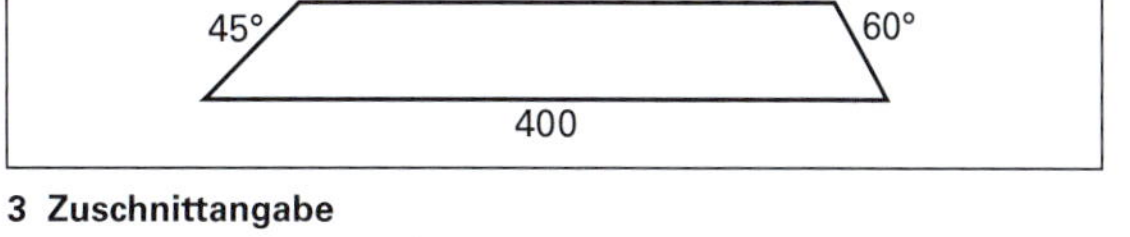

3 Zuschnittangabe

3.3.6 Arbeitsplan, Kostenschätzung, Arbeitsvorbereitung

Für komplizierte Fertigungsabläufe werden zur Qualitätssicherung die Fertigungsfolge oder Montagefolge und Arbeitspläne erstellt. Dies kann insbesondere bei Schweißabfolgen von großer Bedeutung sein, um

- Verzug so klein wie möglich zu halten oder
- Wärmevorbehandlungen bei bedingt schweißbaren Werkstoffen festzulegen (s. Kapitel 15).

Um dem Kunden ein Preisangebot machen zu können, werden Materialeinsatz und benötigte Arbeitszeit abgeschätzt. Dies wird bei größeren Betrieben durch geeignete Fachkräfte durchgeführt. Die Materialkosten ermitteln sich aus dem Kilogrammpreis für Bleche oder dem Meterpreis für Langerzeugnisse.

An allen Rohranschlüssen ergeben sich Durchdringungskurven. Damit diese fügegenau erstellt werden, sind diese Durchdringungslinien durch vorzubereitende Umlegeschablonen anzureißen und auszubrennen. Die Passgenauigkeit ist meist nur durch Nacharbeit zu erreichen. Größere Betriebe verfügen über CNC-Brennschneidmaschinen und entsprechende Steuerungsprogramme. Mittels menügeführter Eingabe der Rohrabmessungen und der Lagen der Rohre zueinander wird automatisch ein CAD-Volumenmodell erstellt (Bild 1).

Aufgabe

Berechnen Sie die Materialkosten für die Anschlussplatten und die Gurtrohre (Bild 2, S. 93). Informieren Sie sich über die aktuellen Preise durch eine Internetrecherche oder Nachfragen im Betrieb.

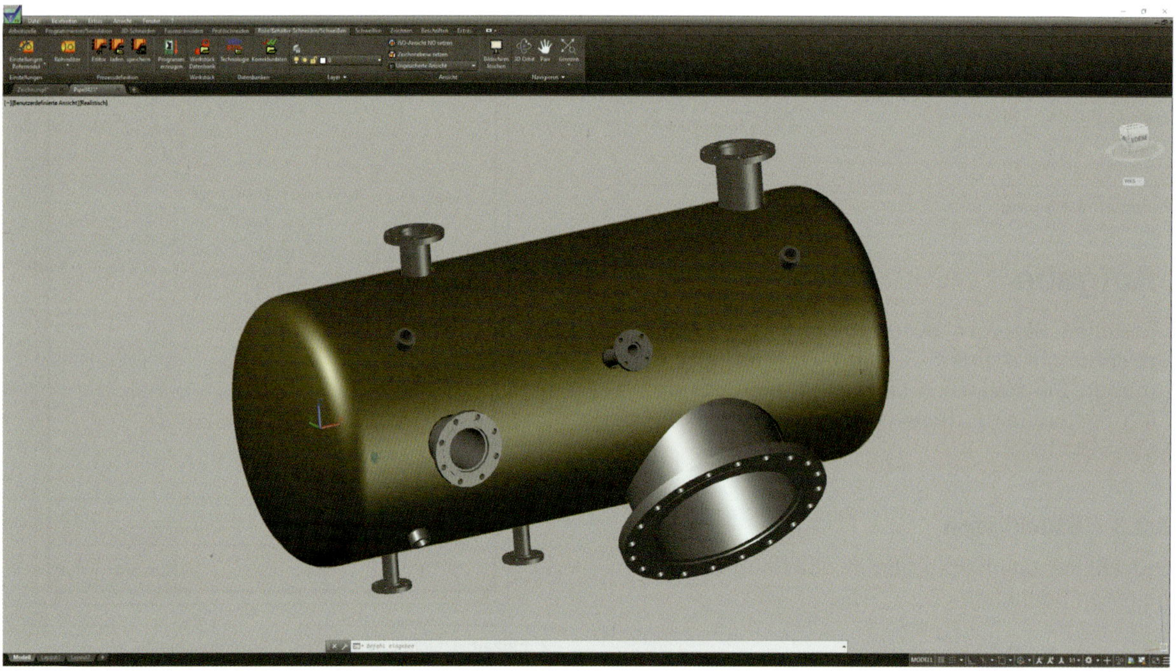

1 CAD-Volumenmodell für Rohranschlüsse an einen Behälter

3.4 Trennen und Bearbeiten von Profilen

Bei der Fertigung des Systemträgers werden folgende Trennverfahren angewendet:

- Sägen der Rohre,
- Schleifen der Schneidkanten,
- Brennscheiden der Anschlussplatten und Rohranschlüsse,
- Bohren der Löcher.

Bei Erzeugnissen aus T-Profilen und Winkelstählen treten zusätzlich Bohr- und Ausklinkarbeiten auf, wenn die Profile angepasst werden müssen. Eine Übersicht von Trenn- und Bearbeitungsmaschinen für Profile gibt Bild 1 auf der nächsten Seite.

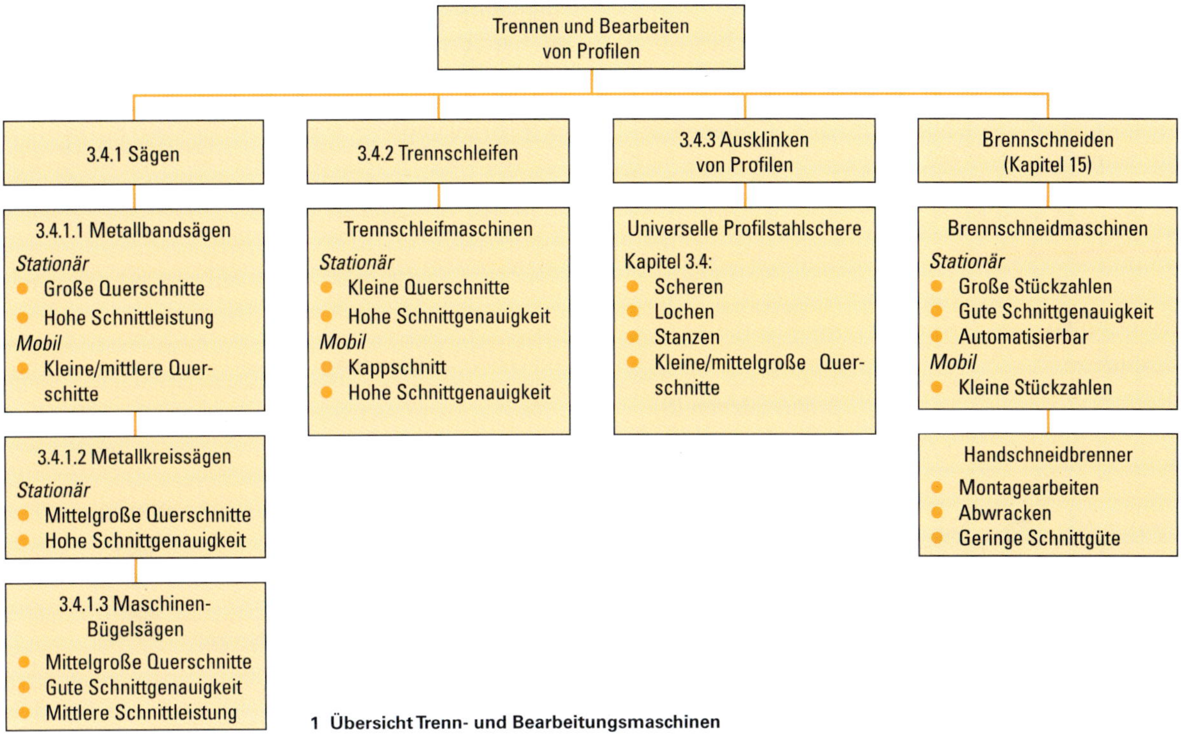

1 Übersicht Trenn- und Bearbeitungsmaschinen

3.4.1 Trennen und Bearbeiten durch Sägen

3.4.1.1 Metallbandsägen

Metallbandsägen eignen sich besonders für große Querschnitte. Ein flexibles endloses Bimetallsägeband, welches über Rollen geführt wird, erzeugt einen schmalen Schnitt. Die Schnittleistung ist geringer als bei Kreissägen. Verschiedene Bauarten von Metallbandsägen und deren Einsatzmöglichkeiten sind in folgenden Bildern beschrieben.

Geradschnittbandsäge

- universeller Einsatz in allen metallverarbeitenden Betrieben.
- nur Geradschnitte möglich
- Maschinen mit vollautomatischer Materialpositionierung oder Halbautomaten erhältlich
- hohe Schnittleistung

Gehrungsband

- hohe Positioniergenauigkeit bei Links-/Rechts-Gehrungen
- mit Micro-Sprüheinrichtung speziell zum Sägen von Profilen geeignet
- für unterschiedlichste Winkel
- für alle Profile geeignet

Vertikalbandsäge

- hochpräzise bei Schnittlängen bis 8 m
- geeignet für unterschiedlichste Stahlplatten und -blöcke

Sägebänder

Sägebänder für Metallbandsägen unterscheiden sich im Aufbau durch unterschiedliche Werkstoffe der Schneiden und der Schneidengeometrie. Hersteller bieten eine Vielzahl von verschiedenen Sägeblättern an. Form und Aussehen orientieren sich an der Sägeaufgabe und dem Werkstoff.

Schneidengeometrie

- Bandbreite *b*
- Banddicke *s*
- Zahnteilung *t*
- Schränkungsweite S_w

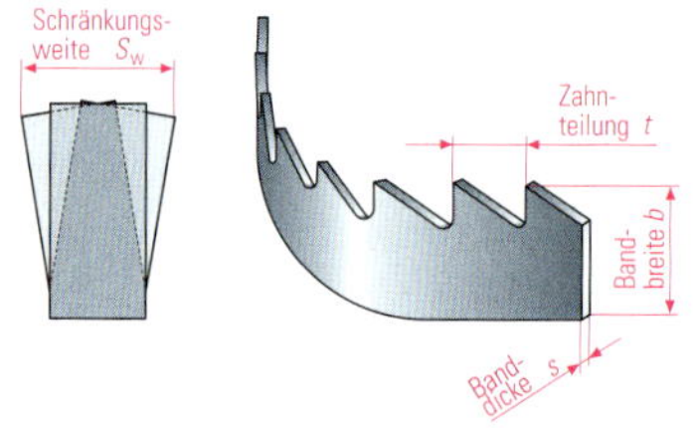

Zahnformen

Zahnform	Einsatz	Zahnteilung
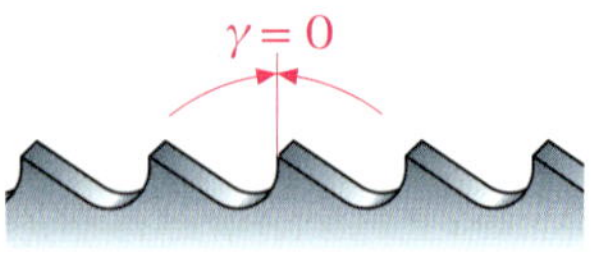	**Standardzahn (S)** • Spanwinkel $\gamma = 0°$ • kurzspanige Werkstoffe und Stähle mit einem hohen Kohlenstoffgehalt; vorzugsweise Werkzeugstahl und Gusseisen. • kleine Querschnitte. • dünnwandige Profile.	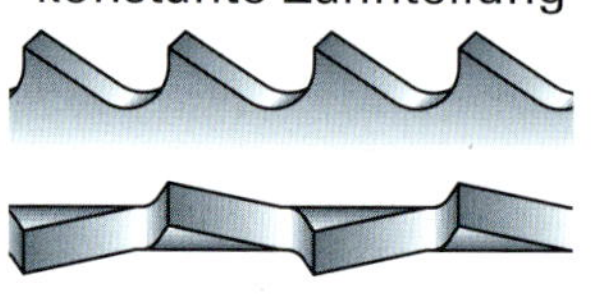
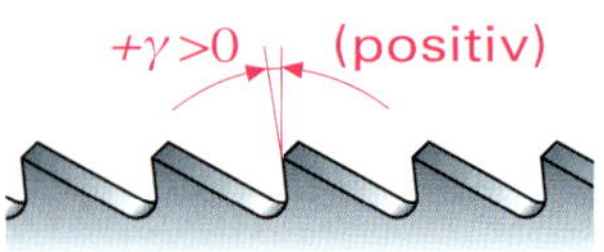	**Klauenzahn (k)** • Positiver Spanwinkel ist für langspanigen, zähen Werkstoff – vorzugsweise NE-Metalle und Stähle mit einem Kohlenstoffgehalt < 0,5 % geeignet; z. B. Baustähle, Tiefziehstähle, Vergütungsstähle, rost- und säurebeständige Stähle und exotische Legierungen. • Bevorzugt bei großen Querschnitten.	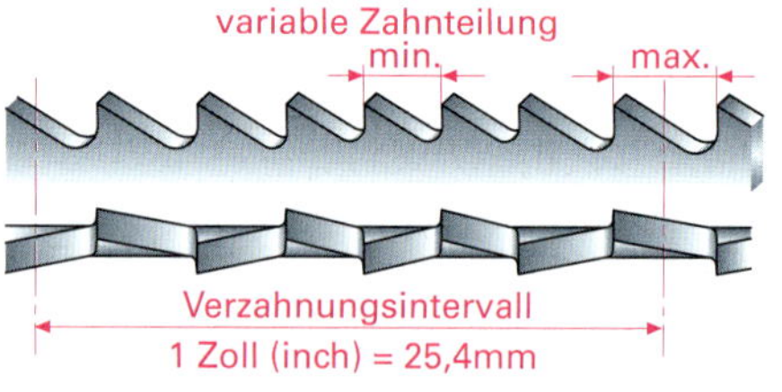
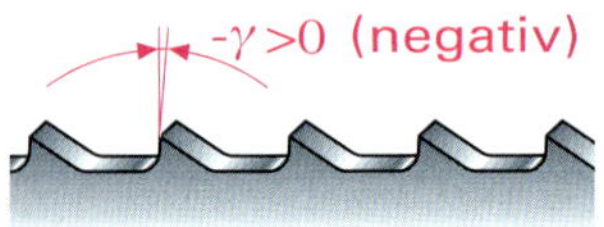	**Lückenzahn (L)** • $\gamma > 0°$ • spröde Werkstoffe mit größeren Querschnitten.	

Zahnteilung

Die Zahnteilung ermittelt sich aus der Zähnezahl/Zoll (inch).

Die zu wählende Zähnezahl ist vom Profil und der Werkstückdicke abhängig.

Merke
Kleine Werkstückdicke → hohe Zähnezahl
Große Werkstückdicke → niedrige Zähnezahl

Da an Bandsägen verschiedenste Werkstücke mit unterschiedlichen Werkstückdicken verarbeitet werden, müsste das Band ständig an die Werkstückdicke angepasst, d. h. ausgewechselt werden. Aus diesem Grund bieten Hersteller Sägebänder mit variablen Teilungen an, damit entfällt ein Bandwechsel.

Schränkung der Zähne

Schränkungen von Sägezähnen sind notwendig, damit das Sägeblatt eine breitere Schnittfuge als die Banddicke erzeugt und damit sich nicht verklemmt.

Schränkungsarten bei Bandsägeblättern			
	Wellenschränkung: dünne Werkstücke	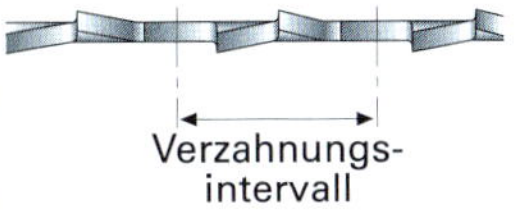	ab 5 mm bei Stahl, Guss und harten NE- Metallen Schränkfolge links/rechts/gerade
	NE-Metalle, Kunststoffe und Holz		
	Gruppenschränkung: 4...8 ZpZ[1], verbesserte Oberflächen	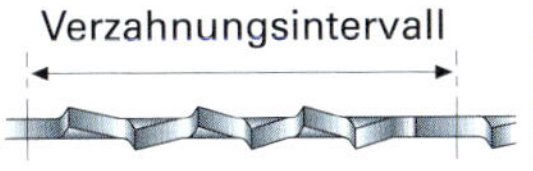	Variable Zahnteilung: pro Verzahnungsintervall ein Zahn uneingeschränkt restliche Zähne im Intervall sind wiederkehrend links/rechts geschränkt

[1] Zähne pro Zoll

Schneidenwerkstoff, Verzahnung

Die Auswahl des Schneidenwerkstoffs ist abhängig vom

- zu schneidenden Werkstoff und
- den Profilabmessungen.

Für normale Schnittbedingungen sind Sägebänder mit HSS-Zähnen meist ausreichend. Das Trägerband wird aus Werkzeugstahl hergestellt und Zähne aus Schnellarbeitsstahl HSS aufgeschweißt (Bimetall-Metallsägeband). Zur Verbesserung der Schnittleistung und bei härteren Werkstoffen bieten Hersteller Sägebänder mit Hartmellbestückung oder Diamantbestreuung an.

Verzahnungsempfehlungen (Bimetall-Metallsägeband) für Vollmaterial bzw. Rohre können folgenden Tabellen entnommen werden:

Verzahnungsempfehlung für Vollmaterial (Auswahl aus Herstellerunterlagen)

Normalverzahnung		Kombiverzahnung	
Werkstoffdicke in mm	Zahnteilung in Zähne pro Zoll	Werkstoffdicke in mm	Zahnteilung in Zähne pro Zoll
...10	14	... 25	10/14
10–30	10	15–40	8/12
30–50	8	25–50	6/10
50–80	6	35–70	5/8
80–120	4	40–90	5/6
120–200	3	50–120	4/6 o. 4/5
200–400	2	80–180	3/4 o. 4/5
300–700	1,25	130–350	2/3

Verzahnungsempfehlung für Rohre (Auswahl aus Herstellerunterlagen)

Wanddicke in mm	Rohraußendurchmesser in mm									
	20	40	60	80	100	120	150	200	300	500
	Zahnteilung in Zähne pro Zoll									
2	14	10/14	10/14	10/14	10/14	8/12	8/12	8/12	8/12	5/8
3	14	10/14	10/14	8/12	8/12	8/12	8/12	6/10	6/10	5/8
4	10/14	10/14	8/12	8/12	8/12	6/10	6/10	5/8	5/8	4/6
5	10/14	10/14	8/12	8/12	6/10	6/10	5/8	4/6	4/6	4/6
6	10/14	8/12	8/12	6/10	6/10	5/8	5/8	4/6	4/6	4/6
8	10/14	8/12	8/12	6/10	5/8	5/8	4/6	4/6	4/6	4/6
10	–	8/12	6/10	5/8	4/6	4/6	4/6	4/6	4/6	4/5

Einstellen eine Metallbandsäge
Damit ein gutes Schnittergebnis bei optimaler Nutzung des Sägebandes erreicht werden kann, müssen Schnittgeschwindigkeit und Vorschub richtig eingestellt werden. Die Tabelle in Bild 1 enthält Richtwerte für die einzustellende Schnittgeschwindigkeit v_c und die sich ergebende Schnittleistung.

Werkstoffbezeichnung	Bimetallsägeband		Hartmetallsägeband	
	Schnittgeschwindigkeit v_c in m/min	Schnittleistung in cm²/min	Schnittgeschwindigkeit v_c in m/min	Schnittleistung in cm²/min
S235JR	85	95	120	142
E 295	70	90	112	162
C45	70	95	112	145
11SMn30	90	100	144	179
XCrNiTi 18-10	30	32	48	58
GG25	55	85	130	170
41Cr 4	70	85	112	153
Alu1	550	330	550	330

1 Richtwerte für Schnittgeschwindigkeit und Schnittleistung

Die jeweilige Spanform lässt erkennen, ob die Schnittgeschwindigkeit und der Vorschub richtig gewählt wurden.

Spanform	Erklärung
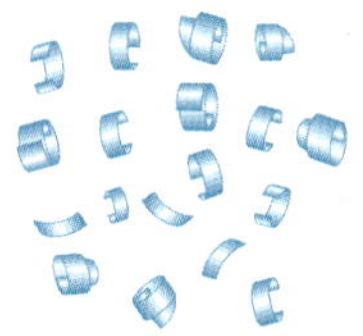	Dünne und pulverförmige Späne: • Vorschub erhöhen oder • Schnittgeschwindigkeit verkleinern
	Dicke, blaue und schwere Späne: • Vorschub verkleinern oder • Schnittgeschwindigkeit erhöhen
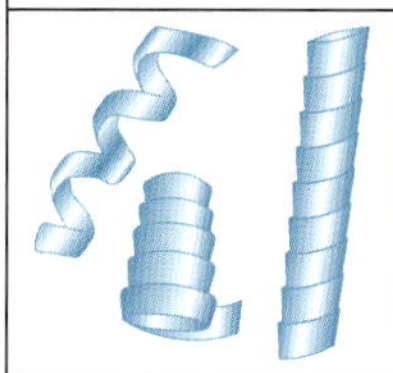	Rollspan: Optimale Einstellungen

Schmierung
Beim Zerspanungsvorgang fällt Wärme durch Reibung an; die Wärmemenge ist bei Vollmaterial auf Grund der Zerspanungsfläche deutlich höher als bei Rohren und Profilen. Für Vollmaterial wird **Schwallkühlung** und für Profilmaterial und Rohre wird **Sprühkühlung** eingesetzt.

Schwallkühlung
Die Schneid- und Schmiermittel sind Emulsionen aus Wasser und Öl; sie werden durch ein Rohrsystem an mehrere Auslässe gefördert und verteilen sich über die gesamte Schnittlänge. Das rücklaufende Schneid- und Schmiermittel wird in einer Wanne aufgefangen, gefiltert und wieder verwendet. Es muss ein regelmäßiger Austausch erfolgen; Schneid- und Schmiermittel müssen gesondert entsorgt werden.
Folgende Tabelle gibt eine Übersicht über die Ölanteile in Schneid- und Schmiermitteln.

Ölanteil in %	Werkstoff
trocken	PVC, PS, PE, PA, Gasbeton
2	NiCrMo, GS-38, GGG-50,
3	CuZn...,CuSn..., 100Cr6, C125W
5	C 35/45, 42 CrMo 4, X40 CrMoV 5 1, Vergütete Stähle
10	S235, S355, 16MnCr 5, X20 Cr 13, Cu 99.0
15	C10/C15, 9S20,
25	Alu-Legierungen (Al99,8, AlMg3, ...), Alu-Guss(G-AlSi 5 Mg, ...)

Sprühkühlung
Der Einsatzbereich liegt bei Gehrungsmaschinen und jeglicher Art von Profilschnitten. Bei breitem Vollmaterial ist eine herkömmliche Schwallkühlung zu empfehlen.

Die Kühl- und Schmiermittel werden mithilfe von Luftdruck fein zerstäubt und auf das Sägeband aufgebracht, bevor dieses in das Material eintritt. Daraus ergeben sich folgende Vorteile:

- Das Sägeband und Schnittmaterial bleibt absolut trocken.
- Das Kühl- Schmiermittel ist geruchsfrei und nicht umweltbelastend.
- Es entstehen keine Entsorgungsprobleme, da keine Kühlmittelrückstände zurückbleiben.
- Geringere Reinigungskosten durch rückstandsfreien Einsatz.
- Kein Bakterienbefall.
- Zusammensetzung: aus pflanzlichen Fetten.
- Der spezifische Verbrauch pro Stunde (reine Sägezeit) liegt bei ca. 30–50 ml/h.

Aufgabe

Wählen Sie die empfohlene Zähnezahl für das Sägen des Rohres Pos. 1 des Systemträgers aus. Bestimmen Sie die Einstellwerte und berechnen die Schneidzeit in *s* (Bimetallsägeband). Um wie viel Minuten kann die Sägezeit verkürzt werden, wenn ein Hartmetallsägeband eingesetzt wird?

3.4.1.2 Metallkreissägen

Für das Ablängen von Profilen, z. B. Rohre, werden häufig Metallkreissägen eingesetzt. Die Abmaße und der Werkstoff der Erzeugnisse bestimmen den Sägeblattdurchmesser und die Zahnteilung. Die Zustellung des Sägeblattes erfolgt bei Gehrungssägen (Kappsägen) von oben meist durch Hand (Bild 1). Dadurch ist ein Schnitt nach Anriss möglich. Betriebe, die Systemprofile in großen Mengen trennen müssen, verwenden NC- oder CNC-gesteuerte Gehrungssägen in teil- oder vollautomatisierten Fertigungsabläufen. Die Zustellung des Sägeblattes erfolgt von unten oder seitlich (Bilder 2 und 3). Der Zuschnitt kann nur über einen Anschlag an der Säge erfolgen.

1 Einfache Gehrungssäge

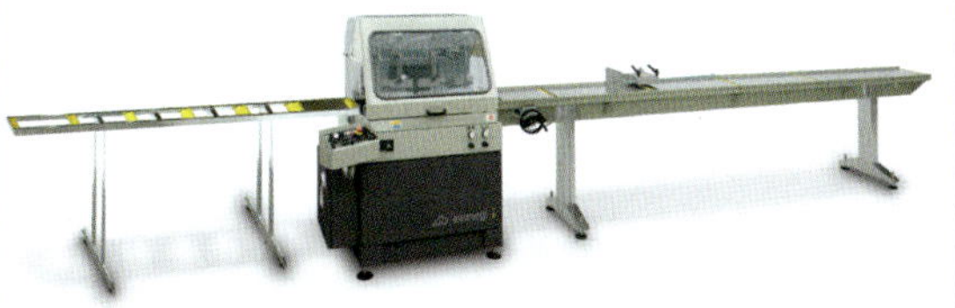

2 Gehrungssäge mit NC-gesteuertem Längenmesssystem und Transportsystem

3 Doppelgehrungssäge mit universeller Schwenkeinrichtung und PC-Steuerung

Kreissägeblätter

Der Werkstoff in seinen Abmaßen und Eigenschaften bestimmt die Auswahl der Metallkreissägeblätter. Die folgenden Merkmale bestimmen die Auswahl:

- Schneidenwerkstoff, z. B. HSS, Hartmetall.
- Zähnezahl, kleine Zähnezahl ⇒ große Spanlücke ... große Zähnezahl ⇒ kleine Spanlücke
- Zahnform, z. B. Flachzahn, Wechselzahn ...
- Zahnstellung, z. B. positiv, neutral oder negativ

Bei HSS-Sägeblättern werden das Blatt und die Zähne aus einem Teil hergestellt; die Zähne werden geschränkt, gehärtet und anschließend geschliffen. Da die Lebensdauer niedrig ist, haben sich zunehmend hartmetallbeschichtete Sägeblätter durchgesetzt. Die Sägeplättchen werden auf das Sägeblatt aufgelötet; sie sind hochtemperaturbeständig und haben eine hohe Standzeit. Bild 4 zeigt verschiedene Sägeblattarten.

4 Arten von Kreissägeblättern

Bild 1 (nächste Seite) gibt eine Übersicht über Zerspanungsrichtwerte.

Werkstoff	Festigkeit $\frac{N}{mm^2}$	Schnittgeschwindigkeit $\frac{m}{min}$	Spanwinkel γ Freiwinkel α
S185, S235, S20K, E295, C15, C22, C45	330 … 450 450 … 600	25 … 35 19 … 24	15 … 18/12
E335, E360, C45,	600 … 850 500 … 700	15 … 19	15 … 18/8–12 C60, 14Cr5
16MnCr5, 20MnCr5, 37MnSi5	600 … 800		15/8
51CrV4 (50 CrV 4), 14 NiCr18,	600 … 900	10 … 12	15/6 34 CrNiMo 6
22 NiCr 14, 35 NiCr 18	700 … 900	12 … 15	15/6
Nichtrostende Stähle	500 … 700	7 … 17	10 … 12/6
Walzprofile DIN 1025, DIN 1026	340 … 450	19 … 35	18/8 DIN EN 10 055
Stahlrohre P235GH dünnwandig normal und dickwandig	350 … 400 500 … 600	35 … 70 24 … 35	15 … 18/8
NE-Metalle: Kupfer Bronze Messing Zink-Legierungen Alpaka-Neusilber Al-Legierungen	bis 600	60 … 400 40 … 120 400 … 600 100 … 200 20 … 75 500 … 2000	18 … 20/8–10 5 … 10/10 12/10 25/10 20/10 20 … 23/10

2 Zerspanungsrichtwerte

3.4.1.3 Maschinen-Bügelsägen

Maschinen-Bügelsägen sind in jeder Werkstatt im Handwerk und in der Industrie anzutreffen. Bauarten und deren Eigenschaften siehe folgende Tabelle.

Maschinen-Bügelsäge mechanisch	Maschinen-Bügelsäge hydraulisch

• Exakter Schnittverlauf • Verstellbare Hublänge des Sägebügels • Optimale Ausnutzung des Sägeblattes durch stufenlose Schraubstockverstellung • Beschleunigter Sägebügelrücklauf • Zwei Schnittgeschwindigkeiten für materialgerechtes Sägen	• Exakter Schnittverlauf • Gehärtete und geschliffene Antriebswelle mit Wälzlager • Höchste Schnittleistung und Präzision • Einfachste Bedienung • Beschleunigter Sägebügelrücklauf • Gehärtete, vorgespannte Sägebügelführung (nachstellbar)

Maschinen-Bügelsägen sind einfache und robuste Sägen mit hoher Lebensdauer. Die Schnittergebnisse sind gut. Es lassen sich alle Profile bis 400m Höhe schneiden. Es sind nur gerade Schnitte unter verschiedenen Winkeln möglich.

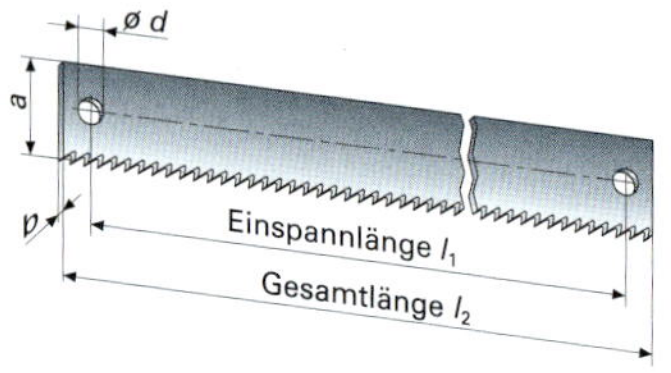

Sägeblätter sind nach ISO 2336 genormt. Die Form des Sägeblattes bestimmt sich durch die Blatteinspannlänge l_1, die Blatthöhe a, der Blattdicke b, der Zahnsteigung und der sich daraus ergebenden Zähnezahl auf 25 mm, z. B. $N = 10$.

Bezeichnungsbeispiel: Sägeblatt ISO 2336-2- 300 × 25 × 1,25 × 10 (siehe Tabellenbuch)

3.4.2 Schleifen im Metallbau

Schleifverfahren werden in das **Oberflächenschleifen** und in das **Trennschleifen** unterschieden. Beim **Schleifen von Oberflächen** können ebene und gekrümmte Oberflächen bearbeitet werden; dabei werden Erzeugnisse

- auf Maß geschliffen, z.B. Fügeteile mit feinen Toleranzen.
- geglättet, z.B. Arbeitsflächen.
- verputzt, z.B. Entfernen von Graten.
- mit Schweißnähten nachgearbeitet, z.B.
  - Einebnen von Nahtüberhöhungen für planes Anliegen auf gegenüberliegenden Oberflächen
  - Entfernen von Schweißspritzern,
  - „Auskreuzen" von Wurzeln für das Schweißen von Gegenlagen oder Entfernen von Schweißunregelmäßigkeiten wie Poren.
- mit Schneiden nachgeschliffen, z.B. Bohrer, Kreissägen.

Beim **Trennschleifen** werden z.B. Profile mit dünnen Schleifscheiben ähnlich wie beim Sägen zerteilt.

Das Schleifen ist ein **spanendes** Trennverfahren. Die synthetisch hergestellten Schleifkörper sind unterschiedlich groß und sehr hart. Gegenüber dem Drehen oder Fräsen hat der Schleifkörper keine geometrische bestimmte Form. Sie werden in einem Trägermaterial (Bindung) gebunden. Zum Polieren von Oberflächen eignen sich die gebundenen Schleifwerkzeuge nicht; es werden ungebundene Schleifkörper verwendet, die z.B. in Pasten aufgetragen werden.

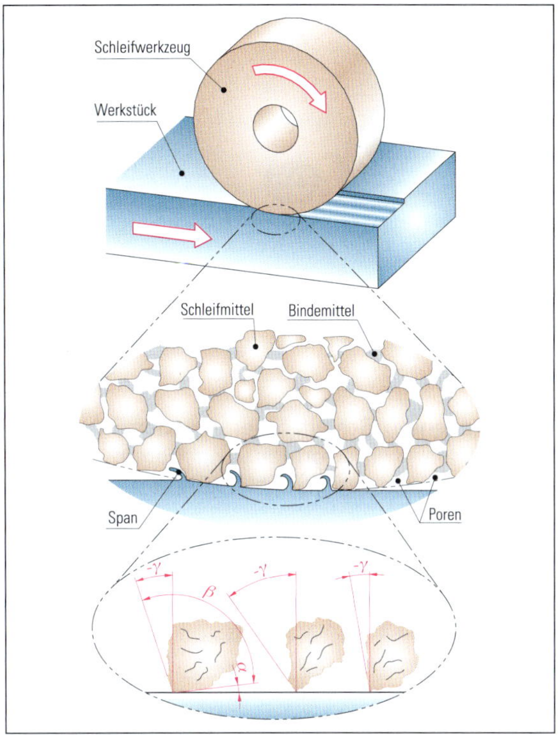

1 Schleifvorgang

3.4.2.1 Spanabnahme beim Schleifen

Das Schleifmittel besteht aus vielen kleinen keilförmigen Körnern, die in einem Bindemittel gehalten werden. Die keilförmigen Schneiden zerspanen den Grundwerkstoff. Gegenüber dem Drehen und Fräsen ist beim Schleifkorn die Summe von Freiwinkel α und Spanwinkel $\beta > 90°$, damit ergibt sich ein negativer Spanwinkel γ. Die Schleifkörner arbeiten schabend (siehe Bild 1). Das abgetragene Material sammelt sich zwischen den Körnen. Ist das Schleifkorn „stumpf" erhöht sich der Anpressdruck durch das Werkstück, es bricht aus dem Trägermaterial heraus und ein neues scharfes Schleifkorn übernimmt die Zerspanungsarbeit.

Die Schnitt- und Zustellbewegung wird auf Schleifmaschinen meist durch den Schleifkörper ausgeführt. Das Werkstück wird auf einem beweglichen Tisch aufgespannt und dem auf einer starren Achse rotierenden Werkzeug zugestellt.

2 Schleifkörper

3.4.2.2 Schleifwerkzeuge

Arten von Schleifwerkzeugen

Unterschiedliche Schleifaufgaben erfordern angepasste Schleifwerkzeuge. Man unterscheidet:

- Schleifmittel mit flexibler Unterlage wie Rollen, Bänder, …
- auf Tragkörpern befestigte Schleifkörner, z.B. Segmentscheiben,
- zusammengesetzte Schleifmittel, z.B. Schleifmöpse,
- selbsttragende Schleifmittel (s. Bild 1, Seite 102).

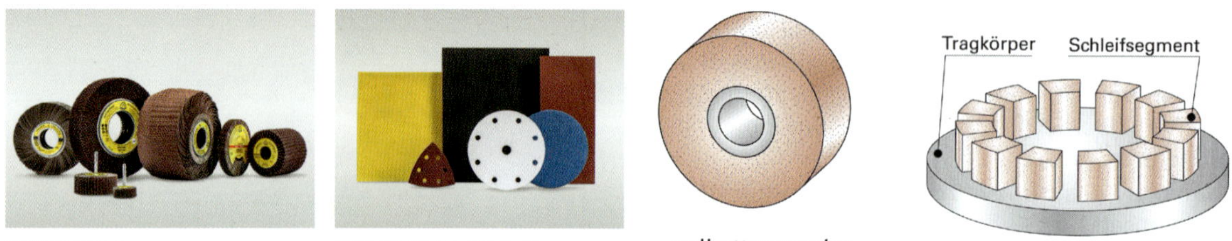

Schleifmöpse | Schleifmittel auf Unterlage | selbsttragender Schleifkörper | Segmentschleifscheibe

1 Schleifmittel

Selbsttragende Schleifkörper werden in unterschiedlichen Körperformen angeboten. Die folgende Übersicht zeigt Schleifkörper für maschinelles Schleifen Formen 1, 6 und 11 sowie Schleifen mit dem Winkelschleifer Form 27:

Schleifkörperformen gemäß DIN ISO 603 (Auszug)

Formnummer	Form 1	Form 6	Form 11	Form 27
Benennung mit Bild	Gerade Schleifscheibe 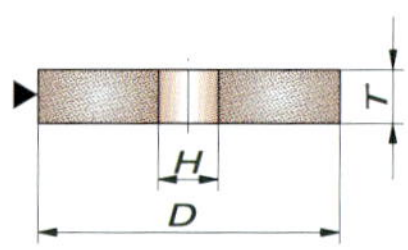	Zylindrischer Schleifkopf 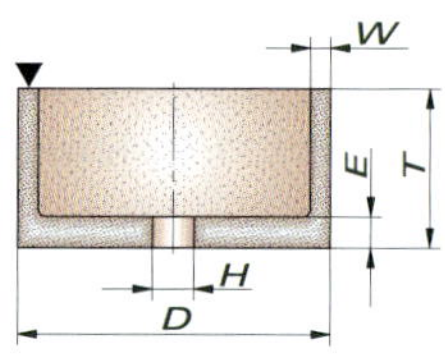	Kegeliger Schleifkopf 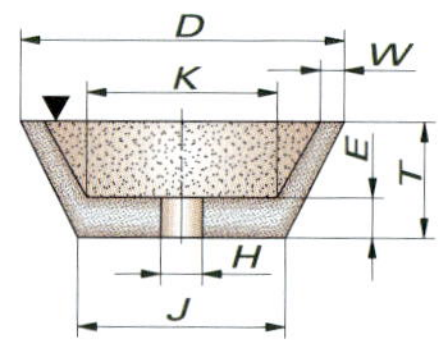	Gekröpfte Schleifscheibe 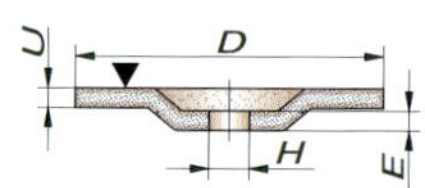
Nennmaße mit Bezeichnungsbeispiel	*D* × *T* × *H* 300 × 20 × 12,7	*D* × *T* × *H* – *W* … × *E* … 200 × 63 × 76,2 – *W* 20 × *E* 20	*D* / / … × *T* × *H* – *W* … × *E* … × *K* … 150 / /114 × 50 × 32 – *W* 10 × *E* 13 × *K* 96	*D* × *U* × *H* 230 × 6 × 22,23

Schleifstifte werden in pneumatisch angetriebenen Maschinen für feine Arbeiten eingesetzt:

Form 52		
Schleifstifte		
KU = Kugelform	ZY = Zylinderform	KE = Kegelform
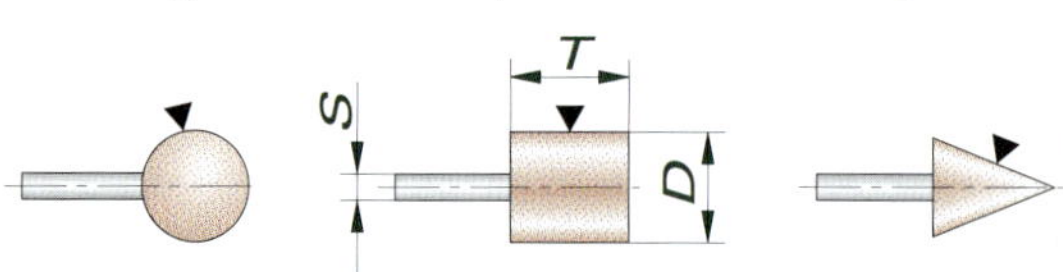		
	D × *T* × *S* 20 × 20 × 03	▼ = Schleif-fläche

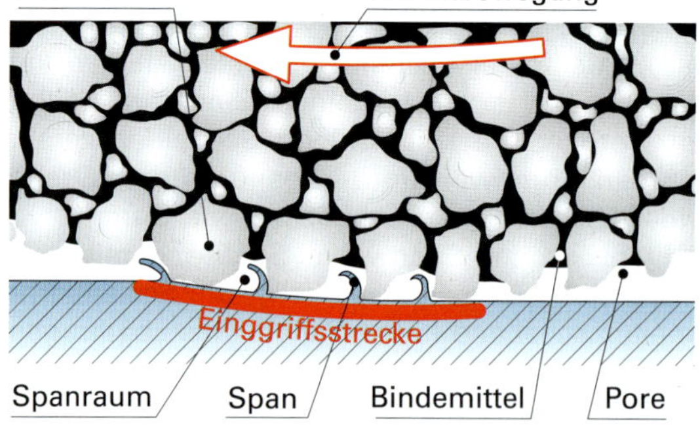

2 Gefüge von Schleifwerkzeugen

Aufbau von Schleifwerkzeugen

Das **Gefüge** (Bild 2) von Schleifwerkzeugen setzt sich aus den **Schleifkörnern**, dem **Bindemittel** und den **Poren** zusammen. Die einzelnen Schleifkörner werden durch Bindemittel gehalten. Die Poren bilden den Raum zwischen den Schleifkörnern, in welchem Späne aufgenommen werden können.

Der zu bearbeitende Werkstoff legt die Zusammensetzung des Schleifkorns fest. Bild 1 auf der nächsten Seite gibt eine Übersicht über verschiedene Arten von Schleifmitteln, deren Zusammensetzung und Anwendung.

Werkstoff	Schleifmittel	chemische Zusammensetzung in Masse %	Bezeichnung
nichtrostender Stahl	Zirkonkorund	$Al_2O_3 + ZrO_2$	Z
unlegierter + ungehärteter Stahl, Stahlguss, Temperguss	Normalkorund	Al_2O_3 + Beimengung	A
legierter + gehärteter Stahl, Titan, Glas	Edelkorund	Al_2O_3 in kristalliner Form	
Cu, Al, Kunststoffe, Gusseisen, Hartguss, Hartmetall, Gestein, Glas	Siliciumkarbid	SiC in kristalliner Form	C
Werkzeugstahl > 60 HRC, HSS	Bornitrid	BN in kristalliner Form	CBN
lose Schleifmittel zum Läppen von Hartmetall	Borkarbid	BK	BK
Hartmetall, Glas, Gusseisen, Abrichten von Schleifscheiben, Keramik	Diamant	C in kristalliner Form	D

1 Übersicht über verschiedene Arten von Schleifmitteln

Körnung
Die Wahl der Körnung richtet sich nach der notwendigen Oberflächengüte (siehe Tabellenbuch).

Bindung/Härte von Schleifkörpern
Die Haltekraft der Bindemittel verhindert ein zu schnelles Ausbrechen der Schleifkörner. Die Größe der **Haltekraft** ist das Maß für die **Härte** eines Schleifkörpers und bestimmt die Auswahl. Die Bindemittel werden aus organischen oder anorganischen Stoffen hergestellt.

Organische Bindemittel sind elastisch und wenig hitzebeständig; anorganische Bindemittel sind spröde und hitzebeständiger.

Der Verschleiß des Schleifkorns und die Bindekraft müssen an die Schleifaufgabe angepasst werden. Verschleißen Schleifkörner schnell, müssen sie leicht herausbrechen, damit eine zu hohe Wärmebelastung vermieden wird. Es gilt:

Harte Werkstoffe → weiche Scheiben
Weiche Werkstoffe → harte Scheiben

Gefüge von Schleifkörpern
Die anfallende Spanmenge bestimmt die Gefügeauswahl.

Große Spanmengen → grobes Gefüge
Kleine Spanmengen → dichtes Gefüge

Ein dichtes Gefüge ist härter und hat längere Nutzungszeiten; das bedeutet, dass sich die Poren schneller zusetzen und Scheiben abgerichtet werden müssen. Soll beim Schleifen ein Kühlschmiermittel eingesetzt werden, sind große Poren nötig, um das Kühlschmiermittel aufnehmen zu können.

Hersteller bieten für verschiedene Schleifaufgaben geeignete Schleifkörper an; die Zusammensetzung ist folgender Abkürzung zu entnehmen:

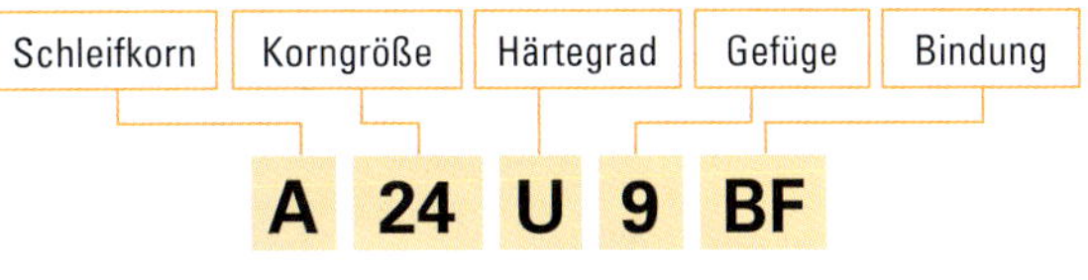

Zur Entschlüsselung anderer Zusammensetzungsarten siehe Tabellenbuch.

Schnittgeschwindigkeiten von Schleifkörpern
In rotierenden Schleifkörpern wirken auf die Körner Fliehkräfte, welche durch die Bindemittel aufgenommen werden müssen. Unterschiedliche Bindemittel lassen daher nur eingeschränkte Umdrehungsfrequenzen zu. Zur leichten Unterscheidung werden Schleifkörper mit Farbaufklebern gekennzeichnet. Ergänzend werden die zulässige Schnittgeschwindigkeit, die Umdrehungsfrequenz und anderes mehr angegeben (Bild 1, nächste Seite).

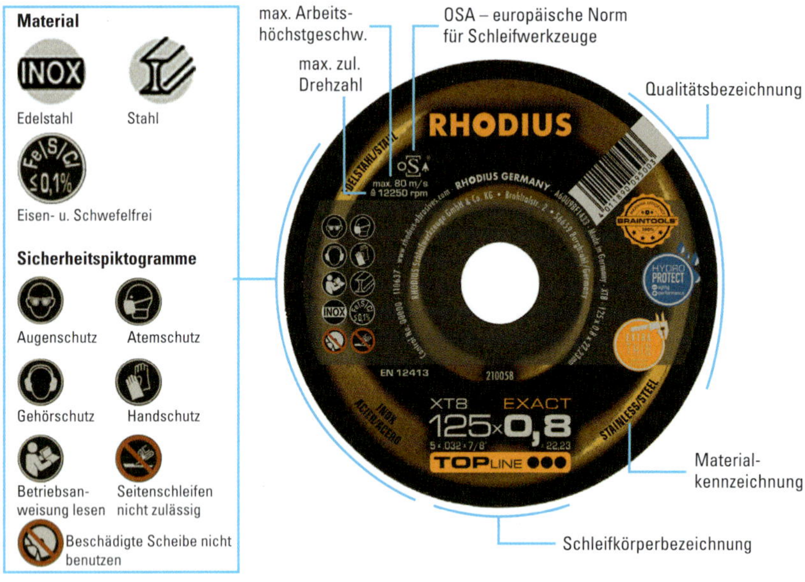

Zusätzlich können Farbcodes als Streifen auf dem Aufkleber angebracht werden. Diese geben die zulässige Schnittgeschwindigkeit an. (DIN EN 12413 Anhang D: 2019)

Farbcode	Schnittgeschwindigkeit
Keine Farbe	unter 40 m/s
blau	max. 50 m/s
gelb	max. 63 m/s
rot	max. 80 m/s
grün	max. 100 m/s
blau/gelb	max. 125 m/s
blau/rot	max. 140 m/s
blau/grün	max. 160 m/s
gelb/rot	max. 180 m/s
gelb/grün	max. 200 m/s
rot/grün	max. 225 m/s
blau/blau	max. 250 m/s
gelb/gelb	max. 280 m/s
rot/rot	max. 320 m/s
grün/grün	max. 360 m/s

1 Kennzeichnung von Schleifkörpern

3.4.2.3 Schleifen von Oberflächen

Eine Übersicht zu Maschinen für die Bearbeitung von Oberflächen zeigt folgende Tabelle.

Maschinenart	Beschreibung
Winkelschleifer 	Winkelschleifer werden von Hand geführt. Sie dienen zum Abtragen von Schweißspritzern, Nahtüberhöhungen (Blankschleifen), Grate usw. 
Geradhandschleifmaschinen  Geradhandschleifmaschine  Satinierschleifer 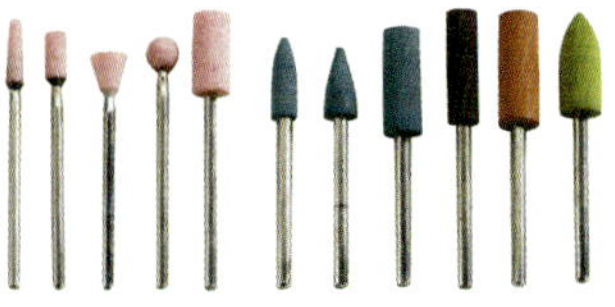 Schleifstifte  Schleif-Vlies	Geradhandschleifmaschinen werden von Hand geführt und elektrisch oder mit Druckluft angetrieben und für feine Oberflächenbearbeitungen eingesetzt, z. B. Nachschleifen von Gesenken, Entfernen von Anlauffarben nach Schweißarbeiten (vor allem an Edelstählen), Aufbringen von Mustern. Werkzeuge sind:  • Schleifstifte • Lamellenschleifscheiben („Schleifmöpse") • Satinierscheiben • Polierringe aus Baumwollflies und Polierpasten

Maschinenart	Beschreibung
Freihandschleifmaschine („Schleifbock“) 	 Freihandschleifmaschinen haben zwei unterschiedliche Scheiben und werden überwiegend zum Schleifen von Werkzeugen verwendet. „Große“ Freihandschleifmaschinen setzt man zum Verputzen von Gusskörpern, Entfernen von Schlacken an Brennschnittkanten und zur Schweißnahtvorbereitung ein. Das Nachschleifen von Bohrern, Fräsern usw. erfolgt heute nur durch spezialisierte Betriebe, wenn die Aufarbeitung lohnenswert ist.
Bandschleifmaschinen   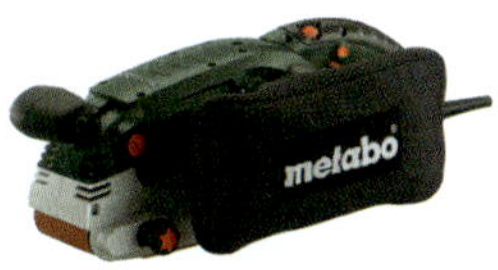 Standgeräte Handgeräte	Bandschleifmaschinen gibt es als ortsfeste Maschinen (Tisch- oder Standgeräte) oder Handschleifmaschinen. Ortsfeste Maschinen werden meist zum Schärfen von Werkzeugen und zum Schleifen größerer Flächen eingesetzt; die Werkstücke werden meist von Hand geführt. Zur Bearbeitung von Kanten oder kleineren Oberflächen an schweren Bauteilen setzt man Handschleifmaschinen ein.

Neue Entwicklungen erleichtern das Schleifen durch unterbrochene Scheiben.
Die Schlitze ermöglichen das Beobachten der Schleifstelle bei sich drehender Scheibe.

3.4.2.4 Bürsten und Polieren

Verschmutzte oder korrodierte Oberflächen lassen sich mit rotierenden Stahlbürsten reinigen.
Besonders glatte Oberflächen lassen sich durch Polieren und Bürsten herstellen. Dies erreicht man durch kleinsten Werkstoffabtrag oder durch plastische bzw. teilplastische Verformung der Oberflächenspitzen.

Die Bearbeitung erfolgt meist maschinell mit rotierenden Polierscheiben aus Stoff, Filz oder Leder. Auf den Poliermittelträger wird das Poliermittel entweder als Emulsion oder einer Festpaste aufgetragen. Sie bestehen aus verschiedenen Fetten, Ölen als Trägermaterial und dem eigentlichen Poliermittel. Meist sind dies Tonerde, Aluminiumoxide, Chromtrioxid oder ähnliches.

Poliermaschine mit Kletteller

Schleifmaschine mit Rundschleifscheibe und Drahtbürste

Beispiele für Bürst- und Polierwerkzeuge

Rundschleifbürste	Topfbürste	Polierstift	Filzscheibe	Tuchring	Vliesfächerrad	Schleifmopteller
		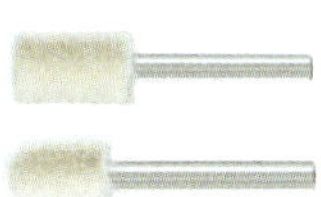				

1 Poliermaschinen und -werkzeuge

3.4.2.5 Trennschleifen

Eine Vielzahl von Trennarbeiten insbesondere auf Baustellen werden nicht mehr mit Sägen, sondern mit Trennschleifmaschinen durchgeführt. Es werden gerade und gekröpfte Schleifscheiben eingesetzt (Bild 1). Die Auswahl ist abhängig von der Zugänglichkeit der Trennstelle. Eine Übersicht verschiedener Trennschleifmaschinen gibt folgende Tabelle.

Formnummer	Form 41	Form 42
Benennung mit Bild	Gerade Trennschleifscheibe 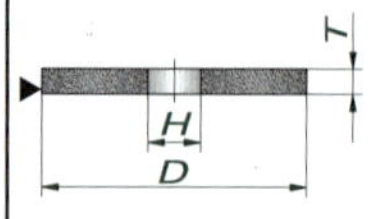	gekröpfte Trennschleifscheibe 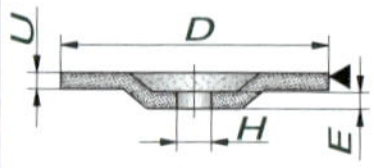
Nennmaße mit Berechnungsbeispiel	*D* x *T* x *H* 500 x 3,2 x 40	*D* x *U* x *H* 230 x 3,2 x 22,23

1 Schleifscheibenform

Stationäre Trennschleifmaschinen	Handgeführte Trennschleifmaschinen
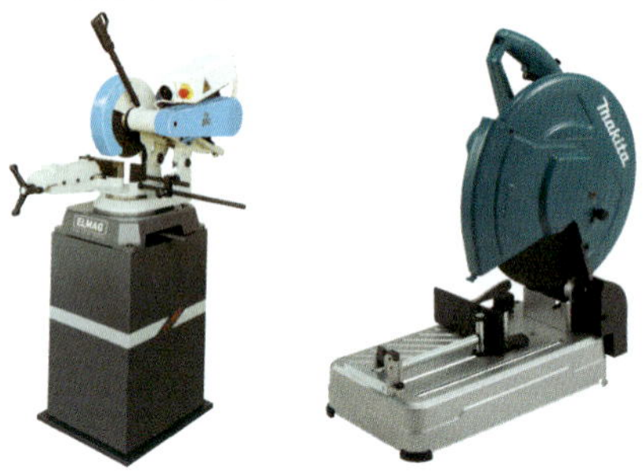	
Das Werkstück wird eingespannt und die Schleifscheibe von Hand, hydraulisch oder pneumatisch zugeführt.	Sie werden zum Ablängen von Profilen und zu nachträglichen Anpassarbeiten bei der Montage z. B. nachträgliches Ausschneiden von Aussparungen verwendet.

2 Trennschleifmaschinen

3.4.2.6 Unfallverhütung beim Schleifen

Die hohen Umdrehungsfrequenzen von bis zu 10000 1/min erzeugen hohe Fliehkräfte in den Schleifkörpern und beanspruchen die Bindemittel. Daher müssen die einschlägigen Sicherheitsregeln und Sicherheitseinrichtungen unbedingt beachtet werden. Die Regeln können einschlägigen Schriften (BGI 543 u. a.) der Berufsgenossenschaften entnommen werden. Folgende Übersichten nennen wichtige zu beachtende Sicherheitsregeln:

Sicherheitsregeln für **Freihandschleifmaschinen** (Schleifbock)

- Aufspannen neuer Scheiben nur durch unterwiesenes Personal.
- Klangprobe bei neuen Schleifscheiben durchführen.
- Nur zur Maschine gehörige Spannelemente verwenden.
- 5 Minuten Probelauf nach Scheibenwechsel.
- Werkstückauflage und Schutzhaube regelmäßig überprüfen und gegebenenfalls nachstellen.
- Werkstücke gegen Wegreißen sichern.
- Schutzbrille, Gehörschutz tragen.
- Gegebenenfalls Atemschutz bei anfallenden Stäuben tragen.
- Trennscheiben nicht zum Seitenschleifen verwenden.

Sicherheitsregeln für Oberflächenbearbeitung mit **Winkelschleifmaschinen**

- Arbeitshandschuhe, Gehörschutz und Schutzbrille tragen.
- Beidhändig arbeiten.
- Bei möglichem Funkenflug mögliche Brandgefahr beachten.
- Beschädigte Scheiben oder Scheiben mit Unwucht sofort auswechseln.
- An scharfen Kanten Abrutschgefahr.
- Maschine erst nach Scheibenstillstand ablegen.
- Anschlussleitung stolpersicher verlegen.

Sicherheitsregeln für **Trennschleifarbeiten**

- Beschädigte Scheiben oder Scheiben mit Unwucht sofort auswechseln.
- Bei Schäden an der Maschine nur Originalteile verwenden.
- Sicheren Sitz von Griff und Schutzhaube sicherstellen.
- Werkstück gegen Verschieben sichern.
- Trennschleifen auf Leitern überkopf nicht zulässig.
- Trennschleife immer hin und her bewegen.
- Unzulässig sind:
  - Kurvenschnitt,
  - Verkanten,
  - Verklemmen von Scheiben (Maschine kann nicht gehalten werden).

Aufgaben

1. Was sollte man nach dem Aufspannen einer Scheibe auf einen Winkelschleifer beachten?
2. Die Schutzhaube Ihres Winkelschleifers ist nicht richtig angebracht und ist defekt – was tun Sie?
3. Was bedeutet dieses Piktogramm?

4. Dürfen Sie eine Scheibe mit 125 mm Durchmesser mit einem 115er Winkelschleifer benutzen?
5. Was ist die richtige Arbeitsbekleidung beim Schleifen?
6. Beim Arbeiten mit Trenn- und Schruppscheiben entsteht Funkenflug. Worauf muss geachtet werden?
7. Woran erkennt man bei einer Scheibe die Arbeitshöchstgeschwindigkeit?
8. Was besagt eine hohe Körnungsnummer?

3.4.3 Ausklinken von Profilen

Für lange gerade oder runde Schnitte bei größeren Blechdicken eignen sich von Hand geführte Scheren nicht mehr. Es werden Maschinenscheren verwendet,

- die von Hand bei dünnen Blechen über Hebelkräfte,
- elektrisch oder hydraulisch bei dickeren Blechen angetrieben werden.

(siehe Kapitel 4)

In Metallbaubetrieben werden sehr häufig Winkelprofile verwendet und zu Rahmen oder Halterungen gebogen. Zum Ablängen und Ausklinken z.B. eines Winkelstahls L40 × 40 × 4 eignet sich eine **kombinierte Profilstahlschere** (Bild 1). Profile können je nach Form einseitig oder beidseitig ausgeklinkt werden. Außerdem können Löcher ausgeschnitten werden. Die Maschine muss entsprechend der zu bearbeitenden Profile und Bleche eingerichtet werden.

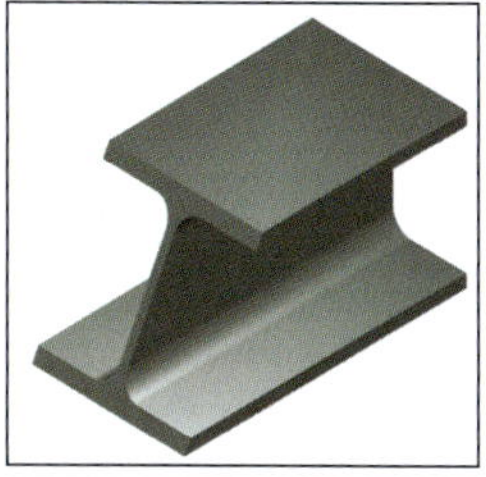

1 Schnittbeispiel: Schrägschnitt

Da beim Scherschneiden mit Maschinen, Stanzen und Ausklinken große Schnittkräfte auftreten, dürfen die vom Hersteller angegebenen Beschränkungen hinsichtlich Werkstoffdicke, Werkstoffe und Schnittlänge nicht überschritten werden. Damit die Werkzeuge in jedem Fall nicht überbeansprucht werden, müssen gegebenenfalls die Überlastsicherungen der Presse ansprechen.

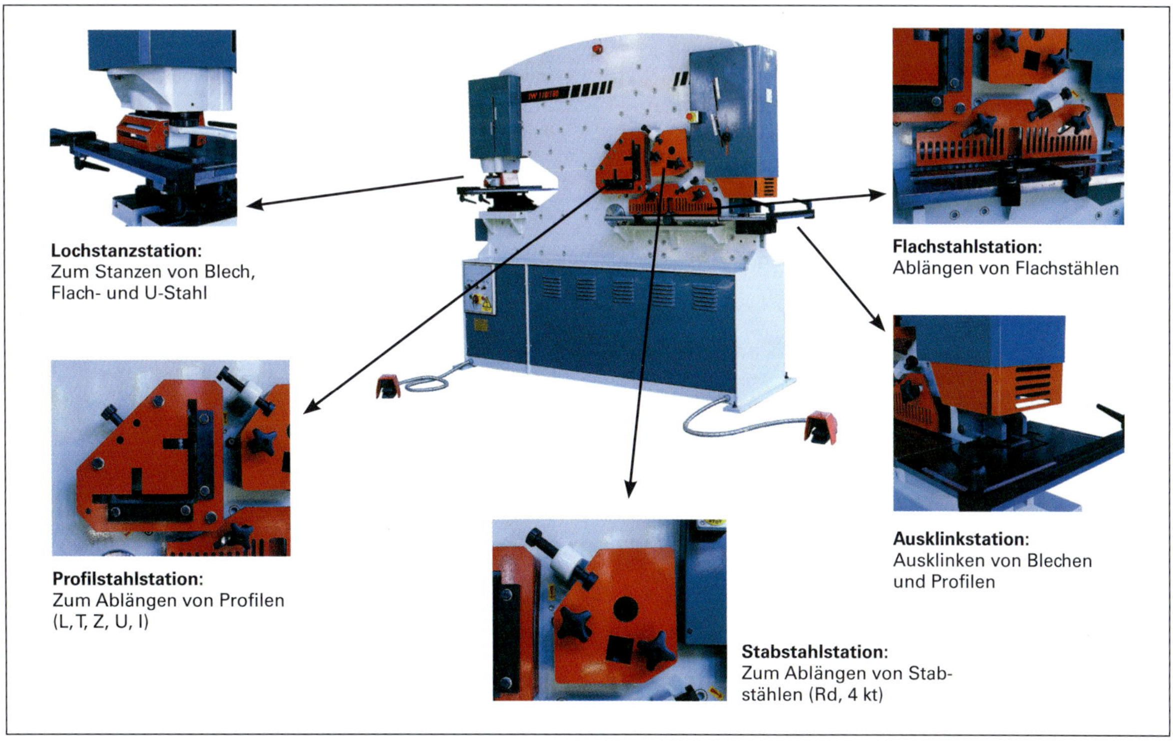

2 Kombinierte Profilstahlschere: für Blech- und Profildicken bis ca. 20 mm

Beispiel

Aus einem warmgewalzten gleichschenkeligen rundkantigen Winkelstahl 30 × 3 mm soll ein rechtwinkeliger Rahmen gebogen werden. Zu diesem Zwecke muss der Winkelstahl ausgeklinkt werden. Berechnen Sie die notwendige Scherkraft für S235JR, wenn die Ausklinkung nach Skizze in einem Zug erfolgen soll.

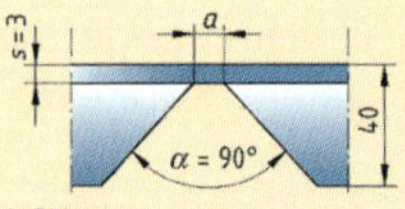

a) Skizze

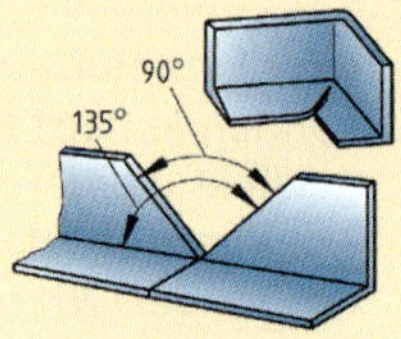

b) falsche Ausklinkung, die zum Biegefehler führt

Lösung:

1. Ermitteln des Abstands *a*. Wird dieser Abstand nicht eingehalten, so ergibt sich ein extremer Biegefehler (Bild b)

$$a = \frac{s \cdot \alpha \cdot \pi}{360°} = \frac{3\ \text{mm} \cdot 90° \cdot \pi}{360°}$$

$\underline{a = 2{,}35\ \text{mm} \Rightarrow 3\ \text{mm}}$

2. Nach dem Anreißen (Bild c) muss zunächst die Scherfläche *S* ermittelt werden. Die Rundung des Winkelstahles wird dabei vernachlässigt.

$$S = 2 \cdot 1{,}414 \cdot 37\ \text{mm} \cdot 3\ \text{mm} + 3\ \text{mm} \cdot 3\ \text{mm}$$

$$S = 313{,}91\ \text{mm}^2 + 7{,}05\ \text{mm}^2 = 322{,}9\ \text{mm}^2$$

3. Scherfestigkeit bestimmen

$$\tau_{aB} = 0{,}8 \cdot R_m$$

$$\tau_{aB} = 0{,}8 \cdot 370\ \frac{\text{N}}{\text{mm}^2}$$

$$\tau_{aB} = 296\ \frac{\text{N}}{\text{mm}^2}$$

4. Bestimmen der Scherkraft, welche die Presse überwinden muss

$$F_S \geqq \tau_{aB} \cdot S$$

$$F_S \geqq 296\ \frac{\text{N}}{\text{mm}^2} \cdot 322{,}9\ \text{mm}^2$$

$$F_S \geqq 95\,578{,}4\ \text{N}$$

$$F_S \geqq 96\ \text{kN}$$

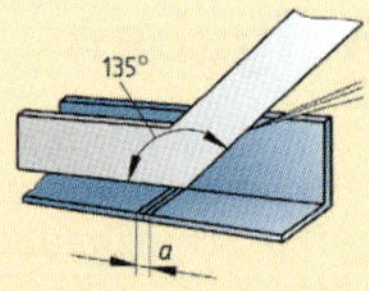

c) Anreißen der 90°-Ausklinkung mittels 135°-Winkel

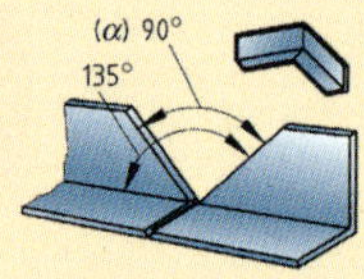

d) fertig ausgeklinktes und exakt gebogenes Werkstück

Sehr weit verbreitet sind in Metallbaubetrieben Rohrausklinker für Stahl bzw. NE-Metalle mit auswechselbaren Werkzeugeinsätzen.

Der in Bild 1 dargestellte patentierte Rohrausklinker, hier mit Elektro-Antrieb, lässt vielseitige Fertigungsmöglichkeiten zu, wie z. B. :

a) T-Rohr-Verbindungen,
b) Dreifach-Rohrabzweig,
c) T-Rohr-Verbindung, gleich vorgerichtet für Feuerverzinkung.

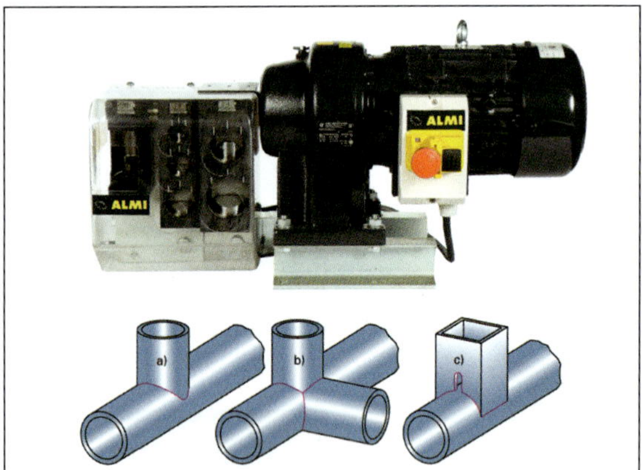

1 Ausklinken von Rohren

Aufgaben:

1. Informieren Sie sich über den Aufbau, die Vor- und Nachteile und den Einsatzbereich der verschiedenen Maschinenscheren.
2. Besorgen Sie sich Herstellerunterlagen über verschiedene Maschinenscheren, bestimmen Sie deren jeweilige Anwendungsbereiche.
3. Welche Arbeiten können an einer Profilstahlschere durchgeführt werden?

3.4.5 Fräsen und Bohren von Profilen

Im Metallbau werden Türen und Fenster (Bild 2) aus Profilen mit aufwändigen Querschnitten gefertigt. Diese Profile (siehe auch Kapitel 7 Fenster) werden als Langerzeugnisse den Fensterherstellern geliefert und müssen auf Maß bearbeitet werden. Bearbeitungsaufgaben sind

- das Ablängen als Gerad- oder Schrägschnitt für Längs- oder Eckverbindungen

2 Fensterecke mit eingebautem Beschlag

- Bohrarbeiten für die Montage von Türgriffen oder
- Fräsarbeiten für den Einbau von Schlössern u. a. m.

Fenster und Türen werden heute serienmäßig gefertigt; dabei können auch die individuellen Abmaße des Kundenauftrags problemlos berücksichtigt werden. Die Steuerung der Werkzeuge kann unterschiedlich erfolgen; es kann erfolgen durch

- Kopierfräsen oder
- CNC-Steuerung.

Beim Kopierfräsen tastet die Maschine mechanisch, hydraulisch oder elektromechanisch ein Modell oder eine Schablone ab und kopiert nach dem Vorbild. Stehen Betrieben Bearbeitungszentren zur Verfügung, erfolgt die Steuerung über CNC-Programme.

1 Fräsen und Bohren eines pulverbeschichteten Aluminiumtürprofils in 2 Ebenen auf einer Dreispindelkopierfräse

2 Herstellen eines genauen Durchbruchs durch Gegenlagern des Bohrfräsers

3.4.6 Bohren von Walz-Profilen

Warmgewalzte Stahlprofile werden für Träger u. a. m. aus zugeschnittenen und vorgebohrten Profilen verschraubt (Bild 1 und 2). Um eine hohe Maß- und Passgenauigkeit zu erzielen, werden Abläng- und Bohrarbeiten nicht von Hand sondern in Bearbeitungszentren (Bild 3) durchgeführt. Das Walzprofil wird durch ein Transportmittel auf das Maschinenbett gelegt, gespannt und den einzelnen Arbeitseinheiten zugeführt. Die abgebildete Profil-Bearbeitungsmaschine kann zusätzlich mit weiteren Bearbeitungsmaschinen wie Fräs- oder Brenneinheiten kombiniert bzw. erweitert werden. Da derartige Bearbeitungszentren für den normalen Stahlbaubetrieb meist nicht wirtschaftlich betrieben werden können, werden die Arbeiten als Lohnfertigung an Spezialbetriebe vergeben. Eine weitere Kostensenkung kann durch standardisierte Profilanschlüsse erreicht werden, sogenannte „typisierte Anschlüsse". Der Konstrukteur ermittelt die zu übertragenden Kräfte und kann die Kopfplattengröße Tabellen entnehmen.

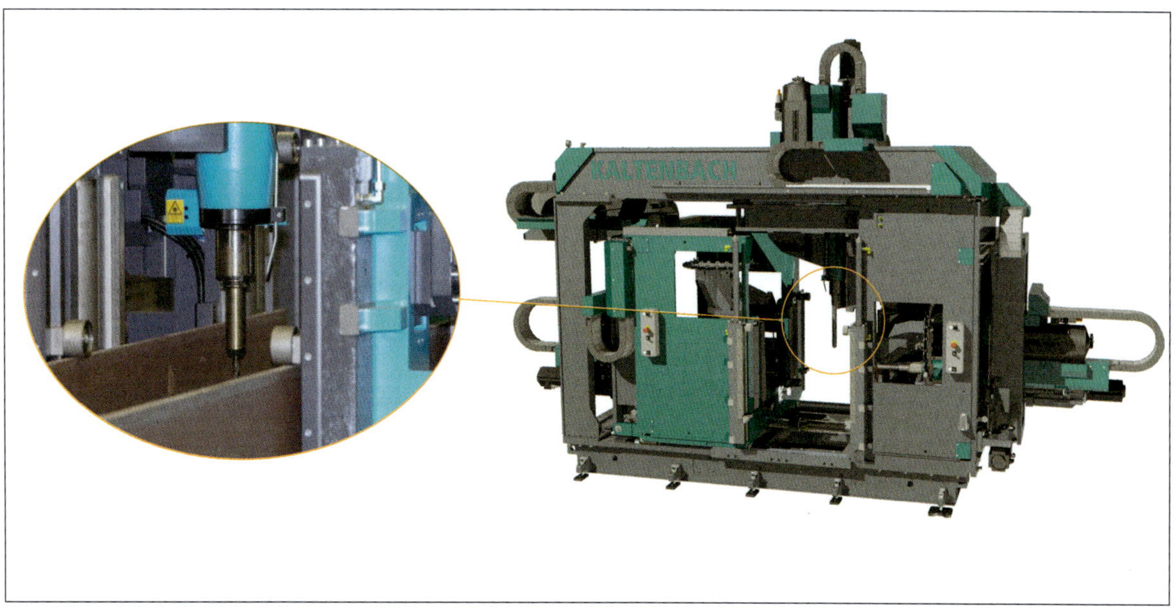

3 Profil-Bearbeitungsmaschine

3.5 Fügen von Profilen durch Schrauben

3.5.1 Schraubverbindungen

Zum Fügen von Profilen werden Schrauben als Verbindungselemente eingesetzt. Art und Größe der Schrauben legt der Konstrukteur nach den Profilabmaßen und den Belastungen in der Baugruppe fest. Bild 1 zeigt die Verschraubung von zwei U-Profilen einer Trageinrichtung mit eingelegtem Distanzblech; Bild 2 und 3 zeigen Verschraubungen an einer Behelfsbrücke.

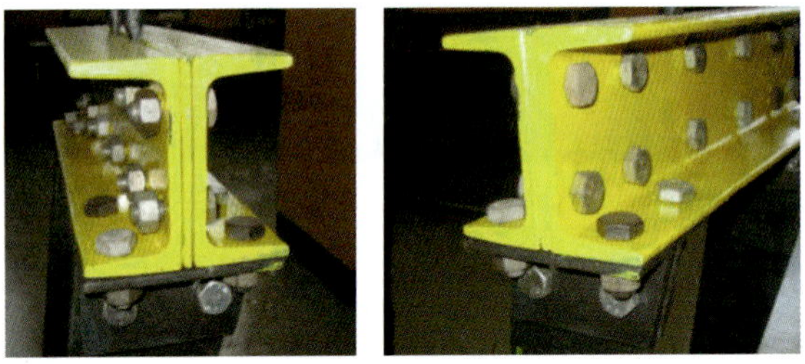

1 Schraubverbindung an Trageinheit

2 Verschraubung an Profilstoß

3 Verschraubung an Knotenpunkt

Bei der Trageinheit (Bild 1) erfolgt die Verschraubung, weil eine Schweißverbindung nur schwer zu fertigen ist. Die Nutzungsdauer der Behelfsbrücke (Bild 2 und 3) ist begrenzt und daher ist es sinnvoll, die einzelnen Bestandteile der Brücke mit Schrauben zu verbinden.

Schraubverbindungen sind Schweißverbindungen vorzuziehen, wenn

- Baugruppen häufig montiert und demontiert werden (z. B. fliegende Bauten)
- Konstruktionen aus Transport- oder Montagegründen in den Abmaßen begrenzt werden müssen
- andere Fügeverfahren nicht sinnvoll eingesetzt werden können (s. Bild 1).

Eine Schraubverbindung besteht in der Regel aus:

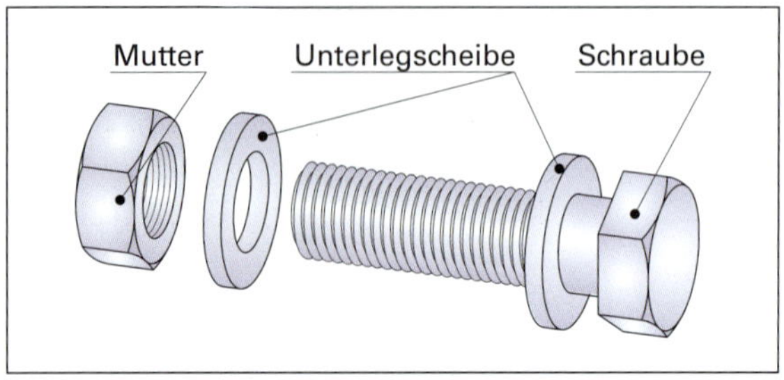

Schrauben dürfen im Regelfall nur auf Zug belastet werden. Daher sind auftretende Scherkräfte durch die Reibflächen aufzunehmen. Damit die Schraubverbindung (Bild 4) dauerhaft haltbar bleibt, dürfen Schrauben nicht über die Elastizitätsgrenze hinaus belastet werden. Bei der Montage wird die Schraube im elastischen Bereich gespannt und geht nach dem Lösen wieder in ihre Ausgangslänge zurück. Eine Spannung über die Elastizitätsgrenze hinaus führt zu einer dauerhaften (plastischen) Verformung.

Wird die Schraube vorgespannt, so muss der Festigkeitswert der Vorspannung im Bereich unterhalb der Streckgrenze (R_{el}) liegen, denn durch die Vorspannung darf die Schraube nicht überdehnt werden.

Die Auswahl der Schrauben richtet sich nach dem Einsatzgebiet und Verbindungsanforderungen; eine Gesamtübersicht findet man in Tabellenbüchern oder Herstellerkatalogen.

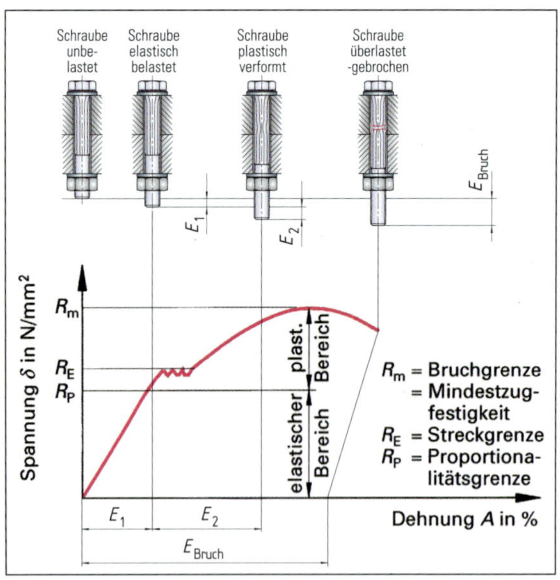

4 Verformung von Schrauben unter Last

Schraubenbezeichnung

Die Auswahl der Schraubverbindung ist abhängig von wirkenden Lasten. Es werden folgende Merkmale berücksichtigt:

- Schraubenart: z. B. Sechskant-Schraube
- Normblattnummer: z. B. ISO 4016
- Gewinde-∅: z. B. M20
- Schraubenlänge: z. B. Schaftlänge 100 mm
- Festigkeitsklasse: z. B. 4.6...10.9
- Weitere Angaben: z. B. Anzugsmoment, Klemmlänge, Einschraubtiefe, Beanspruchungsart

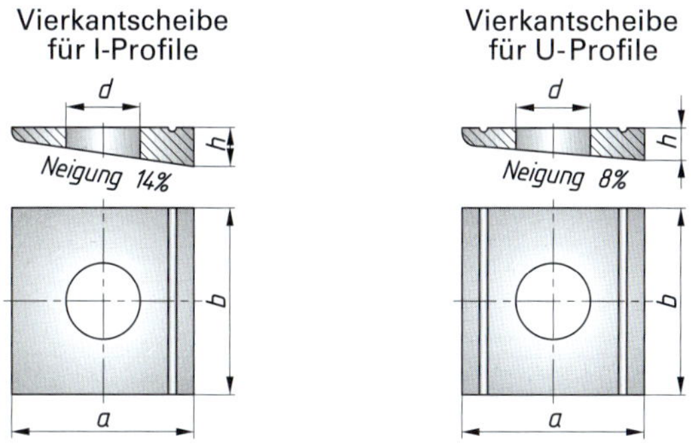

1 Vierkantscheibe

Je nach Verbindungsaufgabe werden runde Scheiben oder Vierkantscheiben eingesetzt. Vierkantscheiben (Bild 1) haben eine Neigung von 8 % oder 14 %, damit wird die Schräge an Profilen ausgeglichen.

Schraubverbindungen können auf zwei Arten ausgeführt werden:

- **Einschraubverbindung:** Die Schraube wird durch die Bohrung des 1. Fügeteils gesteckt und im Gewinde des 2. Fügeteils verschraubt. Der Schraubenkopf bei Sechskantschrauben liegt auf oder wird bei Senkschrauben oder Zylinderschrauben im Fügeteil versenkt. Das Gewinde muss dabei eine ausreichende Länge aufweisen (beachte Tabellenwerte). Scheiben werden je nach konstruktiven Gegebenheiten verwendet. Neben Scheiben können auch Sicherungselemente gegen unbeabsichtigtes Lösen eingesetzt werden; diese sind im Stahlbau nicht zugelassen (beachte Kap. 3.4.2).
- **Durchsteckverbindung**: Die Schraube wird durch beide Fügeteile gesteckt und auf der Gegenseite mit einer Mutter verschraubt. Die beiden Scheiben dienen als Auflagen für den Schraubenkopf und die Mutter.

Bild 2 zeigt Beispiele für Einschraub- und Durchsteckverbindungen

Einschraubverbindung				**Durchsteckverbindung mit Sechskantschraube**
ISO 4016 Sechskant-schraube	M16 Gewinde-∅ M16, Schlüsselweite 24mm	80 Schaftlänge 80mm	5.6 Festigkeitsklasse	**2 Bleche** Sechskantschraube EN 14399 M20×100-10.9 -Mu EN 14399 - 10 – Scheibe EN 14399 -C45
Einschraublänge *e* (Mittelwerte) Stahl- und CuSn-Legierungen $e = d$ GG $e = 1{,}25 \cdot d$ Al-Legierungen $e = 2...2{,}5 \cdot d$		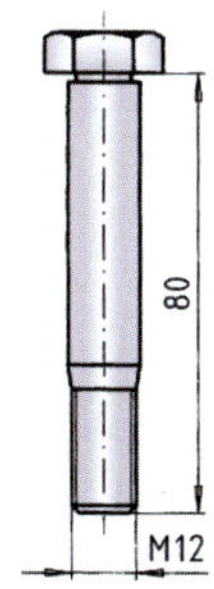	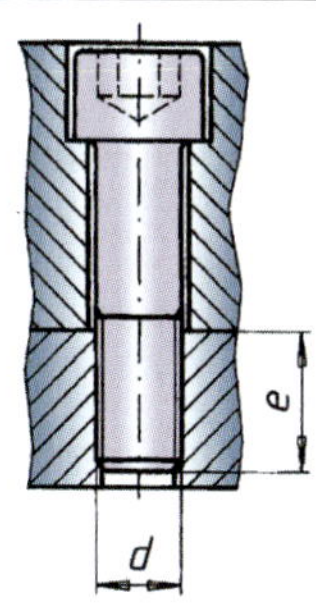	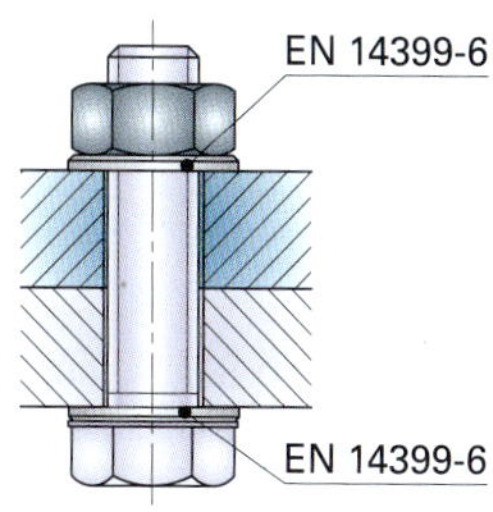
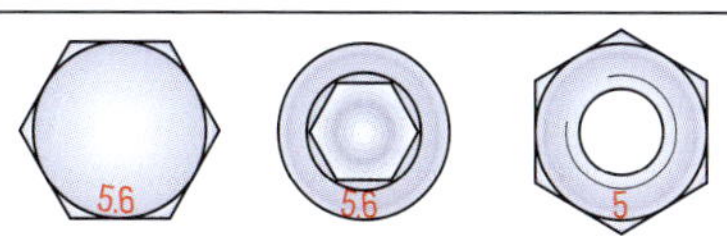Zahlen auf Schrauben und Muttern geben genaue Auskunft über ihre Festigkeit (bei Muttern nur eine Zahl für R_m)		Die Festigkeitsangabe 5.6 bedeutet: 5 · 6 $10 \cdot 50 = 500 \dfrac{N}{mm^2}$ Zugfestigkeit R_m und $5 \cdot 6 \cdot 10 = 300 \dfrac{N}{mm^2}$ Streckgrenze R_e		

2 Einschraub- und Durchsteckverbindungen

3.5.2 Schraubensicherungen

Fachgerecht montierte Schraubverbindungen lösen sich **nicht** selbstständig, unabhängig ob sie schwingend oder stoßhaft belastet werden. Die Selbsthemmung (Reibung im Gewinde und zwischen den Auflageflächen von Schraubenkopf bzw. Mutter mit der Werkstoffoberfläche) verhindert das selbstständige Lösen.

Wird eine Schraubverbindung jedoch zu fest angezogen, treten plastische Verformungen auf, die sich im Belastungsfall verstärken; diese Erscheinung heißt „Setzen". Die Vorspannung lässt nach und kann zum Lockern der Schraubverbindung führen, wenn die Betriebsspannung die „restliche" Vorspannung aufhebt und gleichzeitig ein Lösemoment auftritt. Selbstständiges Lösen von Schraubverbindungen tritt nur bei völligem Verlust der Vorspannung auf.

Hochfeste Schraubverbindungen mit Festigkeitsklassen über 8.8 werden so hoch vorgespannt, so dass auch Setzerscheinungen die Vorspannungen nicht aufheben und daher **keine** Schraubensicherung vorzusehen ist.

Es wird unterschieden zwischen

- Setzsicherungen, z.B. Zahnscheibe, Federring, Fächerscheibe ...,
- Losdrehsicherung, z.B. Mutter mit Klemmteil, Sperrzahnschraube, Klebstoffsicherungen ... und
- Verliersicherungen, z.B. Drahtsicherung, Kronenmutter mit Splint ...

Folgende Tabelle gibt eine Übersicht über Schraubensicherungen, deren erwartete Wirksamkeit und Anwendung.

Sicherungsart (Beispiele)	Losdrehsicherung		Verliersicherung	
	<5.8	**>8.8**	**<5.8**	**>8.8**
Mit verspannte federnde Elemente Federring[1], Federscheibe[1], Zahnscheibe[1], Fächerscheibe[1]	teilweise	nein	teilweise	nein
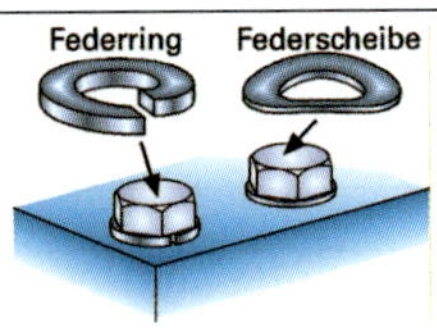 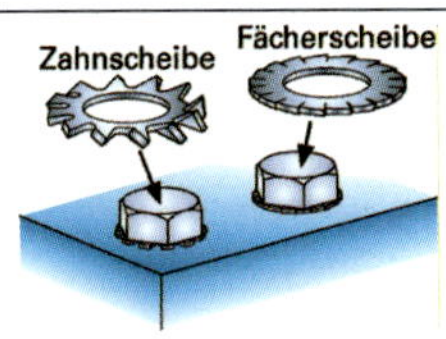	Sicherungswirkung durch axiale Federwirkung. Unwirksam			
Formschlüssige Elemente Sicherungsblech, ein- oder zweiseitig aufgebogen[1] Kronenmutter (DIN 935)	teilweise	nein	teilweise	nein
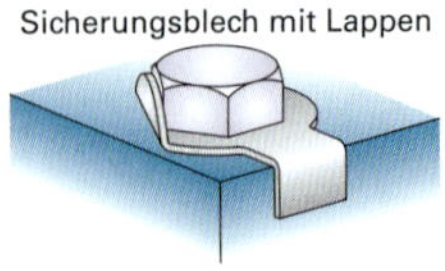 unwirksam ab 8.8, 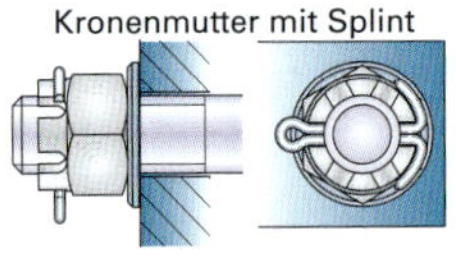 unwirksam ab 8.8, undefinierte Vorspannkraft, sonst reine Verliersicherung	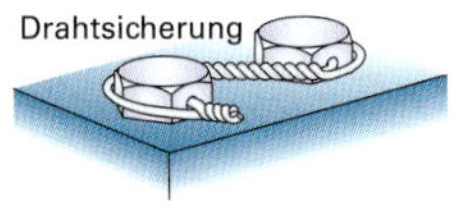 unwirksam ab 8.8, sonst reine Verliersicherung			
Kraftschlüssige Elemente Selbstsichernde Mutter[1]	nein	nein	nein	nein
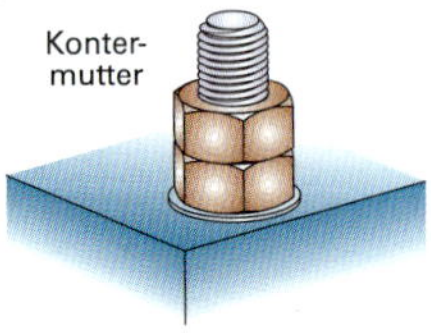 Verliersicherung Unwirksam, nur geringe Spannwege, damit schnelle Reduktion der Spannkraft	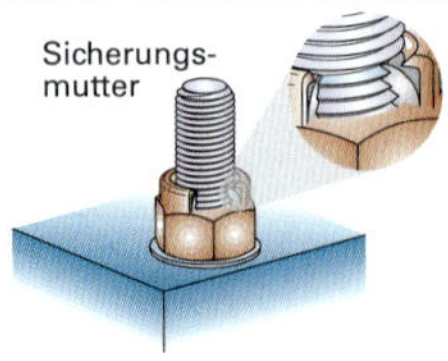 Unwirksam, da allmähliches Losdrehen möglich			

[1] Die Wirksamkeit ist so wenig gegeben, dass dieses Sicherungselement aus der Normung herausgenommen wurde.

Sicherungsart (Beispiele)	Losdrehsicherung		Verliersicherung	
	<5.8	**>8.8**	**<5.8**	**>8.8**
Sperrende Elemente Schraube mit Verzahnung unter dem Kopf	–	ja	ja	ja
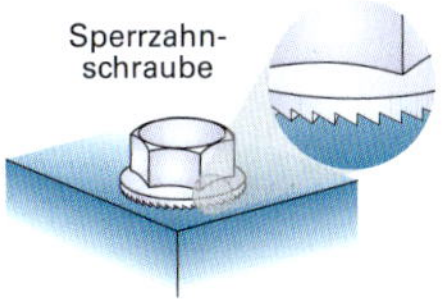 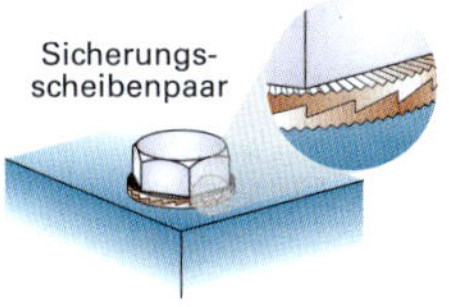	Losdrehsicherung (nicht an gehärteten Oberflächen)			
Chemische Elemente[2] Mikroverkapselter Klebstoff, Flüssigkeitsklebstoff Silikonpaste im Gewinde	Ja nein	Ja nein	Ja nein	Ja nein
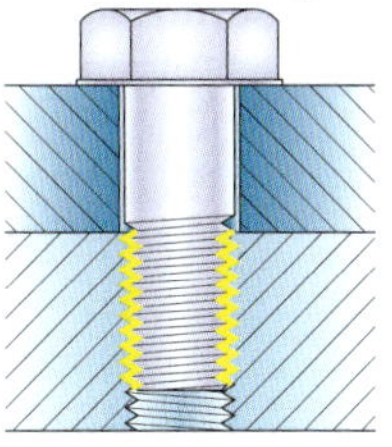	Losdrehsicherung Nur als Verliersicherung geeignet.			

[2] Temperaturbeständigkeit bis <150 °C

3.5.3 Berechnung von Schraubenlängen

Die Schraubenlänge berechnet sich aus der Summe der einzelnen Blechdicken, Scheibendicke, Mutternhöhe und Gewindeüberstand (z. B. 3 · Steigung *P*).

$L = t_1 + t_2 + t_3 + \ldots$ + Scheibendicke + Mutternhöhe + Gewindeüberstand

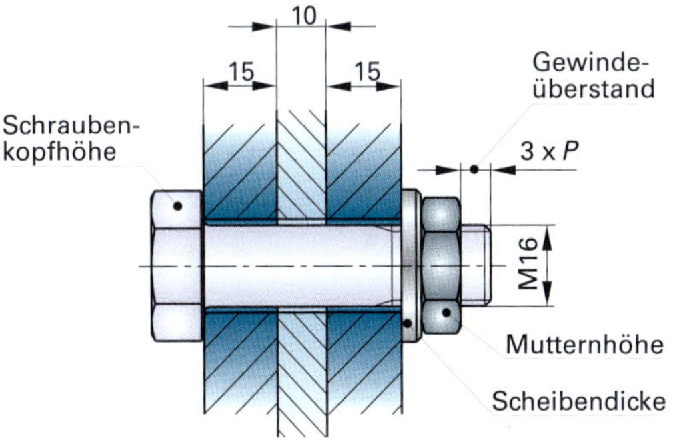

In Tabellenbüchern findet man Tabellen, in denen die Schraubenlänge direkt abgelesen werden kann, wenn die Profildicken und das Gewindemaß bekannt sind.
Berechnung von Schraubenfestigkeit, Drehmomente siehe Kapitel 4. Montieren und Demontieren von Baugruppen.

Aufgaben

1. Unterscheiden Sie die Begriffe Einschraubverbindung – Durchsteckverbindung.
2. Aus welchen Einzelteilen besteht eine Schraubengarnitur?
3. Warum ist eine Schraubverbindung einer Schweißverbindung vorzuziehen?
4. Berechnen Sie die Zugfestigkeit und Streckgrenze eine Schraube mit der Festigkeitsklasse 8.8 und überprüfen Sie die Werte im Tabellenbuch.
5. Welche Wirkprinzipien gibt es an Schraubensicherungen?
6. Begründen Sie die Behauptung: Eine fachgerechte Schraubenverbindung löst sich nicht.
7. Das Blech soll mit Durchsteckverbindung an den U-Profil angeschraubt werden; Schraube M12. Bestimmen Sie die Durchgangsbohrung (Toleranz fein) aus dem Tabellenbuch und berechnen Sie die Mindestschraubenlänge, wenn beidseitig eine Unterlegscheibe (DIN 7989) verwendet werden soll.

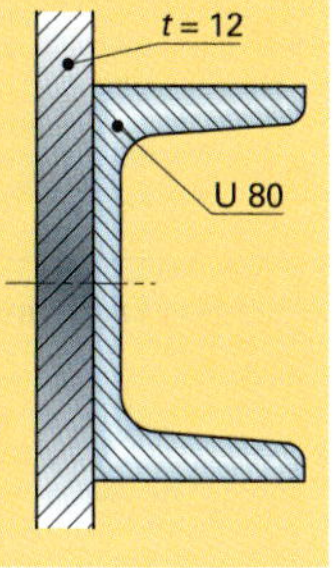

3.6 Prüfen von Konstruktionen

Da bei der Fertigung von Erzeugnissen immer wieder Abweichungen auftreten, muss durch den Facharbeiter vor und nach jedem Fertigungsschritt geprüft werden, ob die durch den Konstrukteur vorgegebenen Toleranzen eingehalten wurden. Am Systemträger (Seite 82) können folgende Prüfungen durchgeführt werden:

Eingangskontrolle der Profile und Bleche

- Rohmaße
- Werkstoff

Nach dem Trennen:

- Maßkontrolle, z. B. richtige Länge mit Maßband o. a.
- Formkontrolle, z. B. Schnitte mit Durchdringungskurven mit Umlegeschablonen

Nach dem Fügen:

- Maßkontrolle, z. B. Längenmaße, Schweißnahtdickenmaße mit Maßband und Schweißnahtlehre
- Formkontrolle, z. B. Winkligkeit über Kontrollmaße ...
- Schweißnahtkontrolle, z. B. Nahtform, Oberflächen ... (s. Kapitel 15)

Nach dem Einbau:
Höhen-, Lage- und Winkelprüfung der eingebauten Systemträger, z. B. mit

- Schlauchwaage zur Höhenprüfung
- Nivelliergerät zur Lageprüfung
- Neigungsprüfung mit Neigungsmesser
- Schraubverbindungen, z. B. richtiger Schraubenwerkstoff, Anzugsmoment (siehe Kapitel 6)
- Korrosionsschutz, z. B. Beschichtungs- und Überzugsdicken (siehe Kapitel 9)

Folgende Normen können für die Maßkontrollen berücksichtigt werden:

- Formen: entsprechende Profilnormen, z. B. Hohlprofile nach EN 10210
- Fertigungsmaße
  - Allgemeintoleranzen nach ISO 2768
  - Toleranzen für Schweißkonstruktionen nach ISO 13920
  - Toleranzen für thermische Schnitte nach ISO 9013
  - Toleranzen im Hochbau für Bauabmaße nach DIN 18202
  - DIN 18202
- Fertigungsfehler
  - Schweißnahtunregelmäßigkeiten nach ISO 5817
  - ...

Aufgabe	Prüfanordnung	
Höhenprüfungen mit Schlauchwaage	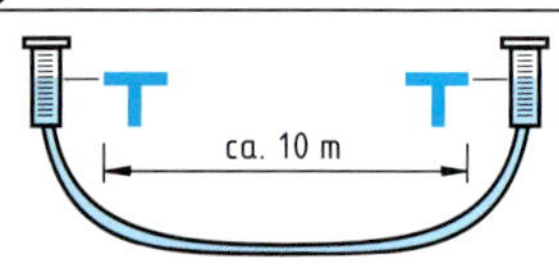	Der Wasserstand in den beiden Gefäßen ist immer auf der gleichen Höhe, so lassen sich zwei Träger mit großem Abstand auf gleiche Höhe bringen.
Lageprüfung mit Nivelliergerät		
Neigungsprüfungen mit Neigungsmesser	 Neigung eines Handlaufs 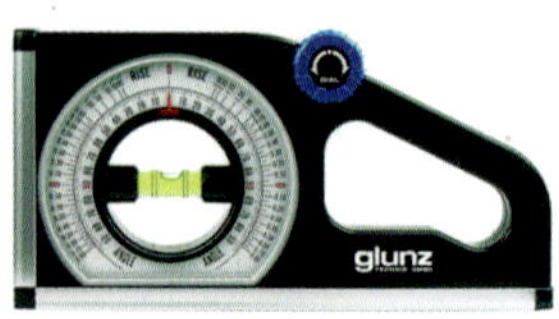 Prüfen mit drehbarer Libelle	Der Neigungsmesser enthält ein mit Wasser gefülltes drehbares Röhrchen, die Libelle. Zur Neigungsmessung wird der Neigungsmesser angelegt und die Libelle so lange gedreht, bis die Luftblase mittig ist. Am Rand lässt sich dann die Neigung ablesen.

1 Höhen-, Lage- und Winkelprüfungen

Montage von Hallenstützen

Bevor Hallenstützen aufgestellt werden können, müssen die Fundamente erstellt sein. Vor der Montage wird mit den Maßen im Verankerungsplan (s. Kap. 6) Lage und Höhe der Fundamente überprüft. Die Längen werden mit dem Gliedermaßstab oder Maßband gemessen. Zur Kontrolle der Winkligkeit (90°) werden der Diagonalen gemessen (Bild 1.1). Die Höhe der Fundamente kann mit einer Schlauchwaage, Laser oder Nivelliergerät überprüft werden. Dann wird eine einzelne Eckstütze aufgestellt und ausgerichtet. Ein Kran schwenkt die Stütze auf das Fundament ein und setzt sie auf Keile auf. Mithilfe von zwei Nivelliergeräten und Markierungen an der Stütze wird die Stütze lotrecht ausgerichtet und befestigt. Die „Mörtelfuge" wird aufgefüllt (Bild 1.2). Eine zweite Stütze wird nach dem Ausrichten über Windverbände verbunden und unverschiebbar befestigt. Der erste Windverband muss gegen Kippen gesichert sein (Bild 1.3). Weitere Stützen werden in gleicher Weise montiert und die Schraubverbindungen endgültig angezogen (Bild 1.4).

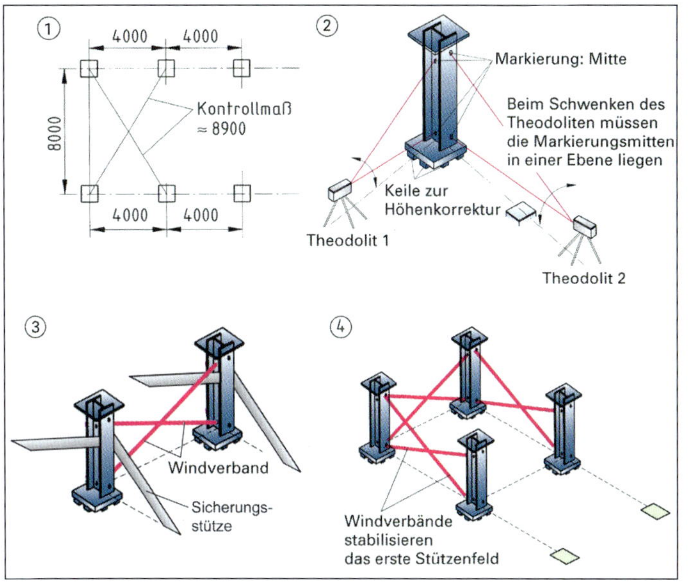

1 Prüf- und Montagearbeiten an Stützen

3.7 Richten an Metallbaukonstruktionen

Im Stahl- und Metallbau können Profile und Bleche oft nicht unmittelbar nach dem Zuschnitt oder der spanenden Bearbeitung zu Bauteilen weiterverarbeitet und diese zu Konstruktionen gefügt werden. Profile können verdreht oder gebogen, Bleche gebeult oder verzogen sein; es liegen Abweichungen von der Idealform vor. Ursachen dafür können sein:

- freiwerdende Spannungen durch ungleichmäßige Abkühlung nach dem Warmwalzen.
- Verformungen durch äußere Einwirkungen, wie unsachgemäßer Transport oder Lagerung,
- freiwerdende Spannungen nach einseitiger Bearbeitung oder ungleichmäßig wirkende Schrumpfspannungen nach dem Schweißen.

Richten

- beseitigt unerwünschte Verformungen an Halbfertigerzeugnissen und fertigen Bauteilen,
- bringt Werkstücke in Formen, die sich anders nicht herstellen lassen.

In beiden Fällen wird der Werkstoff kontrolliert gestreckt oder gestaucht, um die erwünschte Form anzunehmen.

Man unterscheidet:

Kaltrichten = Richten durch mechanische Einwirkung, manuell oder mit Maschinen.

Warmrichten = Richten durch Wärmeeinwirkung (= Flammrichten).

3.7.1 Kaltrichten

3.7.1.1 Manuelles Kaltrichten

Ein Profil, Blech oder fertiges Bauteil wird bei Raumtemperatur in die gewünschte Form gebracht. Dabei müssen die zu kurzen Werkstückpartien gestreckt, die zu langen gestaucht werden.

Beim gebogenen Blechstreifen strecken nebeneinander liegende Schläge mit der Hammerfinne den Werkstoff, der Blechstreifen wird gerade gezogen. Dabei entstehen aber innere Spannungen im Werkstoff, die evtl. durch Spannungsarmglühen beseitigt werden müssen.

Man könnte den Blechstreifen auch hochkant stellen und die zu lange Seite stauchen, die zu kurze Seite würde dann gestreckt werden und der Blechstreifen wieder formgenau (Bild 2).

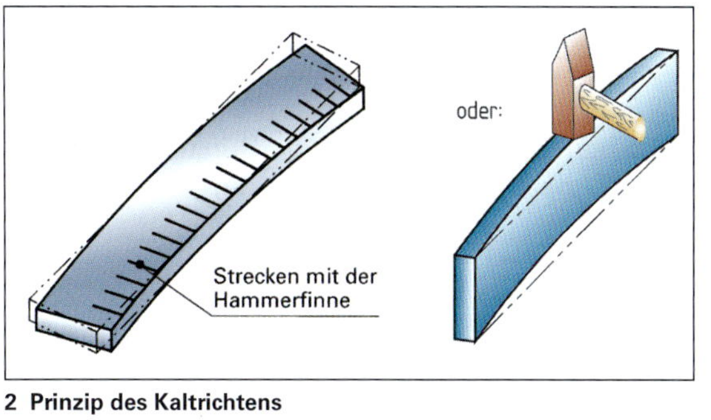

2 Prinzip des Kaltrichtens

Voraussetzung für das Kaltrichten ist, dass sich der Werkstoff im kalten Zustand verformen lässt. Er muss eine ausgeprägte Streckgrenze aufweisen, darf aber nicht zu weich sein, damit er nicht ohne Formänderung verdichtet wird. Baustahl und NE-Knetlegierungen lassen ein Kaltrichten zu, gehärtete Bauteile müssen erst weichgeglüht und nach dem erfolgreichen Richten wieder wärmebehandelt werden. Dagegen lässt sich Grauguss mit Lamellengraphit z.B. EN-GJL-200 nicht richten – er würde sofort brechen. Mit Einschränkungen kann man auch Bauteile aus Temperguss richten, z.B. verbogene Buntbartschlüssel. Gearbeitet wird immer mit dem Schlosserhammer an der Richtplatte oder mit Hilfsmitteln, wie Beilagen, im Schraubstock (Bild 1).

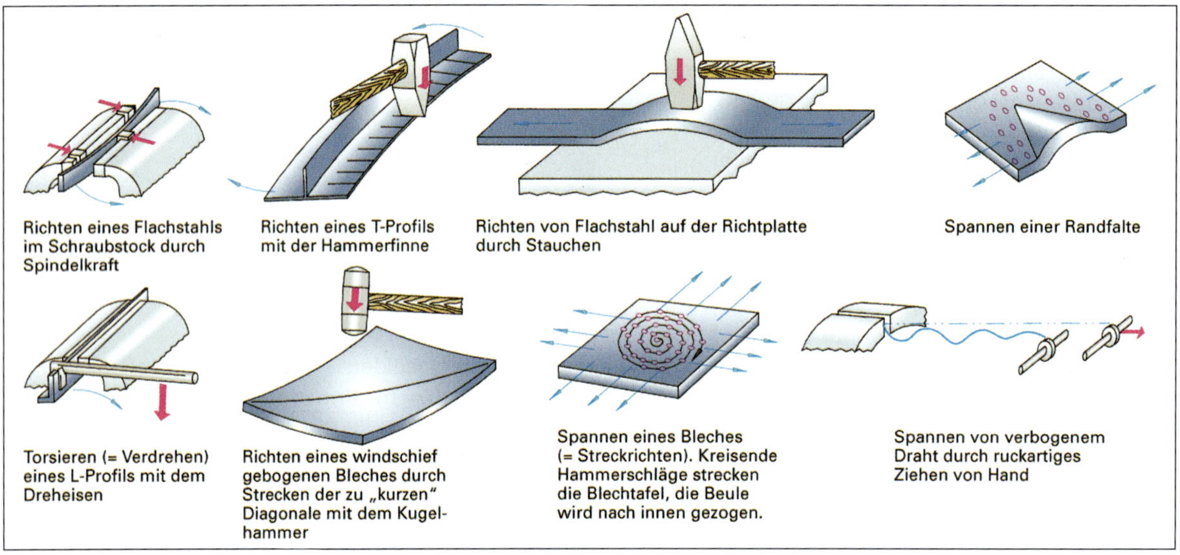

1 Arbeitsbeispiele zum Kaltrichten

3.7.1.2 Kaltrichten mit Maschinen

Größere Profile ab ca. 50 mm Höhe lassen sich nicht mehr auf der Richtplatte manuell richten oder im Schraubstock gerade biegen, die dafür erforderlichen Kräfte wären zu groß. Dafür stehen hydraulische Pressen zur Verfügung, die nach dem Prinzip der Dreipunktauflage das Profil oder Rohr zwischen den beiden äußeren Richtklötzen gerade biegen (Bild 2).

Unebene Blechtafeln werden auf Rollenrichtmaschinen wieder eben gezogen. Mehrere hintereinander angeordnete Rollen tiefen dabei die Beulen und Verwerfungen ein und ziehen das Blech wieder gerade (Bild 1, nächste Seite).

Mit einem Tastschalter wird die Durchbiegung eingestellt, der Rücklaufweg wird durch Endschalter begrenzt.

2 Richten einer Schiene

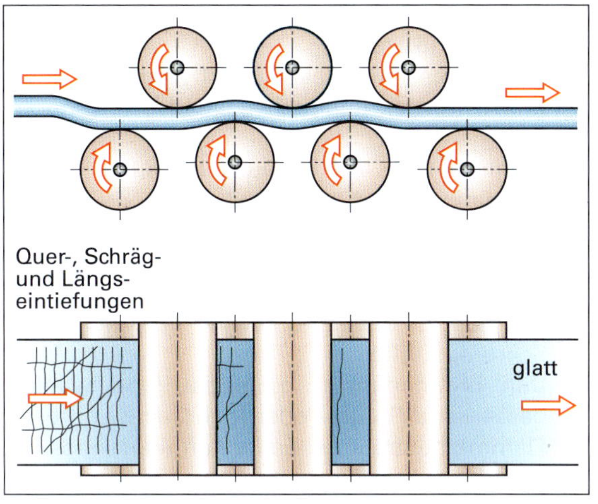

1 Prinzip einer Rollenrichtmaschine

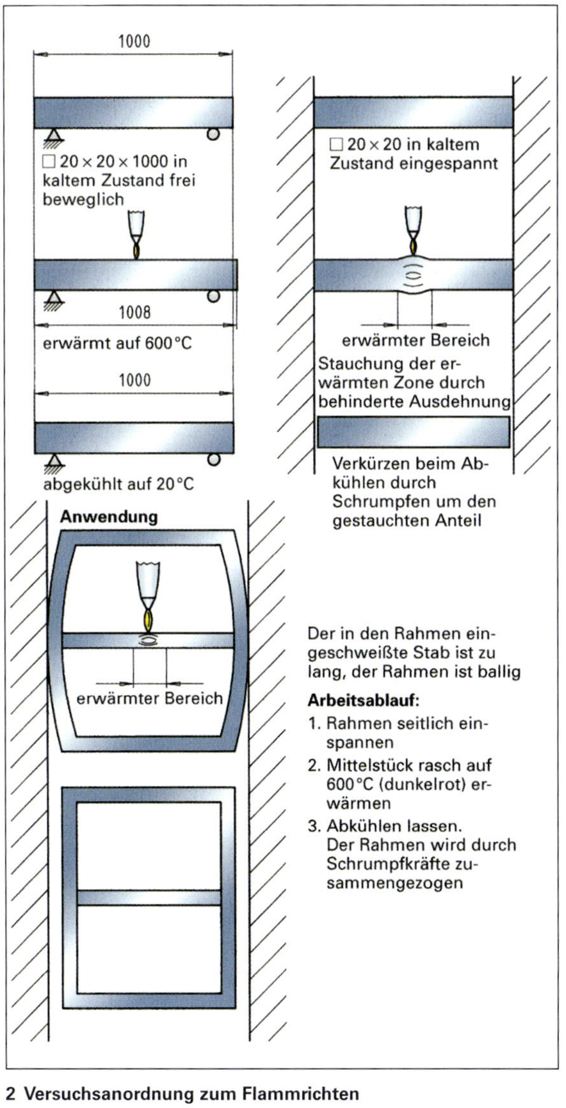

2 Versuchsanordnung zum Flammrichten

3.7.2 Warmrichten (Flammrichten)

Das **Warm- oder Flammrichten** erfordert viel Erfahrung, Übung und Geschick. Ein Profil oder fertiges Bauteil mit Formabweichungen muss örtlich gezielt und schnell erwärmt, die Wärmeausdehnung aber behindert werden. Dies bewirkt in der erwärmten Zone eine Stauchung, und beim Abkühlen verkürzt sich das Werkstück an der Warmstelle um den gestauchten Anteil. Die gewünschte Formänderung ist erreicht. Das Arbeitsergebnis zeigt sich also erst nach dem Abkühlen – so lange sind die Schrumpfkräfte wirksam. Die Versuchsanordnung in Bild 2 erläutert den Vorgang.

Je nach dem Zweck unterscheidet man

- Geraderichten von gebogenen oder verdrehten Profilen und Schweißkonstruktionen,
- Formrichten zum Erzielen von Krümmungen,
- Entspannen zum Abbauen von Schweißspannungen, insbesondere an Großrohren und Behältern.

In allen Fällen ist eine kontrollierte Schrumpfwirkung nach dem Abkühlen wirksam.

3.7.2.1 Arbeitsregeln beim Flammrichten

Die Kunst des Flammrichtens besteht darin, zu wissen, wo, wie und wie viel man erwärmen muss. Die Art der Erwärmung, auch „Wärmefigur" genannt, richtet sich nach der Arbeitsaufgabe.

Man unterscheidet

- Wärmepunkt,
- Wärmering bzw. -oval,
- Wärmestraße bzw -strich,
- Wärmekeil,
- Kombinationen, z. B. Wärmekeil und Wärmestraße.

In allen Fällen ist die Schrumpfwirkung zur Wärmefigur hin gerichtet.

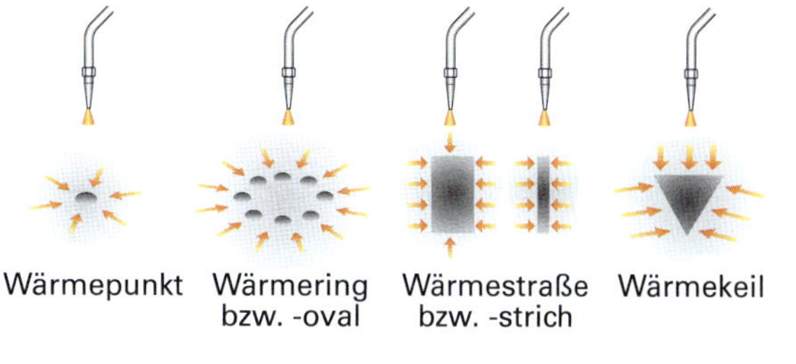

Grundsätzlich gilt für die Anwendung der Wärmefiguren (Bild 1, nächste Seite):

1. Die zu lange Seite oder Kante muss erst ermittelt und dann erwärmt werden. Man erwärmt dann an der richtigen Stelle, wenn die Krüm-

Art der Erwärmung	Anwendungsbeispiele
Wärmepunkte	Beseitigen von Beulen in Blech 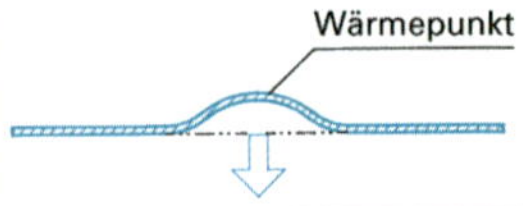
Wärmering Wärmeoval	Richten von Rohren Gegenwärmen von Rohrstützen 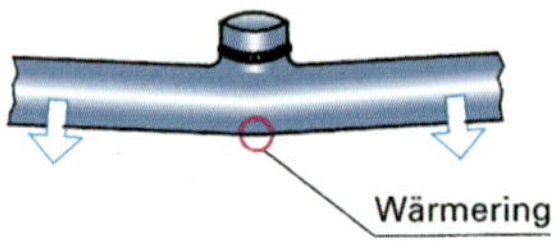
Wärmestraße Wärmestrich	Richten von Schweißnähten Beheben von Winkelverzug 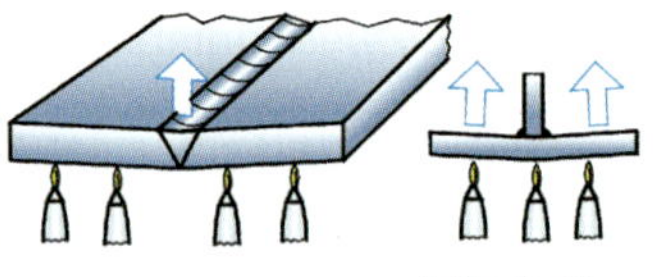
Wärmekeil	Richten von Profilen Beseitigen von starken Verbiegungen 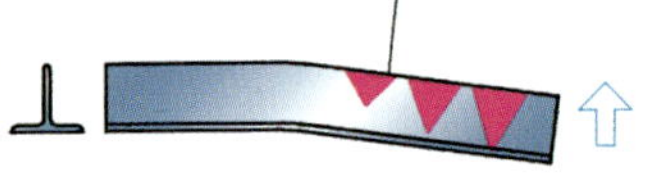
Wärmekeil + Wärmestraße	Richten von Kastenquerschnitten 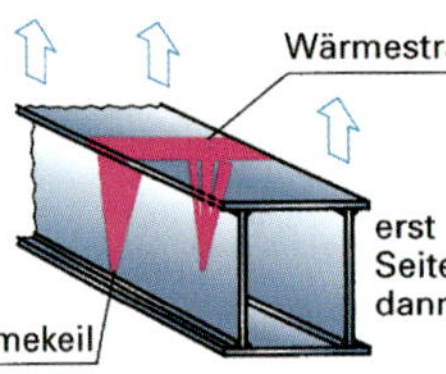

1 Wärmefiguren beim Flammrichten

mung des Bauteils zunimmt und es „auf den Brenner zukommt!"

2. Die Wärme muss rasch örtlich begrenzt eingebracht werden und in folgenden Bereichen liegen:
   Stahl: ca. 600...700 °C (Dunkelrotglut).
   Aluminium: ca. 400...450 °C.
3. Hohe Anwärmgeschwindigkeit ergibt geringe Tiefenwirkung, aber große Schrumpfkräfte an der Oberfläche. Geringe Anwärmgeschwindigkeit geht in die Tiefe, bewirkt aber nur kleine Schrumpfkräfte
4. Den Brennereinsatz möglichst groß wählen, besser sind Brause- oder Mehrflammenbrener; Flamme neutral bzw. Sauerstoffüberschuss.

3.7.2.2 Flammrichten von Blechen

Beulen in Füllungen von Stahltüren und Blechbehältern „zieht" man mit Wärmepunkten eben. Man setzt auf die Kuppe der Beule einen Wärmepunkt, der Werkstoff will sich ausdehnen, wird aber sofort mit einem nassen Schwamm abgeschreckt. Die Schrumpfkräfte ziehen die Beule eben, sie verschwindet. Man arbeitet kreisförmig vom Rand her zur Mitte, und die einzelnen Wärmepunkte dürfen nicht zu nahe beieinander liegen.

3.7.2.3 Flammrichten von Profilen

Gekrümmte Stahlprofile und -konstruktionen mit größeren Querschnitte verlangen sehr leistungsfähige Brenner, da sehr viel Werkstoff in kurzer Zeit erwärmt werden muss, um ausreichende Schrumpfkräfte zu erhalten (Bild 2).

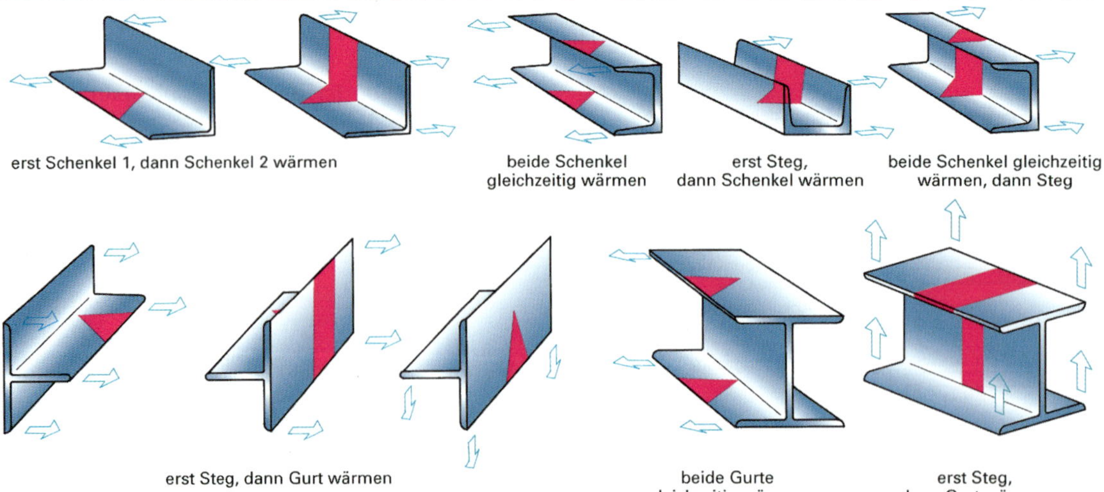

Brenner von der Dreieckspitze zur Basis in Schlangenlinien führen

2 Flammrichten von Formstahl

Man kann die Kräfte noch erhöhen durch
- Ausnutzung des Eigengewichts (konvexe Seite nach oben),
- Auflegen von Gewichten,
- gleichzeitiges Erwärmen mit mehreren Brennern.

Üblich sind Wärmekeile, da sie sehr große Schrumpfkräfte bewirken.
Das Flammrichten von verzinkten Konstruktionen, ohne die Zinkschicht zu beschädigen, ist mit einem „Trick“ möglich:
Auf die Richtstelle trägt man ein Flussmittel, z. B. F-SH 1, auf. Es schmilzt bei ca. 350 °C, bildet auf der Zinkschicht einen glasigen Überzug, schützt vor Oxidation und zeigt die einzuhaltende Richttemperatur an. Flussmittelreste müssen nach dem Abkühlen sorgfältig abgewaschen werden, da sie zu Korrosion führen. Sollte die Zinkschicht aber trotzdem abgebrannt sein, so muss nachverzinkt werden, z. B. durch Auftrag von Zinkstaubfarbe.

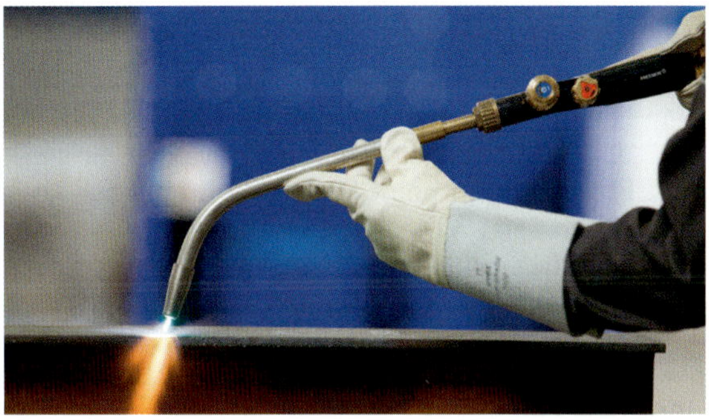

1 Flammrichten eines Stahlprofils

3.7.2.4 Formrichten mit der Flamme

Bauteile mit sehr großem Krümmungsradius wie Brückengeländer oder Bogenlampen lassen sich direkt auf der Baustelle durch Formrichten einpassen.
In den Unter- und den Obergurt setzt man gleichzeitig an der zu verkürzenden Seite kleine Wärmekeile zwischen die Füllstäbe. Die Geländergurte lassen sich so genau der Brückenkrümmung anpassen. Knicke wie sie beim Biegen oder Formwalzen entstehen könnten, werden so vermieden (Bild 2).
Im Stahlbau werden Bauteile wie Flansche oder Knotenbleche, die sich beim Schweißen besonders stark verziehen könnten, vorgeknickt. Die nach dem Schweißen freiwerdenden Schrumpfkräfte ziehen das Bauteil wieder eben. Durch Erfahrung und Versuche muss der richtige Winkel zum Vorspannen gefunden werden. Ebenso verfährt man mit langen waagerechten Hallenträgern. Dabei wird der Untergurt so vorgespannt, dass der Träger in Gebrauchslage leicht nach oben gebogen wird. Damit wird der optische Eindruck des Durchhängens vermieden.
In der Betriebspraxis beschränken Schweißfolgepläne Richtarbeiten auf ein Minimum, da ihre Einhaltung den Verzug der Konstruktion auf ein Minimum reduziert.
Wirtschaftlicher ist es auf jeden Fall, alle Maßnahmen zu treffen, die Verzug vermeiden, als durch Richten diesen zu beseitigen.

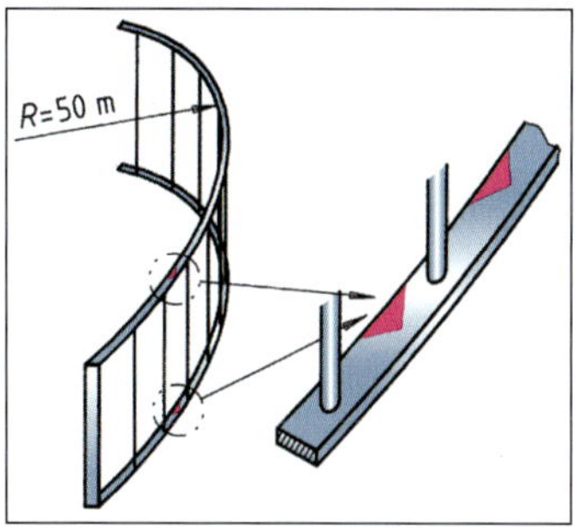

2 Erwärmung beim Formrichten

Aufgaben

1. Beschreiben Sie das Prinzip von Kalt- und Warmrichten am Beispiel eines gekrümmten Geländerstabs.
2. Welche „Figuren“ sind beim Flammrichten üblich?
3. Wie lässt sich ein Blechtafel mit Beulen eben richten?
4. Ein Formstahl IPB 200-8000 (HE-B 200) wurde unsachgemäß nicht in Gebrauchslage, sondern waagerecht transportiert und dabei verformt. Beschreiben Sie die Arbeitsfolge beim Flammrichten.
5. An einem Geländerfeld für eine Treppe sind die Krümmlinge an Handlauf und Untergurt am Treppenauge dem Treppenlauf anzupassen. Beschreiben Sie die notwendigen Arbeitsgänge.

3.8 Berechnungen an Profilkonstruktionen

Zur Bestimmung der Materialkosten und für den Transport müssen die Massen der Einzelteile des Systemträgers (Seite 82 u. a.) bestimmt werden.
Die Berechnung erfolgt über:
- die längenbezogene Masse oder
- das Volumen.

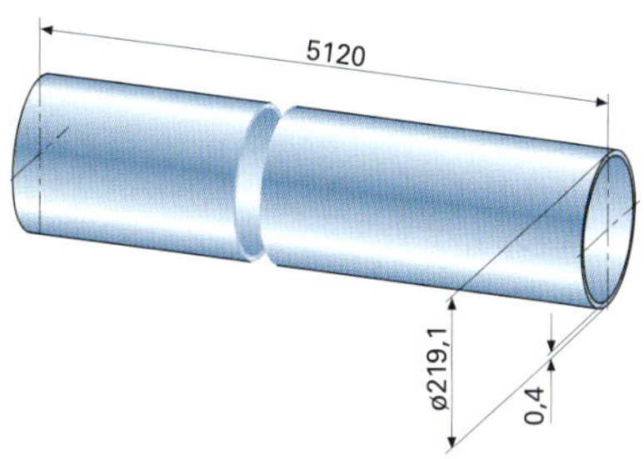

Berechnung über die längenbezogenen Masse:

Geg.: ∅ 219,10 mm, Wanddicke t = 10 mm, l_w = 5120 mm, m' = 51,6 kg/mm (aus Tabellenbuch)

Ges.: m in kg

Lös.: $m = m' \cdot l_w$

m = 51,6 kg/m · 5,12 m

m = 264,2 kg

Berechnung über das Volumen

Geg.: ∅ 219,10 mm, Wanddicke t = 10 mm, l = 5120 mm

Ges.: m in kg

Lös.: $m = V \cdot \varrho$

$m = (D^2 - d^2) \cdot \pi/4 \cdot l \cdot \varrho$

$m = ((2{,}191\ \text{dm})^2 - (1{,}991\ \text{dm})^2) \cdot \pi/4 \cdot 51{,}2\ \text{dm} \cdot 7{,}85\ \text{kg/dm}^3$

m = 264,02 kg

Aufgabe

Berechnen Sie die Massen der Pos. 1–4 vom Systemträger Seite 93. Als Längen werden die Längen der Systemlinien angenommen.

Berechnung von Schnittgeschwindigkeiten

Die Horizontalstreben (Pos. 5) sollen auf Länge gesägt werden. An der Metallkreissäge wird ein Sägeblatt mit ∅ 370 mm verwendet. Welche Umdrehungsfrequenz muss eingestellt werden?

Geg.: d = 370 mm, v_c = 30 m/min (siehe Tabelle Kapitel 3.4.1.2)

Ges.: n in 1/min

Lös.: $v_c = d \cdot \pi \cdot n$

$n = v_c/d \cdot \pi$

n = 30 m/min / 0,37 m · π

n = 25 1/min

Aufgaben

1. Aluminiumrohre mit den Abmaßen ∅ 80 × 20 sollen abgelängt werden. Bestimmen die Umdrehungsfrequenz n für ein Sägeblatt mit d = 400 mm (v_c = 500m/min).
2. Eine Trennscheibe hat einen Durchmesser d = 115 mm und das Leistungschild des Winkelschleifers gibt eine Umdrehungsfrequenz von n = 10000 1/min an. Prüfen Sie, ob die max. Schnittgeschwindigkeit einer Trennscheibe von 80 m/s nicht überschritten wird.
3. Berechnen Sie die Schnittgeschwindigkeit v_c in m/s von einer Trennscheibe mit d = 230 mm und einer Leerlaufdrehfrequenz von 6500 1/min.
4. Berechnen Sie die Sägezeit t in s für einen Rundstahl d = 200 mm aus S235JR, wenn auf der Bandsäge ein Bimetallsägeblatt aufgespannt ist. Um wieviel Sekunden verkürzt sich die Sägezeit, wenn ein Hartmetallsägeband verwendet wird?

Trennen durch Spanen

1. Nennen Sie Einflussgrößen, die bei der Auswahl von Sägeblättern zu berücksichtigen sind.
2. Wie wird ein Klemmen des Sägeblattes in der Schnittfuge verhindert?
3. Warum sind Doppelgehrungssägen für den Zuschnitt von Metallbauprofilen besonders wirtschaftlich?
4. Welche Vorteile haben Kopierfräsmaschinen bei der Bearbeitung von Systemprofilen für Fenster?
5. Wie lässt sich ein Durchbiegen von langen Profilstangen beim Sägen, Bohren oder Kopierfräsen an Maschinen vermeiden?
6. Warum sind Bearbeitungszentren für Stahlbauprofile sehr wirtschaftlich?

Aufgabe Lagerbock

1. Erstellen Sie eine Gesamtzeichnung mit den notwendigen Maßen im Maßstab 1:2
2. Fertigen Sie von allen Teilen Einzelteilzeichnungen an.
3. Erstellen Sie eine Stückliste und berechnen Sie die Teilmassen und die Gesamtmasse.
4. Welche Trennverfahren eignen sich zur Vorbereitung der Einzelteile? Fehlende Maße sind frei zu wählen.

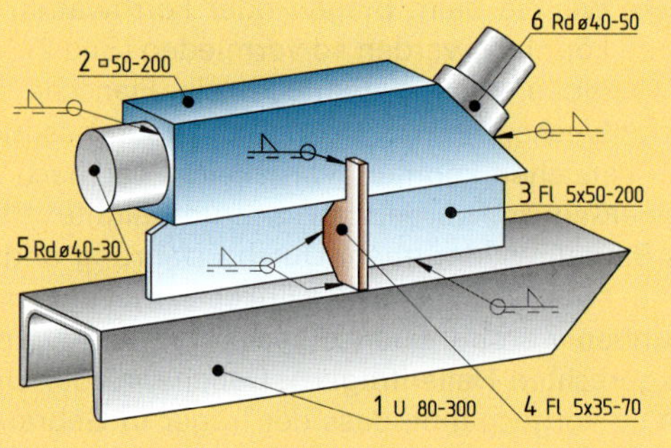

4 Montieren und Demontieren von Baugruppen

4.1 Übersicht Stahl- und Metallbaukonstruktionen

Baugruppen des Stahl- und Metallbaus unterscheiden sich hinsichtlich Einsatz und Baugröße. Bild 1 zeigt eine Produktionshalle, deren Dachkonstruktion aus Stahlstützen und Querträgern zusammengesetzt wird. Produkte des Stahlbaus sind meist Einzelkonstruktionen; allerdings wird aus Kostengründen versucht, Systeme zu entwickeln, die auf geänderte Anforderungen leicht anpassbar sind.

Tore (Bild 2), Türen, Fenster, Treppen u. a. m. sind typische Produkte des Metallbaus. In kleinen bis mittelständigen Betrieben werden Erzeugnisse in kleinen Serien oder als Einzelanfertigung hergestellt.

Alle Erzeugnisse des Metallbaus und Stahlbaus werden meist aus Stahl und/oder Aluminium gefertigt und setzen sich aus Blechen, Profilen und Rohren zusammen. Die auf Maß vorbereiteten Teile werden überwiegend durch Schweißen oder Verschrauben gefügt und dann beim Kunden endmontiert.

1 Stahlstützen

2 Schiebetor

4.2 Projekt Schiebetor

Eine Parkfläche soll nach Schließen des Ladenlokals durch ein Schiebetor gegen „wildes" Parken und Vandalismus geschützt werden. Zu diesem Zweck sollen ein Schiebetor (s. Bild 2) aufgestellt werden. Nebenstehende Mindmap zeigt eine Struktur der Projektabwicklung.

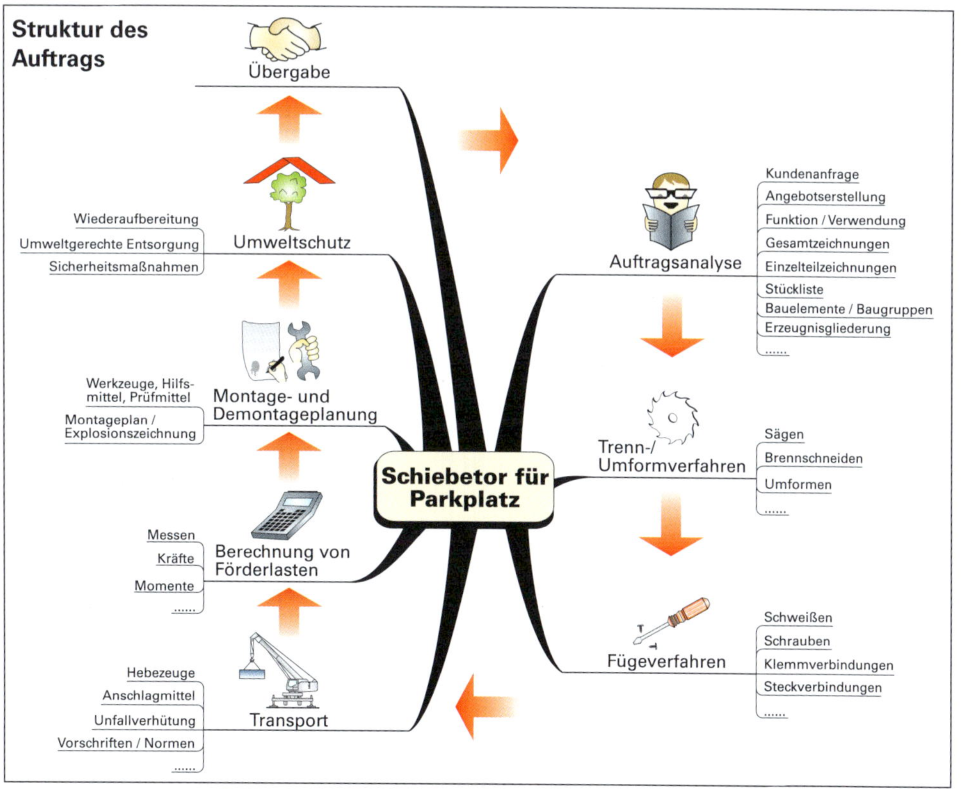

Vor Beginn eines jeden Auftrages steht die **Kundenanfrage**. Diese führt zu einer Angebotserstellung durch den Auftragnehmer; dazu wird eine Maßaufnahme vor Ort und eine Anforderungsliste mit Kundeninformationen erstellt. Im Bild 1 wird ein Auszug eines Leistungsverzeichnisses für die Toranlage aus Bild 2 (Vorseite) dargestellt.

Pos.	Menge Betrag	Text	Preis je Einheit
	... 1 ...	Stück freitragendes Schiebetor ohne Laufschiene Höhe inkl. Übersteigschutz: ... 1500 mm Lichte Öffnungsbreite: ... 8300 mm Gesamtbewegungsbreite: ... 20 086 mm von außen gesehen nach ☐ links öffnend ☒ rechts öffnend liefern und montieren wie folgt: **Konstruktion:** Profilierter Querträger aus Aluminiumhohlprofil Maße 205 × 285 mm, worin drei Spannstahldrähte angeordnet sind. **Füllung:** Feuerverzinkte Stahlstäbe (∅ 26,9 × 2,6 mm) werden vertikal durch	

1 Auszug aus einem Leistungsverzeichnis für Toranlage

Funktion und Verwendung

Das Schiebetor soll eine Parkplatzzufahrt nach Geschäftsschluss sichern. Es soll freitragend sein und die Bewegungsbegrenzung erfolgt durch ein Torfangstück (Bild 2). Es soll durch einen Motor geöffnet und geschlossen werden können. Eine Steuerung durch befugtes Personal soll über eine Schlosssicherung gegeben sein; ein Nothalt ist vorzusehen (Bild 3). Eine Drehmomentbegrenzung schützt Personen und Gegenstände.

2 Torfangstück, Torportal

3 Torsteuerung

Gesamtzeichnung

Nach Angebotsannahme wird eine Gesamtansicht erstellt (Bild 4)

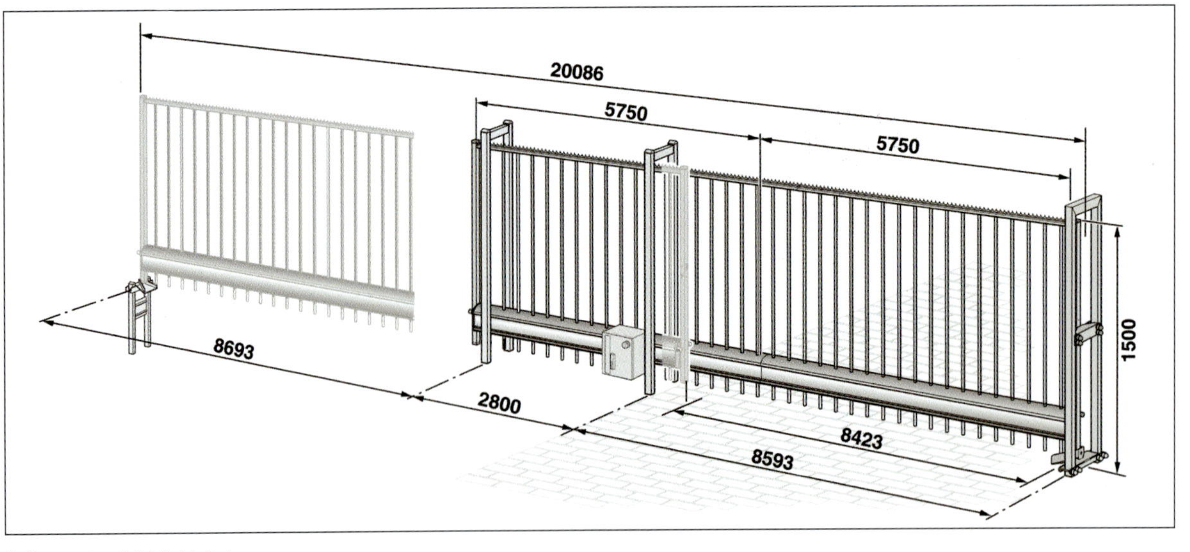

4 Gesamtansicht Schiebetor

Stückliste

Mithilfe der Stückliste werden alle benötigten Einzelteile hergestellt oder bestellt. Bei der Montage kann mit der Stückliste die Vollständigkeit der benötigten Einzelteile festgestellt werden. Einen Auszug der Stückliste für das Schiebetor zeigt Bild 1.

1	2	3	4	5	6
Pos.	**Menge**	**Einh.**	**Benennung**	**Norm**	**Bemerkung**
1	2		Querträger l = 5750		EN AW-6060
2	1		Querstab		□ 60 × 50–..., EN AW-6060
3			Füllstab	EN 10210	Rohr ∅ 26,9 × 2,6–..., S235JR, verzinkt
4	2		Rahmenpfosten	EN 10210	Vierkantrohr 60 × 60 × 3–..., S235JR, verzinkt
5	6		Portalpfosten	EN 10210	Vierkantrohr 90 × 60 × 4–..., S235JR, verzinkt
6					

1 Auszug Stückliste Schiebetor

Teilung

Bei der Konstruktion von Toren, Treppen und Türen mit Stabfüllungen muss aus Sicherheitsgründen (Durchschlupfsicherung) beachtet werden, dass der Stababstand zwischen den einzelnen Stäben ≤ 120 mm betragen muss (DIN 18065).

Zuschnittlisten

Zur Erleichterung der Arbeit in der Werkstatt werden Zuschnittlisten erstellt. Sie sind meist ein Auszug aus der Stückliste und beinhalten alle auf der Säge abzutrennenden Einzelteile. Es werden neben den Längen zusätzlich die Schnittwinkel und deren Lage eingetragen. Für das nebenstehende Portal (Bild 2 rechts) ergibt sich folgende Zuschnittliste:

Zuschnittliste Torportal

Pos.	Stck.	Benennung	Halbzeug	Zuschnitt	Zuschnittform
1	2	Pfosten	EN 10210 Vierkantrohr 90x60x3	2400	90° 45°
2	1	Querstrebe oben	EN 10210 Vierkantrohr 90x60x3	400	45° 45°
3	1	Querstrebe unten	EN 10210 Vierkantrohr 90x60x3	280	90° 90°

Gesamtzeichnung Torportal

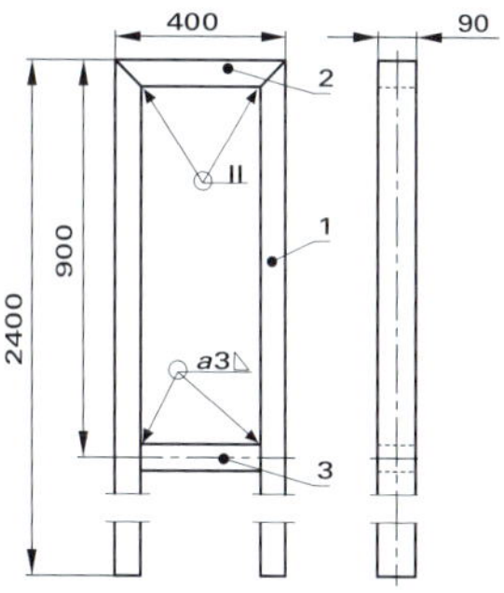

2 Zuschnittliste Torportal (Variante)

Beispiel:

Für das Tor in Bild 4, vorherige Seite, ist die Zahl der Füllstäbe zu berechnen. Die Bauteildicke ist zu berücksichtigen.

Gegeben:
Torgesamtlänge L_a = 11 460 mm
Rahmenpfosten: s_R = 60 mm
Füllstab-∅ s = 26,9 mm
Füllstababstand $l_{max} \leq$ 120 m

Gesucht:
Lichte Weite zwischen den Rahmenpfosten l_R in mm
Lichte Weite zwischen den Füllstäben l_i in mm
Anzahl der Teilungen z
Anzahl der Füllstäbe n

Lösung:

$l_R = L_a - 2 \cdot s_R = 11\,460\text{ mm} - 2 \cdot 60\text{ mm}$

$l_R = 11\,340\text{ mm}$

$$z = \frac{l_R}{li_{max} + s} = \frac{11\,340\text{ mm}}{120\text{ mm} + 26{,}9\text{ mm}}$$

$z = 77{,}19\text{ mm} \Rightarrow z = 78$

$\text{n} = z - 1$

$\text{n} = 78 - 1 = 77$

$$l_i = \frac{L_a - (2s_R + \text{n} \cdot s)}{z} = \frac{11\,460 - (2 \cdot 60 + 77 \cdot 26{,}9)}{78}$$

$l_i \cong 118{,}8\text{ mm}$

Montagepläne

Das Torportal wird in der Werkstatt fertiggestellt und dann am Aufstellort montiert. Damit diese Arbeit sachgerecht und wirtschaftlich erfolgt, werden für die Fertigung ein Fertigungsplan und für das Aufstellen vor Ort ein Montageplan erstellt.
Montagepläne sind meist Tabellen in

- Schriftform
- Schriftform mit Raumbildern oder
- Bilderform.

Für die Montage der Toranlage eignet sich eine Kombination aus Bildern und Beschreibungen. Bild 1 zeigt den Montageplan für die Torportale.

Arbeitsschritt	Bild	Bemerkung
1	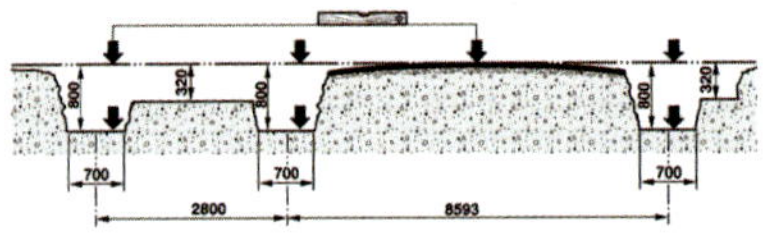	Grube nach Zeichnung ausheben. Niveau überprüfen. Boden verfestigen.
2	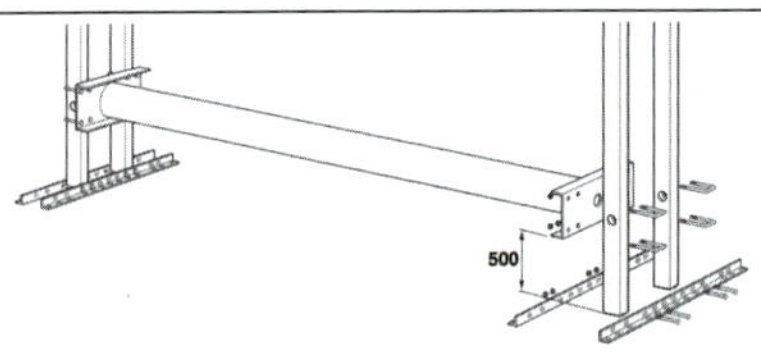	Vormontage Portalpaar. Ausrichten. 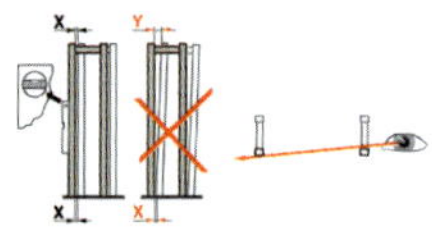
3	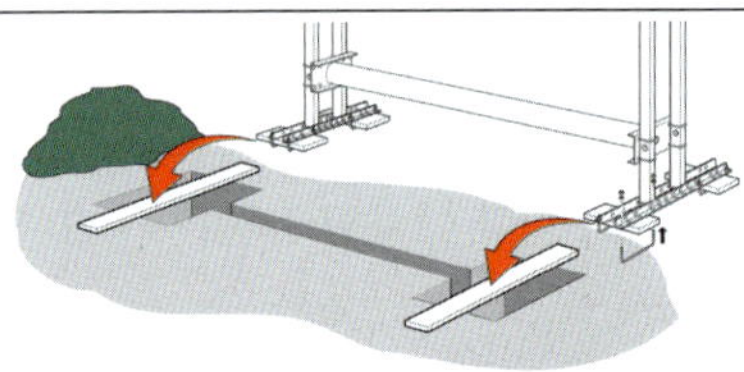	Portal auf Tragebalken über der Grube aufsetzen.
4	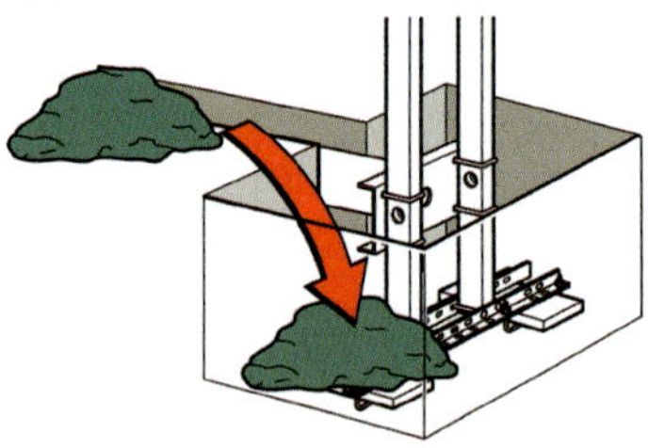	Portal einsetzen und Mörtel einfüllen bis Fussplatten und Verbindungsschienen 3 cm bedeckt sind.
5	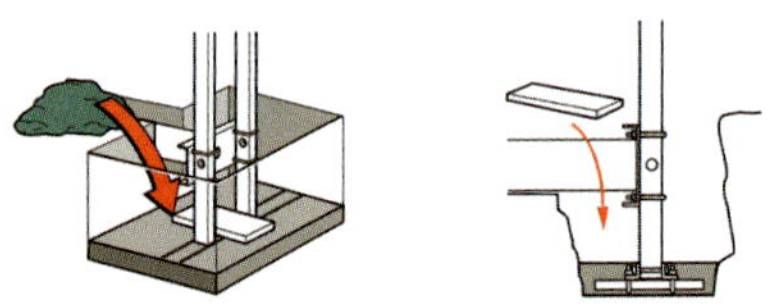	Platte zwischen Portalstreben einlegen und mit 5 cm Mörtel überdecken.
6	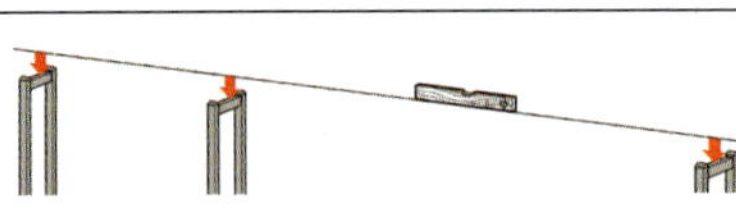	Vertikale und horizontale Lage prüfen, geg. Richten.
7	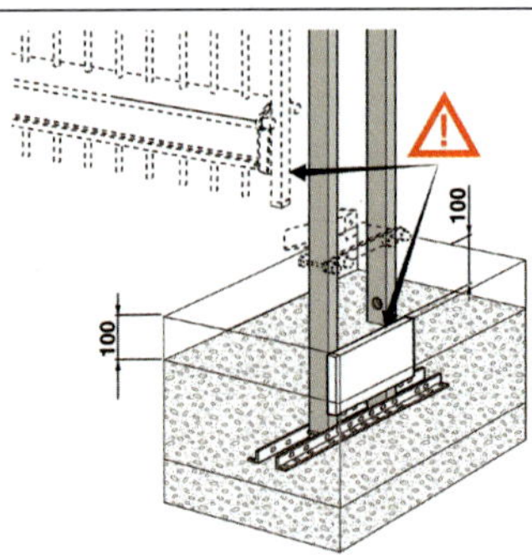	Prallplatte in Mörtel senkrecht einsetzen und an Portalstreben anlegen. Mörtel bis 100 mm unter Bodenoberkante auffüllen, verdichten und glatt streichen.

1 Montageplan für Portalstützen

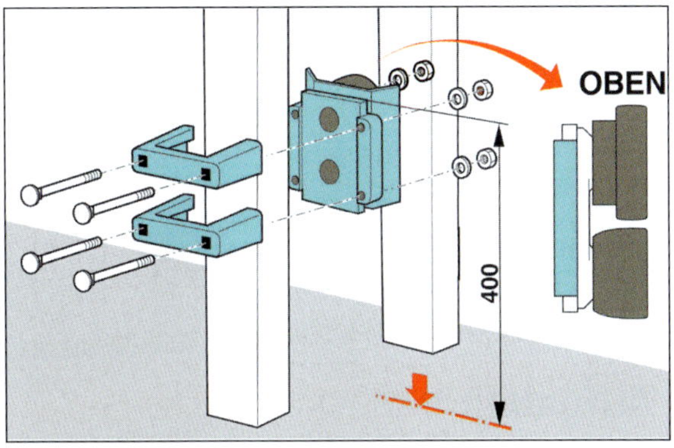

1 Anordnungsplan für Führungsrolle

Anordnungsplan

Die Führungsrollen müssen an den Portalpfosten montiert werden. Im Anordnungsplan (Bild 1) für die Führungsrollen wird in perspektivischer Darstellung die Lage der einzelnen Fügeelemente abgebildet.

4.3 Bauelemente

Jede Konstruktion lässt sich in verschiedene Baugruppen gliedern, diese bestehen wiederum aus einzelnen Bauelementen. Mithilfe dieser Struktur lassen sich Zeichnungen gliedern in Gesamtzeichnungen, Zeichnungen mit Baugruppen und Einzelteilzeichnungen sowie Stücklisten. Daraus leiten sich Fertigungspläne, Montagepläne, Prüfpläne u.a.m. ab. Folgende Erzeugnisgliederung zeigt den Aufbau des Schiebetores, seiner Baugruppen und die dazugehörigen Einzelteile. Für die Planung des Auftrages ist es wichtig zu wissen, ob die Bauelemente als Fertigteile/Normteile beschafft werden können oder selbst hergestellt werden müssen.

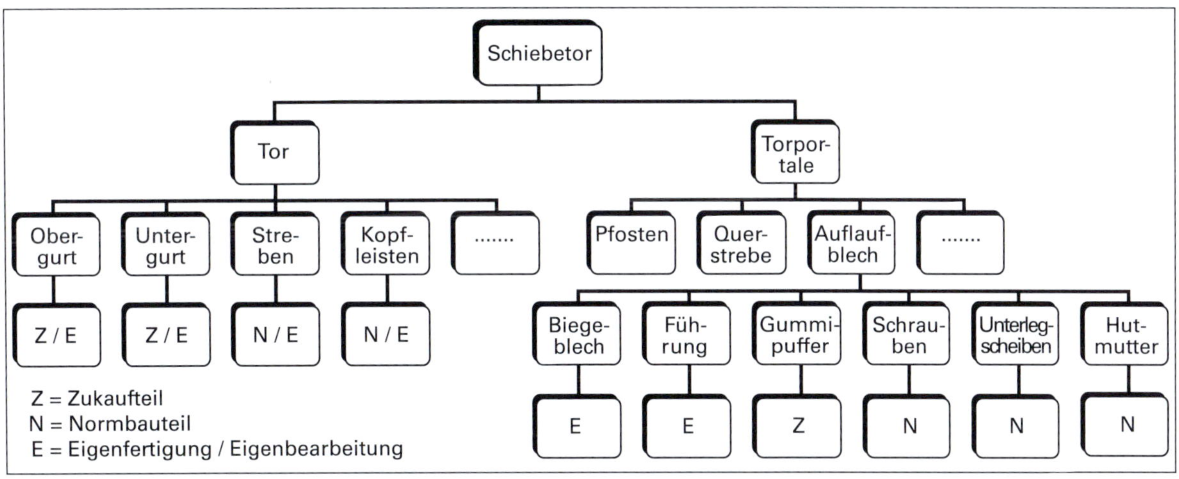

2 Erzeugnisstruktur für Schiebetor (Auszug)

Kräfte und Lasten

Das Tor hat eine Masse von ca. 330 kg. Es lastet auf den Führungsrollen. Damit diese die Last aufnehmen können, werden sie in eine Halterung eingebaut. Diese wird an den Torportalen angeklemmt. Damit die Halterung nicht abrutscht, muss die durch die Schrauben erzeugte Reibkraft größer als die Last sein. Für die Montage der Halterung werden 4 Zylinderschrauben mit Innensechskant ISO 4762 M10 × 100-8.8 mit Muttern ISO 4031 M10-8 verwendet.

Es muss überprüft werden, ob die aufgebrachte Spannkraft F_v größer ist als die Last F_R.

3 Schiebetorlagerung

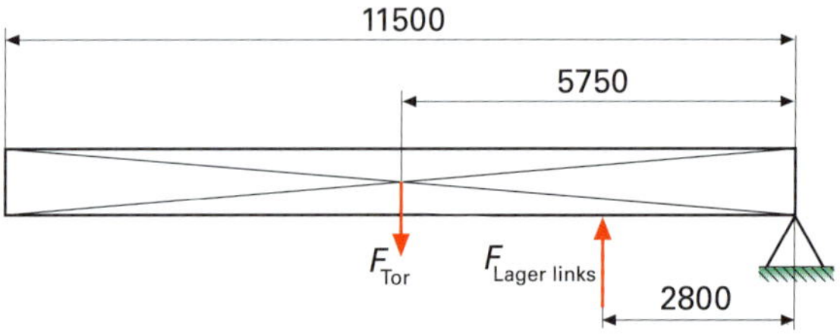

Gegeben:
Torgesamtlänge l_{Tor} = 11 500 mm, Abstand der Lager l_{Lager}, Masse m = 480 kg, g = 9,81 m/s²

Gesucht:
$F_{Lager\ links}$ in N

Lösung:
$F_{Tor} \cdot l_m = F_{Lager\ links} \cdot l_{Lager\ links}$

$$F_{Lager\ links} = \frac{m \cdot g \cdot l_m}{l_{Lager\ links}}$$

$$F_{Lager\ links} = \frac{480\ \text{kg} \cdot \frac{9{,}81\ \text{m}}{s^2} \cdot 5750\ \text{mm}}{2800\ \text{mm}}$$

$$F_{Lager\ links} = 9{,}669{,}9\ \frac{\text{kg} \cdot \text{m}}{s^2} \approx \underline{\underline{9{,}7\ \text{kN}}}$$

Nach Tabelle können Schaftschrauben bei einer Gleitreibungszahl μ = 0,1 maximal mit F_v = 28,5 kN je Schraube vorgespannt werden.

$F_{vgesamt}$ = 4 · 28,5 kN = 114 kN

Damit ist die vorhandene Spannkraft deutlich größer als die notwendige Spannkraft.

Bei der Montage dürfen Schrauben nur bis zu den festgelegten Vorspannkräften angezogen werden, damit eine plastische Verformung der Schrauben vermieden wird. Durch richtige Einstellung am Drehmomentenschlüssel wird eine zu hohe Spannkraft vermieden. Das einzustellende Drehmoment muss berechnet werden und in die Montageunterlagen aufgenommen werden.

Berechnung des zulässigen Drehmomentes M_{Hand}

Gegeben:
F_v = 28,5 kN (nach Tabelle), Steigung P = 1,5 mm für M10, Wirkungsgrad η = 0,17 für Reibung zwischen Schraube und Mutter (nach Tabelle)

Gesucht:
Einzustellendes Drehmoment M_{Hand} in N · m

Lösung:

$$M_{Hand} = \frac{F_v \cdot P}{2 \cdot \pi \cdot \eta}$$

$$M_{Hand} = \frac{28{,}5\ \text{kN} \cdot 0{,}0015\ \text{m}}{2 \cdot \pi \cdot 0{,}17}$$

$$\underline{\underline{M_{Hand} = 40\ \text{N} \cdot \text{m}}}$$

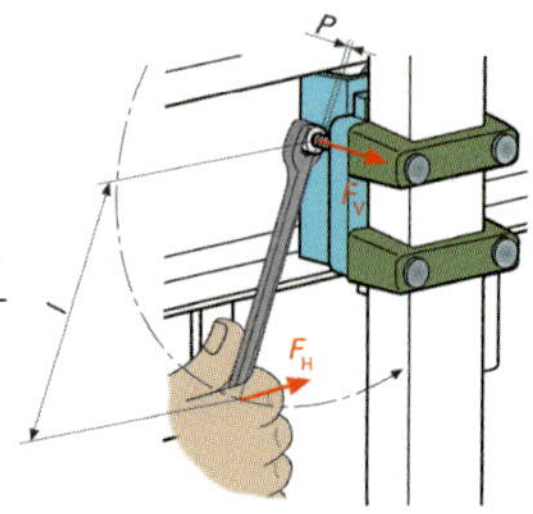

Aufgaben

1. Berechnen Sie die Lagerkraft, wenn das Tor 10 300 mm lang ist und m = 500 kg.
2. Berechnen Sie das einzustellende Drehmoment für eine Schraube M8 (η = 0,17, F_v = 17,9 kN)

Antrieb des Schiebetors

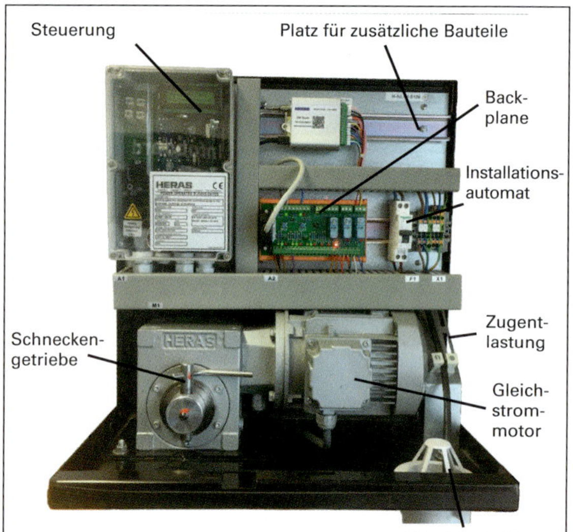

Datenblatt für Gleichstrommotor

Typ	Kenndaten
Motorleistung	0,48 kW
Antriebsdrehzahl	40 min.
Netzanschluss	220 V/50–60 Hz
Gewicht	11,7 kg
Öffnungs- und Schließgeschwindigkeit	18 cm/sec.
Zug- und Schubkraft	800 N
Torgröße	max. 8 m
Torgewicht	max. 500 kg
Motorspannung	28 V DC
Antriebssystem	Zahnstange Metall oder Kunststoff

1 Antriebseinheit für Schiebetor

Datenblatt für Wechselstrommotor

Modell	**STA 90**
Versorgung (+6 %–10 %)	230 V/50 Hz
Leistungsaufnahme	500 W
Stromverbrauch	2,2 A
Kondensator	12,5 µF
Schub auf dem Ritzel	65 daN
Drehmoment	24 Nm
Wärmeschutz Wicklung	140 °C
Maximalgewicht Flügel	900 kg
Ritzeltyp	Z16
Geschwindigkeit des Tors	12 m/min.
Maximale Länge Tor	16 m
Typ Endanschlag	Mechanisch
Kupplung	Elektronisch
Einsatzhäufigkeit	33–40 %
Einsatztemperatur	–20 +60 °C
Gewicht Getriebemotor	11 kg
Schutzart	IP 44
Abmessungen Getriebemotor	Siehe Abb. 02

1 Antriebseinheit für Schiebetor (Fortsetzung)

Für elektrische Torantriebe werden **Gleichstrommotoren** oder **Wechselstrommotoren** durch die Hersteller verwendet. Beide Motorenarten können an das „normale" Versorgungsnetz angeschlossen werden. Der **Gleichstrommotor** ist technisch aufwändiger, da der Wechselstrom des Versorgungsnetzes transformiert und gleichgerichtet werden muss; außerdem muss er regelmäßig gewartet werden. Vorteilhaft ist die Drehfrequenzregelung über die Spannungshöhe und die geringe Spannung von 24 Volt. Der Motor kann durch den Monteur ohne zusätzliche Qualifikationen montiert werden. Da eine Regelung der Schließgeschwindigkeit des Tores meist nicht gefordert wird, werden von Herstellern **Wechselstrommotoren** eingesetzt. Sie sind weitestgehend wartungsfrei und können über einen vormontierten Stecker angeschlossen werden. Der Anschluss der Steckdose bzw. das Verlegen und Anschließen des Erdkabels an das Versorgungsnetz darf nur durch eine Fachkraft durchgeführt werden.

Getriebe

Das Antriebssystem setzt sich aus verschiedenen Getriebearten zusammen aus:

- Schneckengetriebe und
- Zahnstangengetriebe.

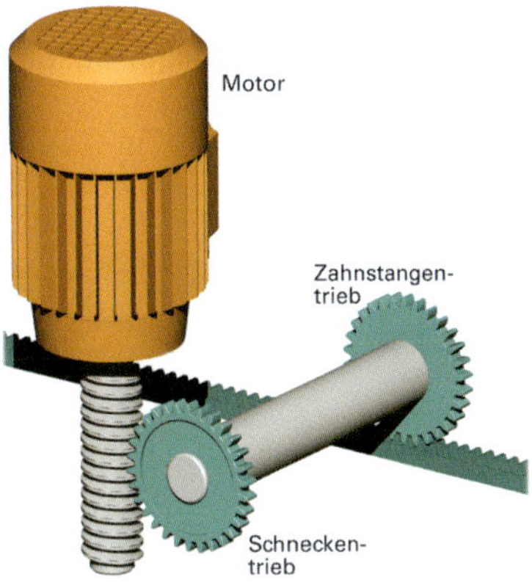

Schneckengetriebe

An der Motorachse ist eine Schnecke montiert, die ein Schneckenrad antreibt; die Achsen stehen senkrecht zueinander. Im Schneckentrieb können große Übersetzungen ermöglicht werden und der Antrieb erfolgt **nur** über die Schnecke. Damit ist eine Arretierung des Schiebetors bei Motorstillstand gewährleistet.

Zahnstangengetriebe

In einem Zahnstangengetriebe wird über ein Zahnrad eine Zahnstange bewegt; eine Drehbewegung wird in eine Längsbewegung umgesetzt. Das Zahnrad verschiebt über die Zahnstange das Schiebetor (Bild 2).

2 Zahnstangengetriebe

> **Überlegen Sie**
> Welchen Durchmesser d_0 in mm muss das Zahnrad haben (Umdrehungsfrequenz Abtrieb 40 1/min, nach Bild 1 Vorseite), wenn die Schließgeschwindigkeit 18 cm/s betragen soll?

Lagerungen

Das Tor wird an mehreren Stellen beweglich gelagert. Zur seitlichen Führung werden Rollen nach

Bild 1 eingesetzt. Die Lagerung der Führungsrolle kann als Gleitlager oder Wälzlager ausgeführt werden.

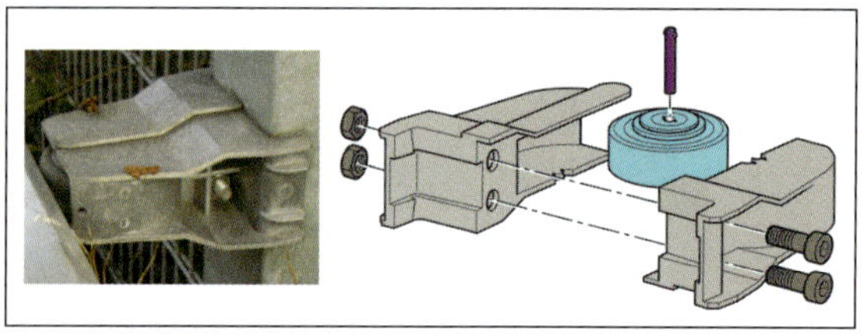

1 Lagerung der Führungsrolle

Gleitlager beanspruchen weniger Platz, müssen aber geschmiert werden. Um diesen Nachteil zu vermeiden, werden Buchsen aus Kupferlegierungen oder Kunststoff verwendet. Die Buchsen werden in die Bohrungen eingepresst.

Wälzlager verringern die Reibung durch Abrollen der Wälzkörper im Lager. Sie werden in die Rollen für die untere Torlagerung Bild 2 eingesetzt. Eine einmalige Fettpackung verringert die Reibung. Hersteller bieten abgedichtete Wälzlager (Bild 3) an, somit entfällt eine Wartung. Die Lebensdauer entspricht der Nutzungsdauer des Tores.

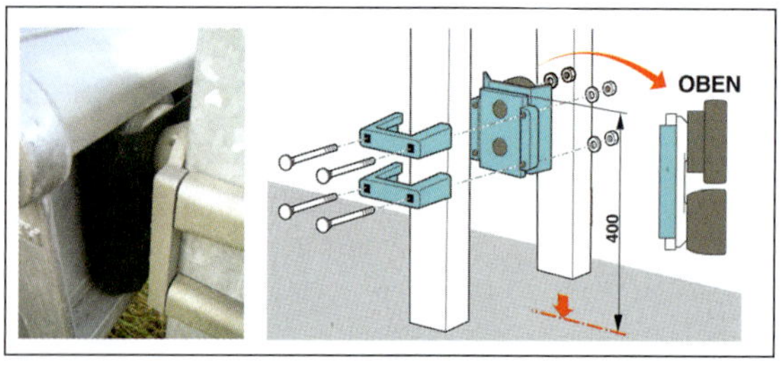

2 Untere Torlagerung

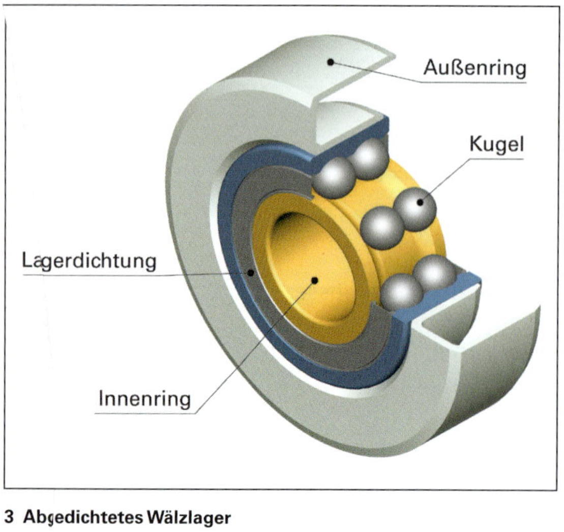

3 Abgedichtetes Wälzlager

Montage/Demontage von Gleitlagern und Wälzlagern

Im Gleitlager muss die Lagerbuchse so eingebaut werden, dass sie sich nicht verdreht, denn die Gleitbewegung soll zwischen der Lagerbuchse und Lagerbolzen erfolgen. Dies wird durch eine Übermaßpassung erreicht; die Bohrung ist kleiner als die Welle. Die Auswahl der Passungen kann dem Tabellenbuch entnommen werden.

Beispiel: Übermaßpassung für ∅ 20H7/r6

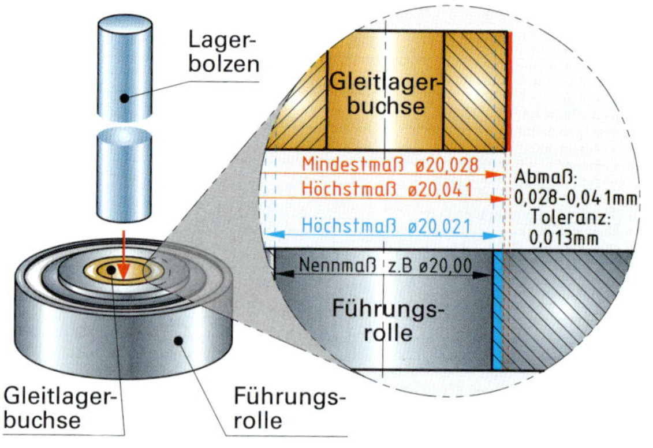

Die Lagerbuchse wird in die Rolle mit einem Einpressdorn eingepresst. Beim Einpressen muss ein Verkanten unbedingt vermieden werden. Leichtes Einfetten oder Einölen verringert die Reibung und damit die Einpresskraft.
Wälzlager werden mit Schlagbuchsen, mechanischen oder hydraulischen Pressen montiert (Bilder 4 und 5.

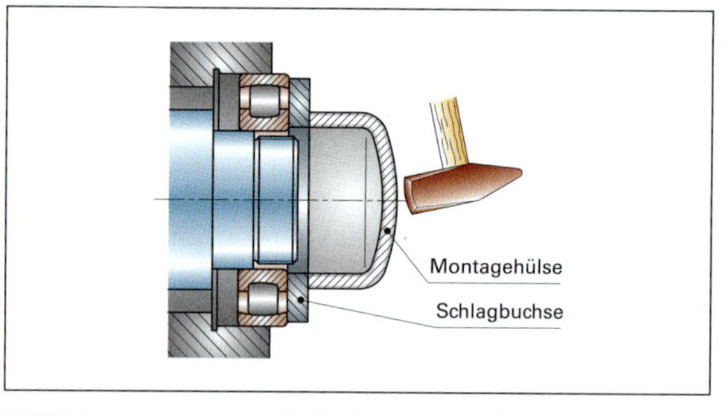

4 Wälzlagermontage mit Schlagbuchse und Montagering

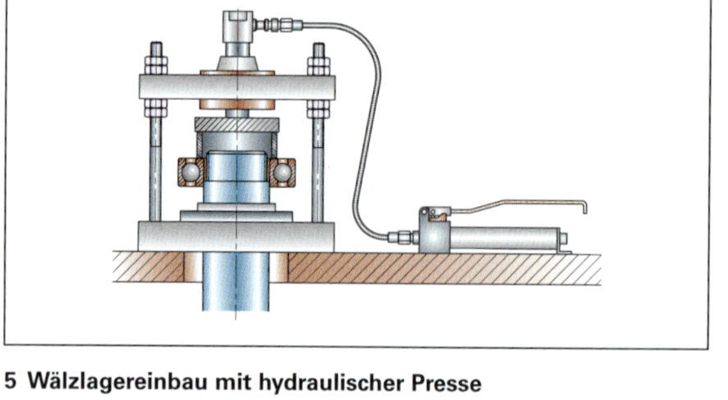

5 Wälzlagereinbau mit hydraulischer Presse

Die Gleitlager in den Führungsrollen des Tores werden die Lebensdauer des Tores erreichen. Bei vorzeitigem Verschleiß erfolgt ein Gesamtaustausch der Führungsrolle, da dies billiger ist. Wälzlager werden mit Abziehvorrichtungen (Bild 1) oder Schlaghülsen demontiert.

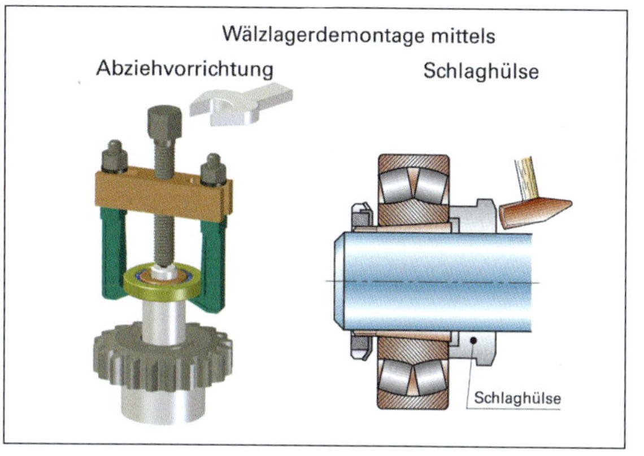

1 Wälzlagerdemontage

Lagesicherung von Bauteilen

Das Zahnrad auf der Antriebswelle muss gegen seitliches Verschieben gesichert werden, damit es nicht von der Welle fällt. Es eignen sich Sicherungsringe, die in Nuten auf Wellen (DIN 471) oder in Bohrungen (DIN 472) mit speziellen Montagezangen eingesetzt werden.

Fügen von Konstruktionen

Am Schiebetor werden verschiedene Fügeverfahren eingesetzt, um die einzelnen Bauteile miteinander zu verbinden. Es muss bei der Planung der Fertigung/Montage bedacht werden, welche Arbeitsschritte in der Werkstatt erfolgen und welche an der Montagestelle. Entsprechend sind notwendige Werkzeuge bereitzustellen und mitzunehmen. Folgende Mindmap (Bild 2) gibt eine Übersicht der Fügeaufgaben am Schiebetor.

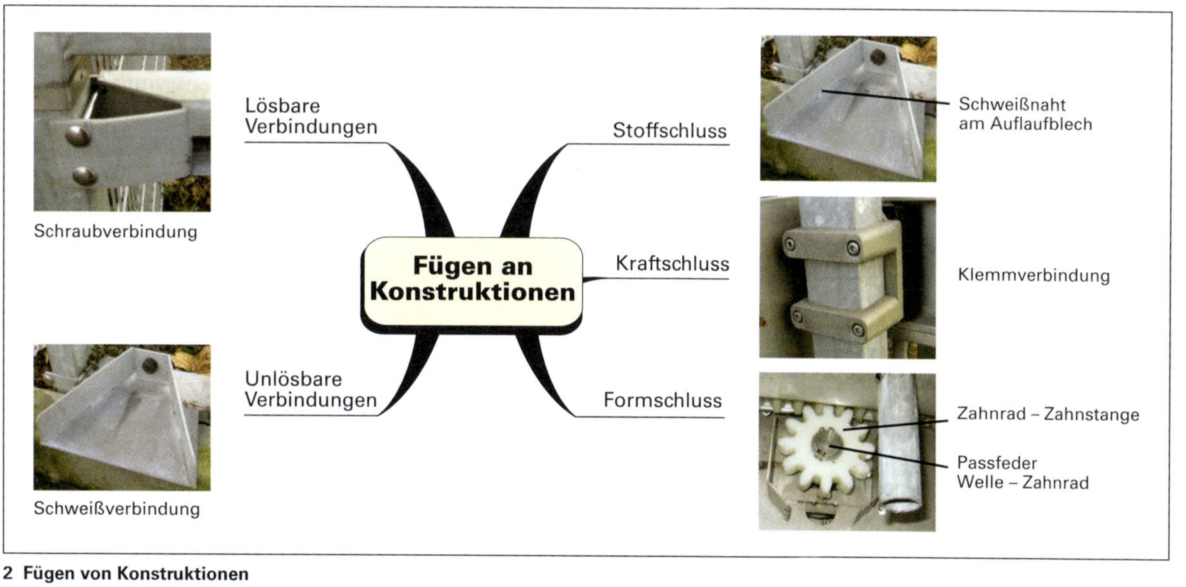

2 Fügen von Konstruktionen

Analyse der auftretenden Belastungen an den Fügestellen

Schweißnähte am Fangblech:

Am Auflaufblech treten nur geringe vertikale Kräfte auf, welche keine größeren Belastungen der Schweißnähte verursachen. Durch Verzinken ist ein ausreichender Korrosionsschutz an den Schweißnähten gegeben. Eine Berechnung der Schweißnähte ist nicht erforderlich.

Klemmverbindung

Die Klemmkräfte müssen berechnet werden (siehe oben). Die Baugruppe wird verzinkt; die Schrauben werden auf ausreichende Anzugskraft berechnet. Die Schrauben sollen aus korrosionsbeständigem Werkstoff sein, damit Rostfahnen das optische Erscheinungsbild nicht stören.

Kraftübertragung Antriebswelle – Zahnstange
Zahnstange und Zahnrad werden aus Kunststoff gefertigt und korrodieren nicht. Antriebswelle und Passfeder sind aus korrosionsbeständigem Werkstoff. „Schwächstes" Element in System Zahnrad – Zahnstange ist die Fügestelle der Passfeder. Da die Passfeder aus korrosionsbeständigem Werkstoff ist, kann die Abscherbelastung vernachlässigt werden. Die Flächenpressung am Zahnrad ist zu berechnen.

$$P = \frac{F_u}{A} \leq p_{zul} = 25\ \text{N/mm}^2 \text{ für den gewählten Kunststoff}$$

$$A = \frac{h}{2} \cdot l_n$$

Aufgabe

Wie groß darf die Umfangskraft F_U maximal sein, wenn folgende Passfeder verwendet wird: Passfeder DIN 6885 – A 10 × 8 × 30?

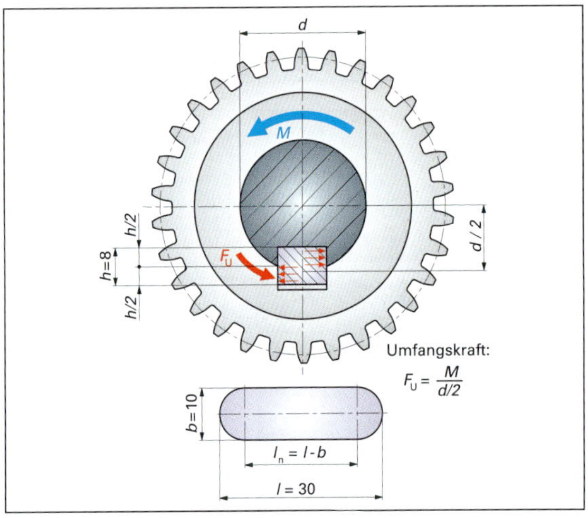

1 Welle – Nabe – Verbindung

4.4 Transportieren von Lasten

In der Fertigung und bei der Montage von Baugruppen z. B. bei Toranlagen müssen die Bauteile oder das gesamte Erzeugnis zu den Bearbeitungsmaschinen oder zum Einsatzort bewegt werden.

Transportieren ist das Bewegen von Lasten ohne eine Be- oder Verarbeitung während der Bewegung.

Der Transport besteht aus dem
- Anheben,
- Bewegen und
- Absetzen der Last.

Da über 40 % aller Arbeitsunfälle während des Transports auftreten, sind Transportvorgänge mit besonderer Sorgfalt unter Beachtung der Sicherheitsvorschriften durchzuführen. Transportvorgänge können erfolgen durch
- Transport von Hand mit z. B. Tragklemmen, Traggurten, Tragklauen ...
- handbetriebene Transportmittel mit z. B. Stechkarre (Sackkarre), Heberollern, Handhubwagen ...
- Krane z. B. Schwenkarmkranen, Brückenkranen, Portalkranen ...
- Flurförderfahrzeuge z. B. Elektrokarren, Gabelstapler, Hochhubwagen ...

4.4.1 Hebezeuge

Zum Transportieren von Lasten werden Hebezeuge eingesetzt, da die Leistungsfähigkeit des Menschen begrenzt ist. Ihr Funktionsprinzip basiert auf der „Goldenen Regel der Mechanik" (Hebelgesetz):

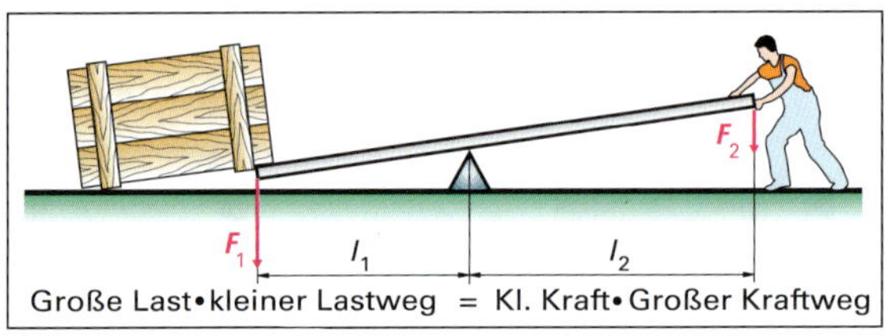

Als Hebezeuge dienen
- Kleinhebegeräte, z. B. Winden, Züge ... für Anheben von Lasten
- Krane für das Anheben und Verfahren von Lasten

Kleinhebegeräte
Die in der nachfolgenden Tabelle abgebildeten Kleinhebegeräte stützen sich auf dem Untergrund ab und sind nur zum Anheben von Lasten geeignet.

Kleinhebegerät	Wirkprinzip (beispielhaft)	Physikalische Grundlagen
 Zahnstangenwinde	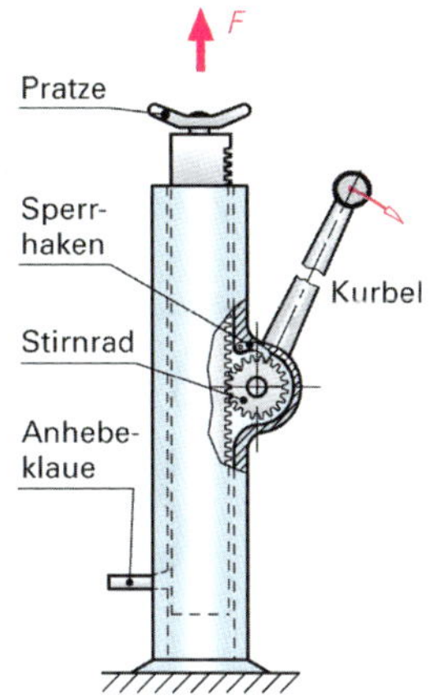	F_1 = 150 N l_1 = 250 mm l_2 = 30 mm F_2 = ? 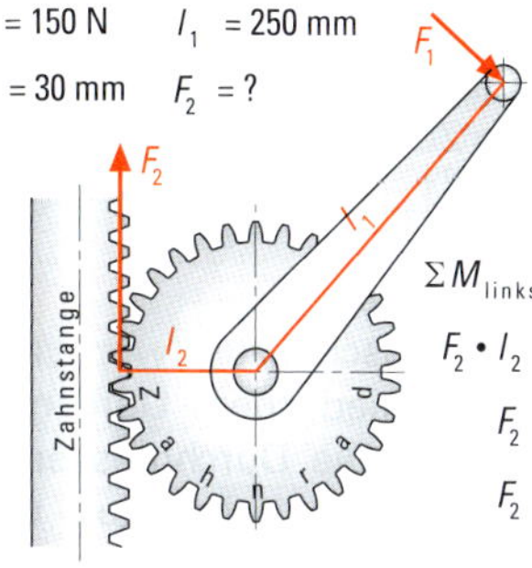 $\Sigma M_{links} = \Sigma M_{rechts}$ $F_2 \cdot l_2 = F_1 \cdot l_1$ $F_2 = F_1 \cdot l_1 / l_2$ F_2 = 1250 N
 Hydraulischer Heber	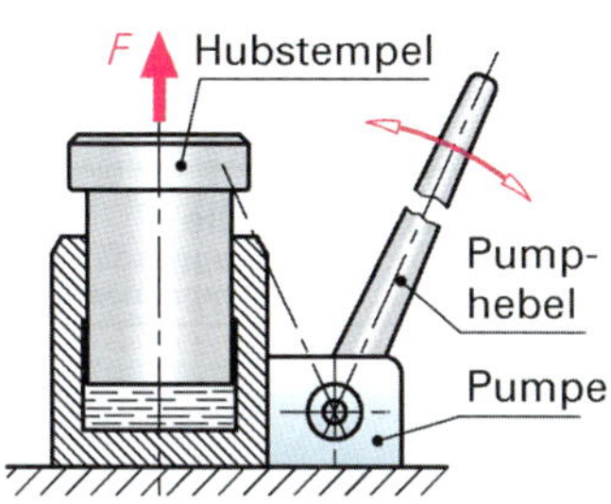	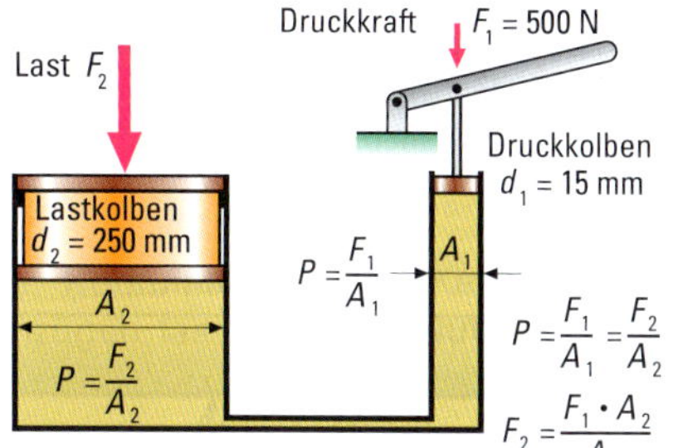 $P = \frac{F_1}{A_1} = \frac{F_2}{A_2}$ $F_2 = \frac{F_1 \cdot A_2}{A_1}$ F_2 = 138,9 kN
 Schraubenwinde	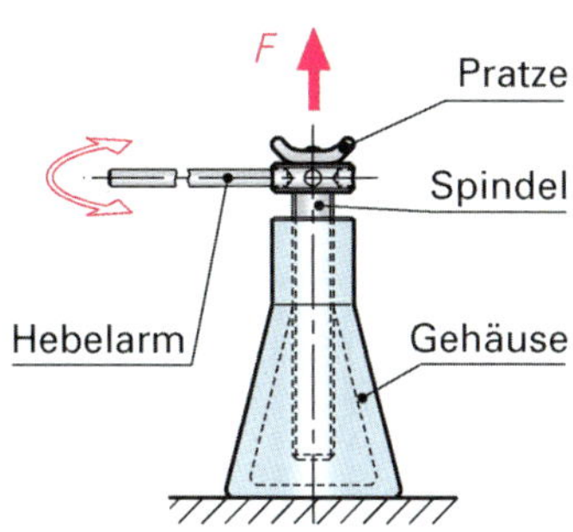	Streckenarbeit $W_S = F_s \cdot s$ Hubarbeit $W_H = F_G \cdot h$ $W_S = W_H = F_s \cdot s = F_G \cdot h$ 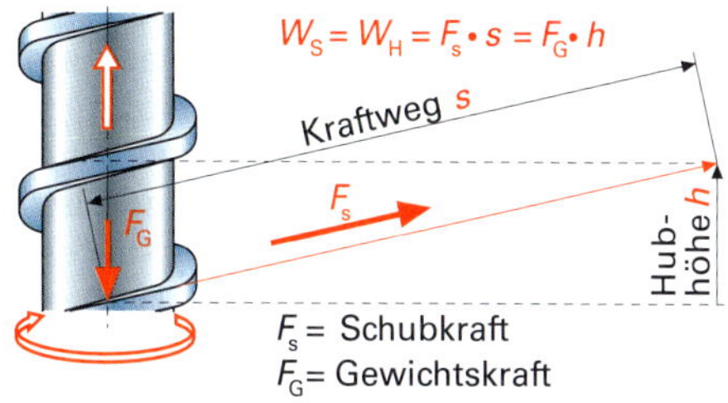 F_s = Schubkraft F_G = Gewichtskraft
 Seilwinde	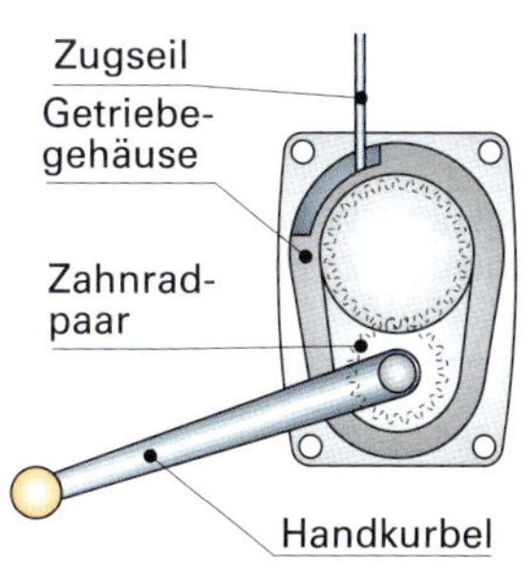	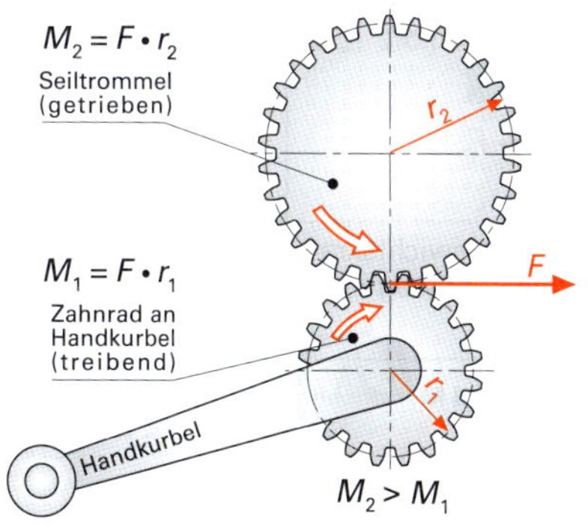 wenn gehoben wird ⇒ $M_1 > M_2$

Für schwere Lasten werden Gabelstapler verwendet. Ein „Fahrausweis für Gabelstapler" ist für die innterbetriebliche Nutzung nicht zwingend vorgeschrieben. Es wird jedoch erwartet, dass der Gabelstaplerfahrer über 18 Jahre alt und ausgebildet ist, einen Ausbildungsnachweis vorlegen kann und vom Unternehmer schriftlich beauftragt ist, den Gabelstapler im Betrieb zu bedienen.
Für Fahrten im öffentlichen Straßenverkehr muss eine Fahrerlaubnis erworben werden. Die Vorschriften BGG 925 „Ausbildung und Beauftragung der Fahrer von Flurförderzeugen mit Fahrersitz und Fahrerstand" und BGVD 27 „Flurförderzeuge" in den aktuellen Ausgaben sind zu beachten.

Die Tragfähigkeit von Gabelstaplern beziehen sich einheitlich auf europaweit festgelegte Lastschwerpunktabstände.

Tragfähigkeit	Lastschwerpunktabstand
5 t	500 mm
5–15 t	600 mm
15–20 t	900 mm

Bei großvolumigen Lasten muss die Resttragfähigkeit neu überschlagen werden, damit der Gabelstapler nicht kippt.

Beispiel:
Der Gabelstapler hat eine Last mit den Abmessungen 1200 × 1200 mm aufzunehmen. Wie groß ist die Resttragfähigkeit?

$$\text{Resttragfähigkeit} = \frac{\text{Tragfähigkeit} \cdot (\text{Lastschwerpunktabstand} + \text{Vorbaumaß})}{\text{Vorbaumaß} + \text{Lastabmessung}}$$

$$\text{Resttragfähigkeit} = \frac{5000\ \text{kg} \cdot (500\ \text{mm} + 455\ \text{mm})}{455\ \text{mm} + 600\ \text{mm}} = 4526\ \text{kg}$$

Krananlagen
Krananlagen können ortsfest oder auf fahrbaren Unterkonstruktionen montiert sein. Bild 1 gibt einen Überblick über in Werkstätten und Werkhallen übliche Krananlagen.

Bauarten von Krananlagen	Beschreibung
Laufkatze 	Laufkatzen sind an Profilträgern fahrbar montiert. Die Verfahrwege sind durch den Profilträger eingeschränkt. Sie können Lasten heben, verfahren und senken.
Auslegerkran  Wanddrehkran 	Im Bereich des Auslegers können Lasten durch die Laufkatze aufgenommen, verfahren und abgesenkt werden.
Brückenkrane 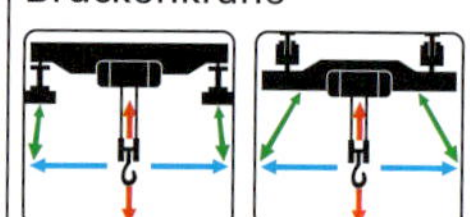	Brückenkrane fahren auf oder hängen unter Profilträgern im Deckenbereich der Werkhalle. Die Laufkatze kann Lasten aufnehmen, im Brückenbereich verfahren und absenken. Die Brücke ist im Hallenbereich verfahrbar.
Portalkran 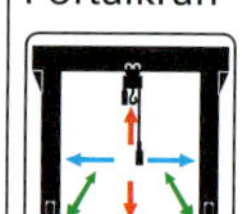	Portalkräne fahren auf im Hallenboden verlegten Schienen. Die Laufkatze kann Lasten aufnehmen, im Brückenbereich verfahren und absenken. Der Portalkran ist im Schienenbereich verfahrbar.

1 Krananlagen

Mobile Krananlagen können auf Fahrzeugen für den kurzfristigen Einsatz (z.B. Montage eines Wandbalkons) oder längerfristigen Einsatz (z.B. auf Hausbaustellen) montiert sein. Die Tragfähigkeit der mobilen Krananlagen hängt von der Auslegerlänge, der Standsicherheit und den Gegengewichten ab. Das unbeabsichtigte Kippen wird durch Anzeigetafeln am Ausleger und Lastbegrenzer verhindert.

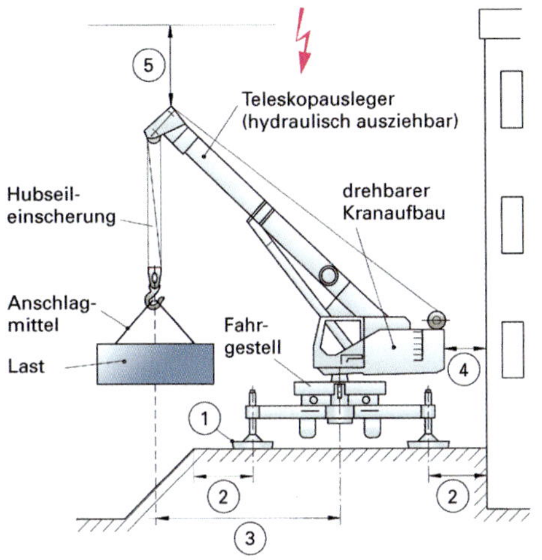

Aufstellhinweise

1 Stützeinrichtungen großflächig unterbauen. (Bodenverhältnisse untersuchen).
2 Sicherheitsabstand (60 cm) zur Baugrubenböschung und Bauwerk bzw. Gerüst einhalten.
3 Ausladung beachten (Momentengleichgewicht).
4 Vorsicht Quetschgefahr (Sicherheitsabstand 0,5 m oder absperren).
5 Sicherheitsabstand (5 m) zu elektrischen Freileitungen einhalten (Pendeln der Last berücksichtigen).

1 Fahrzeugkran (Mobilkran)

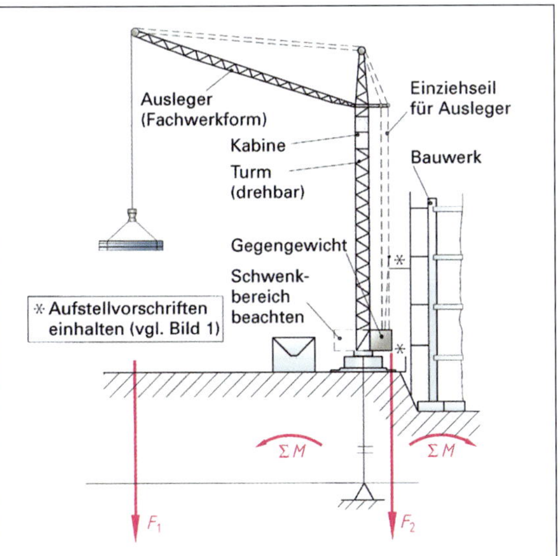

2 Ortsfester Turmdrehkran

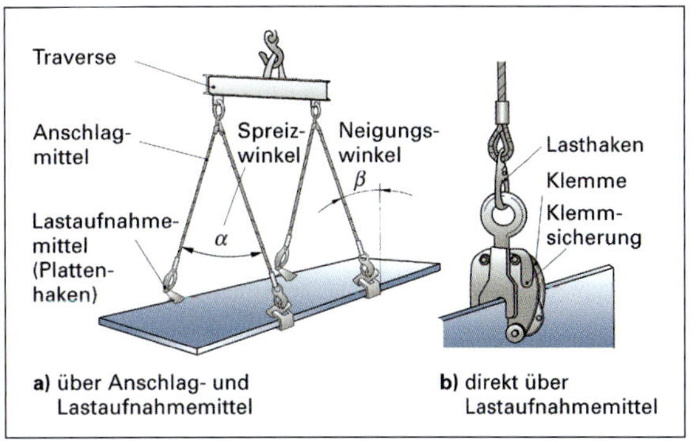

3 Unterschiedliche Lastaufnahme

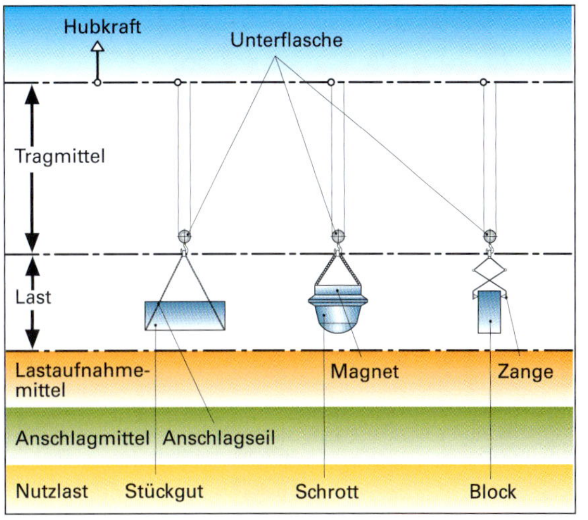

4 Tragmittel

4.4.2 Lastaufnahme

Das **Lastaufnahmemittel** dient zum Transportieren von Lasten über **Tragmittel**; sie sind **nicht** Teil des Hebezeuges. Die Lastaufnahme erfolgt über Anschlag- und Lastaufnahmemittel (Bild 3a) oder direkt über Lastaufnahmemittel (Bild 3b)

Das Aufnehmen von Last (Bild 3) erfolgt über

- Tragmittel
- Lastaufnahmemittel und
- Anschlagmittel.

Tragmittel sind dauerhaft mit der Krananlage verbundene Seile und Ketten sowie fest verbundene Kranhaken, Greifer, Traversen und Zangen.

In den Betrieben werden folgende **Lastaufnahmemittel** (Bild 1, nächste Seite) verwendet:

- Ladegabeln
- Hakengeschirre
- Traversen
- Zangen und Klemmen
- Greifer
- Kübel
- Coil-Haken
- Lasthebemagnete
- Vakuumheber.

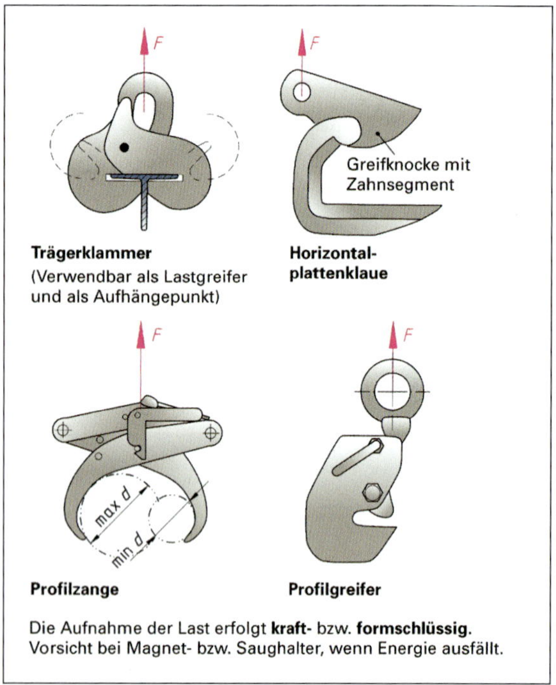

1 Unterschiedliche Lastaufnahme

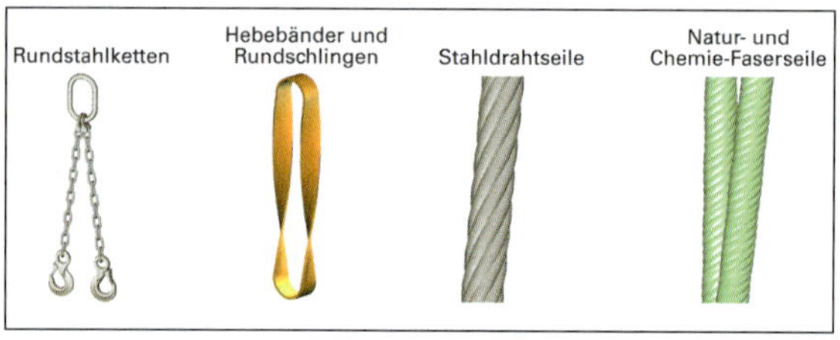

2 Anschlagmittel

Zum Anschlagen dienen **Anschlagmittel** (Bild 2) wie z. B. Endlosseile, Hebebänder, Hakenketten, Seilgehänge und auch lösbare Verbindungsteile, wie z. B. Schäkel; die Auswahl ist abhängig von Größe, Art und Oberfläche der Last.

Belastbarkeit von Anschlagmitteln

Hersteller legen auf Kennzeichnungsträgern die Belastbarkeit des Anschlagmittels fest. Die Tragfähigkeitsangaben sind für die verschiedenen Anschlagmittel genormt und in Tabellen (siehe auch Tabellenbücher) festgelegt. Einen Ausschnitt zeigt Tabelle 1.

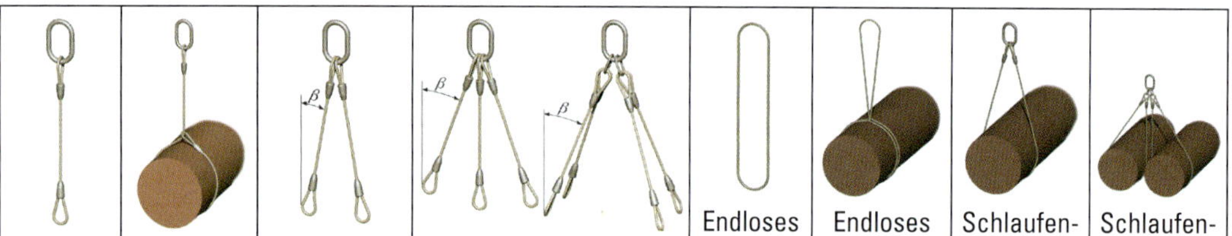

Rundlitzen-Stahldraht-Seil ∅ mm	1-Strang direkt	1-Strang geschnürt	2-Strang β 45°	2-Strang β 60°	3- + 4-Strang β 45°	3- + 4-Strang β 60°	Endloses Stahlseil direkt	Endloses Stahlseil geschnürt	Schlaufen-Gehänge β 45°	Schlaufen-Gehänge β 45°
Faktor	1	0,8	1,4	1	2,1	1,5	1	0,8	1,4	2,1
8	700	560	950	700	1450	1050	1400	1120	950	1450
10	1000	800	1400	1000	2100	1500	2000	1600	1400	2100
12	1500	1200	2100	1500	3200	2300	3000	2400	2100	3200

Tabelle 1 Tragfähigkeitsangaben für Rundlitzenstahlseile (Auszug)

Wie der Tabelle zu entnehmen ist, hängt die Tragfähigkeit vom Werkstoff, dem Durchmesser des Anschlagmittels, der Zahl der Tragseile und deren Anordnung ab.

> Je größer der Neigungswinkel β desto größer ist die Kraft im Strang.

Ab einem Neigungswinkel $\beta > 60°$ wird die Tragfähigkeit kleiner als die Last; damit ist eine Bruchgefahr des Seilgehänges gegeben (Bild 3). Neigungswinkel von $\beta > 60°$ bzw. Spreizwinkel $\beta > 120°$ sind daher nicht zulässig. Es müssen die Anschlagpunkte verlegt oder die Längen der Stränge vergrößert werden.

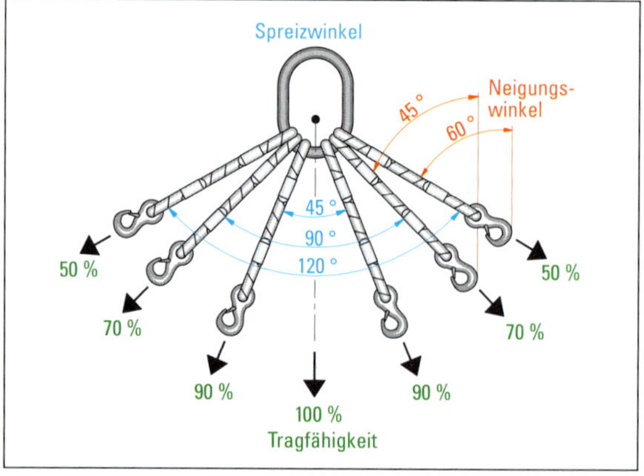

3 Tragfähigkeit eines Seilgehänges

Als Hilfen für sachgerechten Umgang mit den Anschlagmitteln dienen dem Anschläger Kennzeichnungsmarken an den Anschlagmitteln und mitgelieferte Belastungstabellen (Bild 1)

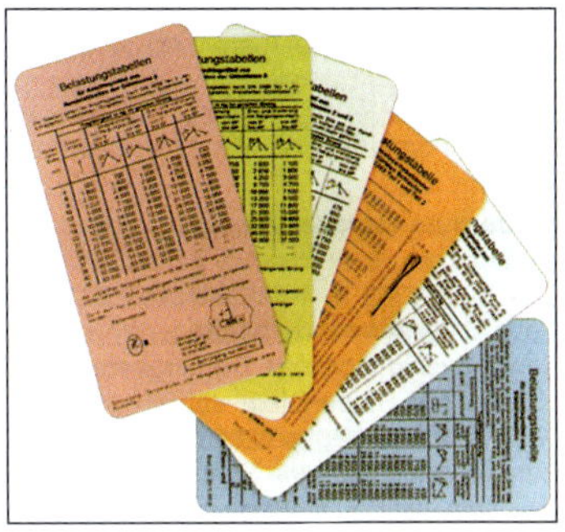

1 Kennzeichnungsanhänger

4.4.3 Arbeits- und Sicherheitsregeln beim Anschlagen und Transportieren

Einwandfreie Lastaufnahmemittel gewährleisten einen sicheren Transport von Lasten. Neben den Betriebsanleitungen der Hersteller sind die Unfallverhütungsvorschriften zu beachten. Mindestens einmal im Jahr sind Sicht- und Funktionsprüfungen durchzuführen. Bei starkem Verschleiß, Korrosion, Hitze und Chemikalien u. a. m. können kürzere Prüfintervalle notwendig sein. Folgende Mindmap gibt einen Überblick über mögliche Schäden an Lastaufnahmemitteln.

Nicht mehr brauchbare Lastaufnahmemittel sind abzulegen; Ketten z. B. in die Schrottkiste, Hebebänder zerschneiden.

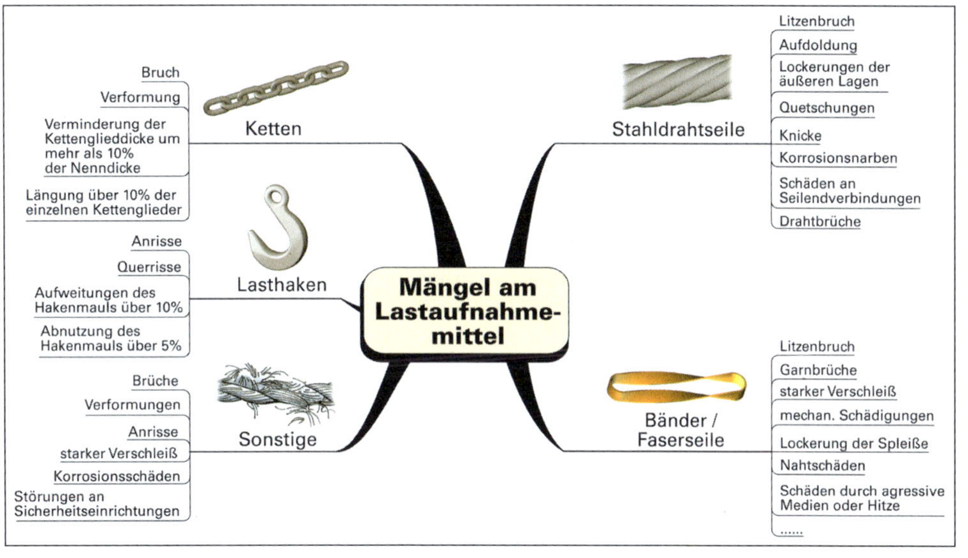

2 Mängel am Lastaufnahmemittel

Wichtige Regeln für sachgerechtes Anschlagen und Transportieren sind:

- Geeignete persönliche Schutzausrüstung tragen, z. B. Schutzhelm, Schutzhandschuhe, Sicherheitsschuhe ...
- Transportweg muss frei sein von Hindernissen
- Personen dürfen sich nicht unter schwebenden Lasten befinden
- Bei Portalkranen Mindestsicherheitsabstände neben dem Verfahrweg einhalten (Quetschgefahr)
- Geeignete Anschlagmittel nach Art (z. B. Kette) und Tragfähigkeit (siehe Bild 3) auswählen.
- Fachgerecht Anschlagen
  - gleichmäßige Lastverteilung
  - Lasten im Schwerpunkt aufhängen
  - Lasten im Schwerpunkt anheben; Schrägziehen ist verboten
  - Lange Lasten gegebenenfalls mit Traversen transportieren (z. B. Rohre, lange Walzerzeugnisse, lange Fertigerzeugnisse, ...)

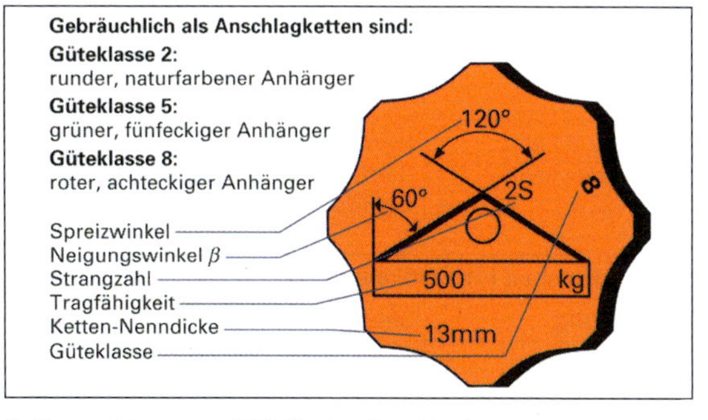

3 Kennzeichnungsschild für eine Anschlagkette

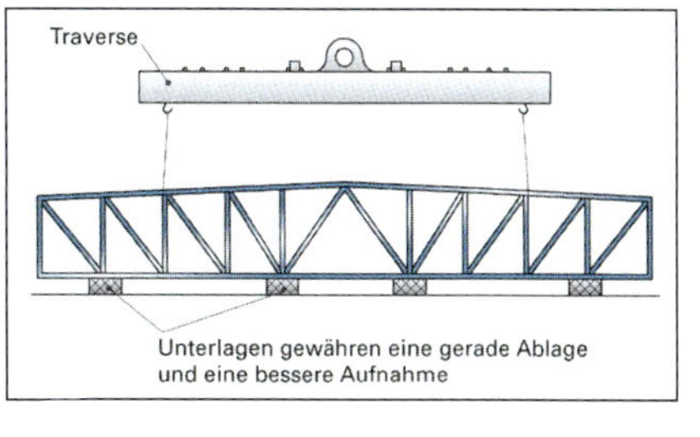

4 Anschlagen langer Bauteile

- Vor dem Transport Ablegestelle vorbereiten
- Kleine, lose Teile in Körben transportieren
- Verständigung mit dem Kranführer
- Sichtverbindung sicherstellen oder Sprechfunkgeräte nutzen
- Handzeichen unmissverständlich einsetzen
- Geeignete Erkennungszeichen tragen, z. B. gelbe Weste, Schutzhelm ...
- Abstimmung zwischen den Anschlägern und Kranführer herbeiführen, wer die Handzeichen gibt.
- Nur eingeführte Handzeichen verwenden (siehe Bild 1)

Personensicherung, Gerüste, Leitern und Arbeitsbühnen siehe geeignete Vorschriften der Berufsgenossenschaften: Stützgerüste.

1. Allgemeine Handzeichen			
Bedeutung	Beschreibung	bildliche Darstellung	vereinfachte Darstellung
Achtung Anfang Vorsicht	Rechten Arm nach oben halten, Handfläche zeigt nach vorn.		
Halt Unterbrechung Bewegung nicht weiter ausführen	Beide Arme seitwärts waagerecht ausstrecken, Handflächen zeigen nach vorn und Arme abwechselnd anwinkeln und strecken.		

2. Handzeichen für horizontale Bewegungen			
Bedeutung	Beschreibung	bildliche Darstellung	vereinfachte Darstellung
Abfahren	Rechten Arm nach oben halten, Handfläche zeigt nach vorn und Arm seitlich hin- und herbewegen.		
Herkommen	Beide Arme beugen, Handflächen zeigen nach innen und mit den Unterarmen heranwinken.		
Entfernen	Beide Arme beugen, Handflächen zeigen nach außen und mit den Unterarmen wegwinken.		
Rechts fahren – vom Einweiser aus gesehen	Den rechten Arm in horizontaler Haltung anwinkeln und seitlich hin- und herbewegen.		
Links fahren – vom Einweiser aus gesehen	Den linken Arm in horizontaler Haltung anwinkeln und seitlich hin- und herbewegen.		
Anzeige einer Abstandsverringerung	Beide Handflächen parallel halten und dem Abstand entsprechend zusammenführen.		

3. Handzeichen für vertikale Bewegungen			
Bedeutung	Beschreibung	bildliche Darstellung	vereinfachte Darstellung
Heben Auf	Rechten Arm nach oben halten, Handfläche zeigt nach vorn und macht eine langsame, kreisende Bewegung.		
Senken Ab	Rechten Arm nach unten halten, Handfläche zeigt nach innen und macht eine langsame, kreisende Bewegung.		
Langsam	Rechten Arm waagerecht ausstrecken, Handfläche zeigt nach unten und wird langsam auf- und abbewegt.		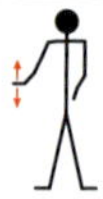

1 Handzeichen

4.5 Fertigungs- und Montagehilfsmittel

Für wiederkehrende Arbeiten oder zur Erleichterung der Arbeit werden Hilfsmittel für die Fertigung und Montage hergestellt.

Bohrungen auf dem Umfang von Rohren herzustellen ist schwierig, da der Bohrer leicht verläuft, daher werden Bohrvorrichtungen (Bild 1) benutzt. Das Rohr wird auf den Bolzen aufgeschoben und der Bohrer wird durch eine austauschbare Führung gegen Verlaufen gehalten.

Für die Portalrahmen des Schiebetors (Seite 122/123) kann durch eine Einlegeschablone (Bild 2) die richtige und/oder winklige Lage der Profile gesichert werden.

Nach dem Einlegen wird durch Heften die Lage der einzelnen Profilstücke gesichert, und nach dem Herausnehmen werden die Schweißnähte ausgeführt.

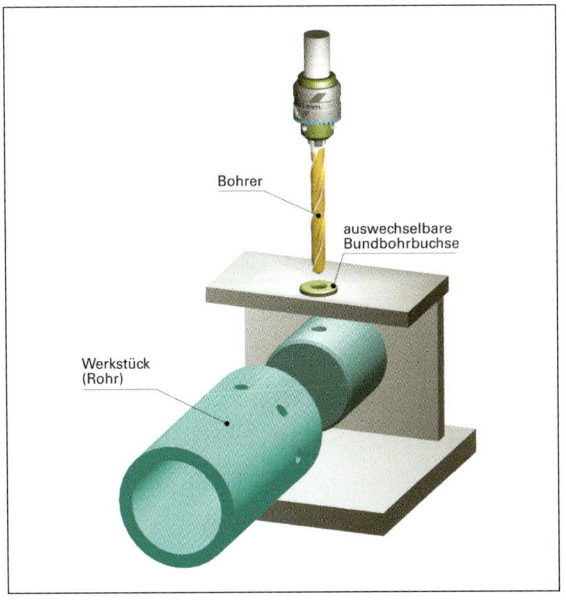

1 Bohrvorrichtung

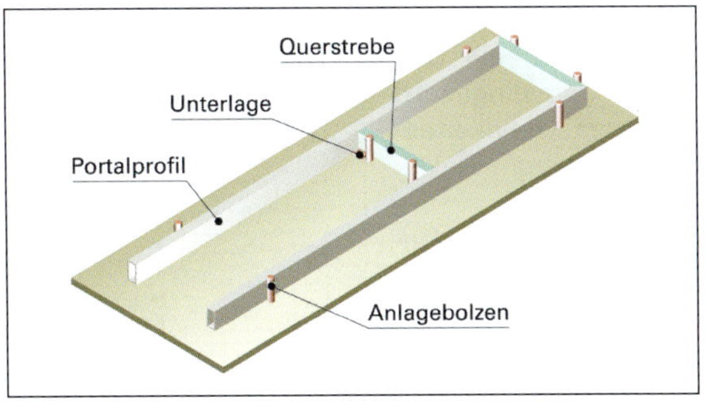

2 Einlegeschablone für Portalrahmen

4.6 Entsorgung von Konstruktionen

Der Umgang mit zu entsorgenden Konstruktionen wird in vielen Bereichen durch Gesetze geregelt. Die Abfallwirtschaft soll im Sinne des Vorsorgeprinzips und der Nachhaltigkeit so ausgerichtet werden, dass u.a. die Ressourcen geschont werden und nachteilige Einwirkungen auf die Umwelt so gering wie möglich gehalten werden. Es gilt die Reihenfolge:

- Vermeiden,
- Wiederverwenden,
- Verwerten,
- Beseitigen.

Weiterhin kann u.U. durch rechtzeitige Instandhaltung die technische und ästhetische Nutzungsdauer verlängert werden und somit das Abfallaufkommen reduziert werden.

Bereits während der Konstruktion sollte darauf geachtet werden, dass keine Produkte verwendet werden, die bei der Entsorgung Probleme bereiten können. Folgende Auswahlkriterien sollten beachtet werden:

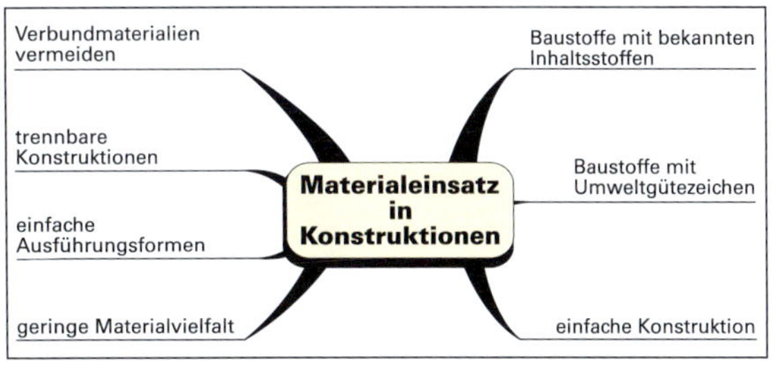

Entsorgung von Bauabfällen

Bei der Demontage und Montage vom Stahl- und Metallbaukonstruktionen können zu entsorgende Abfälle auftreten, die getrennt zu entsorgen sind:

- Bodenaushub, z.B. für zu setzende Betonfundamente
- Mauerwerk und Betonabbruch, z.B. Entfernen alter Stützfeiler
- Asphaltaufbruch, z.B. Auffahrten
- Holzabfälle, z.B. nicht weiter verwendbare Transportpaletten
- Metallabfälle, z.B. Fenster, Türen, Treppen, Tore ...
- Kunststoffe, z.B. Verpackungsmaterial
- Reinigungsmittel, z.B. Reinigen verschmutzter Oberflächen
- ...

Bei der Entsorgung sind die regionalen Vorschriften zu beachten. Informationen können bei den örtlichen Entsorgungsbetrieben angefordert werden.
Ein besonderes Problem stellen chemische Produkte dar, die als Reiniger zur Entfernung von Fetten und anderen an Konstruktionen haftenden organischen Substanzen verwendet werden. Hersteller bieten zur Information Datenblätter an, die den Anforderungen der Richtlinie 91/155/EG-ISO 11014-1 entsprechen. Auf diesen Datenblättern müssen enthalten sein:

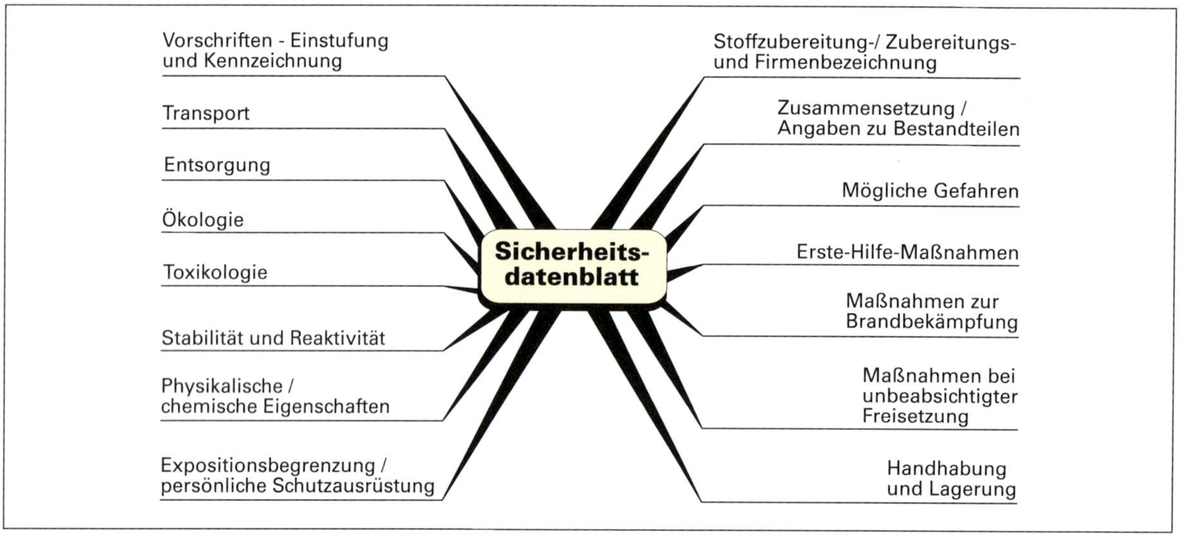

Verunreinigungen bei der Fertigung und Montage des Schiebetores können mit einem Spezialreiniger beseitigt werden. Einen Auszug aus dem Datenblatt zeigt folgende Übersicht:

Gefahrensymbole:

F - Leichtentzündlich   Xi - Reizend

R-Sätze[1]**:**
R11 Leichtentzündlich.
R36 Reizt die Augen.
R66 Wiederholter Kontakt kann zu spröder oder rissiger Haut führen.
R67 Dämpfe können Schläfrigkeit und Benommenheit verursachen.

S-Sätze[1]**:**
S16 Von Zündquellen fernhalten – Nicht rauchen.
S23 Aerosol nicht einatmen.
S26 Bei Berührung mit den Augen sofort gründlich mit Wasser abspülen und Arzt konsultieren.
S37 Geeignete Schutzhandschuhe tragen.
S51 Nur in gut gelüfteten Bereichen verwenden.

[1] Die derzeit noch gültigen R- und S-Sätze werden in naher Zukunft durch die H-Sätze abgelöst.

Besondere Kennzeichnung:
Behälter steht unter Druck. Vor Sonnenbestrahlung und Temperaturen über 50 °C schützen. Auch nach Gebrauch nicht gewaltsam öffnen oder verbrennen. Nicht gegen Flamme oder auf glühenden Gegenstand sprühen

4.7 Zusammenfassende Berechnungen an Konstruktionen

An den Wanddrehkran (Bild 1) wird ein Handkettenzug (m = 15 kg) mit einer maximalen Tragkraft von 1 t eingehängt.
Dazu wird in das Anschlussblech ein Bolzen (∅ 24) eingesetzt und der Handkettenzug mit einem Haken eingehängt.
Die Montage an Wänden aus Mauerwerk erfolgt mit Durchgangsschrauben und Gegenplatten und an Stahlbauteilen mit hochfes-

1 Wanddrehkran

ten Verschraubungen. Damit die Tragfähigkeit gewährleistet ist, müssen Festigkeitsberechnungen durchgeführt werden. Massen und Längen müssen für die Stückliste ermittelt werden.

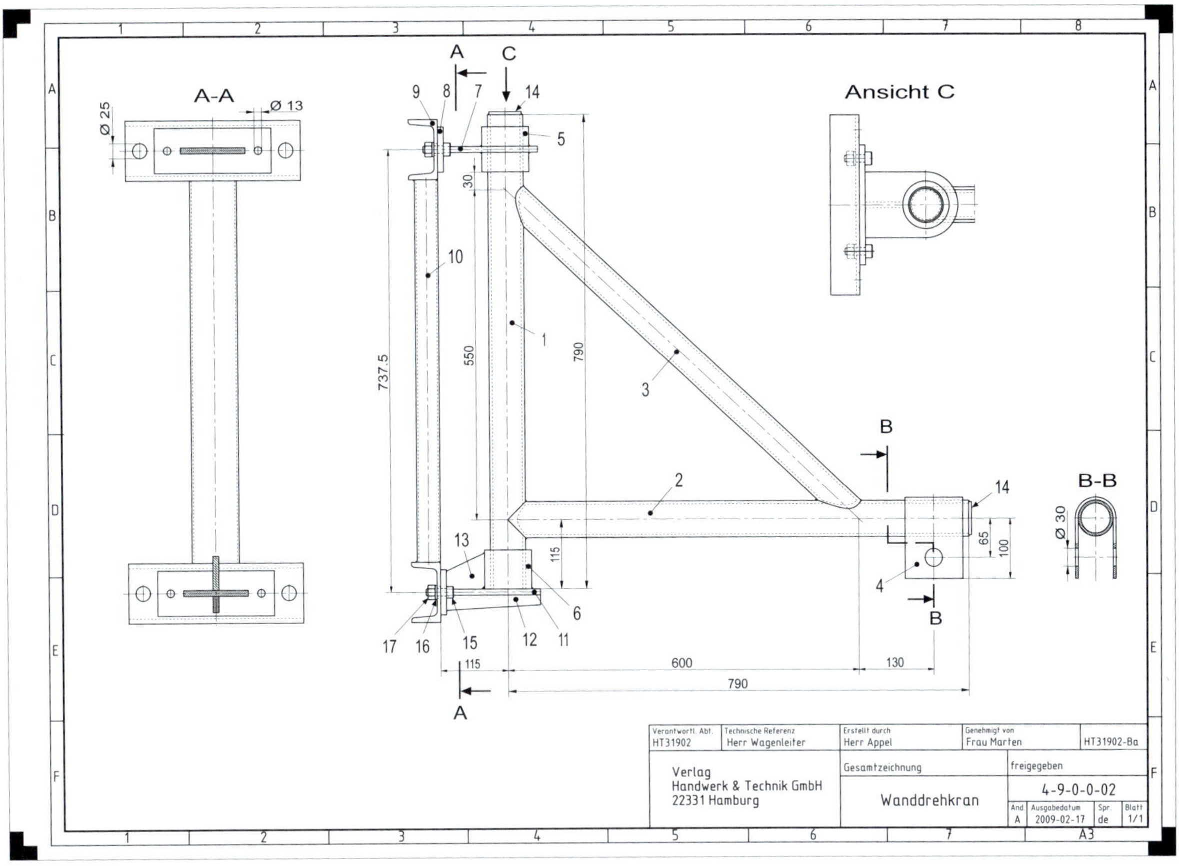

1	2	3	4	5	6
Pos.	**Menge**	**Einh.**	**Benennung**	**Norm**	**Bemerkung**
1	1		Standrohr	EN 10305	∅ 60 × 5–790, S235JR
2	2		Querrohr	EN 10305	∅ 60 × 5–790, S235JR
3	3		Strebenrohr	EN 10305	∅ 50 × 5–…, S235JR
4	4		Anschlussblech	EN 10278	Fl 100 × 10–…, S235JR
5	1		Lagerrohr oben	EN 10060	∅ 80–75, S235JR
6	1		Lagerrohr unten	EN 10060	∅ 80–65, S235JR
7	1		Lagerblech oben	EN 10278	Fl 110 × 10…, S235JR
8	2		Anschluss	EN 10025	Bl 10 × 200 × 75, S235JR
9	2		Wandanschluss	DIN 1026	U 100–300, S235JR
10	1		Distanzrohr	EN10210	80 × 40 × 3 – …, S235JR
11	1		Lagerblech unten	EN 10278	Fl 110 × 10…, S235JR
12	1		Rippe oben	EN 10025	Bl 10 × … × 60, S235JR
13	1		Rippe unten	EN 10025	Bl 10 × 160 × 25, S235JR
14	2		Deckel	EN 10025	∅ 55 × 5, S235JR
15	4		Sechskantschraube	DIN 7990	M12 × …, 5.6
16	4		Sechskantmutter	ISO 4034	…
17	4		Scheibe	DIN 7889	…

Berechnungsauftrag	**Übungen** Fertigen Sie sich eine Fotokopie der Stückliste an.
Längenberechnung **Gesucht:** Länge von Pos. 3 **Lösung:** $c = \sqrt{a^2 + b^2} = \sqrt{(550\ \text{mm})^2 + (600\ \text{mm})^2} \cong \underline{\underline{814\ \text{mm}}}$	Wie verändern sich die Strebenlängen, wenn folgende Anschlussmaße gegeben sind? $a = 600$ mm, $b = 600$ mm $a = 800$ mm, $b = 600$ mm $a = 800$ mm, $b = 800$ mm Berechnen Sie alle fehlenden Längen in der Stückliste und tragen Sie die ermittelten Werte ein.
Längenberechnung **Gesucht:** Länge von Pos. 4 **Lösung:** $L = \frac{d_m \cdot \pi}{2} + 2 \cdot l = \frac{70\ \text{mm} \cdot \pi}{2} + 2 \cdot 100\ \text{mm} = \underline{\underline{310\ \text{mm}}}$	Wie verändert sich die Länge des Anschlussbleches, wenn Rohre mit den Durchmessern 50 mm, 70 mm, 90 mm verwendet werden, wenn $l = 1{,}5 \cdot d$ betragen soll?
Massenberechnung **Gesucht:** Masse von Pos. 1 **Lösung:** $m = m' \cdot l = 6{,}6\ \frac{\text{kg}}{\text{m}} \cdot 0{,}79\ \text{m} = \underline{\underline{5{,}21\ \text{kg}}}$	Berechnen Sie die Massen für Pos. 2–14 und tragen Sie die Werte in eine Kopie der Stückliste ein.
Bestimmen der Zugkraft **Gesucht:** F_{Zug} in N für Pos. 3 für die zulässige Masse m =1 t ($g \cong 10$ N/m· s²) **Gegeben:** $m_{Kettenzug} = 15$ kg, $m = 1000$ kg **Lösung:** $F_{Zug} = \frac{F_N}{\cos \alpha}$, $F_N = 10\,150$ N Berechnen des Winkels α $\tan \alpha = \frac{550\ \text{mm}}{600\ \text{mm}} \Rightarrow \alpha = 42{,}51°$ $F_{Zug} = \frac{10\,150\ \text{N}}{\cos 42{,}51°} = \underline{\underline{13\,769\ \text{N}}}$	Wie verändert sich die Zugkraft in Pos. 3, wenn Lasten mit folgenden Massen angehoben werden: $m_1 = 600$ kg, $m_2 = 500$ kg, $m_3 = 900$ kg Eigenmasse des Kettenzuges berücksichtigen.
Berechnung von Zugspannungen σ_{Zug} **Gesucht:** σ_{Zug} in N in Pos. 3 bei zulässiger Belastung **Lösung:** $\sigma_{Zug} = \frac{F_{Zug}}{S}$ $\quad S = \frac{(D^2 - d^2) \cdot \pi}{4}$ $S = ((50\ \text{mm})^2 - (40\ \text{mm})^2) \cdot \frac{\pi}{4} = 706{,}85\ \text{mm}^2$ $\sigma_{Zug} = \frac{13\,769\ \text{N}}{706{,}85\ \text{mm}^2} = \underline{\underline{\frac{19{,}5\ \text{N}}{\text{mm}^2} \quad 19{,}5 = \frac{\text{N}}{\text{mm}^2}}}$	Berechnen Sie die vorhandene Spannung in Pos. 3 bei zulässiger Belastung, wenn folgende Rohre verwendet werden: ∅ 60 × 6, ∅ 80 × 4. Berechnen Sie die vorhandene Spannung in Pos. 3 bei $m_1 = 600$ kg, $m_2 = 500$ kg, $m_3 = 900$ kg. Eigenmasse des Kettenzuges berücksichtigen.
Berechnen von Scherspannungen τ In Pos. 4 wird ein Bolzen ∅ 24 mm eingesetzt. **Gesucht:** τ_{vorh} für die maximale Belastung **Lösung:** $\tau_{vorh} = \frac{F}{S \cdot v}$ (Annahme: $v = 4$) $S = (24\ \text{mm})^2 \cdot \frac{\pi}{4} = 452{,}4\ \text{mm}^2$ $\tau_{vorh} = \frac{13\,769\ \text{N}}{452{,}4\ \text{mm}^2 \cdot 4} = \underline{\underline{\frac{7{,}6\ \text{N}}{\text{mm}^2} = 7{,}6\ \frac{\text{N}}{\text{mm}^2}}}$	Berechnen Sie die vorhandene Scherspannung im Bolzen bei $m_1 = 600$ kg, $m_2 = 500$ kg, $m_3 = 900$ kg. Eigenmasse des Kettenzuges berücksichtigen.

Berechnungsauftrag	Übungen Fertigen Sie sich eine Fotokopie der Stückliste an.
Berechnen von Flächenpressungen p_m **Gesucht:** p_m in N zwischen Pos. 1 und Pos. 11. **Lösung:** $p_m = \frac{F}{A} \quad A = \frac{(D^2 - d^2) \cdot \pi}{4}$ $A = ((60\ \text{mm})^2 - (50\ \text{mm})^2) \cdot \frac{\pi}{4} = 863{,}94\ \text{mm}^2$ $p_m = \frac{13\,769\ \text{N}}{863{,}94\ \text{mm}^2} = 18{,}9\ \frac{\text{N}}{\text{mm}^2}$	Berechnen Sie die vorhandene Flächenpressung zwischen Pos. 1 und Pos. 11 bei $m_1 = 600$ kg, $m_2 = 500$ kg, $m_3 = 900$ kg. Eigenmasse des Kettenzuges berücksichtigen. Berechnen Sie die vorhandene Flächenpressung in Bohrung Pos. 4 bei $m_1 = 600$ kg, $m_2 = 500$ kg, $m_3 = 900$ kg. Eigenmasse des Kettenzuges berücksichtigen.
Gesucht: p_m in N in Bohrung von Pos. 4 **Lösung:** $p_m = \frac{F}{l \cdot d}, \ p_m = \frac{6884{,}5\ \text{N}}{10\ \text{mm} \cdot 24\ \text{mm}}$ $p_m = 26{,}68\ \frac{\text{N}}{\text{mm}^2}$	Wie verändert sich die Flächenpressung, wenn der Bolzen größer bzw. kleiner gewählt wird?

Aufgaben

Zur Beantwortung der folgenden Aufgaben verwenden Sie die Zeichnung Wanddrehkran (S.141).

1. Erstellen Sie von der Schweißgruppe der Wandhalterung eine Baugruppenzeichnung mit vollständiger Bemaßung.
2. Zeichnen Sie im Maßstab 1:1 die Durchdringung zwischen Pos. 2 mit Pos. 3.
3. Fertigen Sie sich eine Kopie der Gesamtzeichnung an und tragen Sie die fehlenden Schweißnahtbezeichnungen ein.
4. Erstellen Sie einen Fertigungsplan für Baugruppe aus Pos. 1–3.
5. Erstellen Sie einen Montageplan für die Wandmontage des Wanddrehkrans. Der Wanddrehkran liegt in Einzelteilen vor; alle Schweißarbeiten wurden durch den Zulieferer ausgeführt.

Aufgaben zu Hebezeugen

Zur Beantwortung der Fragen nutzen Sie die Vorschriften der Berufsgenossenschaft (z.B. BGI 556) und Internetauftritte von Herstellern für Anschlagmittel.

Auf einer Baustelle werden zweiundzwanzig 12 m lange Stahlprofile IPB-300 angeliefert. Zum Entladen steht ein Mobilkran mit einer maximalen Traglast an der Klappspitze von 5,9 t zur Verfügung.

1. Welche Gesamtmasse haben die angelieferten I-Profile?
2. Zum Entladen steht eine Rundstahlkette der Güteklasse 4 zur Verfügung. Wie heißt die abgebildete Anschlagart?

3. Die Kette wird als Doppelstrang unter einem Neigungswinkel von 60° an den I-Profilen befestigt werden. Skizzieren Sie diese Aufhängung (Maßstab 1:100), wenn die Anschlagpunkte jeweils 4 m von der Mitte des Profils liegen sollen, damit die Last in der Waage bleibt.

4. Berechnen Sie die Zahl der I-Profile, die maximal entladen werden können, ohne die Tragfähigkeit des Kranhakens zu überlasten.

5. Bestimmen Sie die Kettennenndicke (Beachten Sie die Aufgaben 2. bis 4). Notieren Sie dafür noch einmal alle notwendigen Angaben, die zur Auswahl aus den Belastungstabellen nötig sind. Begründen Sie ihre Auswahl.

6. Berechnen Sie den notwendigen Spannungsquerschnitt des Kranhakens, wenn bei der maximalen Traglast eine 5-fache Sicherheit angenommen wird ($\sigma_{Z\,zul}$ = 73,5 N/mm²).

7. Kopieren Sie sich folgende Tabelle und ordnen Sie durch Ankreuzen die Begriffe der Hebetechnik in der Tabelle den zugehörigen Lastaufnahmemitteln zu.

	Tragmittel	Lastaufnahmemittel	Anschlagmittel
Traversen			
Drahtseile			
Klemmen			
Schäkel			
Rundschlingen			
Hebebänder			
Körbe			
Profilgreifer			
Lasthaken			
Magnethalter			

8. Zur Vermeidung von Unfällen und für einen reibungslosen Ablauf von Transportarbeiten sind diverse **Arbeits- und Sicherheitsregeln beim Anschlagen** zu beachten. Nennen Sie vier!

9. Benennen Sie die dargestellten Anschlagarten; wie verändert sich die Tragfähigkeit bei den Anschlagarten.

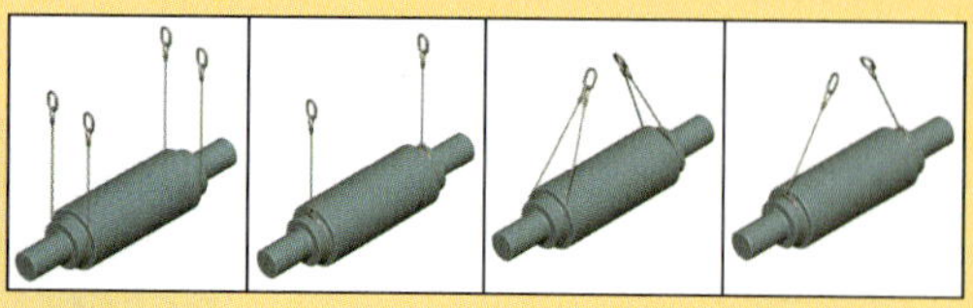

10. Ermitteln Sie die Tragfähigkeit der einzelnen Seilstränge und den kleinsten möglichen Seilnenndurchmesser.

Naturfaserseil (Manila)	**Chemiefaserseil (PP)**	**Stahldrahtseil (Seilart K)**
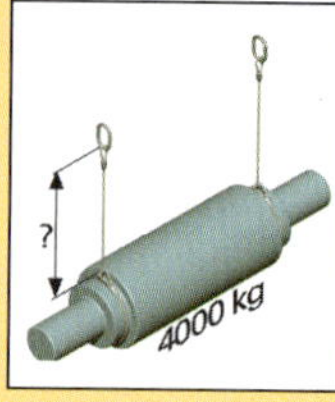	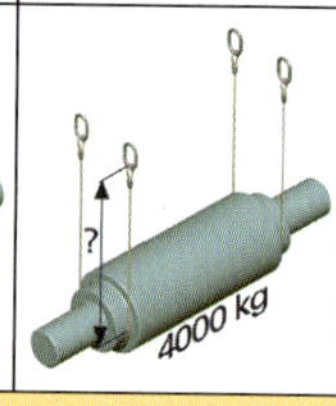	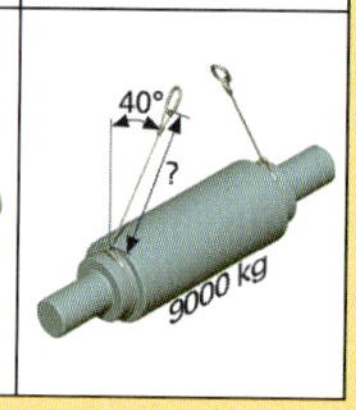

11. Ermitteln Sie die maximal zulässige Last.

Stahldrahtseil (Seilart N) ∅ 10 mm	Rundstahlkette (Güteklasse 4) ∅ 13 mm	Rundstahlkette (Güteklasse 4) ∅ 20 mm
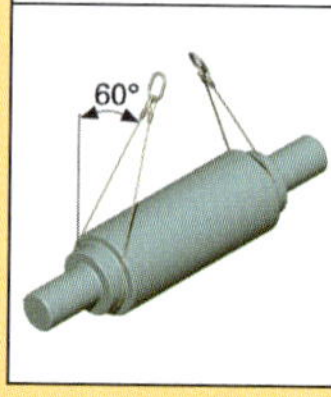		

Aufgaben zur Kraftübersetzung

Hebelgesetz

1. Berechnen Sie
   a) das Drehmoment,
   b) die Kraft F_1 (in N), die an der Sechskantmutter wirksam wird.

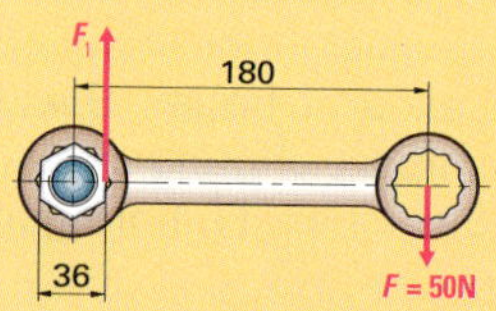

2. An einem Schraubenschlüssel mit dem wirksamen Hebelarm l = 200 mm wirkt eine Kraft F = 70 N. Durch Aufstecken eines Rohres wird der wirksame Hebelarm auf 500 mm verlängert.
   Wie groß ist das Drehmoment:
   a) des Schlüssels ohne Rohr,
   b) des Schlüssels mit Rohr?
   c) Warum ist das Verlängern des wirksamen Hebelarmes gefährlich?

3. Berechnen Sie die Kraft F in N.

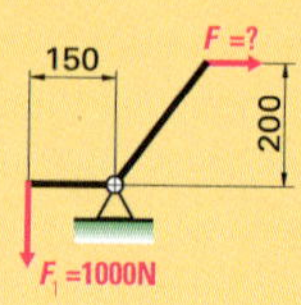

5 Konstruktionen des Metall- und Stahlbaus: Treppen und Geländer

Auftrag

Nach folgendem Eingabeplan soll eine Treppe inklusive Geländer für den Zugang zur 1. Etage eines Wohnhauses geplant und gefertigt werden. Bevor der Betrieb den Auftrag erhält, möchte der Kunde in der Regel über mögliche Varianten umfangreich informiert und beraten werden.

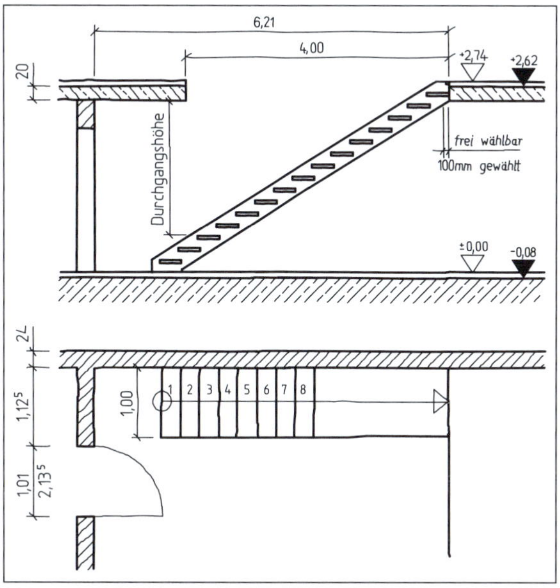

1 Auszug aus Eingabeplan

Beim Entwurf und der Ausfertigung muss eine Treppe an den Gebäudestil angepasst werden. Dies ist Aufgabe des Architekten in Zusammenarbeit mit dem ausführenden Metallbauer. Der Architekt entwirft dabei die Treppe meist zusammen mit dem Geländer, im Metallbaubetrieb werden sie als Profilkonstruktionen gebaut. Abhängig vom Standort der Treppe und dem Gebäudestil ergeben sich meist weitere Fragen bzw. Anforderungen an die Planung und Treppenausführung, wie z.B.:

- Aus welchem Werkstoff werden die tragenden Treppenbauteile, die Trittstufen und das Geländer gefertigt?
- Welche Verbindungstechniken kommen zum Einsatz? Wie wirken sich diese auf die Gestaltung der Treppe aus?
- Welche farbliche Gestaltung soll die Treppe erhalten?
- Können alternative (moderne) Werkstoffe verwendet werden, z.B. Trittstufen aus Glas oder Edelstahl als tragende Treppenkonstruktion?
- Wie können die Treppenteile in das Gebäude transportiert und montiert werden?

In einem Beratungsgespräch, das für den Metallbauer zugleich auch Verkaufsgespräch sein wird, müssen diese Fragen unter Beachtung des Kundenwunsches zufriedenstellend geklärt werden. Hilfreich erweisen sich dabei Fotos von bereits ausgeführten Objekten, Herstellerunterlagen oder ein eventuell vorhandener Internetauftritt des Metallbauers, wo er seine bereits gefertigten Treppen und vieles andere mehr präsentiert.

Bild 2 zeigt die alle notwendigen Informations- und Planungsaufgaben bei der Fertigung von Stahltreppen.

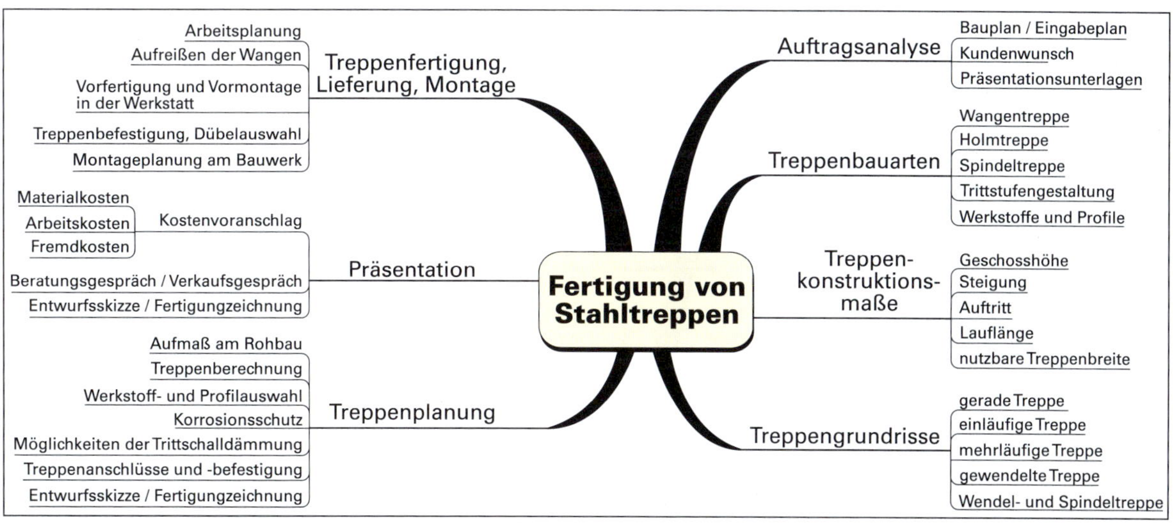

2 Treppenplanung und Fertigung

Außen- und Industrietreppen werden schon lange Zeit als Stahltreppen ausgeführt. Dies ist nicht zuletzt auf die Witterungsbeständigkeit und Unempfindlichkeit feuerverzinkter Konstruktionen zurückzuführen.

Stahl ist auch aufgrund seiner hohen Festigkeitswerte und der Formsteife der verwendeten Profile für die tragenden Teile einer Treppe hervorragend geeignet. Seit einigen Jahren werden nun auch im Wohnungsbau immer öfter Stahltreppen von den Kunden gewünscht.

Stahltreppen können aus sehr schlanken Profilen gefertigt werden, weshalb sie gerade im Wohnungsbau sehr leicht, filigran und transparent wirken. Dort werden auch Werkstoffkombinationen wie Stahl und Holz (Stufen oder Handlauf) oder Stahl und Glas (Stufen) verbaut.

1 Außentreppe

5.1 Tragsysteme von Treppen – Treppenbauarten

Die tragenden Bauteile einer Treppe bestimmen im wesentlichen die Konstruktionsart. Man unterscheidet dabei zwischen

- Wangentreppen,
- Holmtreppen und
- Kragkonstruktionen (z. B. Spindeltreppen).

Die verschiedenen Tragsysteme wirken sich auch auf die Lagerung der Trittstufen aus.

5.1.1 Wangentreppen

Die Wangen bilden als tragende Teile die seitliche Begrenzung der Treppe. Sie müssen neben dem Eigengewicht der Treppe (Wange + Trittstufen) auch die Verkehrslasten übertragen und in die Treppenauflager am Rohfußboden einleiten. Daher werden sie aus biege- und verwindungssteifen Profilen oder Breitflachstahl gefertigt. Die Trittstufen werden zwischen den beiden Wangen befestigt und als sogenannte **eingesattelte Stufen** bezeichnet. Je nach Stufenausführung können diese direkt an die Wangen geschweißt oder geschraubt werden (z. B. bei Stahlblechstufen, Gitterroststufen) oder man befestigt sie mithilfe von seitlich an die Wangen geschraubten bzw. geschweißten Konsolen.

2 Wangentreppen

5.1.2 Holmtreppen

Liegt die tragende Konstruktion der Treppe unter den Trittstufen, so wird diese Treppe als Holmtreppe bezeichnet. Die Auftritte werden dabei mithilfe von konsolenartigen Stützelementen oder unmittelbar auf den Holmen („Sägezahnholm") befestigt. Die Trittstufen sind **aufgesattelt**.
Die Treppenholme übernehmen dabei die gleichen Aufgaben wie die Wangen einer Wangentreppe. Sie müssen biege- und verdrehsteif sein und werden meist aus Rechteck-, aber auch Rundrohren oder Profilstählen gefertigt. Holmtreppen können als **Einholm- oder Zweiholmtreppen** ausgeführt werden. Gewendelte Treppen (s. Kap. 5.3 – Treppengrundrisse) werden oft als Einholmtreppen gebaut. Bei Einholmtreppen liegt der Holm meist in der Mitte, weshalb man diese Treppen auch als **Mittelholmtreppen** bezeichnet. Eine Sonderform der Zweiholmtreppe ist die **„Sägezahntreppe"**. Die beiden Holme sind sägezahnartig abgewinkelt, sodass die Auftritte unmittelbar darauf befestigt werden können.

1a Holmtreppen (oben: Innentreppe als Einholmtreppe; unten: Zweiholmtreppe)

1b Holmtreppen als Sägezahntreppen (oben: gewendelt; unten: Podesttreppe)

5.1.3 Treppen als Kragkonstruktion (z.B. Spindeltreppe)

Bei der Spindeltreppe wird die Treppe als Kragkonstruktion ausgeführt. Die Spindel, meist aus Rundrohr oder Vierkantrohr gefertigt, bildet das tragende Teil der Treppe. Die Trittstufen werden in Form von auskragenden Trägern an der Spindel befestigt. Die Montage der Trittstufen kann entweder direkt an der Spindel durch Anschweißen erfolgen, oder die Auftritte werden auf Hülsen geschweißt, die über die Spindel geschoben werden (indirekte Trittstufenbefestigung). Die Verwendung von Stufenhülsen hat den Vorteil, dass bei der Treppenmontage die einzelnen Trittstufen entsprechend den örtlichen Gegebenheiten besser in die richtige Position gedreht werden können. Außerdem wird der Bau von Spindeltreppen dadurch standardisiert, indem man stets gleich hohe Stufenhülsen fertigt. Die Anpassung an die verschiedenen Steigungshöhen von Treppen kann durch Einschieben von Zwischenhülsen variabler Höhe ausgeglichen werden.

Um eine ausreichende Standsicherheit der Spindeltreppe zu gewährleisten, muss sie an mindestens 2 Punkten fest verankert werden. Neben einer großen Bodenplatte am Rohfußboden dient dazu ein weiterer Befestigungspunkt am Austrittspodest. Wie bei allen Stahltreppen ist auch bei der Spindeltreppe die Schallausbreitung und Schallübertragung auf den Baukörper ein Problem. Eine wirkungsvolle Schalldämmung lässt sich aber unter anderem durch Füllen des Spindelrohres mit Sand bewerkstelligen.

Ein weitere Vorteil von Spindeltreppen ist der im Vergleich zu anderen Treppenkonstruktionen geringste Platzbedarf im Raum.

Metallbaufirmen, die sich auf den Treppenbau spezialisiert haben, bieten auch Spindeltreppen im Baukastensystem an. Die Stufen werden als komplette Elemente über einzelne Gewindestangen gesteckt und verschraubt (Bild 1b).

1a Spindeltreppe: direkt befestigte Stufen (aufgeschweißt)

1b Spindeltreppe im Baukastensystem

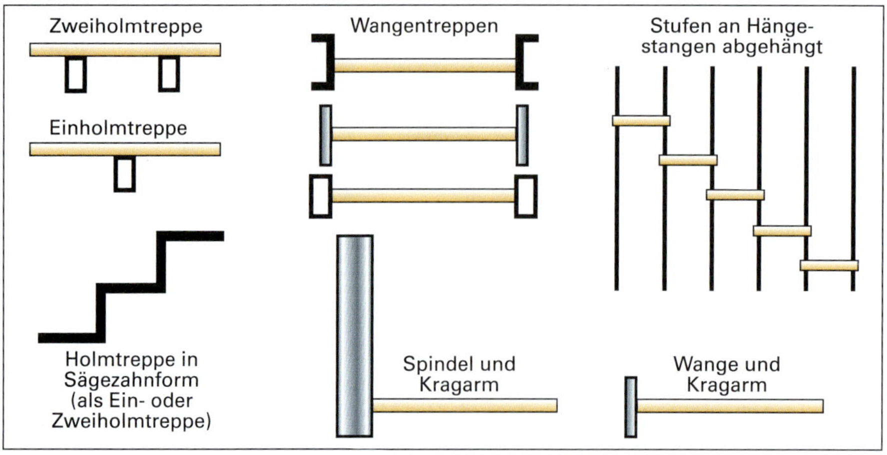

Nebenstehende Übersicht zeigt die verschiedenen Tragsysteme von Treppen in einer Gegenüberstellung.

2 Tragsysteme von Treppen

5.1.4 Gestaltung von Trittstufen

Unabhängig von den verschiedenen Möglichkeiten zur Gestaltung und Ausführung von Trittstufen müssen diese zwei grundsätzliche Anforderungen erfüllen. Sie müssen einerseits **rutschhemmend** nach DIN 51130 (Bewertungsgruppe R9) und andererseits auch ausreichend **biegesteif** sein.

Gitterroststufen nach DIN 24531, Stufen aus Blechprofilrosten oder Stufen aus Tränenblech nach DIN 59220 erfüllen diese Anforderungen bei Außen- und Industrietreppen in völlig ausreichendem Maße (Bild 1 und 2). Dies gilt allerdings nicht für Riffelbleche, denn hier kann das Wasser nicht ablaufen.

Das Erscheinungsbild von Wohnhaustreppen kann der Metallbauer durch vielfältige Variationsmöglichkeiten hinsichtlich Stufenwerkstoff und Stufenform gestalten. Ob **Holzstufen** oder **Stufen aus Naturstein** (Marmor, Granit), **Wannenstufen aus Stahlblech** mit Estrichfüllung und Teppich- bzw. Fliesenbelag oder **gekantete Stahlblechstufen**, neben den unterschiedlichen Trittstufenwerkstoffen

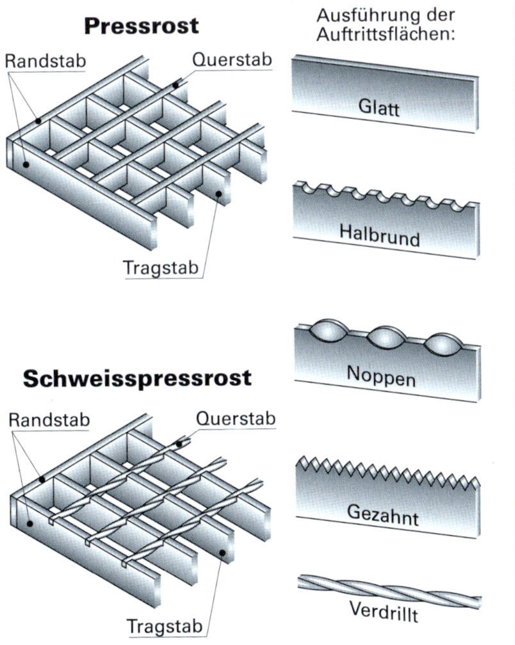

Halbrunde Gitterstäbe sind rutschhemmender als glatte Stäbe, gezahnte Stäbe erreichen die beste Rutschhemmung, besonders wenn sie in Trag- und Querstab gezahnt sind. Weiterhin besitzen Roste aus Edelstahl eine bessere Rutschhemmung als feuerverzinkte Roste.

1 Gitterroststufen

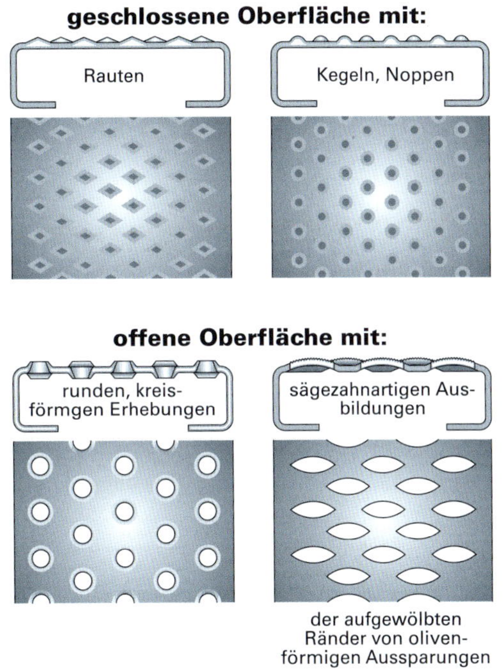

Blechprofilroste sind in Edelstahl und Aluminium rutschfester als feuerverzinkte Roste. Bei Profilrosten mit geschlossener Oberfläche haben Erhebungen in Kegelform eine bessere Rutschhemmung als solche mit Rautenform.

2 Blechprofilroste

entscheidet auch die Befestigung der Stufen über die optische Wirkung der Treppe (Bild 1, nächste Seite). Für die im Wohnungsbau häufig verwendeten Holztritte eignen sich nur Harthölzer wie Eiche, Buche, Lärche oder Ahorn.

Die Holzstufen müssen abhängig von der Stützweite (Treppenbreite) eine Mindestdicke von 4,5 cm aufweisen (Bild 1, nächste Seite).

Die Trittstufen können auch mit sogenannten **Setzstufen** verbunden werden. Setzstufen (Bild 1, nächste Seite) erhöhen dabei die Stabilität der Auftritte gegen Durchbiegen und erhöhen die Sicherheit, weil keine Gegenstände durchfallen können. Außerdem verhindern sie den Durchblick, was bei manchen Leuten auch das Sicherheitsgefühl beim Begehen der Treppe steigert. Offene, transparente Treppen können bei Menschen mit Höhenangst zur Verunsicherung führen. Der lichte Stufenabstand darf bei offenen Treppen maximal nur 120 mm betragen, damit auch Kleinkinder nicht durchfallen können. „Extremfälle" einer offenen Treppengestaltung sind beispielsweise **Treppen mit Glasstufen** (Bild 2, nächste Seite). Glasstufen werden in der Regel als

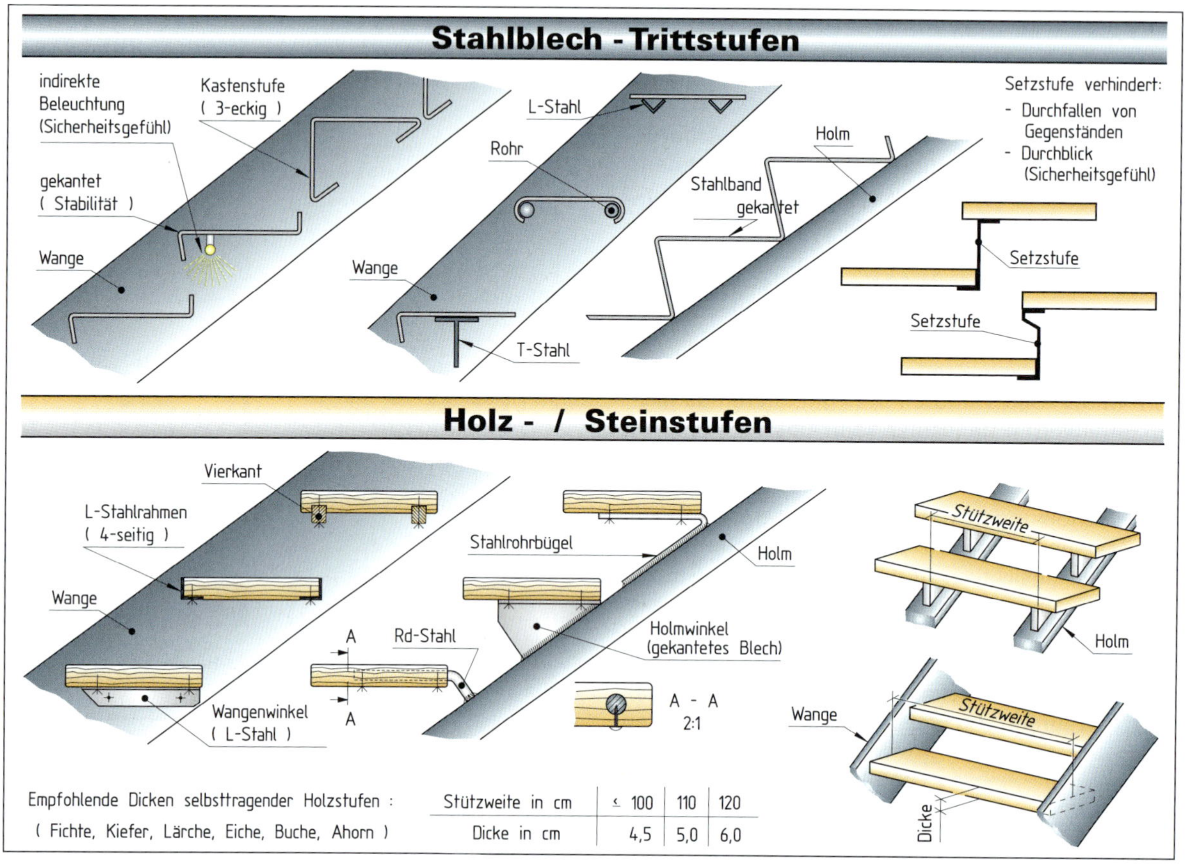

Stützweite in cm	≤ 100	110	120
Dicke in cm	4,5	5,0	6,0

1 Trittstufengestaltung und -befestigung

Verbundscheibensicherheitsglas (VSG) aus mehreren Einscheibensicherheitsgläsern (ESG) mit zwischenliegender Folie gefertigt. Wird die Trittfläche zerstört, kann der Treppenbenutzer dennoch nicht durchfallen. Durch Ätzung, Sandstrahlen oder Siebdruck wird eine entsprechende Rutschhemmung erreicht und die Transparenz kann verringert werden. Glasstufen in öffentlichen Gebäuden müssen mindestens die Rutschbewertungsgruppe R10 aufweisen.

2 „Glastreppen" – Stahltreppen mit Trittstufen aus VSG-Glas

5.2 Treppenbegriffe – Treppenkonstruktionsmaße

Ungeachtet der verschiedensten Bauformen und Konstruktionsarten erfüllen Treppen alle den gleichen Zweck, Höhenunterschiede in Gebäuden zu überbrücken. Für die Fertigung von Treppen sind die **DIN 18065**, die verschiedenen **Landesbauordnungen**, und diverse **Sonderverordnungen** zu beachten (Bild 1). Die DIN 18065 gilt unabhängig für alle beliebigen Treppenwerkstoffe. Als Treppe bzw. Treppenlauf bezeichnet man dieser Norm gemäß eine **Abfolge von mindestens 3 Treppenstufen (Steigungen)**. Man unterscheidet dabei:

- **Geschosstreppen**, die 2 Geschosse miteinander verbinden und
- **Ausgleichstreppen**, die Höhenunterschiede innerhalb eines Geschosses ausgleichen (z. B. in Wohnungen mit versetzten Ebenen)

Nach dem Einsatzort unterscheidet man zwischen **Haupttreppen**, **Nebentreppen**, **Leiter- und Raumspartreppen**. Eine Hauptverkehrstreppe muss breit und bequem zu begehen sein, der Steigungswinkel liegt zwischen 30° und 38°. Nebentreppen in Lagerräumen oder Maschinenräumen dürfen steiler und schmaler sein, der Steigungswinkel liegt hier zwischen 38° und 45° (siehe Bild 1, Seite 152 Steigungsverhältnisdiagramm). Treppen mit einem Steigungswinkel über 45° bis 75° werden als Leitertreppen bezeichnet. Aufgrund der großen Stufenüberdeckung können diese Treppen abwärts meist nur rückwärtsgehend begangen werden. Abhilfe schaffen dann sogenannte Spartreppen, deren Stufen so geformt sind, dass bei richtiger Einhaltung der Schrittfolge ein Abwärtsgehen möglich ist. Leiter- und Spartreppen findet man häufig an Dachbodenaufstiegen (Bild 2).

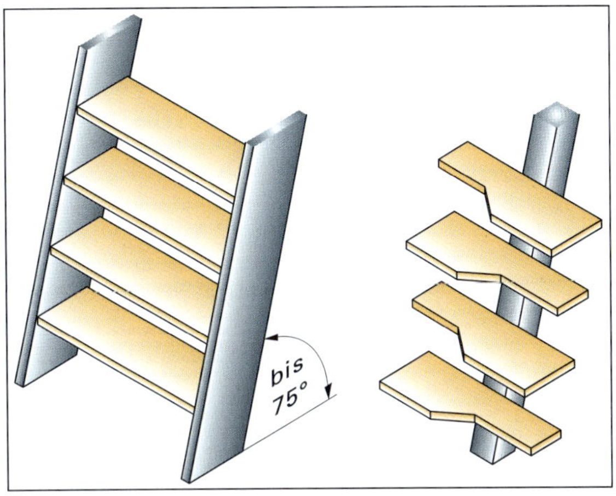

2 Leiter-/Spartreppe

Ob eine Treppe sicher und bequem zu begehen ist, hängt von drei wichtigen Treppenkonstruktionsmaßen ab (Bild 1, nächste Seite): der

- **Steigung *s***: senkrechter Abstand zwischen zwei Stufenoberkanten
- **Auftrittsbreite *a***: waagrechter Abstand zwischen zwei Stufenvorderkanten
- **nutzbaren Treppenlaufbreite:** die zum Begehen zur Verfügung stehende Treppenbreite.

		Nutzbare Treppenlaufbreite *b* in cm	Steigung *s* in cm	Auftritt *a* in cm	
Baurechtlich notwendige Treppen[1])	Wohngebäude mit nicht mehr als zwei Wohnungen	≥ 80	17 ± 3	28 +9/–5	DIN18 065
	Kellertreppen, Bodentreppen, die nicht zu Aufenthaltsräumen führen	≥ 80	≤ 21	≥ 21	
	Wohngebäude mit mehr als zwei Wohnungen, sonstige Gebäude	≥ 100	17 +3/–2	28 +9/–2	
„Baurechtlich nicht notwendige" Treppen Zusätzliche Treppen		≥ 50	≤ 21	≥ 21	
übliche Garten- und Freitreppen			14	≥ 30	
Geschäftshäuser		≥ 100	≤ 17	≥ 28	Sonderbauordnung
Versammlungsstätten		≥ 100	≤ 17	≥ 28	
Gaststätten			17	≥ 28	
Krankenhäuser		≥ 120	≤ 17	≥ 29	
Schulen		≥ 120	17	28	

[1]) Eine notwendige Treppe ist der erste Rettungsweg für Geschosse mit Aufenthaltsräumen, die nicht zu ebener Erde liegen.

1 Treppenmaße nach dem Einsatzort (DIN 18065, Sonderverordnungen)

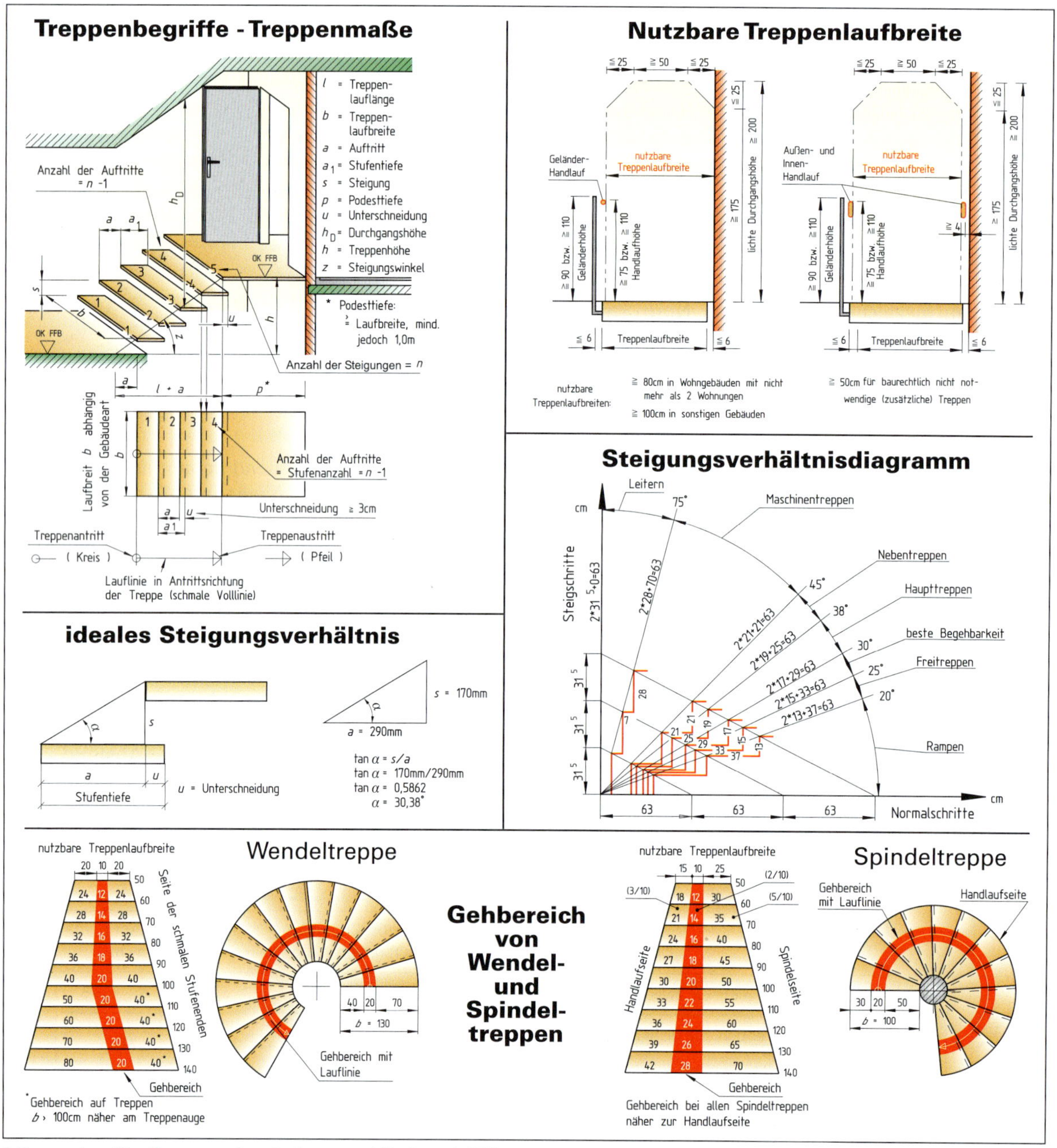

1 **Treppenbegriffe – Treppenmaße – Steigungsverhältnis nach DIN 18065**

Das Verhältnis zwischen Steigung *s* und Auftrittsbreite *a* bestimmen die Steilheit einer Treppen und damit die Begehbarkeit. Die beste Begehbarkeit weisen Treppen mit einem Steigungswinkel von ca. 30° auf. Das **Idealmaß** für die **Steigung *s*** der Treppe beträgt dabei **170 mm**, für den **Auftritt *a* 290 mm**, wie aus dem **Steigungsverhältnisdiagramm** in Bild 1 zu erkennen ist. Diese Idealmaße ergeben sich aufgrund der durchschnittlichen Schrittlänge eines Mitteleuropäers von 630 mm beim Gehen auf ebener Strecke. Beim „Ansteigen“ verkürzt sich diese Schrittlänge um das zweifache der zu überwindenden Steigung. Damit ergibt sich die für den Treppenbau wichtigste Regel, die sogenannte

Schrittmaßregel: Mit den Idealmaßen:
$2 \cdot 170$ mm + 290 mm = 630 mm

2 Steigungen + 1 Auftrittsbreite =

630 mm + $^{+30}_{-40}$ mm

$2 \cdot s + a = 630$ mm $^{+30}_{-40}$ mm

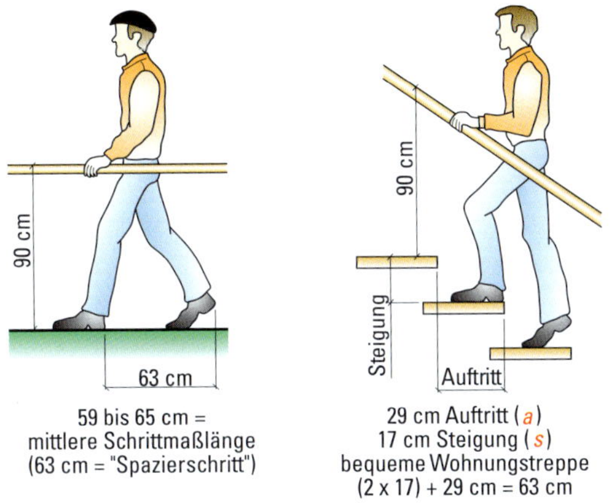

1 Schrittmaßregel beim Treppensteigen

Im Treppenbau werden auch noch weitere Regeln verwendet, die aber aufgrund der zunehmenden Körpergröße der Mitteleuropäer nur noch eingeschränkt sinnvoll sind:

- die **Bequemlichkeitsregel**: 1 Auftritt – 1 Steigung = 120 mm
- die **Sicherheitsregel**: 1 Auftritt + 1 Steigung = 460 mm

Aufgrund der zunehmenden Körpergröße sollten auch bei der Schrittmaßregel die oberen Grenzwerte bevorzugt werden.

Das Steigungsverhältnis von s/a = 170 mm/290 mm ist das sicherste und bequemste Verhältnis zum Begehen einer Treppe. Steile Treppen mit zu kleinem Auftritt ermüden und erhöhen die Sturzgefahr. Bei zu flachen Treppen mit zu großem Auftritt neigt der Benutzer zum Stolpern.

Baurechtlich notwendige Treppen müssen gemäß DIN 18065 nach 18 Steigungen ein **Zwischenpodest** aufweisen. Die nutzbare Podesttiefe muss dabei mindestens so groß sein wie die nutzbare Treppenlaufbreite, mindestens jedoch 1 Meter. Die **lichte Durchgangshöhe** von Treppen muss mindestens 2,00 m betragen.

Offene Treppen ohne Setzstufen benötigen eine **Unterschneidung** von **mindestens 30 mm**. Bei Stufen, deren Auftritt a unter 260 mm liegt, muss die Unterschneidung so gewählt werden, dass insgesamt 260 mm Trittbreite erreicht wird ($a + u$ = 260 mm).

Die **nutzbare Treppenlaufbreite *b*** ist kleiner als die Treppenbreite, sie berücksichtigt Geländer und Handlauf. Je nach Einsatzort der Treppe sind bestimmte Mindestwerte einzuhalten (Bild 1, vorherige Seite). Die Treppenbreite b ergibt zusammen mit der Lauflänge L (auch Lauflinie genannt) den für die Treppe erforderlichen Raum im Grundriss.
Die **Lauflinie *L*** ist die gedachte Linie des Treppenbenutzers beim Aufwärtsgehen. Sie wird im Grundriss in der Treppenmitte als Pfeillinie eingezeichnet. Der Kreis kennzeichnet dabei die Antrittsstufe und der Pfeil die Austrittstufe. Die Treppenlauflinie ist die Summe aller Auftritte und entspricht der Treppenlänge im Grundriss.

Die Lauflinie ist aber nicht unbedingt gleichbedeutend mit dem **Gehbereich**. Dieser beträgt ca. 2/10 der nutzbaren Treppenlaufbreite und liegt bei geraden Treppen in der Mitte des Treppenlaufes. Bei Wendeltreppen ab einer Breite von 100 cm sowie bei Spindeltreppen liegt er außerhalb der Mitte (Bild 1, vorherige Seite).

5.3 Treppengrundrisse

Der Grundriss, die senkrechte Projektion der Stufen auf den Boden, bestimmt die Form der Treppe (Bild 1, nächste Seite). Man unterscheidet

- Treppen mit geraden Läufen,
- Treppen mit gewendelten Läufen und
- Treppen mit geraden und gewendelten Läufen.

Bei geringem Platz kann eine geradläufige Treppe auch ein- oder zweimal abgewinkelt und mit Zwischenpodesten versehen werden. Die Lage des Geländers bestimmt bei geraden Treppen, die ihre Richtung nicht ändern, die Bezeichnung linke oder rechte Treppe.

Bei Treppen, deren Richtung sich ändert, gibt dagegen die Laufrichtung den Ausschlag. So werden Treppen, deren Lauf im Uhrzeigersinn geht, als rechte Treppen bezeichnet. Linke Treppen dagegen ändern ihre Laufrichtung gegen der Uhrzeigersinn nach oben. Dies gilt sowohl für gerade Treppen mit Zwischenpodesten als auch für Treppen mit gewendelten Läufen (Bild 1, Seite 154 und Bild 1, Seite 155).

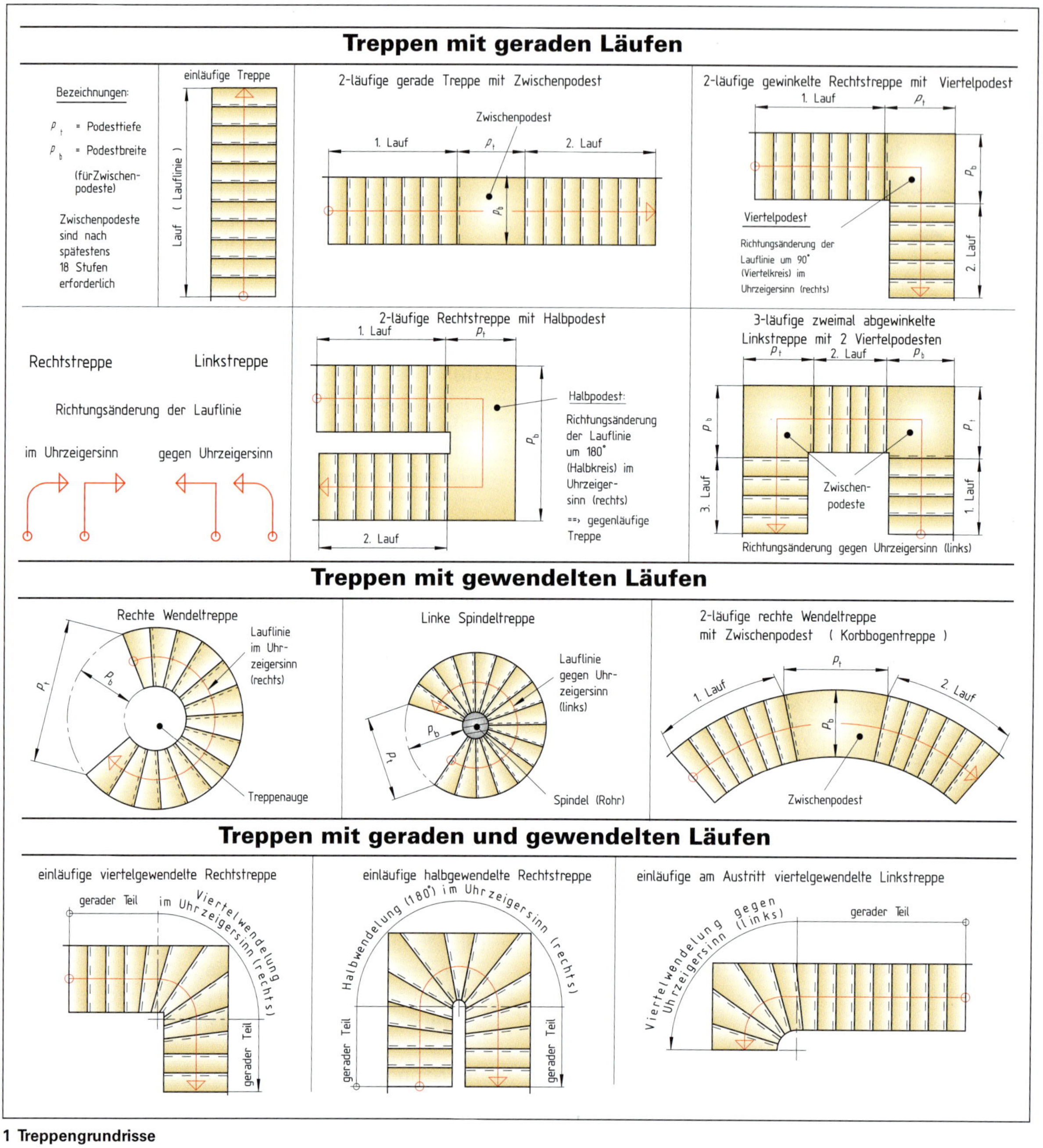

1 Treppengrundrisse

Wendeltreppen (Bild 1, nächste Seite) sind schraubenlinienförmig, haben kreisförmigen Grundriss und wirken besonders repräsentativ in großen Räumen und Hallen. Spindel und Wendeltreppen ähneln sich in ihrem Grundriss sehr. Wendeltreppen besitzen aber kein tragendes Spindelrohr, sondern seitliche Wangen oder Holme. Ihre Herstellung gestaltet sich durch das räumliche Biegen der Wangen bzw. Holme recht aufwändig. Spindeltreppen beanspruchen dagegen den geringsten Treppenraum. Gewendelte Treppen sind Treppen, die neben geraden Lauf-Anteilen auch einen gewendelten Lauf-Anteil besitzen. Gewendelte Treppen verringern den Raumbedarf gegenüber Treppen mit Zwischenpodesten erheblich.

1 Halbgewendelte Rechtstreppe

2 Linke Wendeltreppe

5.4 Planung einer geraden Wohnhaustreppe

Entsprechend dem Eingabeplan (Seite 145) wird eine Wohnhaustreppe nach folgenden Kundenvorgaben bzw. Architektenvorgaben geplant und gefertigt:

- Grundrissform: gerade, einläufig,
- Tragsystem: Wangentreppe aus Breitflachstahl,
- Trittstufen: Hartholz (Buche oder Eiche).

Folgende Planungs-, Fertigungs- und Montagearbeiten sind dabei durchzuführen:

Planungsarbeiten

- Ermitteln der Geschosshöhe,
- Bestimmen bzw. Kontrollieren des zur Verfügung stehenden Treppenraumes,
- Erstellen einer Aufmassskizze am Rohbau,
- Ermitteln der Treppenkonstruktionsmaße *s*, *a* und *L*,
- Überprüfen des Platzbedarfes und der Durchgangshöhe,
- Wahl geeigneter Profile für die Wangen,
- Bestimmen der Dicke der Holzauftritte,
- Erstellen eines Aufmassblattes für die Fertigung in der Werkstatt,
- Festlegen der Bauwerksanschlüsse der Treppe unten und oben,
- Planung der Trittschalldämmung der Treppe,
- Wahl und Gestaltung der Trittstufenbefestigung,
- Auswahl geeigneter Korrosionsschutzmaßnahmen.

Fertigungsarbeiten

- Zuschnitt der Auftritte und Anreißen der notwendigen Bohrungen,
- Zuschnitt und Anriss der Wangen mit allen erforderlichen Bohrungen für die Stufen- und Geländerbefestigung,
- Bohren aller Durchgangslöcher für die Stufen-, Wangen- und Geländerbefestigung,
- Aufbau der kompletten Treppe in der Werkstatt mit einer Hilfskonstruktion,
- Demontage der Treppe und Durchführen der Korrosionsschutzmaßnahmen.

Montagearbeiten

- Transport der Treppenteile auf die Baustelle
- Einbau- und Montage der Treppe

5.4.1 Maßaufnahme am Rohbau – Ermitteln der Geschosshöhe:

Für die Berechnung der Treppenkonstruktionsmaße muss die verbindliche Stockwerkshöhe ermittelt werden. Die Geschosshöhe ist der Abstand der beiden Fußböden unten und oben. Maßgebend sind die **Oberkanten** beider **Fertigfußböden (OKFFB)**. Da aber im Rohbau naturgemäß die Fertigfußböden noch fehlen, muss der hinzukommende Fußbodenaufbau oben und unten vom Bauherrn oder Architekten erfragt werden. Dazu dient der sogenannte Meterriss, der in jedem Rohbau an den Wänden angebracht sein sollte. Der **Meterriss** ist eine Markierung in genau einer Höhe von 1 m Abstand zur Oberkante Fertigfußboden. Er wird an wichtigen Stellen wie Fenster- und Türleibungen oder Treppenaussparungen eines jeden Stockwerks angebracht. Dies erleichtert die Bestimmung der notwendigen Stockwerkshöhe *h* (Bild 1). Die Geschosshöhe ergibt sich also durch Abstandsmessung zwischen den Meterrissmarkierungen der beiden Stockwerke in Nähe der Treppenaussparung. Ist der Meterriss an ungünstigen Stellen angebracht, so kann der Metallbauer ihn mithilfe einer Schlauchwasserwaage oder eines Rotationslasers an die Treppenaussparung übertragen.

Fehlt der Meterriss, so muss der Metallbauer seine Anbringung veranlassen.

Merke:
Ohne Meterriss keine gültige Maßaufnahme!

Alternativ kann die Geschosshöhe auch durch Messen der Rohbauhöhen erfolgen. Die Fußbodenaufbauten sind dann beim Bauherrn bzw. Architekten zu erfragen.

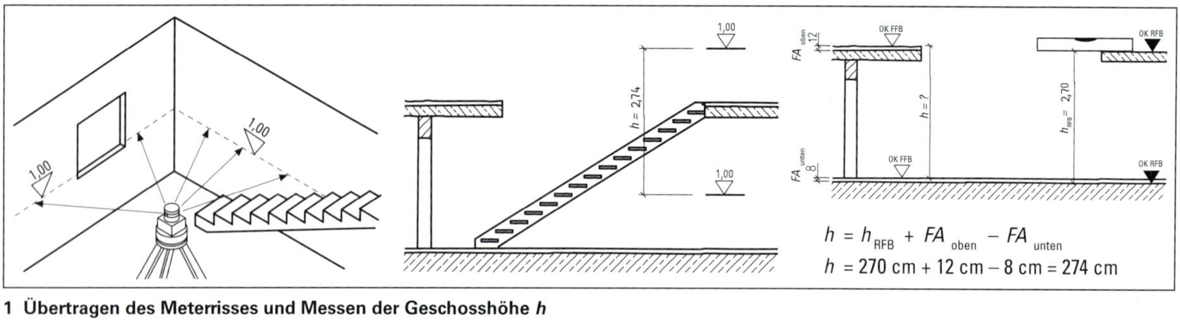

1 Übertragen des Meterrisses und Messen der Geschosshöhe *h*

5.4.2 Berechnung der Treppenkonstruktionsmaße

Bei gegebener Geschosshöhe *h* müssen nun folgende Werte und Maße ermittelt werden:

1. Anzahl der Steigungen *n* berechnen:
Grundlage für die Berechnung der notwendigen Anzahl von Steigungen einer Wohnhaustreppe sind die Idealmaße der Steigung *s* von 170 mm. Ausgehend davon ergibt sich

$$\text{Anzahl der Steigungen} = \frac{\text{Stockwerkshöhe}}{\text{Idealsteigung 170 mm}}$$

$$n = \frac{h}{s_{ideal}} \rightarrow n = \frac{2740\text{ mm}}{170\text{ mm}} \rightarrow n = 16{,}11$$

→ <u>gewählt n = 16 Steigungen</u>

2. Tatsächliche Steigung *s* berechnen:

$$\text{Steigung} = \frac{\text{Stockwerkshöhe}}{\text{Anzahl der Steigungen}}$$

$$s = \frac{h}{n} \rightarrow s = \frac{2740\text{ mm}}{16} \rightarrow \underline{s = 171{,}3\text{ mm}}$$

3. Auftrittsbreite *a* bestimmen:
Um einen optimalen Auftritt zu erhalten, kann dieser mithilfe der Schrittmaßformel ausgelegt werden:

$$2 \cdot \text{Steigung} + \text{Auftritt} = 630\text{ mm} \pm 30\text{ mm}$$

$$2 \cdot s + a = 630\text{ mm} \pm 30\text{ mm}$$

$$a = 630 - 2 \cdot s \rightarrow a = 630 - 2 \cdot 171{,}3\text{ mm}$$

$$\rightarrow \underline{a = 287{,}4\text{ mm}}$$

4. Lauflänge *L* berechnen:
Die Lauflänge einer Treppe ist die Summe aller Auftritte. Jede Treppe hat einen Auftritt weniger als Steigungen vorhanden sind. Der letzte Auftritt (Austrittstufe) gehört nämlich bereits zum Fertigfußboden des Obergeschosses und damit nicht mehr zum Treppenlauf.

$$\text{Lauflänge} = \text{Auftritt} \cdot (\text{Anzahl der Steigungen} - 1)$$

$$L = a \cdot (n - 1) \rightarrow L = 287{,}4 \cdot (16 - 1)$$

$$\rightarrow \underline{L = 4311\text{ mm}}$$

Die Ermittlung der Treppenkonstruktionsmaße kann mithilfe Treppenmaßtabellen schneller und bequemer erfolgen. Basierend auf der Schrittmaßregel sind hier für gängige Stockwerkshöhen die üblichen Treppenkonstruktionsmaße berechnet (Tabelle: Treppenmaße – Auszug)

Geschosshöhe *h* in cm	Anzahl der Stufen *n*	Steigungshöhe *h* in m	Anzahl der Auftritt *l*	Auftrittsbreite *a* in cm	Treppenlänge *L* in cm	verfügbarer Bereich für die Treppenlänge *L* in cm
272	14 15 16	19,43 18,13 17,00	13 14 15	24,14 26,73 29,00	314 374 435	288...342 343...403 404...465
273	14 15 16	19,50 18,20 17,06	13 14 15	24,00 26,60 28,88	312 372 433	286...341 342...401 402...463
274	14 15 16	19,57 18,27 17,13	13 14 15	23,86 26,47 28,75	310 371 431	284...339 340...399 400...461
279	15 16 17	18,60 17,44 16,41	14 15 16	25,80 28,13 30,18	361 422 483	333...390 391...451 452...515
280	15 16 17	18,67 17,50 16,47	14 15 16	25,67 28,00 30,06	359 420 481	331...388 389...449 450...513

Tabelle: Treppenmaße – Auszug

5.4.3 Überprüfung des Treppenraumes und der Durchgangshöhe h_D

Es muss geklärt werden, ob der Mindestabstand von 1 Meter zwischen der Antrittsstufe der Treppe und der Wand nach der Montage der Treppe noch gegeben ist und eine ausreichende Durchgangshöhe von 2,00 m nach DIN 18065 eingehalten wird.

Platzbedarf der Treppe

Laut Eingabeplan beträgt das Maß zwischen Wand und der Vorderkante Obergeschossdecke 6,21 m. Die Austrittstufe der Treppe soll 100 mm über die Vorderkante der Geschossdecke hinausragen. Mit der berechneten Treppenlauflänge von 4311 mm ergibt sich damit eine Gesamtlänge von 4311 mm + 100 mm = 4411 mm gemessen ab der Vorderkante Geschossdecke. Zieht man dieses Maß von dem Baumaß 6,21 m ab, so bleiben 1799 mm Platz zwischen der Wand und der Antrittsstufe der Treppe.

Der Mindestabstand von 1,00 m ist somit hinreichend gewährleistet.

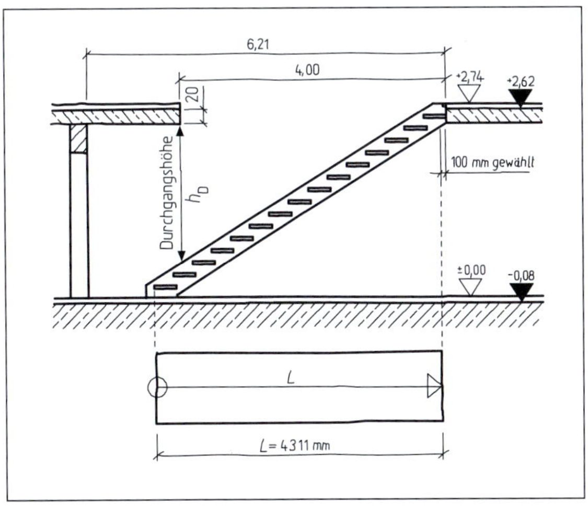

1 Platzbedarf der Wohnhaustreppe

Durchgangshöhe der Treppe

Es muss zuerst festgestellt werden, über welcher Stufe die Vorderkante der Betondecke der Treppenaussparung liegt (Bild 1, nächste Seite):

4311 mm + 100 mm – 4000 mm = 411 mm

Teilt man diesen Wert durch die Auftrittsbreite *a*, so weiß man, über welcher Stufe der Treppe die Unterkante der Treppenaussparung liegt:

➔ 411 mm / 287,4 mm = 1,43

➔ Die Unterkante der Treppenaussparung liegt damit auf der 2. Treppenstufe.

Da nach DIN 18065 aber die schräge Verbindungslinie zwischen zwei Stufenvorderkanten zur Bestimmung der Durchgangshöhe maßgebend ist, muss die Höhe s_D über der 2. Stufe ermittelt werden. Dies geschieht über die Maßverhältnisse bei „ähnlichen Dreiecken" (vgl. Bild 1, nächste Seite):

Die Höhe s_D errechnet sich zu 73,7 mm. Damit ergibt sich am Messpunkt der Durchgangshöhe ein Maß von 2 · 171,3 mm + 73,7 mm = 416,3 mm über dem Fertigfußboden.

Die Durchgangshöhe berechnet sich somit wie folgt:

h_D = 2620 mm – 200mm – 416,3 mm

h_D = 2003,7 mm

➔ Die Durchgangshöhe reicht gerade noch aus.

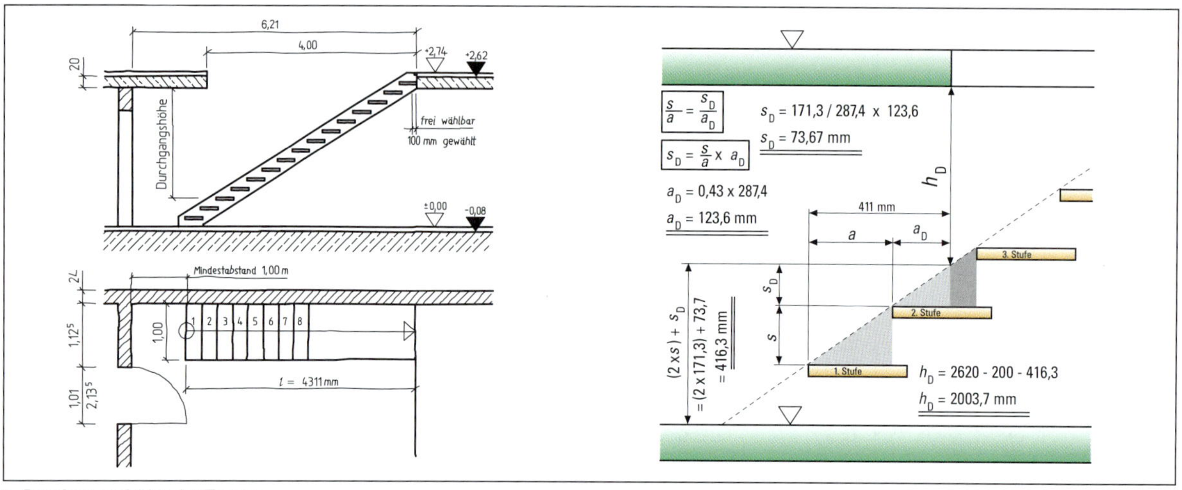

1 Durchgangshöhe der Treppe

5.4.4 Wahl geeigneter Profile für die Wangen

Treppen sind nach den Landesbauordnungen aller Bundesländer tragende Bauteile, deren Standsicherheit und Gebrauchsfähigkeit während der Nutzungsdauer sicherzustellen ist. Einen von der Bauaufsichtsbehörde geforderten, prüfbaren und statischen Nachweis einer Stahltreppe hat der Treppenplaner, meist der Architekt oder einen eigens beauftragten Statiker (auch Metallbaumeister oder Metallbautechniker) zu erbringen.

Bemessungstafeln geben Hilfestellung beim Entwurf und bei der Profilfestlegung der statisch tragenden Teile von geradläufigen Wangen- und Holmtreppen sowie einfachen Spindeltreppen mit Kragstufen. Abhängig von der Treppenkonstruktionsart, der Eigenlast (leicht, mittelschwer, schwer) und der Stützweite (waagrechter Abstand der Treppenauflager, entspricht ungefähr der Lauflänge) können hiermit die mindest erforderlichen Profile der tragenden Treppenteile ausgewählt werden (Bild 2).

Auswahl der Wangenprofile:

Leichte Ausführung – Stufen aus Gitterrosten, Riffelblechen, Stahlkästen, Holz o. ä. — Wohngebäude — Statisch erforderliches Profil bei einer Treppenbreite b — g_k = 1,0 kN/m² — q_k = 3,5 kN/m² — Wangentreppe

	Stützweite	b = 0,80 m			b = 1,00 m			b = 1,25 m			b = 1,50 m		
		I	L	[	I	L	[	I	L	[	I	L	[
	1	2	3	4	5	6	7	8	9	10	11	12	13
3	3,5 m	160 × 10	150 × 75 × 9	180	160 × 10	150 × 75 × 9	180	160 × 10	150 × 75 × 9	180	180 × 10	150 × 75 × 9	180
4	4,0 m	160 × 10	150 × 75 × 9	180	160 × 12	150 × 75 × 9	180	160 × 12	180 × 90 × 10	180	180 × 12	180 × 90 × 10	180
5	4,5 m	180 × 12	150 × 75 × 9	180	180 × 12	180 × 90 × 10	180	200 × 12	180 × 90 × 10	180	220 × 12	180 × 90 × 10	180

g_k = 1,0 kN/m² Eigenlast – leichte Ausführung (Stufen aus Gitterrost, Riffelblech, Holz, Glas)
q_k = 3,5 kN/m² Verkehrslast für Wohngebäude

Bestimmung der Trittstufendicke:

Massive Stufe / Verbundstufe	Stützweite b Stufenbreite b_s	0,80 m		0,90 m		1,00 m		1,10 m		1,20 m	
		240	300	240	300	240	300	240	300	240	300
Nadelholz S10 (Güteklasse II) nach DIN 4074, z. B. Fichte, Kiefer, Lärche oder Tanne. Rohholzdicken = 45, 50, 55 und 60 mm	Mindestdicke	32	30	35	32	37	35	40	37	42	39
	empfohlene Dicke	40	40	45	45	45	45	50	50	55	55
Eiche oder Buche, Holzartgruppe A[1]) mittlere Güte (Hartholz) Rohholzdicken = 45, 50, 55 und 60 mm	Mindestdicke	30	28	32	30	35	32	37	34	39	37
	empfohlene Dicke	40	40	45	45	45	45	50	50	55	55

2 Bemessungshilfen für Treppen – Auszug

Für die Wohnhaustreppe wird anhand der Vorgaben folgende Auswahl getroffen:

Vorgaben:
- Grundrissform:
  gerade, einläufig, nutzbare Laufbreite 100 cm
- Tragsystem:
  Wangentreppe aus Breitflachstahl
- Trittstufen:
  Buche oder Eiche

Auswahl:
Breitflachstahl Fl 180 × 12 unter statischen Gesichtspunkten ausreichend, gewählt wird aber Fl 220 × 12, damit die Auftritte hinter der Wangenunterkante nicht hervorragen!

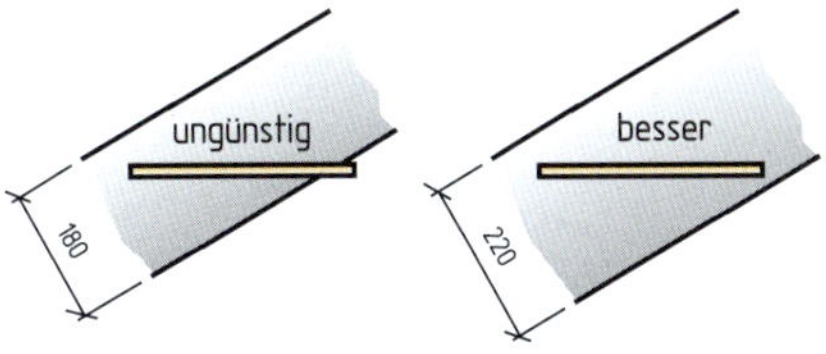

Buche $t = 50$ mm (empfohlen mindestens 45 mm)
Befestigung an den Wangen mit aufgeschraubtem Winkelstahl L 40 × 30 × 3

Die bisherigen Planungsüberlegungen werden in einem Aufmassblatt (Bild 1, nächste Seite) festgehalten. Sie dienen als Maß- und Entwurfsgrundlage für weitere Planungsaufgaben und für die Fertigung. Derartige Aufmassblätter unterstützen das innerbetriebliche Qualitätsmanagement.

5.4.5 Bauwerksanschlüsse und Trittschalldämmung

Die Treppe muss auf dem Rohfußboden und darf keinesfalls auf dem Fertigfußboden befestigt werden, da der Fußbodenaufbau mit der vorhandenen Wärmedämmschicht keine ausreichende Stabilität für das Treppenauflager bietet. Auch ein Estrich-Belag ohne Wärmedämmung hat keine genügende Druckfestigkeit. Grundsätzlich dürfen auf dieser Schicht keine tragenden Bauelemente befestigt werden.

Stahltreppen lassen sich aufgrund ihrer geringen Masse leicht in Schwingungen versetzen und erzeugen dadurch störenden Trittschall. Dieser wird in das angrenzende Bauwerk (Betondecke) weitergeleitet und führt zu Lärmbelästigungen auch in benachbarten Räumen / Wohnungen.

Eine wirkungsvolle Trittschalldämmung beginnt am Bauwerksanschluss der Treppe. Die Übertragung des Trittschalls beim Begehen der Treppe muss am Schnittpunkt Stahltreppe – Baukörper, also am Treppenauflager gedämmt werden. Es müssen die schallübertragenden Teile völlig voneinander getrennt werden. Dazu dienen elastische Zwischenlagen aus Moosgummi oder Filz, die den Übergang des Körperschalls von der Stahlkonstruktion auf das Bauwerk verringern. Eine Verbesserung der Schalldämmung erreicht man außerdem, wenn bereits die Entstehung des Trittschalls verringert wird. Dies geschieht am besten ebenso durch Einlegen elastischer Unterlagen an den Auflagern der Stufen.

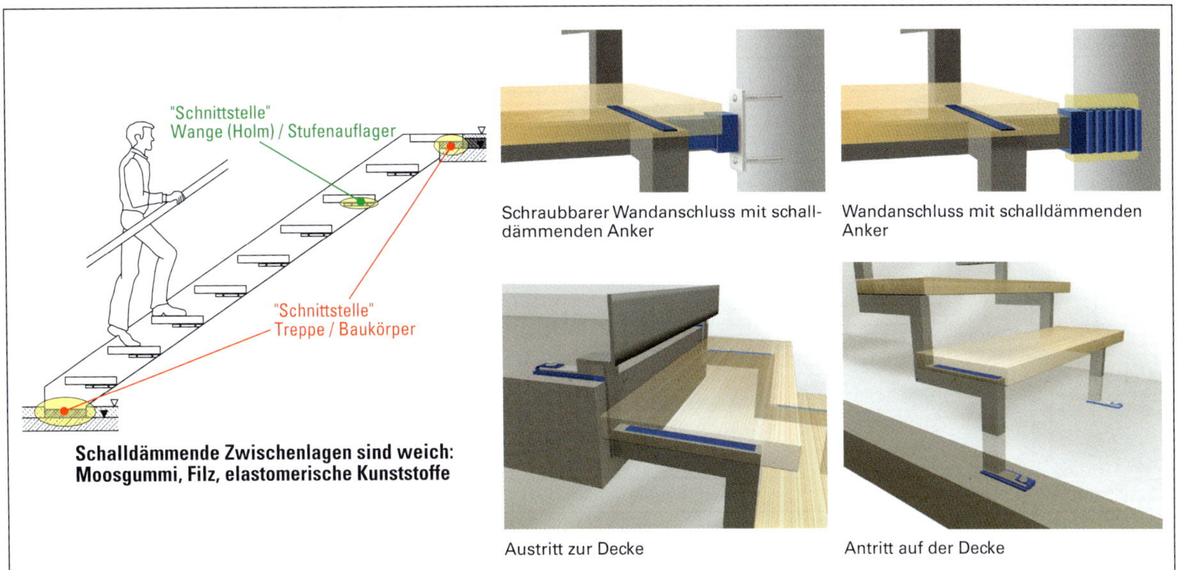

1 Trittschalldämmung im Treppenbau

Aufmassblatt: Stahltreppen | **Auftrag Nr.:**

Auftraggeber:	Herr Wintermeyer	Datum:	25.04.2007
Anwesend:	ja [X] nein [ ]		
Adresse:	Himmlreich 179	Uhrzeit:	10 ^{35} Uhr
PLZ, Ort:	94469 Deggendorf		
Tel.:	09991 / 123 678	Baustelle:	Am Vogelsang 87, Deggendorf
Entwurfsverfasser:	Architekt Maier		
Anwesend:	ja [X] nein [ ]	Fußboden	Roh [X] Belag [ ]
Adresse:	Passauer Str. 137		
PLZ, Ort:	94469 Deggendorf	Zeichnung vorhanden	ja [ ] nein [X]
Tel.:	0991 / 876 321		

Treppenart:

geradläufig	gewendelt	Spindel	Sonderform
Podest: [X] ohne, [ ] mit	[ ] Rechts, [ ] Links, [ ] 180°		

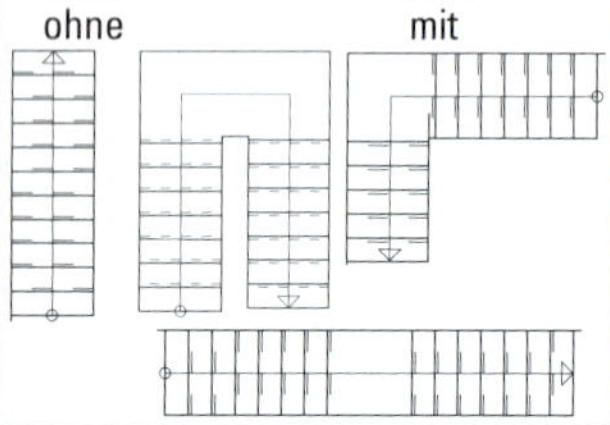

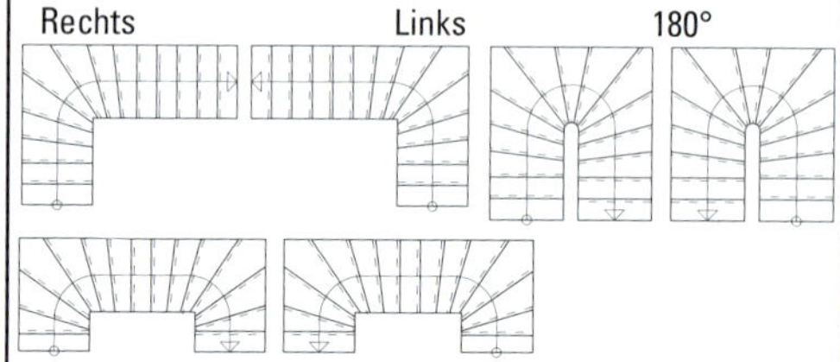

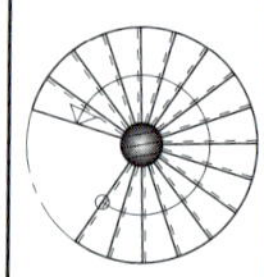

Gebäude:

Wohngebäude 3,5 kN/m²	Öffentliches Gebäude 5 kN/m²	Industrietreppe 5 kN/m²	Sonstiges
[X]	[ ]	[ ]	[ ]

Statisches System:

Wangе				Einholm				Zweiholm				Sonstiges
IPE	L	U	FL	Q	R-Rohr	RR-Rohr	Profil	IPE	R-Rohr	RR-Rohr	Profil	
[ ]	[ ]	[ ]	[X]	[ ]	[ ]	[ ]	[ ]	[ ]	[ ]	[ ]	[ ]	

verwendetes Halbzeug: FL 220 x 12

Belag:

Blech	Gitterrost	Holz	Stein	Glas	Sonstiges
		Buche 50 mm			

Skizze:

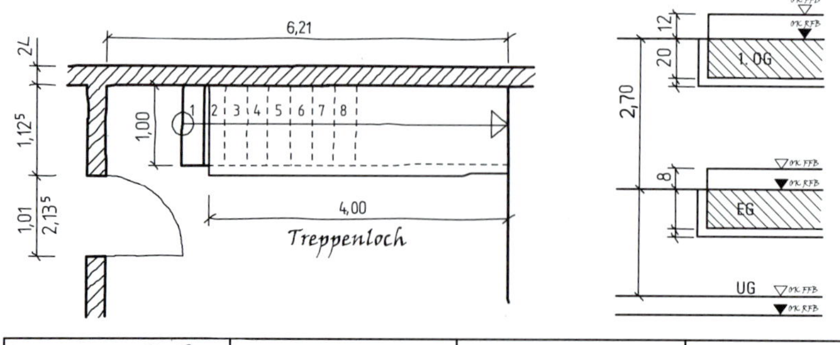

[X] Fertigen
[X] Liefern
[X] Montieren

Erstellt: Mp	Masse:	Geprüft:	Abgerechnet:	Ausgangsrechnung
Geprüft:	Gewogen:			

1 Aufmaßblatt für Treppen

5.4.6 Aufriss der Treppenanschlüsse

Für die Fertigung der Wohnhaustreppe aus Stahl macht es Sinn, die Bauwerksanschlüsse oben und unten als Naturgrößen aufzureißen. Dazu zeichnet man die Antrittsstufe, eine Zwischenstufe und den Treppenaustritt im Maßstab 1:1 auf speziellem Zeichenkarton oder direkt auf den Werkstattboden. Aus diesem Aufriss können alle notwendigen Maße für die Material- und Zuschnittliste bestimmt und für die Fertigung auf die Treppenbauteile übertragen werden. Aus dem Aufriss können folgende für die Planung, Kalkulation und Fertigung wichtige Maße und Informationen entnommen werden:

- Zuschnitt für die Wangen, die Treppenstufen, die Stufenbefestigungswinkel und die Wangenbefestigungselemente oben und unten
- Anreißmaße für sämtliche Bohrungen an den Wangenwinkeln und den Wangen

Die Naturgröße ist somit die Grundlage für die Maßübertragung und Fertigung der Treppenbauteile (Bild 1). Alternativ kann diese Zeichnung selbstverständlich auf gängigen CAD-Programmen erstellt werden.

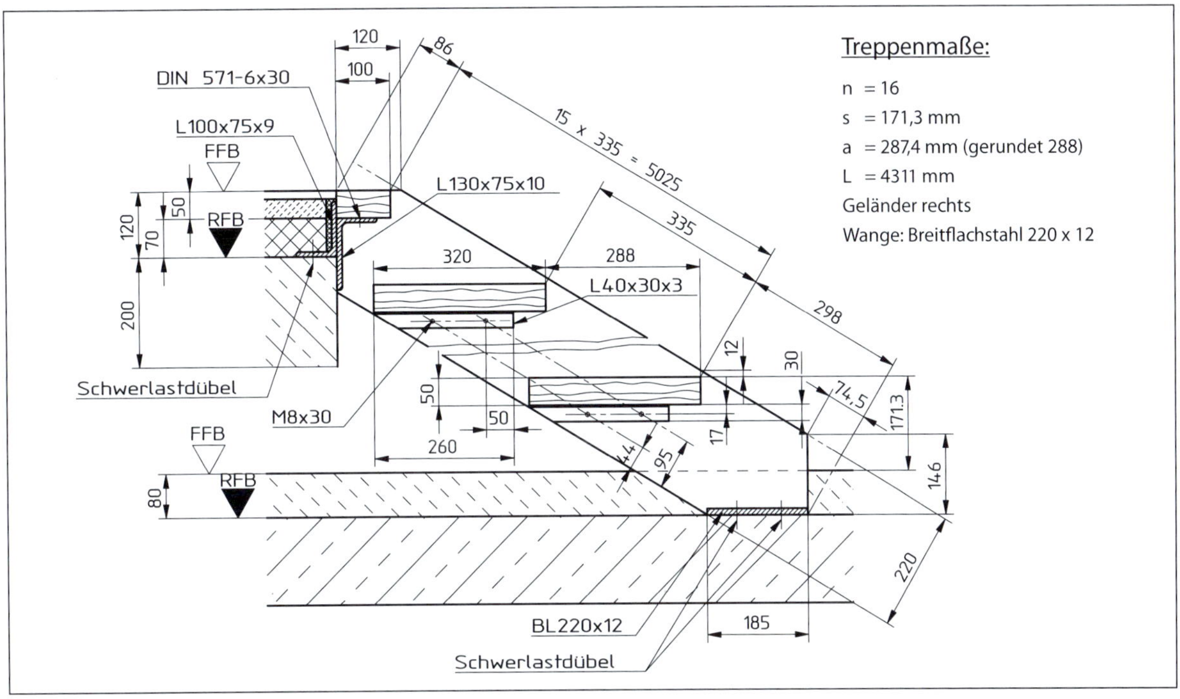

1 Aufriss Treppenanschlüsse M 1:1

Folgende Arbeitsschritte zeigen die Herstellung und Verwendung des Aufrisses als Naturgröße für die Fertigung der Treppenwangen (Bild 1, nächste Seite):

1. Aufreißen von 3 Auftritten auf dem Reißboden: Antrittstufe – weitere Stufe – Austrittstufe in ein Netzdiagramm ausgehend von OKFFB (senkrecht 3 · Steigung – waagrecht 2 · Auftrittsbreite); anschließend die Fußbodenaufbauten im Erd- und Obergeschoss von 80 mm und 120 mm abtragen (Geschossdecke einzeichnen – wichtig für Gestaltung des Treppenanschlusses).
2. Wangenverlauf einzeichnen: Wangenüberstand und Wangenbreite (12 mm und 220 mm).
3. Wangenanschlüsse oben und unten entwerfen und einzeichnen (mit notwendigen Befestigungselementen und Bohrungen).
4. Holzauftritte mit Trittstufenwinkel und Bohrungslöcher einzeichnen (Bohrungen für alle Stufen gleich).
5. Schmiege auf Winkel zwischen Auftritt und Wangenunterkante einstellen (Bild 2, S. 162).
6. Auf der Schmiege die Punkte A–D und E anreißen.
7. Unteres Wangenende auf die Wange (Breitflachstahl 220) mit der Schmiege und einem rechten Winkel (Maße 146 mm/185 mm) laut Aufriss übertragen.
8. Antrittsstufe (1. Stufe) ausgehend von der Wangenunterkante (185 mm) durch Verschieben der Schmiege (Punkt C) im Abstand von 492 mm auf dem Breitflachstahl abtragen.
9. Die Punkte A–E der Schmiege auf den Breitflachstahl übertragen.

10. Schmiege weiterschieben, bis der Punkt D an dem Breitflachstahl mit dem Punkt C an der Schmiege zusammenfällt → Abtragen der Schraubenrisse auf dem Breitflachstahl.
11. Schmiege weiterschieben, bis der Punkt E an dem Breitflachstahl mit dem Punkt C an der Schmiege zusammenfällt → Anreißen des zweiten waagrechten Auftritts.
12. Durch Übertragen der Schmiegepunkte A–E auf die Wange den nächsten waagrechten Auftritt vorbereiten und durch Verschieben der Schmiege fertig anreißen.
13. Wiederholen der Schritte 10 und 12 bis die notwendige Stufenzahl erreicht ist.
14. Gesamthöhe der angerissenen Auftritte an der Wange kontrollieren: Gesamthöhe = 15 · 335 mm = 5 025 mm (das Maß 335 mm ist die Hypotenuse zwischen Steigung s = 171,3 mm und dem Auftritt a = 287,4 mm).
15. Anrisse kontrollieren: die Kontrolllinien als Verbindungslinien aller Punkte A und aller Punkte B müssen parallel zu den Wangenkanten verlaufen.
16. In den Punkten B mit einem rechten Winkel die Senkrechten (Steigungen) auf die Wange abtragen.
17. Oberen Wangenabschluss auf den Breitflachstahl übertragen.
18. Die Schraubenrisslinien für die Befestigungsbohrungen der Stufenwinkel parallel zur Wangenunterkante mit einem Streichmaß anreißen (Maße 44 mm und 95 mm); die Schnittpunkte mit den Risslinien aus dem Schmiegenpunkt D ergeben die Schraubenrisse!

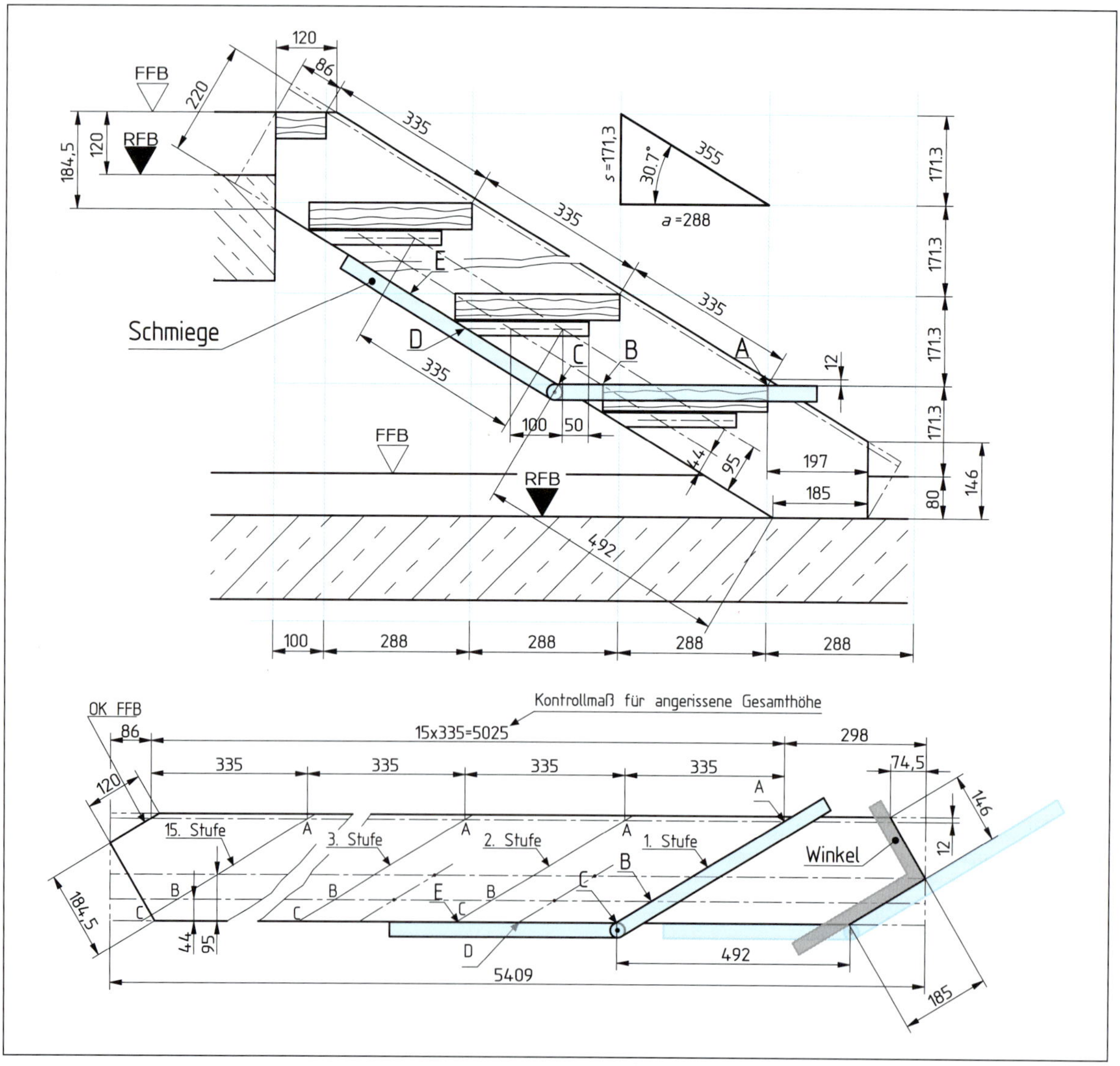

Für größere Projekte wird meist eine komplette Ausführungszeichnung von Architekturbüros oder vom eigenen Zeichenbüro des Metallbaubetriebes erstellt. In der Regel ist die Treppe in einem Schnitt und im Grundriss im Maßstab 1:50 oder 1:20 gezeichnet; die erforderlichen Details werden in größeren Maßstäben (M 1:10, M 1:5, M 1:2, M 1:1) dargestellt. Solche Details sind z. B.

- die Anschlüsse der Treppe am Bauwerk,
- die Darstellung und Befestigung der Trittstufen und
- die Geländerbefestigung.

Die Ausführungszeichnung als Werkzeichnung dient zusammen mit der Stückliste als Fertigungs- und Montagegrundlage.

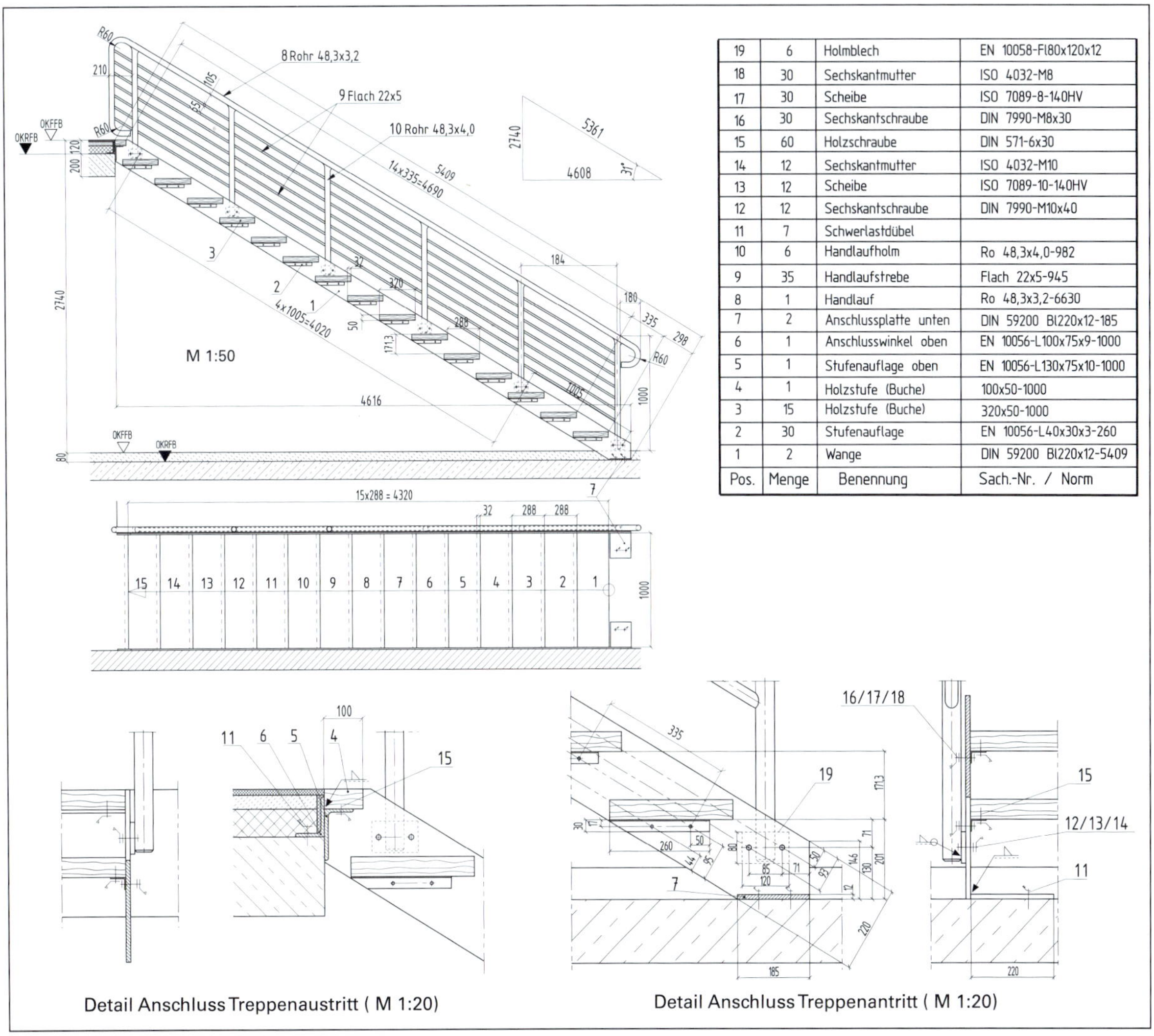

Pos.	Menge	Benennung	Sach.-Nr. / Norm
19	6	Holmblech	EN 10058-Fl80x120x12
18	30	Sechskantmutter	ISO 4032-M8
17	30	Scheibe	ISO 7089-8-140HV
16	30	Sechskantschraube	DIN 7990-M8x30
15	60	Holzschraube	DIN 571-6x30
14	12	Sechskantmutter	ISO 4032-M10
13	12	Scheibe	ISO 7089-10-140HV
12	12	Sechskantschraube	DIN 7990-M10x40
11	7	Schwerlastdübel	
10	6	Handlaufholm	Ro 48,3x4,0-982
9	35	Handlaufstrebe	Flach 22x5-945
8	1	Handlauf	Ro 48,3x3,2-6630
7	2	Anschlussplatte unten	DIN 59200 Bl220x12-185
6	1	Anschlusswinkel oben	EN 10056-L100x75x9-1000
5	1	Stufenauflage oben	EN 10056-L130x75x10-1000
4	1	Holzstufe (Buche)	100x50-1000
3	15	Holzstufe (Buche)	320x50-1000
2	30	Stufenauflage	EN 10056-L40x30x3-260
1	2	Wange	DIN 59200 Bl220x12-5409

1 Fertigungszeichnung und Zuschnittliste für Wohnhaustreppe mit Geländer

5.4.7 Fertigung und Montage

Nach dem Aufreißen und Übertragen der Maße können die Treppenwangen und Trittstufenwinkel zugeschnitten und mit den entsprechenden Bohrungen versehen werden. Die Treppenwangen werden gemeinsam mit einer Magnetbohrmaschine gebohrt. Zum Ausgleich von Maßungenauigkeiten ist es außerdem angebracht, die Trittstufenwinkel mit Langlöchern zu versehen. Das Zuschneiden der Wangen kann durch Brennschneiden, Plasma- oder Laserschneiden erfolgen.

Nach diesen Vorbereitungsarbeiten wird in der Werkstatt die gesamte Treppe auf einer Hilfskonstruktion (z. B. Auflagergerüst aus I-Trägern) aufgebaut. Dadurch können die Maßhaltigkeit der Treppe überprüft und etwaige Montageprobleme abgeklärt werden.

1 Treppenmontage in der Werkstatt

Wangetreppen aus Breitflachstahl neigen leicht zum seitlichen Schlingern. Stellt man dies bei der Probemontage fest, so lässt sich nachträglich noch unter den Trittstufen eine Diagonalverspannung einbauen.

Anschließend wird die Treppe wieder zerlegt und die gewünschten Korrosionsschutz- bzw. Farbgestaltungsmaßnahmen eingeleitet. Da die Treppe im Innenbereich steht, wird sie nicht feuerverzinkt, sondern pulverbeschichtet. Für den Innenbereich genügt eine Pulverschicht mit ca. 50 bis 120 µm, für Treppen im Außenbereich werden 2-schichtige Systeme bis zu 160–180 µm angewendet. Das umweltfreundliche Pulverbeschichten bietet sehr hohen Korrosionsschutz (bis zur Korrosionsschutzklasse C5 nach DIN EN ISO 12944-2) bei hoher mechanischer Widerstandsfähigkeit (Kratz-, Abrieb- und Schlagfestigkeit) und eine facettenreiche Farbauswahlmöglichkeit, da mehr als 3.000 Farb- und Struktureffekte verfügbar sind.

Nach der Anlieferung der Treppeneinzelteile erfolgt die Montage auf der Baustelle. Dabei sind Schwerlastdübel zu verwenden und die zulässigen Rand- und Achsabstände des Dübelherstellers zu beachten. Die Montage erfolgt immer am Rohfußboden. Die Treppe wird in der Regel erst montiert, wenn der Fertigfußboden bereits gelegt ist. Deswegen muss eine Aussparung am Fertigboden vorhanden sein, damit die Treppe am Rohfußboden montiert werden kann. Bei der Montage selbst ist äußerste Vorsicht angebracht, damit die Einrichtung der Kundschaft nicht demoliert wird. Notwendige Schweißarbeiten dürfen erst durchgeführt werden, nachdem der Fertigfußboden abgedeckt und alle umliegenden Einrichtungsgegenstände entfernt oder geschützt worden sind (Brandschutzvorgaben beachten).

Um anfallende Schweißarbeiten im Treppenbau überhaupt ausführen zu können, müssen alle Schweißer nach DIN EN 287-1 geprüft sein und ein der jeweiligen Schweißaufgabe entsprechendes Zeugnis vorweisen können.

Merke:
Treppen mit einer Lauflänge über 5m dürfen nur mit dem Kleinen Eignungsnachweis beziehungsweise Klasse B nach DIN 18 800-7 geschweißt werden. Für alle Treppen gilt aber, dass alle Schweißer für die erforderlichen Schweißnähte die entsprechende Prüfung nach DIN EN 287-1 abgelegt haben müssen.

Aufgaben

1. Was versteht man unter Ausgleichs- und Geschosstreppen?
2. Erklären Sie den Unterschied zwischen Wangen- und Holmtreppen.
3. Welchen Vorteil bieten Spindelteppen im Wohnungsbau?
4. Worin besteht der Unterschied zwischen einer Spindel- und einer Wendeltreppe?
5. Welche grundsätzlichen Anforderungen müssen Trittstufen erfüllen?
6. Warum müssen Stahlblechstufen gekantet werden?
7. Was versteht man unter Setzstufen, welche Bedeutung haben sie?
8. Welche Trittstufenwerkstoffe kommen im Wohnungsbau zum Einsatz?
9. Welche Trittstufen verwendet man für Außentreppen, begründen Sie!
10. Wie lautet die Schrittmaßregel? Wie ist sie begründet?
11. Erklären Sie die Treppenbegriffe Steigung, Auftritt, Lauflinie, Gehbereich und nutzbare Treppenbreite mithilfe einer Skizze.
12. Bei welchem Steigungsverhältnis *s*/*a* ist eine Treppe am bequemsten begehbar? Welcher Steigungswinkel ergibt sich dabei?
13. Wie kann man den Steigungswinkel einer Treppe berechnen?
14. Die Wohnhaustreppe soll alternativ als Zweiholm-Sägezahntreppe gefertigt werden. Zeichnen Sie die Seitenansicht eines Holms dieser Treppe inkl. Bemaßung mit folgenden Details im Maßstab 1:10

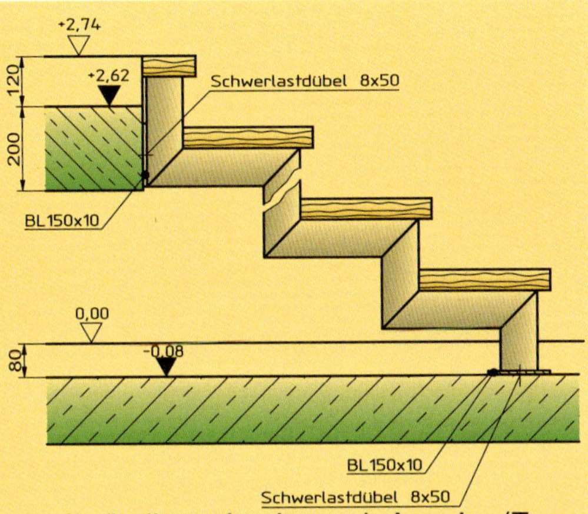

- vollständiger Antritt und Austritt (Treppenanschlüsse)
- drei Steigungen in unterbrochener Darstellung
- Holzstufen im Querschnitt mit 3 cm Unterschneidung
- Holme aus Vierkantrohr 90 × 50 × 5

Stellen Sie eine Material- und Zuschnittliste für diese Treppe auf.

Aus statischen Gründen sind die Holme aus Vierkantrohr 90 × 50 × 5 zu gering dimensioniert. Welches Rohr müsste dafür tatsächlich verwendet werden? Was kann man unternehmen, damit dieses Rohr trotzdem die Biegebelastungen durch Eigengewicht und Verkehrslasten aufnehmen kann?

15. Berechnen Sie die Treppenmaße für folgenden Hauseingang. Welcher Platz steht für das Öffnen des Tores noch zur Verfügung?

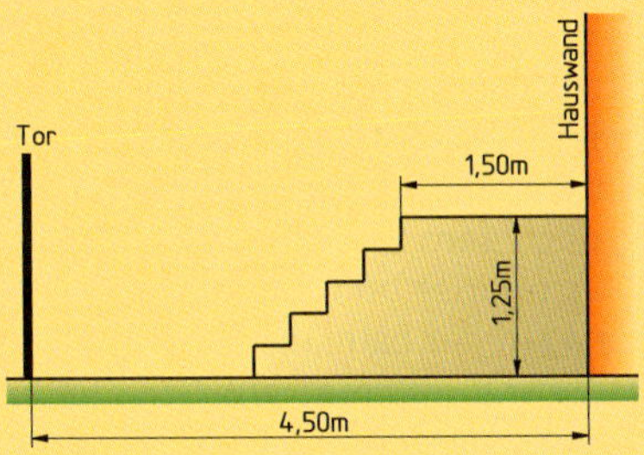

5.5 Gewendelte Treppen

Auftrag

Folgender Auszug aus einem Eingabeplan zeigt die Treppenplanung in einem Einfamilienhaus mit einer Geschosshöhe von 2,75 m. Für diese Treppe aus Stahl sollen sämtliche Fertigungs- und Montageunterlagen zusammengestellt werden. Die Treppe soll laut Kundenwunsch als Wangentreppe ausgeführt werden.

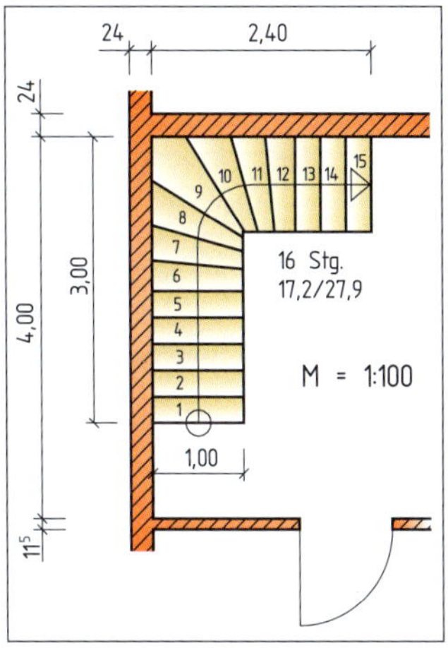

Bei beengten Platzverhältnissen oder aus gestalterischen Gründen werden gewendete Treppen eingesetzt. Der richtungsändernde Teil der Lauflinie wird im Gegensatz zu Podesttreppen ebenfalls zur Überwindung von Steighöhe genutzt, die Wendelung wird also zur Lauflinienlänge hinzugerechnet. (Bild 1 – Berechnungen, S. 167). Dadurch spart die Treppe im Grundriss Platz im Vergleich zu einer Podesttreppe.

Im Bereich der Wendelung müssen die Stufen verzogen werden, d.h. die Vorder- und Hinterkanten der Trittstufen laufen nicht mehr parallel zueinander, sondern sind keilförmig. Der Planungs- und Fertigungsaufwand ist dadurch allerdings größer, auch die Herstellung der Treppenwangen bzw. Treppenholme gestaltet sich aufwändiger.

5.5.1 Verziehen der Trittstufen

Bevor mit der Stufenverziehung begonnen werden kann, müssen die erforderlichen Treppenkonstruktionsmaße (n, s, a) errechnet werden. Der Auftritt a wird in diesem Fall mithilfe der gegebenen Lauflänge L berechnet (Bild 1 – Berechnungen, S. 167).

Das anschließende Verziehen der Trittstufen verfolgt das Ziel, die Auftritte an der Innenwange ausgehend von der Drachenstufe in beide Richtungen etwa gleichmäßig zu verschmälern. Die errechneten Auftrittsbreiten (Bild 1, nächste Seite) gelten nur auf der Lauflinie. Auf ihr sind alle Auftrittsbreiten, also der geraden wie der verzogenen Stufen gleich groß.

Beim Verziehen der Trittstufen sind einige Bauvorschriften bzw. Gestaltungsgrundsätze zu beachten (Bild 1, nächste Seite):

- Keine Stufenvorderkante darf in das Mauereck laufen; die Eckstufe soll Drachenform haben („Drachenstufe").
- In 150 mm Abstand von der Innenwange muss nach DIN 18065 an der schmalsten Stufe noch mindestens ein Auftritt von 100 mm vorliegen; Fehler werden vermieden, indem man die 100 mm Mindestauftritt direkt an der Innenwange abträgt.
- Vor dem Verziehen muss man die notwendige Anzahl der verzogenen Stufen und die erste

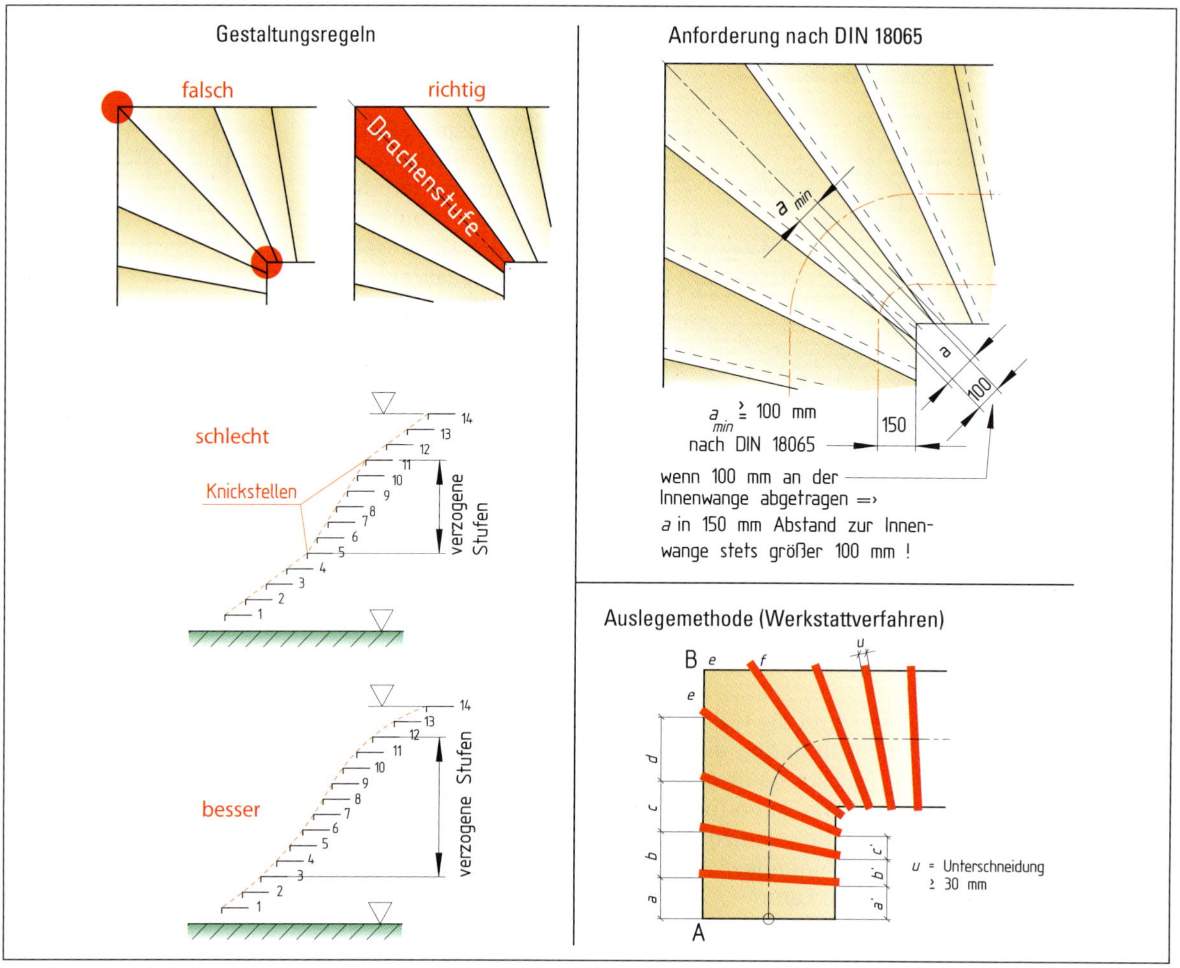

1 Grundregeln der Stufenverziehung

bzw. die letzte verzogene Stufe ermitteln; dabei sollte man mindestens 9 Stufen (weicher Wangenverlauf) und eine möglichst ungerade Anzahl von Stufen verziehen.

- Das Verziehen geschieht auf dem Werkstattboden im Maßstab 1:1, weil die Maße für die keilförmigen Auftritte direkt abgemessen und einzelne Stufenschablonen daraus gefertigt werden können.

Verziehen nach der Auslegemethode (Werkstattverfahren)

Der Treppengrundriss mit Lauflinie wird am ebenen Werkstattboden in M 1:1 aufgerissen. Mit Holzleisten werden die Stufenvorderkanten so angeordnet, dass die Auftrittsbreiten vom Kropf aus gleichmäßig zunehmen. Die Holzleistenbreite entspricht dabei der Unterschneidung. Nach dem Messen der inneren und äußeren Stufenbreiten überträgt man die Stufenform auf Pappe (Schablone für die Anfertigung).

Verziehen viertelgewendelter Treppen

Bild 1 (nächste Seite) zeigt die Konstruktionsbeschreibung nach dem Strahlensatz.

1. Treppengrundriss und Lauflinie aufzeichnen.
2. Auftritte a auf der Lauflinie abtragen ($n-1$ mal).
3. Mindestauftritt 100 mm am Scheitelpunkt der Innenwange abtragen.
4. Mithilfe des Mindestauftrittes und der Auftrittsbreite a auf der Lauflinie die Drachenstufe zeichnen.
5. Anzahl der zu verziehenden Stufen festlegen: Ausgehend vom Mauereck befindet sich die erste verzogene Stufe im Abstand von ca. 2 · Treppenlaufbreite, entsprechendes gilt für die letzte verzogene Stufe.
6. Kreis um Punkt A mit $r = x \cdot a$ ziehen, wobei x die Differenz von der Drachenstufe bis zur ersten (bzw. letzten) verzogenen Stufe ist (hier sind es $5 \cdot a$).
7. Gerade durch M an B ziehen, ergibt Schnittpunkt C mit Radius r.

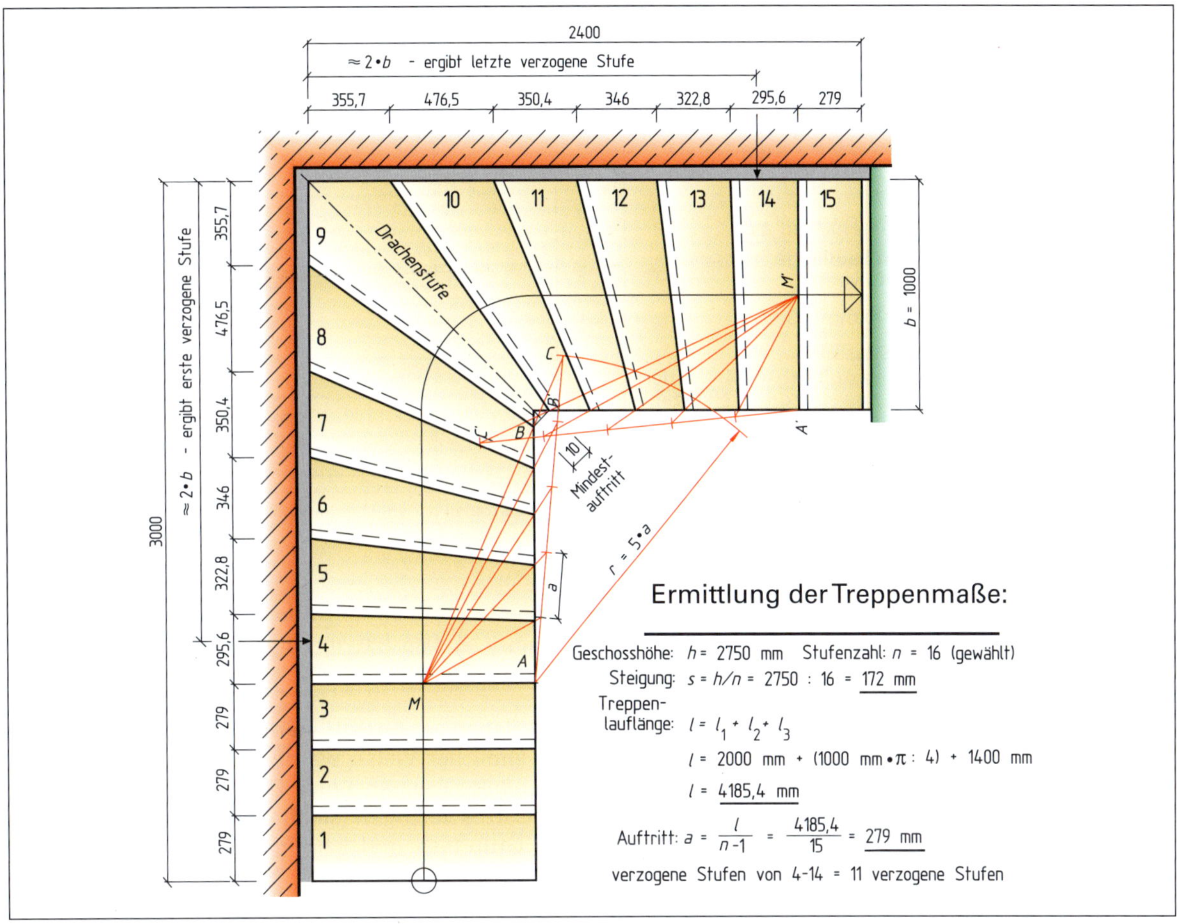

1 Konstruktionsbeschreibung

8. Strecke *AC* x mal durch *a* teilen (hier 5-mal).
9. Teilungspunkte auf *AC* mit *M* verbinden.
10. Die sich ergebenden Schnittpunkte auf *AB* (Innenwange) mit den zugehörigen Punkten auf der Lauflinie verbinden und bis zur Außenwange ziehen.
11. Konstruktion für die Tritte oben wiederholen.
12. Stufenunterschneidung einzeichnen.
13. Stufenbreiten an der Innen- und Außenwange ausmessen.

Rechnerische Methode zum Verziehen viertelgewendelter Treppen

Bei der viertelgewendelten Treppe nach Bild 1 werden 11 Stufen (Stufe 4–14) verzogen. Die Innenauftritte (Auftrittsbreiten an der Innenwange) der 11 verzogenen Stufen sind genau um den Viertelkreis der Lauflinie kürzer. Es ergibt sich also ein Lauflängen Unterschied

$$\Delta l = d \cdot \frac{\pi}{4} = 1000 \text{ mm} \cdot \frac{3{,}1415}{4} = 785{,}4 \text{ mm.}$$

Dieser Lauflängenunterschied zwischen der Innenwangen und Lauflinie (Lauflängenverkürzung) wird auf die zu verziehenden Stufen aufgeteilt.

Damit der Übergang von den geraden zu den verzogenen Stufen gleichmäßig und allmählich erfolgt, erhalten die erste sowie die letzte verzogene Stufe (Stufe 4 und 14) je einen Teil der gesamten Verkürzung. Die zweite und die vorletzte verzogene Stufe erhalten jeweils 2 Teile usw. Da die Drachenstufe am schmalsten werden soll, erhält sie den größten Teil der Verkürzung von 785 mm, nämlich 6 Teile. Für jede Stufe wird damit die Verkürzung a_v berechnet und diese von der Auftrittsbreite a subtrahiert. Auf diese Weise erhält man die Stufenbreiten auf der Innenwange a_i.

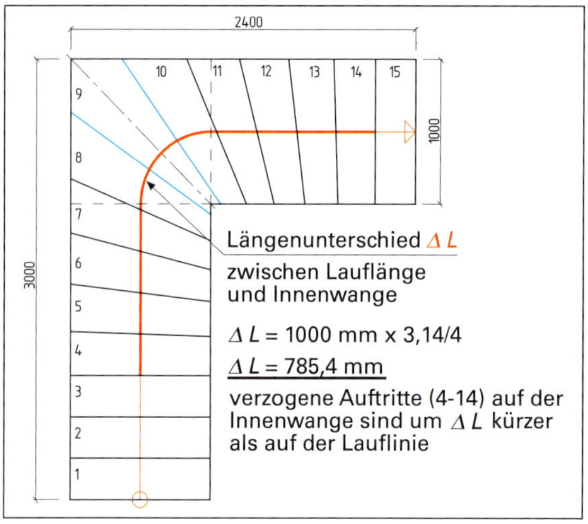

1 Rechnerisches Verziehen viertelgewendelter Treppen

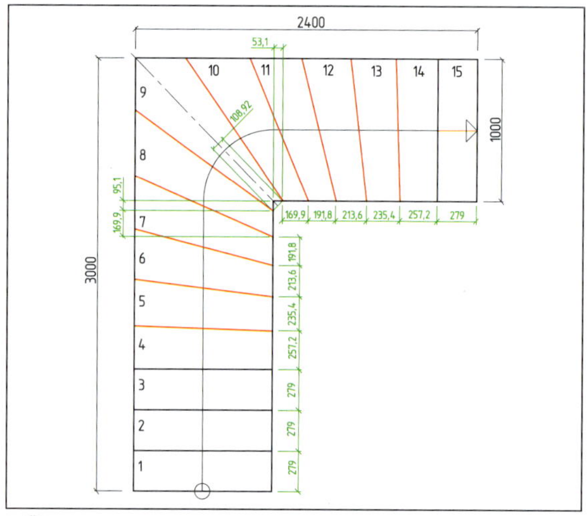

2 Übertragen der errechneten Auftrittsbreiten an der Innenwange

Die nachfolgende Tabelle zeigt die Berechnung, die sich mit einem Tabellenkalkulationsprogramm einfach und schnell aufstellen und anpassen lässt:

Rechnerisches Verziehen ¼-gewendelter Treppen				
Geschosshöhe *h*: 2750 mm Anzahl der Steigungen *n*: 16,2 gewählt *n*: 16 Anzahl der Auftritte n_a: 15			Steigung *s*: 171,9 mm Lauflänge *L*: 4185,4 mm Auftritt *a*: 279,0 mm Schrittmaß: 622,8 mm Lauflängenunterschied Δl: 785,4 mm	
Stufen-Nr.	verzogene Stufe	Teile t	Verkürzung a_v = T1 · t	Stufenbreite auf der Innenwange $a_i = a - a_v$
1			0,0	279,0
2			0,0	279,0
3			0,0	279,0
4	1	1	21,8	257,2
5	2	2	43,6	235,4
6	3	3	65,5	213,6
7	4	4	87,3	191,8
8	5	5	109,1	169,9
9	6	6	130,9	148,1
10	7	5	109,1	169,9
11	8	4	87,3	191,8
12	9	3	65,5	213,6
13	10	2	43,6	235,4
14	11	1	21,8	257,2
15			0,0	279,0
		36	**Teile, auf die die Verkürzung aufgeteilt wird**	
1 Teil der Verkürzung $T1 = \frac{785{,}4}{36}$ **21,8 mm**				

Die so ermittelten Stufenbreiten an der Innenwange a_i werden in den Grundriss der Treppe übertragen (vgl. Bild 2).

Verziehen am Austritt viertelgewendelter Treppen

In ähnlicher Weise werden am Austritt viertelgewendelte Treppen unter Zuhilfenahme des Strahlensatzes verzogen (siehe Bild 1 Seite 169).

1. Grundriss und Laufline mit berechneten Auftritten aufreißen.
2. An der Innenwange den Mindestauftritt 100 mm an der letzten Stufe abtragen.
3. Länge der gewinkelten Innenwange gesondert abtragen (Strecke *AB*).
4. Gerade unter einem Winkel von ca 30° zur Strecke *AB* zeichnen und den Auftritt a der ersten verzogenen Stufe (hier Stufe 1) bis zur vorletzten Stufe abtragen (hier Stufe 6). Dadurch erhält man den Punkt *C*.
5. Strecke *CB* über den Punkt *B* hinaus verlängern, bis die Senkrechte auf *AB* die Strecke *CB* im Punkt *D* schneidet.
6. Alle Auftritte auf der Strecke *AC* mit dem Punkt D verbinden; damit wird die Strecke *AB* in verschiedene Abschnitte geteilt (hier 6 Abschnitte a bis f).
7. Die erhaltenen Maße sind die Auftritte an der Innenwange; Innenauftritte a bis f auf die Innenwange übertragen und mit den Auftritten auf der Lauflinie verbinden.

Diese Verziehungsmethode nennt man auch proportionale Teilungsmethode, weil dabei ungleich lange Strecken entstehen, die immer größer werden.

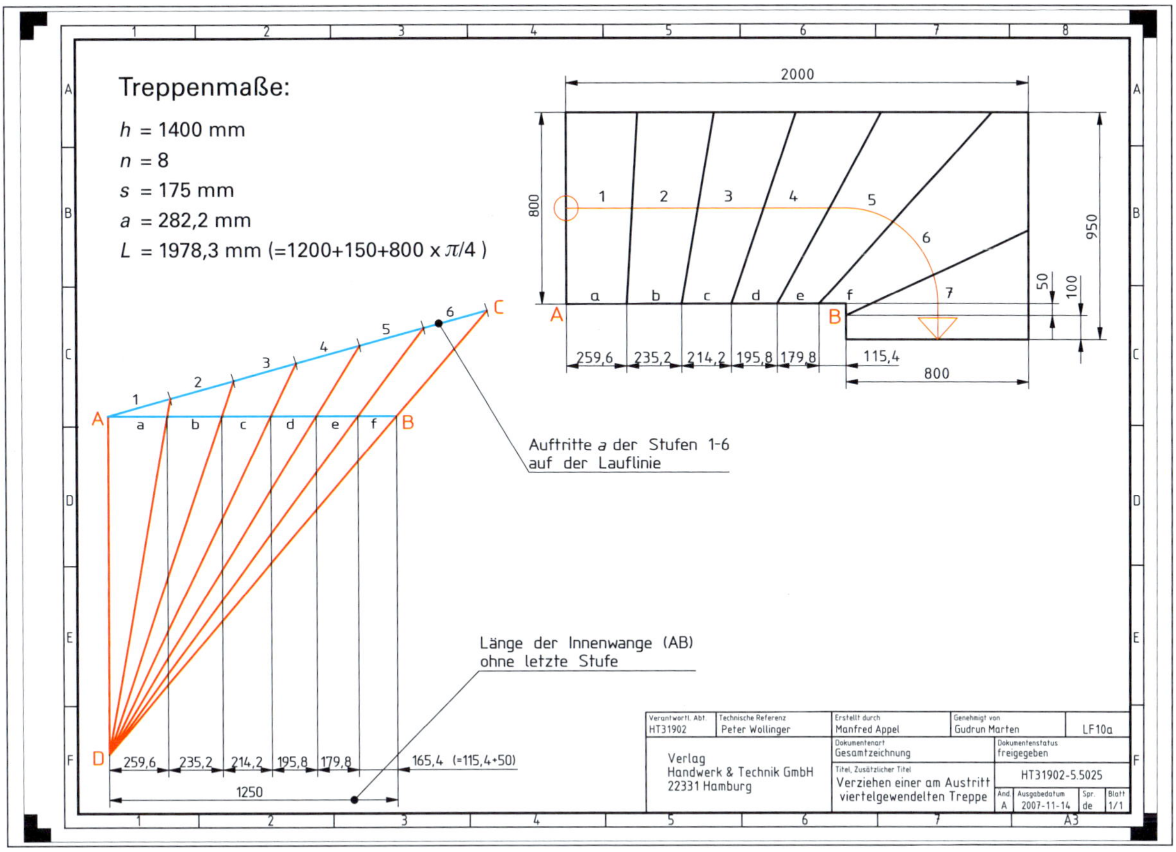

1 Verziehen einer am Austritt viertelgewendelten Treppe

Verziehen halbgewendelter Treppen

Halbgewendelten Treppen können nach dem Halbkreisverfahren oder dem Fluchtpunktverfahren verzogen werden.

Die Halbkreismethode bietet aber nicht die Gewähr, dass an allen Stellen der Innenwange ein Mindestauftritt von 100 mm eingehalten wird. Besser geeignet ist daher das **Fluchtpunktverfahren** (Bild 2).

Konstruktionsbeschreibung des Fluchtpunktverfahrens

1. Grundriss und Lauflinie mit den Auftrittsbreiten aufreißen.
2. Spickelstufe mit dem Mindestauftritt 100 mm einzeichnen.
3. Vorderkante der ersten und Hinterkante der letzten verzogenen Stufe festlegen; diese Kante dient als Bezugslinie für die Konstruktion.
4. Vorder- und Hinterkante der Spickelstufe verlängern, bis sie die Bezugslinie schneiden.
5. Dadurch entsteht eine Strecke x auf der Bezugslinie.
6. Strecke x entsprechend der Anzahl der noch auf einer Seite zu verziehenden Stufen (ohne Einbeziehung der Spickelstufe) abtragen. In diesem Beispiel gilt: Noch 6 Stufen (ohne Spickelstufe), damit ist die Strecke x noch 5-mal auf der Bezugslinie abzutragen (insgesamt hat die Bezugslinie hier eine Länge von $6 \cdot x$).

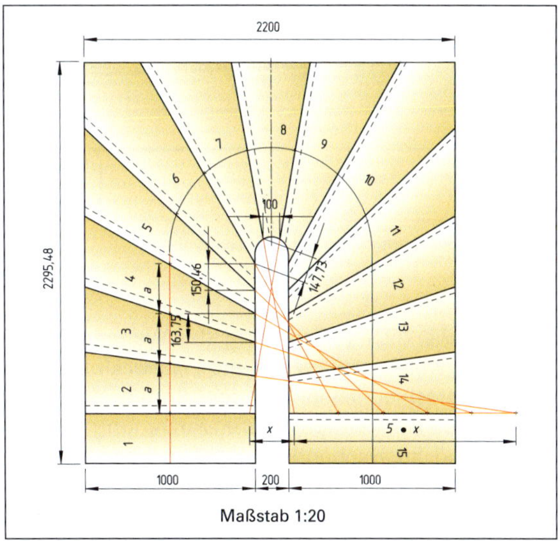

2 Fluchtpunktverfahren bei halbgewendelten Treppen

7. Punkte auf der Bezugslinie mit den Auftrittsbreiten auf der Lauflinie der linken Treppenhälfte verbinden.
8. Schnittpunkte auf der Innenwange ergeben die Auftrittsbreiten an der Innenwange.
9. Auftrittsbreiten an der Innenwange parallel zur Bezugslinie auf die rechte Hälfte der Innenwange übertragen.

5.5.2 Konstruktion der Wangen

Aufgrund sich verändernder Auftrittsbreiten *a* bei gleichbleibender Steigung *s* haben die Wangen gewendelter Treppen einen gekrümmten Verlauf. Dabei unterscheiden sich Innenwange und Außenwange nicht nur in ihrer Länge, sondern haben auch einen verschiedenen Krümmungsverlauf.

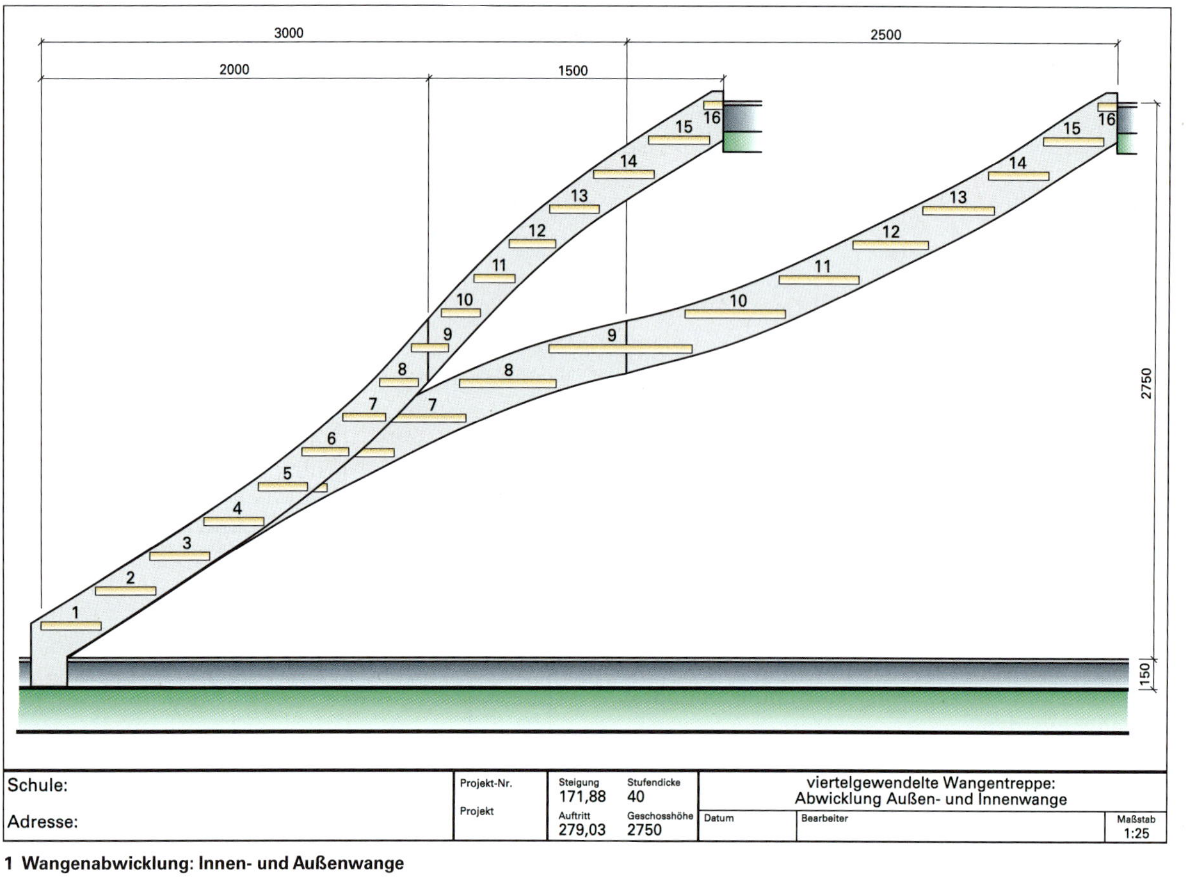

1 Wangenabwicklung: Innen- und Außenwange

Zur handwerklichen Fertigung der Wangen benötigt man zwei Netzpläne für die „Abwicklung" der zwei unterschiedlichen Wangen (Innen- und Außenwange). Bei richtiger Stufenverziehung (gleichmäßig und ausreichende Anzahl verzogener Stufen) erhält man einen weichen, geschwungenen Wangenverlauf (Bild 1).

Am günstigsten ist die Konstruktion der Stufenverziehung am Fußboden und der Wangenaufriss an der Wand in einer Werkstattecke.
Für die Abwicklung der Wangen benötigt man die Stufenverziehung Im folgenden wird am Beispiel der Innenwange der viertelgewendelten Wohnhaustreppe die Abwicklung erklärt.

Arbeitsschritte der Wangenabwicklung (Bild 1, nächste Seite):
Für die Wangenabwicklung benötigt man ein Netzdiagramm aus *n* Steigungen und *n*-1 Auftritten. Die Verhältnisse am unteren und oberen Treppenanschluss sind ebenfalls einzubeziehen. Folgende Arbeitsschritte sind dabei auszuführen:

1. Steigungen *s* als waagrechte Parallelen an der Wand (Pappkarton) abtragen.
2. Auftritte *a* als senkrechte Parallelen aus der Stufenverziehung auf die Wand übertragen.
3. Stufenkonturen kennzeichnen.
4. Wangenüberstand als Kreisbogen *r* (z. B. *r* = 20 mm) an den Stufenvorderkanten einzeichnen.

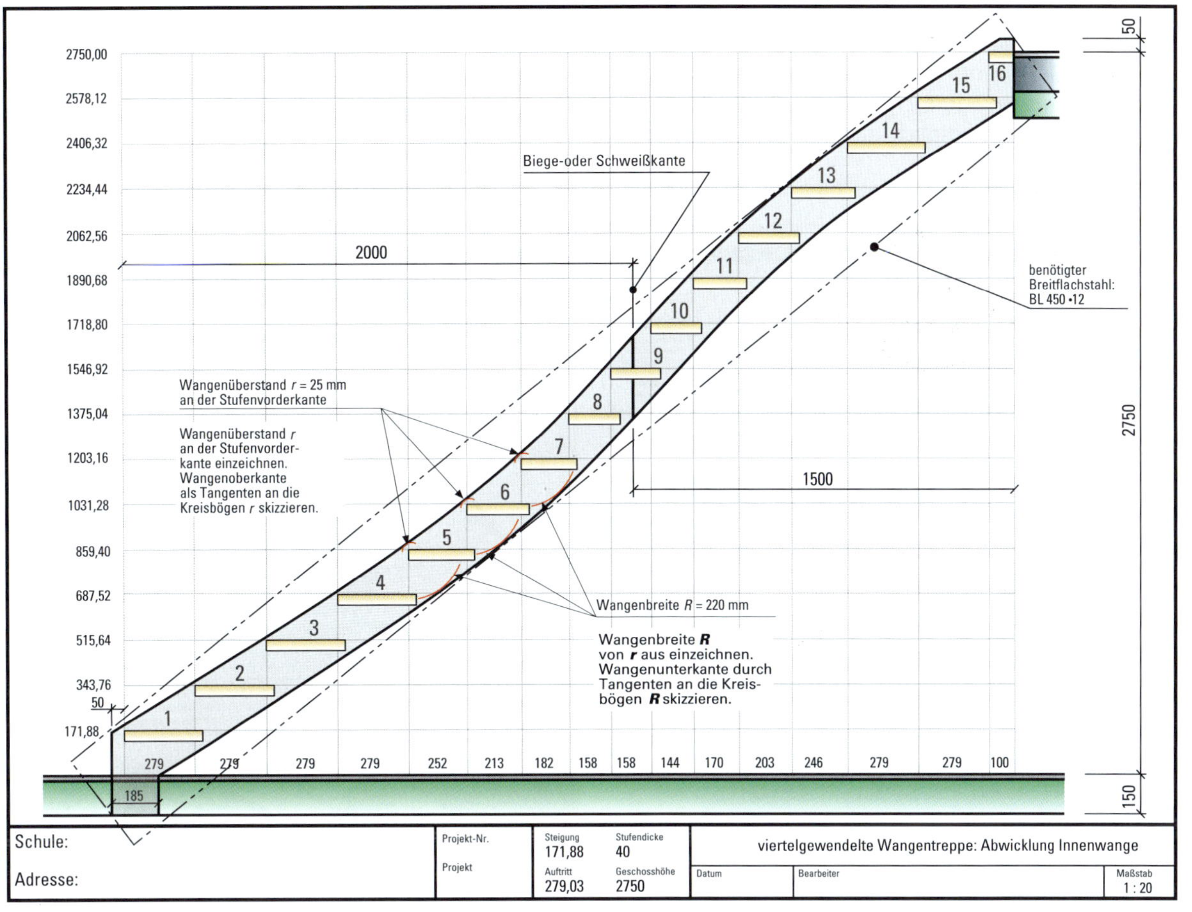

1 Wangenabwicklung viertelgewendelte Treppe

5. Wangenoberkante als Tangenten an die Kreisbögen *r* skizzieren.
6. Wangenbreite mittels Kreisbogen *R* (z.B. *R* = 200 mm) festlegen.
7. Wangenunterkante durch Tangenten an die Kreisbögen *R* skizzieren.
8. Abmessungen des erforderlichen Breitflachstahls festlegen.
9. Kontur der Wangen und Stufenanriss auf die Wange übertragen.

Wird die Wange aus einem Stück gefertigt, so muss sie am Eck gekantet werden. Die Wange wird aber meist zweiteilig gefertigt und an den Stoßstellen auf der Baustelle geschweißt. Neben der Materialersparnis – man benötigt man einen kleineren Flachstahl – sprechen auch transport- und montagetechnische Gesichtspunkte für eine zweiteilige Ausführung. Alternativ können sie steckbar ausgeführt werden (Bild 2). Steckverbindungen werden auch bei Wangenkonstruktionen gerader Podesttreppen bevorzugt, da umfangreiche Schweißarbeiten und eine provisorische Stützkonstruktion auf der Baustelle entfallen.

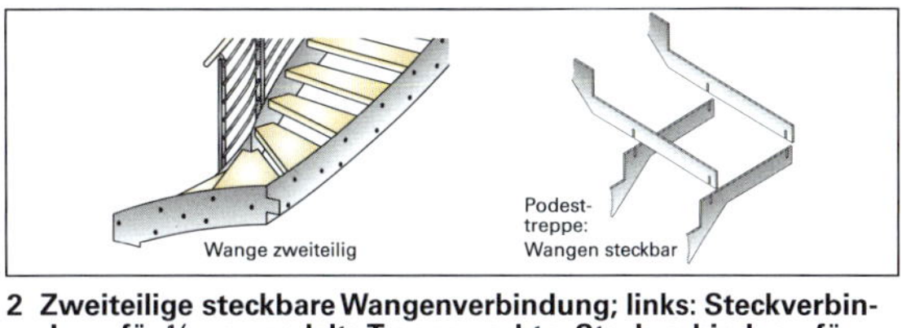

2 Zweiteilige steckbare Wangenverbindung; links: Steckverbindung für ¼ gewendelte Treppe; rechts: Steckverbindung für Treppe mit ¼-Podest

5.5.3 Treppenplanung mit spezieller Treppensoftware

Auf den Treppenbau spezialisierte Metallbaufirmen benutzen für die Planung der Treppen meist spezielle Software. Der Metallbauer notiert auf der Baustelle die notwendigen Baumaße wie Geschosshöhe, Fußbodenaufbau und Treppenraum im Aufmassblatt. Nach Eingabe der Daten in den Computer errechnet das Programm alle erforderlichen Konstruktionsmaße samt Zuschnittlisten und Zuschnitt-Zeichnungen für die Wangen bzw. Holme und Treppenstufen. Diese können ausgeplottet werden und stehen der Werkstatt als Fertigungsunterlagen zur Verfügung. Die Zuschnitte können auch ggf. direkt an CNC-Maschinen (Brennschneidanlage, Bohrwerk) weitergeleitet werden, sodass der Facharbeiter lediglich die Maschinen rüsten muss.

Folgende Abbildung zeigt entsprechende Zeichnungen, Zuschnitte und die Materialliste für die viertelgewendelte Wohnhaustreppe.

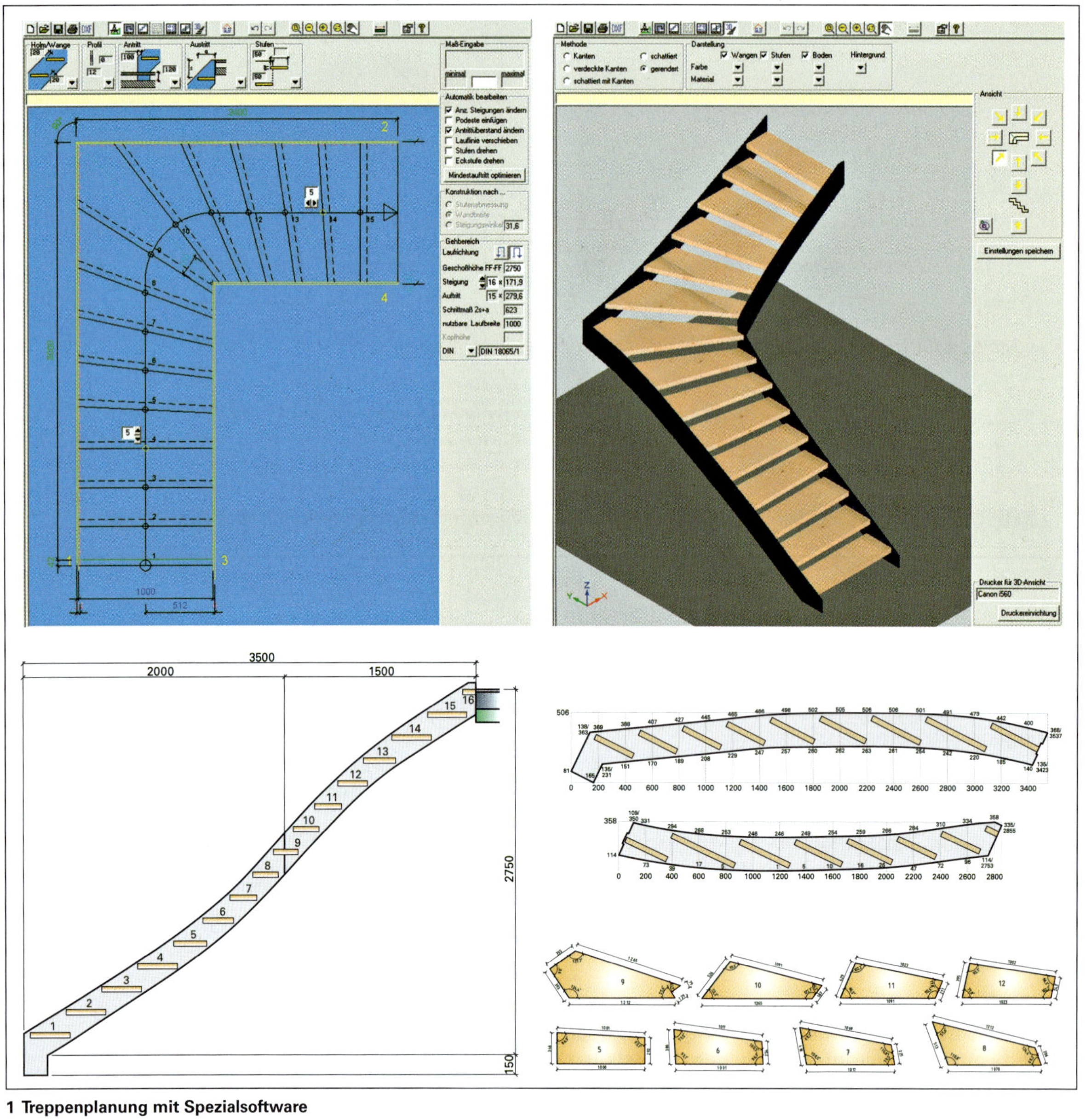

1 Treppenplanung mit Spezialsoftware

Aufgaben

1. Was versteht man unter dem Verziehen von Trittstufen gewendelter Treppen?
2. Worin unterscheiden sich Wendeltreppen von gewendelten Treppen?
3. Welche Gestaltungs- und Bauvorschriften gelten für das Verziehen von Auftritten?
4. Wie funktioniert die Auslegemethode bei der Stufenverziehung?
5. Warum werden die Trittstufen bei der Verziehung in M 1 : 1 auf dem Werkstattboden aufgerissen?
6. Konstruieren Sie im Maßstab 1 : 20 die Stufenverziehung für die viertelgewendelte Wohnhaustreppe auf Seite 169 und wickeln Sie anschließend beide Wangen ab. Führen Sie diese Aufrissarbeiten auch im Maßstab 1 : 1 auf dem Werkstattfußboden aus.
7. Berechnen Sie die Treppenmaße und konstruieren Sie die Stufenverziehung für die abgebildete viertelgewendelte Treppe und wickeln Sie beide Wangen ab. Wählen Sie einen geeigneten Maßstab bzw. führen Sie diese Aufrissarbeiten auch im Maßstab 1 : 1 auf dem Werkstattfußboden aus.

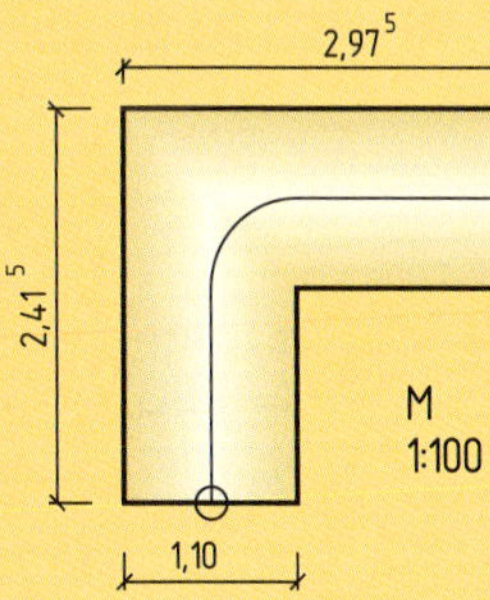

8. Berechnen Sie die Treppenmaße und konstruieren Sie die Stufenverziehung nach der Fluchtpunktmethode für die abgebildete halbgewendelte Treppe. Wählen Sie einen geeigneten Maßstab bzw. führen Sie diese Aufrissarbeiten auch im Maßstab 1 : 1 auf dem Werkstattfußboden aus.

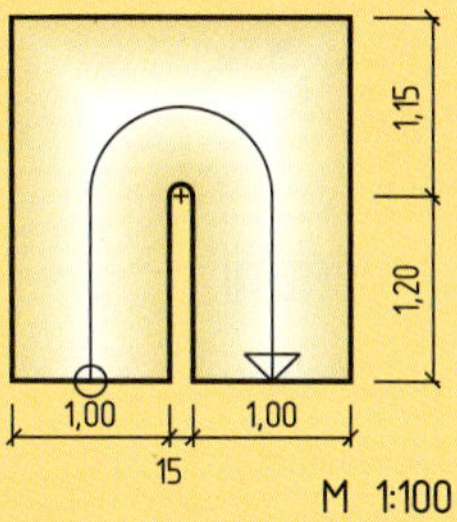

9. Berechnen Sie die Treppenmaße und konstruieren Sie die Stufenverziehung nach der Fluchtpunktmethode für die abgebildete halbgewendelte Treppe. Wählen Sie einen geeigneten Maßstab bzw. führen Sie diese Aufrissarbeiten auch im Maßstab 1 : 1 auf dem Werkstattfußboden aus.

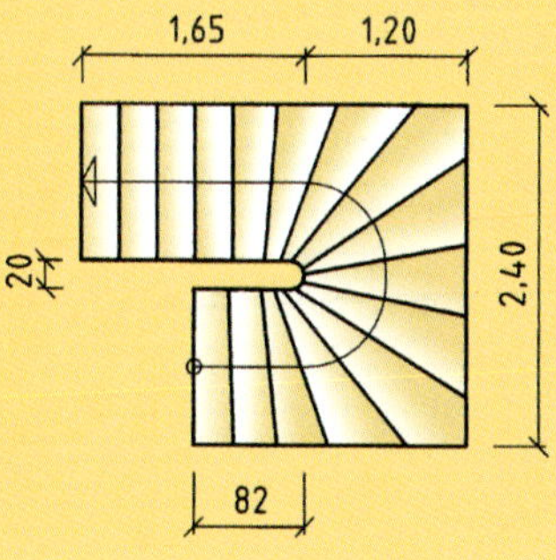

5.6 Geländer

Geländer sind Schutzkonstruktionen ebenso wie Zäune und Gitter, die an Gebäuden sowohl im Außenbereich als auch im Innenbereich vorzufinden sind.

Schutzkonstruktionen müssen in erster Linie ihre funktionale Aufgaben der Absturzsicherung und/ oder Abgrenzung erfüllen. Die Gestaltung spielt dabei eine wichtige Rolle, da sie den Gesamteindruck des Gebäudes oder eines Raumes wesentlich mitbestimmt.

Je nach Ort und Bauwerk, an dem sie angebracht sind, spricht man von Balkon-, Treppen-, Brücken- Terrassen-, Absperr-, Industrie oder Brüstungsgeländer. Im Gegensatz zu Gittern oder Zäunen, die vor allem einen unerlaubten Zutritt abwehren sollen, sind Geländer meist halbhohe bis mannshohe Konstruktionen, die vor Absturz schützen. Meist wird der Pfosten aus Hohlprofil, die Füllstäbe auch aus Vollmaterial gefertigt. Nach dem Werkstoff bzw. der Art der Konstruktion unterscheidet man Geländer aus

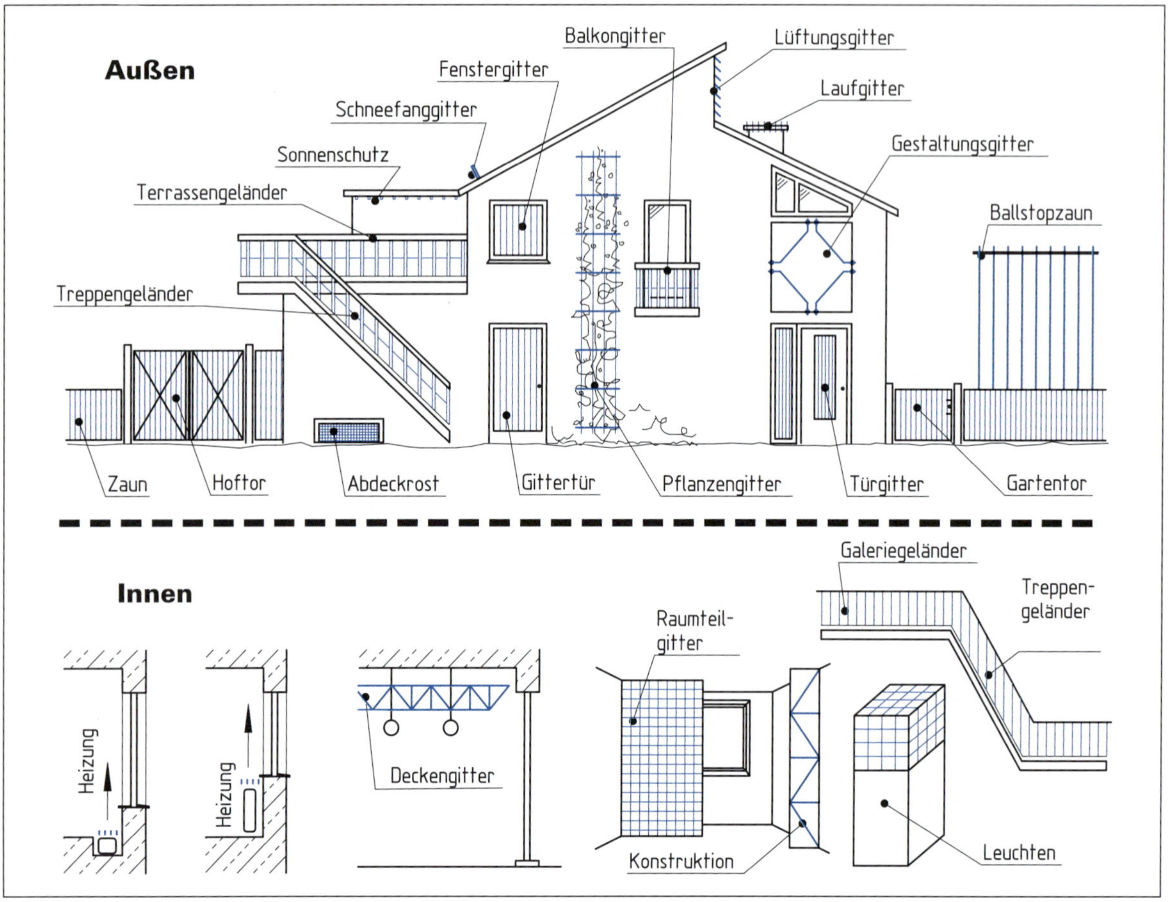

1 **Schutzkonstruktionen**

- Baustahl: geschmiedet oder aus Profilen geschweißt,
- EDELSTAHL Rostfrei®,
- Bronze oder Messing: oft bei repräsentativen Bauten,
- Aluminium: meist typisierte Konstruktionen aus Systemprofilen,
- Mischkonstruktionen: z. B. Stahlpfosten mit Geländerfüllung aus Glas, Drahtseilen, Wellgitter, Streckmetall, Holz- bzw. Kunststoffbrettern oder -Vollfüllungen,
- Ganz-Glaskonstruktionen aus Sicherheitsglas (Einscheiben-Sicherheitsglas (= ESG) oder Verbund-Sicherheitsglas (= VSG) oder Drahtglas mit einem verbindenden Handlauf, z. B. aus EDELSTAHL Rostfrei®.

Folgende Bilder zeigen unterschiedliche Geländerarten nach Einsatzort, Ausführung und Werkstoff.

2 **Beispiele von Geländern**

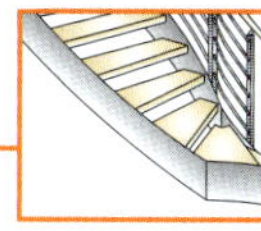

Auftrag

Ein Metallbaubetrieb erhält den Auftrag, ein Treppengeländer für eine Stahlbetontreppe und ein Balkongeländer zu fertigen.

Folgende Mindmap zeigt das Ablaufschema von der Auftragsannahme, Planung, Fertigung bis zur Montage von Treppen- und Balkongeländern.

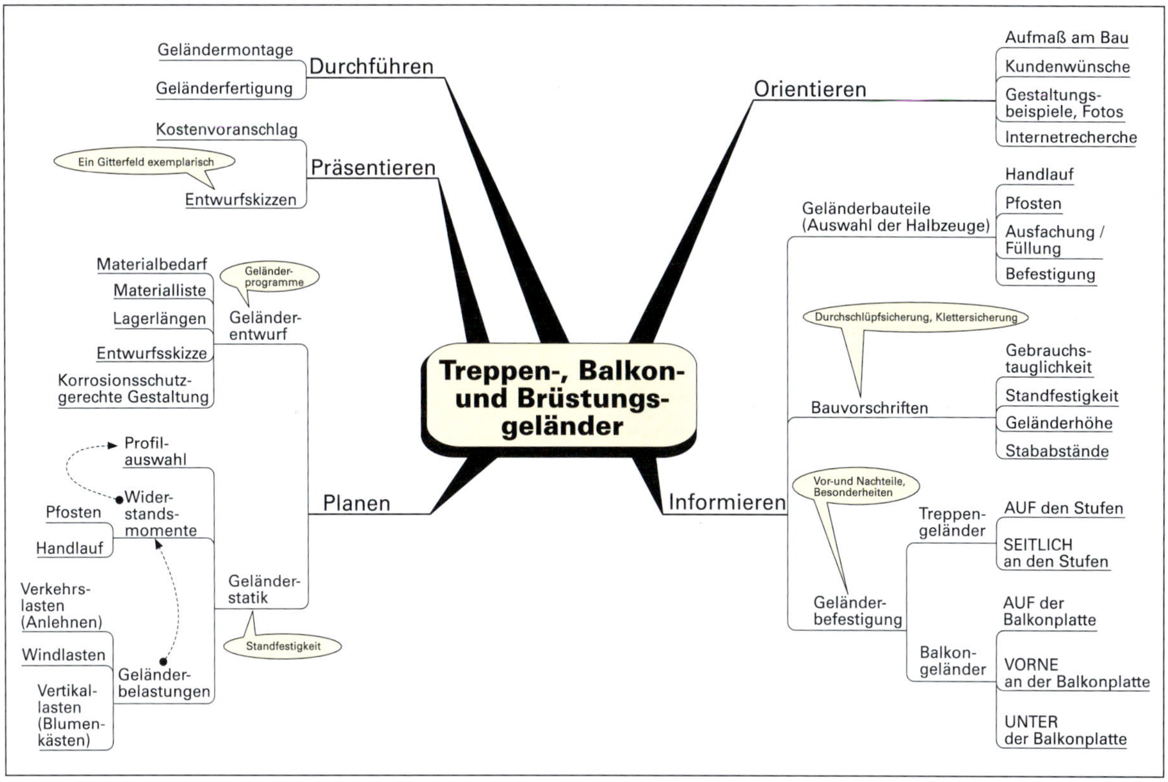

1 Ablauf der Planung, Fertigung und Montage von Schutzkonstruktionen

Der Kunde erwartet vom Metallbauer Vorschläge für die Gestaltung und Ausführung der Geländer. Dazu muss vorerst das Aufmaß auf der Baustelle genommen werden, um alle wichtigen Maße der Treppe bzw. am Balkon zu erfassen.

Gemeinsam mit dem Kunden wird anschließend die Gestaltung des Geländers besprochen und festgelegt. Beratend und unterstützend kann der Metallbauer mithilfe einer Präsentationsmappe oder eines gepflegten Internetauftritts dem Kunden Gestaltungsbeispiele aufzeigen.

Grundlage für die Planung und Gestaltung der Geländer sind stets die gesetzlichen Vorgaben und Bauvorschriften, die die Sicherheits- und Schutzfunktion von Geländern gewährleisten. Dazu zählen zum einen vorgegebene Baumaße, zum anderen bestimmte Lastannahmen, denen Geländern standhalten müssen.

5.6.1 Aufbau von Geländern

Geländer sind Schutzkonstruktionen und erfüllen wichtige Anforderungen:

- **Vor Absturz sichern** – durch ausreichende Geländerhöhe und Standfestigkeit
- Sicherheitsgefühl vermitteln – durch **Begrenzung der Geländerdurchbiegung** beim Anlehnen
- **Gehhilfe** bei Treppengeländern – durch griffigen Handlauf in richtiger Höhe
- Schutz für Kleinkinder gegen **Durchschlüpfen** und **Überklettern** durch Maximalabstände zwischen Geländerbauteilen, wenn mit der Anwesenheit von Kindern gerechnet werden muss

Wesentliche Bauteile eines Geländers und deren Funktion (vgl. Bild 1, S. 176):

- **Handlauf**: dient als Griffhilfe und bei Treppengeländern auch als Gehhilfe.
- **Pfosten** (Stützen): nehmen die gesamten Geländerbelastungen auf und leiten sie in die Treppe bzw. Balkondecke ab; müssen besonders biegesteif sein (Standfestigkeit, Sicherheitsgefühl);

sie tragen außerdem den Handlauf und die Geländerausfachung.

- **Geländerausfachung**: schützt als Füllung des Geländerfeldes (Raum zwischen Handlauf und Trittstufen oder Balkonplatte) vor Absturz, versteift das Geländer zusätzlich, verringert die Durchbiegung des Geländers und bildet das gestalterisch dekorativ wirkende Element eines Geländers; besteht oft aus Obergurt, Untergurt und Füllung.
- **Geländerbefestigung**: ist als verbindendes Element zwischen Geländer und Treppe bzw. Balkon mitentscheidend für die Standfestigkeit eines Geländers.

1 Geländerbauteile

5.6.2 Bauvorschriften für Geländer

Grundsätzlich gilt die Regel: Bauen ist Ländersache. Leider gibt es in Deutschland damit 16 verschiedene Landesbauordnungen (LBO), die teilweise recht unterschiedliche Aussagen machen. Hinzu kommen einige Sondervorschriften wie die DIN 18065 und die Arbeitsstättenverordnung (ArbStättV) von Gewerbeaufsicht und Berufsgenossenschaften, die teilweise im Widerspruch zu den Landesbauordnungen stehen. Der Metallbauer sollte daher stets **die strengere Vorschrift einhalten!**

In allen öffentlichen wie auch privaten Bereichen, wo mit der Anwesenheit von Kindern zu rechnen ist, muss insbesondere dem **Durchschlupf- und dem Kletterschutz für Kleinkinder** (Kinder unter 6 Jahren) Rechnung getragen werden. Die meisten in der Übersicht angegebenen Maße und Abstände beziehen sich auf diese Schutzfunktion (Bild 2).

Besonders bei geschmiedeten Konstruktionen mit freien Formen ist es wichtig, dass sich an keiner Stelle des Treppengeländers ein Würfel mit 12 cm Kantenlänge durchschieben lässt (Durchschlupfschutz).

Verläuft der Untergurt des Geländers über den Treppenstufen, so darf ein genormter Prüfwürfel mit einer Kantenlänge von 150 mm nicht darunter durchgeschoben werden können.

Verläuft der Geländeruntergurt seitlich neben den Treppenstufen, so muss er mindestens so tief geführt werden, dass die Gurtunterkante mit der halben Auftrittsbreite zusammenfällt.

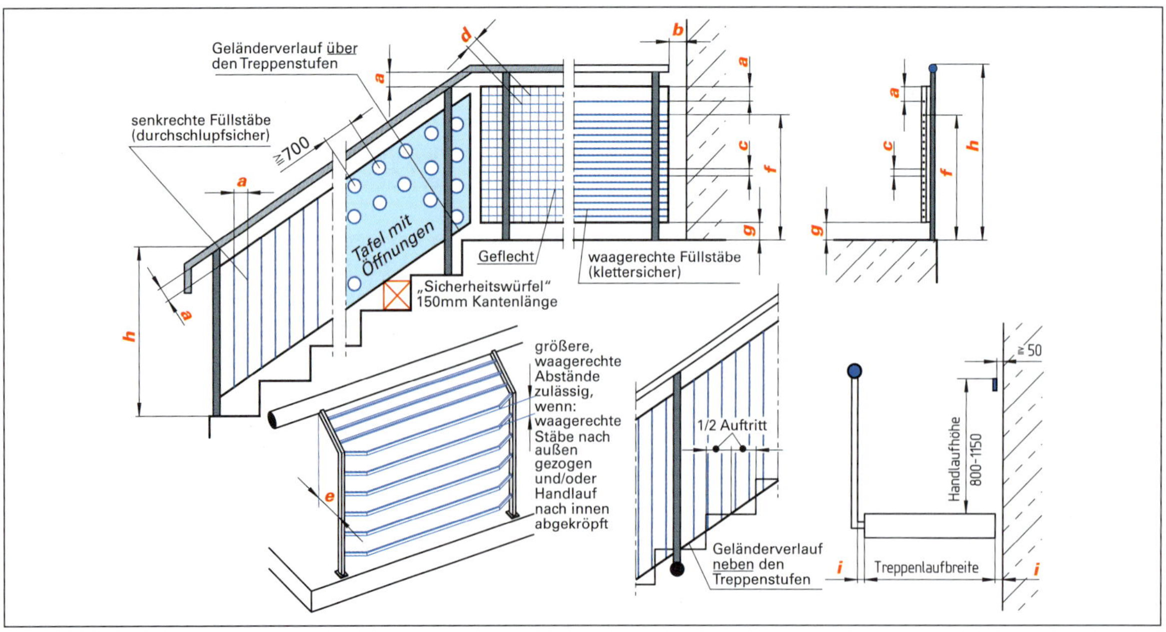

2 Bauvorschriften an Geländern

Handläufe müssen in einer Höhe von 800–1150 mm und mit mindestens 50 mm Abstand zu angrenzenden Bauteilen wie Wänden als Schutz gegen Aufschürfen der Finger angeordnet werden.
Treppengeländer in Kindertagesstätten und Kindergärten sollten in halber Höhe einen weiteren Handlauf besitzen, damit auch kleine Kinder einen sicheren Halt beim Begehen der Treppe haben. An diesen Einbauorten fordern alle Landesbauordnungen (LBO) eine Geländerhöhe von 1,1 m. Die Oberseite des Handlaufs ist so zu gestalten, dass sie nicht als Rutschbahn zweckentfremdet werden kann.

Geländermaß	Aufgabe/Funktion		Regelwerk / Bauvorschrift		
h	**Geländerhöhe** (senkrecht zur Stufenvorderkante gemessen) → Absturzsicherung		Absturzhöhe		Ab 1 m Absturzhöhe bzw. ab 5 Stufen ist ein Geländer notwendig!
			≤ 12 m	≥ 12 m	
			90 cm	110 cm	nach LBO und DIN 18065
			100 cm	110 cm	nach ArbStättV
a	Max. **lichte Weite** zwischen Geländerfüllungen bzw. anderen Geländerbauteilen → „Durchschlupfsicherung“		≤ 120 mm nach LBO's und DIN 18065		
			≤ 180 mm nach ArbStättV (keine Kleinkinder anwesend)		
b	Wandanschluss → Durchschlupfsicherung, damit Kinder nicht mit dem Hals vorbeischlüpfen können		Uneinheitlich und nicht überall in den LBO's geregelt: 40, 60, 80, 120 mm		
c	Max. lichte Weite zwischen waagrechten Füllungen	**„Kletterschutz“** für Kleinkinder	Uneinheitlich und nicht überall in den LBO's geregelt: ≤ 20 … 30 mm		
d	Maschenweite bei Geflecht-Füllung		≤ 40 mm		
e	Handlauf – Abkröpfung, bei waagrechten Füllungen mit größeren Abständen		Nicht generell geregelt: ≥ 150 mm – LBO Bremen ≥ 160 mm – LBO Bayern		
f	Auftrittshöhe → **Übersteigschutz**		Uneinheitlich in den LBO's geregelt: 500 … 700 mm		
g	Bodenabstand → Durchschlupfschutz für Kinder → Durchfallschutz für Flaschen		Uneinheitlich in den LBO's geregelt: 40 … 120 mm einige europäische Nachbarländer: 50 mm		
i	Trittschutz für Kinderfüße		Uneinheitlich in den LBO's geregelt: ≤ 40 … 60 mm		
Legende: LBO = Landesbauordnung; ArbStättV = Arbeitsstättenverordnung					

1 Anforderungen an Geländer gemäß Landesbauordnung

Grundsätzlich werden heute Geländerhöhen nach LBO von 90 cm als zu gering empfunden. Der Metallbauer ist gut beraten, hier generell die höheren Werte aus der Arbeitsstättenverordnung zu übernehmen.

Haftung

Einfamilienhäuser werden i. d. R. durch den Architekten anstatt durch das Bauamt abgenommen. Daher hält sich oft der Irrglaube, man müsse in seinen eigenen vier Wänden keine Rücksicht auf Bauvorschriften nehmen. Das ist grundsätzlich falsch. Kommen bei einem Unfall Personen zu Schaden, können immer auch Schadensersatzansprüche gegen den Erbauer des Geländers, also den Metallbaubetrieb geltend gemacht werden. Im Zweifelsfall sollte der Metallbauer bei einem fehlerhaften Architekten- oder Kundenauftrag schriftlich seine Bedenken anmelden und diese 30 Jahre lang aufheben!

Aufgaben

1. Welche Maße müssen bei der Herstellung von Treppengeländern eingehalten werden?
2. Wie kann man bei Geländern den „Kletterschutz“ sicherstellen?
3. Überprüfen Sie mit Styroporwürfeln die Einhaltung von Abständen an Treppengeländern.
4. Für ein Miethaus, das bisher als Wohnhaus benutzt wurde, wird ein neues Treppengeländer gefertigt. In dem Gebäude werden 2 von 4 Wohneinheiten zu einer Rechtsanwaltskanzlei umgebaut. Welche Geländerhöhe muss das Geländer nach dem Umbau besitzen?

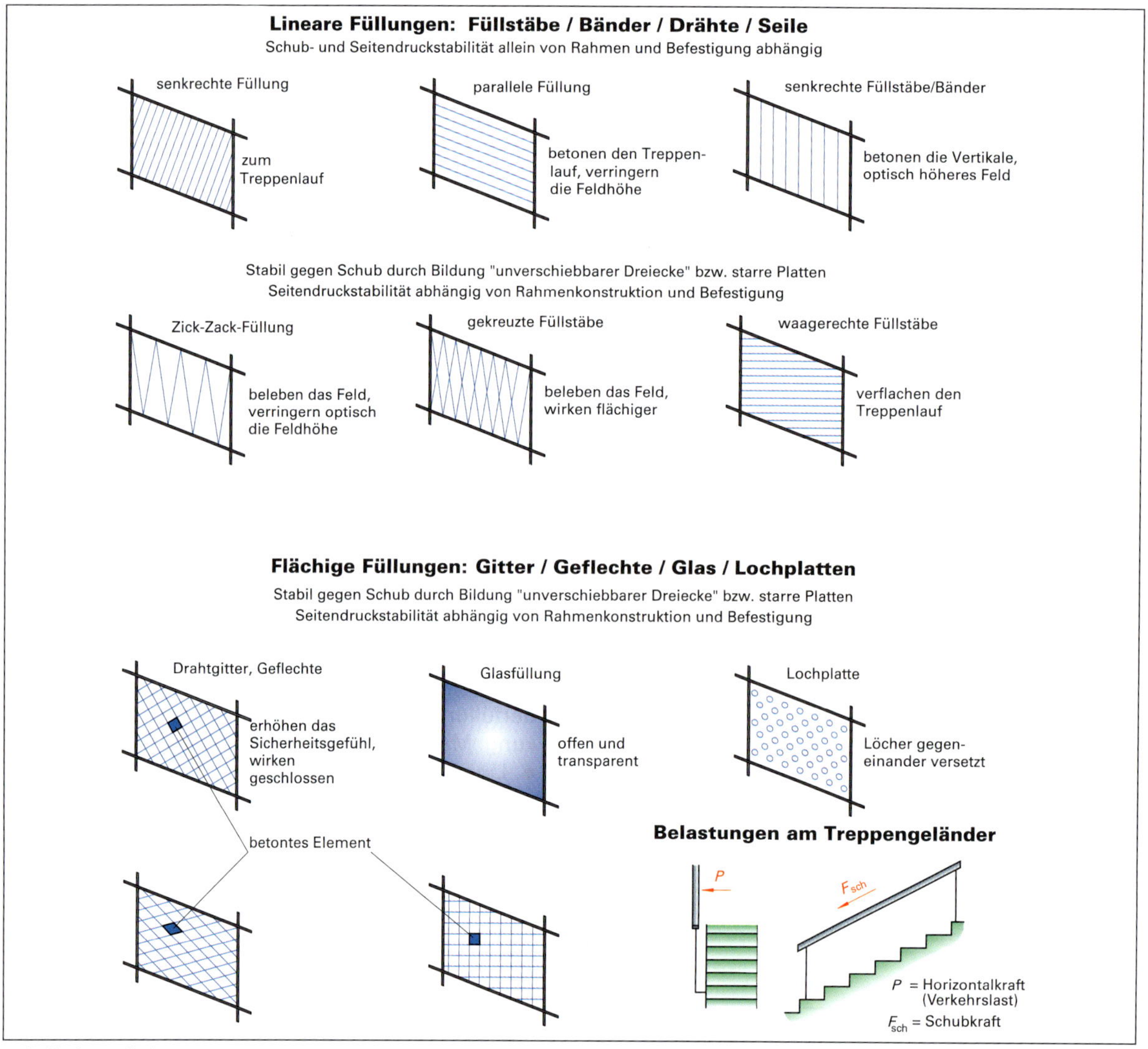

1 Geländerausfachungen

Seilausfachungen werden meist aus Edelstahlseilen (d = 4–6 mm) gefertigt. Die waagrechten Seilabstände müssen aufgrund des Gummibandeffektes erheblich kleiner als 120 mm sein, damit der Durchschlupfschutz eingehalten werden kann. Die Seildurchbiegung ist dabei umso geringer, je mehr die Seile vorgespannt und je geringer die Pfostenabstände sind. Ein Kletterschutz kann hier nur durch eine entsprechende Handlaufabkröpfung nach innen realisiert werden, da zu viele Spannseile in geringem Abstand (20 mm) eine enorme Belastung für die Pfosten und deren Befestigung bedeuten. Senkrechte Seilausfachungen sind i. d. R. wegen der dabei auftretenden Handlaufdurchbiegung nicht möglich. Die erforderliche Vorspannung der Seile kann nur durch Vergleichsmessungen mit dem einzubauenden Seil ermittelt werden, da Seile je nach Produktion unterschiedlich stark gewickelt und verschieden dehnbar sind.

Lochblechfüllungen bieten selbst ausreichenden Schutz gegen Absturz; kritisch ist lediglich die Befestigung am Geländer. So besteht die Gefahr, dass unter der Aufpralllast die ganze Tafel aus den mit Gummi bestückten Einfassprofilen herausgezogen werden kann, wenn sie nicht mit Schrauben oder Nieten dort befestigt wird. Werden Lochblechfüllungen aus größeren Tafeln zugeschnitten, verläuft die Trennlinie meist auch durch die Löcher, sodass wegen der Verletzungsgefahr ein Kantenschutz erforderlich ist.

Geländerausfachungen aus Glas dürfen nur mit Sicherheitsglas ausgestattet werden (vgl. DIN 18008 Teile 2–4, **Absturzsichernde Verglasungen**).

Sowohl unter statischen Belastungen (Holmlast durch Anlehnen, Windlast) als auch unter stoßartigen Einwirkungen (Aufprall von Personen oder Gegenständen) muss durch den Einsatz geeigneter Glasarten sichergestellt sein, dass

- die Standsicherheit des Bauteils erhalten bleibt,
- das Bauteil nicht durchstoßen wird und
- keine Personen durch herabfallende Bruchstücke verletzt werden.

Als absturzsichernde Verglasungen für den Geländerbau sind die beiden Kategorien B und C1 nach DIN 18008-4 relevant. Die Scheiben können dabei linienförmig (durchlaufende Pressleisten) und/oder punktförmig (Klemm- bzw. Tellerhalter) gelagert sein.

Geländer der Kategorie B (Bild 1a) sind unten fest eingespannte Glasbrüstungen, deren einzelne Scheiben mit einem Handlauf verbunden sind, der horizontale Nutzlasten über den Handlauf direkt auf die Scheiben überträgt. Zulässig sind nur VSG-Gläser aus mindestens 2 x 10 mm ESG- oder TVG-Scheiben mit einer mindestens 1,52 mm dicken PVB-Folie. Die Glasscheiben dürfen nicht durch Bohrungen oder Ausnehmungen geschwächt sein, ausgenommen für die Befestigung am Boden oder Handlauf.

Bild 1b zeigt Konstruktionsmerkmale am Handlauf und der unteren Einspannung.

a)

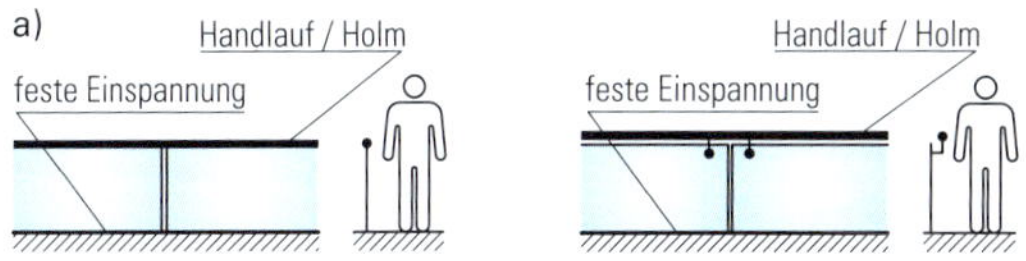

b)

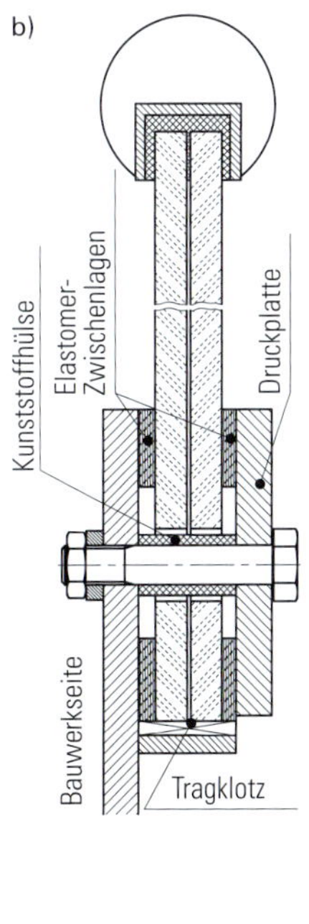

- Der Handlauf muss am Gebäude verankert und fest mit der Verglasung verbunden werden (Verklebung).
- Der Handlauf muss bei Ausfall eines Brüstungselementes die Holmlasten auf die Nachbarscheiben übertragen können.
- Der Glaseinstand im U-Profil des Handlaufs muss mindestens 15 mm sein.
- Die Einspannhöhe unten muss mindestens 100 mm hoch sein.
- Das Klemmblech aus Stahl muss mindestens 12 mm dick sein.
- Der Verschraubungsabstand darf 300 mm nicht überschreiten.
- Die Scheiben müssen unten geklotzt werden.
- Über die Verschraubung muss eine Kunststoffhülse; gesetzt werden.
- Durchgehende Zwischenlagen aus druckfestem Elastomer verhindern direkten Kontakt zwischen Glas und Metall.

1 Handlauf und Einspannung – Kategorie B

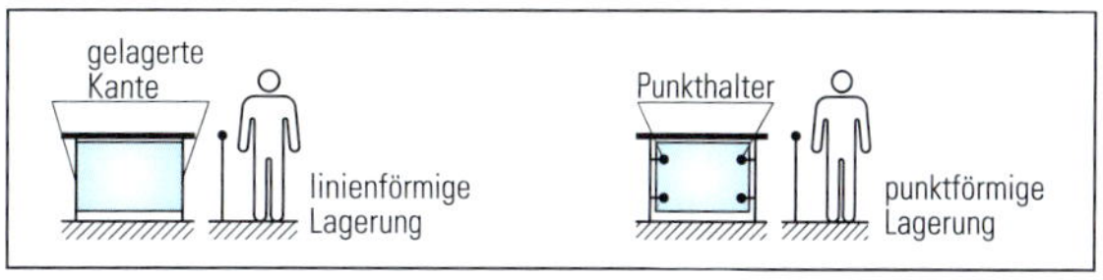

2 Absturzsichernde Verglasung – Kategorie C1

Geländer der Kategorie C1 betreffen Geländerausfachungen, die keine horizontale Nutzlasten übertragen müssen (diese übernimmt der Handlauf). Als Einfachverglasung dürfen bei linienförmiger Lagerung (allseitig oder zweiseitig) nur VSG-Gläser aus Floatglas oder ESG-Glas verwendet werden. Punktförmig gelagerte Ausfachungen müssen aus VSG-Scheiben mit mindestens 2 x 6 mm dicken ESG- oder TVG-Gläsern ausgestattet sein (Bild 2).

Die Befestigungsart (punktförmig oder linienförmig) bestimmt den Glasaufbau und die zulässigen Spannweiten und Glasgrößen entsprechend der DIN 18008.

Punktförmig gelagerte Verglasungen werden mit Tellerhaltern (geführt durch Glasbohrungen) oder Klemmhaltern (ohne Bohrungen) am Rand oder den Ecken getragen. Die Punkthalter aus Stahl, Aluminium oder nichtrostendem Stahl benötigen eine „Allgemeine bauaufsichtliche Zulassung" (AbZ).

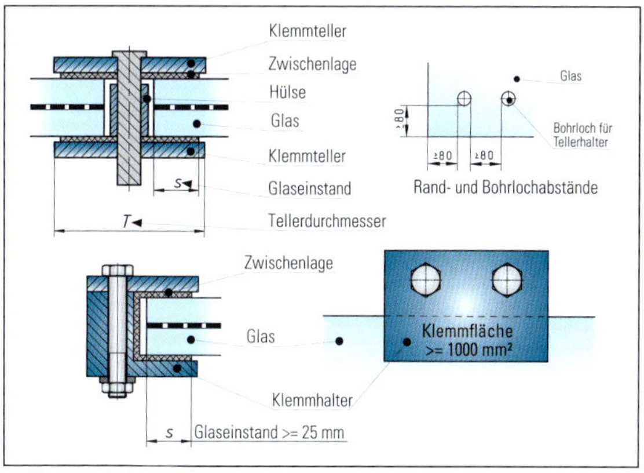

3 Konstruktive Anforderungen an Punkthalter

- Tellerhalter: Durchmesser *T* mindestens 50 mm, Glaseinstand *s* mindestens 12 mm, Mindestglasbreite zu benachbarten Löchern oder zum Rand mindestens 80 mm.
- Klemmhalter: Glasüberdeckende Klemmfläche mindestens 1000 mm^2, Glaseinstand *s* mindestens 25 mm

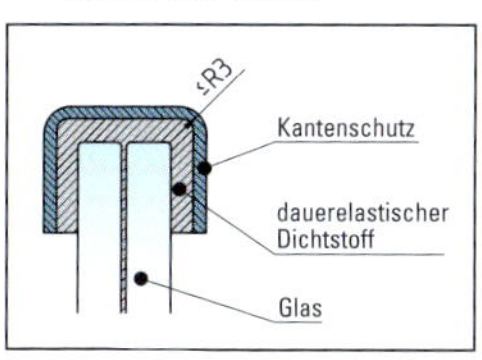

Bild 4: Kantenschutzprofil

Alle zugänglichen Kanten der Glasscheiben müssen vor Stößen geschützt werden. Dies kann einerseits durch Kantenschutzprofile (Bild 4) erfolgen, andererseits durch Einhalten eines maximalen Abstandes von 30 mm zwischen der Scheibe und angrenzenden Bauteilen (z.B. Wand, weitere Scheibe).

Aufgaben

1. Erstellen Sie Fotos von fünf ausgeführten Treppengeländern und fertigen Sie in Gruppenarbeit eine ausführliche Beschreibung an.
2. Informieren Sie sich im Internet über Halterungen für linienförmige Verglasungen (Füllscheibe in einem Geländerfeld).
3. Nennen Sie je vier Konstruktionsvorschriften für Handlauf und Einspannung eines Ganzglasgeländers.

1 Punkt- und Klemmhalter für absturzsichernde Verglasungen.
Links: Punkthalter nach TRAV, rechts: Klemmhalter mit AbZ

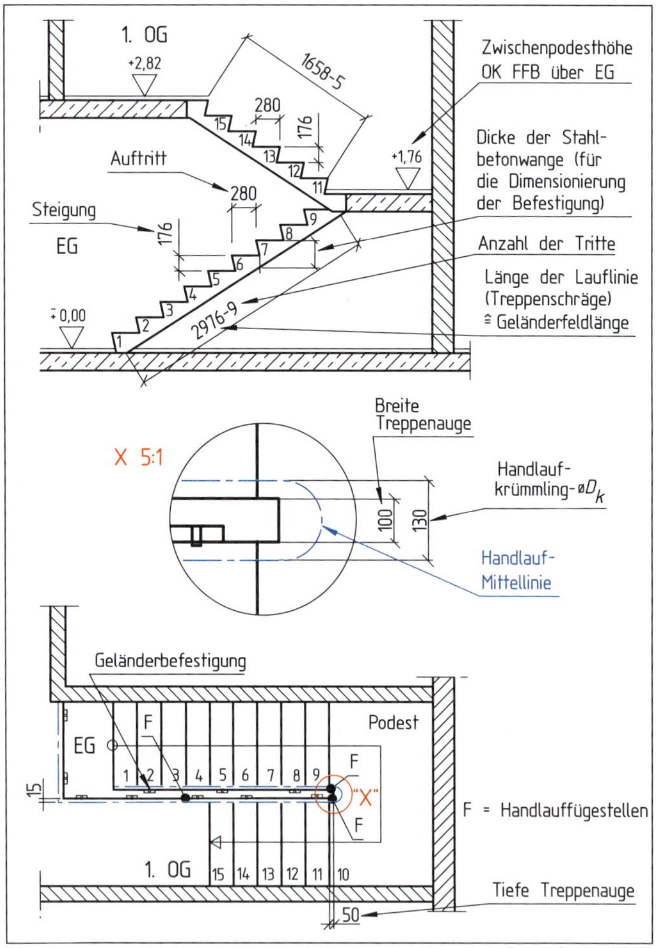

2 Aufmaßskizze für Treppengeländer

5.7.2 Aufmaß, Entwurf und Fertigung eines Treppengeländers

Aufmaß

Die Aufmaßskizze Bild 2 zeigt das genommene Aufmaß an einer 2-läufigen Linkstreppe mit Halbpodest aus Stahlbeton, für die ein Treppen- und Brüstungsgeländer gefertigt werden soll. Mithilfe von Richtwaage, Maßband, Richtscheit und Schlauchwasserwaage werden alle an der Betontreppe notwendigen Maße aufgenommen und schematisch festgehalten. Damit lassen sich die für den Entwurf und die Fertigung des Geländers notwendigen Maße erfassen. Im Einzelnen sind dies:

- Geländerfeldlängen,
- Geschoss- und Podesthöhen,
- Maße des Treppenauges,
- Steigung und Auftritt der Treppe (Steigungsdreieck).

Mit dem Steigungsdreieck der Treppe können alle Zuschnittsmaße bzw. Anreißmaße von Geländerelementen (z.B. Füllstäbe, Pfostenlängen usw.) einfach ohne Angabe von Winkeln bestimmt werden. In die Aufmaßskizze werden die Geländerpfosten (Befestigungsstellen) und die Handlaufmittellinie eingetragen.

Aufgaben

1. Welche Maße sind beim Aufmaß auf der Baustelle zu nehmen?
2. Welche Hilfsmittel benötigen Sie zur Maßaufnahme? Beschreiben Sie die jeweilige Vorgehensweise.

Aufriss und Entwurf des Geländers

Es gibt verschiedene Möglichkeiten für das Entwerfen und Anfertigen von Geländern.

Geländer an der Treppe anfertigen

Unter- und Obergurt bzw. Handlauf werden auf der Baustelle nach der fertigen Treppe geformt, in „Felder" geteilt und mit Füllstäben versehen. Nach dem Befestigen der Geländerpfosten werden die einzelnen Felder angeschweißt.

Vorteile: Die Geländer können direkt am Treppenlauf angepasst werden. Ein Aufreißen von Treppe und Geländer ist nicht notwendig.

Nachteil: An der Baustelle entsteht der größere Zeitaufwand.

Geländer zusammen mit dem Treppenlauf aufreißen

Der Treppenlauf wird am Werkstattboden oder einer Spanplatte aufgerissen, anschließend das Geländer. Anhand des Aufrisses werden Handlauf, Untergurt, Obergurt und Füllstäbe ausgemessen, angefertigt und zusammengeheftet.

Vorteil: Es können auch geschwungene Geländer an gewendelten Treppenläufen in der Werkstatt angefertigt werden.

Nachteil: Alle Geländerelemente (Handlauf, Ausfachung) müssen in einer Ebene liegen.

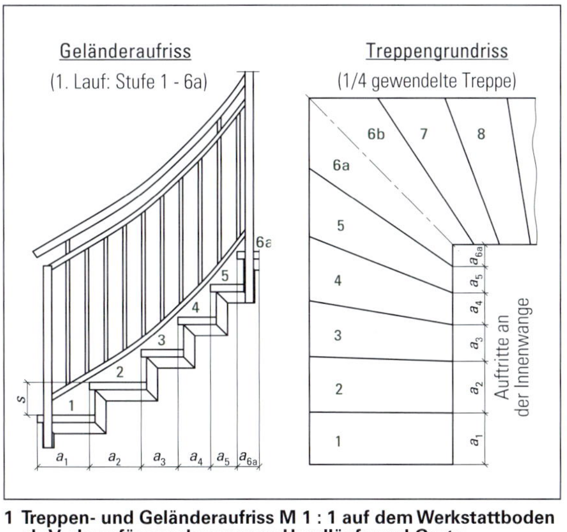

1 Treppen- und Geländeraufriss M 1 : 1 auf dem Werkstattboden als Vorlage für geschwungene Handläufe und Gurte

Geländerentwurf anhand der Aufmaßskizze

Für komplizierter gestaltete Geländer werden anhand der schematischen Aufmaßskizze (vgl. Bild 1, vorherige Seite) verschiedene Geländerentwürfe entwickelt. In **Freihandskizzen** werden die ersten Ideen und Entwürfe festgehalten (**Entwurfsskizzen** – vgl. Bild 2), wobei man sich nicht sofort auf den ersten Entwurf festlegen, sondern mehrere Varianten erstellen, miteinander vergleichen und weiter detaillieren sollte.

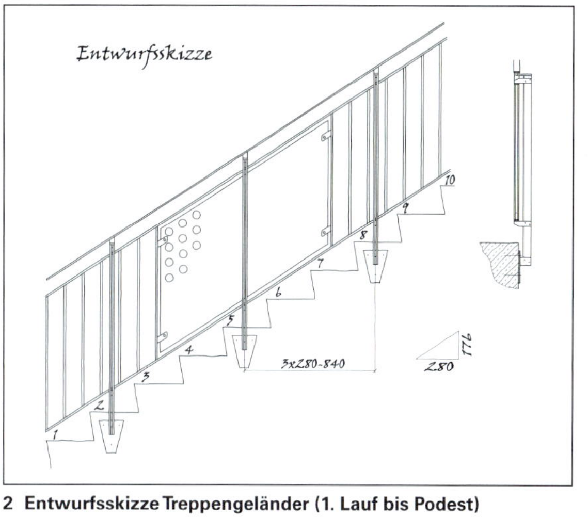

2 Entwurfsskizze Treppengeländer (1. Lauf bis Podest)

Der endgültige Entwurf wird in einer **Entwurfszeichnung** im Maßstab 1 : 10 oder auch 1 : 5 erstellt. Die fertige Entwurfszeichnung bzw. Maßskizze (vgl. Bild 1, nächste Seite) soll dem Kunden einen möglichst realen Gesamteindruck vom Geländer vermitteln.

Das Geländerfeld des ersten Treppenlaufes wird dem Entwurf entsprechend in 3 Bereiche aufgeteilt (vgl. Bild 2):

- Bereich 1: Ausfachung mit Füllstäben,
- Bereich 2: Ausfachung mit Lochblechfüllung,
- Bereich 3: Ausfachung mit Füllstäben (wie Bereich 1).

Einzelheiten des Geländerentwurfs, wie z.B. die Gestaltung der Geländerbefestigung, der Geländerfüllung und des Handlaufs bzw. des Handlaufanschlusses werden in **Detailzeichnungen** im Maßstab 1 : 1 oder 1 : 2 (vgl. Bild 2, nächste Seite) dargestellt. Mithilfe der Entwurfs- und Detailzeichnungen bzw. Skizzen lässt sich anschließend der Materialbedarf für die Material- und Zuschnittliste ermitteln. Dazu können die Maße direkt den Maßstabszeichnungen bzw. Aufrissen entnommen werden oder man berechnet sie.

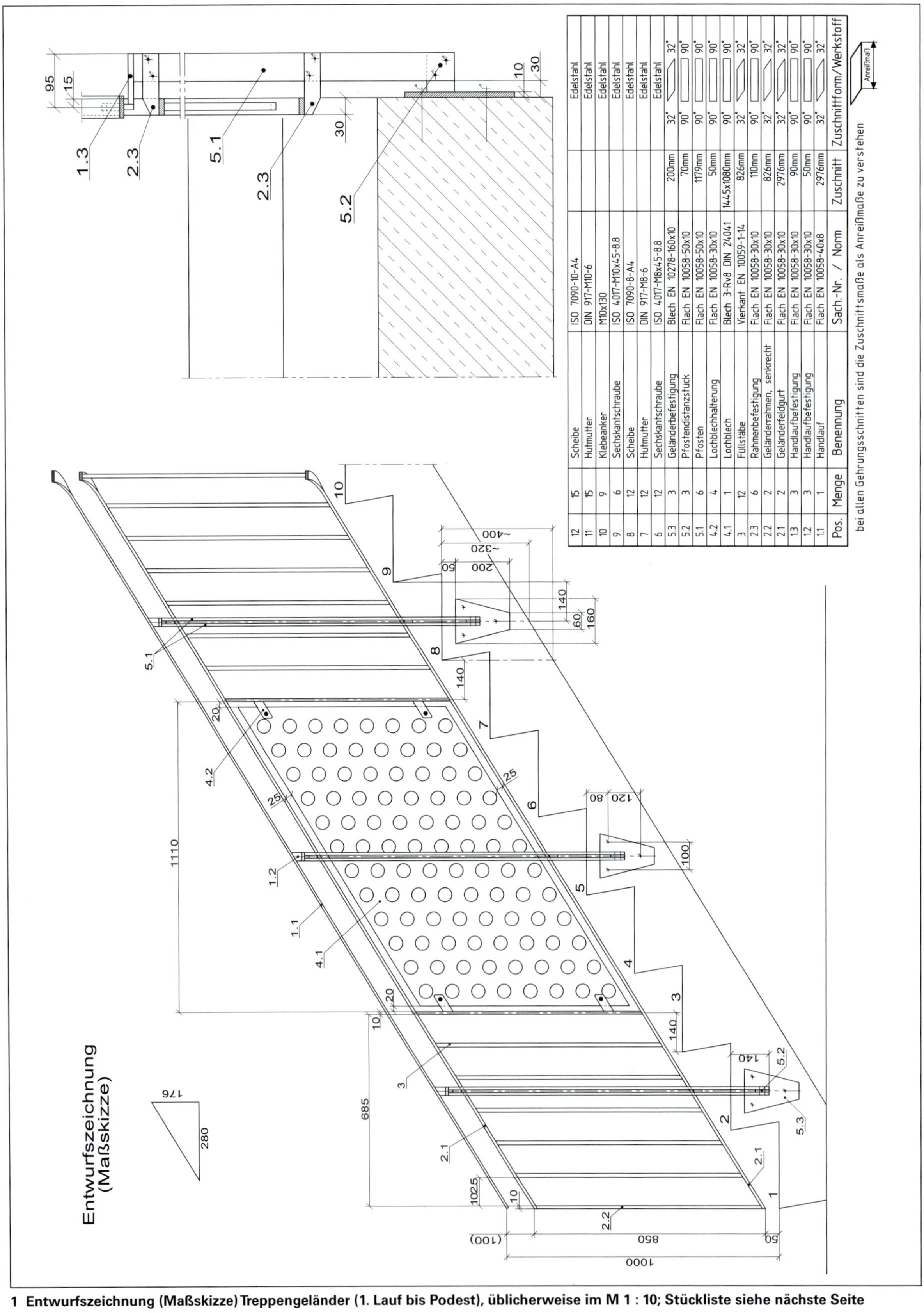

Pos.	Menge	Benennung	Sach.-Nr. / Norm	Zuschnitt	Zuschnittform/Werkstoff
12	15	Scheibe	ISO 7090-10-A4		Edelstahl
11	15	Hutmutter	DIN 917-M10-6		Edelstahl
10	9	Klebeanker	M10x130		Edelstahl
9	6	Sechskantschraube	ISO 4017-M10x45-8.8		Edelstahl
8	12	Scheibe	ISO 7090-8-A4		Edelstahl
7	12	Hutmutter	DIN 917-M8-6		Edelstahl
6	12	Sechskantschraube	ISO 4017-M8x45-8.8		Edelstahl
5.3	3	Geländerbefestigung	Blech EN 10278-160x10	200mm	32° / 32°
5.2	3	Pfostendistanzstück	Flach EN 10058-50x10	70mm	90° / 90°
5.1	6	Pfosten	Flach EN 10058-50x10	1179mm	90° / 90°
4.2	4	Lochblechhalterung	Flach EN 10058-30x10	50mm	90° / 90°
4.1	1	Lochblech	Blech 3-Rv8 DIN 24041	1445x1080mm	90° / 90°
3	12	Füllstäbe	Vierkant EN 10059-1-14	826mm	32° / 32°
2.3	6	Rahmenbefestigung	Flach EN 10058-30x10	110mm	90° / 90°
2.2	2	Geländerrahmen, senkrecht	Flach EN 10058-30x10	826mm	32° / 32°
2.1	2	Geländerfeldgurt	Flach EN 10058-30x10	2976mm	32° / 32°
1.3	3	Handlaufbefestigung	Flach EN 10058-30x10	90mm	90° / 90°
1.2	3	Handlaufbefestigung	Flach EN 10058-30x10	50mm	90° / 90°
1.1	1	Handlauf	Flach EN 10058-40x8	2976mm	32° / 32°

bei allen Gehrungsschnitten sind die Zuschnittsmaße als Anreißmaße zu verstehen

1 Entwurfszeichnung (Maßskizze) Treppengeländer (1. Lauf bis Podest), üblicherweise im M 1 : 10; Stückliste siehe nächste Seite

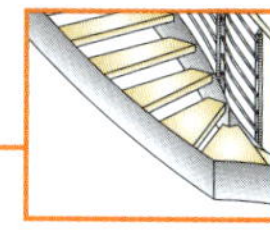

Materialbedarf und Zuschnitt

Bild 1 zeigt die rechnerische Bestimmung der Pfostenlänge und das Anreißmaß für die untere Rahmenbefestigung. Mithilfe des Treppen-Steigungsdreiecks und der Gesetzmäßigkeiten zwischen „ähnlichen Dreiecken" können alle Zuschnitte ohne Winkelfunktionen berechnet werden. Neben den Zuschnittlängen müssen auch die Anzahl der notwendigen Füllstäbe und deren lichte Weiten (vgl. Kap. 5.8.3) berechnet werden. Nach der Erstellung der Material- und Zuschnittliste kann der Materialbedarf für den Auftrag ermittelt werden. Dazu wird berechnet, wie viele Stangen Flacherzeugnisse und Vierkantstahl mit einer Lagerlänge von 6 m für die Fertigung des Geländers benötigt werden.

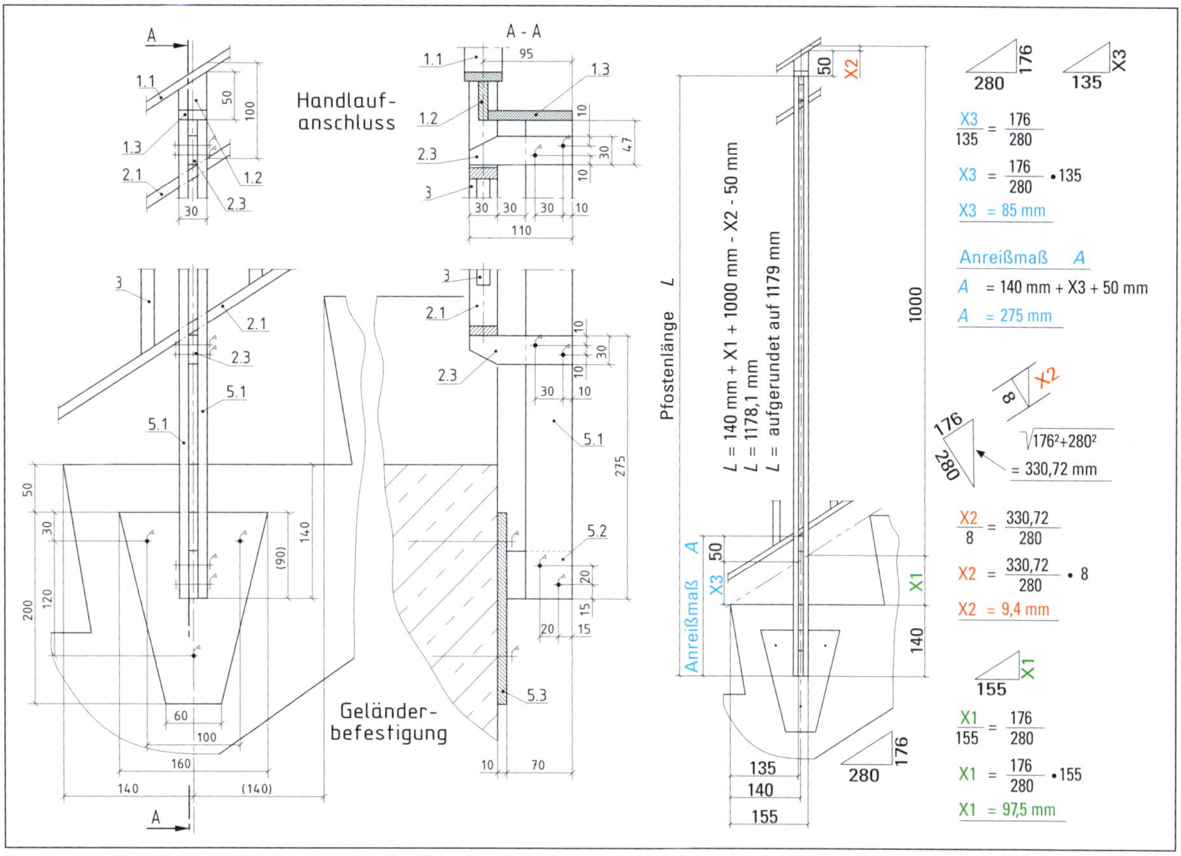

1 Links: Detailzeichnungen Handlaufanschluss und Geländerbefestigung, üblicherweise im M 1 : 2. Rechts: Bestimmung der Pfostenlänge und des Anreißmaßes für Rahmenbefestigung unten

Aufgaben

1. Ermitteln Sie den Zuschnitt für die Geländerfüllstäbe auf zeichnerische und rechnerische Art (vgl. S. 182 f.).
2. Reißen Sie Form und Maße des Lochblechs im Maßstab 1 : 1 (oder M 1 : 5 auf einem Zeichenblatt) auf und bestimmen Sie die erforderliche Tafelgröße zeichnerisch und rechnerisch.

Fertigung und Montage

Ein nicht unerheblicher Kostenfaktor im Geländerpreis ist die Montage. Es lohnt sich also, schon bei der Geländerplanung eine montagefreundliche Gestaltung zu erwägen. Alle Tätigkeiten, die erst auf der Baustelle vorgenommen werden können, sind in der Regel teurer als eine Werkstattarbeit. Geländerkonstruktionen, die ohne aufwändige Nacharbeiten ein Ausgleichen von Rohbautoleranzen erlauben, können preisgünstiger angeboten werden. So kann einerseits der Handlauf mit einer vertikalen Verschiebemöglichkeit auf eine pas-

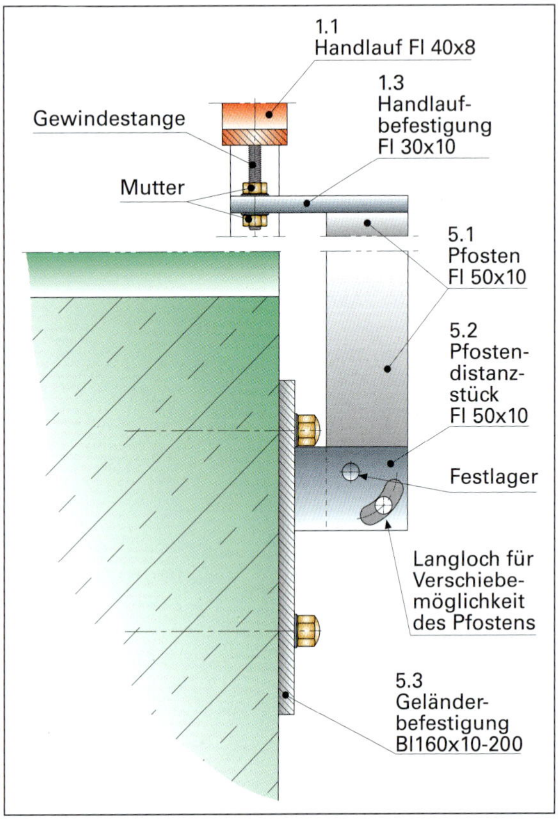

1 Montagefreundliche Geländerkonstruktion

sende Höhe gebracht, andererseits die Befestigung der Pfosten an der Treppe so gestaltet werden, dass diese in jedem Fall senkrecht stehen (Bild 1).

Die Geländerausfachungen der beiden Treppenläufe werden in der Werkstatt gefertigt. Nach dem Zuschneiden werden die Halbzeuge auf einem großen Schweißtisch oder auf dem ebenen Werkstattboden zu einem Rahmen ausgelegt, fixiert und geheftet. Anschließend setzt man die senkrechten Rahmenteiler zur Aufteilung in den Füllstab- bzw. Lochblechbereich ein und heftet sie. Nun werden die Füllstäbe mit Abstandshaltern gemäß der berechneten lichten Weite eingelegt und geheftet. Abschließend befestigt man die Halterungen für das Füllblech. Nach einer letzten Maßkontrolle wird der Rahmen mit den Füllstäben fertiggeschweißt.

Auf der Baustelle werden zunächst die Pfosten mit einer Dübelplatte in die Betontreppe mithilfe von Klebeankern befestigt. Diese spreizdruckfreien Befestigungsmittel erlauben geringere Achs- und Randabstände als Metallspreizdübel und sind für Geländerbefestigungen an schmalen Betontreppen vorzuziehen (vgl. Kap. 16, Befestigungstechnik). Anschließend werden die Geländerausfachungen beider Treppenläufe vor die Pfosten geschraubt. Nach dem Anschweißen der beiden Handläufe an die Halterungen werden sie mit dem Krümmling an den Fügestellen verbunden.

Fertigung von Geländerkrümmlingen

Der Krümmling entsteht immer dann, wenn das Geländer seine Richtung ändert. Krümmlinge werden meist als Verbindungsstücke zwischen den Handläufen von Geländerfeldern verwendet, sie können aber auch die Geländergurte miteinander verbinden.
Das Biegen des Krümmlings erfordert einen etwas größeren Aufwand, da er in zwei Achsen gebogen werden muss. Neben der Richtungsänderung um 180° muss der Krümmling auch eine Steigungshöhe *s* entsprechend der Treppe mit vollziehen, er verläuft demnach wendelförmig.

Die Fertigung des Krümmlings kann auf verschiedene Arten erfolgen:

- Biegen am fertigen Treppenlauf mit Handbiegegeräten: Nach der Montage der Geländerfelder wird der Krümmling vor Ort angepasst (Einzelfertigung auf der Baustelle).
- Warmbiegen mithilfe einer Blechschablone („Serienfertigung" in der Werkstatt).
- Kaltbiegen in zwei Schritten: Vorbiegen in der Ebene, Ansteigen durch Verdrehen (Einzelanfertigung in der Werkstatt).

Warmbiegen mit Blechschablone

Man reißt auf einer Blechtafel (2–3 mm dick) die Stufen im Krümmlingsbereich (mindestens je 1 Stufe vorher und nachher) im Maßstab 1:1 auf. Die Verbindungslinie der Vorderkanten ergibt dabei den Verlauf des Krümmlings. Die Blechtafel wird dann um einen Kern gebogen, sodass der Außendurchmesser der Blechtafel dem Innendurchmessers des Krümmlings entspricht. Der Innendurchmesser wird abhängig vom Treppenauge und der gewählten Lage des Handlaufs aus der Aufmaßskizze bestimmt. Der Handlauf kann nun entlang der Risslinie auf der Blechschablone gebogen werden. Bei größeren Stückzahlen wird zuerst ein Flachstahl entlang des Anrisses gebogen und als Auflage für die Krümmlinge auf die Blechschablone geschweißt. Der Krümmling wird auf der Baustelle dem Geländerfeld angepasst und mit den geraden Handlaufstücken verschweißt.

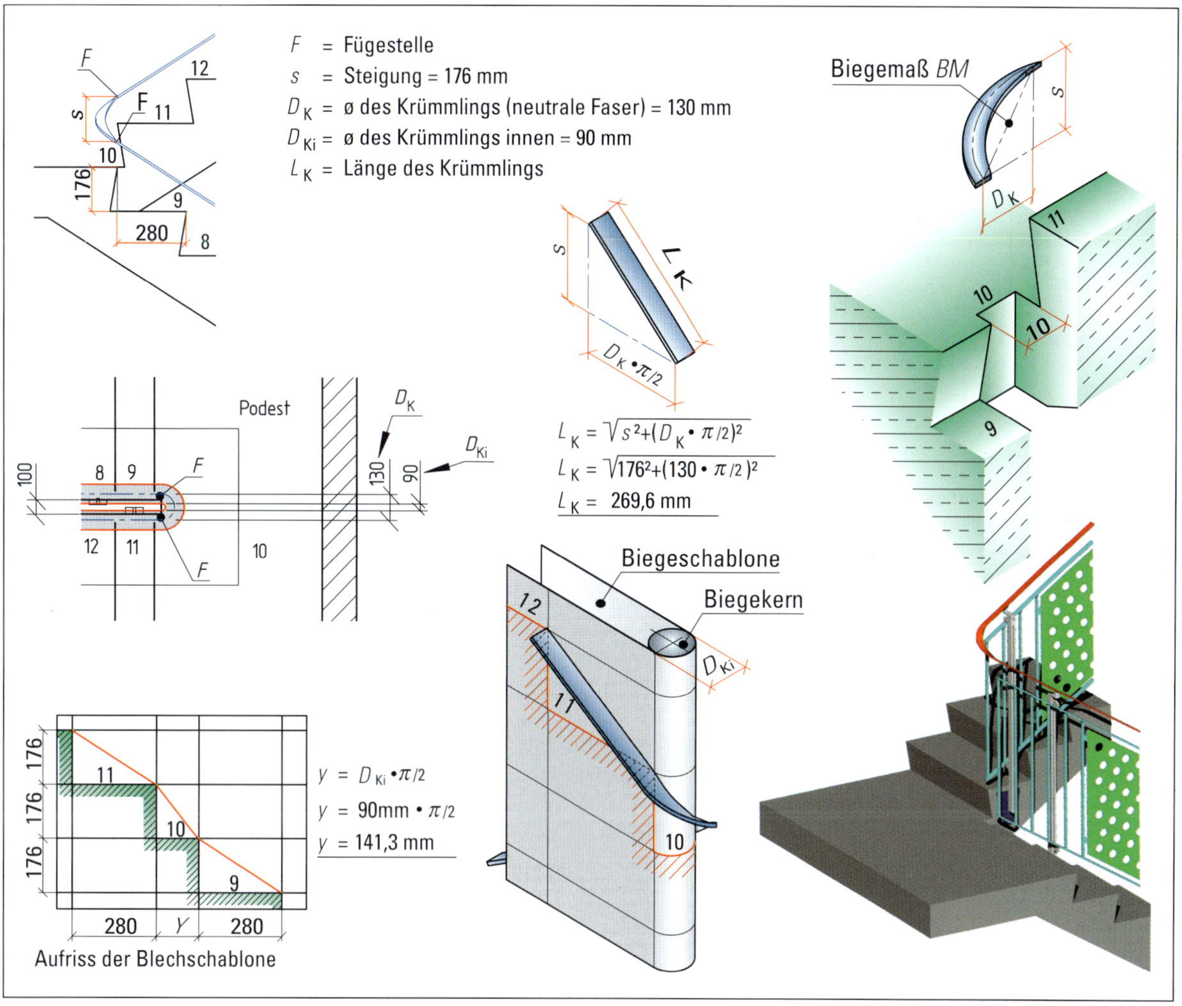

1 Biegen des Krümmlings mit einer Blechschablone

Kaltbiegen in der Ebene und Verdrehen des Handlaufs

Mit einer hydraulischen Rohrbiegemaschine oder einer Dreiwalzenrundmaschine wird der Handlauf Fl40×8 in der Ebene vorgerundet. Anschließend spannt man den Krümmling in den Schraubstock und verdreht ihn mit einem Gabeleisen. Dabei entsteht die Wendelung um 180° bei gleichzeitigem Ansteigen um eine Steigungshöhe. Bild 1 (nächste Seite) zeigt die notwendigen Berechnungen und Arbeitsschritte.

Das Verdrehen des vorgebogenen Krümmlings und das Anpassen an die Handläufe der anschließenden Geländerfelder erfolgt schrittweise nach Gefühl.

F = Fügestelle
s = Steigung = 176 mm
D_K = ø des Krümmlings (neutrale Faser) = 130 mm
D_{Ki} = ø des Krümmlings innen = 90 mm
L_K = Länge des Krümmlings

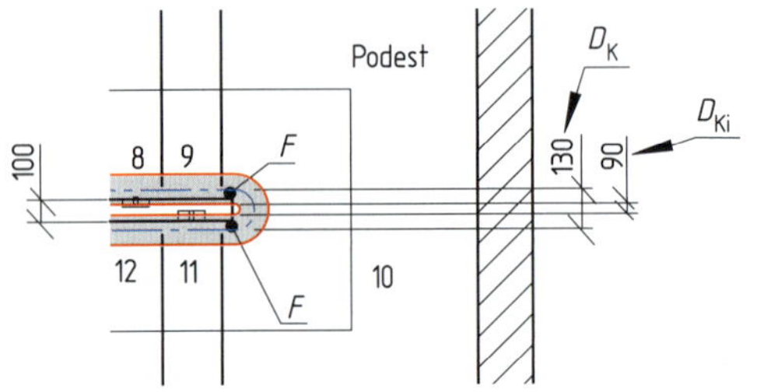

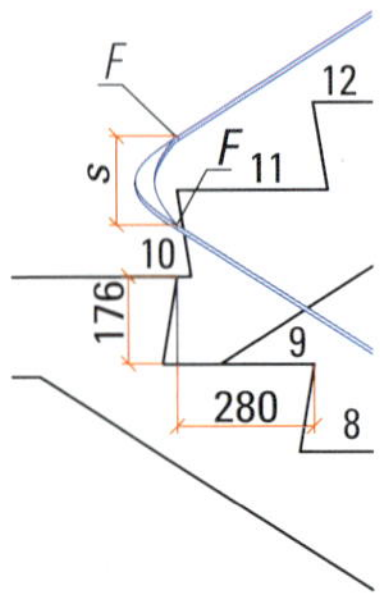

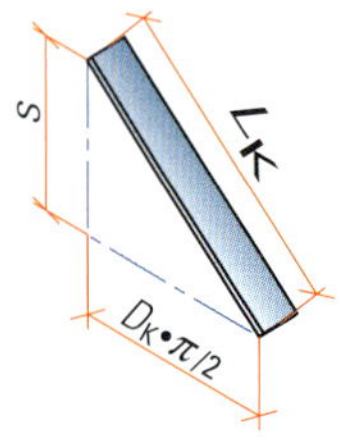

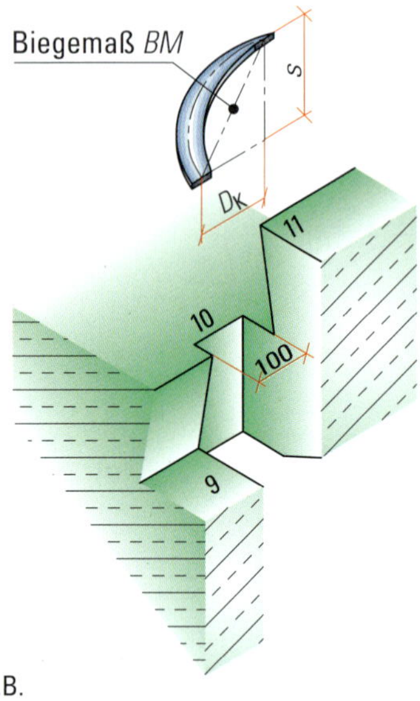

Arbeitsschritte:

1. Krümmlingslänge L_K berechnen und Krümmling mit Zugabe zum runden ablängen.
   $L_K = \sqrt{s^2 + (D_K \cdot \pi/2)^2} = \sqrt{176^2 + (130 \cdot \pi/2)^2}$
   $\underline{L_K = 269{,}6 \text{ mm}}$

2. Biegemaß BM berechnen.
   $BM = \sqrt{s^2 + D_K^2} = \sqrt{176^2 + 130^2}$
   $\underline{BM = 218{,}8 \text{ mm}}$

3. Länge des Krümmlings L_K am Handlauf mit 2 Körnerpunkten kennzeichnen.

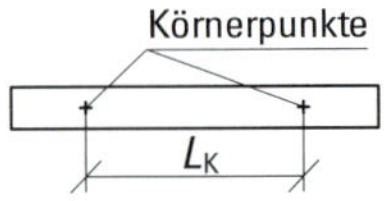

4. Handlauf eben mit z.B. hydraulischem Rohrbieger nach Skizze verrunden.

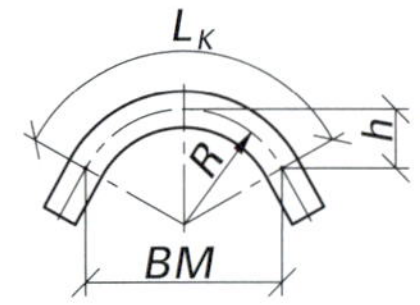

$h = \frac{D_K}{2} = \frac{130}{2} = 65 \text{ mm}$

$R = \frac{BM^2 + 4 \cdot h^2}{8h}$

$R = \frac{218{,}8^2 + 4 \cdot 65^2}{8 \cdot 65}$

$\underline{R = 124{,}5 \text{ mm}}$

5. Krümmling verdrehen (Schraubstock, "Franzose") bis Steigung s erreicht ist.

1 Kaltbiegen des Krümmlings durch Biegen und Verdrehen

Folgende Abbildungen zeigen das Anfertigen des Handlaufkrümmlings durch Vorrunden und Verdrehen.

2 Anfertigen eines Krümmlings aus Fl40×8 durch Vorrunden und Verdrehen

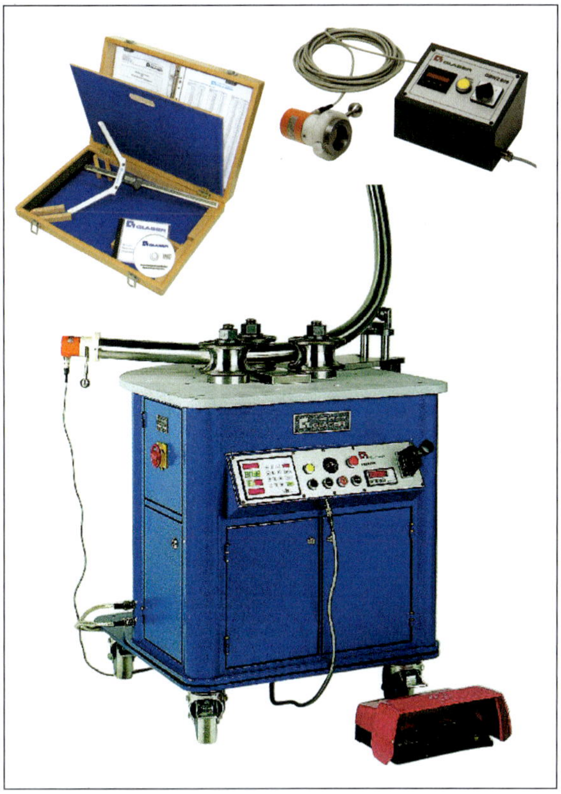

1 Ringbiegemaschine mit Steigungseinrichtung und Zubehör (oben links: Radienmessgerät und Wendelberechnungsprogramm, oben rechts: elektronischer Pendeldrehgeber)

Handläufe für Spindel- und Wendeltreppen

Wendel-Handläufe für Wendel- und Spindeltreppen werden auf speziellen Ring – und Profilbiegemaschinen mit entsprechender Steigungseinrichtung gefertigt. Die gewünschte Steigung ergibt sich durch die Verdrehung des Rohres bezogen auf eine bestimmte Rohrlänge (Kontrollmaß), z. B. auf eine Kontrolllänge von 300 mm ist eine Verdrehung von 7° erforderlich.

Der Verdrehwinkel wird mit einem elektronischen Pendeldrehgeber am Rohrende gemessen und digital an der Steuerung angezeigt.

Durch die Steigung des Handlaufes vergrößert sich auch der Radius im Vergleich zum Radius in der Ebene. Zusammen mit einem Wendelberechnungsprogramm und einem Radienmessgerät können die einzustellenden Fertigungsdaten berechnet und das Ergebnis während des Biegevorgangs kontrolliert werden.

Die Herstellung von Wendelhandläufen aus Rohren ist dennoch relativ material- und zeitaufwändig, weil Probestücke angefertigt und die Einstellwerte an der Biegemaschine und die Kontrollwerte während des Biegens mit handwerklichem Geschick ermittelt und geprüft werden müssen.

Einfacher und schneller, aber auch in der Anschaffung wesentlich teurer sind spezielle CNC-gesteuerte Biegemaschinen mit entsprechender „Wendelsoftware", die folgende Arbeitsschritte automatisieren und vereinfachen:

- Berechnung des Rohrzuschnittes anhand der Treppenmaße,
- Ermittlung der Maschineneinstellwerte anhand der Wendelsteigung und des Wendeldurchmessers oder anhand der Treppenmaße,
- Messung und Kompensation der materialabhängigen Rückfederung und des davon abhängigen Biegeradius und Biegewinkels,
- Messung und Nachregulierung der Wendelverdrehung während des Biegevorgangs.

Vorteile

- Gleichbleibende Biegeergebnisse ohne Ausschuss auch bei unbekannten Materialeigenschaften.
- Kontinuierlicher Biegevorgang ohne Unterbrechung durch Mess- und Kontrollvorgänge.

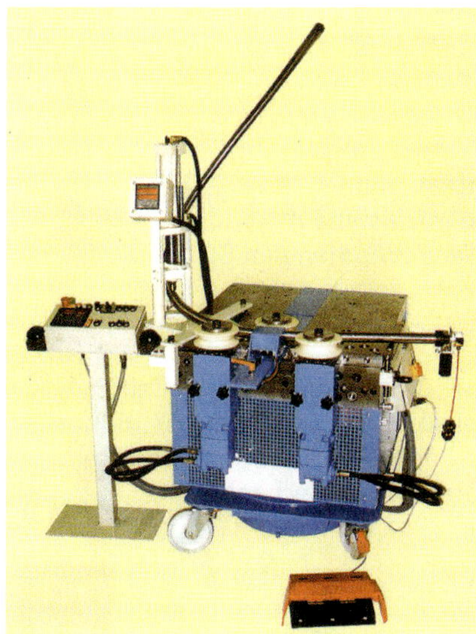

2 Biegemaschine zum Wendelbiegen mit automatischer Messung und Nachregulierung der Wendelverdrallung

Aufgaben

1. Wovon hängen Form, Gestaltung und Fertigung eines Handlaufkrümmlings ab?
2. Beschreiben Sie an einem ausgeführten Beispiel die Herstellung eines Krümmlings.

5.7.3 Berechnung von Stabteilungen

Viele einfache Geländer werden mit Füllstäben ausgeführt, um die Absturzsicherung des Geländers umzusetzen. Der Metallbauer muss die erforderlichen Höchstmaße von Stababständen einhalten und an der geplanten Konstruktion die Anzahl der Füllstäbe und die exakten lichten Weiten zwischen den Stäben berechnen.

Berechnung der Anzahl der Füllstäbe und der lichten Weite für das erste Geländerfeld des Treppengeländers (vgl. Bild 1) :

Das Geländerfeld des ersten Treppenlaufes ist in 3 Bereiche unterteilt:
Stufen 1–3: Füllstäbe
Stufen 3–7: Lochblechfüllung
Stufen 7–9: Füllstäbe
Für den ersten und letzten Bereich des Geländerfeldes sind die Anzahl der Stäbe und der Stababstand als lichte Weite zu berechnen.

Gegeben:
Rahmeninnenmaß L_{Ri} = 685 mm
Max. lichte Stabweite l_{imax} = 120 mm
Füllstabdicke s = 14 mm

Gesucht:
Anzahl der Füllstäbe n
Lichte Weite zwischen den Stäben l_i

Lösung:

Folgende Berechnung mithilfe eines Tabellenkalkulationsprogramms (Bild 3) zeigt die erforderlichen Berechnungsformeln und Rechenschritte.

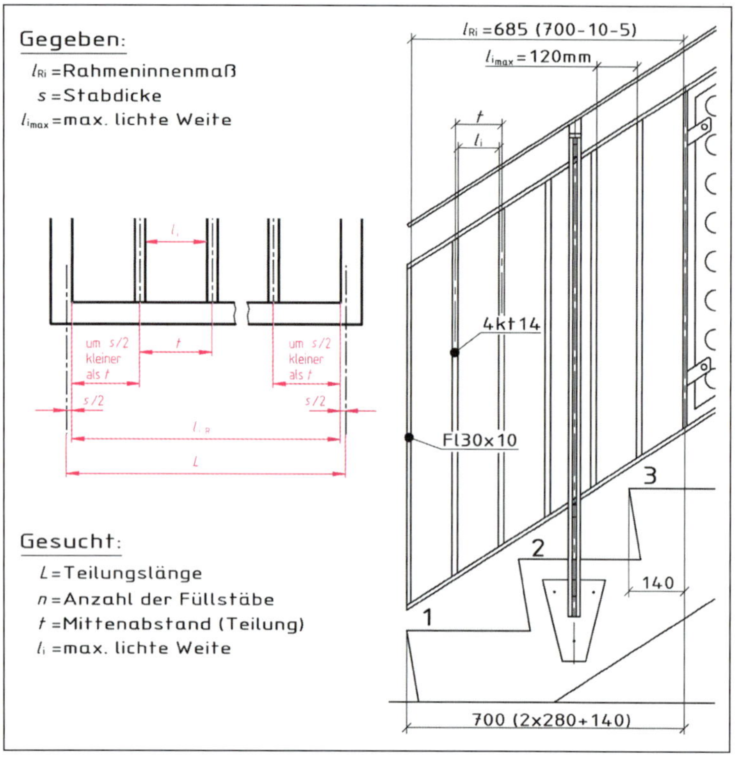

1 Geländerfeld-Maße und Begriffe

	A	B	C	D	E	F
1		Programm zur Berechnung von Stababständen				
2						
3		*Rechenweg*				
4						
5		**Maßaufnahme:**	**in mm**			
6		Rahmeninnenmaß LiR	685,00			
7		Füllstabdicke s	14,00			
8		max. lichte Weite li_max	120,00			
9						
10					**Berechnungsformeln:**	
11		**Zwischenrechungen:**	**in mm**			
12	1.	max. Mittenabstand t_max	134,00		t_max = s + l_imax	
13	2.	Teilungslänge L	699,00		L = L_Ri + s	
14	3.	Anzahl der Felder z	5,22		z = L / t_max	
15						
16	4.	Gewählte Felderzahl: z	6		Immer aufrunden, damit die Maximalabstände nicht überschritten werden!	
17						
18		**Ergebnisse:**	in mm			
19	5.	**Anzahl der Stäbe n**	**5,00**		n = z-1	
20	6.	**Mittenabstand t**	**116,50**		t = L / z	
21	7.	**Lichte weite li**	**102,50**		l_i = t - s	

2 Berechnung der Stabteilung

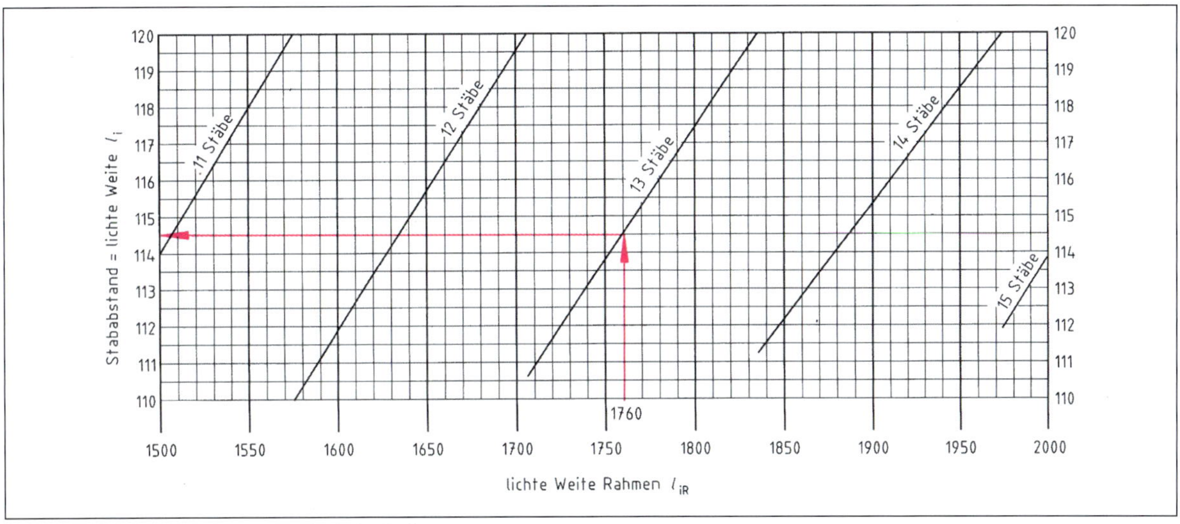

1 Diagramm zur Bestimmung von Stababständen

Ermittlung von Stabteilungen mit Diagrammen

Stababstände als lichte Weiten lassen sich schnell und einfach auch mit Diagrammen bestimmen. Die Diagramme sind jeweils nur für eine bestimmte Stabdicke gültig. Im folgenden Diagramm können die Stababstände und die Stabanzahl für Geländerfeldlängen von 1500–2000 mm bei einer Stabdicke von 12 mm bestimmt werden.

Ablesebeispiel:

Gegeben:
Geländerfeld mit
- Rahmeninnenmaß L_{iR} = 1760 mm
- Max. lichte Weite = 120 mm
- Füllstabbreite = 20 mm

Gesucht:
- Anzahl der Füllstäbe *n*
- Stababstand als lichte Weite l_i

Aus Diagramm abgelesen:
- 3 Füllstäbe mit
- 114,5 mm lichter Weite

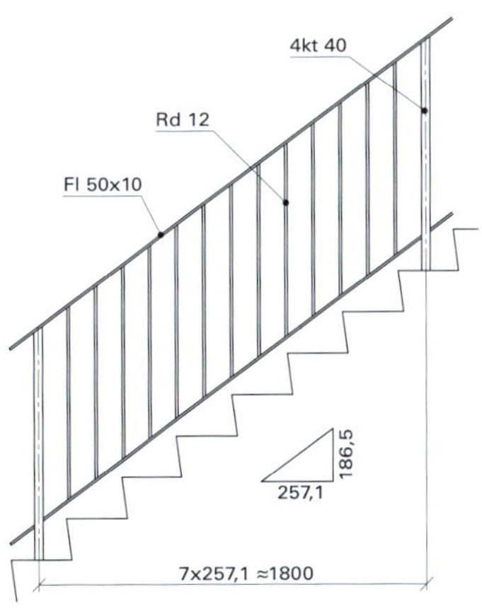

Aufgaben

1. Berechnen Sie von folgenden Geländern die Stabanzahlen und Stababstände als lichte Weiten.

a)

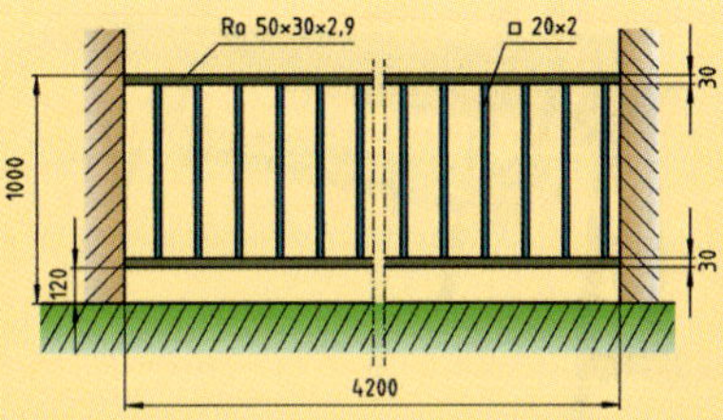

b)

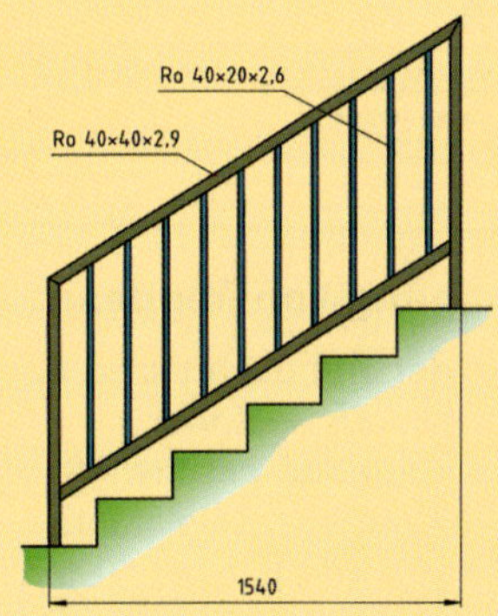

2. Bestimmen Sie mithilfe des Stab-Diagramms die Anzahl der Stäbe und die lichte Weite für folgendes Treppengeländer:

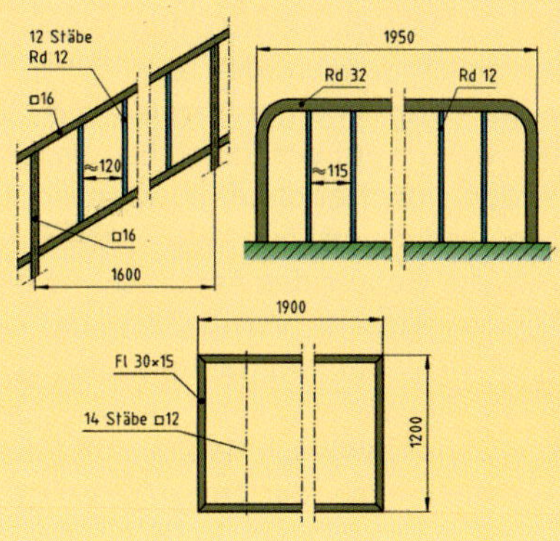

Mithilfe einer modernen **Geländerlehre** können alle geraden Geländer ohne zusätzlichen Rechenaufwand genau gefertigt werden. Die Ermittlung der Stabteilung erfolgt hier automatisch beim Zusammenbau von Geländergurten und Füllstäben. Nach dem Zuschnitt der Geländergurte und dem Einrichten in die Lehre werden die einzelnen Füllstäbe einfach zwischen die Gurte auf Drehtellern gespannt. Nun verschiebt man die Füllstäbe im Paket so, bis die Endstäbe bündig zu den Gurtenden liegen, die Stababstände verändern sich dabei gleichmäßig. Man misst nun die lichte Weite zwischen den Füllstäben und entscheidet dann über das Einsetzen oder Herausnehmen weiterer Stäbe. Sind die Geländermaße eingehalten, wird das Füllstabgeländer auf dem drehbaren Geländertisch geheftet und geschweißt.

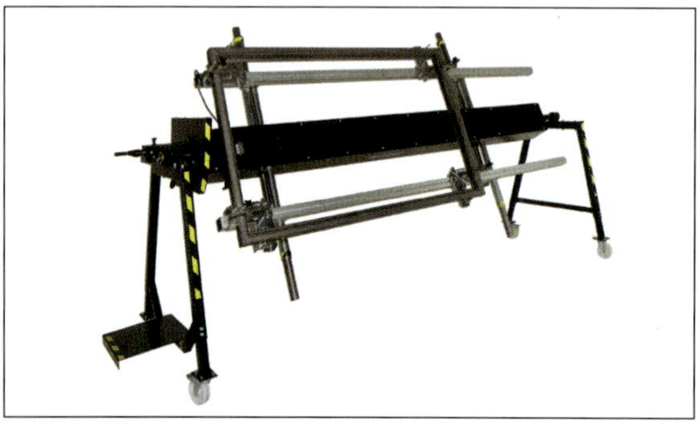

1 Geländerlehre zur Ermittlung von Stababständen und Schweißen von Füllstabgeländern

5.7.4 Befestigung von Treppengeländern

Abhängig von der Treppenart und dem Werkstoff der Treppe werden die Geländer

- Geschraubt und/oder geschweißt → bei Treppen aus Stahl und/oder Edelstahl.
- Gedübelt → bei Treppen aus Stahlbeton oder Naturstein.

Aus Montagegründen werden Geländer an Stahltreppen in der Regel durch Schweißen und Schrauben befestigt. D.h., die erforderlichen Befestigungselemente werden an die Treppenwangen bzw. Treppenholme geschweißt, das Geländer selbst aber vor Ort auf der Baustelle geschraubt.
Die Geländer- und Handlaufmontage an Stahlbetontreppen erfolgt oft nur mit spreizdruckfreien Dübeln, die die Gefahr des Ausbrechens des Mauerwerks oder Betons verringern und kleinere Rand- und Achsabstände erlauben. Als Dübelarten kommen hierfür neben dem Hinterschnittanker und dem Verbundanker (Klebeanker) für Beton bzw. Naturstein auch der Injektionsanker insbesondere für Mauerwerksbaustoffe in Frage.

Grundsätzlich gilt für jede Geländerbefestigung:

- Die Dübel müssen für Schwerlasten bauaufsichtlich zugelassen sein (vgl. Kapitel Befestigungstechnik).
- Im Außenbereich und in Feuchträumen dürfen nur Dübelsysteme aus nichtrostendem Edelstahl verwendet werden.
- Lediglich im Innenbereich sind galvanisch verzinkte Dübel erlaubt.
- Die Befestigungsstellen sind so zu konstruieren und abzudichten, dass keine Nässe in den Befestigungsuntergrund eindringen kann.

Aufgaben

1. Wie lassen sich Treppengeländer
   - an Wangentreppen,
   - an Einholmtreppen

   befestigen?
   Skizzieren Sie verschiedene Lösungen.
2. Welche grundsätzlichen Vorschriften müssen Sie beim Befestigen von Geländern beachten?

5.8 Balkongeländer

Balkone, Loggien und sog. „Französische Fenster“ müssen zum Schutz ihrer Benutzer mit Geländern versehen werden. Besonders schwierig ist es, die horizontalen Lasten auf den Handlauf in die Konstruktion einzuleiten. Diese Lasten treten auf, wenn mehrere Personen sich gegen das Geländer lehnen oder dagegen rennen. Für die technische Ausführung von Balkongeländern müssen eine Vielzahl von Gesetzen und Vorschriften beachtet werden, so u.a. Landesbauordnungen (LBO) der einzelnen Bundesländer, DIN 18065, Allgemeine technische Vertragsbedingungen für Metallbauarbeiten (ATV), die Arbeitsstättenverordnung (ArbStättV), vgl. dazu Kapitel 5.6.2.

Werkstattauftrag

Ein Metallbaubetrieb erhält den Auftrag: Fertigen, Liefern und Montieren von 20 einfachen Geländern für Balkone, Absturzhöhe bis 8 m. Dafür liegt eine Aufmaßskizze M 1 : 100 sowie die Zeichnung eines Geländerfeldes M 1 : 20 vor (Bild 1, 2, S. 193). Die Geländer sollen aus Baustahl S235 mit R_e = 235 N/mm² gefertigt werden. Als Korrosionsschutz ist Feuerverzinken und anschließende RAL Beschichtung vorgesehen. Die Farbe bestimmt der Bauherr.

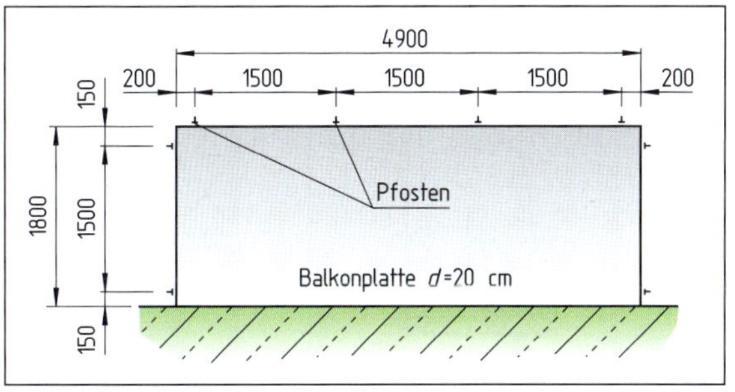

1. **Aufmaßskizze M 1 : 100**

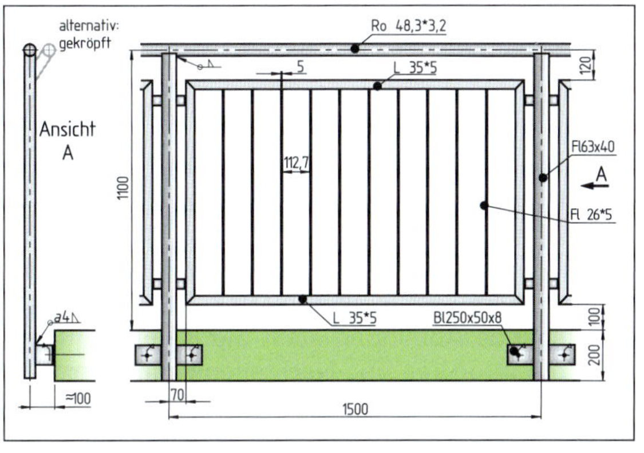

2 **Geländerfeld M 1 : 20**

Geländer an Balkonen und Treppen sind eine Sonderform von **Umwehrungen**. So bezeichnet man vor allem Geländer um abgegrenzte Bereiche wie Aussichtsplateaus oder Arbeitsbühnen.

Metallgeländer im **Außenbereich** erfordern grundsätzlich einen Korrosionsschutz. Bei Geländern aus Stahl kann dies durch Feuerverzinken und/oder Beschichten erfolgen. Geländer aus Aluminium werden meist eloxiert. Bei Konstruktionen aus EDELSTAHL Rostfrei® schützt die Passivierung, bei solchen aus Kupferlegierungen die sich selbsttätig bildende Patina. Geländer in **Innenräumen** brauchen keinen Korrosionsschutz. Aus optischen Gründen werden sie aber beschichtet bzw. lackiert.

5.8.1 Entwurf und Gestaltung

Balkongeländer sind Erzeugnisse der Metallgestaltung. Je nach Bauaufgabe, Vorgaben eines Bebauungsplans und Wunsch des Kunden lassen sich Balkongeländer individuell gestalten durch unterschiedliche

- Bauart: Konstruktionen mit Pfosten (Bilder 3–5) oder pfostenlose Geländer (Bild 6).
- Gestaltung der Füllung: offene Füllung mit Stäben/Seilen oder geschlossene Füllungen mit Glas/Füllblechen.
- Wahl des Werkstoffs: Baustahl, Aluminium, EDELSTAHL-Rostfrei®.
- Befestigung an der Balkonplatte: auf – stirnseitig – unter der Balkonplatte (Kap. 5.8.2).

Eine intensive Beschäftigung mit den Kombinationen, die sich daraus ergeben, liefert individuelle Lösungen für die Bauherrschaft und damit zufriedene Kunden.

Die folgenden Bilder zeigen häufig ausgeführte preiswerte Konstruktionen:

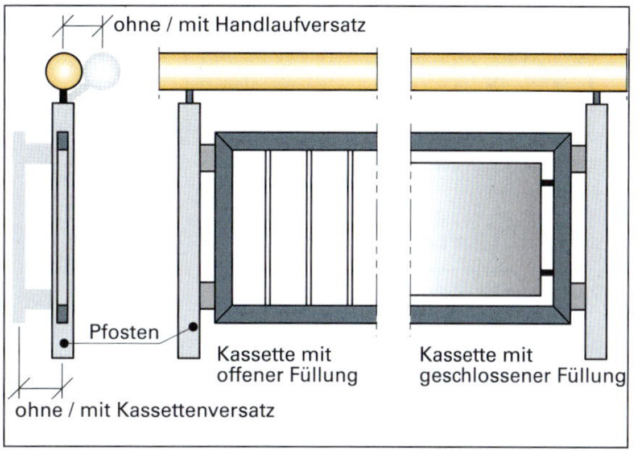

3 **Geländer mit Pfosten, Handlauf und Kassetten**

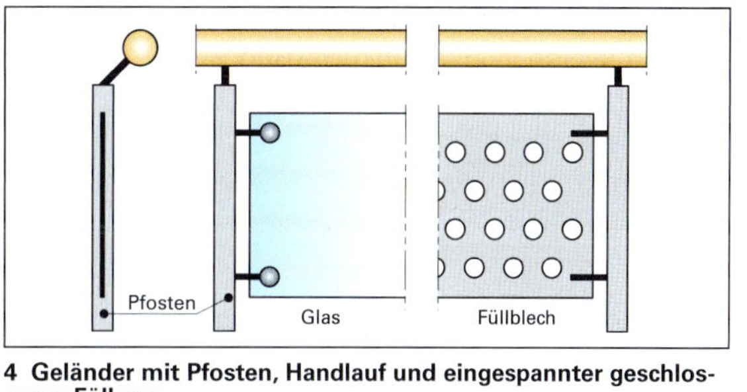

4 **Geländer mit Pfosten, Handlauf und eingespannter geschlossener Füllung**

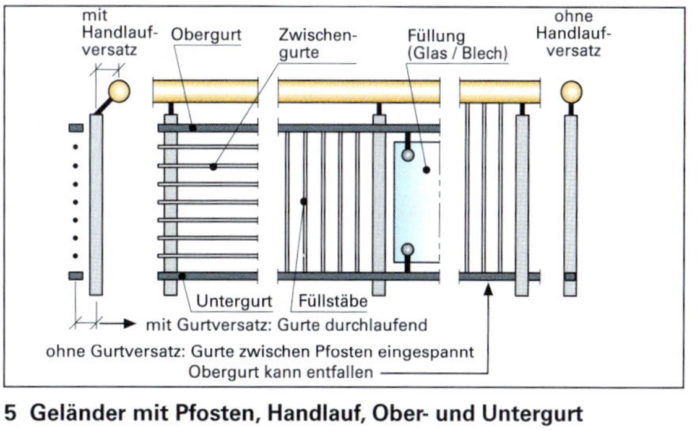

5 **Geländer mit Pfosten, Handlauf, Ober- und Untergurt**

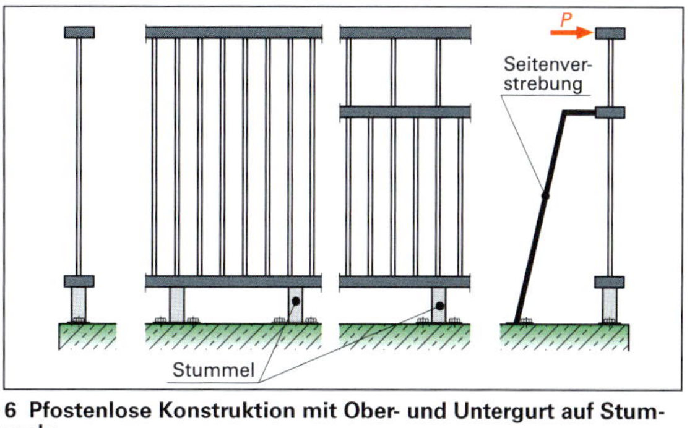

6 **Pfostenlose Konstruktion mit Ober- und Untergurt auf Stummeln**

Einfluss auf die Gländergestaltung haben auch die verschiedenen Arten von Balkonen (Bild 1).

Balkonbauarten				
	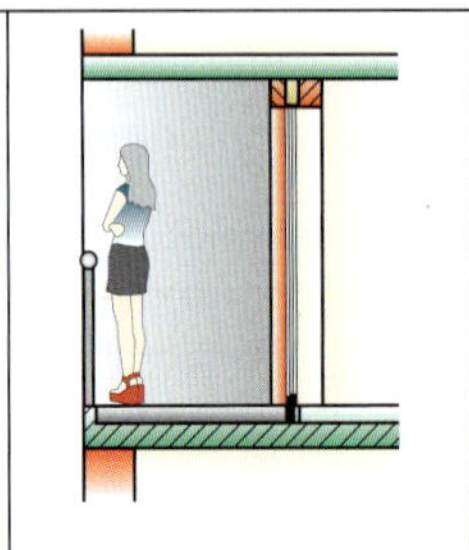	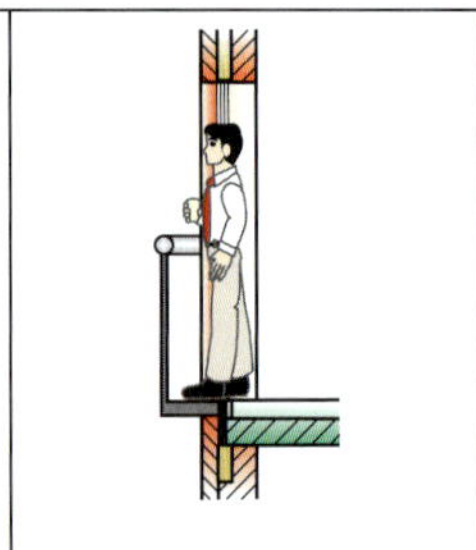	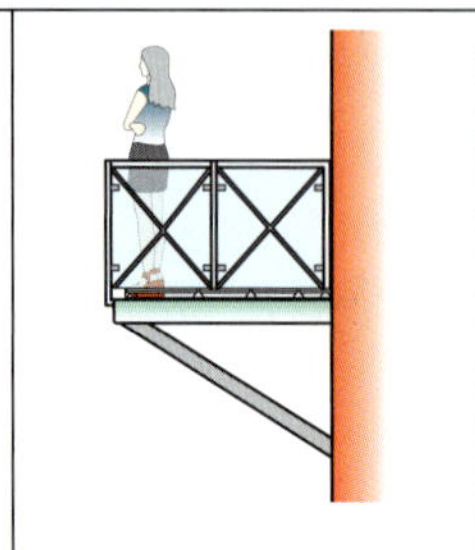	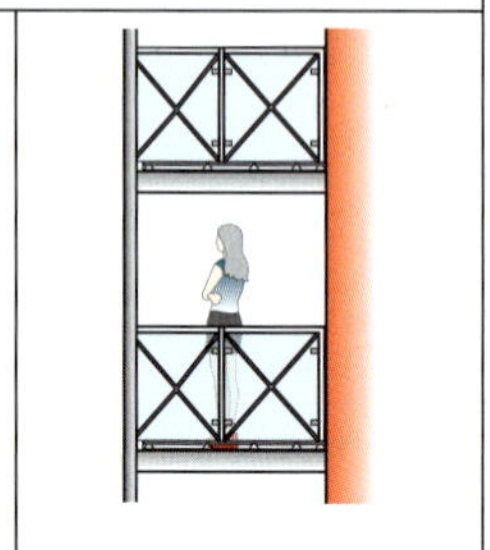
Auskragende Platte mit Geländer an der/an zwei Seiten	Loggia mit Frontgeländer	Vortritt bzw. „französisches“ Fenster	Anbaukonstruktion	Vorbaukonstruktion

1 Bauarten von Balkonen

5.8.2 Befestigungsarten – Anbindung des Geländers an den Baukörper

Eine weitere Variation der Gestaltung ist durch unterschiedliche Befestigungsarten an der Balkonplatte möglich. Das Geländer bzw. die Geländerpfosten lassen sich verankern (Bild 2).

- auf der Oberseite der Platte (Fall A),
- an der Stirnseite der Platte (Fall B),
- unter der Balkonplatte (Fall C).

In der Regel erfolgt das Befestigen durch Dübeln oder mithilfe von einbetonierten Ankerschienen. Die folgende Abbildung stellt die 3 Befestigungsarten mit ihren Vor- und Nachteilen gegenüber:

Fall A) Auf der Oberseite der Platte		Fall B) An der Stirnseite der Platte		Fall C) Unter der Balkonplatte	
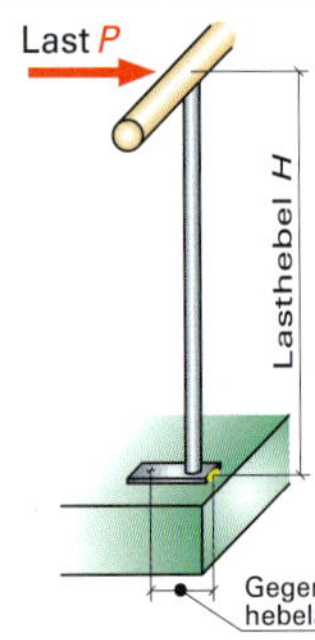		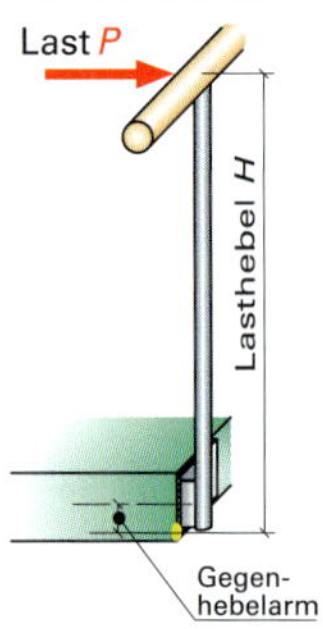		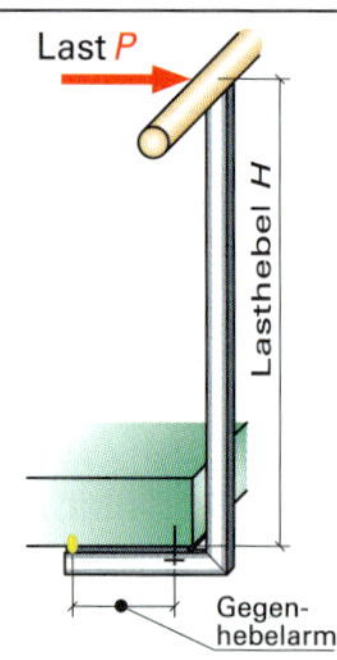	
Vorteile:	**Nachteile:**	**Vorteile:**	**Nachteile:**	**Vorteile:**	**Nachteile:**
• Günstiges statisches System (kurze Lasthebel, langer Gegenhebel möglich → Dübelauszugskräfte sind geringer) • Kein Gerüst zur Montage notwendig	• Probleme mit Durchfeuchtung/ Eindringen von Oberflächenwasser • Rissgefahr bei Pfostenbiegung • Befestigung nicht justierbar • Nutzbare Balkonfläche wird kleiner	• Nutzbare Balkonfläche wird größer • Bei Anwendung von einbetonierten Ankerschienen (rechtzeitige Geländerplanung mit Lage der Pfosten notwendig): Befestigung ist justierbar • Keine Überbeanspruchung dünner Betonplatten	• Evtl. Gerüst zur Montage notwendig • Ungünstiges statisches System (langer Lasthebel, kurzer Gegenhebel → große Dübelauszugskräfte) • Bei Dübelbefestigung: An dünnen Platten nicht anwendbar (Achs- und Randabstände können selbst mit spreizdruckfreien Dübeln nur schwer eingehalten werden (Dübelplatte müsste größer als die Dicke der Betonplatte sein!)	• Kein Gerüst zur Montage notwendig • auch bei dünnen Platten mit Dübelbefestigung realisierbar • Keine Durchfeuchtungsgefahr für Dübel und Bewehrungsstahl • Der gesamte Balkonraum ist nutzbar	• Statisches System schlechter als Fall A (längster Lasthebel, aber langer Gegenhebel möglich) • Optische Beeinträchtigung des darunter liegenden Balkons

2 Befestigung von Geländerpfosten

Die früher übliche Methode Geländer zu befestigen war das Einbetonieren. Diese Geländer bestanden stets aus Vollmaterial, das sich problemlos einmauern bzw. einbetonieren ließ. Die heute meist übliche Verwendung von Hohlprofilen erfordert aber besondere Vorsichtsmaßnahmen:
Die durch die Entlüftungsbohrungen für das Feuerverzinken eindringende Feuchtigkeit kondensiert im Hohlprofil (einbetonierten Pfosten) und erzeugt eine Sprengwirkung auf den Beton.
Abhilfe: Einbetoniertes Vollmaterial, über das der Pfosten gestülpt wird; das Kondensat wird durch Entwässerungsbohrungen abgeleitet.

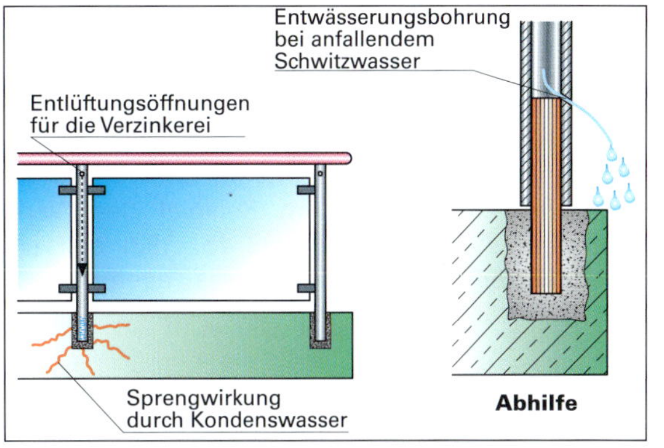

1 Befestigung durch Einbetonieren der Pfosten

Für die Fertigung gelten unabhängig von der Gestaltung folgende Regeln:

- Das Geländer darf den Abfluss von Regenwasser nicht behindern.
- Die Befestigung ist so zu platzieren, oder abzudecken, dass kein Wasser in die Betonplatte eindringt.
- Im Außenbereich dürfen nur Befestigungselemente (Dübel) aus Edelstahl verwendet werden.
- Schweißstellen sind in die Nähe der Pfosten zu legen und manuell nachzuverzinken.
- Es muss damit gerechnet werden, dass die Benutzer Gegenstände wie Blumenkästen an das Geländer hängen; dafür sollten schon in der Fertigung Befestigungselemente vorgesehen werden.

Die folgenden Bilder zeigen ausgeführte Balkongeländer und damit die Gestaltungsvielfalt, die bei diesem wichtigen Arbeitsgebiet des konstruktiven Metallbaus und der Metallgestaltung möglich ist.

Balkongeländer mit Lochblechfüllung

„Französisches Geländer“

Balkongeländer aus Stabstählen und Rohren

Geschmiedetes Balkongeländer

2 Gestaltungsvielfalt im Balkongeländerbau

5.9 Statische Nachweise an Geländern

Auf Geländer wirken unterschiedliche Lasten (= „Kräfte") ein, die je nach Konstruktion von Handlauf und Pfosten sicher in das Bauwerk eingeleitet werden müssen. Am Beispiel des Werkstattauftrags „Balkongeländer" (S. 193) soll ein vereinfachter statischer Nachweis exemplarisch gezeigt werden.

Die Daten zur Konstruktion bestimmen die Lasten:
- privates Wohnhaus,
- Pfostenabstand 1,5 m,
- Höhe über Gelände $h < 8$ m,
- Geländerfüllung: ca. 30 % der Fläche, das vermindert die Windlast auf ein Drittel,
- Befestigung stirnseitig an der Balkonplatte.

Ein Balkongeländer muss an der „Einwirkungs- bzw. Beanspruchungsseite" folgende Lasten aufnehmen (= Lasten pro Meter Geländerlänge in kN/m):
- horizontale Anlehn- oder Anpralllast F_H, hier: 0,5 kN/m (in öffentlichen Gebäuden 1,0 kN/m, in Versammlungsstätten und an Tribünen 2,0 kN/mm)).
- vertikale Auflehnlast F_V, hier: 0,15 kN/m.
- Windlasten F_W, hier: 0,5 kN/m² (nach Tabelle in Kap. 5.6.3; bei höheren Gebäuden: siehe DIN 1055-4; Windlasten entfallen bei Innengeländern).
- Eigenlast F_G, hier: 0,4 kN/m (bei schweren Konstruktionen ist sie durch Wiegen zu ermitteln).
- Zusatzlasten F_{BK} aus Blumenkästen, hier: 0,35 kN/m.

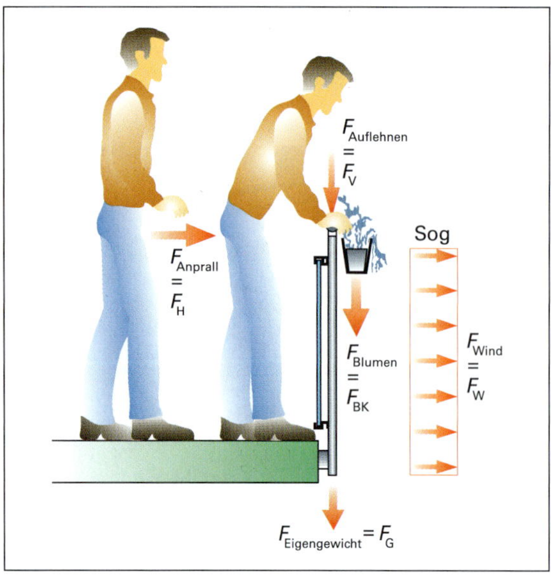

1 Lasten an einem Balkongeländer

Zur Berechnung werden die Lasten auf den ungünstigsten Pfosten bezogen, das ist der zwischen zwei Geländerfeldern. Er muss die Lasten je eines Geländerfeldes links und rechts aufnehmen, der Eckpfosten meist nur die eines halbes Geländerfelds. Die Lasten wirken wie Drehmomente auf einen Kragträger. Aus der zulässigen Spannung und allen einwirkenden Drehmomenten lässt sich das erforderliche Widerstandsmoment W in cm³ des Pfostens ermitteln. Aus Profiltabellen wählt man dann das Profil, dessen Widerstandsmoment W ausreichend ist.

5.9.1 Lösungsweg 1: Berechnung mit einwirkenden Lasten

Dieser Lösungsweg läuft in 5 Schritten ab und liefert als Ergebnis geeignete Profile für Pfosten und Handlauf.

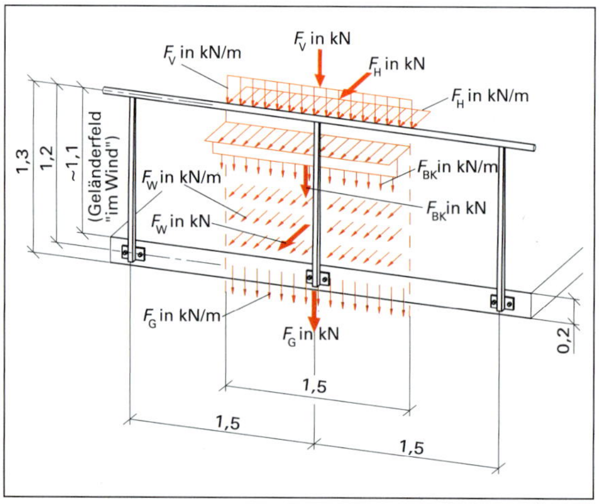

2 Lasten auf einen Pfosten

1. Schritt: Umrechnung aller Einwirkungen auf einen Pfosten:

Die Lasten an Geländern treten als Strecken- oder Flächenlasten auf, sie müssen erst in Punktlasten umgerechnet werden. Die Umrechnung erfolgt über den Pfostenabstand, hier 1,5 m.

Außerdem müssen für die verschiedenen Lasten sogenannte Teilsicherheitsbeiwerte (der „Einwirkungs- bzw. Belastungsseite") miteinbezogen werden:

Teilsicherheitsbeiwerte für
- Ständige Lasten (Eigengewicht, Blumenkasten) = 1,35
- Veränderliche Lasten (Wind, Anlehnen, Aufstützen) = 1,5

a) **horizontale Anlehn- oder Anpralllast F_H (Streckenlast)**
$F_H = 0{,}5\ \text{kN/m} \cdot 1{,}5\ \text{m} \cdot 1{,}5$
$\underline{F_H = 1{,}125\ \text{kN (Punktlast)}}$

b) **Windlasten F_W, hier: 0,5 kN/m² (Flächenlast)**
$F_W = 0{,}5\ \text{kN/m}^2 \cdot 1{,}5\ \text{m} \cdot 1\ \text{m} \cdot \frac{30\ \%}{100\ \%} \cdot 1{,}5$
$\underline{F_W = 0{,}3375\ \text{kN (Punktlast)}}$

c) **vertikale Auflehnlast F_V, hier: 0,5 kN/m (Streckenlast)**
$F_V = 0{,}15\ \text{kN/m} \cdot 1{,}5\ \text{m} \cdot 1{,}5$
$\underline{F_V = 0{,}3375\ \text{kN (Punktlast)}}$

d) **Eigenlast F_G, hier: 0,4 kN/m (Streckenlast)**
$F_G = 0{,}4\ \text{kN/m} \cdot 1{,}5\ \text{m} \cdot 1{,}35$
$\underline{F_G = 0{,}81\ \text{kN (Punktlast)}}$

e) **Zusatzlasten F_{BK}, hier 0,35 kN/m (Streckenlast)**
$F_{BK} = 0{,}35\ \text{kN/m} \cdot 1{,}5\ \text{m} \cdot 1{,}35$
$\underline{F_{BK} = 0{,}7088\ \text{kN (Punktlast)}}$

2. Schritt: Berechnung des Einspannmoments M_{ges}

Der Geländerpfosten ist nur an der Stirnseite über eine angeschweißte Platte mit Schrauben und Dübel befestigt und kragt frei nach oben aus. Die Einwirkungen wirken als Biegemomente auf den Kragarm mit dem Drehpunkt D = Mitte Befestigungsstelle.

Berechnung eines Moments M:

Moment M = Kraft F in kN · Hebelarm l (in m)
$M = F \cdot l$

Hebelarm l = Abstand Drehpunkt D zur Wirkungslinie der Kraft

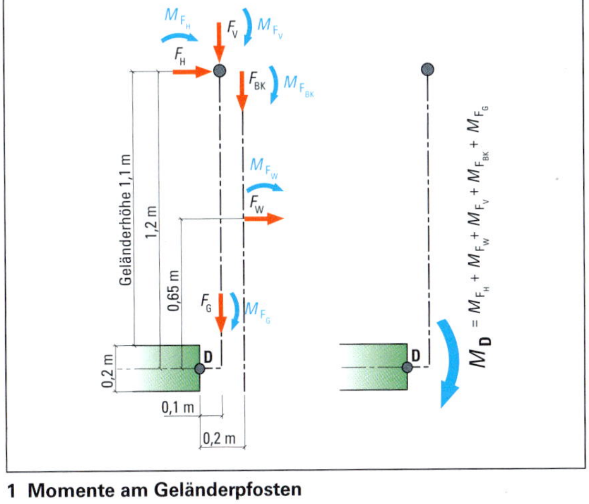

1 Momente am Geländerpfosten

M_D = Summe aller Einzelmomente an der Einspannstelle (Befestigungsstelle)
Kraft F in kN · Hebelarm l in m (Drehsinn beachten!)

- Alle Momente wirken hier links um den Drehpunkt D.
- Der Drehpunkt D liegt in der Mitte der Befestigungsplatte. Das Pfostenprofil wird hier am stärksten auf Biegung beansprucht. Die Schweißnaht muss dieses Biegemoment in die Befestigungsplatte einleiten. Die Schrauben und Dübel werden dabei auf Zug („Herausziehen") beansprucht.
- Von D aus sind die Hebelarme l als Abstand zur Wirkungslinie der vorhandenen Lasten zu bestimmen.
- Die Windlast wird dabei als ungünstig wirkender Windsog auf die Füllung angenommen.
- Da bei Balkongeländern die Momente aus Holmlast M_{FH} und aus der Windlast M_{FW} nicht überlagert werden müssen (Ausnahme: Balkon als Fluchtweg!) wird der größere Wert von beiden für die Gesamtberechnung des Einspannmomentes herangezogen.

M_D = (M aus F_H) oder (M aus F_W) + (M aus F_V) + (M aus F_G) + (M aus F_{BK})
$M_D = M_{FH}$ oder $M_{FW} + M_{FV} + M_{FG} + M_{FBK}$

$M_{FH} = 1{,}125\ \text{kN} \cdot 1{,}2\ \text{m} = 1{,}35\ \text{kN} \cdot \text{m}$
$M_{FW} = 0{,}3375\ \text{kN} \cdot 0{,}65\ \text{m} = 0{,}2194\ \text{kN} \cdot \text{m}$
$M_{FV} = 0{,}3375\ \text{kN} \cdot 0{,}1\ \text{m} = 0{,}03375\ \text{kN} \cdot \text{m}$
$M_{FG} = 0{,}81\ \text{kN} \cdot 0{,}1\ \text{m} = 0{,}081\ \text{kN} \cdot \text{m}$
$M_{FBK} = 0{,}7088\ \text{kN} \cdot 0{,}2\ \text{m} = 0{,}1418\ \text{kN} \cdot \text{m}$

Da $M_{FH} > M_{FW}$, fließt nur das Moment M_{FH} in die Berechnung des Einspannmoments ein:

$M_D = M_{FH} + M_{FV} + M_{FG} + M_{FBK}$
$M_D = 1{,}35\ \text{kN} \cdot \text{m} + 0{,}03375\ \text{kN} \cdot \text{m} + 0{,}081\ \text{kN} \cdot \text{m} + 0{,}1418\ \text{kN} \cdot \text{m}$
$\underline{M_D = 1{,}607\ \text{kN} \cdot \text{m}}$

3. Schritt: Berechnung des erforderlichen Widerstandsmoments W des Profils

Das Widerstandsmoment W ist eine rein geometrische Größe und dient zur Berechnung der in einem Profil wirkenden Biegespannung σ_B.

$$\text{Biegespannung } \sigma_B = \frac{\text{Einspannmoment } M_D \text{ in kN} \cdot \text{m}}{\text{Widerstandsmoment } W \text{ in cm}^3}$$

Als Biegespannung σ_B darf nur die zulässige Spannung σ_{Bzul} auftreten. Sie berechnet sich aus der Streckgrenze R_e und dem Minderungsfaktor 1,1 auf der „Werkstoffseite" = Beanspruchbarkeitsseite:

$$\sigma_{zul} = \frac{R_e}{1,1}$$

$$\sigma_{zul} = \frac{240\ \text{N/mm}^2}{1,1}$$

$$\sigma_{zul} = 218\ \text{N/mm}^2$$

1,1: Minderungsfaktor auf der Werkstoffseite
R_e für Werkstoffe: siehe Tabellenbuch; hier Baustahl S235
Re = 240 N/mm²

Dann wird $\sigma_{Bzul} = \dfrac{M_D}{W}$

$$W = \frac{M_D}{\sigma_{zul}}$$

$$W = \frac{1,607\ \text{kNm}}{218\ \text{N/mm}^2}$$

mit der Umrechnung der Einheiten wird

$$W = 1607\ \text{N} \cdot \frac{1000\ \text{mm}}{218\ \text{N/mm}^2}$$

$$W = 7372\ \text{mm}^3$$

$$\underline{\underline{W \approx 7{,}37\ \text{cm}^3}}$$

(cm³ die übliche Einheit für das Widerstandsmoment W)

4. Schritt: Wahl eines geeigneten Profils für den Pfosten

In Profiltabellen muss nun das Profil ausgesucht werden, das mindestens ein Widerstandsmoment $W = 7{,}37\ \text{cm}^3$ besitzt.

Dafür käme z. B. infrage:

Profil	Flachstahl (hochkant) Fl 70 × 10	2 L-Profile L 60 × 60 × 5 nebeneinander-gestellt	Hohlprofil 50 × 50 × 3	Hohlprofil (hochkant) 60 × 40 × 3	Rohr DN 50 (60,3 × 3,2)
Widerstands-moment W	8,16 cm³	8,9 cm³ (2 × 4,45 cm³)	8,08 cm³	8,82 cm³	7,78 cm³
	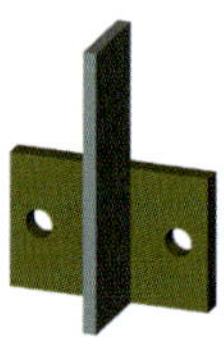	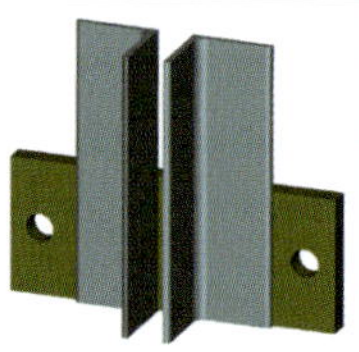	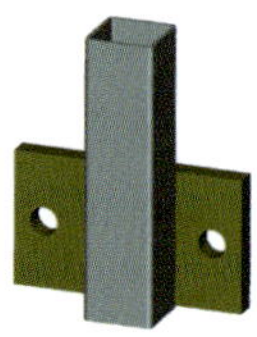		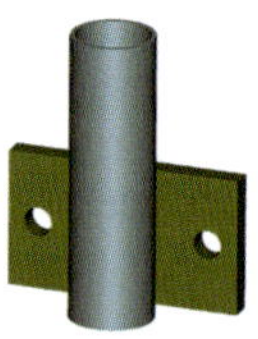

1 Ausreichend biegesteife Pfostenprofile für das Balkongeländer

Man kann das Pfostenprofil auch optimieren. Dazu wird sein Querschnitt dem Verlauf des Einspannmoments über die Pfostenlänge angepasst. Es muss nur an der Einspannstelle ein Widerstandsmoment von $W = 7{,}37\ \text{cm}^3$ besitzen und kann deshalb nach oben zum Handlauf hin eine geringere Höhe haben (Bild).

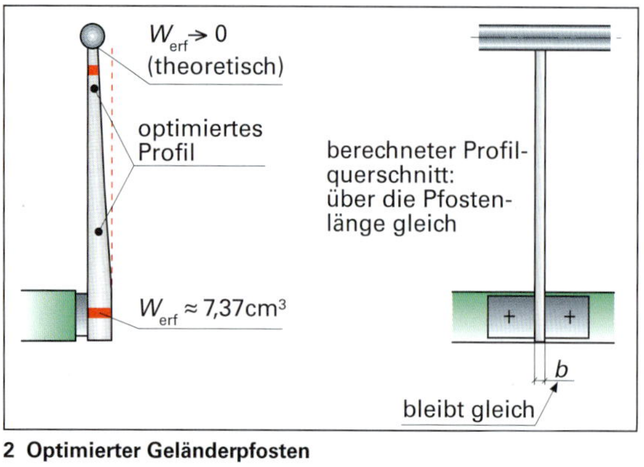

2 Optimierter Geländerpfosten

5. Schritt: Wahl eines geeigneten Profils für den Handlauf

Das Handlaufprofil muss nach den einschlägigen Fachregeln ca. 25 % des Widerstandsmoments W des Pfosten besitzen.

$$W_H \approx 0{,}25 \cdot W_{Pfosten}$$

$$W_H \approx 0{,}25 \cdot 7{,}37\ \text{cm}^3$$

$$\underline{\underline{W_H \approx 1{,}88\ \text{cm}^3}}$$

Das für Handläufe übliche Rohr DN 40 (48,3 × 3,2) hat ein $W = 4{,}8\ \text{cm}^3$, ist also ausreichend dimensioniert.

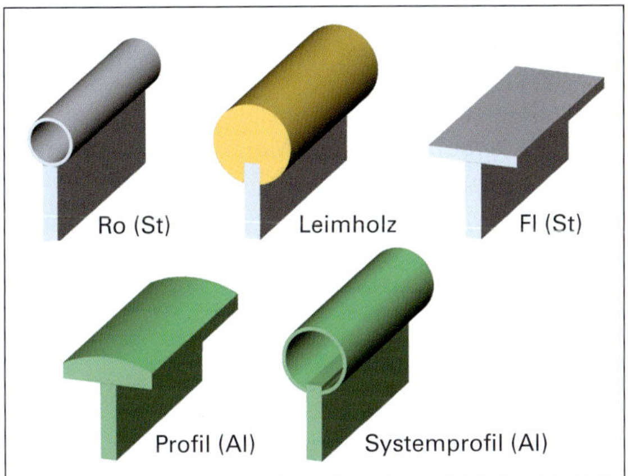

1 Handlaufprofile

Die Lösungsschritte 1 bis 5 lassen sich auch in ein EXCEL-Berechnungsprogramm umsetzen. Benötigt man die komplette Berechnung bis zum Profilvorschlag, müssen allerdings alle üblichen Geländerprofile in einen Auswahlspeicher eingegeben werden.

Werden Geländerpfosten auf oder unter der Platte oder der Treppenwange befestigt, so bleiben die Lösungsschritte 1–5 die gleichen. Es verändern sich nur die Längen der Hebelarme.

5.9.2 Lösungsweg 2: Berechnung mit Tabellen

Mithilfe von Tabellen lässt sich die Bestimmung des Pfostenprofils stark vereinfachen.

a) Tabellenart A: Ergebnis ist das erforderliche Widerstandsmoment Werf in cm³
Notwendige Daten vom Balkongeländer sind dabei: Gebäudehöhe 0...8 m, Geländerhöhe 1,1 m, Geländerverkleidung zur Hälfte (= 50 % geschlossen), Abstand der Geländerpfosten 1,5 m, Geländerbefestigung vorne (an der Stirnseite):

Bemessung mit Tabellen

Befestigung von oben	von vorne: =Tabellenwert × 1,3	von unten: =Tabellenwert × 1,5	W_{erf} in cm³ für Handlaufprofil: $W_{erf\text{-}Handlauf} = W_{erf\text{-}Pfosten} \cdot 0{,}25$
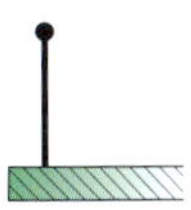	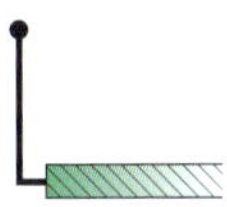	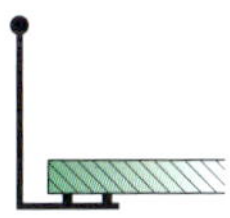	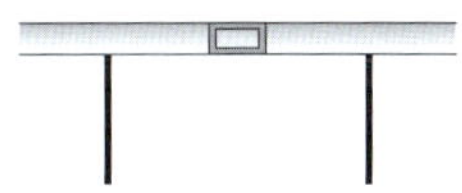

Erforderliches Widerstandsmoment W_{erf} in cm³ für Pfostenprofil aus Stahl: Geländerhöhe 1,0 m (0,9 m + 0,1 m), Anpralllast F_H = 0,5 kN/m

Maximaler Abstand der Geländerpfosten in m	Gebäudehöhe 0...8 m			Gebäudehöhe 8...20 m		
	Geländer ohne Verkleidung (10 % Füllstäbe)	Geländerverkleidung in der unteren Hälfte	Vollverkleidung (Glas, Blech)	Geländer ohne Verkleidung (10 % Füllstäbe)	Geländerverkleidung in der unteren Hälfte	Vollverkleidung (Glas, Blech)
1,0	3,23	3,48	4,22	3,30	3,69	4,88
1,1	3,59	3,83	4,64	3,63	4,06	5,36
1,3	4,20	4,52	5,48	4,29	4,80	6,34
1,5	4,85	5,22	6,33	4,95	5,54	7,31
Faktor für Randbereich	1,1	1,2	1,5	1,1	1,3	1,7
Faktor für h – 1,1 m	1,11	1,13	1,16	1,12	1,14	1,17
Faktor für h – 1,2 m	1,22	1,26	1,32	1,23	1,28	1,35

Multiplikatoren für andere Werkstoffe: 0,7 für S355J0 (St-52)
1,0 für EDELSTAHL Rostfrei®
1,7 für EN AW 6060 (AlMgSi05 F221)

Tabelle 1 zur Bestimmung des Widerstandsmoments für Geländerpfosten

W_{erf} = 5,22 cm³ (aus Tabelle abgelesen)

Faktor für Geländerhöhe von 1,1 m (statt 1,0 m für abgelesen Tabellenwert): 1,13

Faktor für Geländerbefestigung vorne (statt auf dem Balkon): 1,3

$\Rightarrow W_{erf} = 5{,}22\ \text{cm}^3 \cdot 1{,}13 \cdot 1{,}3$

$\Rightarrow W_{erf} = 7{,}67\ \text{cm}^3$ ⇒ Die aufgeführten Pfostenprofile (vgl. Bild 1, Seite 198) reichen aus.

b) Tabellenart B – Vorgehensweise:
- Ermitteln der Anschlussmomente M_D eines Geländerpfostens mit der Tabelle 1 (nächste Seite) (Anschlussmomente M_D in kN · m/m für 1 m Pfostenabstand und 1,0 bzw. 1,1 m Geländerhöhe)
- Profilauswahl anhand von Tabelle 2 (nächste Seite), mittels des Anschlussmomentes aus Tabelle 1 (nächste Seite).

Beispiel: Balkongeländer mit Geländerhöhe 1,1 m (vgl. Bild 2, Seite 193)
Aus Tabelle abgelesen: M_D = 1,11 kN · m/m
Bei 1,5 m Pfostenabstand: M_D = 1,11 kN · m · 1,5 m = 1,665 kN · m
Geeignete Profile laut Tabelle 2:

→ T60×7 (aufnehmbares Moment t = 1,94 kN · m)
→ Quadratrohr 45 × 3 (aufnehmbares Moment = 1,68 kN · m)
→ Paarweise ungleichschenklige Winkelstähle L 60 × 30 × 5 (aufnehmbares Moment = 2,04 kN · m)

Anschlussmomente und -kräfte eines Geländerpfostens in $\frac{kN \cdot m}{m}$ (1 m Pfostenabstand)											
			Alle Werte für 1 m Pfostenabstand und 1,0 und 1,1 m Geländerhöhe								
			Wohngebäude $F_H = 0{,}5\ \frac{kN}{m}$				Öffentl. Gebäude $F_H = 0{,}5\ \frac{kN}{m}$				alle Gebäude
			Anschlussmoment M_d in $\frac{kN}{m}$ für		Horizontalkraft F_{hd} in $\frac{kN}{m}$ für		Anschlussmoment M_d in $\frac{kN}{m}$ für		Horizontalkraft F_{hd} in $\frac{kN}{m}$ für		Vertikalkraft F_{Vd} in $\frac{kN}{m}$ für
Befestigung	Einbauort	Höhe über Geländer	1,0	1,1	1,0	1,1	1,0	1,1	1,0	1,1	1 bzw. 1,1
von vorn	im Freien	0 … 8	1,03	1,11	0,75	0,75	1,92	2,07	1,50	1,50	1,24
		8 … 20	1,23	1,42	1,84	2,00	1,92	2,07	1,50	1,50	1,24
		20 … 100	1,64	1,90	2,53	2,75	1,92	2,07	1,50	1,50	1,24
	innen		1,03	1,11	0,75	0,75	1,92	2,07	1,50	1,50	1,24

Tabelle 1 Anschlussmomente eines Geländerpfostens (Auszug)

Profilauswahl								
Widerstandsmoment W_x in cm³			Aufnehmbares Moment $M_{R,d}$ in kN · m für Pfosten bzwHandlauf aus					
Pfostenprofil	Widerstands-moment W_x in cm³	Abmessung	Stahl S235 mit $f_{yk} = 240\ \frac{N}{mm^2}$		EDELSTAHL Rostfrei® mit $f_{yk} = 190\ \frac{N}{mm^2}$		Al-Legierungen mit $f_{yk} = 160\ \frac{N}{mm^2}$	
			betoniert	geschraubt	betoniert	geschraubt	betoniert	geschraubt
T-Profil DIN	1,23	35 × 4,5	0,53	0,34	0,42	0,27	0,22	0,14
	1,84	40 × 5	0,78	0,53	0,62	0,42	0,35	0,21
	3,36	50 × 6	1,46	1,09	1,16	0,86	0,72	0,39
	5,48	60 × 7	2,24	1,94	1,95	1,54	1,28	0,66
Quadratroht DIN	1,81	30 × 2	0,51	0,48	0,40	0,38	0,32	0,14
	2,67	30 × 3	0,72	0,66	0,57	0,57	0,44	0,19
	2,75	35 × 2	0,71	0,87	0,56	0,53	0,45	0,19
	3,78	35 × 3	1,01	0,95	0,79	0,75	0,63	0,27
	3,47	40 × 2	0,94	0,90	0,75	0,72	0,60	0,25
	4,85	40 × 3,2	1,42	0,36	1,123	1,08	0,90	0,,38
		45 × 2	1,21	1,17	0,96	0,93	0,78	0,32
		45 × 3	1,73	1,68	1,37	1,33	0,12	0,47
		50 × 2	1,51	1,47	1,19	1,17	0,98	0,40
Winkelprofil ungleichschenklig, paarweise („starke Achse")		45 × 30 × 4	1,00	0,6	0,80	0,66	0,67	0,30
		45 × 30 × 5	1,24	1,18	1,00	0,82	0,83	0,34
		50 × 40 × 5	1,59	1,52	1,25	1,05	1,06	0,46
		60 × 30 × 5	2,15	2,04	1,70	1,42	1,43	0,52
		60 × 40 × 5	2,24	2,13	1,78	1,48	1,50	0,55
		60 × 40 × 6	2,65	2,53	2,10	1,75	1,77	0,77

Tabelle 2 Anschlussmomente eines Geländerpfostens

5.9.3 Lösungsweg 3: Berechnung mit Diagrammen

Für die häufigsten Befestigungsfälle wurden von Fachverbänden für Metallbautechnik Tabellen entwickelt, aus denen sich das erforderliche Widerstandsmoment W_{erf} des Pfosten einfach ablesen lässt. **Diese Tabellen liefern Richtwerte, ersetzen jedoch nicht den statischen Nachweis.**

Annahmen für die Berechnung:
Horizontallast: 0,5 kN/m — Maximale Pfostenlänge: 1.300 m
Vertikallast: 0,85 kN/m — Hebelarm: 120 mm (angenommen)
Werkstoff: S235

Die Werte dienen nur der Orientierung und ersetzen keinen statischen Nachweis.

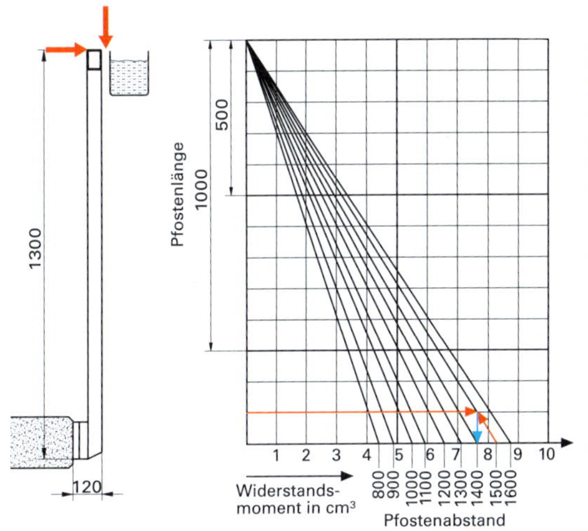

1 Diagramm zur Ermittlung von W_{erf}

Bezüglich unseres Balkongeländers lässt sich ein erforderliches Widerstandsmoment W_{erf} von ca. 7,5 cm³ aus der Tabelle ablesen. Der Wert entspricht in etwa den zuvor ermittelten Widerstandsmomenten.

Bei der Berechnung von Pfosten für Treppengeländer ist zu beachten, dass durch die Handkraft eine Kraft *F* in Richtung des Handlaufs auftreten kann:
Aufstieg: *F* wirkt als Zugkraft (Benutzer „zieht" sich hoch)
Abstieg: *F* wirkt als Druckkraft (Benutzer stützt sich ab)

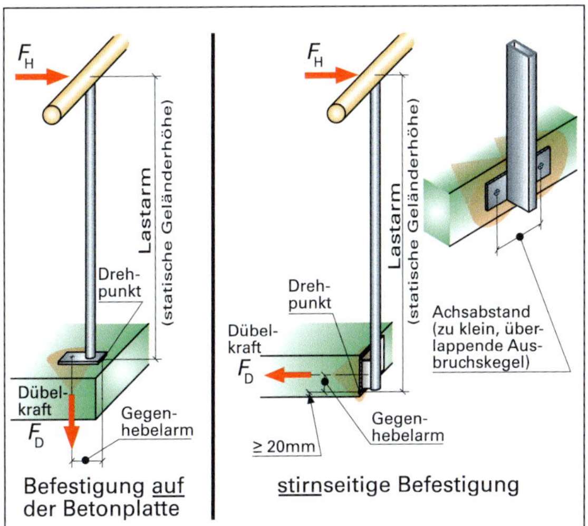

2 Dübelbefestigung – Gegenhebelarm – Ausbruchskegel

Für die Bemessung der Geländerpfosten ist diese zusätzliche Kraft aber ohne Belang, weil die Pfosten mit der waagerechten Anpralllast schon ausreichend dimensioniert sind.

5.9.4 Lösungsweg 4: Berechnung mit Dübelauswahlprogrammen

Dübelhersteller bieten Softwareprogramme zur Berechnung von Geländern an. Dabei werden aber nicht Pfosten- und Handlaufprofil berechnet, sondern die für die Befestigung notwendigen Dübel ausgewählt.

Die durch die Anlehn- und Windlasten erzeugten Dübelauszugskräfte an einem Pfosten belasten den Beton (Ausbruchskegel – vgl. Kapitel 16 Befestigungstechnik). Die Größe der Auszugskräfte wird u.a. durch den **Gegenhebelarm** an der Fußplatte bestimmt.

Obwohl bei der Pfostenbefestigung **auf** dem Beton die Fußplatte so vergrößert werden kann, dass ein ausreichender Gegenhebelarm möglich ist, wird dadurch die Nutzbreite des Balkons trotzdem eingeschränkt und/oder es entstehen Stolperfallen. Bei **stirnseitiger** Befestigung ist die vorhandene Betondecke nicht dick genug, um den Ausbruchskegel des Dübels aufnehmen zu können. Der Lastarm, die statische Geländerhöhe, ist noch dazu größer als bei der Befestigung auf der Betonplatte. Die Fußplatte bzw. der Gegenhebelarm kann auch nicht beliebig vergrößert werden, zumal der Drehpunkt des Gegenhebels mindestens 20 mm von der Betonkante entfernt liegen sollte, um Betonabplatzungen am Rand zu vermeiden. Meist reichen die Mindest-Randabstände noch für eine spreizdruckfreie Dübelbefestigung an üblichen Plattendicken (16–20 cm) aus. Werden dann entsprechend dem Wunsch nach schlanken Fußplatten auch die Achsabstände sehr klein gehalten, so müssen die übertragbaren Dübelkräfte weiter reduziert werden. Dies kann bei gegebener äußerer Belastung (Anlehn-, Windkräfte, ...) nur durch die Verringerung des Pfostenabstandes erfolgen; also durch Erhöhen der Anzahl der Befestigungsstellen.

Die marktüblichen Softwareprogramme erlauben in der Eingabemaske nicht nur die Größen der angreifenden Lasten, sondern auch die Größe und Form der Befestigungsplatten zu variieren. Mithilfe der Berechnungsergebnisse, wie Biegemoment an der Einspannstelle oder Auszugskraft der Schrauben lassen sich aber Pfosten- und Handlaufprofile aus Tabellenbüchern auswählen.

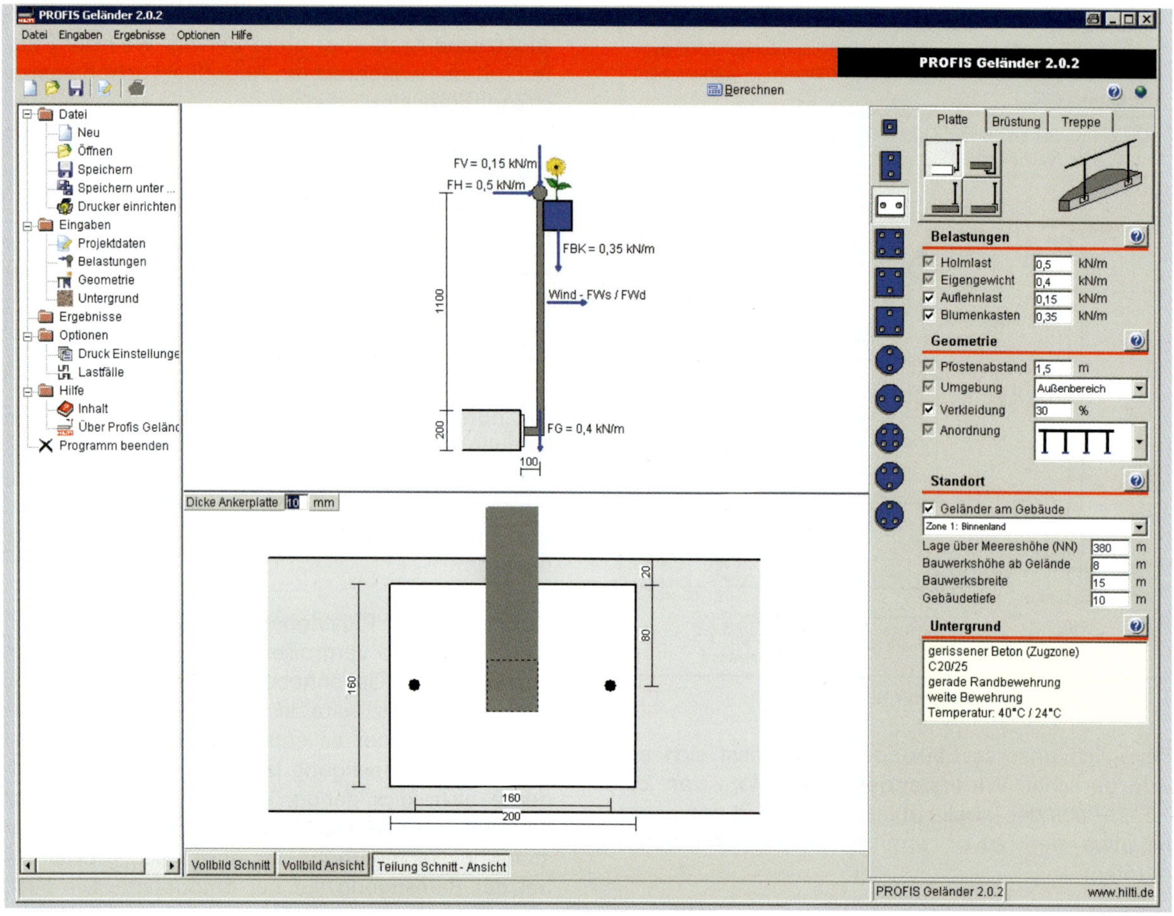

1 Eingabemaske

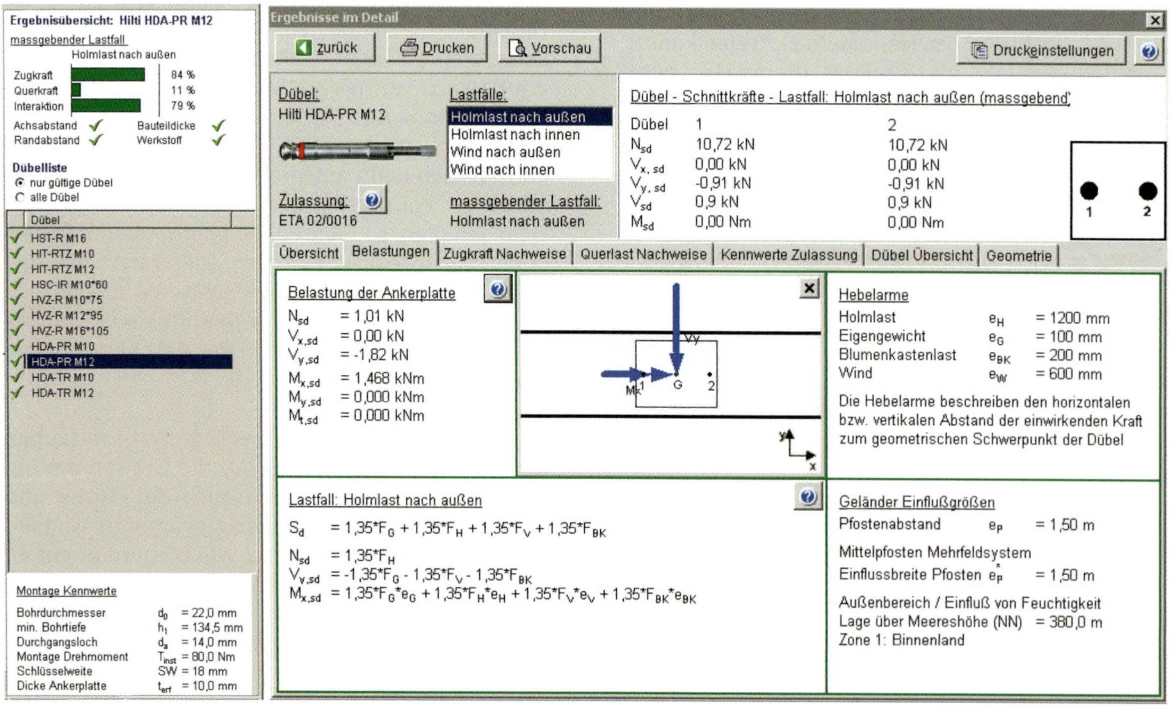

2 Ergebnisse der Dübelberechnng mit Liste von zulässigen Dübeln

Findet sich für die eingegebenen Geländerparameter kein geeigneter Dübel, so kann man die Befestigungsplatte verändern und so mit einen anderem Bohrbild einen bauaufsichtlich zugelassenen Dübel aus dem Sortiment des Dübelanbieters finden. Manche Programme besitzen auch eine Funktion zur Optimierung der Fußplatte.

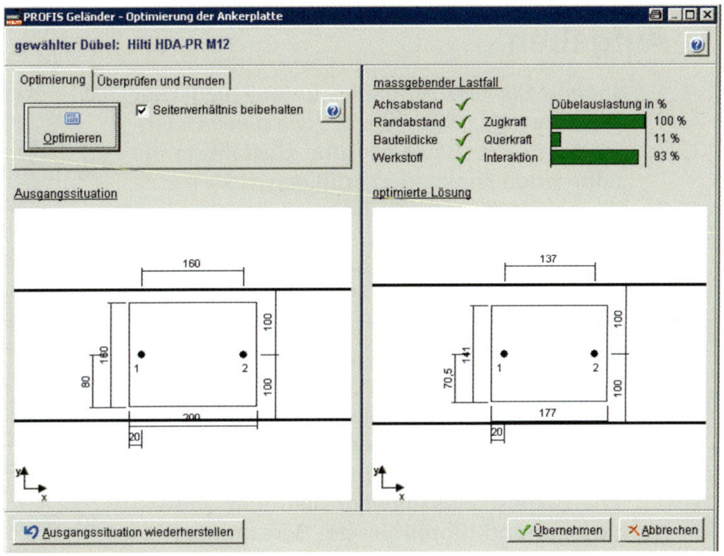

1 Optimierung der Fußplatte

5.9.5 Tabellen für Ankerschienen

Eine Sonderform der Befestigung von Geländerpfosten an der Stirnseite von Balkonplatten aber auch an Treppenwangen aus Stahlbeton bieten Ankerschienen. Sie eignen sich für Balkondecken ab 10 cm Plattendicke, können aber nur bei Neubauten verwendet werden, weil die Geländerplanung und die notwendige Vormontage schon in der Rohbauphase erfolgen muss. Die Betondecke wird bei dieser Befestigungsart durch keinerlei Spreizkräfte belastet, wie das bei vielen Dübelarten der Fall ist.

Das System ist einfach zu handhaben:

- mit Tabellen des Herstellers die geeignete Ankerschiene auswählen,
- Ankerschienen innen an die Schalung annageln und mit einbetonieren,
- nach der Fertigstellung des Bauwerks die Schaumstofffüllung an der Befestigungsstelle auskratzen,
- die Anschweißplatte mit dem Geländerpfosten montieren und justieren,
- Muttern anziehen.

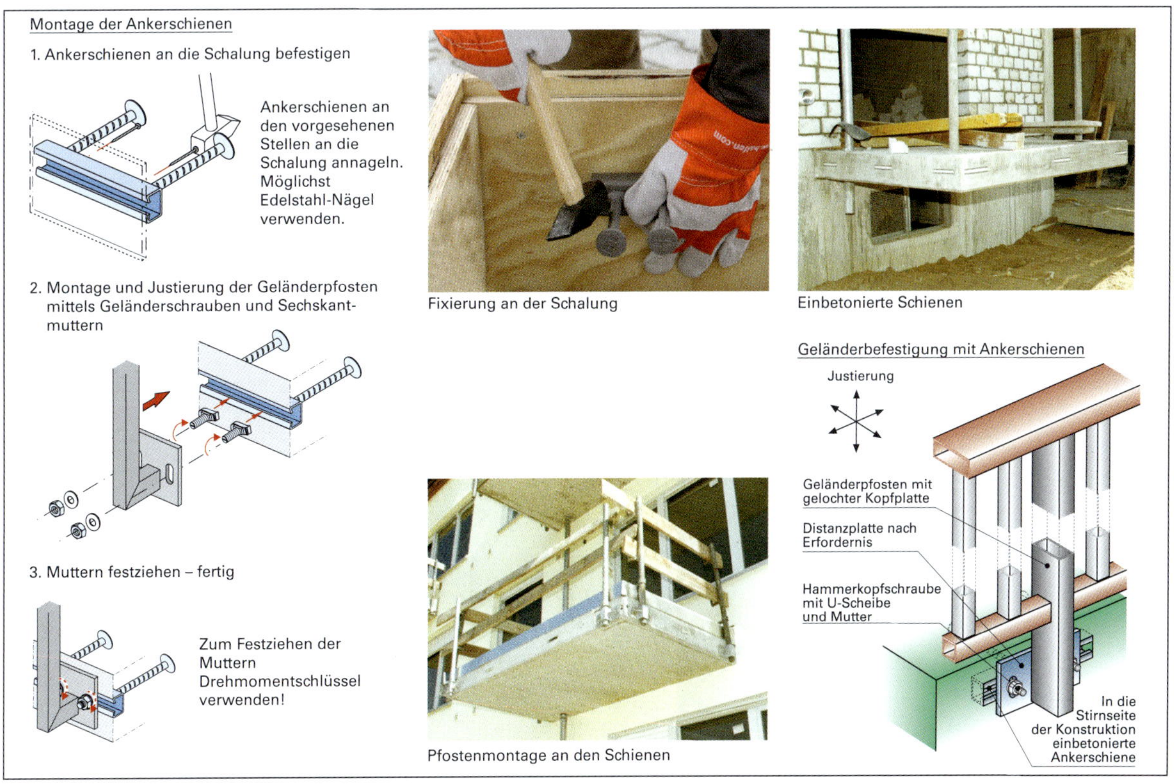

2 Geländerbefestigung mit Ankerschienen

Aufgaben

1. Nennen Sie vier Aufgaben unterschiedlicher Geländer und geben Sie an, wie diese Geländer durch ihre Bauweise und Gestaltung die geforderten Funktionen erfüllen.
2. Führen Sie von Hand und mit Tabellen einen statischen Nachweis für Pfosten und Handlauf eines Balkongeländers durch. Daten zur Bausache:
   Balkon: B = 5,6 m, T = 1,6 m, H = 7 m über Gelände, Platte d = 20 cm, Pfostenabstand 1,25 m; Geländerhöhe 1,00 m, Stabgeländer mit ca. 10 % der Geländerausfachung „im Wind", stirnseitige Pfostenbefestigung.
3. Laden Sie sich von einem Dübelhersteller eine Bemessungssoftware aus dem Internet herunter und führen Sie die Berechnung aus Aufgabe 2 mit dieser Software durch.
4. Berechnen Sie die lichte Weite zwischen den Stäben für das Geländer aus Aufgabe 2 (Füllstäbe mit Stabbreite bzw. Rohrdurchmesser 12 mm), Pfosten: aus Aufgabe Nr. 2.
5. Skizzieren Sie ein Geländerfeld aus Aufgabe Nr. 2 im Maßstab 1 : 10 mit allen erforderlichen Maßen.
6. Erstellen Sie Digitalfotos von fünf ausgeführten Balkongeländern und fertigen Sie in Gruppenarbeit eine ausführliche Beschreibung an.
7. Nennen Sie vier Bauvorschriften aus der Landesbauordnung Ihres Bundeslandes zu Balkongeländern und erklären Sie diese auch anhand von Skizzen.
8. Was ist bei der Befestigung und Dübelauswahl von Balkongeländerpfosten grundsätzlich zu beachten?
9. Welche Vorteile haben Anbau- und Vorbaubalkone?
10. Skizzieren Sie ein Schutzgeländer vor einem „französischen Fenster" und beschreiben Sie dessen Fertigung. Die Maße nehmen Sie an einer Fenster- oder Balkontüre.

5.10 Geländerbausysteme

Nicht nur im Objektbau mit vielen in Form und Größe identischen Balkonen und Treppen werden zunehmend Geländerbausysteme eingesetzt, sondern immer mehr auch im Privatbereich. Das spart Zeit und Kosten und reduziert die Fertigung des Metallbaubetriebs auf das Ablängen von Profilen oder nur auf die Montage auf der Baustelle. Es sind zwei Formen von Geländerbausystemen üblich:

Variante A: Der Metallbaubetrieb wählt zusammen mit dem Kunden von der Website des Anbieters eine Gestaltungsvariante und schickt diesem eine

1 Systemgeländer

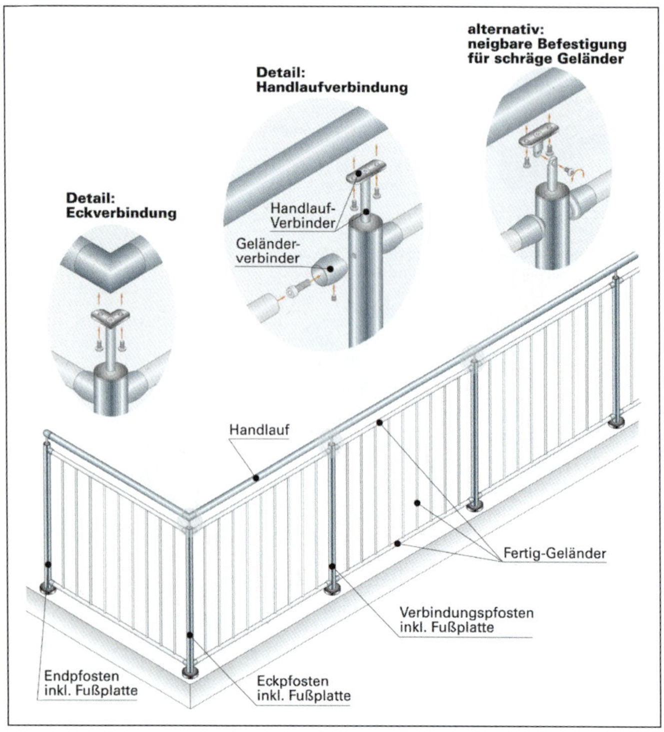

2 Geländersystem (Variante B) mit Eck-, Mittel- und Endpfosten als Steckverbindungen – Montageanleitung

Aufmaßskizze. Der Systemhersteller fertigt aus standardisierten Stahl-, EDELSTAHL Rostfrei® – oder Aluminiumprofilen die Geländerbauteile und verpackt sie in handliche Einheiten. Sie müssen vom Metallbaubetrieb auf der Baustelle nur montiert werden. Dazu werden ausschließlich Schraub-, Klebe- und Klemmverbindungen verwendet. Eine Werkstatt ist nicht mehr notwendig.

Variante B: Der Metallbaubetrieb entwirft für den Kunden eine individuelle Geländerlösung, verwendet als Bauteile aber ausschließlich standardisierte Profile und Verbindungselemente (Bild 2, Vorseite). Diese bezieht er von einem Systemhersteller. Die Arbeit im Metallbaubetrieb beschränkt sich auf das Ablängen und Schweißen bzw. Schrauben oder Kleben und Klemmen der Profile zu einer tragenden Konstruktion. Nichtmetallische Füllelemente wie Glasscheiben werden von Glaslieferanten bezogen, auf Maß zugeschnitten und wenn notwendig gebohrt.

1 Geländer auf Podesten

5.11 Sonderbauten von Geländern

Balkon- und Treppengeländer in Wohngebäuden und im öffentlichen Bereich sind in der Gestaltung relativ frei, solange die einschlägigen Vorschriften der Landesbauordnungen eingehalten sind. Für Industriegeländer und Geländer an Autobahnbrücken gibt es jedoch Einschränkungen, die bei Entwurf, Profilwahl und Fertigung zu beachten sind.

5.11.1 Industriegeländer als ortsfeste Zugänge zu maschinellen Anlagen

Ortsfeste Zugänge zu maschinellen Anlagen sind nach EN ISO 14122-3 (Treppen und Geländer) und EN ISO 14122-4 (ortsfeste Leitern) geregelt. Geländer sind dort anzubringen, wo eine Absturzhöhe von mehr als 500 mm gegeben ist. Werden die Anlagen ausschließlich von Fachpersonal betreten, wird die Geländerbelastung mit lediglich 0,3 kN/m angesetzt. Darunter fallen Wartungsbrücken oder Umwehrungen von Klärbecken.

Bauvorschriften für Treppen, Treppengeländer und Geländer auf Podesten

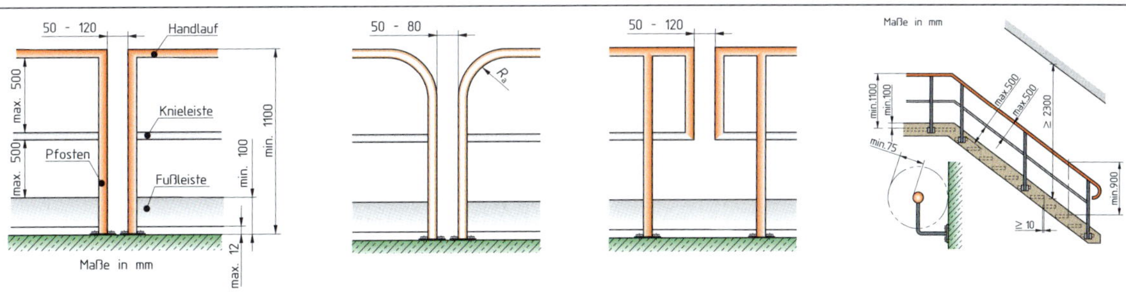

- Mindesthöhe am Treppengeländer 900 mm über der Stufenvorderkante (in Arbeitsstätten mindestens 1000 mm)
- Mindesthöhe des Geländers über Podest 1100 mm
- Lichter Abstand zwischen Knieleiste und benachbarten Teilen max. 500 mm; bei größeren Abständen 2 Knieleisten erforderlich
- Füllstabgeländer: max. 180 mm lichte Weite
- Pfostenabstand: vorzugsweise max. 1500 mm
- Fußleiste mindestens 100 mm hoch; Abstand Fußleiste zur Trittebene maximal 12 mm
- Freiraum zwischen unterbrochenen Handläufen mindestens 50 mm – maximal 120 mm bzw. 50 mm – 80 mm bei Geländern mit Rundung
- Handlaufdurchmesser 25 mm – 50 mm; Wandabstand mindestens 75 mm
- Treppenbreite mindestens 600 mm, (wenn Höhenunterschied < 1500 mm), sonst 800 mm (mind. 1000 mm, wenn mehrere Personen aneinander vorbei gehen müssen)
- Treppen-Schrittmaßregel gilt auch hier: $600\ \text{mm} \leq 2 \cdot s + a \leq 660\ \text{mm}$
- Lichte Durchgangshöhe mindestens 2300 mm
- Treppenlaufbreite ≥ 1200 mm; zwei Handläufe notwendig
- Bei einer Aufstiegshöhe von mehr als 500 mm und einem seitlichen Spalt neben der Treppenwange von mehr als 200 mm ist auf dieser Seite der Treppe ein Geländer als Schutz anzubringen.
- Auftrittsbreite zwischen 210 mm und 310 mm
- Stufenunterschneidung mindestens 10 mm

2 Geländer an Treppen und Podesten nach Industriestandard (Maße)

Wo ein Durchgang durch ein Geländer erforderlich ist, muss eine selbstschließende Durchgangssperre eingesetzt werden. Eine Durchgangssperre muss Handlauf und Knieleiste in derselben Höhe wie das angrenzende Geländer haben. Alle Durchgangssperren müssen in Richtung Arbeitsbühne oder Arbeitsebene öffnen. Außerdem müssen sie gegen einen festen Anschlag schließen, damit ein unbeabsichtigtes Öffnen und Hindurchfallen verhindert wird. Durchgangssperren müssen den gleichen Belastungskriterien wie Geländer entsprechen.

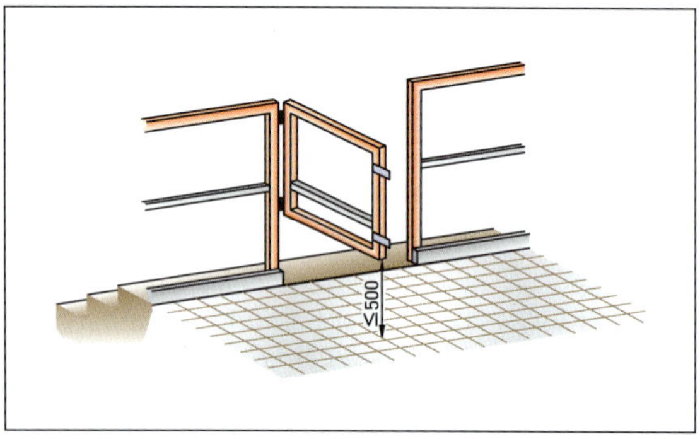

1 Beispiel einer selbstschließenden Durchgangssperre (Öffnen in Richtung Bühne)

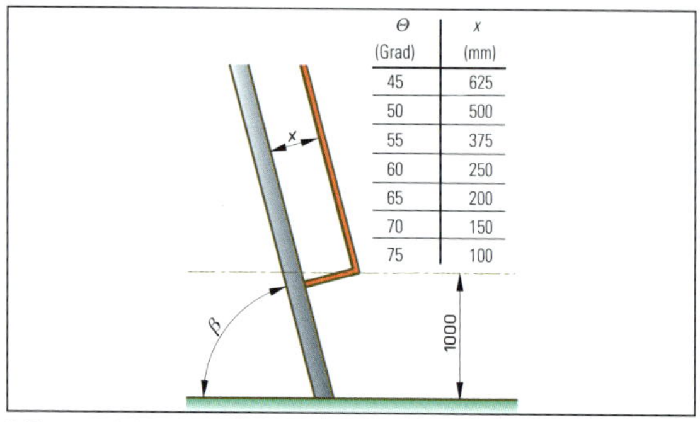

2 Treppenleiter

- Treppenleitern müssen immer zwei Handläufe haben.
- Der Abstand (Maß X) der Steigungslinie zur Achse des Handlaufes einer Treppenleiter sollte wie in Bild 1 dargestellt ausgeführt werden. Die Tabelle in Bild 1 zeigt die empfohlenen Maße, abhängig vom Steigungswinkel.
- Der Handlauf muss mindestens 1000 mm über der Einstiegsebene beginnen.

Als gebräuchliche Profile unter Beachtung der statischen Vorgaben (Horizontalbelastung von 0,3 kN/m) können verwendet werden:

Halbzeuge für Geländerbauteile	**Horizontalbelastung bis 0,3 kN/m**		
	Rohre	**Winkelstahl**	**Kombination**
Handlauf	Rohr 42,4 × 3,2	L 40 × 40 × 4	Rohr 42,4 × 3,2
Knieleiste	Rohr 26,9 × 2,6	L 30 × 30 × 4	Fl 40 × 6
Fußleiste	Fl 100 × 10		
Pfosten	Rohr 42,4 × 3,2	L 60 × 60 × 6	L 60 × 60 × 6

Aufgaben

1. Beschreiben Sie den Aufbau von Industriegeländern nach DIN EN ISO 14122-3 und geben Sie wichtige Baumaße dieser Geländer an.
2. Welche Aufgaben erfüllen die jeweiligen Geländerbauteile?
3. Bestimmen Sie für das abgebildete Industriegeländer
   a) die fehlenden Profile für die einzelnen Geländerbauteile.
   b) die fehlenden Geländermaße.
   c) die Material- und Zuschnittliste.

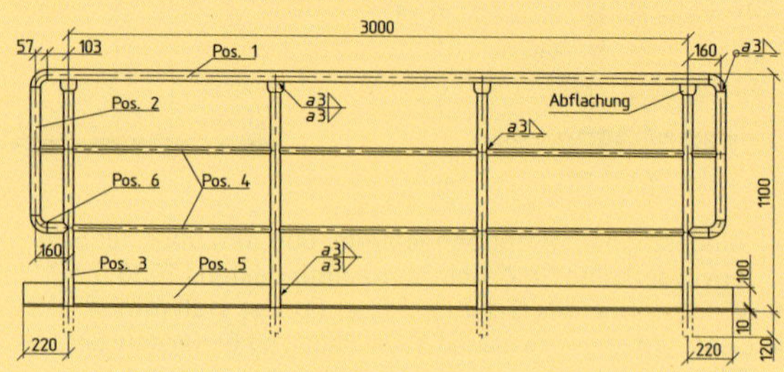

5.11.2 Geländer an Autobahnbrücken

Diese Geländer bestehen aus Pfosten, Holm und durchgehendem Handlauf. Diese offene Bauweise ist zulässig, weil hier nicht mit Fußgängern zu rechnen ist. Sie sollen vielmehr einen Absturz von anprallenden Fahrzeugen und das Niederreißen der Konstruktion verhindern. Ihre Gestaltung und Ausführung legen die regionalen Autobahndirektionen fest und geben dazu Merkblätter heraus. Eine mögliche Bauart zeigt Bild 1, nächste Seite.

- Im Handlauf liegt ein durchlaufendes, locker eingelegtes Stahlseil mit mind. 20 mm Durchmesser nach DIN EN 12385-4, das an jedem Pfosten befestigt sein muss;

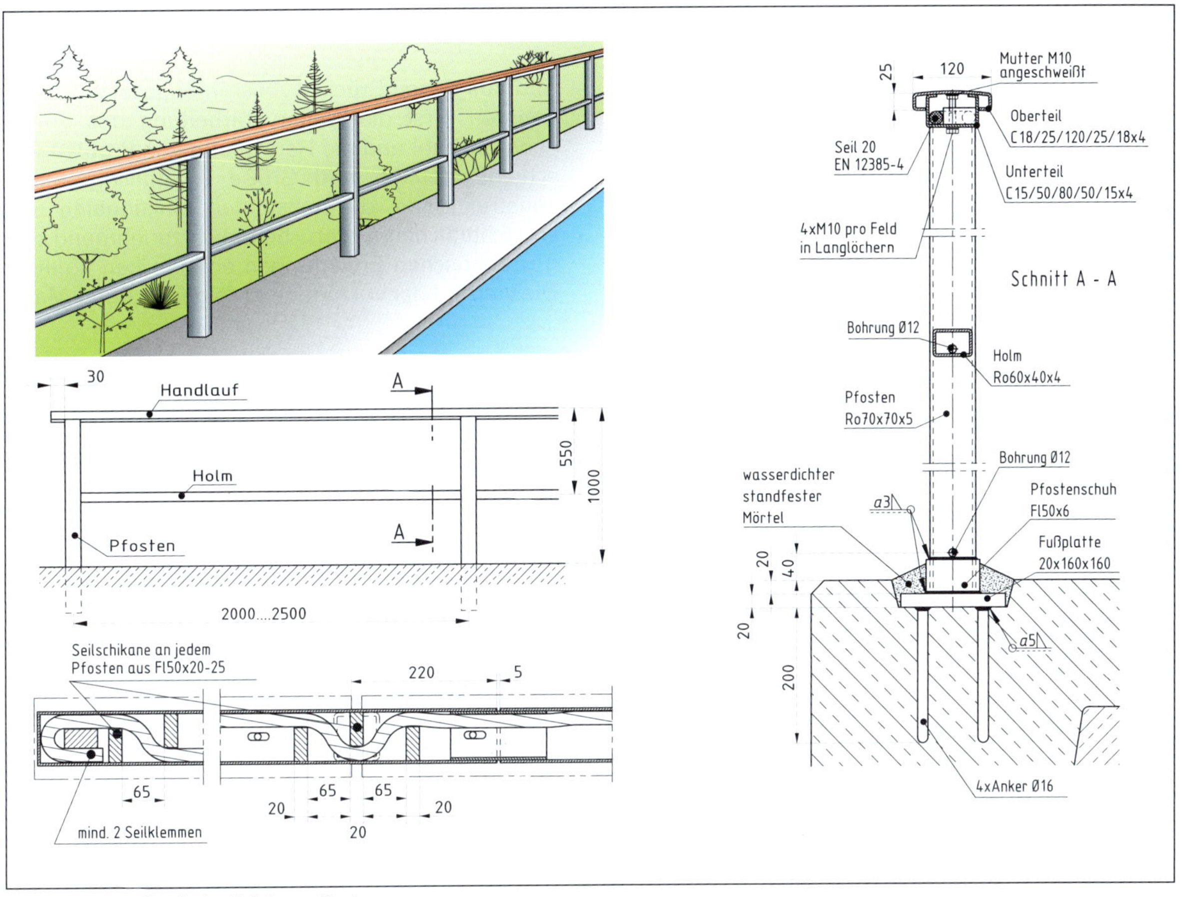

1 Aufbau eines Autobahn-Brückengeländers

- als Pfosten dient ein Quadratrohr mind. Ro 70 × 70 × 4, eine Knieleiste auf halber Höhe aus Rechteckrohr, mind. Ro 60 × 40 × 4;
- der Pfostenabstand darf max. 2,5 m betragen;
- tiefe Verankerung des Pfostens von mind. 20 cm;
- eine Handlaufhöhe von mind. 1,0 m ist Vorschrift;
- Geländer wird entsprechend der Zinkbadlänge in Teilstücken von 2–3 Feldern gefertigt.

Geländer an Autobahnbrücken dürfen wegen Korrosionsgefahr nur am Pfosten verschweißt werden. Sie erhalten deshalb einen durchlaufenden Handlauf aus Spezialprofil mit Dehnungsfuge. Zum Schutz gegen Durchwurf werden die Füllungen oft noch mit einem engmaschigen Drahtgeflecht hinterlegt, das bis zur Laufebene reicht.

Aufgaben

1. Welche Besonderheiten kennzeichnen Brückengeländer an Autobahnen?
2. Informieren Sie sich im Internet über Halterungen für linienförmige Verglasungen (Füllscheibe in einem Geländerfeld).
3. Nennen Sie je vier Konstruktionsvorschriften für Handlauf und Einspannung eines Ganzglasgeländers.

6 Konstruktionen des Metall- und Stahlbaus: Stahlhochbau

6.1 Übersicht: Konstruktionen

Der Werkstoff Stahl und die daraus gewonnenen Erzeugnisse ermöglichen dem Menschen seit dem 19. Jahrhundert Gebäude zu errichten, die mit den bisher verwendeten Werkstoffen Holz und Stein nur bedingt bis gar nicht möglich waren. In den ersten Hochöfen wurde Gusseisen gewonnen, welches zu Bogenbindern weiterverarbeitet wurde und aus denen Brücken zusammengesetzt werden konnten. Erst die Weiterverarbeitung des Roheisens zu Stahl und die Herstellung von Profilen verschiedenster Art und Größe ermöglichte Stahlkonstruktionen, die neben den funktionalen und wirtschaftlichen Ansprüchen auch zunehmend den gestalterischen Erwartungen entsprechen können. Die Vielzahl der Vorzüge zeigt folgende Mind-Map.

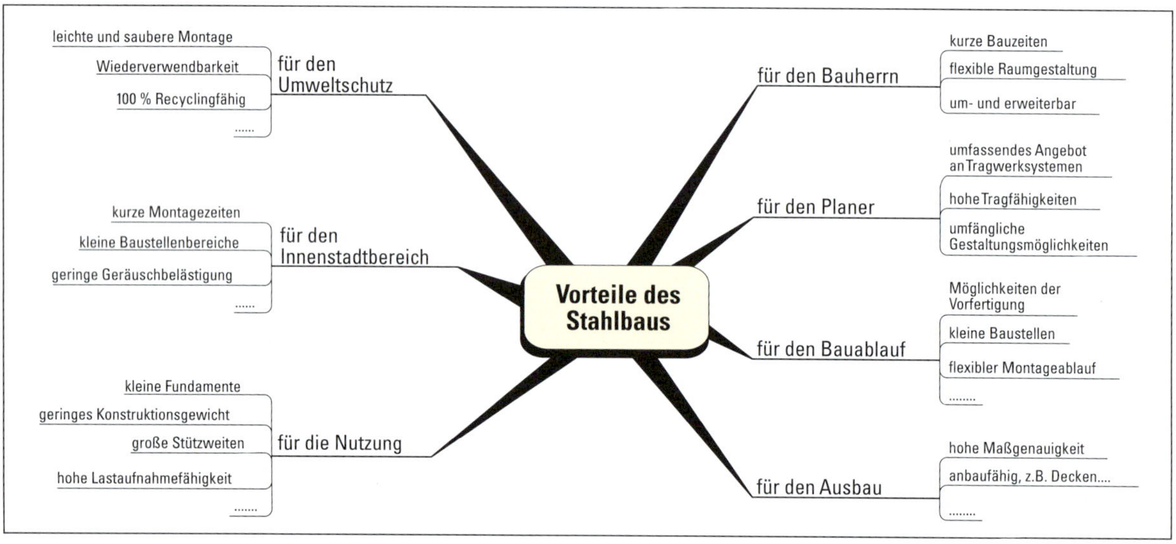

Der Stahlbau hat in den verschiedensten Anwendungsbereichen eine beherrschende Stellung gewonnen. Er gliedert sich in die Teilbereiche:

- Stahlhochbau
- Brückenbau
- Seilkonstruktionen
- Maschinenbau
- Wasserbau

Stahlhochbau

Stahlskelette bilden das Tragwerk für vielgeschossige Wohn- und Bürogebäude; dabei kann das Stahlskelett innen liegen oder aus dekorativen Gründen außen liegen (siehe Bilder 1 und 2).

1 Stadttor Düsseldorf

2 Neuer Hauptbahnhof Berlin

1 Produktionshalle

Für Industriehallen und Produktionshallen (Bild 1) werden große Flächen überspannt, damit in geschützten Räumen gefertigt werden kann.

2 Hochregallager im Bau

Hochregallager

Hochregallager sind ein modernes Lagersystem, welches voll- oder teilautomatisiert verwaltet wird. Durch die verbreitete Nutzung von Paletten lassen sich standardisierte Module zu nahezu unbegrenzten Lagergrößen zusammensetzen. Bild 2 zeigt den Bau eines Hochregallagers

3 Müngstener Brücke

Brückenbau

Die Spannweiten von Brücken können durch die Verwendung von Stahl deutlich vergrößert werden. Bild 3 zeigt die Müngstener Brücke, fertiggestellt 1897. Die Konstruktion erfolgte im Fachwerkbau und wurde genietet.

4 Kronprinzenbrücke Berlin

Aktuelle Brückenbauten werden komplett geschweißt und ermöglichen dadurch elegantere und „leichtere" Bauweisen, siehe Bild 4.

Noch größere Spannweiten werden mit Schrägseilbrücken erreicht. Je nach Spannweite ändert sich die Zahl der Pylone. Der an den Seilen hängende Gurt übernimmt alle Längs- und Querkräfte; gleichzeitig dient er auch als Fahrbahn für Kraftfahrzeuge oder für die Gleise der Eisenbahn (Bild 5).

5 Rheinkniebrücke Düsseldorf

Seilkonstruktionen

Das Dach des Olympiastadions in München ist ein Beispiel für Seilnetzkonstruktionen. Im Seilnetz werden die Dachplatten aufgenommen; alle Seile werden dann zu zentralen Tragseilen zusammengeführt und mit Zuggliedern verbunden, welche die Kräfte in die Fundamente einleiten (Bild 6).

6 Olympiastadion München:
Links: Gesamtansicht
Rechts: Ansicht Seilverbindungsknoten

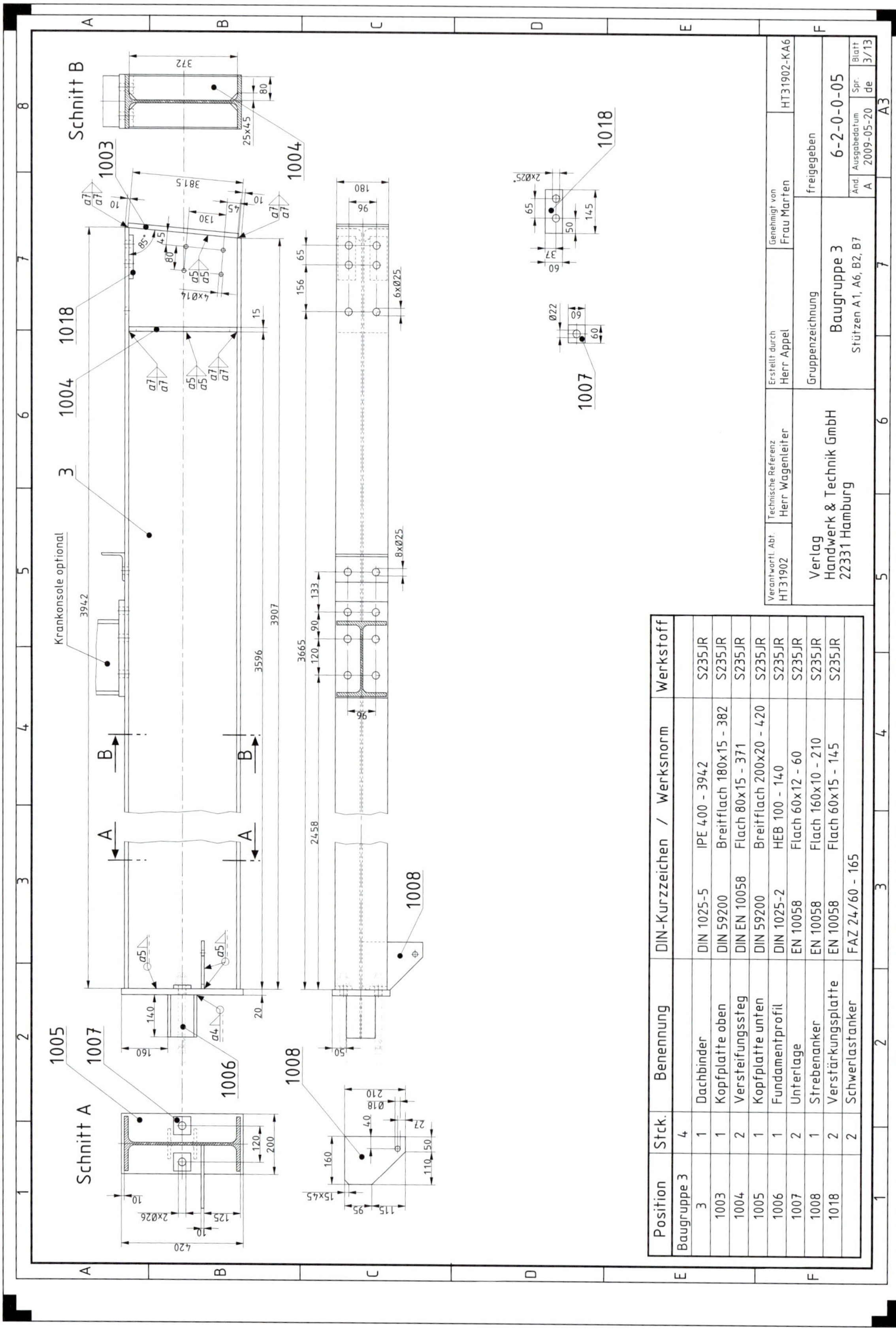

Position	Stck.	Benennung	DIN-Kurzzeichen / Werksnorm		Werkstoff
Baugruppe 3	4				
3	1	Dachbinder	DIN 1025-5	IPE 400 - 3942	S235JR
1003	1	Kopfplatte oben	DIN 59200	Breitflach 180x15 - 382	S235JR
1004	2	Versteifungssteg	DIN EN 10058	Flach 80x15 - 371	S235JR
1005	1	Kopfplatte unten	DIN 59200	Breitflach 200x20 - 420	S235JR
1006	1	Fundamentprofil	DIN 1025-2	HEB 100 - 140	S235JR
1007	2	Unterlage	EN 10058	Flach 60x12 - 60	S235JR
1008	1	Strebenanker	EN 10058	Flach 160x10 - 210	S235JR
1018	2	Verstärkungsplatte	EN 10058	Flach 60x15 - 145	S235JR
	2	Schwerlastanker	FAZ 24/60 - 165		

1 Baugruppe 3 Stützen A1, A10, B2, B11

Aufgabe

Erstellen Sie von der Giebelwandstütze eine maßstabsgerechte Zeichnung und ergänzen Sie die fehlenden Schweißnähte sowie die fehlenden Inhalte der Stückliste.

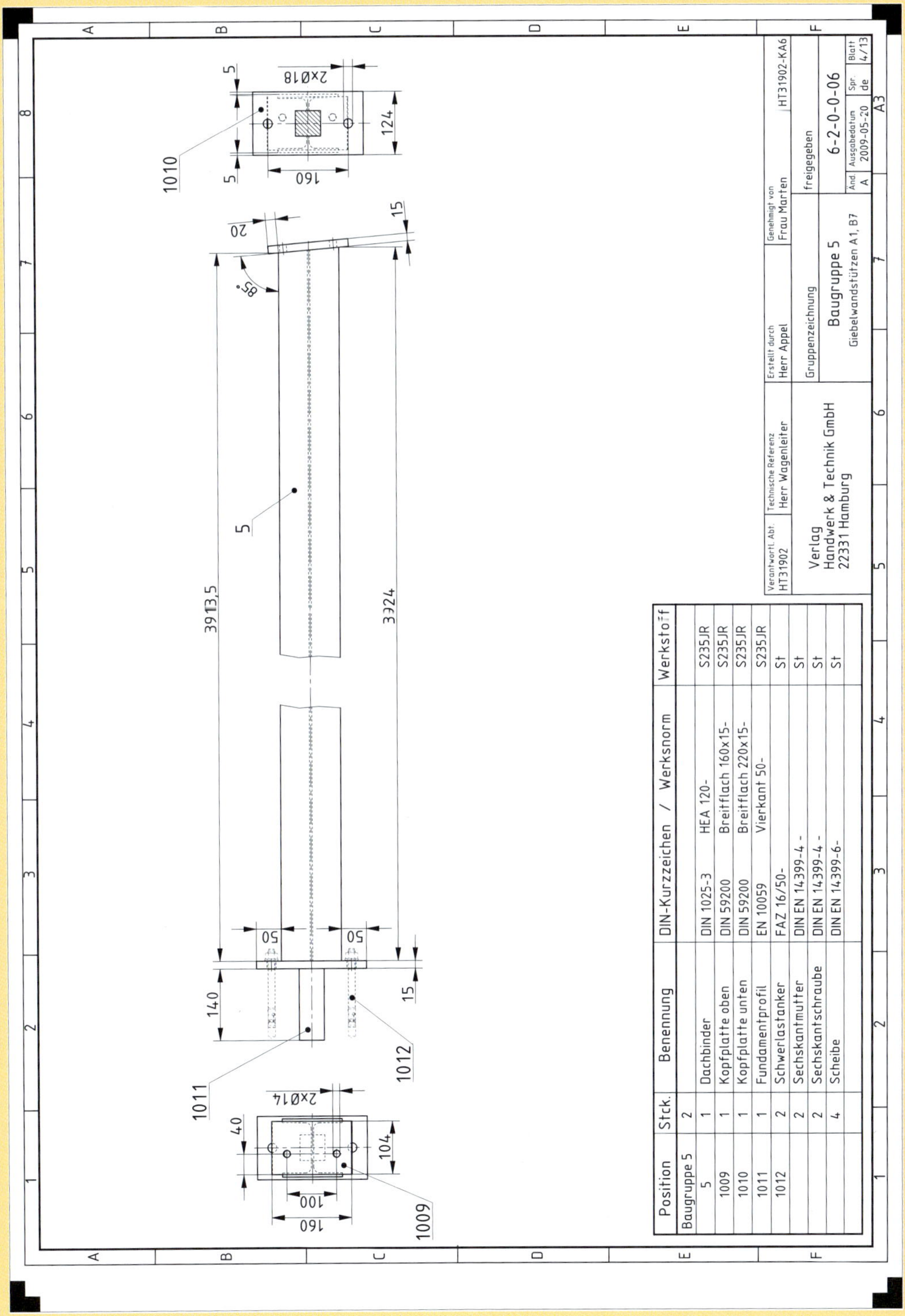

Position	Stck.	Benennung	DIN-Kurzzeichen / Werksnorm	Werkstoff
Baugruppe 5	2			
5	1	Dachbinder	DIN 1025-3 HEA 120-	S235JR
1009	1	Kopfplatte oben	DIN 59200 Breitflach 160x15-	S235JR
1010	1	Kopfplatte unten	DIN 59200 Breitflach 220x15-	S235JR
1011	1	Fundamentprofil	EN 10059 Vierkant 50-	S235JR
1012	2	Schwerlastanker	FAZ 16/50-	St
	2	Sechskantmutter	DIN EN 14399-4 -	St
	2	Sechskantschraube	DIN EN 14399-4 -	St
	4	Scheibe	DIN EN 14399-6-	St

6.3 Stahlskelettbauten

Skelettbauweisen finden ihre Anwendung im Gebäudebau und im Hallenbau.

6.3.1 Gebäude in Stahlskelettbauten

Die klassischen Bauwerkstoffe Mauerwerk und Beton lassen sich bei zunehmend größer werdenden Gebäuden nicht mehr verwenden. Die Steifigkeit und Tragfähigkeit ist nicht mehr gegeben. Grundprinzip von Stahlskelettbauten ist das Aufstellen einer Stahlkonstruktion, in die Decken und Wände aus Beton und Glas eingesetzt werden. Exemplarische Gebäude sind in Bild 1 dargestellt.

Rohbau

Die beiden Gebäudetrakte werden von oben nach unten in das Rahmentragwerk montiert. Die Hängestützen ersparen ein Gerüst. Alle Bauteile sind verschraubt.

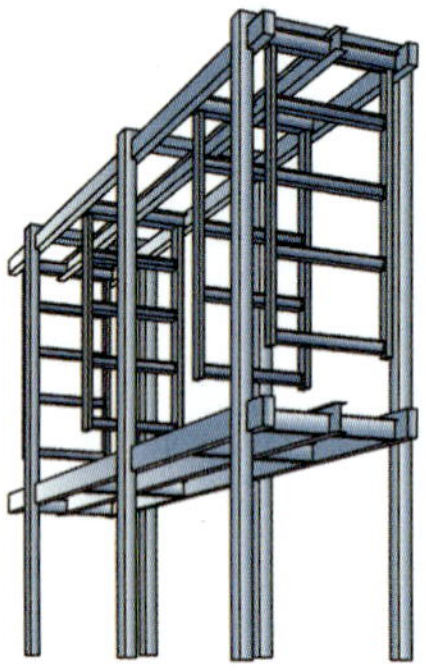

Statisches System

Klar erkennbar sind die drei Rahmen, die durch Längs- und Querträger miteinander verbunden sind. An den oberen Querträgern hängen die leiterförmigen Tragwerke für die Geschossdecken. Das System kommt mit einfachen Träger- und Stützenanschlüssen aus.

Gebäudeansicht

Zwei jeweils viergeschossige Gebäude „hängen" in einem Gerüst aus drei hintereinander gestellten Rahmen. Eine Terrasse trennt die beiden Gebäude. Zwei (nicht sichtbare) Kerne nehmen Treppenhaus und Aufzugsanlage auf.

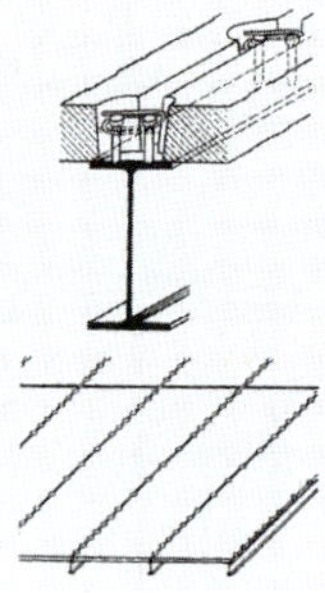

Detail der Geschossdecke

Vorgefertigte Betonplatten liegen auf den einzelnen Deckenträgern und sind mit aufgeschweißten Kopfbolzen verklammert.

Turmartige Bauwerke können an einen Betonkern (= Aufzug + Treppenhaus) wie eine Hülse gehängt werden.

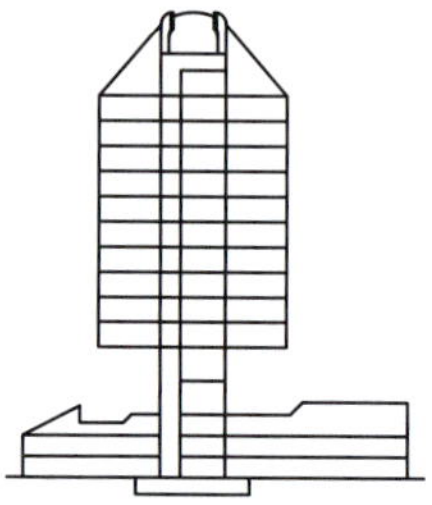

Bei der Montage beginnt man mit dem obersten Stockwerk und zieht es nach Baufortschritt nach oben. Während die letzten Etagen unten noch angehängt werden, kann „oben" ausgebaut werden.

1 Stahlskelettbau mit konstruktiven Details

2 Ansicht der Haupthalle des Hauptbahnhofs Berlin

6.3.2 Hallenkonstruktionen als Stahlskelettbauten

Hallen aus Stahl sind weit verbreitet und praktisch in jedem Gewerbegebiet anzutreffen. Neben den funktionalen Anforderungen werden durch städtebauliche Bestimmungen architektonische Vorgaben bzgl. der Abmaße und des Aussehens gesetzt. Hallen sind meist keine solitären Bauwerke sondern werden durch Verwaltungsgebäude, Werkstätten etc. ergänzt. Dies erfordert vom Architekten eine solide Abstimmung der einzelnen Baukörper zueinander.

Bei der Gestaltung/Konstruktion einer Halle ist die Spannweite ein besonders zu beachte Größe. Sie ergibt sich aus den in der Halle zu fertigenden Produkten. Es müssen geeignete Tragwerke konstruiert werden, die den Belastungen gewachsen, gleichzeitig wirtschaftlich herzustellen und zu montieren sind. Es werden folgende Tragstrukturen unterschieden:

Stützen und Binder

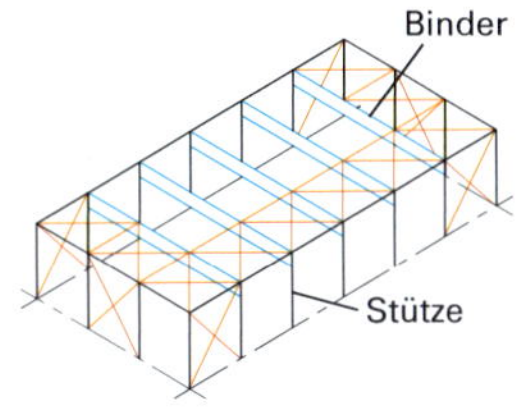

Pfettenlose Konstruktion

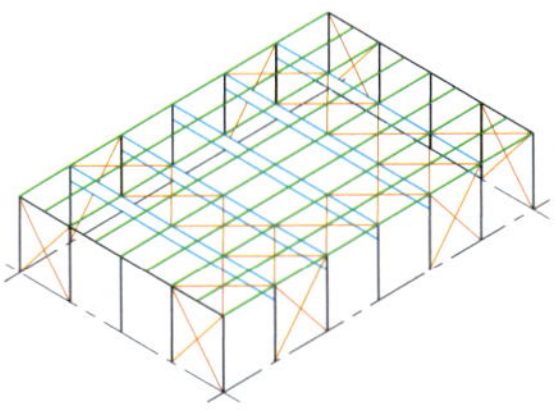
Halle mit Pfetten

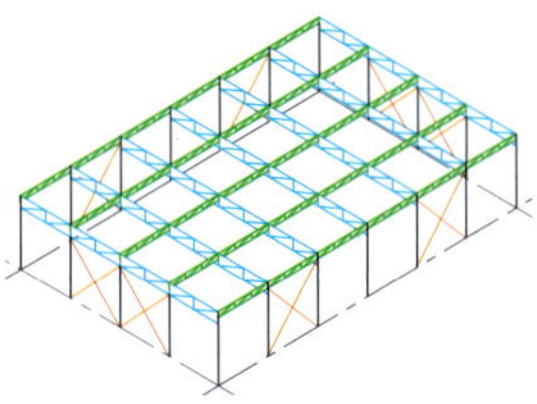
Fachwerkbinder und Fachwerkpfetten

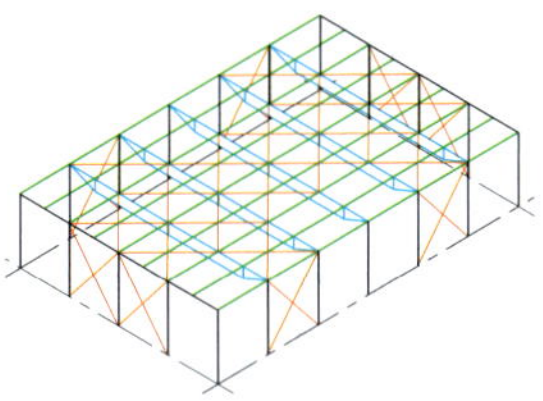
unterspannte Binder und Pfetten

Die auf den Stützen aufliegenden oder angeschraubten Binder werden alle auf Biegung beansprucht und müssen daher besonders biegesteif ausgelegt werden. Je nach Spannweite können unterschiedliche Trägerformen verwendet werden (s. Kapitel 6.8.2 Träger, S. 234).

Rahmenkonstruktionen

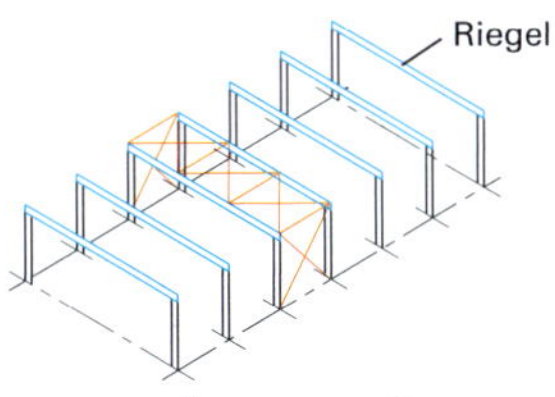

quer eingespannte Rahmen, pfettenlos

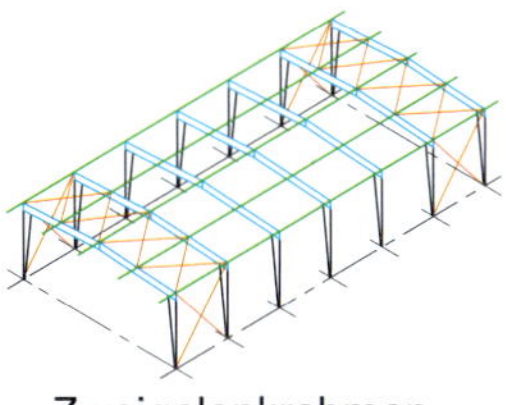
Zweigelenkrahmen mit Pfetten

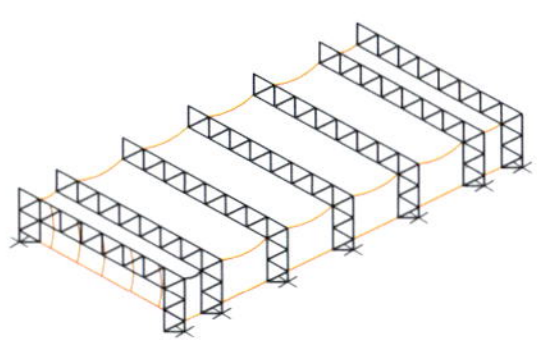
dreigurtige Fachwerkrahmen

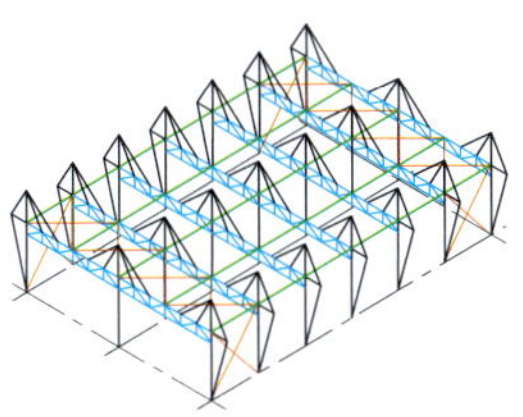
abgespannte Rahmen

Rahmenkonstruktionen sind durch biegesteife Verbindungen zwischen Rahmenstiel und Rahmenriegel gekennzeichnet. Die Biegebeanspruchung wird auf Stiel und Riegel verteilt (s. Kapitel 6.8.1 und 6.10.1 Projekt Stahlhalle).

Bögen

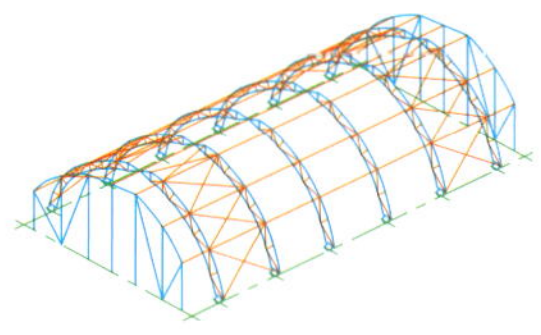
Dreigelenkbögen mit Pfetten

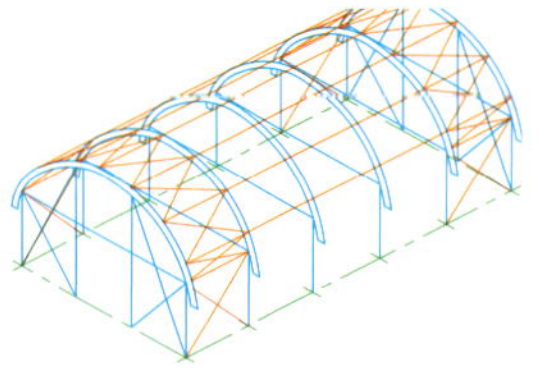
Aufgeständerte Bögen

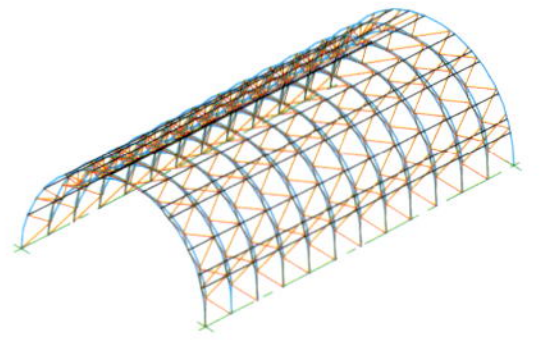
Bogentragwerk als Fachwerk

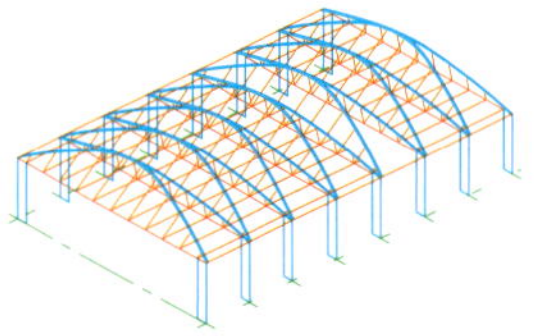
Aufgeständerte Bögen als Fachwerk

Bogentragwerke haben ein besonders günstiges Verhältnis zwischen Spannweite und Materialverbrauch. Der Bogen in sich ist biegespannungsfrei; äußere Lasten wie z. B. Wind, einseitige Schneelast o. a. bewirken Biegespannungen. Im Auflager treten horizontale und vertikale Kräfte aus; die Größen hängen von der Bogenform ab. Flache Bögen erzeugen höhere horizontale Kräfte.

Raumtragwerke

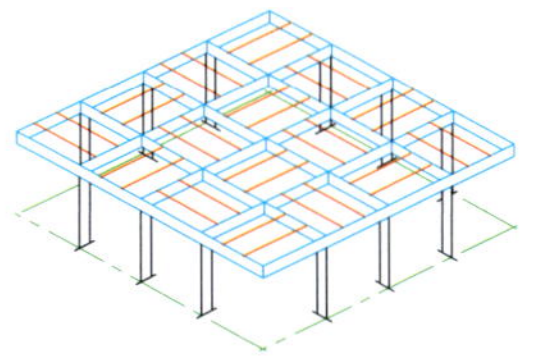
Trägerrost auf eingespannten Stützen

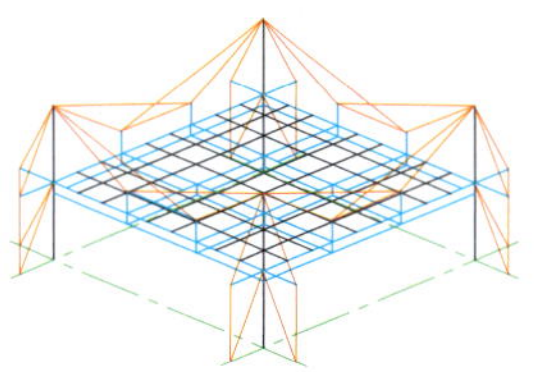
Abgespannter Rost

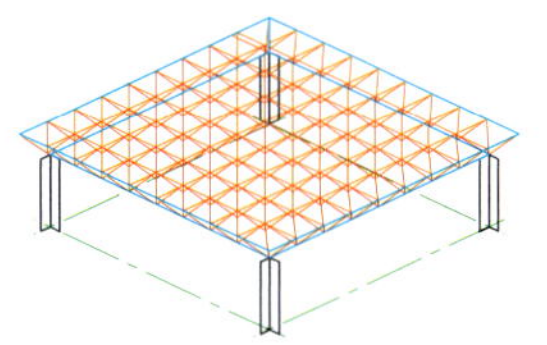
Ebenes Raumtragwerk auf eingespannten Stützen

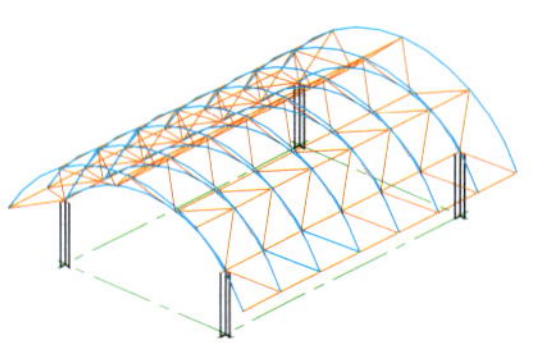
Gebogenes Raumtragwerk auf eingespannten Stützen

Raumtragwerke können ebene oder gekrümmte Strukturen aufweisen. In ebenen Strukturen treten in der Regel nur Biegebeanspruchungen auf (s. Kapitel 6.8.2.5).

Tragwerk und Hallenhülle

Die Grenzschicht zwischen Tragwerk/Innenraum und Natur bildet die Gebäudehülle. Hülle und Tragwerk unterliegen unterschiedlichen Belastungen und bewegen sich daher häufig nicht gleichartig, deshalb ist die Zahl der Verknüpfungspunkte möglichst klein zu halten. Folgende Gestaltungsformen sind vorteilhaft:

Tragwerk innen, Hülle außen

Vorteil:
- Hülle umschließt gesamtes Tragwerk (geringere Korrosionsbelastung)
- Meist nur wenige Wärmebrücken

Nachteil:
- Heizvolumen wird größer.

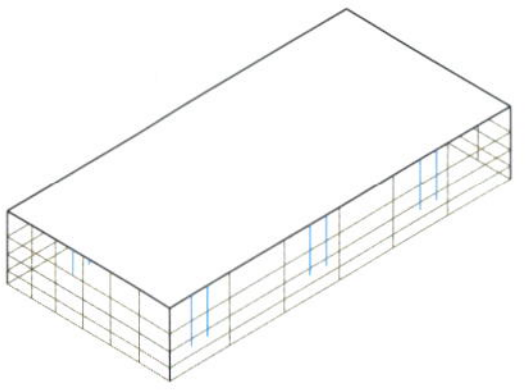

Tragwerk innen-
Hülle außen

Kaltdach

Vorteil:
- Heizvolumen klein
- Zwei Schichten mit unterschiedlichen Aufgaben
- Wenige Wärmebrücken

Nachteil:
- Innere Schicht muss dampfdicht ausgelegt werden.

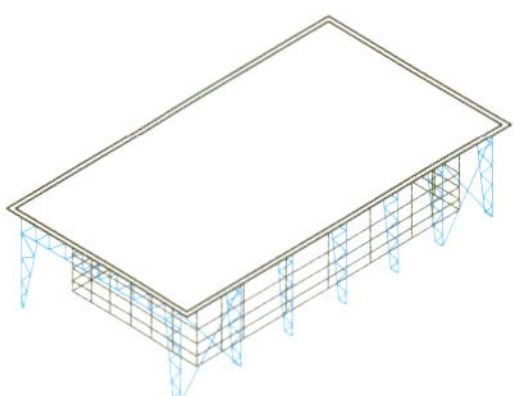

Kaltdach

Tragwerk außen, Hülle innen

Vorteil:
- Baumaße verringern sich auf das benötigte umbaute Volumen

Nachteil:
- Besonderer Korrosionsschutz für das Tragwerk
- Durchdringungspunkte Tragwerk – Hülle
- Abhängungen in der Hülle, da Zugglieder meist geringen Querschnitt haben.

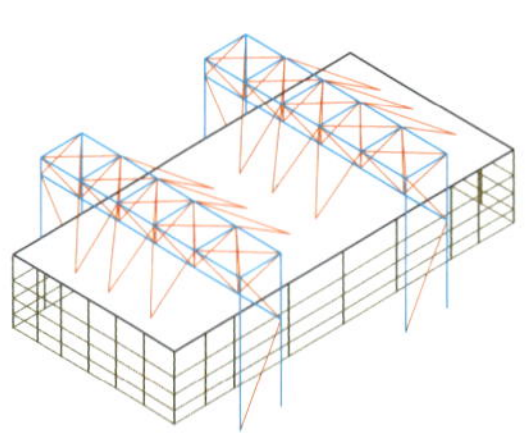

Tragwerk außen-
Hülle innen

Tragwerk teilweise außen

Vorteil:
- Druckfeste Dämmungen verringern Wärmebrücken
- Biegebeanspruchte Durchdringungen können zu Kräftepaaren aufgelöst werden.

Nachteil:
- Viele Wärmebrücken durch viele die Hülle durchstoßende Tragglieder

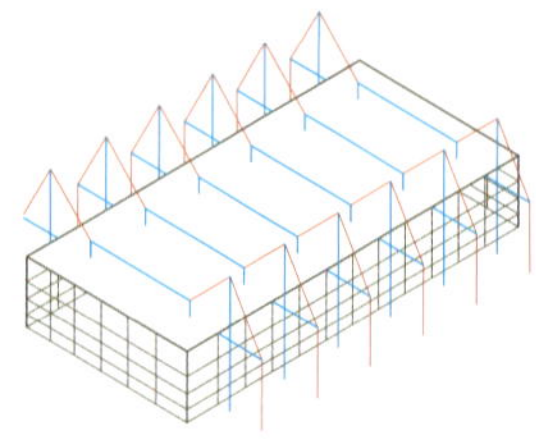

Tragwerk teilweise außen

Aufgaben

1. Erläutern Sie den Begriff Stahlskelettbau.
2. Beschreiben Sie die Begriffe Stütze und Binder.
3. Welche Aufgaben haben Pfetten in einem Stahlskelettbau?
4. Was ist ein Riegel?
5. Welche Vorteile hat ein Bogentragwerk?
6. Erstellen Sie Fotografien von Raumtragwerken aus Ihrem Umfeld, beschreiben Sie die Gebäudenutzung und beschreiben Sie die einzelnen Bauelemente.
7. Welche Gestaltungsformen von Tragwerk und Hülle sind günstig bzw. ungünstig? Begründen Sie Ihre Aussagen.
8. Welche Besonderheiten sind bei außenliegenden Tragwerken zu berücksichtigen?
9. Bei welcher Tragwerkskonstruktion ist der Aufwand für den Korrosionsschutz hoch bzw. niedrig? Begründen Sie Ihre Aussage.

6.3.3 Maßordnung

Für die Fertigung und schnelle Montage von Stahlhallen ist es notwendig, eine sinnvolle Maßordnung zu beachten. Dadurch lassen sich die Fertigungs- und Montagzeiten deutlich verkürzen und damit Kosten einsparen. Ziel ist es, ein flexibles Konstruktionssystem zu erreichen. Daher werden **Moduln** über Koordinatensysteme und Größen von Koordinationsmaßen festgelegt. Als Grundmaß für ein Modul wird $M = 100$ mm festgelegt. Als Multimoduln sind Vielfache der Grundmoduln $3M = 300$ mm, $6M = 600$ mm und $12M = 1200$ mm genormt, wobei Vielfache des Multimoduln $12M$ zu bevorzugen sind. Ein Beispiel zeigt Bild 1, nächste Seite.

Für die Produktionshalle in Kapitel 6.2 gilt ein Modul 5 × $12M$. Auf diese Achsmaße werden dann die Stützen gleichmäßig verteilt. Für die Längen der Verkleidungen müssen dann die Profilabmaße zusätzlich berücksichtigt werden.

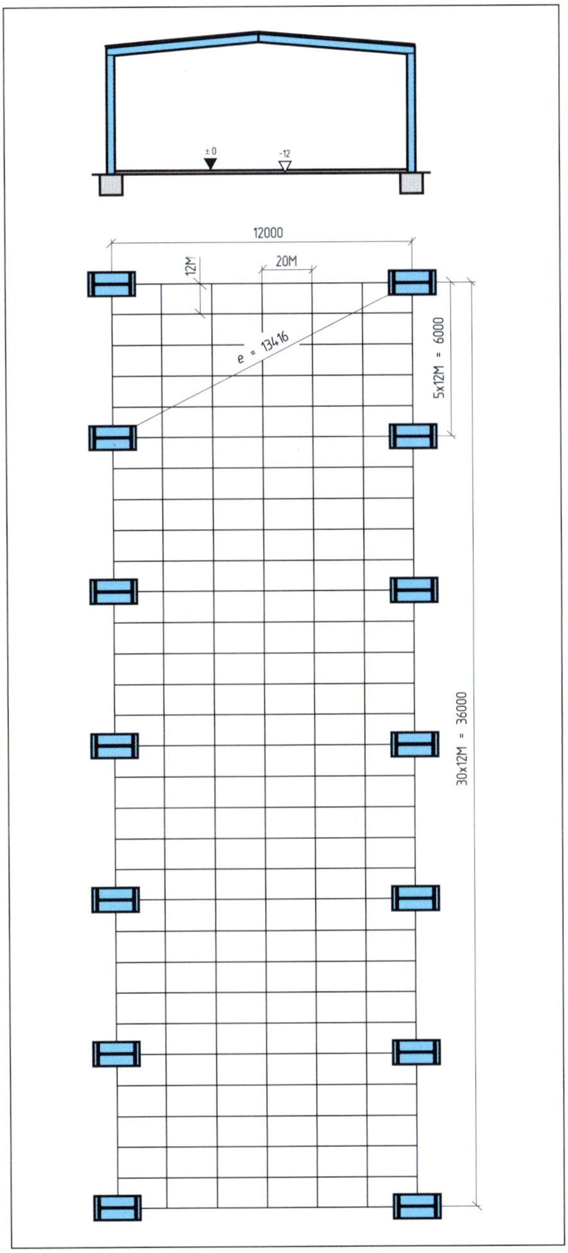

1 Maßordnung durch Moduln

Bei Planung und Entwurf beeinflusst die Modulordnung die Primär-, Sekundär- und Tertiärstruktur von Stahlbauten.

Die **Primärstruktur** ist die „Statik", das Tragwerk einer Konstruktion, z. B. Binder-, Rahmen- oder Skelettbauweise. Die Primärstruktur sollte sehr weiträumig mit großen Spannweiten gestaltet sein, das bietet optimale Ausnutzung des Rauminhalts von Hallen und Gebäuden und ermöglicht Nutzungsänderungen ohne störende Stützen. Bei der Produktionshalle als Rahmenkonstruktion (s. Kapitel 6.2) setzt sich die Primärstruktur zusammen aus

- Hauptrahmen (geschweißte Vollwandrahmen als Zweigelenkrahmen),
- Endwandrahmen, geschweißte, tragende Giebelstützen und Riegel (Dachpfettenauflager) als kaltgeformtes Z-Profil),
- Windverbände (kreuzförmig angeordneten Rundstäbe, welche die Längsstabilität gewährleisten),
- Kranbahnkonsolen kraftschlüssig mit den Stützen der Hauptrahmen verschraubt, sie nehmen die Kranbahn auf,
- Zwischendecken.

Die **Sekundärstruktur** erfasst alle „raumbildenden" Elemente wie Fassaden, Trennwände, Decken. So sorgt z. B. die Modulordnung unabhängig von der Art der Fassade für maß- und formgleiche Bauteile. Entscheidet man sich für eine Elementfassade (Kap. 7.5), so kommt man mit wenigen verschiedenen Bauteilen aus, das erlaubt eine wirtschaftliche Fertigung durch große Stückzahlen.
Die **Tertiärstruktur** erfasst den technischen Ausbau, z. B. Heizung, Lüftung, Sanitäranlagen, Beleuchtung. Auch hier gestattet die Modulordnung einen hohen Vorfertigungsgrad in der Werkstatt und damit eine kostengünstige industrielle Produktionsweise.

Aufgaben

1. Warum wird für Hallenkonstruktionen eine vereinheitlichte Maßordnung verwendet?
2. Welches Grundmaß hat ein Modul?
3. Eine Stahlhalle hat als Maßordnung eine Länge von 5 × 6*M*. Berechnen Sie die Stützenweite in mm.
4. Unterscheiden Sie die Begriffe Primär-, Sekundär- und Tertiärstruktur und nennen Sie Beispiele.

6.3.4 Struktur der Auftragsabwicklung (Netzplantechnik)

Zur reibungslosen Abwicklung eines Auftrages hat sich eine schematische Darstellung der Arbeitsabläufe in Form eines **Netzplanes** durchgesetzt. Mit einem Netzplan kann die Durchführung aller Arbeiten in ihren zeitlichen Abläufen und die Kosten aufgelistet und gut überschaut werden. Am Beispiel der Stahlhalle sollen einige wenige Ausschnitte dargestellt werden. Die Erstellung eines Netzplanes geschieht in den Schritten:

- Auflistung aller Tätigkeiten und mögliche Abhängigkeiten
- Erstellen eines Netzplanes
- Erstellen eines Balkendiagramms

Um komplexe Aufträge abwickeln zu können, wird zunächst der Auftrag in wichtige Blöcke gegliedert, die dann wiederum in sich strukturiert werden müssen. Dazu bietet sich zuerst eine tabellarische Auflistung der Tätigkeiten mit geplanter Dauer sowie erwartetem Beginn und Ende an.

Da häufig in der Werkstatt Arbeiten parallel abgearbeitet werden, besteht die Gefahr, dass in dieser Darstellungsform die Übersichtlichkeit und die inneren Abhängigkeiten nicht mehr so gut erfasst werden können und sich Leerläufe oder Fehler einschleichen. Mit der Netzplantechnik lassen sich die Abhängigkeiten gut erfassen und kritische Abläufe werden sichtbar. Auf dieser Basis werden dann Balkendiagramme erstellt; damit lassen sich die Belegzeiten von Maschinen und der Einsatz von Arbeitskräften übersichtlich darstellen.
Eine komplette Darstellung des Projektes Stahlhalle kann aus Platzgründen hier nicht erfolgen; es werden daher nur exemplarische Ausschnitte herausgegriffen und abgebildet.

Beachte
Die Wochennummern beziehen sich nur auf die Auftragsdauer und sind nicht deckungsgleich mit den Jahreskalenderwochen.

Ausschnitt aus der tabellarischen Auflistung für das Projekt Stahlhalle (Kapitel 6.2)

Woche	Arbeitsvorgang		Dauer (Wochen)	frühester Beginn	Spätester Beginn	Frühestes Ende	Spätestes Ende
24	…	…	…	…	…	…	…
25	A	Arbeitsvorbereitung	1	23	23	24	24
26	B	Anlieferung Material	1	24	24	25	25
27	C	Profile Sägen	2	25	25	27	27
28	D	Platten Brennen	2	25	25	27	27
29	E	Platten Bohren	1	27	27	28	28
30	F	Schweißen 1	3	28	29	31	32
31	G	Schweißen 2	2	30	30	32	32
32	H	Endkontrolle	1	32	32	33	33
33	I	Versand	1	34	34	35	35
34	…	…	…	…	…	…	…

Der Netzplan setzt sich aus einzelnen Knoten zusammen. In jedem Knoten sind folgende Einträge möglich:

Muster

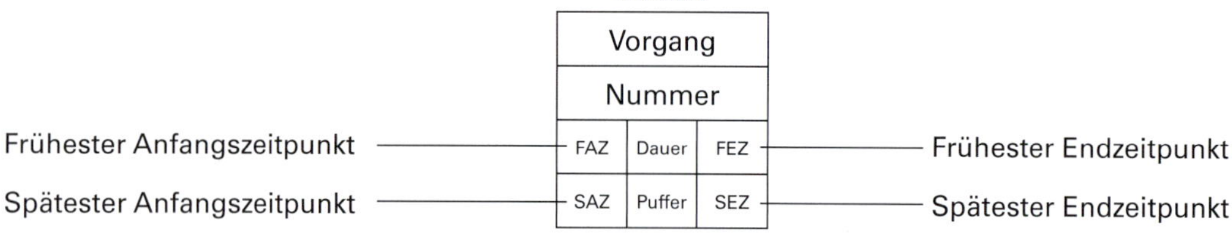

Für den oben dargestellten Ausschnitt ergibt sich folgender möglicher Netzplan:

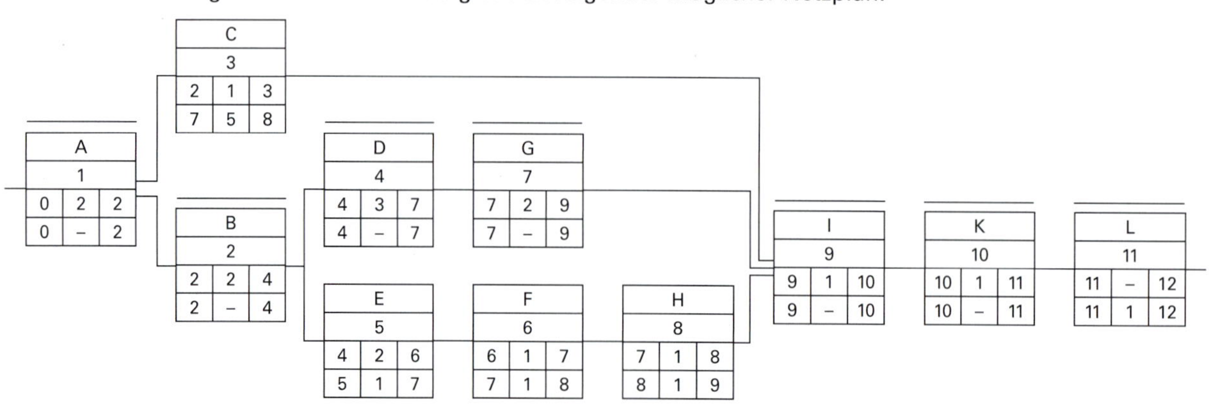

In Woche 33 soll der Versand termingerecht erfolgen; kritisch und damit einer besonderen Beobachtung der Abläufe stellen sich die Knoten 31 und 32 dar. Diese werden zusätzlich mit einem Balken gekennzeichnet (vgl. S. 220).

Für die Stahlhalle ergibt sich für die oben dargestellten Tätigkeiten der Belegungsplan für die ausgewählten Abteilungen wie folgt:

Vorgang	Beschreibung	Woche												
		23	24	25	26	27	28	29	30	31	32	33	34	35
...	...													
A	Arbeitsvorbereitung													
B	Anlieferung													
C	Profil Sägen													
D	Platten Brennen													
E	Platten Bohren													
F	Schweißen 1													
G	Schweißen 2													
H	Endkontrolle													
I	Versand													
J	...													

6.4 Statische Anforderungen

Eine Stahlhalle setzt sich aus verschiedenen Bauteilen zusammen, die unterschiedliche Aufgaben übernehmen. Die Bezeichnung der einzelnen Bauteile unterscheidet sich in Abhängigkeit der Tragstruktur „Stützen und Binder“ und „Rahmenkonstruktion“ (s. Kapitel 6.8)

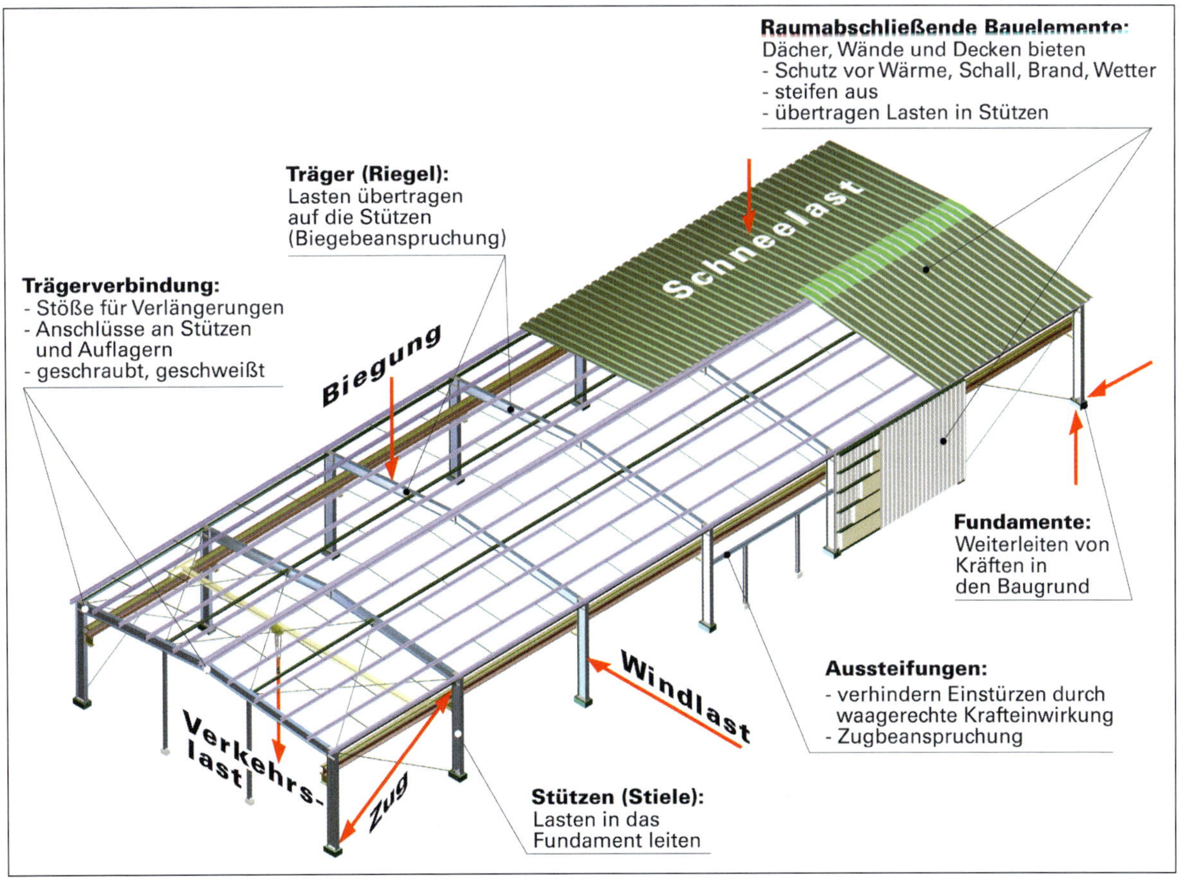

Auf Bauten wirken unterschiedliche **Lasten** (Auswahl); es wird zwischen ständigen Lasten und Verkehrslasten unterschieden:

Lastart	Erläuterung
Ständige Einwirkung G	• Eigenlasten aus Stahlprofilen, Mauerwerk, Decken, • Wände, Dämmstoffe, Dachbedeckung • Ausbaulasten • Setzungslasten
Veränderliche Einwirkung Q	• Personen, • Einrichtungsstücke, • unbelastete leichte Trennwände, • Lagerstoffe, • Maschinen, Fahrzeuge, Kranlasten, • Wind, Schnee
Außergewöhnliche Einwirkungen	• Aufpralllasten durch Fahrzeuge • Explosionen, Erdbeben, ...

Beispiel: Windlast
Die Windlast ist abhängig von der Windgeschwindigkeit und der Größe der angeströmten Flächen. Zur Bestimmung der Windgeschwindigkeit werden Karten mit Windzonen verwendet, aus denen die durchschnittlichen Windgeschwindigkeiten und der entsprechende Referenzdruck entnommen werden können (s. Tabellenbuch). Die Windlast wird immer senkrecht zur den angeströmten Flächen angenommen; dabei wird unterscheiden zwischen Winddruck und Windsog. Der Winddruck (positiver Wert) wirkt auf der angeströmten Seite, der Windsog auf der windabgewandten Seite (negativer Wert).

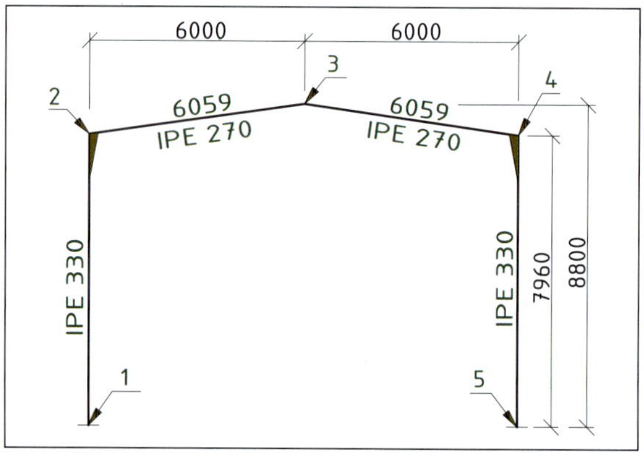

1 Systemzeichnung

6.5 Planung und Darstellung von Konstruktionen

Die einzelnen Planungs- und Darstellungsschritte sollen am Beispiel eines Hauptrahmens einer Stahlhalle dargestellt werden. Wenn durch den Auftraggeber keine Profilvorgaben gemacht werden, kann der Konstrukteur zwischen verschiedenen Profilen wählen, z. B.

- HE-Profile
- Rund-, Quadrat- oder Rechteckprofile
- L-Profile
- Stegblechträger

Systemzeichnung

Für erste Konstruktionsschritte werden die lichte Weite (L = 12000 mm), die Stützhöhe (h = 7960 mm) und die Dachneigung (8°) benötigt. Mit dieser Maßvorgabe entsteht eine **Systemzeichnung** (Bild 1), welche die Geometrie des Hauptrahmens bestimmt. Die Systemzeichnung ermöglicht die Berechnung der Stabkräfte und die Auswahl der Profile. Die Profile werden als breite Volllinien gezeichnet. Zu beachten ist, dass in den **Knotenpunkten** die **Systemlinien** und **Schwerpunktlinien** der Profile möglichst zusammentreffen. Die Knotenpunkte werden im Uhrzeigersinn durchnummeriert und die Stabprofile normgerecht bemaßt. Die Abstände der Knotenpunkte werden direkt an die Schwerpunktlinien geschrieben.
Auflager- und Einspannungsarten wurden durch folgende Symbole gekennzeichnet:

Festlager 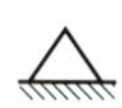

feste Einspannung 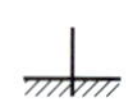

Loslager 

Pendelstütze 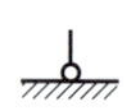

steife Ecke 

Für die Fertigung werden von den Knotenpunkten Einzelzeichnungen gezeichnet, in denen alle Maße und Fertigungsinformationen z. B. Schweißzeichen, Schraubverbindungen eingetragen werden. Im Bild 1 (nächste Seite) wird der Knotenpunkt 3 dargestellt.

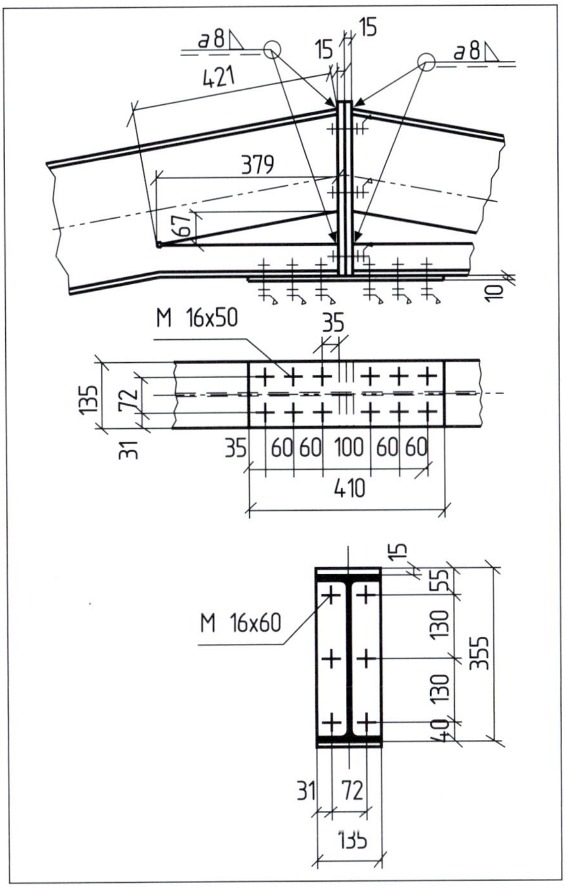

1 Einzelteilzeichnung Knoten 3

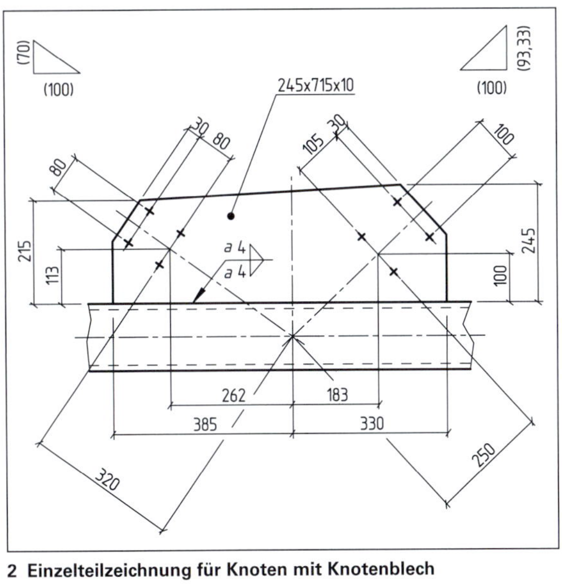

2 Einzelteilzeichnung für Knoten mit Knotenblech

Bei Knotenpunkten mit Knotenblechen und Schraubanschlüssen wird zusätzlich die Neigung der Schwerpunktlinien durch „Neigungsdreiecke" angegeben. Die Maße auf den Neigungsdreiecken entsprechen den Koordinatenabständen der Knotenpunkte oder können vereinfacht auf 100 bezogen eingetragen werden. Löcher werden durch Symbole dargestellt. Die Dicke des Knotenblechs sowie die Maße des umgebenden Rechtecks werden zusammenhängend mit einer Bezugslinie eingetragen. Ein Beispiel zeigt Bild 2.

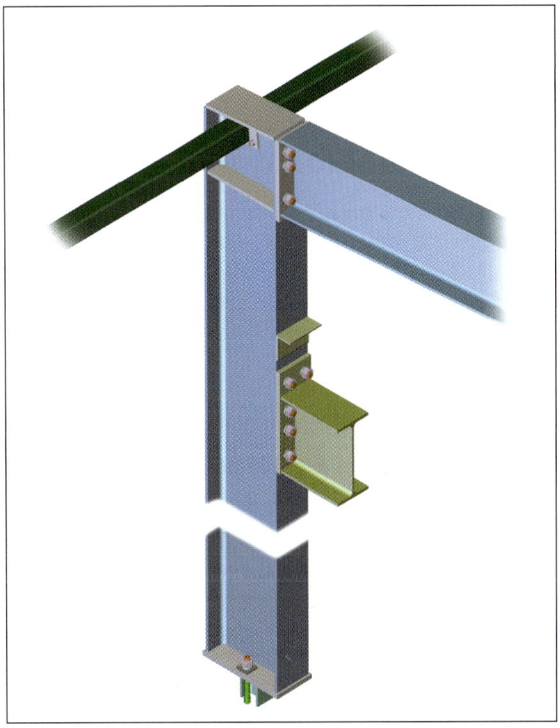

3 Raumbild eines Knotens

Für den Auftraggeber werden Zeichnungen als Raumbild der Baugruppe oder im eingebauten Zustand erstellt. Ein Beispiel zeigt Bild 3. Eine Stückliste wird nach der Konstruktion vor der Fertigstellung erstellt.

6.6 Arbeits- und Montagepläne

Damit der Rahmen (s. Kapitel 6.5) fach- und sachgerecht gefertigt und montiert werden kann, werden **Arbeitspläne** mit allen wichtigen Fertigungsangaben erstellt, z. B.:

- Profillängen und -schnitte
- Schweißpläne mit Schweißverfahren und -toleranzen
- Schweißüberwachung
- Anzugsmomente von Schrauben
- …

Für die Montage werden **Montagepläne** (vgl. Kapitel 6.2) erstellt. Ab S. 208 ff. werden die Anordnung der einzelnen Rahmen und deren Verbindungen zueinander in Ansichten und Raumbild dargestellt. Zusätzlich findet die Montagekolonne alle für die Montage benötigten Angaben wie Montagefolge, Verbindungelemente (Schraube, Scheiben, Muttern ...) und Montageanweisungen, z. B. Anzugsmoment für Schraubenverbindungen.

6.7 Berechnungen an Stahlkonstruktionen

Die auf Stahlhallen einwirkenden Lasten und das Eigengewicht bewirken Spannungen in den lastabtragenden Bauteilen. Die Dimensionierung der Profile muss so erfolgen, dass die vorhandenen Spannungen immer **unter** den maximal zulässigen Spannungen liegen.

6.7.1 Masseberechnung/Kraftberechnung

Zur Bestimmung der Eigenlasten müssen die Massen der verbauten Profile bestimmt werden; daraus können die wirkenden Eigenlasten berechnet werden.

Beispiel
Aus der Systemzeichnung für den Hauptrahmen (Bild 1, S. 222) kann für die **beiden** Stützen bzw. Stiele folgende Angabe entnommen werden:
Gegeben: IPE 330 - 7960
Gesucht: F_G in N

Lösung:
Die Masseberechnung erfolgt über die längenbezogene Masse, die in den Tabellen gegeben ist.

$$F_G = m \cdot g$$
$$m = m' \cdot l$$
$$m = 49{,}2\ \frac{kg}{m} \cdot 7{,}96\ m$$
$$m = 391{,}6\ kg$$
$$F_G = \frac{391{,}6\ kg \cdot 9{,}81\ m}{s^2}$$
$$F_G \approx 3842\ N \text{ pro Stütze}$$

Aufgabe

Berechnen Sie die Gewichtskraft für den IPE 270; als Längenmaße können die in der Systemzeichnung eingetragenen Maße verwendet werden.

6.7.2 Festigkeitsberechnungen

Die Auslegung der Bauteile muss so erfolgen, dass sie den Belastungen standhalten. Sie dürfen sich auf keinen Fall bleibend verformen; eine elastische Verformung ist in den zulässigen Grenzen aber erlaubt.

Merke:
Bei Festigkeitsberechnungen werden durch Kräfte erzeugte Spannungen in Bauteilen berechnet und den zulässigen Werkstoffeigenschaften gegenüber gestellt.

Die auf den Rahmen wirkenden Kräfte bzw. äußere Belastungen erzeugen im Bauteil Spannungen. Die Größe der Spannungen ist abhängig von der Belastungsart. Es werden folgende Belastungsarten unterschieden (die Formelzeichen entsprechen DIN 1304 und DIN EN 1993 (Eurocode)):

- Zug (F_z, N_{Ed}),
- Druck/Flächenpressung (F_d, N_{Ed}),
- Schub/Abscherung (τ_a, M_{Ed}),
- Biegung (σ_b, M_{Ed}),
- Knickung (N_{Ed}) und
- Torsion (τ_t).

N_{Ed} kann z. B. als Zugkraft oder Spannung berechnet werden.
Tabelle Bild 1, nächste Seite, beachten.

Bei Zug und Druck wirkt die Kraft **senkrecht** zur Querschnittsfläche; sie wird als **Normalkraft *N* oder N_{Ed}** (gemessen in Newton) bezeichnet. Eine Normalkraft N erzeugt im Bauteil eine Normalspannung σ oder σ_d (gemessen in N/mm²).

Bei Schub-/Abscherbeanspruchung wirkt die Kraft parallel zur **Scherfläche**; sie wird als **Schubkraft *F*** bezeichnet. Die Schubkraft F erzeugt im Bauteil eine Schubspannung τ_a.

Bei Biegebeanspruchung wirkt eine **Biegekraft *F*** quer zur Längsachse des Bauteils. Im Bauteil entstehen Zug- und Druckkräfte, die sich in der neutralen Faser aufheben.

Bei Torsionsbeanspruchung wird ein Bauteil verdreht; es entsteht die **Torsionsspannung** τ_t.

* σ = sigma

Zug	Druck	Flächenpressung (Lochleibung)	Abscherung	Biegung	Torsion
Zugspannung = Zugkraft / Querschnitt $\sigma_z = \frac{F_z}{S}$	Druckspannung = Druckkraft / Querschnitt $\sigma_d = \frac{F_d}{S}$	Flächenpressung = Normalkraft / Projektionsfläche $p_m = \frac{F_N}{A}$	Scherspannung = Scherkraft / Querschnitt $\tau_a = \frac{F}{S}$	Biegespannung = Drehmoment / Widerstandsmoment $\sigma_b = \frac{M_b}{W}$	Torsionsspannung = Torsionsmoment / Widerstandsmoment gegen Torsion $\tau_t = \frac{M_t}{W_t}$
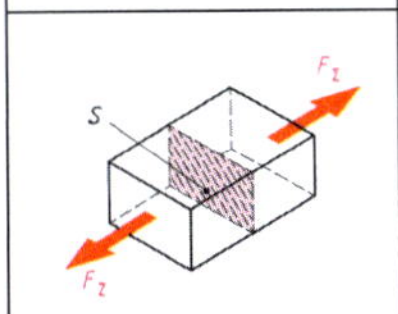	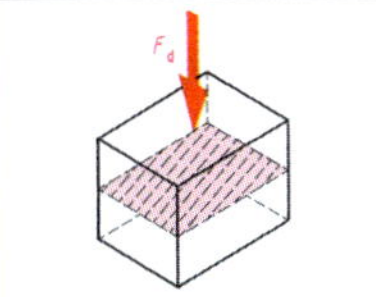	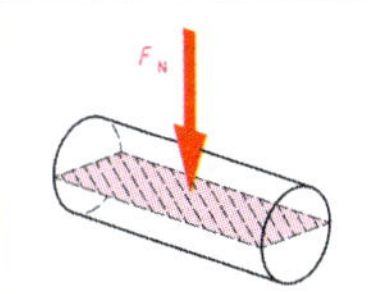	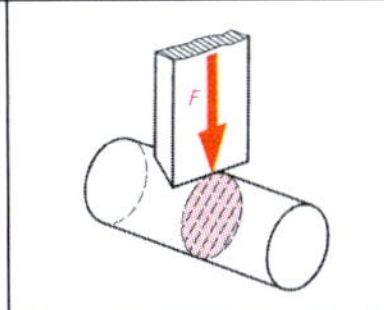	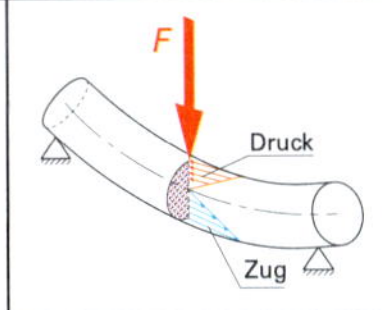	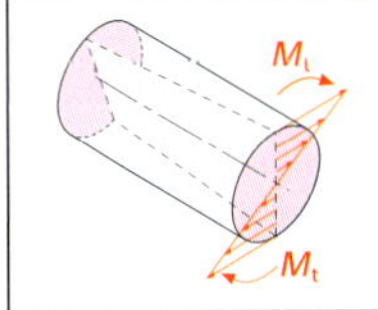
zulässige Zugspannung = Streckgrenze / Sicherheitszahl $\sigma_{zzul} = \frac{R_E}{v}$	zulässige Druckspannung = Quetschgrenze / Sicherheitszahl $\sigma_{dzul} = \frac{R_g}{v}$	zulässige Flächenpressung aus Tabellen, z.B. Stahl auf Stahl: $p_{mzul} = 10 \frac{N}{mm^2}$	zulässige Scherspannung = Scherfestigkeit / Sicherheitszahl $\tau_{azul} = \frac{\tau_{aB}}{v}$ $\tau_{aB} = 0{,}8 \cdot R_m$	zulässige Biegespannung > vorhandene Biegespannung (aus Tabellenbuch) $\sigma_{bzul} > \sigma_{bvor}$	zulässige Torsionsspannungen hängen vom Lastfall ab. Überschlägig: $\tau_{tzul} = 0{,}5 \cdot R_e$ ruhend

1 Belastungsarten und -formeln (nur für überschlägige Berechnungen, im Stahlbau gelten die Berechnungsverfahren nach EUROCODE 3)

Die Spannungen in einem Profil sind abhängig von:

- Kraftrichtung: in Stabrichtung, senkrecht zur Stabrichtung, schräg zur Stabrichtung
- Größe der Kraft
- Angriffspunkt der Kraft
- Querschnittsform des Stabes
- Zeitliches Verhalten der Kraft:
  - gleichbleibend in eine Richtung wirkend
  - wechselnde Größe in eine Richtung wirkend (schwellend)
  - in verschiedene Richtungen wirkend

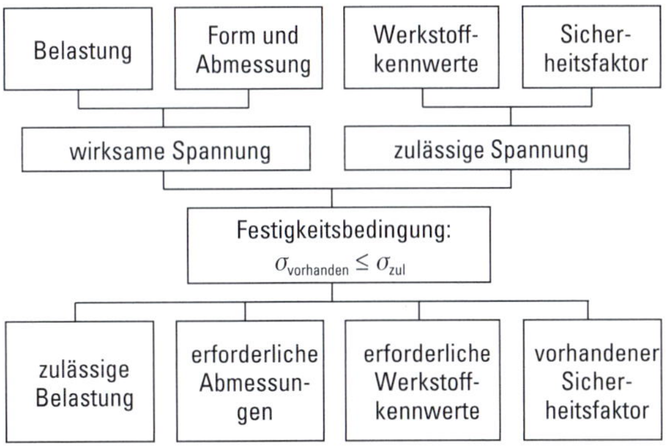

Ablaufschema des Festigkeitsnachweises

Eine Festigkeitsberechnung läuft in der Regel in fünf Schritten ab:

1. Ermittlung der äußeren Belastung, z.B. Kräfte.
2. Ermittlung der im Bauteil wirkenden Spannungen aus Kraft und Querschnitt.
3. Ermittlung der für das Bauteil zulässigen Spannungen aus Werkstoffkennwerten und Sicherheitszahl.
4. Vergleich von wirksamer und zulässiger Spannung.
5. Aus dem Ergebnis Folgerungen ziehen. Festlegen z.B. von:
   - zulässigen Belastungen,
   - erforderlichen Abmessungen,
   - erforderlichen Werkstoffen,
   - vorhandenen Sicherheiten.

Beispiel

Es soll der Festigkeitsnachweis für den dargestellten Knotenpunkt durchgeführt werden. Alle Bauteile sind aus S235JR. Die zulässigen Spannungen können Tabellen entnommen werden.

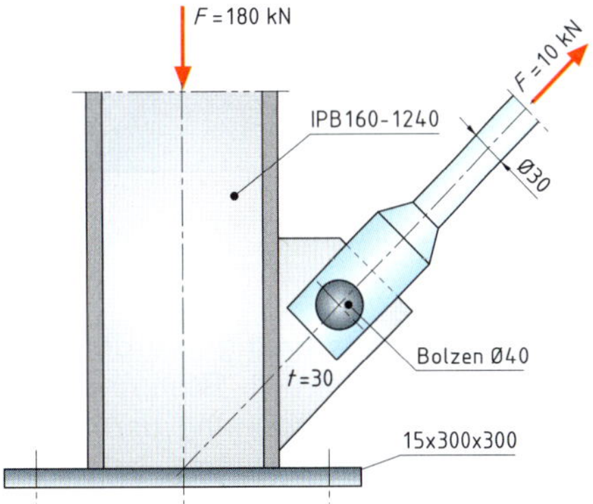

Zugfestigkeit	Druckfestigkeit	Flächenpressung	Abscherung
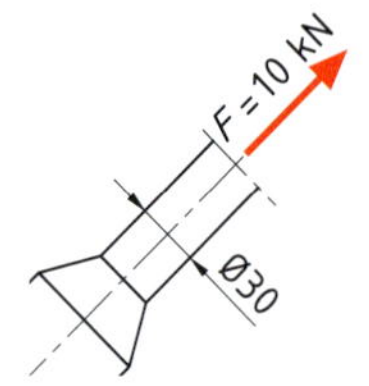	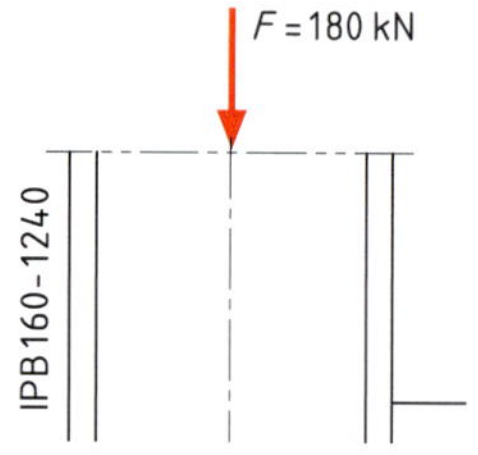	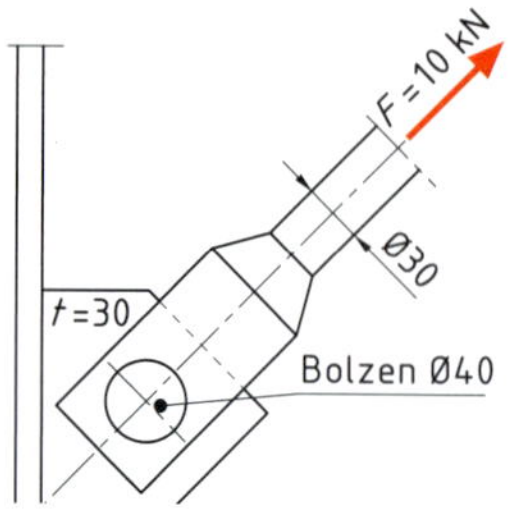	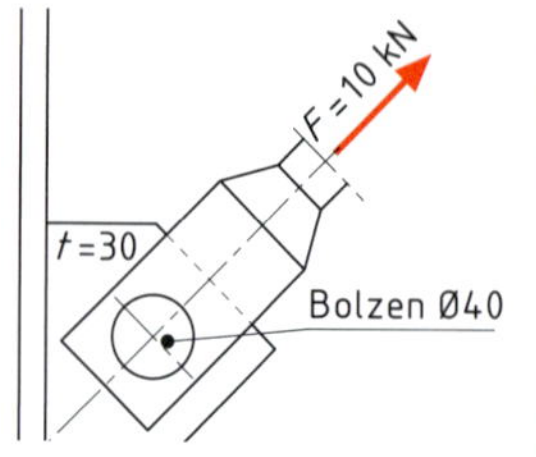
Gegeben: $d = 30$ mm $F = 10$ kN $\nu = 5$ Gesucht: $\sigma_z < \sigma_{zzul}$ Lösung: $\sigma_z = \frac{F_z}{A}$ $\sigma_z = \frac{10000\ \text{N}}{(30\ \text{mm})^2 \cdot \frac{\pi}{4}}$ $\sigma_z \approx 14 \frac{\text{N}}{\text{mm}^2}$ $\sigma_{zzul} = \frac{R_e}{\nu}$ $\sigma_{zul} = \frac{240 \cdot \frac{\text{N}}{\text{mm}^2}}{5}$ $\sigma_{zul} = 48 \frac{\text{N}}{\text{mm}^2}$ $\sigma_z < \sigma_{zzul}$	Gegeben: $F = 180$ kN $A = 5430\ \text{mm}^2$ $\sigma_{dzul} = 140 \frac{\text{N}}{\text{mm}^2}$ Gesucht: σ_d in $\frac{\text{N}}{\text{mm}^2}$ Lösung: $\sigma_d = \frac{F_d}{A}$ $\sigma_d = \frac{180000\ \text{N}}{5430\ \text{mm}^2}$ $\sigma_d = 33{,}1 \frac{\text{N}}{\text{mm}^2}$ $\sigma_d < \sigma_{dzul}$	Gegeben: $F = 10$ kN $d = 40$ mm $t = 30$ mm $p_{mzul} = 10 \frac{\text{N}}{\text{mm}^2}$ Gesucht: p_m in $\frac{\text{N}}{\text{mm}^2}$ im Lagerblech Lösung: $p_m = \frac{F_N}{A}$ $p_m = \frac{10000\ \text{N}}{40\ \text{mm} \cdot 30\ \text{mm}}$ $p_m \approx 8{,}3 \frac{\text{N}}{\text{mm}^2}$ $p_m < p_{mzul}$	Gegeben: $F = 10$ kN $d = 40$ mm $i = 2$ $\nu = 5$ Gesucht: τ_a in $\frac{\text{N}}{\text{mm}^2}$ Lösung: $\tau_a = \frac{F}{S \cdot i}$ $\tau_a = \frac{10000\ \text{N}}{2 \cdot (40\ \text{mm})^2 \cdot \frac{\pi}{4}}$ $\tau_a \approx 4 \frac{\text{N}}{\text{mm}^2}$ $\tau_{azul} = \frac{\tau_{aB}}{\nu}$ $\tau_{aB} = 0{,}8 \cdot R_m$ $\tau_{aB} = 0{,}8 \cdot 370 \frac{\text{N}}{\text{mm}^2}$ $\tau_{azul} = \frac{296 \cdot \frac{\text{N}}{\text{mm}^2}}{5}$ $\tau_{azul} = 59{,}2 \frac{\text{N}}{\text{mm}^2}$ $\tau_a < \tau_{azul}$

Aufgaben

1. Für einen Zugstab wird eine Zugkraft $F = 160$ kN errechnet. Welche Breite muss der Flachstahl haben, wenn $\sigma_{zzul} = 200\ \text{N/mm}^2$ und die Dicke mit 10 mm festgelegt sind?

2. Bestimmen Sie die Zugspannung σ_z im schwächsten Querschnitt der Zugöse. $F = 80$ kN.

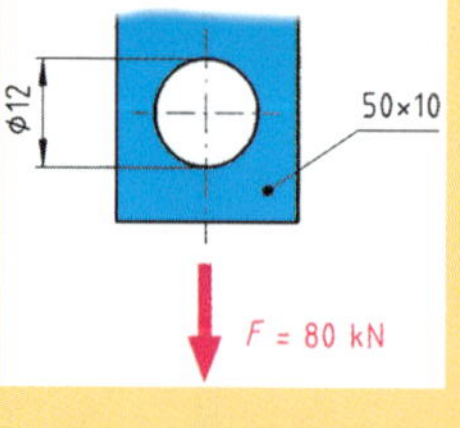

3. Einer Stahlbauzeichnung wurde folgender Ausschnitt entnommen. Bestimmen Sie die vorhandene Druckspannung und die Sicherheitszahl für $R_m = 370\ \text{N/mm}^2$.

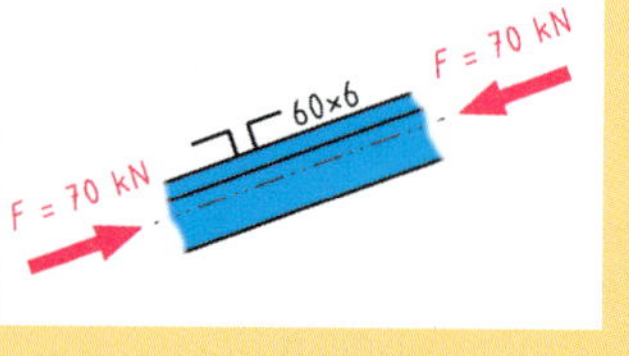

4. Führen Sie den Spannungsnachweis, indem Sie die Schraubenverbindung auf Scherung und Lochleibung prüfen und den Nachweis für den Zugstab an der Risslinie I – I durchführen.

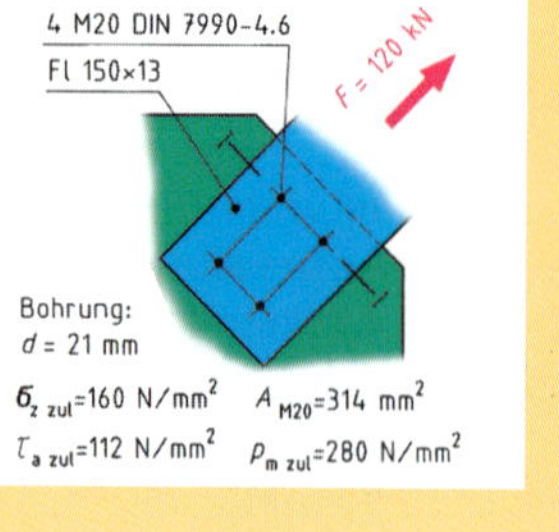

Knickung

Die dargestellte Stütze ist nach Berechnung ausreichend druckfest. Bei druckbelasteten Stützen muss noch eine weitere Bedingung beachtet werden; Stützen weichen seitlich aus bei

- hohen Druckkräften,
- seitlichem Kraftangriff,
- Formfehlern durch Einbau und Fertigung,
- auftretenden Biegemomenten durch Anschlussbauteile oder sehr schlanker Bauweise.

Dieses seitliche Ausweichen bezeichnet man als **Knickung**. Der Belastungsfall Knickung muss im Stahlhochbau auf jeden Fall vermieden werden.
Es können vier verschiedene Belastungsfälle auftreten.

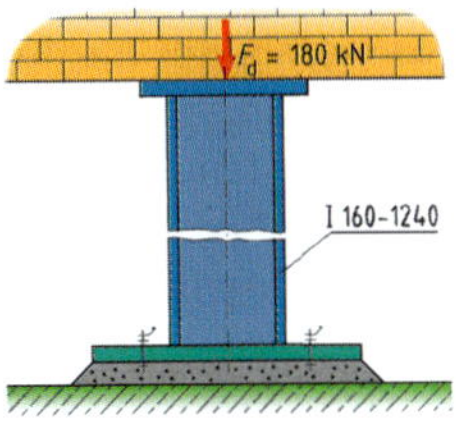

Fall I	Fall II	Fall III	Fall IV

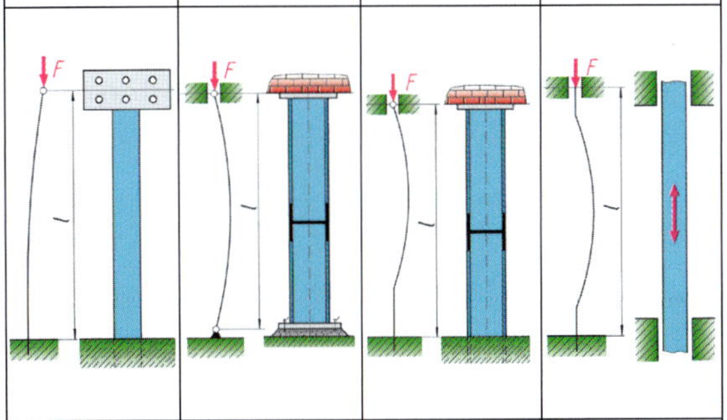

Fall I	Fall II	Fall III	Fall IV
$F_k = \frac{\pi^2 \cdot E \cdot I}{4 \cdot l^2}$	$F_k = \frac{\pi^2 \cdot E \cdot I}{l^2}$	$F_k = \frac{\pi^2 \cdot E \cdot I \cdot 2}{l^2}$	$F_k = \frac{\pi^2 \cdot E \cdot I \cdot 4}{l^2}$

1 Belastungsfälle

Die Knicksteifigkeit kann nach Euler/Tetmajer berechnet werden.

Knickung nach Euler/Tetmajer

Allgemeiner Rechenablauf		Rechenablauf am Beispiel
1. Schritt **Belastungsfall** festlegen (Bild 1)		Es gilt Fall 2: $l_k = l$
2. Schritt **Knickkraft** F_k berechnen $F_k = \frac{\pi^2 \cdot E \cdot I}{l_k^2}$ E_{Stahl}: 210 000 N/mm² I_{min}: aus Profiltabelle (kleineren Wert wählen) l_k = 1240 mm		$F_k = \frac{\pi^2 \cdot 210\,000 \frac{N}{mm^2} \cdot 54{,}7 \cdot 10^4\,mm^4}{(1240\,mm)^2}$ $\underline{F_k \triangleq 7373\,kN}$
3. Schritt F_{dzul} berechnen $F_{dzul} = \frac{F_k}{\nu}$ ν: Sicherheitsfaktor		$F_{dzul} = \frac{7373\,kN}{5}$ $\underline{F_{dzul} = 1475\,kN}$
4. Schritt **Trägheitsradius** i berechnen $i = \sqrt{\frac{I_{min}}{S}}$ I_{min}: Flächenmoment II. Grades aus Tabelle (kleineren Wert wählen) S: Querschnittsfläche		$i = \sqrt{\frac{54{,}7\,cm^4}{22{,}8\,cm^2}}$ $\underline{i = 1{,}5\,cm}$
5. Schritt **Schlankheitsgrad** λ (Lambda) **berechnen** $\lambda = \frac{l_k}{i}$ l_k: siehe 2. Schritt i: siehe 4. Schritt		$\lambda = \frac{124\,cm}{1{,}5\,cm}$ $\underline{\lambda = 82{,}7}$
6. Schritt **Schlankheitsgrad** λ **prüfen**		Prüfen nach Tetmajer[1], da $\lambda < \lambda_0$
nach Euler: $\lambda \geq \lambda_0$ λ_0 = 105 für Stahl (aus Tabelle) Ist diese Bedingung erfüllt, ist die Stütze knicksicher.	**nach Tetmajer:** $\lambda < \lambda_0$ $\sigma_{kvor} = \frac{F_d}{S}$ $\sigma_{kzul} = 310 \frac{N}{mm^2} - \lambda \cdot 1{,}14 \frac{N}{mm^2}$ Für $\sigma_{kzul} > \sigma_{kvor}$ ist die Stütze knicksicher.	$\sigma_{kvor} = \frac{180000\,N}{2280\,mm^2}$ $\sigma_{kvor} = 79 \frac{N}{mm^2}$ $\sigma_{kzul} = 310 \frac{N}{mm^2} - 82{,}7 \cdot 1{,}14 \frac{N}{mm^2}$ $\sigma_{kzul} = 215{,}7 \frac{N}{mm^2}$ $\sigma_{kzul} > \sigma_{kvor}$ ⇒ Die Stütze ist knicksicher.

E: Elastizitätsmodul in N/mm² (aus Tabellen)
I: Flächenmoment II. Grades mm⁴ (aus Tabellen; kleineren Wert verwenden)
l_k: Stablänge in mm
F_k: Knickkraft in N
F_d: Druckkraft in N
ν: Sicherheitsfaktor
λ: Schlankheitsgrad
σ_k: Knickspannung in N/mm²

Beanspruchung – Beanspruchbarkeit

Tragwerke in Stahlbauten setzen sich aus Stäben unterschiedlicher Formen zusammen und deren Tragsicherheit ist zu berechnen. Es sind folgende Beanspruchungen grundsätzlich möglich:

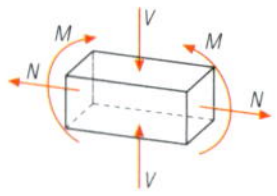

N: Zugkraft, Druckkraft N
V: Querkraft V und
M: Biegekräfte M

Eine Normalkraftbeanspruchung[1] liegt in Fachwerkkonstruktionen und bei besonderen Bedingungen in Stützen vor.

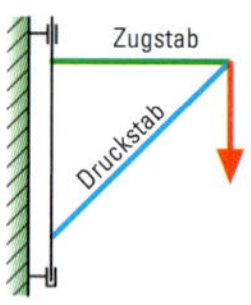

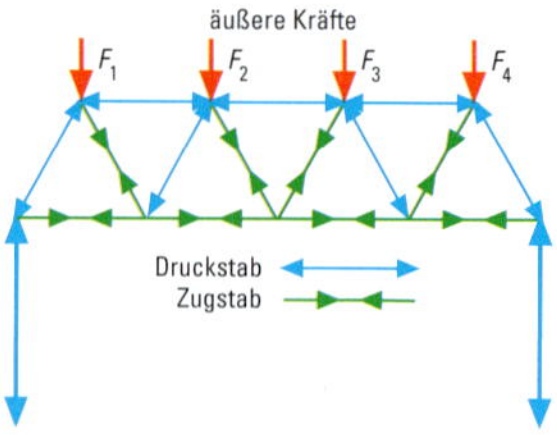

Biege- und Querkräfte wirken auf Riegel, Deckenquerträger und Hauptträger von Brücken.

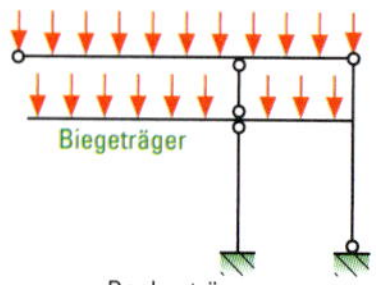

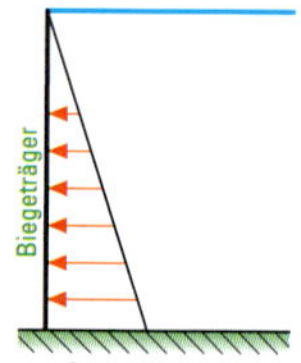

Das Zusammenwirken mehrerer Kräfte kann zur Bildung von Beulen von Trägern führen; daher sind die vier Querschnittsklassen QKL1 bis QKL4 zu berücksichtigen.

Nachweis der Tragfähigkeit

Einwirkungen auf der „Lastseite“ bewirken eine Beanspruchung aus der „Widerstandsseite“. Es muss gelten:

Beanspruchung < Beanspruchbarkeit

N_{Ed} → ← N_{Rd}

$$\frac{N_{Ed}}{N_{Rd}} = \frac{\sigma_d}{\sigma_{Rd}} = \frac{S_d}{R_d} = \leq 1$$

Beanspruchung	Nachweis	Beanspruchbarkeit	Erläuterung
Zug 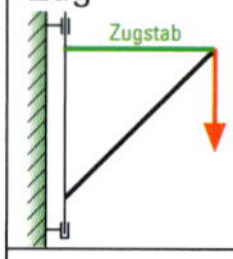	$\frac{N_{Ed}}{N_{t,Rd}} \leq 1{,}0$	$N_{t,Rd} = \frac{A \cdot f_y}{\gamma_{M0}}$	*A*: Querschnittsfläche in mm² A_{eff}: Effektive Querschnittsfläche unter Berücksichtigung von lokalem Beulen in mm² A_n: Nettoquerschnittsfläche unter Berücksichtigung von Lochschwächungen in mm² A_v: Wirksame Schubfläche in mm² f_y: Streckgrenze in N/mm² → 235N/mm² für S235 und $t \leq 40$ mm f_u: Zugfestigkeit in N/mm² → 360N/mm² für S235 *I*: Flächenträgheitsmoment in cm⁴ *S*: Statisches Moment in Nm N_{Ed}: Bemessungswert einwirkende Normalkraft in N $N_{t,Rd}$: Bemessungswert Zugkraftfähigkeit in N $N_{c,Rd}$: Normalkrafttragfähigkeit bei Druck in N M_{Ed}: Bemessungswert einwirkendes Biegemoment in Nm $M_{c,Rd}$: Bemessungswert Momententragfähigkeit in Nm $M_{pl,Rd}$: Bemessungswert plastisches einwirkendes Biegemoment in Nm N_{Ed}: Bemessungswert einwirkende Druckkraft in N $N_{b,Rd}$: Bemessungswert der Biegeknickbeanspruchbarkeit in *N* *t*: Blechdicke in mm τ_{Ed}: einwirkende Schubspannung in N/mm² V_{Ed}: Einwirkende Querkraft in N $V_{c,Rd}$: Querkrafttragfähigkeit in N W_{el}: Elastisches Widerstandsmoment in cm³ W_{eff}: Effektives, elastisches Widerstandmoment unter Berücksichtigung von lokalem Beulen in cm³ W_{pl}: Plastisches Widerstandsmoment in cm³ χ: Abminderungsfaktor γ_{M0}: Teilsicherheitsbeiwert = 1,0 γ_{M1}: Teilsicherheitsbeiwert = 1,1 T_{Ed}: Bemessungswert der einwirkenden Torsionskraft in Nm T_{Rd}: Bemessungswert der Torsionsbeanspruchbarkeit des Querschnitts in N · m
Druck 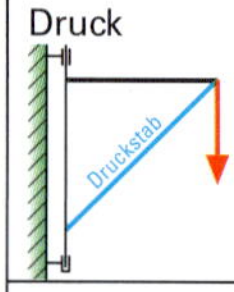	$\frac{N_{Ed}}{N_{c,Rd}} \leq 1{,}0$	QKL 1–3: $N_{c,Rd} = \frac{A \cdot f_y}{\gamma_{M0}}$ QKL 4: $N_{c,Rd} = \frac{A_{eff} \cdot f_y}{\gamma_{M0}}$	
Biegung 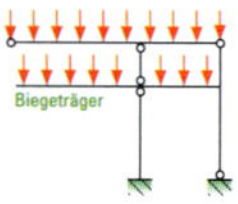	$\frac{M_{Ed}}{M_{c,Rd}} \leq 1{,}0$	QKL 1–2: $M_{c,Rd} = M_{pl,Rd} = \frac{W_{pl} \cdot f_y}{\gamma_{M0}}$ QKL 3: $M_{c,Rd} = M_{el,Rd} = \frac{W_{el,min} \cdot f_y}{\gamma_{M0}}$ QKL 4: $M_{c,Rd} = \frac{W_{eff,min} \cdot f_y}{\gamma_{M0}}$	
Querkraft 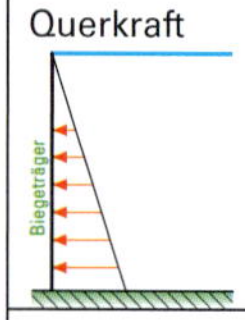	QKL 1–2: $\frac{V_{Ed}}{V_{c,Rd}} \leq 1{,}0$ QKL 3: $\frac{\tau_{Ed}}{f_y/(\sqrt{3} \cdot \gamma_{M0})} \leq 1{,}0$	$V_{c,Rd} = \frac{A_V}{\gamma_{M0}} \cdot \frac{f_y}{\sqrt{3}}$ $\tau_{Ed} = \frac{V_{Ed} \cdot S}{I \cdot t}$	
Biegeknicken 	$\frac{N_{Ed}}{N_{b,Rd}} \leq 1{,}0$	QKL 1–3: $N_{b,Rd} = \frac{\chi A f_y}{\gamma_{M1}}$ QKL 4: $N_{b,Rd} = \frac{\chi A_{eff} f_y}{\gamma_{M1}}$	
Torsion 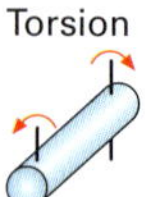	$\frac{T_{Ed}}{T_{Rd}} \leq 1{,}0$		

[1] Normalkraft: Senkrecht auf einer Fläche stehende Kraft

Biegung:

Der Kran hängt an einem waagerechten Träger. Durch die Belastung biegt sich der Träger durch. Die Größe der Durchbiegung ist abhängig:

- von der Größe der Kraft,
- der Art und Größe des Trägers,
- von der Länge des Trägers,
- von der Art der „Einspannung“ des Trägers und
- der Lage des Trägers.

Diese Einflussgrößen bestimmen

- das Biegemoment M_b und
- das Widerstandsmoment W.

Daraus lässt sich die **Biegespannung** berechnen:

$$\sigma_b = \frac{M_b}{W}$$

σ_b: Biegespannung in N/mm²
M_b: Biegemoment in N · m
W: Widerstandsmoment in cm³

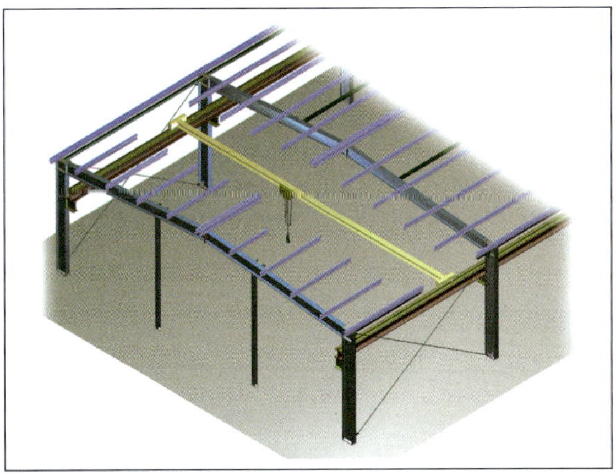

1 Biegebeanspruchte Krantransverse

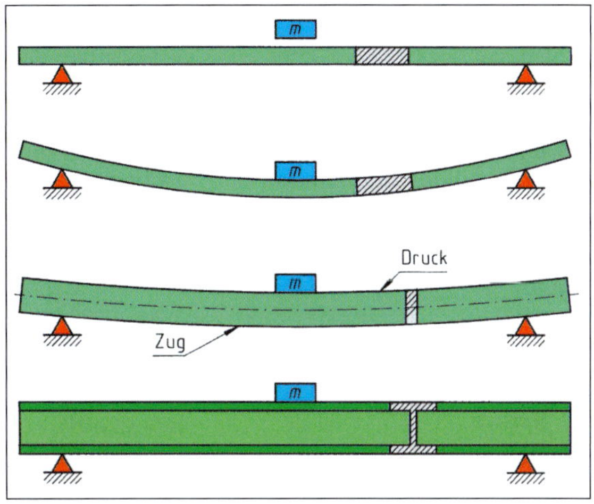

2 Biegung

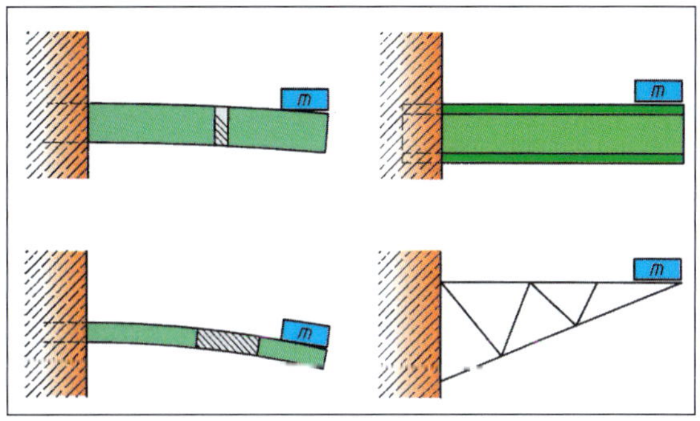

3 Kragträger

An drei Beispielen mit unterschiedlichen Belastungsfällen soll die Biegefestigkeit überprüft werden.

Ladekran	Sandtrichter	Regallager
Einseitig eingespannter Träger. Last wirkt punktförmig. **Kragträger**	Zweiseitig aufgelagerter Träger. Last wirkt punktförmig. **Träger auf zwei Stützen mit Einzellast**	Zweiseitig aufgelagerter Träger mit gleichmäßig über die Trägerlänge verteilter Last. **Träger auf zwei Stützen mit Flächenlast**
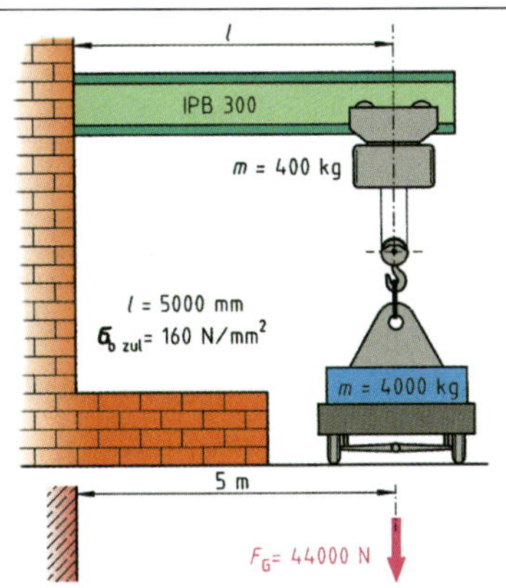	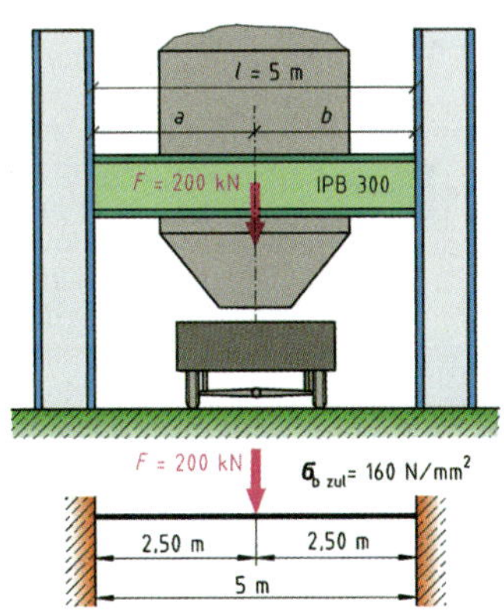	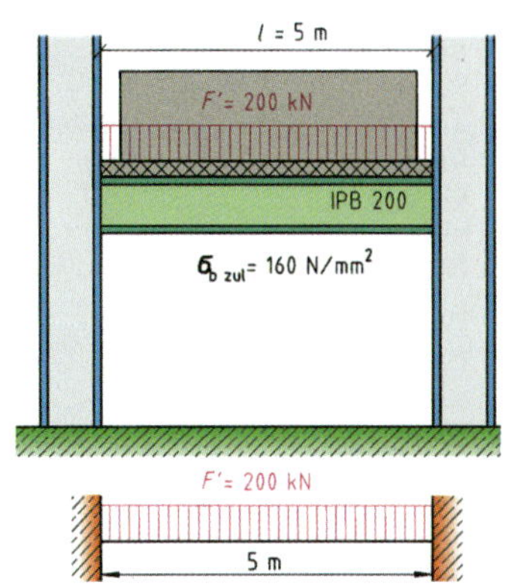

Lösung:

Ladekran	Sandtrichter	Regallager
1. Schritt **Drehmoment bestimmen** Für einseitige Einspannung gilt: $M_b = F \cdot l$ $M_b = 44\ \text{kN} \cdot 5\ \text{m}$ $\underline{M_b = 220\ \text{kN} \cdot \text{m}}$	**1. Schritt** **Drehmoment bestimmen** Für zweiseitige Auflagerung und punktförmige Lastverteilung gilt: $M_b = F \cdot \frac{a \cdot b}{l}$ $M_b = 200\ \text{kN} \cdot \frac{2{,}5\ \text{m} \cdot 2{,}5\ \text{m}}{5\ \text{m}}$ $\underline{M_b = 250\ \text{kN} \cdot \text{m}}$	**1. Schritt** **Drehmoment bestimmen** Für Flächenlast gilt: $M_b = 0{,}125 \cdot F \cdot l$ $M_b = 0{,}125 \cdot 40\ \text{kN} \cdot 5\ \text{m}$ $\underline{M_b = 25\ \text{kN} \cdot \text{m}}$
2. Schritt **Widerstandsmoment aus Tabellen bestimmen** $W = 1680 \cdot 10^3\ \text{mm}^3$ für IPB 300	**2. Schritt** **Widerstandsmoment aus Tabellen bestimmen** $W = 1680 \cdot 10^3\ \text{mm}^3$ für IPB 300	**2. Schritt** **Widerstandsmoment aus Tabellen bestimmen** $W = 570 \cdot 10^3\ \text{mm}^3$ für IPB 200
3. Schritt **σ_{bvor} berechnen** $\sigma_{bvor} = \frac{M_b}{W}$ $\sigma_{bvor} = \frac{220000 \cdot 10^3\ \text{N} \cdot \text{mm}}{1680 \cdot 10^3\ \text{mm}^3}$ $\underline{\sigma_{bvor} = 131 \frac{\text{N}}{\text{mm}^2}}$	**3. Schritt** **σ_{bvor} berechnen** $\sigma_{bvor} = \frac{M_b}{W}$ $\sigma_{bvor} = \frac{250000 \cdot 10^3\ \text{N} \cdot \text{mm}}{1680 \cdot 10^3\ \text{mm}^3}$ $\underline{\sigma_{bvor} = 149 \frac{\text{N}}{\text{mm}^2}}$	**3. Schritt** **σ_{bvor} berechnen** $\sigma_{bvor} = \frac{M_b}{W}$ $\sigma_{bvor} = \frac{25000 \cdot 10^3\ \text{N} \cdot \text{mm}}{570 \cdot 10^3\ \text{mm}^3}$ $\underline{\sigma_{bvor} = 44 \frac{\text{N}}{\text{mm}^2}}$
4. Schritt **$\sigma_{bzul} > \sigma_{bvor}$ prüfen ($\sigma_{bzul} = \frac{R_e}{1{,}1}$)** $218 \frac{\text{N}}{\text{mm}^2} > 131 \frac{\text{N}}{\text{mm}^2}$	**4. Schritt** **$\sigma_{bzul} > \sigma_{bvor}$ prüfen ($\sigma_{bzul} = \frac{R_e}{1{,}1}$)** $218 \frac{\text{N}}{\text{mm}^2} > 149 \frac{\text{N}}{\text{mm}^2}$	**4. Schritt** **$\sigma_{bzul} > \sigma_{bvor}$ prüfen ($\sigma_{bzul} = \frac{R_e}{1{,}1}$)** $218 \frac{\text{N}}{\text{mm}^2} > 44 \frac{\text{N}}{\text{mm}^2}$

Aufgaben

1. Welche Einbaulage ist für ein auf Biegung beanspruchtes U-Profil die günstigere. Geben Sie eine Begründung.

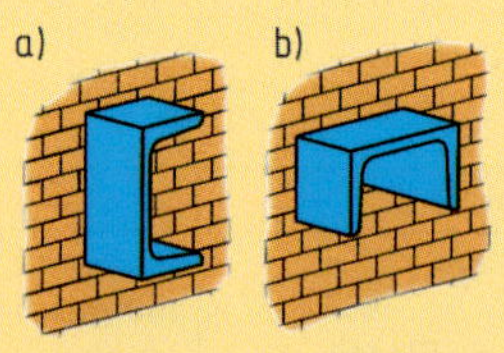

2. Berechnen Sie die vorhandene Biegespannung, wenn die Laufkatze
a) 1 m,
b) 2 m
c) 5 m
von der Wand entfernt ist.

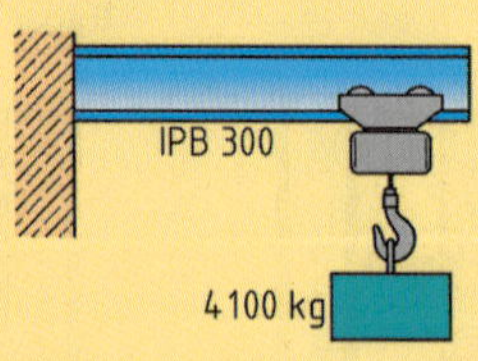

3. Wie weit nach außen darf die Hebeeinrichtung verfahren werden, damit $\sigma_{bzul} = 218\ \text{N/mm}^2$ nicht überschritten wird? Die zulässige Last einschließlich Laufkatze beträgt 4 t.

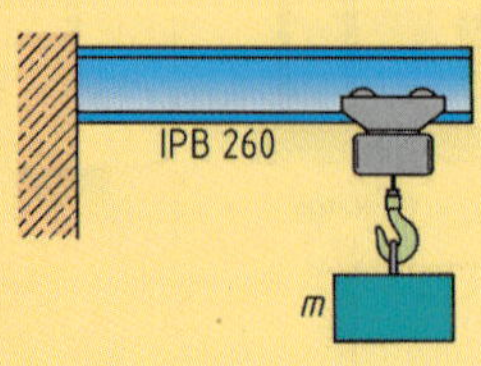

4. Berechnen Sie das Biegemoment in kNm, wenn die Hebeeinrichtung
a) 1 m
b) 150 cm
c) 35 dm
vom Festlager entfernt ist.

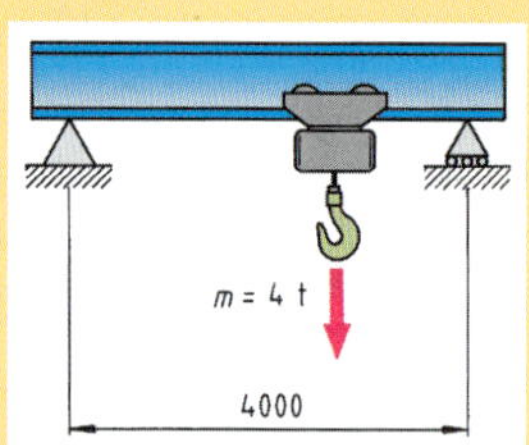

5. In einem Hochregallager können in ein Fach maximal 2 Paletten eingesetzt werden. Jede Palette hat ein maximales Gesamtgewicht von 3 t. Berechnen Sie die Biegespannung σ_b im Querträger in N/mm^2. Beachten Sie: Die Paletten liegen auf zwei Querträgern

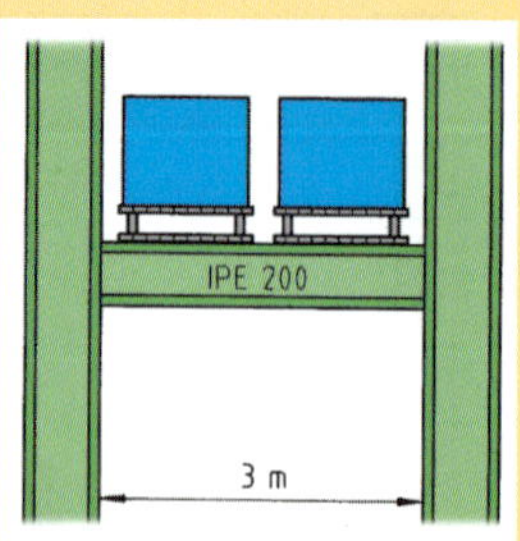

6.7.3 Statische Berechnungen

Eine Stahlkonstruktion besteht aus vielen einzelnen Bauteilen, deren Tragfähigkeit bezogen auf die einwirkenden Kräfte zu überprüfen ist. Nach dem Einbau muss aber auch die gesamte Stahlkonstruktion im „Gleichgewicht" sein, sie muss statisch bestimmt sein. Dazu muss der Nachweis erbracht werden, dass die Stahlkonstruktion in der Bau- und Nutzungszeit eine ausreichende Standsicherheit und Gebrauchstauglichkeit hat.

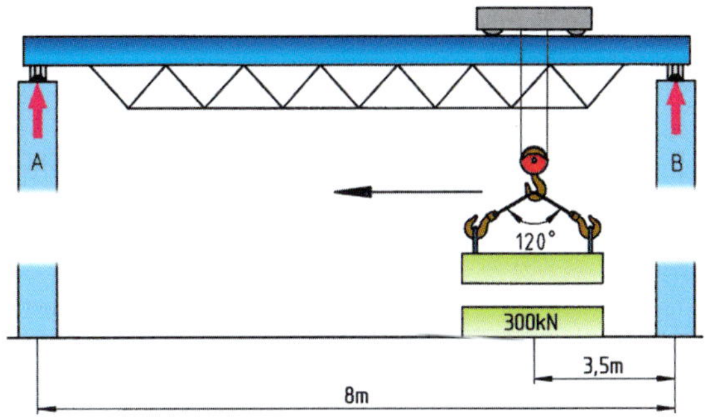

6.7.3.1 Auflagerkräfte

Kräfte können wie folgt auftreten:

- nur senkrecht, z. B. Kran hebt eine Last an,
- schräg, z. B. ein Kran hebt und verfährt eine Last,
- oder als Flächenlast z. B. Deckenlagen.

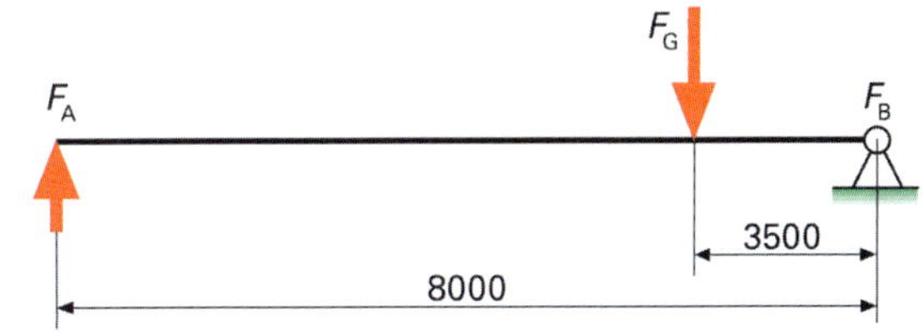

$$\Sigma \overset{\frown}{M} = \Sigma \overset{\frown}{M}$$

$$M = F \cdot l$$

$\Sigma \overset{\frown}{M}$: Summe der rechtsdrehenden Momente z. B. in N · m

$\Sigma \overset{\frown}{M}$: Summe der linksdrehenden Momente z. B. in N · m

F: Kraft in N

l: Hebelarmlänge z. B. in m

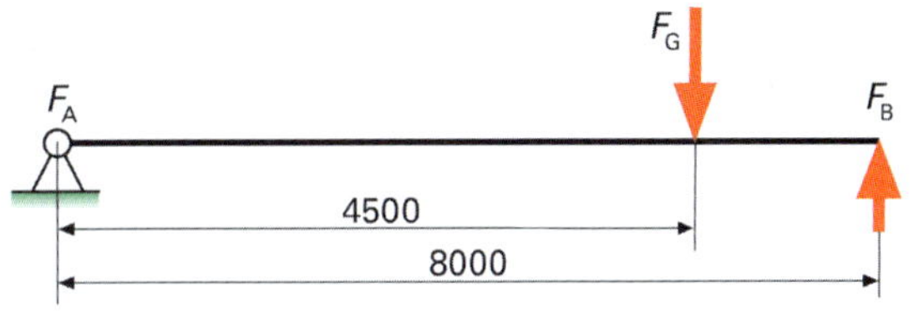

Berechnung von F_A	Berechnung von F_B
gegeben: F_G = 300 kN, Hebellängen siehe Bild oben	
1. Schritt: Auflagerkraft $F_A \rightarrow$ Lager B als „gedachter Drehpunkt"	**1. Schritt:** Auflagerkraft $F_B \rightarrow$ Lager A als „gedachter Drehpunkt"
2. Schritt: Drehmomentengleichung aufstellen: $\Sigma \overset{\frown}{M} = \Sigma \overset{\frown}{M}$ $F_A \cdot l_1 = F_G \cdot l_2$	**2. Schritt:** Drehmomentengleichung aufstellen: $\Sigma \overset{\frown}{M} = \Sigma \overset{\frown}{M}$ $F_B \cdot l_1 = F_G \cdot l_2$
3. Schritt: Gleichung umstellen: $F_A = \frac{F_G \cdot l_2}{l_1}$	**3. Schritt:** Gleichung umstellen: $F_B = \frac{F_G \cdot l_2}{l_1}$
4. Schritt: Berechnen: $F_A = \frac{300\ \text{kN} \cdot 3{,}5\ \text{m}}{8\ \text{m}}$ $\underline{\underline{F_A = 131{,}25\ \text{kN}}}$	**4. Schritt:** Berechnen: $F_B = \frac{3\ \text{kN} \cdot 4{,}5\ \text{m}}{8\ \text{m}}$ $\underline{\underline{F_B = 168{,}75\ \text{kN}}}$

Neben den oben beschriebenen Berechnungsmöglichkeiten sind zusätzlich DIN 18800 und EUROCODE 3 zu beachten.

Aufgaben

1. Bestimmen Sie die Auflagerkräfte in den Lagern A und B. Das Eigengewicht des Balkens wird vernachlässigt.

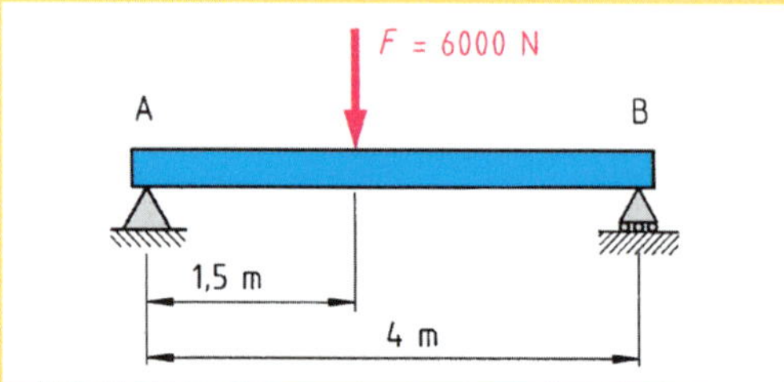

2. Berechnen Sie die Auflagerkräfte in den Lagern A und B für die verschiedenen Positionen der Laufkatze. Die Eigengewichte von Kranbrücke und Laufkatze werden vernachlässigt.

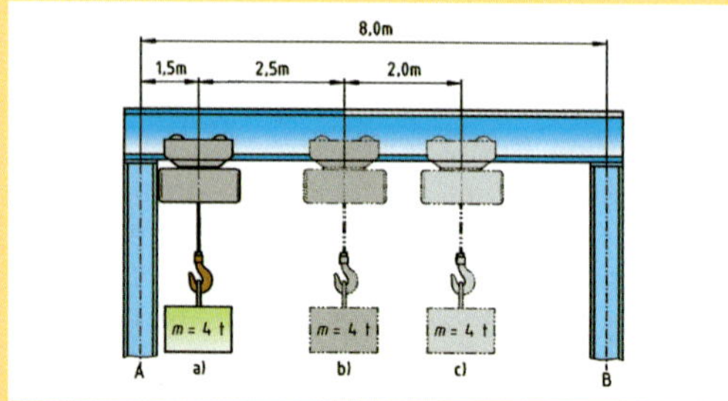

3. An einem Kragträger hängt eine Last von $m = 15$ t. Bestimmen Sie:
   a) Die Zugkräfte in den Schrauben bei A.
   b) Die Auflagerkraft in Lager B.

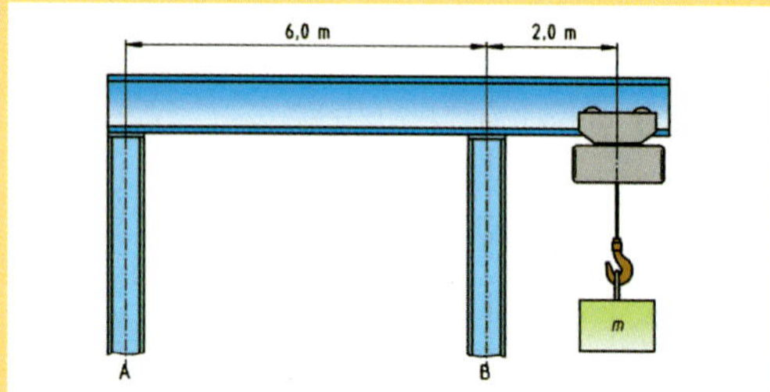

6.8 Bauteile an Stahlkonstruktionen

In Stahlkonstruktionen werden **lastaufnehmende** und **lastabtragende** Bauteile unterschieden.

Lastaufnehmende Bauteile	Lastabtragende Bauteile
Dach: z. B. Schneelast Dachbinder: z. B. Dach Decken Querträger: z. B. Verkehrslasten wie Maschinen, Krane ...	Stützen Fundamente
Beanspruchungsart: überwiegend Biegebeanspruchung	Beanspruchungsart: überwiegend Druckbeanspruchung

6.8.1 Rahmenbinder

Für die Gestaltung des Hauptrahmens der Produktionshalle (s. Kapitel 6.2) bieten sich verschieden ausgestaltete Fachwerkbinder oder Rahmen an (Bild 1). Die Produktionshalle soll als Rahmen ausgeführt werden, da sie eine geringe Bauhöhe und kleine Spannweite hat (Bild 1, nächste Seite). Rahmen können schnell und kostengünstig gefertigt und aufgestellt werden.

Dabei gibt es verschiedene Ausführungsmöglichkeiten:

Eingespannter Rahmen		Eingelenkrahmen	
Vorteil: besonders biegesteif und tragfähig, geeignet für „offene" Fassaden. Nachteil: große Fundamente.	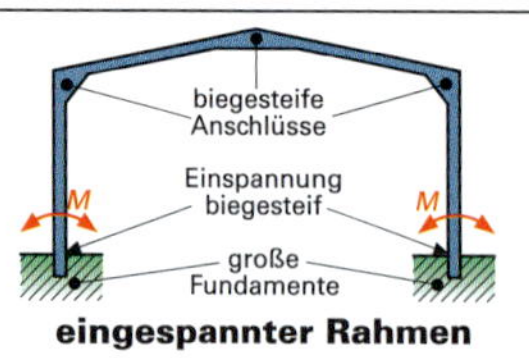	Im First ein geschraubter Stoß.	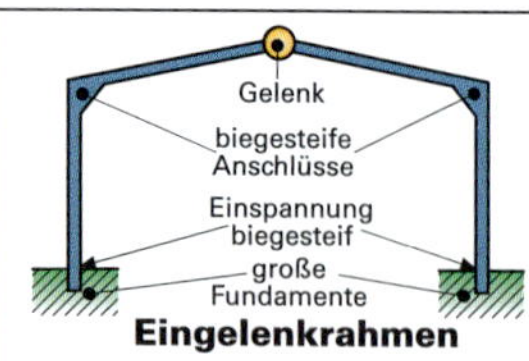
Zweigelenkrahmen		**Dreigelenkrahmen**	
Vorteil: • Keine Übernahme von Biegemomenten durch Fussplatten. • Meist verwendete Bauart.	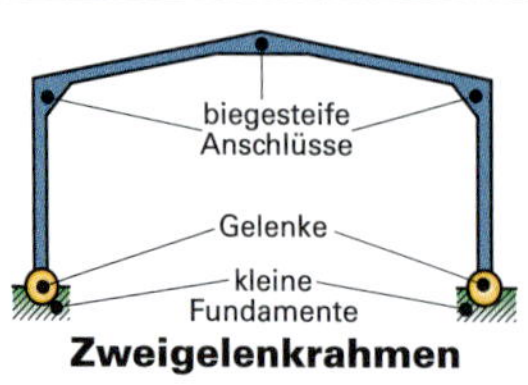	Vorteil: kleine Fundamente, einfacher Stützenanschluss durch verschraubte Fussplatte, wenig empfindlich bei Bodensenkungen und Temperaturänderungen.	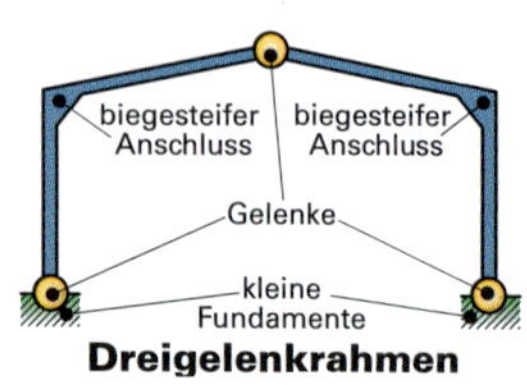

1 Rahmenarten

Beispiel für einen Rahmenträger

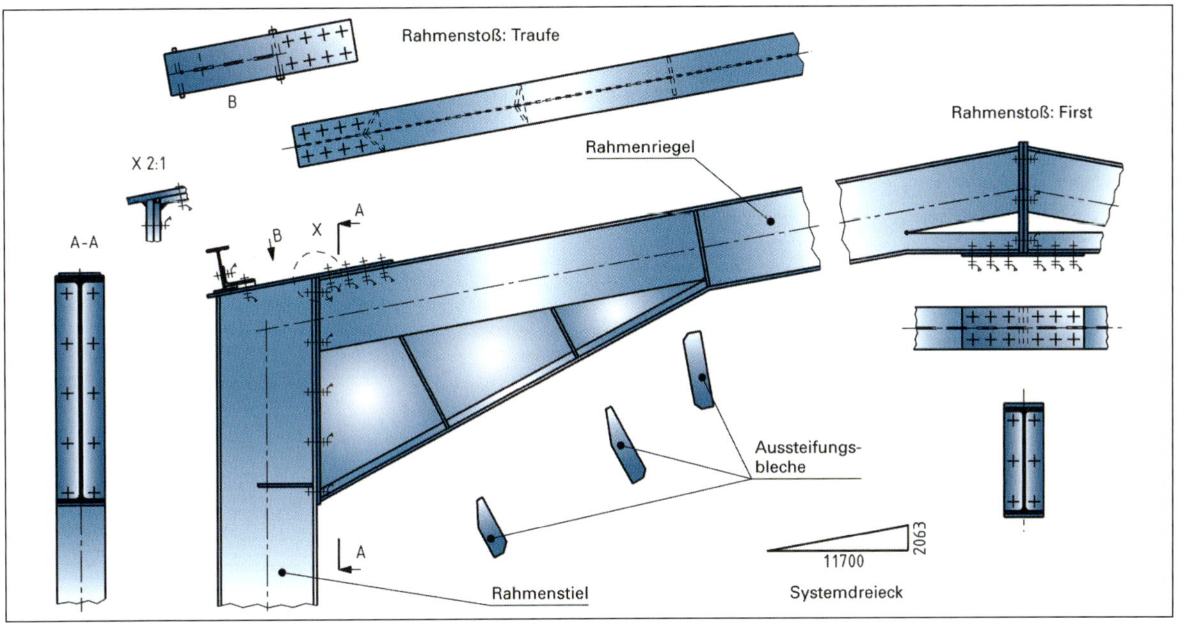

1 Rahmentragwerke und Gestaltung der Rahmenecken

Als Grundprofile für den Rahmen werden HE-Profile verwendet. Der Rahmenriegel wird zur Verbesserung der Steifigkeit aufgetrennt und mit Versteifungsblechen verstärkt.

Alle rechteckigen Rahmen benötigen mindestens zwei **biegesteife** Ecken, damit das System stabil ist.

Merke:
Eine Ecke ist biegesteif, wenn Querkräfte und Momente übertragen werden können, ohne dass der Träger verdreht wird.

Die Ausführung kann geschraubt oder geschweißt sein. Für geschraubte Anschlüsse dürfen nur hochfeste Schrauben verwendet werden.
Durchlaufträger und Trägerlängsträger werden mittels Laschen verbunden.

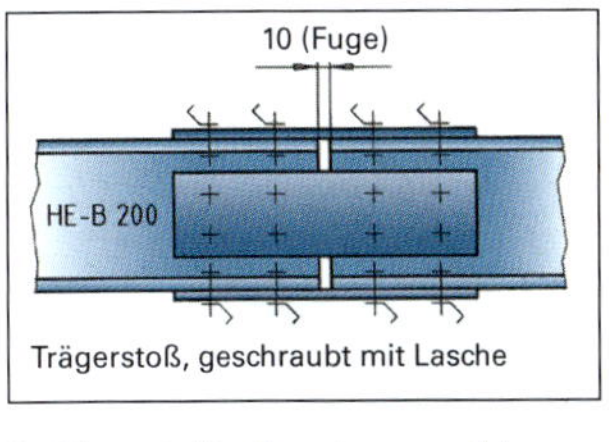

2 Biegesteifer Laschenanschluss

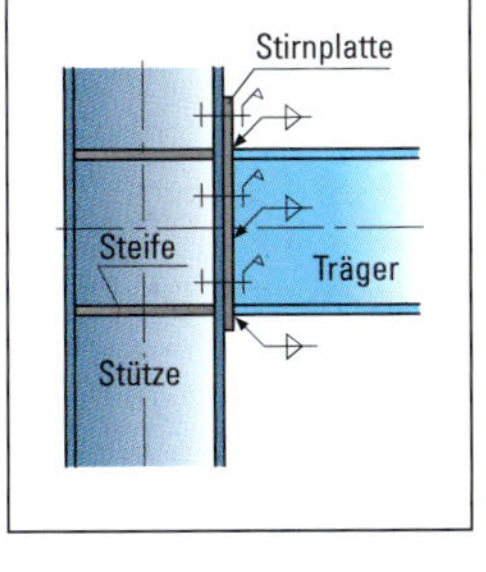

3 Biegesteifer Anschluss Stütze-Träger

Der Rahmenstoß in Bild 1 zeigt einen Stirnplattenstoß Träger-Träger. Bild 4 zeigt einen geschweißten Anschluss Stütze-Träger mit Voute. Die Fertigung muss in der Werkstatt erfolgen und ist kostengünstiger als eine Schraubverbindung.

Zur Vereinfachung von Trägeranschlüssen werden diese typisiert. Tabellen können typisierte Winkel, Steglaschen sowie Stirnplatten entnommen werden. Einen typisierten Winkelanschluss und Stirnplattenanschluss zeigt Bild 5.

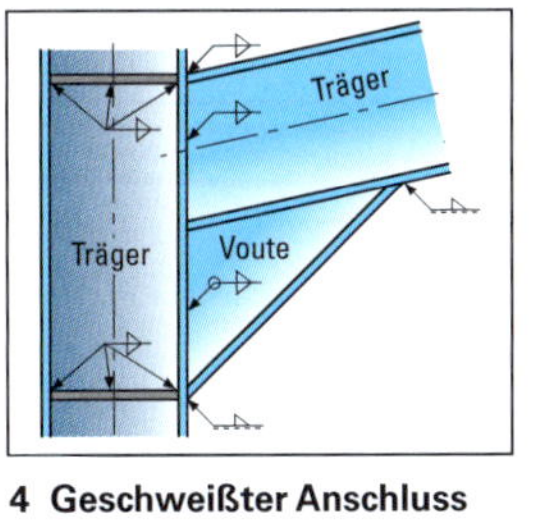

4 Geschweißter Anschluss

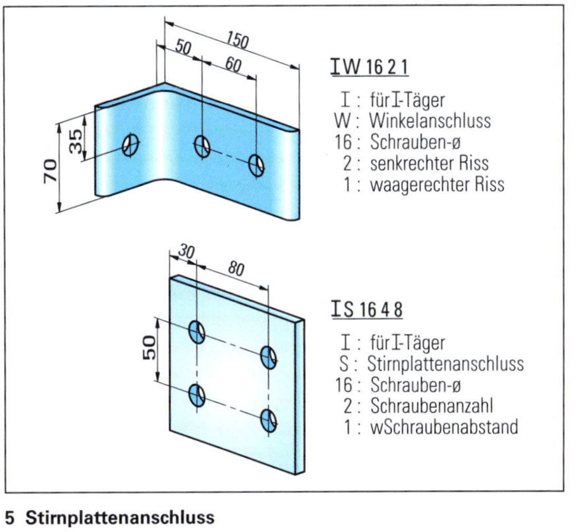

5 Stirnplattenanschluss

6.8.2 Träger

Die Bezeichnung **Träger** leitet sich aus ihrer Funktion an Stahlbauten ab:
Träger sind überwiegend waagerecht gelagerte Bauteile, die Kräfte aufnehmen und sie in Auflagerpunkte weiterleiten. Sie werden überwiegend auf Biegung beansprucht. Eine Übersicht ist in Bild 1 dargestellt.

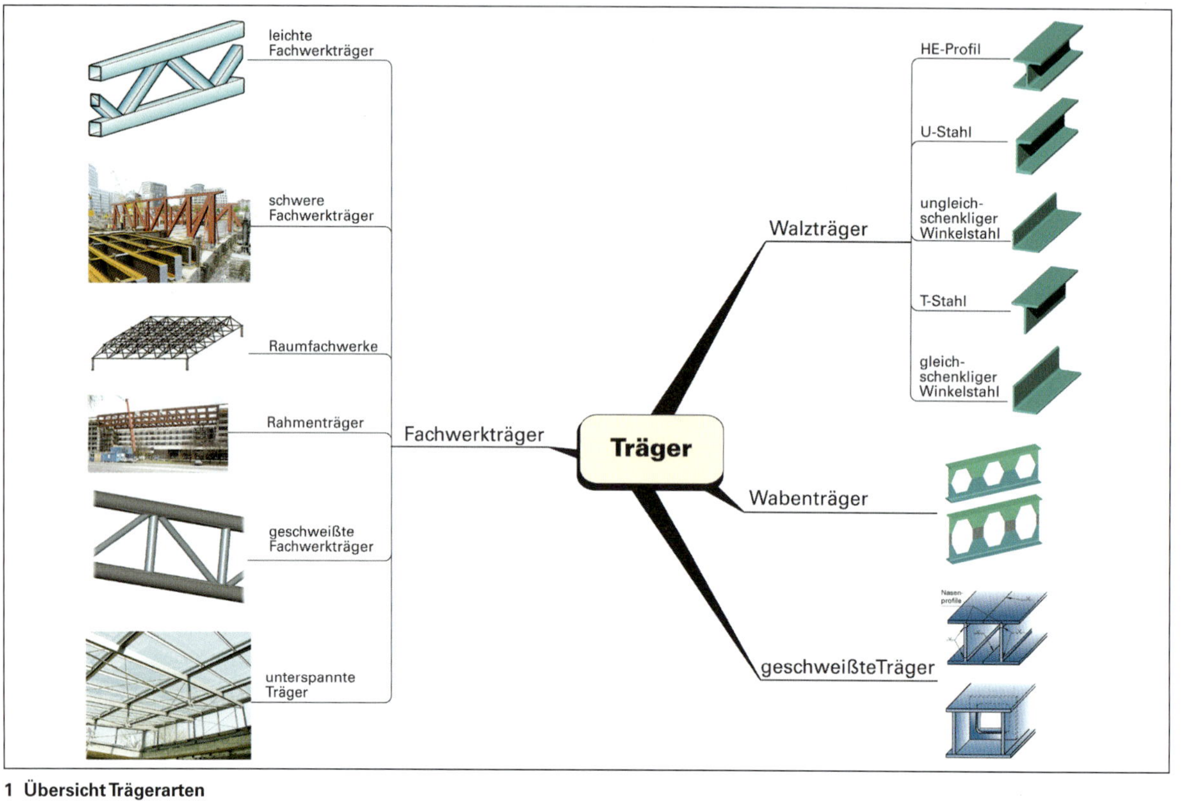

1 Übersicht Trägerarten

6.8.2.1 Walzträger

Träger von Hallen werden häufig aus Walzträgern gefertigt; das ist ein auf Walzstraßen hergestelltes Erzeugnis. Der Stahlhandel bietet eine Vielzahl an Formen, Abmaßen und Werkstoffen an. Für die Eintragung in Stahllisten legen Normen bestimmte Bezeichnungsvorgaben fest. Sie können Datenblättern oder Tabellenbüchern entnommen werden.

Beispiel:

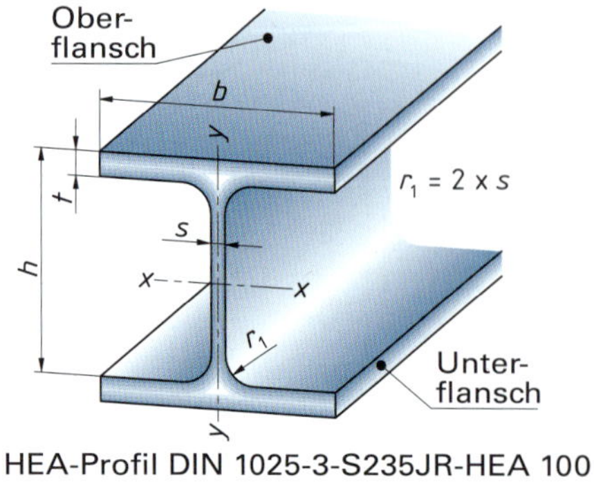

HEA-Profil DIN 1025-3-S235JR-HEA 100

Die Einbaulage von Walzträgern lässt unterschiedliche Belastungen zu:
Für den im Beispiel ausgewählten Träger beträgt das Widerstandsmoment in stehender Lage W = 72,8 cm³ (starke Achse) und in liegender Lage W = 26,8 cm³ (schwache Achse).

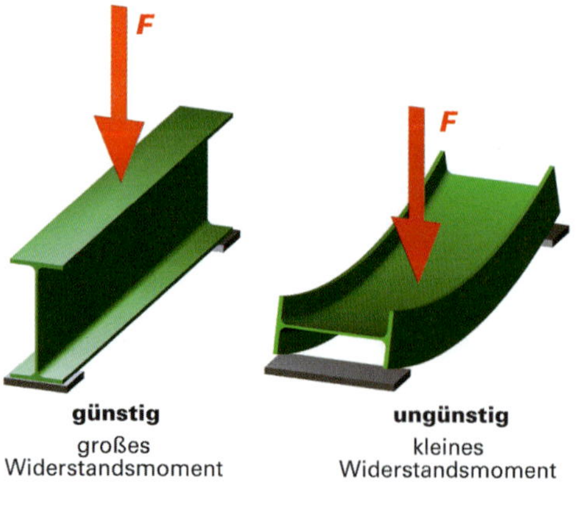

Regel:
Stahlbauprofile werden so verwendet, dass sie in der starken Achse beansprucht werden.

Durch zusätzlich aufgeschweißte Gurtplatten kann die Biegesteifigkeit erhöht werden.

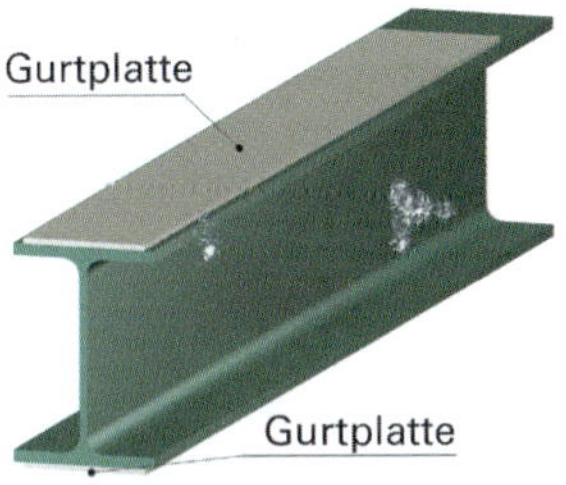

Konstruktive Anpassungen an die sich vergrößernden Biegemomente sind bei Kragträgern üblich.

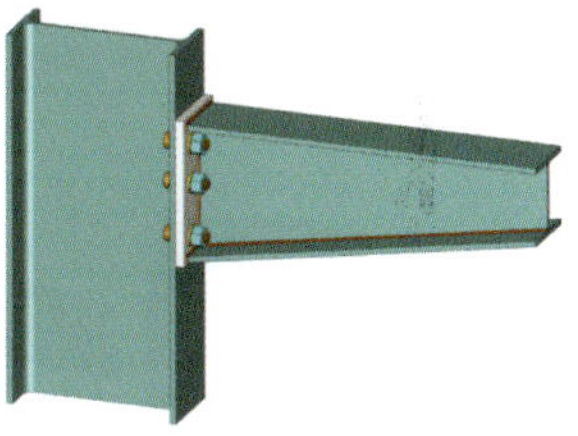

6.8.2.2 Wabenträger

Wabenträger werden aus Walzprofilen hergestellt. Das Walzprofil wird durch einen Trennschnitt in zwei Teile geteilt und dann nach Verschieben der Einzelteile wieder verschweißt; gegebenenfalls werden noch Zwischenbleche eingesetzt. Diese Maßnahme verringert die Bauteilmassen und vergrößert das Widerstandsmoment.

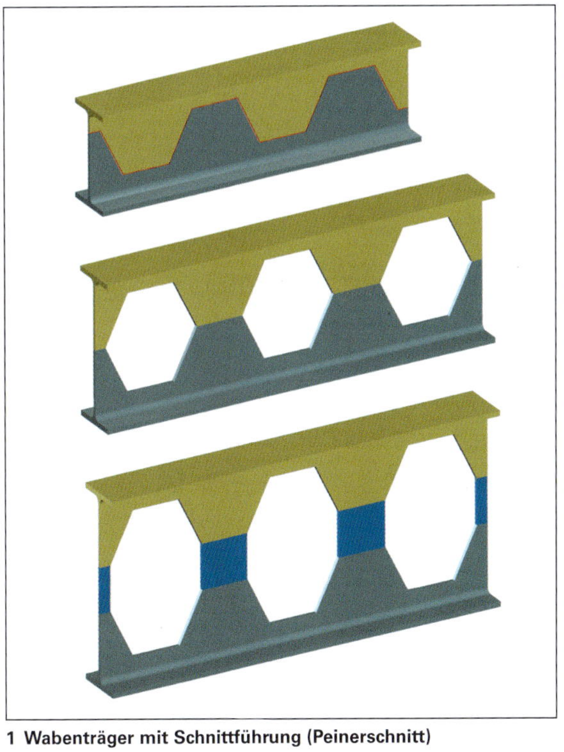

1 Wabenträger mit Schnittführung (Peinerschnitt)

2 Fertigung von Wabenträgern

3 Wabenträger mit runden Ausschnitten

Wabenträger können in gerader oder gebogener Form mit kreisförmigen Ausschnitten gefertigt werden.

6.8.2.3 Geschweißte Träger

Bild 4 zeigt einen Ausschnitt der Kronprinzenbrücke in Berlin von unten. Diese filigrane Konstruktion ist ein Gerippe vieler einzelner geschweißter Stahlträger, die aus zugeschnittenen Blechen und / oder Flachprofilen gefügt werden.

4 Kronprinzenbrücke in Berlin (Unteransicht)

Geschweißte Träger werden unterschieden in **Stegblechträger** und **Kastenträger**.

Kranbahnen werden aus Blechen oder ½ IPE mit eingesetztem Stegblech geschweißt.

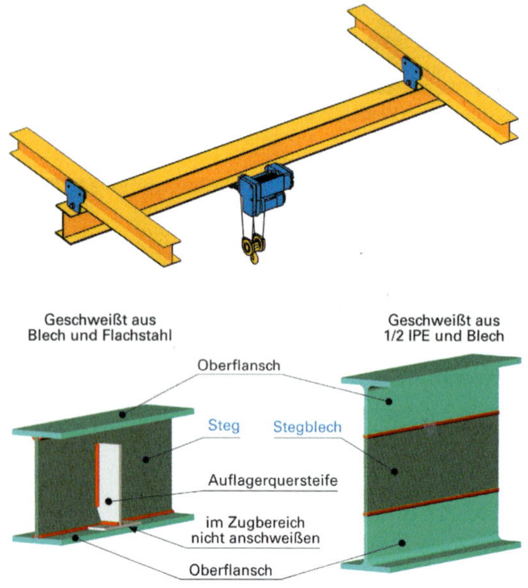

1 Stegblechträger

Für große Traglasten wie beim abgebildeten Fahrwerk eines Kranes eignen sich aus Blechen geschweißte Kästen. In die Kästen können zusätzlich Quersteifen und Schotten eingebaut werden, welche die Steifigkeit verbessern. Ein weiterer Vorteil ist bei entsprechender Baugröße die Begehbarkeit.

2 Kastenträger

3 Leopoldbrücke in Bamberg

6.8.2.4 Fachwerkträger

Bei Brücken und Hallen hat sich die Verwendung von Fachwerkträgern bewährt. In einem Fachwerk werden Stäbe zu einem Tragwerksystem zusammengesetzt. Die Stäbe treffen sich im Knotenpunkt. Die besondere Stabilität leitet sich aus der unverschieblichen Dreiecksform ab.

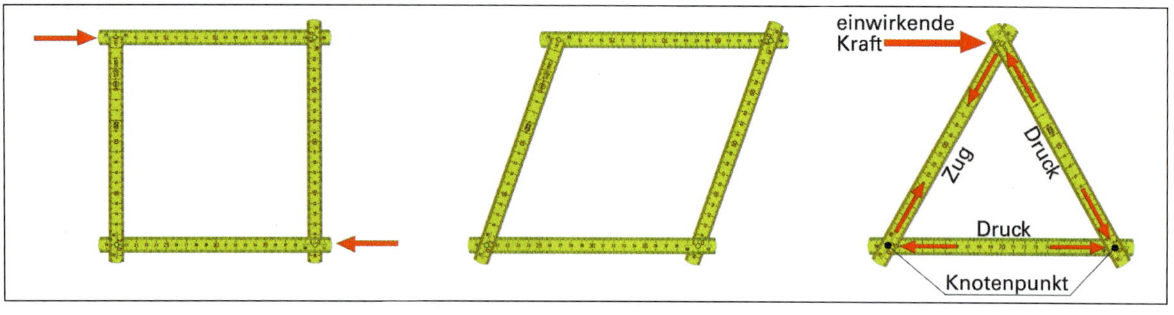

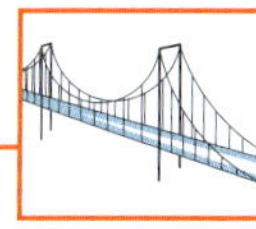

Bilden Sie mit einem Gliedermaßstab ein Quadrat und üben Sie an den diagonal gegenüberliegenden Ecken eine Kraft aus. Das Quadrat verschiebt sich zu einem Parallelogramm. Anschließend bilden Sie ein Dreieck und versuchen Sie die Ecken gegeneinander zu verschieben.

Erkenntnis:
Die Knotenpunkte im Viereck sind instabil; das System lässt sich verschieben. Das Dreieck ist stabil.
Die einwirkende Kraft *F* erzeugt in den Stäben Zug- bzw. Druckkräfte.

Folgerung:
Durch Zusammensetzen vieler Dreiecke lassen sich stabile Träger entwickeln.

Geht man davon aus, dass die Knotenpunkte „beweglich" sind und die Kräfte in den Knotenpunkten angreifen, dann treten in den Stäben nur Zug- und Druckkräfte auf. Diese lassen sich zeichnerisch (Cremona-Plan) bzw. rechnerisch (Rittersches Schnittverfahren) bestimmen.
Durch Verschrauben oder Verschweißen der im Knotenpunkt auftretenden Stäbe entsteht eine starre Verbindung. Auftretende Biegemomente werden vernachlässigt.

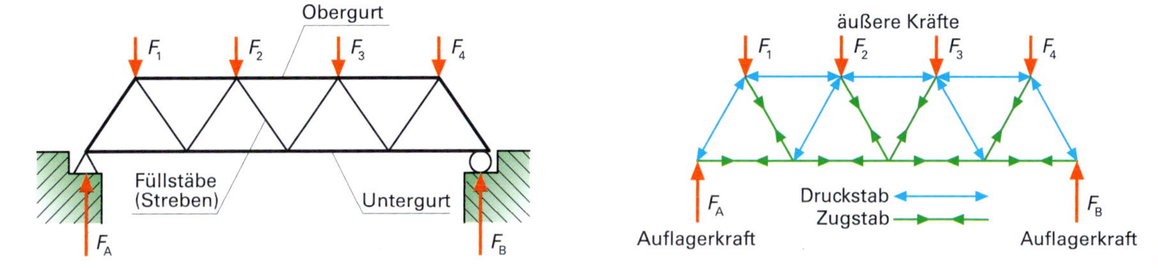

1 Belastungen am Dreieckträger

Arten von Fachwerkträgern

Durch Veränderungen der Stablängen im Dreieck lassen sich unterschiedliche Arten von Fachwerkträgern entwickeln. Der Konstrukteur gewinnt dadurch vielfältige Gestaltungsmöglichkeiten.

Benennung der Träger erfolgt nach der Gurtführung			
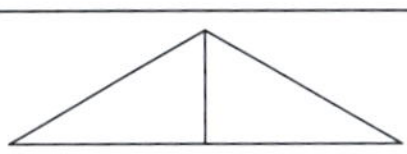 Einfacher Dreieckträger	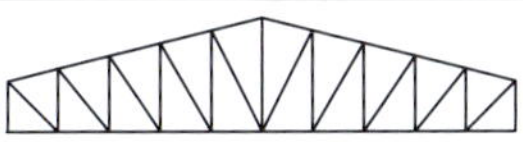 Trapezträger	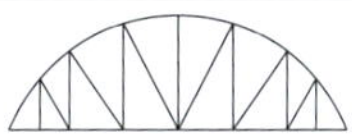 Parabelträger	 Sichelträger
Benennung der Träger nach der Lage der Füllstäbe: Parallelträger mit			
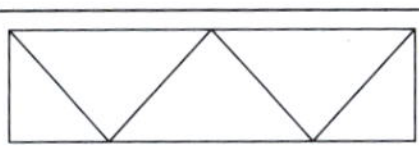 Strebenfachwerk	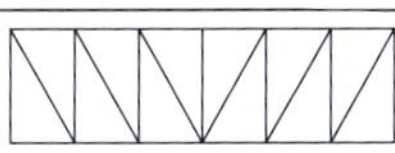 Pfostenfachwerk	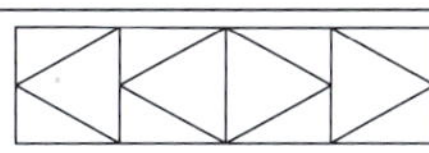 K-Fachwerk	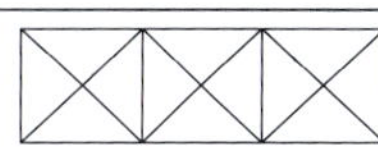 Kreuzfachwerk
Dachbinderarten, Anwendungsbeispiele			
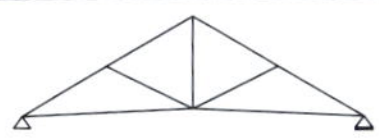 Deutscher Dachbinder	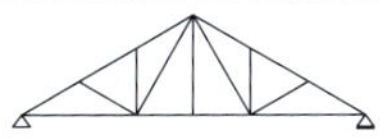 Englischer Dachbinder	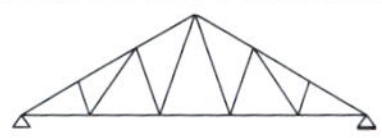 Belgischer Dachbinder	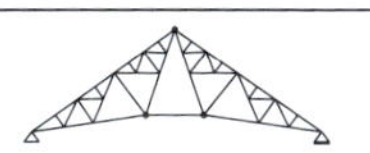 Französischer Dachbinder
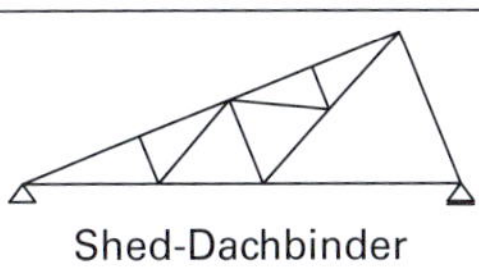 Shed-Dachbinder	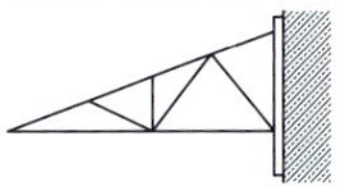 einseitiger Kragbinder	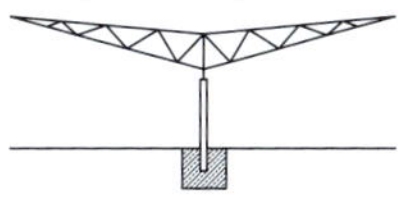 beidseitiger Kragbinder	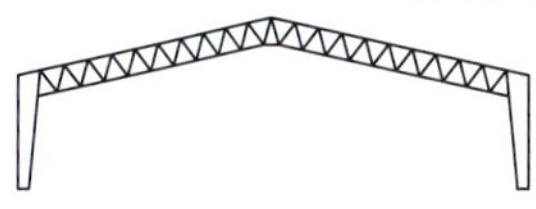 Satteldach aus Parallelbindern
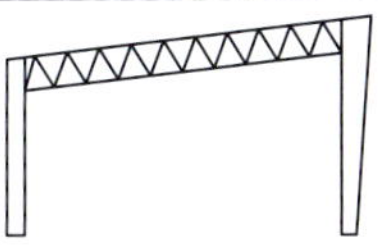 Parallelbinder	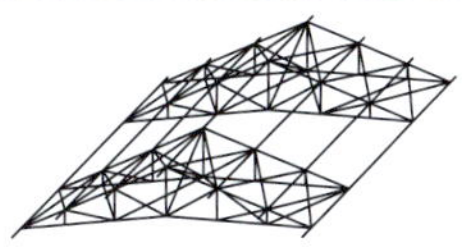 Räumliche Dachfachwerke	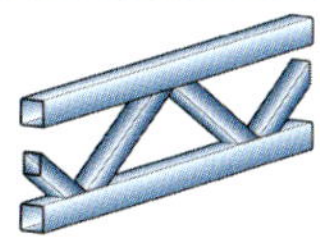 Leichtbauträger	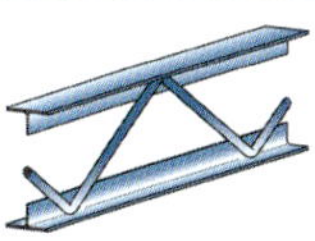 Filigranträger

Gestaltung von Knotenpunkten

In Knotenpunkten treffen sich die verwendeten Profile. Die Profilform bestimmt die Gestaltung der Knotenpunkte.

- Bei Rohren (Bild 1a) eignen sich für die Profilverbindung insbesondere Schweißnähte. Mit Umlegeschablonen oder CNC-gesteuerten Brennmaschinen werden die Anschlüsse mit entsprechender Nahtvorbereitung gebrannt.
- Bei eckigen Hohlprofilen kann durch einen Sägeschnitt das Anschlussprofil kostengünstig vorbereitet werden. Je nach gestalterischen Vorgaben können Knoten mit Spalt (s. Bild 1b: die Schwerpunktlinien von Pos. 4 und 5 schneiden sich unterhalb der Schwerpunktlinie von Pos. 2) oder ohne Spalt ausgeführt sein. Werden größere Steifigkeiten gefordert, werden Lamellenbleche (Bild 2a) auf das Profil zusätzlich angeschweißt. Haben die zusammentreffenden Profile das gleiche Maß, können auch beidseitig Bleche zur Versteifung angeschweißt werden. Anschlüsse mit unterschiedlichen Profilabmaßen (Bild 2c) werden über Stegbleche verbunden.
- Zu beachten ist der Verlauf der Schwerpunktlinien der im Knoten aufeinander treffenden Profile. Schneiden sich die Schwerpunktlinien unterhalb der Schwerpunktlinie des Profils 2 ergibt sich ein Spalt zwischen den Profilen 4 und 5; die Zugänglichkeit für die Schweißarbeiten ist gut. Liegt der Schnittpunkt oberhalb der Schwerpunktlinie von Profil 2, erhöht sich die Tragfähigkeit, es treten jedoch Überlappungen auf, welche die Schweißarbeiten behindern (Beachte entsprechende Hinweise in DIN EN 1993-1 u.a.).

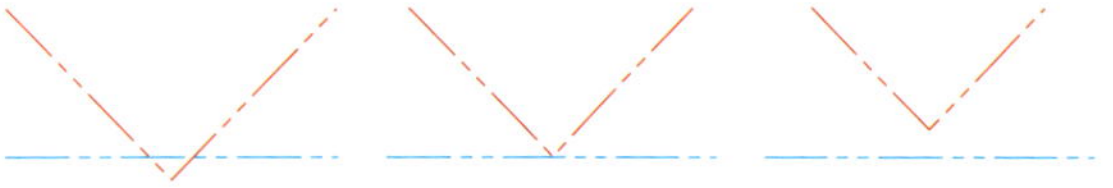

- Bei Walzprofilen werden die Anschlussprofile entweder ausgeklinkt und angeschweißt oder angeschraubt.

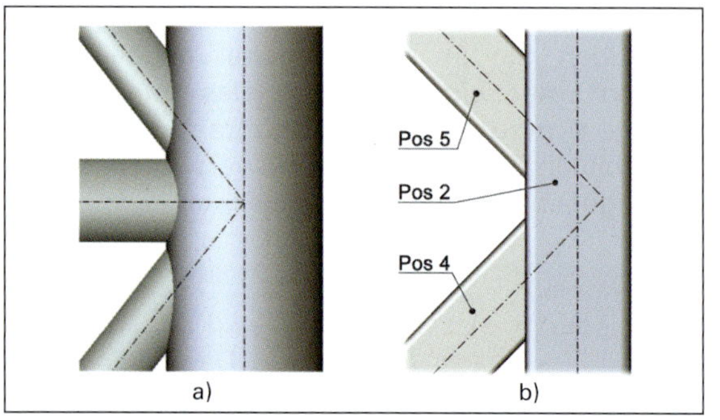

1 Verlauf von Schwerpunktlinien im Knoten

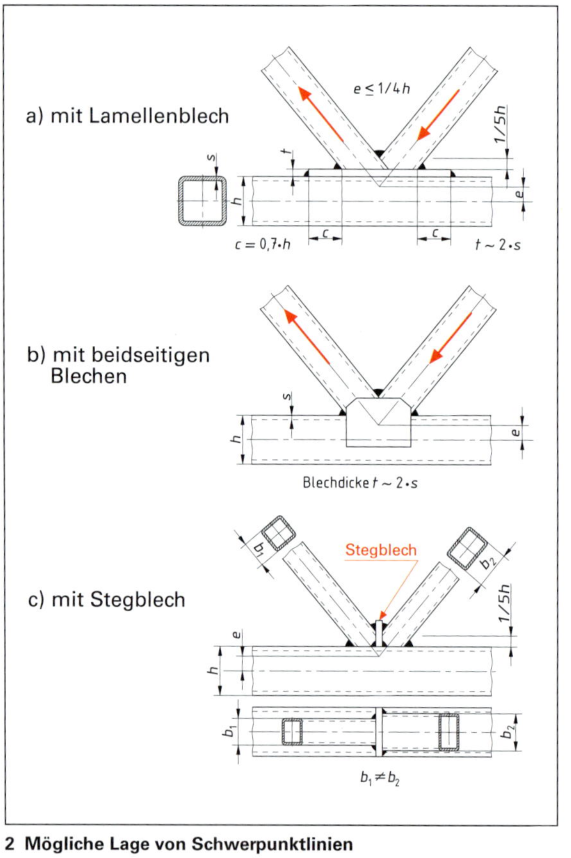

2 Mögliche Lage von Schwerpunktlinien

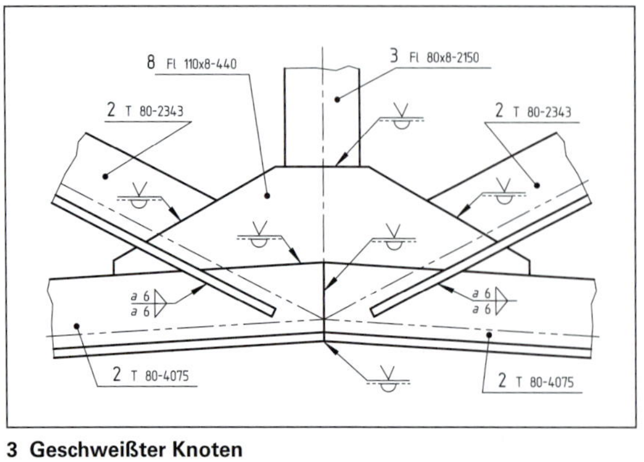

3 Geschweißter Knoten

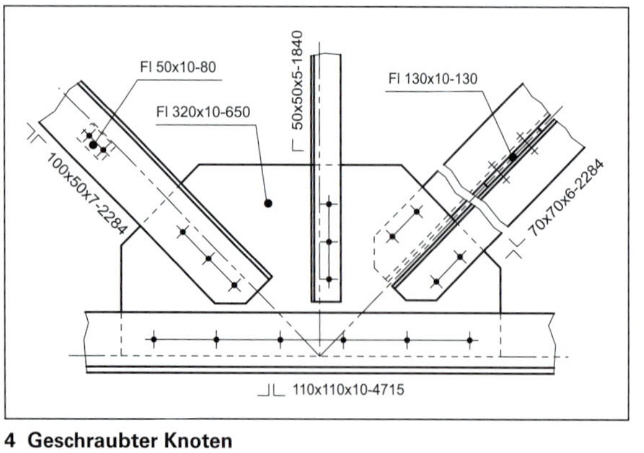

4 Geschraubter Knoten

- Treffen im Knotenpunkt verschiedene Profilarten mit unterschiedlichen Abmaßen zusammen, müssen aufwändige Anpassarbeiten durchgeführt und/oder zusätzliche Knotenbleche angefertigt und angeschweißt werden. In den Stößen können bei großen Abmaßen der Fachwerkträger auch Schraubverbindungen notwendig sein. Diese werden in der Werkstatt vorgefertigt, dann wieder zerlegt und vor Ort verschraubt.

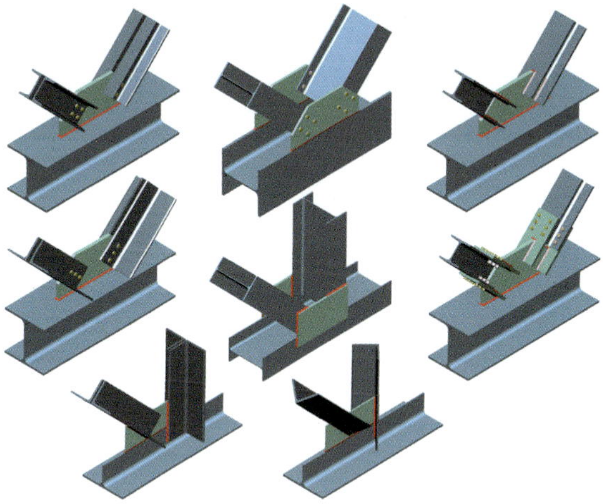

6.8.2.5 Raumfachwerke

Das stabile Dreieck in einem Fachwerk kann in dreidimensionale Systeme weitergeführt werden. Es ergeben sich nahezu unendlich viele Kombinationsmöglichkeiten, die dekorative Gestaltungen von Tragwerken ermöglicht. Raumfachwerke benötigen den geringsten Materialeinsatz bezogen auf die zu überspannende Fläche. Die einzelnen Tragglieder sind vorwiegend auf Zug oder Druck beansprucht.

1 Raumfachwerk als dekoratives Tragwerk

Ein hoher Konstruktionsaufwand ergibt sich für die Knotenpunkte, da sich dort viele aus verschiedenen Richtungen kommende Stäbe treffen. Sind die Stäbe Hohlprofile mit gleichen oder ähnlichen Abmaßen, eignen sich vorgefertigte Fügestücke; beim Zusammentreffen unterschiedliche Profile werden Knotenbleche mit Verschraubungen eingesetzt. Ein weiterer zusätzlicher Aufwand ergibt sich durch den Anschluss der Gebäudehülle an das Tragwerksystem.

Raumfachwerke mit standardisierten Fügestücken

Damit die filigrane Erscheinungsform nicht durch unschöne Knoten gestört wird, verwendet man vorgefertigte Fügestücke. Die Rohrstücke werden in den Fügestücken verschraubt oder in sie gesteckt und dann verschraubt. Folgende Übersicht zeigt eine Auswahl von verbreiteten Fügestücken.

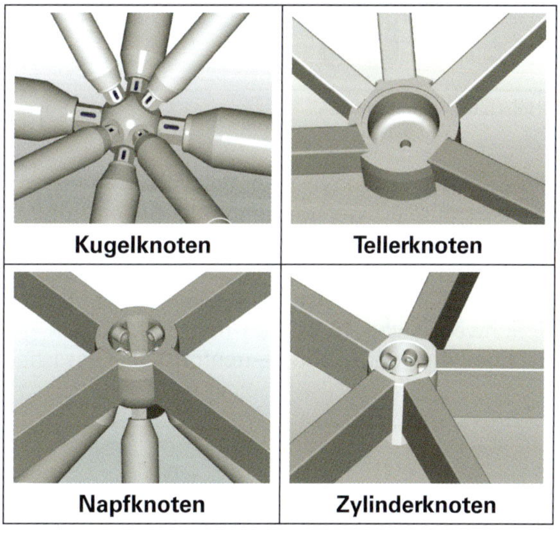

Raumfachwerksknoten mit Knotenblechen

Im Bild 1, nächste Seite werden verschiedene Anschlussmöglichkeiten von Profilen in einem Raumfachwerk dargestellt.

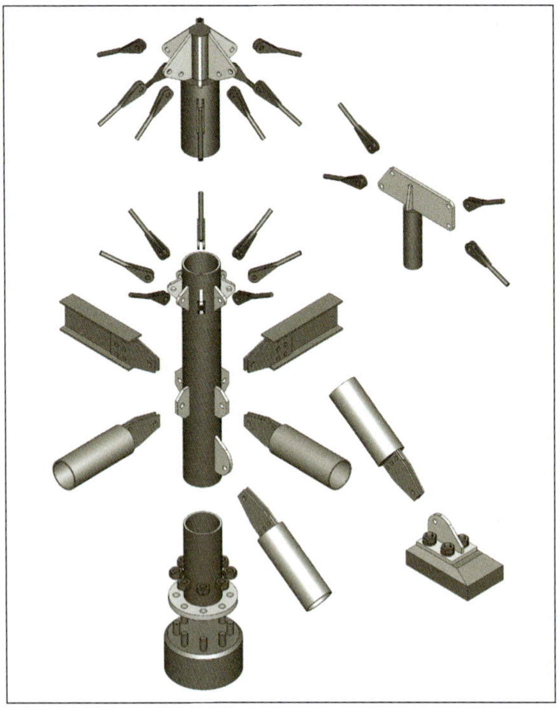

1 Anschluss Raumfachwerk

3 Ansicht der Talstation

Ein besonderes Beispiel für die Verknüpfung von Dreiecksraumfachwerken zeigen die Bilder 2 und 3. Bei der Talstation der Seilbahn handelt es sich um eine auf zwei Stahlbetonflügelwänden gelagerte, freitragende Stahl-Glas-Konstruktion mit lichten Spannweiten von 16 m. Von den Stahlträgern gehaltene, dreieckige und rautenförmige Glasscheiben bilden eine geschwungene 2200 m^2 umfassende Glashülle. A-förmige Stützen – als Profile wurden im Wesentlichen Rundrohre verwendet – auf den Flügelwänden werden durch Fachwerke überbrückt. In Querrichtung stabilisieren Seile das Raumfachwerk. Kein Knotenpunkt der Stahlkonstruktionen (326 Tonnen) gleicht dem anderen.

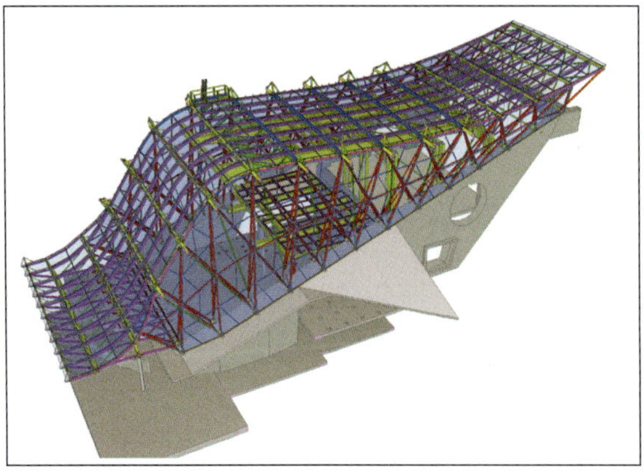

2 CAD-3D-Zeichnung der Talstation

6.8.2.5 Rahmenträger (Vierendeelträger)

Der Rahmenträger oder Vierendeelträger[1] hat im Gegensatz zu Fachwerkträgern nicht die typische Dreiecksform. Er setzt sich aus waagerechten **Rahmenriegeln** und senkrechten **Rahmenstielen** zusammen. Links im Bild 1, nächste Seite, wird der Rahmenträger als Trageinheit und als begehbare Gebäudeverbindung eingesetzt; rechts im Bild findet ein Rahmenpfosten als Stützeinheit Verwendung.

In den Ecken werden Riegel und Pfosten zu einem steifen Rahmen verbunden. Der Vorteil dieser Konstruktion besteht darin, dass eine Vielzahl der viereckigen Maschen miteinander zu Trägern mit großen Spannweiten zusammengesetzt werden können. Zusätzlich lässt sich eine niedrige Bauhöhe erzielen. Die Rahmenecken werden meist verschweißt. Mehrere Rahmenträger werden dagegen meist durch Schrauben gefügt. Eine weitere Besonderheit besteht darin, dass sich mehrere Rahmen zu mehrgeschossigen Gebäuden „stapeln" lassen. Nachteilig ist das relativ höhere Gesamtgewicht bezogen auf Fachwerksträger.

[1] Der belgische Professor Vierendeel entwickelte diese besondere Trägerform

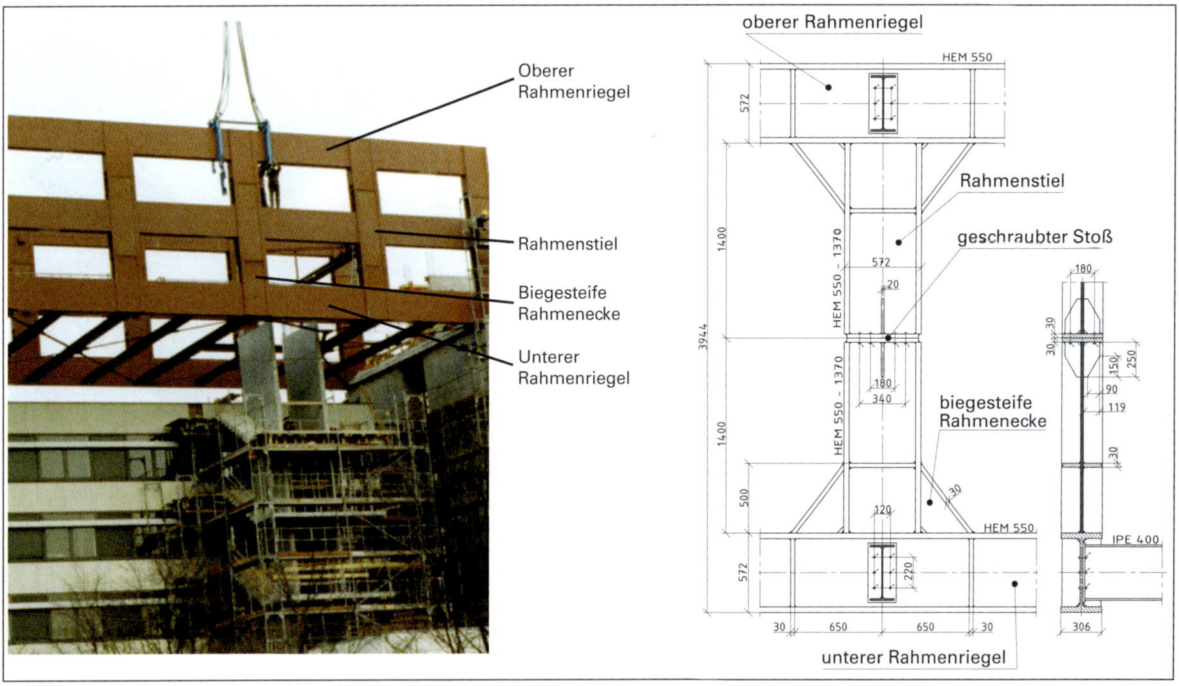

1 Rahmenträger

Aufgaben

1. Welche Funktion hat ein Träger in einer Stahlhalle?
2. Welche Beanspruchung wirkt auf einen Träger?
3. Welche Trägerarten hat Ihre Werkstatthalle/Schulwerkstatt?
4. Nennen Sie drei Beispiele von Walzträgern und geben Sie deren normgerechte Bezeichnung an, wenn Sie jeweils 3600 mm lang sein sollen.
5. Skizzieren Sie einen IPB 200 im Querschnitt und tragen Sie alle notwendigen Maße ein (siehe Tabellenbuch).
6. Skizzieren Sie einen Wabenträger und beschreiben Sie dessen Herstellung.
7. Welche Vorteile hat ein Wabenträger gegenüber einem gewalzten Träger?
8. Worin unterscheidet sich ein Kastenträger von einem Stegblechträger?
9. Welche Vorteile haben Fachwerkträger?
10. Es gibt verschiedene Ausführungsformen von Fachwerkträgern. Suchen Sie in Ihrer Umgebung Bauwerke mit unterschiedlichen Fachwerkträgern. Tragen Sie eine Bilddokumentation zusammen und beschreiben Sie die Bauwerke.
11. In einem Knotenpunkt können die Schwerpunktlinien unterschiedlich zusammenlaufen. Unterscheiden Sie die abgebildeten Schnittlinien und beurteilen Sie die Verläufe.

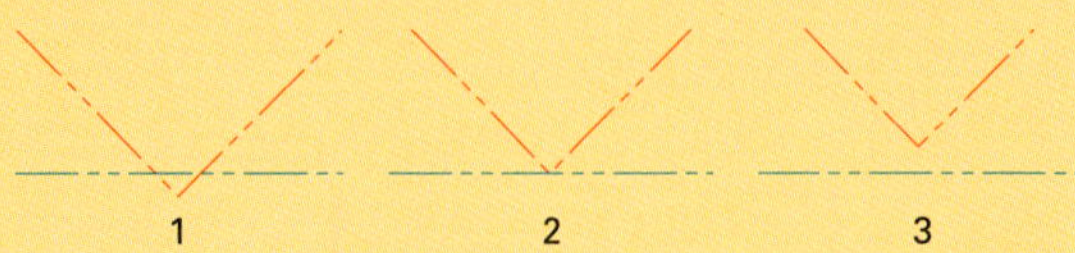

6.8.3 Stützen

Stützen sind senkrechte Bauelemente, die Kräfte aus Trägern, Kranbahnen, Decken oder Dächern aufnehmen und in Fundamente einleiten (Bild 1). Durch ihre Belastung in Längsrichtung werden sie auf Druck und Knickung, durch seitliche Trägeranschlüsse auch oft auf Biegung beansprucht. Hauptteile einer Stütze sind

- Stützenkopf mit Kopfplatte und Druckstück zur mittigen Krafteinleitung;
- Stützenschaft oder -stiel; bei langen Stützen durch Stöße verlängert;
- Stützenfuß mit Fußplatte zur Verringerung der Flächenpressung und Stützwinkel, die ein Aufbiegen der Fußplatte verhindern. Größte Knicksicherheit hat der Stützenschaftquerschnitt, bei dem der Werkstoff möglichst weit von der Achse angeordnet ist.

Nach der Lastaufnahme unterscheidet man:

- **Pendelstützen**: Sie übertragen nur senkrecht wirkende Kräfte sowie Drehmomente (Einspannmomente).
- **Feststützen**: Sie übertragen senkrecht und waagerecht wirkende Kräfte.

Stützen können unterschiedlich konstruiert sein (Bild 1, nächste Seite)

- einteilig geschlossen aus Walzprofilen,
- mehrteilig in geschweißter Bauart,
- mehrteilig als Fachwerkstützen oder
- verlängert durch Stützenstöße in Querplatten oder Laschenausführung

In Fertigungshallen werden Stützen eher funktional gestaltet, dabei werden überwiegend Walzerzeugnisse wie z. B. IPB-Profile verwendet. In offenen Hallen in Einkaufszentren o. ä. trifft man eher auf filigrane Stützen, die meist aus Hohlprofilen gefertigt werden. Das Erscheinungsbild ändert sich, die Funktion bleibt. Bild 3 zeigt konische Stützen für ein Einkaufszentrum in Bur Dubai.

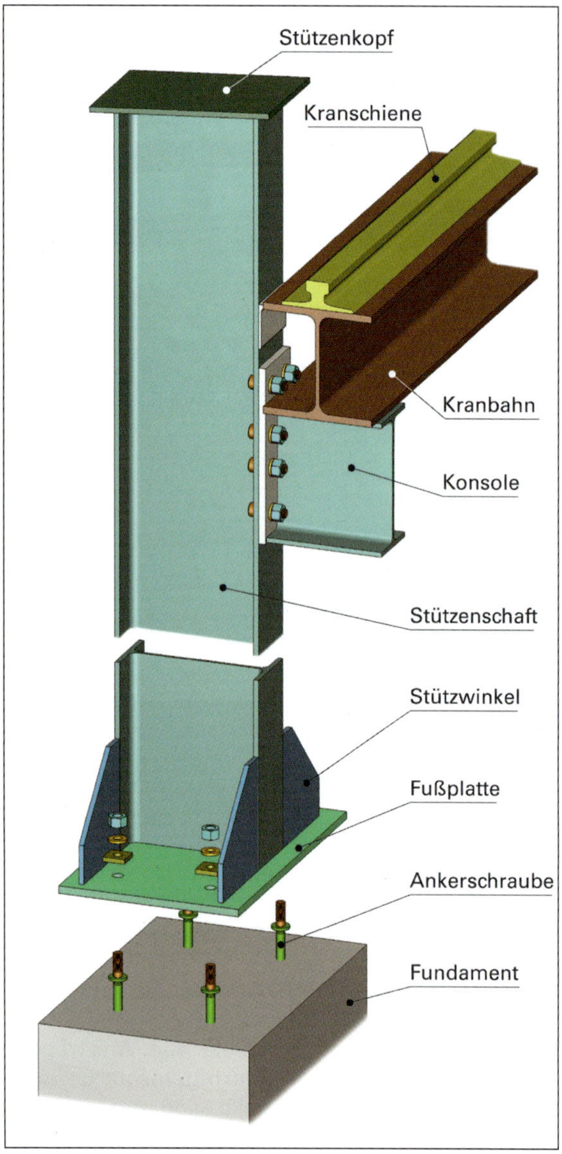

1 Stütze

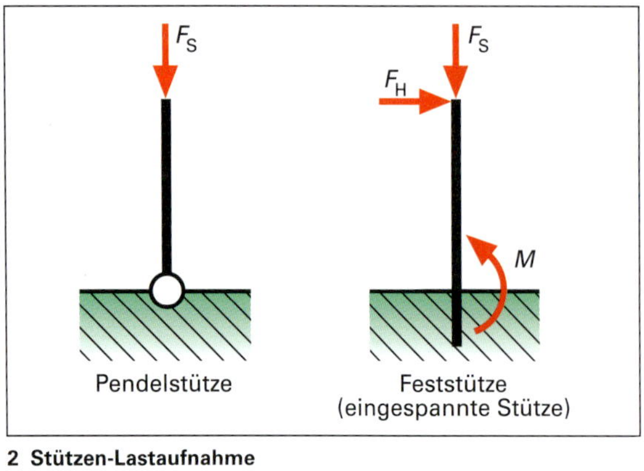

2 Stützen-Lastaufnahme

3 Einkaufszentrum in Bur Dubai

Eingespannte Stützen oder Pendelstützen

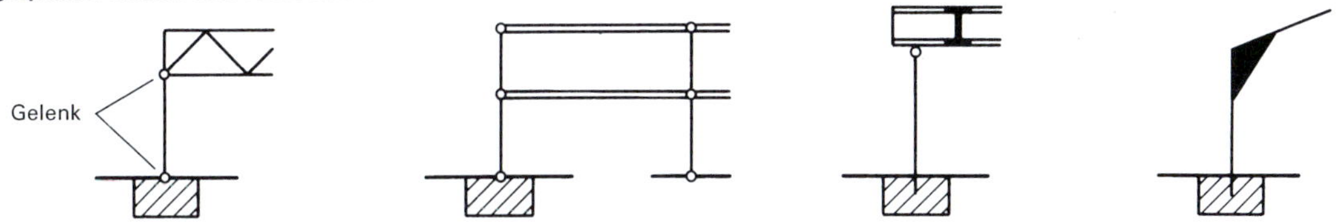

Pendelstütze: Halle

Pendelstützen: Geschossbau

eingespannte Hallenstütze

Stützenstiel mit steifer Rahmenecke

Geschweißte Stützen

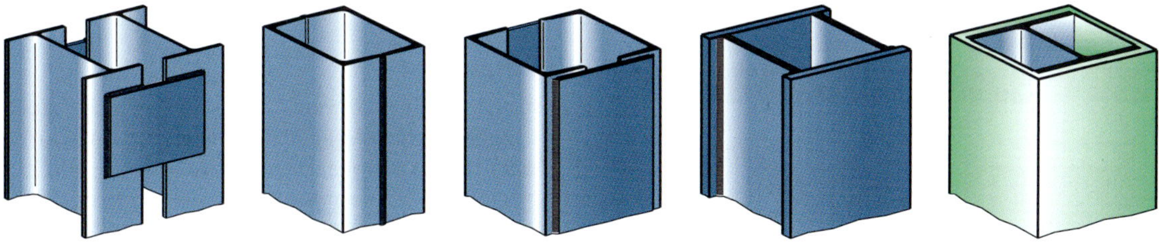

Zwei I-Profile mit Bindeblechen verschweißt

Geschlossener Querschnitt aus zwei ⌶-Profilen

Geschlossener Querschnitt aus ⌶-Profilen

Geschlossener Querschnitt aus Breitflachstahl mit Flachstahl verstärkt

Ummantelung aus Beton oder feuerbeständigen Werkstoffen

Gitterstützen

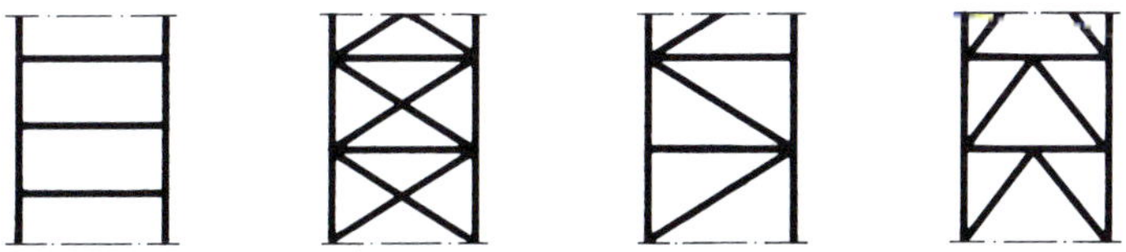

Leiterverband

Kreuzverband

Wechselverband

K-Verband

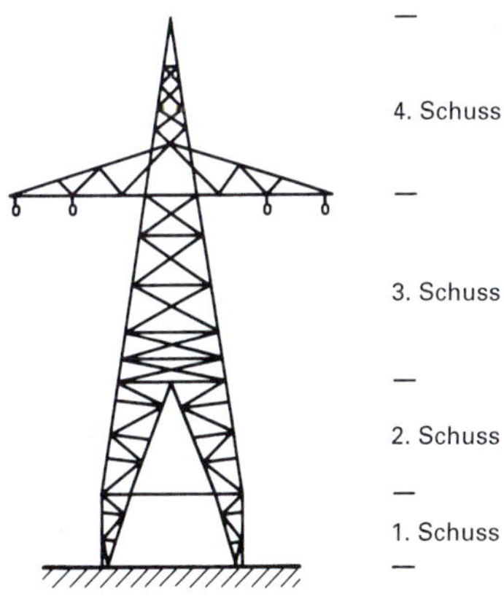

110-KV-Hochspannungsmast als Gitterstütze

Als Füll- und Querstäbe dienen entweder Flachstahl oder Winkelstahl, am besten ungleichschenkliger, weil dieser bei gleichem Gewicht steifer ist. Bei geschweißter Ausführung soll man die Querstäbe zuerst heften und dann von Querschnitt zu Querschnitt fertig schweißen, damit die Stütze nicht einseitig verspannt wird.

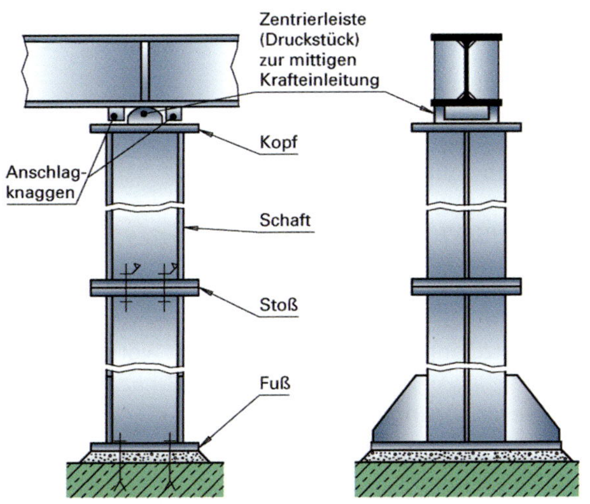

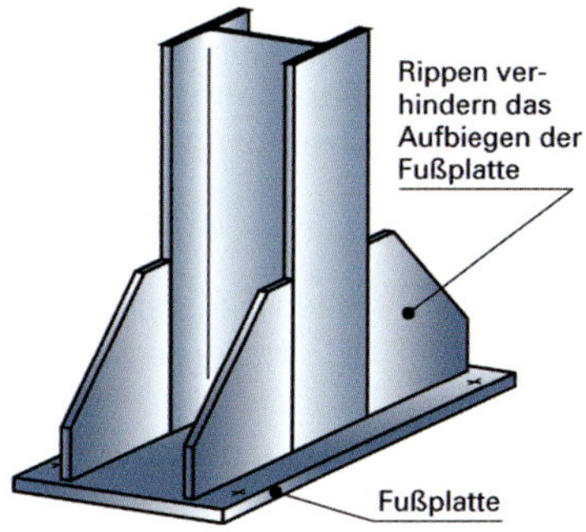

1 Gestaltung von Stützen

Die Stützenverankerung stellt die Verbindung mit dem Fundament her. Feststützen erfordern eine starke Verankerung, möglichst in einem Köcherfundament mit Ankern, Pendelstützen nur eine Fixierung durch Dübel. Bei Feststützen tritt durch die starre Verbindung Fundament – Fuß ein Biegemoment im Schaft auf (Bild 1).

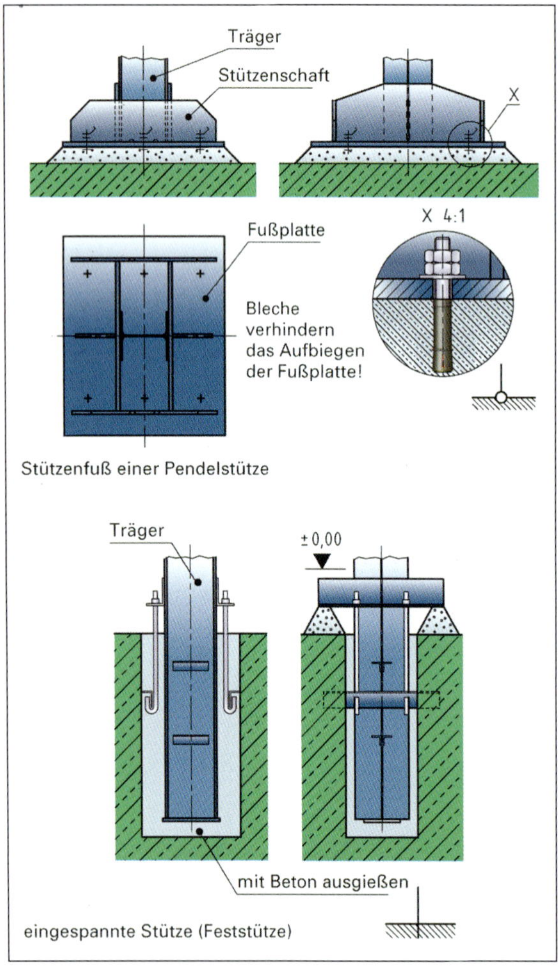

1 Stützenverankerungen

Für die Produktionshalle Seite 210 werden in der Regel Pendelstützen verwendet.

Kellerstützen

Nicht immer stehen Stützen auf dem Fundament sondern auf z. B. Kellerdecken. Die Stütze wird dann auf die Betonplatte aufgesetzt und ein hoher Estrich aufgetragen. Günstiger ist jedoch statt einer Betonstütze im Keller die Stahlstütze durch die Decke durchzuführen und Betonträger auf angeschweißten Konsolen aufzulegen.

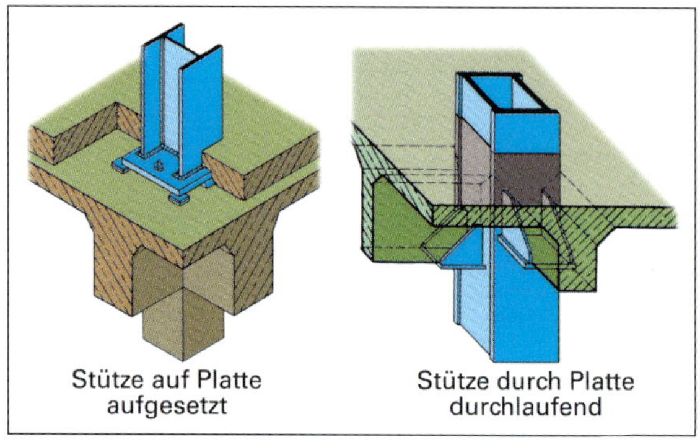

2 Kellerstützen

Stützenkopf

Stützenköpfe können unterschiedliche Ausführungsformen haben. Eine besonders günstige Form ist die aufgeschweißte Kopfplatte. Die aufliegenden Träger können durchlaufend sein oder auf dem Stützenkopf horizontal oder schräg enden. Je nach Größe der einwirkenden Kräfte werden zusätzliche Rippen zu Aussteifung eingeschweißt. Im Beispiel Bild 3c wird durch eine zentrische Lagerung mit einer Zentrierleiste die Kraft mittig in die Stütze eingeleitet

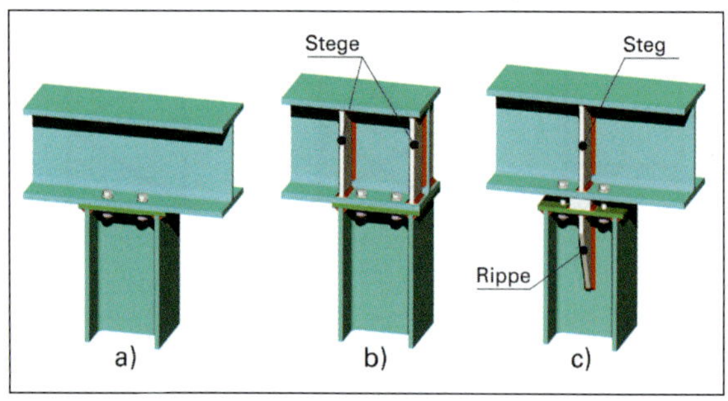

3 Stützenkopf

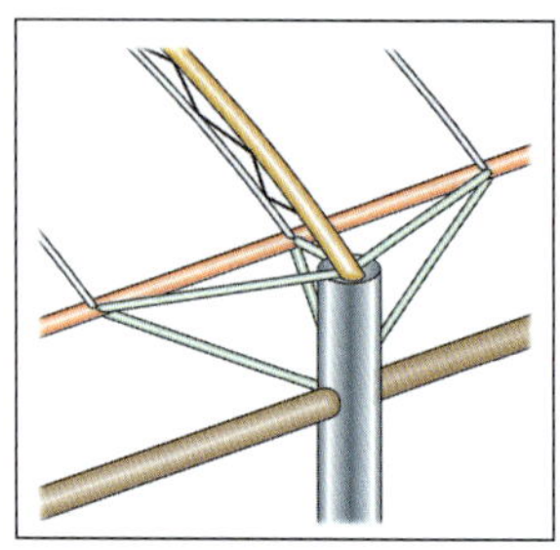

Neben den „klassischen" Anschlüssen werden für Überdachungen an Bahnsteigen von Bus oder Bahn filigrane Verknüpfungen verschiedener Profile verwendet. Dazu eignen sich insbesondere Rohre, die durch passendes „Zuschneiden" stumpf an die Stütze angesetzt und verschweißt werden.

Verankerungsplan

Für die Aufnahme der Stützen sind entsprechende Fundamente zu erstellen. Lage und Ausgestaltung der Fundamente werden in einem Verankerungsplan dargestellt.

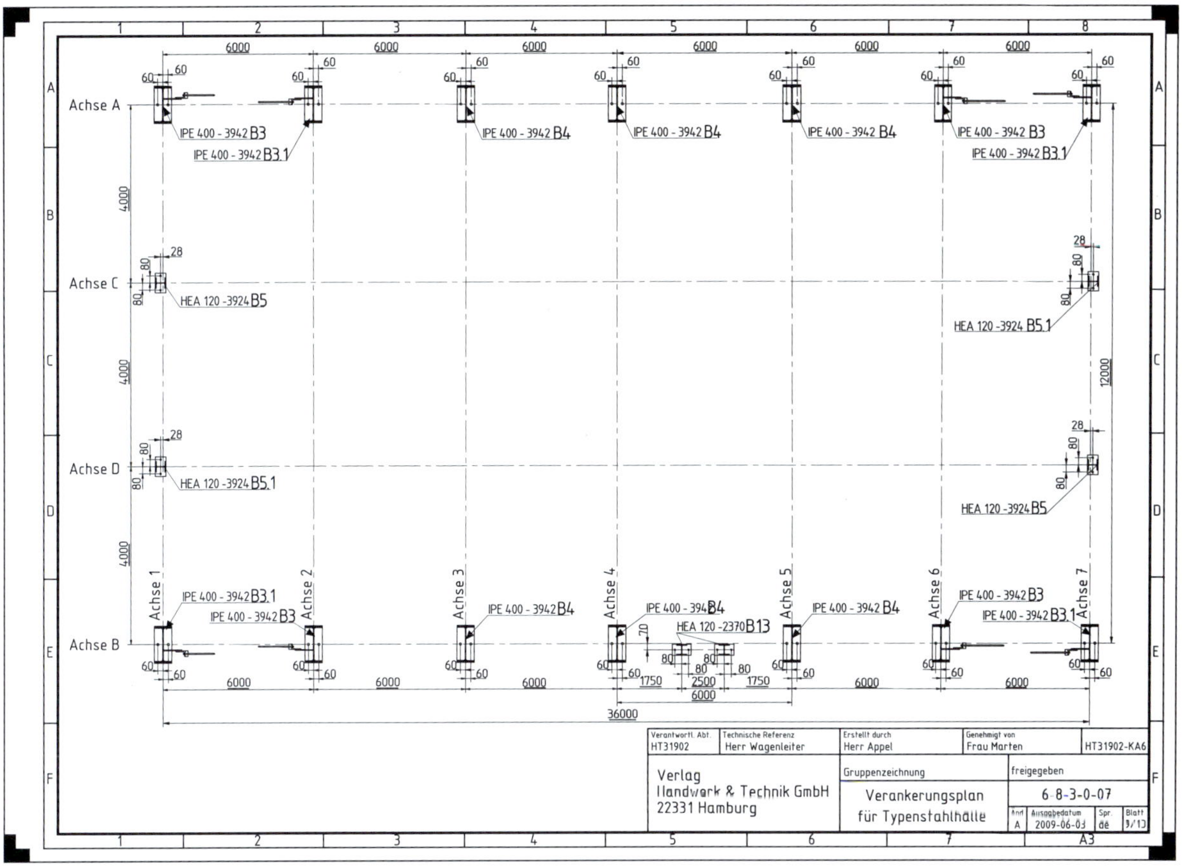

1 Verankerungsplan

In Bild 2 sind drei verschiedene Stützeneinspannungen aus dem vorhergehenden Verankerungsplan dargestellt.

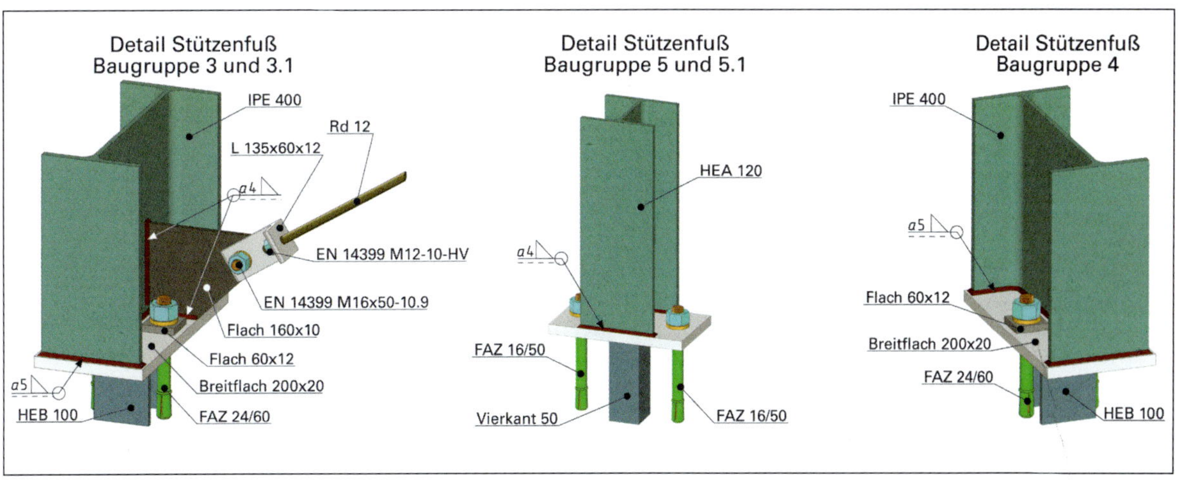

2 Stützeneinspannungsplan

Neben den reinen Profildarstellungen können zusätzlich Details für den Bodenaushub und Lage von erdverlegten Profilen ergänzt werden.

Aufgaben

1. Wie heißen das obere und untere Ende einer Stütze? Beschreiben SIe die Funktion des Bauteils.
2. Unterscheiden Sie Pendelstütze und Feststütze.
3. Skizzieren Sie unterschiedliche Gestaltungsmöglichkeiten für Gitterstützen und nennen Sie deren Vor- und Nachteile.
4. Durch welche konstruktive Maßnahme kann der Anschluss Stützenschaft – Fußplatte versteift werden? Erstellen Sie drei Entwürfe und beschreiben Sie Vor- und Nachteile.
5. Nennen Sie zwei Arten der Verankerung von Stützen in Fundamenten. Beschreiben Sie deren Unterschiede.
6. Wozu sieht man eine Mörtelfuge vor?
7. Welchen Vorteil hat ein Stützenkopf mit angeschweißter Kopfplatte?
8. Was ist ein Verankerungsplan?

6.8.4 Lager für Träger

Träger leiten die Kräfte über Trägerlager in die Stützen ein. Verschiedene Lagerarten und ihre Funktionen können folgender Übersicht entnommen werden.

Lagerart

Festlager

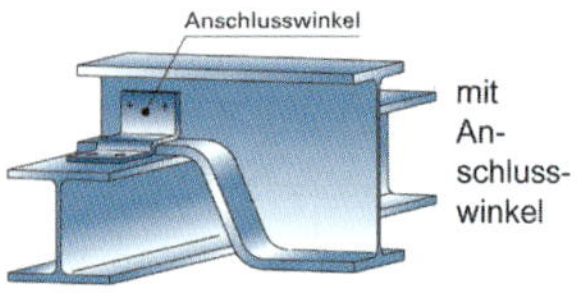

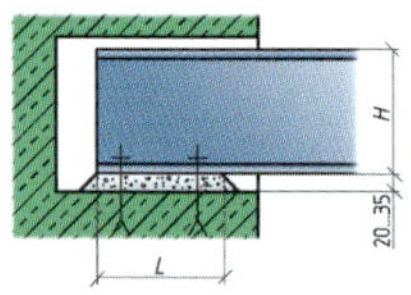

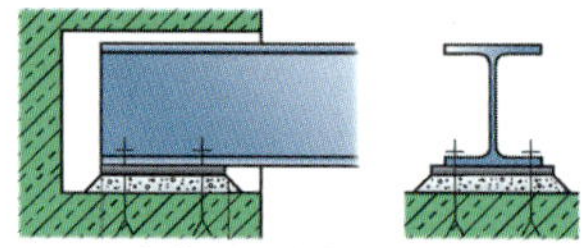

Auflager mit Stahlplatte

Der aufliegende Träger ist gegen Verschieben durch Anschlusswinkel gesichert; dadurch können alle Kraftrichtungen, die auf den Träger einwirken, im Lager aufgenommen werden.
Erfolgt die Trägerauflage direkt auf das Mauerwerk beträgt die Mörtelfuge 20...35 mm und die Auflagerlänge beträgt

$$L \approx \frac{H}{3} + 100\ \text{mm}.$$

Bei höheren Lasten wird eine Stahlplatte zwischen Träger und Mauerwerk eingelegt; es wird eine größere Lastverteilung erzielt. Die Platte kann zusätzlich am Träger angeschweißt werden
In Gebäuden mit kleinen Stützweiten und geringen Temperaturschwankungen werden häufig zwei Festlager eingebaut; die Steifigkeit des Gebäudes verbessert sich.

Loslager

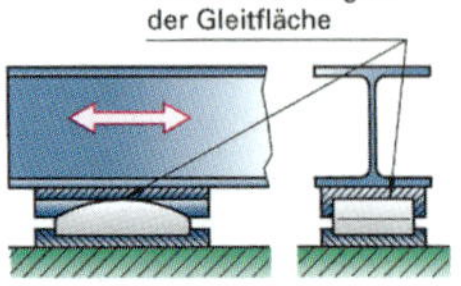

Sattellager als Gleitlager (△)

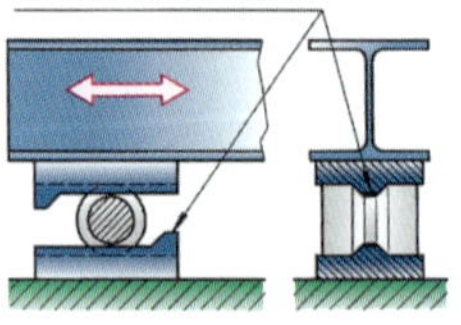

Sattellager als Rollenlager ○

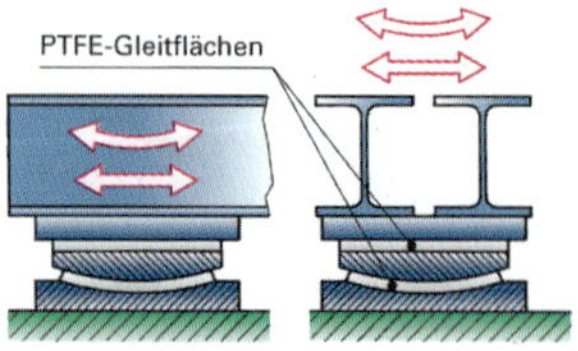

Kalottenlager für Längs- und Kippbewegungen

Wärmedehnung können durch Festlager nicht ausgeglichen werden. Daher werden insbesondere bei großen Stützweiten ein Festlager und ein Loslager eingesetzt. Das Loslager lässt eine Ausdehnung in Achsrichtung zu; andere Kraftrichtungen werden im Lager aufgenommen. Bei Trägern tritt Durchbiegung auf; um Kantenpressungen auf der Lagerfläche zu vermeiden werden Sattellager verwendet. Kalottenlager können zusätzlich Kippbewegungen aufnehmen.

Beispiele für Lastaufnahmen von Stahlträgern auf Stahlbauteilen

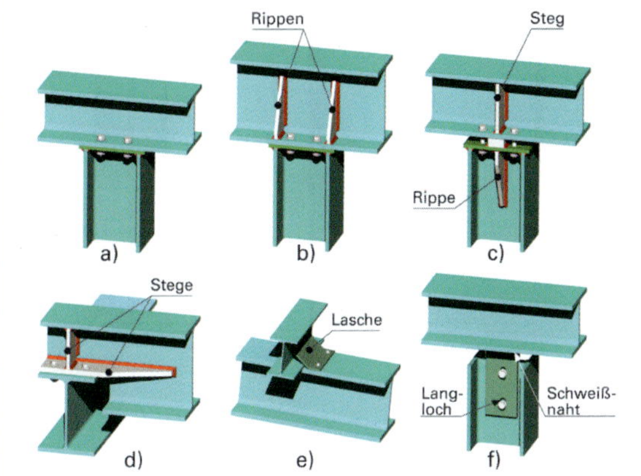

Trägerverankerung

Damit die Lage der Träger im Mauerwerk sich nicht verändert, besteht die Möglichkeit, diese mit angeschraubten Winkeln oder Schrauben zu verankern.

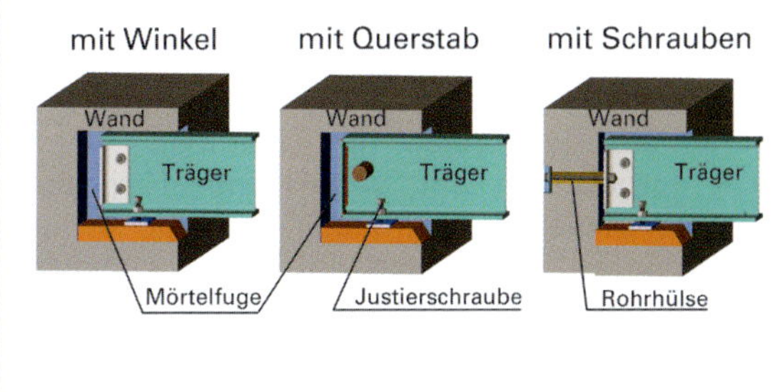

1 Trägerverankerung

6.8.5 Trägerstöße

Sind größere Spannweiten zu überbrücken und reicht die Profillänge nicht aus, müssen Träger verlängert werden. Die Verbindungsstellen, an denen die Stirnseiten zusammenstoßen, nennt man **Trägerstöße** (Bild 3). Üblich sind geschraubte Trägerstöße mit Stirnplatten. Sie haben sich wegen folgender Vorteile im Stahlbau durchgesetzt:

- Sie sind typisiert.
- Sie gestatten die Verbindung von Profilen, die in Größe und Art verschieden sind.
- Sie können Biegemomente übertragen.

Die Maße der Stirnplatten sowie Größe und Anzahl der Schrauben hängen von den zu übertragenden Kräften ab und können Tabellen entnommen werden.

Seltener sind geschraubte Laschenverbindungen. Sie können Biegemomente nur dann aufnehmen, wenn sie mit zusätzlichen Gurtplatten versehen werden. Das ist aufwendig und kostenintensiv. Geschweißte Trägerstöße hätten zwar weniger Massen, sind aber selten, weil auf der Baustelle üblicherweise nicht geschweißt wird. Bild 2 (nächste Seite) zeigt einen Hauptträger mit zwei geschweißten Trägerstößen und Verstärkungen durch Gurtplatten. Für die Fertigung ist ein aufwändiger Schweißplan notwendig.

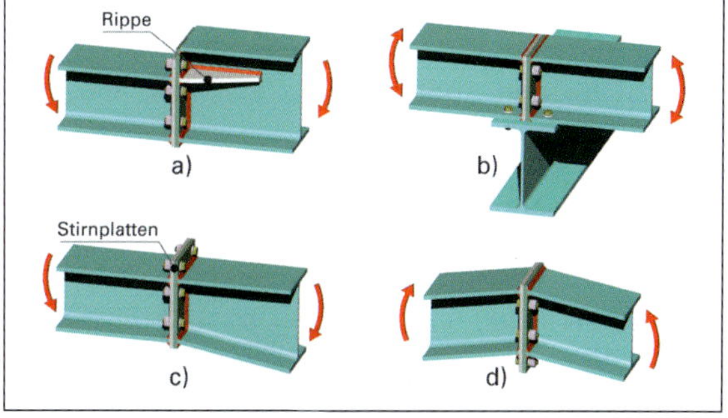

2 Geschraubte Laschenverbindungen

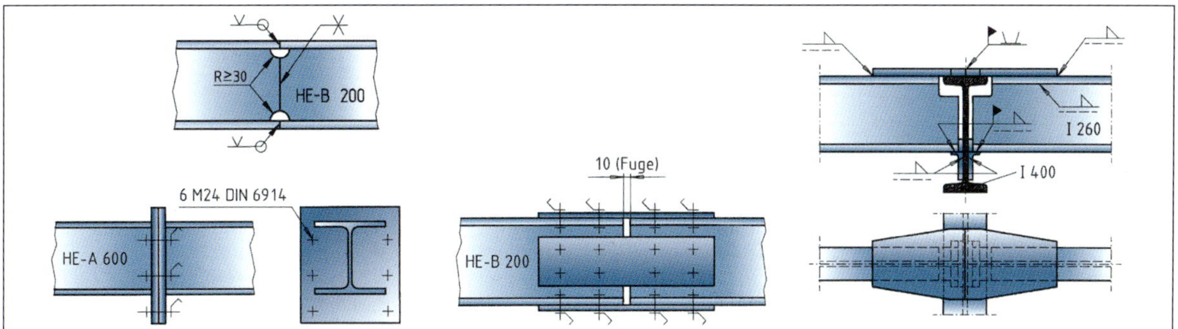

Typisierter Trägerstoß mit Stirnplatten, geschraubt — Trägerstoß, geschraubt mit Laschen — Trägerstoß, geschweißt mit Laschen

3 Trägerstöße

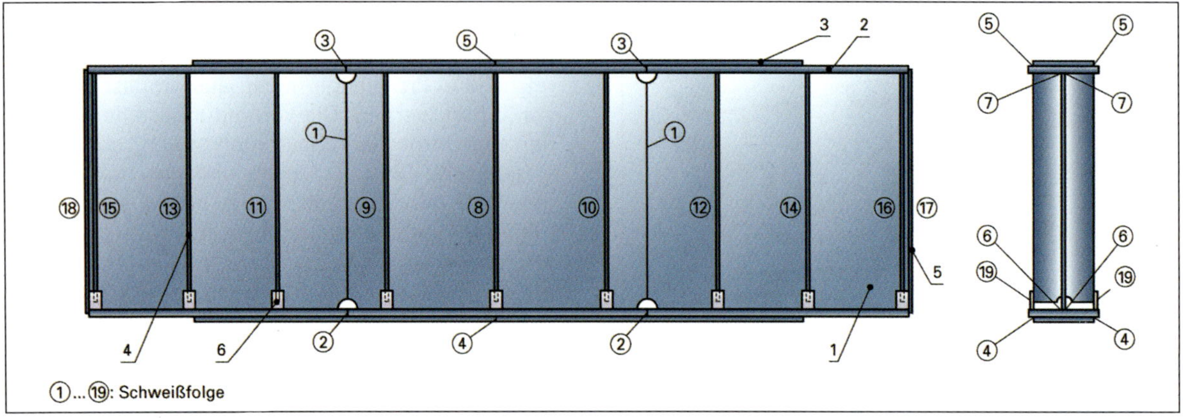

1 Hauptträger, geschweißt

6.8.6 Trägeranschlüsse, geschraubt

Die Dachbinder der Stahlhalle (Seiten 212, 213) werden an die Stützen (Seite 214) angeschraubt. Die Schraubverbindung wird wegen der geringen Blechdicken als Durchsteckverbindung ausgeführt. Die zu verwendenden Schrauben müssen wie im Bild unten dargestellt gekennzeichnet sein. Die Auswahl der Schraube ist von der Belastung abhängig. **Rohe Schrauben** (DIN 7990) werden bei vorwiegend ruhender Belastung eingesetzt; **Sechskant-Passschrauben** (DIN 9768) werden bei vorwiegend **nicht** ruhender Belastung verwendet. **Hochfeste Sechskantschrauben** (FK 10.9, EN 14399) werden bei großen Kräften und besonderen Anforderungen z. B. gleitfeste Verbindungen eingebaut. Beim Dachbinder der Stahlhalle erwartet man vorwiegend ruhende Belastung. Folgende Verbindungselemente werden für den Knoten Dachbinder Pos. 1002 mit Anschluss Stütze Pos. 3 mit Pos. 1018 ausgewählt: Garnitur Schraube/Mutter EN 14399-4 – M20 × 75 – 10.9/10 – HV, Scheibe EN 14399-6-20. Die Rand-, Loch- und Randabstände in der

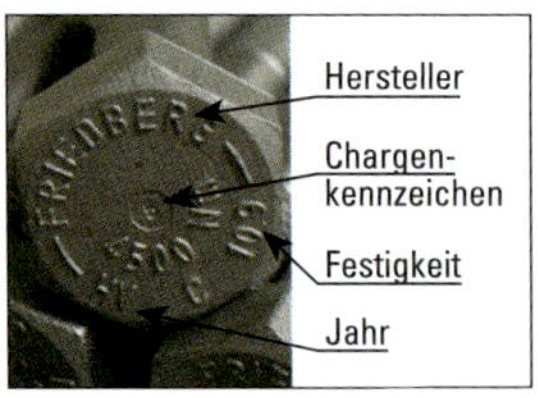

Kopfplatte Pos. 1002 sind nach DIN EN 1993-1 festzulegen; im Dachbinder IPE 400 Pos. 3 gelten die „Wurzelmaße“ in dem entsprechenden Profilknoten (Werte sind dem Tabb. zu entnehmen).

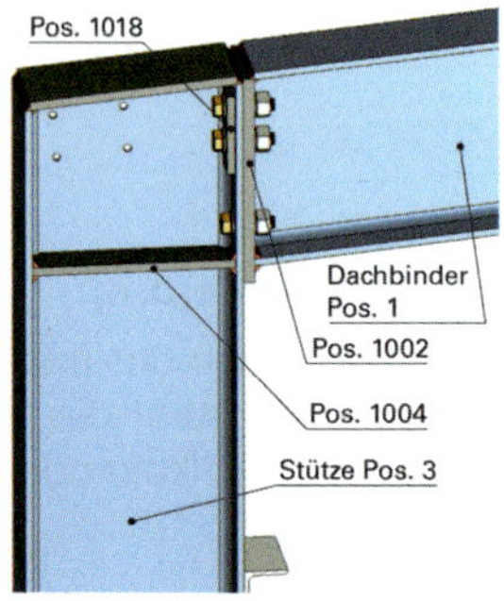

Die überwiegend ruhende Belastung in der Fertigungshalle (Seite 213) lässt eine Scher- Lochleibungsverbindung (SL-Verbindung) zu. Bei hochbeanspruchten Bauteilen wie z. B. Brücken (Bild 2) werden Gleitfeste Verbindungen (GV-Verbindungen) eingesetzt.

Herstellen von Schraubenverbindungen

Schraubenverbindungen im Stahlbau werden **nicht vorgespannt** und **vorgespannt** hergestellt. Nicht vorgespannte Schraubenverbindungen werden „handfest“ angezogen, d. h. die Schraubenverbindung wird mit einem normalen Schraubenschlüssel angezogen. Als Richtwerte gelten folgende Anziehmomente (Auswahl):

Festigkeitsklasse 10.9	Schraubendurchmesser in mm			
	M12	M16	M20	M24
Vorspannkraft in kN	59	110	172	247

Scher- und Lochleibungsverbindungen		
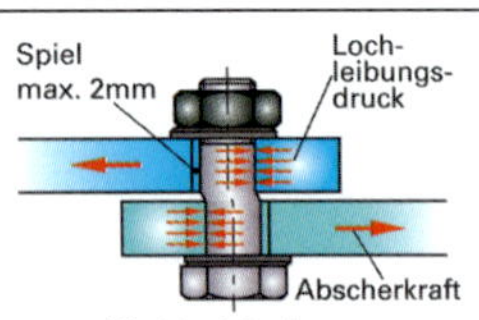 SL-Verbindung	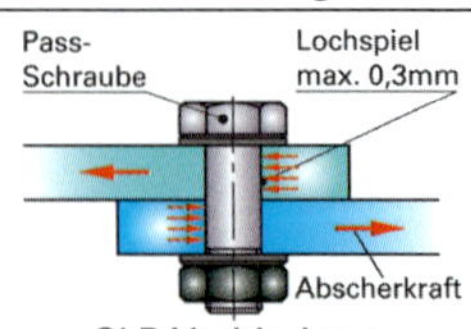 SLP-Verbindung	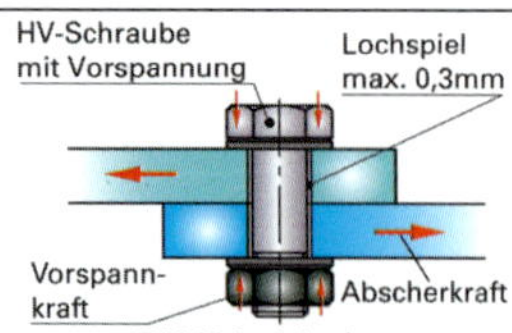 SLV-Verbindung
Scher-**L**ochleibungs-Verbindungen (SL-Verbindung) ● Rohe Sechskantschraube ● Spiel ≤ 2 mm ● verschiebbar ● Scherspannung	**L**ochleibungs-**P**assschrauben-Verbindungen (SLP-Verbindung) ● Passschraube ● Spiel ≤ 0,3 mm ● wenig verschiebbar ● Bohrung aufreiben	**S**cher-**L**ochleibungsverbindung mit **V**orspannung und **P**ass-schraube (SLV-Verbindung) ● Passschraube ● Spiel ≤ 0,3 mm ● Vorspannung ● Bohrung aufreiben

Vorgespannte Schraubenverbindungen werden nach unterschiedlichen Anziehverfahren z. B. Drehmomentenvorspannverfahren hergestellt (siehe DIN EN 1090-2 und Tabellenbuch). Für gleitfeste Verbindungen gelten folgende Vorspannkräfte (Auswahl):

Festigkeitsklasse 10.9	Schraubendurchmesser in mm			
	M12	M16	M20	M24
Vorspannkraft in kN	59	110	172	247

Eine Übersicht über Trägeranschlüsse und deren Verbindungsart gibt folgende Tabelle:

Gleitfeste Verbindungen	
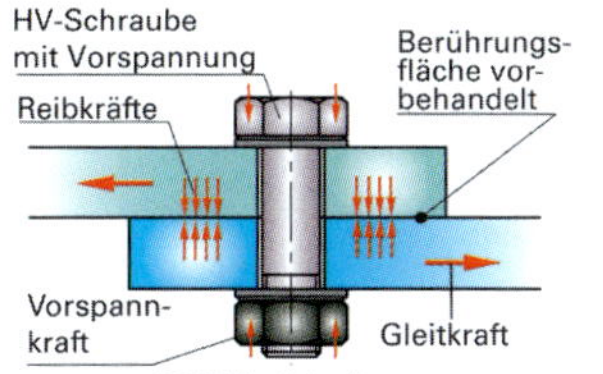 GV-Verbindung	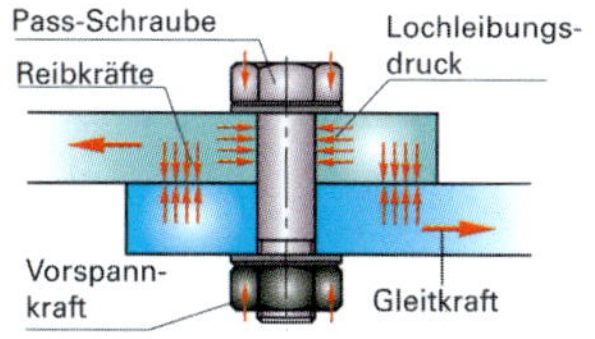 GVP-Verbindung
Gleitfeste planmäßig vorgespannte **V**erbindung (GV-Verbindung) ● HV-Schraube ● Festigkeitsklasse 10.9 ● Spiel ≤ 2 mm Einsatz: Für statische und dynamische Belastungen.	**G**leitfeste planmäßig vorgespannte **V**erbindung mit **P**assschrauben (GVP-Verbindung) ● HV-Schraube ● FK 10.9 ● Spiel ≤ 0,3 mm Einsatz: Für statische und dynamische Belastungen; durch die Passschrauben verbesserte Passgenauigkeit nach der Montage

Anschlussart	Schraubenverbindung	Eigenschaften
Doppelwinkelanschluss 	**SL-Verbindung** ● sehr verformungsanfällige Verbindung ● hauptsächlich bei statisch bestimmten Systemen ● mehrschnittig **SLP-Verbindung selten, da teuer** Meist rohe Schrauben	● schwierige und aufwändige Montage ● besonders biegeweicher Anschluss ● keine Schweißnähte notwendig
Fahnenblechanschluss 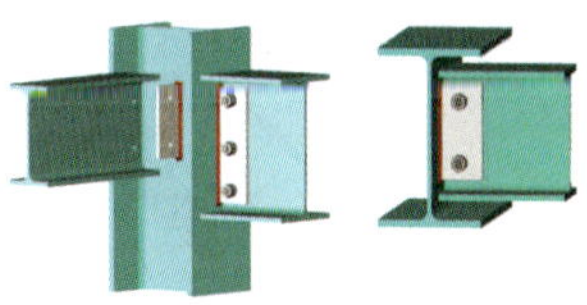	**SL-Verbindung** ● sehr verformungsanfällig ● einschnittig ● hauptsächlich bei statisch bestimmten Systemen **SLP-Verbindung selten, da teuer** Meist rohe Schrauben	● sehr montagefreundlich (Deckenträger einschwenkbar) ● teilgeschweißter Anschluss ● für kleine bis mittlere Querkräfte ● zusätzlich Momente bei Anschluss eines Trägers für Schrauben
Stirnplattenanschluss 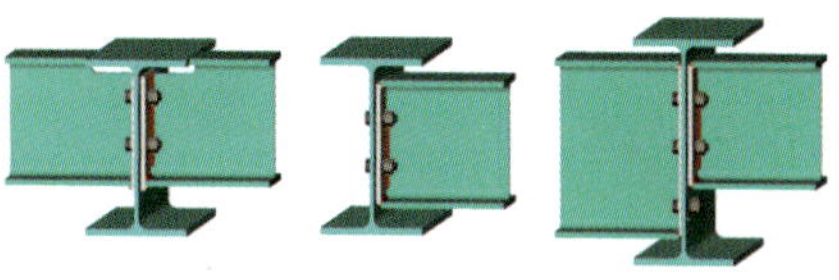	**SL-Verbindung** ● ohne Außermittigkeiten ● nur bis zu einer bestimmten Querkraft, dann SLP-Verbindung besser ● teuer bei großen Querkräften Rohe und hochfeste Schrauben und Passschrauben	● sehr montagefreundlich ● große Querkräfte übertragbar ● weniger verformungsanfällig

Kombiniertes Vorspannverfahren (DIN EN 1090-2)

Vorgespannte Schraubverbindungen (Schrauben 8.8 und 10.9) erhöhen die Tragsicherheit und Gebrauchstauglichkeit. Zwei Schritte sind beim kombinierten Vorspannverfahren durchzuführen:

- Schritt 1: Die HV-Garnituren werden zuerst mit einem Referenz-Drehmoment von 0,75 $M_{r,i}$ angezogen. Dieser Schritt gilt für alle Schrauben (siehe Tabelle Auswahl).
- Schritt 2: Die HV-Garnitur wird um einen definierten Weiterdrehwinkel $\Delta\theta_{KV}$ weiter angezogen. Durch zuvor aufgebrachte Markierfarbe auf Mutter und Schraubengewinde kann der Weiterdrehwinkel gut bestimmt und überprüft werden (siehe Tabelle, Auswahl).

Anziehverfahren	Anziehparameter	Gewindenenndurchmesser			
Kombiniertes Vorspannverfahren $F_{p,C}$	$0{,}75M_{r/1}$ in N·m für K-Klasse 1[1]	M12	M16	M20	M24
		69	172	335	578

Gesamtnenndicke t aller zu verbinden Teile in mm Schrauben-∅ d in mm	Weiterdrehwinkel $\Delta\theta_{KV}$	
	Grad	Drehung
$t < 2d$	60	1/6
$2d \leq t < 6d$	90	1/4
$6d \leq t < 10d$	120	1/3

[1] K-Klasse beschreibt die Reibungsverhältnisse in der Gewindepaarung für Schrauben nach DIN EN 14399-3 (siehe Tabb)

Aufgaben

1. Unterscheiden Sie Fest- und Loslager. Warum müssen in einer Lagerung immer ein Fest- und ein Loslager vorgesehen werden?
2. Wann dürfen in Gebäuden zwei Festlager eingesetzt werden?
3. Beschreiben Sie Arten von Loslagern. Erstellen Sie eine Skizze und beschreiben Sie Funktion und Aufbau des Loslagers.
4. Zählen Sie Verankerungsmöglichkeiten für Träger in Wänden auf.
5. Welchen Vorteil haben typisierte Trägerstöße?
6. Begründen Sie die Aussparungen im geschweißten Trägerstoß.
7. Wie wird der abgebildete Trägerstoß gefertigt? Erstellen Sie einen kleinen Arbeitsplan.

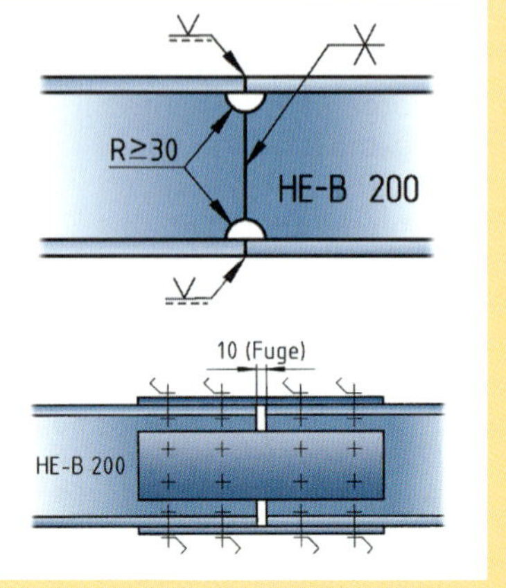

8. Welche Bedeutung hat ein Schweißfolgeplan, wenn ein Träger geschweißt wird?
9. Welche Aufgabe hat eine Knagge in einem Trägerstoß?

6.8.7 Pfetten

Pfetten sind waagerechte Träger, die auf den Rahmen der Produktionshalle aufgelegt werden. Pfetten leiten die

- Dachlasten in den Rahmen der Produktionshalle und
- Verbinden der einzelnen Felder der Produktionshalle.

Man unterscheidet zwischen Firstpfette, Mittelpfette und Fußpfette (s. Bild 1). Als Pfettenprofile werden häufig Doppel-T-Träger oder kaltgewalzte Spezialprofile verwendet. Bild 2 zeigt eine Übersicht.

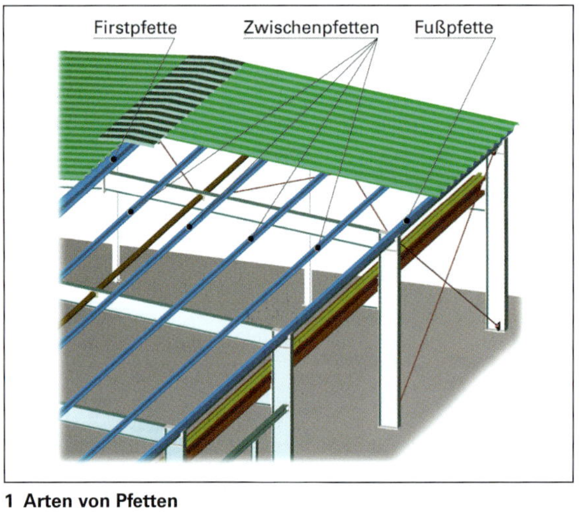

1 Arten von Pfetten

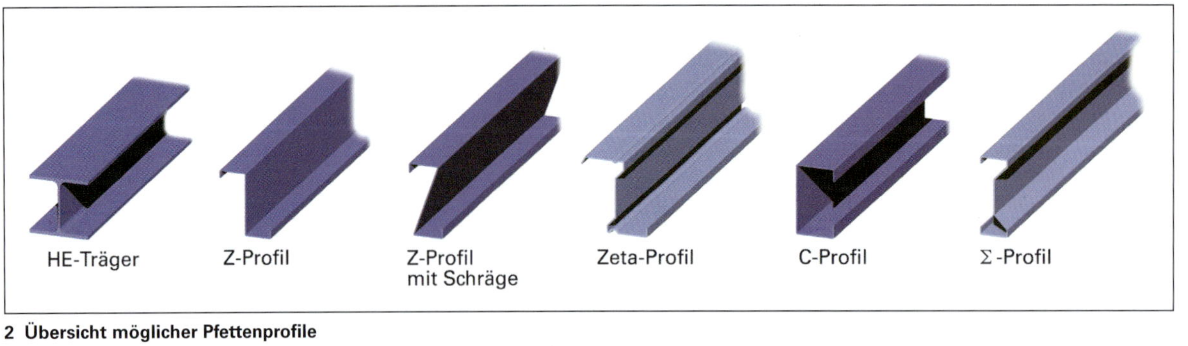

2 Übersicht möglicher Pfettenprofile

Die Befestigung der HE-Träger erfolgt über standardisierte Pfettenschuhtypen:

Pfettenschuhtypen und Ausführungsarten	
Ausführung A	**Ausführung B**
Anschluss über abgelängte Winkelprofile	
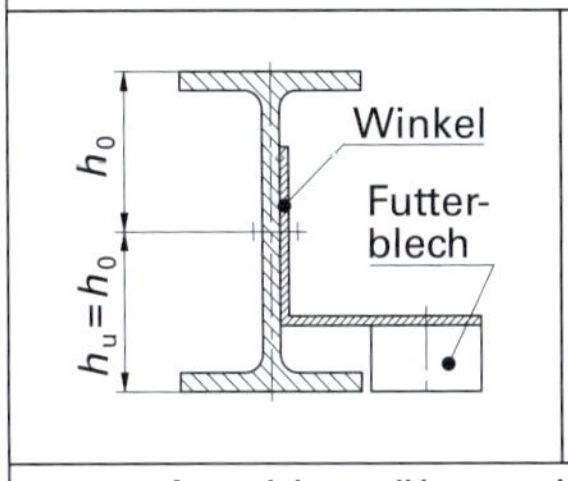	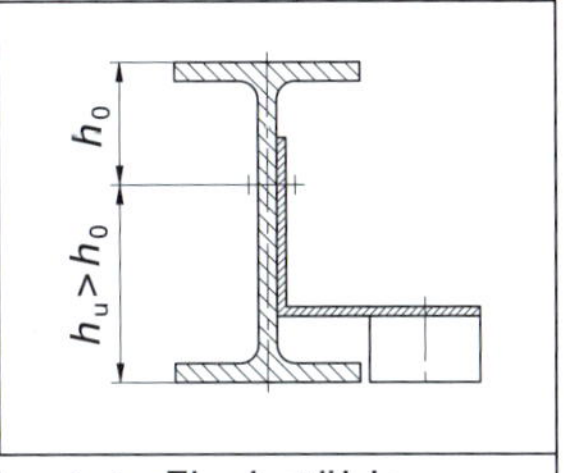
Anschluss über gekantete Flachstähle	
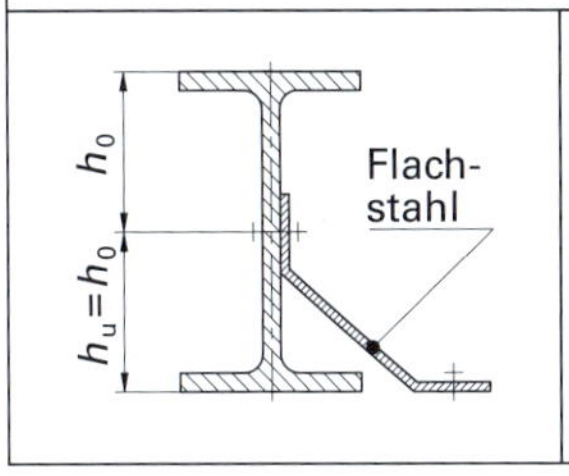	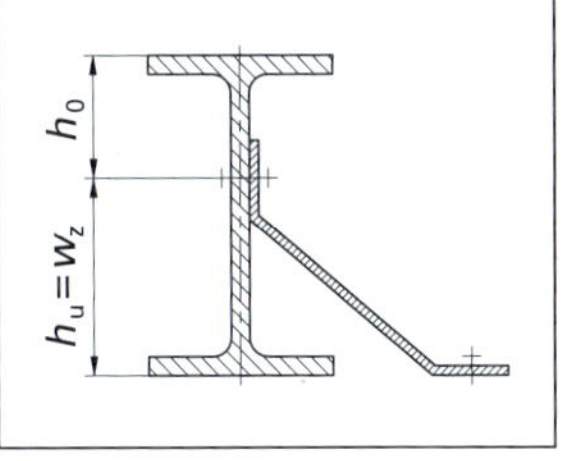

Zur Befestigung der Sonderprofile werden von den Herstellern Profilhalter angeboten; diese können auf den Rahmen angeschweißt oder verschraubt werden.

Für den HE-Träger werden Klemmplatten mit Verschraubungen durch das Profil oder reine Klemmverbindungen eingesetzt (s. Bild 1).

Konstruktiv günstig ist es, die Pfetten möglichst durchgehend zu gestalten, damit die Durchbiegung möglichst gering ist. Überschreiten die Hallenmaße die Pfettenlängen werden die Pfetten biegesteif miteinander verbunden (s. Bild 2).

Aufgaben

1. Welche Aufgabe hat eine Pfette?
2. Skizzieren Sie verschiedene Pfettenformen und beschreiben Sie deren Einsatzmöglichkeit.
3. Was ist ein Pfettenschuh?

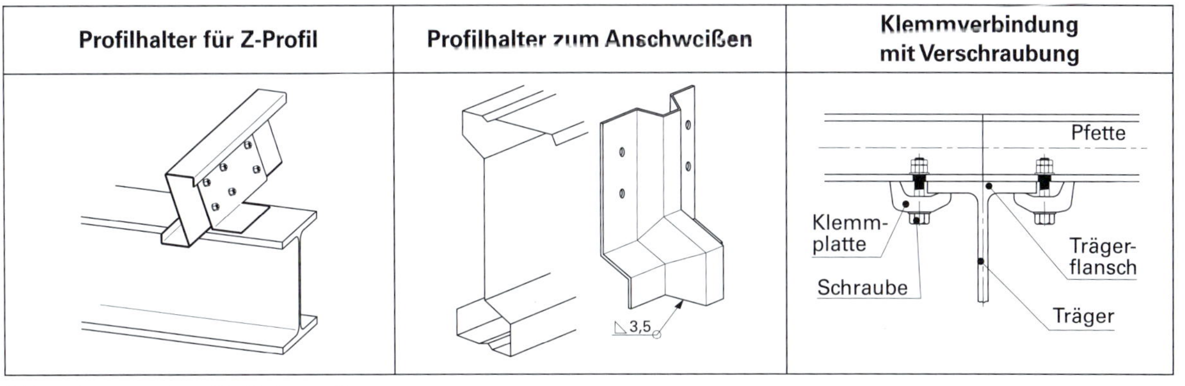

1 Befestigungssysteme für Pfettenprofile

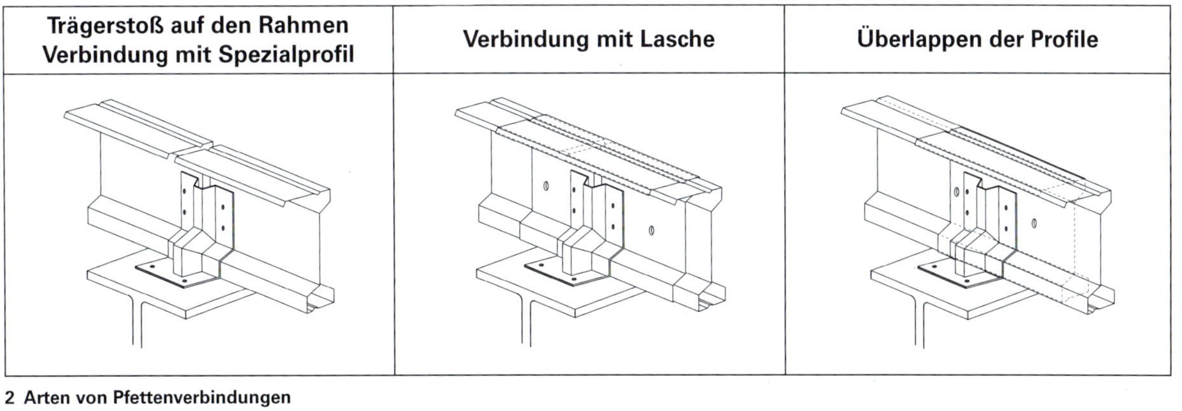

2 Arten von Pfettenverbindungen

6.8.8 Aussteifungen, Abstützungen, Verbände

Auf die Produktionshalle (s. Kapitel 6.10.1) wirken äußere und innere Belastungen, die das Gebäude verformen und zum Einsturz bringen kann. Äußere Belastungen sind z. B. Wind (Druck und Sog) und innere Belastungen bewirken Querkräfte z. B. durch fahrende Kräne. Um diese Belastungen in die Fundamente abzuleiten, werden Aussteifungen, Abstützungen und Verbände eingebaut.

Aussteifungen in Wänden werden durch
- eingespannte Stützen.
- Aussteifungsverbände, Scheiben und
- Rahmenkonstruktion erreicht.

Aussteifungsart	Erläuterung
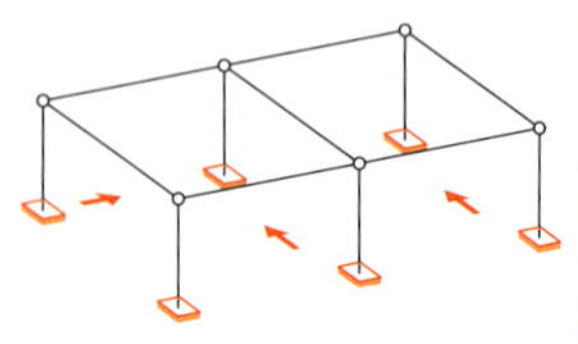	Mittels eingespannten Stützen in Köcherfundamenten werden die Biegemomente in das Fundament übertragen
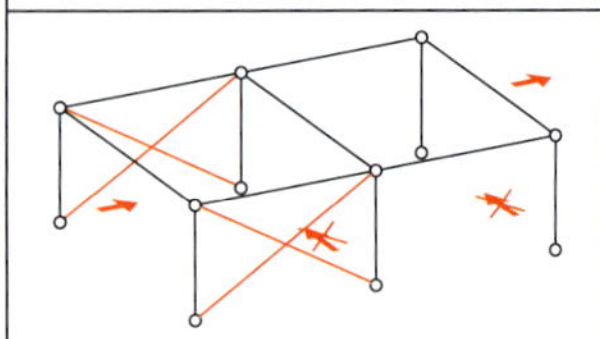	Einseitige Aussteifung durch Windverbände. Die Stäbe werden auf Zug belastet.
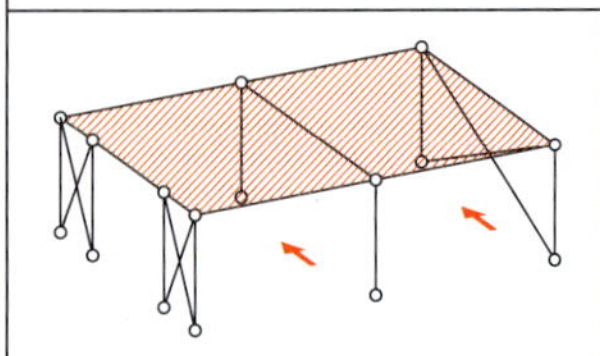	Aussteifung durch Einbau einer Deckenscheibe.
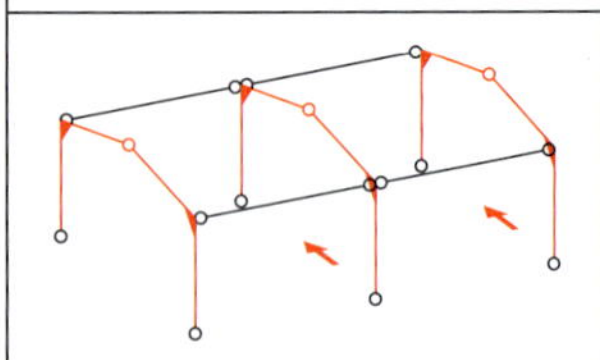	Aussteifung durch Gelenkrahmen
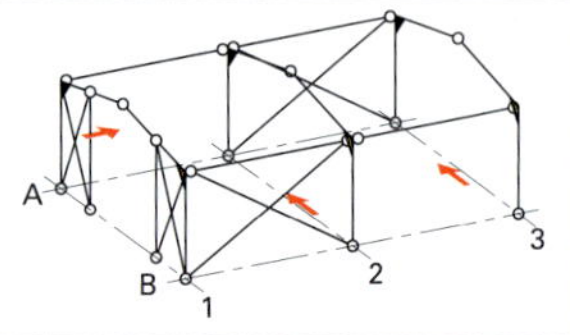	Kombinierte Aussteifung durch Verbände und Rahmen
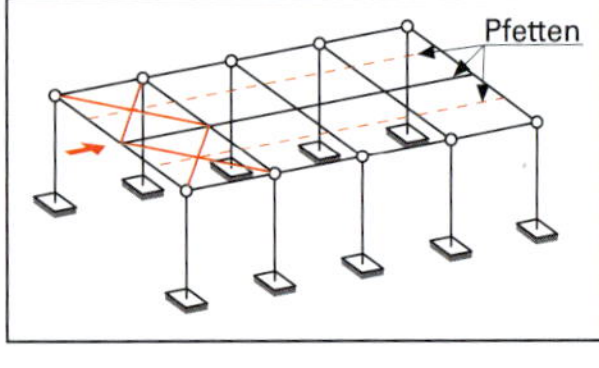	Einbau von „liegenden" Fachwerken; die gestrichelt dargestellten Pfetten tragen zur Steifigkeit kaum bei.

Aussteifungsart	Erläuterung
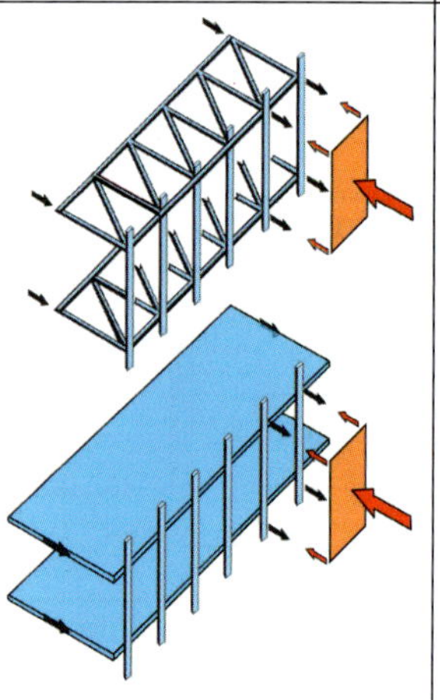	Die Aussteifung erfolgt durch Einbau von Fachwerken oder Deckenplatten.
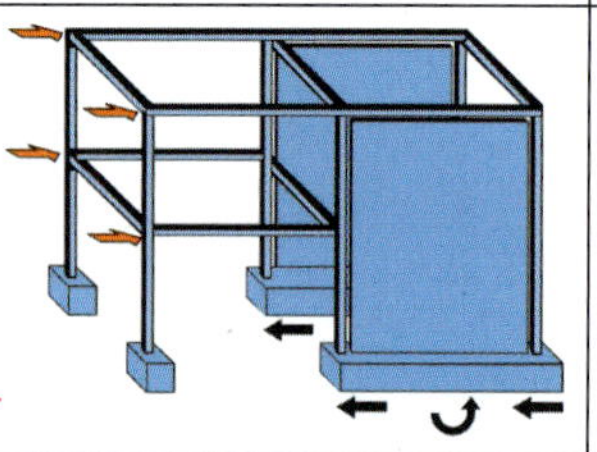	Wandscheiben aus Mauerwerk oder aus Beton werden in die Fachwerkfelder eingesetzt.
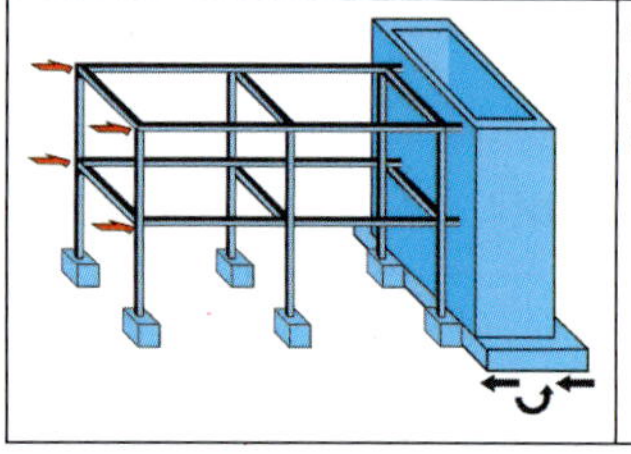	Gebäudeschächte stützen die sich anlehnenden Fachwerke ab

Abstützungen

Druckbelastete Stützen oder auch Biegeträger müssen gegen Knickung oder Durchbiegen geschützt werden. Bei Stützen erfolgt dies durch Mauerwerk oder Betonplatten, bei Trägern durch einen unter den Biegeträger eingebauten Stützträger.

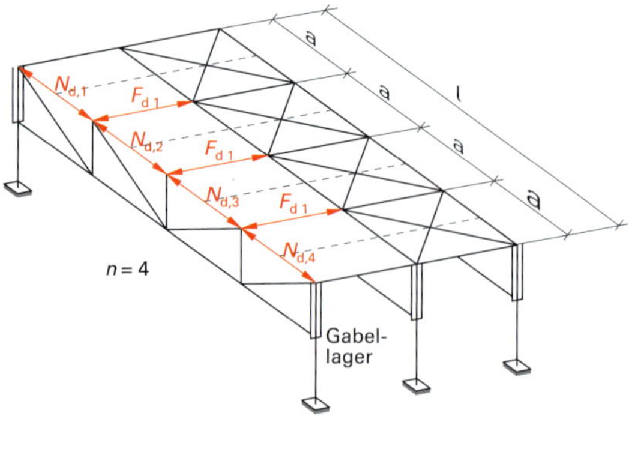

6.8.9 Kranbahnen

Zum Transport der Erzeugnisse werden in Hallen häufig Portalkräne verwendet (Bild 1). Die Portalkräne laufen auf Schienen und werden je nach Größe von Boden (flurgesteuert) oder aus einer mitfahrenden Kabine (korbgesteuert) bedient. Je nach Belastung werden unterschiedliche Konstruktions- und Befestigungsarten eingesetzt (s. nachfolgende Tabelle).

1 Kranbahn

Ein HE-Profil wird stumpf an die Stütze durch eine rundum-Naht angeschweißt. Geeignet für geringe Lasten.

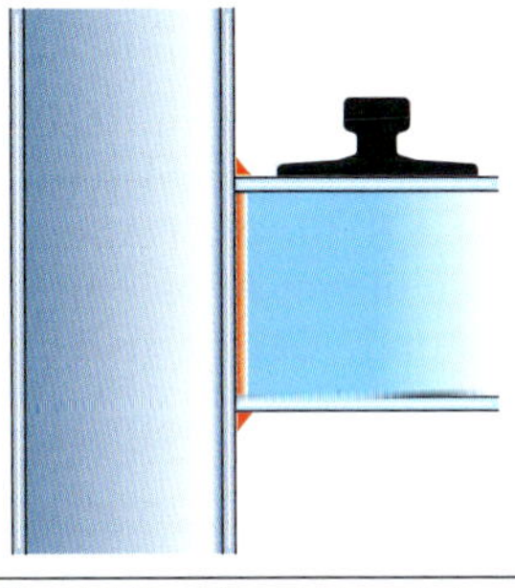

Ein HE-Profil wird stumpf an die Stütze durch eine rundum-Naht angeschweißt. Die Stütze wird durch eingeschweißte Rippen versteift. Geeignet für höhere Lasten.

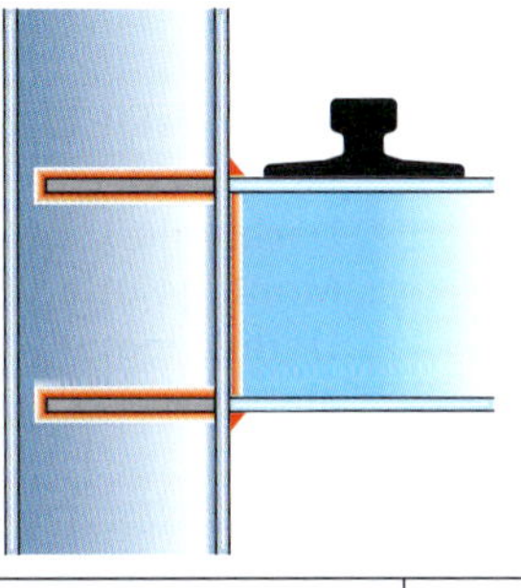

Eine Kopfplatte wird auf ein HE-Profil stumpf durch eine rundum-Naht angeschweißt. Kopfplatte und Stütze werden verschraubt. Die Stütze wird durch eingeschweißte Rippen versteift. Geeignet für höhere Lasten.

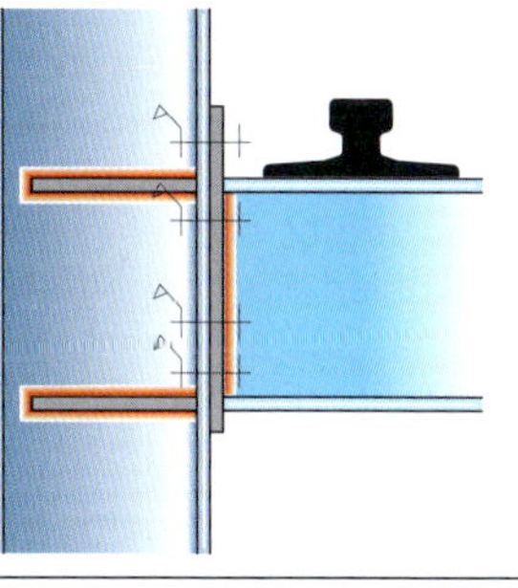

Ein HE-Profil wird auf das angeschweißte HE-Profil aufgelegt und dient als Auflage für die Kranbahn. Der angeschweißte Winkel wird an der Stütze verschraubt; das HE-Profil liegt auf einer Unterlage und wird ebenfalls verschraubt. Geeignet für hohe Lasten.

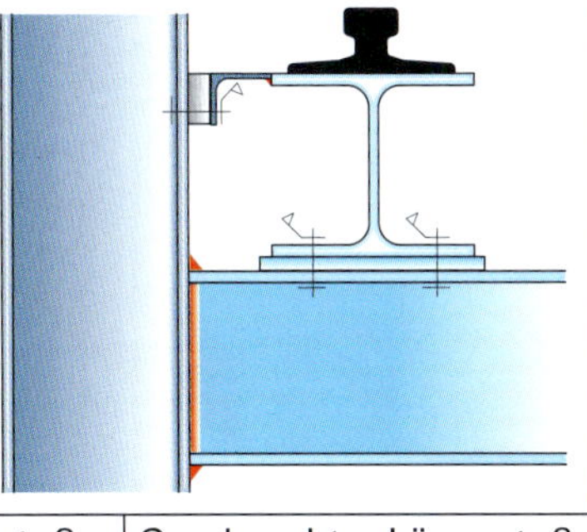

Das Distanzblech wird an dem Querträger und der Stütze angeschweißt.

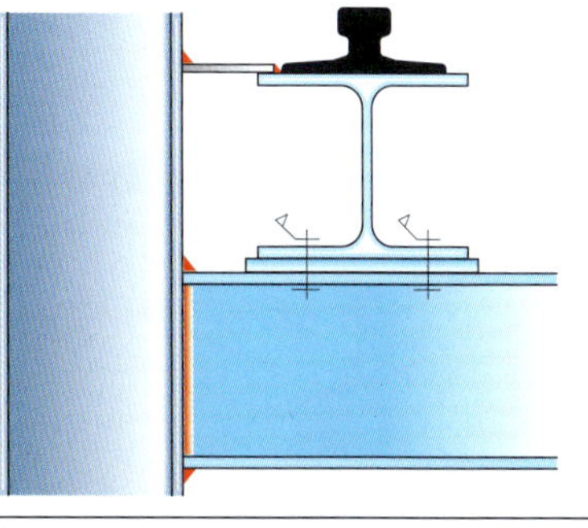

Geschweißter Längsstoß der Kranbahn.

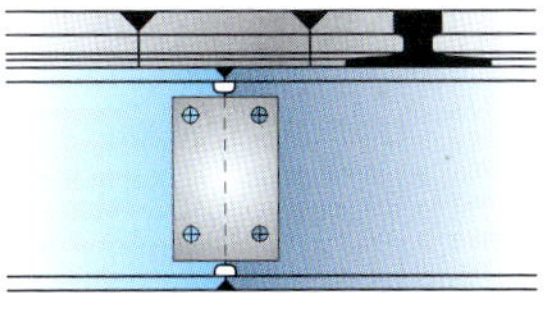

Geschraubter Längsstoß der Kranbahn. Die Kranschiene wird für einwandfreies Überfahren abgeschrägt.

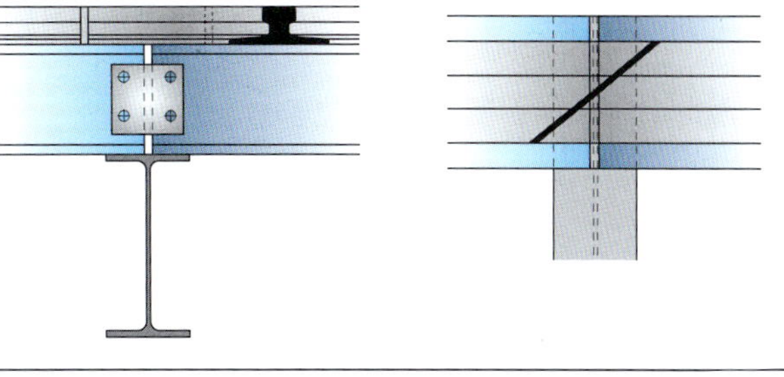

Auf die Kranbahnkonsolen werden die Schienen montiert. Je nach Größe der Belastung werden Vierkantschienen (angeschweißt) oder Kranschienen nach DIN 536 verwendet. Kranschienen können direkt auf das Profil verschraubt oder mit angeschraubten Klammern befestigt werden. Zum Schallschutz werden zwischen Schiene und Kranbahn Schienenunterlagen eingelegt.

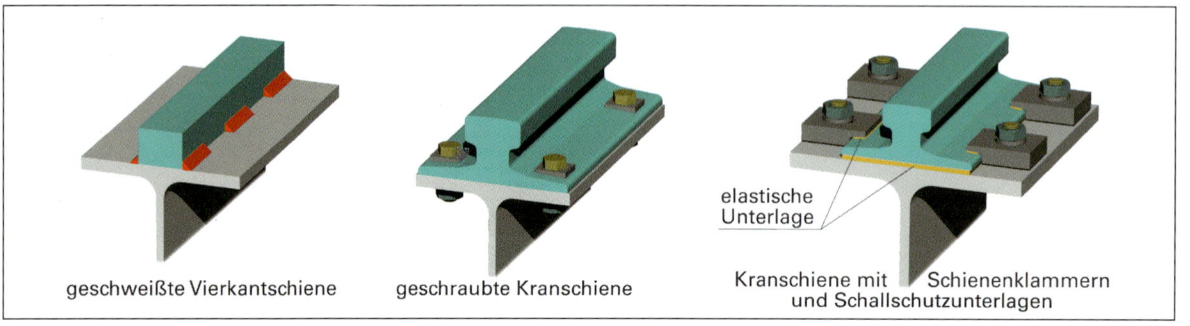

1 Arten von Kranbahnschienen und deren Montage

6.9 Stahlhallen als flexibles Bausystem

Stahlhallen können als Einzelbau (geschlossenes Bausystem) oder nach dem Baukastensystem (offenes Bausystem) erstellt werden. Durch die Standardisierung ergibt sich ein vollständiges Bausystem mit flexiblen Komponenten, die einerseits architektonische Gestaltungsmöglichkeiten zulassen und andererseits die Planungs- und Fertigungskosten reduzieren. Weitere Vorteile sind die problemlose Erweiterung der vorhandenen Baukörper und bauliche Veränderungen durch Nutzungsänderung.

Bild 1 zeigt exemplarisch eine nach dem Baukastensystem erstellte Halle mit unterschiedlichen Dachhöhen, Zwischendecke z. B. für die Fertigung, Montage und Versand sowie einem Anbau für die Unterbringung von Verwaltung, Gesprächsräume etc.

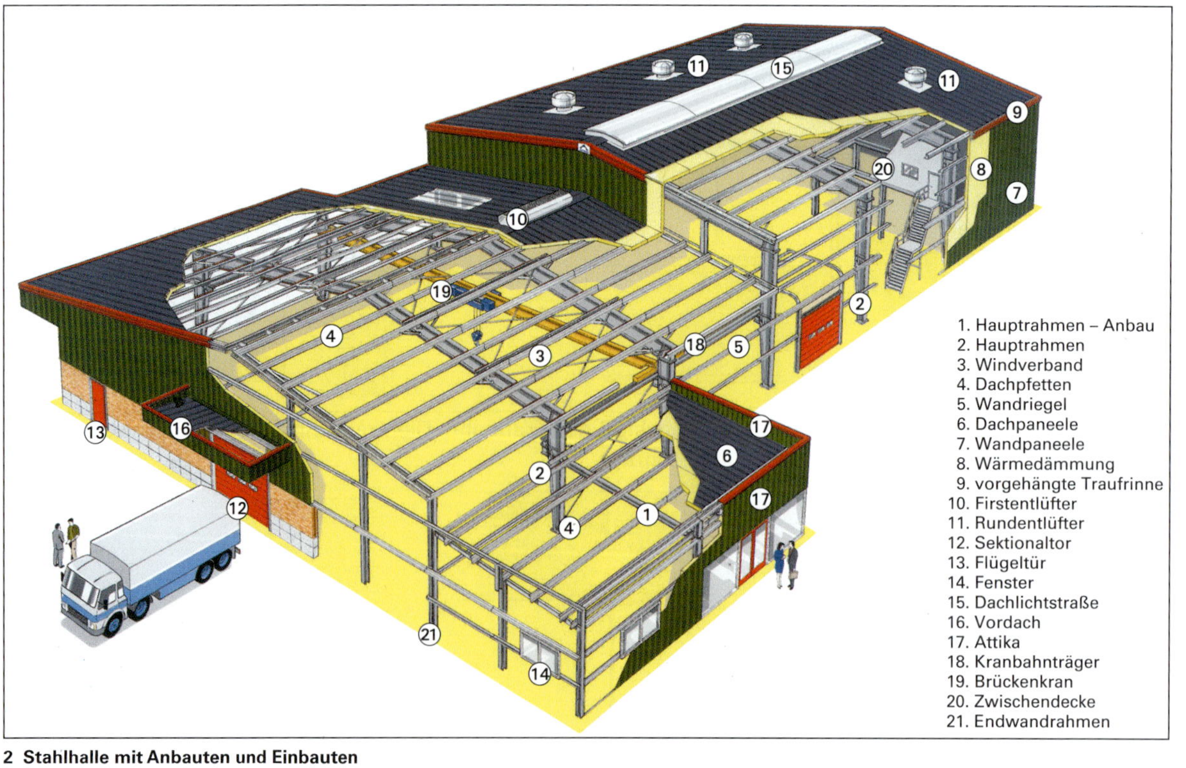

2 Stahlhalle mit Anbauten und Einbauten

6.10 Dachformen

Den oberen Abschluss von Hallen bilden Dächer; sie schützen Menschen und Maschinen vor Wind. Regen, Schnee usw. Die Form des Daches kann funktionellen oder gestalterischen Forderungen unterworfen sein.

Einfluss haben:
- Gebäudelage
- Klima
- Dachneigung
- Gebäudenutzung und Verwendungszweck.

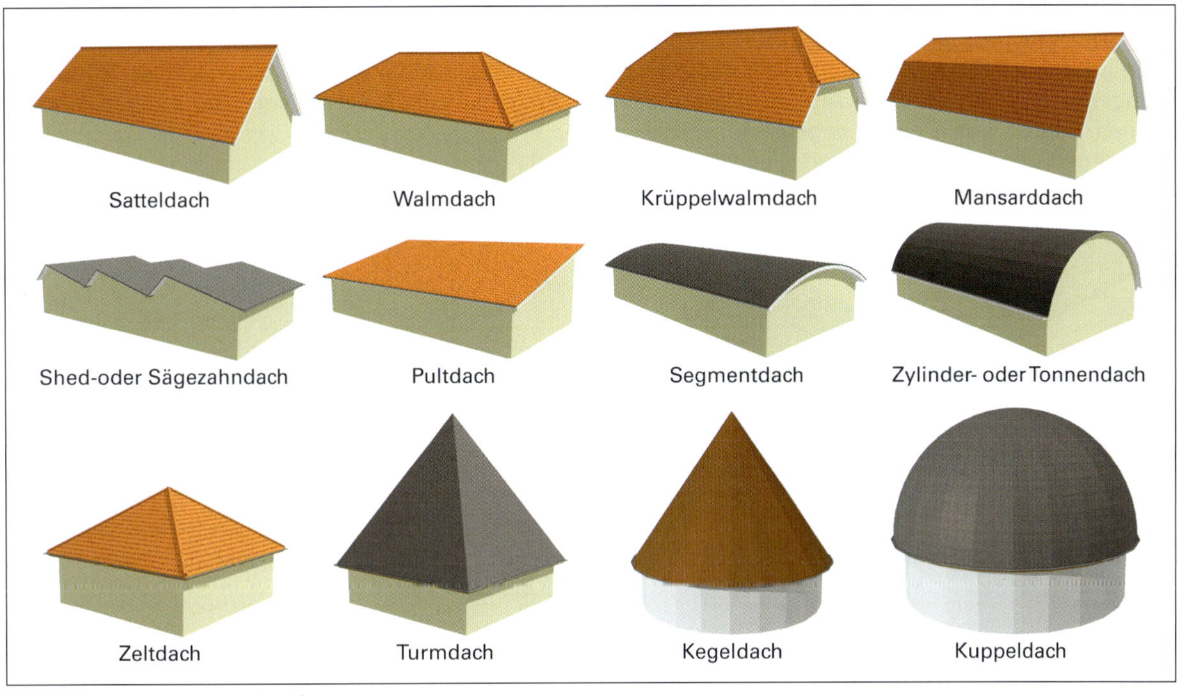

1 Darstellung verschiedener Dachformen

Eine Übersicht verschiedener Dachformen und deren Nutzung zeigt folgende Tabelle:

Wohngebäude	Satteldach, Walmdach, Krüppelwalmdach, Mansarddach,
Industriehallen, einfache Gebäude	Satteldach, Flachdach, Pultdach, Sheddach oder Sägezahndach, selten Tonnendach
Bahnhöfe, langgestreckte Hallen, Mehrzweckgebäude	Kuppeldach, Segmentdächer und Zylinderdächer
Weitere Bauformen	Zeltdach (z. B. Olympiastadion München), Turmdach (z. B. Kirchtürme), Kegeldach (z. B. Leuchttürme)

6.11 Dächer und Wände für Stahlhallen

Stahlhallen benötigen Abschlusssysteme gegen die Witterung, z. B. Regen und Wind. Sie dienen dem Schutz gelagerter Waren, Maschinen und arbeitender Personen. So sind vorgeschriebene Raumtemperaturen einzuhalten, die nach der Schwere der zu verrichtenden Arbeit festgelegt werden. Sie liegen zwischen 12 °C bis 20 °C. Weiterhin schreibt die Energieeinsparverordnung (EnEV) bestimmte Abdichtungssysteme vor, um den Energieverbrauch möglichst gering zu halten.

Forderungen an Dacheindeckungen sind
- geringes Eigengewicht,
- hoher Wärmeschutz,
- hoher Brandschutz,
- gute Lebensdauer und
- leichte Montierbarkeit.

Das verwendbare Angebot ist vielfältig und muss nach Kundenwünschen und technischen Anforderungen ausgewählt werden. Es werden unterschieden:

- Trapezbleche,
- Wellprofile,
- Sandwich-Elemente und
- Platten aus Leichtbeton.

Je nach verwendetem Abdeckungssystem muss bei der Konstruktion die Montierbarkeit der Eindeckung mit beachtet werden. Auf die Dachträger können Pfetten aus Z-Profil angebracht werden. Sie werden überlappend montiert und verstärken die Statik.

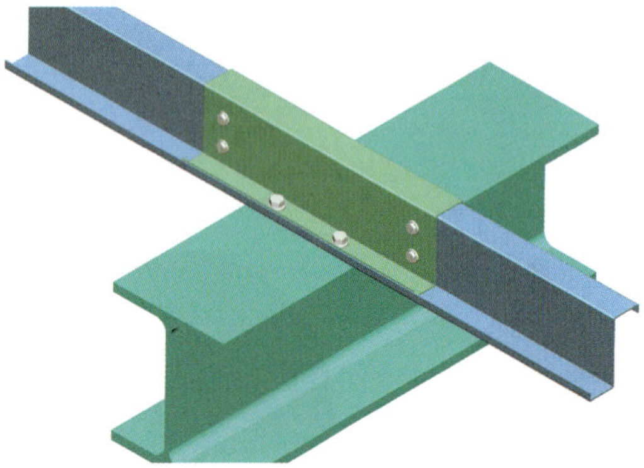

Dachsystem aus Stahltrapezprofil

Das Trapezblech (Blechdicken 0,55 mm oder 0,65 mm) wird durch Rollumformen gefertigt und als Modul z.B. 900mm lang geliefert. Das Trapezblech wird verzinkt oder mit einer Duplex-Beschichtung versehen, um den Korrosionsschutz zu gewährleisten.

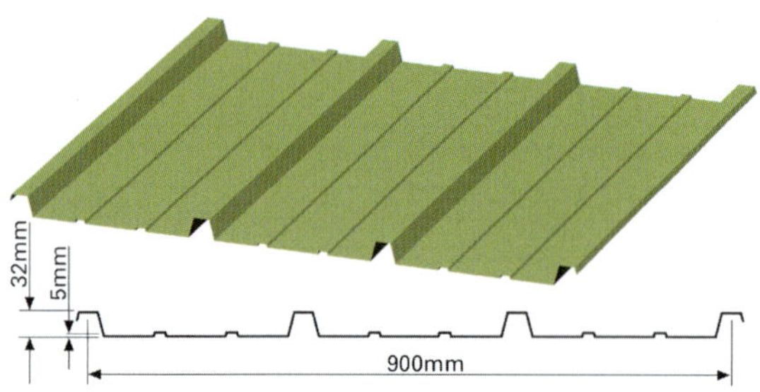

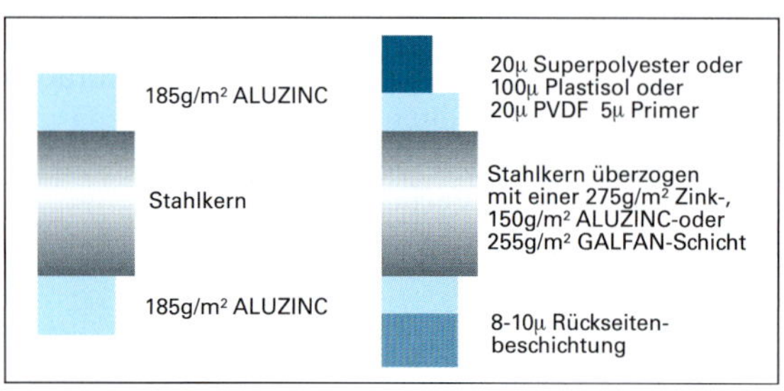

Das Trapezblech wird mit selbstbohrenden Edelstahlschrauben auf den Dachpfetten befestigt (siehe Bild). Die aufvulkanisierte Dichtung auf den Unterlegscheiben sorgt für optimale Dichtigkeit und eine elastische Verbindung von Trapezblech und Dachpfetten.

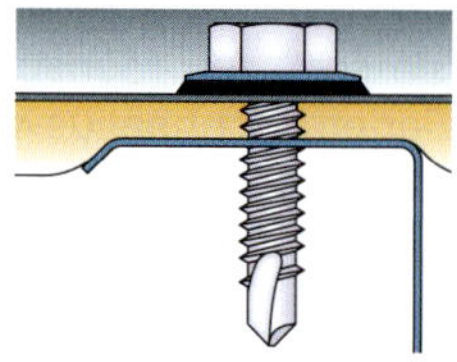

Die Plattenstöße werden dauerelastisch mit einem Klebeband auf Butyl-/Polymer-Basis abgedichtet.

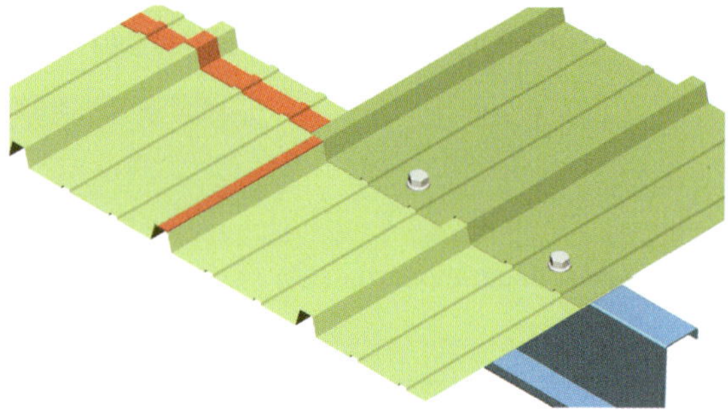

Zwischen die Trapezbleche wird eine Dämmung entsprechender Dicke gelegt, die Wärme- und Schallschutz sichern.

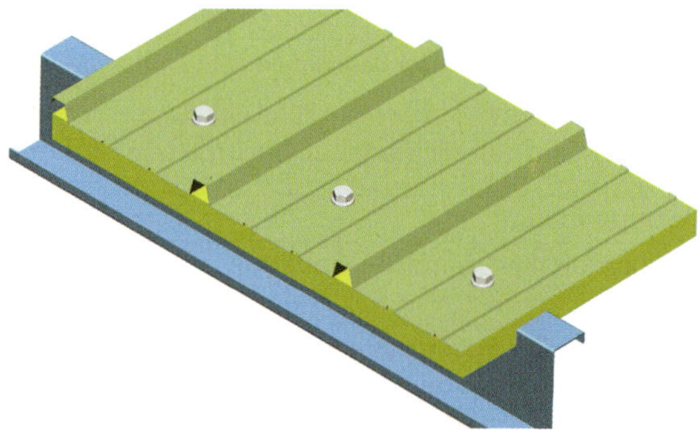

Nennstärke in mm	50	60	80	80+	100+	120+ + Dämmung
U_m in W/(m²·K)	1,01	0,93	0,81	0,62	0,54	0,45

Stehfalzdach

Stehfalzdächer werden spannungsfrei gleitend auf entsprechenden Haltern auf dem Dach befestigt:

- Die Paneele rastet beidseitig in unterschiedlichen Längsprofilierungen ein, und es ergibt sich eine kraftschlüssige Stehfalzverbindung.
- Ein in die Stehfalzverbindung integrierter Clip wird direkt mit den Dachpfetten verschraubt.

Diese verdeckten Paneelhalter sind so konstruiert, dass sie sich die Paneele frei bewegen können. Durch die Aufständerung des Paneels wird die Isolierung nicht komprimiert, und es entsteht keine Wärmebrücke.

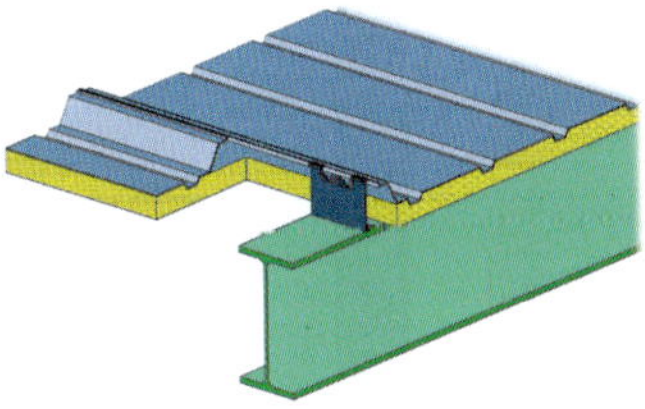

Steh-falzdach

Sandwichpaneele

Das Sandwichdachpaneel setzt sich aus drei Komponenten zusammen. Zwei im Rollformverfahren hergestellte Stahltrapezprofile dienen als Außen- und Innenschale; der Zwischenraum wird mit einem FCKW-freien Wärmedämmkern aus Polyurethan-Hartschaum (PU) ausgeschäumt. Die Stahlprofile sind beidseitig bandverzinkt und beidseitig mit einer Grundbeschichtung versehen. Abschluss bildet eine Superpolyesterbeschichtung.

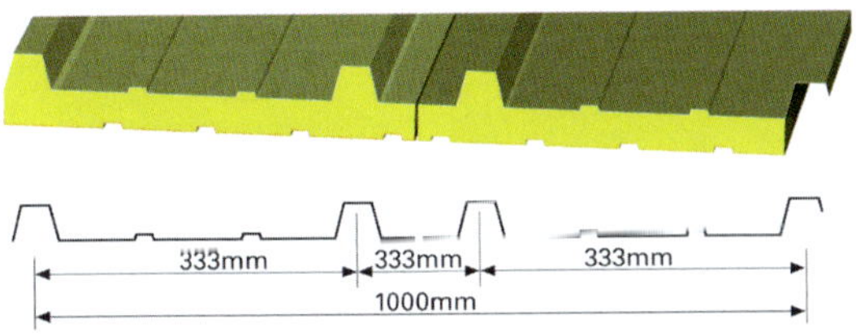

Die Dachpaneele wird z.B. auf Dachpfetten aus Z-Profil aufgelegt und verschraubt. Je nach zu erwartender Schneelast werden die Z-Profile im Abstand zwischen 1,5m bis 3m auf den Riegeln montiert.
Die Abdichtung erfolgt über dauerelastische Bänder, die auf die Hochsicke aufgeklebt werden. Das nächste Paneel wird dann auf das Klebeband aufgelegt.

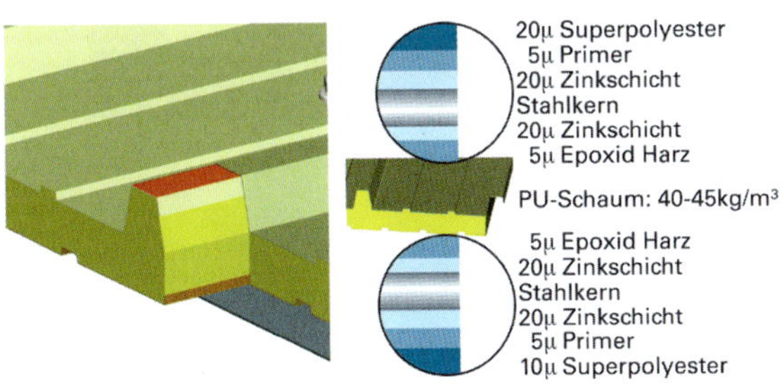

Doppelschaliges Dachsystem

Das doppelschalige Dachsystem setzt sich aus zwei übereinanderliegenden Dachschalen mit dazwischenliegendem Abstandshaltern zusammen, die auf den Dachpfetten montiert werden. Die Wärmedämmung wird zwischen den beiden Dachschalen verlegt. Das doppelschalige Dachsystem hat folgende Vorteile:

- Höchste Wärmedämmung
- Gute Schallschutzeigenschaften
- Hohe Feuerstandbeständigkeit

Durch Verwendung eines innenliegenden Lochpaneels kann die Schalldämmung noch verbessert werden.

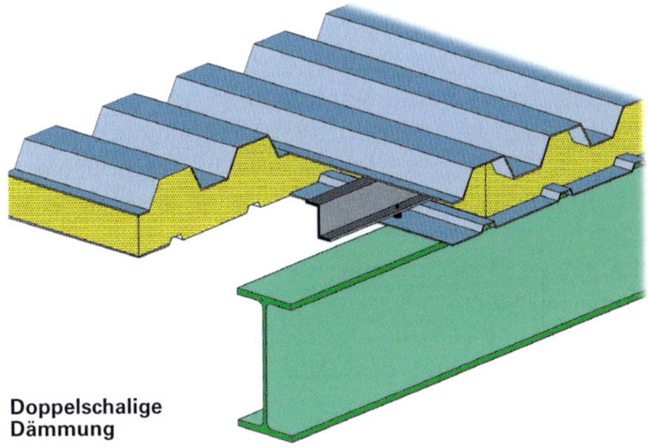

Doppelschalige Dämmung

Wandsysteme

Stahlskelette wurden früher ausgemauert. Ein gut erhaltenes Beispiel dafür ist die Zeche Zollverein in Essen (siehe Bild unten rechts).

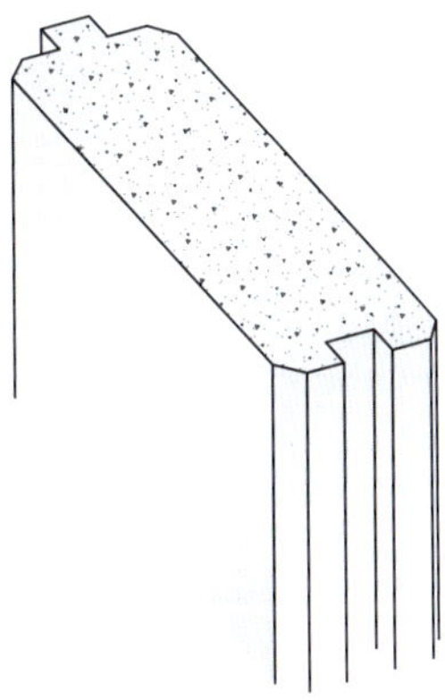

Ähnlich wie die Dachsysteme werden vor das Stahlskelett gewalzte Profile in unterschiedlichen Profilierungen oder Leichtbetonplatten bei höher geforderter Festigkeit angebracht.

Der Vorteil des Porenbetons besteht darin, dass er durch die Lufteinschlüsse eine hohe Wärmedämmung aufweist und keine zusätzliche Wärmedämmungen erfordert. Die Anforderungen der Wärmeverordnung und der Energieeinsparverordnung (EnEV) werden erfüllt (Bild oben links).

Die Platten (1) können liegend oder stehend angebracht werden. Die Bauhöhe ist bei horizontaler Montage auf 20 Meter und bei vertikaler Aufstellung auf 12 Meter aus statischen Gründen begrenzt.

Bei horizontaler Montage wird in die Fuge ein Kunstharzmörtel (13) aufgebracht. Die Stöße befinden sich auf halber Breite der Stahlstütze; an angeschweißten Ankerschienen (3) werden Nagelbleche (9, Horizontalstöße) oder Zuglaschen (4 mit 6, Vertikalstöße) befestigt, die dann mit der Platte verbunden werden. An dieser Stelle wird die Fuge ausgespart. Bei der Kombination von liegenden und stehenden Platten werden an die Ankerschiene (3) Ankerbolzen angebracht. Darüber wird ein Aluminiumprofil (7) gelegt und anschließend verschraubt. Nach erfolgter Montage muss unbedingt eine Beschichtung zum Wetterschutz aufgebracht werden.

Wandpaneele sind gewalzte Bleche, die verzinkt und zusätzlich beschichtet angeboten werden. In das Stahlskelett werden z. B. Z-Profile eingebracht, auf denen die Außen- und Innenhaut angeschraubt wird. Zur Wärmedämmung wird eine Dämmschicht eingebaut. Durch eine Hinterlüftung ist für Feuchtigkeitsabtransport gesorgt.

Die Innenwände können bei Bedarf mit Stahlblechpaneelen oder individuellem Aufbau nach Kundenwunsch ausgestaltet werden.

Ähnlich wie bei den Dachsystemen können die Wände mit Sandwichpaneelen ausgefüllt werden. Zwischen den beiden Profilblechen liegt eine Hartschaumschicht. Durch das Nut-Feder-System ist eine schnelle und dichte Montage mit selbstschneidenden Schrauben gegeben.

Eine weitere Bauweise ist die Stahlkassettenwand. Die Dämmung wird in vorbereitete Flächen eingelegt. Die Außenhaut wird mit selbstschneidenden Schrauben befestigt. Die Dämmung umschließt die Trägerelemente, somit ist keine Wärmebrücke gegeben (Bild 1, nächste Seite).

Fenster- und Türöffnungen sind problemlos einplanbar. Hersteller bieten für ihre Systeme ein umfangreiches Zubehör an, das den Einbau ermöglicht.

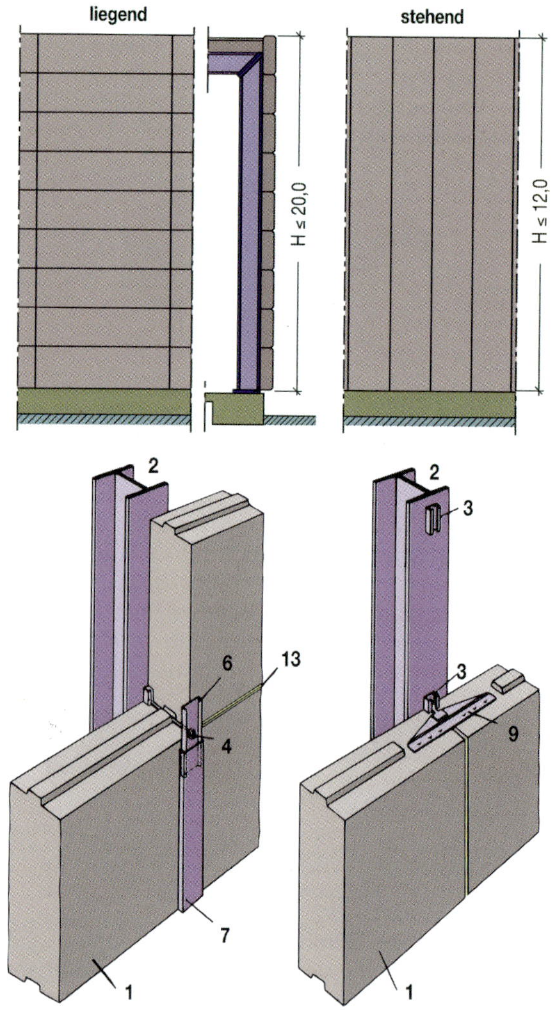

Wandsystem aus Porenbeton

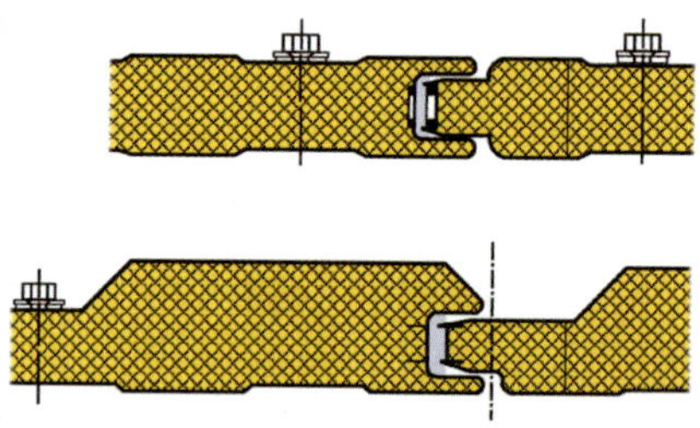
Wandpaneele

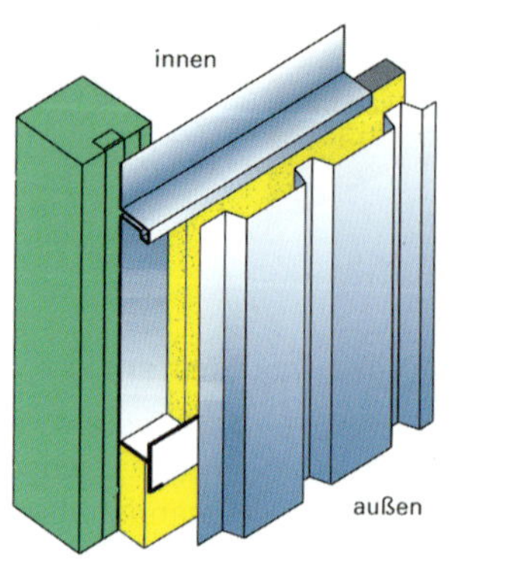

Stahlkassettenwand

1 Montage einer Stahlkassettenwand

Kritisch sind die Übergänge vom Dach zu den Wänden. Verschiedene Möglichkeiten und deren Abdichtung sind folgender Übersicht zu entnehmen.

Anschluss einschaliges nicht wärmegedämmtes Dach – einschalige nicht wärmegedämmte Wand

Anschluss zweischaliges wärmegedämmtes nicht belüftetes Dach mit unterer Trapezprofilschale – zweischalige wärmegedämmte Wand

Anschluss oberseitig wärmegedämmtes Dach – zweischalige wärmegedämmte Wand

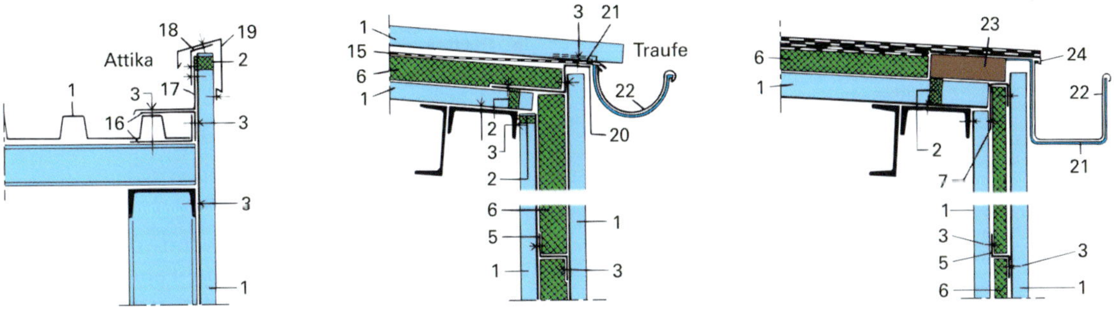

1 Stahltrapezprofil
2 Profilfüller
3 Verbindungselement
4 Dichtung
5 Z-Profil
6 Wärmedämmung
7 U-Profil
8 Dämmung
9 Stahlkassettenprofil
10 Tropfprofil
11 Dämmstreifen
12 Oberer Zargenwinkel
13 Sohlbankprofil
14 Seitlicher-Zargenwinkel
15 Abdeckfolie
16 Randverstärkungswinkel
17 Eckwinkel
18 Befestigungsblech
19 Attikakappe
20 Distanzriegel
21 Rinnenhalter
22 Rinne
23 Holzbohle
24 Einlaufblech
25 Verbindungselement mit Abstandhülse

Aufgaben

1. Welche Forderungen werden an Dacheindeckungen für Stahlhallen gestellt?
2. Zählen Sie verschiedene Dacheindeckungsarten auf.
3. Welche Korrosionsschutzarten sind für ein Trapezprofil für ein Dach wählbar? Nennen Sie Vorteile und Nachteile.
4. Wie werden Trapezbleche an den Stoßkanten abgedichtet?
5. Welcher Schraubenwerkstoff muss für die Verschraubungen der Trapezbleche verwendet werden? Begründung.
6. Wie wird Kontaktkorrosion zwischen Schraube und Trapezblech vermieden?
7. Beschreiben Sie die Montage eines Stehfalzdaches.
8. Aus welchen Teilen setzt sich ein Sandwichdachpaneel zusammen? Benennen Sie die einzelnen Schichten und deren Funktion.
9. Welchen Vorteil hat eine Wand aus Porenbeton? Skizzieren den Querschnitt.
10. Wie werden Leichtbetonplatten an Stahlhallen montiert? Erstellen Sie eine Skizze. Nennen Sie die Einsatzgrenzen und benennen Sie die Befestigungselemente.

6.12 Stahlbrücken

1 Gegossene Stahlbrücke, England 1779

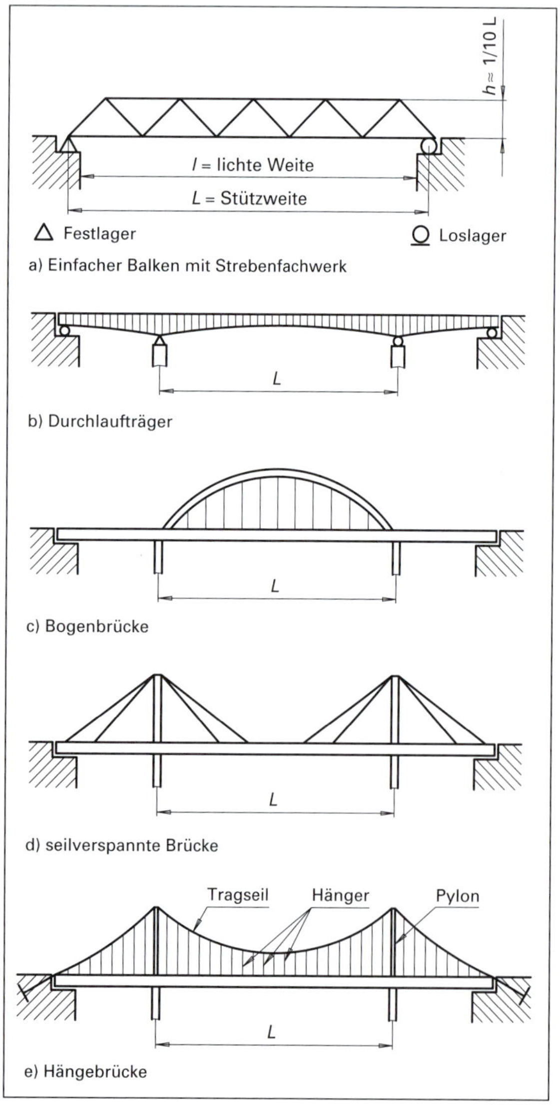

2 Brückenarten

Brücken zählen zu den imposantesten Stahlbaukonstruktionen, an ihnen lässt sich sehr gut die Entwicklung des Stahlbaus studieren. Brücken führen Verkehrswege über Geländehindernisse. Die erste Stahlbrücke wurde schon 1779 über dem Fluss Severn in England aus gegossenen Bauteilen errichtet und wird noch benutzt (Bild 1). Moderne Brücken sind meist Stahl/Beton-Verbundkonstruktionen:

Brücken lassen sich einteilen nach (Bild 2):
- **überführtem Verkehrszweig** in Straßen-, Eisenbahn-, Rohr-, Förderbrücken,
- **Geländehindernis** in Fluss-, Tal-, Meerengenbrücken,
- **Beweglichkeit** in feste und bewegliche Brücken,
- **statischem System** in Balken-, Bogen-, Hängebrücken.

Bestimmende Bauteile an Stahlbrücken sind (Bild 2):
- **Hauptträger** (= Brückenbalken) aus Vollwand- oder Fachwerkträgern.
- **Pfeiler** als Auflager des Brückenbalkens,
- **Fahrbahn** mit Längs-/Querträger und Fahrbahnplatte,
- **Lager** zum Ausgleich von Dehnungen.

6.12.1 Feste Brücken

Feste Brücken sind als Vollwand- oder Fachwerkkonstruktion ausgeführt. Dabei kann die Tragkonstruktion über oder unter der Fahrbahn liegen. Läuft eine Balkenbrücke über mehrere Pfeiler, so erhält sie nur ein Festlager und mehrere Loslager (Bild 2 b). Eine Vergrößerung der Spannweite ist möglich, wenn der Brückenbalken mit Seilen an Pylonen hängt. Bei Bogenbrücken ist die Fahrbahnplatte nicht tragend, sondern hängt an Bögen, die sich auf Pfeiler oder dem Untergrund direkt abstützen. Ein Joch verbindet die beiden Bögen, Zugbänder verhindern das Aufbiegen.

3 Bogenbrücke über eine Eisenbahnanlage

Mit Hängebrücken lassen sich Spannweiten von derzeit 2000 m erreichen. Die Fahrbahnplatte hängt mit Drahtseilhängern an einem Tragkabel, das von Pylonen abgestützt und in den beiden Uferseiten verankert ist. Das Tragkabel ist aus patentverschlossenen Drahtseilen oder Einzeldrähten gewickelt und erreicht Durchmesser bis um 1000 mm (Bild 1).

1 Hängebrücke

Früher wurden Brücken als Nietkonstruktion aus vorgefertigten Einzelteilen auf der Baustelle errichtet. Der Aufwand an Material und Arbeitszeit für Trag- und Aussteifungskonstruktionen war beträchtlich. Heute sind zwei Arten der Brückenmontage üblich:

- In der Stahlbauwerkstatt werden komplette Vormontagegruppen hergestellt und im Freivorbau an den Brückenträger befestigt.
- Die komplette Brücke wird „an Land" montiert, dann durch Längsverschieben auf Rollkästen oder Querverschieben auf Schienen auf die Lager gesetzt.

6.12.2 Bewegliche Brücken

Ist die lichte Höhe zu gering, so baut man bewegliche Brücken. Möglich sind Klapp-, Dreh-, Hub- und Hubrollbrücken (Bild 2). Sie müssen möglichst leicht gebaut sein und mit umfangreichen Steuer- und Sicherheitseinrichtungen ausgestattet werden.

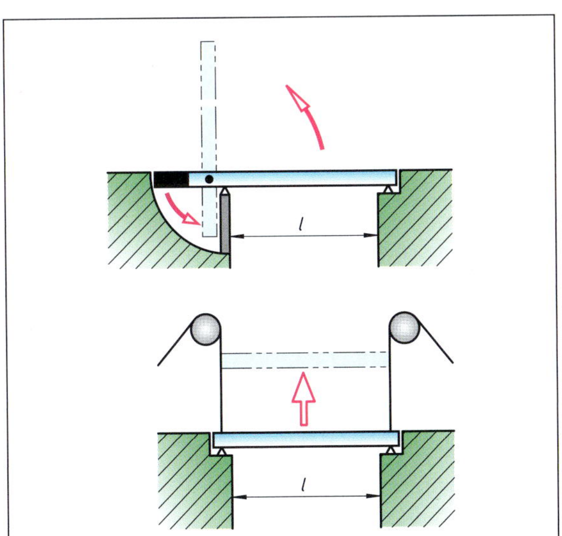

2 Bewegliche Brücken

6.12.3 Brückenkonstruktionen und Bauteile

Das Prinzip einer Konstruktion wird am Brückenquerschnitt sichtbar (Bild 3). Die Fahrbahnplatte liegt entweder auf zwei oder mehreren Hauptträgern oder sehr verwindungssteifen Kästen auf. Die Träger werden auf der Baustelle verschraubt, die Fahrbahnplatte verschweißt und mit einem elastischen Belag, z. B. Asphalt, versehen.

Das Geländer erhält als Absturzsicherung ein eingelegtes Seil im Obergurt und muss durch überlappte Stöße Wärmedehnungen aufnehmen können (vgl. Kap. 3.7.2). Schwach gekrümmte Geländer erhalten ihre Form auf der Baustelle aus geraden Stücken durch Flammrichten (siehe Kap. 3.7).

Als Brückenlager findet man an der Festlagerseite meist ein Linienkipplager und an der Loslagerseite ein allseitig bewegliches Gleitlager. Der Fahrbahnübergang muss den Spalt zwischen Fahrbahnplatte und Rampe überbrücken, die Wärmedehnungen aufnehmen und soll gleichzeitig wasserdicht sowie beim Befahren geräuscharm sein (Bild 4, Seite 86).

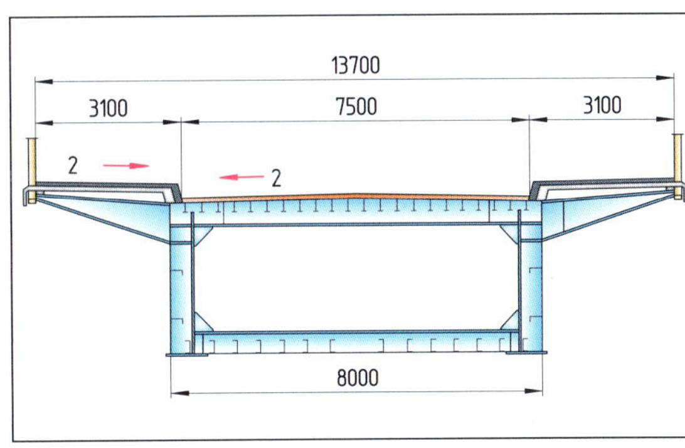

3 Brückenquerschnitt

Der Stahlbrückenbau wurde besonders durch den Ausbau der Eisenbahnen im 19. Jahrhundert sehr stark gefördert. Die vorher üblichen Holzbrücken waren wegen ihrer Neigung durchzuhängen für das Belegen mit Gleisen nicht geeignet, ebensowenig steinerne Brücken wegen ihrer oft starken Fahrbahnkrümmung.

Eisenbahnbrücken müssen nicht nur sehr starr und verwindungssteif sein. Der Fahrbahnübergang und die sehr großen Bremskräfte fordern besondere konstruktive Lösungen. Früher wurden Eisenbahnbrücken ausschließlich als so genannte „Trogbrücken" gebaut. Der Verkehrsweg liegt hier innerhalb der tragenden Konstruktion, z. B. einer Bogenbrücke (Bild 2 c, Seite 260). Diese Brücken unterliegen sehr starken Längenänderungen durch Sonneneinstrahlung.

Moderne Brückenkonstruktionen sind als Hohlkastenträger ausgebildet, die tragende Konstruktion liegt unter dem Verkehrsweg und ist als überdimensionaler Kastenträger ausgebildet (Bild 2, Seite 236). Da man auch bei Eisenbahnbrücken aus wirtschaftlichen Gründen mit möglichst wenig Pfeilern auskommen möchte, werden die Träger immer länger und aus statischen Gründen höher. Ein geschweißter Hauptträger (Bild 1, Seite 248) kann Baulängen bis 100 m und Bauhöhen bis 4 m erreichen.

6.13 Werterhaltung

Stahlbauten haben eine sehr lange Lebensdauer. Aus diesem Grund ist es wichtig, schon in der Phase der Konstruktion entsprechende Forderungen zu stellen und diese in der Konstruktion umzusetzen. Mögliche Maßnahmen sind für die

Primärstruktur:

- Konstruktionsregeln für den Korrosionsschutz beachten
- Werkstoffauswahl
- Profile feuerverzinken
- Profile duplexbeschichten
- Korrosionsschäden während und nach der Montage vermeiden bzw. ausbessern
- Zugänglichkeit zu geschlossen Bauteilen gewährleiten
- Rechtzeitige Instandsetzung von Schäden
- ...

Sekundärstruktur:

- Hohlräume vermeiden
- Werkstoffauswahl
- Beschichtungssysteme
- Verbindungselemente
- Dichtigkeit
- ...

Tertiärstruktur:

- Richtige Dimensionierung aller Inneneinrichtungen bezogen auf die Beanspruchungen
- Regelmäßige Wartung und Instandhaltung von Heizung, Lüftung, Sanitäranlagen, Beleuchtung
- ...

(s. auch Kapitel 9 Instandhaltung)

Aufgaben

Bauelemente an Stahlkonstruktionen

1. Nennen Sie verschiedene Bauarten von Trägern.
2. Eine senkrechte Einzelkraft beansprucht einen Träger auf zwei Stützen. Wie werden die Gurte beansprucht?
3. Wie erfolgt die Schnittführung an einem Wabenträger?
4. In welchen Fällen sind Stegblechträger günstiger als Walzträger?
5. Warum müssen große Kastenträger durch Schotte ausgesteift werden?
6. Skizzieren Sie verschiedene Formen von Fachwerkträgern.
7. Wie lassen sich Trägerstöße herstellen?
8. Skizzieren Sie Bauformen bündiger Trägeranschlüsse.
9. Aus welchen Bauteilen bestehen Stützen und wie werden diese beansprucht?
10. Welche Vorzüge haben Fachwerk- gegenüber Vollwandstützen?
11. Was versteht man unter dem „Schlankheitsgrad" einer Stütze?
12. Vom Vertikalverband einer Giebelwand sind das System und daraus Pos. 2 abgebildet (Bild 1).
    - Welche Informationen lassen sich der Systemskizze entnehmen?
    - Warum gilt dieses System als stabil und unverschiebbar?
    - Ordnen Sie Bauteile aus Ansicht und System einander zu.
    - Wie ist der Rahmenfuß verankert?
    - Welchen Zweck haben die auf die Fußplatte geschweißten Bleche?
    - Entschlüsseln Sie die Bezeichnungen für Profile, Nähte und Verbindungselemente.
    - Beschreiben Sie Art und Gestaltung der Anschlüsse.

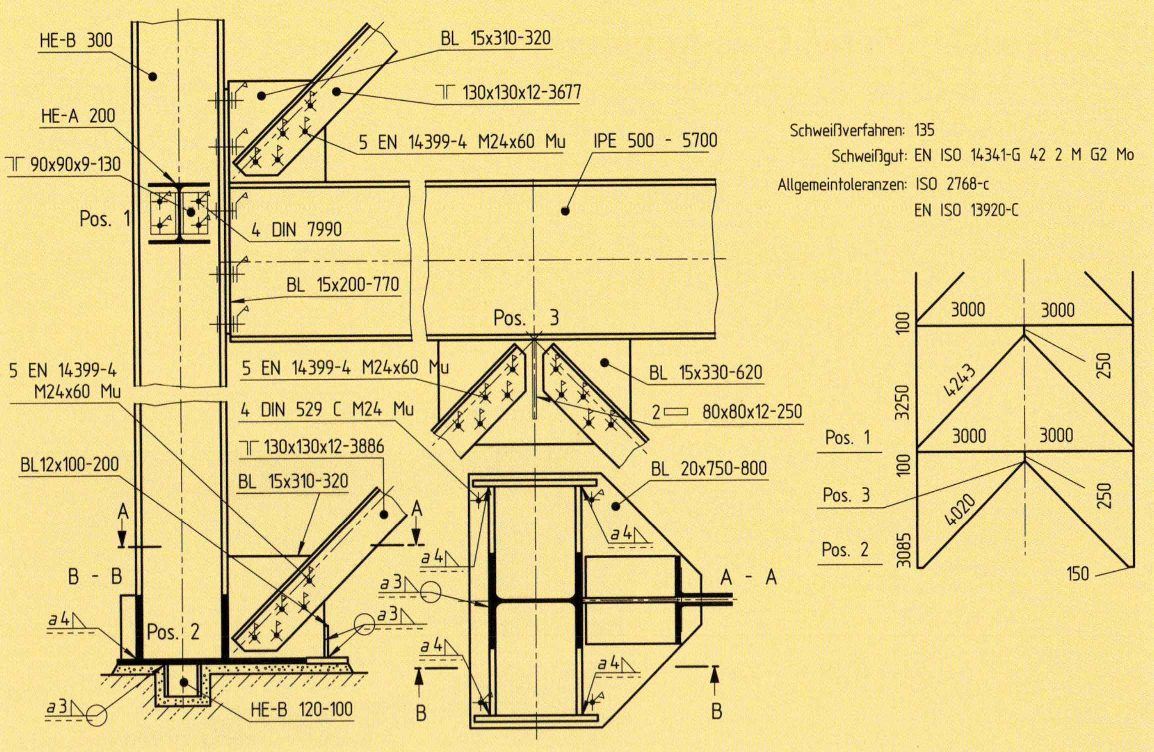

Hallen und Dachkonstruktionen

1. Welche Vorteile hat im Stahlhochbau die Einhaltung einer Modulordnung?
2. Skizzieren Sie verschiedene Dachformen von Stahlhallen.
3. Beschreiben Sie die beiden Bauweisen von Stahlhallen:
   a) Binder auf Stützen,
   b) Rahmen.
4. Erläutern Sie die im Stahlhallenbau üblichen Bauteile: Pfetten, Sparren, Riegel, Stiel.
5. Beschreiben Sie die Herstellung eines einteiligen Dreieckbinders mit 12 m Spannweite und 3 m Firsthöhe.
6. Nennen Sie Vorteile einer Gebäudekonstruktion aus Stahl gegenüber konventioneller Ziegelbauweise.
7. Warum ist die Montageplanung bei der Errichtung eines Stahlhochbaus entscheidend?

Stahlbrücken

1. Beschreiben Sie an einer Ihnen bekannten Stahlbrücke: Bauteile, Prinzip der Tragkonstruktion, Geländer, Lagerung.
2. Nennen Sie je zwei Bauarten von festen und beweglichen Brücken.
3. Skizzieren Sie eine Bogenbrücke mit Rampen und zwei Pfeilern und zeichnen Sie die Lager ein.
4. Wie lassen sich Wärmedehnungen an Brücken beherrschen?
5. Warum dürfen Brücken auf mehreren Pfeilern nur ein Festlager haben?

7 Konstruktionen des Metallbaus: Fenster, Fassaden, Glasanbauten

7.1 Übersicht: Metall-Glas-Konstruktionen

Konstruktionen aus Metallprofilen und Glas gewinnen im Metall- und Stahlbau zunehmend an Bedeutung. Metallbauer fertigen aus gewalzten, gezogenen und stranggepressten Profilen verglaste Bauelemente wie Fenster, Fassaden, Vitrinen, Wintergärten, Passagen und komplette Bauwerke, bei denen die Tragkonstruktion aus Stahl oder Aluminium mehr und mehr in den Hintergrund tritt. Sichtbar für den Betrachter soll primär das Glas sein, es bildet komplett die Gebäudehülle. Möglich wurde diese Vielfalt an Konstruktionen zeitgemäßer Architektur vor allem durch

- das Angebot stranggepresster Aluminium- und kaltgezogener Stahlprofile
- die Entwicklung von „Systemen" zueinander passender Profile und Beschläge
- die Entwicklung von Funktionsgläsern, die statische Aufgaben mit übernehmen können
- den Zwang Primärenergie zu sparen und sie zunehmend durch die Wärmestrahlung der Sonne zu ersetzen.

Die Profilsysteme aus Stahl, Aluminium und EDELSTAHL Rostfrei® der unterschiedlichen Hersteller erlauben es, mit einem geringen Einsatz von Fertigungsmaterial, Maschinen, Werkzeugen und Fachkenntnissen unterschiedliche Bauteile, wie Fenster, Fassaden oder Wintergärten in vielen Bauarten und Baugrößen herzustellen.

Bei der Planung und Herstellung von verglasten Metallbaukonstruktionen bedienen sich Metallbaubetriebe heute ausschließlich der herstellerabhängigen EDV-Programme. Sie werden von einem Systemhersteller geleast, verringern den Arbeitsaufwand für die Planung erheblich, denn man gibt die gewünschte Fensterart, Maße und Parameter ein und das Programm liefert

- Fertigungs- und Montagezeichnungen,
- Stück-, Bestell- und Beschlaglisten,
- Komplette Kalkulationen für Selbstkosten und Verkaufspreis,
- optimierte Zuschnittprogramme, die unmittelbar per Datenfernübertragung an eine CNC-gesteuerte Doppelgehrungssäge, dem „Herzstück" der Fertigung von Profilkonstruktionen, übergeben werden können.

Eine Weiterentwicklung sind Profilbearbeitungszentren (PBZ) an denen nicht nur die Profile auf Länge und mit Gehrungs- und Schifterschnitten versehen werden, sondern auch die Aussparungen für die Beschläge gefräst werden.

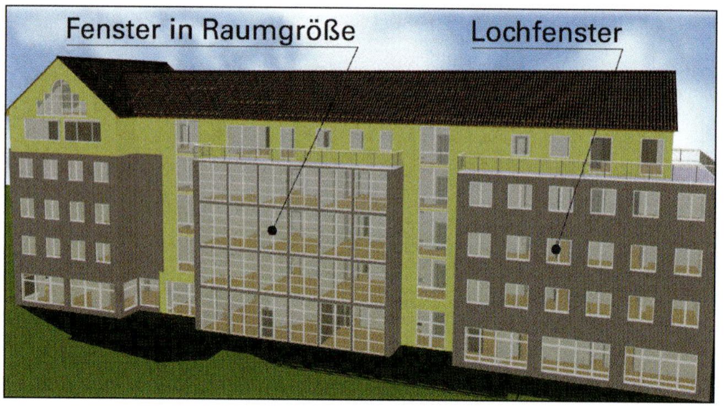

1 Fenster in Raumgröße im Objektbau als Alternative zu Lochfenstern

2 Stahl-Glas-Konstruktion: Dachgestaltung mit Glas (Chadstone Shopping Centre, Melbourne)

1 Ganzglaskonstruktion, das Tragwerk tritt hinter die Fassade zurück: Herz-Jesu-Kirche, München

2 Wintergarten: erweitert den Wohnraum und liefert Wärmegewinne

Den mengenmäßig größten Anteil an verglasten Metallbaukonstruktionen haben Fenster. Sie

- verschließen Bauwerksöffnungen,
- lassen Licht und Luft in das Gebäudeinnere,
- schützen vor Wärmeverlusten, Wind und Regen,
- sind als die „Augen eines Bauwerks" ein wichtiges architektonisches Gestaltungsmittel.

Die in Metallbaubetrieben gefertigten Fenster aus Aluminium- und Stahlprofilen zeichnen sich aus durch

- hohe Stabilität, auch bei großen Formaten,
- lange Lebensdauer und hohe Beständigkeit gegen Umwelteinflüsse,
- wärmedämmende Eigenschaften und Dichtigkeit,
- dekorative Oberflächengestaltung durch anodische Oxidation oder durch Kunststoffüberzüge durch Pulverbeschichtung,
- Anspruchslosigkeit in Wartung und Pflege,
- problemlose EDV-gestützte Fertigung auch durch angelernte Kräfte,
- die Möglichkeit, die individuellen Größen und Formen herstellen zu können,
- die Möglichkeit, mit Sonderprofilen und Spezialverglasungen bestimmte Eigenschaften zu garantieren, z. B. Sonderprofile und -verglasungen für durchschusshemmende Fenster in Sicherheitsbereichen, Brand- und Rauchschutzeigenschaften.

7.2 Projekt: Aluminiumfenster

7.2.1 Projektauftrag

Für einen Objektbau sind 80 Drehkippfenster nach Skizze zu fertigen. Der Metallbaubetrieb bedient sich für alle Planungs- und Fertigungsaufgaben der EDV-gestützen Werkzeuge des eingeführten Systemherstellers. Mithilfe der Software wird die Ansicht mit den Außenmaßen sowie zwei Profilschnitte, vertikal und horizontal, ausgedruckt. Diese Schnitte werden nie gezeichnet, das Programm liefert die Ansichts- und die Schnittzeichnungen. Mit der Festlegung der Außenmaße, der Art des Fensters und des Flügels sind alle Maße durch das System festgelegt. An diesem Musterauftrag sollen nach der Behandlung der fachtheoretischen Grundlagen alle zur Fertigung und Montage notwendigen Planungs- und Arbeitsschritte verfolgt werden.

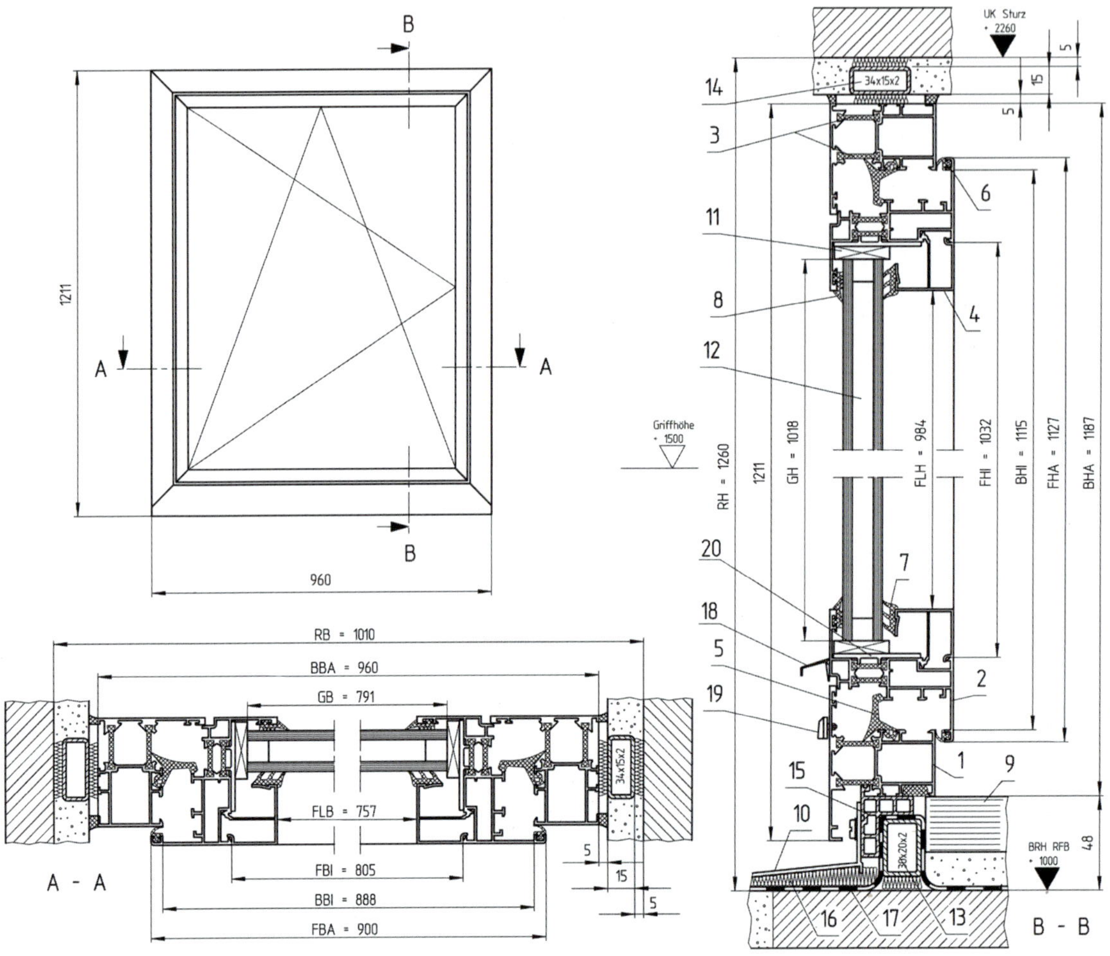

Blend- und Flügelrahmen aus thermisch getrennten Profilen:
Außen- und Innenschale der Profile sind durch einen Kunststoffsteg mit sehr geringer Wärmeleitfähigkeit verbunden.
Bei höheren Anforderungen an den Wärmeschutz: Profilkammern mit Dämmstoff gefüllt.

Fensterbauteile:
(1) Blendrahmen
(2) Flügelrahmen
(3) Thermische Trennung
(4) Glasleisten
(5) Mitteldichtung
(6) Anschlagdichtung
(7) Glasdichtung innen
(8) Glasdichtung außen
(9) Fensterbank innen
(10) Fensterbank außen
(11) Trag-/Distanzklotz
(12) Glasscheibe
(13) Basisrohr
(14) Einputzzarge
(15) Basisprofil
(16) Wärmedämmmaterial
(17) Sperrschicht (Feuchteschutz)
(18) Wetterschenkel
(19) Abdeckkappe
(20) Klotzbrücke

Baumaße der Rohbauöffnung:
RB: Rohbaubreite; RH: Rohbauhöhe
PL: Putzlichte
OK Mauerbrüstung
UK Sturz

Fenstermaße:
a) horizontal
BBA: Blendrahmenbreite außen
BBI: Blendrahmenbreite innen
FBA: Flügelrahmenbreite außen
FBI: Flügelrahmenbreite innen
FLB: Flügellichtbreite
GB: Glasbreite

b) vertikal
BHA: Blendrahmenhöhe außen
BHI: Blendrahmenhöhe innen
FHA: Flügelrahmenhöhe außen
FHI: Flügelrahmenhöhe innen
FLH: Flügellichthöhe
GH: Glashöhe

1 Projekt: Musterfenster

7.2.2 Anforderungen an Metallfenster

Genügten früher an Fenstern die Funktionen „Öffnen" und „Belichtung", so stellen heute gewachsene Komfortansprüche und besonders die Energieeinspar-Verordnung (EnEV) sehr hohe Anforderungen an Fenster, die durch entsprechende Bauart auch von Metallfenstern erfüllt werden können. Grundsätzlich wird ein Metallfenster durch die **thermische Trennung**, unabhängig vom Werkstoff charakterisiert (s. Bild 1, S. 270). Die notwendige Stabilität wird durch Profile mit hohem Widerstandsmoment *W* der Profile für Blendrahmen sichergestellt. Glasflächen, auch sehr großflächige, müssen dem Winddruck und -sog auch in höheren Stockwerken von Hochhäusern standhalten. Eine Übersicht zu den Anforderungen an Metallfenstern gibt Bild 1.

Anforderungen

1. Stabilität
Hoher Widerstand der Konstruktion gegenüber
- Eigen-, Verkehrs- und Windlasten (Kräfte bis 1000 N/m² durch Wind)
- Verzug durch Sonneneinstrahlung und Feuchtigkeit
- Versprödung durch Frost und UV-Strahlung

2. Dauerhaftigkeit
Langzeitbeständigkeit gegen übliche atmosphärische Einwirkungen

3. Wärme- und Schalldämmung
Minderung des Wärme- und Schalldurchgangs

4. Dichtigkeit
Abschluss gegenüber Zugluft, Schlagregen und Schall

Bei der Güteprüfung eines Fensters werden deshalb untersucht

1. Fugendurchlässigkeit (*a*-Wert)
Sie bezieht sich auf die Dichtigkeit zwischen Flügel- und Blendrahmen, wirkt sich stark auf Wärmeverlust und Schalldämmung aus, hängt ab von
- Konstruktion
- Dichtung
- Güte der Fertigung
- Werkstoff

2. Schlagregendichtheit
Es darf kein Wasser ins Rauminnere gelangen; in den Rahmen eingedrungenes Wasser muss sofort und kontrolliert ablaufen können.

3. Wärmeschutz (U-Wert)
wird gewährleistet durch Unterbrechen der Wärmebrücke durch:
- Verwendung von Hohlkammerprofilen als Fensterprofile
- thermische Trennung der Fensterprofile mit Kunststoffstegen
- Verwendung von speziellen Wärmeschutzgläsern (2- oder 3-Scheiben-Isolierglas mit Wärmeschutzbeschichtung und inerten Edelgasen im Scheibenzwischenraum)
- hohe Fugendichtheit des Fenstersystems (Glas – Flügelrahmen / Blendrahmen – Flügelrahmen)

4. Schallschutz (R_w-Wert)
Wird erreicht durch dichte Fuge zwischen Flügel- und Blendrahmen, Glasdichtung, weicher und elastischer Maueranschluss, Schallschutzgläser

Angegeben wird das bewertete Schalldämmmaß: R_w

Zusätzlich soll das Fenster sicherstellen:

5. Raumbelüftung und Feuchtigkeitsschutz
Ein Luftwechsel aus hygienischen Gründen und zum Schutz vor Schwitzwasser muss möglich sein. Kurzzeitiges Öffnen ist besser als seltenes und langes Lüften (= Stoßlüftung)

1 Anforderungen an Metallfenster allgemein

7.2.3 Bauarten von Metallfenstern

Die Vielfalt der Bauformen von Fenstern lässt sich nach unterschiedlichen Merkmalen klassifizieren, wie
- dem Werkstoff von Flügel- und Blendrahmen: Stahl, EDELSTAHL Rostfrei®, Aluminium, oder Verbundkonstruktionen, wie Aluminium außen, Holz innen,
- den Möglichkeiten der Öffnung: Flügel zum Öffnen, feststehende Flügel, Festverglasungen.
- der Art der Öffnung des Flügels: Dreh-, Drehkipp-, Klapp-, Schwing-, Wende-, Schiebe-, Hebeschiebeflügel u. a.
- der Bauart: Einfachfenster, Verbundfenster, Doppelfenster, Kastenfenster.

Eine Sonderform sind Kombinationen von Fenstern und Türen zu **Türanlagen** und die Aneinanderreihung von Fenstern zu einem **Fensterband**. Das ist nur bei Fassaden möglich, deren Tragkonstruktion aus zurückgesetzten Stützen und Stockwerksscheiben aus Stahl oder Stahlbeton besteht. Hier lassen sich auch komplette Fensterwände integrieren. Die früher bei **Industriefenstern** üblichen Bauweise aus verschweißten T-Profilen mit Kittverglasung ist nicht mehr zeitgemäß. Dafür bieten die Hersteller Systeme aus gezogenen, längsverschweißten Profilstahlrohren an.

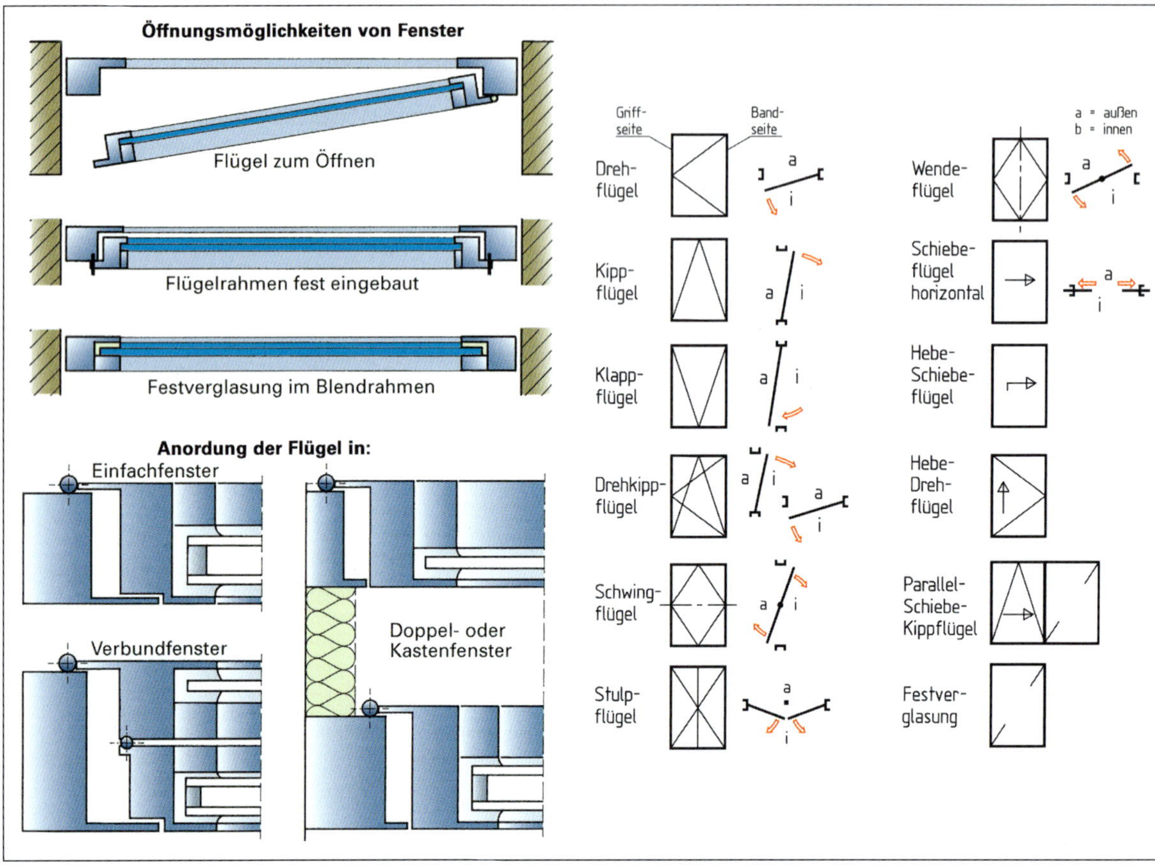

1 Bauarten von Fenstern

Bei Dreh- und Drehkippflügeln ist zu unterscheiden, ob das Fenster links oder rechts angeschlagen ist. Dabei gilt nach DIN 107 (Bild 2):
Blickt man auf den Flügel so, dass er sich zur Ansichtsseite öffnet und

- sind die Bänder auf der linken Seite, dann ist es ein „DIN links Flügel";
- sind die Bänder auf der rechten Seite, dann ist es ein „DIN rechts Flügel".

Bei Zeichnungen ist zu beachten (Bild 3):

- Architekturzeichnungen gehen von der Fassadenansicht aus und zeigen deshalb Fenster von außen;
- Werkstattzeichnungen des Metallbaus zeigen die Innenansicht der Fenster;
- Beschlagzeichnungen gehen von der Funktion aus und zeigen den Rahmen von innen und den geöffneten Flügel von außen.

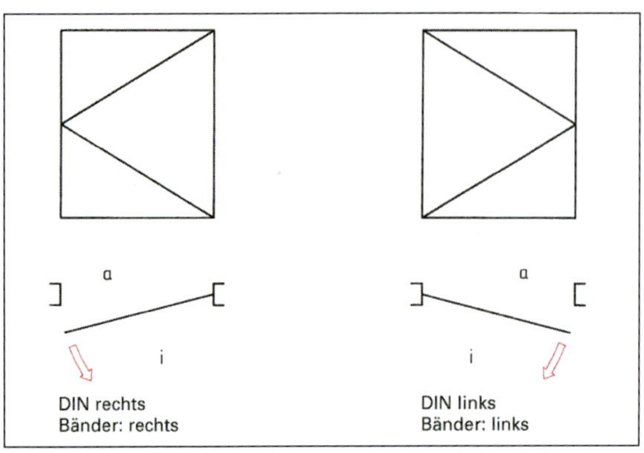

2 DIN rechts, DIN links

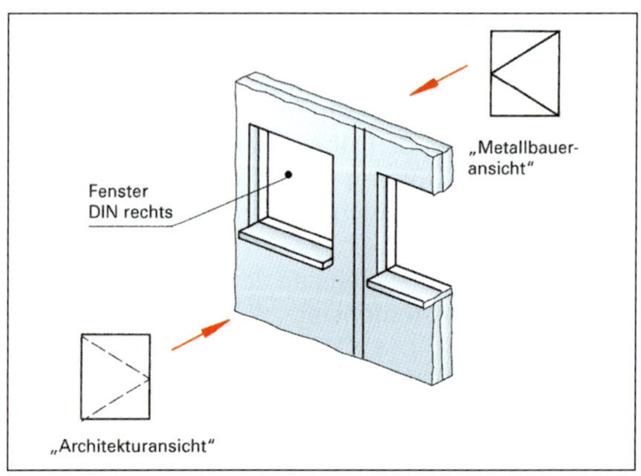

3 Fensteransichten

7.2.4 Bauteile an Metallfenstern

Wesentliche Bauteile aller Fenster sind
- Rahmen mit Flügel,
- Beschläge,
- Verglasung.

Je ein vertikales und horizontales Schnittbild sowie eine Ansichtszeichnung genügen für die Darstellung aller Bauteile. Die Nasen und Stege an den Profilen dienen der Verbindung untereinander bzw. zur Aufnahme von Beschlägen.

In Bild 1 erkennt man:

Blendrahmen (Pos. 1): äußerer, am Bauwerk „angeschlagener" Rahmen, bei Festverglasung mit eingebautem Glas. Er nimmt den beweglichen Flügel auf.

Flügelrahmen (Pos. 2): beweglicher Rahmen; er nimmt die Verglasung auf. Bei mehrflügeligen Fensterwänden als „Festverglasung" ausgeführt.

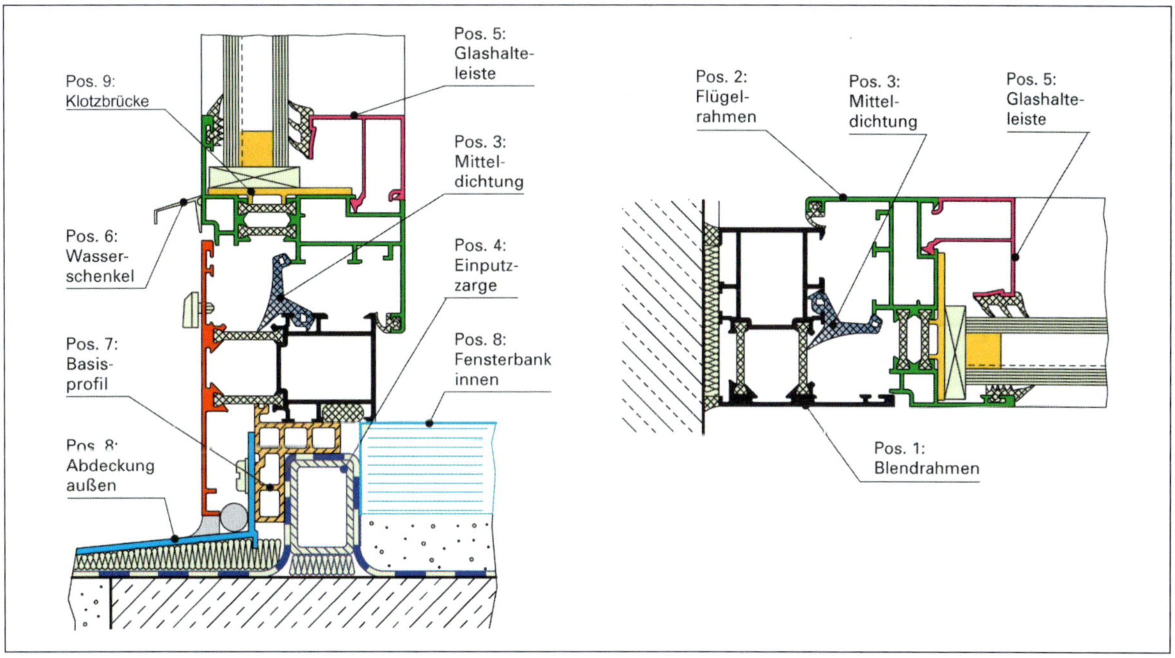

1 Bauteile am Musterfenster

Blendrahmen und Flügel sind aus „thermisch getrennten Profilen" gefertigt. Außen- und Innenseite sind nur durch einen Kunststoffsteg oder eine geschäumte Brücke von sehr geringer thermischer Leitfähigkeit verbunden. Zusammen mit der Luft in den Kammern erreichen Metallfenster deshalb sehr niedrige *U*-Werte (Bild 1, nächste Seite).

Mitteldichtung (Pos. 3): fertiger Rahmen aus Kautschukprofil, eingesetzt in den Blendrahmen. Durch sie entsteht eine Vorkammer, die von außen belüftet und nach außen entwässert wird. Der Bereich zwischen Innenseite und Mitteldichtung bleibt „trocken".

Einputzzarge (Pos. 4): Vormontagerahmen für die Fensterlaibung. Er erlaubt den Einbau des Fensters nach den Putzarbeiten und schützt es vor Verschmutzung.

Glashalteleisten (Pos. 5): in den Flügelrahmen geklemmte Profilleisten zur Befestigung der Verglasung.

Wasserschenkel (Pos. 6): Zusatzprofil am Flügelrahmen unten, außen. Er verhindert, dass Wasser in die Fuge zwischen Flügel und Blendrahmen eindringt.

Basisprofil (Pos. 7): Zusatzprofil unterhalb des Blendrahmens. Es ist versehen mit Wassersammelrinne und Anschlüssen für die Fensterbänke innen und außen.

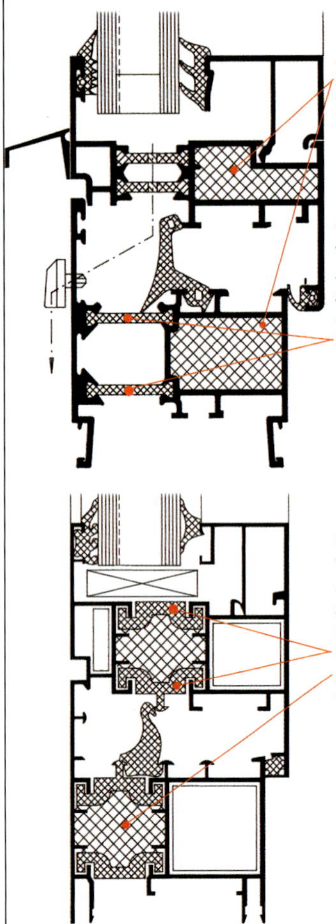

1 Thermische Trennung: Rahmenmaterialgruppe 1.1

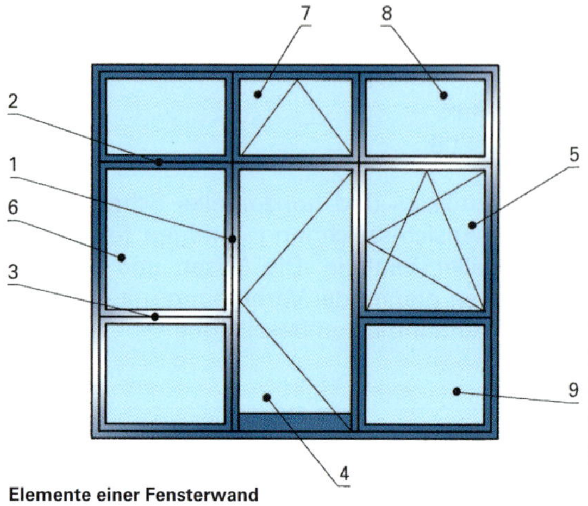

Elemente einer Fensterwand

1 Pfosten, 2 Kämpfer, Riegel, 3 Riegel, 4 Drehflügeltür, 5 Drehkippfensterflügel, 6 Fensterflügel feststehend, 7 Kippflügel (Oberlicht), 8 feststehendes Oberlicht, 9 Fensterbrüstung als geschlossenes Paneel

2 Fensterwand

Fensterbänke (Pos. 8): Abdeckungen des Mauerwerks innen und außen. Sie entfallen oft bei Metallfassaden wegen deren geringer Wandstärke.

Klotzbrücke (Pos. 9): Sichert ebene Auflagerung der Klötze und die Luftzirkulation im Glasfalz.

Bei gegliederten Fenstern und Fensterwänden findet man noch (Bild 2):

Pfosten: senkrechte feststehende Profilstäbe innerhalb des Blendrahmens. Sie teilen die Fläche in mehrere nebeneinanderliegende Flügelöffnungen.

Riegel oder **Kämpfer**: waagerechte, feststehende Profilstäbe innerhalb des Blendrahmens. Sie teilen die Fläche in mehrere übereinanderliegende Flügelöffnungen.

Sprossen: leichte Profilstäbe innerhalb eines Flügels zur Gliederung und Aufteilung der Glasfläche.

Zur Bedienung notwendig sind die auf die Fenster- und Öffnungsart angepassten Beschläge. Man unterscheidet:

- **Funktionsbeschläge:** Das sind alle Bauteile, die zum Bewegen der Flügel gegenüber dem Blendrahmen und zum Verschließen dienen. Sie werden als vollständig einbaufertige **Beschlagsätze** für jedes Fenster vom Systemhersteller oder deren Partnerfirmen geliefert und müssen gestatten, den Anpressdruck des Flügels und „Flügelluft" einzustellen. Im Metallbaubetrieb sind dann nur noch die Schubstangen abzulängen. Lage, Art und Größe der für den Beschlageinbau notwendigen Aussparungen und Bohrungen werden von den Systemherstellern vorgegeben. Ein komplettes Beschlagsystem für ein Drehkippfenster zeigt Bild 1 (nächste Seite). Standard bei modernen Fenstern ist der verdeckt liegende Beschlag mit **Einhandbedienung**, auch bei Drehkippfenstern. Es sollen nur noch Griff und Bänder sichtbar sein, letztere lassen sich bei modernen Beschlagsystemen auch in Blend- und Flügelrahmen integrieren.
- **Zierbeschläge:** Das sind die Zubehörteile, die nicht unbedingt in einer bestimmten Ausführung erforderlich sind, z. B. unterschiedliche Oliven und Griffknöpfe oder absperrbare Griffe. Sie folgen in ihrer Gestaltung dem zeitgemäßen Design.
- **Zubehör:** Das sind Bauteile, die nicht unbedingt zur Funktion eines Fensters erforderlich sind, jedoch die Bedienung erleichtern und einen gestiegenen Komfort bieten, z. B. elektrische Fensteröffner und -schließer, Öffnungsbegrenzer, Überwachungssensoren für den Zustand des

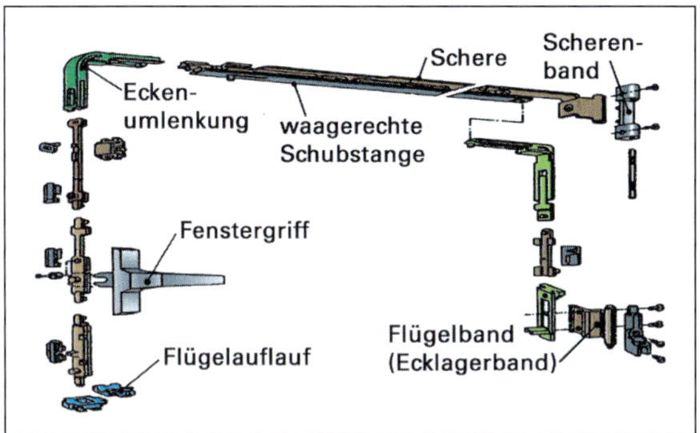

1 Komplettpaket: Beschlag für ein Dreh-Kipp-Fenster

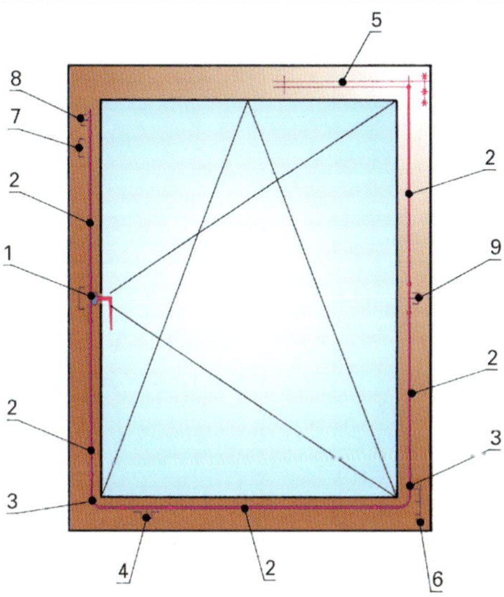

Dreh-Kipp-Beschlag (DIN rechts) mit unterer Scherenschaltung und Mittelverriegelung an den senkrechten Rahmenseiten
1 Umschaltgetriebe mit Verriegelung (und Fehlbedienungssperre), 2 Schubstangen, 3 Eckumlenkungen, 4 Dreh-Kipp-Verriegelung und Auflagerung, 5 Schere, 6 Dreh-Kipp-Lager, 7 Fehlbedienungssperre (alternativ), 8 obere Verriegelung, Griffseite, 9 Mittelverriegelung, Bandseite

2 Dreh-Kipp-Beschlag – Beschlagskizze

Flügels (offen – geschlossen), Glasbruchmelder sowie Beschattungseinrichtungen, die direkt am Blendrahmen oder am Flügel befestigt oder zwischen die Scheiben integriert sind.

7.2.5 Verglasung

Die Verglasung bestimmt neben der Art und Ausführung der Rahmenprofile und den Dichtungen im wesentlichen die Eigenschaften eines Fensters. Standard im Wohnungs- und Objektbau ist eine wärmebeschichtete Zwei-Scheiben-Isolierverglasung mit mindestens 2 × 4 mm Glasdicke und 16 mm Scheibenzwischenraum. Nur damit lassen sich die Forderungen der Energie-Einspar-Verordnung (EnEV) erfüllen. Eine Weiterentwicklung sind Dreifach-Isoliergläser, die noch höhere Ansprüche an den Wärme- und Sonnenschutz erfüllen.

Die Verglasung wird dem Metallbaubetrieb für die Erstverglasung von den Herstellern der Funktionsgläser passgenau zugeschnitten und einbaufertig geliefert. Kleine Fensterformate werden in der Werkstatt verglast und komplett eingebaut, größere Formate und Fensterwände werden auf der Baustelle verglast. Die Masse des Fensters bestimmt den Zeitpunkt der Verglasung. Nach der Art der Eindichtung unterscheidet man:

- **Nassverglasung**
  Distanzbänder mit dauerplastischen Dichtungsstoffen und dauerelastischer Versiegelung fixieren die Scheibe im Flügelrahmen. Sie ist heute nur noch bei Holzfenstern üblich.
- **Trockenverglasung**
  Die am häufigsten bei Metallfenstern angewendete Trockenverglasung ist die Druckverglasung. Die Scheibe ruht auf Kunststoffklötzen. Außen dichtet ein vulkanisierter Rahmen die Fuge zwischen Glasscheibe und Flügelrahmen ab. Innen sind Gummidichtungen zwischen Scheibe und eingerasteter Glasleiste geklemmt. Für die Verklotzung haben die Glashersteller Vorschriften in Abhängigkeit von der Flügelart erlassen. Sie sind beim Einglasen zu beachten.

Die **Verklotzung** bei der Trockenverglasung soll sicherstellen, dass der Flügelrahmen die Scheibe trägt ohne sich zu verformen oder am Blendrahmen zu schleifen. Die richtige Anordnung von Trag- und Distanzklötzchen ist nach den fachlichen Vorschriften des Glaserhandwerks vorzunehmen.

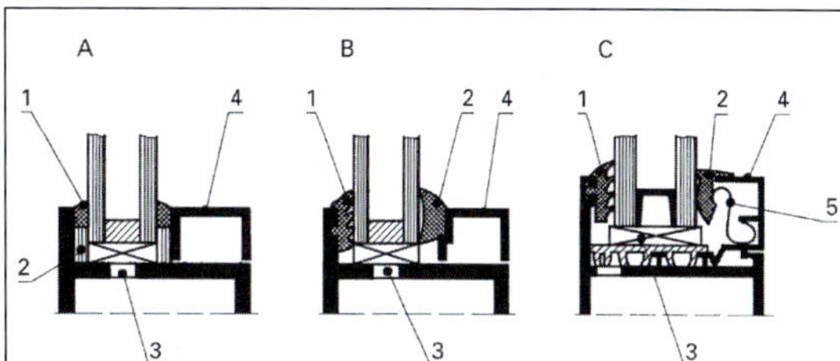

Schnitt A – Nassverglasung
1 Versiegelung, 2 Distanzband
3 Bohrung für Entwässerung,
4 Glasleiste

Schnitt B – Trockenverglasung
1 äußeres Dichtungsprofil,
2 inneres Dichtungsprofil,
3 Entwässerung des Glasfalzes,
4 Glasleiste

Schnitt C – Druckverglasung
1 äußeres Dichtungsprofil,
2 inneres Dichtungsprofil,
3 Verklotzung, 4 Glasleiste,
5 Druckfeder, anstelle der Feder auch andere Druckelemente

3 Verglasungen

Aufgaben der Verklotzung:

- Die Tragklötze (T) leiten das Scheibengewicht in den Flügel und sorgen für eine gleichmäßige Gewichtsverteilung.
- Die Distanzklötze (D) sichern die Glasscheibe im richtigen Abstand zum Flügel (Gangbarkeit ist gewährleistet).
- Die Scheibenkante liegt an keiner Stelle auf dem Flügelrahmen auf, die Belüftung des Glasrandverbundes ist gewährleistet.

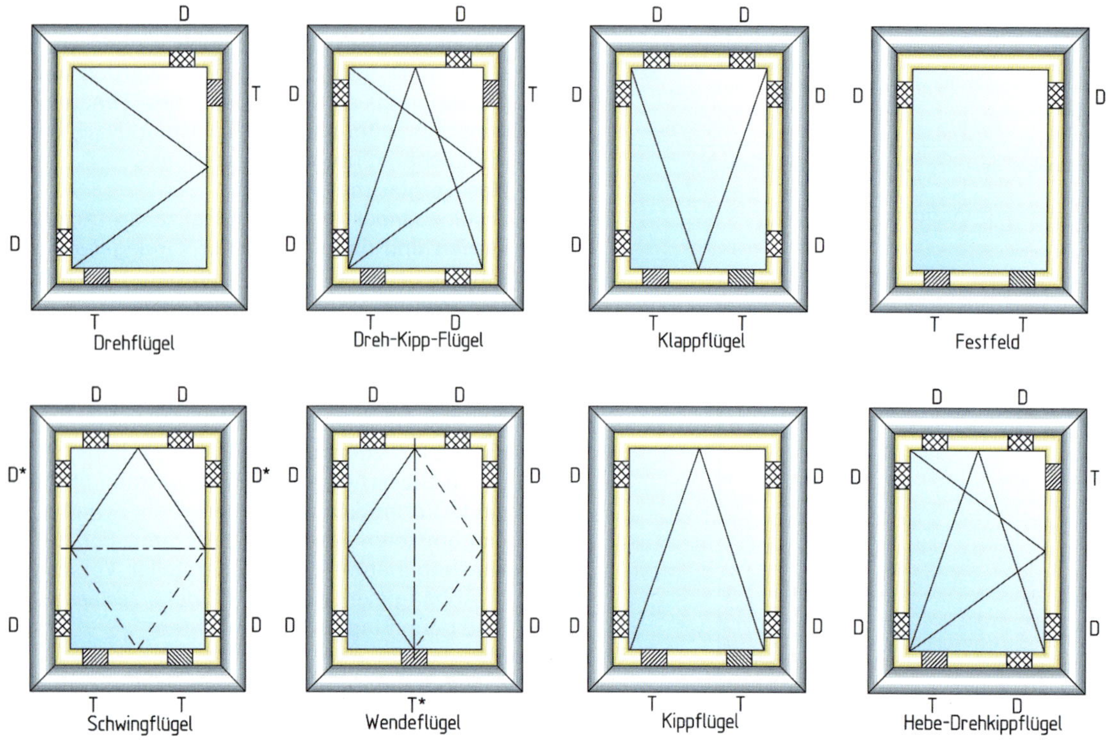

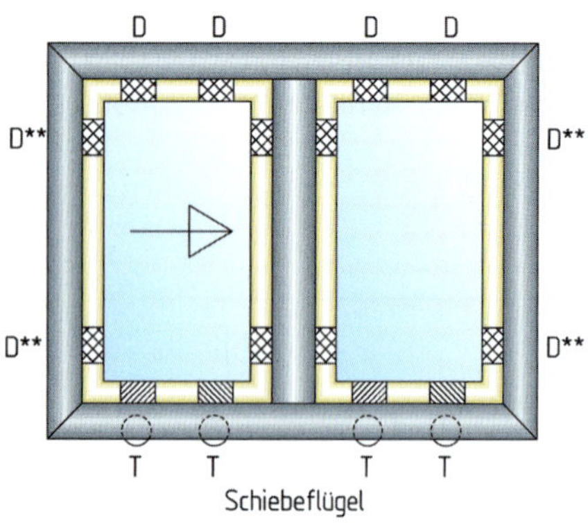

Klötzchenmaße:
Länge: 100-150mm
Dicke: 1-5mm
Breite: 1mm breiter als das Isolierglas

Mindestabstand der Klötzchen zur Glasecke: 100-250mm bei großflächigen Verglasungen

T = Tragklotz
D = Distanzklotz
D* = werden bei geschwungenem Flügel zu Tragklötzen
D** = Distanzklotz aus stoßdämpfendem Kunststoff
T* = bei über 1m breiten Scheiben sollen zwei Tragklötze von mind. 6cm Länge so über dem Drehlager liegen, dass die Ränder gleichmäßig belastet werden.

Der Flügel kann durch eine geeignete Wahl der Klötzchendicke (1-5mm) gehoben oder gesenkt werden (gleichmäßige Fugenbreite zwischen Flügel- und Blendrahmen).

Wird die Glasscheibe nicht verklotzt, so verformt das Scheibengewicht den Flügelrahmen, die Griffseite wird nach unten gezogen (der Drehpunkt liegt dabei im Ecklager).

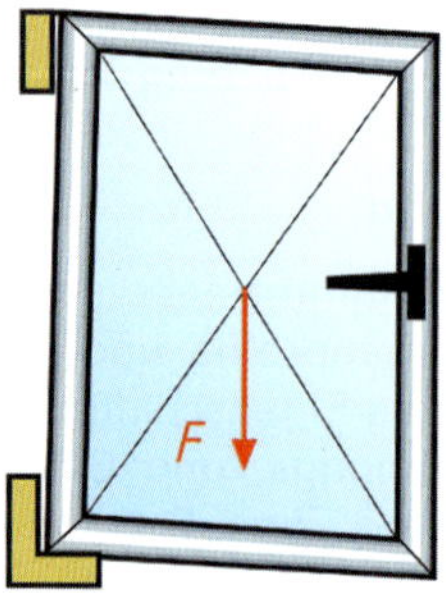

1 Verklotzungen

- **Distanzklötze** halten den Abstand zwischen Scheibenkante und Falzgrund des Flügels. Sie verhindern ein Verrutschen der Scheibe.
- **Tragklötze** leiten das Scheibengewicht in den Flügelrahmen ein; bis auf Sonderformen gilt: Eine Scheibe ruht grundsätzlich auf zwei Tragklötzen. Würde eine Scheibe nicht verklotzt, dann würde das Scheibengewicht den Flügel an der Griffseite nach unten ziehen. Der Drehpunkt liegt dabei immer im unteren Ecklager.

Zu beachten ist, dass die Klötze den Dampfdruckausgleich nicht behindern und anfallendes Tauwasser und eindringendes Wasser aus Schlagregen ungehindert ablaufen kann.

7.3 Funktionsgläser an Metallbaukonstruktionen

Glas ist durch seine positiven Eigenschaften wie Lichtdurchlässigkeit und ausreichende Festigkeit für die Verglasung von Metallbaukonstruktionen und als raumabschließendes Element bestens geeignet. Es findet deshalb nicht nur im Fenster- sondern auch im Fassaden- und Geländerbau zunehmend Verwendung. Je nach Anforderung an ein Fenster oder ein Bauwerk aus Glas wählt man die dafür geeigneten Funktionsgläser. Man spricht von **Funktionsglas**, weil man durch Behandlung, Beschichtung und Kombination von Scheiben eine Verglasung mit genau definierte Eigenschaften versehen kann. Glas lässt sich unterscheiden:

nach der Herstellung und Behandlung in	nach Aufgaben und Verwendung in	nach dem Aufbau der Verglasung in
Scheiben aus • Bauglas (Ziehglas) • Floatglas • ESG-Glas • TVG –Glas • Drahtglas	• Mehrscheiben-Isolierglas (MIG), • Wärmefunktionsglas, • Sonnenschutzglas, • Schallschutzglas, • Brandschutzglas, • Verglasungen mit Sicherheitseigenschaften, • Selbstreinigendes Glas.	• Einfaches Bauglas • Einscheiben-Sicherheitsglas (ESG) • Verbund-Sicherheitsglas (VSG) • Brandschutzglas • Mehrscheiben-Glas (MSG)

7.3.1 Funktionsglas: Herstellung und Behandlung

Einfaches, durch Ziehen gewonnenes **Bauglas** wird nur noch im Gewächshausbau verwendet. Es wird in Dicken von 3–5 mm hergestellt, bricht leicht in langen Spitzen und ist an den Längsschlieren in der Glasfläche leicht erkennbar.

Floatglas ist ein klardurchsichtiges **Spiegelglas**, das als Endlosband hergestellt wird und abgelängt in Scheiben mit ca. 3 × 5 m zu den Glasveredlern kommt. Dort wird es je nach weiterer Verwendung
- beschichtet zu Sonnen- und Wärmedämmglas,
- chemisch im Gasbad oberflächengehärtet,
- durch Erwärmen und anschließendes Abkühlen in kühler Luft zu Einscheibensicherheitsglas (ESG),
- durch weitere Wärmebehandlung zu teilvorgespanntem Glas (TVG-Glas).

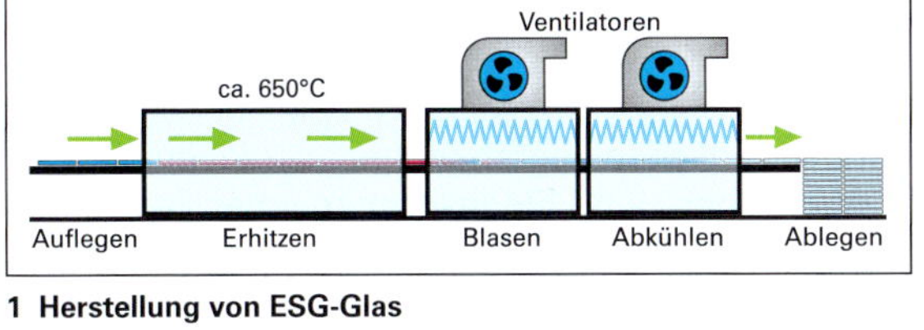

1 Herstellung von ESG-Glas

Unbehandeltes Spiegelglas wird im Wohnungsbau wegen seiner Bruchempfindlichkeit nicht mehr verwendet.

Einscheiben-Sicherheitsglas (ESG) nach DIN 12150-1 ist ein thermisch vorgespanntes Glas. Die Scheibe wird auf das Fertigmaß zugeschnitten, im Ofen auf ca. 600 °C erwärmt und anschließend in kalter Luft abgeschreckt. Die hohen Zugspannungen auf den Außenflächen machen ESG schlagfest und unempfindlich gegen Temperaturschwankungen. Es findet Verwendung in Geländerfüllungen, Ganzglastüren, Fassaden und Sporthallen, wobei man mit einer Biegefestigkeit von 50 N/mm² rechnen kann. Bei Bruch zerfällt es schlagartig in zahllose kleine rundkantige Krümel.

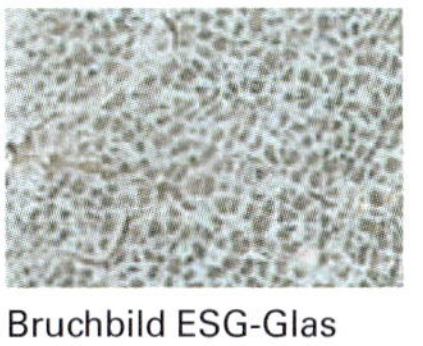

Bruchbild ESG-Glas

Im Gegensatz zu herkömmlichem Glas, das im Bruchfall scharfkantige, dolchartige Glassplitter und -scherben bildet, entsteht bei ESG durch Zerstörung des Spannungsgleichgewichts ein engmaschiges Netz von kleinen, meist stumpfkantigen Glaskrümeln, wodurch die Verletzungsgefahr erheblich gemindert wird.

Teilvorgespanntes Glas (TVG) nach DIN EN 1863 ist ein ESG, das mehrere Stunden bei 290 °C unter Luftabschluss geglüht und langsam abgekühlt wird. Bei diesem Heißlagerungstest (Heat-soak test) zerbrechen Scheiben mit Nickeleinschlüssen, übrig bleiben nur bruchsichere Scheiben. Das Glas verliert dabei zwar an Festigkeit, die Bruchgefahr ist aber stark vermindert.

Spiegelglas

Keine Sicherheitsverglasung. Kann leicht zerstört werden und bietet ungenügenden Widerstand. Hohe Verletzungsgefahr bei Glasbruch durch scharfe Glasdolche.

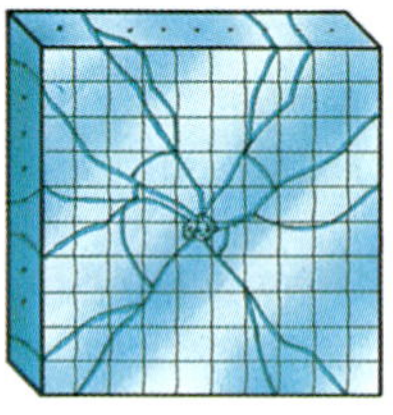

Glas mit Drahtnetzeinlage

Das eingearbeitete Drahtnetz bietet eingeschränkte Sicherheitseigenschaften und Splitterbindung im Falle des Glasbruchs; es setzt Einbrechern nur geringen Widerstand entgegen, da die Drahteinlage relativ schnell zerstört werden kann.
Beim Einbau ist zu bedenken, dass alle Gläser mit Drahtnetzeinlage durch Schlagschatten sehr bruchgefährdet sind. Glas mit Drahtnetzeinlage bietet durch die Splitterbindung allerdings bei Bruch Verletzungsschutz.

Einscheibensicherheitsglas (ESG)

Das „vorgespannte" Glas hält auftretenden Lasten sehr gut stand, kann jedoch mit spitzen, harten Gegenständen zerstört werden. ESG kann mit aufgedruckter Leiterschleife als Alarmglas verwendet werden, was bei Glasbruch durch Unterbrechung der Leiterschleife und damit des Stromkreises automatisch Alarm auslöst. Durch die spezielle Zerfallcharakteristik bietet ESG Verletzungsschutz, da keine spitzen Glasdolche, sondern lediglich Glaskrümel entstehen.

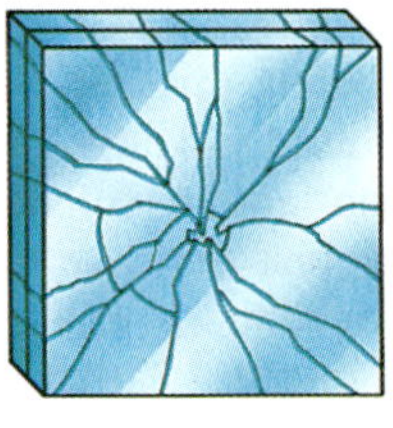

Verbundsicherheitsglas (VSG)

Ideales Glas gegen Einbruch, da durch mehrfache Kombination von Spiegelglas und sehr schlagzähen, elastischen Folien oder Zwischenschichten höchste Durchwurf-, Durchbruch- und Durchschusshemmung erreicht werden kann.
Kombinationen mit Alarmanschluss bieten optimale Sicherheit.
VSG eignet sich auch hervorragend als Verletzungsschutz, da keine spitzen Glasdolche entstehen. Ein weiterer Vorteil: nach einem Einbruchsversuch ist das Glas zwar beschädigt, es bildet sich aber keine offene Durchbruchstelle, dadurch sind auch Folgeschäden durch offene Flächen ausgeschlossen.

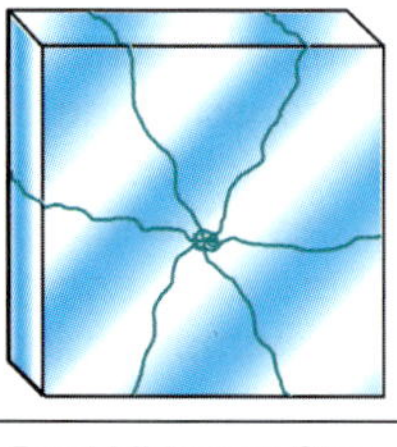

Teilverspanntes Glas (TVG)

Bei Beschädigungen laufen wenige Risse von der Einwirkungsstelle nach außen. Die Bruchstelle bleibt geschlossen, der Verbund der Scheiben erhalten.

1 Bruchbilder von Glas

Drahtglas ist ein Gussglas, in das ein verschweißtes Stahldrahtnetz eingewalzt wird, solange die Glasmasse noch warmplastisch ist. Bei Beschädigung splittert zwar die Scheibe, die Scherben werden aber durch das Stahlnetz verbunden. So ist die Scheibe feuer- und einbruchhemmend, und schwere Verletzungen werden vermieden. Drahtglas findet man bei Rauchschutztüren, Industriehallentoren und Glasbedachungen. Nachteilig ist: Gussglas ist nicht durchsichtig, sondern nur durchscheinend.

Die Glasart lässt sich eindeutig am Bruchbild erkennen. Bild 1 zeigt die Bruchbilder von Spiegel- und Drahtglas sowie von ESB, VSG und TVG mit Hinweisen zur Verwendung.

7.3.2 Funktionsglas nach Aufgaben

Gestiegene Komfortansprüche an das Raumklima und vor allem die Vorgaben durch die Energie-Einsparverordnung (EnEV) führten zur starken Verbreitung von Mehrscheiben-Isolierglas im Wohnungs- und Objektbau.

7.3.2.1 Mehrscheiben-Isoliergläser (MSG)

Für raumabschließende Bauteile wie Fenster oder Fassaden eigenen sich besonders Mehrscheiben-Isoliergläser (MIG) nach DIN 1259-2. Sie bestehen aus einer, zwei oder mehr Scheiben Floatglas. Ein am Rand mit den Scheiben verklebter Aluminium- oder Kunststoffrahmen mit eingelegtem **Molekularsieb**, das ist ein Trocknungsmittel, stellt den Scheibenzwischenraum her. Dieser ist zur besseren Isolation entfeuchtet, bei Schallschutzgläsern auch mit Schwergas wie Argon gefüllt. Eine rundumlaufende Dichtung aus Polymer füllt den Scheibenzwischenraum und macht ihn gasdicht. Eine Bearbeitung der Scheiben ist nach der Herstellung des Randverbunds nicht mehr möglich, deshalb werden die Scheiben nach Art und Größe vom Metallbaubetrieb bei Glaslieferanten bestellt.
Hinweis: Polymer ist nicht UV-beständig. Scheiben müssen nach Anlieferung abgedeckt und rasch verarbeitet werden.

Durch die Kombination verschiedener beschichteter Scheiben, Dicken, Füllungen und Scheibenzwischenräume lässt sich Mehrscheiben-Isolierglas mit unterschiedlichen Eigenschaften versehen. Isoliergläser zeigen ihre Eigenschaften aber nur dann, wenn sie seitenrichtig eingebaut werden, daher ist beim Verglasen von Metallfenstern darauf beson-

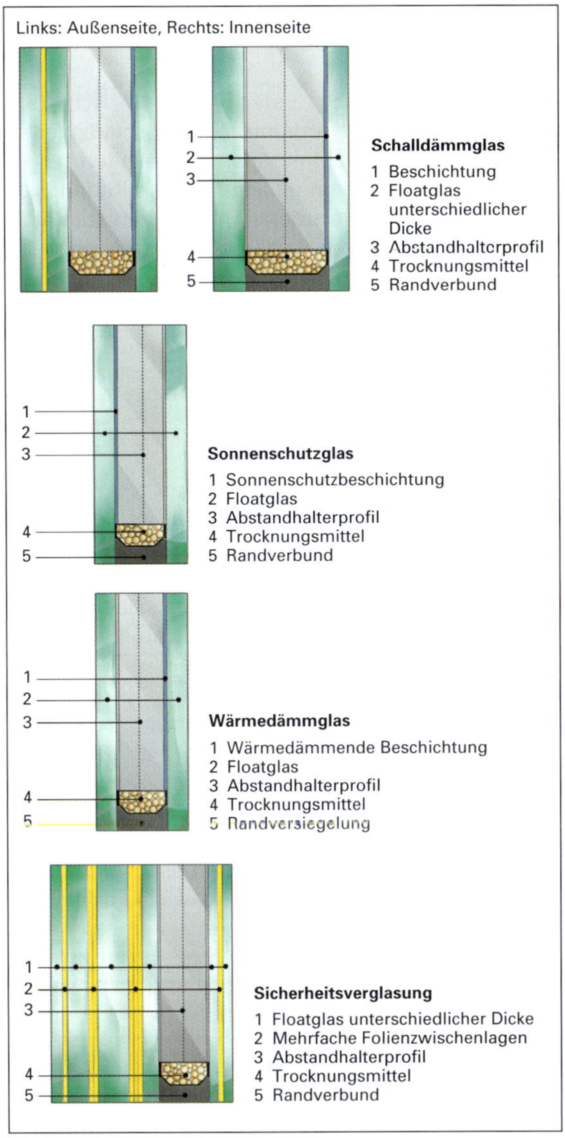

1 Mehrscheiben-Isoliergläser

2 Zuschnitt von Glasscheiben

3 Herstellen des Randverbunds

ders zu achten. Bild 1 zeigt den Schnittt durch Mehrscheiben-Isoliergläser mit unterschiedlichen Eigenschaften.

7.3.2.2 Wärmeschutz-Isoliergläser

Wärmeschutz-Isoliergläser

Steigende Heizenergiekosten führen zur laufenden Verbesserung der Isoliergläser. So erhöhen Dreifach-Isolierverglasungen den Wärmedurchlasswiderstand. Nachteilig ist das hohe Gewicht, das stärkere Fensterrahmen und Beschläge erfordert. Bei Zweifach-Isolierverglasungen mit Wärmedämmbeschichtungen bewirken hauchdünn aufgedampfte **Metallschichten** auf der inneren Scheibe eine Reflexion der Wärmestrahlung im Winter von innen, im Sommer von außen. Beschichtungen aus Gold und Kupfer verfärben die Durchsicht, deshalb wird heute meist das farbneutrale Silber verwendet.

Beschichtungen wirken auch als Sonnenschutz, da der Infrarotanteil am Sonnenlicht um bis zu 80 % reduziert wird.

Wärmeschutzgläser sind zwar teuer in der Anschaffung, die Mehrkosten amortisieren sich jedoch durch die Heizkostenersparnis sehr schnell. Auch wird im Winter die Behaglichkeit in Fensternähe durch die höhere Oberflächentemperatur vergrößert. Die Lichtdurchlässigkeit liegt mit 75 % nur wenig unter der von normalen Isoliergläsern mit 80 %.

7.3.2.3 Schallschutz-Isoliergläser

Das Schalldämmverhalten ist vor allem von der Masse der Scheibe abhängig. Bild 2 zeigt die Abhängigkeit der Scheibendicke vom bewerteten Schalldämm-Maß R_w.

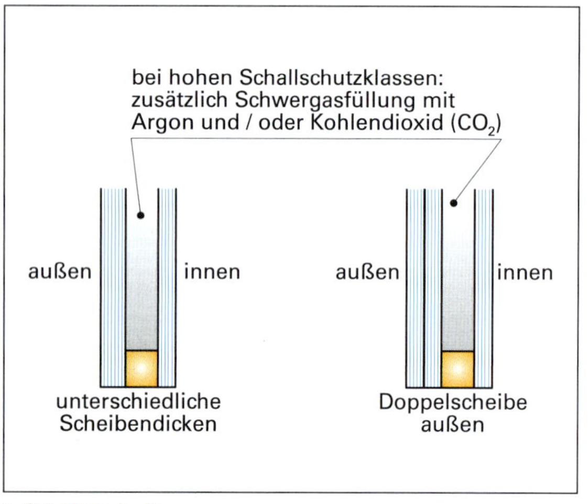

1 Schallschutzglas

Die Schallübertragung wird außer von der Rahmenbauart, den Beschlägen und Dichtungen im wesentlichen von den Glasscheiben beeinflusst.

Schallschutz wird erreicht durch
- Dicke Scheiben mit großem Scheibenzwischenraum (SZR),
- unterschiedliche Scheibendicken (verhindern Resonanzschwingungen).

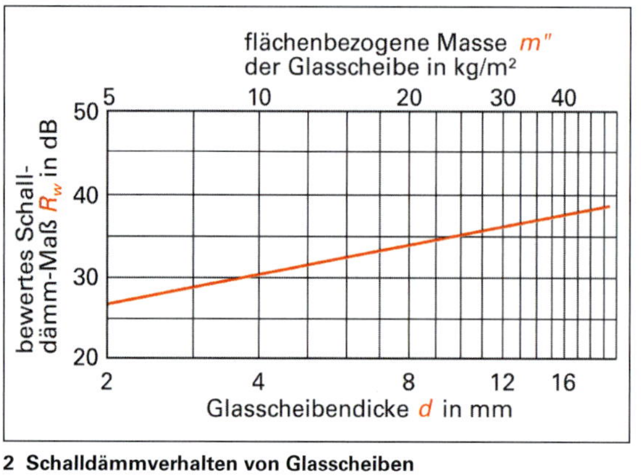

2 Schalldämmverhalten von Glasscheiben

Diese Scheiben werden an Gebäuden mit starker Lärmbelastung, z. B. durch Straßen- oder Flugverkehr, verwendet.
Daneben sind noch verschiedene Mischtypen möglich, z. B. wärmegedämmte Schallschutzgläser. Architektonische Gestaltungsmöglichkeiten ergeben sich z. B. durch eingefärbte Gläser, in den SZR eingefügte Sprossen oder durch Butzenisoliergläser.

Isoliergläser zeigen ihre Eigenschaften nur dann, wenn sie seitenrichtig eingebaut werden. Beim Verglasen von Aluminiumfenstern ist darauf besonders zu achten!

7.3.2.4 Brandschutz-Isoliergläser

Für einen wirksamen Brandschutz bei Fenstertüren, die Brandabschnitte in Gebäuden unterteilen, ist übliches Isolierglas nicht geeignet. Brandschutz-Isoliergläser sind durch besondere Gläser, Dichtungen und Befestigung gekennzeichnet. Man unterscheidet:

- **G-Verglasungen**
  Das sind Einscheibenverglasungen, die den Durchlass der Hitzestrahlung nicht verhindern, aber während der festgelegten Feuerwiderstandsdauer nicht schmelzen oder bersten dürfen, z. B. G 30: mit einer Feuerwiderstandsdauer von 30 Minuten. Es darf bei dieser Verglasung 30 min lang kein Flammendurchschlag erfolgen.

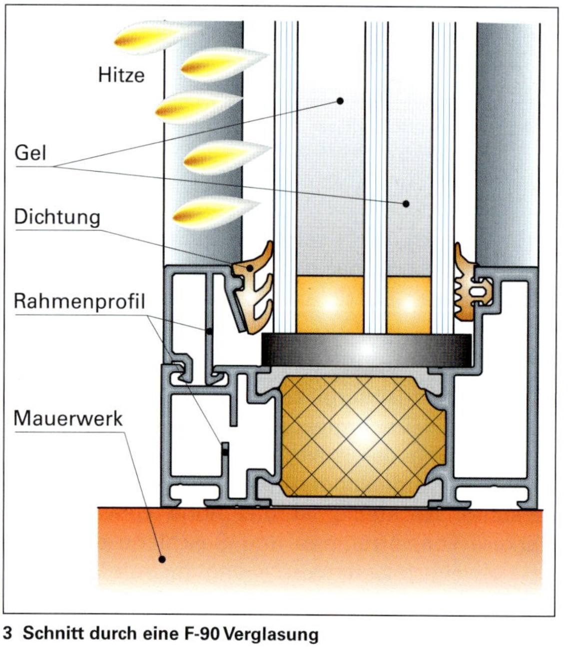

3 Schnitt durch eine F-90 Verglasung

- **F-Verglasungen**
  Eine Mehrscheibenverglasung aus VSG oder ESG mit einem Stoff zwischen den Scheiben, z. B. Wasserglas-Gel, welches bei Hitzeeinwirkung viel Wärme aufnimmt und verdampft, z. B. F 90: Die Scheibe muss 90 Minuten lang einem Flammendurchschlag widerstehen.

Erreicht werden Brandschutzeigenschaften auch durch die Verwendung von Spezialgläsern z. B.
- vorgespanntes Boro-Silikatglas,
- Gussglas mit Drahtnetz (nur für G-Verglasungen).

7.3.2.5 Sicherheits-Isoliergläser

Ein wirksamer Schutz vor Einbruch und Gewaltanwendung, wie Durchschuss, kann von Fenstern nicht gewährleistet werden. Sie können Einbruch oder die mutwillige Zerstörung nur erschweren. Zur erhöhten Sicherheit können Fenster beitragen durch
- Kombination mehrerer Glasscheiben,
- verstärkte Profile, im Extremfall Vollprofile
- Aufbohrschutz am Profil
- abschließbare Fenstergriffe
- zusätzliche Verriegelung am Umfang des Flügels
- mehrere Verankerungen im Bauwerk.

Nach DIN 52290 unterscheidet man Gläser nach ihrer Schutzwirkung in die Gruppen mit steigender Schutzwirkung:
- Durchwurfhemmende Verglasungen: A-Gläser,
- Durchbruchhemmende Verglasungen: B-Gläser,
- Durchschusshemmende Verglasungen: C-Gläser,
- Sprengwirkungshemmende Verglasungen: D-Gläser.

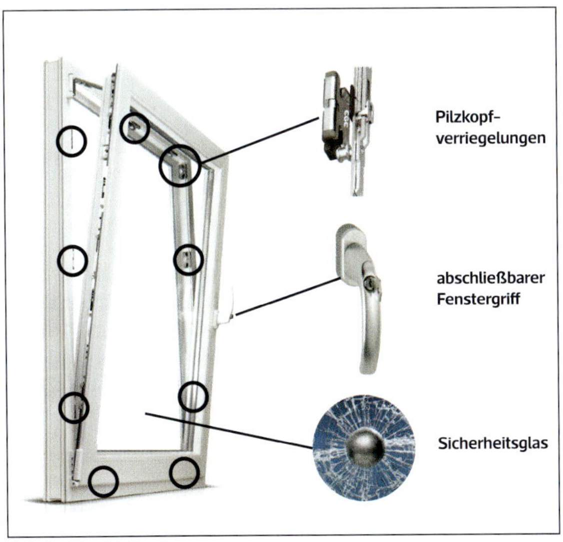

1 Durchschusshemmendes Fenster

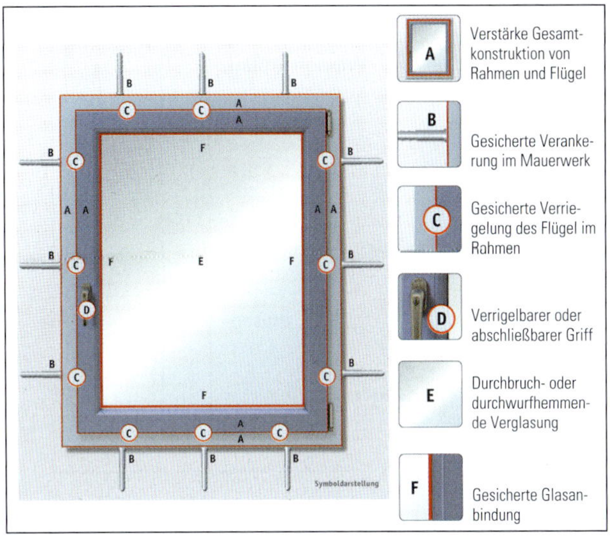

2 Sicherheits-Fensterprofil

Der gestiegene Aufwand, Fenster und verglaste Metallkonstruktionen vor Gewalteinwirkung zu schützen, führt zu sehr hohen Kosten für Profile und Verglasung. In allen Fällen hemmen sie aber nur den Straftäter, ein wirksamer Schutz ist nicht möglich, z. B. wenn der Täter Kriegswaffen verwendet, ist es niemals möglich.

7.3.2.6 Glas mit Selbstreinigungseffekt

Fenster in großen Höhen und Fassadenflächen verursachen einen erheblichen Reinigungsaufwand. Glas mit selbstreinigenden Eigenschaften helfen Bauherren und Mietern von Wohnungen und Objekten Kosten zu senken. Es gibt sie in zwei Ausführungen. Die Scheibe erhält auf der Außenseite eine
- spezielle **Beschichtung**: diese löst zunächst unter Einfluss des UV-Lichtes organische Verschmutzungen. Auftreffendes Regenwasser verteilt sich auf der Glasoberfläche zu einem dünnen Film und spült die gelösten Verschmutzungen ab.
- spezielle Veredelung auf organischer Basis nach dem Vorbild der Lotusblume, dem sogenannten **Lotus-Effekt**. Damit werden die wasser- und schmutzabweisenden Eigenschaften der Lotusblume auf eine Glasoberfläche übertragen. Diese Veredelung verbindet sich chemisch mit der Glasoberfläche, sie wird belastbar und unempfindlich gegen UV-Licht. Nachteilig ist die geringe Haltbarkeit, deshalb muss die Schicht regelmäßig erneuert werden.

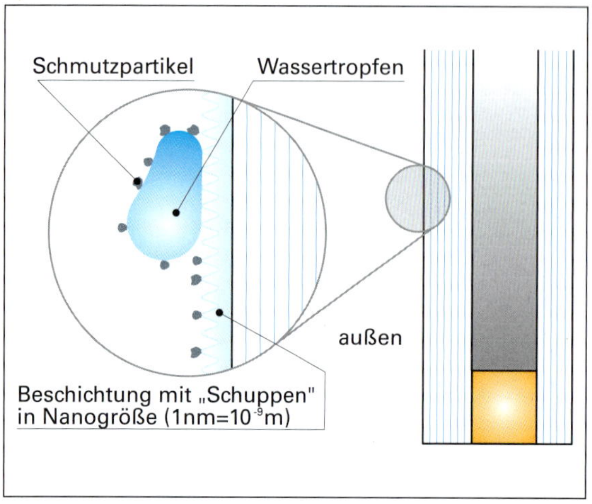

1 Lotuseffekt

7.3.3 Bestimmung der Glasdicke

Ein Fenster im Außenbereich muss allen auf die Scheibe einwirkenden Belastungen widerstehen können. Die Glasdicke wird mithilfe von Tabellen oder EDV-Programmen bestimmt. Sie ist abhängig von

- Winddruck und -sog in Einbauhöhe des Fensters,
- Glasart,
- Scheibenformat,
- Gebäudeform.

Beispiel:
Gegeben:
Panoramascheibe $B \times H \approx 3000 \times 2000$ mm. Einbauhöhe über Gelände 22 m, normales Bauwerk, keine Ecklage, Einbau in Blendrahmen.

Gesucht:
Glasdicke d der äußeren Scheibe in mm. Die innere Scheibe muss nicht bemessen werden, da sie nicht dem Winddruck ausgesetzt ist.
Das Diagramm 1 für Floatglas ergibt: d = 6,3 mm.
Diese Dicke muss noch mit dem Windlastfaktor multipliziert werden: α = 1,48 aus Diagramm 2: Windlastfaktoren

d = 6,3 mm × 1,48
$d \approx$ 9,324 mm

Gewählt wird als Außenscheibe eine Floatglasscheibe mit d = 10 mm. Da nach Möglichkeit gleiche Scheibendicken eingebaut werden sollten, wird der Scheibenaufbau: 10/16/10. Die Verglasungseinheit hat dann eine Masse m von

m = Fläche in m² × flächenspezifische Masse von Glas in kg/mm × m² × Dicke in mm

m = 3 m × 2 m × 2,5 kg/mm × m² × 2 × 10 mm

$\boldsymbol{m}$ **= 300 kg**

Die Masse muss bei der Verglasung von den Tragklötzen aufgenommen und in den Blendrahmenriegel eingeleitet werden. Zur Bemessung des notwendigen Rahmenprofils stellen die Systemhersteller Diagramme zur Verfügung (siehe Tabellenbuch).

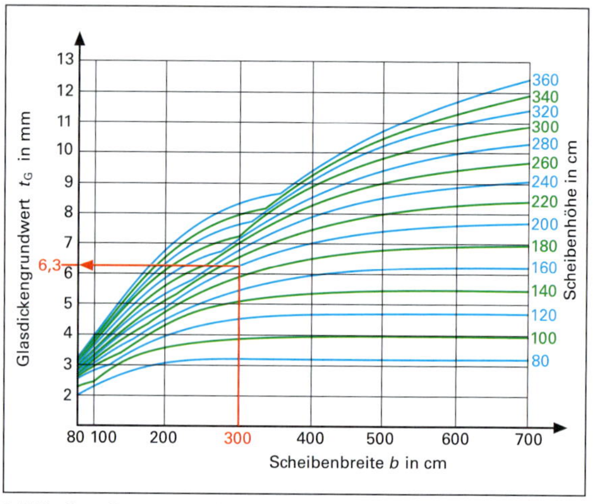

2 Windlastdiagramm: Floatglas

Windlastfaktor für Floatglas

Verglasungs-höhe über Gelände h m	Wind-stau-druck q kN/m²	Normales Bauwerk c = 1,2: Winddruck w kN/m²	Normales Bauwerk c = 1,2: Faktor t_w	Turmartiges Bauwerk c = 1,6: Winddruck w kN/m²	Turmartiges Bauwerk c = 1,6: Faktor t_w
0 - 8	0,5	0,6	1,0	0,8	1,16
8 bis 20	0,8	0,96	1,27	1,28	1,46
20 bis 100	1,1	1,32	**1,48**	1,76	1,72
über 100	1,3	1,56	1,61	2,08	1,87

3 Windlastfaktoren

7.4 Herstellen von Fenstern

Am Beispiel des Fertigungsauftrags „Herstellen, Liefern und Montieren von 80 Drehkippfenstern aus Aluminium für ein Verwaltungsgebäude" (vgl. Kap. 7.2.1) sollen alle bei der Fensterherstellung notwendigen Planungs- und Fertigungsschritte nachvollzogen werden.

7.4.1 Planungsaufgaben

Vor der Fertigung stehen folgende Planungsaufgaben:

Drehkippfenster:	Links
Menge:	80
Nennmaß:	B = 960 mm, H = 1211 mm
Einbauhöhe:	EG bis 4. OG (max. 20 m); Beanspruchungsgruppe B
Isolierverglasung:	4,5/12/4,5 mit Wärmeschutzbeschichtung: U-Wert: 1,7 W/ m² × K (der U-Wert des Fensters U_F liegt jedoch höher)
Werkstoff:	EN AW-6060 (Al Mg Si 0,5 F 22) Pulverbeschichtung RAL 9001 (cremeweiß)
Rahmenmaterialgruppe:	2.1
Mechanische Eckverbindung nach Angabe des Herstellers	
Drehkippbeschlag mit Fehlbedienungssperre	
Flügeldichtung:	APTK
Glaseindichtung:	trocken APTK

1 Kurzbeschreibung

1. Erstellen einer Kurzbeschreibung: sie enthält alle für das Objekt wichtigen Daten (Bild 1).
2. Wahl von Profil und Verglasung.
3. Aufmaß am Bau: die Größe der Rohbauöffnung ist Grundlage für die Fertigung (Bild 2). Dabei sind die Bautoleranzen zu beachten (Bild 3).
4. Aufstellen der Zuschnittliste (Bild 1, nächste Seite).
5. Auswahl der Beschläge nach Flügelgröße und -gewicht und evtl. von Zubehör und Ausdruck der Beschlageinbauzeichnung (Bild 1, Seite 281).

Das Aufmaß, also das örtliche Maßnehmen für die Herstellung der Fenster, ist Grundlage für die Fensterfertigung. Jede Fensteröffnung ist in Höhe und Breite an drei verschiedenen Stellen zu messen. Das kleinste Maß bestimmt die Fertigung. Bei diesem Projekt ist zu prüfen, ob die Toleranzen (Bild 3) überschritten wurden, wenn ja, ist die Laibung „bauseits" nachzuarbeiten.

Nun werden die Profillängen mithilfe der Katalogstückliste berechnet und zusammen mit dem ganzen Zubehör in eine **Zuschnittliste** eingetragen (Bild 1, nächste Seite). Diese ist Grundlage für die folgende Fertigung.

Der Beschlag wird nach der Vorgabe der Kurzbeschreibung ausgewählt: hier der zum System passende Dreh-Kipp-Beschlag. Er wird zusammen mit

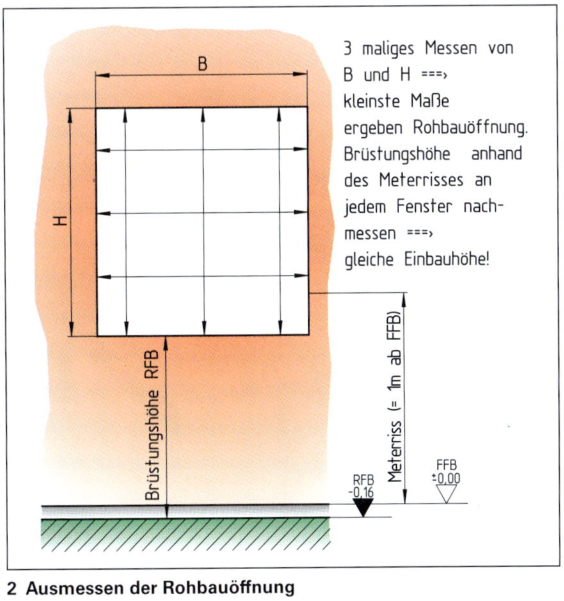

2 Ausmessen der Rohbauöffnung

Oberflächen der Bauteile	Zulässige Abmaße bei Nennmaßbereich in mm			
	bis 1 m	über 1 m bis 2,5 m	über 2,5 m bis 5 m	über 5 m
nicht fertig (unverputzt)	5	10	15	20
fertig (verputztes Mauerwerk, Sichtbeton)	5	5	10	15

Zulässige Toleranzen von der Lot- und Waagerechten der Laibungsflächen bei Öffnungen und Nischen

Oberflächen der Bauteile	Zulässige Abmaße bei Nennmaßbereich in mm		
	bis 2,5 m	über 2,5 m bis 5 m	über 5 m
nicht fertig (unverputzt)	± 10	± 15	± 20
fertig (verputztes Mauerwerk, Sichtbeton)	± 5	± 10	± 10

Zulässige Abmaße für Öffnungen und Nischen in Wänden und Decken

3 Bautoleranzen

einer Einbauzeichnung fertig verpackt vom Hersteller geliefert. Im Metallbaubetrieb sind nur die Schubstangen abzulängen und Bediengriffe nach Kundenwahl zu ergänzen.
Mit den Scheiben werden auch die Mitteldichtungs- und der äußere Glasdichtungsrahmen bestellt.
Dichtungsrahmen aus Meterware und Eckwinkel selbst zu kleben ist nur bei Einzelaufträgen wirtschaftlich.

7.4.2 Fertigung und Montage

Der Zuschnitt der Rahmen- und Glasleistenprofile erfolgt auf einer Doppelgehrungssäge höchster Präzision (vgl. Kap. 3.4.1.2). Da die Profile anodisiert und eingefärbt sind, müssen unbedingt hartmetallbestückte Sägeblätter verwendet werden. Die Schutzfolie verbleibt am Profil und verhindert Kratzer während der Bearbeitung. Pneumatikzylinder spannen die Profile in zwei Ebenen, Beilagen verhindern ein Verformen (Bild 1).

Die Qualität der Eckverbindungen hängt in hohem Maße von der Genauigkeit der Gehrungsschnitte ab.

Die für den Einbau der Eckverbindungen, des Beschlages und die Entwässerungen notwendigen Bohrungen, Schlitze, Ausnehmungen und Ausklinkungen werden gebohrt, gefräst oder gestanzt. Systemhersteller liefern die dafür notwendigen Schablonen, Zeichnungen, Stanzwerkzeuge und Maschinen.

Sehr wichtig sind die Schlitze für die Entwässerung der Vorkammer. Sie leiten eingedrungenes Regenwasser ebenso ab wie Kondenswasser, das wegen der Temperaturunterschiede an den Profilwandungen anfällt (Bild 2).

Auf 1 m Rahmenbreite 3 Schlitze mit je 4 bis 5 mm Breite und 40 mm Länge.

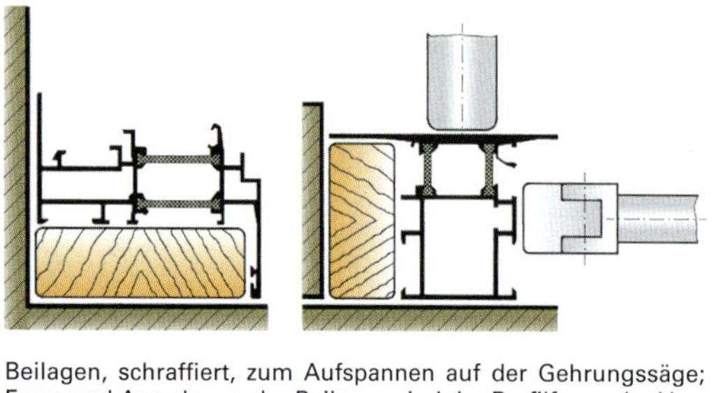

Beilagen, schraffiert, zum Aufspannen auf der Gehrungssäge; Form und Anordnung der Beilagen sind der Profilform, der Vorschubrichtung und der Lage der Spannelemente angepasst

1 Beilagen beim Sägen

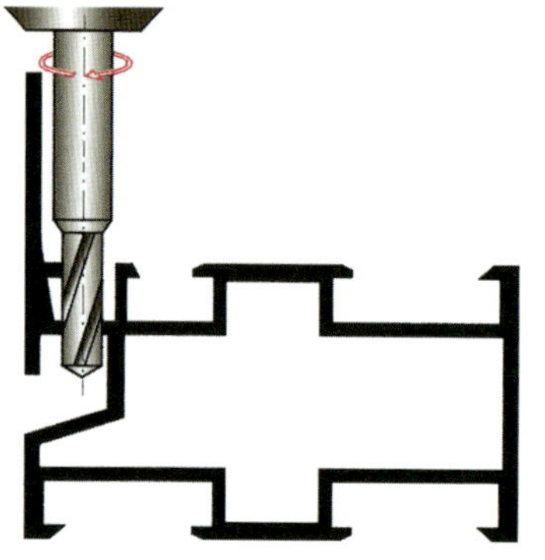

Fräsen der Entwässerungsschlitze im unteren Blendrahmenprofil

2 Fertigen der Wasserschlitze

Herstellen der Eckverbindungen

Hier haben sich im wesentlichen zwei Verfahren durchgesetzt:

Aluminiumfenster:

- **Verkleben** der Gehrungsflächen und Stützung durch einen in den Profilhohlraum eingeschobenen und fixierten Eckwinkel. Geklebt wird mit kaltaushärtenden Zwei-Komponenten-Klebstoffen – auch der Eckwinkel wird eingeklebt (Bild 1, Seite 284).
- Der Eckwinkel stabilisiert den Rahmen, eine **Press-Stanz-Verbindung (= „Presta")** zieht die Ecke zusammen. Dabei werden durch zwei Keile die Profilwandungen in dafür vorgesehene Nuten des Eckwinkels gedrückt.
  Steht diese Maschine nicht zur Verfügung, so fixieren **Schrauben, Bolzen** oder **Keilstifte** den Eckwinkel und ziehen die Rahmenecke zusammen (Bild 1, Seite 284).

Stahlfenster:
Die Ecken werden durch **Abbrennstumpfschweißen**, notfalls auch **MAG-Schweißen**, verbunden (Bild 3).

3 Eckverbindung bei Stahlfenstern

Zuschnittliste

Bauvorhaben: ______________________ **Auftrags-Nr.:** ______________

Bauzeichnung: ______________________ **System:** ______________

Position: ______________________ **Stück:** ______________

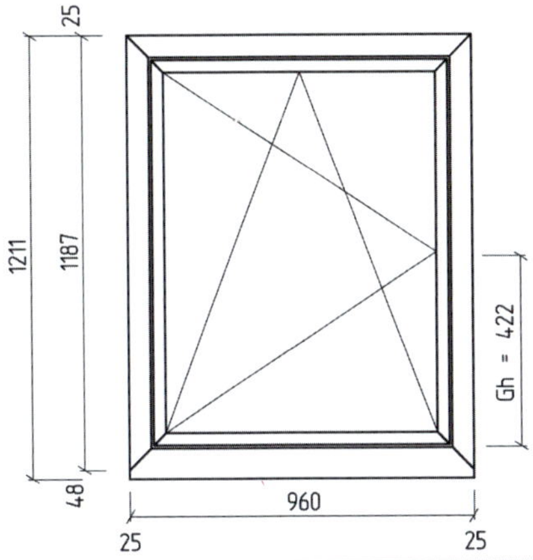

Die Fensterskizze zeigt:
- Öffnungsrichtung
- Blendrahmenaussenmaße
- Maueranschlussfugen
- Griffhöhe Gh am Flügel

Glasleistenzuschnitt:
- Waagerechte Glasleisten laufen durch
- Senkrechte Glasleisten werden zwischen die waagerechten gespannt.

Pos.	Profil-Nr.	Menge	▬	◣	◢◣	mit Bearbeitung	ohne Bearbeitung	Bemerkung
1	Blendrahmen	1			108			waagerecht / unten
2	Blendrahmen	1			960			waagerecht / oben
3	Blendrahmen	2			1187			senkrecht
4	Flügel	2			900			waagerecht
5	Flügel	2			1127			senkrecht
6	Glasleisten	2	805					waagerecht
7	Glasleisten	2	984					senkrecht

Mitteldichtung:
- Bestellmaß (kompl. Dichtungsrahmen) 888x1115
- Zuschnitt für vorgefertigte Dichtungsecken
  - Zuschnitt waagerecht = 796mm
  - Zuschnitt senkrecht = 1025mm

Die Zuschnitte müssen um 1% länger sein als die theoretischen Maße H_M / B_M (sicherer Halt im Eckenbereich)

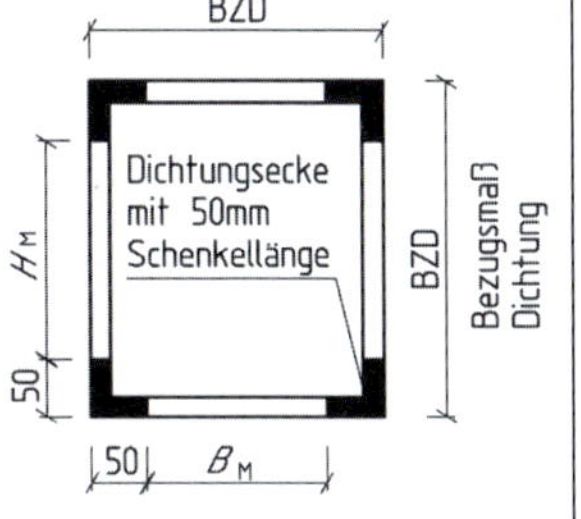

Anschlag- und Glasdichtung:
Die Zuschnitte werden nicht mehr berechnet. Diese Dichtungen werden am vorgefertigten Fenster mit ca. 1% Zugabe eingepasst.

Schubprofile für DK-Beschlag:
Schubprofil SH1 = 228mm
Schubprofil SH2 = 511mm
Schubprofil 500er Schere = 212mm

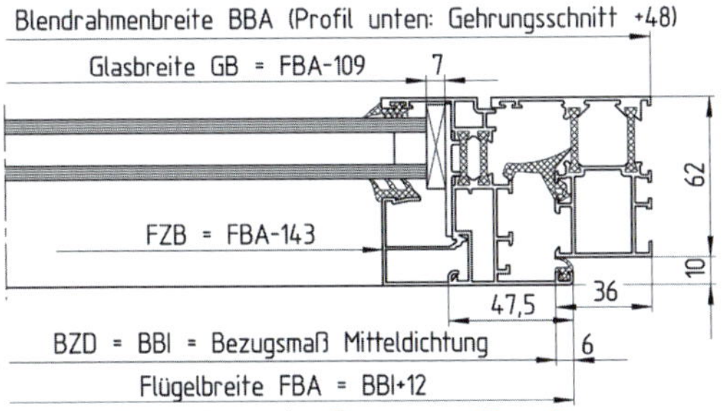

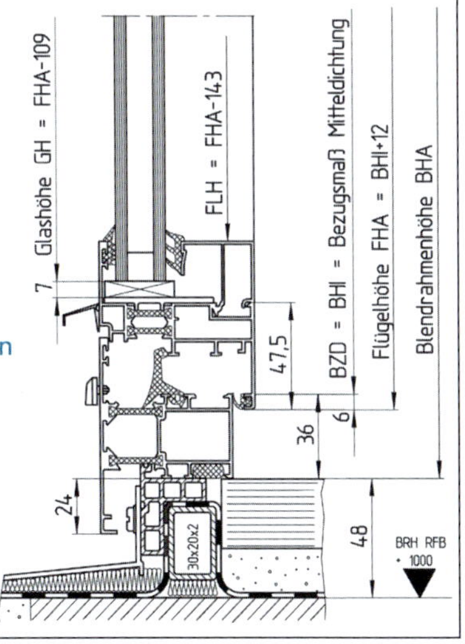

Für die Ermittlung der Fenstermaße müssen vorerst die Anschlussfugen zwischen Fenster und Mauerwerk festgelegt werden. Laut Werkstattzeichnung:
- seitlich / am Sturz 25 mm
- an der Brüstung 48 mm

Berechnungsbeispiel (vgl. Werkstattzeichnung):

BBA = 100mm - 2x25mm = 960mm
BBI = 960mm - 2x36mm = 888mm
FBA = BBI + 12mm = 888mm + 12mm = 900mm
FBI = 900mm - 2x47,5mm = 805mm
GB = FBA - 109mm = 900mm - 109mm = 791mm

1 Zuschnittliste

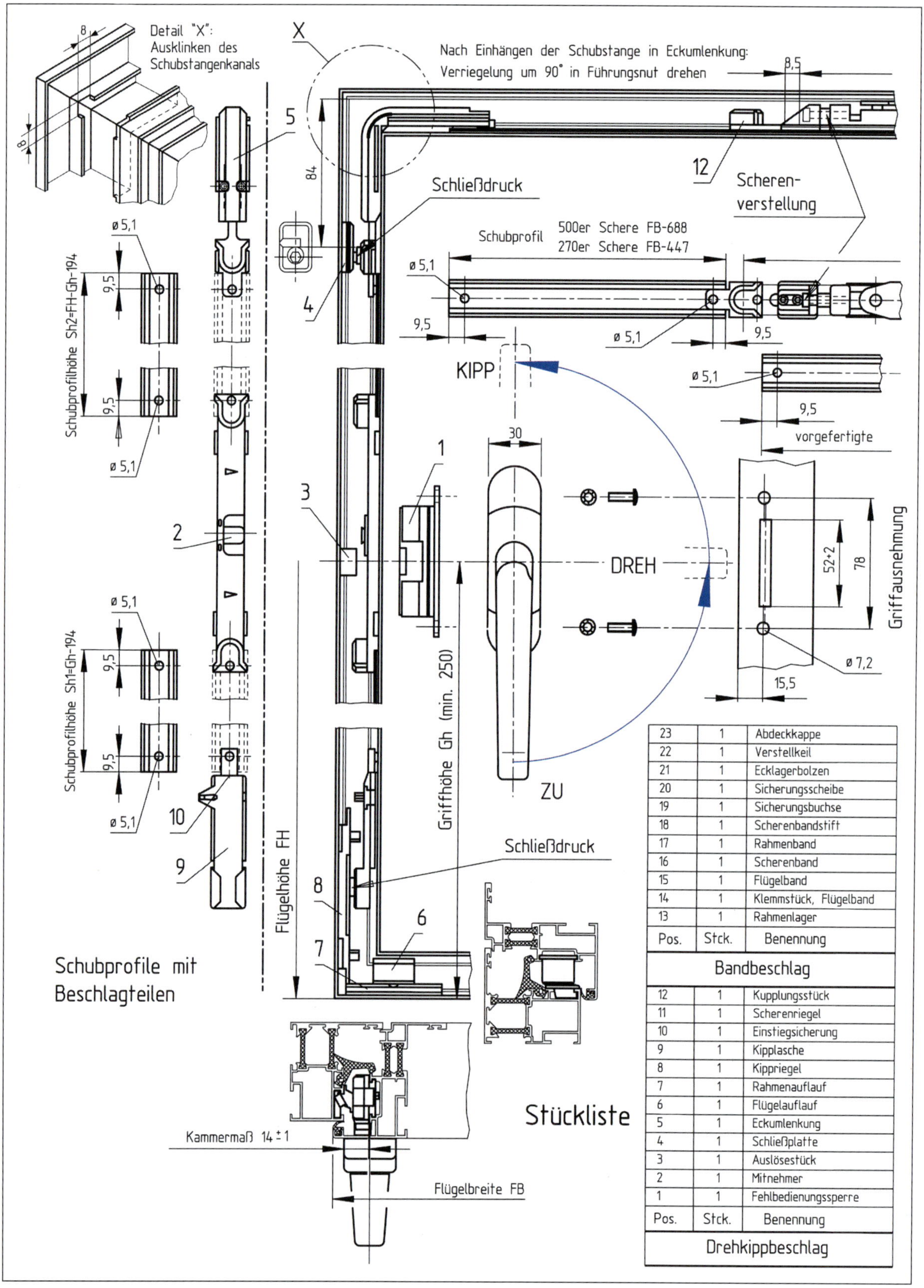

Pos.	Stck.	Benennung
23	1	Abdeckkappe
22	1	Verstellkeil
21	1	Ecklagerbolzen
20	1	Sicherungsscheibe
19	1	Sicherungsbuchse
18	1	Scherenbandstift
17	1	Rahmenband
16	1	Scherenband
15	1	Flügelband
14	1	Klemmstück, Flügelband
13	1	Rahmenlager

Bandbeschlag

Pos.	Stck.	Benennung
12	1	Kupplungsstück
11	1	Scherenriegel
10	1	Einstiegsicherung
9	1	Kipplasche
8	1	Kippriegel
7	1	Rahmenauflauf
6	1	Flügelauflauf
5	1	Eckumlenkung
4	1	Schließplatte
3	1	Auslösestück
2	1	Mitnehmer
1	1	Fehlbedienungssperre

Drehkippbeschlag

1 Beschlageinbauzeichung

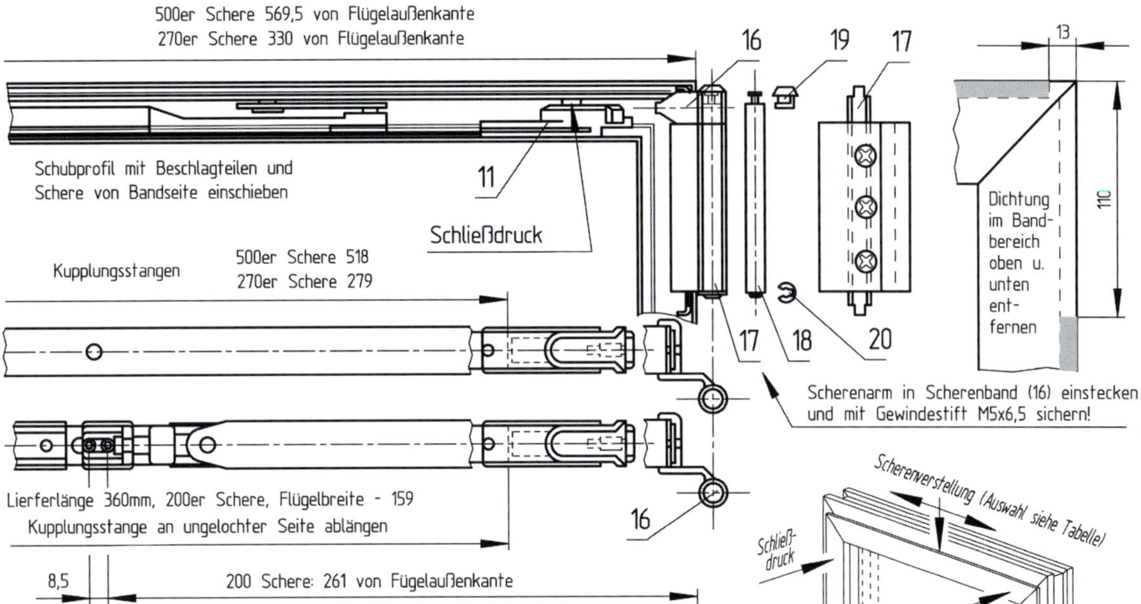

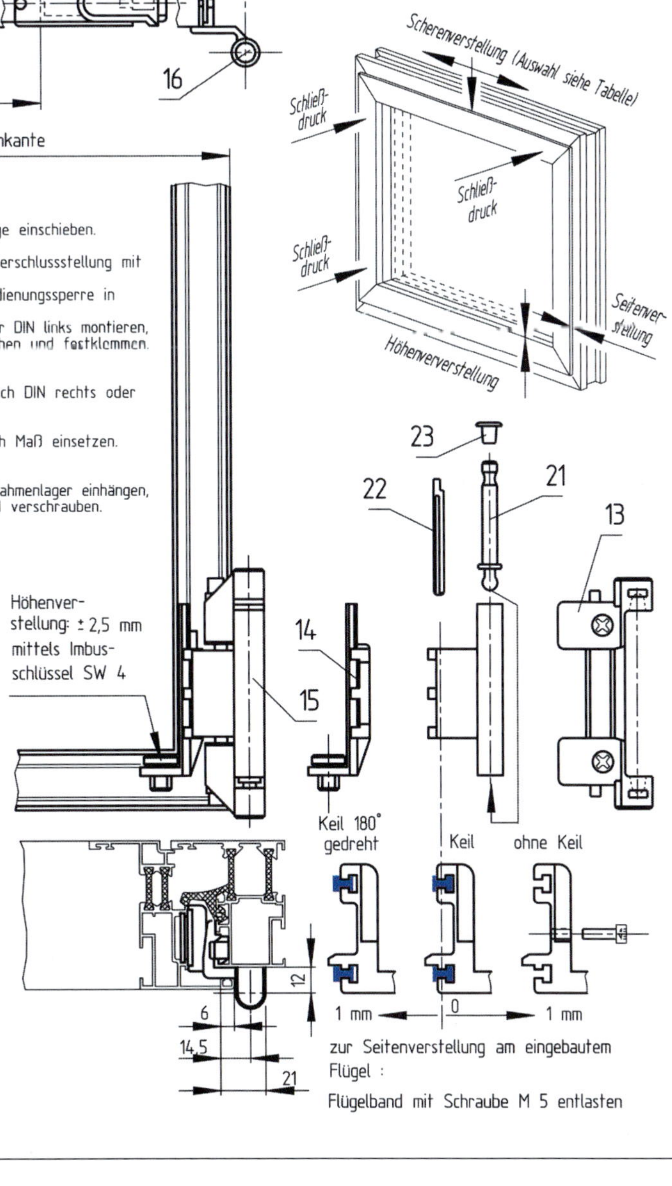

Einbauanleitung

Flügelteile:
1. oberer Einschub von Bandseite:
   Schubprofil mit Beschlagteilen, Scherenarm und Kupplungsstange einschieben.
2. griffseitiger Einschub von oben:
   Schubprofile mit Beschlagteilen einschieben, Eckumlenkung in Verschlussstellung mit oberen Einschub verriegeln.
3. Griffgetriebe in Mitnehmerführung einschieben und mit Fehlbedienungssperre in Drehstellung verschrauben.
4. Flügelband mit Ecklagerbolzen und Abdeckkappe DIN rechts oder DIN links montieren, mit Klemmstück und Verstellkeil verbinden, von unten einschieben und festklemmen.

Rahmenteile:
1. Rahmenband und Scherenband mit Scherenbandstift konpl. nach DIN rechts oder DIN links montieren, einsetzen und festklemmen.
2. Rahmenlager einsetzen und festklemmen.
3. Griffseitig Ablauf, Kippriegel, Auslösestück, Schließplatten nach Maß einsetzen.

Flügel einhängen:
Rahmen und Flügel nebeneinanderlegen (180° geöffnet), unten in Rahmenlager einhängen, oben bei Drehstellung Scherenarm in Scherenband einhängen und verschrauben.

Flügel einstellen:
Flügel kann an 6 Punkten in 3 Achsen auch im eingebautem Zustand reguliert werden:
1. Schließdruck, Dichtungsandruck durch Exzenterverstellung in den Schließplatten und Scheren ± 1 mm
2. Höhenverstellung am Flügelband, Scherenplatte± 2,5 mm
3. Seitenverstellung am Flügelband ±1 mm, vorher durch Eindrehen einer Schraube M5 entlasten.
   Scherenverstellung an Scherenplatte ± 3 mm

Scherenauswahl	Flügelbreite in mm	Flügelhöhe in mm
Schere 200	380-500	600-2400
Schere 270	500-900	600-2400
Schere 500	900-1300	600-1700
Schere 500 mit Zusatzschere	1300-1600	1700-2400

1 Beschlageinbauzeichung (Fortsetzung)

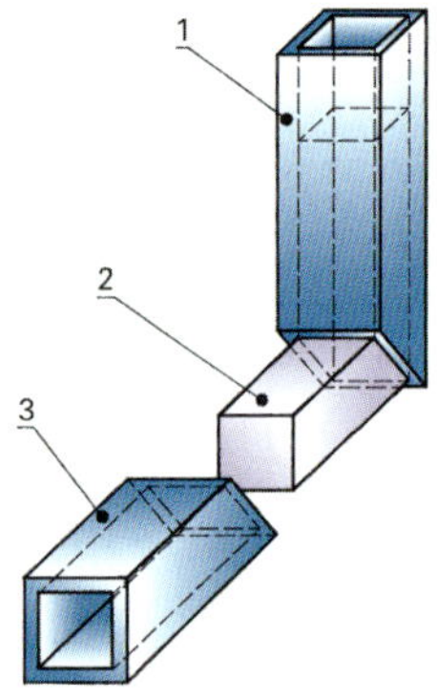

Darstellung einer Fensterrahmen-Eckverbindung durch einen Eckwinkel
1 Hohlprofil
2 Eckwinkel
3 Hohlprofil

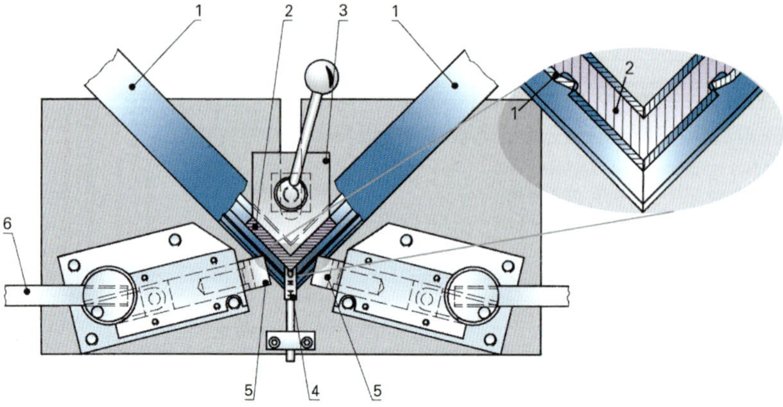

Eckverbindung durch **eingestanzten Eckwinkel**
1 Rahmenprofile
2 Eckwinkel
3 Spannvorrichtung
4 Gegenhalter
5 Pressstanzmeißel
6 Handhebel - bei größeren Maschinen automatisch

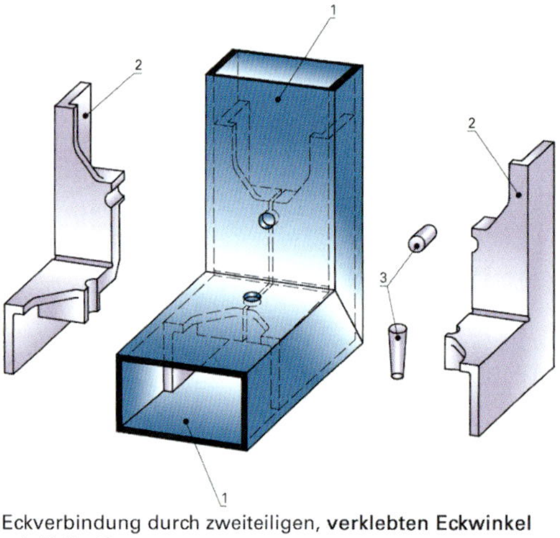

Eckverbindung durch zweiteiligen, **verklebten Eckwinkel mit Keilstiften**
1 Rahmenprofil
2 geteilter Eckwinkel
3 Keilstift

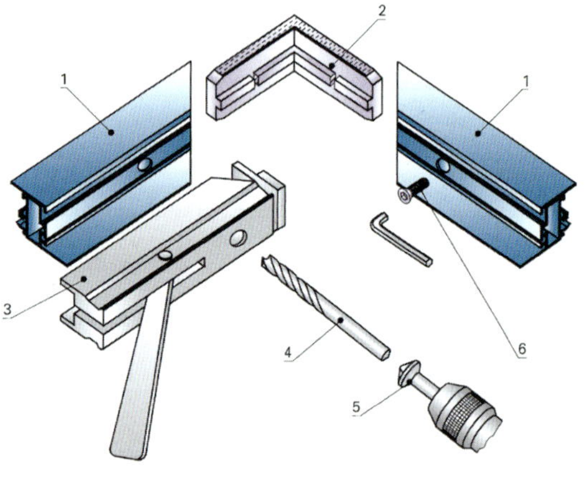

Eckverbindung durch **geschraubten Eckwinkel**
1 Rahmenprofile
2 Eckwinkel
3 Bohrlehre
4 Bohrer
5 Senker
6 Senkkopfschraube

1 Eckverbindungen

Blend- und Flügelrahmen werden getrennt montiert, dann wird der Beschlag nach der „Beschlageinbauzeichnung" des Systemherstellers eingebaut. Stellschrauben, Keile oder Anschläge in den dafür vorgepressten Nuten und Ausnehmungen befestigen die einzelnen Teile. Werden Schrauben verwendet, so sind diese selbstschneidend. Mithilfe von Lehren, Schablonen und Befestigungsmitteln ist der Beschlageinbau sehr vereinfacht und erfordert keine besonderen Fachkenntnisse.

Dann wird die Mitteldichtung von den Ecken nach innen „eingerollt", der Flügel eingesetzt und die Schere eingehängt. Verstellbare Beschläge erlauben ein genaues Justieren: Die Fuge zwischen Flügel und Rahmen muss allseits gleich breit sein.

Nachdem die äußere Scheibendichtung eingelegt ist, setzt man die Glasscheibe mit größter Vorsicht in den geschlossenen Flügel ein. Es wird meist stehend, bei kleinen Format auch liegend verglast. Die Verklotzung nach den Verglasungsrichtlinien bewirkt:

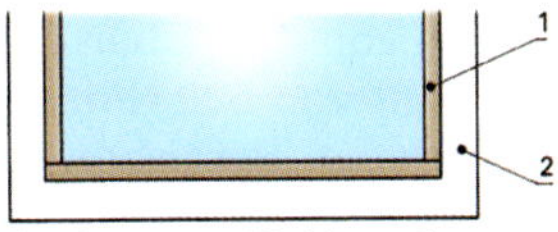

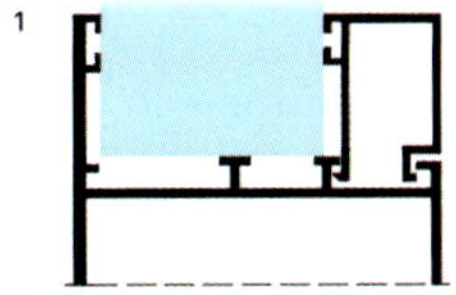

Anordnungen von Glasleisten mit stumpfem Stoß
1 Glasleiste, die waagerechten Glasleisten laufen durch; 2 Flügelrahmen

Befestigungsarten für Glasleisten
1 eingeklemmt, 2 Befestigung mit Kunststoffclips, 3 Kunststoffclips zugleich als Auflager für die Verglasung

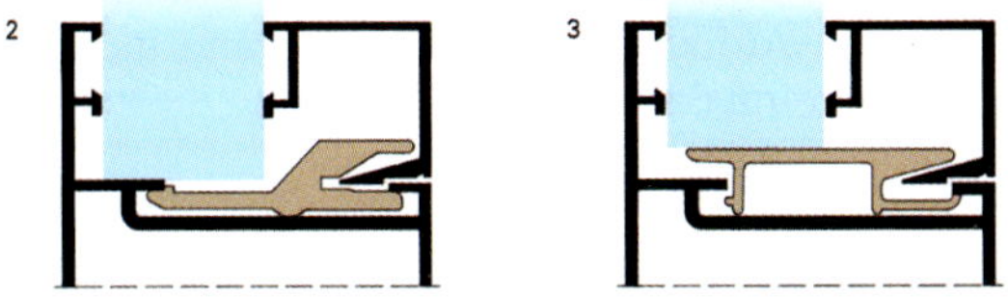

1 Verglasung

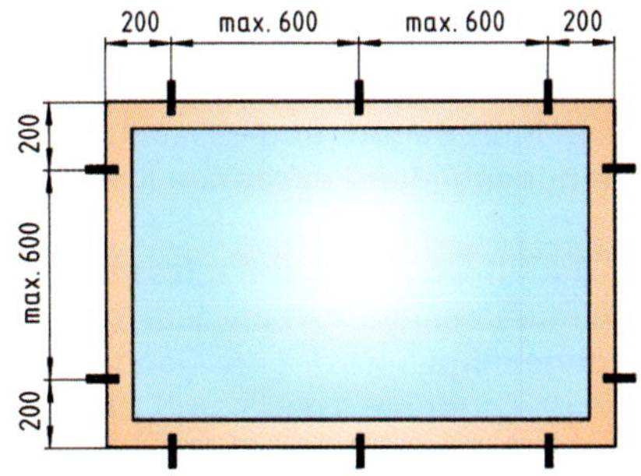

Anordnung der Befestigungselemente

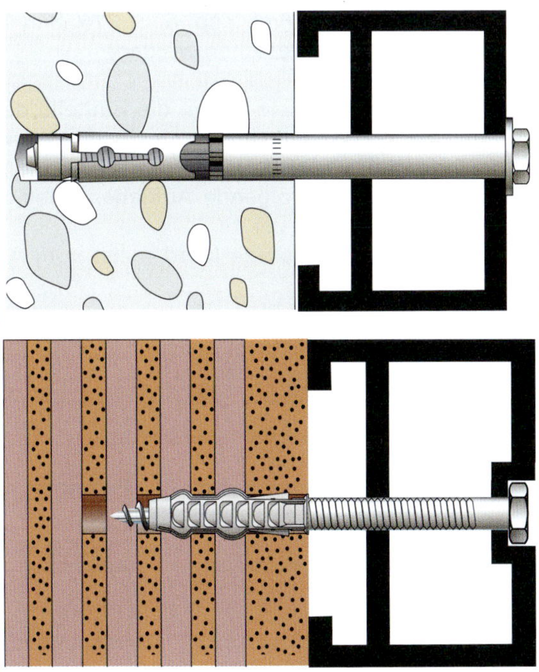

Ausführungsformen von Fensterdübeln; oben: Dübel mit Metallhülse für dichtes Mauerwerk; darunter: Spezialdübel mit Kunststoffhülse für Mauerwerk mit Hohlräumen

2 Befestigung von Fenstern mit Dübeln

- Das Scheibengewicht wird im Rahmen so verteilt, dass der Rahmen die Scheibe „trägt".
- Der Rahmen bleibt immer in der richtigen Lage, die Gangbarkeit ist gewährleistet.
- Die Scheibenkante liegt an keiner Stelle auf dem Rahmen auf, die ungehinderte Belüftung des Verbundes ist gesichert.

Nun werden die vorgefertigten Glasleisten eingeklemmt und die inneren Scheibendichtungen eingepresst. Anfeuchten mit Seifenwasser oder Silikonöl erleichtert das Eindrücken. Die inneren Scheibendichtungen werden an den Ecken nicht verklebt, da mit Feuchtigkeit oder Schwitzwasser nicht zu rechnen ist.

Der Transport der Fenster zur Baustelle geschieht stehend, da sonst Glasbruch auftreten kann. Zuerst ist nachzuprüfen, ob die Basisprofile waagerecht eingebaut sind. Dann werden sie mit einer Folie und einem Kunststoffprofil zur thermischen Trennung abgedeckt. Das Fenster wird so in die Laibung gestellt, dass die Fuge an den beiden Seiten gleich groß ist. Hartholzkeile fixieren es nach der lotrechten Ausrichtung mittels Wasserwaage. Durchsteckdübel nach Bild 2 befestigen den Blendrahmen im Mauerwerk.

Die Fuge zwischen Blendrahmen und Laibung schließt eine geeignete Fugendichtung. Ein Ausschäumen, wie früher üblich, ist aus ökologischen Gründen abzulehnen. Es ist darauf zu achten, dass die Dichtungsmasse nur an zwei Seiten anliegt, sonst kann sie ihre Funktion nicht erfüllen (Bild 1, nächste Seite).

Am Schluss steht eine Sicht- und Funktionsprüfung, bei der schwergängige Beschläge durch Justieren noch gangbar gemacht werden können.

An Fensterwänden und Pfosten-Riegel-Konstruktionen müssen Profile stumpf aneinandergestoßen werden: Es sind so genannte **Stoßverbindungen** herzustellen, die besonders hohe Anforderungen an Festigkeit und Dichtigkeit stellen. Bild 2 (nächste Seite) zeigt eine Pfosten-Riegel-Verbindung mit Hinweisen auf konstruktive Besonderheiten.

Fensterwände schließen Räume ganz oder teilweise nach außen ab. Tragende Konstruktionen sind Rahmen, die nach Bedarf durch eingesetzte Profile unterteilt sind. Die Stoßverbindung zwischen waagerechten Riegeln und senkrechten Pfosten muss nicht nur Fensterflügel oder Festverglasungen aufnehmen, sondern wird auch mechanisch hoch beansprucht. Die dafür entwickelten Verbindungselemente werden geklebt und ver-

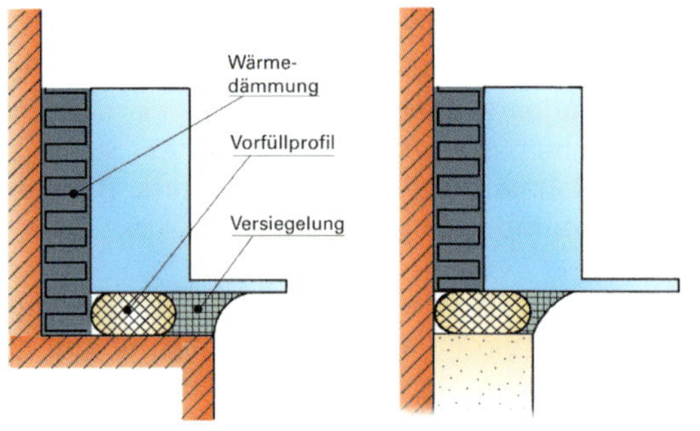

Äußere Abdichtung des Wandanschlusses

1 Abdichten von Fugen

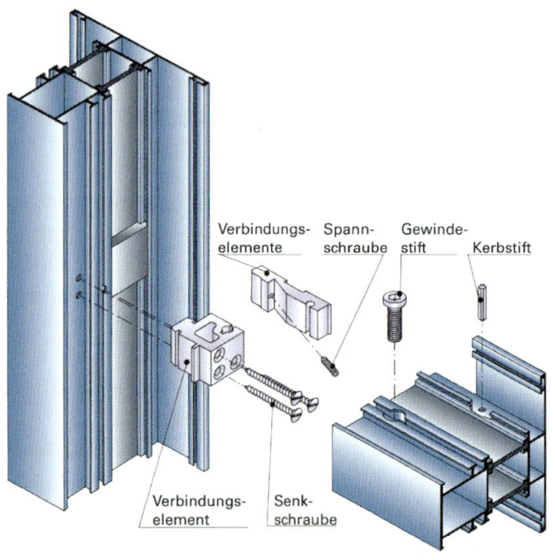

Beidseitiger Pfosten-Riegel-Anschluss (Kreuzstoß); Riegelanschluss beiderseits durch zusätzlich eingeschraubte Verbindungselemente

2 Pfosten-Riegel-Verbindung

schraubt. Besonders wichtig ist die Verankerung von Fensterwänden im Bauwerk. Große Fensterwände werden beansprucht durch

- **Windlasten** (Druck und Sog),
- **Verkehrslasten**, z. B. bei Menschengedränge,
- **Eigengewicht**.

Für Windlasten gilt:

Beanspruchungs-gruppe	Höhe über Gelände in m	Windlast in kN / m²
A	0 ... 8	0,60
B	8 ... 20	0,98
C	20 ... 100	1,32
D	über 100 m	1,56
Bei turmartigen Bauwerken, wenn die Breite weniger als 1/5 der Höhe beträgt, ist die Windlast sogar um 20 ... 30 % höher.		

Verkehrslasten sind dann zu berücksichtigen, wenn raumhohe Fensterwände eingebaut werden sollen. Diese müssen in einer Höhe von 1 m über Fußboden noch eine Horizontalkraft von 500 N/m aufnehmen können, in gefährdeten Bereichen bis 1000 N/m.

Das Eigengewicht der Fensterwand ist durch fachgerechten Einbau zwangsfrei in den Baukörper einzuleiten. Auf keinen Fall dürfen Kräfte aus dem Baukörper eine Fensterwand belasten.

7.5 Fassaden

Als Fassade bezeichnet man im Metallbau die äußere raumabschließende Hülle eines Stahlgeschossbaus. Ihre Bauart und Gestaltung prägen das Erscheinungsbild der gesamten Konstruktion.

Häufigste Bauart ist die **Vorhangfassade**, die aus Einzelelementen besteht und an der Hochbaukonstruktion **„angehängt“** wird. Eine Sonderform sind Fassadenverkleidungen, das sind hinterlüftete „Schalen“ an Außenwänden als Wärme- und Wetterschutz.

Der Stahlgeschossbau (vgl. Kap. 6, S. 216, Bild 1) soll mit einer Fassade versehen werden.

Aufgabe des Metallbauers ist es, die Bauteile der Fassaden bzw. komplette Elemente in der Werkstatt zu fertigen und auf der Baustelle zu montieren. Dabei müssen folgende Aufgaben erledigt werden:

- Wahl der Art der Fassade (wird meist vom Architekten getroffen),
- Aufmaß an der Baustelle zur Kontrolle,

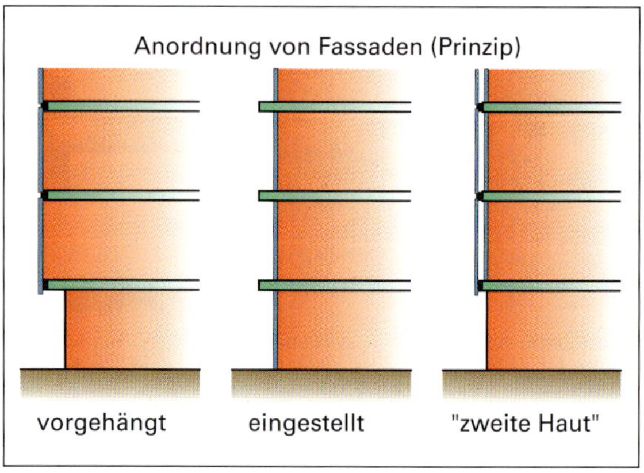

3 Anordnung von Fassaden

- Bearbeitung der Profile in der Werkstatt,
- Transport zur Baustelle und
- Montage.

Wichtig bei Fertigung und Montage ist, dass die durch Eigengewichte sowie Wärmedehnungen auftretenden Kräfte berücksichtigt werden.

7.5.1 Anforderungen an Fassaden

Nach dem Aufbau unterscheidet man
- **Kaltfassaden** (hinterlüftet)
- **Warmfassaden** (nicht hinterlüftet)
- **Kalt-Warm-Fassaden** (c-w – warm und kalt im Wechsel)
- **Vorgesetzte Fassaden** („Zweite Haut"-Fassade)

Typisches Fassadenbauteil ist das **Metallpaneel** mit beidseitiger Blechbekleidung und innenliegender Dämmung aus Stein- oder Glaswolle (Bild 1). Als Werkstoffe für diese Fassadenelemente werden verwendet:
- **Stahlblech:** beschichtet oder nichtrostend,
- **Aluminiumblech:** eloxiert, pulverbeschichtet, für Fassadenverkleidungen meist als Profiltafol,
- **Kupferblech:** patiniert,
- **Glasscheiben:** im Paneel integriert oder mit eigenem Rahmen eingesetzt oder als Scheibe an Ganzglasfassaden.

Ein Fassadenaufbau muss den bauphysikalischen Anforderungen genügen (Bild 2):

von **außen**: Schutz vor Sonnenstrahlung, Niederschlägen, Wind, Temperaturschwankungen,

von **innen**: Schutz vor Temperaturschwankungen, Zugluft, Tauwasserbildung, Wärmeabstrahlung.

Entscheidend bei allen Fassadenbauarten ist die **thermische Trennung** zwischen Innen- und Außenwand.

Ganzglasfassaden (Structural Glazing)

Das ist eine Konstruktion, bei der die Außenhülle der Fassade von Glasscheiben gebildet wird, die mit Silikon auf eine statisch tragende Fassadenunterkonstruktion geklebt werden. Es wird auf jede mechanische Halterung verzichtet, Silikon hat die Aufgabe des Klebens und Dichtens. Die Scheiben reichen von 0,75 m × 0,75 m bis 1,50 m × 2,50 m.

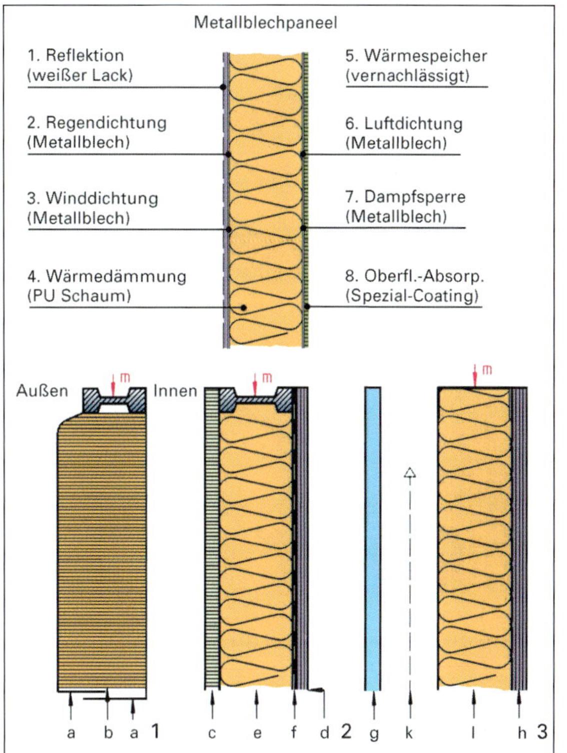

1 Metallpaneel mit beiseitiger Blechbekleidung
2 Unbelüftetes Paneel mit steifen Deckplatten
3 Belüftetes Paneel

a Äußeres und inneres Metall-Deckblech
b Dämmschicht, z. B. Wabenkern + PU-Schaum
c Äußere Deckplatte, z. B. Eternit-Glasal
d Innere Deckplatte, z. B. Gipskarton
e Dämmschicht, z. B. PU-Hartschaum
f Dampfsperre, z. B. Aluminiumfolie
g Äußere Verkleidung, z. B. Opakglas
h Innere Deckplatte, z. B. feuerhemmende Beschichtung
k Innerer Hohlraum, Belüftung von außen
l Dämmschicht, z. B. Polystyrenschaum
m Randabdichtung, z. B. Neopreneprofil
n Randrahmen, z. B. Aluminium-U-Profil

1 Metallpaneel

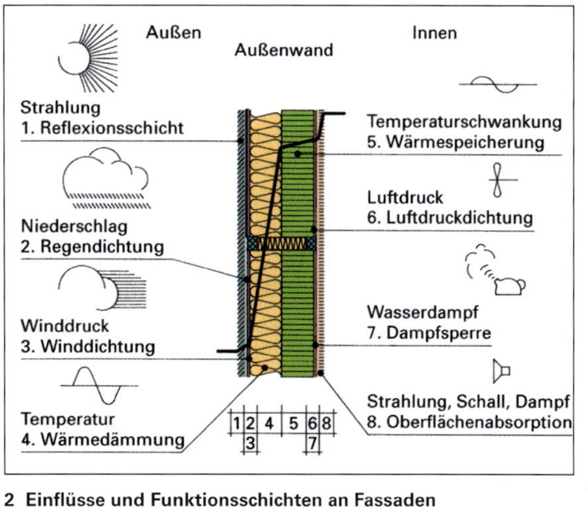

2 Einflüsse und Funktionsschichten an Fassaden

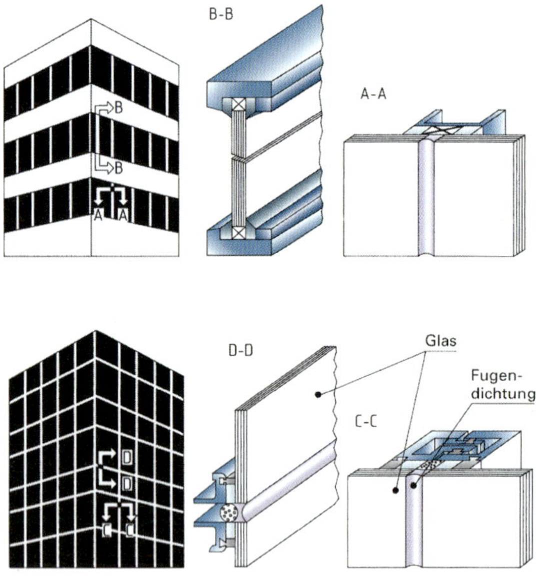

Typische zweiseitige Konstruktion (Baustelleninstallation)

Bei zweiseitigem Structural Glazing sind zwei Glaskanten in Falz gefasst und mit Glashalteleisten mechanisch gesichert. Die verbleibenden Glaskanten werden verklebt.

Typische vierseitige Konstruktion (Fabrikfertigung)

Vierseitiges Structural Glazing bedeutet, dass alle Glaskanten ohne Rahmen ausschließlich über die Silikonverklebung an der Unterkonstruktion gehalten werden.

1 Konstruktionsprinzip: Structural Glazing

Man unterscheidet zwei Ausführungsformen (Bild 1):

- **Zweiseitig-Stuctural-Glazing:**
  Damit schafft man freifließende Lichtbänder, da nur die waagrechten Glaskanten in Profile gefasst, die senkrechten Stoßkanten jedoch ausschließlich verklebt werden.
- **Vierseitig-Structural-Glazing:**
  Alle vier Kanten des Fassadenelements aus Glas sind mit der Unterkonstruktion ohne zusätzliche Halterungen verklebt.

Entscheidende Voraussetzungen für die Konstruktion von Ganzglasfassaden sind:

- Verträglichkeit der verwendeten Materialien,
- statisch wirksame Verklebung: Klebeart, -breite und -dicke müssen den Belastungen entsprechen,
- die Eigenlasten der Elemente müssen in die Tragkonstruktion eingeleitet werden,
- als Unterkonstruktion dürfen nur Profile aus eloxiertem Aluminium oder rostfreiem Stahl verwendet werden.

Die besonderen Vorteile dieser nahezu fugenlosen Fassadenkonstruktion sind:

- bessere Wärme- und Schalldämmung und Dichtigkeit,
- gleichmäßige Aufheizung und Abkühlung,
- völlig neue Gestaltungsmöglichkeiten durch die Verwendung von Spiegelglas oder anderen Werkstoffen, z. B. Keramikplatten.

Aus Sicherheitsgründen gelten bei der Herstellung von Ganzglasfassaden strenge Regeln:

Verklebung: Die Scheiben sind mit geeigneten Silikon-Klebstoffen auf die nach speziellen Verfahren eloxierten Aluminiumrahmen zu kleben. Entscheidend ist die Haftfähigkeit (= Adhäsion).

Verglasung: Klotzbrücken müssen das Gewicht der Verglasung auf den Tragrahmen ableiten. Dabei sind auch die Wind-Sogkräfte zu berücksichtigen.

Mechanische Sicherung: Bei ungünstigen Bedingungen können zusätzlich Klammern aus EDELSTAHL Rostfrei® die Glasscheiben am Rand sichern. Sie sind aus gestalterischen Gründen der Glasfarbe anzupassen.

Inspektion: Einige Wochen nach dem Einbau, wenn keine „Setzungen“ im Bauwerk mehr zu erwarten sind, ist die Befestigung „Rahmen – Baukörper“ erstmals zu kontrollieren. Sechs Monate nach dem Einbau und dann jährlich sind alle Elemente von außen an den Klebestellen auf Sicht zu prüfen.

Nur wenn Herstellung und Montage sach- und fachgerecht ausgeführt wurden, besitzt eine Ganzglasfassade Vorteile gegenüber den üblichen Elementfassaden. Insbesondere die Altersbeständigkeit des Werkstoffes Glas und seine Widerstandsfähigkeit gegenüber aggressiven Medien machen diese Fassadenkonstruktion wirtschaftlich. Entscheidend ist auch die Beobachtung, dass Ganzglasfassaden sich bei Niederschlägen weitgehend „selbst reinigen“.

7.6 Glasanbauten an Gebäuden

Glasanbauten schützen vor Wind und Wetter, mildern Temperaturschwankungen und verändern die architektonische Wirkung von Gebäuden. Die in Metallbaubetrieben gefertigten Glasanbauten sind in ihrer Konstruktion so vielfältig wie ihre Aufgaben:

- Überdachte Hauseingänge sollen Schutz bieten,
- Schutzgläser an Balkonen und Freisitzen machen von der Jahreszeit weniger abhängig,
- Galerien überdachen Passagen und wirken wert- und umsatzsteigernd,
- Wintergärten erhöhen den Wohnwert und sparen Energie.

1 **Verglaste Konstruktionen – Wintergarten**

Allen Glasanbauten gemeinsam sind:

- ein tragendes Gerippe, oft Systemprofile aus Stahl oder Aluminium,
- eine Verglasung, die bestimmten Anforderungen genügen muss, z.B. Sicherheitsglas an Galerien und Überkopfverglasungen,
- Einrichtungen und Vorkehrungen zur Belüftung und Beschattung.

Bei der Herstellung von verglasten Konstruktionen sind im wesentlichen die Techniken anzuwenden, wie sie bei der Herstellung von Fenstern und Türen aus Aluminium oder Stahl üblich sind.

7.6.1 Wintergärten

Wintergärten sind verglaste Anbauten an bestehenden Wohnhäusern. Sie sollen im Frühling und Herbst den Wohnraum erweitern und im Winter als Wärmepuffer wirken und so zur Energieeinsparung beitragen (Bild 2).

Das Sonnenlicht kann ungehindert eindringen und die durch Absorption und Transmission gewonnenen Wärmestrahlen erwärmen Glas, Bauteile und Möbel.

Notwendig ist jedoch eine Regelung der Wärmeentwicklung im Raum, z.B. durch Beschattungs- und Belüftungseinrichtungen, um Überhitzung im Sommer zu vermeiden und die warme Luft abzuführen (Bild 1, nächste Seite).

Äußere Beschattungsanlagen wie Markisen sind sehr wirkungsvoll, aber immer der Witterung ausgesetzt. Innere Beschattungssysteme, wie Rollos oder

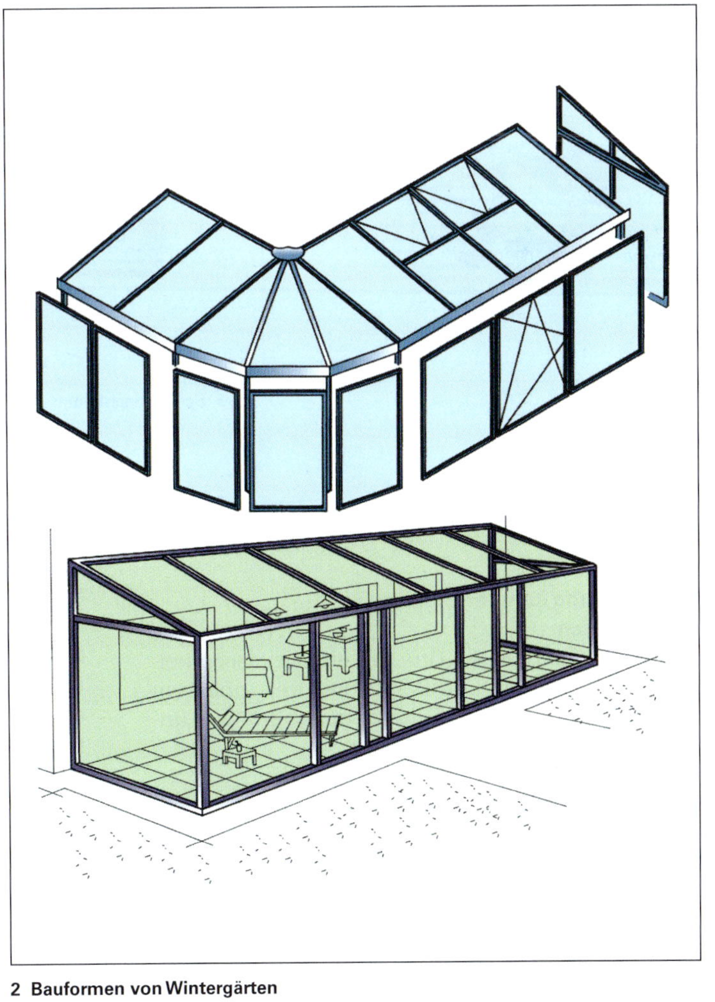

2 **Bauformen von Wintergärten**

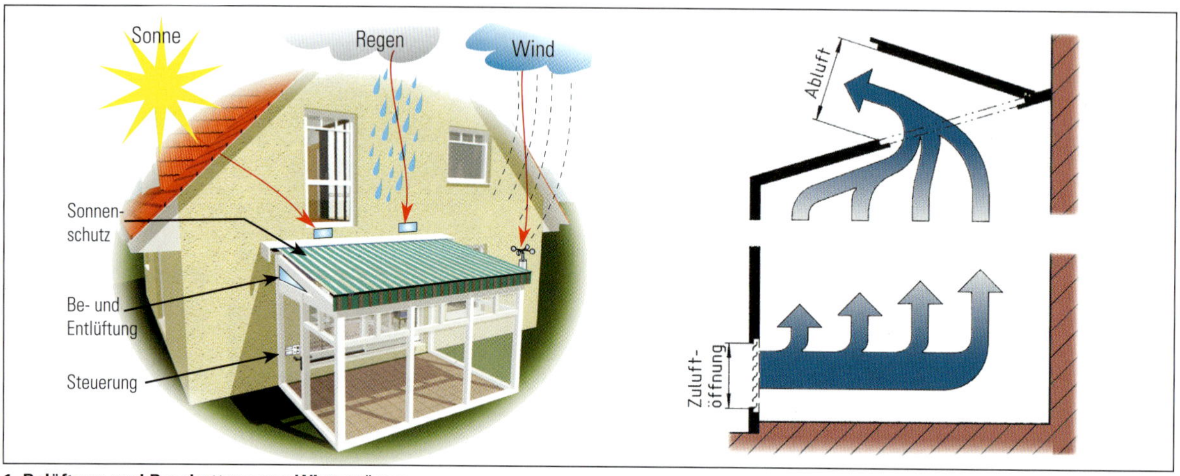

1 Belüftung und Beschattung von Wintergärten

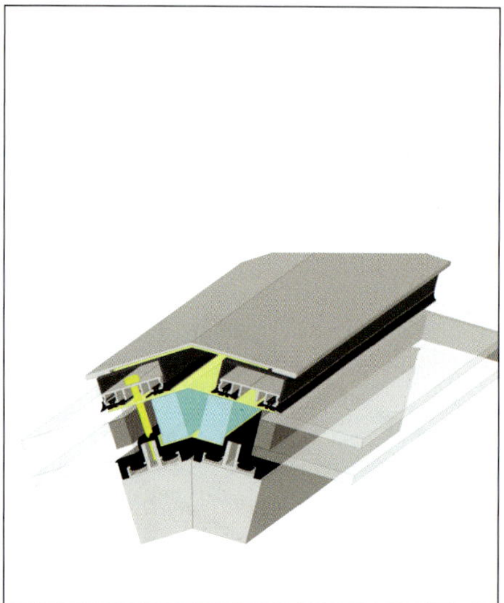

2 Firstknoten

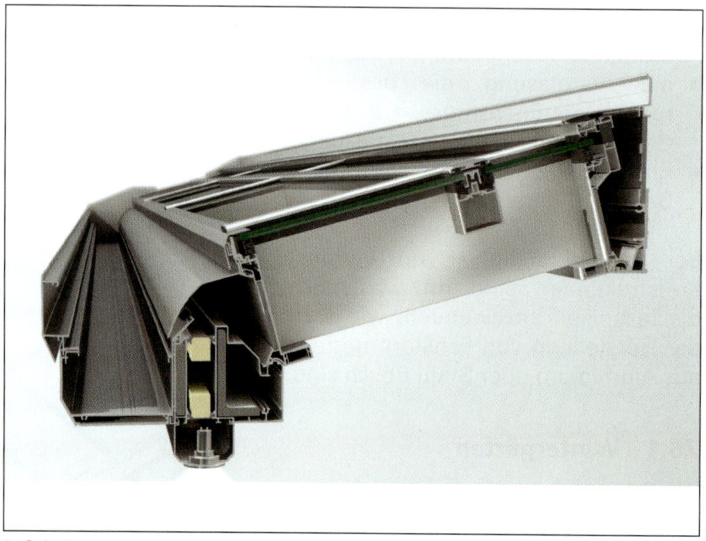

3 Schrägdachkonstruktion

Folien, haben einen geringeren Wirkungsgrad, aber eine längere Lebensdauer.

Die **Belüftung** kann erfolgen:

- **Thermisch:**
  Dabei nutzt man die Druckdifferenz zwischen einer großen Abluftöffnung an der obersten Stelle und kleinen Zuluftöffnung an der untersten Stelle der Konstruktion.
- **Mechanisch:**
  Ein Lüfter saugt im Firstbereich die Warmluft ab, durch Unterdruck strömt Frischluft durch Belüftungsöffnungen wieder ein.

Die gesamte Konstruktion muss statisch nach DIN 1055 so bemessen sein, dass Schnee-, Wind- und Verkehrslasten sicher abgeleitet werden können.

Ein besonderes Augenmerk ist auf Wandanschlüsse und Eckausbildungen zu richten. Bild 2 und Bild 3 zeigen Details eines Wintergartens aus Stahlprofilen mit Isolierverglasung.

Die häufigste Bauform ist der an ein konventionelles Gebäude „angelehnte" Wintergarten. Ein Abdeckprofil muss das am Putz herablaufende Regenwasser von der Anschlussstelle ableiten und den Wandanschluss trocken halten. Gegen Kondenswasser, das sich an der Innenseite bilden könnte, ist der Firstanschluss von innen dauerelastisch abzudichten.

Keinesfalls darf ein Metallteil der Wintergartenkonstruktion direkt an der Wand befestigt sein. Die unterschiedliche Wärmeausdehnung von Mauerwerk und Aluminium bzw. Stahl würde zu Rissen und Bauschäden führen. Man behilft sich mit einem speziellen Kunststoffanschlussprofil.

Die Traufe sollte auf jeden Fall eine Regenrinne haben, damit Niederschläge nicht an der senkrechten Verglasung ablaufen.

Problematisch an Wintergärten sind Dachneigungen unter 15°. Der Regen wäscht Verschmutzungen nicht mehr zuverlässig ab, wegen der Trübung der Scheiben und starken Aufheizung sinkt die Wohnqualität.

7.6.2 Verglaste Passagen

Überspannt man Straßen, Wege oder Plätze mit Glaskonstruktionen, so entstehen überdachte Laufbereiche, die Fußgängerzonen ergänzen und Schutz vor Witterungseinflüssen bieten.

Bild 2 zeigt den Schnitt durch eine nur 3,90 m breite, überdachte Passage. Den tragenden Rahmen für das Glasdach bildet ein Polygonzug von acht gleichen Profilen. Beschattungseinrichtungen sind nicht notwendig, da das Sonnenlicht wegen der architektonischen Situation nie die ganze Passage bescheinen und erwärmen kann. Die Tonnenform wurde gewählt, um Raumwirkung zu erzielen und bessere Tageslichtausbeute zu erhalten.
Besondere Probleme verursachen Niederschläge und Feuchtigkeit bei verglasten Passagen.

1 **Blick durch eine verglaste Passage** (Pardubitz, Tschechien)

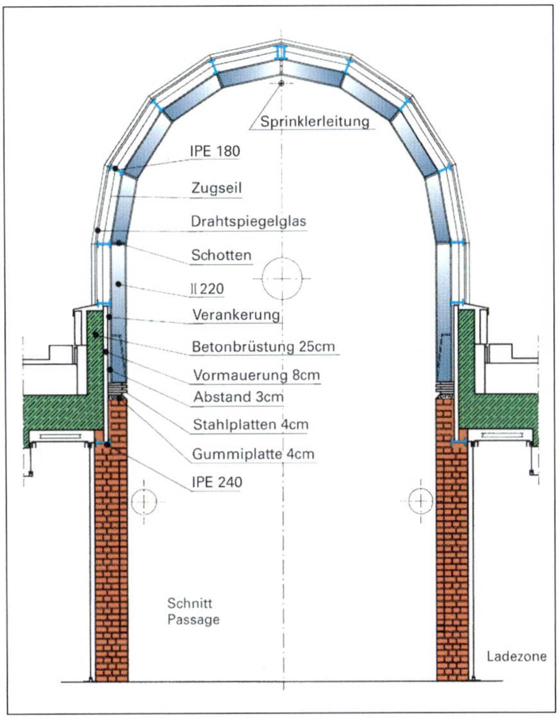

2 **Schnitt durch eine verglaste Passage**

- Regenwasser muss rasch außen abgeleitet werden, meist in den Stützen,
- die Bildung von Kondenswasser an der Glasinnenseite ist durch Belüftung möglichst zu verhindern, Wassertropfen und Pfützen wären sonst die Folge.

7.7 Sonnenschutzanlagen

7.7.1 Notwendigkeit und Aufgaben des Sonnenschutzes

Moderne Gebäude werden aus bauphysikalischen Gründen großflächig verglast, um eine ganzjährige natürliche Belichtung zu erreichen. Die Glasflächen werden meist auf der Süd- bzw.- Süd-Westseite von Gebäuden vergrößert, um vor allem in den Wintermonaten die Energie der Sonneneinstrahlung zu nutzen. Leider sind damit auch einige Nachteile verbunden: Neben der Gefahr der Blendung entsteht bei einer hohen Energiedurchlässigkeit des Glases auch schnell das Problem der Überhitzung von Räumen, insbesondere in den Sommermonaten und in Arbeitsräumen, in denen zusätzliche thermische Belastungen durch Beleuchtung und elektrische Geräte (z. B. Computer) hinzukommen. Man spricht vom sogenannten **Treibhauseffekt**:

Die kurzwellige Sonnenstrahlung dringt mehr oder weniger ungehindert durch die Glasscheiben und wird vom Innenraum absorbiert. Dadurch erwärmen sich die Auftreffflächen und senden langwellige Strahlung aus. Die Glasscheiben lassen diese langwellige Strahlung (Wärmestrahlung) aber kaum mehr durch, so dass eine „Wärmefalle“ entsteht (Bild 1), die die Räume unerträglich aufheizt. In den kalten Jahreszeiten erzeugt der Treibhauseffekt dagegen wünschenswerte Wärmezugewinne (passive solare Wärmegewinne), die die Heizkosten deutlich senken.

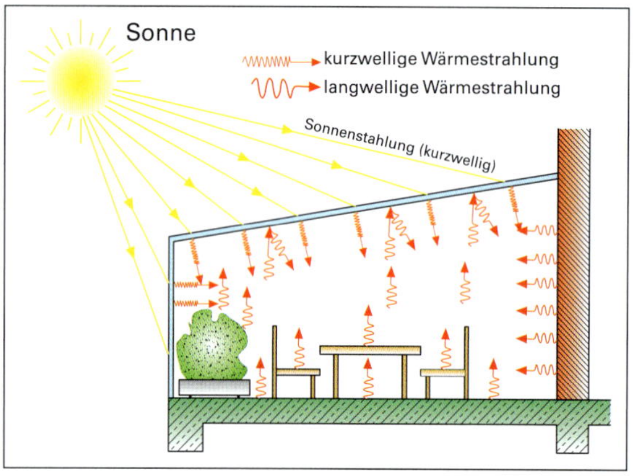

1 Treibhauseffekt

Die Größe der Glasflächen allein ist aber nicht entscheidend für das Ausmaß der Überhitzung eines großflächig verglasten Gebäudes (z. B. einer Fassade). Auch die Klimaregion, die geographische Ausrichtung des Gebäudes, der Anteil der Glasflächen an der Gesamtfassade, die Lüftungsmöglichkeiten, interne Wärmequellen (Menschen, Maschinen), die Speichermasse des Gebäudes und nicht zuletzt die Art der Nutzung des Gebäudes (Wohnraum, Verwaltungsgebäude oder Werkstatt) beeinflussen ebenso die Aufheizung. An großen Glasfassaden sind Sonnenschutzmaßnahmen meist unerlässlich und müssen genau auf das Gebäude abgestimmt werden, um die notwendige Kühlenergie im Sommer (**sommerlicher Wärmeschutz**) möglichst gering halten zu können.

An kritischen Räumen oder Raumbereichen an der Außenfassade, die der Sonneneinstrahlung besonders ausgesetzt sind, muss nach DIN 4108-2 ein Nachweis geführt werden, dass die Räume sich nicht zu sehr aufheizen und möglichst keine Kühlanlagentechnik benötigt wird.

Bild 2 zeigt den Einfluss der Klimaregionen innerhalb Deutschlands:

2 Klimaregionen

7.7.2 Verschiedene Sonnenschutz-Systeme

Ziel aller Maßnahmen zum Sonnenschutz ist es, den Treibhauseffekt zu verringern oder zu vermeiden. Sommerlicher Wärmeschutz ist grundsätzlich realisierbar, indem die Sonneneinstrahlung abgemindert wird. Dies geschieht durch:

- Sonnenschutzverglasung und /oder
- Innenliegende Sonnenschutzeinrichtungen und/ oder
- Außenliegende Sonnenschutzeinrichtungen oder zunehmend auch
- Sonnenschutzeinrichtungen im Scheibenzwischenraum der Isolierglaseinheit.

Moderne Sonnenschutzanlagen erfüllen vielfältige Funktionen:

- **Sommerlicher Wärmeschutz**: Eine übermäßige Raumaufheizung wird durch Abschirmen der Infrarot-Strahlung der Sonne (Treibhauseffekt) vermieden. Außerdem wird die Auskühlung des Gebäudes an kalten Tagen und Nächten aufgrund der zusätzlichen Wärmedämmung verhindert.
- **Objektschutz**: Räume und Ausstattungsgegenstände werden vor Ultraviolett-Strahlung geschützt. Das Ausbleichen der Einrichtungsgegenstände wird vermieden.
- **Blendschutz**: Bei direkten Lichteinfall werden die ergonomischen Bedingungen (Arbeitsbedingungen) an Arbeitsplätzen (v. a. Bildschirmarbeitsplätzen) stark verbessert.
- **Lichtlenkung**: Räume werden optimal mit indirektem Lichteinfall ausgeleuchtet, damit wird die künstliche Belichtung (Energieeinsparung) vermindert.
- **Sichtschutz**: Der Blickkontakt wird nach außen aufrecht erhalten und zugleich ein Sicherheitsgefühl vermittelt, indem Blicke von außen nach innen verwehrt werden.
- Sie können ein **aktives Gestaltungselement** einer Fassade sein.

Moderne Sonnenschutzeinrichtungen sollen außerdem betriebssicher, sturm- und hagelsicher, wartungsarm und pflegeleicht, bedienerfreundlich, langlebig und günstig in Beschaffung und Unterhalt sein. Die Anforderungen an Sonnenschutzanlagen sind ebenso vielfältig wie deren Lösungsmöglichkeiten. Die Planung von Sonnenschutzanlagen muss auf das jeweilige Objekt genau abgestimmt werden und kann nur vom Fachmann vorgenommen werden, der ebenso für die fachgerechte Montage sorgt.

7.7.3 Sonnenschutzverglasung

Aufbau und Funktion von Sonnenschutzglas

Sonnenschutzgläser bestehen aus Isolierglaseinheiten mit besonderer Sonnenschutzfunktion. Diese wird durch hauchdünne Silber- und Metalloxidbeschichtungen **(selektive Schichten)** erreicht, die auf die Glasflächen aufgebracht werden (Hochvakuum-Magnetron-Beschichtung). Diese selektiven Gläser sorgen dafür, dass zwischen sichtbarem Tageslicht und infraroter Wärmestrahlung der Sonneneinstrahlung unterschieden wird. Das bedeutet: Sie lassen möglichst viel sichtbares Licht durch (hohe Transmission – niedrige Reflexion für sichtbares Tageslicht → hohe Lichtdurchlässigkeit), wehren aber die **Infrarotstrahlung** (Wärmestrahlung) weitgehend ab (niedrige Transmission bzw. hohe Reflexion für Infrarotstrahlung → geringer Gesamtenergiedurchlass). Der *g*-Wert ist daher bei diesen Gläsern sehr gering.

Einfluss auf den *g*-Wert eines Sonnenschutzglases haben außerdem die Dicke der äußeren Glasscheibe, die Verwendung von Zwischenlagen (VSG-Folien) und die Position der Sonnenschutzbeschichtung. Innen- und Außenflächen bei mehrscheibigen Gläsern werden immer von außen nach innen durchnummeriert. Hier gilt folgende Faustregel: Liegt die Beschichtung auf Position 2 statt auf Position 3, so verringert sich der *g*-Wert um ca. 5 %. Die Sonnenschutzbeschichtung sollte also möglichst weit außen liegen (Bild 1).

Die Sonnenschutzfunktion kann selbstverständlich mit anderen Funktionen kombiniert werden (Sonnenschutzglas mit Wärmeschutz und/oder Schallschutz- und/oder Sicherheitsglas).

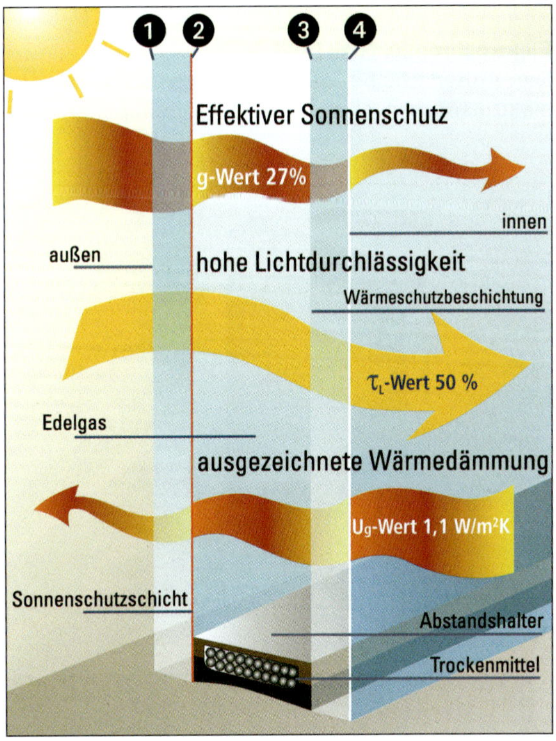

1 Sonnenschutzglas

Nachteilig sind bei hochwirksamen Sonnenschutzgläsern (g < 20 %) aber die unbefriedigende Lichtdurchlässigkeit, insbesondere zu Zeiten, in denen die Sonnenschutzfunktion gar nicht gefragt ist. In Büroräumen wird daher ein erhöhter Energieaufwand durch künstliche Beleuchtung notwendig. Die praktisch nicht mehr vorhandenen solaren Wärmezugewinne in der kalten Jahreszeit erhöhen außerdem den Heizenergieaufwand. Im Sommer muss bei starker Sonneneinstrahlung trotz hochwirksamer Sonnenschutzgläser ein zusätzlicher mechanischer Sonnenschutz installiert oder zusätzliche Kühlenergie (Klimaanlagen) aufgewendet werden. Schaltbare Verglasungen bieten zukünftig die Möglichkeit, diese Nachteile heutiger Sonnenschutzverglasungen zu überwinden.

Schaltbare Verglasungen: Glas mit eingebauter Licht- und Energiesteuerung

Forschungseinrichtungen und Unternehmen arbeiten seit langem an den schaltbaren Verglasungen und untersuchen die Ergebnisse an Pilot- und Demonstrationsfassaden. In der Regel ermöglichen sie einen guten Sonnenschutz und ausreichendes Tageslicht für typische Büroräume.

Folgende schaltbare Verglasungen, die ihre optischen Eigenschaften auf Knopfdruck oder selbstständig verändern, sind momentan als serienreife Produkte am Markt verfügbar:

Elektrochromes Glas (Bild 1):

Die Außenscheibe des Isolierglases besitzt den elektrochromen Verbundaufbau, der per Knopfdruck durch Anlegen einer elektrischen Spannung geschaltet wird:

- Zwei Floatglasscheiben mit hauchdünnen Beschichtungen auf den Innenseiten und dazwischenliegender Polymerfolie, die Lithium-Ionen leiten kann.
- Anlegen einer elektrischen Spannung (< 3 *V* aktiviert Ionenaustausch → Glaseinheit färbt sich blau ein und reduziert damit die Licht- und Gesamtenergiedurchlässigkeit (in 5 Stufen regelbar).
- Verfärbung der Scheibe innerhalb von 10 bis 12 min von transparent zu blau und umgekehrt.
- Transmission (Helligkeit) veränderbar von 0,5–0,15 (50–15 %) bei stets voller Durchsicht.
- Gute Sonnenschutzfunktion: Energiedurchlass von g = 0,36–0,12 (36–12 %).
- Bei direktem Sonnenlicht allerdings kein vollständiger Blendschutz.
- Jede elektrochrome Verglasung ist über eine elektrische Zuleitung mit einem Schaltgerät verbunden und einzeln steuerbar.
- Gruppensteuerungen sind möglich: ganz Fassadenbereiche mit bis zu 30 Scheiben mit einem Knopfdruck regelbar.

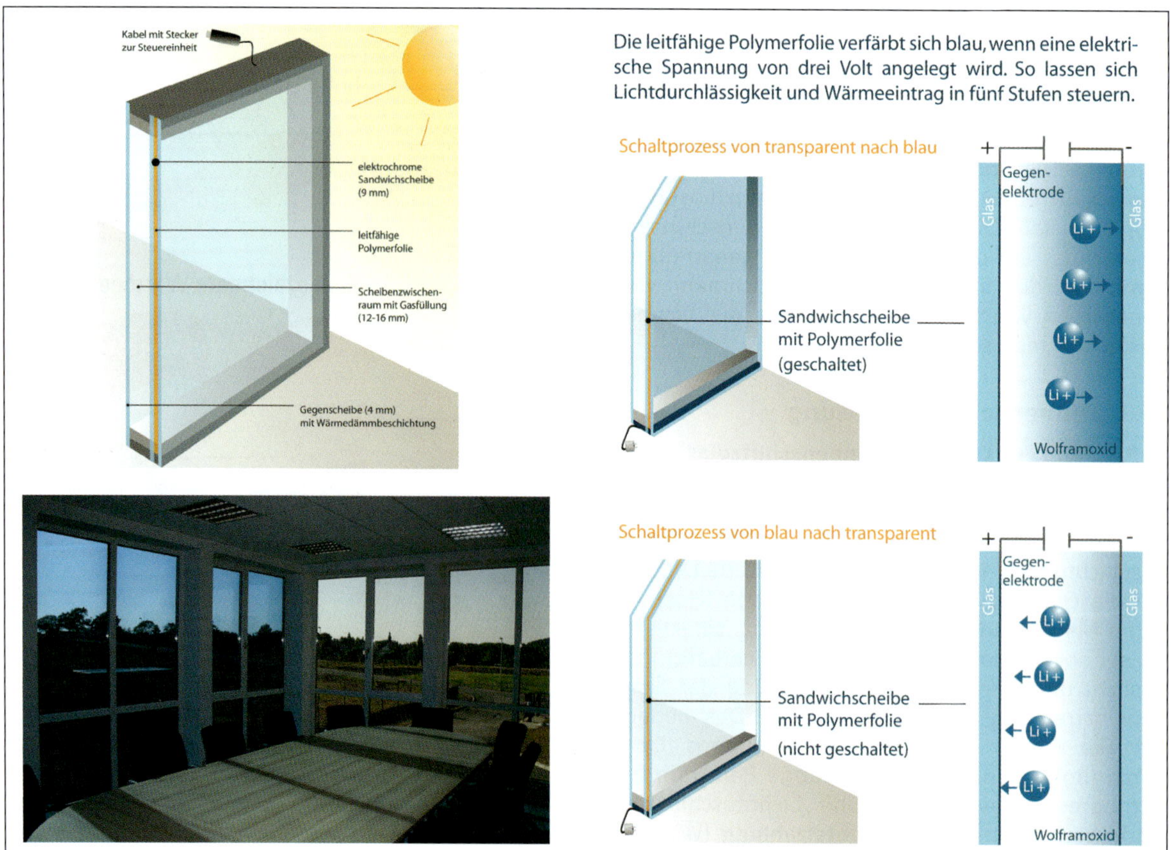

1 Elektrochrome Schichten

Aufgaben:

1. Erklären Sie die Notwendigkeit von Sonnenschutzmaßnahmen an südlich ausgerichteten, großflächigen Fenstern oder Fassaden.
2. Nennen Sie weitere wichtige Funktionen von Sonnenschutzeinrichtungen.
3. Beschreiben Sie die Funktionsweise einer Sonnenschutzverglasung.
4. Welche beiden prinzipiellen Nachteile haben hochwirksame Sonnenschutzgläser ($g < 0{,}2$)?
5. Beschreiben Sie die Vorteile schaltbarer Verglasungen anhand der elektrochromen Verglasung.
6. Warum sind PDLC-Verglasungen keine Sonnenschutzverglasungen?

Thermotrope Schichten:

- Farbwechsel oder weiße Eintrübung durch Lichtstreuung bei Überschreitung einer bestimmten Schwellentemperatur der thermotropen Schicht (bestehend aus einem Matrix- und einem Streumaterial).

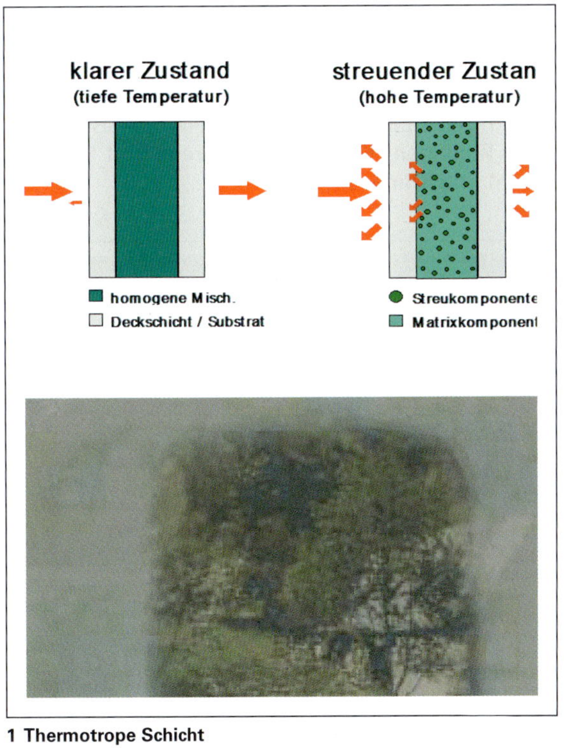

1 Thermotrope Schicht

- Aufgrund fehlender Durchsicht nur für Oberlicht geeignet.
- Lange Reaktionszeit: Eintrübungsdauer bis zu 60 Minuten → Überhitzungsgefahr

PDLC-Verglasung (Polymer Dispersed Liquid Crystal):

- Eintrübung erfolgt durch Lichtstreuung an Flüssigkristallen. Bei Anlegen einer elektrischen Spannung erfolgt die Durchsicht.
- Als Sonnenschutz ungeeignet, da Gesamtenergiedurchlasswert g praktisch nicht veränderbar ist.
- Nicht UV beständig, und daher nicht im Außenbereich einsetzbar.
- Nur als Sichtschutz im Innenbereich verwendbar.
- Schnelle Reaktionszeit (< 1 sec.).

2 PDLC-Verglasung

7.7.4 Beschattungseinrichtungen

Grundsätzlich unterscheidet man außenliegende und innenliegende Beschattungsanlagen.

Außenliegende Beschattungen erfordern eine massive und witterungsbeständige Bauweise. Sie dienen oftmals zusätzlich der Fassadengestaltung und besitzen die besten Abminderungsfaktoren gegenüber der Sonneneinstrahlung (60–80 %), d. h., sie bieten den besten Sonnenschutz. Nachteilig sind die höheren Investitionskosten und der größere Wartungs- und Pflegeaufwand. Je nach Bauart unterscheidet man *starre* und *bewegliche Sonnenschutzanlagen*.

1 Starrer Sonnenschutz

Ein *starrer, außen liegender Sonnenschutz* ist völlig wartungsfrei, kann aber nicht optimal den Sonnenständen angepasst werden. Als starre äußere Sonnenschutzanlagen werden vordachartige, horizontal auskragende Lamellenkonstruktionen verwendet, die an südost bis süd-westlich ausgerichteten Fassaden einen diffusen Lichteintritt erzeugen. Dies minimiert unerwünschte Blendeffekte als Folge direkter Sonneneinstrahlung und schützt vor einer zu starken Erwärmung der Innenbereiche. Die leichtgewichtigen Modulkomponenten bewirken nur eine minimale statische Belastung des Baukörpers.

Auch begehbare Gitterroste oder Vordächer werden als starrer Sonnenschutz vor großflächigen Glasfronten eingesetzt.

Dagegen können mit *beweglichen Beschattungsanlagen* die Lichtverhältnisse insbesondere an Bildschirmarbeitsplätzen gut reguliert werden (Bild 2). Diese müssen allerdings regelmäßig gewartet und gepflegt werden. An Hochhäusern lassen sich bewegliche Sonnenschutzanlagen wegen der hohen Windbelastung nur bedingt einsetzen.

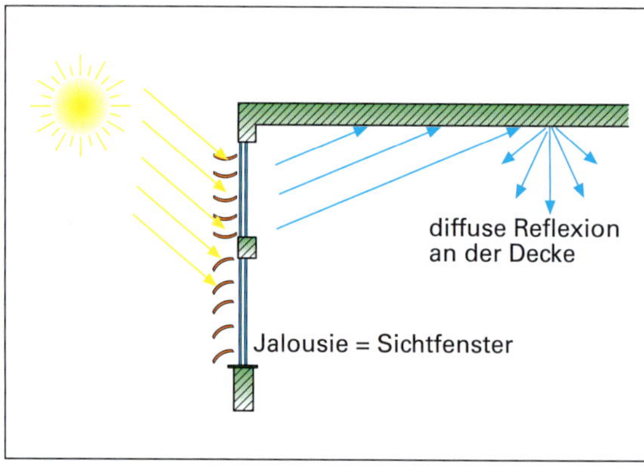

2 Lichtleittechnik mit beweglichen Sonnenschutzanlagen

Bewegliche Sonnenschutzsysteme sind vertikale oder horizontale drehbare Lamellen, Außenjalousien, Rollläden, Fensterläden (Dreh- und Schiebeläden) und Markisen.

3 Außenliegender beweglicher Sonnenschutz

Eine besondere Form des außen liegenden Sonnenschutzes stellt die *natürliche Beschattung* durch Laubbäume oder Fassadenbewuchs (Kletterpflanzen) dar. Dies lässt sich allerdings nur an niedrigen Gebäuden verwirklichen. Im Winter hingegen, wenn eine Sonneneinstrahlung zur Aufheizung der Räume erwünscht wird, kann das Sonnenlicht durch den Laubabfall nahezu ungehindert einfallen.

1 **Natürliche Beschattung**

Innenliegende Beschattungsanlagen sind bei wesentlich geringeren Anschaffungskosten wetterunabhängig nutzbar und dienen auch der Innenraumgestaltung. Sie bieten Blendschutz und erhöhen die Wärmedämmung im Winter. Entscheidend für einen effektiven innenliegenden Sonnenschutz ist eine hochreflektierende Schicht, an der die Sonneneinstrahlung gleich wieder zurückgestrahlt wird, ohne in der Wellenlänge verändert zu werden. Perlglanzbeschichtetes Gewebe ist hierfür besonders geeignet. Der erzielbare Sonnenschutz fällt aber im Vergleich zur Außenbeschattung geringer aus, weil die Sonnenenergie bereits durch die Glasflächen in das Rauminnere gelangt ist und die erwärmten Scheibenoberflächen und Behänge zur Erwärmung des Raumes beitragen. Aufgrund des geringeren Abminderungsfaktors ist ein ausreichender sommerlicher Wärmeschutz mit innenliegenden Beschattungssystemen allein nur schlecht realisierbar. Nur in Kombination mit einer Sonnenschutzverglasung erreicht man akzeptable Ergebnisse.

Grundsätzlich sollten innenliegende Beschattungsanlagen mit einem Abstand von 100 bis 150 mm zur Scheibe montiert werden, um einen Hitzestau und damit das Risiko von Glasbruch zu vermeiden.

Innenliegender Sonnenschutz wird durch Innenjalousien, Innenrollos, Faltstores bzw. Plissees oder senkrechte Lamellenvorhänge in textiler Ausführung oder in Kunststoff realisiert.

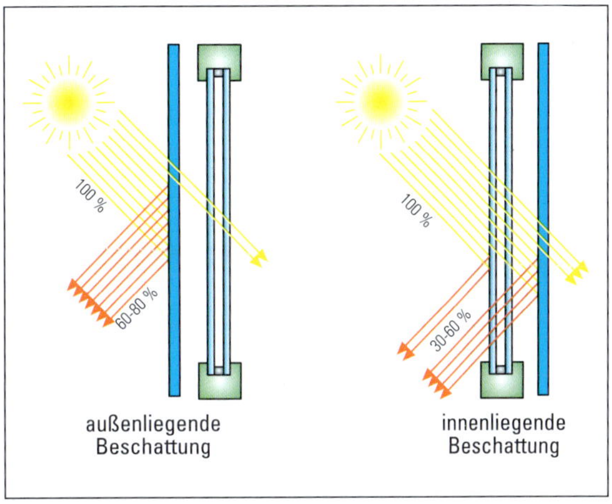

2 **Vergleich zwischen Innenliegender und außenliegender Beschattung**

Sonnenschutz im Scheibenzwischenraum

Mittlerweile können die Sonnenschutzbehänge geschützt im Scheibenzwischenraum von Isoliergläsern integriert werden. Vorteile dieser Systeme sind die Wartungsfreiheit, die Unempfindlichkeit gegenüber Verschmutzung und Witterungseinflüssen und die variable Regulierung des Sonnen-, Sicht- und Blendschutzes. Als bewegliche Systeme kommen Jalousien, Lamellenraffstores, Rollos und Faltstores zum Einsatz.

Die Betätigung erfolgt manuell oder über einen Außen- oder Innenmotor. Zur Kraftübertragung muss durch den abgedichteten Randverbund der Scheiben eine Betätigungswelle oder das Elektrokabel geführt werden. Neuere Entwicklungen ermöglichen einen Stromanschluss ohne Kabeldurchdringung durch eine hermetisch abgedichtete Platine mit einer Steckverbindung für die außenliegende Stromzuführung.

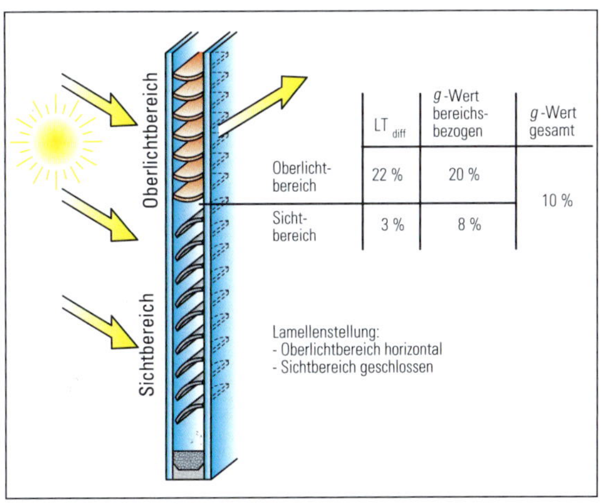

3 **Sonnenschutz im Scheibenzwischenraum**

Unproblematisch ist auch die Kraftübertragung über ein Getriebe mit einem berührungslos arbeitenden Magneten. Auch hier bleibt der Randverbund der Glasscheibe undurchdrungen und absolut gasdicht (Bild 1).

1 Sonnenschutz im Scheibenzwischenraum – Antriebssysteme

7.7.4.1 Starre Sonnenschutzanlagen

Starre Beschattungsanlagen
findet man häufig als Großlamellensysteme an der Südost- bis Südwestseite von Gebäuden mit großen Fensterflächen. Sie sind bei entsprechender Befestigung vollkommen windstabil und können auch an hohen Fassaden mit starker Windbelastung eingesetzt werden. Starre Lamellensysteme besitzen aufgrund ihrer feststehenden Konstruktion gegenüber beweglichen Sonnenschutzsystemen eine längere Lebensdauer, sind wartungsfrei und lassen sich schnell und einfach reinigen. Sie können allerdings nicht an die Sonneneinstrahlungsverhältnisse angepasst werden.

Starre Lamellensysteme in Systembauweise werden sowohl in senkrechter als auch in waagerechter Ausführung angeboten und bieten kostengünstige Lösungen in den verschiedensten Materialien (Aluminium, Stahl, Glas). Je nach Größe der Abstände zwischen den einzelnen Lamellen kann die Transparenz des Sonnenschutzes stark variiert werden. Für die Befestigung an der Fassade werden entsprechende Zubehörteile von den Systemherstellern angeboten.

Als außen liegende Sonnenschutzanlagen können auch Gitterroste eingesetzt werden. Neben dem

2 Starre Lamellenbeschattung

Befestigungsmöglichkeiten von Lamellen

Fassadengitterroste als Sonnenschutz und Wartungsstege

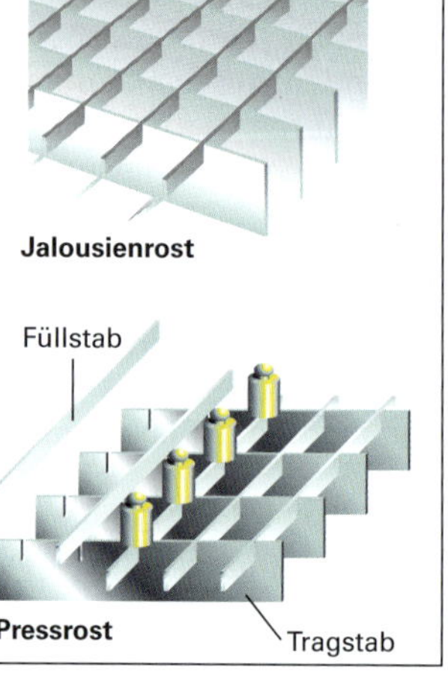

3 Fassadengitterroste als Beschattung

Sonnenschutz für die darunter liegende Fensterebene können die Gitterroste auch gleichzeitig als Wartungsstege (Putzbalkon) oder Fluchtbalkon für die Fassade verwendet werden. Das gilt für herkömmliche außen liegende Gitterroststegkonstruktionen, ebenso wie für moderne Doppelfassaden.

Die Sonnenschutzwirkung hängt ab von der Höhe und dem Abstand der parallel zur Fassadenwand verlaufenden Stäbe und dem Einfallwinkel der Sonnenstrahlen. Fassadenroste bieten dekorative Gestaltungsmöglichkeiten für Gebäudefronten. Als Wartungssteg muss der Gitterrost gleithemmend ausgeführt sein (Rutschklasse R11 oder R12 nach DIN 51130). Die Maschenweite sollte nicht zu groß sein, damit bei Reparaturarbeiten keine Gegenstände durchfallen können und dem Wartungspersonal das Begehen nicht erschwert wird.

Fassadengitterroste werden aus Stahl (feuerverzinkt oder pulverbeschichtet), EDELSTAHL Rostfrei® und Aluminium hergestellt. Im Fassadenbau werden aufgrund des geringeren Gewichts Aluminiumroste bevorzugt. Die Formgebung des Gitterrostes spielt für die Ansicht der Fassade und auch für die Sonnenschutzwirkung eine große Rolle. Man unterscheidet bei den Fassadengitterrosten unter anderem zwischen Vollrosten, Pressrosten, Jalousiengitterrosten und Lamellengitterrosten.

Vollroste sind Pressroste mit gleich hohen, bis zur halben Stabhöhe geschlitzten Trag- und Füllstäben. Tragstäbe sind diejenigen, die an beiden Enden aufliegen und deren Unterseite nicht geschlitzt ist. Vollroste werden an Flucht- und Fensterputzbalkonen mit gleichzeitigem Sonnenschutz eingesetzt, dienen als Fassadenverkleidung, Deckenraster, Entlüftungsgitter oder auch als Geländerfüllung.

Jalousieroste finden überall dort Anwendung, wo eine Durchsicht nicht erwünscht ist, z.B. bei Brücken, Laufstegen, Entlüftungsgittern, Balkonabdeckungen mit Sonnenschutzwirkung und Fassadenverkleidungen. In den Tragstab werden Füllstäbe im 45°- oder 30°-Winkel eingelegt und verschweißt.

Ausladung einer starren horizontalen Sonnenschutzvorrichtung

Die Ausladung a bestimmt die Wirksamkeit der Beschattung mit einer starren Sonnenschutzvorrichtung. Mithilfe eines Sonnenstandsdiagramms kann die erforderliche Ausladung *a* abhängig vom Monat, der Uhrzeit und dem jeweiligen Breitengrad berechnet werden.

Folgende Abbildung zeigt die Berechnung der erforderlichen Ausladung für ein Fenster von 1,5 m Höhe in München; ab 11:00 Uhr morgens soll am 1. Mai eine vollkommene Beschattung erreicht sein.

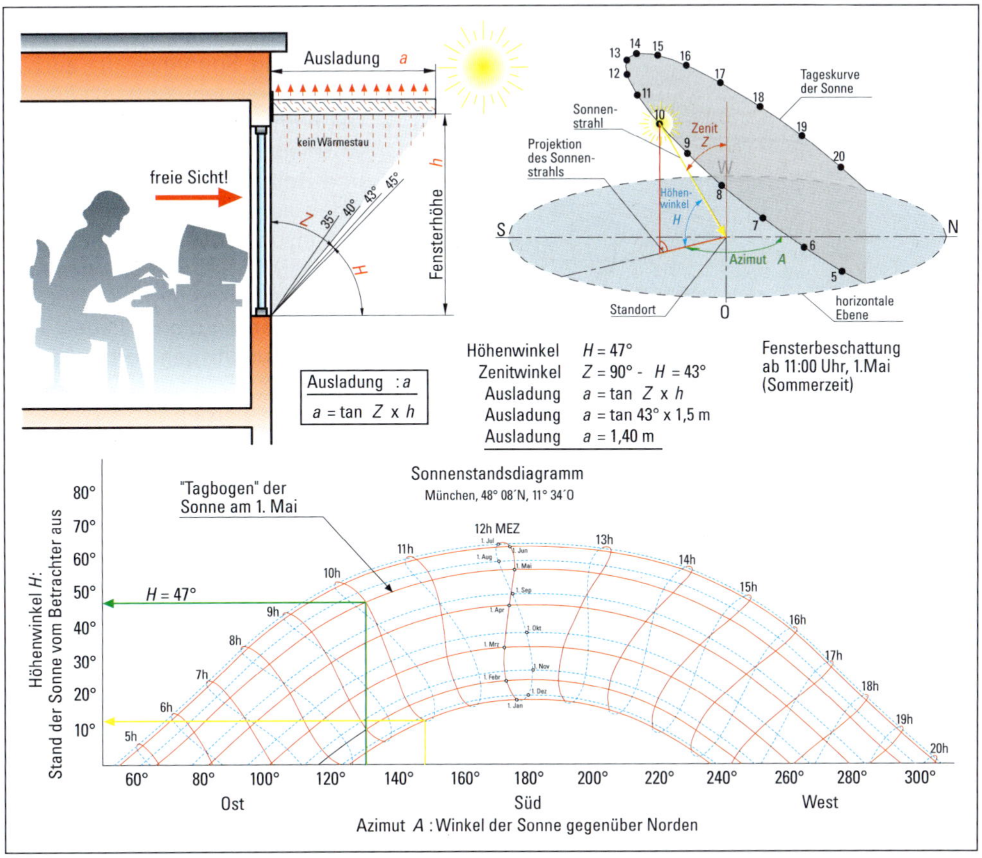

1 Ermittlung der Ausladung *a* mithilfe des Sonnenstandsdiagramms

Bei sehr hohen Fenstern sind die erforderlichen Ausladungen dementsprechend groß. In den Wintermonaten eignen sich starre Sonnenschutzelemente aufgrund der sehr tief stehenden Sonne nicht mehr zur Beschattung. Die erforderliche Ausladung betrüge hier ca. 6,5 m, ein Wert der aus statischen und optischen Gesichtspunkten nicht realisiert werden kann.

7.7.4.2 Beweglicher Sonnenschutz mit Lamellensystemen und Gitterrosten

Bewegliche Lamellensysteme bestehen aus Glas oder Aluminiumlamellen. Die Glaslamellen können mehr oder weniger transparent bzw. vollständig reflektierend ausgeführt werden. Aluminiumlamellen gibt es als Hohlkörperlamellen oder als einschalige Lamellen. Die Oberfläche ist dabei eloxiert oder pulverbeschichtet. Bei einschaligen Lamellen können mithilfe einer durch Lochung perforierten Oberfläche mehr oder weniger lichtdurchlässige Eigenschaften erzielt werden. Entsprechende Steuerungen und Antriebe ermöglichen eine effiziente Lichtlenkung ins Gebäude, gepaart mit einem wirksamen Sonnenschutz. Dieser Sonnenschutz wird mit horizontalen und vertikalen Lamellensystemen angeboten.

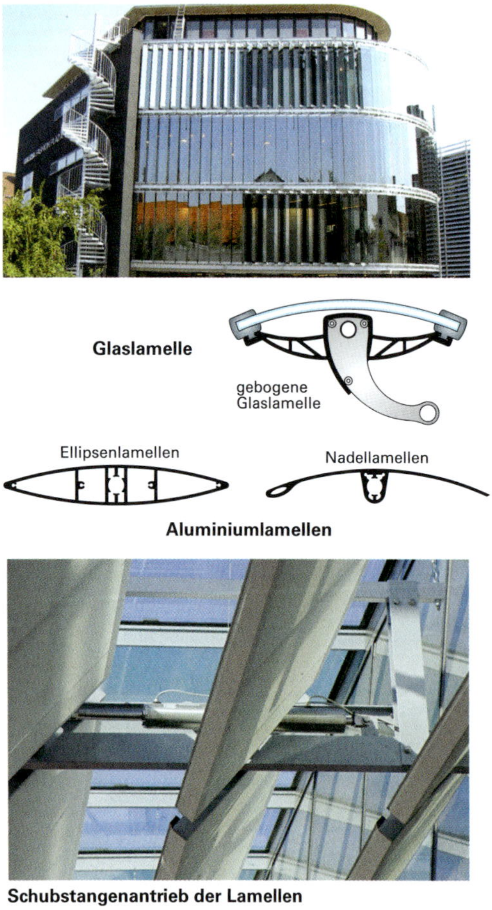

1 Bewegliche Lamellenkonstruktionen

Bei energieerzeugenden Lamellensystemen wird eine Photovoltaikanlage im Sonnenschutz integriert. Die Lamellen werden hierbei mit Solarzellen bestückt. Die beweglichen Photovoltaiklamellen richten sich zur Sonne aus und sind ein idealer Träger zur Stromerzeugung. Gleichzeitig erfüllen Sie dabei ihre Sonnenschutzfunktion (Bild 2).

2 Energieerzeugendes Lamellensystem

7.7.4.3 Rollläden

Rollläden bieten neben einem unmittelbaren Sicht- und Sonnenschutz auch die Möglichkeit einer kompletten Verdunkelung von Räumen. Sie tragen neben der Energieeinsparung aufgrund des wärmedämmenden Luftpolsters zwischen Fenster und Rollladen auch zur Lärmminderung bei. Rollläden schrecken zudem Eindringlinge ab und wirken insbesondere bei entsprechender Ausführung (verstärkte Führungsschienen, Rollladenpanzer nur aus Aluminium) einbruchhemmend. Wahlweise werden die Rollläden auch mit integriertem Insektenschutz geliefert.

Rollläden werden für verschiedene Einbausituationen ausgelegt:

Vorbaurollladen
Der Vorbaukasten wird vor das Fenster montiert und ist somit die Nachrüstlösung für den Altbau.

Aufsetzrollladen
Der Aufsetzkasten sitzt direkt auf dem Fenster, wodurch eine zeitgleiche Montage von Fenster und Rollladen möglich wird. Der Kasten kann sowohl im Innen wie im Außenbereich als Einputzvariante ausgeführt werden (Bild 1a, nächste Seite). Eine Kastenkonstruktion, die eine Sturzausbildung über dem Kasten nicht erforderlich macht, wird v. a. für Neubauten bevorzugt (Bild 1b, nächste Seite).

1 **Kasten** bestehend aus Kunststoff-Hohlkammerprofilen mit geteilten Dämmkeilen
2 **Alu-Frontblende** (optional) oder als Einputzvariante
3 **Revisionsblende** von hinten bzw. unten zugänglich.
4 **geräuschdämmende Führungsschienen** aus extrudiertem Kunststoff oder stranggepresstem Aluminium
5 **Rollladen-Panzer** aus Kunststoff oder Aluminium-Profilen
6 **Achtkant-Stahlwelle** SW 52.
7 **Insektenschutz-Rollo** (optional)

a) Aufsetzkasten liegt unter dem Fenstersturz (nichttragender Rolladenkasten)

1 **Revisionsdeckel**
2 **Führungsschienen** Stranggepresste Aluminium-Führungsschienen, Insektenschutzführungsschiene in der Rollladenführungsschiene integriert
3 **Endschiene**
4 **Rollladenpanzer** aus Aluminium- oder Kunststoff-Profilen
5 **Achtkant-Stahlwelle** SW 52, bei allen Bedienungen.
6 **Kasten** innen und außen aus beständigem Naturfaserholz, Außenseite mit Spezialbeschichtung, in verschiedenen Mauerstärken
7 **Insektenschutz**

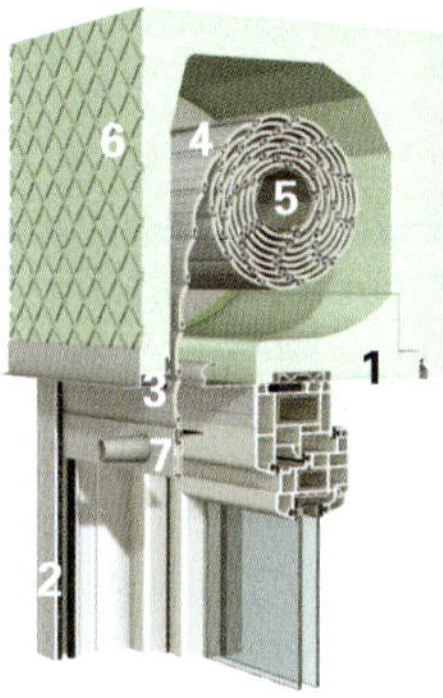

b) Aufsetzkasten ersetzt Fenstersturz (tragender Rolladenkasten)

1 Aufsetzrollläden

7.7.4.4 Dreh- und Schiebeläden

Sie bestehen aus einem oder mehreren Ladenflügeln, die sich drehen und/oder falten und/oder schieben lassen. Hier gibt es vielerlei Ausführungen, die meist nur teilweise regional gebräuchlich sind. Die Läden werden in Aluminium oder Kunststoff gefertigt und sind damit pflegeleicht und dauerhaft. Man unterscheidet:

- Drehladen (Klappladen)
- Schiebeladen.
- Faltladen

2 Klappladen mit Solarantrieb

Drehladen (Klappladen)

Herkömmliche Drehladen werden von Hand bedient und müssen im geöffneten Zustand seitlich an der Fassade festgehalten werden. Eine komfortablere Bedienung ermöglichen spezielle Klappladenantriebe, die statt der vorhandenen Beschläge ausgetauscht werden. Im geschlossenen bzw. im geöffneten Zustand lässt sich der Antrieb nicht bewegen, womit ein Klappern durch Windböen verhindert sowie ein Einbruch nur durch Zerstörung des Klappladens möglich wird.

Die Ansteuerung der elektrischen Steuerung ist mit allen handelsüblichen Schaltmöglichkeiten wie z. B. Wipp-/Drehschalter, Zeitschaltuhr, Funkfernbedienung, Dämmerungsschalter u. ä. möglich.

Schiebeladen

Schiebeläden werden einseitig oder von beiden Seiten vor das Fenster oder die Tür geschoben und dienen auch als Gestaltungselement der Fassade. Sie sind aufgrund ihrer Montage sehr windbeständig und können mit Solarzellen ausgestattet und angetrieben werden. Zur besseren Regulierung der Beschattung können die Schiebeflügel auch dem Lauf der Sonne folgen, was z. B. für Kliniken, Gewerbebauten oder öffentliche Gebäude von Vorteil sein kann.

Grundbausteine des Antriebs sind Laufschiene, Laufwagen, Aufhängebügel, Bodenführungen Schiebeläden werden mit 24 Volt-Steuerungen (Knopfdrucksteuerungen, Funkfernsteuerungen) angetrieben und optional mit Licht-, Regen- und Windsensoren angesteuert. Wie bei den Klappladenantrieben erfolgt eine Kraftabschaltung durch Überstrommessung, d. h. die Antriebe können ohne zusätzliche Sicherheitseinrichtungen betrieben werden.

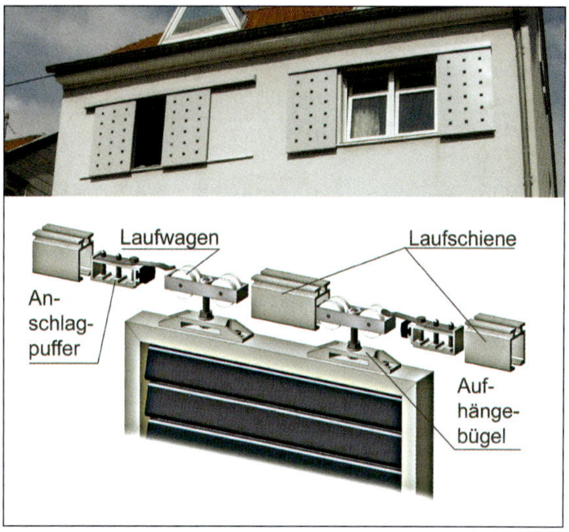

3 Schiebeladen

Faltladen

Konventionelle Klappläden und Schiebeläden benötigen einen beträchtlichen Schwenkradius bzw. einen ausreichenden seitlichen Platzbedarf, wenn sie an der Fassade im geöffneten Zustand zurückgehalten werden. Zur Lösung derartiger Platzprobleme tragen Faltläden bei, die einfach zusammengefaltet und seitlich im Winkel von 90° zur Fassade abgestellt werden.

1 Faltladen

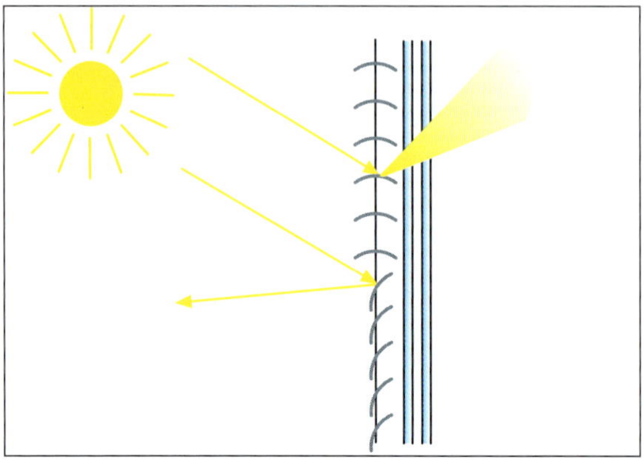

2 Blendschutz und Lichtlenkung mit Außenjalousien

7.7.4.5 Jalousien/Raffstores

sind außenliegende, lamellenförmige und bewegliche Sonnenschutzanlagen, die entweder aufgerollt (Rolljalousie) oder zusammengerafft (Raffjalousie) werden. Raffjalousien für die Außenanbringung sind mit einer seitlichen Führung (Windsicherung) ausgestattet. Die Außenjalousie ist durch den gut regulierbaren Lichteinfall hervorragend als Sonnenschutzanlage geeignet, ohne die Räume mehr als notwendig abzudunkeln. Sie vereint dabei folgende Vorteile:

- **Sonnenschutz (sommerlicher Wärmeschutz):** Die Sonnenenergie kann nur begrenzt eindringen, auf eine Raumkühlung kann oft verzichtet werden.
- **Wärmeschutz im Winter:** durch Bildung eines Luftpolsters zwischen Fenster und Jalousie
- **Blendschutz und Lichtlenkung:** Die Lamellen können zur Regulierung des Lichteinfalls um ihre Längsachse gedreht werden. Bei Bildschirmarbeitsplätzen können störende Gittereffekte auftreten, die durch getrennt verstellbare Lamellen im oberen und unteren Bereich der Jalousie vermieden werden können. Dabei wird der Raffstore in zwei Bereiche mit unterschiedlichen Lamellen-Öffnungswinkeln geteilt. Befindet sich der Raffstore in „Arbeitsstellung", bleibt die untere Hälfte des Behanges geschlossen. Es wird jeder Behangteil von einem separaten Motor angesteuert, sodass der Blendschutz (unten) und der Lichteinfall (oben) völlig unabhängig voneinander geregelt werden können.
- **Sichtschutz,** wenn sich die Lamellen im geschlossenen Zustand überdecken

Aufbau einer Außenjalousie

Folgende Abbildung zeigt den Aufbau einer Außenjalousie:

1. **Blendenwinkel:** Befestigung der Blende und des Oberschienenträgers.
2. **Blende:** Gekantete Blende in vielen Formen und Farben.
3. **Oberschienenträger:** zur Befestigung der Oberschiene.
4. **Oberschiene:** aus stranggepresstem Aluminium (Mechanikleiste); nimmt den Antriebsmotor oder das Kurbelgetriebe auf und ist das tragende Bauteil, das mit Montagebügeln (Oberschieneträger und Blendenwinkel) am Bauwerk montiert wird. Sie nimmt die Wendelager auf.
5. **Führungsschienen:** gewährleisten den einwandfreien Lauf der Lamellen auch bei Wärmebewegungen der Fassade und der Lamellen und vermeiden Bewegungen bei Wind. Die Führungsschienen ermöglichen Raffstores bis zu 500 cm Breite an einem Stück.
6. **Lamelle:** Lamellenbreite verschieden (z. B. 50, 60, 80, 90, 100 mm) mit oder ohne Randbördelung.
7. **Führungsnippel:** aus glasfaserverstärktem Polyamid geben Stabilität und Elastizität.
8. **Abstandshalter:** Befestigung der Führungsschienen an der Fassade.
9. **Stopper:** verhindert Herausfahren der Unterschiene und der Lamellen aus den seitlichen Führungsschienen.
10. **Unterschiene:** aus stranggepresstem Aluminiumprofil mit Kunststoff-Endkappen. Sie kann zusätzlich beschwert werden, dies verbessert die Windstabilität und garantiert ein sicheres Senken des Behanges.
11. **Leiterkordel:** in diesem Bauteil sind die Lamellen aufgehängt.

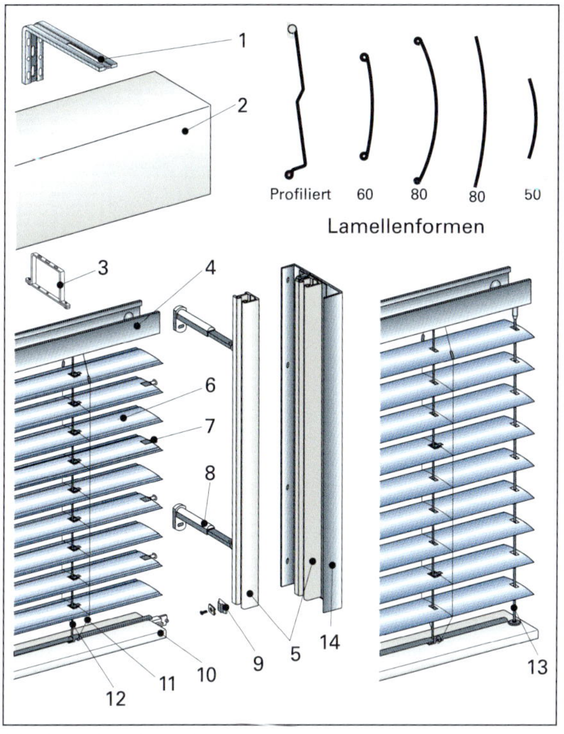

1 Aufbau einer Außenjalousie

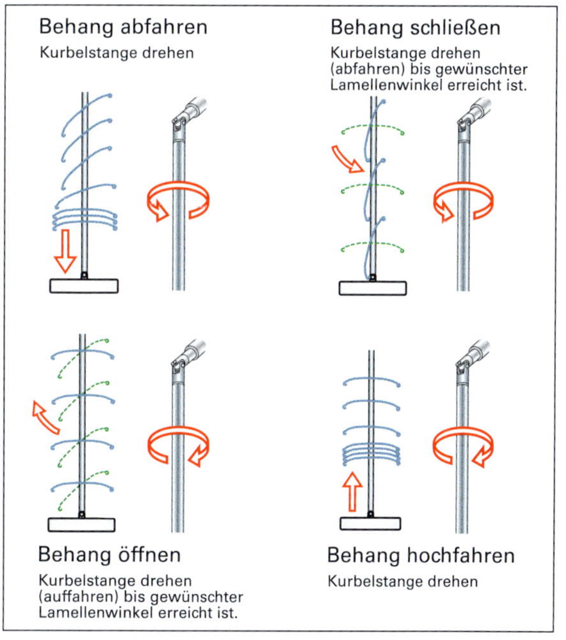

2 Kurbelantrieb für Außenjalousie

12 Aufzugsband: Befestigt in der Unterschiene, nur 6 mm breit, aber extrem reißfest. Sämtliche Stanzungen in den Lamellen sind mit Kunststoffösen zur Führung der Aufzugsbänder und zu Befestigung der Stege der Leiterkordel versehen. Das vermindert den Abrieb am Aufzugsband und stabilisiert den Gesamtbehang bei Wind.

13 Führungsseil: seitliche Führung bei Jalousien ohne Führungsschiene.

14 Abschottungsprofil: seitlicher Abschluss der Außenjalousie.

Betätigungsarten

Kurbelantrieb: Ein in der Oberschiene untergebrachtes Getriebe wird über eine Stangenkurbel betätigt, die an einer Wand-Durchführung mit Kardangelenk befestigt ist. Mit der Stangenkurbel wird zugleich der Aufzug und die Wendung der Lamellen vollzogen. Das Getriebe muss nicht am Ende der Oberschiene angebracht werden.

Endlosschnur/Endloskette: Am Ende der Oberschiene ist das Getriebe mit seitlichem Schnurrad angebracht, das über eine Endlosschnur oder -kette läuft.

Motorantrieb: Anstelle eines Getriebes wird in die Oberschiene ein sogenannter Jalousienmotor eingebaut, der mit geeigneten Steuerungen betrieben wird. Der Motor kann am Ende oder in der Mitte der Oberschiene platziert werden (Mittelmotor). Die Kraft des Motors wird auf zwei Wellenabgänge übertragen und auch bei gekuppelten Anlagen gleichmäßig verteilt. Die Mittelmotoren ermöglichen den Einsatz sehr schmaler Behänge.

Außenjalousien sind Sonnenschutzanlagen und kein Wetterschutz. Sie sind windempfindlich und sollten bei höheren Windgeschwindigkeiten eingefahren werden. Dies gilt auch bei Frost, Dauerregen oder Schneefall. Bei motorischem Antrieb sorgen entsprechende Winddruckgeber (Windsensoren) für ein zeitverzögertes Einfahren bei einstellbaren Windgrenzwerten. Hierbei sind die Windgeschwindigkeitsangaben und Windstärken entsprechend der Technischen Richtlinie des Bundesverbandes Rolladen + Sonnenschutz e.V. zu beachten.

7.7.4.6 Markisen

Eine Markise ist nach DIN 18073 eine Vorrichtung, mit der eine Öffnung oder eine Fläche durch einen aufrollbaren, faltbaren oder feststehenden Behang gegen Sonneneinstrahlung geschützt werden kann. Bei den am häufigsten verbauten Rollmarkisen ist das Markisentuch in einem bestimmten Neigungswinkel über der zu schützenden Fläche angebracht. Rollmarkisen werden entsprechend ihrer Armkonstruktion als Gelenkarm-, Fallarm-, Scherenarm- oder als Fassadenmarkisen (Markisoletten) ausgeführt. Korbmarkisen sind meist feststehend oder faltbar.

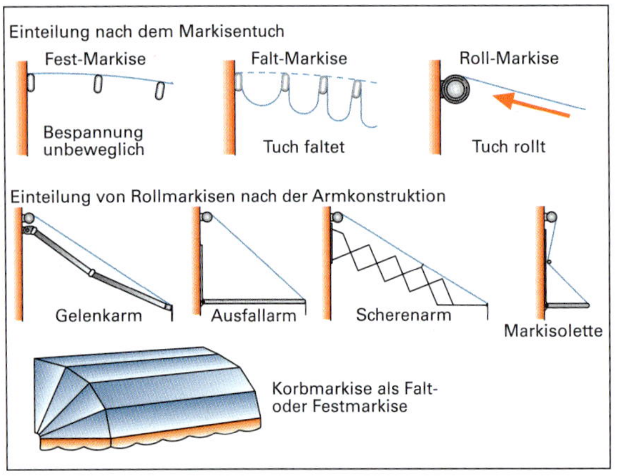

1 Bauarten von Markisen

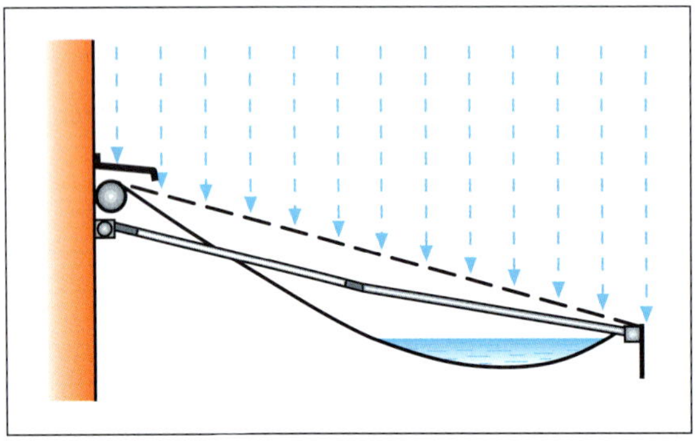

2 Wassersackbildung zu flacher Markisen

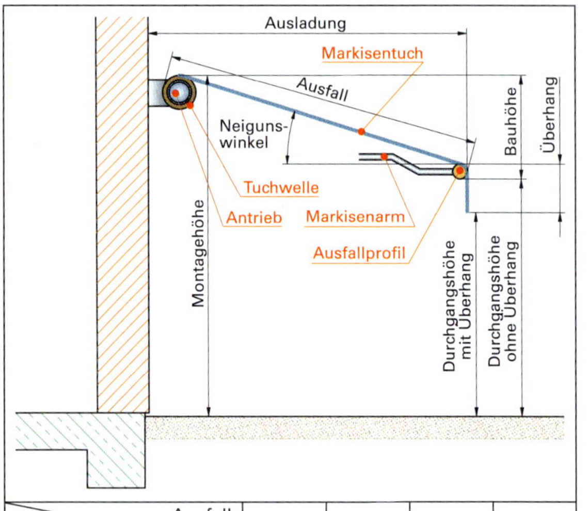

Neigung	Ausfall	150	200	250	300
5°	Bauhöhe	12	16	22	25
	Ausladung	149	199	249	299
10°	Bauhöhe	24	33	42	51
	Ausladung	148	197	246	295
15°	Bauhöhe	36	49	62	75
	Ausladung	145	193	242	290
20°	Bauhöhe	48	65	82	99
	Ausladung	141	188	235	282
25°	Bauhöhe	59	80	101	122
	Ausladung	136	181	227	272
30°	Bauhöhe	69	94	119	144
	Ausladung	130	173	217	260
35°	Bauhöhe	79	108	136	165
	Ausladung	123	164	205	246

Verhältnis von Bauhöhe zur Ausladung bei verschiedenen Neigungswinkeln (Maße in cm)

3 Begriffe und Maße im Markisenbau

Schutz- und Nutzfunktionen

Markisen erfüllen alle wichtigen Schutz- und Nutzfunktionen moderner Sonnenschutzanlagen wie sommerlichen Wärmeschutz, Blendschutz, Objektschutz und Sichtschutz. Daneben können sie auch vor Regen schützen, was beispielsweise für Straßencafes, Ausflugslokale oder Kioske von Bedeutung ist. Ab einem Neigungswinkel von 15° wird die schädliche Wassersackbildung vermieden (Bild 2).

Schutz vor leichtem Wind können Markisen gewähren, ab Windstärke 5 (8–10,7 m/s) müssen sie in jedem Fall eingefahren werden. Windstärke 5 entspricht einer frischen Brise: Größere Zweige und Bäume bewegen sich, auf Seen bilden sich Schaumköpfe. Die Windbelastung einer Markise ist stark von ihrem Anbringungsort abhängig (Höhe, Gebäudeecken, Verkehrssituation). Vorbeifahrende LKW können beispielsweise Windstärke 8 erzeugen.

Bauteile von Markisen

In der Regel bestehen Rollmarkisen aus folgenden Hauptbestandteilen (Bild 3):

- **Markisentuch:** Markisentücher müssen ausreichend lichtecht, wasserabweisend und witterungsbeständig sein. Die meisten Markisenstoffe bestehen aus Acrylgewebe. Durch Mischgewebe mit Polyester (für Blendschutz) oder mit modifizierten Fasern werden auch andere Qualitäten verfügbar, zum Beispiel auch für ein verbessertes Brandschutzverhalten.
- **Tuchwelle:** Auf der Tuchwelle wird das Markisentuch aufgewickelt. In der DIN 18073 ist vorgeschrieben, dass die Durchbiegung der Welle 1/500 der freien Länge nicht überschreiten darf.
- **Markisenarme:** Sie halten das gespannte Markisentuch.
- **Ausfallprofil:** Am Ausfallprofil wird das Markisentuch vorne befestigt und es verbindet die Markisenarme. Durch sein Gewicht wird das Ausfahren der Markise erleichtert.
- **Antrieb:** Der Antrieb kann von Hand mit einem *Kurbelantrieb* (Handkurbel + Schneckengetriebe), mit *Federwellen* (für kleine Ausfallarmmarkisen)

oder kraftbetätigt mithilfe von elektrischen *Rohrmotoren* erfolgen. Rohrmotoren beanspruchen keinen zusätzlichen Platz, da sie in das Rohr der Tuchwelle eingeschoben werden.

Abhängig vom **Neigungswinkel** der Markise ergibt sich bei einem vorgegebenen **Ausfall** (Markisengröße) eine bestimmte **Ausladung**. Die Ausladung bestimmt die erreichbare Verschattung. Die Markise muss so hoch montiert werden, dass eine Durchgangshöhe von mindestens 2 Meter erreicht wird. Ein eventueller Überhang des Markisentuches (Volant) über das Ausfallprofil hinaus (bessere Verschattung) muss berücksichtigt werden.

Planung der Verschattung

Die mit einer Markise erreichbare Verschattung lässt sich im Voraus annähernd bestimmen.

Für eine erste Auslegung der Markise kann mit Hilfe eines durchschnittlichen Sonneneinfallswinkels (Höhenwinkels *H*) die erforderliche Ausladung *a* der Markise bestimmt werden. Anschließend wird der Ausfall *L* der Markise berechnet (Bild 1). Der Sonneneinfallswinkel (Höhenwinkel *H*) richtet sich nach der Sonnenverlaufskurve, die mit Hilfe von im Internet frei zugänglichen Online-Berechnungsprogrammen für jeden Tag oder monatlich für einen bestimmten Ort erstellt werden kann. Im folgenden Beispiel werden die Ausladung *a* und der Ausfall L einer Markise für eine Schaufensterverschattung ermittelt:

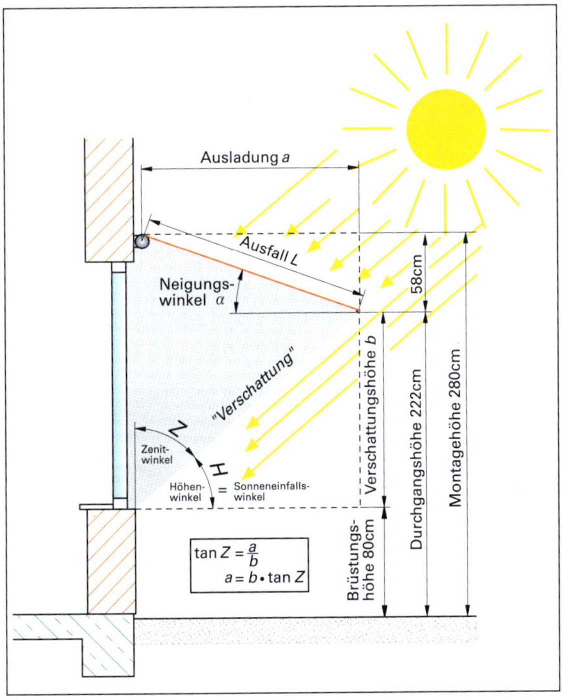

1 Skizze zum Berechnungsbeispiel

Berechnungsbeispiel:

Schaufensterverschattung im Frühjahr (aktuell: 15. Mai); Standort Stuttgart: Montagehöhe 280 cm, Brüstungshöhe 80 cm, Durchgangshöhe 222 cm

Aus dem Sonnenstandsdiagramm für Stuttgart kann der Verlauf der Sonne (von Ost nach West) und der dabei auftretende Höhenwinkel *H* tagesaktuell ermittelt werden. Für die Auslegung der Markise sind aber Extremwerte heranzuziehen. Aus dem Diagramm ist zu erkennen, dass die Sonne in den Sommermonaten Mai bis September mit einem Höhenwinkel von ca. 30° über dem Horizont steht. Dabei sind v. a. die vor- und nachmittäglichen Zeiten betroffen (ca. 9.00 Uhr und 16.00 Uhr), in denen die Sonne noch oder wieder tiefer steht und die Markise eine längere Ausladung benötigt.

Beachte: Nicht berücksichtigt ist die Lage der Markise zur Himmelsrichtung; der seitliche Sonneneinfall wird damit nicht berücksichtigt.

Berechung der Ausladung:

Ausladung *a* = Verschattungshöhe *b* · tan *Z*

Verschattungshöhe *b* =
Durchgangshöhe – Brüstungshöhe =
222 cm – 80 cm = 142 cm

Höhenwinkel *H* = 30°
Zenitwinkel *Z* = 60°

Ausladung *a* = 142 cm · tan 60° →
Ausladung *a* = 245 cm

Neigungswinkel der Markise: $\tan \alpha = \dfrac{58\ \text{cm}}{245\ \text{cm}}$
→ $\alpha \approx 13{,}3°$

Ausfall der Markise: Ausfall $L = \dfrac{\text{Ausladung } a}{\cos \alpha°}$

→ Ausfall $L = \dfrac{245\ \text{cm}}{\cos 13{,}3°}$ → $L = 251\ \text{cm}$

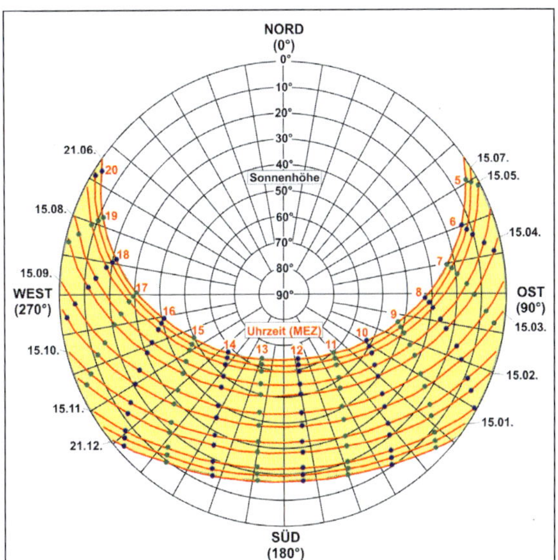

2 Sonnenverlaufskurve

Für genauere Markisenauslegungen haben einige Hersteller Computerprogramme entwickelt, mit denen man die Verschattung abhängig von der Tages- und Jahreszeit sowie der Markisenlage zur Himmelsrichtung simulieren kann. Dabei werden die Verschattung von Fenstern und Terrassen in einer Tages- oder alternativ in einer Jahressimulation visualisiert. Auf diese Weise lassen sich Markisen in Breite und Ausfall exakt – natürlich auf die Produktpalette des Herstellers zugeschnitten – dimensionieren (Bild 1).

Bauarten von Roll-Markisen (Übersicht)

Rollmarkisen werden in folgenden Bauarten hergestellt:

- Fallarm-Markise,
- Ausfallarm-Markise mit Federwellenantrieb,
- Markisolette/Fassadenmarkise,
- Außenrollo (Rollo-Markise),
- Gelenkarmmarkise,
- Wintergartenmarkise.

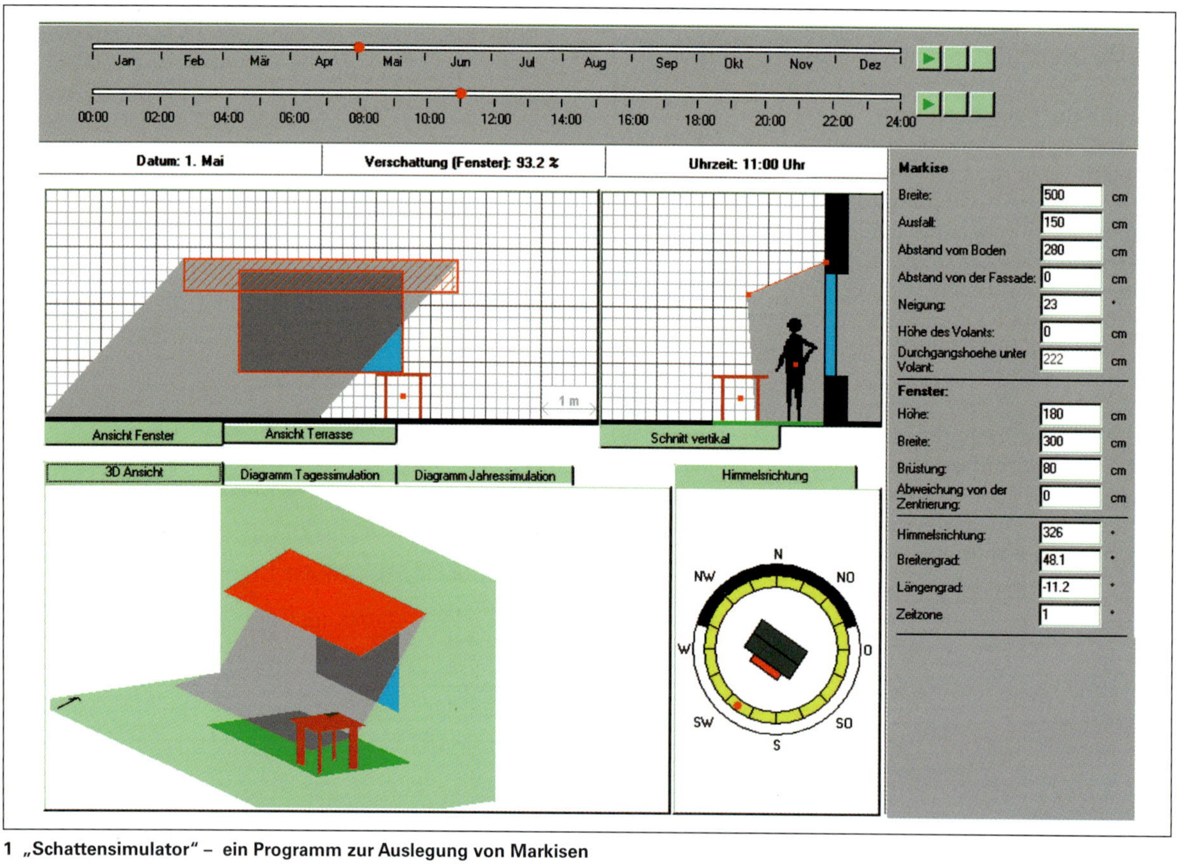

1 „Schattensimulator“ – ein Programm zur Auslegung von Markisen

Gelenkarmmarkisen sind heute die meist verwendeten Markisentypen. Sie werden als offene Markisen mit oder ohne Überdachung gefertigt, ebenso wie als Kassettenmarkisen, die im eingefahrenen Zustand komplett geschlossen und geschützt sind.

Vorteile:

- leichte Gestellkonstruktion (pulverbeschichtete, stranggepresst Aluminiumprofile bzw. Aluminium-Druckgussteile),
- große Flächenabdeckung,
- platzsparend, unauffällig,
- geringer Montageaufwand.

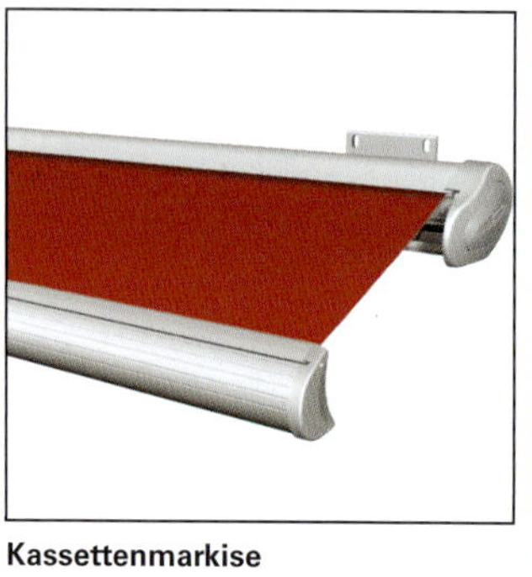

Kassettenmarkise

Offene Markise

Bauteile und deren Funktionen:

Bild 1 zeigt den Aufbau einer Gelenkarmmarkise:

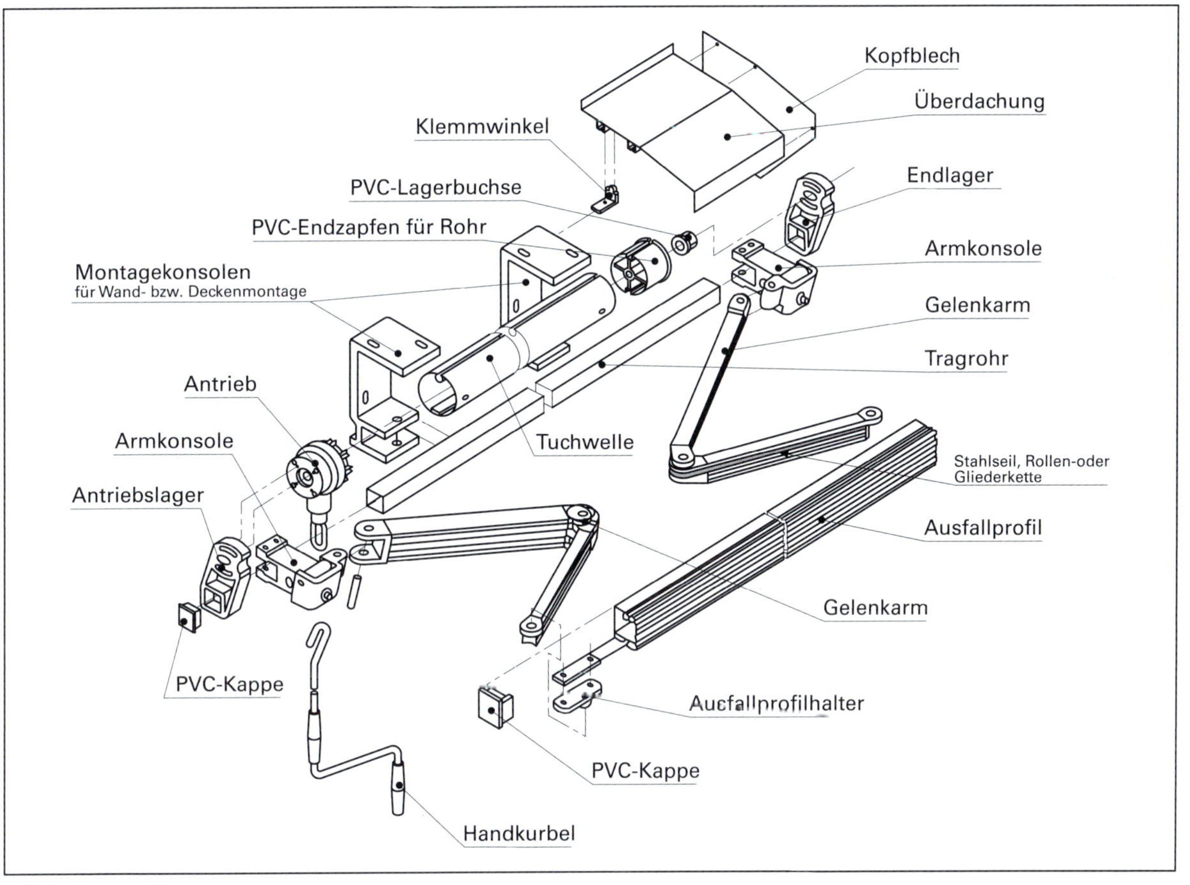

1 Gelenkarmmarkise

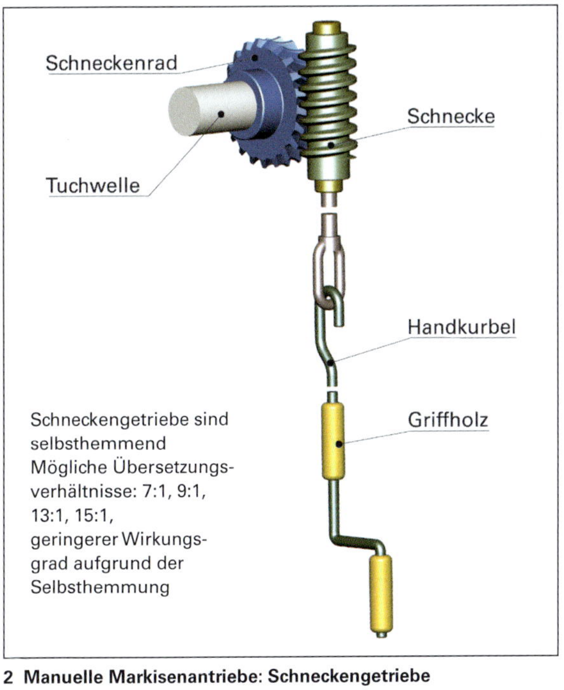

2 Manuelle Markisenantriebe: Schneckengetriebe

- **Antrieb:**
  - Manuell: mit Schneckengetriebe oder Kegelradgetriebe und Handkurbel
  - Kraftbetätigt: in Tuchwelle eingebauter Rohrmotor (Bild 3 und Bild 3, Seite 319, auch mit Notkurbel für manuelle Bedienung möglich) mit einstellbaren Endschaltern

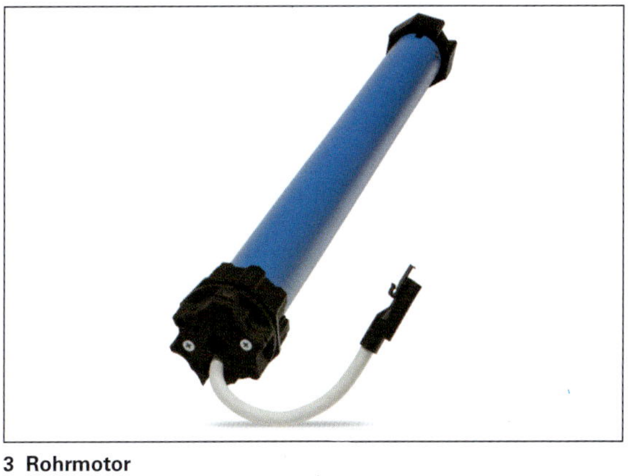

3 Rohrmotor

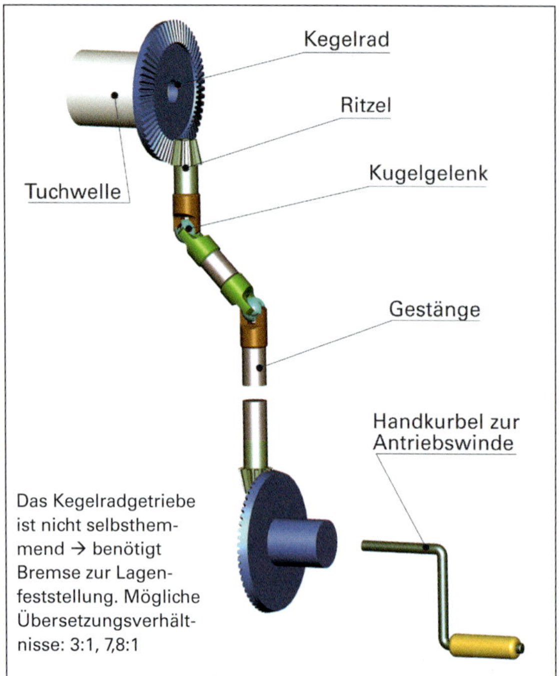

Das Kegelradgetriebe ist nicht selbsthemmend → benötigt Bremse zur Lagenfeststellung. Mögliche Übersetzungsverhältnisse: 3:1, 7,8:1

1 Manuelle Markisenantriebe: Kegelradgetriebe

- **Tragrohr:**
  - Als Vierkantrohr trägt es die komplette Markisenkonstruktion.
  - Montagevorteil: es muss zuerst nur das Tragrohr am Baukörper ausgerichtet und montiert werden.
- **Tuchwelle:**
  - Dient zur Markisentuchbefestigung; ist gelagert im Antriebs und Endlager;
  - zusätzliches Wellenstützlager verhindert Durchbiegung der Tuchwelle bei Markisen über 4 m Länge.
- **Ausfallprofil:**
  - Hält das Markisentuch
  - Zur Anbringung des Überhangs (auch höhenverstellbar).
- **Montagekonsolen:**
  - Zur Befestigung der Markise am Baukörper.
- **Schutzhaube und Kopfbleche:**
  - Schützen die Markise vor Wind und Wetter.
- **Gelenkarme:**
  - Halten das Tuch und übertragen Lasten und Kräfte (z. B. Wind) über die Montagekonsolen auf den Baukörper.
  - Bestimmen in gestreckter Länge den erreichbaren Ausfall (Standardgrößen 150, 200, 250, 300 cm – Sondergrößen: 350, 400 cm).
  - Zusammengefaltet legen sie die Mindestbreite der Markise fest.
  - Bei völliger Streckung der Arme wäre Einfahren der Markise unmöglich.
  - Markisenbreite über 7 m erfordert Einsatz von 4 Gelenkarmen
  - Sie straffen das Tuch durch „Kraftspeicher" in den Gelenkarmen

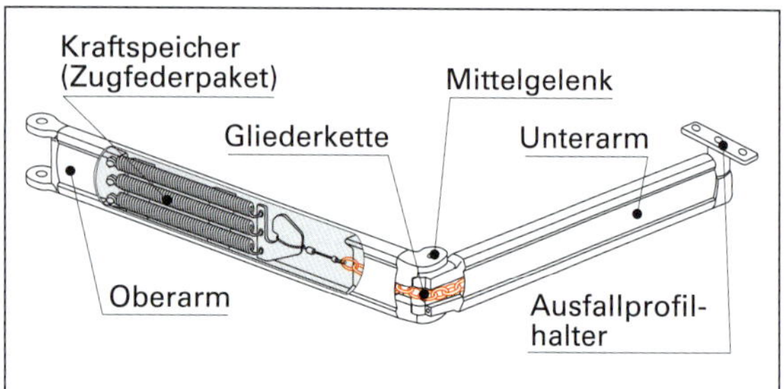

Ein Federzugsystem aus Zugfedern oder Gasdruckfedern im Oberarmprofil und die Kraftumlenkungseinrichtung am Mittelgelenk durch Stahlseil, Rollen- oder Gliederkette bewirkt die Streckung der Arme, das Ausfahren und die Straffung des Markisentuches. Die Kraftspeicher müssen vorgespannt sein, damit das Tuch in der Ausfalllage genügend gespannt ist. Achtung bei Wartungs- und Reparaturarbeiten besteht Unfallgefahr! Die Arme wollen bedingt durch die Federkraft in die Streckstellung ausbrechen und müssen gesichert werden!

2 Kraftspeicher und Kraftumlenkung

Neigungsverstellung der Gelenkarmmarkise

Industriell gefertigte Gelenkarmmarkisen sind werksseitig mit ca. 10° Neigungswinkel eingestellt. Dieser Neigungswinkel sollte im Regelfall nicht unterschritten werden. Je weiter die Ausladung der Markise ist, desto größer sollte die Neigung

3 Einzelverstellung der Gelenkarmneigung

sein. Die Verstell- und Einstellarbeit geschieht vor Ort bei der Montage und erfolgt nach Kundenwunsch bzw. unter bestimmten Kriterien (z. B. Durchgangshöhe). Die Neigungsverstellung kann je nach Bauart erfolgen durch:

- **Einzelarmverstellung:** unabhängige Neigungsverstellung der Gelenkarme
  - am Verstellteil des Gelenkarmes,
  - durch Konsolen mit integrierter Neigungsverstellung,
  - durch spezielle Getriebe in den Gelenkarmkonsolen.

- **Zentralverstellsystem:** gemeinsame und gleichzeitige Verstellung aller Arme über die Gelenkarmhaltergetriebe mit einem Zusatzgetriebe.

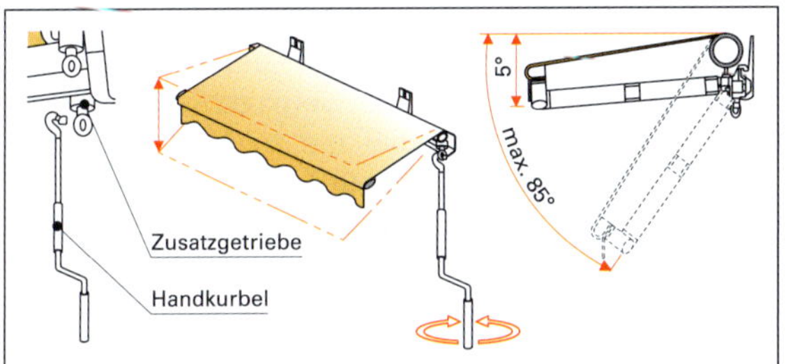

Die zentrale Neigungsverstellung ist nur bei halb ausgefahrener Markise möglich. Das synchrone Heben und Senken erledigt eine im Tragrohr untergebrachte Antriebswelle, die über ein Zusatzgetriebe mittels Handkurbel betätigt wird und die beiden Gelenkarmgetriebe zur Neigungsverstellung verbindet.
Zentralverstellsysteme ermöglichen es, den Neigungswinkel der Markise dem momentanen Sonnenstand anzupassen. Mit entsprechenden elektrischen Steuerungen kann die angepasste Neigungsverstellung auch automatisiert werden.

1 Zentralverstellung der Gelenkarme

Der maximale Ausfall einer Gelenkarm-Markise ist immer kleiner als die Breite der Markise. Sind die Gelenkarmlager aber auf zwei verschiedenen Ebenen angebracht, so können die Gelenkarme berührungslos überkreuzen, sodass die Markise mehr Ausfall als Breite erhält.

2 Gelenkarmmarkise mit großem Ausfall und geringer Breite

Fallarm-Markisen

Das sind sehr einfache Markisenkonstruktionen mit einem starren Ausfallarm.
Bei richtiger Montage, d.h. wenn Armlager und Ausfallprofil versetzt sind, fallen sie aufgrund der Kopflastigkeit selbständig aus. Der Ausfall kann auch durch Druckfedern im Arm oder durch außen angebrachte Gasdruckfedern erzwungen werden. Der Antrieb (Kurbel- oder Elektroantrieb) aber verhindert über die Bespannung das Ausfallen der Arme. Reißt die Bespannung oder der Antrieb versagt, so fallen die Arme und das Ausfallprofil unkontrolliert aus (Unfallgefahr!). Der Schwenkbereich von Fallarm-Markisen beträgt entweder starr 90° oder sie sind in einem Bereich von 90° bis ca. 170° einstellbar. Bei einer Ausfallendlage von 180° ließe sich die Markise nicht mehr einfahren.

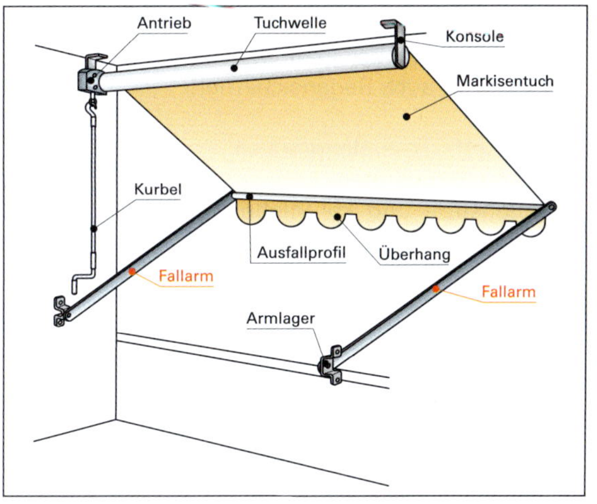

3 Fallarmmarkise

Fallarm-Markisen werden häufig bei Schaufenstern und kleinen Balkonen eingesetzt. Konstruktionsbedingt sind nur geringe Breiten möglich, da ansonsten die Stabilität zu sehr nachlässt. Einteilige Fallarmmarkisen haben eine Maximalbreite vom ca. 4 m, es können jedoch mehrere Einzelanlagen gekuppelt werden. Der größte Ausfall wird bei einer Neigung von 45° erreicht. Für die Beschattung größerer Flächen ist dieser Markisentyp ungeeignet, da durch den großen Ausfallwinkel eine vernünftige Durchgangshöhe nicht mehr gewährleistet ist, insbesondere auch dadurch, dass die seitlichen Fallarme die Begehbarkeit auf Terrassen stark beeinträchtigen.

Eine Sonderbauart der Fallarm-Markise ist die **Ausfallarm-Markise mit Federwellenantrieb.**

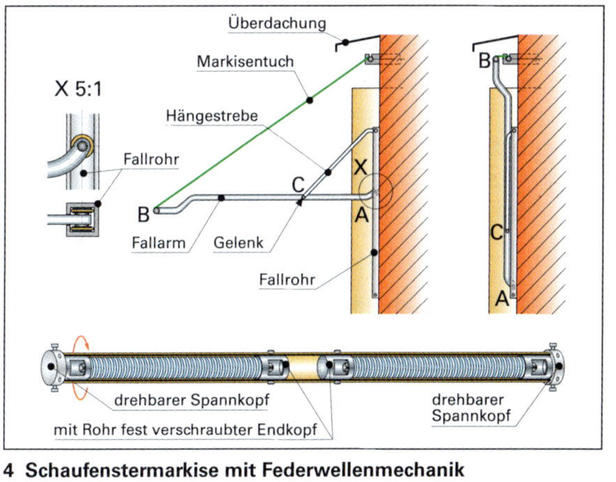

4 Schaufenstermarkise mit Federwellenmechanik

Der Federwellenantrieb ist dabei in die Tuchwelle integriert. Er gewährt allerdings nur eine Hilfestellung beim Einfahren der Bespannung. Das Ausfahren erfolgt von Hand mittels einer Zugstange so weit, bis die Hängestreben der Markise in der Ausfalllage fest einrasten und so das Hochschlagen der Markise durch Wind verhindern. Zwischenstellungen sind nicht möglich. Die Federwelle sorgt für eine straffe Tuchspannung in der Ausfalllage und gewährt auch Regensicherheit.

Markisolette/Fassadenmarkise

Markisoletten eignen sich zur Verschattung von Einzelfenstern und kompletten Fensterfronten an Schulen, Krankenhäusern und Hotels. Diese Bauart macht eine Gesamtabdeckung und damit eine gute Raumverdunkelung möglich.

Beim Betätigen der Markisolette fällt die Bespannung, geführt in den Laufschienen, zunächst senkrecht ab. Treffen die Armlager am unteren Anschlag auf, so wird die Ausfallbewegung der Bespannung bedingt durch das Gewicht des Fallprofils eingeleitet. Das Leitrohr hält dabei den oberen Teil der Bespannung in der Senkrechten. Die Ausfallarme lassen sich dabei bis zu 180° (Vollabdeckung) schwenken. In der 90° Ausfallstellung der Arme erhält man eine gute Beschattung bei gleichzeitiger Sicht nach außen.

Mit Markisoletten lassen sich auch Schwingflügelfenster gut beschatten und zugleich belüften. Die Gestellkonstruktion findet unauffällig Platz in der Fensternische.

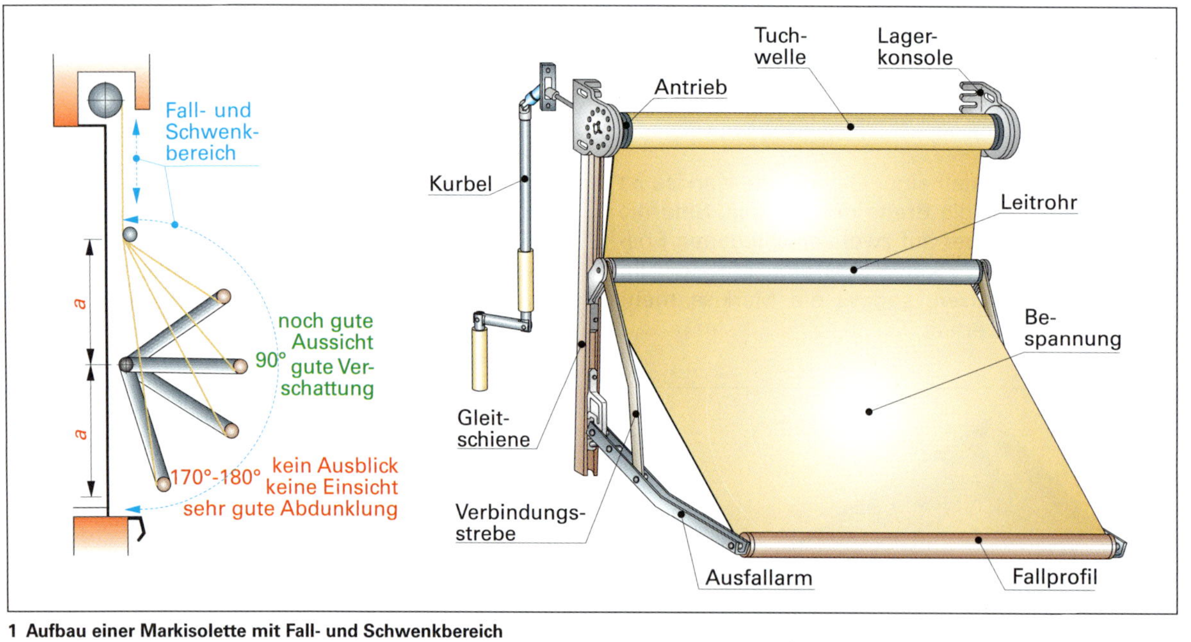

1 Aufbau einer Markisolette mit Fall- und Schwenkbereich

Wintergartenmarkisen

Sie beschatten meist die schrägen Dachflächen eines Wintergartens; sie können aber auch mithilfe entsprechender Umlenkvorrichtungen die vertikalen Glasflächen abdecken und bieten damit neben dem Sonnenschutz auch zugleich einen Sichtschutz.

Das Markisentuch läuft zwischen zwei Seitenführungen, die mit Abstandshaltern in ca. 8–10 cm Abstand auf der Rahmenkonstruktion montiert werden. Am oberen Ende ist eine Kassette aufgesteckt, die die Tuchwelle samt Markisentuch gegen sämtliche Witterungseinflüsse schützt. Das Ausfallprofil schließt die Kassette im eingefahrenen Zustand dicht ab (Bild 2).

2 Wintergartenmarkise zur Verschattung der schrägen und vertikalen Glasflächen

Die Wintergarten-Markise funktioniert nach dem Gegenzug-Prinzip. Beim Ausfahren wird das Fallrohr durch ein in den Führungsschienen laufendes Zugband herausgezogen und gleichzeitig das Markisentuch von der Tuchwelle abgewickelt. Durch Federelemente in der Tuchwelle wird ein Längenausgleich der Wickeldifferenz zwischen Markisentuch und Zugband erzielt und damit die notwendige Tuchspannung erzeugt. Eine Ausbildung des Ausfallprofils als Torsionsfederwelle ist auch üblich. Hier wird über die Vorspannung der Federwelle die Vorspannung des Markisentuchs erreicht (Bild 1).

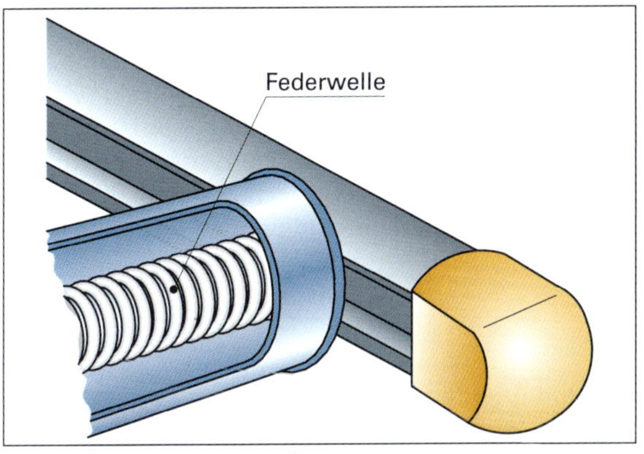

1 Ausfallprofil als Torsionswelle

Durch das Eigengewicht des Tuches ist ein Durchhang möglich, der sich in nassem Zustand erhöht. Deshalb gehören zu größeren Anlagen sowie bei flacher Neigung und an den Bogenstellen zwischen der Schräge und der Vertikalen ein oder mehrere Tuchstützrohre.

Im Winter besteht durch Eisbildung oder Schneeansammlung an den Laufschienen die Gefahr der Zerstörung der gesamten Anlage. Daher muss eine mit Wind- und Sonnensensor ausgestattete automatische Markisensteuerung unbedingt auf Handbetrieb umgestellt und darf nicht betrieben werden.

2 Tuchstützrohre an Wintergartenmarkisen

Scherenarmmarkisen
werden v.a. dort eingesetzt, wo große Ausladungen bis zu 12 m erforderlich werden. Sie sind vorwiegend im Gastronomiebereich (Boulevard-Cafes, Gartenrestaurants und Hotelterrassen) verbreitet (Bild 3).

Bei der freitragenden Konstruktion der Scherenarm-Markise erfolgt die Lastabtragung nicht über ein Tragrohr, wie bei herkömmlichen Gelenkarmmarkisen, sondern über die an der Wand befestigten Scherenarme. Somit ist diese Markisenbauart wesentlich stabiler und belastbarer als andere Modelle (Bild 4).

3 Scherenarm-Markise

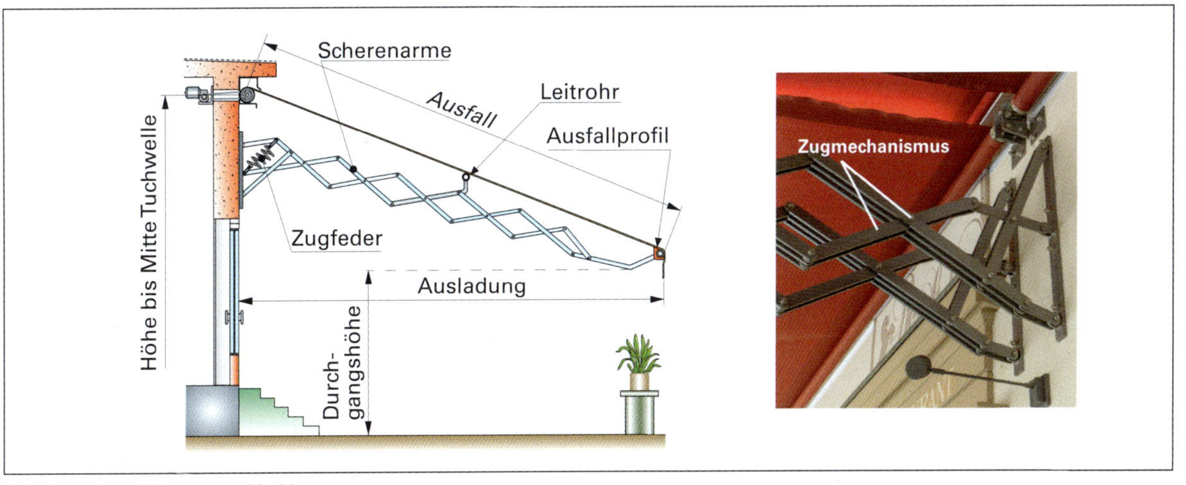

4 Aufbau einer Scherenarm-Markise

Neben der Sonnenschutzfunktion bieten diese Markisen auch einen guten Regenschutz. Ein oder mehrere Leitrohre (bei Ausladungen über 4 m) unterstützen das Markisentuch und sichern so den Regenwasserablauf. Der Abstand der Scherenarme untereinander sollte dabei 4m nicht überschreiten. Ab einer Ausladung von 4m werden die Scherenarme nach vorne zum Ausfallprofil hin schwächer dimensioniert. Das spart Gewicht bei ausreichender Stabilität. Die Scherenteile werden aus Flachstahl gefertigt und mit Nieten oder Schrauben zum kompletten Scherearm zusammengefügt.

Zugfedern, die an den Scherenbefestigungen eingesetzt sind, zwingen die Markise zum Ausfallen. Als manuelle Markisenantriebe eignen sich Schnecken- und Kegelradgetriebe. Aufgrund ihrer Größe und des Einsatzes im gewerblichen Bereich werden sie meist elektromotorisch mit in die Tuchwelle eingesetzten Rohrmotoren angetrieben.

Die Montage von Scherenarm-Markisen erfordert absolute Sorgfalt und Genauigkeit. Wegen der großen Ausladung der Arme wirkt sich jede Ungenauigkeit bei der Befestigung jedes einzeln zu montierenden Scherenarms enorm in der Ausfalllage der gesamten Anlage aus. Zunächst werden die beiden außenliegenden Arme auf gleicher Höhe befestigt, anschließend, so fern vorhanden, die innenliegenden Scherenarme.
Scherenmarkisen werden meist bis zu einer Breite von 7,5 m als Einzelanlagen gefertigt, können aber durch Koppeln beliebig verbreitert werden. Es gibt aber auch Hersteller, die eine durchgehende Tuchwelle mit bis zu 30 m Breite fertigen und somit Schlitzabdeckungen an der Nahtstelle zweier Markisen unnötig machen.

Korbmarkisen

Korbmarkisen werden hauptsächlich als Überdachung und Werbeträger an Geschäftshäusern verwendet und eignen sich auch besonders zur Gestaltung der Fassade von Gebäuden.

1 Korbmarkise

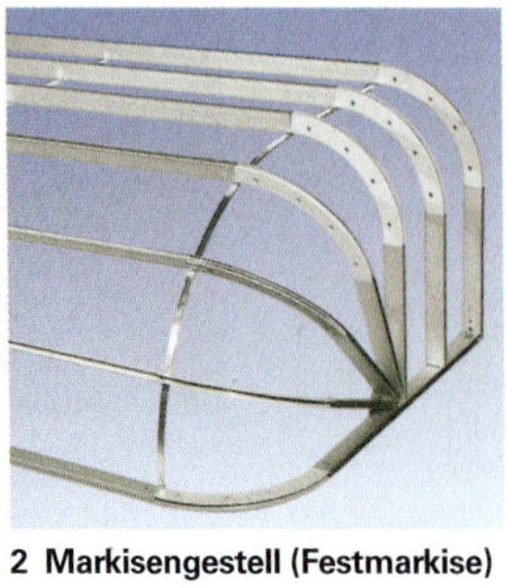

2 Markisengestell (Festmarkise)

Das tragende Gestell von Korbmarkisen bilden U-förmige gelenkig verbundene Rahmenelemente aus eloxiertem oder pulverbeschichtetem Aluminiumdruckguss, die sogenannten Spriegel. Korbmarkisen können sowohl beweglich (Faltmarkisen) als auch starr (Festmarkisen) ausgeführt werden.

Als Bespannung kommen vorwiegend Stoffe aus Acrylgewebe und PVC-Stoffe mit Gewebeeinlage zum Einsatz. Diese werden mit Abdeckstreifen und Ziernägeln auf den Spriegeln aufgenagelt. Ein Volant am letzten Profil bildet den unteren Abschluss. Bewegliche Korbmarkisen werden mit Schnur- bzw. Seilzügen oder mittels eines Kegelradgetriebes oder elektromotorisch bedient und angetrieben.

Die Bauformen von Korbmarkisen sind sehr vielfältig (Bild 3) und ermöglichen sogar komplette Überdachungen oder Vordachanlagen, allerdings mit einer notwendigen tragenden Unterkonstruktion.

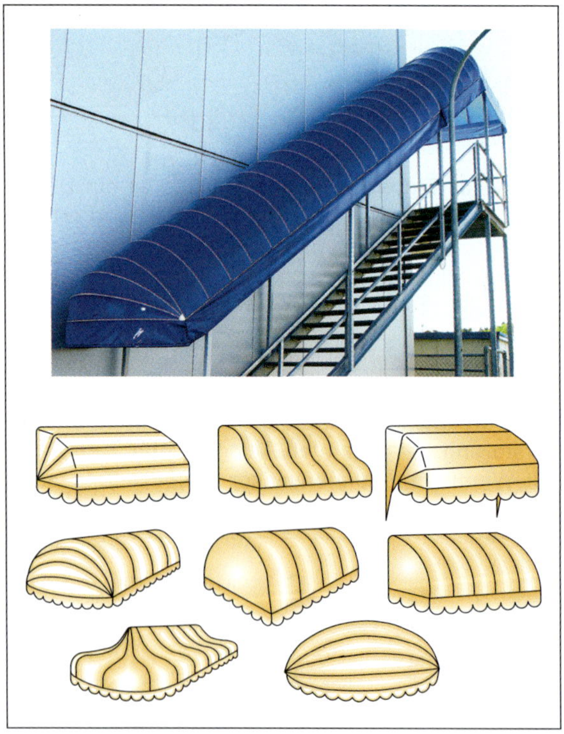

3 Bauformen von Korbmarkisen

Montage von Markisen

Seit 1. März 2006 dürfen nur noch Markisen in Umlauf gebracht werden, die nach der Europäischen Norm EN 13561 geprüft und montiert wurden und das CE-Kennzeichen tragen. Wichtigste Aufgabe bereits bei der Kundenberatung und Planung der Markise ist es, die spätere Position der Markise festzulegen, den genauen Montageuntergrund zu ermitteln und geeignete Befestigungsmittel auszuwählen. Grundsätzlich sind die Montageanleitungen der Hersteller zu beachten. Folgender Ablauf zeigt die wesentlichen Vorbereitungs- und Montageschritte am Beispiel einer Gelenkarm-Markise:

Windwiderstandsklasse **0**	Windwiderstandsklasse **1**	Windwiderstandsklasse **2**	Windwiderstandsklasse **3**

Die Windwiderstandsklasse 0 entspricht entweder einer nicht geforderten oder nicht gemessenen Leistung oder einem Produkt, das die Anforderungen der Klasse 1 nicht erfüllt. Die Markise darf bei Wind nicht genutzt werden.	Die Markise darf bis maximal **Windstärke 4** ausgefahren bleiben. Definition nach Beaufort: **mäßige Brise, mäßiger Wind** Wind bewegt Zweige und dünnere Äste, hebt Staub und loses Papier. Geschwindigkeit **20–27 km/h = 5,5–7,4 m/s**	Die Markise darf bis maximal **Windstärke 5** ausgefahren bleiben. Definition nach Beaufort: **frische Brise, frischer Wind** Kleine Laubbäume beginnen zu schwanken, Schaumkronen bilden sich auf Seen. Geschwindigkeit **28–37 km/h = 7,5–10,4 m/s**	Bei **Windstärke 6** muss die Markise eingefahren sein. Definition nach Beaufort: **starker Wind** Starke Äste schwanken, Regenschirme sind nur schwer zu halten, Telegrafenleitungen pfeifen im Wind. Geschwindigkeit **38–48 km/h = 10,5–13,4 m/s**
Staudruck: < 40 N/m²	Staudruck: 40 N/m²	Staudruck: 70 N/m²	Staudruck: 100 N/m²

1. Auswahl der Markise – Markise muss das CE-Prüfzeichen haben.
2. Auf die Windklasse der Markise achten bzw. der Hersteller muss eine Gewährleistung geben. Nach DIN EN 13561 gelten folgende Windklassen: Qualitativ hochwertige Markisen sollten die Windklasse 2 erfüllen.
3. Montageart festlegen: Deckenmontage (z. B. Balkondecke), Wandmontage oder Dachsparrenmontage.
4. Montageuntergrund durch Probebohrung (vgl. Kap. Befestigungstechnik) ermitteln.
5. Anzahl der Montagekonsolen festlegen (bei Markisen über 4 m Breite sind 3 und mehr Konsolen erforderlich) – Montageanleitung beachten.
6. Dübelauszugswerte für die entsprechende Windklasse und den tatsächlichen Montageuntergrund ermitteln.
7. Auswahl geeigneter Dübel bzw. des richtigen Befestigungsmaterials – muss dokumentiert werden. Grundsätzlich dürfen nur Schwerlastanker verwendet werden.
8. Markise montieren (Beispiel Gelenkarmmarkise):

- Befestigungspunkte der Konsolen einmessen (Konsolen immer zum Tragrohrende hin direkt neben der Gelenkarmbefestigung anbringen → gute Kraftableitung in den Untergrund).
- Löcher für Konsolen bohren.
- Tragrohr einhängen und fest dübeln.
- Gelenkarme 10–15 % von Markisenbreite hereingerückt am Ende befestigen.
- Ausfallschräge einstellen (nach dem Ausfahren.
- Der Elektrische Antrieb darf nur von qualifizierten Elektrofachkräften (mindestens Elektrofachkraft für festgelegte Tätigkeiten) ausgeführt werden.

- Evtl. entstandene Verschmutzungen bei der Montage entfernen.

Zur Vereinfachung der Markisenmontage gibt es Hilfsvorrichtungen, mit denen sowohl das Positionieren als auch das Ausrichten und Befestigen im Einmannbetrieb möglich ist (Abb. unten).

1 Einmann-Dachsparren-Montage mit Hilfsvorrichtung

7.7.4.7.5 Steuerung von Sonnenschutzanlagen

Die Automatisierung von Sonnenschutzanlagen ist im gewerblichen wie im privaten Bereich mittlerweile Standard geworden. Sonnenschutzsteuerungen bringen dabei einerseits einen erheblichen Gewinn an Bedienkomfort, andererseits müssen Sonnenschutzanlagen auch an Sonn- und Feiertagen und ohne Personaleinsatz ihre Schutzfunktion erfüllen. Folgende Übersicht gibt einen Überblick über mögliche Sonnenschutzsteuerungen:

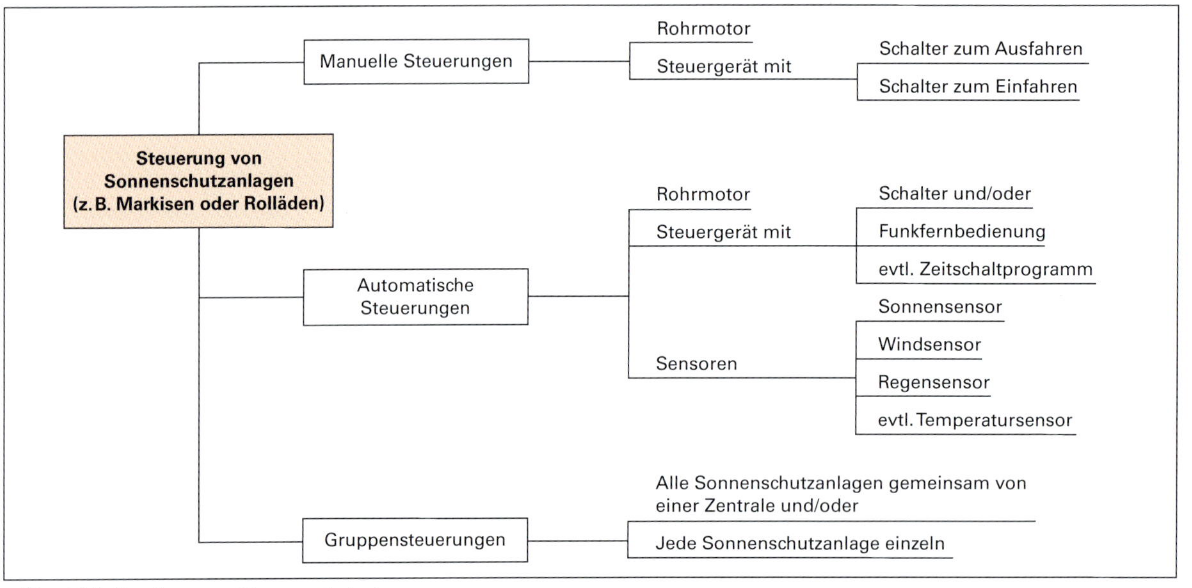

1 Überblick über Arten von Sonnenschutzsteuerungen

Automatische Sonnenschutzsteuerungen werden i.d.R. mit Regen-, Wind- und Sonnenlichtsensoren (ReWiSo – vgl. Bild 2) angesteuert und bieten dabei die folgende Funktionen:

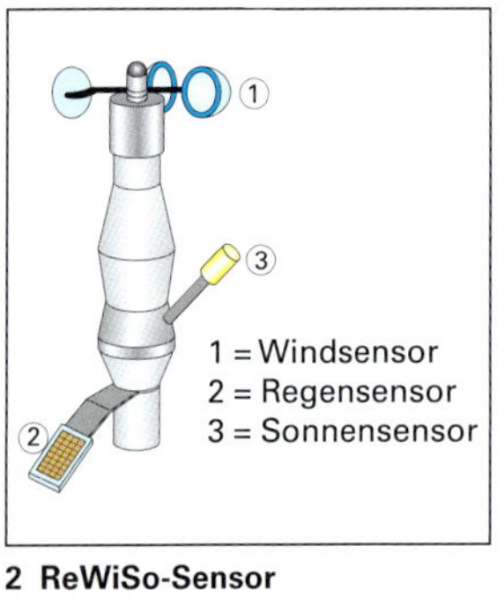

2 ReWiSo-Sensor

- **Regensensor:** Bei (zu starkem) Regen gibt ein Regensensor (1) das Signal zum Einfahren. Der Regensensor kann aber auch manuell umgangen werden, um beispielsweise eine Markise als Regenschutz zu verwenden.
- **Windsensor:** Ein Windsensor (2) bzw. Windrad misst die Windgeschwindigkeit und veranlasst das Einfahren bei zu starkem Wind. Selbst wenn der Wind nachgelassen hat, bleibt die Markise zur Sicherheit noch einige Minuten gesperrt. Manuelle Fahrbefehle können jedoch bereits nach wenigen Sekunden wieder ausgeführt werden.
- **Sonnenlichtsensor:** Mithilfe einer Fotozelle (3) wird der Ausfahrimpuls bei ausreichender Sonnenintensität gesetzt. Unterschreitet die Sonneneinstrahlung den einstellbaren Grenzwert, fährt die Sonnenschutzanlage wieder ein. Der Einfahrimpuls erfolgt allerdings zeitverzögert, um bei Wechselbewölkung das ständige Ein- und Ausfahren des Sonnenschutzes zu vermeiden.

Weitere Steuerungsfunktionen sind möglich:
- **Temperatursteuerung:** Zusätzlich können Temperatursensoren beispielsweise die Raumtemperatur eines Wintergartens erfassen und den Sonnenschutz davon abhängig steuern.
- **Zeitsteuerung:** Mittels einer Zeitschaltuhrfunktion werden die Aus- bzw. Einfahrimpulse tageszeitlich abhängig ausgelöst. So können damit Rollos oder Jalousien mit Einbruch der Dämmerung aus- oder eingefahren werden. Mithilfe kleiner Programme lassen sich die Dämmerungs-Schließzeiten jahreszeitlich bzw. tagesgenau und regional abhängig exakt bestimmen und in die Steuerung einpflegen.

Die Empfindlichkeit des Wind- und des Sonnenlichtsensors kann am Steuergerät über Potentiometer innerhalb gewisser Grenzwerte stufenlos variiert werden. Zum Schutz der Sonnenschutzanlage haben Wind- und Regensensor immer Vorrang vor der Sonnen- oder Zeitsteuerung. Die

Steuerungen können von Automatikbetrieb auch in den manuellen Betrieb umgeschaltet werden. Die Steuerung wird dann mit einem Ein- und einem Ausfahrtaster bedient.

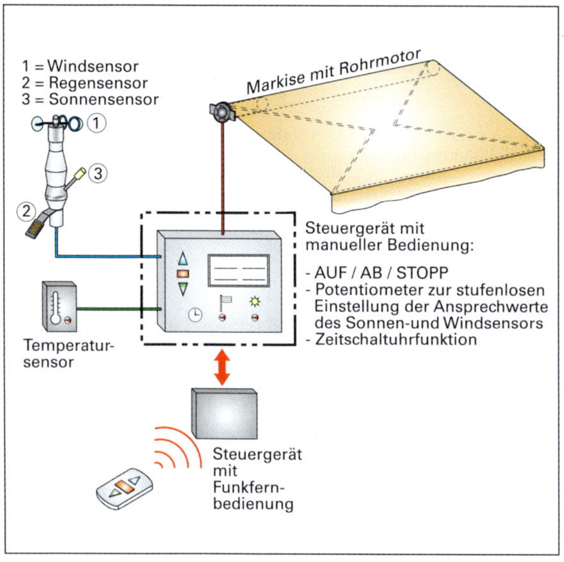

1 Automatische Sonnenschutzsteuerung

Mit geeigneten Gruppensteuerungen können mehrere oder alle Sonnenschutzeinrichtungen an einem Gebäude zentral angesteuert werden. Mit den Motorsteuergeräten kann jede einzelne Anlage separat geschaltet werden. Ein Zentralsteuergerät erlaubt das gleichzeitige bzw. gemeinsame Ansteuern aller bzw. mehrerer Sonnenschutzvorrichtungen (Bild 2).

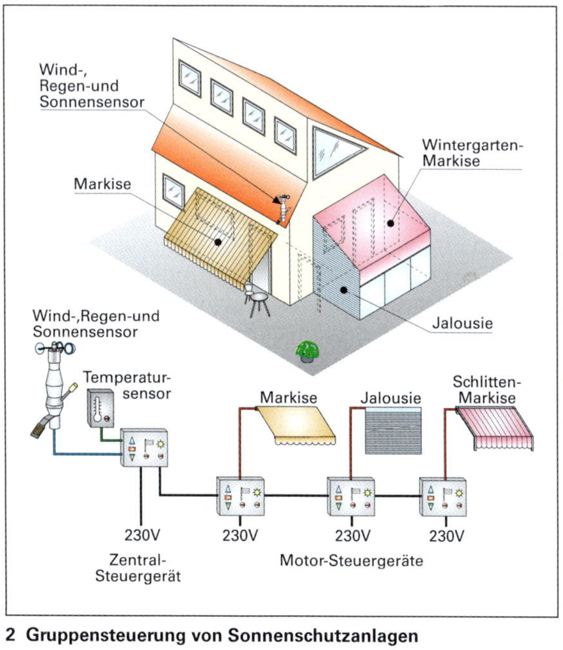

2 Gruppensteuerung von Sonnenschutzanlagen

Wichtig für die Markisenautomatisierung ist auch die richtige Bemessung der Rohrmotoren. Folgende Konstruktions- und Ausführungsmerkmale beeinflussen das erforderliche Drehmoment:

- Breite und Ausfall der Markise,
- Neigungswinkel,
- Anzahl und Gewicht der Arme,
- Federkraft der Arme,
- Gewicht des Ausfallprofils und des Markisentuchs,
- einfache oder gekoppelte Anlage.

Folgende Mittelwerte haben sich als Anhaltsgröße für eine Nachrüstung einer Markise mit einem Rohrmotor bewährt. Folgende Werte gelten für eine Ausfalllänge von ca. 3 m:

Gelenkarme	Markisenbreite	Nennmoment (Nm)
2	6	25
4	8	32
4	12	40
6	16	50

Rohrmotoren für Markisen oder Rollläden sind als Asynchronmotoren gebaut und sind völlig wartungsfrei geschmiert. Der Antriebsdurchmesser von 50–60 mm ist für alle gängigen Wickelwellen von 50–130 mm Durchmesser geeignet. Sie besitzen aufgrund ihrer robusten elektrischen und mechanischen Konstruktion eine lange Lebensdauer. Nach einer Einschaltdauer von 4–5 Minuten spricht der Überhitzungsschutz an. Die Motoren schalten bei Überlast durch zu lange Einschaltdauer aus und können erst nach einer Ruhephase von ca. 20–30 Minuten wieder bedient werden. Im Rohrmotor integriert befindet sich ein dreistufiges, sehr leises und ebenso wartungsfreies Planetengetriebe. Elektromagnetische Scheibenbremsen bewirken ein weiches und punktgenaues Anhalten ohne Nachlauf. Beim Ausschalten oder bei Stromausfall greift die volle Bremskraft.

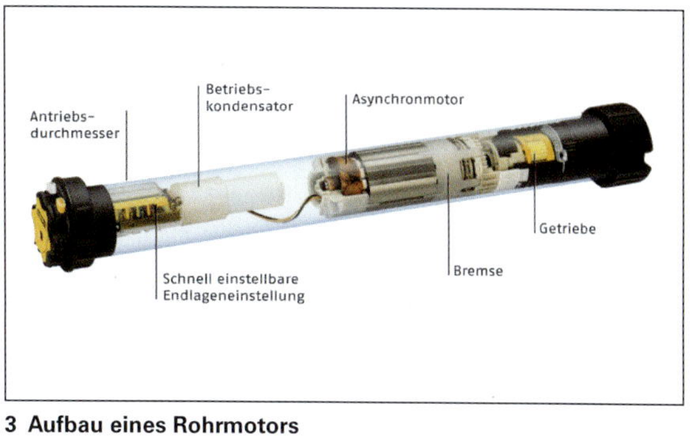

3 Aufbau eines Rohrmotors

Für eine ordnungsgemäße Funktion von Markisen- oder Rollladensteuerungen müssen die Endanschläge in beiden Richtungen exakt eingestellt werden. Je nach Motorbauart geschieht dies durch mechanisch oder elektronisch einstellbare Endanschläge (Bild 1 und 2).

Die Ersteinstellung der Endpunkte werden über eine Setztaste (rote Taste) am Motor vorgenommen. Spätere Nachregulierungen oder Veränderungen können am Steuergerät vorgenommen werden.

Vorteile der elektronischen Rohrmotoren:

- Hinderniserkennung mit Sicherheitsabschaltung (z. B. herabfahrender Rollladen trifft auf Kind).
- Überlastungsschutz (z. B. vereiste, festgeklemmte Rollläden) und
- Überhitzungsschutz (bei zu langer Einschaltdauer während Einstellarbeiten).
- Gruppenbetrieb von Rohrmotoren.
- Elektronische Endpunkteinstellung per Knopfdruck oder über die Steuerung bzw. den Funksender.

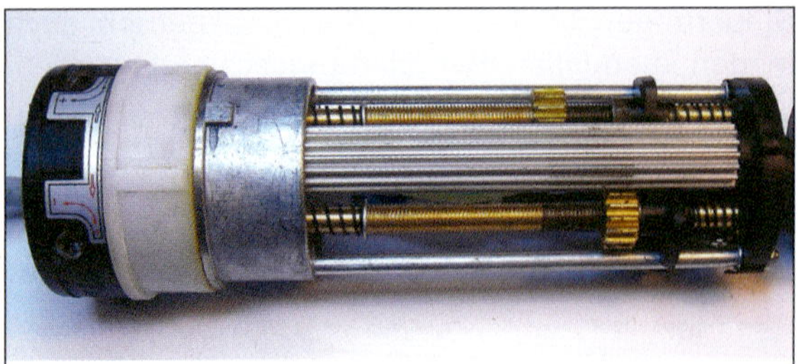

Für jede Bewegungsrichtung steht eine Einstellschraube zur Einstellung der Endlage zur Verfügung.

1 Rohrmotor mit mechanischer Endlageneinstellung

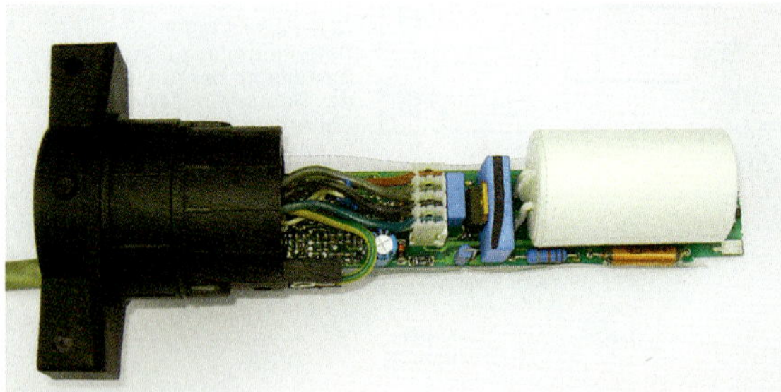

2 Rohrmotor mit elektronischer Endlageneinstellung

Aufgaben

1. Erstellen Sie eine Übersicht (Plakat), in dem die unterschiedlichen Beschattungssysteme – innenliegend, außenliegend und im Scheibenzwischenraum liegend – dargestellt werden und vergleichen Sie die innenliegenden und außenliegenden Beschattungsanlagen hinsichtlich ihrer Wirksamkeit. Nennen Sie Vor- und Nachteile der verschiedenen Anlagen.
2. Die „natürliche Beschattung“ trägt zum sommerlichen Wärmeschutz bei, ist aber auch im Winter nicht hinderlich. Erklären Sie diesen Zusammenhang.
3. Starre Sonnenschutzanlagen sind stabiler, aber unflexibler. Erklären Sie diese Aussage.
4. Besorgen Sie sich ein Sonnenstandsdiagramm für Berlin und berechnen Sie für eine Fassadenfensterhöhe von 2,20 m die notwendige Ausladung einer starren Sonnenschutzanlage (z. B. Fassadengitterrost) für den 15. Oktober, 11 Uhr vormittags.
5. Erstellen Sie in einer Übersicht die wichtigsten beweglichen Sonnenschutzanlagen mit ihren Besonderheiten, Vor- und Nachteile gegenüber und begründen Sie deren Einsatz.
6. Beschreiben Sie den prinzipiellen Aufbau einer Markise am Beispiel der Gelenkarmmarkise (Bauteile und deren Aufgaben: Tragrohr, Tuchwelle, Gelenkarme mit Zugfederpaketen...). Wie können Gelenkarmmarkisen verstellt werden?
7. Beschreiben Sie den Aufbau und die Funktion einer automatischen Sonnenschutzsteuerung am Beispiel einer Markisensteuerung für eine Terrasse. Welche Sensoren werden in jedem Fall benötigt? Beschreiben Sie stichpunktartig deren Aufgaben! Berücksichtigen Sie dabei die Vorrangstellung des Wind- und Regensensors für Sonnenschutzsteuerungen.
8. Warum **müssen** automatische Sonnenschutzsteuerungen auch für manuellen Handbetrieb umgeschaltet werden können?
9. Eine Markisensteuerung erhält durch den ReWiSo-Sensor verschiedene binäre Signale (0 oder 1), z. B. der Regensensor misst Niederschlag, also Regen = 1, der Windsensor spricht nicht an (Windstille = 0, es herrscht bewölkter Himmel, also Sonnensensor = 0, usw. Durch die verschiedenen Signale wird die Markise zum Einfahren (Markise EIN = 1) oder Ausfahren (Markise AUS = 1) gezwungen. Ergänzen Sie entsprechend den logischen Zusammenhängen die Funktkonstabelle:

SENSOREN			MARKISE	
Regen	Wind	Sonne	AUS	EIN
0	0	0		
0	0	1		
0	1	0		
1	0	0		
1	1	0		
0	1	1		
1	0	1		
1	1	1		

8 Konstruktionen des Metallbaus: Türen, Tore und Gitter

8.1 Türen aus Metall und Kunststoff

8.1.1 Auftrag: Fertigung und Montage von Stahltüren

Ein Metallbaubetrieb erhält den Auftrag, einen Kinderhort mit entsprechenden Türen auszustatten. Für zwölf Gruppenräume sollen verglaste Stahltüren aus Rohrprofilen gefertigt und montiert werden. Neben den Gruppenräumen werden auch Gemeinschafträume wie z. B. ein Gymnastikraum, die Räumlichkeiten für das Personal und diverse Heizungs- und Kellerräume mit geeigneten Türen ausgestattet. Auch die Flure, von dem aus alle Räume zentral erreichbar sind, müssen als Fluchtwege durch entsprechende Türen rauchfrei gehalten werden. Die Ausgangstüren in den Fluren sind als Flucht- bzw. Paniktüren auszustatten. Die Haupteingangstür soll zudem mit einem Zutrittskontrollsystem versehen werden, das zeitabhängig den Eltern und Kindern einen ungehinderten Zutritt gewährt, aber auch Unbefugte von außen fern hält und den Kinder nicht unbemerkt das Verlassen des Horts ermöglicht.

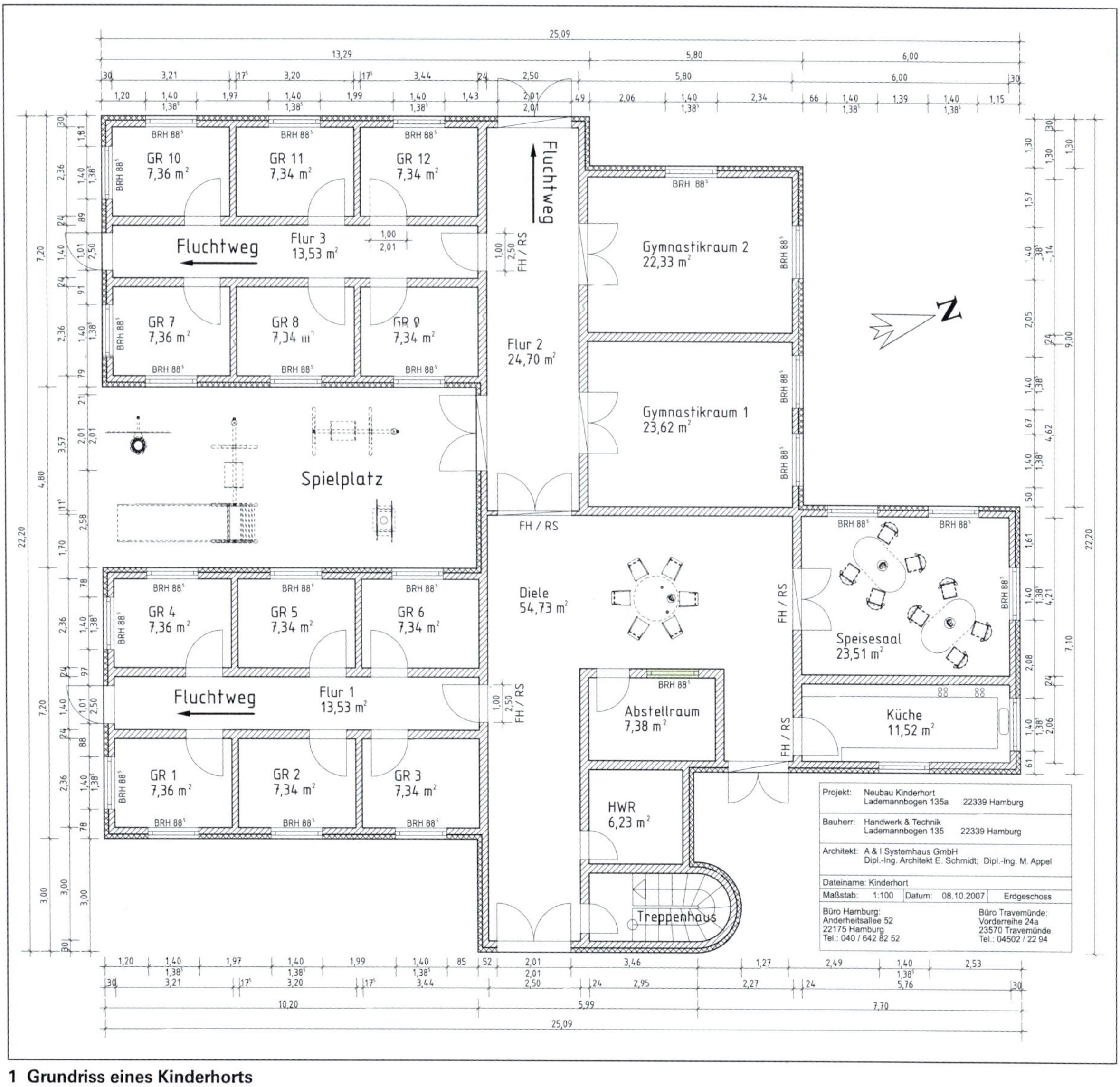

1 Grundriss eines Kinderhorts

Aufgabenstruktur

Folgende Übersicht zeigt die Struktur und die erforderlichen Arbeitsschritte zur Erfüllung dieses Auftrages.

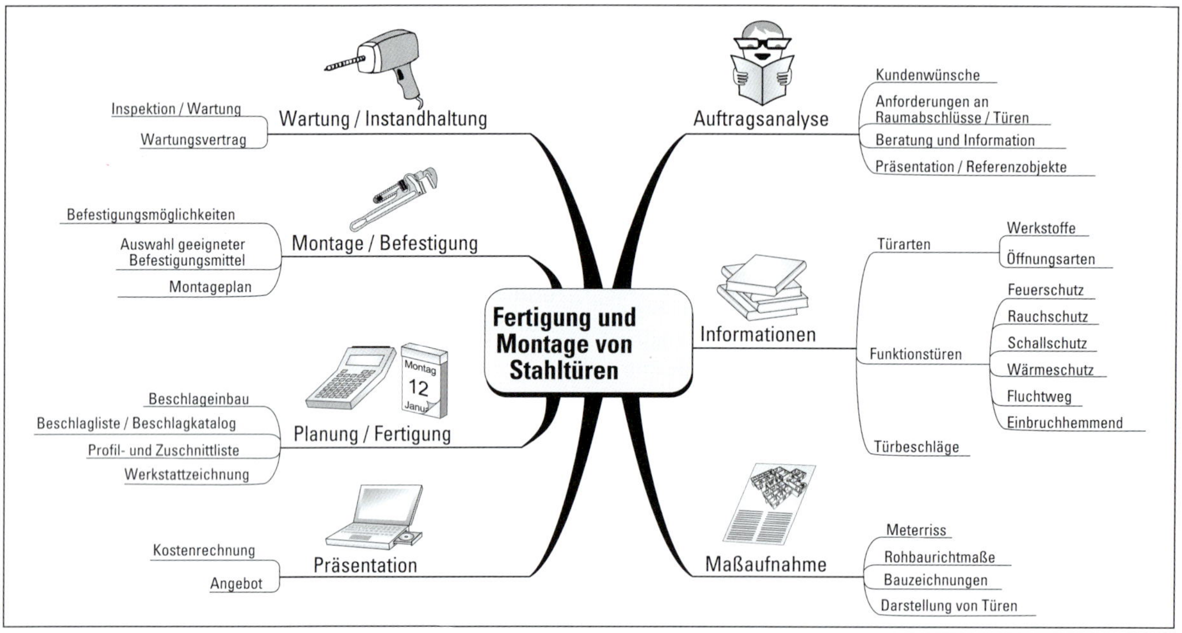

Auftragsanalyse

Damit sich der Metallbaubetrieb bei der Bewerbung um den Kundenauftrag gut positionieren kann, ist es notwendig, die Kundenwünsche genau zu analysieren und beratend bei der Ausgestaltung des Auftrags mitzuwirken. Neben den allgemeinen Anforderungen an Türen wie gute Abdichtung und sicherer Abschluss fallen speziell benötigte Funktionen je nach Einsatzort recht unterschiedlich aus. So werden neben Feuerschutztüren im Heizungskeller und den Versorgungsräumen auch Türen mit Rauchschutz zur Freihaltung der Fluchtwege benötigt. Die Eingangstür selbst erfordert eine wärmegedämmte Konstruktion und muss auch als Fluchttür mit den dafür notwendigen Beschlägen ausgestattet werden. Die Türen der Gruppen- und Gymnastikräume müssen gewissen Mindestanforderungen an den Schallschutz gerecht werden und sollen außerdem transparent und filigran wirken.

Mit geeigneten Präsentationsmethoden kann der Metallbaubetrieb seine Kompetenz und Erfahrung unter Beweis stellen. Neben der fachmännischen Beratung bei der Auswahl der Türen darf dabei auch der Werbeaspekt nicht zu kurz kommen. Mit Bildern von eigenen Referenzobjekten entweder in einer Präsentationsmappe oder digital als Internetpräsenz oder Powerpoint-Präsentation kann der Metallbauer seine Stärken demonstrieren und versuchen, den Kunden für sich zu gewinnen. Im Vordergrund solcher Vorführungen und Gespräche muss aber die Beratung und die Information des Kunden stehen, damit dieser ein optimales Produkt für sein Objekt erhält. Die Zufriedenheit des Kunden ist die oberste Priorität und der Garant für langanhaltende Geschäftsbeziehungen.

Informationen

Der Bauträger des Projekts Kindergarten ist vom Metallbaubetrieb ausführlich über die Möglichkeiten der Auswahl und Gestaltung der verschiedenen Türen zu informieren und zu beraten. Neben den verschiedenen Türwerkstoffen, ihren Vorzügen und eventuellen Nachteilen sind auch mit dem Kunden die in Frage kommenden Türöffnungs- und Türbauarten für die verschiedenen Räume zu erörtern. Ein besonderes Augenmerk muss bei der Beratung auch auf die unterschiedlich notwendigen Sonderfunktionen wie Feuer-, Rauch- und Einbruchschutz gelegt werden. Passend zu den gewählten Türen sind die notwendigen Beschläge wie Schlösser, Türdrücker, Türschließer oder Türantriebe und eventuelle Zusatzbeschläge wie Türstopper, Feststeller, Schließfolgeregler usw. abzustimmen.

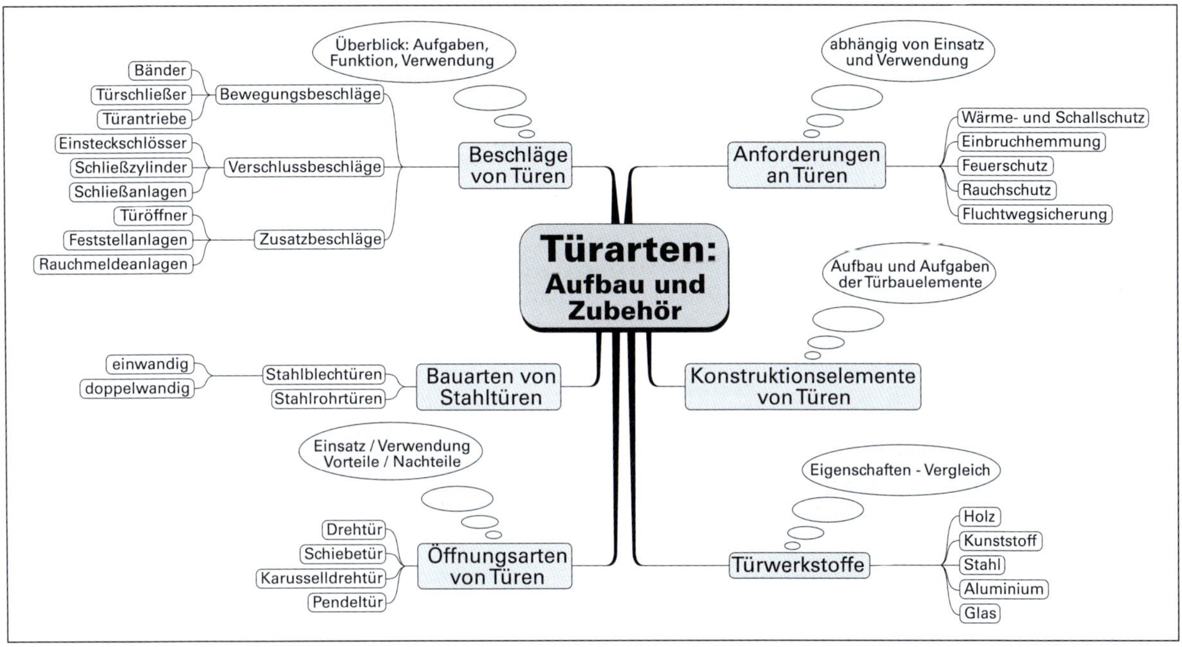

1 Informationsgewinnung Türen: Aufbau, Bauarten und Beschläge

Ausführliche Informationen sind in den Kapiteln 8.1.4 Aufbau/Bauarten von Türen und 8.2 Beschläge für Türen nachzulesen.

8.1.2 Maßaufnahme

Für die Planung, Fertigung und Montage von Türen benötigt der Metallbauer eine gültige Maßaufnahme der Türöffnung.

Die Baumaße der Türöffnung (B × H) sind dabei von den sogenannten **Rohbaurichtmaßen** (RRB × RRH) der Tür nach DIN 18100 abgeleitet, d. h. ausgehend vom Rohbaurichtmaß wird die erforderliche Größe der Türöffnung, das Baumaß ermittelt. In Bauzeichnungen werden die Türgrößen in der Regel als Baumaße (B × H) der Türöffnung angegeben sowie die Öffnungsarten der Türen gekennzeichnet.

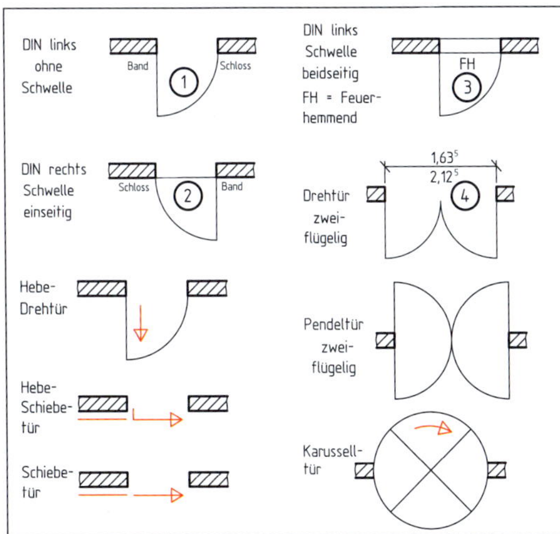

Darstellung von Türen in Bauzeichnungen:

Türen werden in Bauzeichnungen nach ihrer Öffnungsart unterschiedlich dargestellt.

- Ein Viertelkreis oder Dreieck kennzeichnet den Türschlag und damit die Öffnungsrichtung DIN Links oder DIN rechts (1).
- Eine dünne Volllinie deutet auf das Vorhandensein einer Türschwelle (2).
- Zusatzangaben neben der Tür weisen auf Sonderfunktionen der Tür hin (3), z. B.
  - FH = feuerhemmend
  - FB = feuerbeständig
  - RS = Rauschschutztür
- Als Türmaße werden die Baumaße der Türöffnung (B × H) angegeben (4): Das Breitenmaß steht dabei über der Maßlinie, das Höhenmaß darunter.

2 Türen in Bauzeichnungen

Die meisten Türöffnungen im Rohbau orientieren sich an den **Rohbaurichtmaßen**. Die Rohbaurichtmaße sind stets Vielfache von einem **„Achtel-Meter" (1/8 m = 12,5 cm)**. Der Achtelmeter ist die Baunormzahl, die sich aus der Breite eines Normalformatstein NF (11,5 cm) und der Mauerfuge von 1cm ergibt. Jede Türöffnung muss theoretisch mit NF-Steinen und Mörtelfugen von je 1 cm „zugemauert" werden können. Daher ergibt sich für die theoretische lichte Bauöffnung (Baumaß in der Breite) ein Maß von n × 12,5 cm + 1 cm. Unter Einhaltung der Maßtoleranzen im Hochbau dürfen die Baumaße der Türöffnung von den Nennmaßen ± 1 cm abweichen. Bei fugenlosen Bauteilen (z. B. geklebte Mauerwerksteine wie Gasbeton) ist das Baumaß gleich dem Rohbaurichtmaß.

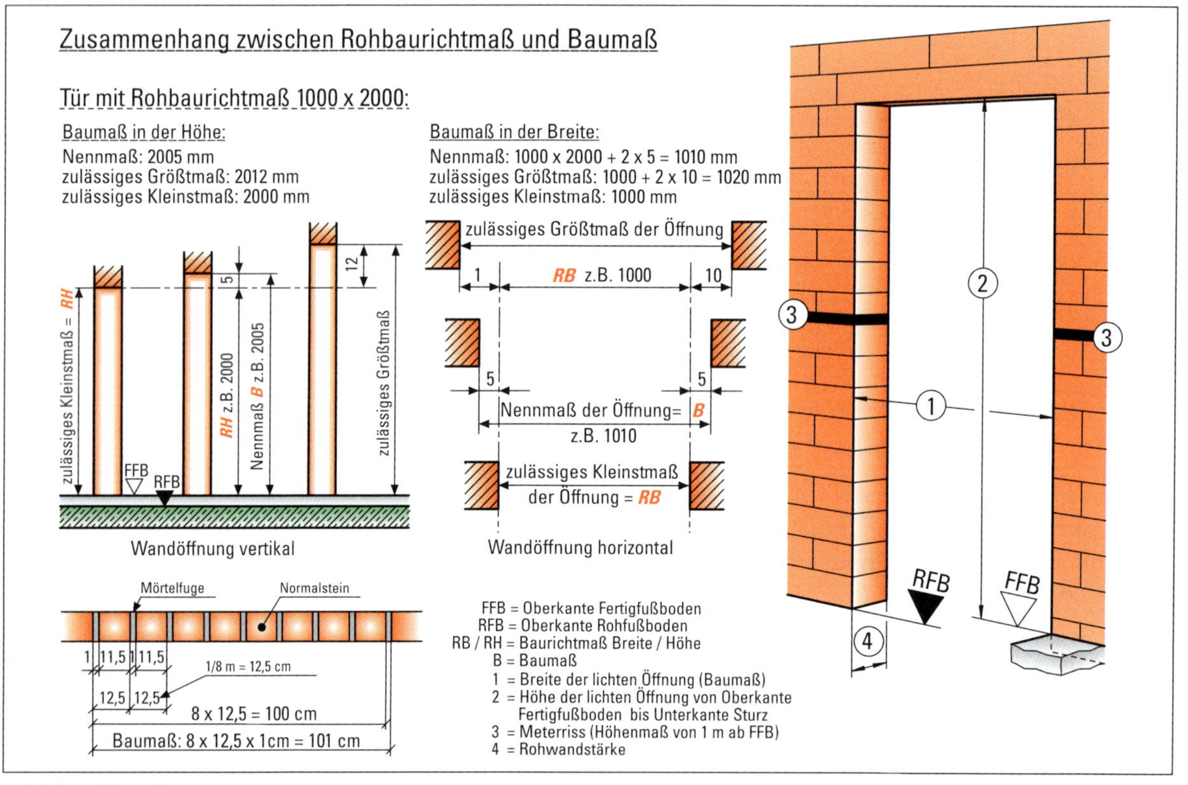

1 Rohbaurichtmaße

Eine gültige Maßaufnahme der Türöffnung darf aber nur mit vorhandenem **Meterriss** erfolgen. Der Meterriss ist genau das Höhenmaß von 1 m über der Oberkante Fertigfußboden (OFFB). Er wird an allen Fenster- und Türlaibungen angebracht und gewährleistet, dass alle Fenster bzw. Türen in einer Flucht liegen bzw. die Türen nicht am Fußboden schleifen oder zu viel Spiel haben (Abdichtungsproblem). Ohne gültigen Meterriss dürfen keine Türen gefertigt und montiert werden. Für die Einhaltung und Kennzeichnung dieser Maße ist der Rohbauhersteller verantwortlich. Fehlt der Meterriss, so muss der Metallbaubetrieb die Anbringung veranlassen oder den Auftrag für die Anbringung einholen.

Aufgabe des Metallbauers ist es, vor der Planung und Herstellung bzw. Bestellung von Türen das tatsächliche Maß der Türöffnung am Rohbau aufzunehmen (Aufmaß am Bau). Er kontrolliert dabei die Einhaltung der erforderlichen Rohbaumaße der Türöffnungen anhand der vorgegebenen Rohbaurichtmaße; bei unzulässigen Abweichungen muss er dies schriftlich beanstanden und die Behebung der Mängel veranlassen. Nur das Aufmaß innerhalb der zulässigen Toleranzen (Bild 1) darf für die Fertigung von Türen herangezogen werden.

Planung und Fertigung

Anhand den Rohbaurichtmaßen bzw. dem gemessenen Aufmaß wird anhand eines Profilherstellerkatalogs ein Stahl-Profilsystem für eine Tür im Kindergarten ausgewählt und eine **Fertigungs- bzw. Werkstattzeichnung** angelegt (Bild 1, nächste Seite). Diese zeigt die Tür in der Ansicht auf die Öffnungsfläche (Bänder sind sichtbar!) sowie den Horizontal- und Vertikalschnitt. Die verglaste Stahlrohrtür soll die Fluchtwege rauch – und feuerfrei halten. Anhand der Schnittzeichnungen des Systemherstellers und der Werkstattzeichnung wird die **Zuschnitts- und Beschlagliste** als Grundlage für die Fertigung erstellt. Profilsystemhersteller bieten Computerprogramme an, mit denen nach Eingabe der Rohbaurichtmaße und der Profilsystemkennung automatisch die Zuschnitts- und Beschlaglisten ausgegeben werden.

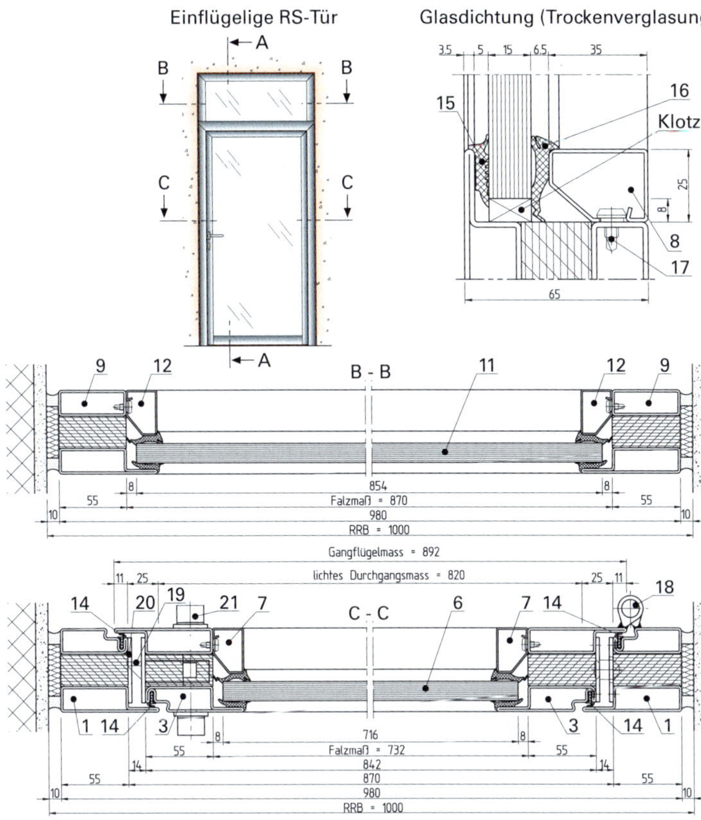

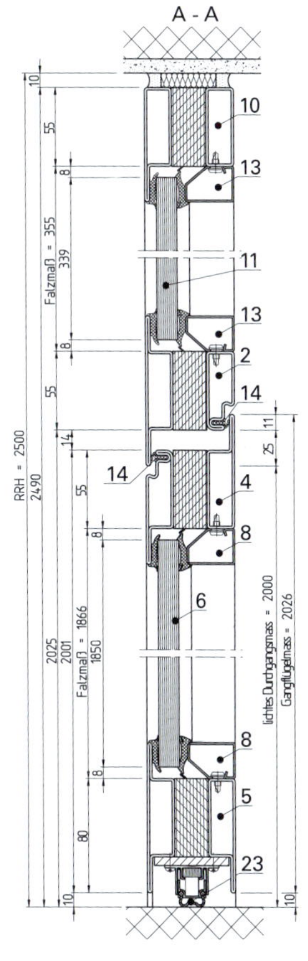

Zuschnittliste Stahlprofiltür RS1

Pos.	Stck.	Benennung	Profil-Nr.	Zuschnitt	Zuschnittform
1	2	Zarge senkrecht	732.800	2105	
2	1	Zarge waagerecht	732.803	1030 / 980	
3	2	Flügel senkrecht	732.805	2026	
4	1	Flügel waagerecht	732.805	892	
5	1	Sockel	732.855	732	
6	1	Glasscheibe - Flügel (F30)		1850x716	
7	2	Flügel-Glasleiste - senkrecht	901529	1816	
8	2	Flügel-Glasleiste - waagerecht	901529	732	
9	2	Rahmen - Oberlicht- senkrecht	732.851	410	
10	1	Rahmen - Oberlicht- waagerecht	732.851	980	
11	1	Glasscheibe - Oberlicht		854x339	
12	2	Oberlicht-Glasleiste-senkrecht	901529	305	
13	2	Oberlicht-Glasleiste-waagerecht	901529	870	
14	1	Anschlagdichtung	905404	ca. 10m	Meterware
15	1	Glasdichtung außen	905415	ca. 7m	Meterware
16	1	Glasdichtung innen	905418	ca. 7m	Meterware
17	26	Bohrschrauben	906577		

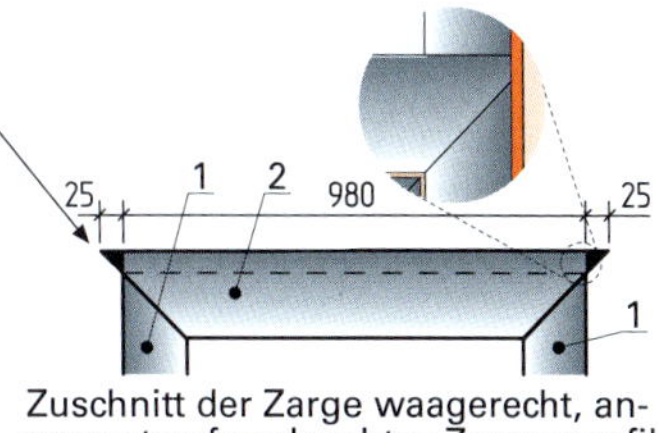

Zuschnitt der Zarge waagerecht, angepasst auf senkrechtes Zargenprofil

Beschlagliste / Zubehör

Pos.	Stck.	Artikel-Nr.	Benennung
18	2	907662	Anschweißbänder
19	1	947258	Einsteckschloss DIN links, PZ vorgerichtet
20	1	947021	Schließblech
21	1	907327 / 907307	Drückergarnitur, Drückerstift
22	1		Gleitschienen-Türschließer
23	1		Absenkbare Bodendichtung
24	2	909026	Anschweißlehre für Bänder

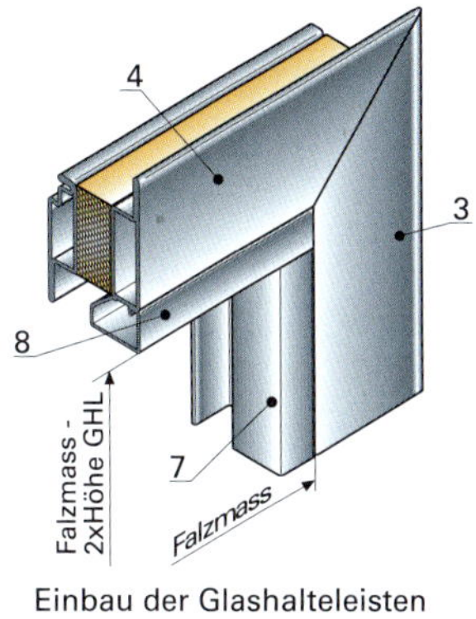

Einbau der Glashalteleisten

1 Werkstattzeichnung einer Stahlrohrtür mit Fertigungs- und Montagehinweisen

Die Profile müssen mit geeigneten Hebezeugen und Anschlagmitteln, z. B. einem Kran mit Traverse und Hebegurten in der Werkstatt abgeladen werden. Zur Vermeidung von Eindrücken sind Kunststoff- oder Holzzwischenlagen für die Lagerung der Profile zu verwenden. Sämtliche Systemkomponenten (Profile, Beschläge, Dichtungen, usw.) müssen in trockenen Räumen gelagert werden.

Der **Zuschnitt** erfolgt in der Regel auf Doppelgehrungskreissägen, die einen präzisen beidseitigen Gehrungsschnitt ermöglichen. Beim Sägen muss auf die besondere Profilform Rücksicht genommen werden, indem die Profile mit einem geeigneten Einlegefutter aus Hartholz oder Kunststoff in die meist pneumatische oder hydraulische Spannvorrichtung der Säge gespannt werden (Bild 1). Beim Zuschneiden sind die zulässigen Einbautoleranzen für ein einwandfreies Falzspiel zu berücksichtigen. Die Blendrahmen werden dabei mit einer Plustoleranz +1 mm/–0 mm, die Flügelrahmen mit einer Minustoleranz +0/–1 mm zugeschnitten.

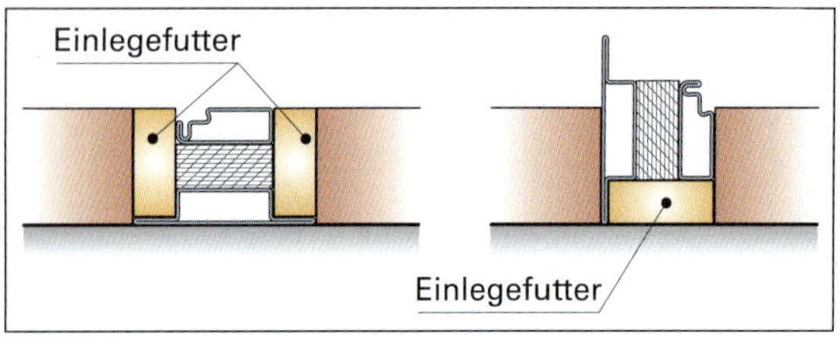

1 Spannvorrichtung zum Sägen

Beim Zuschnitt der Glasleisten ist deren Einbaulage zu beachten: Die horizontalen Leisten laufen durch, die vertikalen Glasleisten werden zwischen die horizontalen eingespannt (Bild 1, Vorseite).

Die Verarbeitung und Vorbereitung der Profile für den Einbau der Beschläge (z. B. Schloss, Türöffner, Zusatzverriegelungen, Bänder usw.) erfolgt mit ausführlichen **Einbauzeichnungen**, mit denen die erforderlichen Bohrungen und Aussparungen an den Flügel- und Zargenprofilen hergestellt werden können. Für den Einbau des Schlosses ist es bei der Rauch- und Feuerschutztür notwendig, eine Schlosstasche einzuschweißen (Bild 2).

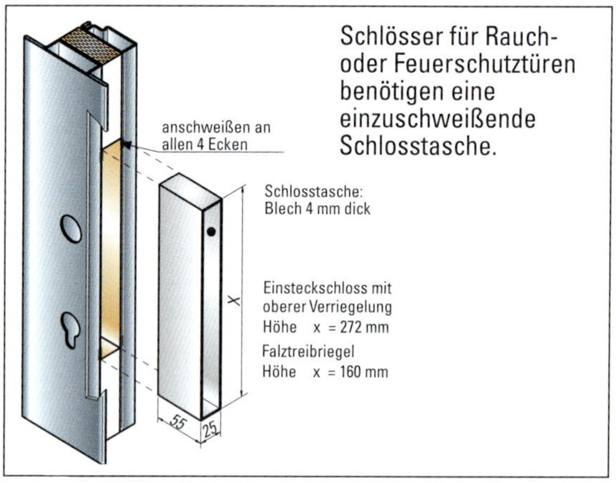

2 Schlosstasche für Schlosseinbau

Folgende Einbauzeichnungen zeigen das Vorbereiten der Profile für den Schloss- und Beschlageinbau. Ausgehend von der genormten Drückerhöhe (1050–1055 mm von OFF) sind alle Bohrungs- und Aussparungsmaße für die Befestigung von Schloss und Schließblech wie angegeben auf das Flügel- und Zargenprofil zu übertragen.

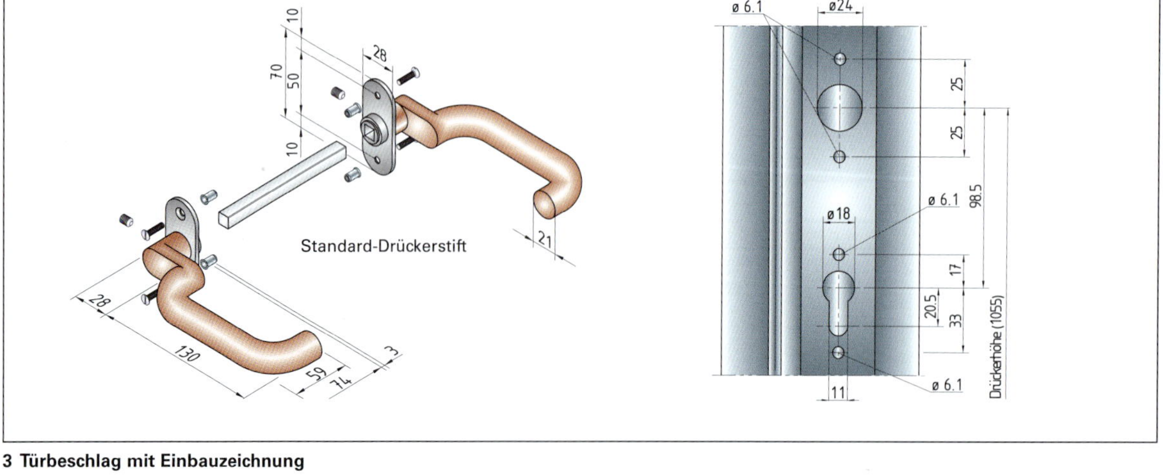

3 Türbeschlag mit Einbauzeichnung

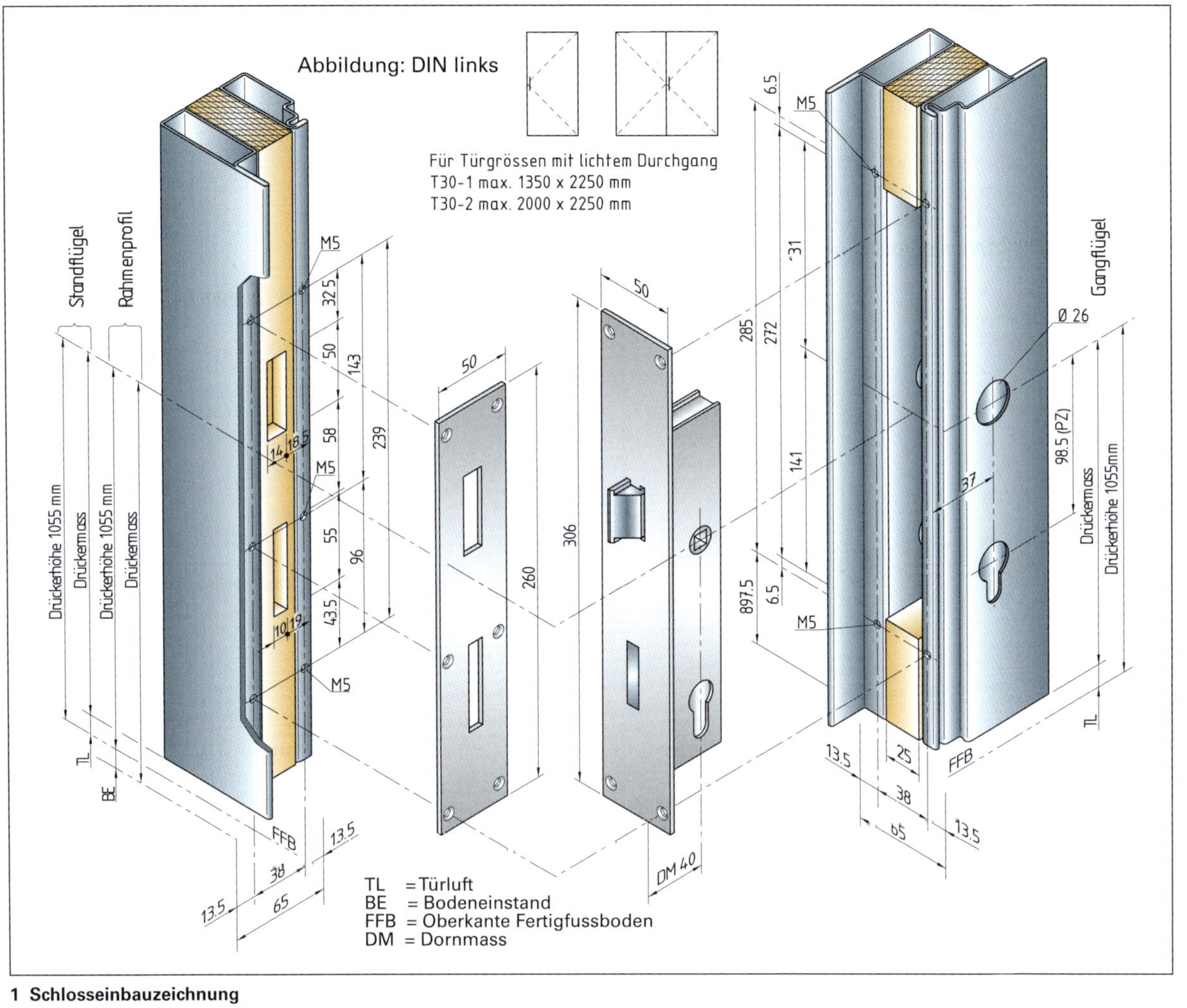

1 Schlosseinbauzeichnung

Die **Verarbeitung** der Profilstahlrohre zum Flügel- und Zargenrahmen muss auf einer ebenen Arbeitsfläche geschehen, die Profile müssen plan und parallel aufliegen. Vor dem Schweißen sind die Rahmen maß- und winkelgerecht zu heften. Durch Messen der Diagonalen können Abweichungen festgestellt und korrigiert werden. Durch eine geeignete Schweißrichtung kann ein übermäßiger Verzug vermieden werden (Bild 2).

Geringe Verzüge können unter Zuhilfenahme von Spindelpressen oder hydraulische Pressen wieder ausgerichtet werden. Um Deformationen, Eindrücke oder Beulen zu vermeiden, sind geeignete Holz- oder Kunststoffzwischenlagen zu verwenden.

Mithilfe von speziellen Rahmenschweißtischen können die Flügel- und Zargenrahmen von einem Mann absolut rechtwinklig und verzugsfrei auf beiden Seiten geschweißt werden (Bild 3). Fehler im

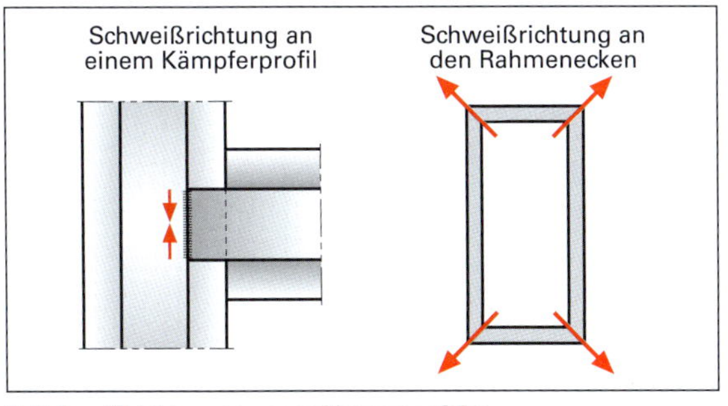

2 Schweißrichtungen gegen Verzugsgefahr

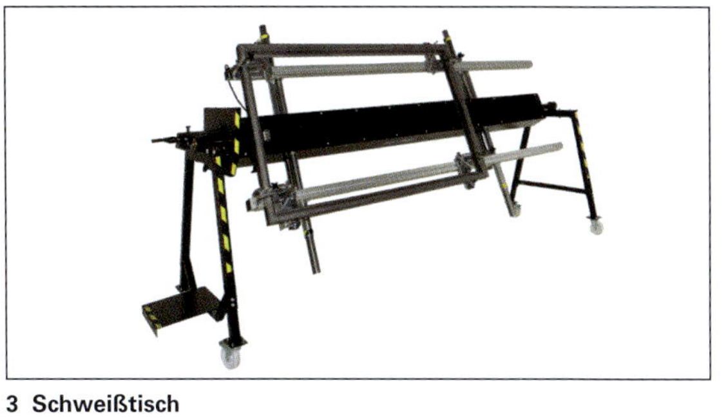

3 Schweißtisch

Zuschnitt oder falsche Maßangaben offenbaren sich schon vor dem Schweißen.
Der Flügelrahmen wird mittels Anschweißbändern an der Zarge angeschlagen. Dazu wird eine Anschweißlehre verwendet, damit die Bandachse genau zentrisch über der Schattenfuge liegt. Dadurch wird ein spannungsfreies Öffnen und Schließen der Tür sichergestellt. Die dazugehörige Einbauanleitung gibt Aufschluss über die Positionierung der Bänder.

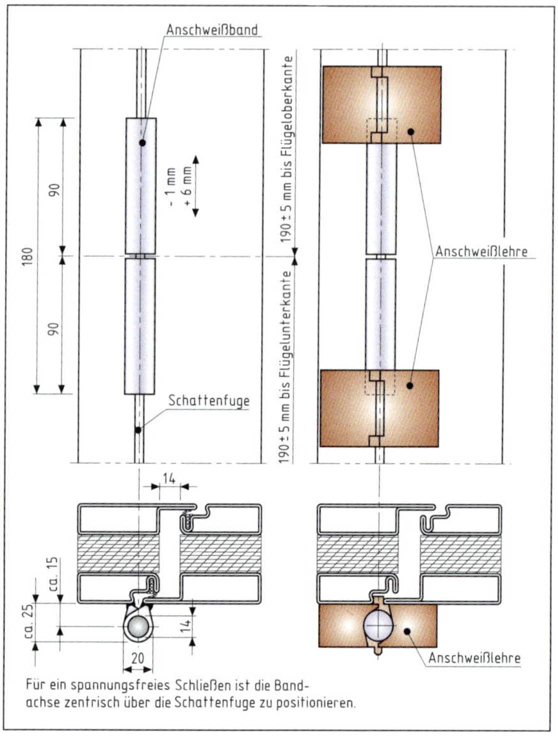

1 Stahl-Anschweißband mit Schweißlehre

Die Schweißnähte werden üblicherweise mit einer Tellerschleifscheibe (Körnung 36) und Fiberscheiben (Körnung 18) verputzt. Schleifspuren müssen dabei in jedem Fall vermieden werden, da diese nach der Oberflächenbehandlung sichtbar werden. Die Stahlprofiltüren werden nach dem Schweißen oberflächengeschützt. Eine gründliche Vorbehandlung der Stahloberfläche ist dabei unerlässlich, um eine gute Haftung der Beschichtung und einen dauerhaften Korrosionsschutz zu garantieren. Die eigentliche Oberflächenbehandlung erfolgt durch geeignete Beschichtungssysteme wie Lackieren oder Pulverbeschichtung.
Nach der Oberflächenbehandlung der Stahlprofiltür werden in den Zargen- und Flügelrahmen die Dichtungen eingezogen. Diese dürfen dabei in einem Stück um die Ecken gezogen werden.
Zum Schluss werden die Schäumstreifen an den Profilen (Bild 2) aufgeklebt, die für die Brandschutzfunktion der Tür notwendig sind.

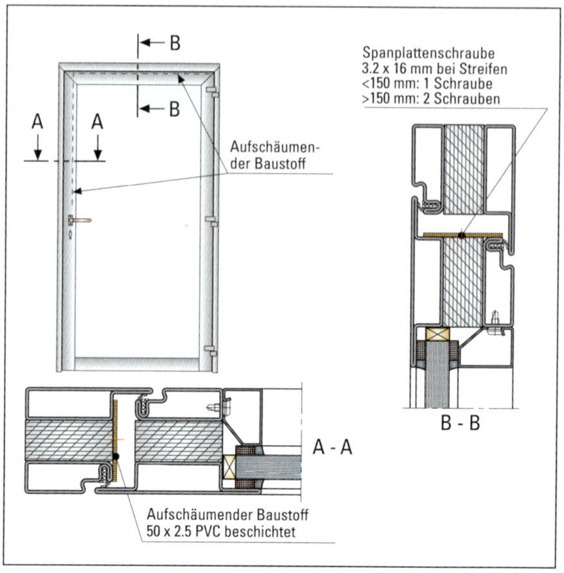

2 Aufschäumende Streifen für Brandschutztüren

Montage

Die Türen werden in der Regel komplett auf die Baustelle angeliefert. Sie müssen rutschsicher gelagert und vor Verschmutzung geschützt werden. Folgende Arbeitsschritte sind bei der Montage auszuführen:

- Zargen- und Wandöffnungsmaße überprüfen (Rohbaurichtmaße – Baumaße).
- Türzarge in der Wandöffnung lot- und waagrecht nach dem Meterriss ausrichten.
- Obere Dübellöcher bohren, Zarge oben befestigen.
- Türflügel einhängen, auf Luftspalt ausrichten, seitliche Dübellöcher bohren, Zarge befestigen.

Das Setzen der Verankerungspunkte der Zarge erfolgt nach folgendem Schema (Bild 3):

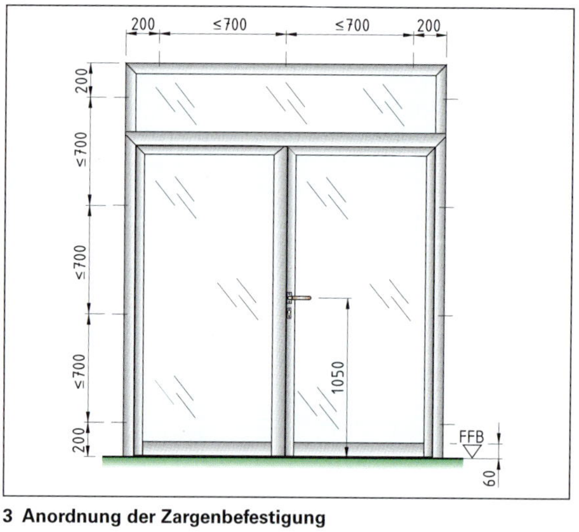

3 Anordnung der Zargenbefestigung

Für die Befestigung dürfen nur bauaufsichtlich zugelassene Dübel verwendet werden. Auf die Einhaltung der Randabstände ist besonders zu achten. Die Zarge muss mittels angepasster Distanzplatten kraftschlüssig mit der Wand verbunden sein.

- Fugen zwischen Baukörper und Zargenrahmen mit Mörtel oder nicht brennbarer Mineralwolle (Baustoffklasse DIN 4102-A1) ausfüllen.

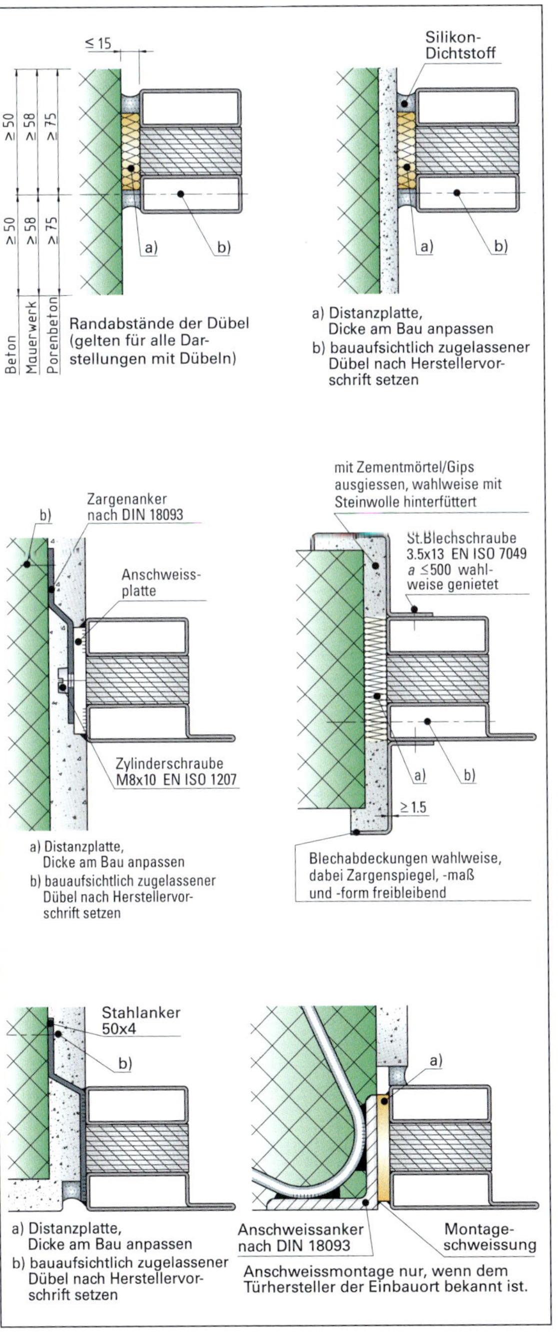

1 Befestigungsmöglichkeiten der Stahlprofiltür

- Bei noch unverglasten Türflügeln die Brandschutzscheiben einsetzen, verklotzen und verglasen (Unter der Verklotzung versteht man das Einsetzen der Glasscheibe in der Flügel mittels Trag- und Distanzklötzchen. Mit der Verklotzung und der Verstellung der Bänder kann der Türflügel ausgerichtet und die Schattenfuge von 6 mm zwischen Türflügel und Zarge eingestellt werden. Mehr Informationen zur Verklotzung und Verglasung im Kapitel 7 Fenster).
- Eine seitliche Ausrichtung der Flügel ist nur möglich, wenn einstellbare Anschraubbänder verwendet wurden, die eine verstellbare Exzenterbuchse aufweisen (vgl. Kapitel 8.2 Türbeschläge, Seite 360).
- Nach dem Verklotzen der Scheiben müssen noch die Glasdichtungen eingezogen werden. Man unterscheidet dabei die
  - Trockeneinglasung mit EPDM-Dichtungen und
  - Verglasung mit Vorlegeband und Silikon-Versiegelung.

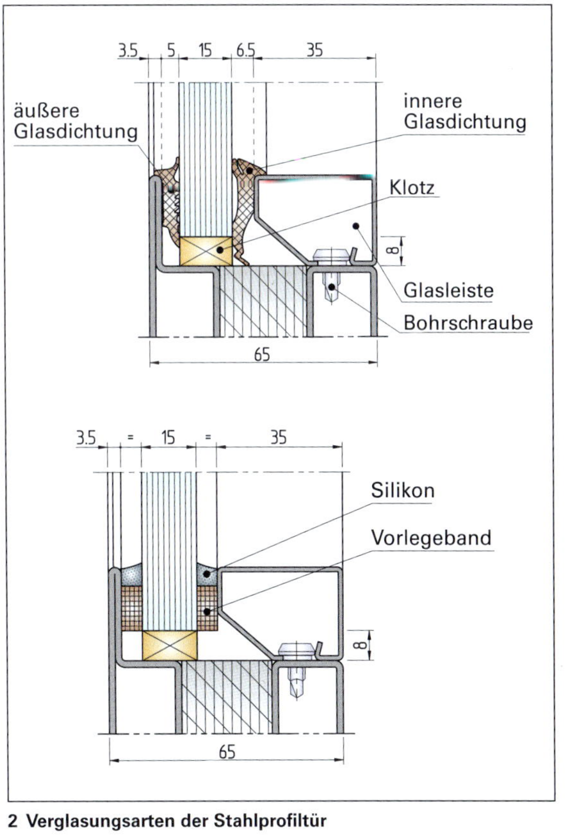

2 Verglasungsarten der Stahlprofiltür

Folgende Arbeitsschritte sind bei der Trockenverglasung durchzuführen:

- Reinigen des Glasfalzes.
- Aufkleben der äußeren Glasdichtung an die Profillappen.

- Benetzung der Dichtung mit einem Wasser-Sprüher erleichtert die Positionierung des Glaselements (ohne Spülzusätze – kein Seifenwasser verwenden!).
- Positionieren der Tragklötze.
- Glaselement einsetzen und gemäß Verklotzungsrichtlinien der Glashersteller spannungsfrei verklotzen (vgl. Kapitel 7 Fenster).
- Einklipsen der Glashalteleisten.
- Eindrücken der auf Gehrung geschnittenen inneren Glasdichtung (Variante 1: Einsetzen eines bei der Planung bestellten kompletten vulkanisierten Dichtungsrahmens; Variante 2: Mit einem Verglasungskeil die Glasscheibe zunächst gegen die äußere Dichtung drücken, anschließend innere Glasdichtung umlaufend entlang der Glasleiste eindrücken).

- Türschließer und Drückergarnitur montieren.
  Der Türschließer und die Feststellanlage für eine Feuer- und Rauchschutztür muss in Verbindung mit geeigneten Rauchmeldern ebenfalls bauaufsichtlich zugelassen sein. Der Türschließer ist nach den Vorschriften des Türschließerherstellers einzubauen (vgl. Kap. 8.2.2).
- Automatische Bodendichtung so einstellen, dass die Dichtung im geschlossenen Zustand auf der ganzen Länge aufliegt.

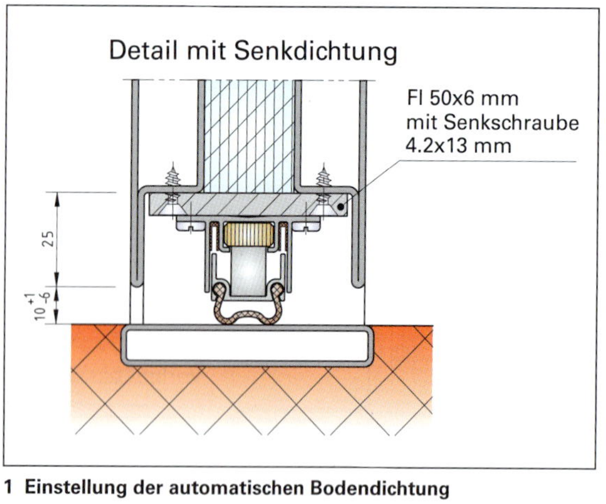

1 Einstellung der automatischen Bodendichtung

Folgende Endkontrollen sind durchzuführen:

- Festsitzen der Bänder prüfen.
- Anschlagdichtungen müssen richtig eingedrückt sein.
- Schlossfalle muss gefettet sein.
- Tür muss aus jedem Öffnungswinkel selbstständig schließen.
- Falls vorhanden Panikbetätigung (vgl. Kap. 8.3.7) kontrollieren.
- Funktion der Schließfolgeregelung bei 2-flügeligen Türen überprüfen.
- Feststellanlage (vgl. Kap. 8.2.3) (Abnahme durch Fachkundigen/Metallbaubetrieb) auf einwandfreie Funktion kontrollieren.

Wartung/Instandhaltung

Der Betreiber der Türen ist verpflichtet, mindestens einmal jährlich oder nach 50 000 Öffnungen alle verwendeten Bauteile der Türanlage auf einwandfreies und störungsfreies Zusammenwirken hin zu überprüfen sowie alle Bauteile warten zu lassen.
Die Kontrollen müssen durch einen Fachmann oder eine instruierte Person durchgeführt werden. Defekte oder mangelhafte Teile dürfen nur von einem autorisierten Fachbetrieb (Metallbaubetrieb) ausgewechselt werden. Die Kontrollen und Instandsetzungsmaßnahmen sind in einem Prüfbuch zu protokollieren.

Folgende Bauelemente und Beschlagteile müssen dabei auf festen Sitz, Funktion und Sicherheit kontrolliert werden:
Schloss- und Drückergarnitur, Bänder, Dichtungen, Federbänder oder Türschließer, evtl. Rauchmelder und Feststellanlagen.
Genauere Informationen siehe „Inspektions- und Wartungsarbeiten an Funktionstüren" (Kap. 8.3.9, Seite 401)

Aufgaben

1. Nennen Sie die verschiedenen Aspekte dieses Kundenauftrages, die in einem Informations- und Beratungsgespräch geklärt werden müssen.
2. Was kann der Metallbaubetrieb unternehmen, um den Kundenauftrag zu erhalten?
3. Was ist beim Aufmaß am Rohbau zu ermitteln bzw. abzuklären?
4. Warum ist eine Maßaufnahme ohne vorhandenen Meterriss nicht zulässig?
5. Was muss man beim Zuschneiden der Profile auf Doppelgehrungssägen beachten?
6. Warum werden meist Doppelgehrungssägen für das Zuschneiden verwendet?
7. Was ist beim Ablängen der Glashalteleisten zu beachten?
8. Beschreiben Sie anhand der Einbauzeichnung das Vorbereiten des Flügel- und Zargenprofils für den Schlosseinbau.
9. Welche Vorbereitungen sind beim Schweißen der Türrahmen (Zarge/Flügel) zu treffen und welche Hilfsmittel sind erforderlich?
10. Wie müssen die Anschweißbänder laut Herstellerhinweis positioniert werden? Wie wird ein exaktes Anschweißen der Bänder ermöglicht?

11. Welche Oberflächenbehandlungen sind nach dem Schweißen der Rahmen erforderlich?
12. Beschreiben Sie stichpunktartig die Montage der Stahltür am Bauwerk.
13. Welche Wartungsarbeiten und Instandhaltungsarbeiten sind in welchen Zeiträumen durchzuführen?
14. Kontrollieren Sie die Zuschnitt- und Beschlagliste der Feuer- und Rauchschutztür durch Nachrechnen der entsprechenden Maße der Fertigungszeichnung und der Zuschnittliste.
15. Ermitteln Sie anhand der Einbauzeichnungen der Feuer- und Rauchschutztür einen der Größe nach passenden Profilzylinder.

8.1.3 Aufgaben und Anforderungen an Türen

Türen schließen Räume bzw. Gebäude nach außen ab. Im Unterschied zu den Toren, die den Fahrzeugverkehr für Hof und Halle ermöglichen, lassen Türen nur Fußgänger passieren und sollen ebenso Unbefugten den Zugang verwehren. Daneben können Türen auch mit besonderen Funktionen ausgestattet sein, um z. B. die Ausbreitung von Feuer und Rauch zu verhindern, vor Lärm zu schützen, Wärmeverluste zu minimieren oder einen besonderen Einbruchschutz zu gewährleisten. Je nach Einbauort und -situation ergeben sich dadurch unterschiedliche Bauweisen, um die verschiedensten Anforderungen erfüllen zu können. Generell sollen alle Türen dauerhaft funktionssicher sowie möglichst wartungs- und pflegeleicht sein. Der Metallbauer beschäftigt sich vorrangig mit der Fertigung und Montage von Metalltüren.

8.1.4 Aufbau von Türen und Türanlagen

Als Eingangstüren zu Gebäuden sind am häufigsten sogenannte Drehflügeltüren anzutreffen. Bild 1 zeigt den Aufbau einer Türanlage mit Drehflügeltür.

Eine komplette Haustüranlage besteht meist aus
- der ein- oder zweiflügeligen **Drehflügeltür**,
- einem oder zwei **seitlichen Festteilen**, in die auch eine Briefkasten-, Klingel- und Sprechanlage integriert werden kann,
- sowie ein **Oberlicht**, das für einen besseren Lichteinfall sorgt.

Das Drehflügeltürelement selbst setzt sich aus den vier Bauelementen Zarge (Rahmen), Flügel (Türblatt), Beschläge und Dichtungsprofile zusammen (vgl. Bild 2).

1 Aufbau einer kompletten Hauseingangstüranlage

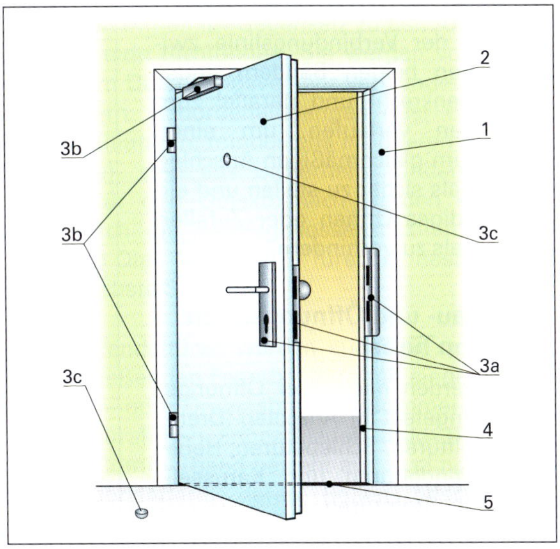

2 Aufbau einer Drehflügeltür

1. Die **Zarge (3-seitiger Türrahmen)** wird durch Dübel oder Maueranker fest mit dem Mauerwerk verbunden und trägt das Flügelgewicht.
2. Der **Türflügel** (auch **Türblatt** genannt) lässt sich öffnen und schließen.

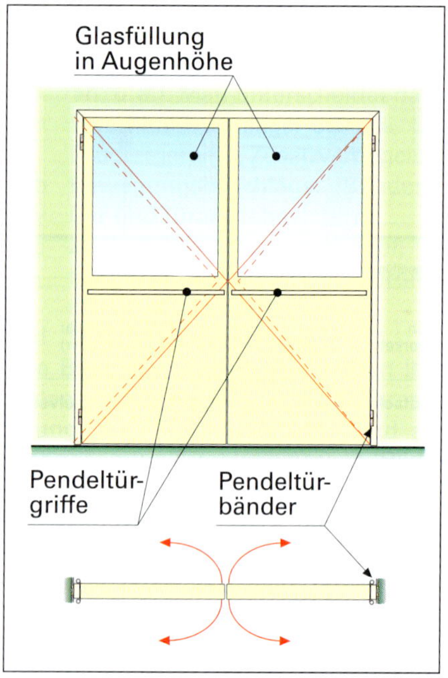

a) **Pendeltür, 2-flügelig mit Bommerband**

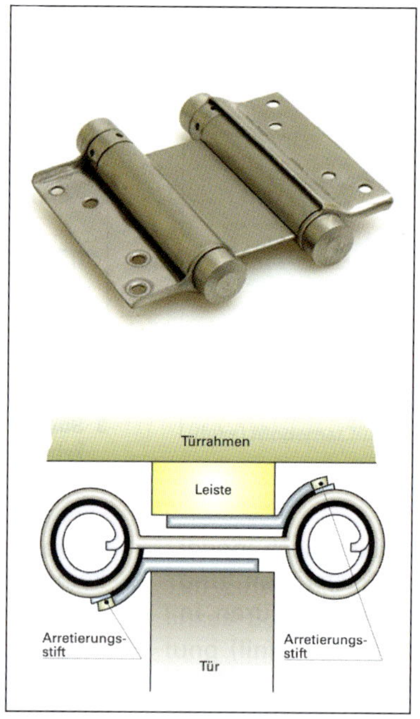

b) **Bommerbänder**

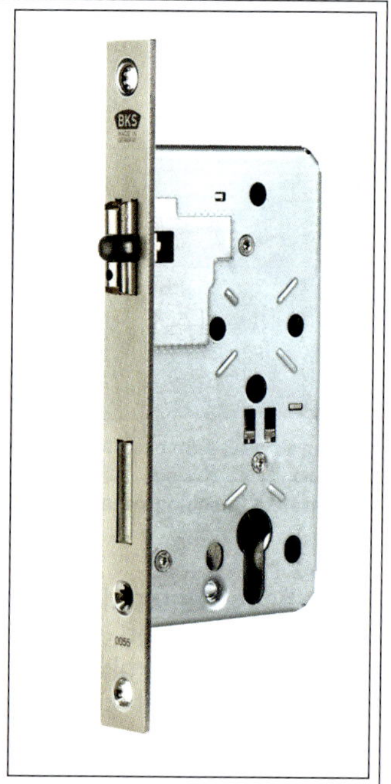

c) **Pendeltürschloss mit tonnenförmiger Falle**

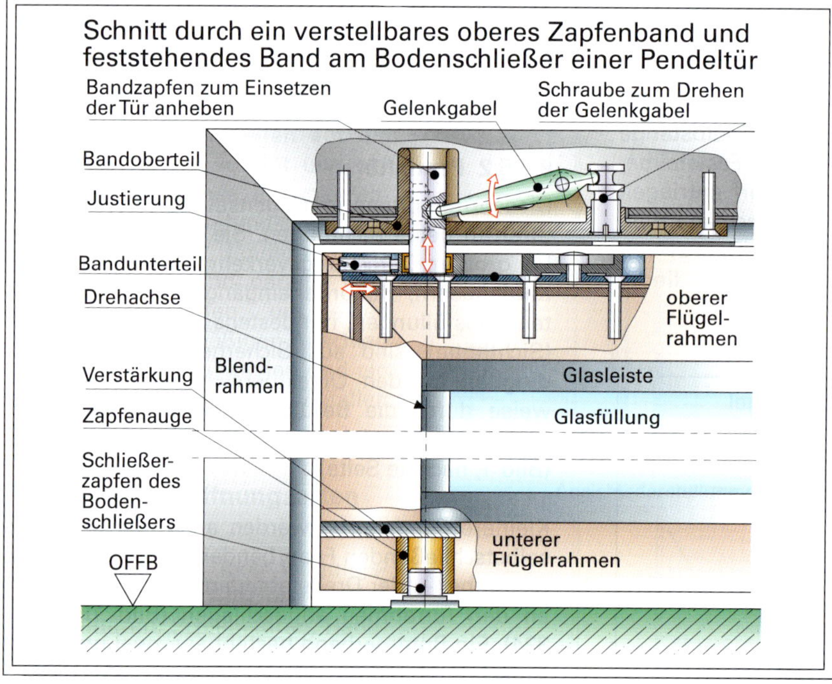

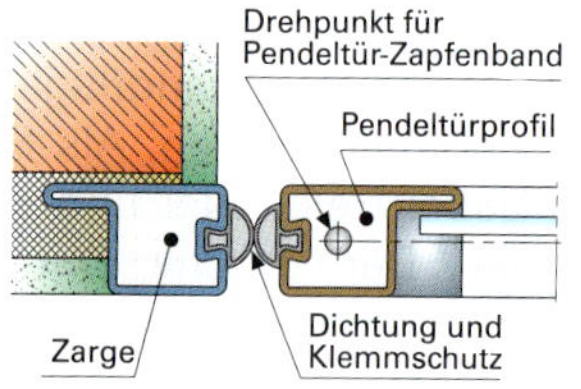

d) **Drehpunkt für Pendeltür-Zapfenband**

e) **Zapfenband mit Bodentürschließer für Profiltüren**

1 Pendeltüren mit Beschlägen

nen können. Mithilfe eines Bodentürschließers schließen diese Türen selbständig (Bild 1d).

Zum Verschließen von Pendeltüren in Ruhestellung dient ein Einsteckschloss mit einfacher tonnenförmiger Falle (Bild 1c), sodass die Tür in beide Richtungen geöffnet werden kann. Kräftige Pendeltürgriffe in Längen zwischen 500 und 1000 mm erleichtern den gleichzeitigen Durchgangsverkehr.

8.1.5.3 Schiebetüren

Sie haben den Vorteil, dass sie keinen Wohn- oder Geschäftsraum nach innen hin einschränken. Allerdings benötigen sie zum Öffnen einen entsprechenden seitlichen Platzbedarf. Zweiflügelige Schiebetüren ermöglichen bei entsprechend großer Einbauöffnung einen großen Durchgangsverkehr. Sie werden daher oft in Eingängen von Kaufhäusern, Hotels, Bankfilialen oder Krankenhäusern eingesetzt (Bild 1). Diese Eingangstüren sind immer mit wartungsfreien, automatischen Schiebetürantrieben versehen. Über einen Bewegungsmelder auf jeder Türseite wird ein Öffnungsbefehl ausgelöst. Nach einer einstellbaren Zeitspanne schließen die beiden Türflügel wieder. Vorhandene Quetsch- und Scherstellen zwischen den Flügeln und den feststehenden Seitenteilen müssen durch Sensoren, z.B. Lichtschranken, abgesichert werden.

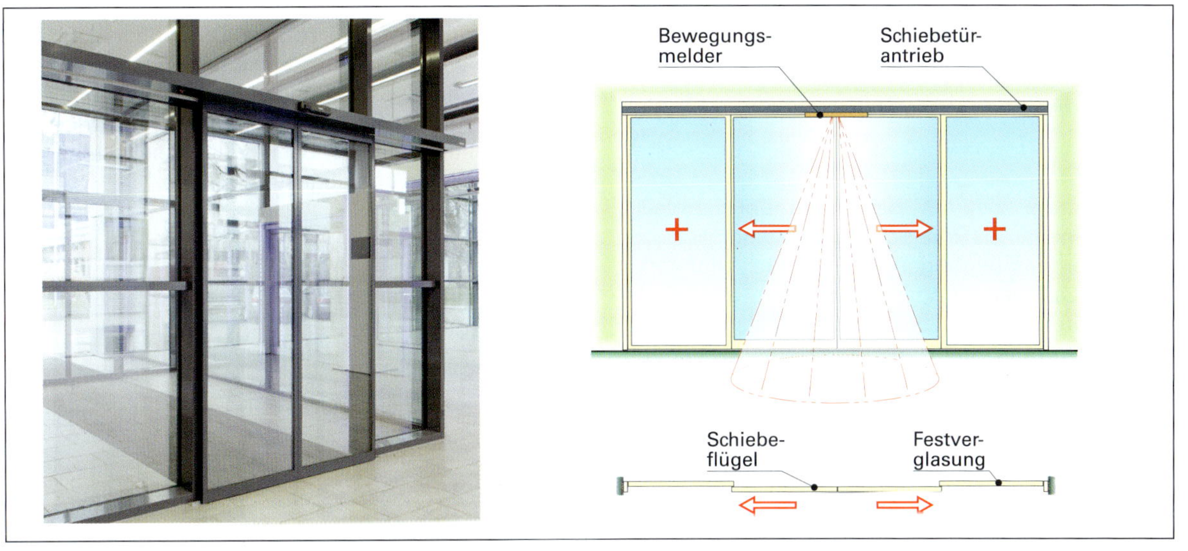

1 Schiebetüren mit Antrieb

Rundbogenschiebetürsysteme (Bild 2) mit automatischem Antrieb finden immer mehr auch in Ladenpassagen Anwendung; vor allem dann, wenn großer Freiraum für den Durchgang bei schmalen Außenabmessungen geschaffen werden muss. Hintereinander angeordnete Flügel bzw. Flügelpaare, die sich nacheinander öffnen und schließen, ermöglichen einen zugluftfreien Durchgang (Windfangfunktion).

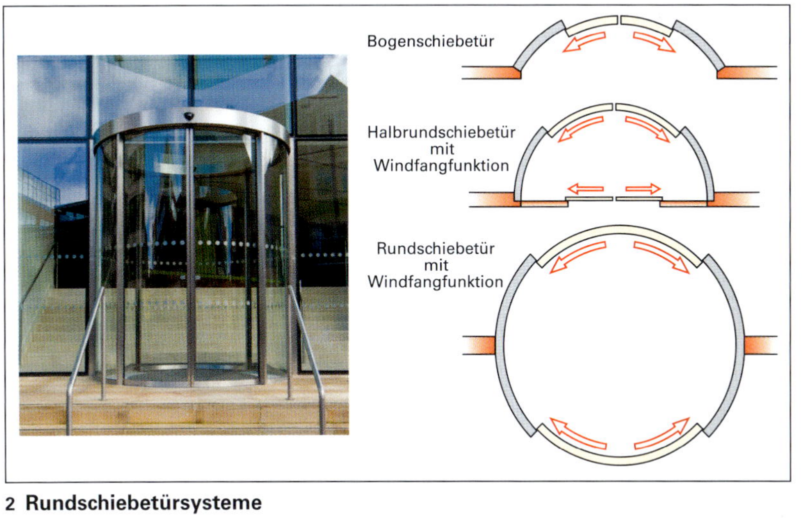

2 Rundschiebetürsysteme

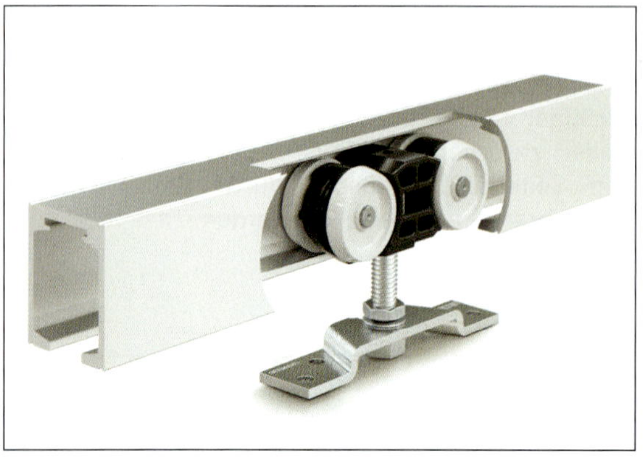

1 Laufwerk für manuell betätigte Schiebetüren

Schiebetüren, die von Hand und üblicherweise nicht schneller als mit Schrittgeschwindigkeit bewegt werden, benötigen sogenannte Laufwerke (Bild 1). Laufwerke finden Anwendung an lotrecht eingebauten Flügeln aus Holz, Kunststoff, Glas, Aluminium oder Stahl und deren entsprechenden Werkstoffkombinationen. An den unteren waagrechten Schenkeln der Flügel ist eine Bodenführung vorgesehen. Als Begrenzung des Verschiebeweges müssen Puffer eingesetzt werden, die das Türgewicht abfangen.

Hebe-Schiebetüren (Bild 2) werden bevorzugt in großflächigen Glaskonstruktionen eingesetzt, z. B. in der Gastronomie und Hotellerie, Kureinrichtungen aber auch im privaten Bereich, beispielsweise in Wintergärten oder als Balkon- oder Terrassentür. Zum Öffnen wird der Flügel mit dem Einhand-Drehgriff angehoben und anschließend ohne

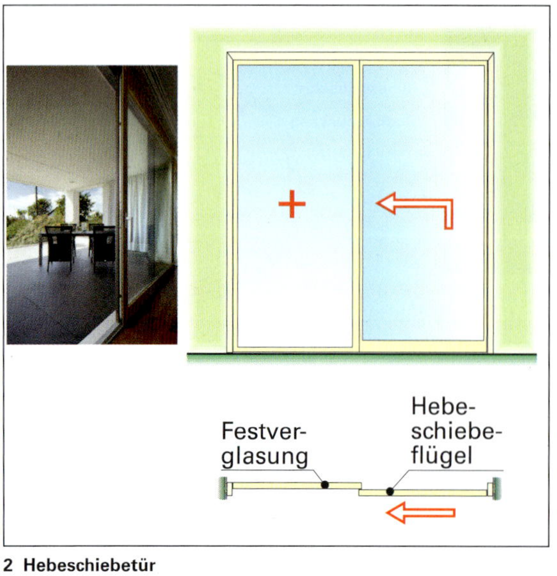

2 Hebeschiebetür

großen Kraftaufwand über eine Schiene seitlich vor ein danebenliegendes Festteil geschoben. Sie werden beim Schließen in ein spezielles Schwellendichtungsprofil abgesenkt und weisen daher eine sehr gute Bodenabdichtung auf.

Schiebetüren, die sich zum Lüften zusätzlich in Kippstellung bringen lassen, nennt man **Parallel-Schiebe-Kipptüren** (PSK-Türen). Der Schiebeflügel wird nur mit dem Einhand-Drehgriff betätigt. In der Verschlussstellung erfolgt eine umlaufende Verriegelung mit Zentralverschluss. Die Kippstellung bietet eine wirksame, zusätzliche Lüftungsmöglichkeit. Scheren halten den Flügel sturmsicher offen. Er ist dabei gegen Aufschieben gesichert. Bei entriegelter Kippstellung wird der Schiebeflügel seitlich parallel aufgeschoben und abgestellt (Bild 3).

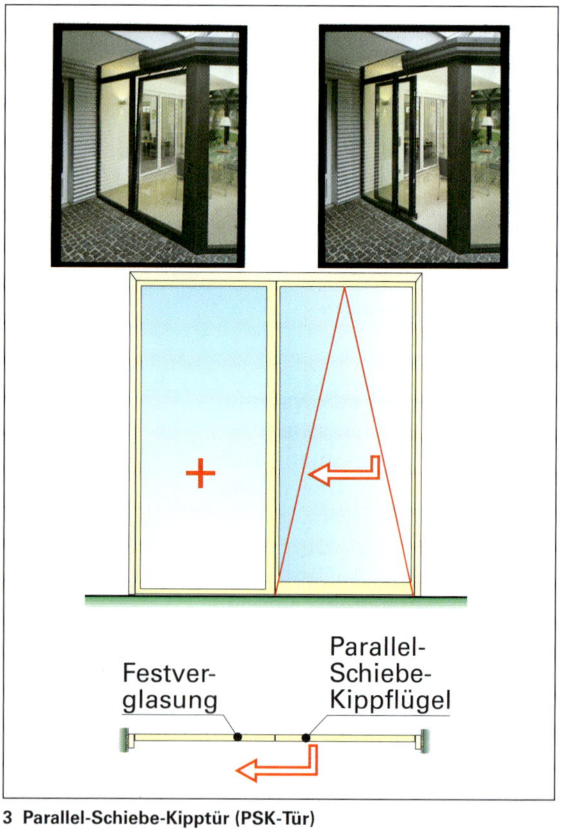

3 Parallel-Schiebe-Kipptür (PSK-Tür)

Teleskop-Schiebetüren (Bild 1, nächste Seite) sind ideal geeignet wenn es darum geht, bei geringen Platzverhältnissen eine breite Durchgangspassage und einen großen Personendurchfluss zu erreichen. Mehrere Schiebeflügel werden dabei teleskopartig parallel nebeneinander verschoben, so dass nur ein geringer seitlicher Platzbedarf notwendig ist.

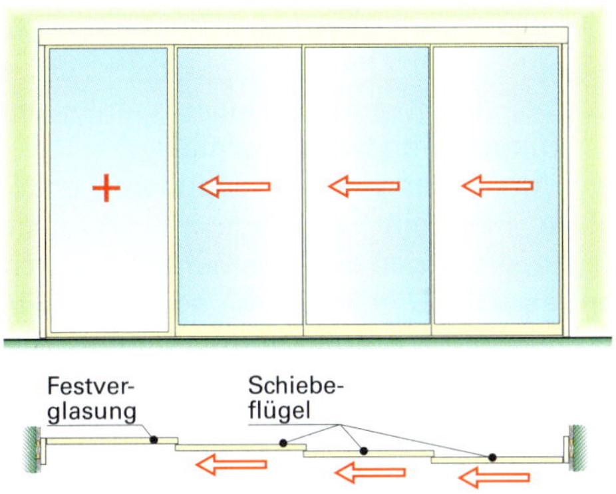

1 Teleskopschiebetür

Bei **Falt-Schiebetüren** (Bild 2) hängen die einzelnen Öffnungsflügel an Laufwerken und sind an ihren Stoßstellen durch Bänder verbunden. Dadurch entsteht der „Faltmechanismus", der nahezu die gesamte Öffnungsfläche freigibt. Weder freistehende Verglasungen oder Seitenteile noch Pfosten versperren den Durchgang. Gleichzeitig wird durch sinnvolle Aufteilung verhindert, dass die geöffneten Flügel unverhältnismäßig weit in den Raum ragen.

Auch zum Abtrennen von Konferenzräumen, Sälen, Schulräumen, Turnhallen usw. finden **Falttüren** und auch **Harmonikatüren** Verwendung. Diese Türanlagen erweitern oder verkleinern Räume zweckentsprechend. Folgende Abbildungen zeigen die Unterschiede zwischen Falttüren und Harmonikatüren:

2 Faltschiebetür

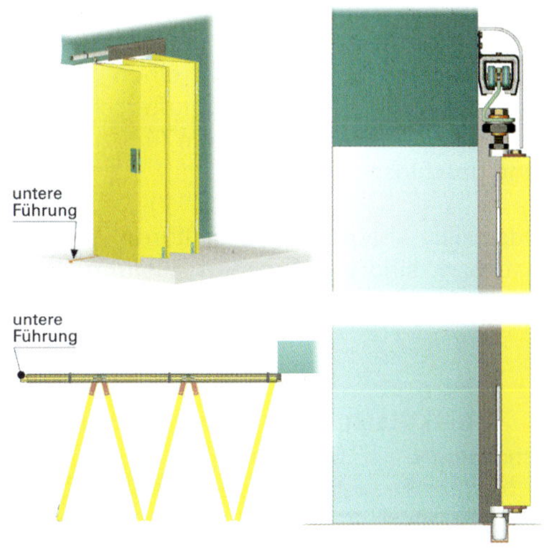

- Flügel lassen sich nur nach einer Seite ausfalten.
- Eine untere Führung ist erforderlich.
- Laufrolle sitzt jeweils an der oberen Ecke des Türflügels.

3 Falttür

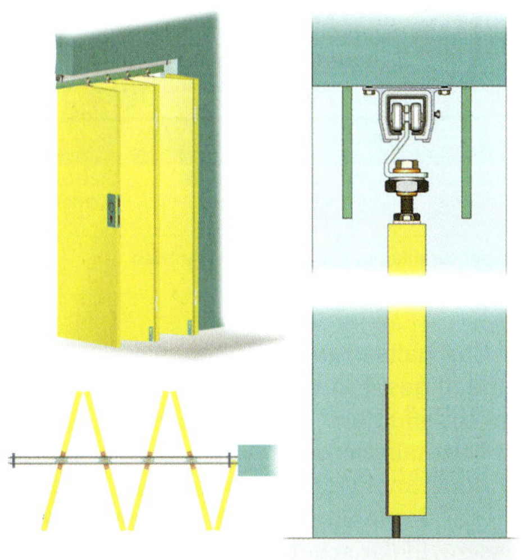

- Die Flügel falten sich zur Hälfte nach innen und nach außen.
- Eine unterer Führung wird bei kleineren und mittleren Durchgangsöffnungen nicht benötigt.
- Die Laufrolle sitzt in der Mitte des Türflügels.

4 Harmonikatür

8.1.5.4 Karusselltüren

Stark frequentierte Eingänge in Kaufhäusern und öffentlichen Gebäuden sollten nicht nur repräsentativ erscheinen, sondern auch die hohen Anforderungen an Benutzerfreundlichkeit, Begehkomfort, Sicherheit und Wärme- und Schalldämmung erfüllen. Die Karusselltür ermöglicht einen geregelten Durchgangsverkehr ohne Zuglufterscheinungen und große Wärmeverluste, da die Tür „zugleich offen und geschlossen" ist.

Grundsätzlich haben Karusselltüren folgenden Aufbau bzw. sind in folgenden Ausführungen erhältlich (Bild 1):

- Trommelwand
  - mit isolierten Metallpaneelen oder Glasfüllung.
  - optional mit außen- oder innenliegendem, verriegelbaren Nachtabschluss.
- Zwei, drei oder vier wegklappbare Pendel-Flügel in Rahmenkonstruktion mit Bürstendichtungen, die gegen die Trommelwand abdichten.
- Zentralpartie (Drehkreuz) mit oder ohne Vitrine.
- Deckenring mit Antrieb und Steuerung. Alternativ werden auch Unterflurantriebe verwendet.
- Sicherheitseinrichtungen mit Sensoren und Kontaktleisten.

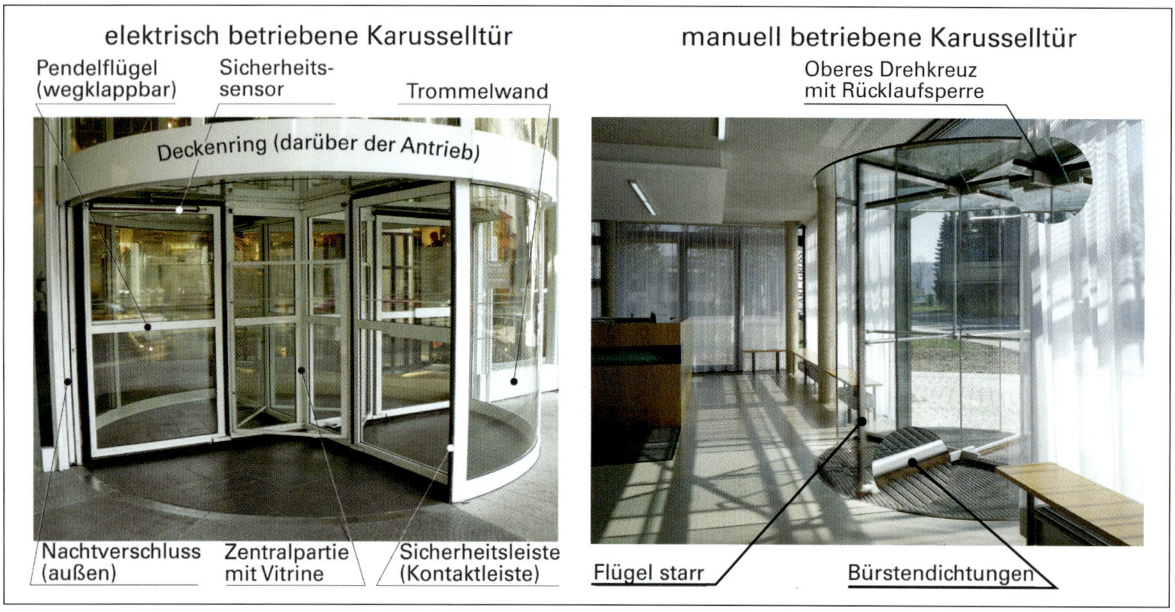

1 Karusselltüranlagen – mit und ohne Antrieb

Nach Geschäftsschluss können die Flügel verriegelt und abgesperrt werden. Zusätzliche Sicherheit gegen unbefugten Zutritt bieten die verschiebbaren Nachtabschlüsse. Die Trommelöffnung wird dabei durch manuell verschiebbare Elemente entweder auf der Innen- oder auf der Außenseite geschlossen. Elektrisch betriebene Nachtabschlüsse werden nur innen angebracht.

Handbetriebene Karusselltüren benötigen u. a. große und weiche Gummileisten an allen Schließkanten. Große Glasflächen sorgen für gute Sicht in die nächste Sektion, und eine Rücklaufsperrere erlaubt nur eine Drehrichtung (i. d. R. im Gegenuhrzeigersinn).

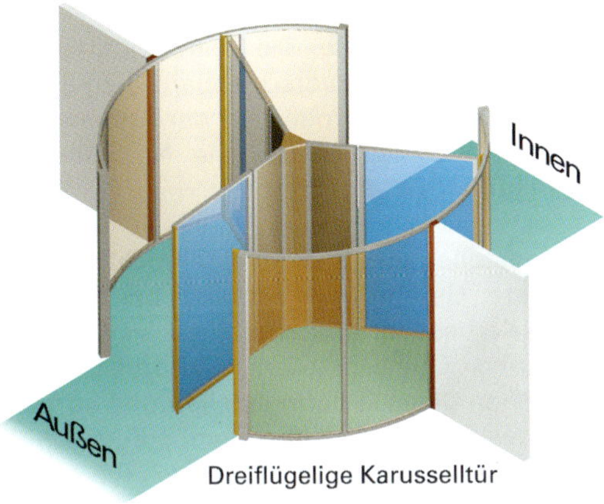

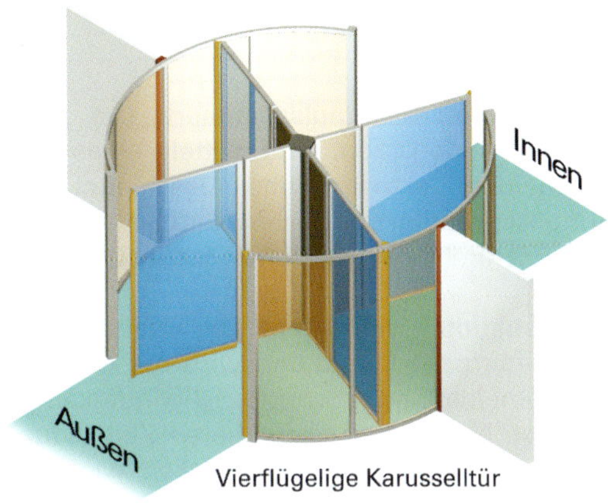

Durchgangskapazität	Personen/Stunde	
	3-flügelige Karusselltür	
Innendurchmesser *D*	→	⊠
3600	972	1944
4200	1104	2208
4800	1440	2880
5400	1512	3024
	4-flügelige Karusselltür	
Innendurchmesser *D*	→	⊠
3600	864	1728
4200	1104	2208
4800	1280	2560
5400	1440	2880

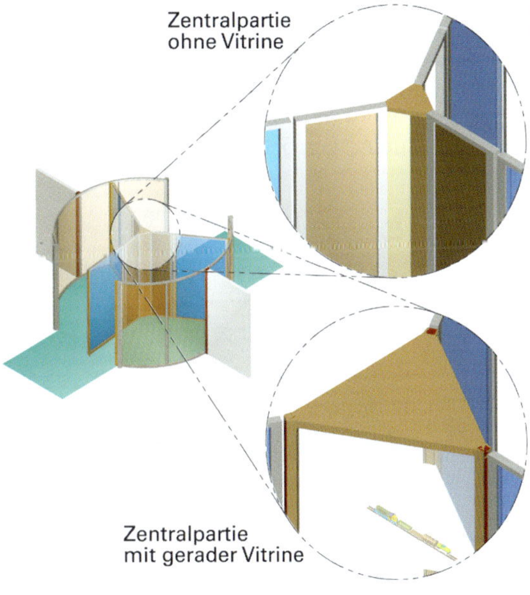

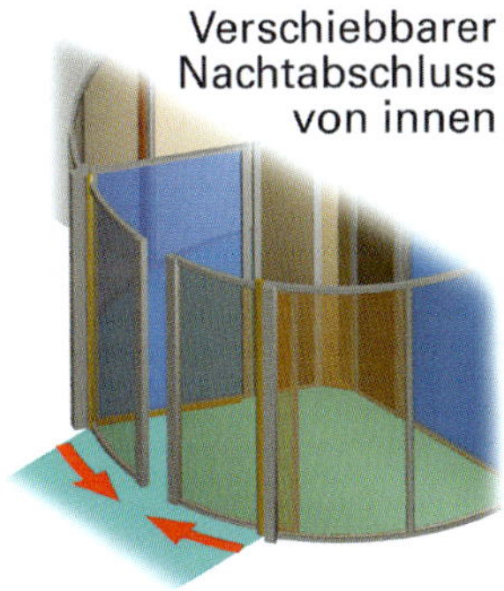

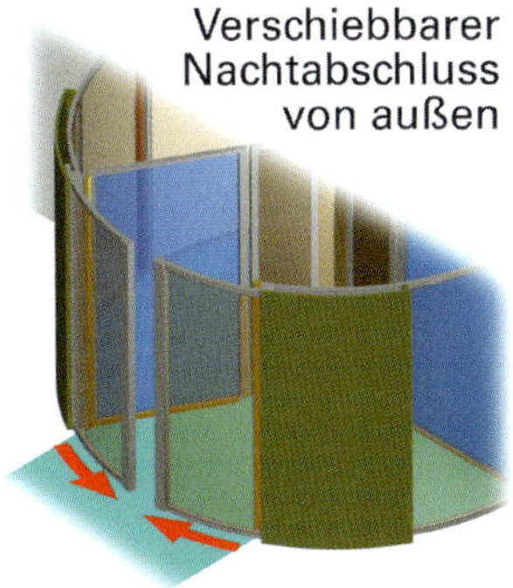

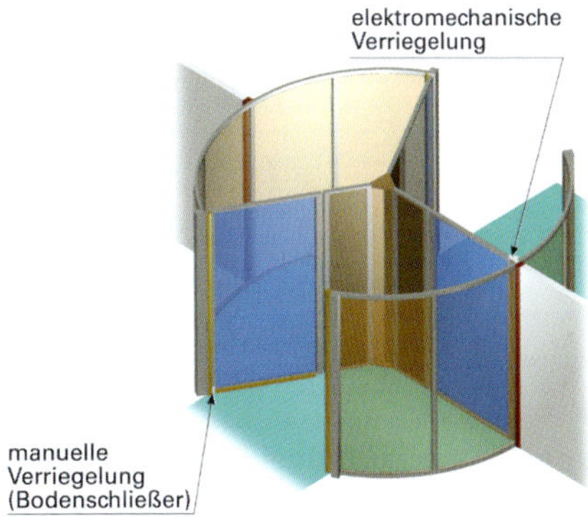

1 Aufbau und Betriebsarten von Karusselltüren

Betriebsarten

Karusselltüren können in folgenden Funktionen betrieben werden:

Normalfunktion – impulsgesteuert: Die Anlage steht in Grundposition, wird mittels eines Bewegungsmelders aktiviert und beschleunigt auf Schrittgeschwindigkeit. Nach Ablauf einer einstellbaren Zeit dreht das Kreuz wieder in Grundposition.

Normalfunktion – permanent: Die Türanlage dreht dauernd mit ca. 1 U/min und wird mit einem Bewegungsmelder auf Schrittgeschwindigkeit beschleunigt. Nach einer einstellbaren Zeit reduziert sich die Umdrehungsgeschwindigkeit wieder auf den ursprünglichen Wert.

Drehzahlreduzierung: Durch Drücken eines außen angebrachten Tasters ist es möglich, die Drehgeschwindigkeit der Karusselltür zu halbieren. Somit wird behinderten oder älteren Personen der Durchgang erheblich erleichtert.

Sommerstellung: Zum freien Durchgang links und rechts neben der Zentralpartie können alle Flügel aufgeklappt werden (ideal auch zum Transport sperriger Güter, Gepäck oder bei Warenlieferungen).

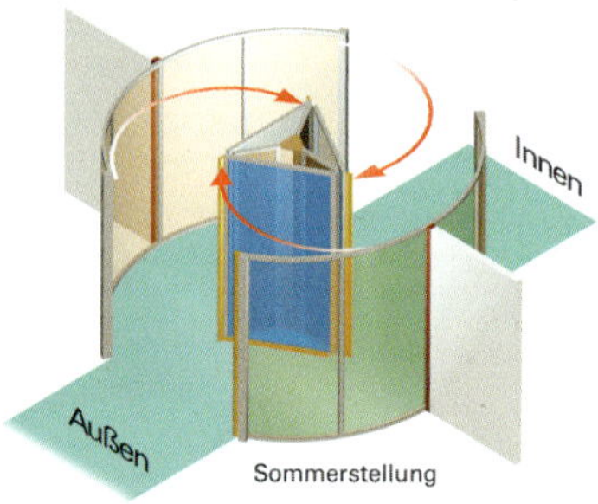

Sommerstellung

Fluchtwegstellung: Die Türflügel können jederzeit und in jeder Türstellung nach außen geschwenkt werden und geben somit den Fluchtweg frei. Dies funktioniert ebenso bei Stromausfall, Brandalarm oder einer Antriebsblockierung.

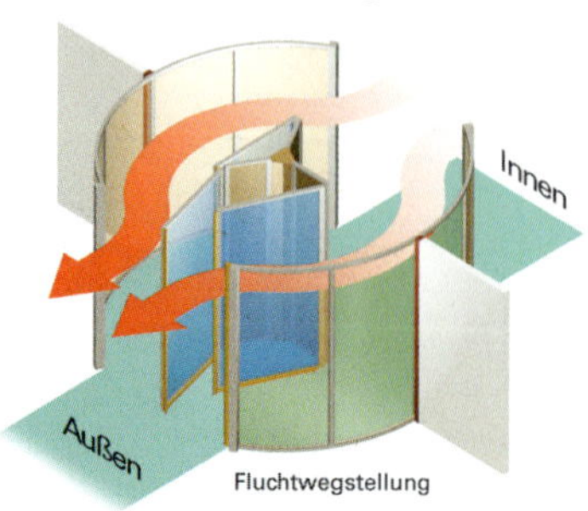

Fluchtwegstellung

Verriegelbare Türflügel: Nach Geschäftsschluss können die Flügel verriegelt und abgesperrt werden.

Verschiebbare Nachtabschlüsse: Zusätzliche Sicherheit gegen unbefugten Zutritt bieten die verschiebbaren Nachtabschlüsse. Die Trommelöffnung wird dabei durch manuell verschiebbare Elemente entweder auf der Innen- oder auf der Außenseite geschlossen. Elektrisch betriebene Nachtabschlüsse werden nur innen angebracht.

Gefahrenstellen und Sicherheitseinrichtungen

Besondere Gefährdung entsteht bei kraftbetriebenen Karusselltüren an allen verschiedenen Scher- und Quetschstellen. Sicherheitssensoren überwachen diese Gefahrenstellen und sorgen für den notwendigen Schutz durch sofortigen Stillstand der Türanlage (Bild 1). Je nach Typ und Bau-

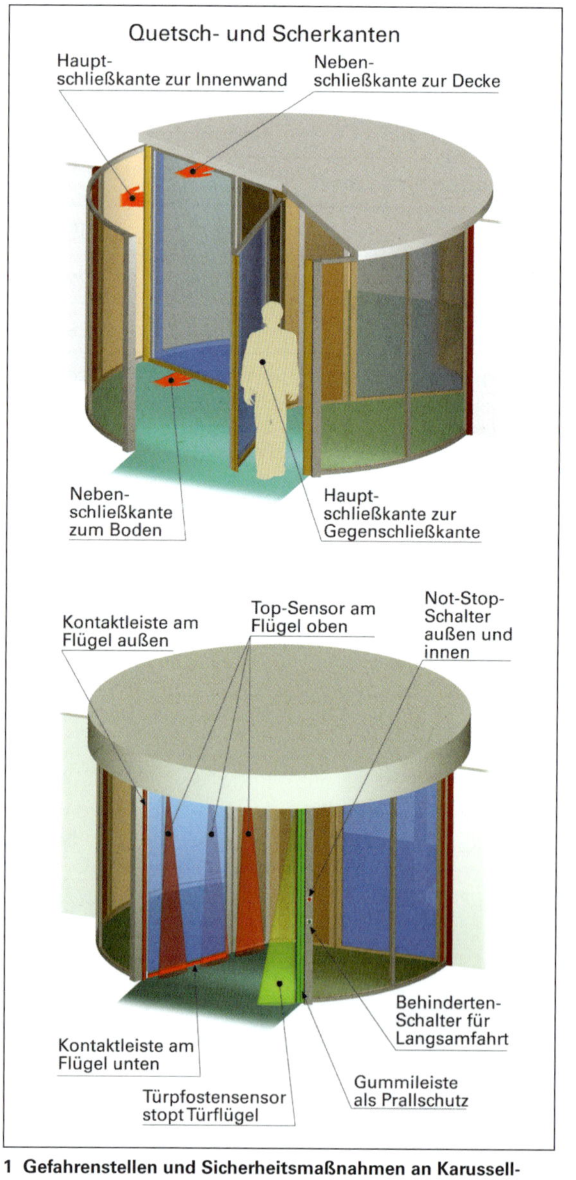

1 Gefahrenstellen und Sicherheitsmaßnahmen an Karusselltüren

art werden die Türen mit Sensoren (berührungslose wirkende Schutzeinrichtungen BWS) und Kontaktleisten ausgerüstet. Letztere reagieren auf Druck durch eine Person oder deren Körperteile. Dies bedeutet, dass die Gefahrensituation schon eingetreten ist, bevor die Schaltleiste auslöst und die Gefahr beseitigt.

8.1.6 Werkstoffe für den Bau von Türen

Im Metallbau werden verschiedene Werkstoffe für den Bau von Türen verwendet. Neben den Metalltüren aus Stahl- und Aluminium kommen auch Kunststofftüren, Glastüren und Verbundtüren zum Einsatz. Alle Werkstoffe erfüllen heute mit mehr oder weniger aufwändigen Konstruktionen die allgemeinen Anforderungen an den Wärme- und Schallschutz, Sicherheit, Stabilität, Funktionstüchtigkeit und mit Einschränkungen an den Brandschutz.

8.1.6.1 Metalltüren

Metalltüren zeichnen sich gegenüber Holztüren v.a. durch ihre Stabilität und Verzugsfreiheit aus. Für große Türanlagen werden daher i.d.R. Metalltüren verwendet. Auch die Anforderungen an den Brandschutz lassen sich mit Metalltüren besser erfüllen. Die Stahltüren sind korrosionsbeständig durch die Verwendung pulverbeschichteter oder feuerverzinkter Profile; auch Edelstahl kommt zum Einsatz. Aluminiumtüren werden aus eloxierten oder pulverbeschichteten Profilen gefertigt. Metalltüren sind im Gegensatz zu Holztüren besonders witterungsbeständig und pflegeleicht und bieten bei entsprechender Ausführung einen guten Schutz gegen Einbruch.

Bei **Stahltüren** unterscheidet man verschiedene Konstruktionen:

- die Stahlprofiltüren aus Stahlrohrprofilen
- die Stahlblechtüren, einwandig oder doppelwandig.

Bei **Stahlrohrtüren** werden die Zarge und das Türblatt aus Rohrprofilen gefertigt. Neben ungedämmten Rohrprofilen für Innentüren stehen auch wärmegedämmte, thermisch getrennte Profile aus Stahl oder Edelstahl zur Verfügung (Bild 1). Für Brandschutztüren werden besondere Rohrprofile verwendet (Bild 1, S. 325).

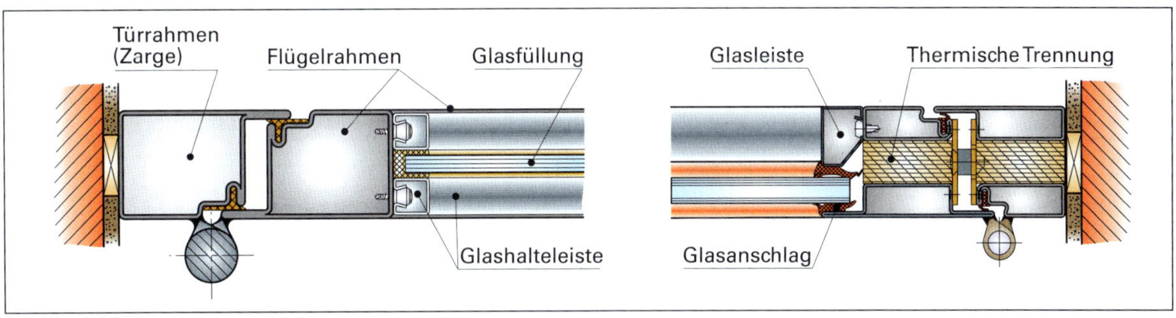

1 Stahlprofiltür: ungedämmtes Stahlrohrprofil (links) – thermisch getrenntes Edelstahlprofil (rechts)

Einwandige Stahlblechtüren verwendet man dagegen nur für untergeordnete Zwecke, z.B. als Garagennebentüren oder Kellertüren, da sie keinerlei Wärme- oder Schallschutzanforderungen erfüllen (Bild 1, Seite 342). Das einwandige Füllblech wird mit dem Rahmenhohlprofil des Türblatts punktgeschweißt. Das Füllblech kann durch Sicken oder Diagonalkanten etwas versteift werden.

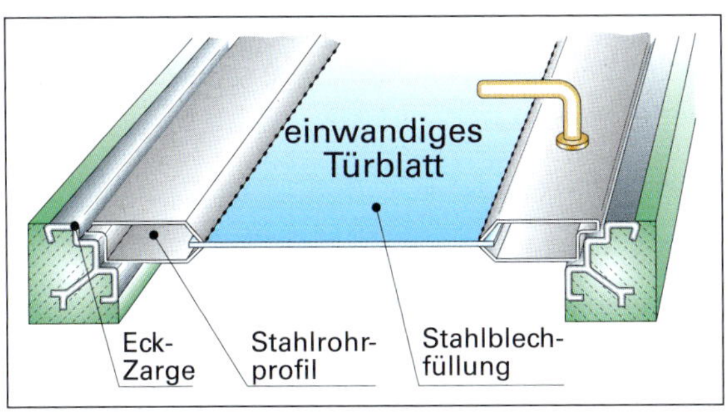

2 Einwandige Stahlblechtür

Doppelwandige Stahlblechtüren mit spezieller Ausstattung können vielfältige Anforderungen erfüllen und werden für Büro- und Lagerräume, Werkstätten oder besondere Einsatzbereiche wie Traforäume oder Tresorräume verwendet. Diese sogenannten Mehrzwecktüren in üblichen Normgrößen (Bild 1, Seite 342) bestehen aus einem Kasten- und einem Deckblech, die beide verfalzt und punktgeschweißt sind. Der Zwischenraum wird mit einer funktionsgerechten Füllung ausgestattet (Wärme-, Schall-, Brandschutz), die auch dem Türblatt mehr Stabilität verleiht. Ein umlaufender Flachstahlrahmen innerhalb des Blechkastens an der Falzseite versteift das Türblatt zusätzlich.

Zarge:
- Dreiseitig, Standard Eckzarge mit umlaufender Gummidichtung mit Bodentrennwinkel und Doppelankern zum Einmauern oder Andübeln.
- Wahlweise mit Umfassungs- oder Gegenzarge.

Türblatt:
- Doppelwandiges Türblatt aus verzinktem Stahlblech.
- Hohlraum zwischen den beiden Türblechen wärmedämmend mit Mineralwolle ausgefüllt, mit wohntürgleicher, nicht unter 12 mm dicker Türfalzüberdeckung, dreiseitig gefälzt.

Oberfläche:
Türblatt und Zarge verzinkt und grundiert (pulverbeschichtet bei MZ-Türen).

Verglasung:
Standardverglasung mit Thermoform-Acryl-Isolierscheibe, mit gerundeten Ecken, Radius 105 mm, in Gummiklemmleiste. .

Beschläge:
- Dreiteilige Bänder, je Flügel 1 Konstruktionsband, mit Kugellager, 1 Federband und 1 Sicherungsstift.
- Einsteckschloss DIN 18251 mit Wechsel für Profilzylinder vorgerichtet, schwarze Kunststoff-Runddrücker in U-Form mit Kurzschildern.
- Profilzylinder sind um 5/10 mm verlängert.
- Bei zweiflügeligen Türen bis 2500 mm Höhe erhält der Standflügel einen verdeckt liegenden Kantriegel, der erst nach dem Öffnen des Schlossflüels betätigt werden kann. Ab Türhöhe 2500 mm aufgesetzte Treibriegel.

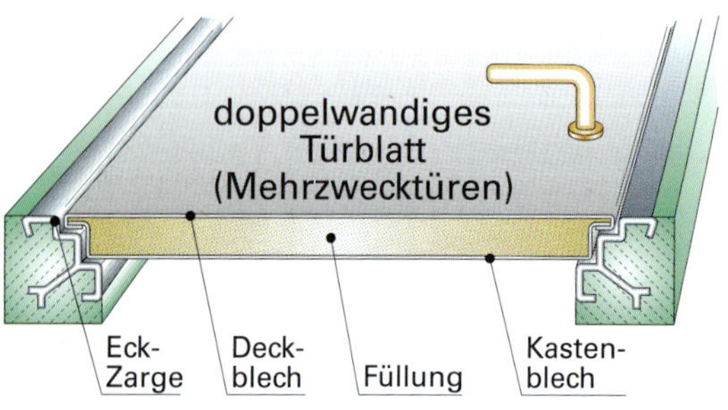

1 Doppelwandige Stahlblechtüren

Aluminiumtüren werden aus stranggepressten Systemprofilen gefertigt, wie sie auch im Fensterbau zum Einsatz kommen. Im Gebäudeinneren verwendet man aus Kostengründen ungedämmte Ganzaluminiumhohlprofile; für Außentüren sind in beheizten Räumen thermisch-getrennte Aluminiumprofile erforderlich (Bild 2). Mit den Systemprofilen lassen sich aus wenigen Grund- und Zusatzprofilen eine Vielzahl unterschiedlicher Türanlagen fertigen. Die Systemlieferanten bieten hierzu den Metallbaufirmen ein umfangreiches Programm an, das von der Planung der Tür am Computer bis hin zur Fertigung der Tür mit speziellen Werkzeugen reicht.

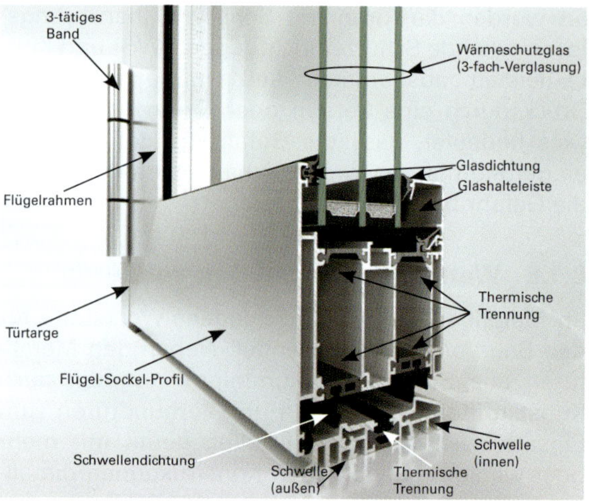

2 Aluminiumtür aus thermisch-getrennten Profilen

8.1.6.2 Kunststofftüren

Das günstige Preis-Leistungsverhältnis von Kunststofftüren im Hinblick auf die gestiegenen Anforderungen an den Wärmeschutz ist dafür verantwortlich, dass sie in den letzten Jahren verstärkt auf den Markt gedrückt haben. Aufgrund der geringen Festigkeitswerte von PVC (Polyvinylchlorid), müssen Kunststofftüren mit Stahlhohlprofilen ausgesteift werden. Nachteilig ist auch die hohe Wärmedehnungszahl von Kunststoffen, die bei großen Temperaturschwankungen im Sommer und Winter zu Laufstörungen der Tür führen kann.

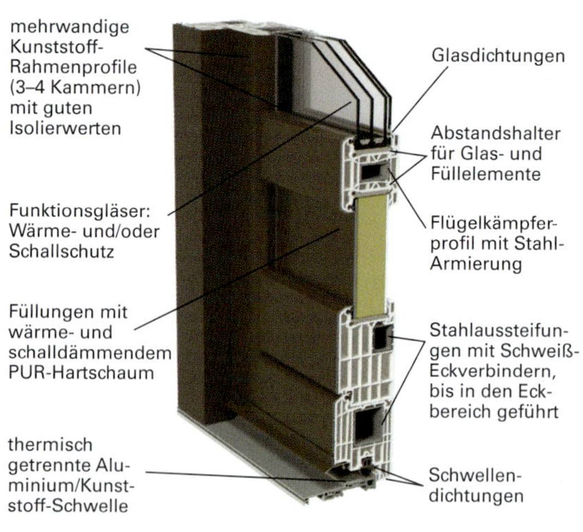

3 Kunststofftüren

8.1.6.3 Glastüren

Glastüren werden im Allgemeinen im Wohnungs- und Objektbau bevorzugt. Durch ihre Transparenz und filigrane Bauweise lassen sie Räume heller und größer erscheinen. Glastüren mit einem Flügelrahmen aus Stahl, Aluminium oder Kunststoff und einer Glasfüllung werden als **verglaste Türen** bezeichnet.

Ganzglastüren dagegen sind rahmenlose Türen mit einer Ganzglasscheibe als Türblatt (Bild 1). Sie setzen in der modernen Wohnkultur neue Akzente, da sie Räume funktional voneinander trennen und dennoch visuell verbinden können. Durch verschiedene Strukturen und Farben ergänzen sich Glas und Beschlag und gestalten in unverwechselbarer Weise jeden Wohnraum. Die Glastürblätter

1 Ganzglastür mit ESG-Glas

gibt es mit Siebdruck- oder Sandstrahlmotiv, Ätzmotiv, Schmelzglas oder Rillenschliff.

Bei allen Ganzglastüren muss Sicherheitsglas verwendet werden. Hierbei handelt es sich um sogenanntes ESG-Glas (Einscheiben-Sicherheitsglas), das durch eine spezielle Wärmebehandlung sehr stoßfest und biegesteif ist und beim Bruch nicht scharkantig splittert, sondern in kleine stumpfe Glaskrümel zerbröselt (geringe Verletzungsgefahr). Eine nachträgliche Bearbeitung der Tür ist aufgrund der Oberflächenspannung des ESG-Glases nicht möglich und würde die Tür zerstören. Daher müssen Bohrungen für die Anbringung der Beschläge vor der thermischen Behandlung gefertigt werden. Die Ganzglastürblätter können mit allen handelsüblichen **Stahlzargen** (vgl. Seite 344) montiert werden.

8.1.6.4 Türen aus Werkstoffkombinationen (z. B. Holz-Aluminium)

Holz-Aluminium-Türen vereinen die Vorteile zweier höchst unterschiedlicher Werkstoffe: Der tragende Holzrahmen mit seiner sehr gut Wärmedämmung schafft eine wohnliche Atmosphäre. Außen ist der Holzrahmen durch eine pflegeleichte Aluminiumschale verkleidet, die das empfindliche Holz vor den Witterungseinflüssen schützt.

2 Holz-Aluminium-Tür

Folgendes Bild zeigt eine Tür mit der Werkstoffkombination Holz-Glas-Edelstahl:

3 Holz-Glas-Edelstahl-Tür

Folgende Abbildung zeigt eine sehr stabile und besonders wärmedämmende Plattenkonstruktion im Verbundsystem „Holz/Thermoschaum/Aluminium". Neben Holz-Aluminium-Türen werden auch Werkstoffkombinationen aus Aluminium und Kunststoff verwendet; der Aluminiumrahmen übernimmt die statischen Aufgaben, der Kunststoff erfüllt die wärmetechnischen Anforderungen.

1 Tür im Platten-Verbundsystem

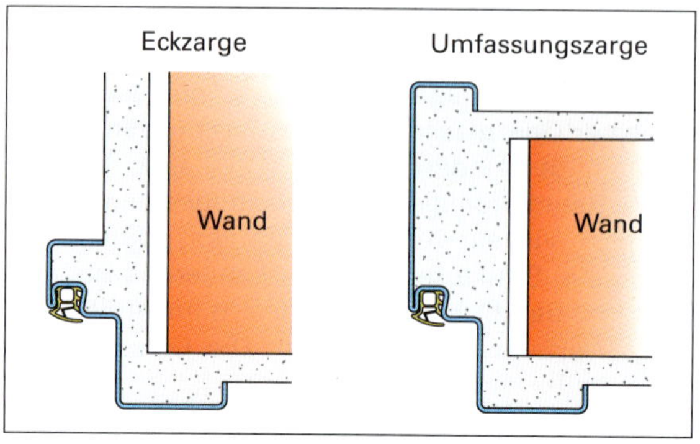

2 Stahlzargen

Daneben gibt es Sonderprofile, z. B. für Pendel-, Schiebetüren und in der Laibung sitzende Türen sowie Doppelfalztüren. Auch für Ständerwände werden besondere Stahlzargen eingesetzt.

Aufgaben

1. Beschreiben Sie den Aufbau einer Türanlage mit den erforderlichen Konstruktionselementen und Beschlägen.
2. Wie unterscheiden Sie linke und rechte Anschlagtüren?
3. Unterscheiden Sie Stulptüren für einfachen und für Wechselverkehr.
4. Erstellen Sie eine Übersicht über die Öffnungsarten von Türen und stellen Sie deren Besonderheiten (z. B. besondere Vorschriften), Vor- und Nachteile gegenüber.
5. Beschreiben Sie Aufbau und Wirkungsweise einer Karusselltür.
6. Warum besitzen manuell betriebene Karuselldrehtüren eine Rücklaufsperre?
7. Wie werden Karusselltüren abgesperrt?
8. Welche Betriebsarten sind bei kraftbetätigten Karusselltüren möglich?
9. Erläutern Sie die Gefahrenstellen kraftbetätigter Karusselltüren und wie diese abgesichert werden.
10. Erstellen Sie in einer Übersicht die Vor- und Nachteile unterschiedlicher Türwerkstoffe, wie sie im Metallbau verwendet werden.

8.1.7 Stahlzargen

Stahlzargen eignen sich für alle Arten von Türblättern und werden industriell in Normgrößen entsprechend den Rohbaurichtmaßen gefertigt (DIN 18111). Die am häufigsten verwendeten Zargenformen sind die Umfassungszarge und die Eckzarge (Bild 2).

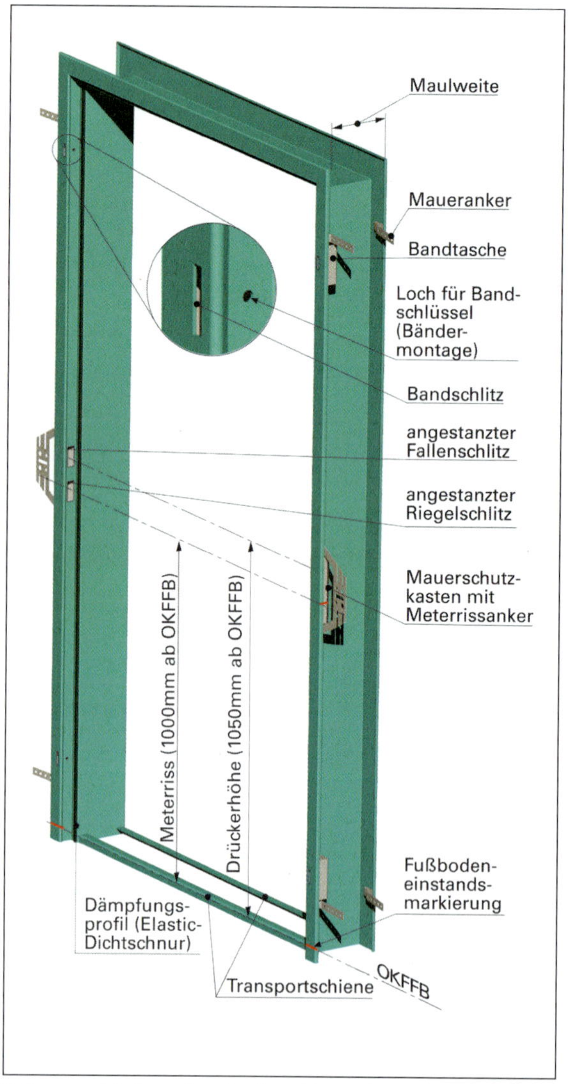

3 Form und Aufbau einer Fertigstahlzarge (Umfassungszarge)

Vorzüge von Stahlzargen

- Sie sind stoßfest, können nicht absplittern und es gibt keine Risse.
- Sie sind unempfindlich gegen Feuchtigkeit und Temperaturschwankungen und daher verzugsfrei und passgenau.
- Stahlzargen wirken als Versteifung der Zwischenwände bei Leichtbauwänden.
- Die Dichtungsschnur gewährleistet ein geräuscharmes Schließen und eine gute Dichtheit des Türelementes.
- Stahlzargen mit aufgeschweißtem Meterrissanker am Schlosskasten erleichtern die Montage.
- Die Zargen sind für beide Anschlagrichtungen (DIN Links und Rechts) vorbereitet.

Montage der Fertigstahlzarge

Folgende Arbeitsschritte sind bei der Montage einer Stahlzarge durchzuführen:
Zunächst muss die Rechtwinkligkeit der Zarge überprüft werden. Durch Aufstoßen übers Eck kann die Winkligkeit korrigiert werden. Bevor die Zarge eingehängt werden kann, wird auf der Höhe des Meterrisses ein Nagel eingeschlagen.
Anschließend werden im Mauerwerk die Aussparungen für die Befestigungsanker ausgestemmt. Nun kann die Zarge mithilfe des eingeschlagenen Nagels exakt auf die Meterrisshöhe eingehängt werden.
Anschließend wird sie mithilfe einer Wasserwaage lot- und waagrecht ausgerichtet. Die Abweichung von der waagrechten und senkrechten Solllage darf maximal ± 1 mm betragen. Um zu vermeiden, dass die Zarge schief eingebaut wird, muss man von einer Seite schräg durch die Zarge durchvisieren und die gegenüberliegenden Kanten genau betrachten. Laufen sie nicht parallel zueinander, so steht die Zarge schief in der Laibung.
Anschließend wird die Zarge in der Laibung eingespreizt, um ein Ausbeulen der Hinterfüllung mit Schnellzement oder Montageschaum zu vermeiden. Das Zargenfalzmaß ist dabei auf der gesamten Höhe mit einer Abweichung von maximal +2/–1 mm einzuhalten.
Die Befestigung der Zarge kann mit verschiedenen Mauerankern oder Rahmendübeln vorgenommen werden. Mörtel bzw. Schnellzement müssen eine stoffschlüssige Verbindung zur Wand, nicht jedoch zur Stahlzarge eingehen.
Montageschäume dagegen müssen eine stoffschlüssige Verbindung zur Wand und zur Zarge herstellen. Bei teilweiser Hinterfüllung mit Montageschaum muss dieser dort eingebracht werden, wo die größten Belastungen auftreten, z. B. im Band- und Schlossbereich. Montageschäume oder dünnflüssige Hinterfüllungen erfordern ein zusätzliches Abdichten der Bandunterkonstruktion und der Mauerschutzkästen.

a) Winkeligkeit der Zarge prüfen, evtl. durch „Aufstoßen über Eck" richten.

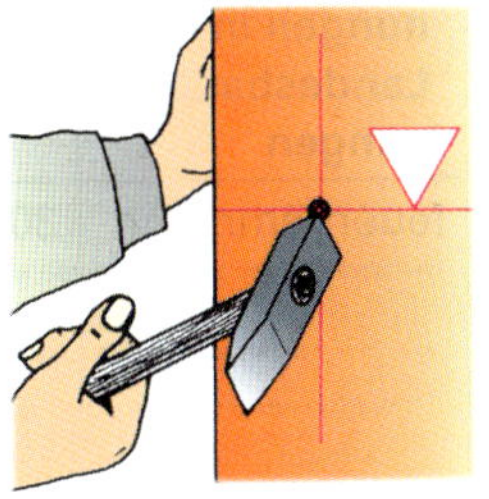
b) Meterriss an der Türöffnung festlegen.

c) Aussparungen für Befestigungsanker ausstemmen.

d) Zarge auf Meterrisshöhe einsetzen.

e) Zarge lot- und fluchtgerecht einrichten und verkeilen.

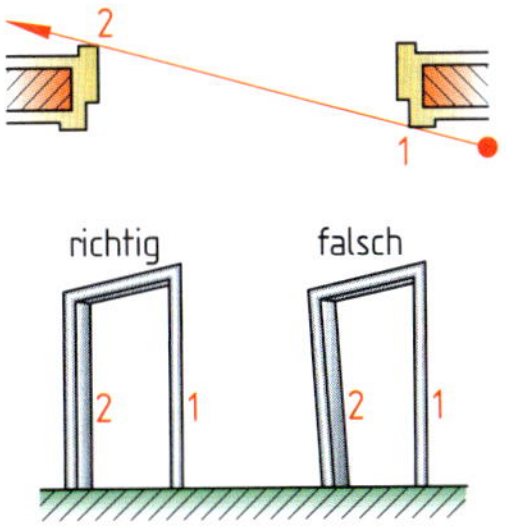

f) Zarge durchvisieren, ob die Kanten 1 und 2 parallel verlaufen.

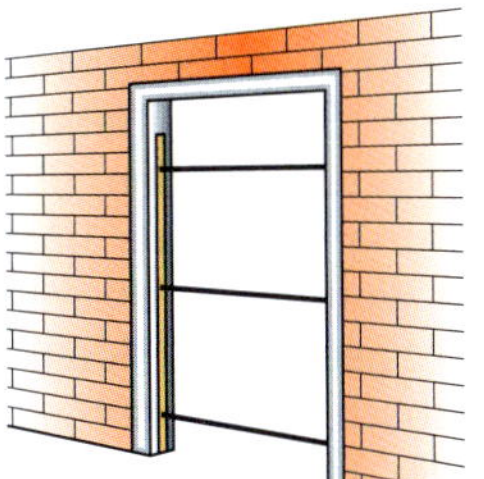
g) Zarge ausspreizen, um ein Ausbeulen beim Hinterfüllen zu vermeiden.

h) Zarge mit Zementmörtel oder Klebeschaum satt hinterfüllen. Distanzwinkel gegen Durchbiegen unterlegen, nach dem Aushärten der Füllung heraustrennen.

1 Montage der Stahlzarge in der Mauerlaibung

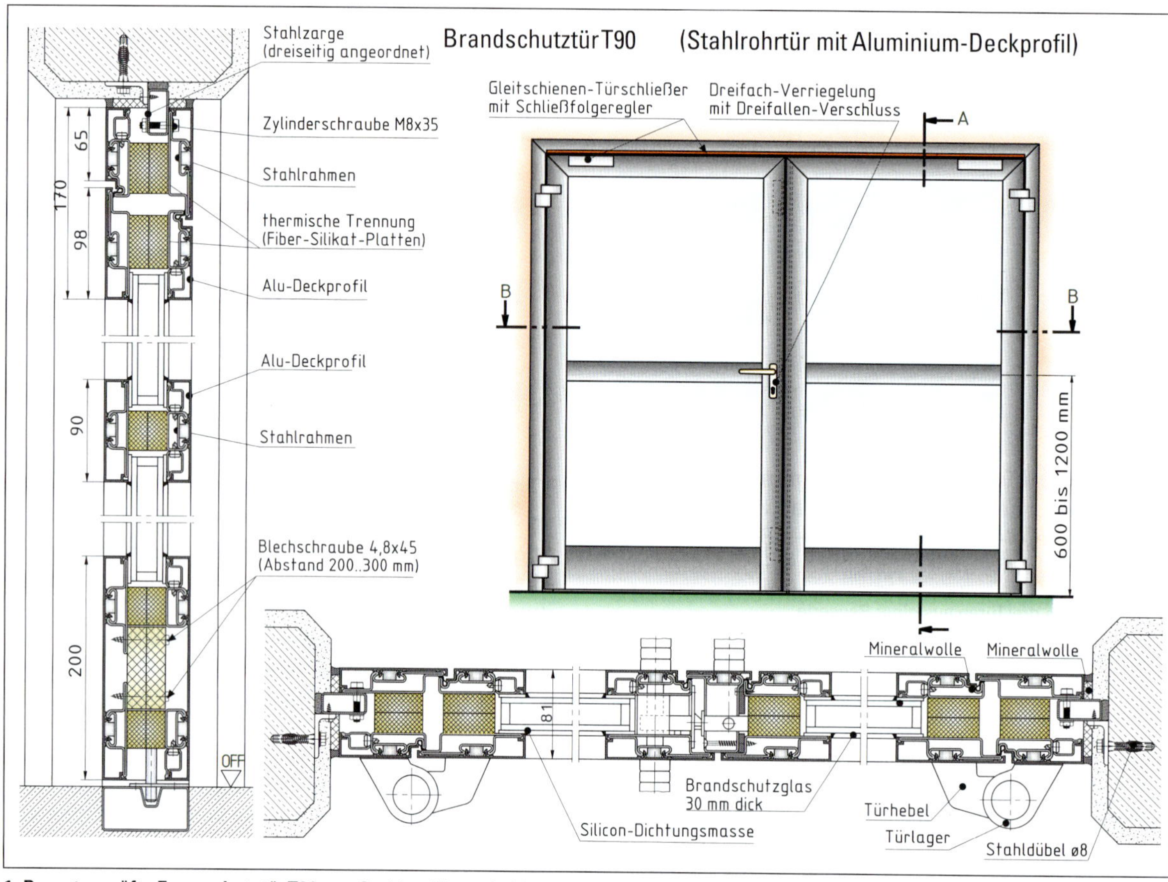

1 Bauartgeprüfte Feuerschutztür T90 aus Stahlprofilen mit Alu-Deckschalen

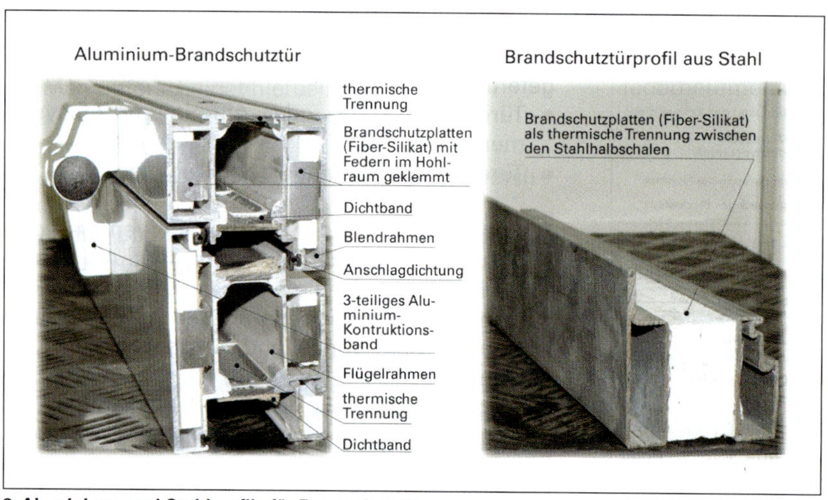

2 Aluminium- und Stahlprofile für Feuerschutztüren

Seit einiger Zeit werden aber auch **Feuerschutztüren** aus **Aluminiumprofilsystemen** hergestellt, mit denen sich eine Feuerwiderstandsdauer von 30 Minuten realisieren lässt. In die äußeren Hohlkammern der thermisch-getrennten Alu-Profile werden mittels Haltefedern Brandschutzplatten geklemmt.

Über den thermischen Trennstegen im Falzbereich zwischen Blend- und Flügelrahmen und im Glasfalzbereich sind Dichtbänder angebracht, die im Brandfall aufschäumen und zusätzlich isolieren (Bild 2, Seite 344).

Stahlblech-Feuerschutztüren werden im Privatbereich häufig in Heizungskellern und Öllagerräumen eingebaut. Selbstverständlich sind sie auch in öffentlichen Gebäuden wie Schulen, Behörden und Krankenhäusern einsetzbar. Aufgrund der vielfältigen Farbgebungsmöglichkeiten durch pulverbeschichtete Oberflächen können die Türblätter der räumlichen Umgebung angepasst werden. Die Türen bestehen aus einem doppelwandigem Stahlblech (Kasten- und Deckblech), das meist 3-seitig gefälzt ist. Im Blechkasten ist eine brandfeste und wärmeisolierende Mineralfaserplatte ganzflächig verklebt. Als Bewegungsbeschläge dienen meist ein 2- oder 3-teiliges Konstruktionsband und ein Federband nach DIN 18272 (vgl. Kapitel 8.2.2, Seite 365), das die Selbstschließfunktion der Tür bewirkt. Auf der Bandseite bewirken 2–3 in die Zarge einrastende Sicherungszapfen, dass der Flügel auch im Brandfall sicher im Anschlag gehalten wird. Die Zarge ist meist als Eck- oder Umfassungszarge ausgeführt. Folgende Abbildung zeigt die Ausstattungsmerkmale und Kurzbeschreibung einer Feuerschutztür EI_290-C5-S_a:

Stahlprofil- und Aluminiumfeuerschutztüren werden meist aus dekorativen und Sicherheitsgründen mit Glasfüllungen ausgestattet, die eine entsprechende Feuerwiderstandsdauer aufweisen müssen (Brandschutzverglasung).

Sogenannte **Brandschutzgläser** werden in 2 Ausführungen angeboten:

- **G-Verglasungen** verhindern zwar, dass Feuer und Rauch sich ausbreiten können, lassen aber weitgehend die Wärmestrahlung durch. Für Brandschutztüren sind diese Gläser daher nicht

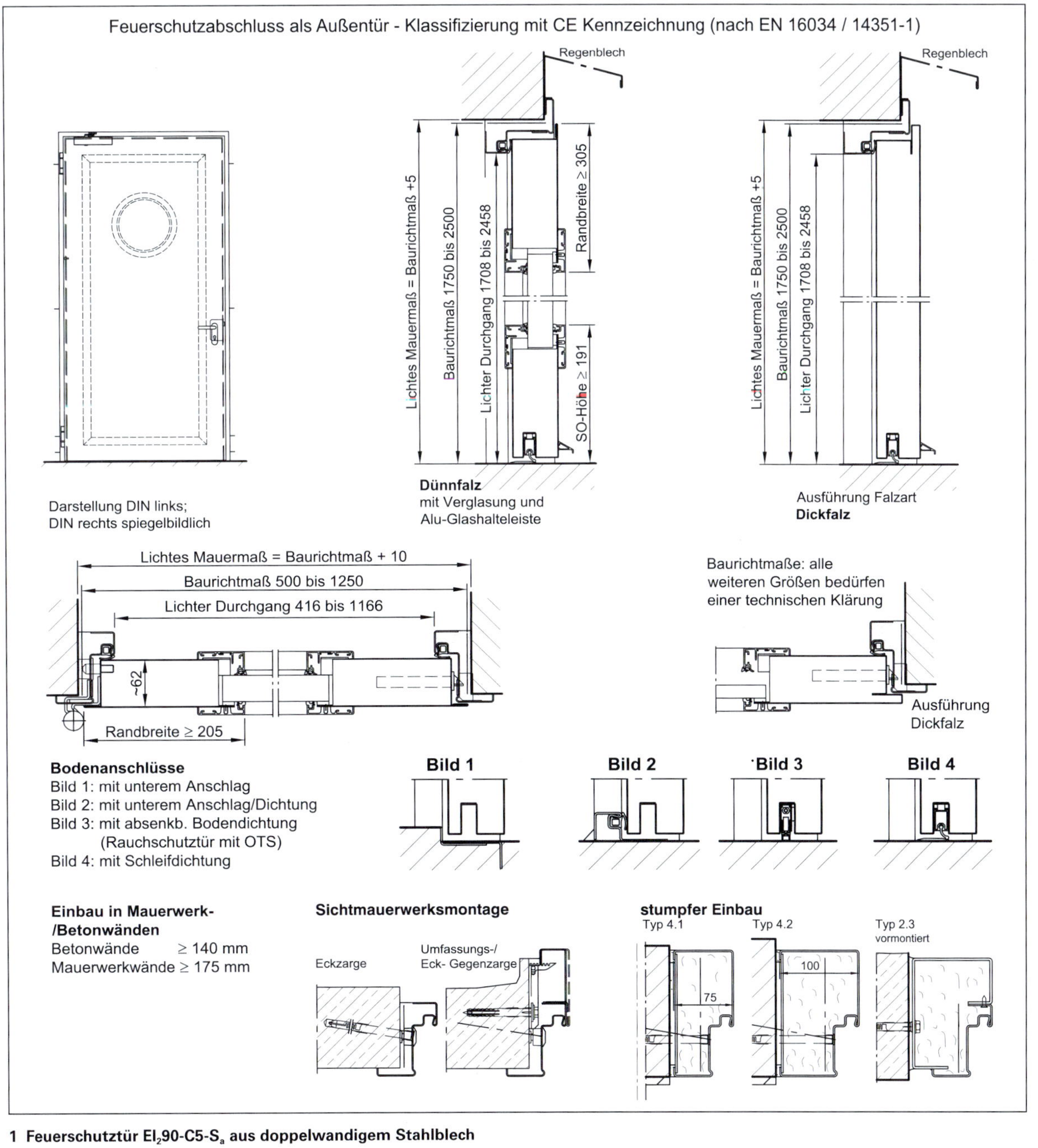

1 Feuerschutztür EI_290-C5-S_a aus doppelwandigem Stahlblech

Technische Daten (Auszug)

Auch in EDELSTAHL erhältlich!

Klassifizierung	**EI_290-C5-S_a** Klassifizierung Feuerschutzabschluss als Außentür mit CE-Kennzeichnung (nach EN 16034 / 14351-1)
Einbau in	Mauerwerk mind. 175 mm • Beton mind. 140 mm • Porenbeton – bei Porenbetonsteinen mind. 175 mm
Zugelassener Größenbereich alle weiteren Größen bedürfen einer technischen Klärung	Bau-Richtmaß **Dünnfalz**: B 500 - 1250 mm, H 500 - 2500 mm mit Oberblende/Oberlicht bis H 3500 mm Bau-Richtmaß **Dickfalz**: B 625 - 1250 mm, H 1750 - 2500 mm
Anschlagart	DIN rechts oder DIN links
Türblatt doppelwandig	Falzart: **Dünn-. Dickfalz** Tür: 3-seitig gefälzt Türblattdicke: 62 mm Blechdicke: 1,0 mm od. 1,5 mm Sicherungszapfen: mind. 2
Zarge	• Eckzarge 1,5/2,0 mm dick • Tür 3-seitig mit Dichtung • Tür ohne Bodeneinstand
Wärmedämmung	**Wärmedurchgangskoeffizient** nach EN ISO 12567-1 (ohne Verglasung) (Dünn.- / Dickfalz) Blechdicke 1,0 mm: U_D = 1,6 / 1,4 W/m²K Blechdicke 1,5 mm: U_D = 1,7 / 1,5 W/m²K in Verbindung mit unterem Bodenabschluss
Bodenabschlüsse	• Bodendichtung absenkbar • Schleifdichtung • Anschlagschiene mit Dichtung Bodendichtungen nachrüstbar.
Oberfläche	Türblatt/Zarge verzinkt und grundiert, Grauweiß ähnlich RAL 9002/RAL nach Wahl
Bänder und Schließmittel	• 1 Federband und 1 Konstruktionsband oder • 2 Konstruktionsbänder und 1 Obentürschließer · Ausgleichsringe zur Höhenregulierung
Beschläge	• Einsteckschloss mit Wechsel, pz-gelocht • FS-Rundgriff-Drückergarnitur, schwarz (Kunststoff). Drücker festdrehbar gelagert
Verglasung	Brandschutzglas klar F1-90, Verglasungsfeld eckig mit Alu-Glashalteleisten. Max. Scheibenmaß 1000 x 2263 mm. Verglasungsfeld rund (Ø 300, 400 und 500) mit Stahl-Glashalteleiste verzinkt und grundiert, Grauweiß ähnlich RAL 9002.
Bei Türen für Außenanwendung erforderlich:	• Bodenabschluss • Regenleiste oben (notwendig wenn keine Überdachung/Vordach vorhanden ist) • Wetterschenkel unten (empfohlen) • Profilzylinder (empfohlen)
Sonderausstattungen	• Drückergarnituren/Wechselgarnituren • vorgerichtet für Rosettenbeschlag • Panik-Stangriff • Schlösser – Panikschlösser – Blockschloss (muss gestellt werden) • Profilzylinder 40,5 + 40,5 mm (Dünnfalz) • Profilzylinder 45,5 + 35,5 mm (Dickfalz) • Obentürschließer – Band-/Bandgegenseite – mit Gleitschiene • Elektrischer Türöffner • Verschlusskontrolle (Riegelkontakt) eingebaut • Öffnungsmelder (Reedkontakt) eingebaut

	Bestellmaße / Baurichtmaße Breite × Höhe	**Lichte Durchgangsmaße (Eckzarge)** Breite × Höhe
Normgrößen-Stahltür	875 × 2000	791 × 1958
	2125	2083
	1000 × 2000	916 × 1958
	2125	2083
	1125 × 2000	1041 × 1958
	2125	2083
	1250 × 2000	1166 × 1958
	2125	2083
	2250	2208

(Sondergrößen: von 500 x 1750 bis 1250 x 2500)

geeignet. Man unterscheidet Drahtglas mit punktgeschweißtem Netz, aufwendige spezielle ESG-Kombinationen im Isolierglasverbund und vorgespanntes Borosilikatglas. G-Verglasungen dürfen überall dort eingesetzt werden, wo nach Baurecht keine höheren Anforderungen gestellt werden. Das gilt z. B. im Bereich von Rettungswegen bei einer Verglasung, deren Unterkante mehr als 1,80 m über dem Fußboden liegt.

- **F-Verglasungen** müssen neben der Rauch- und Flammdichtigkeit auch einer Übertragung des Brandherdes durch Hitzestrahlung im geforderten Zeitraum, z. B. F60 = 60 Minuten unterbinden. Das bedeutet, dass während der gesamten Feuerwiderstandsdauer eine thermische Isolation stattfinden muss. Nur diese Gläser dürfen in Feuerschutztüren eingebaut werden, da auf der feuerabgewandten Seite die Temperatur nicht um mehr als 140 °C ansteigt (Bild 1 und 2).

Folgende Abbildung zeigt den Temperaturverlauf eines Brandversuchs nach DIN 4109 in Rettungswegen, die mit G-Gläsern bzw. F-Gläsern abgeschirmt sind.

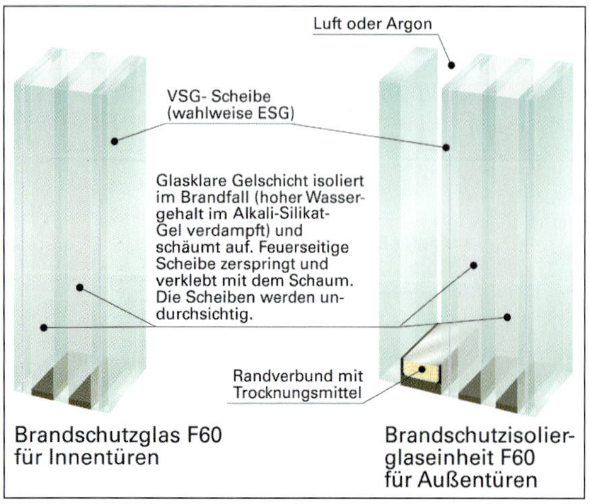

1 Brandschutzverglasung

Montage und Wartung von Feuerschutztüren

Für jeden Feuer- und/oder Rauchschutzabschluss ist nach DIN 18093 eine schriftliche Einbauanleitung und Wartungsanleitung vom Hersteller mitzuliefern. Die Einbauanleitung (mit Angabe der Reihenfolge der Arbeitsvorgänge) enthält mindestens folgende Angaben über:

- Wände und angrenzende Bauteile: Art und Beschaffenheit (z.B. Beton, Mauerwerk,

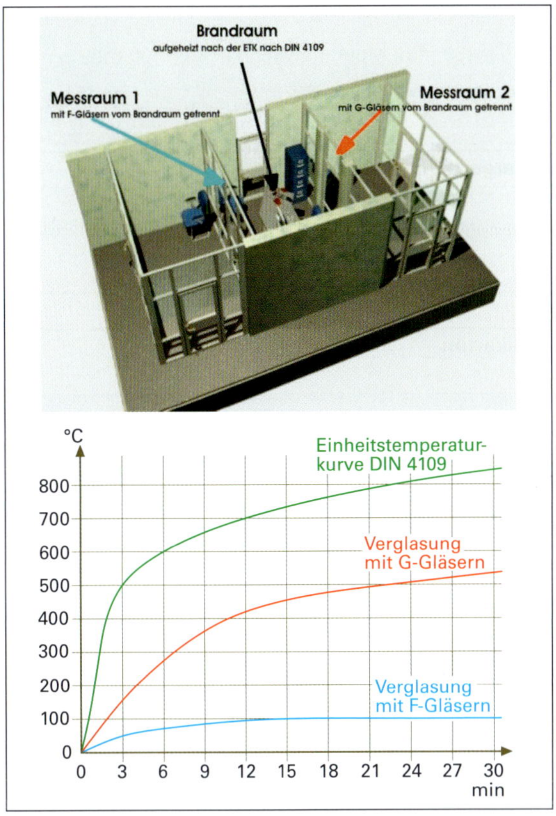

2 **Temperaturanstieg im Brandversuch mit G-Gläsern und F-Gläsern**

Porenbeton mit Angaben über Rohdichte, Festigkeit, Leichtbauständer- oder Holzständerwand ...) und jeweilige Mindestdicken

- Befestigungsart:
  Schweiß-, Schraubmontage, Einschäumen, Befestigungsmittel wie Schrauben, Dübel, Anker Gestaltung der Befestigungspunkte (Mindestrand- und Lochabstände der Dübel untereinander)
- Hinterfüllung der Zarge (Abdichtung des Türelements zur Anschlusswand und Schwelle):
  Art und Rohdichte des Füllmaterials (Zementmörtel, Brandschutzschaum...)
  Versiegelung im jeweiligen Einbaufall (Brandschutzversiegelung)
- Spaltmaße und Einbautoleranzen:
  Falz- und Bodenluft
- Anbringung getrennt gelieferter Komponenten und lose mitgelieferter Teile:
  Montage von z. B. Brandschutzgläsern, Rahmen/Zargen und lose mitgelieferten Teilen (z. B. dämmschichtbildende Baustoffe, Baubeschläge, Dichtungen, Dämpfungsprofile, Türschließer oder Federbänder, Schließfolgeregler) nur nach Einbauanleitung
- Feststellanlage:
  Installation nur nach Einbauanleitung
- Einbaubestätigung:
  Der Unternehmer, der den Feuer- und/oder Rauchschutzabschluss eingebaut hat, muss eine Bestätigung ausstellen, mit der er bestätigt, dass der Feuer- und/oder Rauchschutzabschluss hinsichtlich aller Einzelheiten fachgerecht und nach der Einbauanleitung, die der Hersteller mitgeliefert hat, eingebaut wurde. Diese Einbaubestätigung ist dem Bauherrn auszuhändigen.

Wartungsanleitung:
Zu jedem Feuer- und/oder Rauchschutzabschluss ist vom Hersteller eine schriftliche Wartungsanleitung mitzuliefern.
Aus der Wartungsanleitung muss ersichtlich sein,

- welche Arbeiten (auch die Reihenfolge der Arbeiten)
- in welchen Intervallen (jedoch mindestens jährlich) auszuführen sind, damit sichergestellt ist, dass der eingebaute Feuer- und/oder Rauchschutzabschluss auch nach längerer Nutzung seine Leistungs-eigenschaften beibehält.

In der Wartungsanleitung sind mindestens die folgenden Aufgaben durchzuführen:

- Inspektion und Betätigung der Tür/des Tores oder des zu öffnenden Fensters, um sicherzustellen, dass die Funktion aller Bauteile gegeben ist;
- Sicherstellen, dass die Schließbleche für die Schlösser/Fallen frei von Hindernissen sind;
- Prüfung daraufhin, dass die Schließzeit der Tür/des Tores so gesteuert ist, dass sie innerhalb der in den Anweisungen des Herstellers angegebenen Grenzwerten liegt;
- die Selbstschließung muss von einem Öffnungswinkel von mindestens 10° ablaufen (30°, wenn Türschließmittel mit unkontrolliertem Schließablauf angewendet werden);
- Prüfung daraufhin, dass alle Bauteile sicher angebracht sind und dass sämtliche Abdichtungen weiterhin unbeschädigt sind.

Die Wartung des Feuer- und/oder Rauchschutzabschlusses ist nach Vorgaben des Herstellers durchzuführen und schriftlich zu dokumentieren.
Exemplarische Montageanleitung für eine doppelwandige Feuerschutztür T30 (Auszug).

Wartungsarbeiten sollten mindestens einmal jährlich sowie nach Störungen erfolgen. Folgende Teile sind regelmäßig und periodisch zu kontrollieren:

- Bänder
- Federband
- Türschließer
- Schloss
- Sicherungsbolzen
- Dichtprofile

Nähere Informationen in Kap. 8.3.9, Seite 398.

Wandarten und Wanddicken:
z. B. für T30-Tür: Mauerwerk ≥ 115 mm; Beton ≥ 100 mm; Porenbeton ≥ 150 mm; Montagewände (F90) > 100 mm …

Zulässige Zargenformen: Eckzarge (mit oder ohne Gegenzagre), Umfassungszarge …

Zulässige Hinterfüllung der Zarge:

	Eckzarge	Umfassungszarge	Gegenzarge
Mauerwerk	Mörtel	Mörtel	Mineralwolle oder Gipskarton
Beton	Mörtel	Mörtel	
Porenbeton	Mörtel	Mörtel	–
Montagewände	T30: Mörtel, Mineralwolle oder Gipskarton T90: Mörtel oder Gipskarton		

Allgemeine Einbauhinweise
- Zarge mit geschlossenem Türblatt in die Öffnung auf Meterrisshöhe stellen, lot- und waagerecht ausrichten und durch Keile fixieren.
- Luftspalte durch Distanzstücke einrichten:

Türbezeichnung	Luftspalt (Maß X)				
	Seitlich und oben (v)	Brandschutz (w)	Rauch-/Schallschutz: Absenkbodendichtung mit Anschlag (x)	Rauch-/Schallschutz: Schleifdichtung (y)	Blende / Türblatt (z)
T 30 - 1	5^{+1}_{-2}	8^{+7}_{-4}	8^{+2}_{-4}	8^{+2}_{-1}	6^{+1}_{-2}
T90 - 1	7^{+1}_{-2}	8^{+7}_{-4}	8^{+2}_{-4}	8^{+2}_{-1}	–

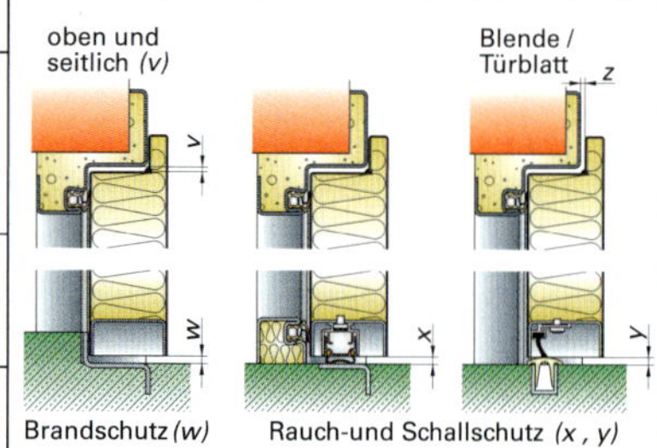

- Zarge verspreizen, damit sich diese beim Ausmörteln nicht durchbiegen oder verdrehen.
- Vor dem Ausmörteln der Zarge vorsichtig die Funktion der Tür überprüfen.
- Tür bis zur druckfesten Ausmörtelung und während des Abbindens des Mörtels nicht bewegen.

Vor Montagebeginn prüfen:
- Eignet sich die Wandbauart zum Einbau der Tür?
- Ist die Höhenlage des Bodens bzw. der Meterriss bekannt?
- Welche Öffnungsrichtung liegt vor, soll die Tür nach innen oder außen öffnen?
- Sind zusätzliche Bauvorschriften zu beachten?
- Muss das Mauerwerk für die Schutzkästen an der Zarge ausgestemmt werden? *Die Schutzkästen dürfen <u>nicht</u> entfernt werden!* (vgl. S. 344, Bild 4)

Ankerabstände mit Bodeneinstand

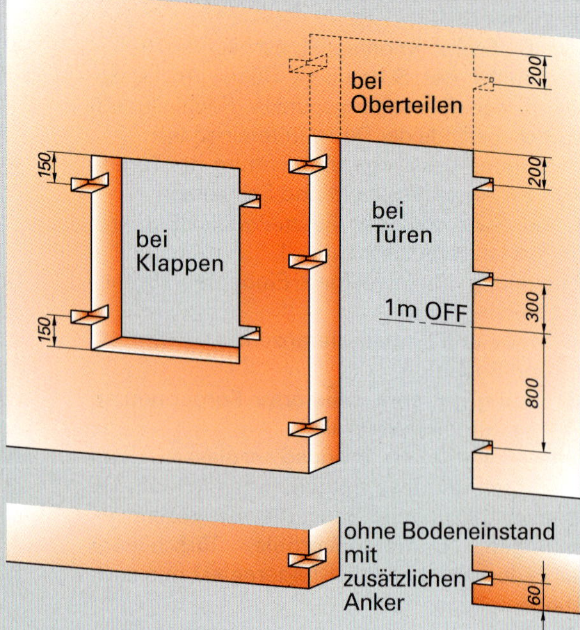

Einbau Eckzarge in Mauerwerk-/Betonwänden

Einbau mit Dübelankern:

- Dübel-Anker (A) ausbiegen.
- Türelement in die Öffnung stellen und lot- und waagrecht ausrichten.
- Dübelbohrung ⊠ 10, im Bereich der Anker 1 und 3 anbringen und Anker mit *bauaufsichtlich zugelassenen Spreizdübeln* (B) *(bei Mauerwerk mind. 100 mm lg.; bei Beton auch Schwerlastdübel ≥ M8)*, befestigen.
- Anschlag des Türblattes überprüfen und restliche Anker setzen.
- Zarge mit Mörtel hinterfüllen und bündig anputzen.
- Bei besonders schweren Türen die Zarge durch angeschweißte Distanzstücke vor Verdrehung sichern.

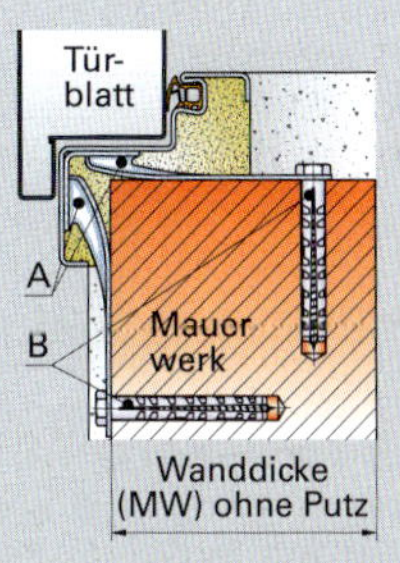

Eckzarge mit Türblatt in Mauerwerk-/ Betonwand

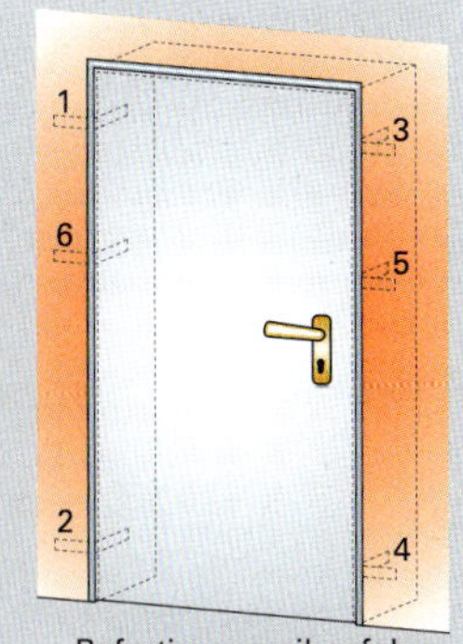

Befestigungsreihenfolge der Zargenanker

Zusammenbau und Einbau der Umfassungszarge

- Die Zargen zusammenstecken.
- Eckverbinder (1 + 2) mit den selbstschneidenden Schrauben (3) verbinden.

Einbau in Sichtmauerwerk/-beton:

- Winkel (C) mit Ausgleichslasche (D) auf Zargentiefe einstellen und andübeln (Abstände nach Ankerplan der Befestigungseinheit).
- Zarge mit Türblatt einsetzen und ausrichten.
- Durch Biegen der Lasche (D) den Maßausgleich (A) herstellen.
- Zarge an den Winkel und Ausgleichslasche schweißen.
- Zarge mit Zementmörtel ausfüllen.

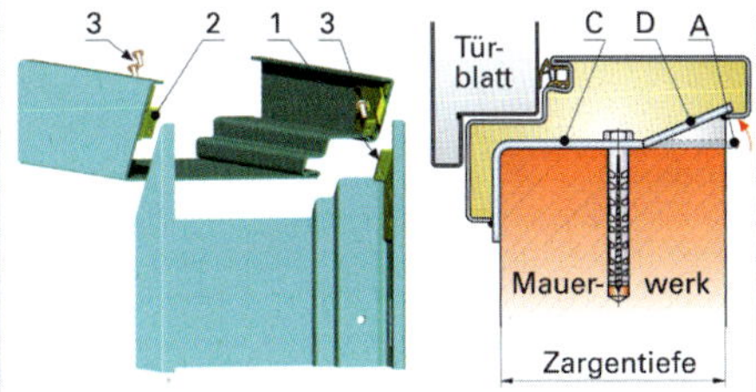

Umfassungszarge mit Türblatt in Sichtmauerwerk-/ Betonwand

Dichtungen

Das Dichtungsprofil wird lose der Tür beigelegt.

Die Dichtungsnuten müssen vor dem Einziehen der Dichtung gesäubert werden. Die Dichtungsprofile sind mit ca. 1 % Übermaß zuzuschneiden und in die Nut einzudrücken. Evtl. Welligkeit durch leichtes Strecken beseitigen.

Bei Feuer-, Rauch- und Schallschutz-Türen dürfen beschädigte Dichtungen nur gegen Originaldichtungen ausgetauscht werden.

Achtung:

Rauchschutztüren haben rauchschutzbedingt teilweise höhere Dichtlippen. Diese Dichtungen sind besonders gekennzeichnet und dürfen nicht vertauscht werden.

Bodenanschlüsse

Ohne Bodeneinstand:

- Beim nachträglichen Kürzen der Zarge muss die Zarge zusätzlich unten befestigt werden. Dieses kann durch einen Bodenwinkel (F) geschehen, der an die Zarge geschweißt und am Boden angedübelt wird (mit allgemein bauaufsichtlich zugelassenem Kunststoffdübel ⊠ 10) oder durch einen zusätzlichen Anker in 60 mm über Oberkante Fertigfußboden (OFF).
- Den Transportwinkel (E) nach der Montage entfernen.

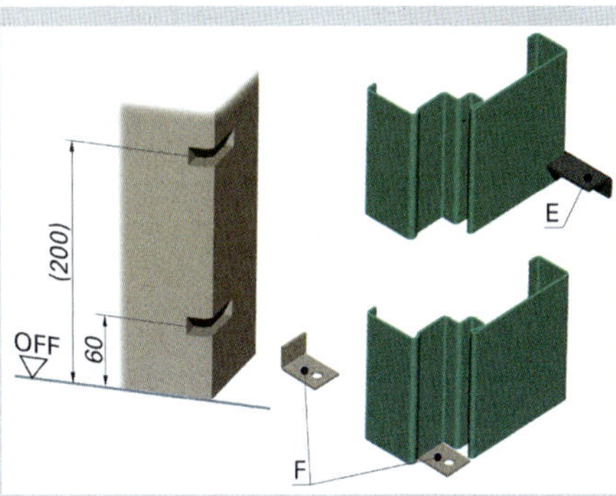

mit Schleifdichtung und Auflaufschwelle (ohne Bodeneinstand):

- Schleifdichtung (G) ist werkseitig eingebaut oder liegt dem Zubehörpaket bei.
- Beim Einbau der Tür Bodendichtung nicht beschädigen.
- Die Alu-Auflaufschwelle (H) vorne anlegen und am Boden andübeln.
- Spalt zwischen Boden und Auflaufschwelle mit dauerelastischem Dichtungsmittel abdichten.
- Überstand der Schleifdichtung auf beiden Seiten des Türblatts ca. 3 mm.

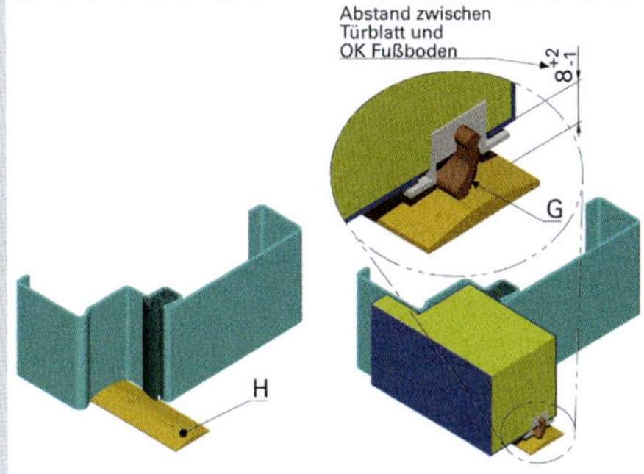

Schlösser

- Schloss nach DIN 18250-1 (bzw. DIN 18251), der Austausch gegen Schlösser mit Anti-Panik-Funktion ist möglich.
- Alle Feuerschutztüren können mit Profilzylinder oder mit Buntbart-Einsatz und Schlüssel versehen werden.
- Buntbarteinsätze dürfen bei Rauch- und Schallschutz- Türen nicht verwendet werden.

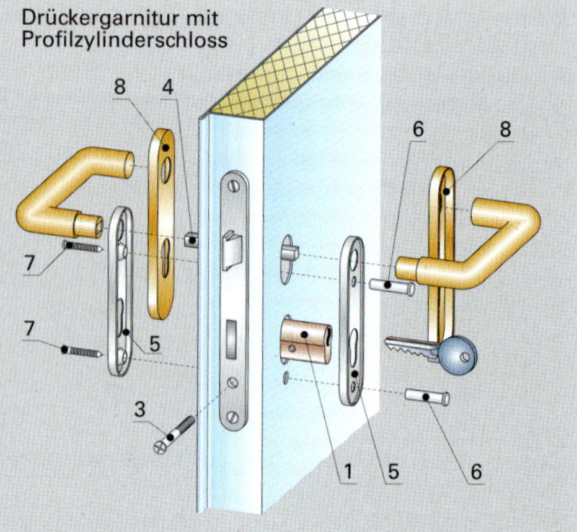

Drückergarnitur

- Profilzylinder (1) in das Schloss stecken (alternativ Buntbart- Einsatz). Befestigungsschraube (3) einschrauben und Schließfunktion prüfen.
- Vierkantstift (4) in die Schlossnuss einsetzen.
- Türschilder (5) mit Drücker (Türgriff) auf den Vierkantstift aufsetzen.
- Hülsenmuttern (6) von der Außenseite einsetzen und von innen die Senkschrauben (7) in die Hülsenmuttern (6) einschrauben.
- Überdeckschilder (8) über den Drücker stecken und aufklipsen.
- Hinweis: Die Drückergarnituren werden durch die Schrauben und Hülsenmuttern gehalten.

Bänder

Die Türblätter sind mit 2- oder 3-teiligen Konstruktionsband-Garnituren (KO-Band) befestigt. Abhängig vom Türblattgewicht und der Einbausituation sind die Türen mit Federbändern (FE-Band) oder Türschließern auszustatten.

- Bandbolzen vor dem Einsetzen leicht einfetten.
- Ausrichten der Zargenbänder mittels Bandzieheisen, nur wenn der Bandbolzen aus dem Türblatt getrieben und der Türflügel unterkeilt ist.

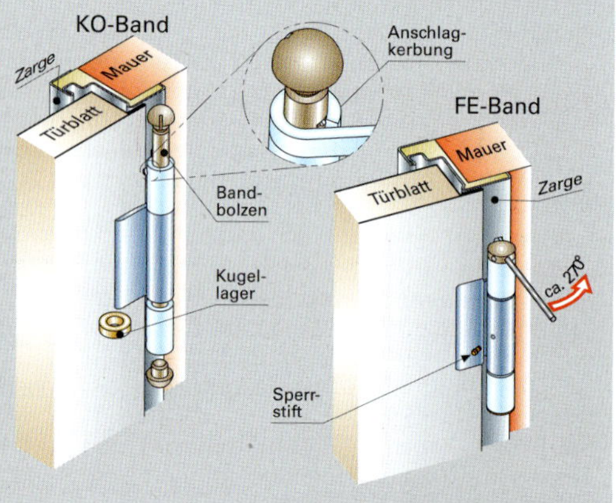

3-teilige Bänder

- Beim Eintreiben der Bandbolzen ist darauf zu achten, dass die Aufkerbung in den Freiraum des Zargenbandes führt.
- Spannen der Federbänder
- Einstellen der Federbänder: Feder durch Drehen in Öffnungsrichtung des Türblattes spannen. Die Tür muss aus einem Öffnungswinkel größer 30° selbsttätig schließen. Die Einstellung wird durch Einsetzen des Sperrstiftes in eines der beiden Löcher des Bandmittelteiles fixiert.

Türschließer

Anbau des Türschließers gemäß Montageanleitung des Türschließers unter Beilage der Montageplatte an den vorgerichteten Befestigungspunkten

Einstellen des Türschließers:

Endschlag so einstellen, dass Die Schlossfalle sicher einrastet. Der Endschlag hebt die gedämpfte Schließung der Tür bei ca. 7° vor dem Schließen der Tür insbesondere bei schwergängigen Schlossfallen auf.

Schließkraft so hoch einstellen, dass die Tür aus jeder Öffnungsstellung sicher schließt.

Schließgeschwindigkeit so wählen, dass die Tür aus 90° Öffnungswinkel in ca. 6 Sekunden schließt.

Weitere Anbau- und Einstelldetails sind dem beiliegenden Montageplan des Türschließers zu entnehmen.

Türschließer:
Bei Rauchschutztüren, Feuerschutztüren mit Verglasung, Feuerschutztüren mit Türblattgewicht >80 kg, bei Montage- und Porenbetonwänden ist dieser zwingend vorgeschrieben.

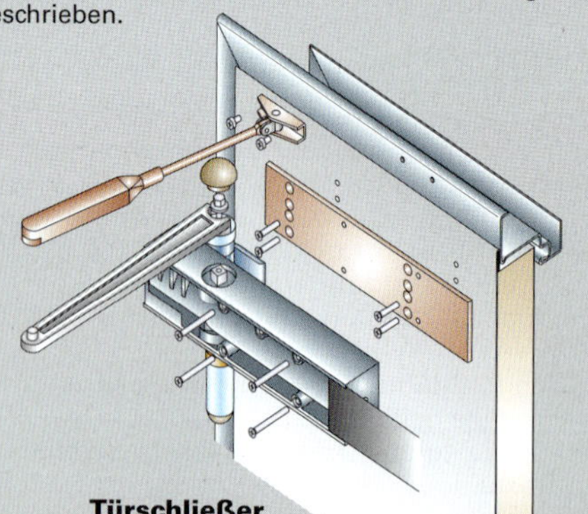

Türschließer

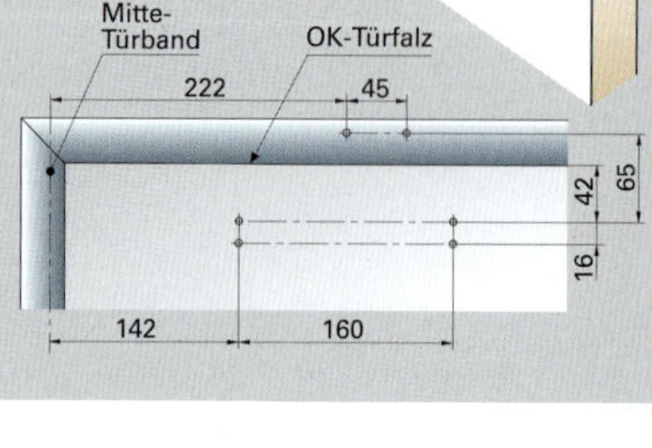

Aushängen des Türblattes

- Federband vorher entspannen und die Bandbolzen von FE- und KO-Band zur Mitte hin ausziehen.
- Bei Türen mit Türschließer das Schließgestänge entfernen.
- Türblatt durch Unterlegen mit Holzkeilen entlasten und die Bandbolzen heraustreiben (Sicherungsschrauben der Bandbolzen vorher lösen).

8.1.8.2 Rauchschutztüren – geprüft nach DIN 18095 und DIN EN 13501-2

Rauchgase sind sehr giftig. Beim Brand in einem Gebäude geht von ihnen eine große Gefahr aus, weil sie sich in einem weit größeren Bereich als dem eigentlichen Brandherd ausbreiten können. Rauchgase behindern die Sicht und führen rasch zum Erstickungstod. Rauchschutztüren müssen daher Fluchtwege für eine Zeitspanne von 10 Minuten soweit rauchfrei halten, damit diese ohne Atemschutz noch begehbar bleiben.

Gase dehnen sich bei Erwärmung sehr stark aus. Weil Rauchgase Temperaturen bis zu 200 °C erreichen können, entsteht im raucherfüllten Raum ein Überdruck. Die Gase wollen durch die Fugen an den Türen entweichen. Um Fluchtwege rauchfrei zu halten, darf eine bestimmte Rauch-Leckrate nicht überschritten werden (Bild 1, Seite 352).

Um die austretende Rauchgasmenge zu verringern, sind Rauchschutztüren im Falz mit besonders widerstandsfähigen Dichtungen versehen. Sie sind so ausgeformt, dass sie sich durch den Überdruck der Rauchgase selbstständig gegen den Türflügel pressen.

Die Bodenschwelle erfordert eine besondere Abdichtung. Hier verwendet man

- Schwellen-Anschlagdichtungen,
- Schleifdichtungen,
- Magnetbodendichtungen oder
- Automatisch absenkbare Bodendichtungen.

Verglaste Rauchschutztüren benötigen aufgrund der hohen Rauchgastemperaturen auch bruchsichere Gläser. Hier genügen aber die bereits erwähnten G-Verglasungen (Drahtglas, Borsilikatglas) oder auch Einscheibensicherheitsgläser und Verbundsicherheitsgläser.

Rauchschutztüren stellen hinsichtlich der Selbstschließung die gleichen Anforderungen wie Feuerschutztüren. Mithilfe von Federbändern oder Türschließern muss diese in jedem Fall gewährleistet sein. Zweiflügelige Türen (z. B. Flurtüren in Krankenhäusern, Schulen usw.), die zudem häufig offen stehen sollen, benötigen zusätzliche Schließbeschläge. Im folgenden sind dies:

- 2 Türschließer an beiden Flügeln
- 1 Schließfolgeregler
- 1 Feststellanlage für beide Flügel
  - mit Handauslösung
  - ein oder mehrere Rauchmelder (je nach Einbausituation – siehe Entscheidungsdiagramm Bild 2, S. 348)

Über eine zentrale Stromversorgung werden die Haltemagnete der Feststellanlage aktiviert und die Türflügel über die an den Flügeln angebrachten Halteplatten offen gehalten. Über einen Handtaster, der die Stromzufuhr unterbricht, kann bei Bedarf das Schließen der Flügel veranlasst werden. Bei Brand löst der Rauchmelder das Signal zum Schließen der Tür aus. Der Schließfolgeregler sorgt dafür, dass der Standflügel vor dem Gehflügel geschlossen wird. Die Türflügel können auch durch eine im Türschließer integrierte elektromechanische Feststellung offen gehalten werden, das spart zusätzliche Installationsarbeiten für die Haltemagnete und Halteplatten. Außerdem entfällt auch der Handauslöser, weil durch einen geringen Druck auf das Türblatt die Feststellung aufgehoben wird.

Eine Feststellanlage muss mindestens einmal monatlich auf ihre einwandfreie Funktion überprüft werden. Mindestens einmal jährlich muss eine Prüfung auf ordnungsgemäßes und störungsfreies Zusammenwirken aller Geräte sowie eine Wartung vorgenommen werden.

Wie viele Rauchmelder erforderlich sind und wo sie angebracht werden müssen, kann man mit umseitigen Entscheidungsdiagramm ermitteln.

Mehr Informationen zu **Rauchmeldeanlagen** siehe Kap. 8.2.3.

Kennzeichnung von Rauchschutztüren (siehe Tabellenbuch):
Tür DIN 18095 – RS – 2 = zweiflügelige Rauschutztüre nach DIN 18095 geprüft

Tür DIN EN 13501-2 – C5 S_m = Tür mit Rauchschutzfunktion, gewährleistet bei Rauchgasen mit 200 °C und mindestens 200.000 Selbstschließungen

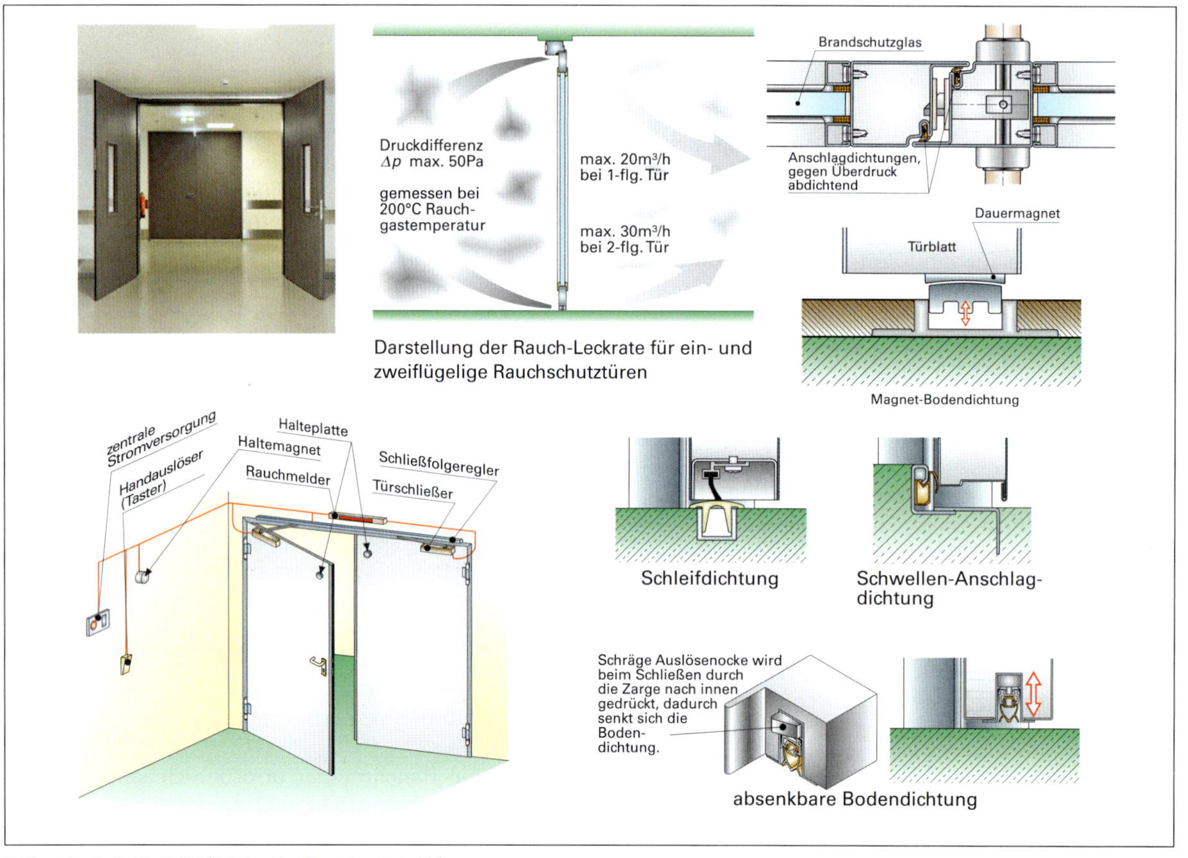

1 Rauchschutztür RS 2 (2-flügelige Rauchschutztür)

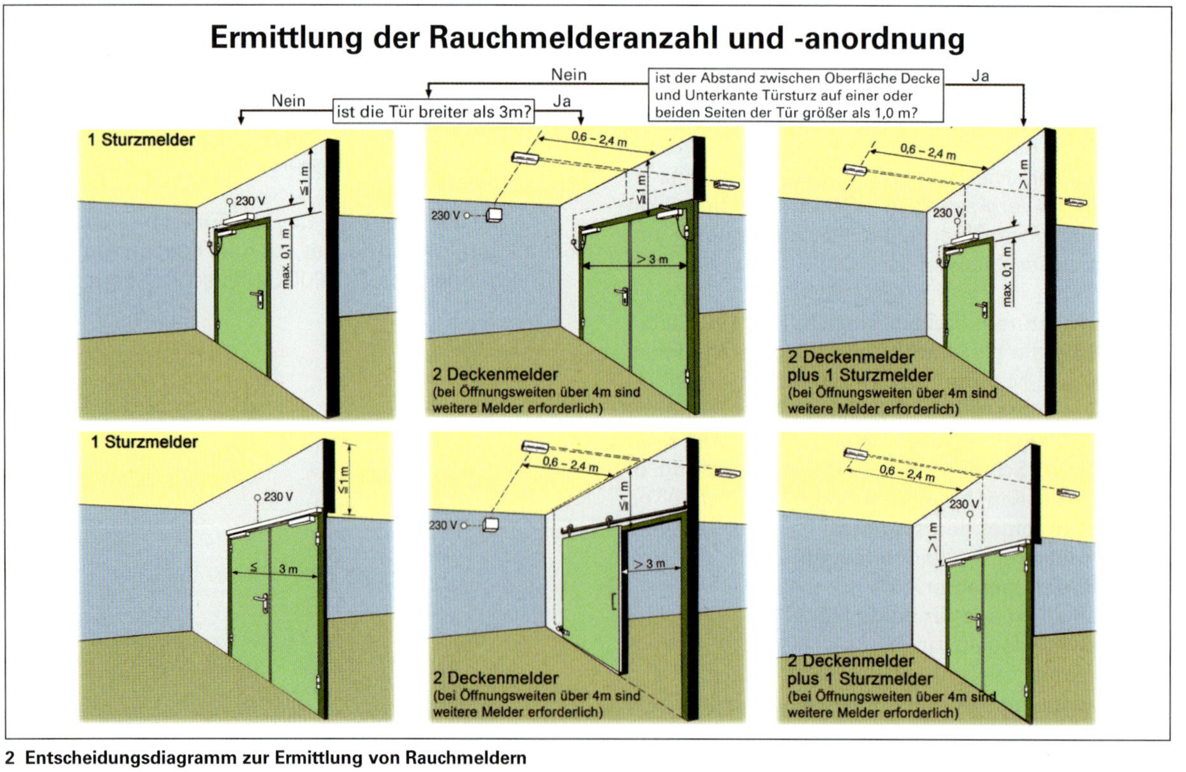

2 Entscheidungsdiagramm zur Ermittlung von Rauchmeldern

8.1.8.3 Sicherheitstüren (Einbruchhemmende Türen)

Im gewerblichen und öffentlichen Bereich war der Einbau von Sicherheitstüren schon immer ein Thema. Der Kundenwunsch nach mehr Sicherheit ergreift aber immer mehr Privatleute, Besitzer von Eigenheimen oder Eigentumswohnungen. Einbruchsdelikte sind trauriger Spitzenreiter in der Kriminalstatistik. Nach Polizeistatistiken erfolgt der größte Teil der Einbrüche über die Haustür, Wohnungsabschlusstür aber auch über Kellernebentüren. Um hier einen Riegel vorzuschieben, wurde mit der **DIN EN 1627** eine Prüfvorschrift für Türen entwickelt, die heute dazu beiträgt, die Einbruchsgefahr wesentlich zu verringern.

Starke Sicherheitsbeschläge, aufbohrgeschützte Sicherheitsschlösser und eine Mehrfachverriegelung der Tür auf Band- und Schlossseite bieten eine Barriere, die in den meisten Fällen nur schwer überwunden werden kann.

Grundsätzlich gilt: Je besser die Wohnung oder das Haus abgesichert ist, desto schwerer hat es der Täter einzubrechen. Er wird sich einen leichter „begehbaren" Tatort suchen, weil er zuviel Zeit braucht. Leistet die Tür länger als 5 Minuten Widerstand, geben die meisten Diebe auf. Das Risiko, auf frischer Tat ertappt zu werden, ist zu groß.

Einbruchhemmende Türen werden entsprechend **DIN EN 1627** nach **Widerstandsklassen (WK)** unterschieden. Nur ein Prüfzeugnis bringt den Nachweis, dass die Tür der geforderten WK entspricht!

Die wichtigsten Anforderungen entsprechend DIN EN 1627 zeigt folgende Tabelle:

Widerstands-klasse	statische Belastung	Aufbruchwerkzeuge	Wider-standszeit	Tätertyp und -verhalten Verwendungszweck
WK 1	3 kN (6 kN)	keine	keine	Gelegenheitstäter, Gegenspringen etc.
WK 2	3 kN (6 kN)	einfache Hebel-Werkzeuge	3 Min.	Gelegenheitstäter Aufhebeln/Aufbrechen
WK 3	6 kN	wie WK 2 und 70 cm Kuhfuß	5 Min.	etwas erfahrener Täter, Aufhebeln/Aufbrechen
WK 4	10 kN	wie WK 3 und Schlagwerkzeuge + Akkubohrmaschine	10 Min.	erfahrener Täter, planmäßiges Vorgehen, Gewerbeobjekte
WK 5	15 kN	wie WK 4 und elektrische Stichsäge + Winkelschleifer	15 Min.	wie WK 4, Gewerbe-/öffentliche Objekte mittleres Risiko
WK 6	15 kN	wie WK 5 und Elektrowerkzeuge mit größerer Leistung	20 Min.	wie WK 5, hohes Risiko

Hauptmerkmale einbruchhemmender Haus- und Wohnungsabschlusstüren

Die Hersteller und Handwerker bei der Produktion bzw. beim Einbau von einbruchhemmenden Türen müssen i.d.R. folgende Kriterien einhalten (vgl. Bild 1, Seite 357).

- Türzargen müssen fest im Mauerwerk verankert werden (mehrere Maueranker an Band- und Schlossseite).
- Massiv ausgeführtes Türblatt (entsprechende Stärke und/oder eingelegte Stahlverstärkungen).
- Ein Türspion sollte vorhanden sein.
- Einbruchhemmende Sicherheitsschlösser mit Aufbohrschutz im Zylinderbereich (Schutzschilder aus Manganstahl oder oberflächengehärtetem Stahl).
- Beschläge müssen von innen verschraubt sein.
- Schließbleche müssen besonders stabil und schräg verschraubt sein.
- Bänder müssen innen liegen und gegen ein Aushebeln des Türblattes mit Sicherungsbolzen auf der Bandseite abgesichert sein.
- Briefschlitze oder Katzenklappen dürfen bei einbruchhemmenden Türen nicht angebracht werden.
- Etwaige Glaseinsätze müssen ebenfalls einbruchhemmend ausgeführt sein.

Bild 2, Seite 354, zeigt den Aufbau und die Beschreibung einer einbruchhemmenden Sicherheitstür aus doppelwandigem Stahlblech. Diese Tür ist in multifunktionaler Ausführung erhältlich, d.h. neben der Einbruchhemmung ist diese Tür auch rauchdicht, wärmedämmend und schalldämmend und optional als Brandschutztür ausführbar.

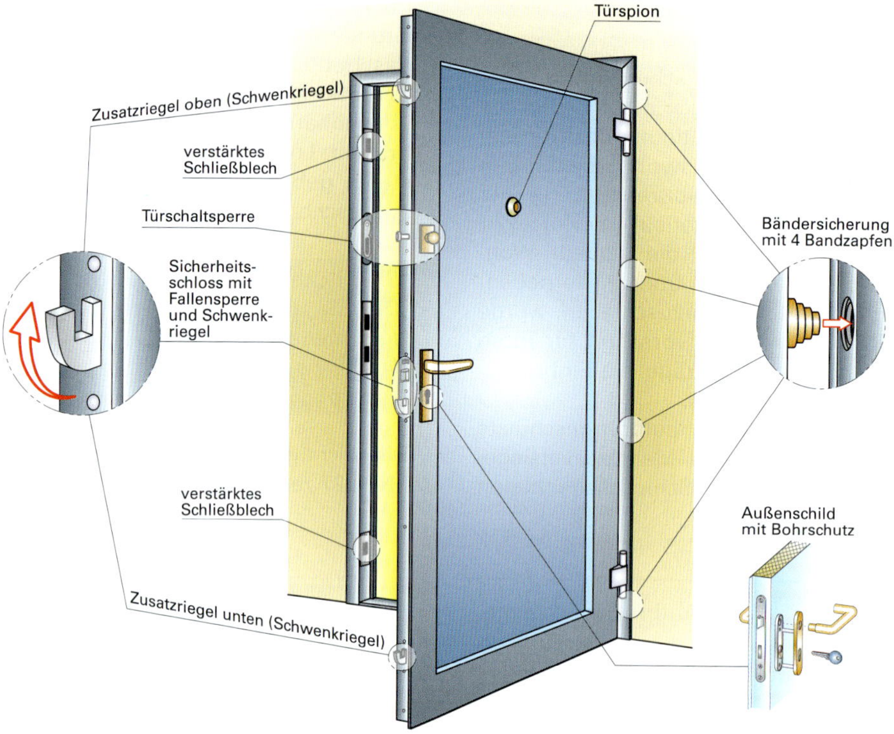

1 Kriterien für einbruchhemmende Türen

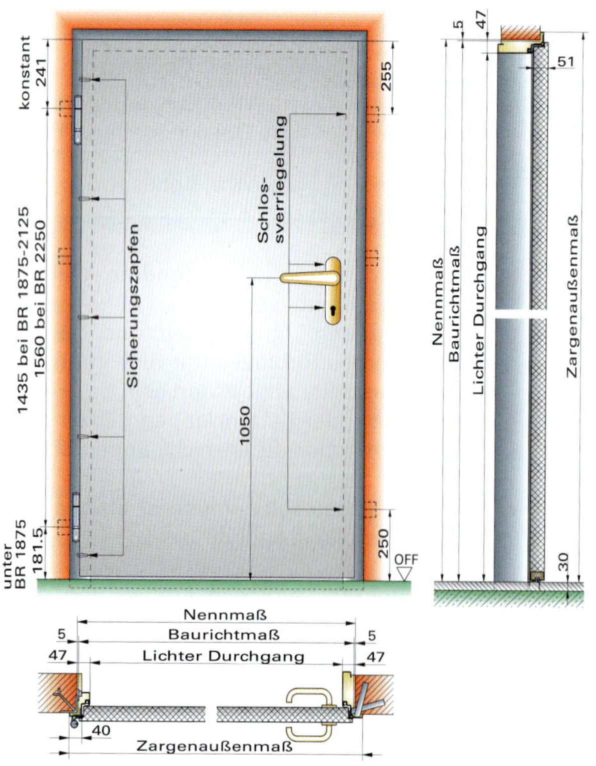

Sicherheitstür WK 3

Türblatt:

- doppelwandig, 51 mm dick, 3-seitig gefälzt, aus verzinktem Stahlblech, 1,0 mm dick
- 5 Stück Sicherungszapfen
- mit unterer Auflaufdichtung
- Oberfläche pulverbeschichtet grundiert in Verkehrsweiß ähnlich RAL 9016, wahlweise in verschiedenen Dekors …
- Bodendichtung als Auflaufdichtung (Standard)
- mechanisch absenkbare Bodendichtung (Zusatzausstattung)
- Anschlagwelle mit Gummidichtung (Zusatzausstattung)

Zarge:

- Eckzarge oder Umfassungszarge, 2 mm dick, verzinkt und grundiert, mit 3-seitig umlaufender APTK-Dichtung und Mauer-Dübelankern
- Maulweite: >115 Mauerwerk, >120 Beton, >175 Porenbeton

Bänder:

- 2 Stück Konstruktionsbänder, dreidimensional verstellbar, mit Bandsicherung

Beschlag:

- Getriebemittelschloss und je 1 Bolzenriegelschloss DIN 18251 Klasse 3 oben und unten für Wohnungsabschlusstüren
- LM-Sicherheits-Wechselgarnitur nach DIN 18257 ES 2 ZA
- aufbohrgeschütztem PZ nach DIN 18252 BS
- Türdrückergarnitur: Aluminium mit Stahlkern, eloxiert, silberfarben
- Türlangschild
- Wechselgarnitur mit außenseitigem Stoß-Rundgriff
- Türdrückergarnitur mit Anti-Panik-Funktion (Zusatzausstattung)
- Beschlagklasse ES 2
- Obentürschließer (Zusatzausstattung)
- Türspion mit Weitwinkel-Optik 180 Grad (Zusatzausstattung)

Schutzfunktion:

- Einbruchhemmende Tür DIN EN 1627 WK3
- Rauchschutztür nach DIN 18095
- als Brandschutztür nach DIN 4102 (Zusatzausstattung)

2 Einbruchhemmende Stahlblechtür WK3

8.1.8.4 Schallschutztüren

Mehr Lebens- und Arbeitsqualität

Lärm löst im menschlichen Körper Stress aus. Schallschutz gehört daher zu den wichtigsten Anforderungs- und Qualitätsmerkmalen im Bauwesen. Abhängig von der Art des Raumes (Schlaf-, Wohn- oder Arbeitsraum) gelten bestimmte noch erträgliche Schallpegel (Lautstärke in dB gemessen).

Schallpegel dB		Geräusch	Schallintensität (relative Einheiten)
0 10 20	leiser Bereich	Wahrnehmungsschwelle Atemgeräusch, Ticken einer Armbanduhr sehr ruhige Wohnung, Blätterrauschen	1 10 10^2
30 40 50	Normalbereich	nahes Flüstern Wohngeräusche, leise Unterhaltung Radio in Zimmerlautstärke	10^3 10^4 10^5
60 70 80	Belästigungsbereich	Staubsauger, lautes Sprechen, Bürolärm laute Straße, sehr lautes Sprechen sehr laute Radiomusik, sehr laute Straße	10^6 10^7 10^8
90 120	Schädigungsbereich	laute Fabrik, Kreissäge Schmerzgrenze	10^9 10^{12}

Schlafräume 25–30 dB (A)	Wohnräume 30–40 dB (A)	Großraumbüro 40–50 dB (A)

1 Schallpegel in dB (Dezibel) gemessen

Dies erzwingt abhängig von der Umgebungssituation oftmals den Einbau von Schallschutztüren, um den Schallpegel auf ein vernünftiges Maß zu reduzieren.

Schallwellen finden viele Schleichwege z. B. über Fugen oder Flanken. Die erforderliche Schalldämmung wird dabei bestimmt vom akustisch schwächsten Bauelement. Grundsätzlich gilt: Das schwächste Bauelement muss verbessert werden. An Türelementen findet man folgende Schallübertragungswege (Bild 2):

- Bauanschluss der Zarge
- Türfüllung (Paneel)
- Glasscheibe
- Fugen zwischen Zarge und Flügel
- Fuge an der Türschwelle

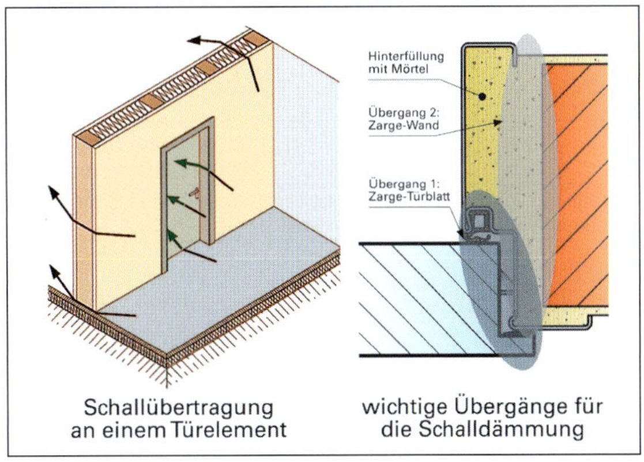

2 Schallübertragung an einem Türelement

Die Anforderungen an die Schalldämmung sind in DIN 4109 geregelt und gelten für das gesamte Türelement, d. h. das Türblatt, die Zarge und den Wandanschluss. Offene Fugen sind unbedingt zu vermeiden, Wandanschlüsse müssen fachgerecht ausgeführt und die Montageanleitungen der Hersteller auf jeden Fall beachtet werden.

Wie viel Schallschutz sein muss, hängt ab von der Gebäude- und Raumart. Das sogenannte bewertete Schalldämmmaß R_w gibt Aufschluss über die Qualität des Schallschutzes:

Das „bewertete Schalldämmmaß R_w gibt an, um wie viel Dezibel (dB) die Lautstärke durch den Einbau einer Schallschutztür vermindert wird.

Welche bewerteten Schalldämmmaße R_w gemäß DIN 4109 für die verschiedenen Gebäude- und Raumarten notwendig sind, zeigt Bild 3.

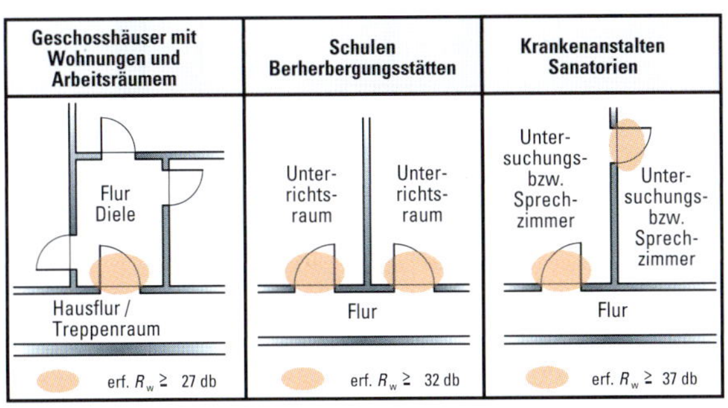

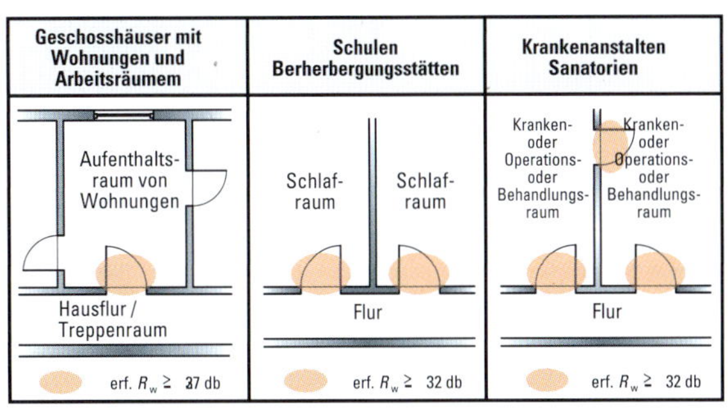

3 Schalldämmwerte R_w verschiedener Gebäude- und Raumarten

Die VDI-Richtlinie 3728 teilt Türsysteme in Schallschutzklassen ein. Folgende Tabelle zeigt den Zusammenhang zwischen diesen Schallschutzklassen und den bewerteten Schalldämmmaßen R_w.

Schallschutzklasse	bewertetes Schalldämm-Maß R'_w in dB		R'_w (angrenzende Bauteile)	Einbaubedingungen (Anmerkungen)
	(erf. R'_w)	$R_{w,P}$ (Laborprüfwert)		
0	20–24	mind. 27	–	(bauaufsichtlich keine Verwendung)
1	25–29 (ca. 27)	mind. 32	mind. 35	–
2	30–34 (ca. 32)	mind. 37	mind. 40	Anschlussfugen beigeputzt oder versiegelt
3	35–39 (ca. 37)	mind. 42	mind. 45	wie Klasse 2 + Zargen vollständig hinterfüllt
4	40–44 (ca. 42)	mind. 47	mind. 52	durch Fachmann festgelegt bzw. Hersteller-Einbauvorschrift
5	45–49	keine Angaben möglich (wegen Schall-Nebenwegeinfluss)		Hersteller-Einbauvorschrift und Einbau komplett aus einer Hand
Die höheren Schalldämmwelle $R_{w,P}$ resultieren aus der Tatsache, dass die Verhältnisse am Bau i. d. R. ungünstiger sind als die Versuchswerte im Labor. Für Türen gilt: Bewertetes Schalldämmmaß $R_w \approx R_{w,P} - 5$ dB.				

Um die geforderten Schalldämmwerte zu erreichen, weisen Schallschutztüren generell folgende Konstruktionsmerkmale auf:

- Massige Türblätter – mehrschichtig aufgebaut, massige Deckschichten auf der Innen- und Außenseite und weiche Einlagen, die den Schall schlucken. Schwere Türblätter geraten durch den Luftschall selbst weniger in Schwingung.
- Eine gute Abdichtung zwischen Zarge und Türblatt sowie zwischen Zarge und Wand ist entscheidend, nicht das Material der Zarge.
- Die Türdichtungen benötigen eine gute elastische Einfederung (mind. 3 mm) und ausreichende Andruckwirkung über die gesamte Fugenlänge und eine möglichst breite Fugenauflage.
- Es sollten mindestens 2–3 Dichtungen vorhanden sein.
- Die Fugen zum Boden sind schlecht zu sehen, aber gut zu hören! Deshalb sind gute Bodendichtungen erforderlich. Man unterscheidet:
  - Schwellendichtungen
  - Auflaufdichtungen
  - Absenkdichtungen
- Schall-Schleichwege über Teppichböden oder Fliesen erfordern komplette Schallentkopplungen im Boden (Bild 1).

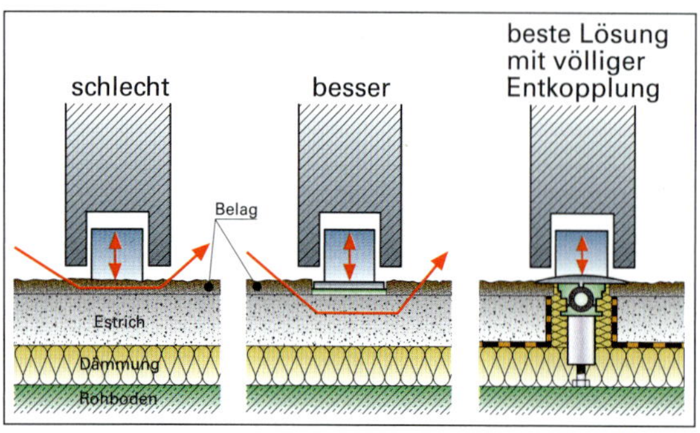

1 Schallentkopplung an der Türschwelle

- Erfolgt der Mauerwerksanschluss mit einer Stahlzarge, so muss diese vollständig mit Mörtel oder geeigneter Mineralwolle hinterfüllt werden.

Verglaste Schallschutztüren benötigen spezielle Schallschutzgläser (Bild 2). Je nach erforderlichem Schalldämmwert bestehen diese Gläser aus

- schweren Glasscheiben größerer Dicke,
- Scheiben mit größerem Scheibenzwischenraum (= SZR),
- Isolierglasscheiben mit Schwergasfüllung (Argon, Krypton) im SZR,
- Isolierglasscheiben mit Schallschutzfolie (Gießharzeinlage) zwischen den Scheiben des Verbundglases,
- unterschiedlich dicken Glasscheiben innen und außen.

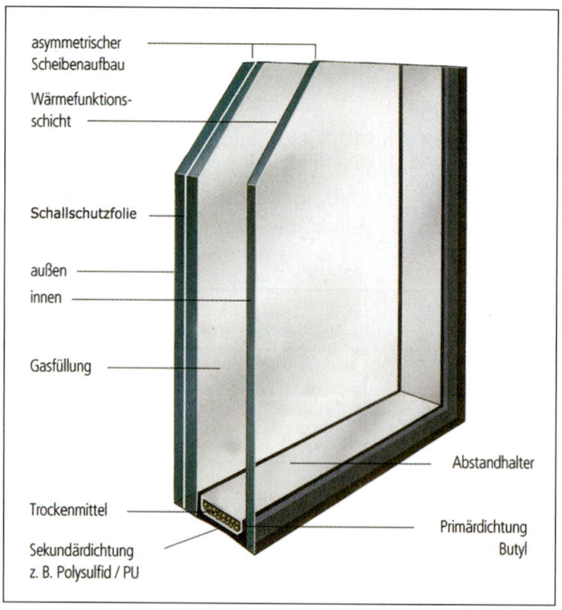

2 Schallschutzglas

8.1.8.5 Fluchttüren

Fluchttüren müssen im Notfall einfach und schnell die Fluchtwege freigeben. Sie zeichnen sich nur durch eine ganz bestimmte Auswahl von Beschlägen aus und müssen innerhalb 1 Sekunde auch im abgesperrten Zustand von innen geöffnet werden können. Seit 01.04.2003 gelten im Gebiet der EU zwei neue einheitliche Normen für die Beschlags-Ausstattung von Fluchttüren. Man unterscheidet bei Fluchttüren **Notausgänge** und **Paniktüren**:

DIN EN 179
„Notausgangsverschlüsse mit Drücker oder Stoßplatte"

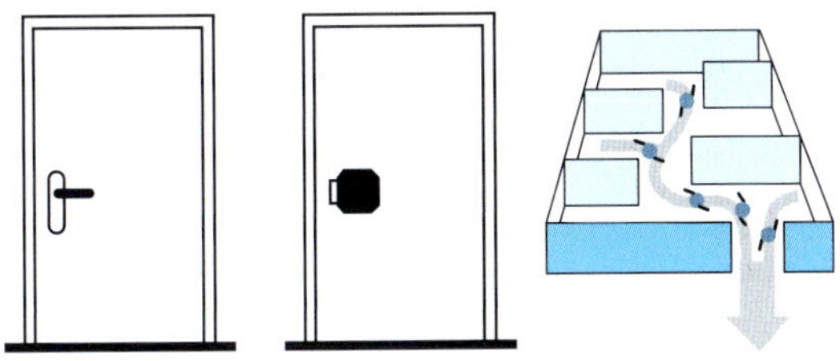

Geeignet für **Notausgänge** mit geringem Panikrisiko

Die EN 179 findet in der Regel Anwendung in Gebäuden, in denen das Entstehen von Panik unwahrscheinlich ist und eine kleinere Personengruppe bedroht ist. Die Personen, die sich im jeweiligen Gebäude befinden, kennen die Fluchtwege und sind mit den Beschlägen in der Regel vertraut.

DIN EN 1125
„Panikverschlüsse mit horizontaler Betätigungsstange"

Geeignet für **Paniktüren** mit großem Panikrisiko

Angewendet wird die EN 1125 normalerweise für Objekte, in denen das Entstehen von Panik zumindest wahrscheinlich ist. Eine sichere Fluchtmöglichkeit muss ohne Kenntnis der räumlichen Gegebenheiten, z. B. bei Dunkelheit oder starker Rauchentwicklung gewährleistet sein, wie z. B. in Kinos, Konzertsälen, Behörden usw.

Beschlag-Systeme nach DIN EN 1125 sind auch für Notausgänge geeignet, Systeme nach DIN EN 179 aber nicht für Paniktüren! Entsprechend unterschiedlich fallen die für das jeweilige System erforderlichen Beschläge aus. Mehr dazu im Kapitel 8.3.8 Seite 395 ff.

8.2 Beschläge und Zusatzeinrichtungen für Türen

Beschläge sind Bauteile an Türen, Toren und Fenstern, die bestimmte Funktionen erlauben. So unterscheidet man an Türen

- **Bewegungsbeschläge** wie Bänder, Türöffner, Türschließer, Türantriebe, die die Bewegung der Tür (Öffnen und Schließen) gestatten,
- **Verschlussbeschläge** wie Drückergarnituren, Schlösser, Treibriegel usw., die das Absperren und Verschließen der Tür erlauben, und
- **Zusatzbeschläge** wie Türfeststeller, Türstopper, Spion und dgl.

8.2.1 Türbänder

Als **Bewegungsbeschläge** zum Anschlagen von Drehtüren bzw. Stulptüren verwendet man überwiegend Bänder (Bild 1, nächste Seite). Sie

- ergeben eine Drehachse,
- nehmen das Flügelgewicht auf,
- erlauben eine reibungsarme Bewegung des Flügels und
- begrenzen die Flügelbewegung.

Man unterscheidet:

Zweiteilige Fitschenbänder: Der Stützdorn sitzt fest im unteren Bandlappen, der obere Bandlappen ist mit einem Tragdorn fest verbunden. Beide Bandteile dürfen sich nicht berühren. Zur Montage bzw. Demontage des Türblatts wird dieses lediglich ein- bzw. ausgehängt. Daneben gibt es auch Fitschenbänder mit losen Dornen, die für beide Anschlagrichtungen (DIN links oder rechts) umgebaut werden können.

Konstruktionsbänder sind zwei- oder dreiteilige Bänder, deren Dorn zum Ein- oder Ausbauen des Flügel herausgenommen werden muss. Ein Anheben und Absenken des Flügels bei der Montage ist nicht notwendig. Dreiteilige Bänder werden bei schweren Türen verwendet, da sie eine höhere Tragfähigkeit besitzen. Die Gewichtskräfte werden über eine Messingscheibe oder einen Laufring (Spezialkugellager) übertragen, um die Reibung zwischen den Bandlappen gering zu halten. Außerdem können die Türblätter nicht mehr einfach ausgehängt werden.

Anschweißbänder werden aus Flachstahl oder einem Spezialprofil gefertigt und haben zum Anschweißen vorbereitete Kanten. Der Dorn ist in einem Bandteil eingeschrumpft. Ein Laufring aus Rotguss vermindert die Reibung zwischen den Bandteilen.

Zapfenbänder werden insbesondere dann verwendet, wenn der Drehpunkt so weit vor die Tür gelegt werden muss, dass ein Bodentürschließer eingebaut werden kann. Der Bodentürschließer bzw. das untere Zapfenlager besitzen einen konischen Zapfen als Lagerachse, der das Flügelgewicht aufnimmt. Man unterscheidet Zapfenbänder zum Anschweißen und zum Anschrauben.

Bänder aus Aluminium-Druckguss werden für Türen aus Systemkonstruktionen (Aluminium- oder Stahlrohrtüren) in zwei- oder dreiteiliger Ausführung ver-

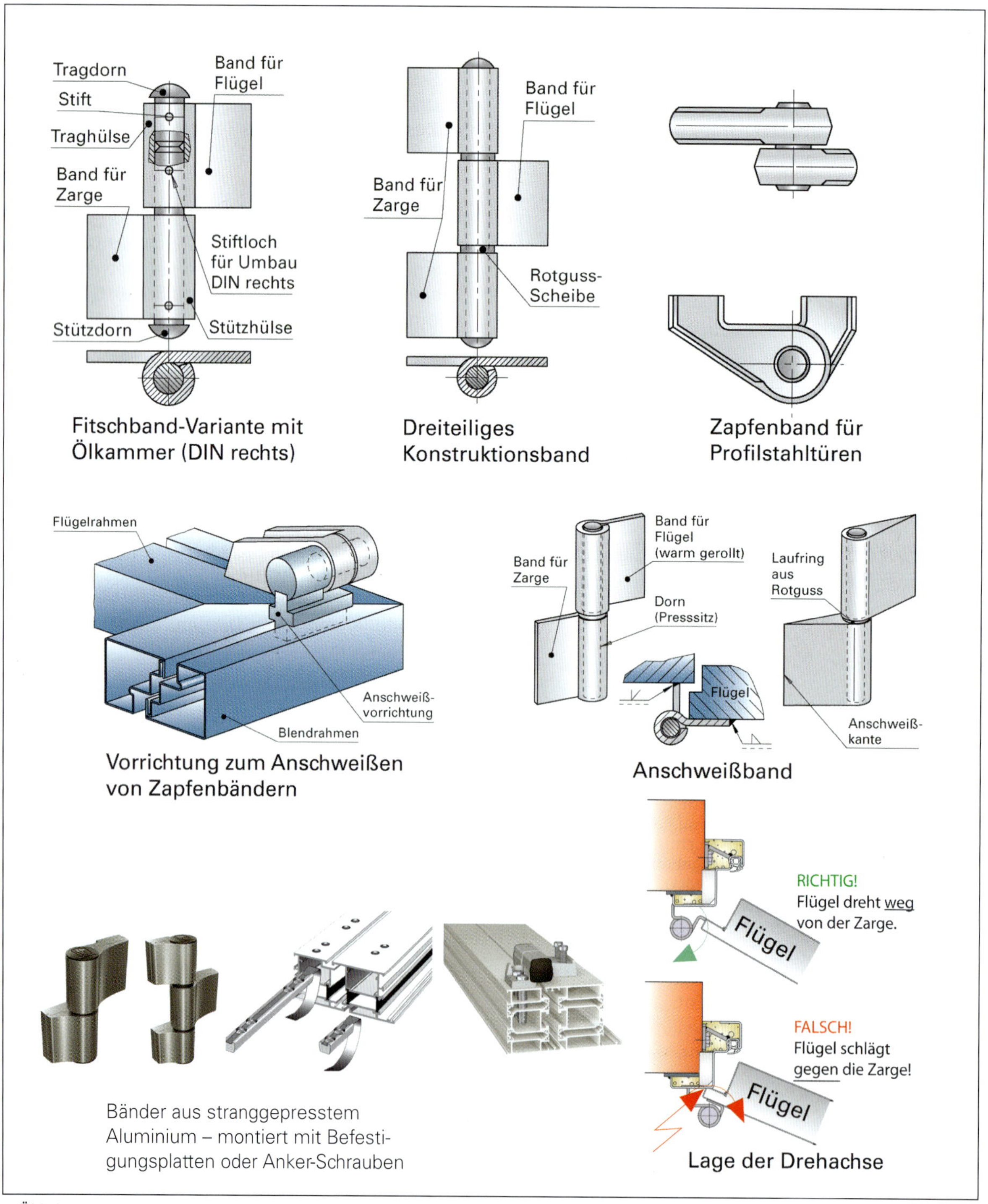

1 Übliche Bänder für Anschlagtüren

wendet. Sie werden mit Hinterlegplatten in den Hohlräumen des Tür- und des Flügelrahmens montiert. Mit diesen aufwändigeren Beschlägen kann die Türe im eingehängten Zustand noch justiert werden (Seiten, Höhen- und Andruckverstellung).

Bei der Montage der Bänder ist darauf zu achten, dass die Drehachse exakt senkrecht verläuft und der Flügel beim Öffnen sofort frei dreht und nicht gegen die Zarge schlägt (Bild 1) Schablonen und Vorrichtungen erleichtern die Montage und den Einbau von Beschlägen. Die Beschlaghersteller liefern entsprechende Einbauanleitungen und Hinweise zum Einstellen der Türbänder mit.

Folgende Abbildungen zeigen eine Anleitung zur Montage und den Einstellarbeiten an einem 2-teiligen Türband für Türen aus Aluminium-Systemprofilen:

Montage eines 2-flügeligen Türbandes

Flügelbandteil vorbereiten:

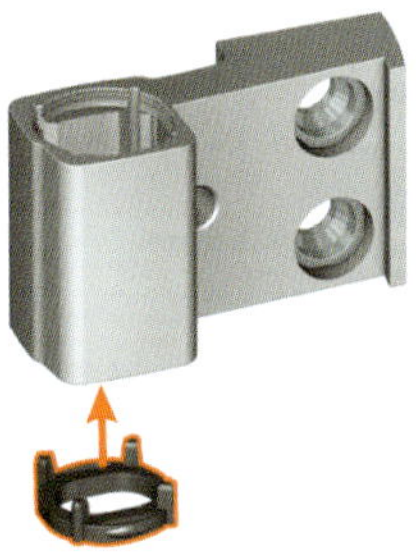

Gegenlaufscheibe aufstecken

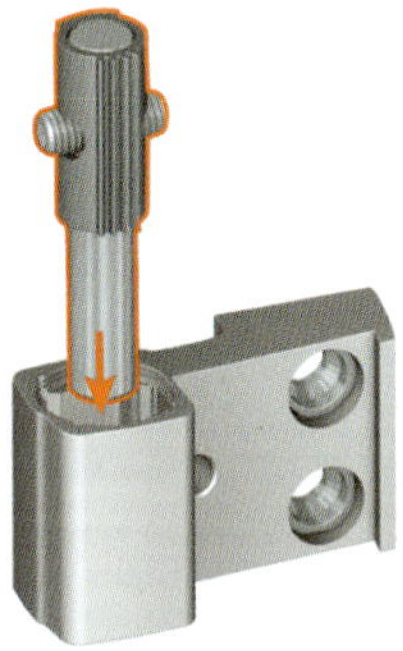

Lagerbolzen einführen

Lagerbolzen mit Gewindestift festsetzen

Rahmenbandteil vorbereiten:

Lagerbuchse einführen (DIN Links/DIN Rechts beachten)

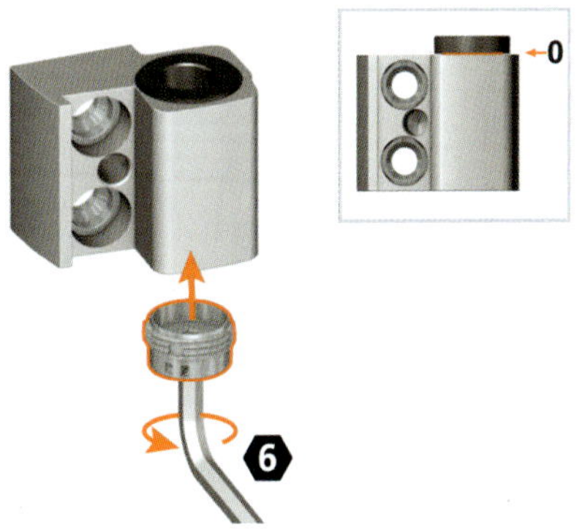

Hebespindel einschrauben, Ringnut an der Oberkante Rahmenbandteil ausrichten

Montageanleitung:

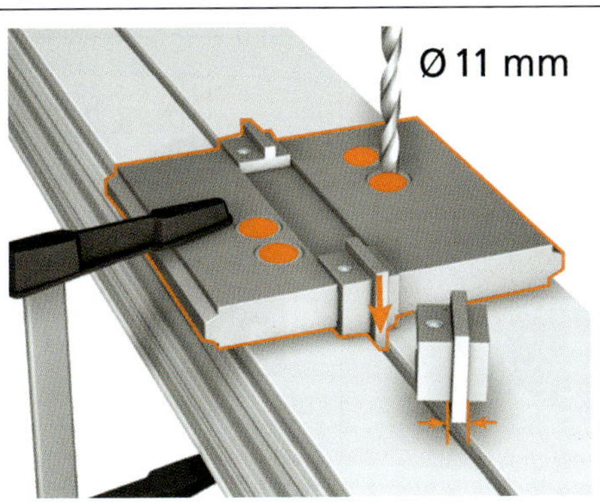

Bohrlehre festklemmen
Durchmesser 11mm bohren

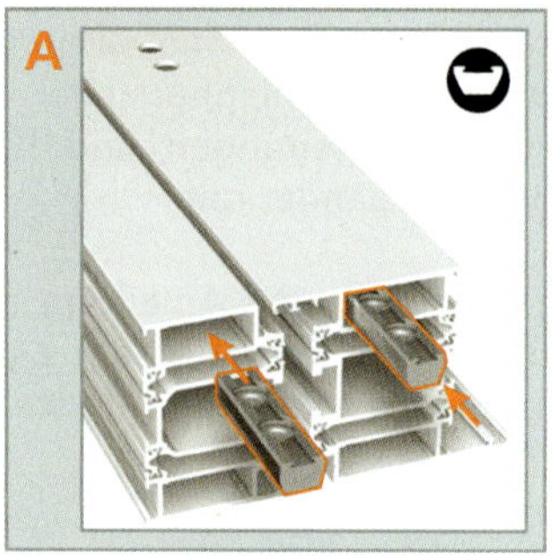

Befestigungsplatten in Profil einschieben und positionieren

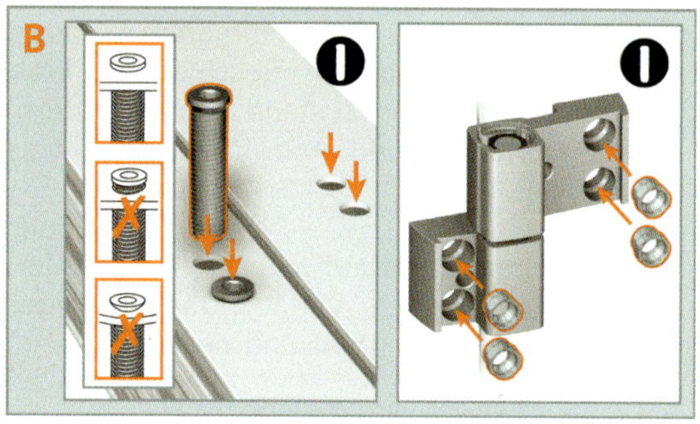

Alternative Befestigung mit Anker-Schrauben statt Befestigungsplatten

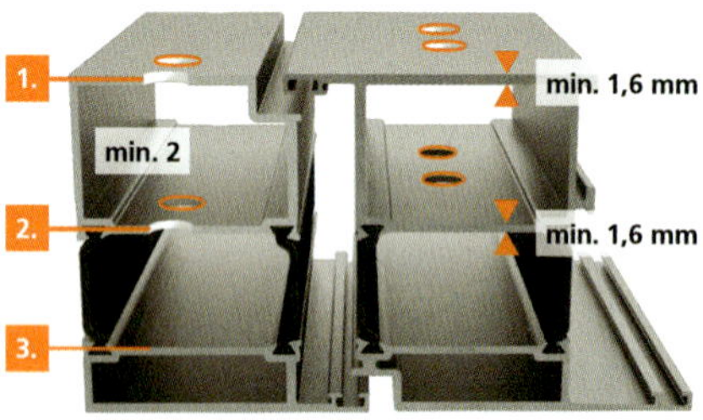

Mindestens 2 Befestigungsstellen pro Ankerschraube (obere und untere Profilwand)

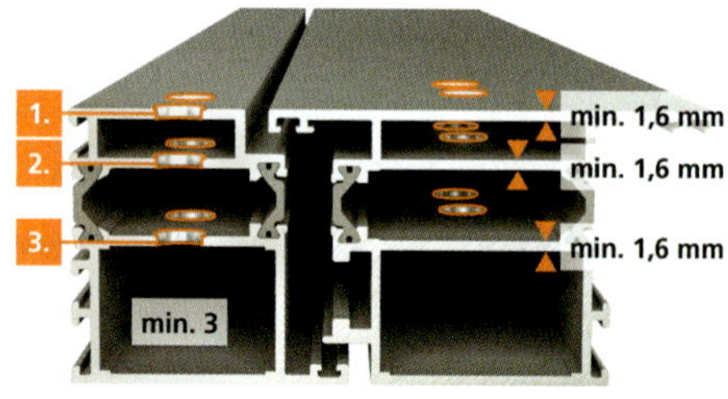

Einbruchhemmende Türen (RC2/RC3):
Mindestens 3 Befestigungsstellen pro Ankerschraube

Mindestwandstärke der Profile: 1,6mm

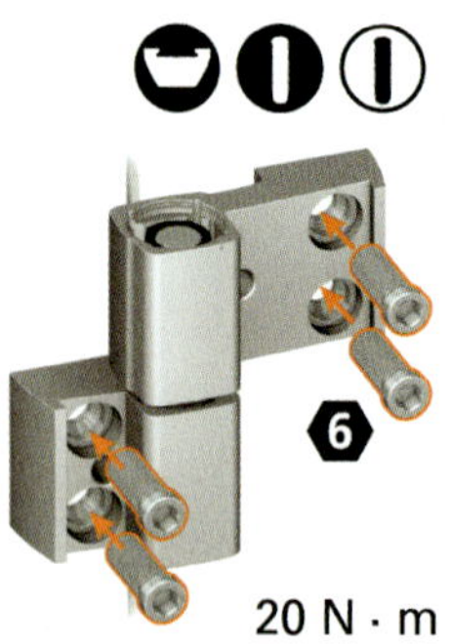

Bandteile verschrauben
(20 N · m Anzugsmoment)

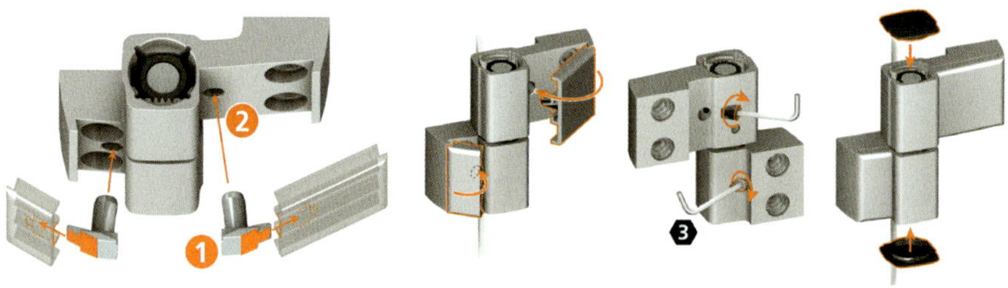

Zugbolzen in Abdeckstück schieben
Abdeckstück an Bandteilen aufklemmen
Kappen aufstecken

Einstellarbeiten an einem 2-flügeligen Türband

Horizontalverstellung:

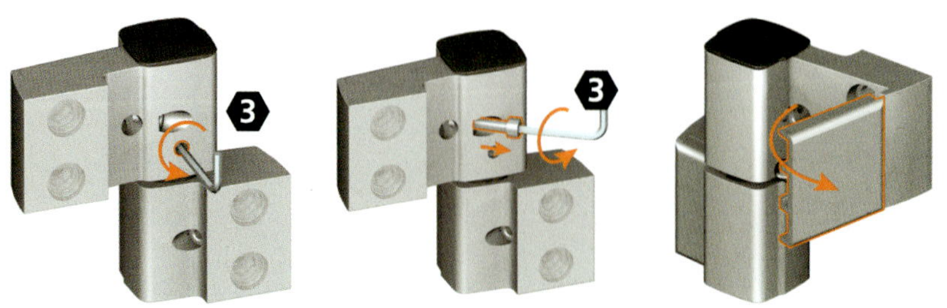

Schrauben lösen, Abdeckstück entfernen

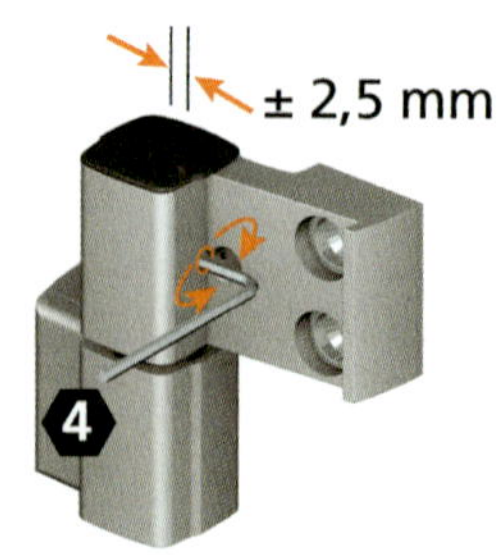

Horizontalverstellung max. ± 2,5 mm vornehmen

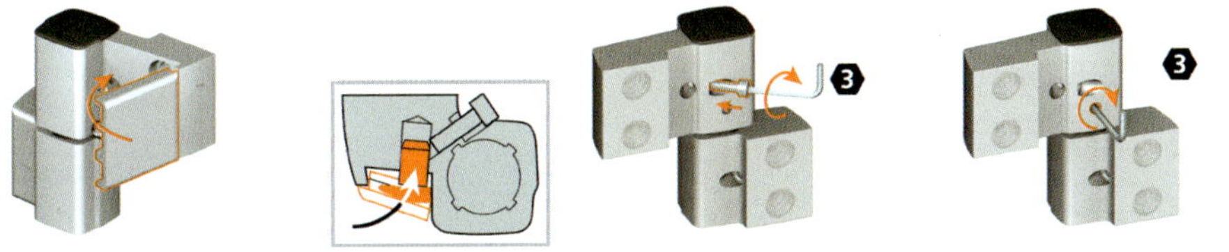

Abdeckstück aufklemmen, Schrauben festziehen

Höhenverstellung:

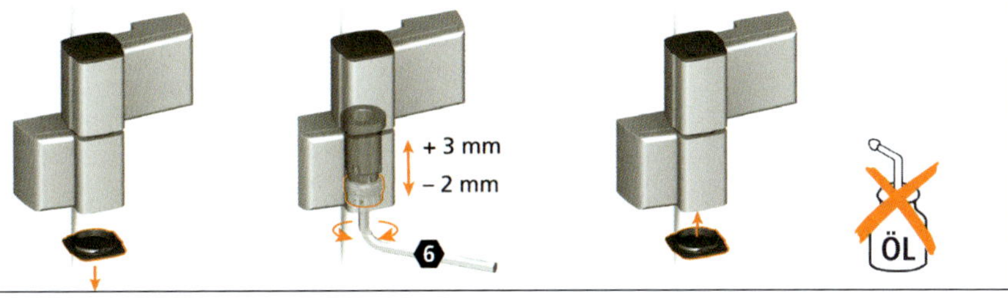

Abdeckkappe entfernen
Mit der Hebespindel Tür anheben (+3 mm) oder absenken (-2 mm)
Abdeckkappe aufklipsen

Kein Öl verwenden!

Dichtungsdruck verstellen:

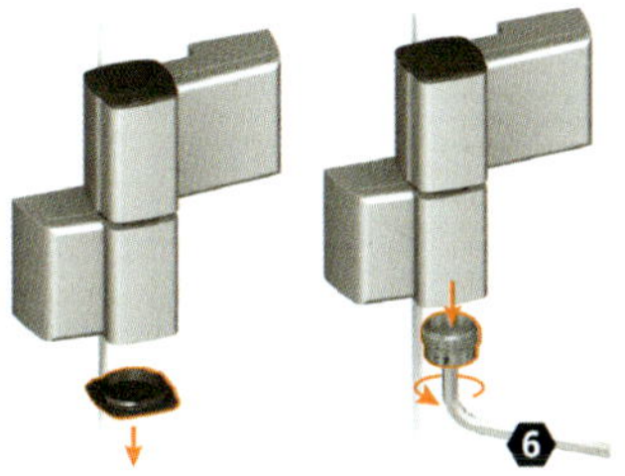

Abdeckkappe herausziehen und Hebespindel herausdrehen

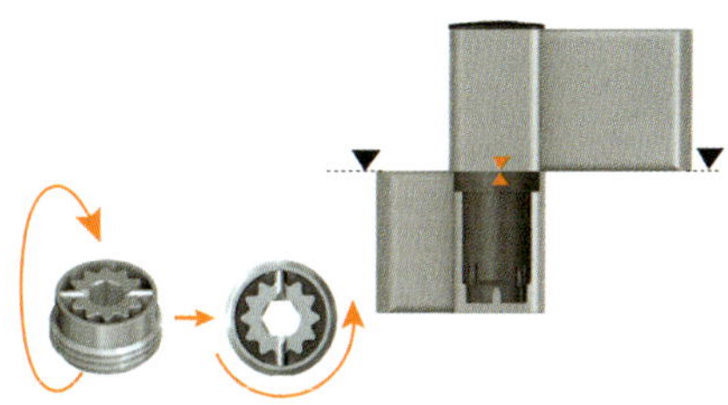

Hebespindel um 180° wenden, Bandoberteil senkt sich ab

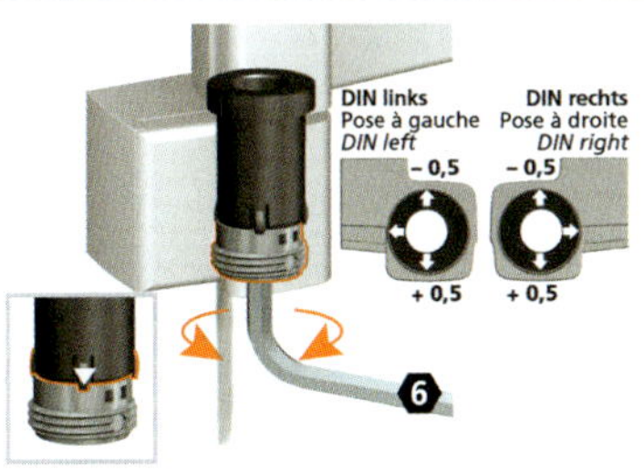

Gewendete Hebespindel einschrauben und verdrehen: Dichtungsandruck erhöhen: -0,5 mm (Markierung zeigt zur Tür) Dichtungsandruck senken: +0,5 mm (Markierung zeigt von der Tür weg)

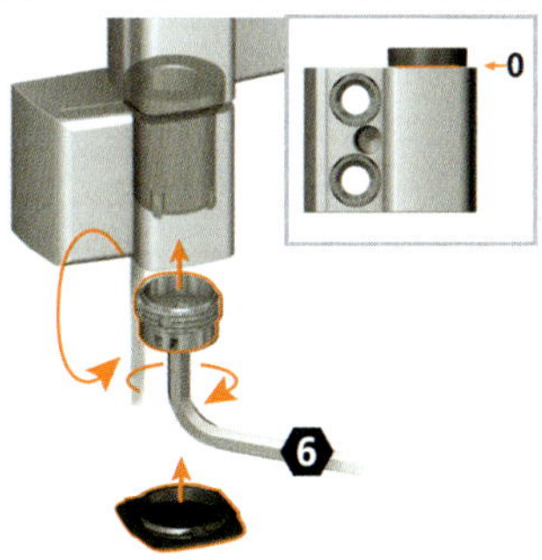

Hebespindel wieder um 180° wenden und einschrauben; Lagerbuchse wieder in Nullstellung bringen

Spezielle **Klemmbänder** (Bild 1) ermöglichen die Bandbefestigung ohne jede Bohrarbeiten mithilfe eines zweigeteilten Klemmsteins. Die hochfesten Aluminium-Klemmsteine lassen sich an jeder Stelle der Beschlagnut einbringen und fixieren. Das Klemmband ist ohne An- und Ausheben der Tür horizontal und vertikal verstellbar. Die in dem Klemmband eingesetzte Zahnbuchse sorgt für eine stufenlose Verstellung ohne Einfluss auf den Dichtungsandruck. Alle Verstellungen sind durch eine Person am eingehängten Türflügel ohne Lösen von Befestigungsschrauben durchführbar.

Verdeckt liegende Bänder (Bild 1, nächste Seite) für Metalltüren verschwinden bei geschlossener Tür vollständig in der Zarge (Blendrahmen) und die Tür gewinnt durch die flächige Optik zusätzlich an Ästhetik. Gerade Architekten und Planer im anspruchsvollen

1 Klemmbänder

Objektbau greifen vielfach auf diesen Vorteil zurück. Verdeckt liegende Bandsysteme erlauben außerdem einen vollkommenen lichten Durchgang.

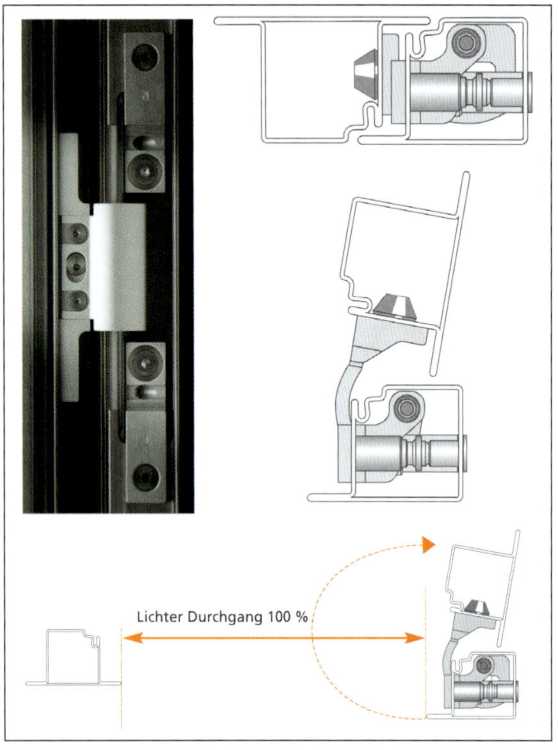

1 Verdeckt liegendes Band

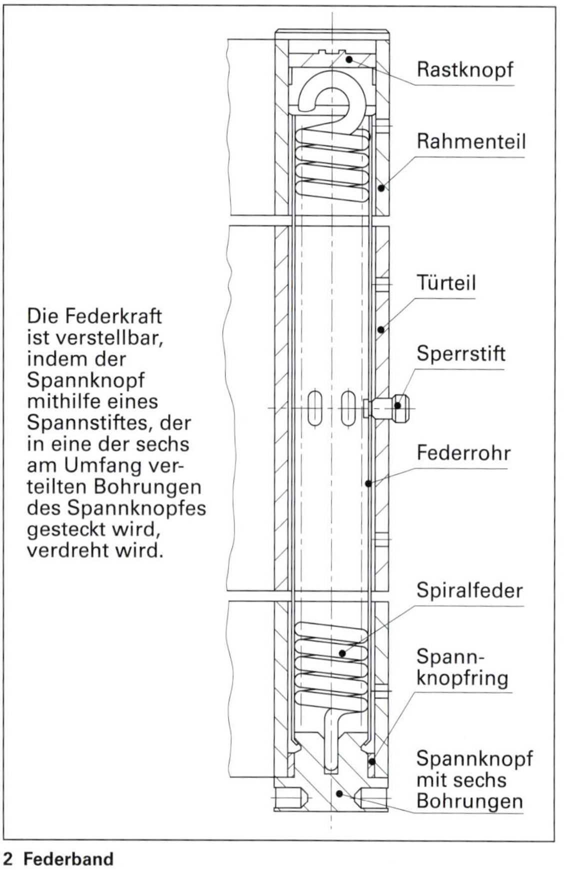

2 Federband

8.2.2 Türschließer

Feuer- und Rauchsschutztüren müssen selbsttätig schließen, dies erreicht man durch Türschließer. Je nach der Montageposition unterscheidet man

- Federbänder,
- Bodentürschließer,
- Rahmentürschließer und
- Obentürschließer.

Federbänder nach DIN 18272 sind 3-teilige einstellbare Bänder mit einer Spiralfeder, die sich beim Öffnen der Türe verdreht, beim Schließen diese Energie wieder abgibt und die Türe damit schließt. Federbänder werden meist an doppelwandigen Feuerschutztüren bis T30 für Heizungskeller verwendet (Bild 2). Nach DIN 4102 dürfen Federbänder nach DIN 18272 nur für Türblätter mit einem Gewicht bis 80 kg eingesetzt werden. Mit Federbändern ist kein kontrollierter und gedämpfter Schließvorgang möglich.

Alle **Türschließer** gemäß EN 1154 funktionieren nach dem **Prinzip der hydraulischen Dämpfung** (Bild 3) **mit regulierbarem Schließvorgang**. Beim Öffnen der Tür wird die Schließfeder gespannt. Gleichzeitig wird das Öl im hydraulischen Zylinder durch den Kolben über ein Rückschlagventil fast ungebremst in die gegenüberliegende Kammer gedrückt. Beim Schließen zieht die Schließfeder den Kolben zurück, wobei das Öl nun über eine Drossel wieder in die andere Kammer zurückfließen muss. Der Durchflussquerschnitt der Drossel ist einstellbar und somit kann die Schließgeschwindigkeit variiert werden. Die meisten Türschließer besitzen zudem

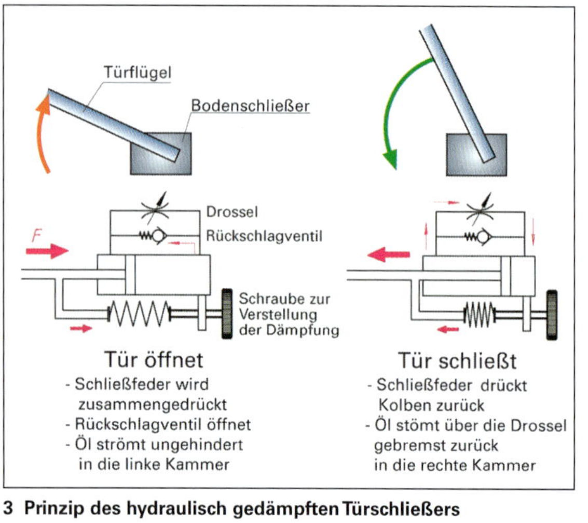

3 Prinzip des hydraulisch gedämpften Türschließers

ein thermostatisch geregeltes Drosselventil, das seinen Drosselquerschnitt der Umgebungstemperatur anpasst. Das Hydrauliköl hat im Sommer und Winter unterschiedliche Viskosität (= Zähflüssigkeit). Abhängig davon öffnet oder schließt die Drossel mehr oder weniger und sorgt damit für eine weitgehend gleichmäßige Schließgeschwindigkeit.

Bauarten:
Bodentürschließer sind im Boden versenkt und übernehmen neben der Schließfunktion auch die untere Lagerung des Flügels (Bild 1). Bodentürschließer können meist sowohl für Anschlagtüren als auch Pendeltüren verwendet werden. Sie werden im Vergleich zu den anderen Bauarten immer seltener verbaut, da sie Stemmarbeiten im Fußboden erforderlich machen, eine sorgfältige Abdichtung gegen Nässe und Schmutz benötigen und zudem sich die Zugänglichkeit bei Wartungsarbeiten schwieriger gestaltet.

Obentürschließer gibt es in zwei verschiedenen Ausführungen, als **Gestängetürschließer** und als **Gleitschienentürschließer** (Bild 2). Gleitschienentürschließer werden aus gestalterischen Gründen immer häufiger verwendet, da hier kein in den Raum ragendes Gestänge stört. Für Obentürschließer können **verschiedene Montagearten** angewendet werden:

Türblattmontage = Normalmontage, ausreichend Platz für die Befestigung des Schließers am Türblatt.

Sturzmontage = Kopfmontage, wenn nur die Zarge ausreichend Platz für die Schließerbefestigung bietet.

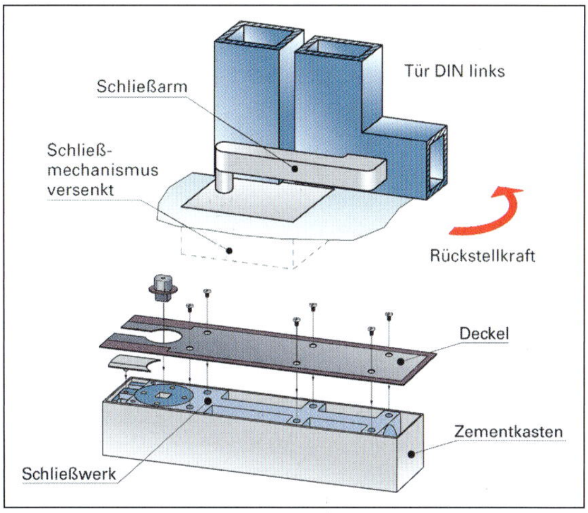

1 Oben: Bodentürschließer für Anschlagtür; unten: Bodentürschließer für Pendel- und Anschlagtür

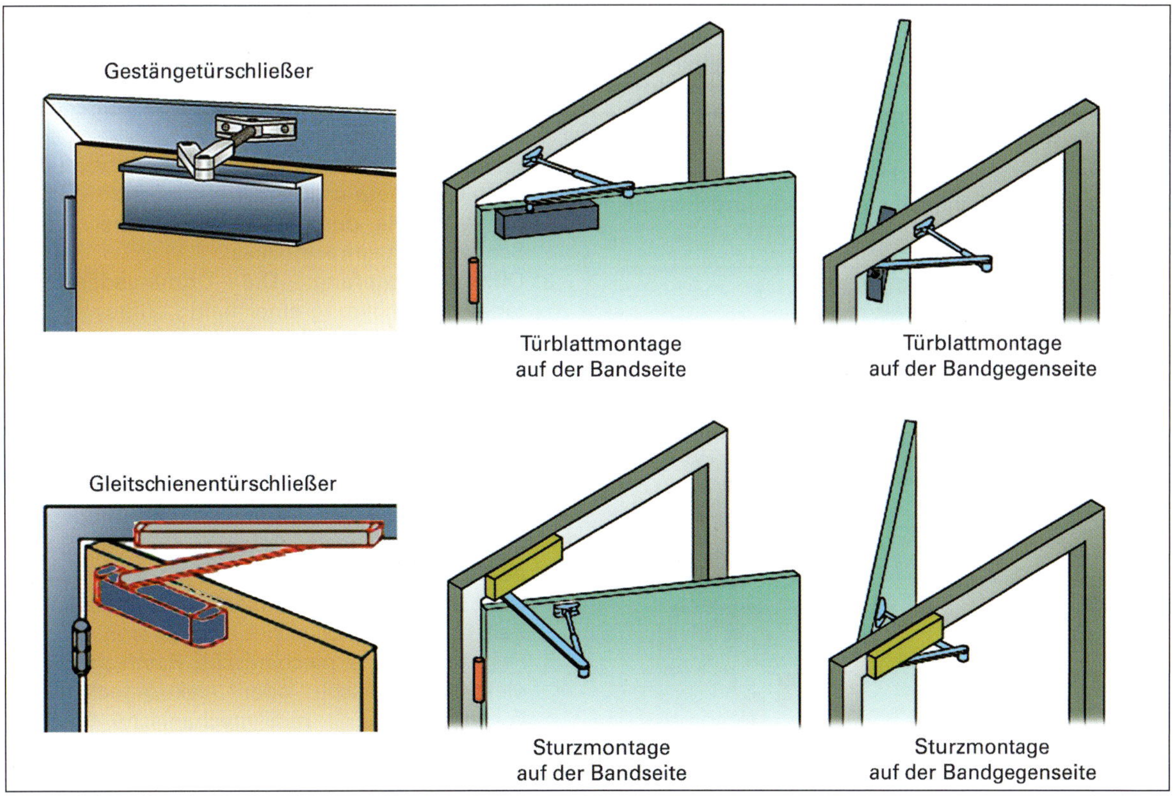

2 Obentürschließer: Gestänge- und Gleitschienetürschließer mit Montagearten

Bietet das Türblatt ausreichend Platz für die Montage des Türschließers, so wird die Türblattmontage bevorzugt, d.h. der Schließer wird am Türblatt, das Gestänge bzw. die Gleitschiene an der Zarge befestigt. Bei sehr schmalen Rohrrahmenprofilen oder auch bei Ganzglastüren kann es durchaus der Fall sein, dass nur an der Zarge genügend Platz für die Türschließerbefestigung zur Verfügung steht. In diesem Fall muss die Kopfmontage angewendet werden. Der Türschließer wird am Sturz, d.h. an der Zarge gleichsam auf dem Kopf stehend befestigt, das Gestänge bzw. die Gleitschiene am Türblatt. Zudem lassen sich die **Türschließer** sowohl auf der **Bandseite** wie auch auf der **Bandgegenseite** festmachen. Die bandgegenseitige Befestigung wird immer bei nach außen öffnenden Türen bevorzugt, weil der Türschließer innen montiert und von Witterungseinflüssen und Vandalismus geschützt ist.

Verdeckt liegende Gleitschienentürschließer

Die Türschließermechanik lässt sich auch im Türblatt verbergen, und zwar auf der Oberseite oder unten im Türsockel (Bild 1). Für diese spezielle Montageart müssen die Gehäuse der Türschließer schmal genug gehalten sein, damit sie ins Türblatt eingelassen werden können. Der Schließer ist so vor Verschmutzungen und Witterungseinflüssen geschützt und zudem unsichtbar. Gerade beischmalen Türprofilen ragt kein optisch störender Schließerkasten mehr hervor. Die schmale Bauart begrenzt die Größe der Feder und setzt somit auch der maximalen Schließkraft Grenzen. Folglich werden solche Schließer vorzugsweise nur bei Innentüren eingesetzt. Diese Türschließer werden nicht auf der Baustelle sondern bereits in der Werkstatt montiert und eingestellt. Sie können für Anschlag- und Pendeltüren eingesetzt werden.

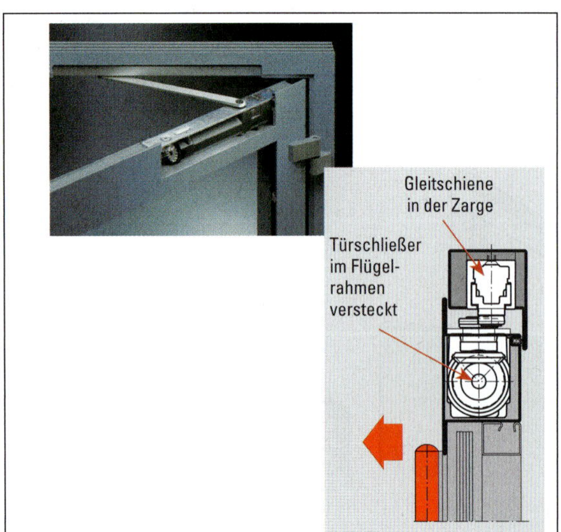

1 Verdeckt liegender Gleitschienentürschließer

Türschließerfunktionen – Einstellungen an Türschließern

Hochwertige Türschließer erlauben neben der Einstellung der Schließgeschwindigkeit auch weitere Funktionen. So können je nach Bauart und Anwendungssituation folgende Einstellungen vorgenommen werden (Bild 2):

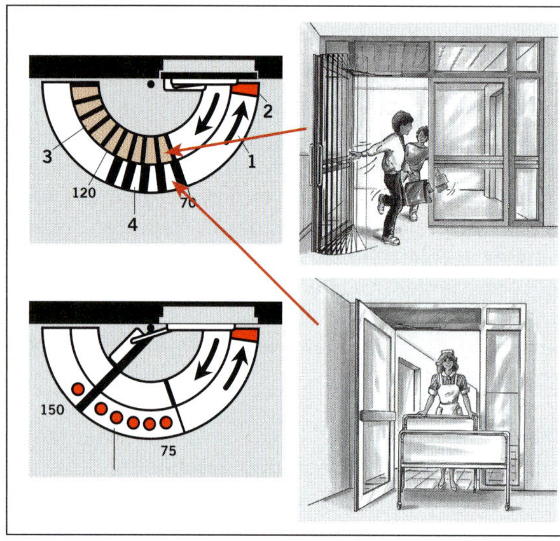

2 Einstellungen an Türschließern

1. **Schließgeschwindigkeit:** Damit die Tür bedingt durch die gespannte Schließfeder nicht mit voller Wucht zuschlägt, muss der Ölstrom im Hydraulikzylinder gedrosselt werden. Die Schließzeit muss dabei von 3–20 Sekunden einstellbar sein.
2. **Endschlag**: Am Ende der Schließbewegung kann ein zusätzlicher Druck aufgebracht werden, der die Falle des Türschlosses sicher in das Schließblech einrasten lässt.
3. **Öffnungsdämpfung**: Die Öffnungsdämpfung fängt den Schwung einer heftig aufgeworfenen oder vom Wind erfassten Tür weitgehend auf. Wand und Tür werden so vor Beschädigungen geschützt.
4. **Schließverzögerung**: Die Schließverzögerung verringert die Schließgeschwindigkeit zwischen 120° und 70° Türöffnungswinkel. In diesem Bereich muss die Verzögerungszeit auf mindestens 20 Sekunden eingestellt werden können. So haben z.B. Behinderte, Mütter mit Kinderwagen oder Pfleger mit Krankenbetten ausreichend Zeit, den Türbereich sicher zu passieren.
5. **Feststellung** als mechanische Rastfeststellung, elektrohydraulische oder elektromechanische Feststellung: eine rein mechanische Rastfeststellung ist bei Rauch- und Feuerschutztüren nicht zulässig! Für diese Türen wird ein Türschließer mit elektromechanischer oder elektro-

hydraulischer Feststellung benötigt, der das Schließen einer offenstehenden Tür sicherstellt. Im Alarmfall oder bei Stromausfall wird die Feststellung wieder aufgehoben.

6. **Schließkraft**: Zum Schließen der Tür ist eine bestimmte Kraft (Schließkraft) erforderlich. Die Größe des Türschließers, d.h. die erforderliche Stärke der Schließkraft ist u.a. abhängig vom
   - Einsatzbereich der Tür (Innen- oder Außen-Türen),
   - der Türflügelbreite, Flügelhöhe,
   - dem Flügelgewicht, sowie einem
   - eventuellen Winddruck.

   Die **Größenbestimmung** erfolgt nach der **Türbreite** gemäß DIN EN 1154 (vgl. Tabelle), um einen bestimmten Luftdruck zu überwinden.

Türschließergröße	Empfohlene max. Türflügelbreite	Gewicht der Prüftür	Mind. Schließmoment in Nm bei			Min. Türschließer-Wirkungsgrad
EN	mm	kg	2°	90°	jedem Öffnungswinkel	bei 2° %
1	< 750	20	9	3	2	50
2	< 850	40	13	4	3	50
3	< 950	60	18	6	4	55
4	< 1100	80	26	9	6	60
5	< 1250	100	37	12	8	65
6	< 1400	120	54	18	11	65
7	< 1600	160	87	29	18	65

Bezieht sich das tatsächliche Gewicht und die Größe der Tür, an die der Türschließer montiert wird, auf zwei Türschließer-Größen, sollte der größere Türschließer verwendet werden.
Die Türbreiten gelten für Standardmontagen. Im Falle außergewöhnlich hoher oder schwerer Türen, windiger oder zugiger Umfeldbedingungen oder Spezialmontagen sollte der größere Türschließer verwendet werden.

7. **Freilauf**: Jede mit einem Schließer ausgestattete Türe erzeugt auch beim Öffnen einen bestimmten Widerstand. Die Freilauffunktion gewährt einen Betrieb der Türe ohne Gegendruck, als ob kein Türschließer vorhanden wäre, der Flügel bleibt frei beweglich (Bild 1 (1)). Dies ist v.a. in Altenheimen und Kindergärten oftmals erwünscht. Im Alarmfall, bei Rauch- und Feuerentwicklung, wird die Tür jedoch zuverlässig durch den Türschließer geschlossen (Bild 1 (2)).

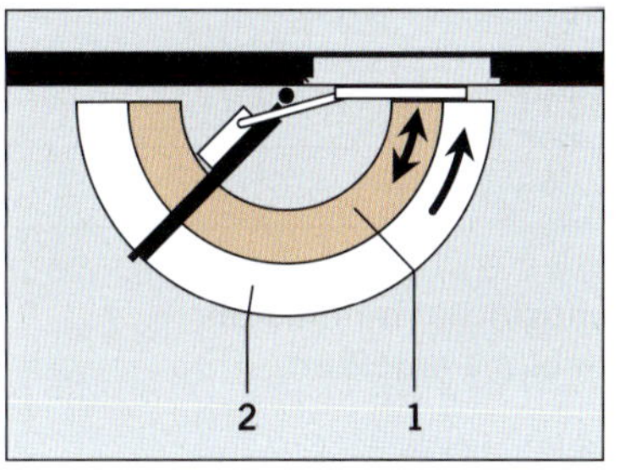

1 Freilauf von Türschließern

8. **Integrierte Rauchmelder**: In Verbindung mit einer Feststellanlage können Türschließer an Feuer- bzw. Rauchschutztüren einen integrierten Rauchmelder aufweisen.

Eine falsche Einstellung von Türschließern ist eine häufige Fehlerquelle, die sich besonders bei Rauch- und Feuerschutztüren verheerend bemerkbar machen kann. Gerade in kleinen Räumen bildet sich bei zu hoher Schließgeschwindigkeit ein Luftstau, der das selbsttätige Schließen verhindert. Oft wird versucht, mit einer höheren Schließkraft oder noch größeren Schließgeschwindigkeit diesen Mangel zu beheben, was aber meist nicht gelingt. Stattdessen sollte man in diesem Fall die Schließgeschwindigkeit reduzieren und den Endschlag kräftiger einstellen.

Türschließerkennzeichnung nach EN 1154:
Im Sinne der Norm EN 1154 sind geprüfte Türschließer mit folgenden Kodierungssystem zu klassifizieren und zu kennzeichnen:

Anwendungsklasse:	Klasse 3: Zum Schließen aus mindestens 105° Öffnungswinkel Klasse 4: Zum Schließen aus mindestens 180° Öffnungswinkel
Dauerfunktion:	Klasse 8: 500 000 Prüfzyklen
Türschließergröße: (Schließkraftgröße)	7 Türschließergrößen nach Tabelle (siehe oben) ; Verstellbare Schließergrößen benötigen die minimal und maximale Größenangabe
Brandverhalten:	Klasse 0: nicht für Feuer- und Rauchschutztüren geeignet Klasse 1: für Feuer- und Rauchschutztüren geeignet
Sicherheit:	Alle Türschließer müssen den wesentlichen Anforderungen der Nutzungssicherheit genügen; daher nur Klasse 1 zulässig.
Korrosionsbeständigkeit:	Klasse 0: nicht definiert Klasse 1: geringe Beständigkeit Klasse 2: mittlere Beständigkeit Klasse 3: hohe Beständigkeit Klasse 4: sehr hohe Beständigkeit

Das nachfolgende Beispiel kennzeichnet einen Türschließer, der geeignet ist, Türen aus mindestens 105° Öffnung in der Dauerfunktionsklasse 8 zu schließen, mit einem Größenbereich von 2 bis 4. Der Türschließer ist für Feuer- und Rauchschutztüren geeignet, erfüllt mit Klasse 1 die wesentlichen Anforderungen an die Nutzungssicherheit und hat eine sehr hohe Beständigkeit gegen Korrosion.

3	8	4 2	1	1	4

Montage von Türschließern

Die **Montage und Einstellung** von Türschließern lässt sich aufgrund von ausführlichen Herstelleranleitungen recht einfach durchführen. Folgende Abbildungen zeigen die Türblatt-Montage und Einstellarbeiten an einem Gleitschienentürschließer.

1. Befestigungslöcher mithilfe der Papierschablone anreißen. 2. Türschließer mit Montageplatte befestigen.	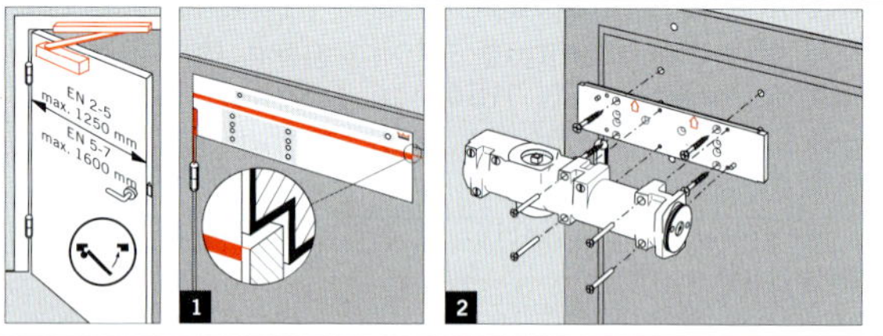
3. Gleitschienenhebel am Schließer montieren. 4. Gleitschiene am Rahmen befestigen.	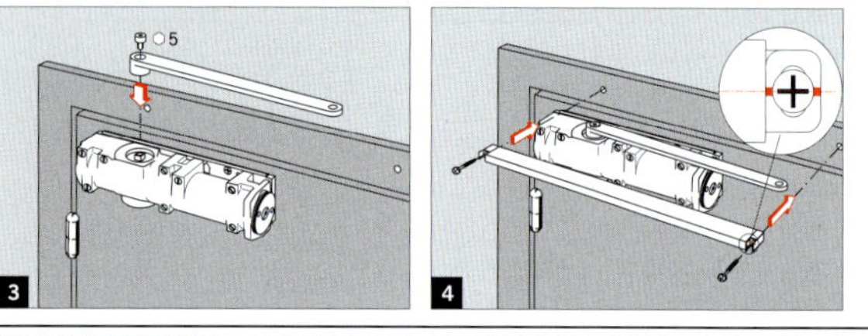
5. Gleitschienenhebel mit Türschließer und Gleitschiene verbinden (dazu Drossel ganz öffnen (1)). 6. Schließgeschwindigkeit im Bereich zw. 0° und 70° einstellen.	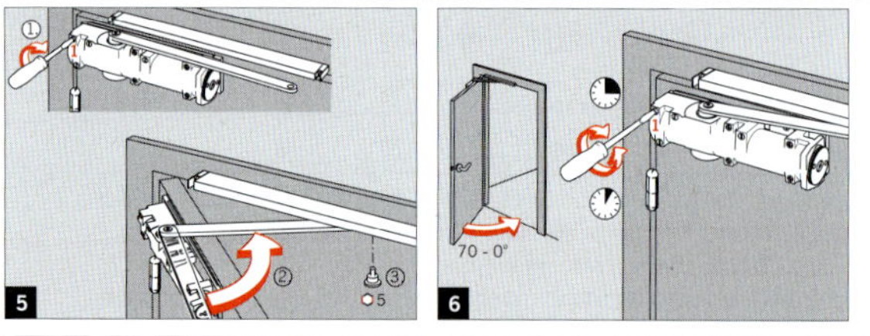
7. Einstellen der Schließkraft nach der Flügelbreite. 8. Einstellen des Endschlags.	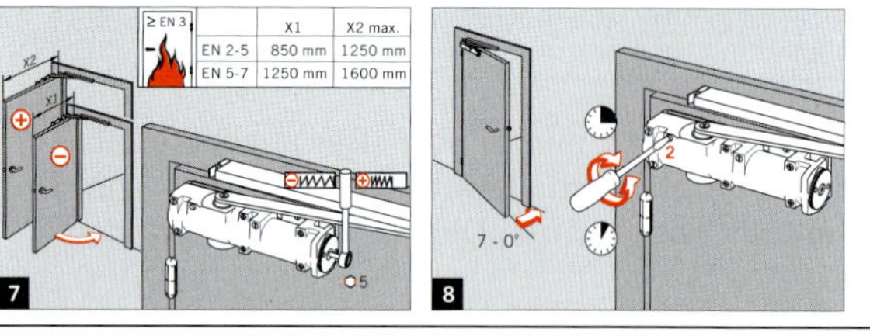
9. Einstellen der Schließverzögerung im Bereich zwischen 120° und 70°. 10 Einstellen der Öffnungsdämpfung ab einem Öffnungswinkel von 70°.	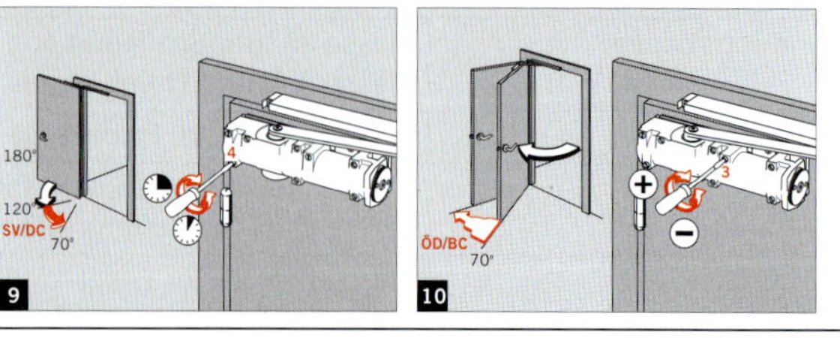
11. und 12. Montage der Schließerabdeckung.	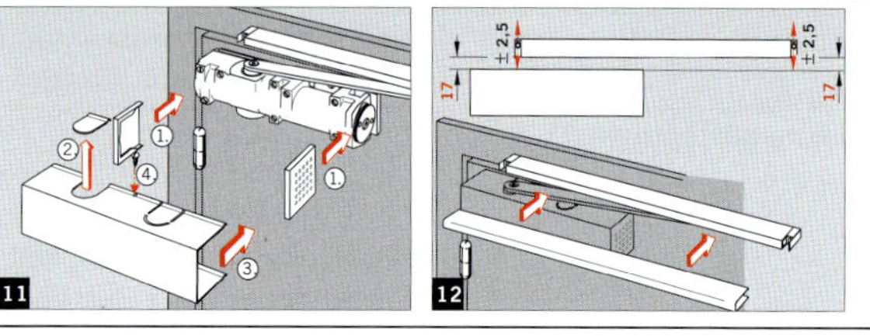

8.2.3 Rauchmeldeanlagen: Feststellanlagen – Schließfolgeregler – Rauchmelder

Zweiflügelige Rauch- und Feuerschutztüren sollen in Gebäuden mit hohem Verkehrsaufkommen oftmals geöffnet bleiben, im Alarmfall aber sicher schließen. **Feststellanlagen** ermöglichen dabei das Offenhalten der Flügel. Zweiflügelige Türen mit überfälztem Mittelstoß müssen aber in der richtigen Reihenfolge schließen. Nur wenn der Standflügel vor dem Gehflügel schließt, kann eine Feuer- oder Rauchschutztür sicher abdichten (Bild 1). Schließfolgeregler stellen dabei die korrekte Schließfolge sicher.

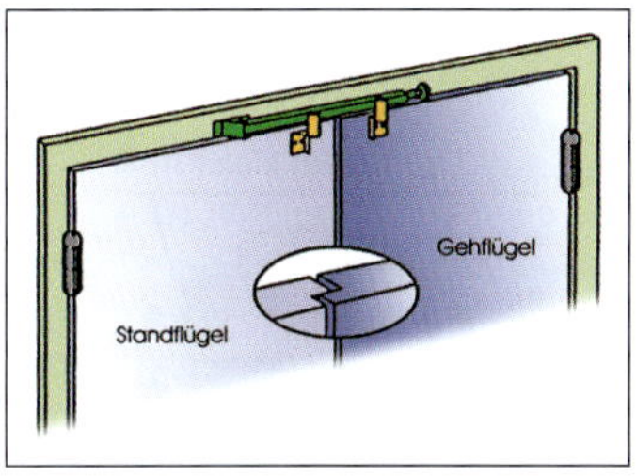

1 Überfälzte zweiflügelige Tür mit Schließfolgeregler

Bei modernen Anlagen sind meist elektromagnetische Feststellvorrichtungen in den Türschließern integriert, können aber auch als separate Einzelgeräte (Haftmagnete und Ankerplatten, vgl. Bild 3 und 4) montiert werden. Werden Haftmagnete und Ankerplatten an den Türen verwendet, so muss eine Handauslösung durch elektrische Taster vorhanden sein (Bild 1, Seite 355).

Bei Türschließern mit elektromagnetischer Feststellung – nicht jedoch bei sog. Freilauftürschließern – darf die Handauslösung entfallen, wenn die Feststellung durch einen geringen Druck auf das Türblatt aufgehoben werden kann. Ebenso sind häufig Rauchmelder im Türschließer eingebaut. Zusätzliche Rauchmelder werden dennoch meist notwendig, um Rauch und Feuer rechtzeitig zu erkennen (Bild 2, Kapitel Rauch-/Feuerschutztüren, Seite 355). Rein mechanische Türfeststeller (Rastfeststeller/Klemmfeststeller) sind für Feuer- und Rauchschutztüren nicht zulässig (vgl. Bild 2).

Schließfolgeregler werden als rein mechanisch arbeitende Systeme auf die Türzarge montiert und benötigen eine auf dem Standflügel befestigte Mitnehmerklappe. Wird die zweiflügelige Tür über den Standflügel geöffnet, nimmt der Standflügel über die Mitnehmerklappe den Gehflügel soweit mit, dass der Stützhebel des Schließfolgereglers den Gehflügel abstützen kann und damit die richtige Schließfolge sicherstellt. Beim Schließvorgang überfährt die Mitnehmerklappe den Gehflügel, indem sie einklappt. Dadurch bleibt der Gehflügel bedingt durch die Abstützung des Stützhebels solange stehen, bis eine am Standflügel befestigte Rolle den Stützhebel des Schließfolgereglers mitnimmt und dabei vom Gehflügel wegdrückt.

2 Mechanischer Klemmfeststeller

4 Ankerplatte an der Tür befestigt

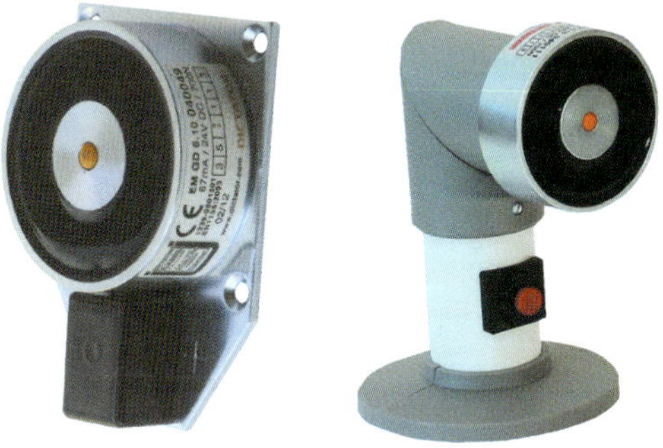

3 Haftmagneten (Elektromagneten) zur Wandmontage und Fußbodenmontage

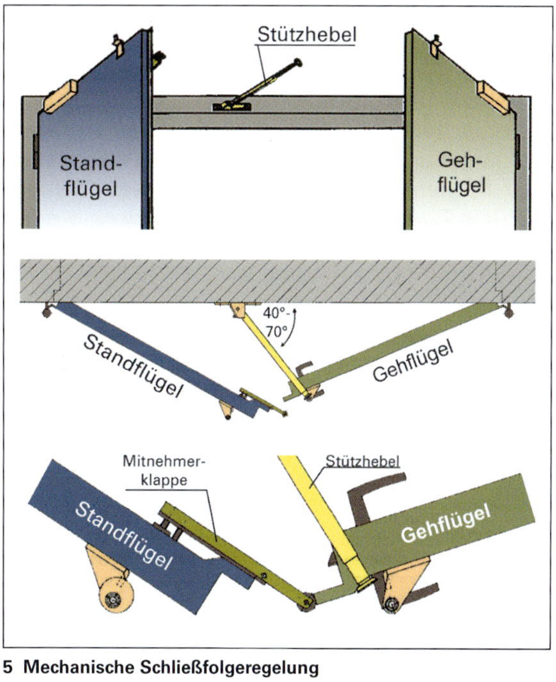

5 Mechanische Schließfolgeregelung

Eine weitere Möglichkeit der Schließfolgeregelung besteht darin, in der Gleitschiene von Gleitschienentürschließern die **Schließfolge mit einer elektromechanischen Feststellanlage** zu integrieren. Ein mechanisches Schubstangen-Klemmsystem arbeitet unabhängig von der Hydraulik des Schließers als Feststellvorrichtung. Im Alarmfall wird die elektromagnetische Klemmung der Schubstange gelöst und die Flügel schließen in der richtigen Reihenfolge.

Der Schließfolgeregler in Bild 1a arretiert mit nur einer Feststelleinheit für den Standflügel beide Flügel. Der Standflügel wird elektromagnetisch festgehalten, der Gehflügel mechanisch über das Schubstangensystem (Bild 1). Der Standflügel lässt sich zwischen 80° und 130° fixieren.
Mit dem Schließfolgeregler in Bild 1b kann der Gangflügel unabhängig vom Standflügel festgestellt werden. Beide Flügel lassen sich zwischen 80° und 130° feststellen.

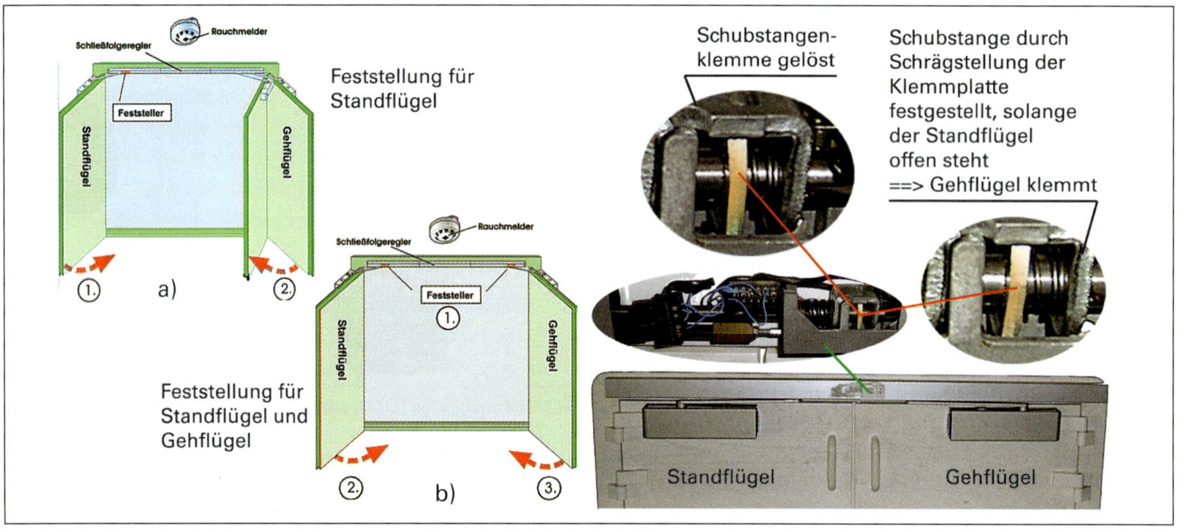

1 Schließfolgeregler und Feststellanlage in der Gleitschiene

Rauchmelder sind bei feststellbaren Rauch- und Feuerschutztüren Vorschrift. Die folgende Abbildung zeigt das Funktionsprinzip eines optischen Rauchmelders (Bild 2)
Optische Rauchmelder sind zur Erkennung von Schwelbränden geeignet und lösen aber in Räumen mit hoher Staubkonzentration oder in feuchter Umgebung häufig Fehlalarm aus (Werkstätten oder Küchen). Daher ist meist in diesen Meldern auch ein Temperaturfühler integriert, der ab einer Temperatur von 60 °C Alarm auslöst. Die Ereignisse werden dann elektronisch ausgewertet. Durch diese Kombination ist ein solcher Melder unempfindlicher gegenüber Falsch- und Täuschungsalarmen.

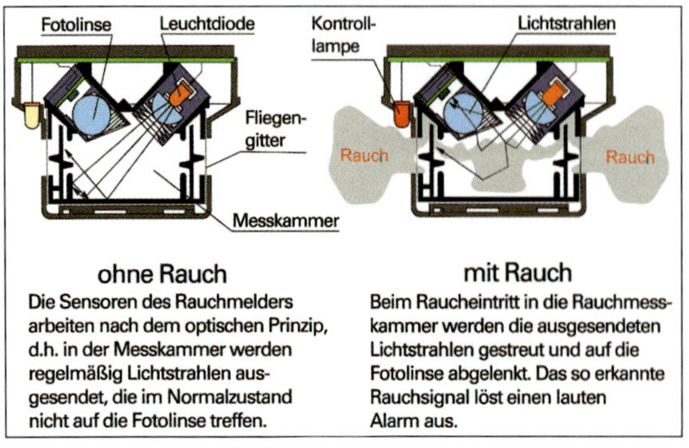

2 Funktionsprinzip von Rauchmeldern

Periodische Überwachung

- Die Feststellanlage muss mindestens einmal monatlich auf ihre einwandfreie Funktion überprüft werden.
- Mindestens einmal jährlich muss eine Prüfung auf ordnungsgemäßes und störungsfreies Zusammenwirken aller Geräte (Türschließer, Schließfolgeregler, Rauchmelder, Feststellanlage) sowie eine Wartung durch eine autorisierte Fachkraft vorgenommen werden.

8.2.4 Elektrische Türöffner

Türöffner sind heute bereits im Einfamilienhaushalt Standard. Mit einem elektrischen Türöffner lässt sich eine Tür einfach auf Knopfdruck entriegeln, ohne dass man selbst zur Tür gehen muss.
Die Falle des im Türblatt eingebauten Einsteckschlosses greift bei geschlossener Tür in die Falle des Türöffners. Bei Kontaktgabe (durch Fernbedie-

nung) wird die Fallensperre im Türöffner gelöst, die Tür kann geöffnet werden. Nach dem Schließen der Tür hält die erneut gesperrte Fallenverriegelung des Türöffners die Falle des Einsteckschlosses und damit die gesamte Tür wieder fest.

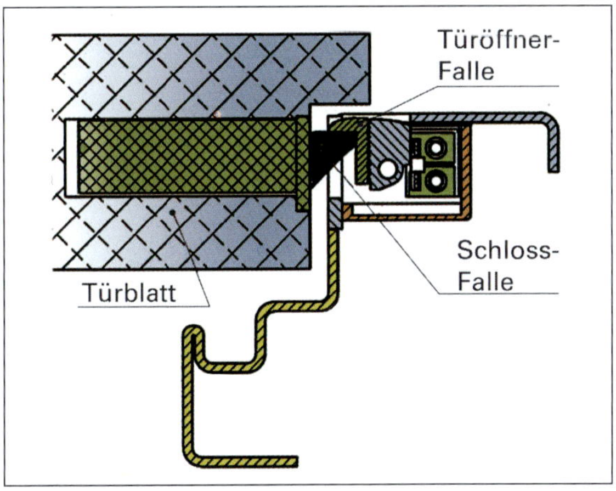

1 Türöffner

Türöffner können mit unterschiedlichen Funktionen ausgestattet sein:

- **Arbeitsstrom-Türöffner:** Die Tür kann nur während der Kontakteingabe, d.h. solange ein Öffnungsbefehl anliegt (Summton im Türöffner hörbar – nur im Wechselstrombetrieb), geöffnet werden.
  Bei Montage eines Türöffners mit Aufwurffeder oder Aufdruck-Bolzen ist die Tür nach Kontaktgabe sichtbar aufgesprungen. Der Besucher kann also eintreten, auch wenn nicht mehr auf den Öffnerkontakt gedrückt wird.

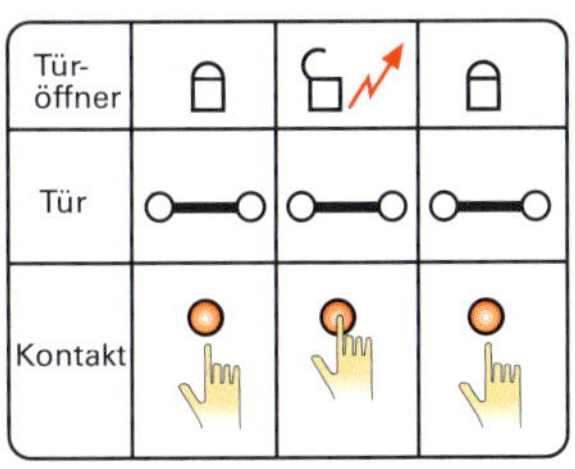

- **Ruhestrom-Türöffner:** Ein sog. „Ruhestrom" hält die Falle des Türöffners fest. Bei Stromunterbrechung oder Stromausfall kann die Tür geöffnet werden. Für den Einsatz bei Fluchttüren im Verlauf von Rettungswegen dürfen nur Ruhestrom-Türöffner verwendet werden.

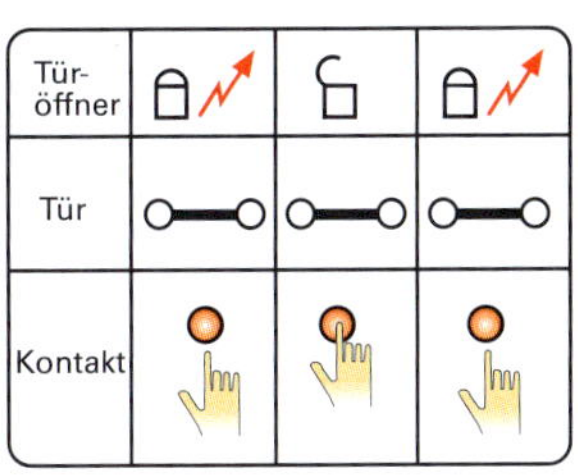

- **Türöffner mit Arretierung:** Der schlossfallengesteuerte Arretierungsstift in der Mitte der Türöffnerfalle hält den Türöffner auch nach der Kontaktgabe noch solange entriegelt, bis die Tür geöffnet wird. Diese Funktion erlaubt ein einmaliges Eintreten.

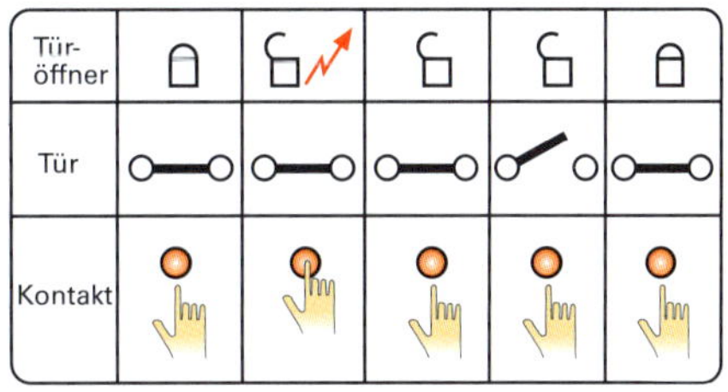

- **Mechanische Entriegelung:** Der Entriegelungshebel in der Ecke des Fallenausschnitts schaltet während der Besuchszeit die Türöffnerfunktion aus. Die Türöffnerfalle ist beweglich, die Tür kann beliebig oft geöffnet werden (freier Durchgangsverkehr). Die Ausstattung der Tür mit einem zusätzlichen Türschließer verhindert, dass die Tür evtl. durch Winddruck, Luftzug etc. aufgestoßen wird.
- **Elektrische Entriegelung:** Die Türöffnerfunktion (= festgehaltene Tür durch die starre Türöffnerfalle) ist zeitweilig elektrisch durch Dauer-Gleichstrom über einen Spezialschalter oder eine Schaltuhr ausgeschaltet. Die Türöffnerfalle ist bei eingeschalteter Entriegelung beweglich. Die Tür kann beliebig oft geöffnet werden. Die Ausstattung der Tür mit einem zusätzlichen Türschließer verhindert, dass die Tür evtl. durch Winddruck, Luftzug etc. aufgestoßen wird (Bilder 1 und 2, nächste Seite).
- **Türöffner mit Rückmeldung:** Der Rückmeldekontakt wird über einen Schieber oder eine Betätigungsplatte, die sich direkt hinter der Eingriffskante der Türöffnerfalle befindet, von der einrastenden Schlossfalle betätigt. Der Rückmeldekontakt meldet den Türzustand „offen" oder „zu", der in der Wohnung bzw. im Gebäude optisch durch eine Kontrolllampe im Türöffnertaster angezeigt werden kann. Türöffner mit Rückmeldung werden v.a. für Zutrittskontrollen verwendet. Die Zutrittskontrollanlage wertet die Türzustandsinformation aus und überwacht die Tür. Wird z.B. eine Tür nach der Begehung nicht geschlossen, löst die Zutrittskontrollanlage einen Alarm aus. Beim Schließen der Tür wird diese sofort wieder verriegelt. Auch Meldungen zu Alarmanlagen, Gebäudeleitsystemen usw. werden mit Rückmeldekontakten realisiert. Rückmeldekontakte sind bestens geeignet, um Schleusensysteme mit Türöffnern zu realisieren.

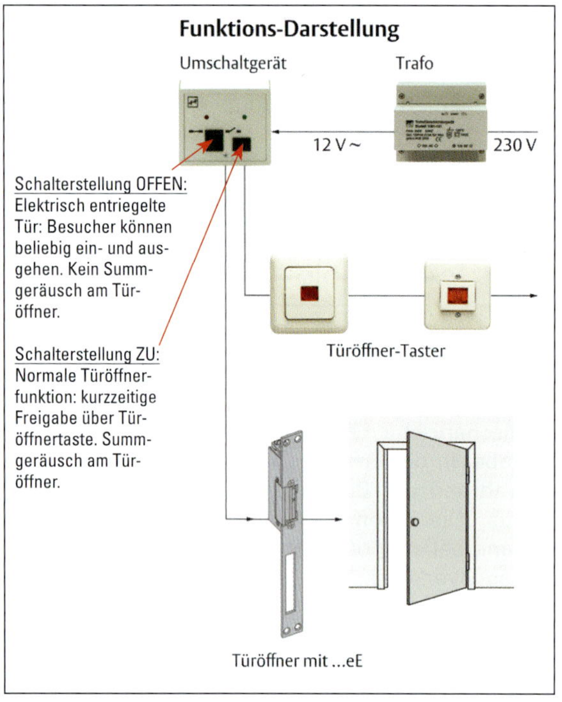

1 Elektrische Entriegelung

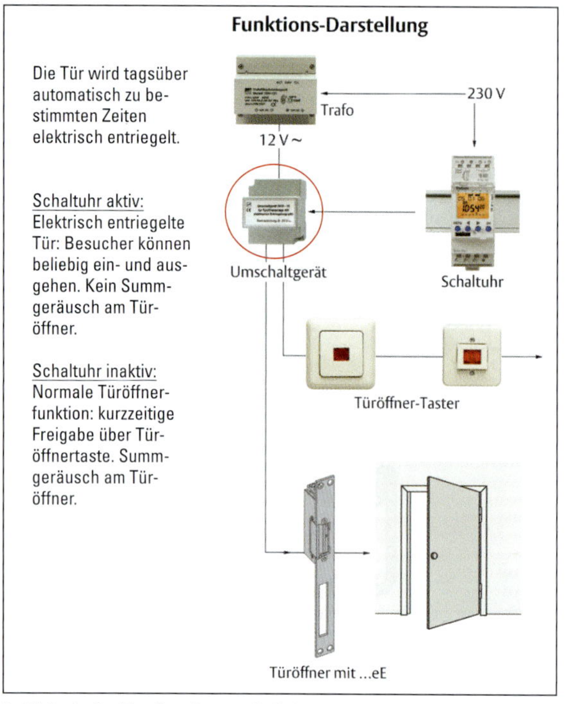

2 Elektrische Entriegelung mit Schaltuhr

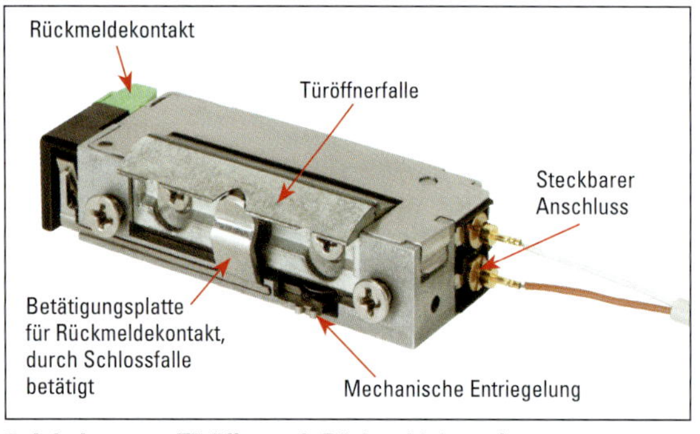

3 Arbeitsstrom-Türöffner mit Rückmeldekontakt

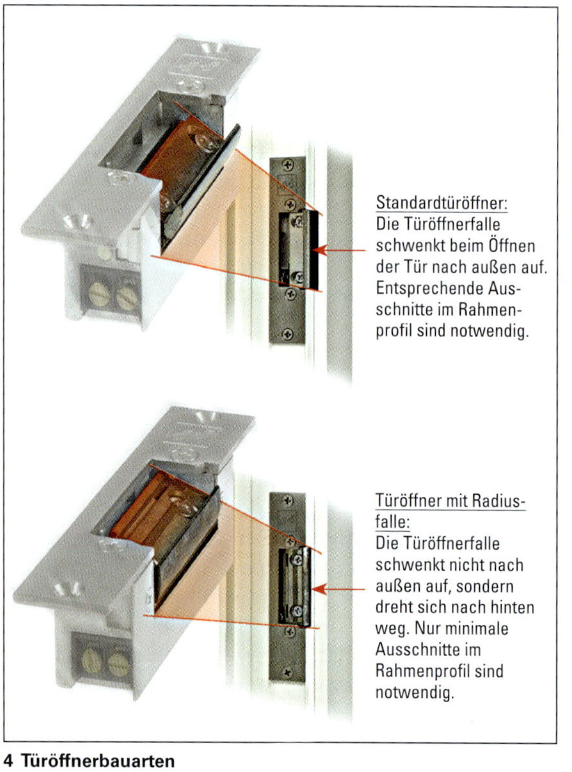

4 Türöffnerbauarten

Radiustüröffner besitzen gegenüber den Standardtüröffnern Vorteile (vgl. Bild 4)

Elektro-Türöffner funktionieren einwandfrei, wenn Schlossfalle und Öffnerfalle immer genau aufeinander ausgerichtet sind, nicht klemmen oder zu viel Spiel haben. Die Türöffner werden mit einem Schließblech im Türrahmen eingebaut. Im Schließblech lassen sie sich entsprechend auf die Schlossfalle ausrichten.
Elektrische Türöffner ersetzen nicht das Absperren der Tür durch den Riegel des Einsteckschlosses, sondern sie sind lediglich eine zusätzliche Einrichtung in erster Linie für den Tagesbetrieb. Die betreffende Tür muss durch Betätigung des Einsteckschlossriegels verschlossen werden, damit versicherungstechnische Ansprüche bei Einbruchdiebstählen geltend gemacht werden können.

8.3 Schlösser und Schließanlagen

Zu den wichtigsten Verschlussbeschlägen von Türen gehören die Schlösser in all ihren unterschiedlichen Ausführungen sowie die Drückergarnituren als Bedienelemente. Die frühere Berufsbezeichnung des Metallbauers bzw. Konstruktionsmechaniker hieß Schlosser bzw. Bauschlosser. Aus dieser alten Bezeichnung lässt sich bereits ableiten, was in noch früherer Zeit die Hauptaufgabe des Schlossers war: die Herstellung und der Einbau von Schlössern.

Im Mittelalter entwickelte der Schlosser das „Eingerichte", eine komplizierte Schließmechanik, die das Einführen eines falschen Schlüssels verhindern sollte. Er hütete dieses Geheimnis wie seinen Augapfel. Auch baute er mehrere falsche Schlüssellöcher ein und versteckte das richtige unter vielerlei Verzierungen.

Zum heutigen Arbeitsgebiet des Metallbauers gehört in erster Linie die Beratung für die richtige Auswahl aus der Vielzahl von Schließsystemen, die fachgerechte Montage und die Wartung der Schlösser und Schließanlagen. Moderne Schlösser und Schließanlagen bestehen aus hochkomplizierten feinmechanischen und mechatronischen Bauelementen, deren Auswahl, Einbau und Wartung hohe Sachkenntnis beim Metallbauer voraussetzt.

Aufgaben von Schlössern
Schlösser sollen Türen, Tore und sonstige Behältnisse verschließen, versperren und gegen unbefugtes Öffnen sichern.

Schließen bedeutet dabei, beispielsweise eine Tür im Anschlag fest zu halten, sie aber durch Betätigen des Drückers jederzeit öffnen zu können.

Sperren bedeutet, die Tür gegen unbefugtes Öffnen sichern zu können, sodass sie nur mit dem passenden Schlüssel geöffnet werden kann.

8.3.1 Bauarten von Schlössern

Trotz der unterschiedlichsten Bauarten von Schlössern besitzen alle gewisse Gemeinsamkeiten:

- Das **Schlossgehäuse** ist die äußere Hülle des Schlosses, das den Sperr- und Schließmechanismus beinhaltet. Auch hier gibt es unterschiedliche Gehäuseformen (Bild 1, nächste Seite).
- Die **Sperr- und Schließmechanik** (Bild 1, Vorseite) bewirkt das Verschließen und Absperren der Tür. Hierin liegt die Sicherheit eines Schlosses begründet. Man unterscheidet dabei zwischen der Aufsperrsicherheit, der Nachschließsicherheit und der Aufbruchsicherheit.
  - *Nachschließsicherheit:* Darunter versteht man den Schutz, den die Schließmechanik gegen unbefugtes Öffnen mit ähnlichen Schlüsseln besitzt.
  - *Aufsperrsicherheit:* Darunter versteht man den Widerstand einer Schließmechanik gegen Öffnungsversuche mit bestimmten Sperrwerkzeugen, wie sie beispielsweise Schlüsseldienste verwenden.
  - *Aufbruchsicherheit:* Das ist die Sicherheit des Schlosses gegen gewaltsame Öffnungsversuche mit Aufbruchwerkzeugen.
- Der **Schlüssel** ist das berechtigte Werkzeug zum Absperren.
- **Zubehörteile** dienen zum Befestigen manuellen Bedienen des Schlosses (Schrauben, Drückergarnitur).

Nach der Anbringung bzw. der Gehäuseform unterscheidet man

- **Vorhängeschlösser**, die mit einem Sperrbügel zum Absperren von Truhen und sonstigen Behältnissen dienen.
- **Kastenschlösser**, die auf das Türblatt aufgesetzt werden.
- **Einsteckschlösser**, die üblicherweise im Türblatt oder Rohrrahmen eingelassen werden.
- **Treibriegelschlösser**, die zum Absperren von Treibriegeln beispielsweise an Garagentoren dienen.

Die am häufigsten verwendeten Schlösser für Türen und Tore sind die Einsteck- bzw. Rahmeneinsteckschlösser. Sie werden meist als sogenannte Falle-/Riegelschlösser ausgeführt. Die Falle hält die Tür im Anschlag, der Riegel versperrt die Tür gegen unbefugtes Öffnen. Diese Schlossausführung ist für alle Türen notwendig, die abgeschlossen und besser gesichert werden müssen. Innentüren, die nicht abgesperrt werden müssen, können auch nur mit einem Fallenschloss (Schloss ohne Riegel) ausgestattet werden. In Türen, die keine Durchgangsfunktion haben und immer verschlossen sein müssen, wird ein reines Riegelschloss (ohne Falle) eingesetzt. Das ist z.B. sinnvoll in Lager- oder Abstellräumen. Die Riegelbetätigung erfolgt beidseitig über den Schlüssel.

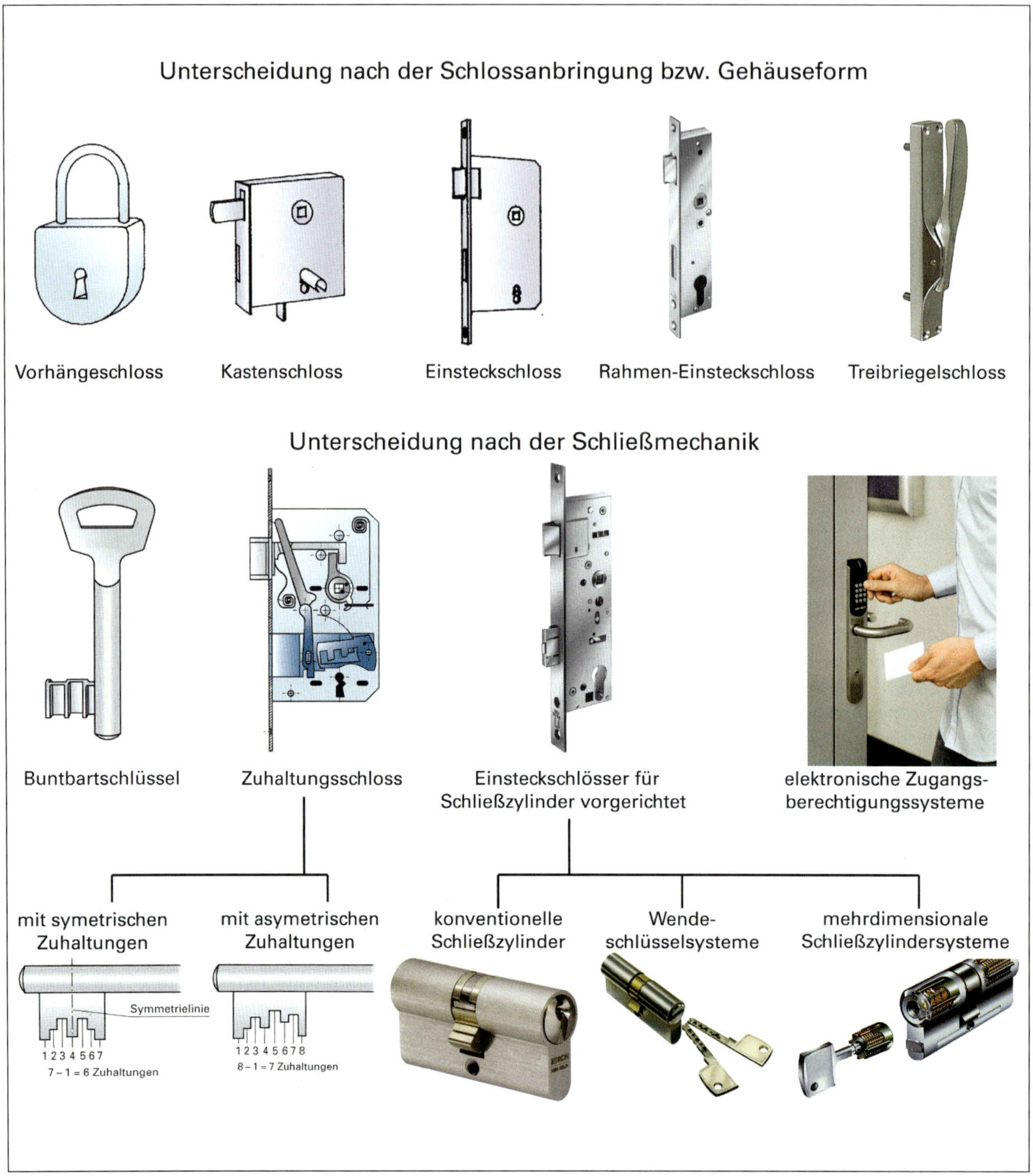

1 Bauarten von Schlossgehäuse und Schließmechanik

8.3.2 Aufbau eines Falle/Riegel-Schlosses

Der Aufbau und die Funktion der einzelnen Schlossbauteile wird an dem in Bild 1 abgebildeten Falle/Riegelschloss nach DIN 18251 beschrieben.

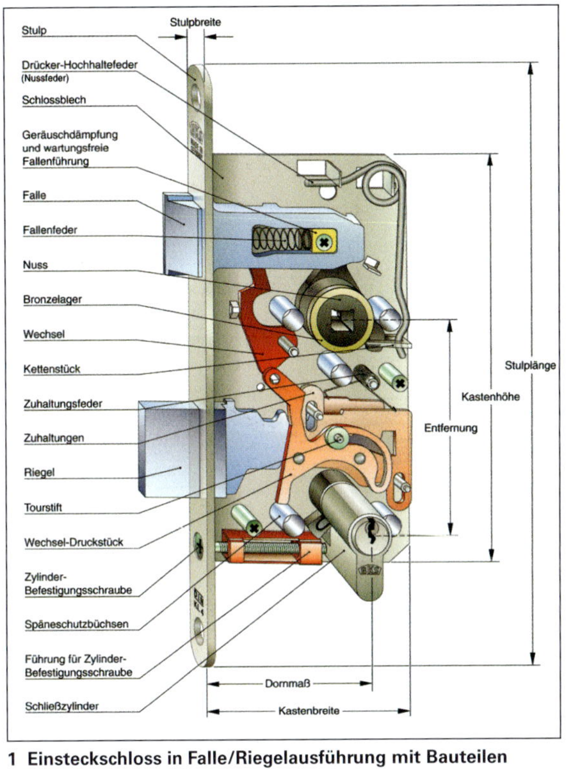

1 Einsteckschloss in Falle/Riegelausführung mit Bauteilen

Falle:	**hält** das **Türblatt** im Anschlag (Schließblech)
	Kurbelfalle: Zweigeteilte Falle zur Geräuschdämpfung und Reibungsminderung; Tür lässt sich leichter und leiser schließen
Geräusch-dämpfung:	In der Falle eingelassene Gummipuffer dämpfen die Geräusche bei Drückerbetätigung und bei Fallenrückstellung nach dem Zuziehen der Tür
Fallenfeder:	Sorgt dafür, dass die Falle immer in Ruhestellung ist
Fallengegen-sicherung:	Blockiert die Falle bei geschlossener Tür; zusätzliche Sicherheit, da die Falle nicht mehr mit Scheckkarten von außen zurückgedrückt werden kann (Bild 3, S. 378)
Nuss	Zieht durch den Drücker die Falle ins Schloss zurück (■ 8 oder ■ 10)
Bronzelager für Nuss:	Verhindert das Ausschlagen der Nuss im Schlosskasten und in der Schlossdecke und ergibt einen günstigen Reibungswert
Nussfeder:	Holt den Drücker nach Betätigung wieder in die waagrechte Ausgangsstellung zurück
Riegel:	Wird mit dem Schlüssel ins Schließblech der Tür geschoben, dies geschieht **ein- oder zweitourig**, d.h. mit einer oder zwei Schlüsselumdrehungen
	Rotierende Stahlstifte: Stifte aus gehärtetem Stahl, die lose in den Riegel eingelegt sind, erschweren das Absägen des Riegels mit einer Metallsäge
Zuhaltung:	Sperrt den Riegel gegen unbefugtes Zurückschieben in den Schlosskasten; sie sichert die momentane Riegelstellung
Zuhaltungs-feder:	Sorgt dafür, dass die Zuhaltung immer im Riegel einrastet und diesen sichert
Wechsel:	ermöglicht die Fallenbewegung mithilfe des Schlüssels bei Wohnungsabschlusstüren mit einem festen Knauf auf der Außenseite
Spänebuch-sen:	Schützen das Schloss vor Spänen beim Bohren der Löcher für die Drückerbefestigung
Stulp:	Dient zur Befestigung des Schlosses in der Tür

Nach DIN 18251 werden die Einsteckschlösser abhängig vom Türgewicht und der Beanspruchung durch die Häufigkeit der Betätigung in 5 Schlossklassen eingeteilt:

Klasse 1: Ausführung für leichte Innentüren
Klasse 2: Ausführung für Innentüren mit erhöhten Anforderungen
Klasse 3: Ausführung als Zylinderschloss für Wohnungsabschlusstüren und öffentliche Bauten (Objektschlösser)
Klasse 4: Ausführung als Zylinderschloss für Einbruchhemmung
Klasse 5: Ausführung als Zylinderschloss für erhöhte Einbruchhemmung

Ab der Schlossklasse 3 wird mit einer erhöhten Benutzerfrequenz gerechnet. In einer Dauerfunktionsprüfung müssen für die Falle mindestens 200 000 Zyklen und für den Riegel mindestens 50 000 Zyklen nachgewiesen werden. Die Funktion des Wechsels muss für mindestens 100 000 Zyklen gewährleistet sein.

Die Maße und Bezeichnungen von Einsteckschlössern sind ebenfalls genormt (Bild 1, nächste Seite). Als Hauptmaße gelten bei Schlössern das Dornmaß und die Entfernung. Bild 1 (nächste Seite) zeigt die Maße an Einsteckschlössern für gefälzte Türen nach DIN 18251-1. Für Rohrrahmeneinsteckschlösser gilt die Norm DIN 18251-2.

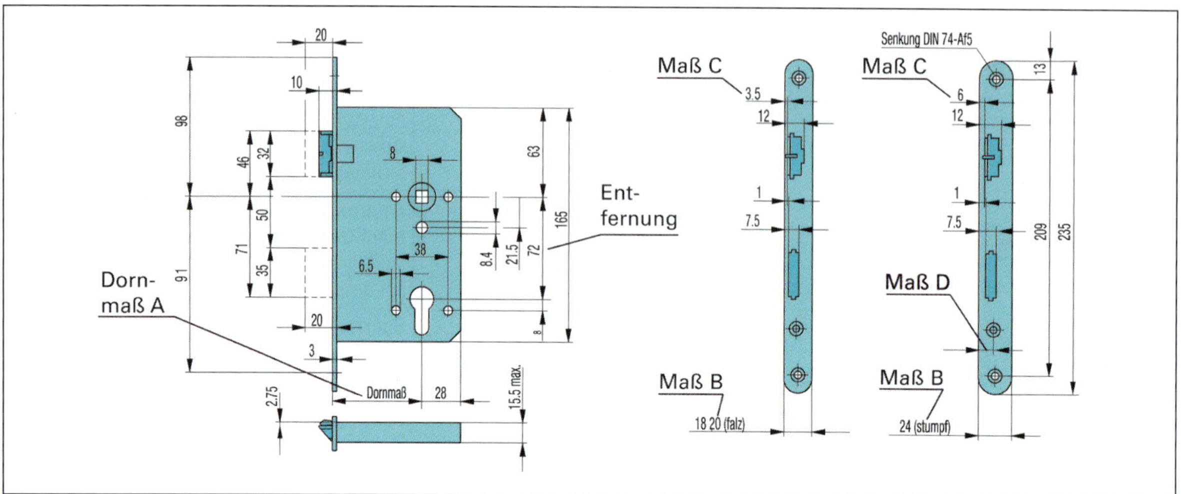

	Definition	Maße in mm
Dornmaß A	**Abstand von Mitte Schlüsselloch bis Vorderkante Stulp**	55, 60, 65, 70, 80, 100
Entfernung	**Abstand von Mitte Nuss bis Mitte Schlüsselloch**	72 mm (78 mm für Badschloss)
Maß B	Stulpbreite	20 oder 24 mm
Maß C	Abstand ebene Fallenseite zur Stulpaußenkante	3,4 oder 6 mm
Maß D	Lagemaße für Zylinderbefestigungsschraube	8,4 oder 10,9 mm

Der Schlosskasten (Höhe 165 mm, Breite = dornmaßabhängig, Dicke max. 13,5 mm) darf bei Schlössern der Klasse 1 und 2 offen sein. Alle höherwertigen Schlösser müssen einen allseitig geschlossenen Kasten aufweisen (Ausnahme: funktions- und montagebedingte Öffnungen).
Wichtigeste Unterschiede bei **Rohrrahmeneinsteckschlössern**:
Dornmaße = 25, 30, 35, 40, 45 mm Entfernung = 92 mm Stulpbreite 24 mm

Kurzzeichen für Einsteckschlösser:

Benennung	Kurzzeichen	Benennung	Kurzzeichen
Badschloss	BAD	Schloss mit Wechsel	W
Buntbartschloss	BB	Schloss mit Selbstverriegelung	SV
Linksschloss	L	Zuhaltungsschloss	ZH
Rechtsschloss	R	Zylinderschloss	PZ

1 Maße und Bezeichnungen von Einsteckschlössern

Für die Bestellung von Schlössern sind die Kurzzeichen von Bedeutung, da hiermit eindeutige Ausführungswünsche festgelegt werden. Dazu gehört auch die Angabe der Anschlagrichtung der Tür. Links anschlagende Türen erfordern ein linkes Schloss und umgekehrt. Die Unterscheidung erfolgt durch einen Blick auf den Schlossstulp: Liegt die **ebene** Fallenseite dann links, so handelt es sich um ein linkes Schloss und umgekehrt.

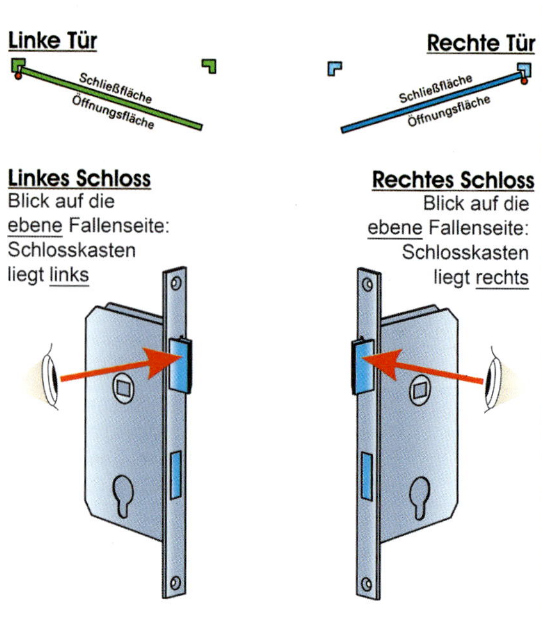

2 Linkes und rechtes Schloss

Bei den meisten Schlössern kann die Drehrichtung durch Umbau der Falle geändert werden, sie sind also sowohl als Linksschlösser als auch als Rechtsschlösser verwendbar.

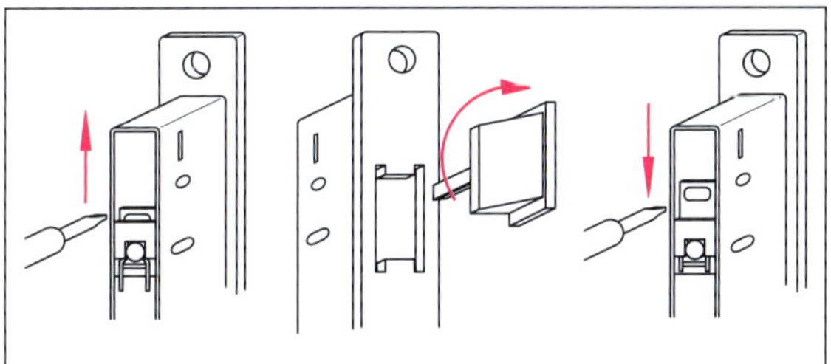

1 Schloss mit umlegbarer Falle für DIN Links und DIN Rechts

Einsteckschlösser mit Fallengegensicherung: Die Fallengegensicherung blockiert die Falle bei geschlossener Tür. Dies erhöht die Sicherheit, da sich die Falle nicht mehr von außen beispielsweise mithilfe von Scheckkarten zurückdrücken lässt.

3 Einsteckschloss mit Fallengegensicherung

Bezeichnungsbeispiel:
Für eine Wohnungsabschlusstür wird folgende Angabe gemacht:
Schloss DIN 18251-1 – PZ-3-65-24-SV-L
Dabei handelt es sich um ein Zylinderschloss (PZ) der Klasse 3, mit einem Dornmaß von 65 mm und einer Stulpbreite von 24 mm. Das Schloss ist selbstverriegelnd (SV) und als Linksschloss (L) ausgeführt.

8.3.3 Einsteckschlösser mit besonderen Funktionen

Selbstverriegelnde Schlösser: Für Haustüren werden heutzutage aus versicherungstechnischen Gründen selbstverriegelnde Schlösser empfohlen. Nur durch die Falle im Anschlag gehaltene Türen gelten versicherungstechnisch als nicht abgeschlossen und die Versicherungen verweigern bei Einbruchdiebstahl ihre Leistung. Die Selbstverriegelung wird durch eine zusätzliche Steuerfalle mechanisch erzwungen. Nur bei Betätigung beider Fallen, also wenn die Tür in den Anschlag fällt, wird der Riegel des Schlosses vorgeschoben. Dies geschieht aber zeitverzögert erst dann, wenn die Hauptfalle in die Schließblechaussparung gleitet. Die Betätigung der Falle über den Drücker löst keine Verriegelungsfunktion aus.

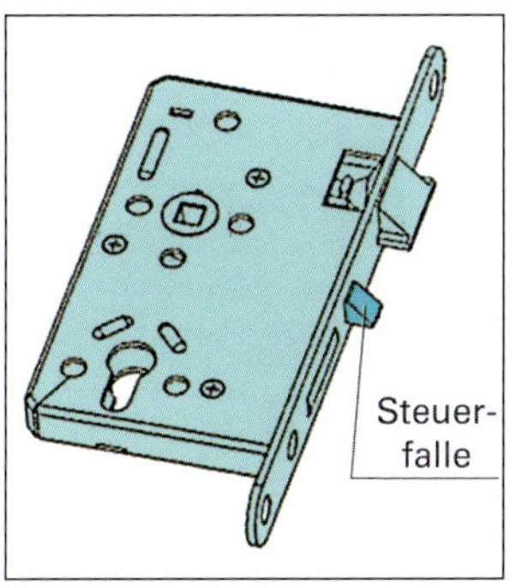

2 Selbstverriegelndes Schloss

(Anti-)Panikschlösser
Türen für Flucht- und Rettungswege müssen mit sogenannten (Anti-)Panikschlössern ausgestattet werden. Panikschlösser sind Türschlösser, die im verschlossenen (verriegelten) Zustand von innen durch Betätigungselemente, wie Türdrücker, Panikstange oder Paniktreibriegel, jederzeit geöffnet werden können. Hierbei werden Falle und Riegel gleichzeitig betätigt. Man unterscheidet:

- **Normales Antipanik-Schloss:** Das von Innen betätigte Antipanikschloss (gleichzeitiger Rückhub von Falle und Riegel) muss manuell mit dem Schlüssel wieder verriegelt werden.
- **Selbstverriegelndes Antipanik-Schloss:** Durch Betätigen der Panikklinke werden Falle und Riegel zugleich eingefahren und die interne Selbstverriegelungsmechanik vorgespannt. Sobald die Tür wieder schließt, wird durch eine zusätzliche Steuerfalle das Schloss wieder verriegelt.
- **Selbstverriegelndes Antipanik-Motorschloss:** Zusätzlich mit einem Kleinstmotor ausgestattet, erfolgt die Ver- und Entriegelung der Tür über ein Zugangskontrollsystem, eine Zeitsteuerung oder andere Steuerbefehle.

8.3.4 Schließ- und Sperrsysteme

Ziel und Aufgabe der Schlossentwicklungen ist es, das unbefugte Aufsperren von Schlössern zu verhindern. Je nach Sicherheitsanforderungen kommen ganz unterschiedliche Systeme zum Einsatz:

- Buntbartschloss
- Besatzungeschloss
- Zuhaltungsschloss (Chubb-Schloss)
- Schlösser mit Schließzylindern
- Elektronische Schließsysteme

8.3.4.1 Buntbartschlösser

Buntbartschlösser werden nur in Zimmertüren eingebaut. Sie besitzen nur eine einzige Zuhaltung, die den Schlossriegel gegen Verschieben sichert. Die einzige Sicherheit besteht nur in der Form des Schlüsselloches, zu dem der Schlüsselbart passen muss. Die Sicherheit ist sehr gering, da man mit einem Sperrhaken (Dietrich) den Schlüsselkanal leicht passieren kann und so die Zuhaltung anheben und den Riegel verschieben kann.

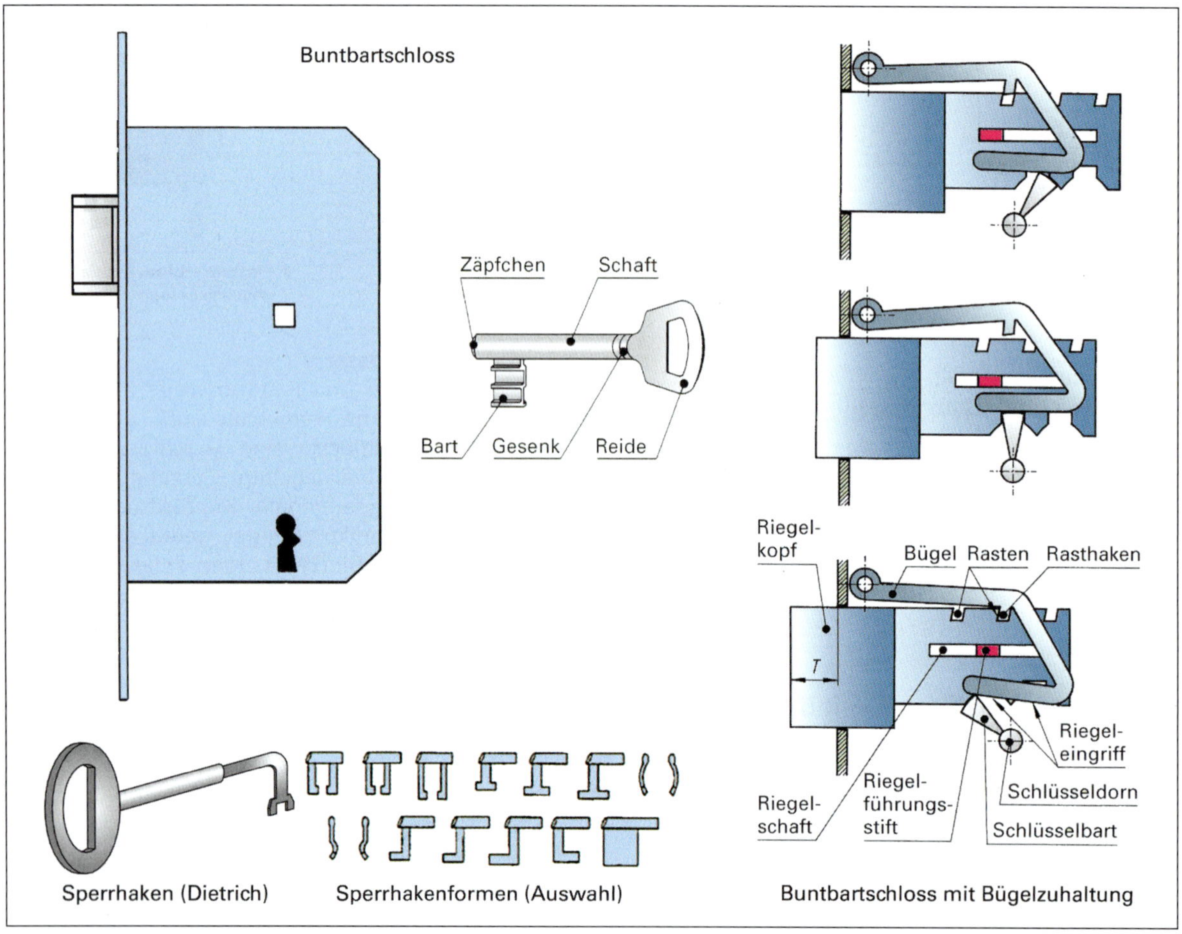

1 Buntbartschloss mit Schlüssel-Funktion

Sogenannte Besatzungen erhöhen die Nachschließ-Sicherheit von Buntbartschlössern. Besatzungen sind konstruktive Maßnahmen am Schloss, die zusätzliche verschiedene Aussparungen am Schlüsselbart erfordern. In älteren Klassenzimmern oder in Jugendherbergen könnte man noch auf solche Schlösser treffen. Für Haustüren darf es jedoch ebenfalls nicht verwendet werden.

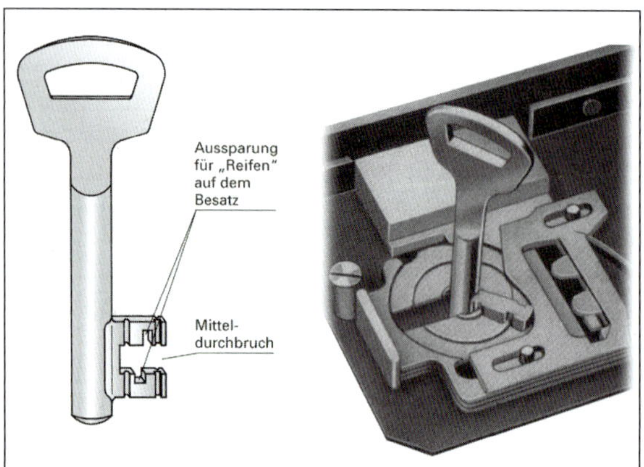

2 Besatzungsschloss

8.3.4.2 Zuhaltungsschlösser (Chubb-Schlösser)

Zuhaltungsschlösser wurden erstmals im Jahr 1818 vom Engländer Jeremira Chubb entwickelt und patentiert: Sie sind sehr nachschließ- und nachsperrsicher, da statt einer Zuhaltung mehrere Zuhaltungsbleche den Riegel des Schlosses sichern. Die Zuhaltungen besitzen alle ein Zuhaltungsfenster, sie unterscheiden sich aber in ihrer Dicke und in der Kurvenform der Unterkante. Zum Bewegen des Riegels ist ein den Zuhaltungsblechen angepasster Schlüsselbart erforderlich, der jedes einzelne Zuhaltungsblech so weit anhebt, dass der Riegelstift durch den freiwerdenden Kanal der Zuhaltungsfenster gleiten und der Riegel damit verschoben werden kann (Bild 1).

Haus- und Zimmertüren müssen von beiden Seiten geschlossen werden können, sie benötigen symmetrische Zuhaltungen. Schlösser, die nur von einer Seite aus geschlossen werden, z. B. Möbelschlösser, Tresorschlösser), erhalten asymmetrische Zuhaltungen, die auch nachsperrsicherer sind. Tresorschlösser (sogenannte Scherengitterschlösser) besitzen zwei Zuhaltungspakete, die nur mit einem Doppelbartschlüssel gesperrt werden können. Sie bieten die höchste Nachschließ- und Nachsperrsicherheit und werden u. a. in Tresoren und Mietfächern bei Banken eingesetzt.

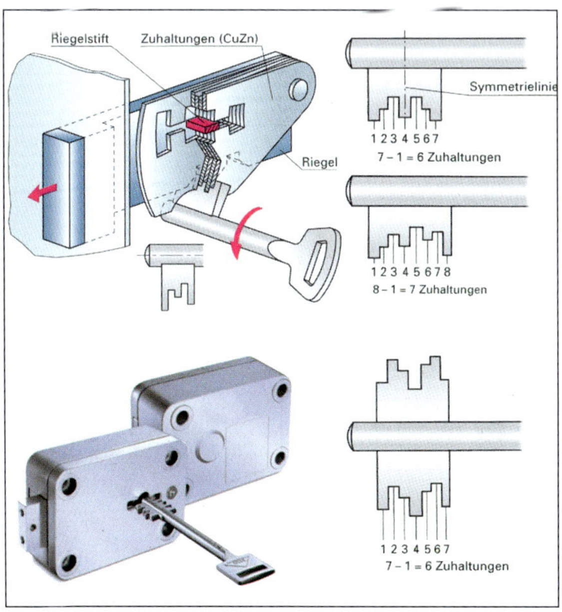

1 Zuhaltungsschloss – Funktion

8.3.4.3 Zylinderschlösser

Buntbart- und Zuhaltungsschlösser vereinen die beiden wichtigen Aufgaben eines Schlosses, nämlich das Abschließen und das Absperren in einer Schließmechanik.

Zylinderschlösser mit eingebauten Schließzylindern trennen die beiden Funktionen: Das Zylinderschloss kann ohne den Schließzylinder nicht wirksam abgesperrt werden, es erfüllt lediglich die Schließfunktion (Tür im Anschlag halten). Der eingebaute Schließzylinder erst ermöglicht das wirkungsvolle Absperren. Er verhindert den Zugang zum Riegel von außen. Nur mit dem passenden Schlüssel kann die Schließnase am Schließzylinder gedreht und somit der Riegel des Schlosses gesperrt werden. Die Sicherheit von Zylinderschlössern gegen unbefugtes Öffnen liegt allein im Schließzylinder.

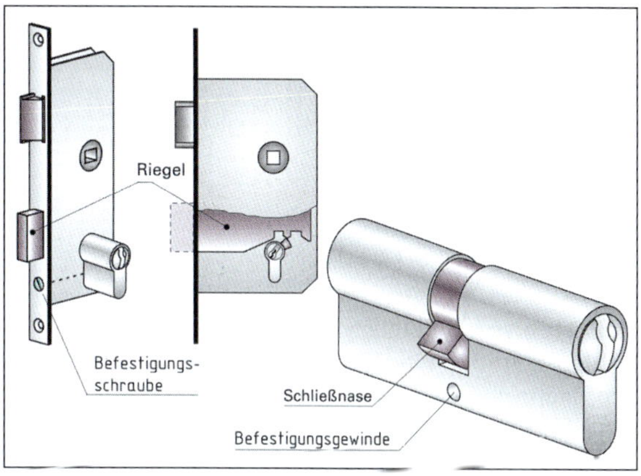

2 Zylinderschloss mit Schließzylinder

8.3.5 Schließzylinder

Der erste Schließzylinder wurde 1844 vom Amerikaner Linus Yale entwickelt und patentiert. Die heutigen modernen Schließzylinder beruhen im Prinzip auf dieser Entwicklung.

Schließzylinder gibt es mit den unterschiedlichsten Technologien, alle jedoch bestehen aus dem Zylindergehäuse (Stator) und einem drehbaren Zylinderkern (Rotor), der über die Schließnase den Schlossriegel bewegt. Mit dem passenden Schlüssel geben die im Schließzylinder vorhandenen Zuhaltungen den Zylinderkern zum Drehen frei.

Funktionsprinzip des Profilzylinders

Der in Deutschland gebräuchlichste und weltweit am meisten verwendete Schließzylinder ist der sogenannte Profilzylinder mit einreihigen Stiftzuhaltungen. Führt man den richtigen Schlüssel in den Schlüsselkanal ein, so werden alle Stiftpaare durch die Schlüsseleinschnitte so weit nach unten gedrückt, dass die Trennungslinie zwischen den Kernstiften und den Gehäusestiften mit der Mantelfläche des Zylinderkerns zusammenfällt. Dadurch lässt sich der Zylinderkern drehen (Bild 1, nächste Seite).

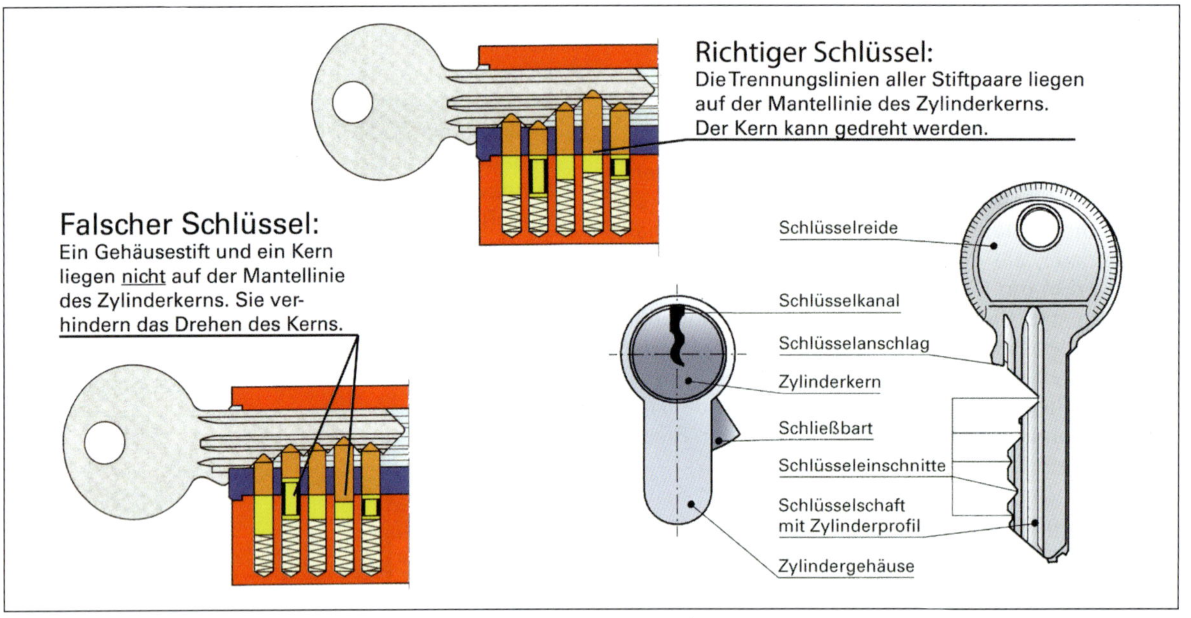

1 Funktionsprinzip von Schließzylindern

Bauarten von Schließzylindern

Schließzylinder werden nach der Gehäuseform in Profilzylinder, Rundzylinder und Ovalzylinder eingeteilt. Speziell in der Schweiz und einigen angrenzenden Ländern wird der Schweizer Zylinder verwendet.

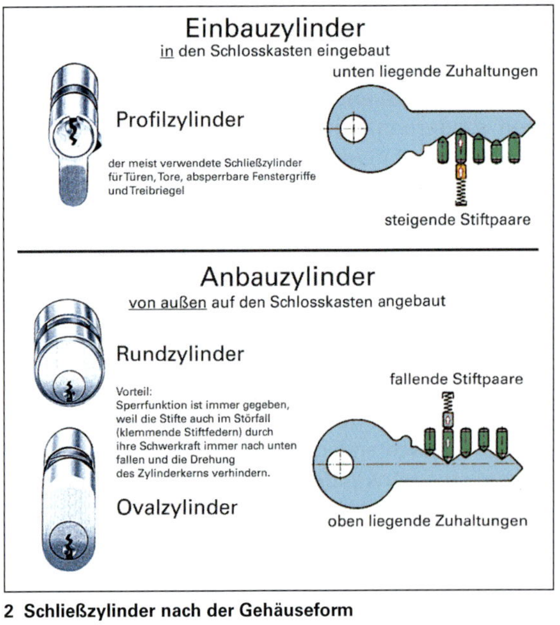

2 Schließzylinder nach der Gehäuseform

Am Beispiel eines Profilzylinders zeigt die folgende Abbildung die unterschiedlichen Bauformen von Schließzylindern und ihre jeweilige bevorzugte Verwendung.

Doppelzylinder
Doppelzylinder werden zur Nutzung in Hauseingangs-, Wohnungs- und sonstigen Eingangstüren verwendet. Überall dort, wo eine gesonderte Sicherung der Türen unerlässlich ist.

Knaufzylinder
Knaufzylinder werden häufig in Wohnungsabschlusstüren, aber auch für Besprechungsräume, Hotels oder Heime verwendet. Der Vorteil liegt darin, keinen Schlüssel für den inneren Bereich nutzen zu müssen. Der innenliegende Drehknauf dient dem Verschließen der Tür.

Halbzylinder
Häufiger Einsatz der Halbzylinder ist dort, wo eine Tür ausschließlich einseitig geschlossen werden soll, wie beispielsweise Garagentore, Kellertüren oder Geräteschuppen. Aber sie finden auch Verwendung in Aufzügen, Alarmanlagen oder anderen Zusatzsicherungen, wie z. B. abschließbaren Fenstergriffen

Schließhebelzylinder
Schließhebelzylinder finden hauptsächlich in Briefkästen, Automaten, Garderobenschränken oder Schließfächern Verwendung.

3 Schließzylinder in verschiedenen Bauformen

Sicherheit von Schließzylindern

Schließzylinder stehen immer im Zusammenhang mit der Sicherung von Räumen oder Behältnissen und sind ein besonderes „sensibles" Element. Der Nutzer sollte daher sensibel für die Wertigkeit, d.h. die Qualität und Leistungsfähigkeit des Schließzylinders sein, die er zur Absicherung seiner „Räumlichkeiten" benötigt. Angesichts einer Flut minderwertiger Schließzylinder, die kein verantwortungsbewusster Fachmann seinem Kunden anbietet, sollte der Metallbauer nur sogenannte **„höherwertige Schließzylinder"** verbauen. Dieser Begriff beinhaltet bestimmte Mindestanforderungen für Schließzylinder nach DIN 18252, die die Nachschließsicherheit, Aufsperrsicherheit, Abtastsicherheit und Aufbruchsicherheit betreffen.

- **Nachschließsicherheit:** Das ist der Schutz, den der Schließzylinder dem Öffnen mit ähnlichen Schlüsseln bietet.
- **Aufsperrsicherheit:** Darunter versteht man den Widerstand eines Schließzylinders gegen gewaltlose Öffnungsversuche mit bestimmten Sperrwerkzeugen, wie sie beispielsweise Schlüsseldienste verwenden.
- **Abtastsicherheit:** Die Abtastsicherheit ist der Schwierigkeitsgrad, die eingesetzten Zuhaltungen eines Profilzylinders mit geeigneten Hilfsmitteln gewalt- und spurenlos aus dem Profilzylinder zu ermitteln, um nach den festgestellten Werten (Maßen) einen Nachschlüssel anzufertigen.
- **Aufbruchsicherheit:** Man versteht darunter den Widerstand des Schlosses gegen gewaltsames Aufbrechen mit Werkzeugen.

Mindestanforderungen an Schließzylinder nach DIN 18285

Grundsätzlich gilt bei Schließzylindern: Die Nachschließ- und Aufsperrsicherheit wächst mit der Anzahl und Anordnung der Zuhaltungsstiftpaare. Je mehr Stiftpaare ein Zylinder enthält, umso mehr Schließkombinationen gibt es und umso unwahrscheinlicher bzw. schwieriger ist es, dass ein ähnlicher Schlüssel sperrt oder mit Sperrwerkzeugen geöffnet werden kann.

Für **höherwertige Zylinder** gelten nach DIN 18252 folgende Mindestanforderungen:

- Die Zylinder müssen mindestens 5 Stiftpaare haben (Schutzklasse P1 und P2) und 30000 aufsperrsichere Schließungen nachweisen; Schutzklasse P3 besitzt mindestens 6 Stiftzuhaltungen und 100000 Schließungen.
- Der Schlüssel darf in mindestens einer Einschnittreihe (Schlüsseleinschnitte) nicht mehr als 60 % gleich tiefe Einschnitte besitzen.
- Es dürfen nicht mehr als zwei gleichtiefe Schlüsseleinschnitte nebeneinander liegen.
- Zwischen dem höchsten und tiefsten Schlüsseleinschnitt müssen mindestens drei Stufensprünge liegen.
- Maßnahmen gegen das Hobbsche Öffnungsverfahren müssen getroffen sein, z.B. mindestens zwei besonders ausgebildete Gehäusestifte je Schließzylinderseite und ein sogenanntes parazentrisches Schlüsselprofil aufweisen (vgl. Bild 3, Seite 380).

Dem Schlossermeister Hobb gelang es 1853 bei der Weltausstellung in Chicago erstmals in wenigen Minuten ein Zylinderschloss zu knacken, in dem er den Zylinderkern seitlich unter Druck stellte und die leicht geklemmten Stifte einzeln auf die Trennungslinie drückte. Auf diesem Prinzip beruhen auch moderne Aufsperrwerkzeuge, die sogenannten Pickingpistolen, mit denen sich minderwertige Schließzylinder bereits in wenigen Sekunden öffnen lassen. Derartige Aufsperrwerkzeuge dürfen aber nur an autorisierte Schlüsseldienste vertrieben werden. Folgende Abbildung zeigt die Funktionsweise von Pick-Werkzeugen und mögliche Maßnahmen gegen Hobb'sche Öffnungsversuche mit speziellen Fangstiften und Fangnuten (Bild 1, nächste Seite).

Die pilzförmigen Fangstifte verhaken sich in den Fangnuten des Gehäuses, wenn beim Pickversuch der Zylinderkern unter seitlichen Druck gestellt wird. Dadurch können sie nicht mehr auf die notwendige Trennungslinie gebracht werden.

Eine höhere Nachschließ- und Aufsperrsicherheit erreicht man auch durch die Profilierung des Schlüsselkanals bzw. des Schlüsselschaftes, wie dies in DIN 18252 vorgeschrieben wird. Die dadurch entstehenden Rillen am Schlüsselprofil werden im Zylindergehäuse wiederum abgetastet. Zusätzlich können am Schlüsselschaft seitlich Konturfräsungen angebracht werden, die in ihrer Form und Lage variieren. Alternativ werden beispielsweise Sperrrippen am Schlüsselschaft eingearbeitet. Diese und immer neu entwickelte Mechanismen erschweren das Nachschließen, Nachsperren und Abtasten des Schlüsselprofils (Bild 2, Seite 380).

Für die Sicherheit von Schließzylindern ist der **Kopierschutz der Schlüssel** ebenso wichtig. Bei Schlüsseln ohne Kopierschutz stellen die Hersteller (meist spezialisierte Rohlingshersteller) den Schlüsseldiensten u.a. Schlüsselrohlinge zur Verfügung. Mit speziellen Fräsmaschinen können Kopien vorgelegter Schlüssel gefertigt werden. Einzelzylinder

Hobbsches Aufsperrverfahren

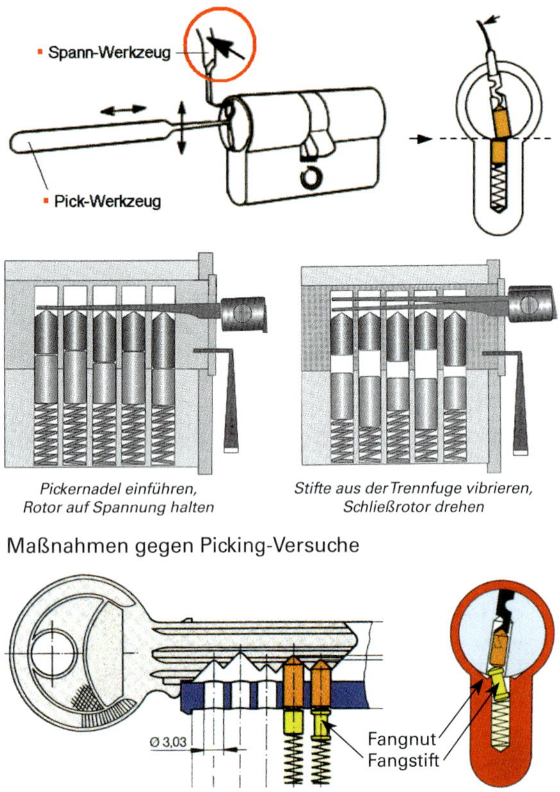

Elektro-Pickpistole

Picking-Methode:
Ein Metallblatt, das sich vorn an der Picking-Pistole befindet, wird in das Schloss eingeführt und die Pistole eingeschaltet.
Der Antriebsmechanismus versetzt das Metallblatt in hochfrequente Schwingungen (bis zu 15000 Hz), die die Zuhaltestifte im Schloss zu Bewegungen und zur Freigabe der Schließung anregen können. Wenn bei allen Stiften gleichzeitig eine Lücke zwischen Kern- und Gehäusestift entsteht, wird der Kern freigegeben. Mit etwas Übung lassen sich so auch handelsübliche Schlösser in 30 s oder auch weniger öffnen.

1 Pickwerkzeuge und Maßnahmen gegen Hobb'sche Öffnungsversuche

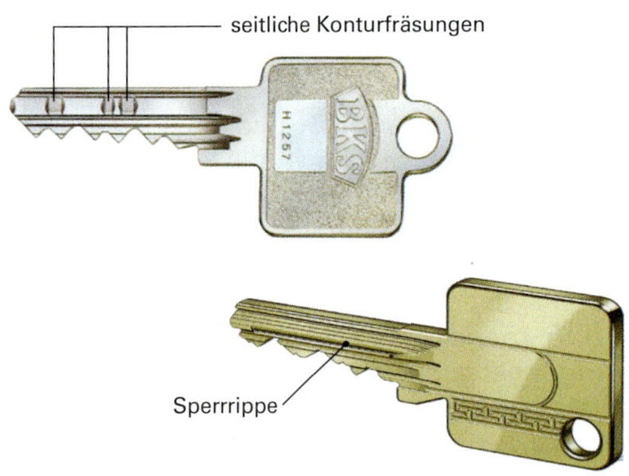

2 Schlüssel mit Konturfräsungen und Sperrrippen

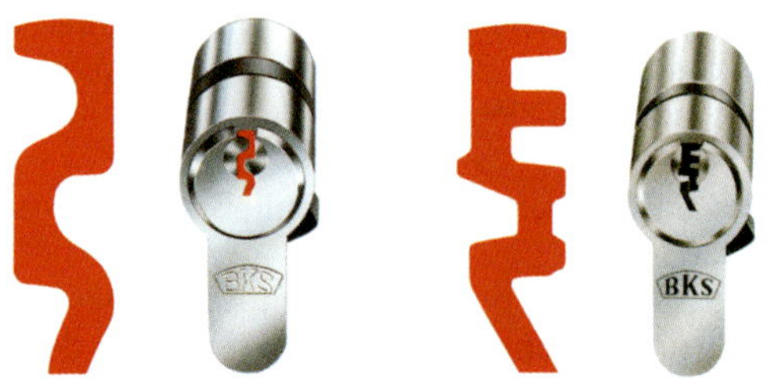

3 Schlüsselprofil: Normalprofil und Schließanlagenprofil

außerhalb von Schließanlagen und Einzelzylinder ohne Legitimationsausweis werden in diesem kopierfähigen *Normalprofil* (Bild 3) geliefert.

Schlüssel mit Kopierschutz werden durch drei Maßnahmen geschützt:

- **Organisatorischer Schutz (Sicherungskarte):**
  Nachschlüssel werden nur für bezugsberechtigte Personen mit entsprechendem Legitimationsnachweis (z.B. Sicherungskarte) hergestellt (vgl. Kapitel 8.3.6 Schließanlagen, Seite 385).
- **Rechtlicher Schutz (Patentschutz):**
  Die gewerbliche Herstellung von Schlüsseln erfolgt ausschließlich beim Hersteller. Zusätzlich schützt dieser die unberechtigte Fertigung von Schlüsseln durch patentierte Merkmale am Schlüssel.
- **Technologischer Schutz**
  Schlüssel verfügen über technologische Merkmale, sodass ihre Fertigung Spezialmaschinen

erfordert. Die illegale Kopie ist daher fast unmöglich (Abtastsicherheit des Profils).

Derartige Schlüssel und Schließzylinder werden innerhalb von Schließanlagen verwendet. Sie besitzen ein sogenanntes **parazentrisches Schlüsselprofil (Schließanlagenprofil)** (Bild 3, Vorseite).

Aufbruchschutz am Schließzylinder
Einbrecher versuchen Schließzylinder auch gewaltsam zu öffnen. Die häufigsten Aufbrechmethoden sind dabei Aufbohren und das Kernziehen.

Beim **Aufbohren** versucht der Täter, die Kanäle der Stiftfedern oder die Trennungslinie zwischen Gehäuse- und Kernstiften aufzubohren um dann die Stifte bzw. deren Bruchstücke herausziehen und den Kern drehen zu können.

Das Aufbohren ist eine schnelle und relativ laute Aufbruchmethode, die wenig Fachkenntnisse erfordert, aber wirkungsvoll durch aufbohrgeschützte Zylinder verhindert werden kann.

Das **Kernziehen** ist eine sehr leise Methode, die Spezialwerkzeuge verlangt und von Gelegenheitstätern kaum angewendet wird. Beim Kernziehen wird im Prinzip eine Schraube in den Zylinderkern gedreht und diese dann zusammen mit dem Kern herausgezogen (Bild 1).

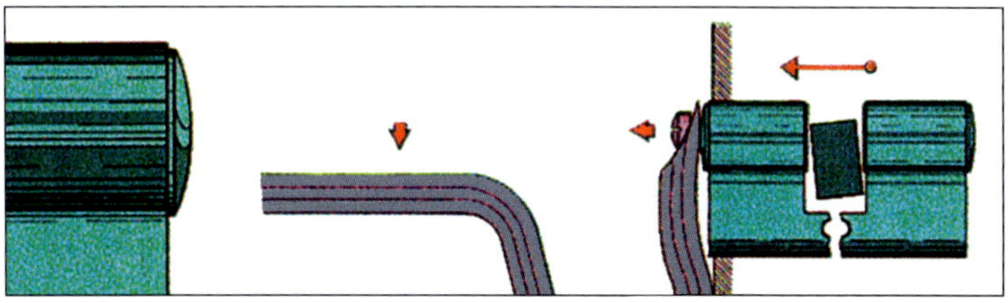

1 Prinzip des Kernziehens

Neben dem Aufbohr- und Kernziehschutz bieten höherwertige Schließzylinder auch einen Schutz gegen das gewaltsame Herausziehen des gesamten Zylindergehäuses (Bild 2).

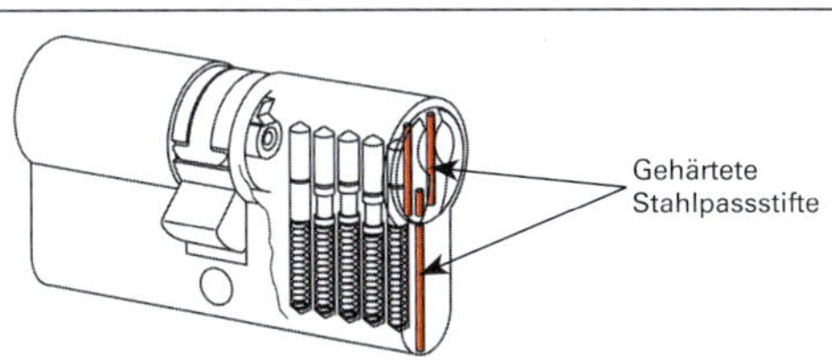

Aufbohrschutz durch Kern- und Gehäusestifte aus spezielle gehärtete Stahlpassstifte.

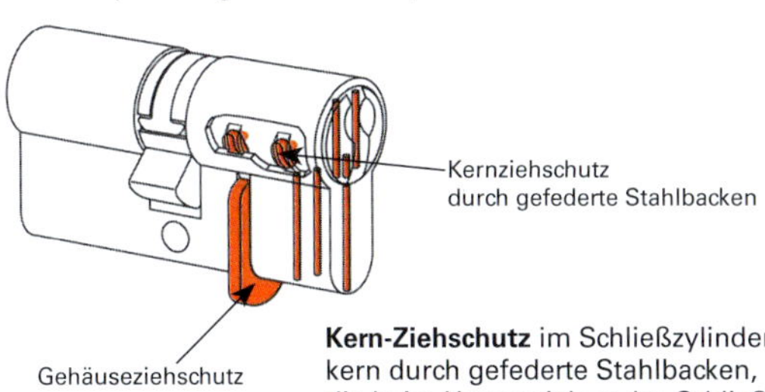

Kern-Ziehschutz im Schließzylinderkern durch gefederte Stahlbacken, die beim Herausziehen des Schließzylinderkerns in dafür vorgesehene Nuten im Schließzylindergehäuse einrasten und so das Kernziehen verhindern.

Ziehschutz für das Schließzylindergehäuse durch seitlich über den Umfang des Schließzylindergehäuses ragender Stahlstifte o. ä., die sich bei Herausziehversuchen gegen den vor dem Schließzylinder montierten Schutzbeschlag abstützen, wodurch das Herausziehen des Schließzylinders verhindert wird.

2 Aufbruchschutz am Schließzylinder gegen Aufbohren, Kernziehen und Aufbrechen

Der Zylinderaufbruch kann auch durch nachträglich eingebaute Sicherheitsbeschläge erschwert werden.

Erhöhung der Nachschließ- und Aufsperrsicherheit durch technische Neuentwicklungen
Die Hersteller von Schlössern und Schließanlagen entwickeln ständig neue und verbesserte Schließsysteme, mit denen es auch für autorisierte Schlüsseldienste immer schwieriger wird, die Schließzylinder aufzusperren. Folgende Abbildungen zeigen Ausführungsbeispiele hochwertiger Schließzylinder.

Wendeschlüsselsysteme sind sehr benutzerfreundlich, da man den Schlüssel von beiden Seiten auch nach einer 180°-Drehung (daher die Bezeichnung Wendeschlüssel) in den meist querliegenden Schlüsselkanal einführen kann. Mittlerweile sind auch Wendeschlüsselsysteme mit senkrechtem Schlüsselkanal üblich. Der Schlüssel ist außerdem sehr taschenfreundlich, weil er keine scharfen Kanten besitzt. Statt des Sägezahnprofils weist er nur Bohrungen und Nuten auf, die in unterschiedlicher Anzahl, Lage und Tiefe vorliegen und die von den gefederten Stiftzuhaltungen abgetastet werden.

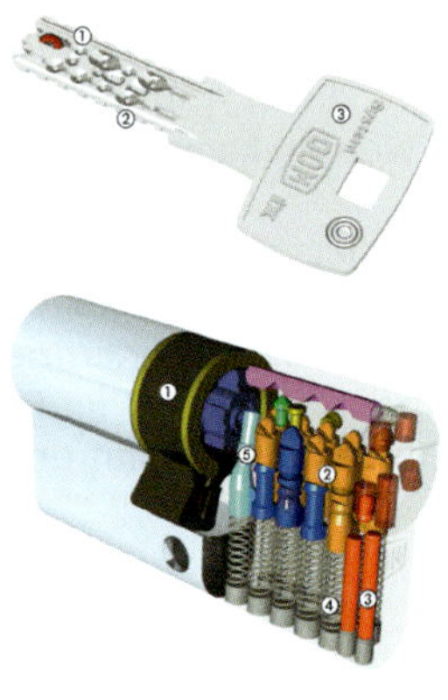

① **45° schwimmend gelagerter Rollkörper**
Höchster Kopierschutz

② **Komplexe Codierung im Schlüssel**
Erschwert die Anfertigung eines Nachschlüssels

③ **Neusilber-Schlüssel**
Korrosionsfrei und verschleißarm

① **Schließnase**

② **9 Stiftzuhaltungen aus Sondermessing/stahlgehärtet**
Bieten Manipulationsschutz gegen intelligente Öffnungsmethoden und Schlagschutz

③ **Erhöhter Bohrschutz**
Elemente aus Hartmetall oder stahlgehärtet

④ **Federn**
Teil der Stiftzuhaltungen; sie bringen die Stifte in die richtige Schließposition

⑤ **Rollenfunktionsstift**
Nur in Verbindung mit dem beweglichen Rollkörper im Schlüssel erfolgt die Schlieberechtigung

1 Wendeschlüsselsystem mit querliegendem Schlüsselkanal

Die hohe Kopiersicherheit von Wendeschlüsselsystemen ergibt sich aus der mehrreihigen, oftmals auch radialen Anordnung der Stiftzuhaltungen und der beliebig über den Schlüsselschaft verteilten zusätzlichen Nuten und Senkungen (Bild 1 und 2).

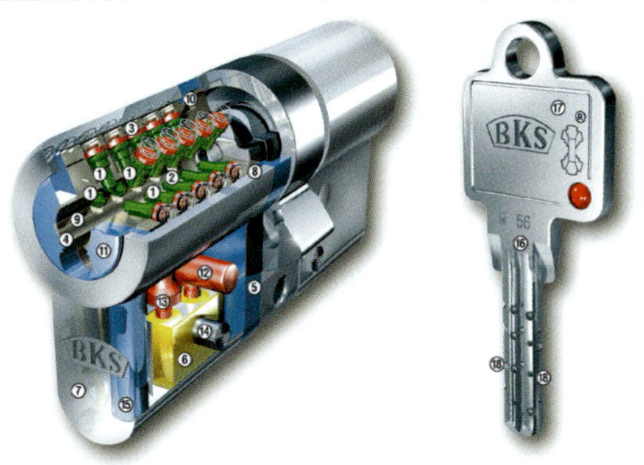

① Zuhaltungsreihen 1, 2, 3 und 4
② Kernstifte; Bronze
③ Gehäusestifte mit Federn; Messing
④ Profilsystem
⑤ Verlängerungsstück
⑥ Stahlverbinder
⑦ Außengehäuse
⑧ Gehäuserohr
⑨ Kern
⑩ Kernbund
⑪ Kernschutzscheibe
⑫ Gehäusesicherungsstift
⑬ Sicherungsstifte; Stahl gehärtet
⑭ Spiralspannstift
⑮ Bohrschutzstift (optional)
⑯ Schlüsselhalm
⑰ Schlüsselreide
⑱ Schließung

2 Wendeschlüsselsystem mit senkrechtem Schlüsselkanal und radialer Anordnung der Stiftzuhaltungen

Einen Wendeschlüssel mit technisch äußerst schwer kopierbarem Schlüssel zeigt folgende Abbildung. Die Codierung der Schlüssel erfolgt nicht durch Bohren, sondern durch ein spezielles Fräsverfahren, das die genaue Lage der Codierung auf dem Schlüssel verschleiert. Als zusätzlichen Schutz gegen unberechtigte Schlüsselkopien erfolgt die Codierung auch an den Kanten des Schlüssels. Seine hohe Sicherheit verdankt dieses System den 5 sternförmig angeordneten Zuhaltungsreihen. Die zahlreichen Fräsungen mit unterschiedlichen Tiefen und Neigungen im Schlüssel ergeben eine sehr hohe Abtast- und Aufsperrsicherheit, selbst bei Öffnungsversuchen mit modernsten Mitteln (z. B. Pickingmethoden).

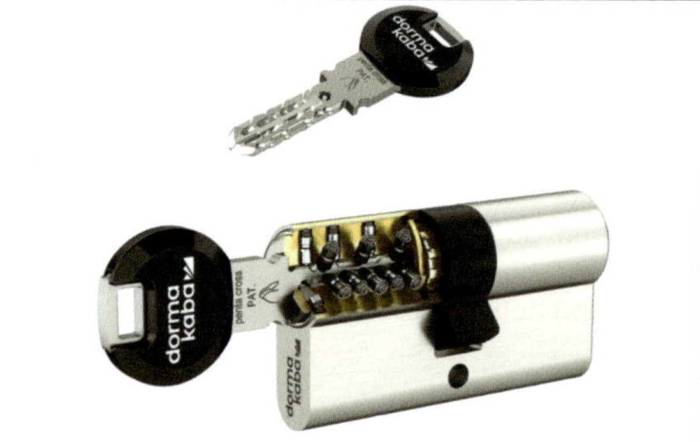

3 Wendeschlüssel mit 5 radial angeordneten Stiftreihen

Mit der Wendeschlüsseltechnik können weitere Funktionen wie der **Partnerschlüssel** und der **Bauzeitenschlüssel** realisiert werden (Bild 4). In sicherheitsempfindlichen Bereichen wie Banken, Labors usw. wird mit Partnerschlüsseln gewährleistet, dass nur unter Anwesenheit von zwei Personen Zugänge zu den sicherheitsrelevanten Bereichen geschaffen werden.

Der Bauzeitenschlüssel ermöglicht eine zeitliche Begrenzung von bereits montierten Zylindern während der Bauzeit. Je nach System enthält der Zylinder einen Einsatz oder einen anderen technischen Zusatz für die Bauphase. Während der Bauzeit kann nur mit dem entsprechenden Bauzeitenschlüssel geschlossen werden. Ist das Gebäude fertig, wird der Zylinder auf seine eigentliche Schließung eingestellt, der Bauzeitenschlüssel passt nicht mehr. Nur noch die Originalschlüssel können schließen.

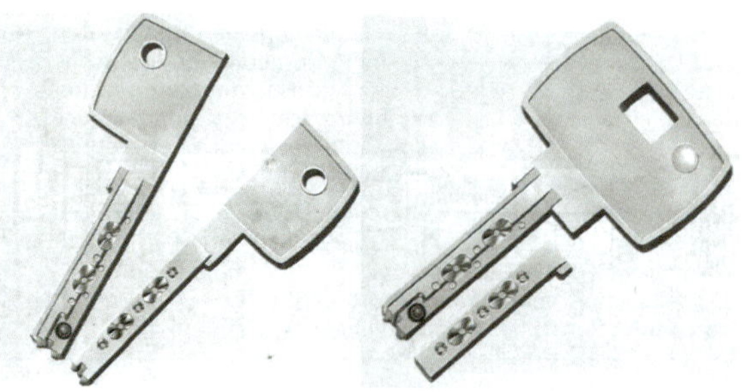

4 Partnerschlüssel (links) und Bauzeitenschlüssel (rechts)

Magnet-Schloss-Systeme sind eine Kombination von Elementen der Stiftzylindertechnik mit magnetischen Drehzuhaltungen. Es handelt sich dabei um ein so genanntes doppelt codiertes Schließsystem (magnetisch/mechanisch) mit einer sehr hohen Zahl (über 25 Milliarden) von Schließvariationen. Im Schließzylinderkern und im Schlüssel (Magnetschlüssel) sind zylindrische Magnete angeordnet, die in genau festgelegten Richtungen ein starkes Magnetfeld aufweisen. Beim Einführen des passenden Schlüssels bewegen sich die im Schließzylinderkern drehbar angeordneten Magnete in Öffnungsstellung. Als mechanische Codierungen sind eine zwangsgesteuerte Sperrstiftabfrage sowie eine Profil-Codierung integriert (Bild 1).

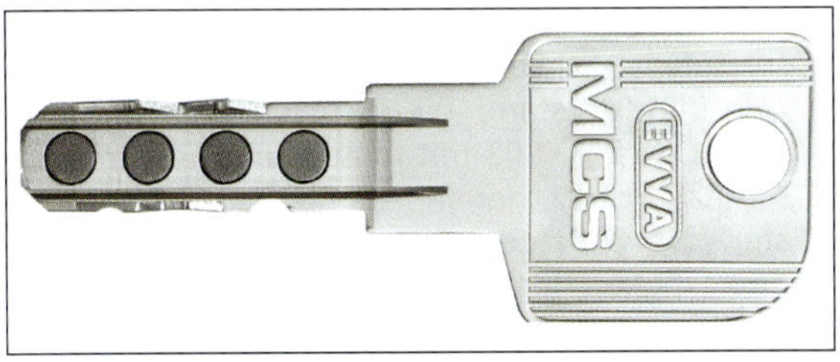

1 Magnetschlosssystem mit mechanisch/magnetsicher Codierung

Auswahl, Montage und Wartung von Zylinderschlössern

Die hochwertigsten Schließzylinder sind nutzlos, wenn bei der Auswahl der richtigen Zylindergröße und beim Einbau unsachgemäß gearbeitet wird. Vor dem Einbau eines Zylinders ist zuerst die erforderliche Zylindergröße zu ermitteln. Dabei ist zu beachten, dass auf der Außenseite der Schließzylinder nicht mehr als 3 mm über den Schutzbeschlag hinausragen darf, weil er sonst leicht mit einer Rohrzange oder anderem Werkzeug abgebrochen werden kann. Die richtige Schließzylindergröße wird für die Außen- und Innenseite getrennt ermittelt (Bild 2).

Die **Grundlänge (ganze Länge)** eines Profil-Doppelzylinders misst **meist 61 mm** (symmetrisch 30,5/30,5 mm). Die Länge wird gemessen von der Mitte der Stulpschraubenbohrung (Gewindebohrung für die Befestigungsschraube des Schließzylinders) bis zur Außenkante des Schließzylinders nach links **(Maß *A* = Zylinderhälfte außen)** und bis zur rechten Außenkante **(Maß *B* = Zylinderhälfte innen)**). Beide Maße sind dem Lieferanten anzugeben, wobei die Dicke der Türbeschläge innen und außen berücksichtigt werden müssen. Profilzylinderverlängerungen werden einseitig oder beidseitig um jeweils 5 mm steigend hergestellt.

Nach dem Ausmessen der Zylinderlängen wird der erforderliche Zylinder mit allen gewünschten Funktionen und Zusatzsicherungen wie Bohr- und Ziehschutz bestellt. Der Aufbohr- und Kernziehschutz für den Schließzylinder befindet sich meist nur an einer Zylinderhälfte, naturgemäß immer auf der Außenseite, so dass die Zylinderhalbmaße *A* und *B* nicht verwechselt werden dürfen.

Die Auswahl besonderer Zylinderfunktionen richtet sich weiterhin nach den Einsatzbedingungen. So unterscheidet man Zylinder in Normalfunktion und Gefahrenfunktion (Bild 1, nächste Seite).

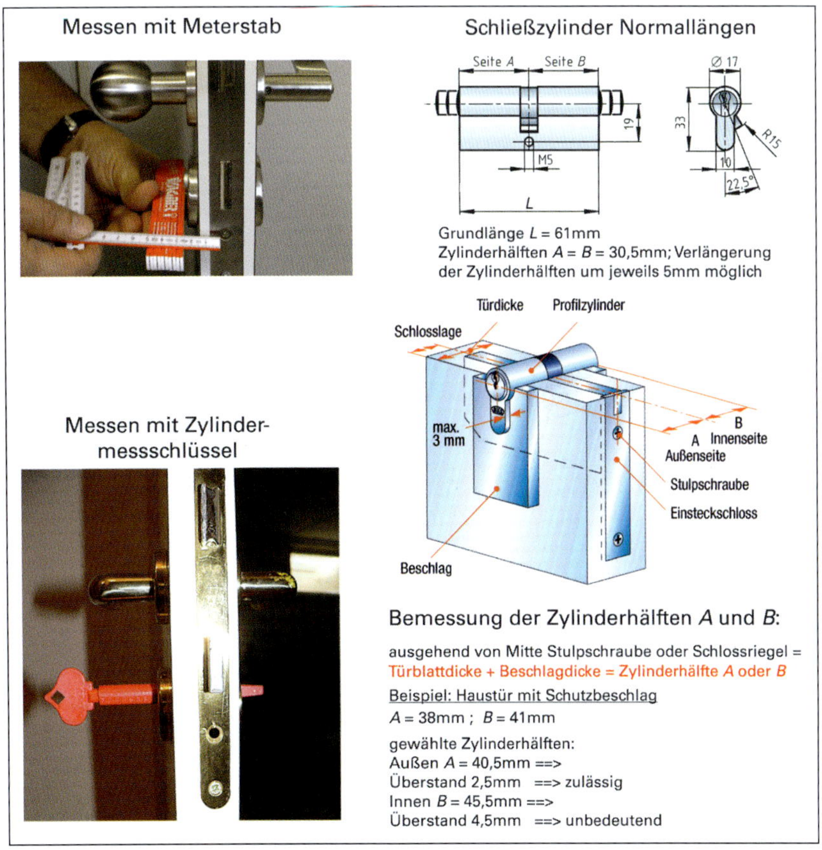

2 Profilzylindermaße und Einbau

- **Normalfunktion**: Steckt auf der Innenseite des Zylinders ein Schlüssel, so kann auf der Außenseite nicht gesperrt werden.
- **Gefahrenfunktion**: Der Schließzylinder kann auch dann betätigt werden, wenn auf der gegenüberliegenden Seite eine passender Schlüssel steckt. Hierbei unterscheidet man Doppelzylinder mit einseitiger und beidseitiger Gefahrenfunktion, sowie mit einseitiger Gefahrenschlüsselfunktion.
  - Während die **beidseitige** Gefahrenfunktion in beide Richtungen funktioniert, wendet man die **einseitige** Gefahrenfunktion nur für Türen an, bei denen Hilfe von außen möglich sein muss, auch wenn innen ein Schlüssel steckt (z. B. Haustür).
  - Für Hotelzimmertüren eignen sich dagegen Doppelzylinder mit **Gefahrenschlüsselfunktion**. Im Notfall kann nur mit einem speziellen Gefahrenschlüssel der Zugang bewerkstelligt werden.

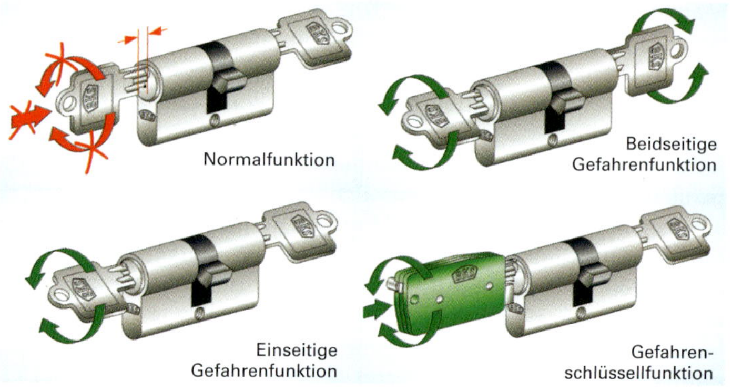

1 Normal- und Gefahrenfunktion von Doppelzylindern

Normbezeichnung von Schließzylindern

Die Normbezeichnung von mechanischen Schließzylindern erfolgt nach DIN 18252 in Kombination mit der Norm DIN EN 1303 (siehe Tabellenbuch):

Bezeichnungsbeispiel:
Schließzylinder **M S 4 B F1A**

- Variante – Klasse M: Schließzylinder nach DIN EN 1303
- Typ – Klasse S: Schließzylinder für Schließanlagen mit mechanischem Schließwerk
- Verschlusssicherheit – Klasse – 4: Schließzylinder nach DIN EN 1303 mit mindestens 30.000 verschiedenen Schließungen, mindestens 5 Zuhaltungen, höchstens 60 % identischer Schlüsselstufen, nachschließsicher
- Angriffswiderstand – Klasse B: Schließzylinder nach DIN EN 1303 mit mindestens 5 min Bohrschutz, Schutz gegen Aufmeißeln bei mindestens 40 Schlägen, kein Kernziehschutz, Torsionsfestigkeit des Zylinders 30Nm
- Panikfunktion – Klasse F1A: Freilaufzylinder für Notausgänge und Panikverschlüsse, Abzugsposition des Schließbarts bei 150° bzw. 210°

Die Montage eines Schließzylinders erfolgt erst nach dem Einbau des Einsteckschlosses in der Tür. Der Profilzylinder wird dabei in das Schloss eingesteckt (ohne Gewaltanwendung!) und mit der Stulpschraube M5 verschraubt.

Schließzylinder sind präzise arbeitende feinmechanische Bauteile, die einen sorgfältigen Umgang verlangen und fachmännisch gewartet werden müssen, damit sie über viele Jahre ihre Funktion erfüllen können. Sie müssen wenigstens zwei-

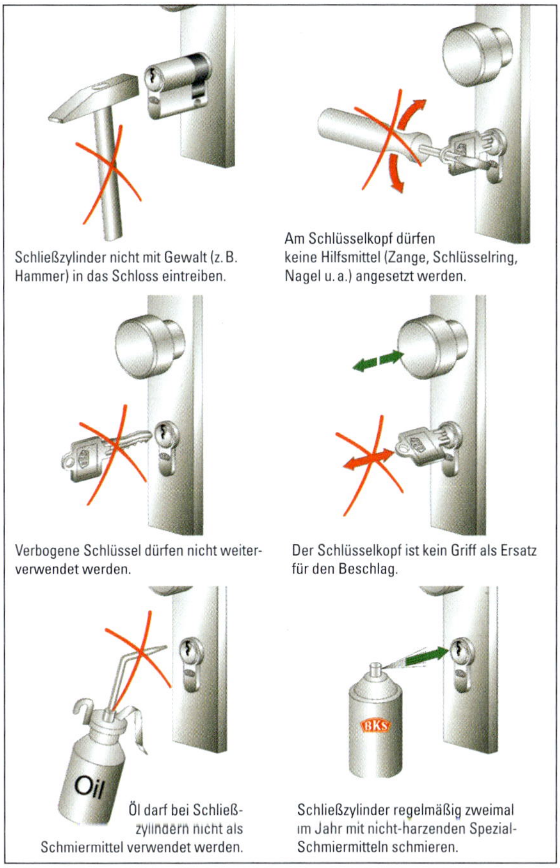

1 Umgangs- und Wartungsregeln für Schließzylinder

mal jährlich mit nichtharzenden Schmiermitteln (Spezialschmiermittel, Graphitstaub) geschmiert werden. Keinesfalls darf Öl verwendet werden, da die Verharzung zum Verkleben der feinmechanischen Bauelemente (Stifte, Federn) führt. Folgende Abbildungen zeigen einige wichtige Umgangs- und Wartungsaufgaben (Bild 1, nächste Seite).

8.3.6 Schließanlagen

Die Schlüssel und Schließzylinder aller Türen innerhalb eines oder mehrerer Gebäude werden schon seit vielen Jahren mithilfe von Schließanlagen organisiert, verwaltet und hierarchisiert, d.h. zu Gruppen zusammengefasst. Schließanlagen werden praktisch überall im Objektbereich, d.h. in Behörden, Unternehmen, Schule, Krankenhäusern, Wohnanlagen usw. benötigt, wo Zutrittsberechtigungen geregelt werden müssen. Selbst für den privaten Hausbesitzer kann eine Schließanlage sinnvoll sein, vermeidet sie doch ein sonst übliches, unbequemes und hosentaschenzerfetzendes Schlüsselsammelsurium (Haustür, Garagentür, Garagentor, Hoftor, Briefkasten usw.).
Schließanlagen müssen vom Fachmann sorgfältig geplant werden. Hierfür stellen die meisten Schließanlagenhersteller geeignete Unterlagen und/oder Computerprogramme zur Verfügung. Der Schließplan erfasst dabei alle Positionen einer Schließanlage, in der Hauptsache

- Raumbenennung (Auflistung der Türen),
- Schlüsselnummer und Schließzylindernummer,
- Anzahl der Schließzylinder und der Schlüssel,
- Angaben über Schließzylinderlängen,
- System-Typ-Bezeichnung,
- Angaben über Schließzylinderfärbungen,
- Funktionsschema Schlüssel/Schließzylinder.

Man unterscheidet zwei Grundtypen von Schließanlagen,

- die **Hauptschlüsselanlage (HS-Anlage)** und
- die **Zentralschlossanlage (Z-Anlage)**

8.3.6.1 Die Hauptschlüsselanlage (HS)

ist eine hierarchische Schließanlage mit einer übergeordneten Schließberechtigung durch den Hauptschlüssel, der jeden Zylinder der Anlage sperrt. Sie besteht aus mehreren **verschieden schließenden Zylindern**, für die es je einen Einzelschlüssel gibt, der nur seinen Zylinder sperrt (untergeordneter Schlüssel). Es können auch beliebig

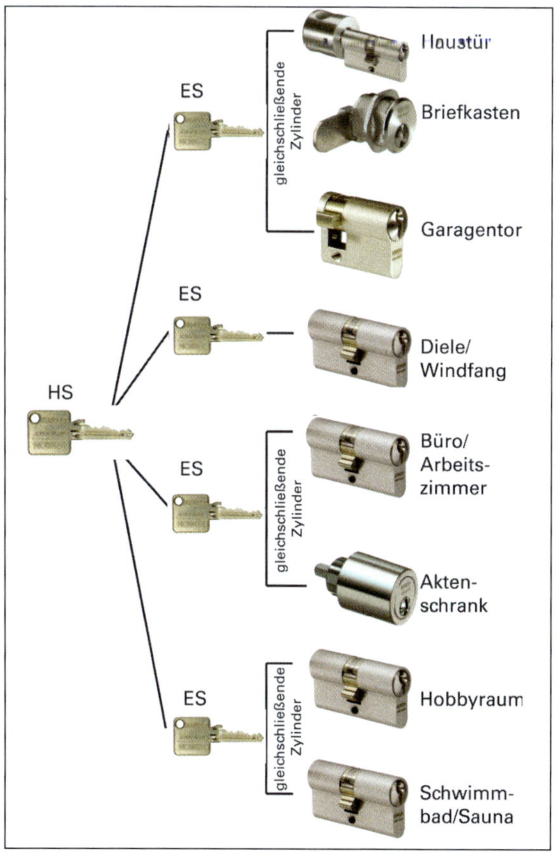

2 Organisationsschema einer Hauptschlüsselanlage für ein Einfamilienhaus

viele **gleichschließende Zylinder** integriert werden. Gleichschließende Zylinder haben alle den gleichen Einzel-Schlüssel und den Zylinder mit der gleichen inneren Schließausrüstung.
Beispiel: Für ein Einfamilienhaus wird eine Hauptschlüsselanlage geplant und der Schließplan aufgestellt. Es sollen Schließungen für Räume wie auf Bild 2 (Vorseite) realisiert werden.

Der Hauptschlüssel sperrt alle Schlösser. Es werden neben verschieden schließenden auch folgende gleichschließende Einzel-Zylinder gewählt: Gleichschließung für
Arbeitszimmer + Aktenschrank,
Haustür + Briefkasten + Garagentor sowie
Hobbyraum + Schwimmbad.

Daraus entsteht der folgende Schließplan:

Hersteller:
System:
Anlagenart: Hauptschlüsselanlage
Bauvorhaben:

Anzahl übergeordnete Schlüssel: 3

Pos.	Türbezeichnung	Schließung Nr.	Zylinderanzahl	Schlüsselanzahl	Zylindertype	Länge *A* (Außen) Schließseite	Länge *B* (Innen) Knaufseite	HS	ES 1	ES 2	ES 3	ES 4
001	Haustür	1-1	1	3	Knaufzylinder	40	45	x	x			
002	Briefkasten	1-2	1		Hebelzylinder			x	x			
003	Garagentor	1-3	1		Halbzylinder	30	10	x	x			
004	Diele/Windfang	2	1	3	Doppelzylinder	30	35	x		x		
005	Büro/Arbeitszimmer	3-1	1	3	Doppelzylinder	30	35	x			x	
006	Aktenschrank	3-2	1		Hebelzylinder			x			x	
007	Hobbyraum	4-1	1	3	Doppelzylinder	30	35	x				x
008	Schwimmbad/Sauna	4-2	1		Doppelzylinder	30	35	x				x

8.3.6.2 Die Zentralschlossanlage (ZS)

besteht aus mehreren verschieden schließenden Zylindern. Einige Zylinder sind aber als Zentralzylinder ausgelegt, d. h., sie können von allen Schlüsseln gesperrt werden. Zentralschlossanlagen findet man überwiegend in Eigentums- und Mietwohnanlagen. Es wird kein übergeordneter Schlüssel eingesetzt, sondern nur Einzelschlüssel, die die jeweilige Wohnung sperren. Die Zentralschlösser befinden sich in den gemeinsam benutzten Zugängen wie Hauseingang, Kellerabgang, Fahrradräume usw. Folgende Abbildung zeigt das Organisationsschema mit Schließplan für ein Zweifamilienwohnhaus mit einer Zentralschlossanlage (Bild 1).

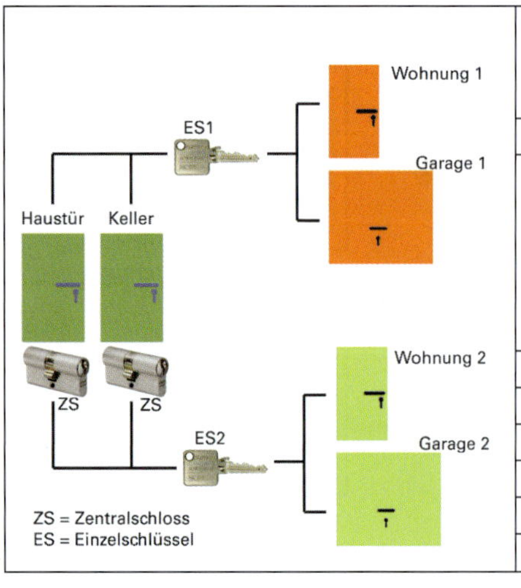

Hersteller:
System:
Anlagenart: Zentralschlossanlage
Bauvorhaben: Stadtbau GmbH

Anzahl übergeordnete Schlüssel: 3

Pos.	Türbezeichnung	Schließung Nr.	Zylinderanzahl	Schlüsselanzahl	Zylindertype	Länge *A* (Außen) Schließseite	Länge *B* (Innen) Knaufseite	ES 1	ES 2
001	Eingang	ZS	1		Doppelzylinder	35	40	x	x
002	Keller	ZS	1		Doppelzylinder	35	40	x	x
003	Wohnung 1	1	1	3	Doppelzylinder	35	40		
004	Garage 1	1	1	3	Halbzylinder	30	10		
005	Wohnung 2	2	1	3	Doppelzylinder	35	40		x
006	Garage 2	2	1	3	Halbzylinder	30	10		x

1 Schließplan für Zweifamilienwohnhaus mit Zentralschlossanlage

Kombinationen von Zentralschlossanlagen und Hauptschlüsselanlagen sind bei allen Schließanlagen-Systemen möglich, wie z. B.:

- **Zentral-Hauptschlüssel-Anlagen** (der Hauptschlüssel schließt nur die Zentralzylinder und einige technische Räume, z. B. für Hausmeister) oder
- **Hauptschlüssel-Zentralschloss-Anlagen** (der Hauptschlüssel schließt alle Zylinder). Diese Anlagen müssen mietvertraglich vereinbart werden, da der Hausmeister bzw. Eigentümer hier Zugang zu den Wohnungen hat.

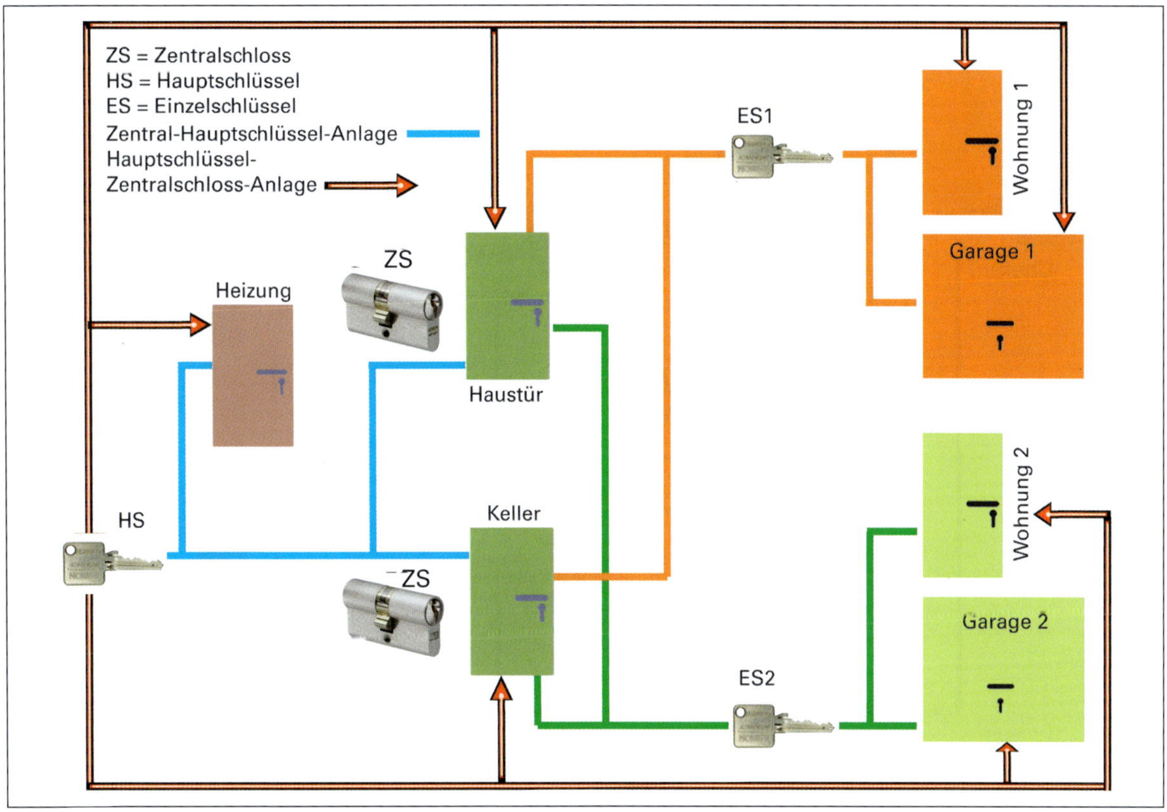

1 **Kombinationen Zentralschloss und Hauptschlüsselanlagen**

8.3.6.3 Die Generalhauptschlüssel-Anlage (GHS)

Sie ist aufgeteilt in einzelne Hauptgruppen, Gruppen und Untergruppen mit den entsprechenden Zentral- und Einzelschließungen, die einem bestimmten Schließkonzept entsprechen. Sinn der GHS Schließanlage ist es, Verantwortungsbereiche klar und deutlich abzugrenzen. Mit einer Gruppenhauptschlüsselanlage kann man den Zutritt zum und im Gebäude auf einfache Weise organisieren. Bei der GHS-Schließanlage, kann beispielsweise eine Hauptschlüsselanlage (Firmenbereich) mit einer anderen Hauptschlüsselanlage (Privatbereich) in einer Einheit kombiniert werden, das heißt, ein Schlüssel sperrt die komplette Firma und den Privatbereich. Mitarbeiter können sich im Zugangsbereich der Firma auf den zugewiesenen Ebenen mit dafür vorgesehenen Hauptgruppenschlüsseln, Gruppenschlüsseln oder auch Einzelschlüsseln frei bewegen, aber nicht im Privatanwesen des Betriebsinhabers. Jeder Zylinder hat auch hier eine Einzelschließung und kann außer von dem für ihn bestimmten übergeordneten Schlüsseln nur von seinem eigenen Schlüssel geschlossen werden. Generalhautgruppen-Schließanlagen finden häufig ihre Verwendung in Verwaltungsgebäuden oder Industriegebäuden, Hotels, Krankenhäusern, Flughäfen, Schulen usw.

Folgende Abbildung zeigt das Organisationsschema und den Schließplan einer GHS-Anlage für einen Metallbaubetrieb:

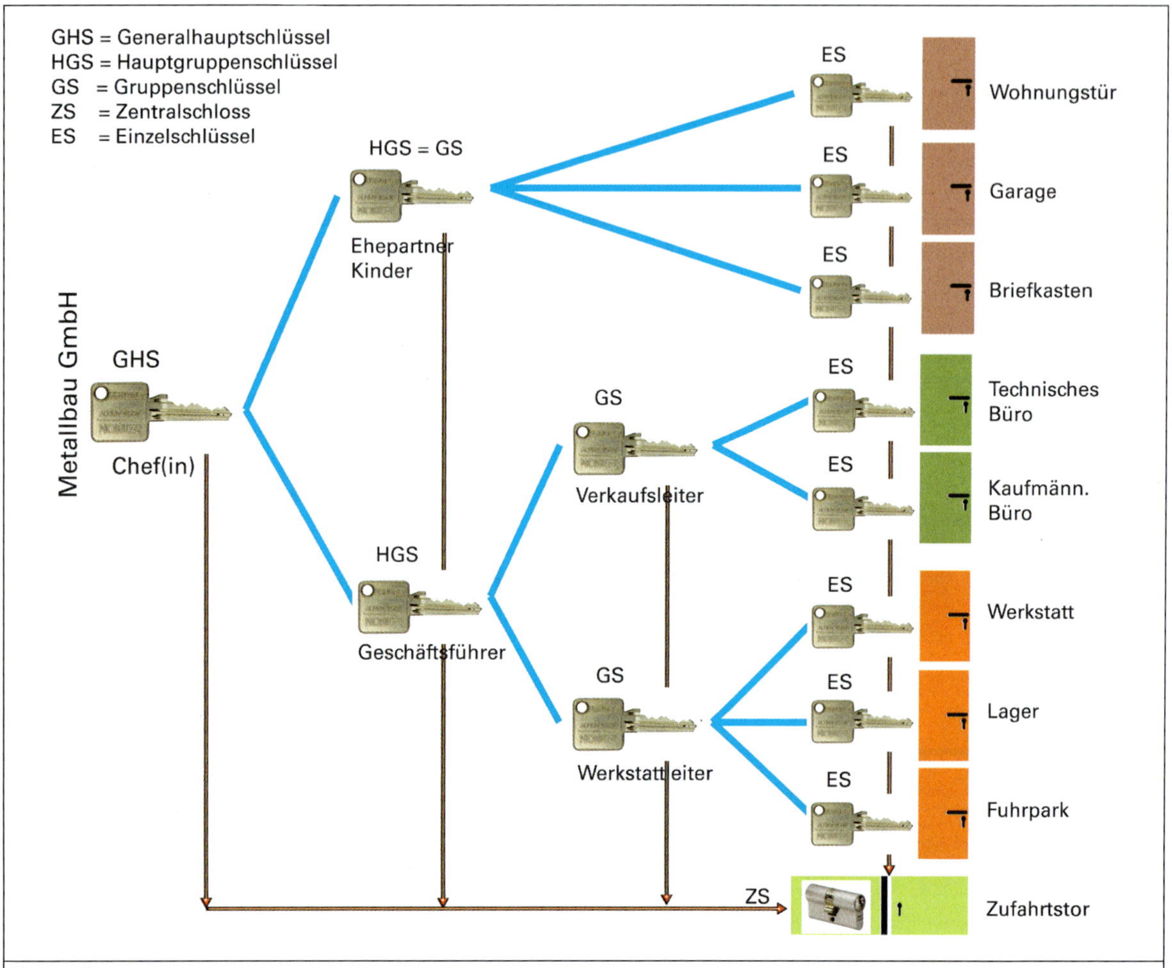

Hersteller:
System:
Anlagenart: Zentralschlossanlage
Bauvorhaben:

					Anzahl übergeordnete Schlüssel:	3	3	3	3	3			
Pos.	Türbezeichnung	Schließung Nr.	Zylinderanzahl	Schlüsselanzahl	Zylindertype	Länge *A* (Außen) Schließseite	Länge *B* (Innen) Knaufseite	GHS	HGS 1	HGS 2	GS 2–1	GS 2–2	ES 4–8
001	Zufahrtstor	ZS	1		Doppelzylinder	35	40	x	x	x	x	x	x
002	Wohnungstür	1	1		Doppelzylinder	35	40	x	x				
003	Garage	2	2	3	Halbzylinder	30	10	x	x				
004	Briefkasten	3	1	3	Doppelzylinder	30	10	x	x				
005	Technisches Büro	4	1	3	Doppelzylinder	35	40	x		x	x		
006	Kaufmännisches Büro	5	1	3	Doppelzylinder	35	40	x		x	x		
007	Werkstatt	6	1	3	Doppelzylinder	35	40	x		x		x	
008	Lager	7	1	3	Doppelzylinder	35	40	x		x		x	
009	Fuhrpark	8	2	3	Halbzylinder	30	10	x		x		x	

1 Organisationsschema und Schließplan einer Generalhauptschlüsselanlage GHS

Die technische Umsetzung von Zugangsberechtigungen in mechanischen Schließanlagen erfolgt prinzipiell über den Einbau von sogenannten **Aufbaustiften** im Schließzylinder.
Aufbaustifte sind zusätzlich in die Stiftzuhaltungen eingebrachte Sperrorgane, welche die für die Funktion von Schließanlagen notwendigen zusätzlichen Trennungsebenen schaffen (Bild 1). Der Aufbaustift erlaubt zwei unterschiedlichen Schlüsseln mit einem unterschiedlichen Schlüsseleinschnitt die Schließung. Beide Schlüssel erzeugen die für die Kerndrehung wichtige Trennungslinie zwischen Kern- und Gehäusestiften.

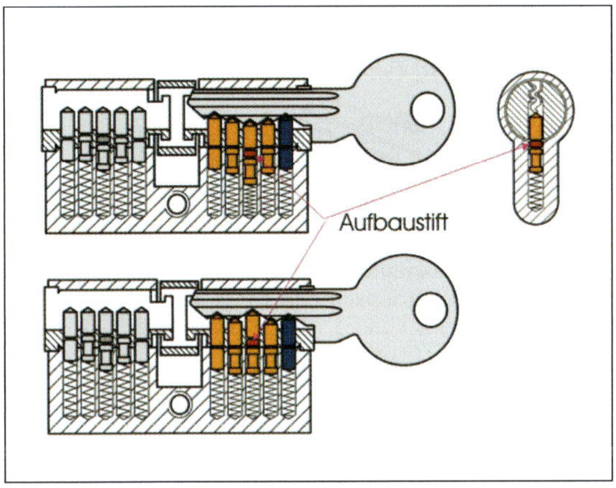

1 Zusätzliche Trennungsebenen für Schließanlagenfunktion mithilfe von Aufbaustiften

Komplexe Schließberechtigungen erfordern viel weitergehende technische Eingriffe, die aber von den Schließanlagenherstellern als Betriebsgeheimnisse gehütet werden.

8.3.7 Mechatronische und elektronische Schließ- und Zutrittskontrollsysteme

Der Siegeszug der Mikroelektronik machte auch vor der Schließtechnik nicht Halt. Mit dem Einsatz elektronischer Schließzylinder begann ein neues Kapitel der Schlosstechnologie: Neben einem sehr hohen Schlüsselschutz wurde es erstmals möglich, Zutrittsberechtigungen flexibel zu handhaben, zu kontrollieren und dokumentieren. In vielen Bereichen der Wirtschaft wie beispielsweise Großfirmen, Hotels, Behörden usw. können die komplizierten Zutrittsberechtigungen und Zutrittskontrollen mit rein mechanischen Schließsystemen wirtschaftlich und technisch nicht mehr sinnvoll realisiert werden.

Die **traditionelle klassische Zutrittskontrolle** (Bild 1, Seite 393), bestehend aus Kartenlese- oder PIN-Terminals, die elektromechanische Verriegelungen wie elektrische Türöffner oder Motorschlösser ansteuern, beschränkt sich aufgrund der hohen Verkabelungskosten meist auf Haupteingangstüren und einige wichtige Verbindungstüren. Wichtige Sicherheitsaspekte können auch mit der klassischen Zutrittskontrolle nicht ausreichend befriedigt werden. So kann mit diesen Systemen beispielsweise nicht kontrolliert werden, wer nach Dienstschluss noch welches Zimmer betreten hat.

Die gestiegenen Sicherheitsbedürfnisse in vielen Unternehmen und Behörden haben dazu geführt, dass Schließtechnik und Zutrittskontrolle zusammengewachsen sind. Moderne digitale Schließsysteme erlauben das gleichzeitige Ausführen wichtiger Funktionen wie *Lesen und Auswerten von Zugangsberechtigungen*, das *Öffnen oder Schließen* entsprechender Abschlüsse sowie das *Protokollieren und Auslesen* von Zutritten. Kern eines solchen Systems ist ein mechatronischer oder elektronischer Schließzylinder oder Türbeschlag, der batteriebetrieben oder verkabelt über Chipkarten, Transpoder oder Codetastaturen berührungslos oder berührungsbehaftet angesteuert werden kann.

Mechatronische Schließsysteme (Bild 1, Seite 390) überprüfen neben der herkömmlichen mechanischen Schließung des Schlüssels auch noch eine elektronische Codierung. In der Schlüsselreide und im Schließzylinder ist ein Microchip integriert, die die im Schließzylinder hinterlegten Zutrittsberechtigungen abfragen und miteinander vergleichen. Die Zugangsberechtigung kann dabei zeitlich eingeschränkt werden.

Vollelektronische Schließsysteme (Bild 1, Seite 390) besitzen keine mechanischen Schlüssel mehr. Die Zutrittsberechtigungen werden als digitaler Code im **vollelektronischen Beschlag** oder dem **vollelektronischen Schließzylinder** hinterlegt und mittels sogenannter Identmedien wie **Chipkarten**, **Codetastaturen** oder **Transpondern** abgefragt. Zunehmend werden auch **biometrische Identifikationsmedien** (z. B. **Fingerscan**) als Zutrittskontrollen verwendet. Elektronische Schließzylinder lassen sich in wenigen Minuten anstelle eines herkömmlichen Schließzylinders ohne jede Verkabelung in jedes DIN-Einsteckschloss einbauen.
Die Transponder arbeiten ohne eigene Stromversorgung und im Gegensatz zu Chip- oder Magnetkarten auch kontaktlos. Wird der Transponder nahe genug an das Terminal gehalten, nimmt er die vom Terminal ausgehenden elektromagnetischen Impulse auf und sendet mithilfe dieser Energie die gespeicherten Zutrittsdaten zum Terminal. Dort werden die Daten ausgewertet und der Zugang bei

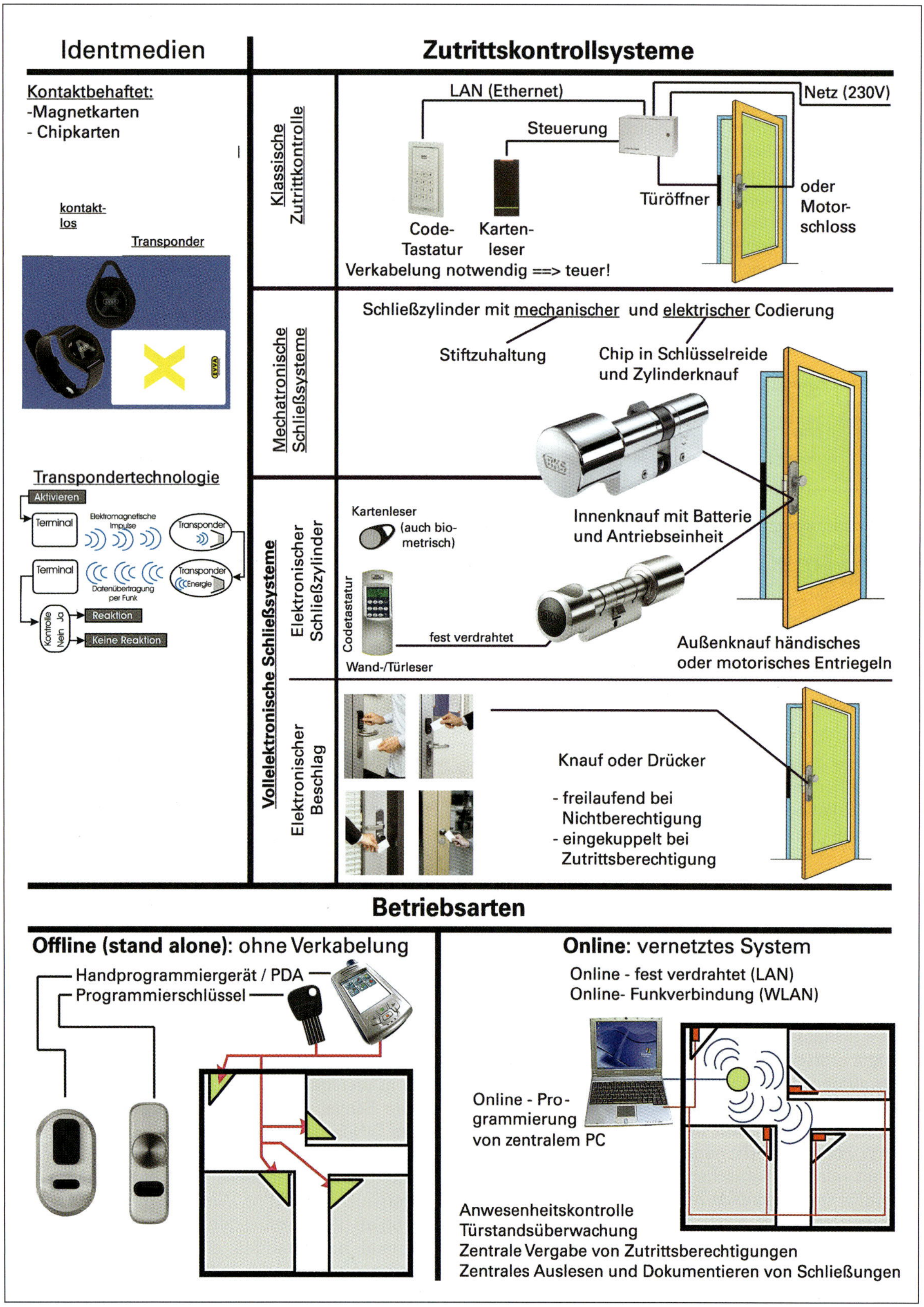

1 Zutrittskontrollsysteme

Berechtigung freigegeben (Bild 1, S. 390). Die Übermittlung der Zutrittsdaten erfolgt dabei mit höchster Verschlüsselung und ist damit vor fremdem Zugriff geschützt.

Betriebsarten vollelektronischer Zutrittssysteme
Kleinere Schließanlagen werden meist im **Offline-Betrieb (stand alone)** benutzt, d.h., jeder einzelne elektronische Schließzylinder bzw. Beschlag besitzt seine eigene Steuerungs- bzw. Antriebseinheit (Terminal). Die erforderliche Energie für den Schließzylinder oder den elektronischen Beschlag liefert eine Batterie, die i.d.R. an der Innenseite des Beschlags oder am Innenknauf des Zylinders angebracht ist. Die Lebensdauer dieser dezentralen Energieversorgung beträgt je nach System zwischen 2 und 4 Jahren. Ein kritischer Batteriezustand wird dabei stets optisch oder akustisch angezeigt. Jeder Schließzylinder oder Beschlag wird mithilfe von speziellen Programmierschlüsseln oder Handprogrammiergeräten (auch PDA's) separat mit den Zutrittsberechtigungen per Infrarotübertragung programmiert. Es ist daher notwendig, jede einzelne Tür mit dem Handprogrammiergerät aufzusuchen. Größere Unternehmen oder Hotels betreiben daher ihre Zutrittssysteme im **Online-Betrieb**. Jede Tür bzw. jeder Abschluss ist über verkabelte Netzwerkverbindungen (LAN) oder bei sehr leistungsfähigen Systemen über Funkverbindung (WLAN) mit einem zentralen Computer verbunden, von dem aus die jeweiligen Zutrittsberechtigungen programmiert und eingespeist werden. Die im Terminal protokollierten Zutritte können mit dem Handprogrammiergerät oder bei Online-Betrieb auf dem zentralen Computer auch ausgelesen und dokumentiert werden.

Erweiterung elektronischer Zutrittssysteme
Elektronische Zutrittssysteme ermöglichen eine schrittweise Erweiterung der Anlage. So kann der Nutzer eines solchen Systems mit einer kleinen Anlage anfangen und bei Bedarf diese ohne Probleme jederzeit auf weitere Bereiche ausdehnen. Mit ein und demselben Medium, dem Transponder, werden nicht nur Türen geöffnet, sondern gleichermaßen auch Garagentore, Parkplatzschranken, Möbelverschlüsse oder Safes. Die Zugangsberechtigungen können gruppenweise und ebenso zeitmäßig differenziert werden, wie dies beispielsweise für Hotelbetriebe gefordert wird.
Der Gast erhält nach dem „Check-in" die programmierte Schlüsselkarte, mit der er Zugang zum Parkhaus, dem Aufzug, seinem Zimmer und anderen eventuell gebuchten Zusatzeinrichtungen wie Fitnessraum, Wellnessbereich, Schwimmbad usw. hat. Ein Kartenverlust stellt kein weiteres größeres Sicherheitsrisiko dar, da die Zugangsberechtigungen einfach gelöscht werden und der Gast eine neue Karte ausgestellt bekommt. Die Karte kann beispielsweise auch als bargeldloses Bezahlsystem eingesetzt werden. Alle Zusatzleistungen wie Restaurantbesuch oder Nutzung des Wellnessangebots werden während des Aufenthalts auf die Karte gespeichert und beim „Check-out" ausgelesen und abgerechnet. Die Gültigkeit der Karte verfällt automatisch nach der Abreise des Gastes.
Die Hotelangestellten und Mitarbeiter erhalten ebenso programmierte Karten, die ihnen den Zutritt zu speziellen Bereichen (Zimmerservice, technischer Dienst) ermöglichen. Aktiviert der Gast beispielsweise die „Bitte nicht stören"-Funktion, so erhält der Zimmerservice keinen Zutritt. Der technische Dienst erkennt beispielsweise schwache Batterien, wechselt diese aus und liest an den Hotelzimmern die Zutrittsereignisse aus, die dann zentral wieder erfasst und ausgewertet werden können.

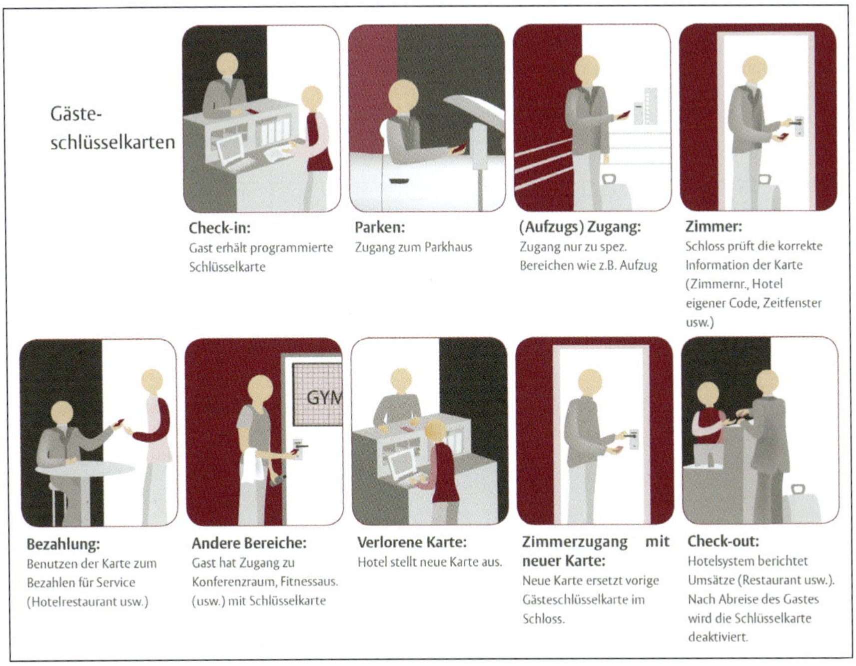

1 Elektronisches Zutrittssystem für Hotelgäste

Moderne elektronische Schließ- und Zutrittskontrollsysteme sind in der Regel als Ersatz mechanischer Schließanlagen sehr einfach nachrüstbar. Trotz höherer Investitionskosten ergeben sich langfristig ernorme Kostenvorteile insbesondere bei großen Schließanlagen. Bereits nach 3–5 Jahren amortisieren sich die höheren Investitionskosten bedingt durch Schäden aus Schlüsselverlusten oder Änderungen von Gruppenschließrechten usw.

Zusammenfassung: Vorteile elektronischer Zutrittskontrollen:

- Hoher Schlüsselschutz – Schlüsselkopie mechatronischer bzw elektronischer Schlüssel ist kaum möglich.
- Erhöhte Gebäudesicherheit bei Schlüsselverlusten oder unberechtigten Schlüsselkopien.
- Flexible Handhabung und Änderung von Zutrittsberechtigungen.
- Umfassende und zeitlich beschränkte Zutrittskontrolle.
- Weitere Anwendungen wie Zeiterfassung, bargeldlose Bezahlmöglichkeit, Parkraumverwaltung usw. sind möglich.
- Moderne biometrische Systeme sind einsetzbar.
- Einfache, unkomplizierte Verwaltung gegenüber mechanischer Schließanlage.

8.3.8 Beschläge für Flucht- und Rettungswege

Fluchttüren zeichnen sich als Funktionstüren nur durch eine ganz bestimmte Auswahl von Beschlägen aus.

Anforderungen an Fluchttüren:

- Fluchttüren müssen mit einer Handbetätigung innerhalb 1 Sekunde ohne Schlüsselbetätigung den Fluchtweg auch bei abgesperrter Tür freigeben (nach DIN EN 1125 / DIN EN 179).
- Fluchttüren müssen nach außen öffnen; der Einbau von nach innen öffnenden Fluchttüren erfordert die Genehmigung des allg. Bauaufsichtsamts.
- Rettungswege dürfen nicht versperrt werden.
- Schloss, Beschlag und Montagematerial dürfen nur noch als **geprüfte Einheit** verkauft und montiert werden.
- Der Schutz des Menschen steht im Vordergrund, nicht nur im Brandfall, sondern auch bei möglichen Paniksituationen im Alltag.

Im Gebiet der EU gelten zwei verschiedene Normen für die Beschlags-Ausstattung von Fluchttüren. Man unterscheidet bei Fluchttüren:

NOTAUSGÄNGE nach DIN EN 179	**PANIKTÜREN nach DIN EN 1125**
sind bestimmt für Gebäude, die keinem öffentlichen Publikumsverkehr unterliegen und deren Besucher die Funktion von Fluchttüren kennen. Dies können auch Nebenausgänge in öffentlichen Gebäuden sein, die ausschließlich von berechtigten Personen benutzt werden. An Notausgängen sind **Türdrücker** oder **Stoßplatten** als Bedienelemente vorgeschrieben. Sie müssen so gebaut sein, dass der Drücker zur Oberfläche der Tür zeigt, damit keine Personen verletzt werden oder diese mit der Kleidung an dem Beschlag hängen bleiben.	hingegen sind bestimmt für Gebäude, die öffentlichem Publikumsverkehr unterliegen wie z. B. Schulen, Kindergärten, Krankenhäuser, oder Einkaufszentren, bei denen die Besucher die Funktion der Fluchttüren nicht kennen, diese aber im Notfall auch ohne Einweisung betätigen können müssen. An Paniktüren sind **Stangengriffe** oder **Druckstangen** vorgeschrieben. Diese sind auf der Fluchtseite der Tür anzubringen. Auf der Außenseite sind entsprechende Drücker oder Stoßgriffe vorzusehen. Bei zweiflügligen Türen ist bei Verwendung eines Treibriegelschlosses ebenfalls ein Stangengriff am Gangflügel einzusetzen.

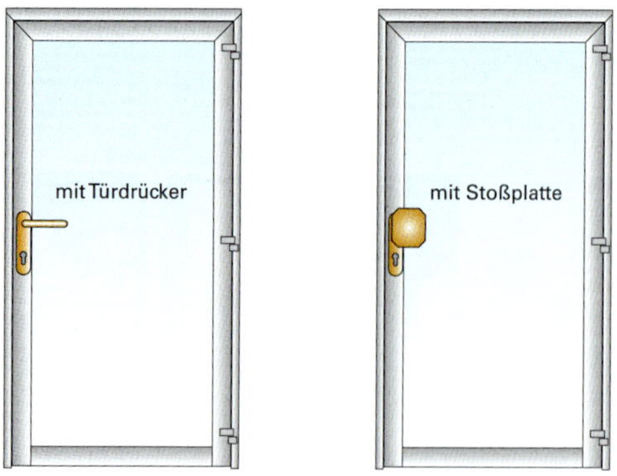

Notausgang geringes Panikrisiko

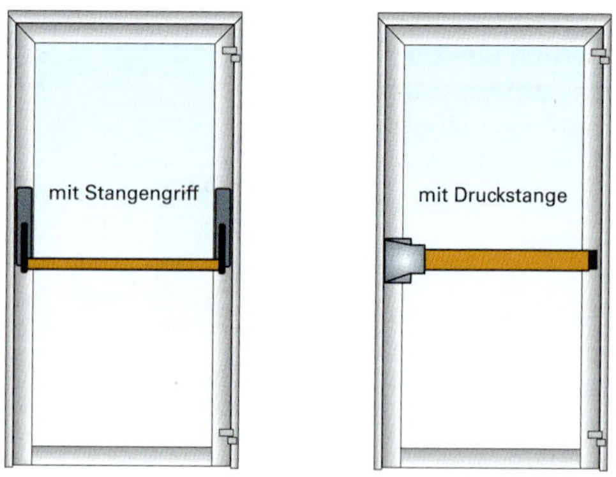

Paniktür großes Panikrisiko

Die Festlegung was Notausgang oder Paniktür letztendlich in einem bestimmten Objekt ist, kann nur der zuständige Architekt bzw. die zuständige Bauaufsichtsbehörde entscheiden.

Fluchttürfunktionen

Je nach Einsatzort werden unterschiedliche Fluchttürfunktionen benötigt.

Doppelt wirkende Fluchttürfunktion bei zweiflügligen Türen	**Einfach wirkende Fluchttürfunktion bei zweiflügligen Türen**
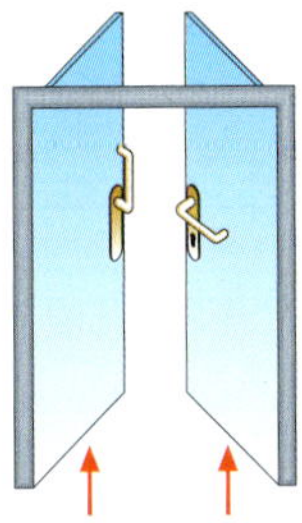 Fluchttürauslösung	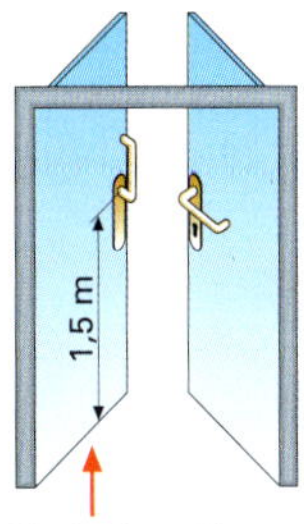 Fluchttürauslösung
Bei Betätigung des Beschlages an der Innenseite des Gang- oder des Standflügels werden beide Flügel auch bei Verriegelung gleichzeitig ohne Schlüssel geöffnet. Die Treibriegelstangen des Standflügels werden in den Türflügel gezogen und ***gleichzeitig*** Falle und Riegel des Gangflügels zurückgeschoben. Die Fluchttürfunktion kann von beiden Türflügeln her ausgelöst werden, daher die Bezeichnung ***doppelt wirkend***.	Hier handelt es sich um eine **eingeschränkte Fluchttürfunktion**, die nur nach Abstimmung mit den Baubehörden eingesetzt werden kann. Die Fluchttürfunktion kann nur durch den *Beschlag an der Innenseite des Standflügels* ausgelöst werden – daher die Bezeichnung ***einfach wirkend***. Es werden **gleichzeitig** beide Türflügel schlagartig geöffnet. Bei der Bestellung des Gangflügelschlosses ist der Hinweis „Fluchttürfunktion einfach wirkend" erforderlich. ***Anwendungsbeispiel:*** In Kindergärten , wo häufig die Fluchttürfunktion nur durch die Aufsichtspersonen betätigt werden soll. Der Panik-Drehhebel am Standflügel wird dann hochliegend angeordnet (ca. 1500 mm über OFF).

Jedes Panikschloss ermöglicht die Fluchttürfunktion von innen. Panikschlösser besitzen einen 2-teilgen Panikstift, der unterschiedliche Betätigungen von der Innen- bzw. Außenseite der Tür zulässt (Bild 1). Die Kupplung der beiden Drücker erfolgt über eine zweiteilige Nuss. Je nach verwendetem Panikschloss sind aber unterschiedliche Schaltfunktionen möglich:

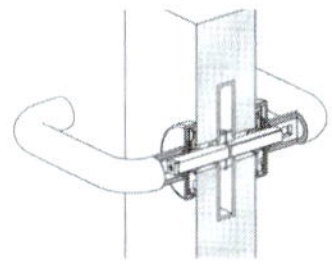

Die Umschaltfunktion B

ist geeignet für Türsysteme (z. B. in Geschäften, Arztpraxen oder Kindergärten), die zeitweise einen Durchgang von innen und außen sicherstellen müssen und zusätzlich von außen zeitweise nicht begehbar sein dürfen. Während des normalen Publikumsverkehrs ist die Tür mit beiden Drückern zu öffnen (Grundstellung), nach Geschäftsschluss kann der Eintritt verwehrt werden, der Ausgang aber bleibt offen (Schaltstellung). Die Öffnung der Tür von innen ist grundsätzlich immer möglich (Fluchttürfunktion). Nach einer Drückerbetätigung von innen aus der Schaltstellung oder Verriegelung heraus entsteht nach dem Schließen der Tür automatisch Leerlauf auf dem Außendrücker (Drücker ausgekuppelt).

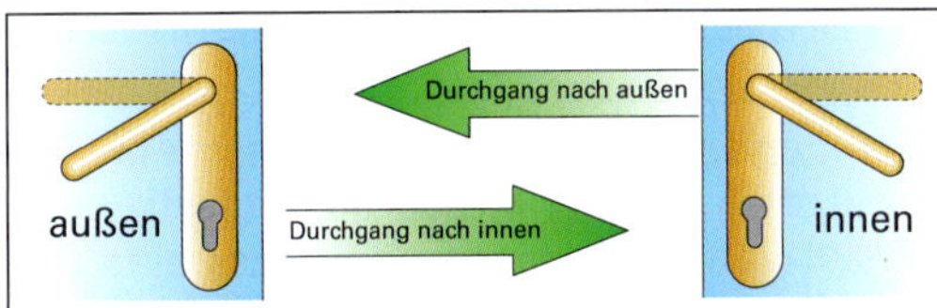	**Grundstellung:** **Funktion von innen = Durchgang** → Innen-Drücker bzw. Stangengriff betätigt die Falle. **Funktion von außen = Durchgang** → Außen-Drücker ist eingekuppelt und betätigt die Falle.
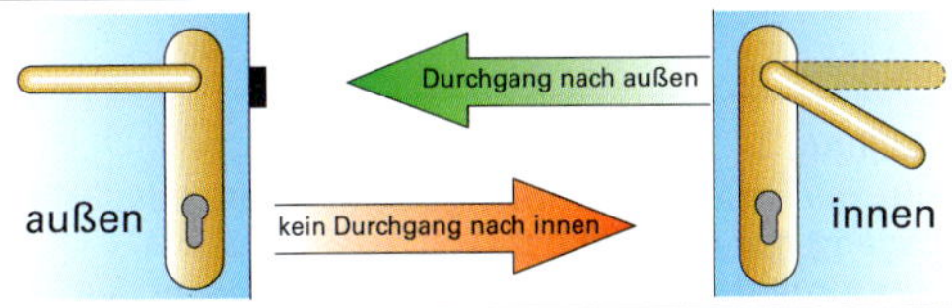	**Schaltstellung (1x Schlüsselumdrehung):** **Funktion von innen = Ausgang** → Innen-Drücker bzw. Stangengriff betätigt die Falle. **Funktion von außen = Leerlauf, Durchgang gesperrt** → Außen-Drücker ist ausgekuppelt; die Tür kann nur mit dem Schlüssel geöffnet werden.
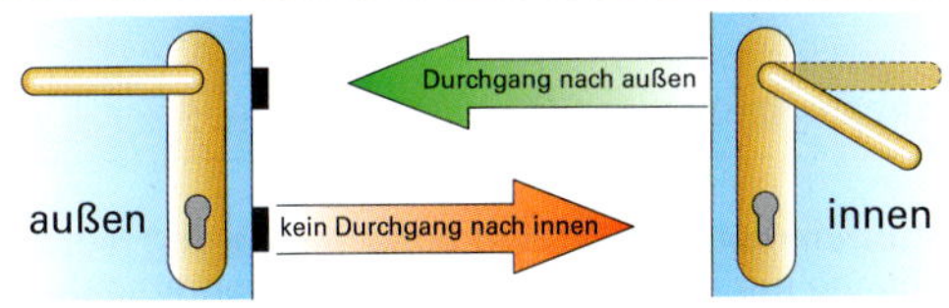	**Verriegelung (2x Schlüsselumdrehung):** **Funktion von innen = Fluchttürfunktion,** Innen-Drücker bzw. Stangengriff betätigt Falle und Riegel. **Funktion von außen = Leerlauf,** da die Nuss entkuppelt ist; die Tür kann nur mit dem Schlüssel geöffnet werden. Nach dem Auslösen der Fluchttürfunktion entsteht automatisch die Schaltstellung.

Die Schließzwangfunktion C:
Die Tür ist beidseitig mit Türdrückern ausgerüstet. Während der Drücker innen immer betätigt werden kann (klassische Panikfunktion), ist der Drücker außen stets ausgekuppelt (Leerlauffunktion) und kann nur durch eine leichte Schlüsseldrehung zur Bandseite eingekuppelt werden, die Tür lässt sich nun – bei gedrehtem Schlüssel – mit dem Außendrücker öffnen. Ein Abziehen des Schlüssels ist jedoch erst wieder nach Vorsperrung – also mit der Wiederherstellung der Leerlauffunktion – möglich (Schließzwang). Die Tür kann nicht versehentlich im unverschlossenen Zustand bleiben, da nach Schlüsselabzug und Schließen der Tür der Drücker auf der Außenseite immer in Leerlaufstellung ist.

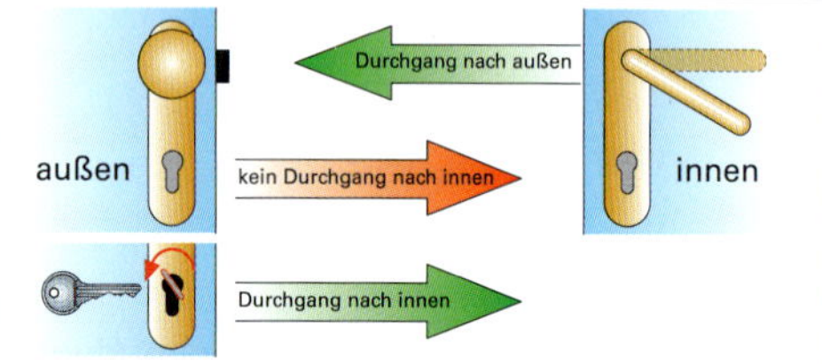

Grundstellung:
Funktion von innen = Ausgang, der Drücker bzw. Stangengriff betätigt die Falle.
Funktion von außen = Durchgang nur mit Schlüssel
Nur bei Schlüsselbetätigung kuppelt Außendrücker ein, Tür kann geöffnet werden.
Nach Schlüsselabzug entsteht automatisch die Grundstellung (kein Durchgang von außen).

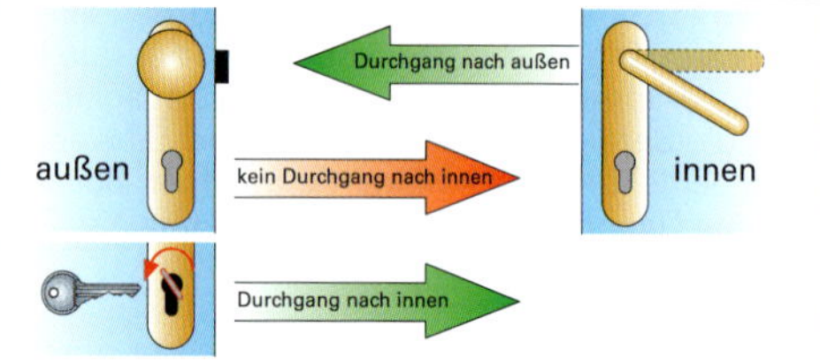

Verriegelung:
Funktion von innen = Fluchttürfunktion, der Drücker betätigt Falle und Riegel.
Funktion von außen = Durchgang nur mit Schlüssel (wie in der Grundstellung)

Der Riegel gilt als zusätzliches Sicherungselement.

Die Durchgangsfunktion D (Feuerwehrfunktion):
In der Grundstellung ist die Tür von innen wie von außen begehbar. Wird in der Verriegelungsstellung die Tür von innen panikentriegelt, so ist sie automatisch auch von außen zu öffnen, d. h. Rettungsmaßnahmen werden nicht behindert. Bei dieser Funktion muss zur Verhinderung des Öffnens der Tür von außen in jedem Fall wieder eine Verriegelung mit dem Schlüssel erfolgen.

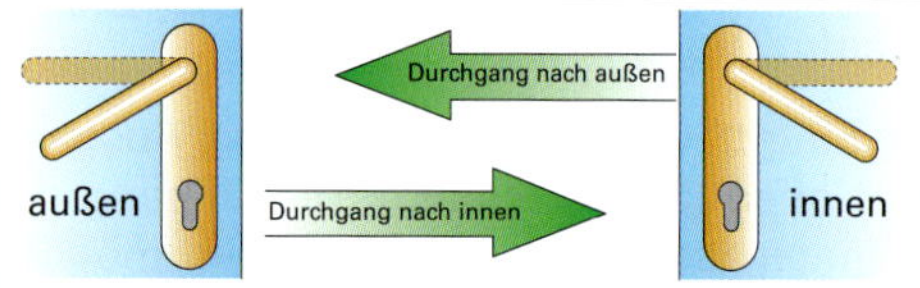

Grundstellung:
Funktion von innen = Durchgang → Innen-Drücker bzw. Stangengriff betätigt die Falle.
Funktion von außen = Durchgang → Außen-Drücker ist eingekuppelt und betätigt die Falle.

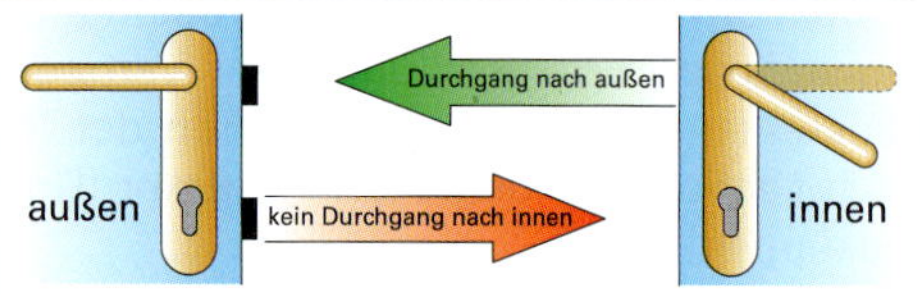

Verriegelung:
Funktion von innen = Fluchttürfunktion, der Drücker bzw. Stangengriff betätigt Falle und Riegel;
Funktion von außen = Leerlauf, Durchgang gesperrt → Außen-Drücker ist ausgekuppelt; die Tür kann nur mit dem Schlüssel geöffnet werden.

Nach dem Auslösen der Fluchttürfunktion entsteht automatisch wieder die Grundstellung.

Die Wechselfunktion E:
Sie ist für Türen vorgesehen, bei denen **grundsätzlich eine unberechtigte Öffnung von außen verhindert** werden muss (Türen zu Tiefgaragen, Lager- und Geschäftshäusern, Hauseingangstüren in Miet- und Mehrfamilienhäusern). Als Tür-Außenbeschlag darf nur ein Schild mit feststehendem Knauf verwendet werden, so dass eine Öffnung der Tür von außen nur mit dem Schlüssel möglich ist.

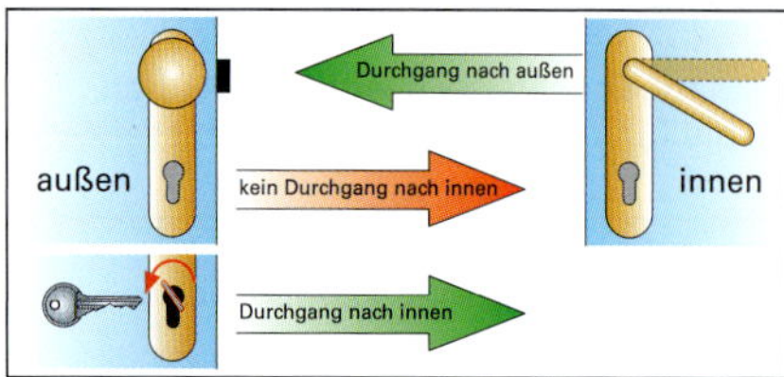

Grundstellung = Öffnungsstellung:
Funktion von innen = Ausgang, der Drücker bzw. Stangengriff betätigt die Falle.
Funktion von außen = Durchgang nur mit Schlüssel
Die Fallenbetätigung erfolgt nur mit dem Schlüssel über den Wechsel des Schlosses (Wechselfunktion).

Nach Schlüsselabzug entsteht automatisch die Grundstellung.

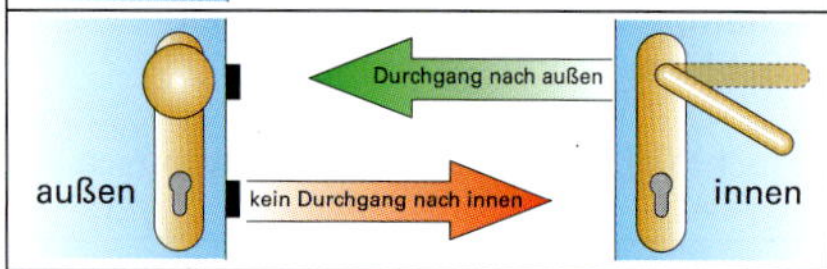

Verriegelung:
Funktion von innen = Fluchttürfunktion, der Drücker betätigt Falle und Riegel.
Funktion von außen = Durchgang nur mit Schlüssel (durch Verwendung des Knopfbeschlages)
Der Riegel gilt als zusätzliches Sicherungselement.

Folgende Anti-Panikbeschläge werden für eine zweiflügelige Notausgangstür in „Umschaltfunktion *B*“ benötigt (Bild 1, Seite 396):

- Anti-Panikschloss am Gangflügel,
- Anti-Panik-Treibriegelschloss am Standflügel (Gegenkasten),
- Treibriegelstange oben,
- Treibriegelstange unten,
- Schaltschloss,
- Stangenschließblech,
- Stangenführungsplatte,
- Bodenschließmulde.

Bei Betätigung des Standflügel-Türdrückers werden die Treibriegelstangen des Gegenkastens (Treibriegelschloss) eingezogen. Gleichzeitig werden Falle und Riegel des Gangflügelschlosses zurückgeschoben; beide Flügel öffnen schlagartig. Wird der Standflügel wieder in die Verschlusslage gebracht, löst das Schaltschloss automatisch die selbständige Verriegelung der Treibriegelstangen aus. Erst nach dieser Verriegelung kann die Tür abgeschlossen werden. Der Gangflügel kann von innen und außen über den Schlüssel ver- und entriegelt werden. Wird der verriegelte Gangflügel innen betätigt, so werden gleichzeitig Falle und Riegel des Einsteckschlosses zurückgezogen. Ebenso werden über das Treibriegelschloss die Treibriegelstangen zurückgezogen, sodass beide Flügel geöffnet werden.

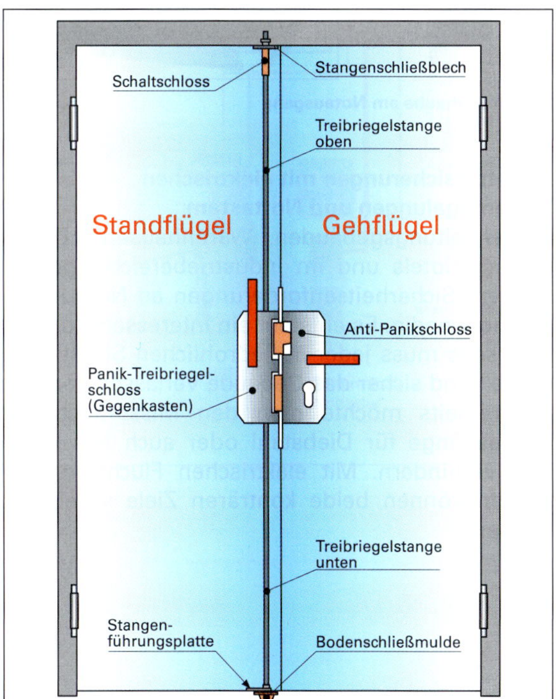

1 Anti-Panikverschluss an zweiflügeliger Tür (Umschaltfunktion *B*)

Fluchttürsicherung

Die Betreiber von Gebäuden müssen die Notausgänge so sichern, dass sie nicht missbräuchlich genutzt werden. Die Notausgänge sollten daher wenigstens mit Kontrollmitteln versehen sein, die durch ein Signal die Aufmerksamkeit anderer erwecken. Erst nach Überwinden einer gewissen Hemmschwelle darf die Tür geöffnet bzw. der Türöffnungsalarm ausgelöst werden können. Ohne Hemmschwellen entstehen häufige, ungestrafte Fehlalarme, die auch die Wachsamkeit des Überwachungspersonals mindern.

Der Türwächter überwacht den Notausgang und ermöglicht bei Gefahr dessen Öffnung mit nur einem Handgriff. Durch das Herunterdrücken der Türklinke verschiebt sich der Türwächter senkrecht nach unten und gibt der Klinke den Weg frei. Gleichzeitig ertönt ein Daueralarmsignal, das auf unbefugte Benutzung aufmerksam macht. Der Türwächter eignet sich für Notausgänge nach DIN 179 und Paniktüren nach DIN EN 1125.

Voralarm	Notöffnung

Voralarm bei Betätigen des roten Alarmknopfes mit der Türklinke; mit Loslassen der Klinke verstummt der Voralarm wieder	Bei Notöffnung durch Herunterdrücken des Türwächters ertönt ein Daueralarm, der nur mit Hilfe des Geräteschlüssels wieder gelöscht werden kann.
Einzelfreigabe	**Dauerfreigabe**

Die Einzelbegehung ohne Alarmauslösung mit dem Türschlüssel über die Wechselfunktion des Türschlosses.	Dauerfreigabe für anhaltenden Durchgangsbetrieb mit dem Geräteschlüssel möglich.

2 Türwächter für Notausgang

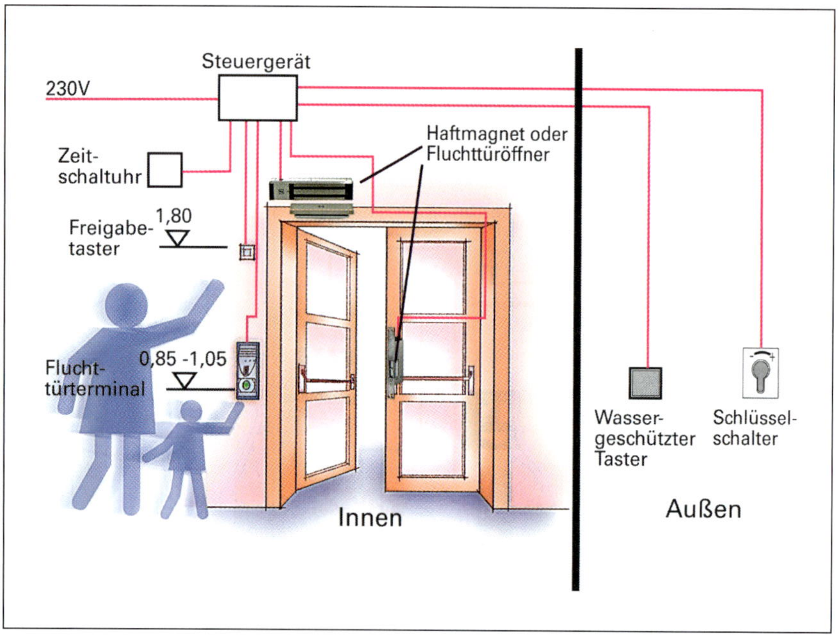

1 Fluchttürsicherung in Kindergärten

Fluchttürsicherung in Kindergärten

In Kindergärten müssen die Haupteingangstüren stets verriegelt werden, damit keine Kinder unbemerkt den Kindergarten verlassen können. Die Eltern sollen aber jederzeit das Gebäude ungehindert verlassen und zu den Bring- und Abholzeiten, z. B. morgens und spät nachmittags von außen den Kindergarten ohne Anmeldung betreten können. Im Gefahrenfall muss aber für Erwachsene wie auch Kinder die Flucht möglich sein. Berechtigten Personen, z. B. Kindergärtnerinnen, muss es außerdem möglich sein, außerhalb der Zeitfenster auch die Haupteingangstür zu entriegeln und von außen zu öffnen. Im Grundzustand wird die Tür über Haftmagnete oder Fluchttüröffner elektrisch verriegelt. Die Erwachsenen können durch Betätigen des Handtasters auf einer Montagehöhe von 1,80 m die Tür öffnen. Im Panikfall ist das auch Kindern durch Betätigen des Nottasters möglich, der auf einer Höhe zwischen 85 cm und 1,05 m montiert wird.

Über einen außen montierten Taster, der über eine Schaltuhr in bestimmten Zeiträumen aktiviert ist, kann die Tür von jedem entriegelt und somit aufgezogen werden (allgemeine Öffnungszeiten). Nach dem Schließen wird die Tür automatisch wiederverriegelt. Außerhalb der allgemeinen Öffnungszeiten kann die Tür von außen nur durch berechtigte Personen mittels eines zusätzlichen Schlüsselschalters entriegelt werden.

8.3.9 Inspektions- und Wartungsarbeiten an Funktionstüren

Die Häufigkeit von durchzuführenden Kontrollen ist vom Gebrauch abhängig. Als Richtlinie sollten die Inspektionen in regelmäßigen Abständen bei folgenden Einbausituationen durchgeführt werden.

- Türen in Flucht- und Rettungswegen in Gebäuden mit besonderer Nutzung wie z. B. Krankenhäuser, Schulen, etc. sollten wöchentlich bis 14-täglich inspiziert werden.
- Türen in Gebäuden mit normaler Nutzung wie z. B. Hochhäuser, Versammlungsstätten, etc. sind monatlich zu kontrollieren.

Auch wenn bei Kontrollgängen keine sichtbaren Mängel erkannt werden, muss jährlich eine ausführliche Wartung der Türen erfolgen. Anfallende Reparaturen sind unmittelbar und unverzüglich auszuführen.

Inspektions- und Wartungskontrollen bei Drehflügeltüren

Unter Inspektion versteht man eine **Sicht- und Funktionskontrolle**. Die **Wartung** von Feuer- und Rauchabschlüssen bedarf einer intensiveren Begutachtung des kompletten Türelementes als bei der Inspektion. Außerdem sind funktionserhaltende und lebensdauerverlängernde Maßnahmen durchzuführen. Grundsätzlich müssen bei allen Inspektions- und Wartungsarbeiten am Türelement und den Beschlägen die Anleitungen der Hersteller beachtet werden. Im Einzelnen werden folgende Bereiche geprüft:

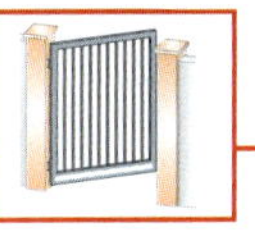

Türblatt	• Sind sichtbare Beschädigungen an der Tür erkennbar? • Sitzen bei Türen mit Glasausschnitten die Glasscheibe und die Halteleisten ordentlich?
Sicherungsbolzen	• müssen ca. 5 mm in die Zargenaussparung eingreifen.
Dichtprofile	• Verschmutzte Dichtungen mit warmem Wasser und Spülmittel (kein Benzin, Benzol oder Terpentin) reinigen. • Dichtungen auf Beschädigung und Verschleiß prüfen. • Schadhafte Dichtungen auswechseln (z. B. übergestrichene Dichtungen erneuern, da die Funktion der Dichtung durch den Farbanstrich nicht mehr gewährleistet werden kann). • Ist die Dichtung insbesondere bei Rauchschutztüren vollständig vorhanden, sind die Ecken vulkanisiert? • Dichtet die absenkbare Bodendichtung das Türblatt im geschlossenen Zustand vollkommen gegen den Boden ab? • Anpressdruck der Bodendichtung über Verstellschrauben (herstellerabhängig) evtl. nachstellen. • Eingebaute Türschwellen auf festen Sitz überprüfen. • Sichtbare Leckagen im Fußboden ausbessern.
Drückergarnitur	• Sind die Türschilder und Türdrücker ausreichend befestigt? • Eventuell Schrauben nachziehen bzw. ersetzen. • Sind Türdrücker und Türschild für Feuerschutztür zugelassen (geeigneter Werkstoff)?
Bänder	• Bandbefestigung kontrollieren. • Bandbolzen demontieren, reinigen und einfetten.
Federband	• Überprüfen, dass das Türblattgewicht nicht mehr als 80 kg beträgt. Funktion prüfen: Federband muss so gespannt sein, dass die Tür aus einer Stellung von 30° selbsttätig schließt. • Ggf. Federband nach Einbauvorschrift einstellen.
Türschließer	• Schließer, Schließerarm, Gleitschiene auf festen Sitz prüfen. • Funktion prüfen: Tür muss aus jeder Stellung schließen. Schlossfalle muss einrasten. • Einstellungen des Türschließers überprüfen und gemäß Türschließermontageanleitung evtl. korrigieren (z. B. Schließkraft, Endschlag). • Obentürschließer sollten bei Feuer- und Rauchschutztüren bandseitig in Normalmontage befestigt sein (Schließer am Türblatt, Gestänge am Rahmen); für die bandgegenseitige Kopfmontage (Schließer am Rahmen, Gestänge am Türblatt) ist nicht immer eine Zulassung vorhanden!
Schließfolgeregler bei zweiflügeligen Türen	• Alle Bauteile auf festen Sitz überprüfen. • Schließfolgeregelung überprüfen.
Schloss	• Schloss auf festen Sitz prüfen (Befestigungsschrauben), ggf. Schrauben am Schlossstulp nachziehen. • Falle und Riegel säubern und ggf. leicht nachfetten. • Fallen-Funktion prüfen: Falle muss mindestens 6 mm in das Schließblech eingreifen (bei gefälzten Türen nur schwer erkennbar). • Kontrolle des Fallenspiels: zu großes Spiel beeinträchtigt die Dichtheit. • Riegel-Funktion: Riegel muss 2-tourig schließen.
Panikschloss/ Panikbeschläge	• Funktionieren die Panikbeschläge einwandfrei? • Können der Schlossriegel und die Falle auch bei Druck auf das Türblatt durch den Drücker vollständig zurück gezogen werden? • Erfolgt das gleichzeitige Öffnen von Gang- und Standflügel zwängungsfrei?
Feststellanlagen an Feuer- und Rauchschutztüren	• Einwandfreie Funktion des Zusammenwirkens der Bauelemente der Feststellanlage/Feststellvorrichtung überprüfen.

Die jährlichen Wartungsarbeiten an Funktionstüren wie Feuer- und Rauchschutztüren dürfen nur von einem Fachmann oder einer dafür ausgebildeten Person durchgeführt werden und müssen hinsichtlich Umfang, Ergebnis und Zeitpunkt dokumentiert werden. Die Aufzeichnungen müssen vom Betreiber der Türanlage aufbewahrt werden (Richtlinie des Deutschen Instituts für Bautechnik – DIBT).

8.4 Tore

Tore grenzen Grundstücke oder Gebäude nach außen ab und ermöglichen den Zugang. Je nach Bauart und Gestaltung erlauben oder verwehren sie Einblicke in das Grundstück oder Gebäude, wirken einladend oder eher abweisend. Gebäudetore müssen außerdem bauphysikalische Anforderungen an den Wärme- und Schallschutz erfüllen. Tore sollen nicht nur reine Funktionselemente sein, sondern auch das Ergebnis der Entwurfs- und Gestaltungsarbeit des Architekten oder Metallbauers sein. Sie sollen immer auf ihre Umgebung bzw. das Bauwerk angepasst werden und den Wert bzw. die Erscheinung des Bauobjekts unterstreichen.

Nach ihrem Bestimmungsort werden Tore unterschieden in (Bild 1)

- Garten- und Hoftore,
- Garagentore und
- Hallentore.

Während Garagen- und Hallentore meist industriell hergestellt werden – der Metallbauer ist lediglich mit der Montage betraut – liegt die Fertigung von Garten- und Hoftoren häufig komplett in der Hand des Metallbauers: Vom Entwurf, der Gestaltung über die Fertigung bis zur endgültigen Montage vor Ort.

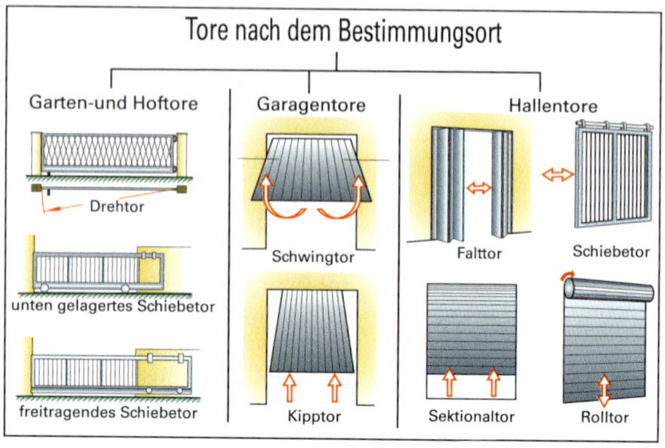

1 Torarten

8.4.1 Projekt Zweiflügeliges Drehtor

Für eine 4,74 m breite Hofeinfahrt soll nach untenstehender Aufmaßskizze ein zweiflügeliges Drehtor gefertigt und zwischen die beiden Betonpfosten montiert werden. Der Metallbaubetrieb soll dem Kunden ein entsprechendes Angebot mit allen erforderlichen Unterlagen unterbreiten. Das Angebot soll auch optional die Automatisierung des Drehtores beinhalten.

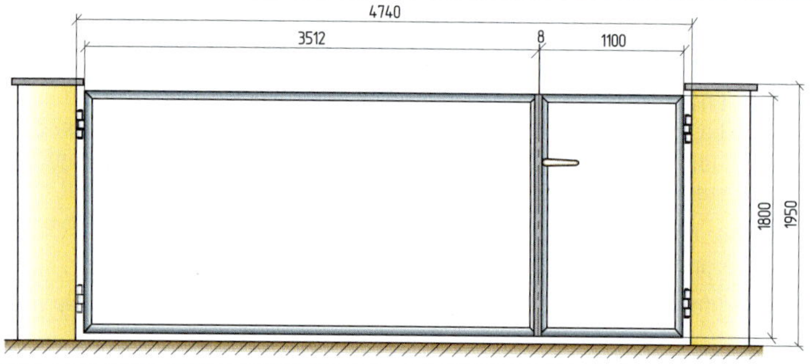

Torrahmen: 60 × 40 × 3
Pfosten: Betonsäulen (B20)
Standflügel: 3512 mm lang
Gehflügel: 1100 mm lang
Spiel zwischen Geh- und Standflügel: 8 mm
Abstand Pfosten – Torrahmen: 60 mm

2 Zweiflügeliges Hoftor

Aufgabenstruktur:
Folgende Übersicht zeigt die Struktur und die erforderlichen Arbeitsschritte zur Erfüllung dieses Auftrages.

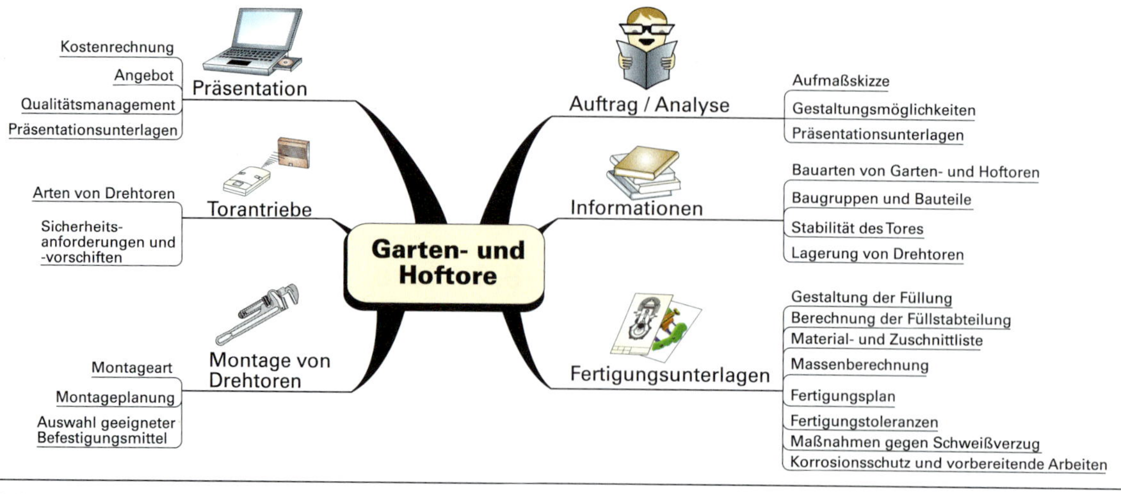

3 Auftragsstruktur: Garten- und Hoftore

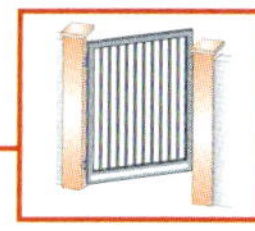

Auftragsanalyse

Damit sich der Metallbaubetrieb bei der Bewerbung um den Kundenauftrag gut positionieren kann, ist es notwendig, die Kundenwünsche genau zu analysieren und beratend bei der Ausgestaltung des Auftrags mitzuwirken. Mit geeigneten Präsentationsmethoden kann der Metallbaubetrieb seine Kompetenz und Erfahrung einbringen. Neben der fachmännischen Beratung bei der Gestaltung des Tores darf dabei auch der Werbeaspekt nicht zu kurz kommen. Die Präsentation eigener Referenzobjekte entweder in einer Präsentationsmappe oder digital als Internetpräsenz oder „Powerpoint"-Präsentation ermöglicht es dem Metallbauer, den Kunden für sich zu gewinnen. Im Vordergrund solcher Vorführungen und Gespräche muss aber die Beratung und Information des Kunden stehen, damit dieser ein optimales Produkt für sein Objekt erhält. Die Zufriedenheit des Kunden ist oberste Priorität und sichert langanhaltende Geschäftsbeziehungen. Für den oben genannten Auftrag bedeutet dies in erster Linie, ein optisch ansprechendes Tor für die bereits vorhandene Torbegrenzung durch die beiden Betonpfosten zu gestalten.

Gestaltungsmöglichkeiten von Toren

Je nach Funktion des zu verschließenden Bereichs können Tore den Durchblick gestatten oder erschwe-

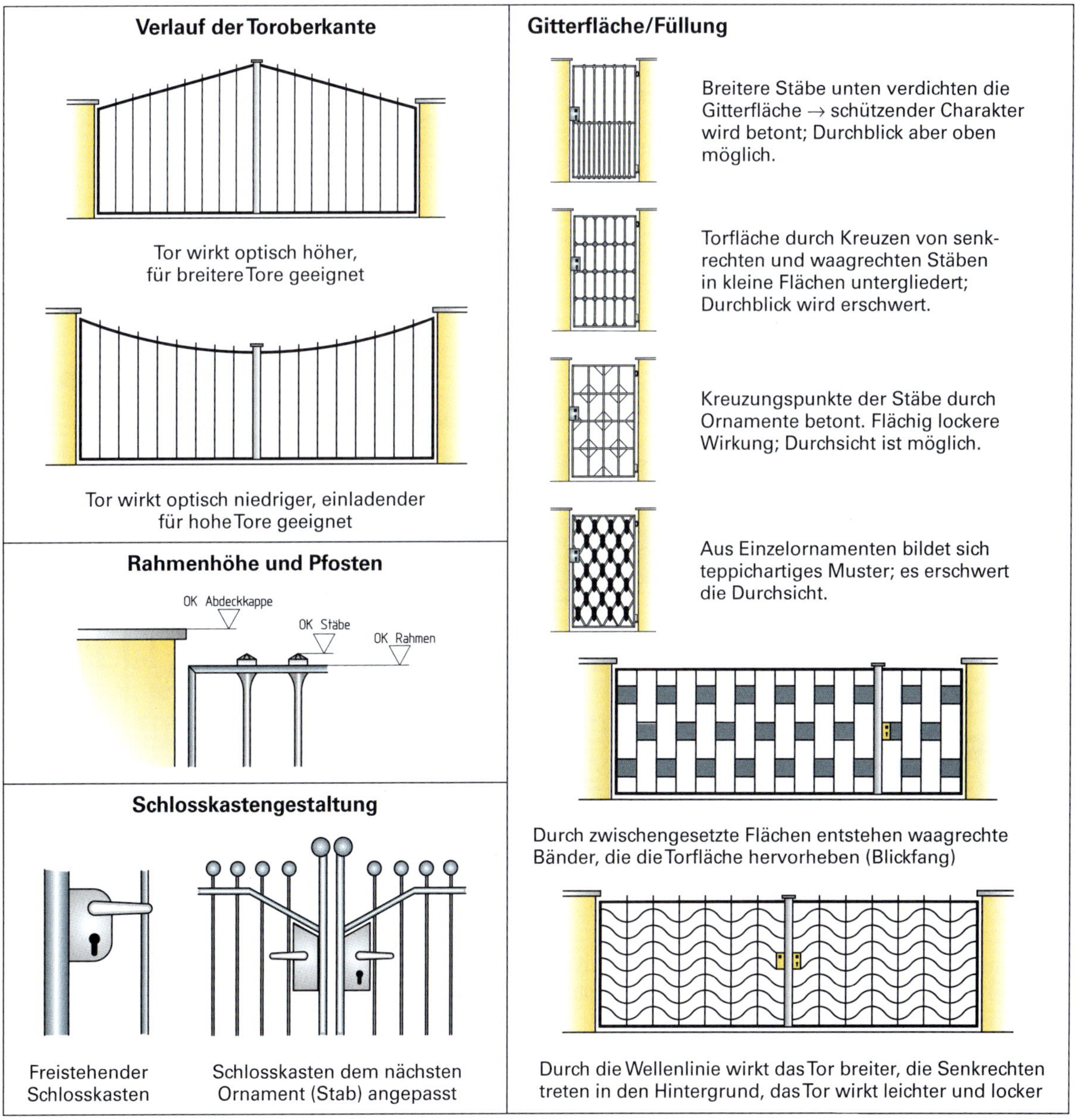

1 Gestaltung von Hoftoren

ren. Ein Tor sollte in der Regel von beiden Ansichten her gleichwertig gestaltet sein. An der Hauptansichtsseite – meist die Außenseite – sollen die auffälligen Details zum Wirken kommen. Für den gestalterischen Aufbau eines Tores sind dabei maßgebend:
- der Torrahmen und der Verlauf der Toroberkante,
- die Gestaltung der Gitterfläche (Füllung) innerhalb des Torrahmens,
- die Gestaltung und Ausführung der Torlagerung,
- die Gestaltung des Schlosskastens.

Bei der Gestaltung der Toroberkante sollte die Höhe des Tores im Verhältnis zur Säule berücksichtigt werden:
- Breite und flache Tore lassen sich durch eine zur Mitte hin ansteigende Toroberkante optisch erhöhen.
- Hohe Tore mit abwehrendem Charakter wirken durch ein abfallende Toroberkante optisch niedriger und damit einladender.
- Der Rahmen sollte unter der Unterkante einer eventuell vorhandenen Abdeckplatte enden, die über den Rahmen hinausragenden Füllstäbe etwas unter der Oberkante der Abdeckplatte.

Die Gestaltung der Gitterfläche (Füllung) kann grundsätzlich auf zwei verschiedenen Arten erfolgen:
- Anordnung von senkrechten und/oder waagrechten Stäben.
- Aneinanderreihung von Einzelornamenten zu einem teppichartigen Muster.

Das Schloss bildet in der Regel den optischen Mittelpunkt der Toranlage, wobei der Schlosskasten freistehend oder aber dem nächsten Ornament angepasst werden kann.

Folgende Abbildung zeigt die Gestaltung eines zweiflügeligen Drehtores: Die strenge vertikale Ausrichtung des Tores wird zur Mitte hin durch die Betonung der Schräge aufgelöst. Die dicht aneinander gereihten unteren Füllstäbe erzeugen ein Band, das zur Mitte hin einen Tiefencharakter erhält, der die lange Zufahrt zum Anwesen betont. Die Torbreite wird durch eine ansteigende Torkante relativiert.

1 Geschmiedetes, 2-flügeliges Drehtor

Der Planungsablauf für die Gestaltung, Konstruktion und Fertigung des zweiflügeligen Hoftores vollzieht sich im wesentlichen in folgenden Schritten:

Planung, Gestaltung
- Aufmaß auf der Baustelle (Ausmessen der Pfostenabstände und Pfostenhöhe)
- Festlegen der Hauptabmessungen der Toranlage
- Anfertigen von Entwurfsskizzen (Gestaltung von Toroberkante und Füllung)
- Zeichnen einer Übersichtszeichnung im Maßstab 1 : 10 oder 1 : 20

- Entwerfen und konstruieren der Details, z.B. Torlagerung, Bodenriegel, Schlosseinbau
- Ermittlung des Materialbedarfs (Material- und Zuschnittliste)
- Ermitteln der Gesamtmasse
- Bestimmen der Materialkosten, der Arbeitszeit und der Arbeitskosten

Fertigung
- Zuschneiden der Rahmen und Füllungen
- Bohren der Zulauf- und Entlüftungsbohrungen für das Feuerverzinken des Tores
- Heften und Schweißen der Torrahmen
- Ermitteln der Stabteilung und Heften bzw. Schweißen der Füllungen
- Aufbringen des Korrosionsschutzes, z.B. Feuerverzinken oder Pulverbeschichten (Fremdleistung)

Montage

Transport auf die Baustelle und Anschlagen des Tores mit geeigneten Befestigungsmitteln.

Mehr Informationen zur Planung, Fertigung und Montage des 2-flügeligen Hoftores (Bild 2, S. 403) im Kapitel 8.4.2.3, S. 418.

8.4.2 Garten- und Hoftore

Garten- und Hoftore werden meist nach den Wünschen des Bauherrn oder Architekten individuell in Metallbaubetrieben gefertigt und vor Ort montiert. Da diese Tore für den Außenbereich bestimmt sind, ist bei der Ausführung und Gestaltung der Toranlage der Korrosionsschutz besonders zu beachten. Man findet drei verschiedene Bauarten vor:

Drehflügeltore werden in ein- oder zweiflügeliger Ausführung gefertigt und sind bei kleineren Toröffnungen üblich. Sie vergeuden viel Platz wegen ihres relativ großen Schwenkbereiches, der nicht zugestellt werden darf. Sie werden daher bei größeren Durchfahrtsbreiten meist durch **Schiebetore** ersetzt, die aber einen großen seitlichen Platzbedarf von mindestens einmal Torlänge erfordern. Die Pfosten von Schiebetoren müssen nicht das Flügelgewicht tragen. Fehlt auch der seitliche Platz zum Verschieben, so baut man **Versenktore**, die vollständig im Boden verschwinden. Man findet sie oft in sicherheitsempfindlichen Bereichen, denn schon ein nur wenig aus dem Torschacht ragender Flügel macht die Durchfahrt unmöglich.

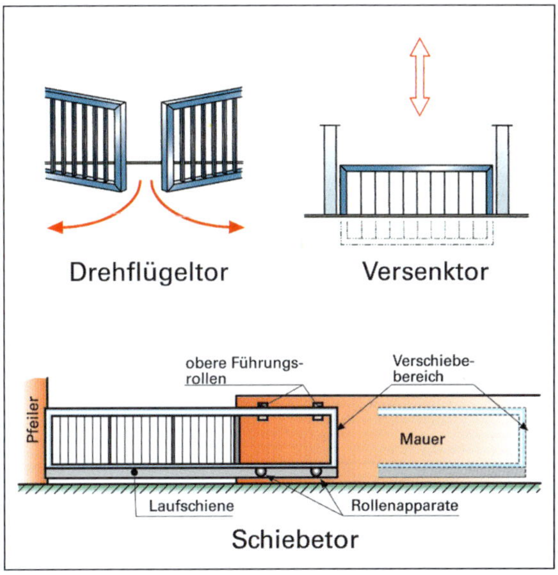

1 Öffnungsweise von Garten- und Hoftoren

Eine Aufteilung des Versenktores in mehrere Sektionen erlaubt eine Begrenzung der Zufahrt. Automatisch arbeitende Abdeckklappen, die vor dem Ausfahren des Flügels selbständig gehoben werden, verschließen nach dem Absenken des Tores den Fahrbahndurchbruch wieder (Bild 2).

2 Mehrsektionales Versenktor einer Kaserne

8.4.2.1 Aufbau von Drehtoren

Wesentliche Baugruppen an allen Drehtoren sind:
- Rahmen und Füllung,
- Verschließ- und Versperreinrichtungen und
- Torlagerung und Torpfosten.

Diese Baugruppen übernehmen wesentliche Funktionen.

Zweiflügeligen Tore besitzen einen Standflügel und einen Gehflügel. Der Gehflügel wird meist nur für den Durchgang von Personen geöffnet, während der Standflügel zusätzlich für die Durchfahrt von Kraftfahrzeugen geöffnet werden muss. Häufig wird der Gehflügel schmäler als der Standflügel ausgeführt.

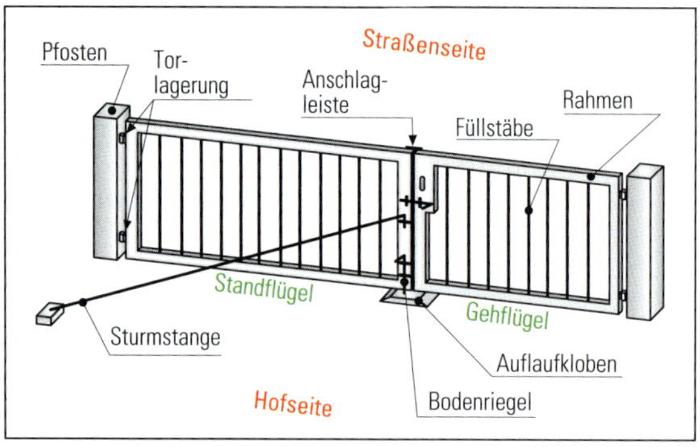

1 Zweiflügeliges Drehtor: Bauteile und deren Aufgaben

Rahmen und Füllung

Die wesentliche Baugruppe für die Stabilität eines Drehflügeltores ist der Rahmen zusammen mit der Füllung. Der Rahmen nimmt an seinen festverschweißten und biegesteifen Ecken die Eigenlast des Tores auf und leitet sie über die Torlagerung in die Pfosten ein. Die Füllung bestimmt in erster Linie das Aussehen des Tores, soll mit dem Rahmen eine Einheit bilden und kann ihn ebenfalls stabilisieren. Üblich sind Rund- und Flachprofile oder Füllbleche, bei größeren Toren auch Hohlprofile.

Der Torrahmen wird meist aus Quadrat- oder Rechteckprofilen bzw. -rohren gefertigt, da diese einen großen Widerstand gegen Durchbiegen besitzen (Widerstandsmoment). Trotzdem neigen große Torflügel zum „Durchhängen" und/oder „Flattern", weil nicht beliebig große Profil- oder Rohrquerschnitte aus gestalterischen Gründen oder wegen des zunehmenden Eigengewichts gewählt werden können.

Beim **„Durchhängen"** neigt sich das Tor durch sein Eigengewicht nach unten. Auch durch zusätzliche Lasten wie z. B. dem Aufsteigen von kleinen Kindern auf den Rahmen sollte das Tor nicht zu stark durchhängen.

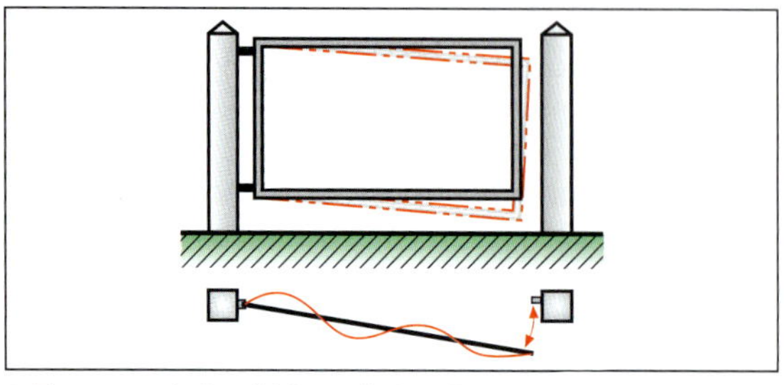

2 Flattern und „Durchhängen" eines Tores

Durch ihre schmale Bauweise neigen die Flügel besonders beim Öffnen und Schließen zum **„Flattern"**, wobei die Flügelfläche um die senkrechte Ebene schlingert.

Die Lage des Rahmenprofils beeinflusst die ebenso Stabilität des Tores. Bei Rechteckrohren oder -profilen entscheidet die Einbaulage über die Stabilität gegen Durchhängen oder Flattern. Nur Rund- oder Quadratrohre besitzen in beiden Richtungen gleiche Stabilität; sie sind bei ausreichender Dimensionierung steif gegen Durchhängen und Flattern (Bild 3).

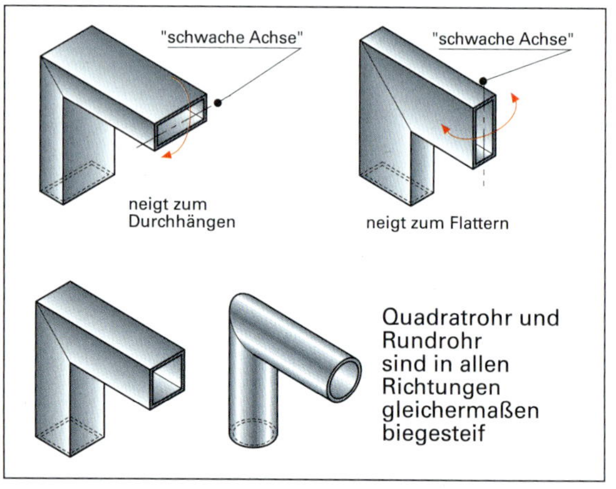

3 Rahmenprofile, Einbaulage und Stabilität

Zusätzliche Stabilisierungsmaßnahmen

Durch verschiedene konstruktive Maßnahmen am Rahmen oder der Füllung kann dem Durchhängen und dem Flattern entgegengewirkt werden.

Maßnahmen gegen „Durchhängen"

- Eingeschweißte Friesstäbe (gleiches Profil wie der Rahmen) versteifen zusätzlich.
- Eine diagonal eingeschweißte Zugstrebe oder Druckstrebe vermindert die Durchbiegung nach unten. Die Druckstrebe kann ausknicken. Die Zugstrebe benötigt einen geringeren Querschnitt (auch als Seil ausführbar).

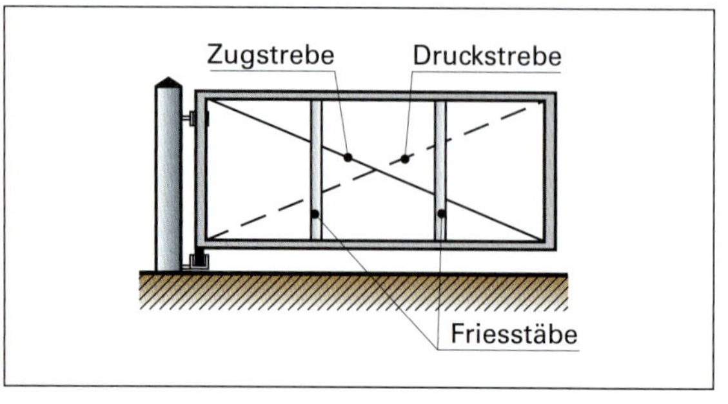

Ein hochkant aufgeschweißter Flachstahl „erhöht" das Rahmenprofil. Somit verringert sich das Durchhängen.

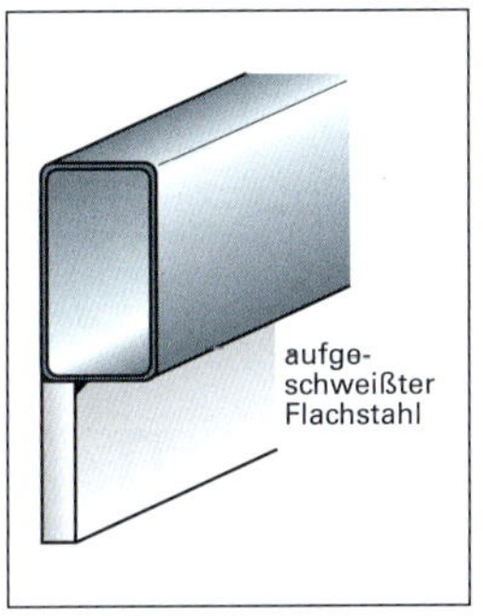

Stützrolle und Halteseil verhindern Durchhängen,

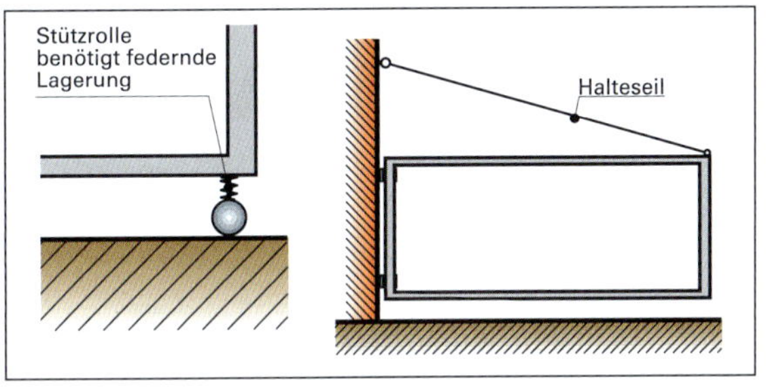

Parallel angeordnete Füllstäbe bilden viele kleine Rechtecke, die sich zu einem Parallelogramm verschieben lassen. Der Flügel hängt durch.
Werden die Füllstäbe fachwerkähnlich angeordnet, so bilden sie unverschiebbare Dreiecke und stabilisieren den Rahmen.

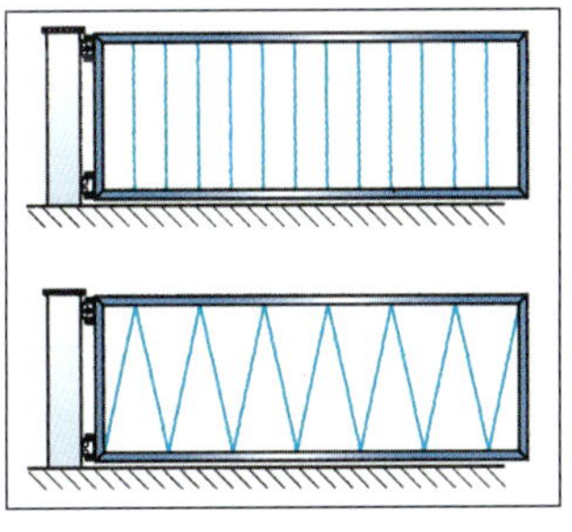

Stabile Füllbleche (Lochplatten, Trapezblech) mindern die Durchbiegung.

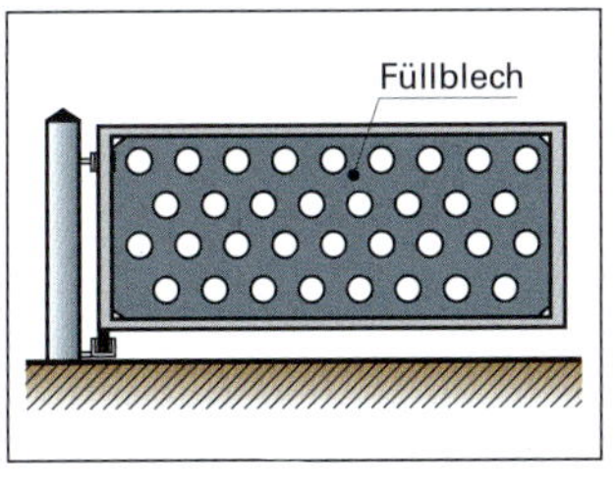

Maßnahmen gegen „Flattern"
Der quer aufgeschweißte Flachstahl verbreitert das Rahmenprofil; der Torflügel wird verwindungssteifer.

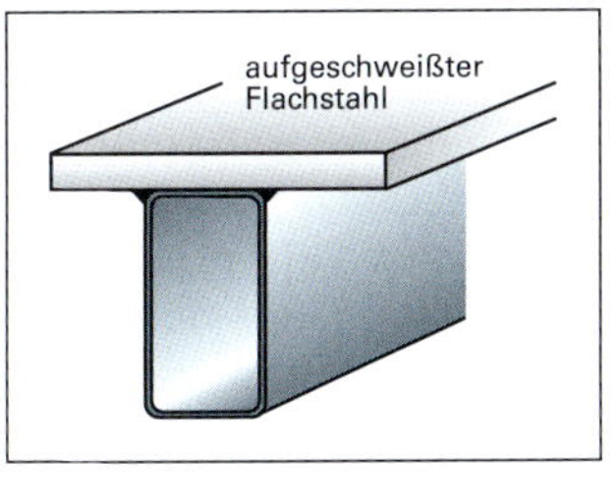

Die Füllstabe treten aus der Flügelfläche heraus (vgl. Korbgitter) und stabilisieren gegen seitliches Schlingern.

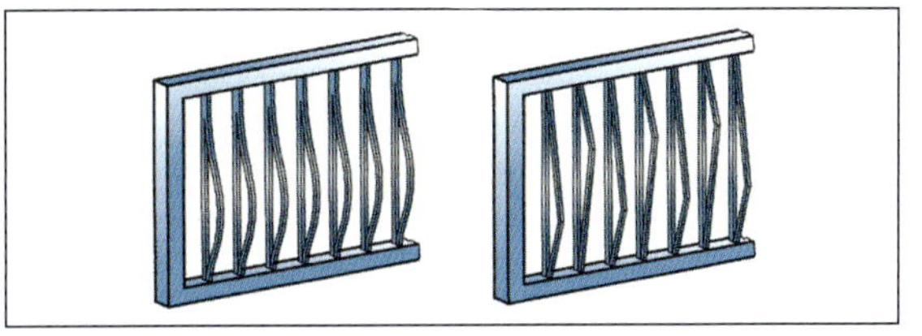

Gestaltung von Rahmen und Füllung
Füllstäbe können regelmäßig oder unregelmäßig angeordnet werde. In jedem Fall ist ein lichter Abstand von ca. 120 mm wie im Geländerbau anzustreben.
Über den Rahmen hinausragende spitze Füllstäbe oder scharfe Zahnleisten dürfen nicht als Übersteigschutz montiert werden. Sie gefährden spielende Kinder, halten aber Einbrecher nicht auf.

Beschläge zum Verschließen und Absperren
Je nach Bauart gehören dazu: Schloss, Anschlagleiste, Auflaufkloben, Bodenriegel, evtl. Sturmstange und Torfeststeller.

Grundsätzlich gilt für jedes Tor:
- Beide Flügel sollten im geschlossenen Zustand nicht ausgehängt werden können.
- Geöffnete Flügel müssen gegen unbeabsichtigtes Zufallen gesichert werden.

Das **Schloss** muss möglichst schwer gebaut sein und in der Größe zum Tor passen. Man verwendet Rahmenschlösser oder Einsteckschlösser.
Rahmenschlösser sind so schmal, dass sie im Hohlprofil des Torrahmens verschwinden.

Einsteckschlösser benötigen einen sie umgebenden dichten Schlosskasten, der zusätzlich am Torrahmen angeschweißt werden muss.

1 Tor mit Rahmenschloss bzw. Einsteckschloss

Da die Torrahmen meist aus dünnwandigen Hohlprofilen bestehen, müssen die Gewindelöcher für die Schlossbefestigung verstärkt werden. Dies kann mit Einnietmuttern oder mit in den Rahmen eingeschweißten Schlossauflagen erfolgen. Die Aussparung am Torrahmen muss der Form des Schlossstulps angepasst werden. Dabei schließt der Schlossstulp beinahe flächenbündig mit der Rahmenaußenkante des Tores ab.

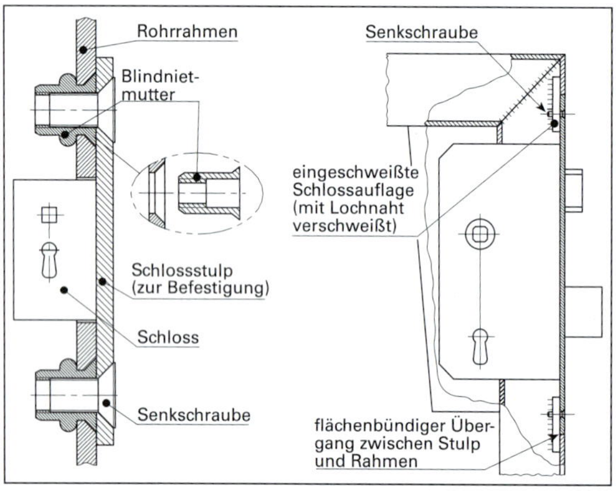

1 Schlossbefestigung mit Einnietmuttern

Zwischen dem Torflügel und dem Schließblech (einflügeliges Tor) bzw. zwischen beiden Torflügeln (zweiflügeliges Tor) muss ein Spiel von mindestens 5mm eingehalten werden. Dies ist aufgrund der Wärmeausdehnung im Sommer und eines möglichen „ungünstigen Öffnungskreises" bei langen Torflügeln notwendig.

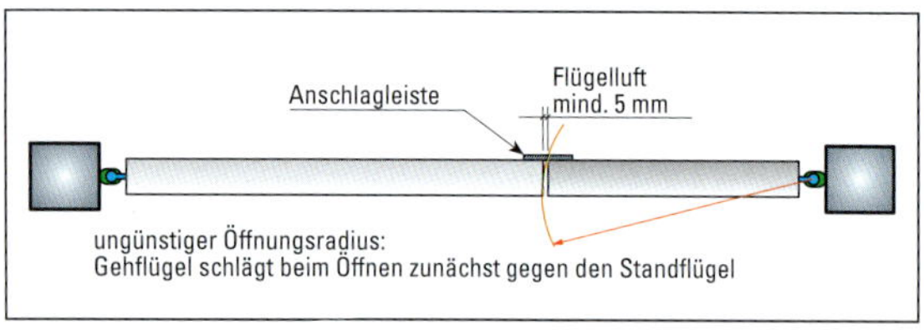

2 Flügelluft – ungünstiger Öffnungskreis

Die **Anschlagleiste** (Bild 2oben), die am Standflügel angeschweißt wird, verhindert das Durchschwingen des Gehflügels auf die Straßenseite.

Der **Auflaufkloben** oder „Mönch" (Bild 3) dient zur Feststellung des Bodenriegels, mit dem der Standflügel fixiert wird. Er entlastet bei sehr schweren Flügel die Torlagerung durch Absetzten des Tores und verhindert bei entsprechender Gestaltung auch das Druckschwingen des Standflügels auf die Straßenseite. Der Auflaufkloben sollte nicht mehr als 50 mm überstehen und darf keine scharfen Kanten aufweisen, die beim Überfahren die Fahrzeugreifen aufschlitzen könnten. Außerdem muss er sicher und fest im Boden verankert werden, damit er nicht durch die Belastungen von Fahrzeugen eingedrückt und durch Frost gehoben werden kann.

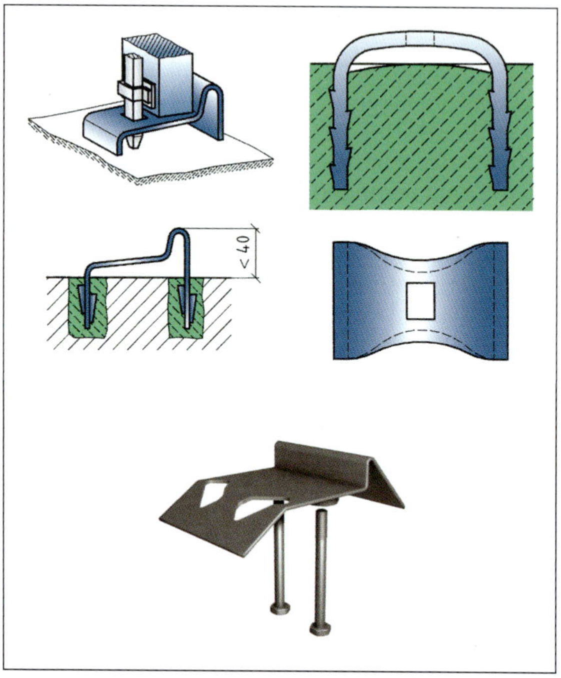

3 Auflaufkloben

Der am Standflügel angebrachte **Bodenriegel** greift in den Auflaufkloben ein und stellt den Standflügel fest. Er muss gegen Hochziehen von der Straßenseite her gesichert sein, damit das Tor, selbst wenn das Schloss verriegelt ist, nicht mit Gewalt von außen aufgedrückt werden kann (die beiden Flügel bewegen sich voneinander weg!).

Verschiedene konstruktive Maßnahmen können ein Hochziehen des Bodenriegels verhindern (Bild 1, nächste Seite).

Bei älteren Toranlagen findet man oft noch die sogenannte Sturmstange bzw. den Strebstangenbock zur Sicherung und Stabilisierung des Standflügels. Diese Verschlussbeschläge werden kaum mehr verwendet. Nur bei sehr großflächigen Füllungen und sehr hohen Toren macht eine Sturmstange Sinn, um den Standflügel gegen großen Winddruck zu stabilisieren.

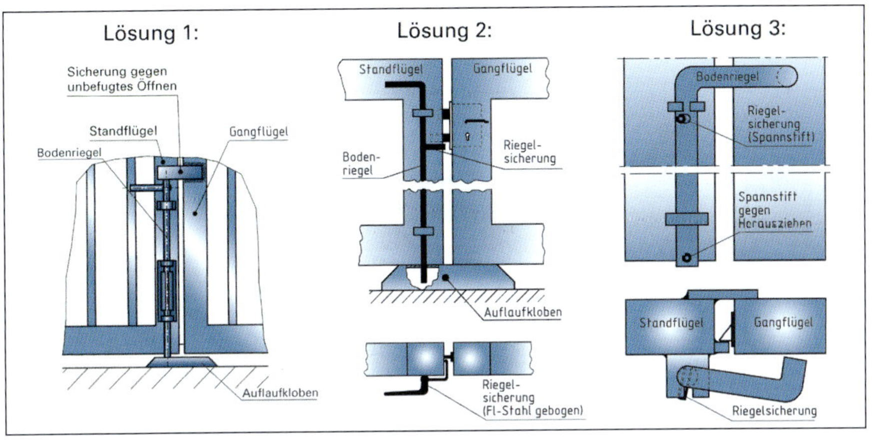

1 Riegelsicherungen gegen Hochziehen des Bodenriegels

Zum „Anschlagen" der Flügel an den Pfosten verwendet man meist zwei- oder dreiteilige Bänder, verstellbare Bänder oder die Lagerung mittels Halseisen und Pfanne.

Bänder können selbst gefertigt oder als Zukaufteile im Beschlaggroßhandel bezogen werden.
Zweiteilige Bänder eignen sich für kleinere Tore. Eingerollte Bänder sind oben offen und korrodieren deshalb sehr leicht, weshalb das Tor nach einiger Zeit nur mit größerem Kraftaufwand zu bewegen ist. Die Reibung zwischen Band und Kloben kann mit Einlegen einer Kunststoff oder Bronzescheibe verringert werden. Geschlossene Bänder sind vor Korrosion geschützt und leichtgängig. Das Bandteil läuft auf einer Kugel, die am Kegel aufliegt, geeignete Schmiermöglichkeiten (Fettschmierung evtl. mit Schmiernippel) vermindern weiterhin die Reibung.

Torfeststeller in verschiedenen Ausführungen sichern den Gehflügel in geöffnetem Zustand vor unbeabsichtigtem Zufallen (Bild 2). Sie können im Boden oder an einer seitlichen Wand befestigt werden. Der Standflügel wird am einfachsten mit dem Bodenriegel gesichert.

2 Torfeststeller

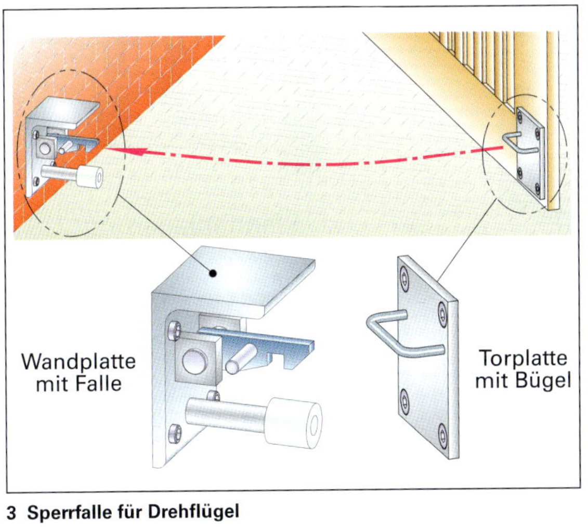

3 Sperrfalle für Drehflügel

Die Lagerung der Flügel – das Anschlagen am Torpfosten

Die Torlagerung erfüllt im wesentlichen folgende Aufgaben: Sie ermöglicht die Drehbewegung, trägt das Torgewicht und leitet die Kräfte in die Fundamente ab.

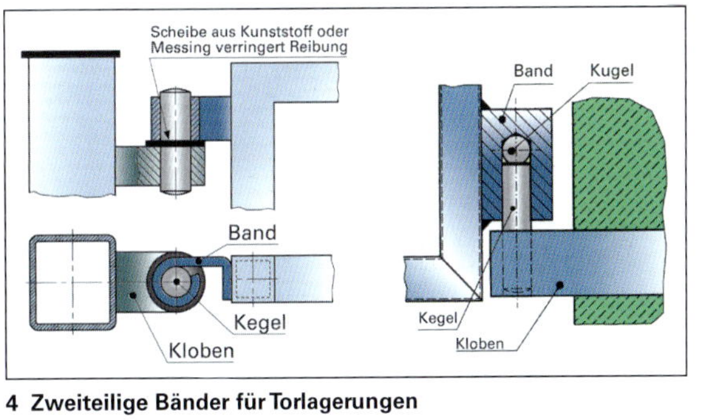

4 Zweiteilige Bänder für Torlagerungen

Dreiteilige Bänder eignen sich vor allem für schwere Torflügel. Sie können im Gegensatz zu zweiteiligen Bändern nicht ausgehängt werden, wenn der herausnehmbare Dorn gesichert ist.

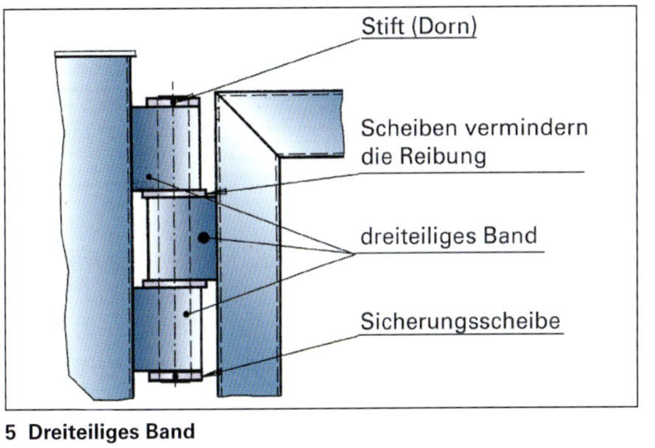

5 Dreiteiliges Band

Verstellbare Bänder erlauben eine Ausrichtung des Torflügels auch nach der Montage des Tores am Pfosten (Bild 1). Sie sind für Anschweiß- oder Anschraubmontage ausgelegt.

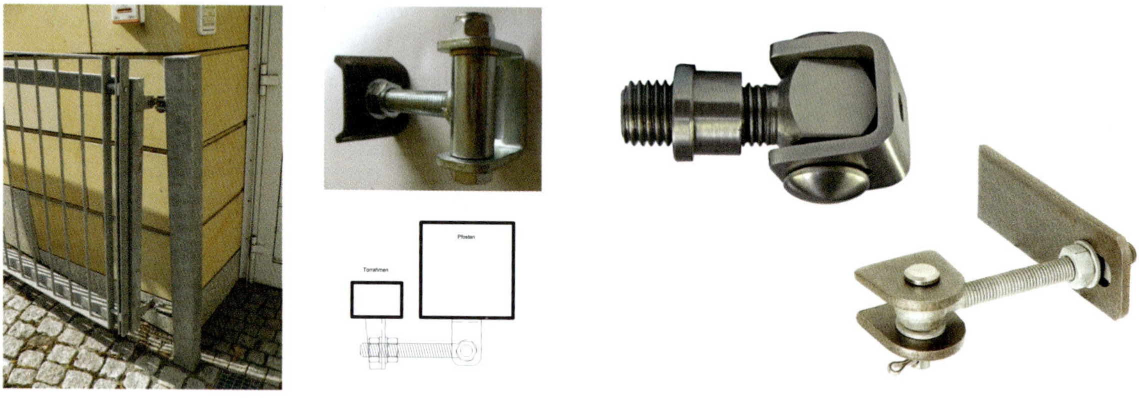

1 Verstellbare Torbänder

Halseisen und **Pfanne** werden häufig als Lagerungen für sehr schwere Tore herangezogen. Das **Halseisen** bildet die **obere** und die **Pfanne** die **untere** Lagerung, mit denen große Kräfte aufgenommen werden können. Der Torrahmen bildet dabei selbst einen Teil der Lagerung, was bereits bei der Fertigung des Rahmens beachtet werden muss. Diese Lagerung verhindert ein Aushängen der Torflügel.

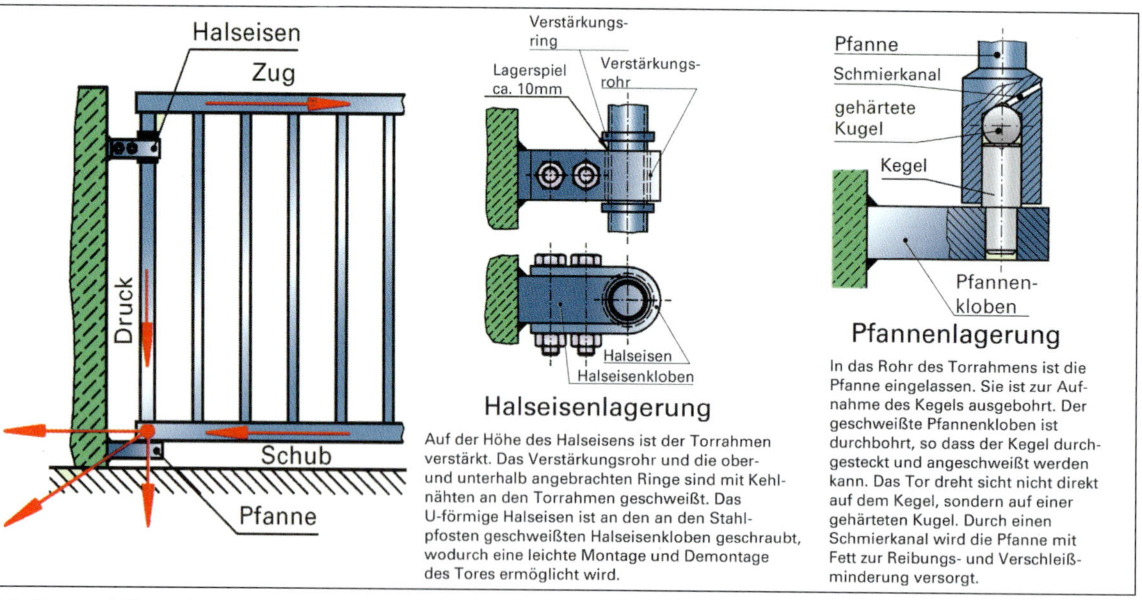

2 Halseisen- und Pfannenlagerung

Das Halseisen führt das Tor bei der Drehbewegung und wird dabei nur auf Zug belastet, die Pfanne dagegen trägt das Torgewicht (Druckkraft) und nimmt die Schubkraft vom unteren waagrechten Rahmenprofil auf.

Ermittlung der Torlagerkräfte

Am Beispiel eines Tores mit Halseisen- und Pfannenlagerung wird die Berechnung der Lagerkräfte aufgezeigt. Die Lagerkräfte am Halseisen und der Pfanne (oder oberes und unteres Band) hängen ab von:

- Lagerabstand l
- Flügellänge (Gewichtskrafthebelarm) l_G
- Flügelgewicht F_G

Folgende Abbildungen zeigen die auftretenden Kräfte (und Gegenkräfte), deren Hebelarme und daraus entstehenden Drehmomente. Die Gewichtskraft des Tores erzeugt am Halseisen eine Zugkraft F_A, an der Pfanne ein waagrechte Schubkraft F_{Bx} sowie eine senkrechte Kraft F_{By}. Die Kräfte F_{Bx} und F_{By} können zu einer schrägen Gesamtkraft F_B zusammengefasst werden.

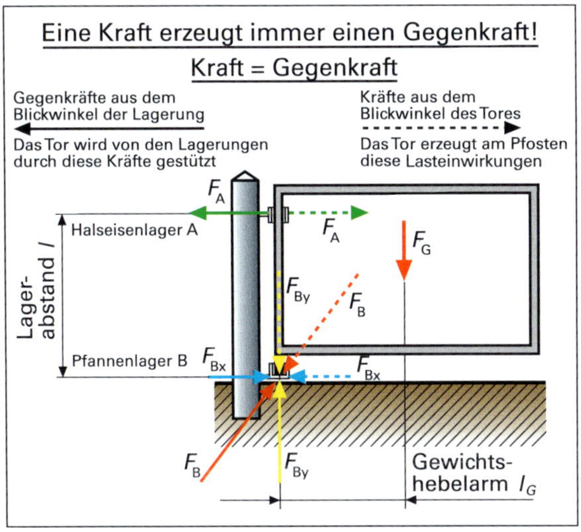

1 Kräfte und Hebel am Drehtor

Für die Bestimmung der Lagerkräfte ist die Betrachtungsweise der Kräfte aus dem Blickwinkel der Lagerung maßgebend: Die Gewichtskraft F_G wird also aufgefangen durch:

- die nach rechts gerichtete Zugkraft des Halseisens F_A und
- die nach links gerichtete Schubkraft F_{Bx} der Pfanne sowie
- die nach oben gerichtete Druckkraft F_{By} der Pfanne.

Die Berechnung ist möglich über die Aufstellung des Drehmomentengleichgewichts, wobei als Drehpunkt die Pfannenlagerung angenommen wird.

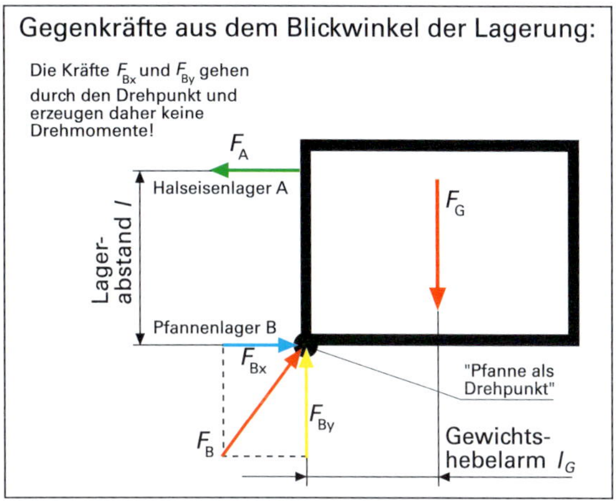

2 Drehmomentengleichgewicht am Drehtor

Es gelten folgende Zusammenhänge:	**Rechenbeispiel:**
linksdrehendes Moment = rechtsdrehendes Moment $F_A \cdot l = F_G \cdot l_G$ $F_A = \frac{F_G \cdot l_G}{l}$ Weiterhin gilt: Alle nach rechts gehenden Kräfte müssen so groß sein wie alle nach links gehenden Kräfte: $F_{Bx} = F_A$ Weiterhin gilt: Alle nach oben gehenden Kräfte müssen so groß sein wie alle nach unten gehenden Kräfte: $F_{By} = F_G$ Die Gesamtkraft F_B wird mithilfe des Lehrsatzes von Pythagoras ermittelt: $F_B = \sqrt{(F_{By}^2 + F_{Bx}^2)}$ $F_B = \sqrt{(F_G^2 + F_A^2)}$	Geg.: Flügelbreite 3000 mm Flügelgewicht 120 kg Lagerabstand 105 cm Ges.: Lagerkräfte F_A und F_B $F_A = \frac{1200\ \text{N} \cdot 1500\ \text{mm}}{1050\ \text{mm}}$ $F_A = 1714$ N (→ ca. 171,4 kg) $F_B = \sqrt{(12\,000^2 + 1714^2)}$ $F_B = 2092$ N (→ ca. 209,2 kg)

Für die Anordnung der Lagerstellen ergeben sich folgende Regeln:

Je größer der Lagerabstand *l* zwischen Halseisen und Pfanne, desto kleiner die Zugkraft F_A im Halseisen.

Deshalb sollten die Lagerstellen soweit wie möglich voneinander entfernt sein, am besten auf Höhe von Ober- und Untergurt des Rahmens.

Die Drehpunkte müssen in einer Achse fluchten, da sonst der Flügel klemmt oder sehr schwergängig ist. Oben offene Bänder können beispielsweise mit einem durchgesteckten Rundstahl am Torrahmen festgeschweißt werden (Bild 1).

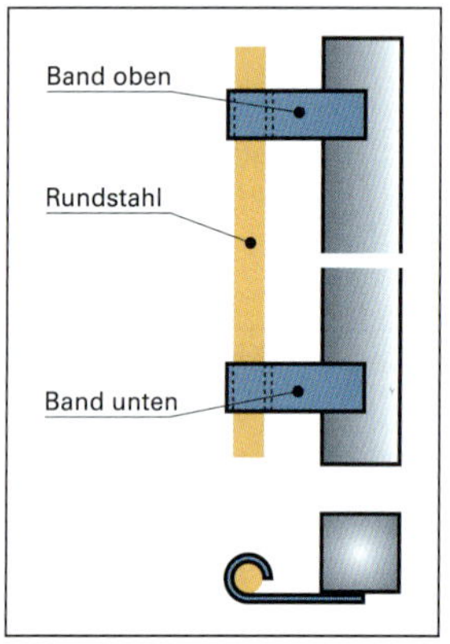

1 Anschweißen von Bändern

Aufgaben

1. Das Gartentor hat eine Masse von 80 kg und ist 2,2 m breit. Der Abstand zwischen dem Halseisen und der Lagerpfanne beträgt 95 cm. Berechnen Sie sämtliche Lagerkräfte.

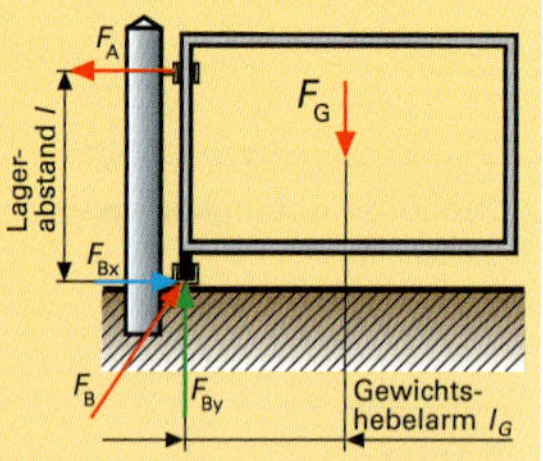

2. Erklären Sie die Begriffe „Durchhängen“ und „Flattern“ bei Drehtoren.
3. Welchen Einfluss auf das Durchhängen und Flattern haben die Profilauswahl und die Lage des Profils bei der Gestaltung des Torrahmens?
4. Nennen und skizzieren Sie verschiedene Möglichkeiten große Torflügel gegen Flattern und Durchhängen zu stabilisieren.

Lagerung für Tore in ansteigenden Einfahrten

Bei Einfahrten mit Steigungen muss das Torblatt die Einfahrtssteigung überwinden bzw. im gleichen Maße ansteigen. Der Flügel muss dabei auch im geöffneten Zustand senkrecht stehen. Für dieses Problem gibt es grundsätzlich zwei verschiedene Lösungsmöglichkeiten:

1. Das Tor wird gegenüber der Lagerseite auf eine **Stützrolle** gestellt. Der Torrahmen wird mit einem **senkrechten Drehlager** in einem **U-Profil** gelagert; dieses senkrechte Drehlager erlaubt dem Tor die ansteigende Bewegung der Toreinfahrt mitzumachen. Das U-Profil selbst ist am Pfosten mit zwei **waagrechten Drehlagern (Bänder)** angeschlagen; diese gestatten die Drehbewegung des Flügels.

2. Der Anstieg des Tores erfordert **zwei unterschiedliche Drehpunkte** oben und unten. Diese **Drehpunktverschiebung** muss rechnerisch *und* zeichnerisch gelöst werden (vgl. folgendes Kapitel 8.4.2.2).

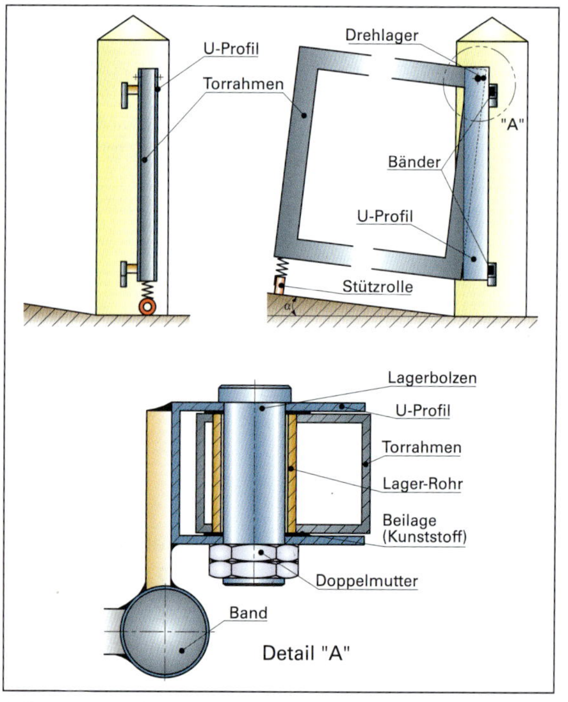

2 Ansteigendes Tor – Lösung 1

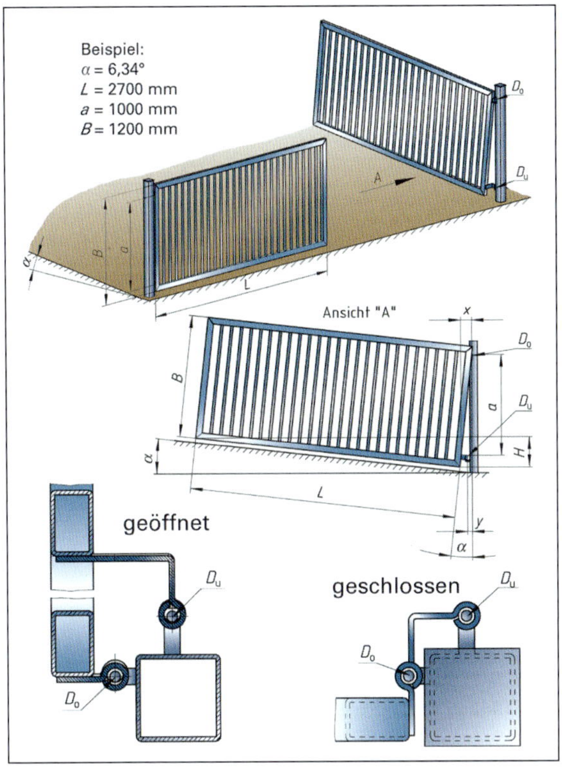

1 Ansteigendes Tor mit versetzten Drehpunkten

3. Verwendung von speziellen Steigungsbändern: Das Tor wird mit einem herkömmlichen Band für die obere Torlagerung und einem speziellen Steigungsband für die untere Lagerunge an den Pfosten angeschlagen. Durch Öffnen des Tores wird die Steigung ermittelt. Der Einstellring, der mit dem Torrahmen-Anschweißstück fest verbunden ist, wird an die Hebestange angeschweißt und damit die Steigung fixiert.

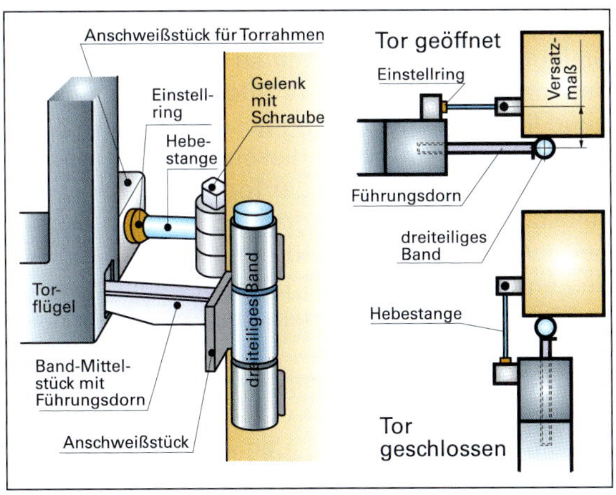

2 Steigungsband

8.4.2.2 Bestimmung des Drehpunktes an Drehtoren

Damit Tore einwandfrei öffnen, müssen sie richtig angeschlagen werden; die beiden Bänder sind so zu befestigen, dass ihre Drehpunkte fluchten. Unter bestimmten Bedingungen kann es notwendig sein, die Lage der Drehpunkte zu konstruieren, wenn:

- eine besondere Flügellage im geöffneten Zustand erwünscht ist,
- das Tor in einer ansteigenden Einfahrt steht.

Die Konstruktion erfolgt als Naturgröße in M 1 : 1. Von der Drehpunktlage aus wird anschließend das Bandoberteil mit dem Kegel und dem Bandunterteil (Kloben) gezeichnet. Die für die Fertigung benötigten Maße können der Zeichnung direkt entnommen werden. Die erforderlichen Halbzeuge für die Bandteile werden dabei in die Zeichnung eingetragen (Beschlagliste).

Drehpunktbestimmung an ebenen Einfahrten

Beispiel 1: Der geöffnete Flügel soll noch innerhalb der lichten Durchfahrt stehen.

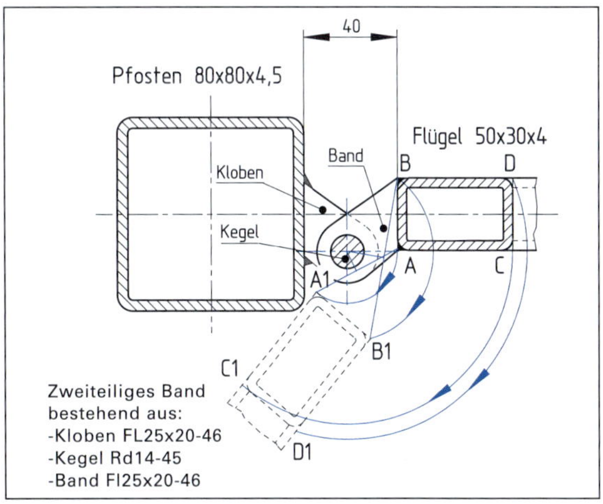

3 Drehflügel steht innerhalb der lichten Toröffnung

Konstruktionsbeschreibung:

1. Den Torflügel im geschlossenen und geöffneten Zustand zeichnen.
2. Die Ecken des Flügelprofils mit den Buchstaben A–D für den geschlossenen Flügel und A1–D1 für den geöffneten Flügel kennzeichnen.
3. Die Punkte A und A1 sowie B und B1 verbinden, es können auch zwei andere Punktpaare gewählt werden.
4. Auf die Strecken A–A1 und B–B1 die Mittellote konstruieren.
5. Der Schnittpunkt der Mittellote ist der gesuchte Drehpunkt.

6. Zur Kontrolle im Drehpunkt mit dem Zirkel von A einen Kreis bis zu A1 ziehen, wobei A1 auf demselben Kreis liegen muss.

Beispiel 2:
Das Tor soll in geöffneter Stellung parallel zur Mauer (Pfosten) laufen, es soll um 180° geschwenkt werden können.

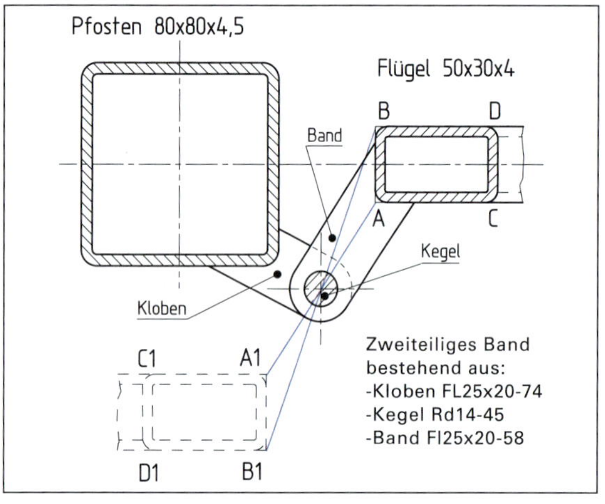

1 Toröffnung 180°

Konstruktionsbeschreibung:
1. Den Torflügel im geschlossenen und geöffneten Zustand zeichnen.
   Grundsätzlich ließe sich die Konstruktion wie im Beispiel 1 durchführen; es geht aber auch einfacher:
2. Die Ecken des Flügelprofils mit den Buchstaben A–D für den geschlossenen Flügel und A1–D1 für den geöffneten Flügel kennzeichnen.
3. Die Punkte A und A1 sowie B und B1 verbinden, es können auch zwei andere Punktpaare gewählt werden.
4. Der Schnittpunkt der beiden Verbindungslinien ergibt bereits den gesuchten Drehpunkt.

Beispiel 3:
Ein Tor liegt im geschlossenen Zustand bündig mit dem Pfosten und soll im geöffneten Zustand die Einfahrt vollständig freigeben. Die Lage des Drehpunktes wird entsprechend folgender Beschreibung bestimmt:

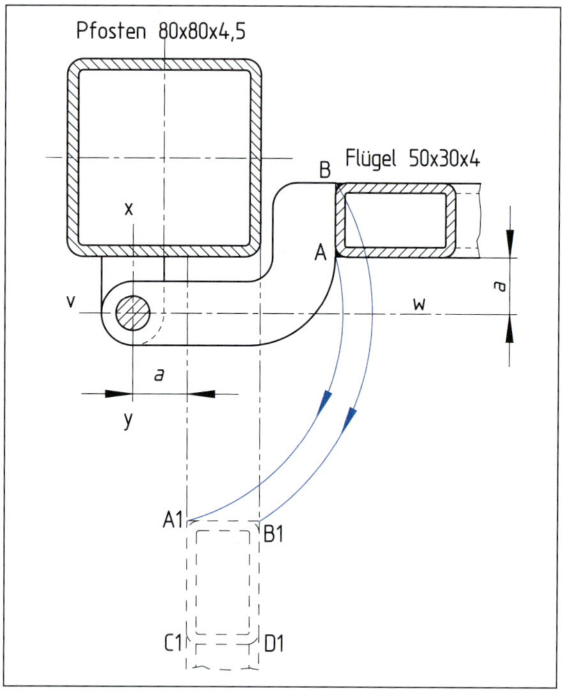

2 Toröffnung 90°, Durchfahrt vollkommen freigegeben

Konstruktionsbeschreibung:
1. Der notwendige Mindestabstand *a* des Drehpunktes vom Tor (ausreichend Platz für den Kegel und den Kloben zum Anschweißen an den Pfosten) ergibt die Achse V–W.
2. Linien A1–C1 und B1–D1 einzeichnen, die entsprechend der Aufgabenstellung die Begrenzungen des Torflügels ergeben müssen.
3. Der Drehpunktabstand von der Linie A1–C1 muss der Mindestabstand *a* sein, sodass die Achse X–Y eingezeichnet werden kann.
4. Der Schnittpunkt der Achsen V–W und X–Y ergibt den gesuchten Drehpunkt.

Drehpunktbestimmung für ansteigende Einfahrten
Häufig öffnen Tore im Außenbereich gegen eine Steigung: Sie müssen dann so angeschlagen werden, dass die geöffneten Türflügel parallel zur Steigung liegen und außerdem geschlossen wie geöffnet senkrecht stehen. In diesem Fall legt man die Drehachse so, dass sich der Torflügel beim Öffnen selbständig in Steigungsrichtung schräg stellt. Dabei verschiebt sich der Torrahmen auf der Höhe des unteren Drehpunktes um den Rahmenversatz *x*. Dies erreicht man, indem man die Drehpunkte um ein bestimmtes Maß *y* (Drehpunktversatz *y*, vgl. Bild 1, Seite 413) gegeneinander verschiebt.

Für ein Drehtor mit folgenden Angaben sollen die beiden Drehpunkte konstruiert und die Bänder gestaltet werden:

Gegeben: Tormaße: Flügellänge 2000 mm; Flügelhöhe 1100 mm, Bänderanstand $a = 800$ mm
Geländemaße: Steigungshöhe $h = 25$ cm, Steigungslänge $l = 5{,}00$ m, Steigungswinkel $\alpha = 2{,}8°$

Gesucht: Versatz des Rahmens x am unteren Drehpunkt

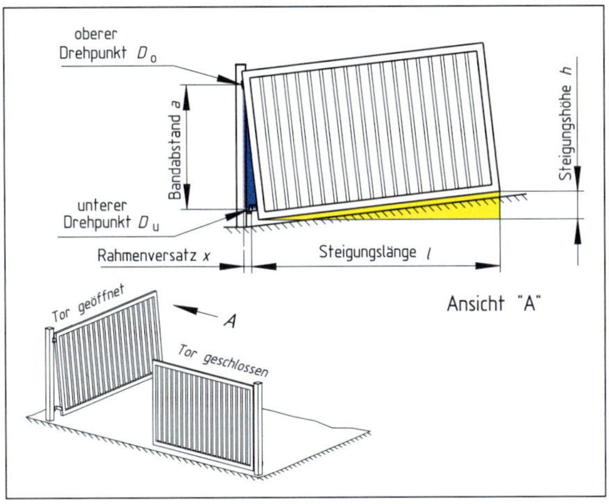

1 Geometrische Zusammenhänge an steigenden Einfahrten

Arbeitsablauf:

1. **Steigung des Geländes** ermitteln:
   Mithilfe zweier Messlatten und eines Nivelliergerätes (Theodolit) kann die Steigungshöhe h gemessen werden. Statt eines Theodoliten kann auch eine Schlauchwasserwaage verwendet werden. Der waagrechte Abstand beider Messlatten, die Steigungslänge l, wird mithilfe eines Maßbandes bestimmt.
   Alternativ kann auch der Steigungswinkel α des Geländes mittels einer Aluminiumlatte und einer Neigungswasserwaage (elektronische Neigungsmesser) bestimmt werden.
2. **Rahmenversatz *x*** des Torrahmens bestimmen:
   Steigt das Tor parallel zum Gelände an, so muss die Hinterkante des Torrahmens auf der Höhe des unteren Drehpunktes im gleichen Winkel wie die Geländesteigung „nach vorne" geschoben werden. Es ergibt sich also ein bestimmter *Versatz x des Torrahmens (Rahmenversatz x)* zwischen dem unteren und dem oberen Drehpunkt.
   Das Steigungsdreieck des Geländes ist dem Dreieck ähnlich, das sich aus dem Rahmenversatz ergibt (Bild 2). In „ähnlichen" Dreiecken (Dreiecke mit gleichen Winkeln) gilt die Regel, dass Seitenverhältnisse gleich bleiben, also:

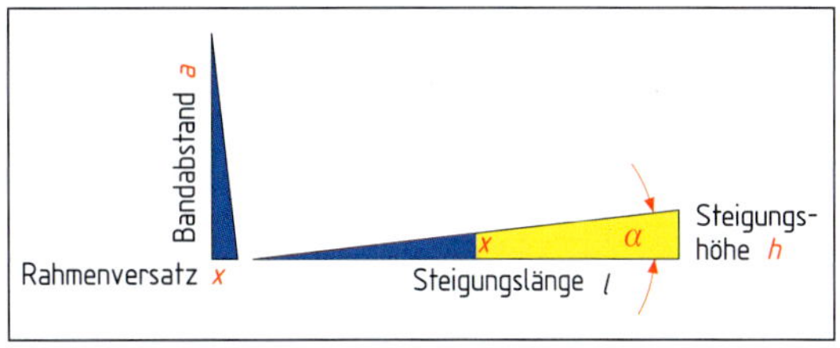

2 Maßverhältnisse bei ähnlichen Dreiecken

$$\frac{x}{a} = \frac{h}{l} \Rightarrow$$

Der Rahmenversatz x errechnet sich dann aus:

$$x = a \cdot \frac{h}{l}$$

Für das obige Tor mit einem Bänderabstand a von 800 mm, einer gemessenen Steigungshöhe h von 25 cm und einer gemessenen Steigungslänge l von 500 cm errechnet sich also ein Rahmenversatz von:

$$x = 800\ \text{mm} \cdot \frac{250\ \text{mm}}{5000\ \text{mm}}$$

$$\underline{x = 40\ \text{mm}}$$

Ist der Steigungswinkel bekannt, kann der Versatz x auch mit der Winkelfunktion tangens berechnet werden:

$$\tan \alpha = \frac{x}{a} \rightarrow \boxed{x = a \cdot \tan \alpha}$$

Für das Drehtor in einer Steigung von 2,8° wird der Rahmenversatz x zu
$x = 800\ \text{mm} \cdot \tan 2{,}8° \rightarrow \underline{x = 40\ \text{mm}}$ berechnet.

Der Rahmenversatz x kann ebenso zeichnerisch durch Aufreißen des Bandabstandes a und der Flügelhinterkante im Maßstab M 1 : 1 und Ausmessen des Versatzes x erfolgen.

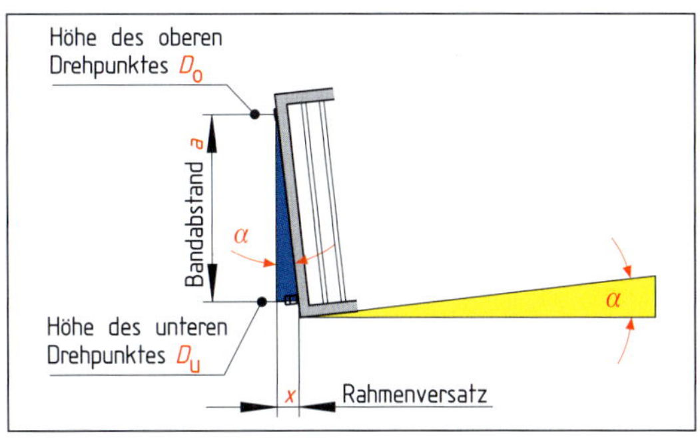

3 Aufreißen des Rahmenversatzes *x* in M 1 : 1

3. **Konstruktion der beiden Drehpunkte**:
   a) Torrahmen in geschlossener und geöffneter Stellung in Höhe des oberen Drehpunktes

einzeichnen (Punkte A/B bzw A_1/B_1); die Flügelhinterkanten A_2 und B_2 liegen im geschlossenen Zustand genau unter den Punkten A und B.

b) Oberen Drehpunkt D_o konstruieren (Schnittpunkt der Mittelllote von den Strecken A–A_1 und B–B_1.

c) Am geöffneten Tor den Rahmenversatz x an den Flügelhinterkanten einzeichnen.

d) Den unteren Drehpunkt D_u konstruieren (Schnittpunkt der Mittellote der Strecken A–A_2 und B–B_2.

e) Kontrolle mit dem Maß y: $y = \frac{x}{2}$

(Das berechnete Maß y kann natürlich auch zur Konstruktion des unteren Drehpunktes verwendet werden, nachdem der obere konstruiert wurde)

4. **Einzeichnen der Bänder**

Zuerst legt man den Durchmesser des Kegels fest (abhängig von Torgröße, Torgewicht, Spiel zwischen Pfosten und Rahmen). Um den Kegel herum werden die Bandteile eingezeichnet. Auch sie müssen ausreichend breit und dick gestaltet werden. Sie sollen so an den Pfosten bzw. den Rahmen herangeführt werden, dass sie gut angeschweißt werden können.

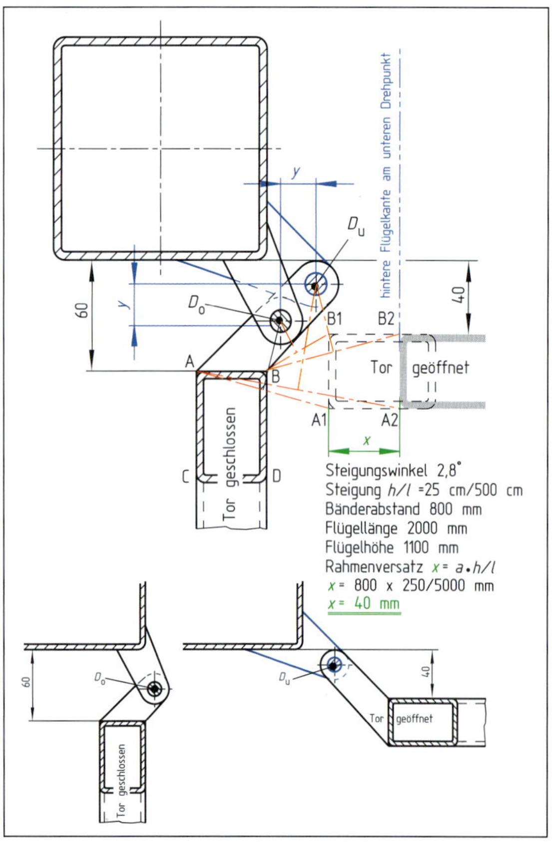

1 Ansteigender Drehflügel

Aufgaben

In den Aufgaben 1 bis 3 sind

a) die Lage des Drehpunktes durch Konstruktion zu bestimmen,

b) ein dazu passendes zweiteiliges Band mit Kloben und Kegel in der Draufsicht zu konstruieren,

c) alle notwendigen Fertigungsangaben (verwendete Halbzeuge, Schweißzeichen) einzutragen.

1. Gegeben ist die Lage eines Torflügels in geschlossener und geöffneter Stellung.

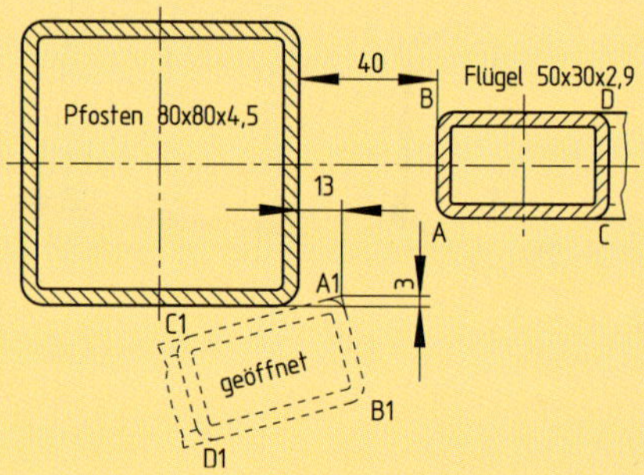

2. Das geöffnete Tor soll wie abgebildet parallel zum Pfosten stehen.

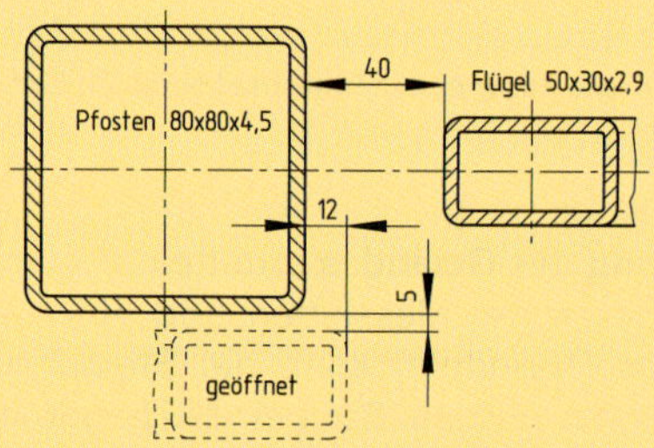

3. Ein Tor liegt im geschlossenen Zustand annähernd bündig mit dem Pfosten und soll im geöffneten Zustand die Einfahrt vollständig freigeben. Der Mindestabstand zwischen Band und Pfosten beträgt 30 mm.

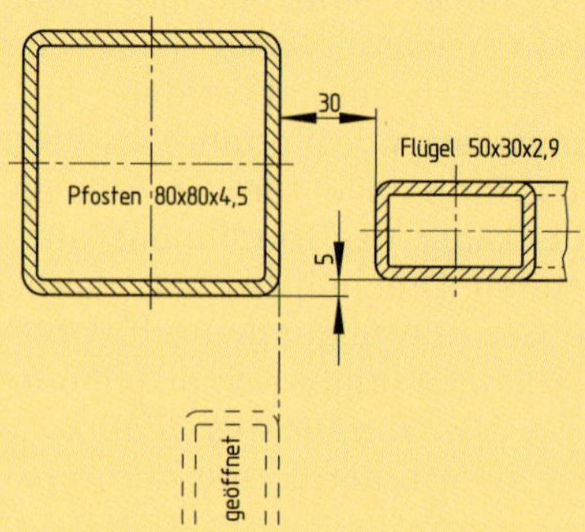

4. Bestimmen Sie die beiden Drehpunkte für ein Tor in einer ansteigenden Einfahrt und konstruieren sie geeignete Bänder:

Gegeben: Steigungswinkel 4°
Flügellänge 2500 mm
Flügelhöhe 1200 mm
Bänderabstand 1000 mm

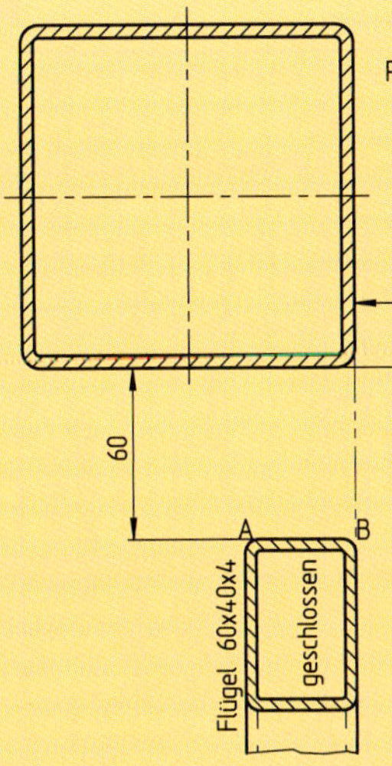

5. Bestimmen Sie die Drehpunkte für das ansteigende Tor und konstruieren Sie dazu passende zweiteilige Bänder mit Angabe einer Materialliste (verwendete Halbzeuge mit Zuschnitt).

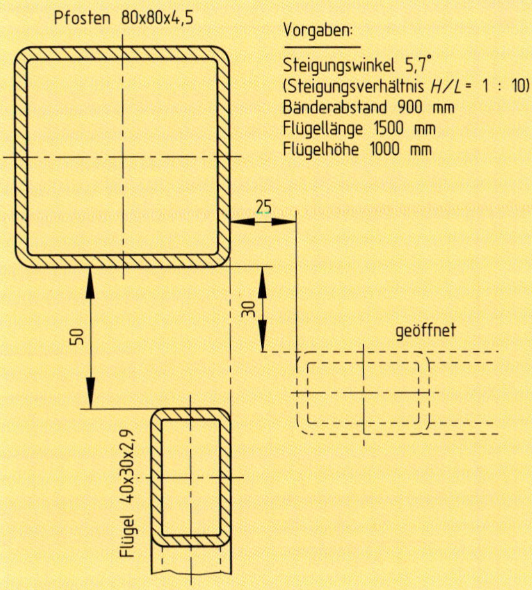

8.4.2.3 Planung, Fertigung und Montage von Drehtoren

Für die Erstellung der **Planungsunterlagen** muss zuerst das Aufmaß auf der Baustelle genommen werden, um die Hauptabmessungen der Toranlage festlegen zu können. Anschließend werden *Entwurfsskizzen* der Toranlage angefertigt (Torverlauf, Füllung), mit denen die Gestaltung des Tores visualisiert wird. Daraus entwickelt sich die endgültige *Übersichtszeichnung* im Maßstab 1 : 10 oder 1 : 20; Details wie spezielle Torlagerungen (z. B. selbstgefertigt für ansteigende Einfahrt, Schlosseinbau, usw.) werden separat im Maßstab 1 : 1 gezeichnet und dienen unmittelbar als Schablonen für die Fertigung. Anschließend werden Materialbedarf der Profile ermittelt und in eine *Material- und Zuschnittsliste* eingetragen. Mithilfe dieser Stückliste kann als Grundlage für die Angebotserstellung die Gesamtmasse der Toranlage überschlägig berechnet werden.

In der Regel sind folgende Berechnungen notwendig:

- Ermittlung der Zuschnittslängen anhand der Zeichnungen und Maßaufnahmen,
- Berechnung der Stabteilungen und Ermittlung der Anzahl der notwendigen Füllstäbe,
- Überschlägige Berechnung der Gesamtmasse als wesentlicher Kostenfaktor für die Materialkosten.

Stückliste

Pos.	Menge	Benennung	Sach.-Nr. / Norm	Bemerkung / Werkstoff	
20	16	Schwerlastanker	M12x30	Edelstahl	
19	16	Federring	ISO 7091	A12-St-100HV	
18	16	Sechskantschraube	ISO 4017	M12x60-8.8	
17	8	Spannstift	ISO 8752	4x30-St	
16	1	Anschlagleiste	DIN 1017	Fl 60x5-1800	S235
15	1	Passkerbstift	ISO 8745	8x45-St	
14	2	Passkerbstift	ISO 8745	8x30-St	
13	8	Begrenzungsscheibe	EN 10278	Rd 30-8	S235
12	8	Distanzscheibe	EN 10278	Rd 40-6,5	S235
11	4	Lagerbolzen/Torflügel	EN 10278	Rd 20-212	S235
10	1	Führungslasche	EN 10278	Fl 45x25-30	S235
9	12	Anschweißband	EN 10278	□36x36-60	S235
8	4	Ankerplatte	EN 10278	Fl 10x100-240	S235
7	1	Riegelhalterung	EN 10278	Fl 45x25-30	S235
6	1	Bodenriegel	EN 10060	Rd 20-1490	S235
5	7	Füllstab-Gehflügel	EN 10219-2	Ro 40x20x3-1680	S235
4	24	Füllstab-Standflügel	EN 10219-2	Ro 40x20x2-1680	S235
3	2	Gehflügel-Ober-/Untergurt	EN 10210-2	Ro 60x40x3,2-1100	S235
2	4	Rahmen-senkrecht	EN 10210-2	Ro 60x40x3,2-1800	S235
1	2	Standflügel-Ober-/Untergurt	EN 10210-2	Ro 60x40x3,2-3512	S235

Beschlagliste

Pos.	Menge	Bezeichnung
21	1	Rohrrahmenschloss, verzinkt
		vorgerichtet für Profilzylinder, Riegel eintourig
		Dornmaß 45 mm, Entfernung 90 mm, Schließblech gerade
22	1	Zylinderschloss, Länge A = 30 mm, Länge B = 25 mm

Zuschnittliste (für die Werkstatt)

Pos.	Menge	Halbzeug	Zuschnitt	Bemerkungen
1	2	Ro 60x40x3,2	3512	
2	4	Ro 60x40x3,2	1800	
3	2	Ro 60x40x3,2	1100	
4	24	Ro 40x20x3	1680	
5	7	Ro 40x20x2	1680	
6	1	Rd 20	1490	
16	1	Fl 60x5	1800	

1 Material- und Zuschnittliste Toranlage

Rechenweg allgemein:	**Beispielrechnung**
Maximaler Mittenabstand t_{max} ermitteln: Max. Mittenabstand = maximale lichte Weite + Stabdicke $t_{max} = L_{imax} + s$	$t = 120\text{ mm} + 20\text{ mm}$ $\underline{t = 140\text{ mm}}$
Teilungslänge L bestimmen: Teilungslänge L = Lichte Rahmenbreite + $2 \cdot \frac{\text{Stabdicke}}{2}$ $L = L_{iR} + 2 \cdot \frac{s}{2}$	$L = (3512\text{ mm} - 2 \cdot 60\text{ mm}) + 2 \cdot \frac{10\text{ mm}}{2}$ $\underline{L = 3402\text{ mm}}$
Anzahl der Felder z berechnen: Felderzahl = $\frac{\text{Teilungslänge}}{\text{Max. Mittenabstand}}$ $z = \frac{L}{t_{max}}$ (Anzahl der Felder muss immer geradzahlig sein und aufgerundet werden, damit der maximale Wert nicht überschritten wird!)	$z = \frac{3402\text{ mm}}{140\text{ mm}}$ $z = 24{,}3$ $\rightarrow \underline{z = 25}$
Anzahl der Stäbe n ermitteln: Stabzahl = Felderzahl – 1 $n = z - 1$	$n = 25 - 1$ $\boldsymbol{n = 24}$
Tatsächlichen Mittenabstand t berechnen: Mittenabstand = Teilungslänge / Felderanzahl t = L / z	t = 3402 mm / 25 t = 136,1 mm
Tatsächliche lichte Weite berechnen: Lichte Weite = Mittenabstand – Stabdicke $L_i = t - s$	L_i = 136,1 mm –20 mm **L_i = 116,1 mm**

Die Berechnung der lichten Weite kann mithilfe eines Tabellenkalkulationsprogramms (z. B. Excel) stark vereinfacht und rationalisiert werden:

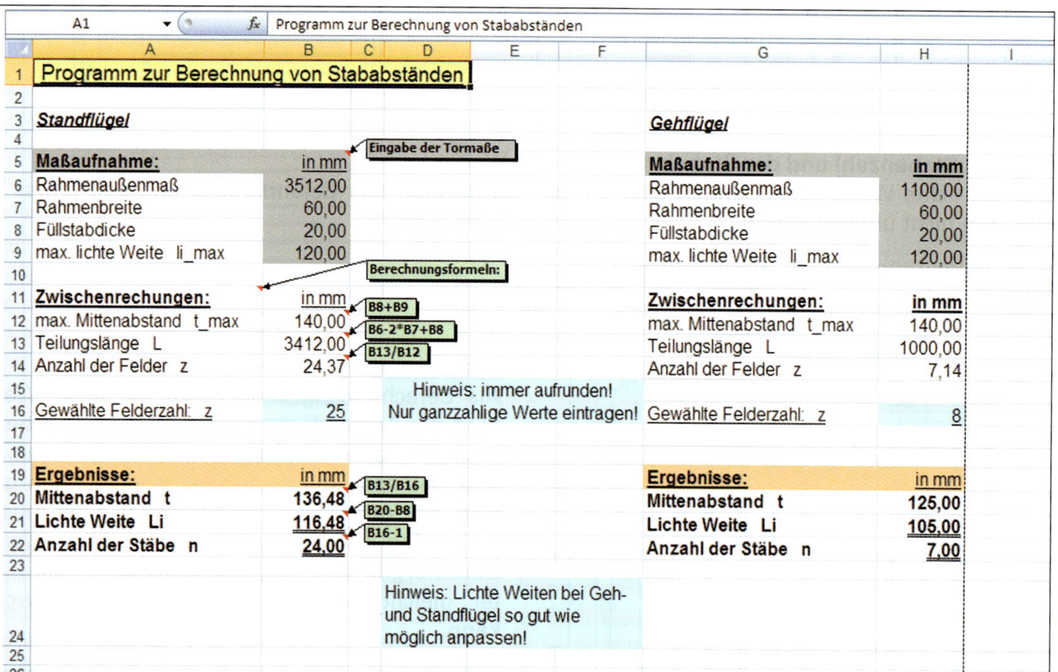
A1 — Programm zur Berechnung von Stababständen

	A	B	C/D	E/F	G	H
1	Programm zur Berechnung von Stababständen					
3	Standflügel				Gehflügel	
4			Eingabe der Tormaße			
5	Maßaufnahme:	in mm			Maßaufnahme:	in mm
6	Rahmenaußenmaß	3512,00			Rahmenaußenmaß	1100,00
7	Rahmenbreite	60,00			Rahmenbreite	60,00
8	Füllstabdicke	20,00			Füllstabdicke	20,00
9	max. lichte Weite li_max	120,00			max. lichte Weite li_max	120,00
10			Berechnungsformeln:			
11	Zwischenrechnungen:	in mm			Zwischenrechnungen:	in mm
12	max. Mittenabstand t_max	140,00	B8+B9		max. Mittenabstand t_max	140,00
13	Teilungslänge L	3412,00	B6-2*B7+B8		Teilungslänge L	1000,00
14	Anzahl der Felder z	24,37	B13/B12		Anzahl der Felder z	7,14
15			Hinweis: immer aufrunden!			
16	Gewählte Felderzahl: z	25	Nur ganzzahlige Werte eintragen!		Gewählte Felderzahl: z	8
19	Ergebnisse:	in mm			Ergebnisse:	in mm
20	Mittenabstand t	136,48	B13/B16		Mittenabstand t	125,00
21	Lichte Weite Li	116,48	B20-B8		Lichte Weite Li	105,00
22	Anzahl der Stäbe n	24,00	B16-1		Anzahl der Stäbe n	7,00
24			Hinweis: Lichte Weiten bei Geh- und Standflügel so gut wie möglich anpassen!			

1 Excelprogramm zur Ermittlung der Stabteilung

Für den Gehflügel der Toranlage wurde ein relativ weit abweichender Wert von L_i = 105 mm für die lichte Weite ermittelt (vgl. Bild 1). Durch Verändern der Stabzahl n beim Standflügel können annähernd gleiche Werte für den Stand- und Gehflügel bestimmt werden, die keine optische Beeinträchtigung darstellen.

Die **Fertigung** beginnt mit dem Zuschnitt der Rahmenteile und Füllstäbe. Bei Verwendung von Hohlprofilen müssen Zulauf- und Entlüftungsbohrungen für das nachträgliche Feuerverzinken berücksichtigt werden. Hierbei sind die Empfehlungen des Zinkereifachverbandes (vgl. Kap. 9.4) zu beachten; diese schreiben abhängig von der Anzahl der Öffnungen eine bestimmte Mindestgröße von Öffnungen vor.
Die Rahmenteile werden auf einem Schweißtisch ausgelegt und angeheftet. Die Rechtwinkligkeit des Rahmens überprüft man dabei durch Messen der beiden Diagonalen der Rahmenecken. Sind beide gleich groß, so ist der Rahmen rechtwinklig (Bild 1). Zum endgültigen Schweißen wird der geheftete Rahmen auf dem Schweißtisch festgespannt, um Schweißverzug zu verhindern.

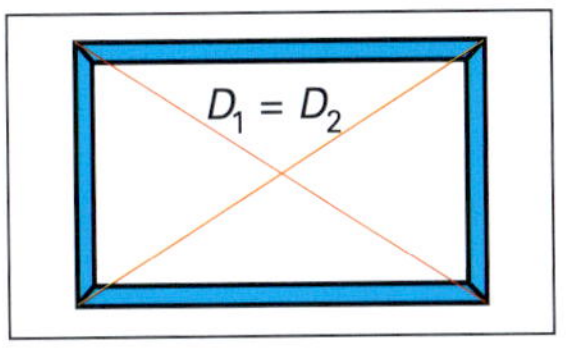

1 Messen der Rahmendiagonalen

Mithilfe von Distanzstücken in Länge der errechneten lichten Weite werden die Füllstäbe von beiden Seiten zur Mitte hin ausgelegt, evtl. deren Abstände etwas nachkorrigiert, anschließend angeheftet und am Ende festgeschweißt.

Schweißfolge für das Schweißen der Rahmenteile und der Füllstäbe:
Um Schweißverzug und zu große Schweißspannungen zu vermeiden, ist es sinnvoll, eine geeignete Schweißreihenfolge einzuhalten. Folgende Abbildung zeigt eine mögliche Schweißfolge für Rahmen und Füllstäbe:

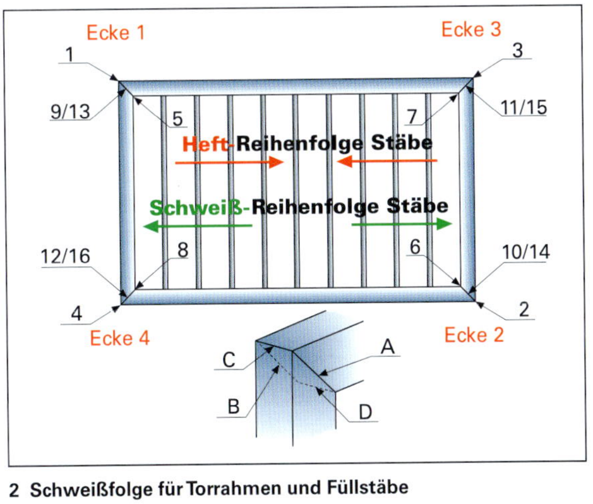

2 Schweißfolge für Torrahmen und Füllstäbe

Rahmen und Rahmenecken:
- Alle Rahmenecken heften:
- Außenecken 1–4 , Innenecken 5–8,
- Heftpunkte 9–12 der Rahmenvorderseite setzen, Heftpunkte 13–16 der Rückseite setzen
- Rahmen festspannen und Ecken fertig schweißen:
- Nähte A und B der Ecken I–IV
- Nähte C und D der Ecken I–IV

Wichtig: Nach allen Heft- und Schweißvorgängen ist zwischendurch die Rechtwinkligkeit des Rahmens zu kontrollieren!

Füllstäbe einschweißen:
- Stäbe von beiden Seiten aus mithilfe eines Abstandshalters ($L = L_i$) zur Mitte hin heften
- Stäbe von der Mitte aus nach links und rechts abwechselnd fertig anschweißen

Aufgaben

1. Erstellen Sie selbst ein Tabellenkalkulationsprogramm nach dem Muster Bild 1, Seite 421 und ermitteln Sie damit eigene Stababstände.
2. Berechnen Sie für beide Flügel möglichst ähnliche Werte für die lichte Weite zwischen den Füllstäben.
3. Ergänzen Sie die Material- und Zuschnittliste mit den neuen Werten.
4. Berechnen Sie die Masse der Toranlage mit den für den Metallbau üblichen Zuschlägen.
5. Informieren Sie sich über die derzeitigen Preise für das Feuerverzinken und ermitteln Sie überschlägig die Fremdkosten für den Korrosionsschutz.

Montage (Anschlagen) von Drehtoren

Die Torpfosten müssen in Ausführung und Dimensionierung zum Rahmen und zur gesamten Toranlage passen. Sie benötigen einen großen Widerstand gegen die angreifenden Biegekräfte. Geeignet dafür sind große Stahlhohlprofile oder Kastenprofile mit durchgehend geschweißter Naht (Bild 1, nächste Seite). Aus architektonischen Gründen werden die Stahlprofile oft ummauert. Weiterhin finden Stein- (Marmor, Granit) und Betonpfosten Verwendung. Bei betonierten Torpfosten werden häufig Anschweiß- oder Anschraubplatten mit eingegossen, an denen die Torbänder befestigt werden (Bild 1, nächste Seite). Die Torbänder bei Stein- oder Mauerpfosten werden entweder eingemauert oder mit einer Anschweißplatte und geeigneten Schwerlastdübeln befestigt.

Beim Einmauern von Mauerkloben sind Richtwerte zu beachten, um ein Herausziehen der Kloben aus den Stein- bzw. Betonsäulen zu vermeiden:

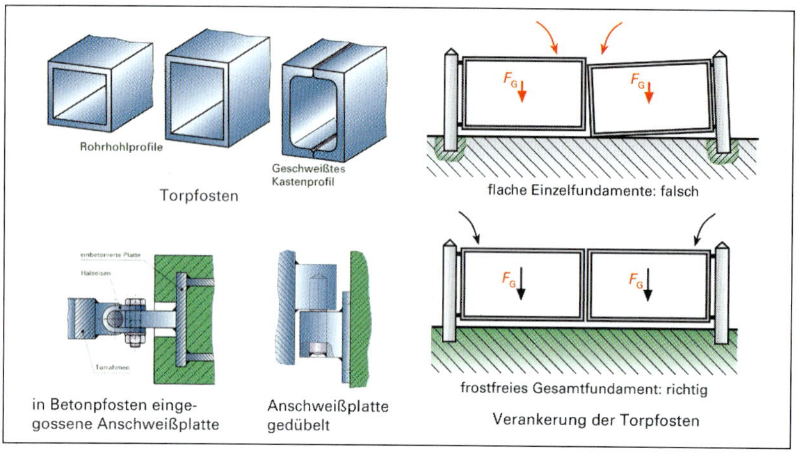

1 Torpfosten – Befestigungsmöglichkeiten und Verankerung

Flügelgewicht	Einmauerungstiefe
bis 50 kg	ca. 10 cm
bis 100 kg	ca. 15 cm
bis 300 kg	ca. 25 cm

Aufgrund der Hebelwirkung angeschlagener Drehtore besteht bei unsachgemäßer Verankerung der Torpfosten die Gefahr, dass diese sich unter der Gewichtskraft der Flügel setzen bzw. neigen. Dadurch fluchten die beiden Flügeloberkanten nicht mehr und Falle und Riegel des Schlosses greifen nicht mehr in die entsprechenden Aussparungen. Um dem entgegen zu wirken, müssen beide Torpfosten in einem gemeinsamen, durchgehenden Fundament mit ausreichender Frosttiefe von mindestens 80 cm einbetoniert werden. Zusätzlich können die Pfosten mit einem Rohr oder einem Profilstahl im Fundament verbunden werden.

Montageablauf eines zweiflügeligen Tores mit angedübelten Anschweißplatten an Betonpfosten

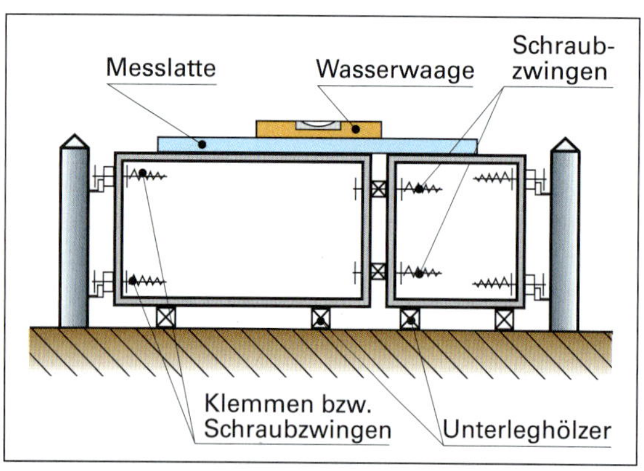

2 Montage eines zweiflügeligen Tores

- Beide Flügel mit Schraubzwingen zusammenspannen: Flügelspiel von 5–8 mm beachten (Distanzklötze).
- Flügel auf Unterleghölzer zwischen die Torpfosten stellen und waagrecht ausrichten (Messlatte und Wasserwaage).
- Bandunterteil mit angeschweißter Dübelplatte auf das am Tor angeschweißte Bandoberteil mit Klemmen oder Schraubzwingen fest spannen.
- Dübellöcher an den Pfosten anzeichnen.
- Torflügel aus der Leibung wegheben (bei Dübeln in Durchsteckmontage nicht nötig).
- Dübellöcher bohren.
- Dübelplatten mit Schwerlastdübel aus Stahl befestigen.

Es dürfen nur bauaufsichtlich zugelassene Schwerlastdübel verwendet werden. Kunststoffdübel sind ungeeignet, da Tore als „tragende Konstruktionen" gelten, bei deren Versagen Personen oder Gegenstände verletzt oder beschädigt werden können. Abhängig vom Pfostenquerschnitt und Baustoff werden Metallspreizanker, Klebeanker oder Injektionsdübel verwendet. In Beton und Natursteinen werden diese Dübel aber zunehmend durch die in Handhabung und Anwendung unkomplizierten Betonschrauben ersetzt, die wie die Klebeanker und Injektionsdübel spreizdruckfreie Befestigungen ermöglichen (nähere Informationen im Kapitel 16 Befestigungstechnik).

8.4.3 Aufbau von Schiebetoren

Toranlagen mit sehr breiter Durchfahrt können nicht mehr als Drehtore ausgeführt werden (Stabilitätsprobleme, zu großer, freizuhaltender Schwenkbereich). Als eine wirtschaftliche Alternative bieten sich Schiebetore an. Man unterscheidet zwei verschiedene Bauarten:

- Schiebetore, mit Bodenlaufschiene und
- freitragende Schiebetore.

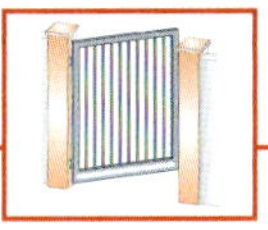

Schiebtore mit Bodenlaufschiene

Die in einem langen Streifenfundament einbetonierte Bodenlaufschiene ist meist Ursache für Laufstörungen dieser Schiebetorbauart. Am Torrahmen sind zwei Laufrollen befestigt, die in der Bodenlaufschiene abrollen. Schnee, Frost, Schmutz oder Laub behindern dabei häufiger eine leichte und einwandfreie Betätigung.

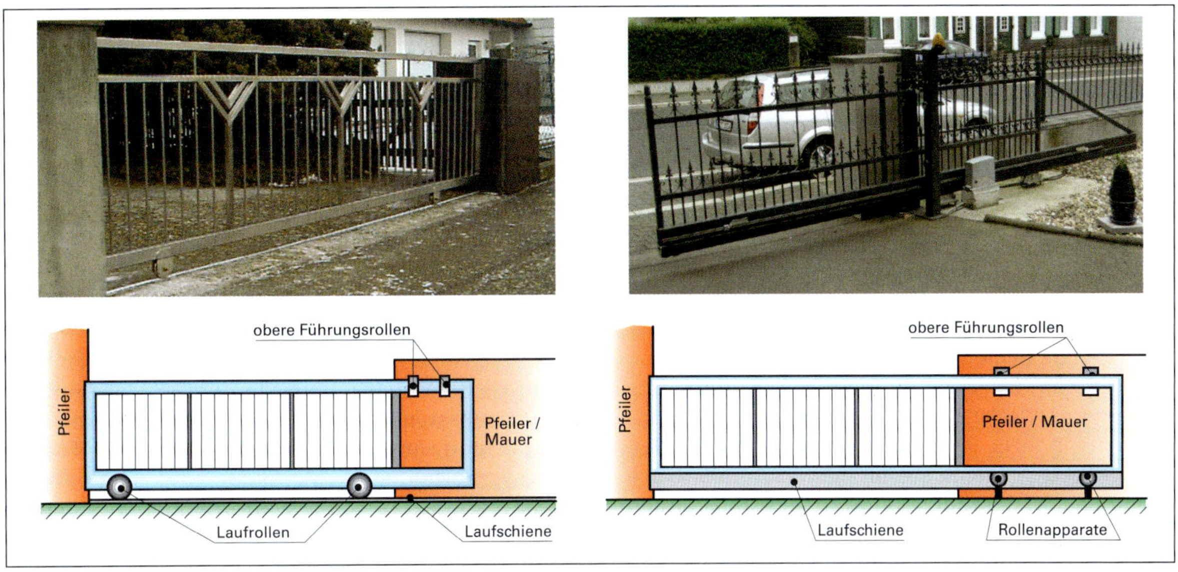

1 Bauarten von Schiebetoren

Die Rollapparate freitragender Schiebetore sind dagegen vor Verschmutzungen weitgehend geschützt, was einen gleichmäßig leichten Lauf dieser Tore begünstigt. Sie werden außerhalb der Tordurchfahrt auf einem kleinen Streifenfundament befestigt und laufen innerhalb des Laufschienenprofils, auf dem der Torrahmen montiert ist. Somit wird die Einfahrt nicht behindert (im Gegensatz zur durchgehenden Bodenlaufschiene) und die Rollapparate bleiben von Witterungseinflüssen weitgehend unbehelligt.

Beide Torarten benötigen obere Führungsrollen, die ein seitliches Wegkippen des Tores verhindern.

Die Bodenlaufschiene für ein Schiebetor muss dabei mindestens doppelt so lang sein wie die Toröffnung; dies gilt ebenso für das erforderliche frostsichere Streifenfundament.

Für kleinere Toranlagen verwendet man T-Profile als Laufschienen, evtl. mit aufgeschweißtem Rundstahl zur besseren Führung der Laufrollen. Ein breiter Flachstahl unter der Laufschiene verringert den Auflagedruck und damit die Flächenpressung auf das Betonfundament. Beim Betonieren des Streifenfundaments müssen Kanthölzer für die Schienen- und Pfostenaussparung eingesetzt werden. Anschließend wird die Schiene eingelegt ausgerichtet und mit dem Tor montiert. Zuletzt wird der Fundamentgraben bündig mit einem leichten Gefälle (Wasser- und Schmutzablauf) ausgegossen. Alternativ wird die Laufschiene auf das Fundament gedübelt. Anstatt wie meist üblich die Laufrollen mit einem Haltebügel an den Untergurt zu schweißen können sie auch in den Torrahmenuntergurt eingelassen werden.

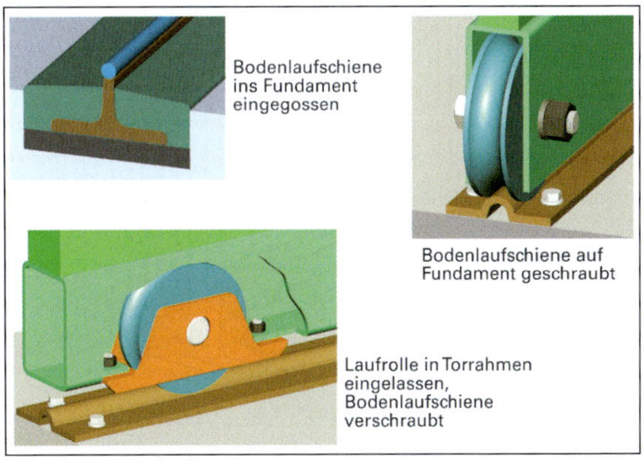

2 Bodenlaufschienen

Das Ausheben des Tores bzw. das Herausspringen aus der Schiene kann verhindert werden, in dem bei der Montage der Abstand zwischen Toroberkante und der Befestigungskonsole der oberen Führungsrollen kleiner gewählt wird als die Rillentiefe der Laufrollen.

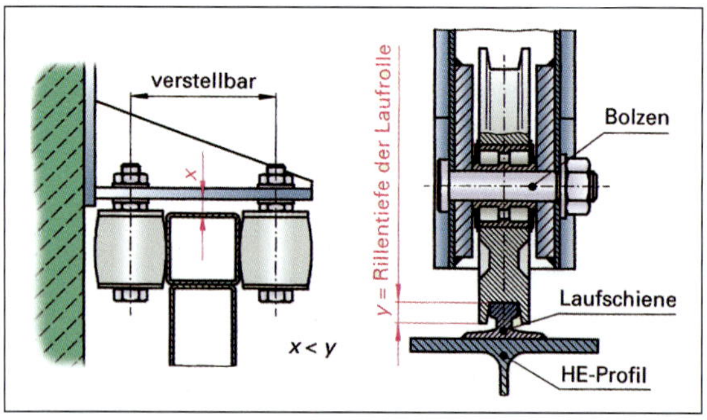

1 Aushebesicherung für Schiebtore mit Bodenlaufschiene

Schwere Tore rollen auf speziellen Laufschienen, die auf HE-Profilen aufgeschraubt werden.

Freitragende Schiebetore

Freitragende Schiebetore werden als komplette Systeme entweder bereits montagefertig oder im Baukastenprinzip im Handel angeboten. Die Hersteller dieser Systeme stellen hierfür umfangreiche Planungs-, Ausführungs- und Montageanleitungen zur Verfügung. Die Toranlagen können von Hand oder mit allen geforderten Antriebsvarianten (Zahnstange, Kette, Seilzug) und den von den Berufsgenossenschaften geforderten Sicherheitsausstattungen (Absicherung von Quetsch- und Scherkanten) automatisiert werden.

Die beiden Laufrollenböcke (Rollapparate) tragen das gesamt Torgewicht. Sie müssen im kurzen Fundament hinter der Toreinfahrt sicher und fest angedübelt werden, da aufgrund der Hebelwirkung während des Öffnens bzw. Schließens große Belastungen auf sie wirken.
Die Laufrollenböcke besitzen kugelgelagerte Trag- und Querrollen, die auch bei schweren Toren einen leichten Lauf und eine Bedienung von Hand ermöglichen. Der Torlauf kann durch Stellschrauben an den Laufböcken eingestellt und ausgerichtet werden. In den Endstellungen des Tores läuft eine spezielle Endkappe mit Stützrolle in ein Auflaufblech ein, wodurch das Torgewicht abgefangen wird und die Rollapparate entlastet werden. Bei großem Durchfahrtsöffnungen ragen die Tore sehr weit über ihre Laufwerke hinaus; deshalb sollten geschlossene Füllungen möglichst vermieden werden, da der Winddruck das Tor verformen könnte.
Bei Baukastensystemen sind in Abhängigkeit von der lichten Durchfahrt der Toröffnung alle erforderlichen Fertigungs-, Montage- und Fundamentmaße sowie die statisch erforderlichen Profilgrößen für den tragenden Torrahmen und die Füllstäbe festgelegt. Die Auswahl der Schiebetorbeschläge (Laufschiene, Rollenbock usw.) richtet sich ebenfalls nach der Torgröße.

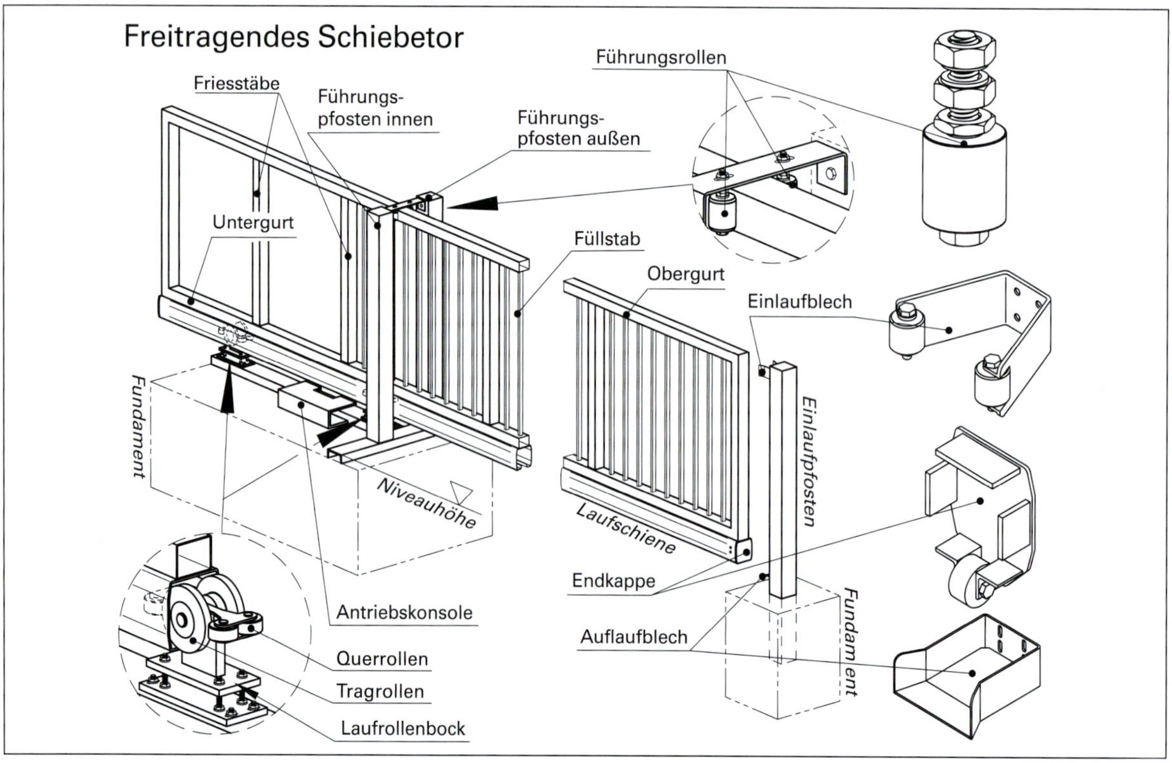

2 Freitragendes Schiebetor im Baukastensystem

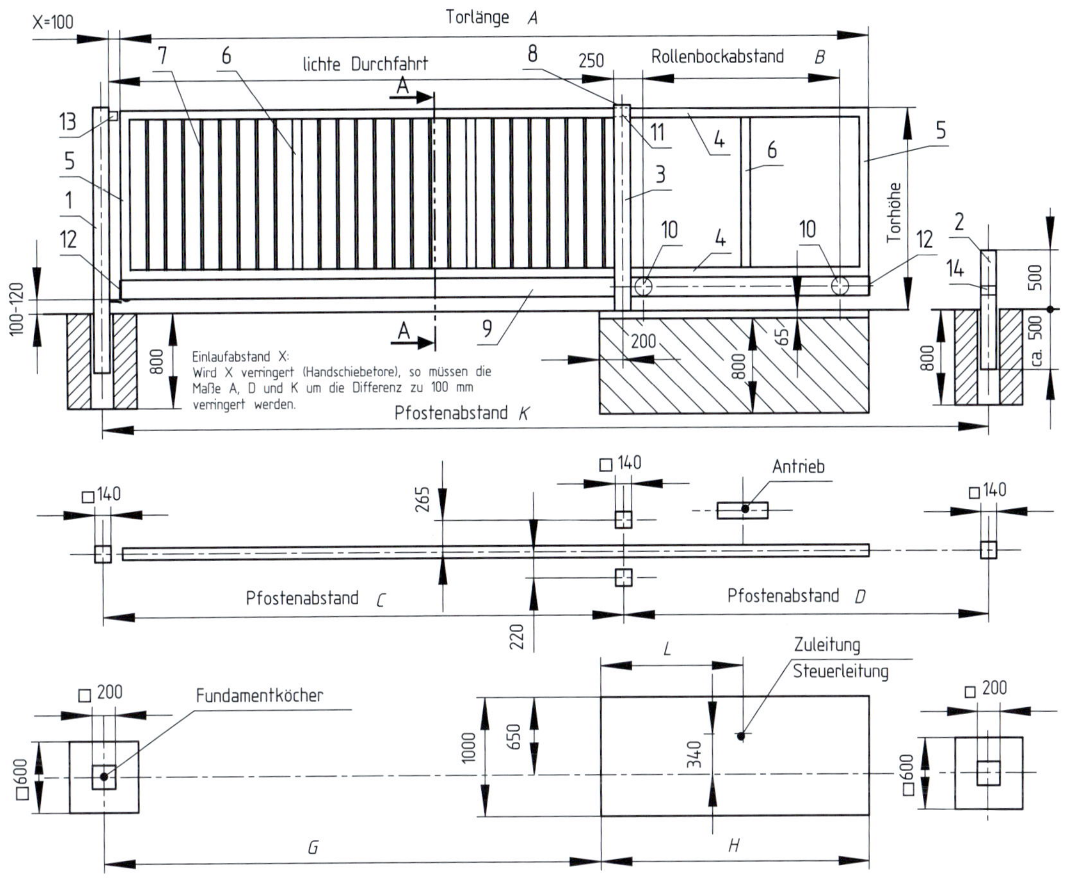

Baumaße		A	B	C	D	G	H	K	L
lichte Durchfahrt	4,0 m	5710	1350	4140	5760	3870	2050	9900	1105
	4,5 m	6360	1500	4640	6410	4370	2200	11050	1190
	5,0 m	7060	1700	5140	7110	4870	2400	12250	1275
	5,5 m	7710	1850	5640	7760	5370	2550	13400	1360
	6,0 m	8360	2000	6140	8410	5870	2700	14550	1445
	6,5 m	9060	2200	6640	9110	6370	2900	15750	1530
	7,0 m	9710	2350	7140	9760	6870	3050	16900	1615
	7,5 m	10360	2500	7640	10410	7370	3200	18050	1700
	8,0 m	11060	2700	8140	11110	7870	3400	19250	1785

1 Übersichtsplan/Bau- und Fundamentmaße eines freitragenden Schiebetorsystems

Für die zu verwendenden Profile und Beschlagteile muss ein sogenannter Standsicherheitsnachweis vorliegen. Die folgenden Angaben (Bild 1 u. Bild 1, nächste Seite) gelten für Schiebetore mit Stabgeländerfüllung bis zu 8 m lichter Durchfahrt und einer maximalen Höhe von 2 m. Abhängig vom Werkstoff, S235 oder S355 können unterschiedliche Windbelastungen aufgefangen werden. Tore aus dem üblichen Baustahl S235 eignen sich bis zu einer Windlast der Klasse 2 (Staudruck 450 Pa); der Werkstoff S355 kann auch der Windbelastung Klasse 3 standhalten (Staudruck 700 Pa).

Aus dem Plan für „Bau- und Fundamentmaße" und weiterer Detailzeichnungen aus den Herstellerunterlagen werden alle notwendigen Maße für das Tor und die Fundamente entnommen und daraus eine Zuschnitt- und Materialliste erstellt:

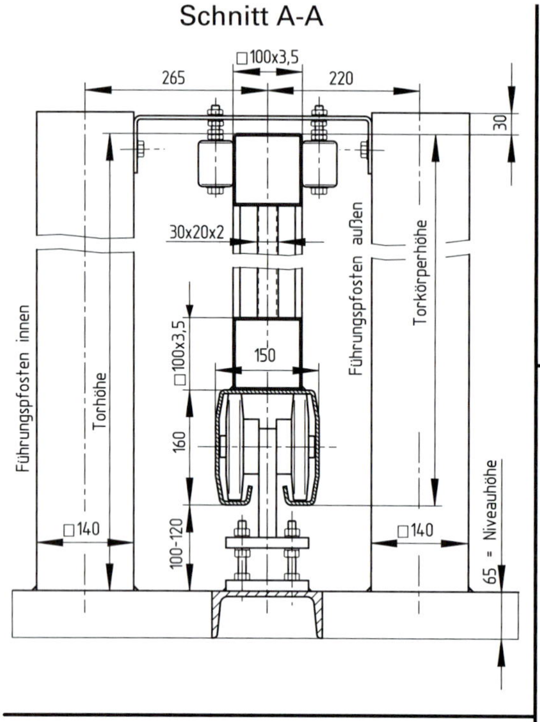

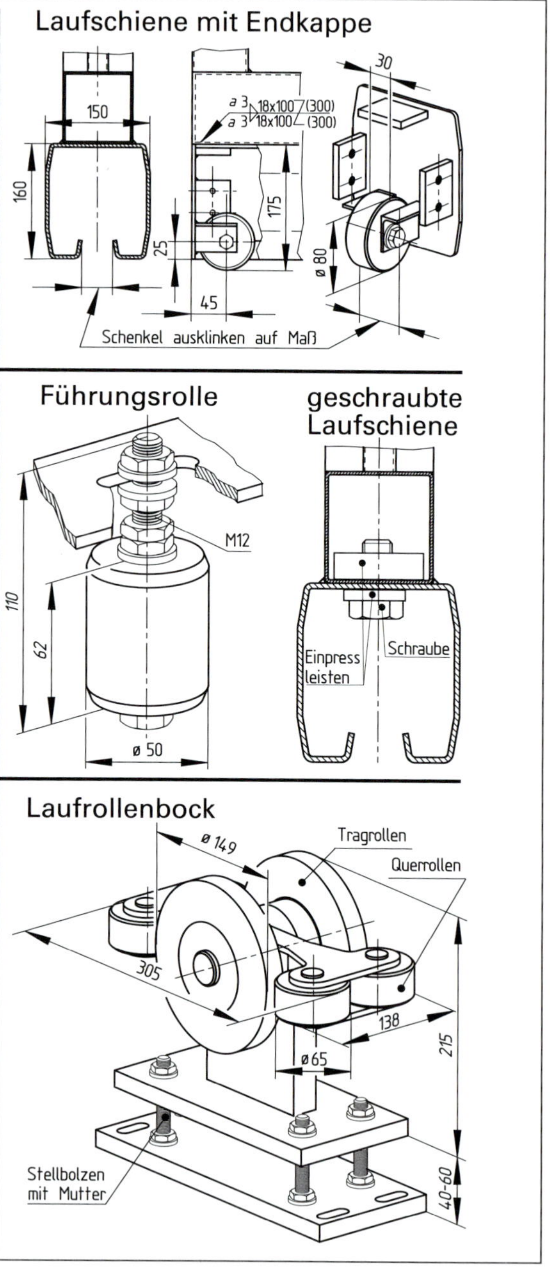

Material - und Zuschnittliste

Pos.	Menge	Benennung	Zuschnitt	Bem.
14	2	Auflaufschuh ALS 160/192		ZK
13	1	Einlaufgabel ELG 160		ZK
12	2	Kopfdeckel KD 160 SR		ZK
11	2	obere Führungsollen OFR 160/192		ZK
10	2	Laufrollenbock LRP 160-4Q G		ZK
9	1	Laufrollenprofil LRP 160W	7056	ZK
8	2	Konsole f. obere Führungsrollen Bl3x140	553	EF
7	27	Füllstab Ro30x20x2	1230	EF
6	4	Friesstab innen Rohr100x60x3	1230	EF
5	2	Friesstab außen Rohr100x100x3,5	1430	EF
4	2	Ober-/Untergurt Rohr100x100x3,5	7060	EF
3	2	Führungspfosten Rohr140x140x5	1730	EF
2	1	Einlaufpfosten hinten Rohr140x140x5	1000	EF
1	1	Einlaufpfosten vorne Rohr140x140x5	2230	EF

ZK = Zukaufteil EF = Eigenfertigung

1 Detailzeichnungen und Zuschnittliste für freitragendes Schiebetor (Auszug Herstellerunterlagen)

Beispiel:
Für eine lichte Durchfahrt von 5 m und eine Torhöhe von 1,70 m werden beispielsweise folgende Maße ermittelt:

Tormaße:
Torlänge $A = 7060$ mm;
Torrahmenprofil Rohr 100 × 100 × 3,5;
Füllstabprofil Rohr 30 × 20
Pfostenprofil und Pfostenhöhe:
Quadratrohr 140 × 140;
Führungspfosten = 1730 mm;
Einlaufpfosten vorne = 2230 mm;
Einlaufpfosten hinten = 1000 mm

Baustellenmaße:
Rollenbockabstand = 1700 mm;
Pfostenabstand $C = 5140$ mm;
Pfostenabstand $D = 7110$ mm;
Gesamtpfostenabstand $K = 12250$ mm;
Länge des Rollenbockfundamentes $H = 2400$ mm;

Die übrigen Fundament- und Montagemaße sind für einen Torgrößenbereich von 3–8 m lichter Durchfahrt gleich.

Um Schweißverzug beim Festschweißen von Laufrollenprofil und Untergurt des Tores zu vermeiden, werden vom Hersteller meist auch besondere Hinweise zur Schweißnahtgestaltung und Schweißfolge gemacht (vgl. Bild 1, Vorseite). Kurze, unterbrochene und versetzte Schweißnähte mit kleinst möglichem *a*-Maß sind Vorraussetzung für ein verzugsarmes Fügen von Laufrollenprofil und Torkörper.

Alternativ bieten die Systemhersteller auch Zubehör für Schraubverbindungen an. Mittels zweier Pressleisten über die gesamte Torlänge entsteht eine sichere und verzugsfreie Verbindung (Bild 1, Vorseite).

Aufgrund ihrer Länge und des ausladenden Eigengewichtes verformt sich der Torrahmen im Betrieb konvex. Im Fertigungsprozess kann diese Verformung durch eine gegenläufige, konkave Vorspannung wieder ausgeglichen werden. Folgende Richtwerte sind für die Vorspannung heranzuziehen (Bild 1):

Max. lichte Durchfahrt	Max. Durchbiegung des Torkörpers (konvex)	Vorspannung (konkav) in mm
4,5 m	1,1 cm	1,0 cm
6 m	2,3 cm	1,5 cm
8 m	3,5 cm	2,0 cm
12 m	6,0 cm	3,0 cm
15 m	6,5 cm	3,0 cm
18 m	7,5 cm	3,5 cm

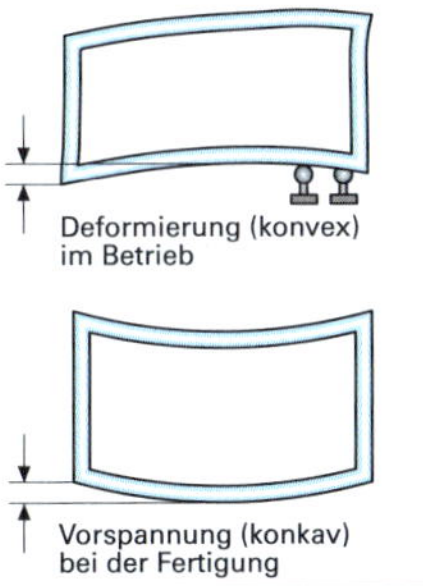

1 Vorspannen des Torkörpers

Absperren von Schiebetoren

Kraftbetätigte Tore benötigen kein Schloss, da die elektromechanischen Torantriebe selbsthemmend sind und ein manuelles Verschieben unmöglich machen. Nur durch ein definiertes Entkoppeln des Antriebs mit einem speziellen Schlüssel kann das Tor von Hand bewegt werden. Manuell betriebene Tore erfordern dagegen ein Hakenriegel-Schloss.

Aufgaben

1. Wovon hängt die Belastung der Rollapparate von freitragenden Schiebetoren ab? Wie werden die beiden Laufrollenböcke beim Öffnen und beim Schließen belastet?
2. Worin bestehen die konstruktiven Unterschiede zwischen Schiebetoren mit Bodenlaufschiene und freitragenden Schiebetoren?
3. Wie kann ein Schiebetor mit Bodenlaufschiene vor unbefugtem Aushängen geschützt werden?
4. Erläutern Sie die Vor- und Nachteile freitragender Schiebetore.
5. Welche Beschlagteile benötigt man für freitragende Schiebetore? Beschreiben Sie deren jeweilige Funktion.

Folgende Aufgaben beziehen sich auf die Auszüge des freitragenden Schiebetorsystems nach Bild 1, Seite 426 und Bild 1, Seite 427:

6. Überprüfen Sie die Anzahl der Füllstäbe und berechnen Sie die lichte Weite zwischen den Stäben, wenn diese max. einen Wert von 150 mm haben darf.

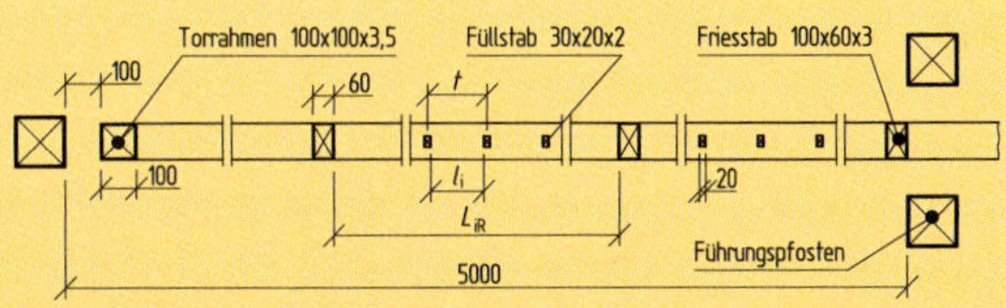

7. Ermitteln und skizzieren Sie den Zuschnitt für die Konsole der oberen Führungsrollen mit allen erforderlichen Fertigungsangaben.
8. Bestimmen Sie die Höhe des Auflaufbleches am Einlaufpfosten.

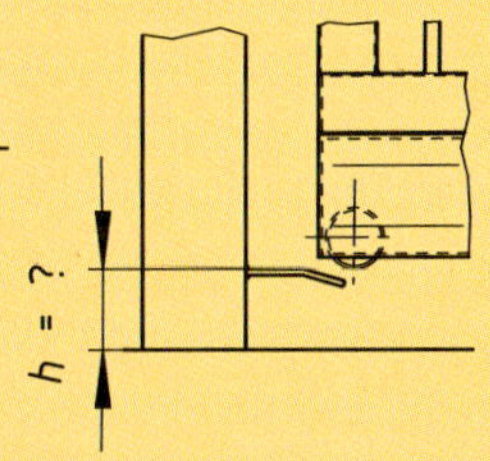

9. Wie muss nach Angabe des Systemherstellers die Laufschiene auf den Torkörper geschweißt werden?
10. Bestimmen Sie anhand der Herstellerunterlagen die Tor- und Fundamentmaße mit Zuschnitt- und Beschlagliste für eine Einfahrtsöffnung von 7 m Breite.

8.4.4 Torantriebe für Garten- und Hoftore

Große und schwere Tore v.a. an gewerblichen Anlagen können nicht mehr von Hand betätigt werden. Die nach Norm maximal zulässigen Bedienungskräfte liegen bei 150 N (Privatbereich) bzw. 260 N (gewerblicher Bereich). Torantriebe ermöglichen die automatisierte, kraftbetätigte Bedienung der Toranlagen. Aufgrund des Bedienungskomforts werden Torantriebe immer mehr auch im Privatkundenbereich nachgefragt und vom Metallbauer montiert, sei es bei der Erstinstallation einer Toranlage oder zur Nachrüstung bestehender Toranlagen.

Auftrag: Ein Metallbaubetrieb erhält den Auftrag, die zweiflügelige Toranlage (Bild 1) mit einem Torantrieb auszustatten. Hierzu müssen eine geeignete Bauart ausgewählt, entsprechende Sicherheitseinrichtungen geplant und die Anlage anhand der Montageanleitung ordnungsgemäß montiert und installiert werden.

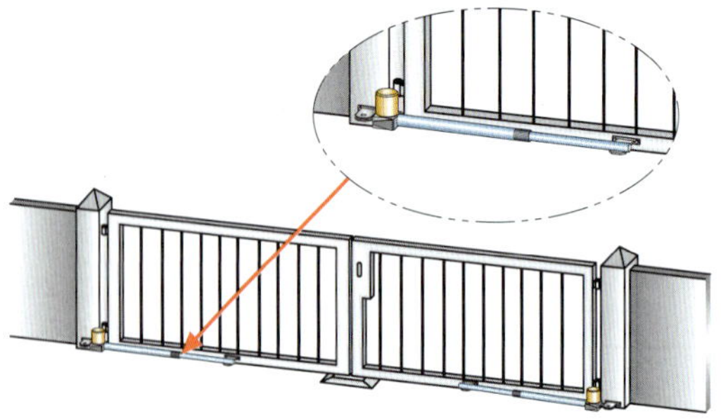

Vorhandene Toranlage:
Flügelgrößen: 2300 × 1100
Pfostenhöhe: 1150 mm (ohne Kappe)
Rohrpfosten: 260 × 260 × 8 mm
Abstand Torpfosten – Rahmen: 30 mm
Bänderabstand: 900 mm
Lichte Tordurchfahrt: 4680 mm

Kundenwunsch:
Torantrieb mit Funkfernbedienung; mit Elektroschloss

1 Nachrüstung einer zweiflügeligen Toranlage mit einem Torantrieb

Folgende Übersicht zeigt die wesentlichen Informations-, Planungs-, und Durchführungsschritte von der Auftragserfassung bis zur Übergabe des Antriebs beim Kunden.

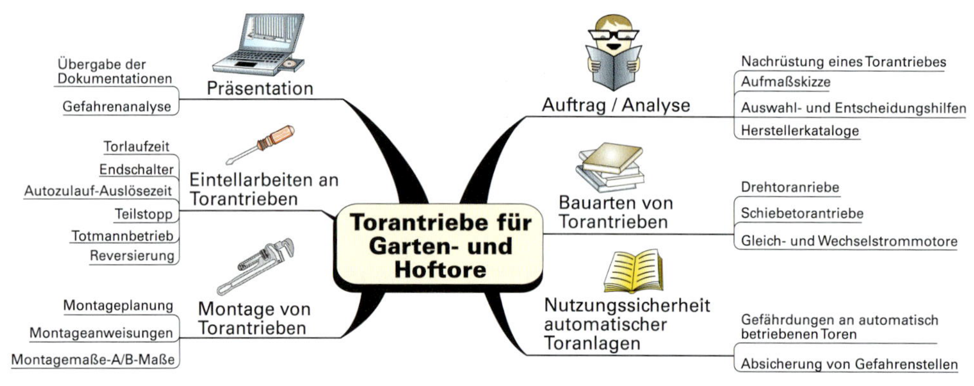

2 Kundenauftrag: Nachrüstung eines Antriebs für ein zweiflügeliges Drehtor

8.4.4.1 Bauarten von Drehtorantrieben:

Drehtore können mit Oberflur- oder Unterflurantrieben ausgestattet werden.

Unterflurantriebe beeinträchtigen das Gesamtbild des Tores nicht, da der Antrieb (Elektromotor oder Hydraulikaggregat) unsichtbar im Fundament verschwindet. Bei den Torachsenantrieben muss der Antrieb genau senkrecht unter dem Drehpunkt des Tores angebracht werden. Ist dies beispielsweise bei einer Nachrüstung an einer Toranlage nicht möglich, so kann ein Unterflurantrieb mit Hebel-

3 Unterflurantrieb mit Hebelarm

arm verwendet werden, wobei der Hebelarm am Untergurt des Torrahmens das Erscheinungsbild des Tores kaum stört. Unterflurantriebe sind allerdings aufwendiger in der Montage und anfälliger bezüglich Verschmutzung und Korrosion (eindringendes Wasser).

Oberflur-Drehtorantriebe (Bild 1) können einfach und schnell auch an bestehenden Anlagen nachgerüstet werden. Hierbei wird meist ein Elektromotor (Getriebemotor) am Pfosten montiert, der mithilfe eines Hebelarms den Torflügel antreibt. Daneben gibt es auch Getriebemotoren mit Spindelmechanik, bei denen der Elektromotor im Dreharm integriert ist. Der Spindelantrieb ist ebenso wie der Hebelarmantrieb selbsthemmend und blockiert den Flügel in jeder Lage, ein Elektroschloss zum Absperren des Tores ist nicht erforderlich. Mithilfe von verstellbaren Endschaltern an der Spindel kann die Öffnungs- und Schließposition der Torflügel eingestellt werden.

1 Elektromechanische Oberflur-Drehtorantriebe: Hebelarmantrieb (links), Antrieb mit Spindelmechanik (rechts)

Durch eine bewegliche Aufhängung des Dreharms können die Antriebe mit Spindelmechanik auch für Torsteigungen bis zu 8 % eingesetzt werden.

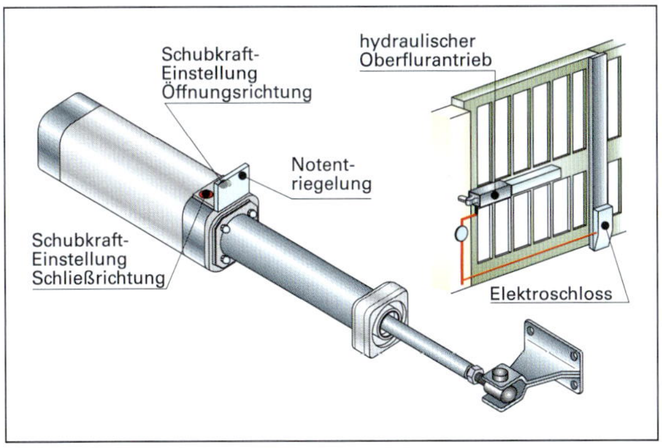

2 Hydraulischer Oberflurantrieb

Hydraulische Oberflurantriebe (Bild 2) für Drehtore bestehen aus einem Dreharm, in dem ein Elektromotor, eine Hydraulikpumpe und ein Hydraulikzylinder integriert ist. Der Zylinder bewegt dabei den Torflügel. Damit die Antriebe richtig funktionieren, müssen für die Öffnungs- und Schließstellung der Torflügel unbedingt Halteanschläge verwendet werden. Die Endanschläge für die Flügel sollen vermeiden, dass der Kolben ganz aus- bzw. einfährt. Hydraulische Oberflurantriebe sind mit oder ohne hydraulischer Verriegelung im geschlossenen Zustand erhältlich. Fehlt diese Verriegelung, so ist ein Elektroschloss erforderlich, sonst könnte das Tor von Hand geöffnet werden. Das Abschalten der Antriebe erfolgt zeitgesteuert in den Halteanschlägen (3–5 Sekunden Nachlaufzeit, bis die Pumpe abschaltet). Die Regulierung der Schubkraft erfolgt für den Öffnungs- und Schließvorgang mit zwei separaten Bypassventilen. Um einen sicheren Quetschschutz zu gewährleisten, darf die Vorschubkraft nur so stark eingestellt werden, dass der Torflügel gerade noch bewegt wird.
Alle Torantriebe können selbstverständlich notentriegelt werden, um das Tor auch bei Stromausfall manuell bedienen zu können.

Aufbau eines zweiflügeligen Drehtores mit Oberflurantrieb

Folgende Abbildung zeigt den Aufbau einer Standardanlage. Der Getriebemotor mit Spindelmechanik (1), am Pfosten und am Torflügel montiert, wird von der Motorsteuerung (2) angesteuert. Die Steuerbefehle können von einem Schlüsseltaster (5) oder von einem Handsender (8) über den Funkempfänger (3) an das Steuergerät übertragen wer-

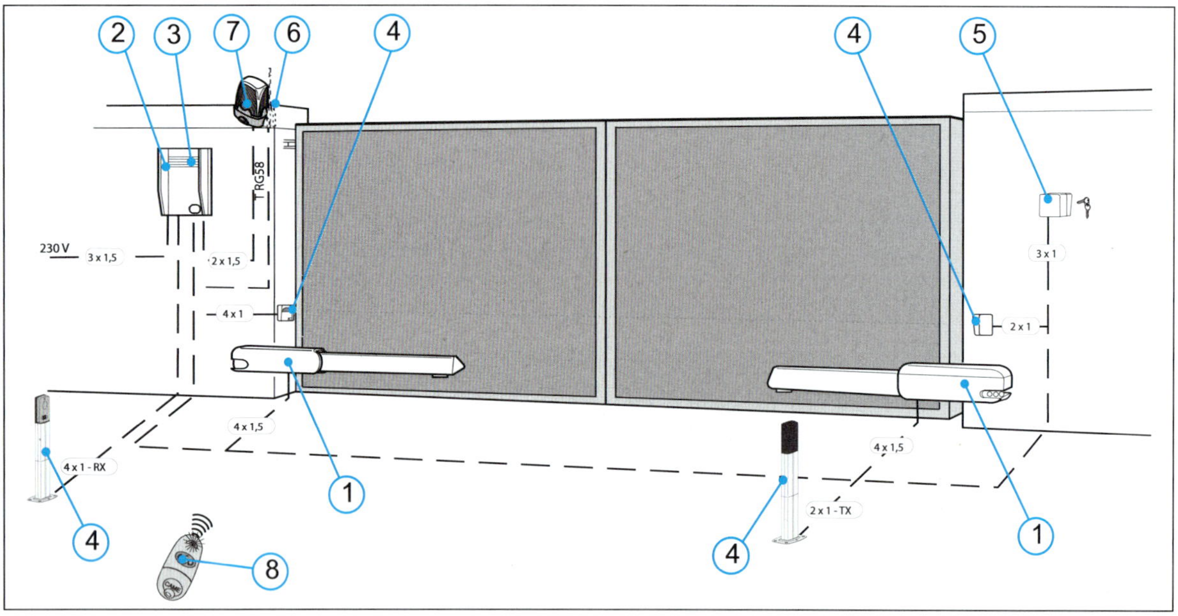

1 Aufbau eines Drehtor-Oberflurantriebes

den. Damit die Motorsteuerung von außen die Funksignale empfangen kann, wird eine Außenantenne (6) benötigt. Die festinstallierten Lichtschranken (4) sichern den Schwenkbereich des Tores ab. Bei Erfassung eines Hindernisses wird automatisch und mit sofortiger Wirkung die Reversion (Umkehr) des Torlaufes eingeleitet. Ein Torstillstand reicht nach heutigen geltenden Normen nicht mehr aus, um die maximal zulässigen Quetschkräfte nicht zu überschreiten. Die Warnleuchte (7) erweckt bereits vor der Torbewegung die Aufmerksamkeit und warnt vor Fahrzeugen, die die Zufahrt passieren wollen. Warnleuchten sind zwar nicht vorgeschrieben, aber bei öffentlichen Zufahrten unbedingt zu empfehlen.

8.4.4.2 Antriebe für Schiebetore

Für Schiebetore werden 3 Antriebsvarianten eingesetzt. Der am Boden fest verankerte Antriebsmotor bewegt dabei den Flügel über

- eine Zahnstange,
- eine Kette oder
- einen Seilzug.

Beim **Zahnstangenantrieb** wird die Antriebskraft des Motors über dessen Ritzel auf eine Zahnstange, die auf dem Untergurt des Torrahmens geschraubt ist, übertragen. Bei den heute i. d. R. nicht mehr verbauten Kettenantrieben wird die Kette in einem am Torrahmen befestigten C-Profil geführt (zusätzlicher Witterungsschutz).

2 Schiebetorantrieb: Zahnstangenantrieb

Aufbau eines Schiebetores mit Zahnstangenantrieb

Folgende Abbildung zeigt den schematischen Aufbau eines kraftbetätigten Schiebetores mit Zahnstangenantrieb. Die Antriebselemente Elektromotor und Motorsteuerung befinden sich in einem gemeinsamen Gehäuse. Sicherheitselemente wie Lichtschranken, eine Sicherheitskontaktleiste zur Absicherung der Hauptschließkante und eine Warnleuchte gewährleisten einen ausreichenden Personen- und Sachschutz.

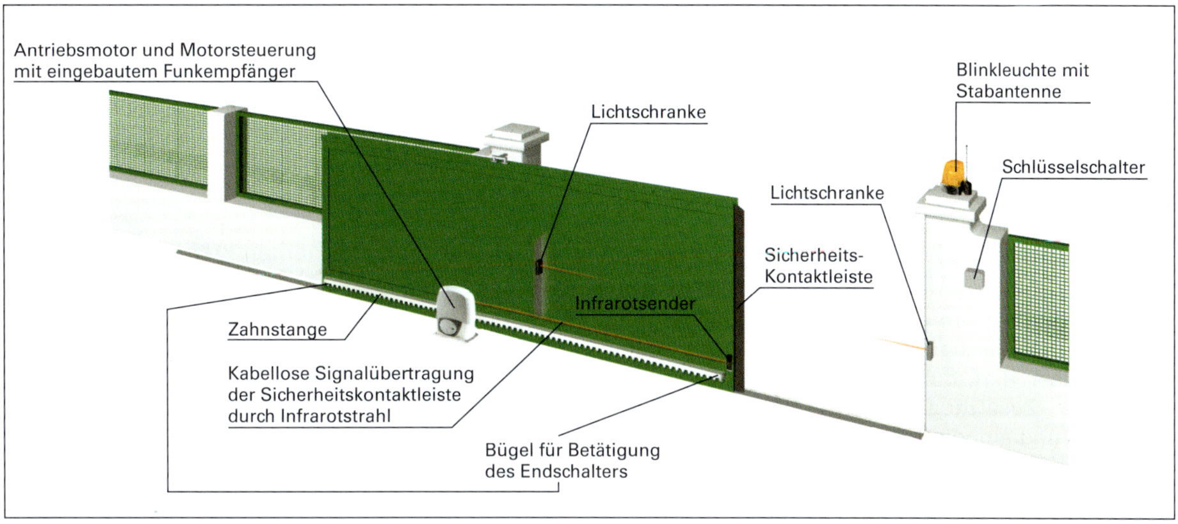

1 Aufbau eines Schiebetors mit Zahnstangenantrieb

Zur Auswertung der Sicherheitskontaktleistensignale werden induktive Stromzuführungssysteme mit Drahtseil verwendet. Die Kommunikation zwischen den beweglichen, am Torblatt mitfahrenden Sicherheitskontaktleisten und der Auswertelektronik geschieht durch das Seilübertragungssystem auf induktivem Weg und damit berührungs- und verschleißfrei.

Alternativ wird mithilfe eines Infrarotsenders, der vorne am Torblatt angebracht und mit der Kontaktleiste verdrahtet ist, das Signal der Sicherheitskontaktleiste kabellos zum Steuergerät gesendet.

An den Zahnstangenenden angebrachte Bügel betätigen die Endschalter des Motors, um den Torantrieb in den Endlagen zum Stillstand zu bringen. Die Einfahrt in die Endlagen erfolgt dabei langsam und sanft.

Die Motorsteuerung ermöglicht auch eine Teilöffnung des Tores, um Fußgängern den Durchgang zu ermöglichen. Im Anschluss schließt das Tor selbstständig.

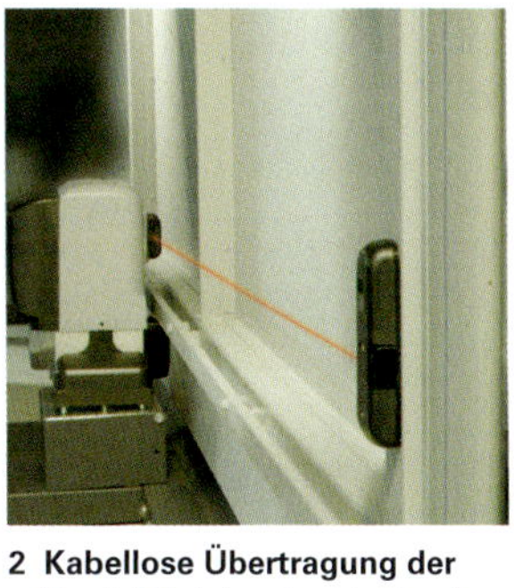

2 Kabellose Übertragung der Kontaktleistensignale durch Infrarotstrahl

3 Teilöffnungsfunktion des Torantriebs

Der **Seilzugantrieb** wird vor allem bei breiten Toren im Industriebereich eingesetzt. Ein nicht rostendes Stahlseil ist an beiden Torenden befestigt und läuft über mehrere am Antriebsmotor befestigte Rollen. Durch die große Umschlingung wird eine große Reibungskraft zwischen Seil und Antriebsrollen erreicht, sodass die Rollen das Seil nahezu schlupffrei antreiben. Dieser montagefreundliche Antrieb hat den Vorteil, dass das Stahlseil zur Signalübertragung zwischen einer Kontaktleiste und dem Steuergerät dienen kann (Schließkantensicherung).

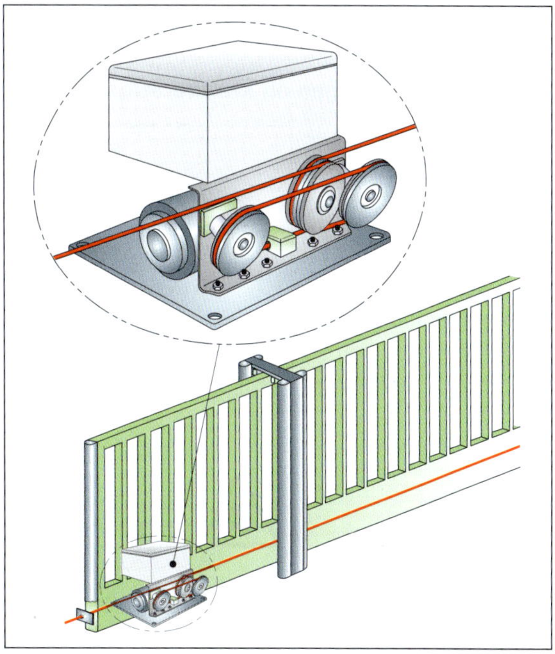

4 Schiebetorantrieb mit Seilzug

Wie bei den Drehtorantrieben werden auch bei Schiebetoren sowohl Gleichstrommotore mit einer Betriebsspannung von 24 Volt (Niederspannung) als auch Wechselstrommotore mit 230 Volt Betriebsspannung verwendet.

Elektrische Torantriebe mit Gleich- oder Wechselstrom

Der Gleichstrommotor ist technisch aufwändiger, da der Wechselstrom des Versorgungsnetzes zunächst in Gleichstrom mit 24 Volt Spannung transformiert und gleichgerichtet werden muss. Der Motor selbst darf durch den Metallbauer ohne elektrische Zusatzqualifikation montiert, angeschlossen und eingestellt werden, da er mit Niedrigspannung (24 V) arbeitet. Nachteilig sind die eher höheren Wartungskosten im Vergleich zum Wechselstrommotor, der nahezu wartungsfrei ist. Der Wechselstrommotor darf nur durch eine elektrische Fachkraft über einen vormontierten Stecker an die Stromversorgung angeschlossen werden.
Der zunehmende Einsatz von Gleichstrommotoren (24-Volt-Antriebe) beruht auf folgenden Vorteilen:

- Auch bei Stromausfall kann der Torantrieb durch den Einsatz von Notbatterien aufrecht erhalten werden.
- Die Geschwindigkeit des Tores kann feiner eingestellt werden.
- Die Öffnungs- und Schließgeschwindigkeit kann in den Endlagen zusätzlich eingestellt werden (Soft-Stop).
- Die Motoren können aufgrund der Niedrigspannung einer großen Arbeitsbelastung ausgesetzt werden (Einschaltdauer ED bis zu 100 %).
- Alle an die Automatikanlage angeschlossenen Vorrichtungen werden mit Niedrigspannung versorgt. Das sorgt für hohe elektrische Sicherheit.
- Es werden i. d. R. nur passive Sicherheitskontaktleisten zur Absicherung der Hauptschließkante benötigt, um die zulässigen Quetschkräfte einzuhalten (vgl. Kap. 8.4.4.3).

8.4.4.3 Nutzungssicherheit kraftbetätigter Tore

Bei der Planung einer kraftbetätigten Toranlage ist für den Torhersteller und Tornutzer u. a. die Euronorm EN 12453 von großer Bedeutung.

> Merke:
> Oberster Grundsatz für die Nutzungssicherheit ist die Vermeidung von Gefahrstellen. Wo das nicht möglich ist, müssen sie bis zu einer Höhe von 2,50 m abgesichert werden.

Mögliche Gefahren für Personen und/oder Gegenstände nach EN 12453 sind:

- Abscheren,
- Quetschen,
- Einziehen,
- Anstoßen,
- Anheben von Personen (z. B. bei Rolltoren) und
- Elektrische Bauteile.

Gefährdungen durch missbräuchliche Nutzung eines kraftbetätigten Tores gelten zwar als unvorhersehbar. Ein vorhersehbarer Missbrauch muss aber in die Sicherungsüberlegungen einbezogen werden.
Die EN 12453 beschreibt, wie die automatisierte, kraftbetätigte Toranlagen auf ihre Nutzungssicherheit überprüft werden müssen (vgl. Kap. 8.4.4.6).

8.4.4.4 Gefährdungen an kraftbetätigten Dreh- und Schiebetoren

Die potenziellen Gefahrenstellen an Dreh- und Schiebetoren sind in Bild 1 (rechts) und Bild 1 (nächste Seite) aufgezeigt und in der anschließenden Übersichtstabelle näher erläutert:

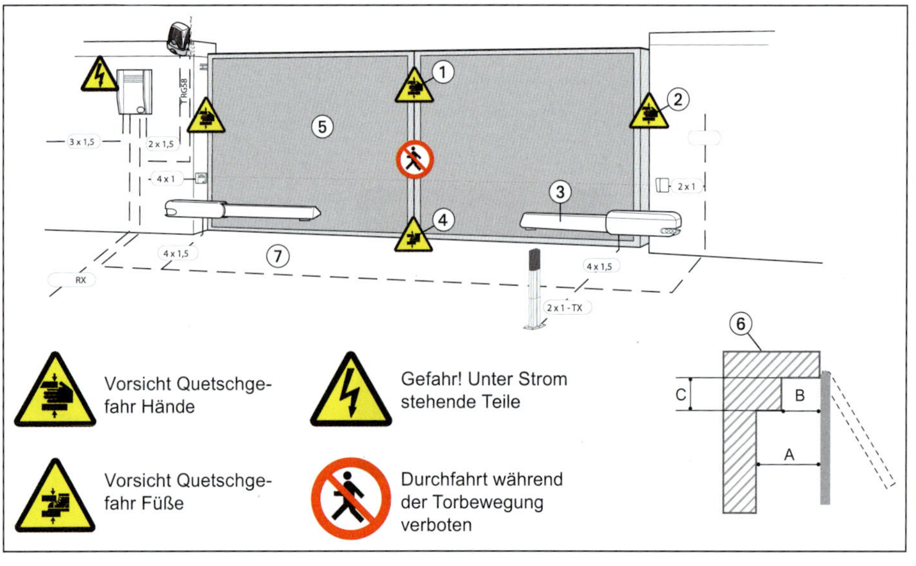

1 Gefahrenstellen an Drehtoren

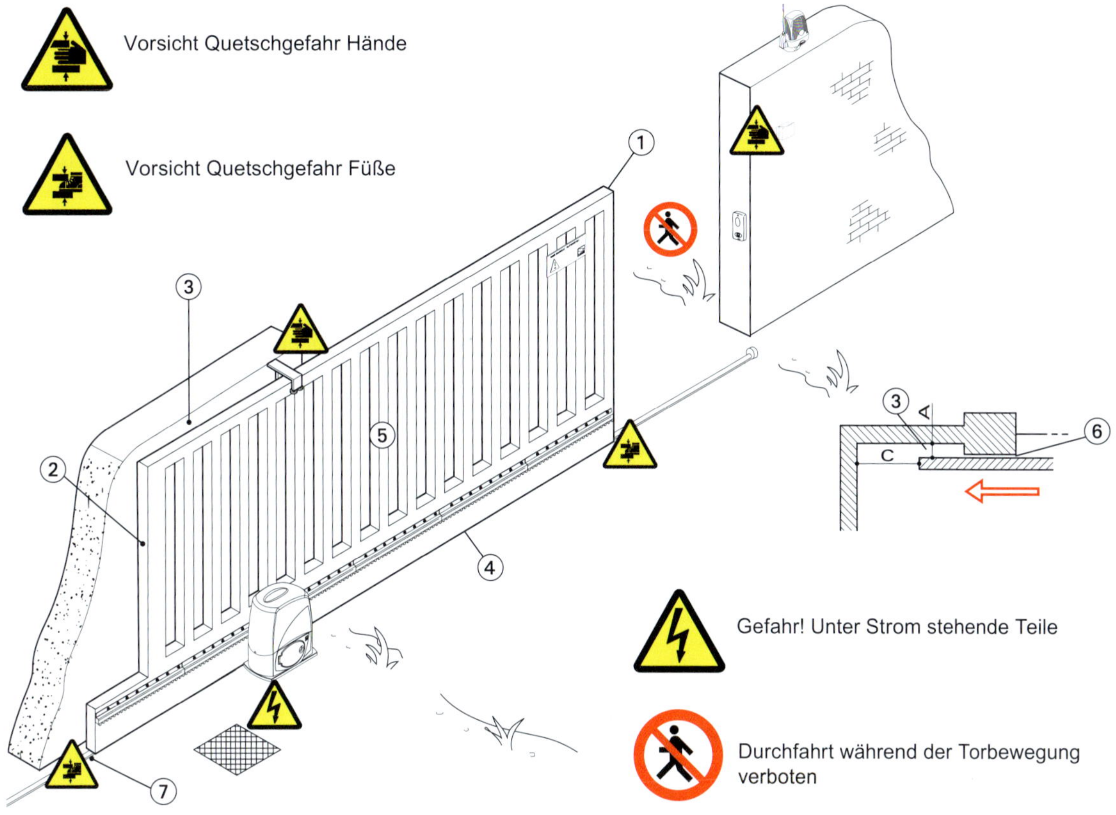

Kinder dürfen sich nicht in der Nähe des Tores aufhalten oder dort spielen. Die Fernbedienung oder andere Befehlsgeber außerhalbder Reichweite von Kindern aufbewahren, um unbeabsichtigte Torbewegungen zu vermeiden.

1 Gefahrenstellen an Schiebetoren

	Gefahrenstellen am kraftbetätigten	
	Drehtor	**Schiebetor**
1	**Hauptschließkante bei der Bewegung „Tor schließen“**	
	Anstoß- und Quetschgefahr: Eine mögliche Kollision von Hauptschließkante und Personen oder Gegenständen muss durch entsprechende Einrichtungen weitestgehend ausgeschlossen werden (Schutzniveau *D*). → Begrenzung der Schließkraft nach DIN EN 12453.	
2	**Absicherung der Nebenschließkanten**	
	notwendig, wenn sich der Spalt zwischen dem beweglichen Torflügel und dem Pfosten auf < 25 mm verringert	Werden die Sicherheitsabstände aus Punkt 3 nicht eingehalten, muss die hintere Schließkante wie eine Hauptschließkante aus Punkt 1 behandelt werden.
3	**Abstand zwischen Torflügel und Antrieb**	**Abstand zw. Torflügel und Wand**
	Bei Oberflurantrieben muss der Abstand zwischen dem Torflügel und dem Antrieb > 25 mm sein	Wenn sich das Tor an einer geschlossenen Wand in einem Abstand „**A**“ < 100 mm entlang bewegt, gilt ein Sicherheitsabstand „**C**“ von > 200 mm zur rückwertigen Wand als ausreichend. Wenn sich das Tor an einer geschlossenen Wand in einem Abstand „**A**“ > 100 mm entlang bewegt, gilt ein Sicherheitsabstand „**C**“ von > 500 mm zur rückwertigen Wand als ausreichend.
4	**Abstand zwischen Oberflächen im Gelände und dem Torflügel**	
	Bei einem Spalt von > 25 mm muss dieser abgesichert werden	

	Gefahrenstellen am kraftbetätigten	
	Drehtor	**Schiebetor**
5	**Toroberfläche**	
	Die Gestaltung der Toroberfläche darf keine Gefahrenstellen verursachen (Scher-, Quetsch und Einzugsstellen)	Torflügel ohne Stabfüllung, mit Lochblechen oder Maschendrahtgeflecht mit einer Maschenweite von max. 20 × 20 mm bieten einen ausreichenden Eingriffschutz. Ähnlicher Schutz wird durch Trenneinrichtungen (Abdeckungen) erreicht. Torflügel mit Stabfüllung verursachen Schergefahr an Nebenschließkante am Mauereinlauf (Absicherung mit Kontaktleiste!)
6	**Abstand zwischen geöffnetem Torflügel und festen Umgebungsteilen**	**Abstand zwischen dem Torflügel und festen Umgebungsteilen**
	Ein ausreichender Sicherheitsabstand ist gewährleistet, wenn der Abstand „*A*" zwischen dem Torflügel und festen Umgebungsteilen > 500 mm beträgt. Wenn das Maß „*C*" < 250 mm beträgt, kann der Abstand *B* > 200 mm als sicher angenommen werden.	Der Sicherheitsabstand beträgt hier < 8 mm. Bei einem Abstand von > 8 mm müssen geeignete Maßnahmen zum Schutz vor Fingereingriffen getroffen werden (z. B. Sicherheitskontaktleisten)
7	**Schwenkbereich der Torflügel**	**Sicherheit an den mechanischen Bodenendanschlägen**
	muss abgesichert werden	Gefahrenstellen an den mechanischen Bodenendanschlägen und Auflaufschuhen müssen gegen Quetschen und Scheren abgesichert werden.

8.4.4.5 Sicherungsmaßnahmen gegen Quetschgefährdungen

Für die Absicherung der Hauptschließkante stehen folgende Schutzmaßnahmen zur Verfügung:

- Kraftbegrenzung des Antriebsmotors
- Sicherheitskontaktleisten
- Totmannsteuerung (personell-organisatorische Maßnahme)
- Berührungslos wirkende Einrichtungen (z. B. Lichtschranken, Lichtgitter, Induktionsschleifen)

Kraftbegrenzung

Die an der Schließkante wirkenden dynamischen und statischen Kräfte sind so zu begrenzen, dass die zulässigen Werte und die festgelegten Einwirkzeiten eingehalten oder unterschritten werden. Die dynamische Kraft beim Auflaufen gegen ein Hindernis darf maximal 0,75 sec an Dreh- und Schiebetoren anstehen und einen Wert von 1400 N bzw. 400 N bei geringeren Öffnungsweiten (vgl. Bild 1) nicht überschreiten. Nach 0,75 Sekunden darf nur mehr eine maximale Kraft von 150 N wirken, nach 5 Sekunden müssen sich die Kräfte auf unter 25 N abgebaut haben (statische Phase).

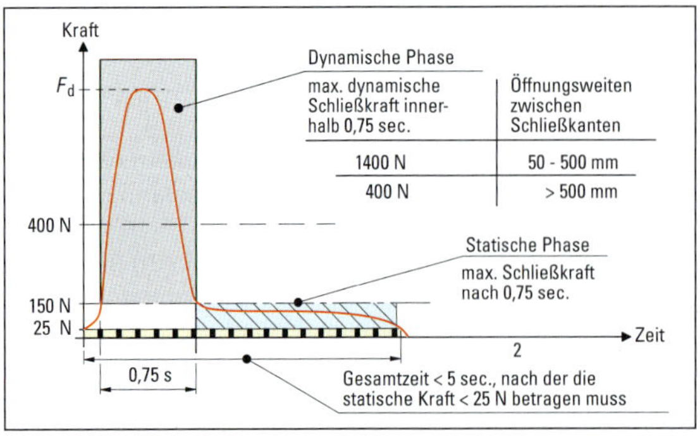

1 Zulässige dynamische und statische Kräfte an Toren

Kraftbegrenzungen werden durch besonders weiche und elastische Sicherheitskontaktleisten und **bei 24-Volt-Motoren** durch **amperometrische Kraftabschaltung** der Motorsteuerung erreicht. Wird die Spannungsaufnahme des Antriebsmotors überschritten, weil der Antrieb auf Widerstand läuft, so wird der Torflügel zum Reversieren (Umkehren) gebracht. Die weichen Gummiprofile der Schaltleisten gewährleisten dabei den notwendigen Verformungsweg, so dass die dynamischen Kräfte und der Kräfteabbau bei Kollision normgerecht eingehalten werden.
Bei Antrieben mit **230-Volt-Wechselstrommotoren** erfolgt die Kraftbegrenzung durch eine **Gabellichtschranke**, die bei Hindernissauflauf des Tores den Drehzahlabfall des Motors erfasst und der Steuerung den entsprechenden Revisionsbefehl gibt.

Schaltleisten (Kontaktleisten)

Schaltleisten lösen nach Kontakt mit Personen oder Gegenständen einen Steuerbefehl zum Stoppen oder Reversieren der Flügelbewegung aus. Die beim Nachlaufen des Flügels erzeugten Kräfte müssen im zulässigen Bereich der dynamischen Kräfte liegen. Die Schaltleiste muss auch bei Kontakt bis zu Winkeln von +/– 45° zur Flügelbewegung noch ansprechen.

Bei Druck auf die weiche und verformbare Schaltleiste schließen sich die Kontakte des Schaltstreifens (rot). Der Widerstand verändert sich, die Auswerteelektronik reagiert und die Antriebssteuerung öffnet den Sicherheitsschaltkreis, der das Tor stoppt und reversieren lässt.

1 Schaltleiste

Bei kleinen Toren im Privatkundenbereich reicht die amperometrische Kraftabschaltung von 24-Volt-Motoren meist aus, um die maximal zulässigen Quetschkräfte einzuhalten. Man benötigt dazu lediglich passive Kontaktleisten zur Dämpfung des dynamischen Kraftanstiegs (passive Kontaktleisten geben keine Schaltbefehle an die Steuerung).

Totmannsteuerung (Steuerung ohne Selbsthaltung)
Die Totmannsteuerung bindet die das Tor bedienende Person an den Steuerplatz. Sie muss dort eine vollständige Einsicht über den Bewegungsbereich des Tores nehmen und notfalls durch Loslassen des Befehlsgebers den Flügel stoppen können. Auf automatische Sicherheitseinrichtungen wie Kontaktleisten oder Lichtschranken kann verzichtet werden, wenn folgende Bedingungen für die Totmannsteuerung eingehalten werden:

- Stillstand der Flügel nach Loslassen des Befehlsgebers.
- Der Nachlaufweg kleiner 100 mm bei einer Öffnungsweite über 500 mm.
- Ausschließlich Befehlseinrichtungen mit Totmannfunktion.
- Vollständiger Überblick über den Bewegungsbereich des Tores von der Steuerstelle aus.
- Unbeabsichtigtes Ansteuern nicht möglich.
- Geschwindigkeit der Hauptschließkante muss geringer als 0,5 m/sec sein.
- Bedienung durch nicht berechtigte Personen durch technische oder organisatorische Maßnahmen ausgeschlossen.

Berührungslos wirkende Einrichtungen
Die Erkennung von Personen im Gefahrenbereich kann durch berührungslos wirkende Einrichtungen wie Lichtschranken, Lichtgitter und Induktionsschleifen erfolgen. Auch diese Schutzeinrichtungen müssen bis zu einer Höhe von 2,5 m über Fußboden wirksam sein.
Infrarot-Lichtschranken, die auch batteriebetrieben sein können, senden und empfangen im 90° Winkel und können damit den Schwenkbereich eines Drehtores abdecken.

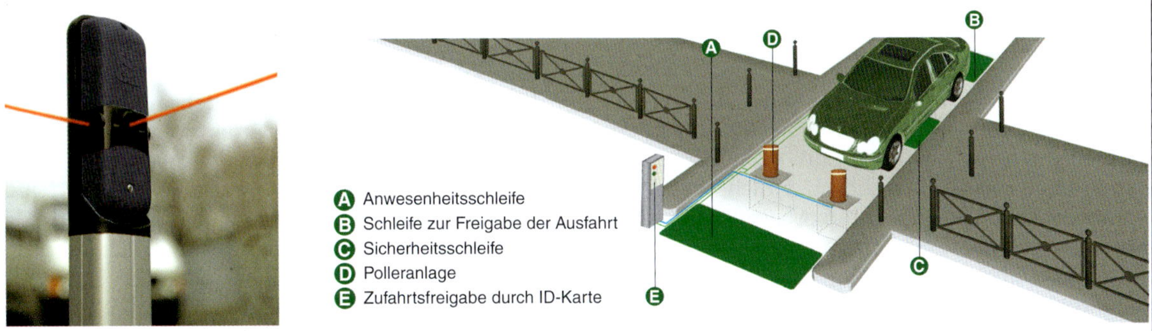

Infrarot-Lichtschranke **Induktionsschleifen zur Fahrzeugerkennung**

2 Berührungslos wirkende Schutzeinrichtungen

Beim **Lichtgitter** handelt es sich im Gegensatz zu Lichtschranken um einen Infrarot-Vorhang mit mehreren parallelen und gekreuzten Strahlen, die in 20 mm Höhe beginnen und bis zur gewünschten Höhe verlaufen. Lichtgitter werden v.a. bei senkrecht verlaufenden Hallentoren (Rolltor, Sektionaltor) eingesetzt.

Mithilfe von im Boden verlegten Induktionsschleifen können Fahrzeuge automatisch erkannt werden. Durch ein auffahrendes Fahrzeug wird die Induktivität der Schleife verändert. Ein Detektor erkennt diese Veränderung und schaltet ein Relais. Die induktive Erfassung kann sowohl als Befehlsgeber (z.B. Tor AUF) als auch als Sicherheitselement (Torstillstand) verwendet werden.

Mindestschutzniveaus für die Sicherung der Hauptschließkante:
Je nach Einsatzbereich des Tores und Art der Torbetätigung werden sogenannte Mindestschutzniveaus entsprechend EN 12453 festgelegt. Hier wird beschrieben, mit welchen Vorkehrungen und/oder Sicherheitseinrichtungen kraftbetätigte Tore entsprechend ihrem Einsatz ausgestattet werden müssen:

	Einsatzbereich			
	Unterwiesene Bedienperson (nicht öffentlicher Zugang) Typ 1	Unterwiesene Bedienperson (öffentlicher Zugang) Typ 2	Nicht unterwiesene Bedienperson (öffentlich) Typ 3	
Art der Torbetätigung				
Steuerung ohne Selbsthaltung (Totmannsteuerung)	A	B	Nicht möglich	Das Mindestschutzniveau muss bei Kindern, behinderten oder älteren Personen, sowie bei hoher Betätigungsfrequenz erhöht werden.
Impulssteuerung mit Sicht zum Tor	C oder E	C oder E	C und D oder E	
Impulssteuerung ohne Sicht zum Tor	C oder E	C und D oder E	C und D oder E	
Automatikbetrieb	C und D oder E	C und D oder E	C und D oder E	

Erforderliche Sicherheitseinrichtungen	
	A = Steuertaster (Druckknopf) ohne Selbsthaltung
	B = Steuerung ohne Selbsthaltung mit Schlüsselschalter o. ä.
	C = Kraftbegrenzung, entweder durch Schutz- oder Kraftbegrenzungseinrichtungen (z. B. Gabellichtschranke, amperometrische Kraftabschaltung, Sicherheitskontaktleisten) → Personenschutz
	D = Eine Einrichtung zur Erkennung der Anwesenheit einer Person oder eines Gegenstandes, der sich auf dem Fußboden auf einer Seite des Tores befindet (z. B. Lichtschranke) → vorwiegend Sachschutz
	E = Eine Einrichtung zur Erkennung der Anwesenheit, die so beschaffen ist, dass unter keinen Umständen eine Person vom bewegten Torflügel berührt werden kann (z. B. Lichtgitter → Schutzniveau i. d. R. nur an Gebäudeabschlusstoren (Rolltore, Sektionaltore) realisierbar)

Tabelle: Mindestschutzniveau nach EN 12453

Sicherung von Nebenschließkanten:
Für die Sicherung von Gefahrenstellen an Nebenschließkanten (vgl. Nr. 2 in Bild 1, Seite 433 und Bild 1, Seite 434) können grundsätzlich die für die Hauptschließkante genannten Maßnahmen oder alternativ **geeignete Sicherheitsabstände** oder **Abdeckungen** eingesetzt werden. Die Abdeckung der Gefahrenstellen kann z. B. durch eine Wand oder Schutzwand auf der hinteren Seite des Tores ausgeführt werden. Der Sicherheitsabstand für Personen kann auch durch einen Zaun vor der Gefahrenstelle sichergestellt werden. Abhängig von der Maschengröße der Zäune gelten folgende Sicherheitsabstände zwischen Zaun und Tor:

Maschenweite in mm	Sicherheitsabstand in mm
< 18,5	120
> 18,5 < 29	300
> 29 < 44	500
> 44	850

Einfehlersicherheit der Torantriebe
Für alle automatisierten Torantriebe ist eine sogenannte Einfehlersicherheit vorgeschrieben, d. h., ein einzelner Fehler in der Steuerung darf nicht zum Verlust der Sicherheitsfunktion führen. Deshalb sind die Steuerungen und die Zubehörteile wie z. B. die Lichtschranken mit einer Selbstüberwachung ausgestattet. Das heißt, bei jedem Startbefehl überprüft die Steuerung ihre Betriebsrelais. Die Spannungsversorgung der Sicherheitseinrichtungen wird bei Stillstand weggeschaltet und bei jedem erneuten Startbefehl werden die Relais der Sicherheitseinrichtungen überprüft (Selbsttest).

8.4.4.6 Montage und Inbetriebnahme von Torantrieben

Verantwortlichkeiten bei der Montage und Inbetriebnahme kraftbetätigter Tore

An der bestehenden Toranlage (Bild 1, S. 429), das der Metallbauer in Eigenbau gefertigt hat, wird ein Antrieb montiert bzw. nachgerüstet.

Das Ziel bei der Antriebsmontage (Nachrüstung) muss sein, die Tore sicher benutzbar zu machen (Sicheres Öffnen/Funktionsfähigkeit/Leichtgängigkeit/Reversierung/Einfehlersicherheit). Durch die Montage eines Antriebs wird der Metallbaubetrieb gemäß der **europäischen Maschinen-Richtlinie** selbst zum Hersteller einer neuen Maschine. Als solcher entstehen ihm nun **wichtige rechtliche Verpflichtungen**:

- Der Hersteller hat die **„Konformität"** der Anlage zu erklären und mit dem **CE-Kennzeichen** zu versehen. Unter der Konformität ist zu verstehen, dass die Anlage den geltenden Sicherheitsbestimmungen entspricht.
- Um die Konformität erklären zu können, muss der Montagebetrieb eine **Erstprüfung der Toranlage nach EN 12453** (vgl. Bild 1) durchführen. Dabei werden mithilfe von Kraftmessdosen (Kraftkeulen) die dynamischen Kräfte bei Hindernisauflauf des Tores gemessen und der Torlauf entsprechend den Sicherheitsanforderungen eingestellt.
- Die Messergebnisse der Erstprüfung müssen in einem **Prüfbericht** dokumentiert werden (eine Erstprüfung durch eine notifizerte Prüfstelle ist nicht erforderlich).
- Der Betreiber ist auf mögliche Gefahrenquellen hinzuweisen (**Gefahrenanalyse**) und in die sichere Benutzung der Toranlage einzuweisen.
- Die **Dokumentationen** (Prüfberichte, Montageanleitung, Bedienungsanleitung) müssen dem **Kunden übergeben** werden.

Messung der Betriebskräfte nach EN 12453

Die Messung der Betriebskräfte erfolgt an den Haupt- und Nebenschließkanten mithilfe einer **Messkeule** (Bild 1, Seite 439) nach EN 12453. Abhängig von der Torart sind dabei folgende Messpunkte anzusetzen:

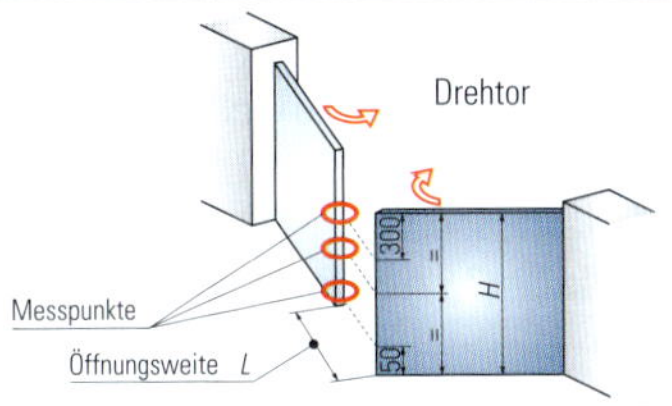

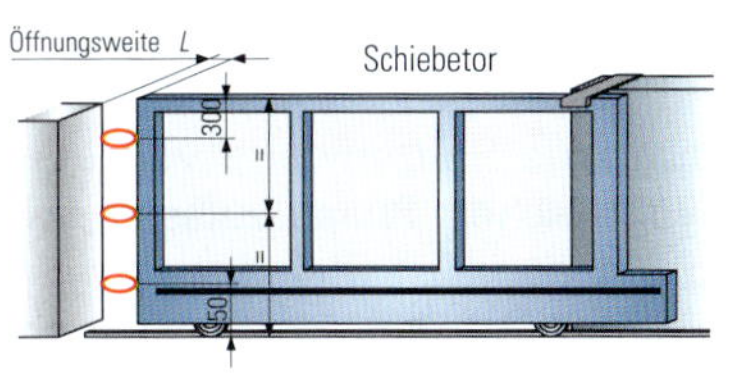

Messpunkte an der Hauptschließkante

Messpunkte in einer Öffnungsweite von:	Messpunkte in einer Höhe von:
L = 50 mm	H = 50 mm von unten
L = 300 mm	H = ½ Torhöhe
L = 500 mm	H = 300 mm von oben
	Max. Prüfhöhe H = 2500 mm

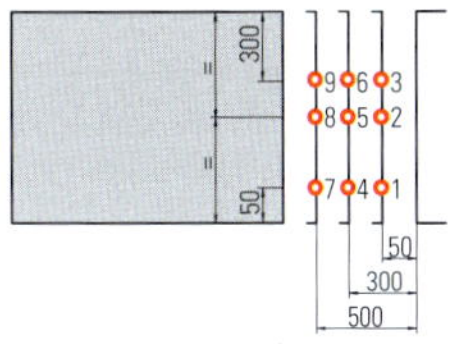

Es müssen drei Messungen pro Messpunkte durchgeführt werden (insgesamt 27 Messungen).
Als Messergebnis ist das mathematische Mittel heranzuziehen

Messungen an Nebenschließkanten bei feststehenden Umgebungsteilen

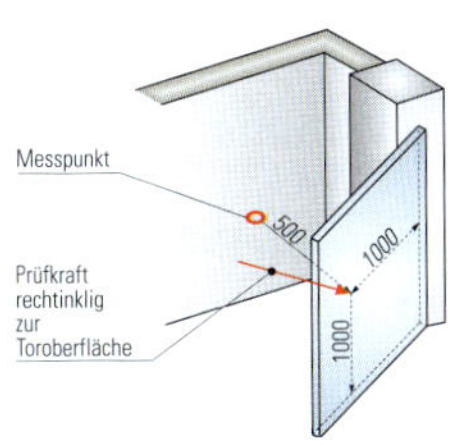

Die Kräfte müssen rechtwinklig zur Oberfläche des Torflügels wie folgt gemessen werden:
Im Abstand 1000 mm von den Bändern auf einer Höhe von 1000 mm mit einem Torabstand zu den feststehenden Umgebungsteilen von 500 mm.
Bei kürzerem Torflügel ist vorne an der Hauptschließkante zu messen.

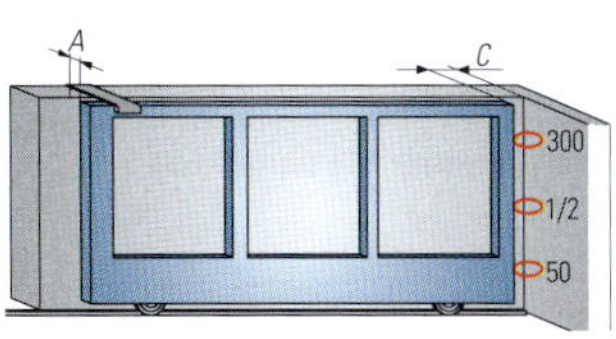

Die Messungen an der Nebenschließkante und benachbarten festen Umgebungsteilen erfolgt in der gleichen Weise wie an der Hauptschließkante, wenn:

- das Tor sich hinter einer Wand mit Abstand A > 100 mm bewegt und der Abstand C < 500 mm beträgt.
- das Tor sich hinter einer Umzäunung mit einer Maschenweite < 20x20 mm bewegt und der Abstand C < 120 mm beträgt.

1 Messpunkte an Dreh- und Schiebetoren

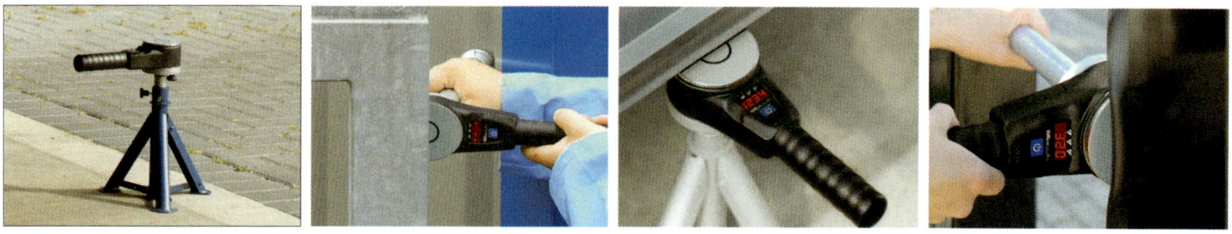

1 Messkeule im Einsatz

Mithilfe entsprechender Software und eines Computers erhält der Prüfer alle Angaben zu den Messpunkten und Messverfahren. Das PC-Programm visualisiert den Kraftverlauf und erleichtert die Katalogisierung der Prüfungen. Im Anschluss wird der Testbericht zu den vorgenommenen Messungen ausgedruckt. Dieser Prüfbericht ist entscheidender Bestandteil der technischen Dokumentation, die die Montagefirma bei der Übergabe aushändigen muss.

Die Auswertung der Prüfergebnisse verlangt genaue Kenntnis der Norm. Der Verlauf der dynamischen und statischen Prüfkräfte an den Schließkanten ist in Bild 1, Seite 435 nur idealtypisch dargestellt. In der Praxis ergeben sich weitaus kompliziertere Kraftverläufe, die vom Prüfer richtig einzuschätzen und zu interpretieren sind. So sind nach EN 12453 durchaus Spitzenwerte von über 150 N nach der dynamischen Phase zulässig, wenn die Entwicklung abfallend ist und die einzelnen Spitzen in einem Abstand von max. 1 Sekunde aufeinander erfolgen.

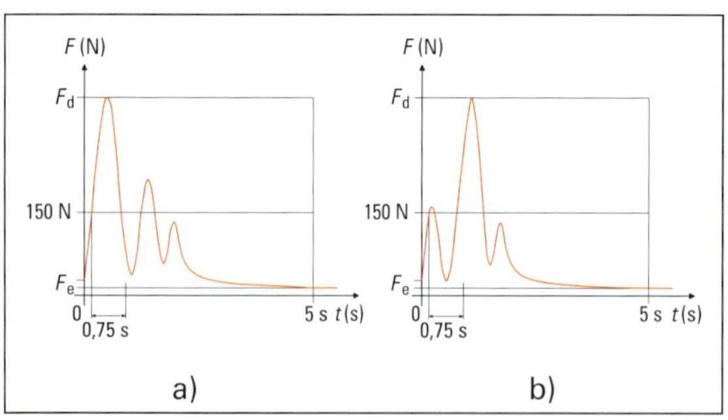

2 Kraftverläufe verschiedener Messpunkte

Das bedeutet: Der Ausgang für die Prüfung in Bild 2a ist POSITIV, für die Prüfung in Bild 2b NEGATIV.

Montage eines Drehtorantriebes mit Spindelmechanik

Die zweiflügelige Toranlage (vgl. Bild 1, Seite 425) soll mit einem Drehtorantrieb mit Spindelmechanik nachgerüstet werden. Grundsätzlich dürfen die Antriebe **nur unter Beachtung der mitgelieferten Montageanleitungen** eingebaut werden. Folgende Beschreibungen und Abbildungen stammen aus der Montageanleitung eines namhaften Torantrieb-Herstellers.

Bevor man mit der Montage beginnt, sind folgende **Überprüfungen** durchzuführen:

- Ist das Tor robust genug; funktionieren die Bänder und ist der Reibungswiderstand gering?
- Verfügen die Kabelverbindungen, die im Fundamentkasten verlegt werden, über zusätzliche Isolierungen?
- Sind geeignete Kabelkanäle und -schläuche vorgesehen, um die Kabel vor Schäden zu bewahren?
- Ist ein mechanischer Anschlag am Fußboden für den Flügelzulauf (Tor schließt) vorhanden, um den Überlauf des Getriebemotors zu vermeiden?
- Ist das **Maß *C*** (Abstand Bandachse – Pfostenvorderkante) nicht größer als in den Herstellerunterlagen angegeben; sonst muss der Pfosten abgeändert werden.

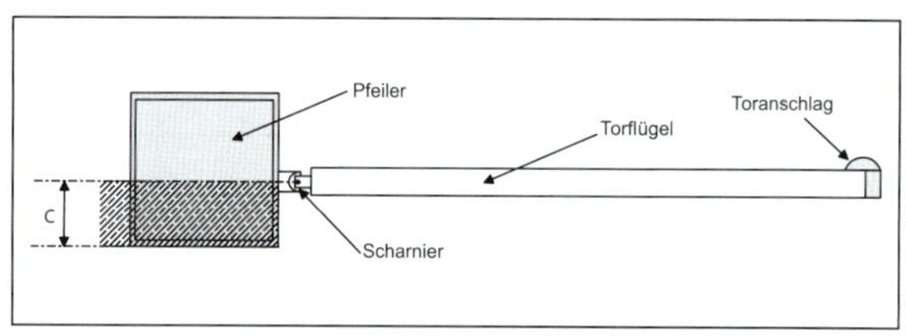

3 Abstand Bandachse – Pfostenvorderkante

Montageschritte

- Halteplatte und hintere Halterung am Pfosten befestigen.
- Die sogenannten ***A/B*-Maße** zwischen den Bänderachse und mittlerem Loch der Halterung beachten.
- Die anderen Löcher der Halterung dienen zum Verändern des Öffnungswinkels.
  - Vergrößerung des *B*-Maßes: geringerer Öffnungswinkel und geringere Geschwindigkeit, jedoch größere Motorkraft auf den Flügel
  - Vergrößerung des *A*-Maßes: größerer Öffnungswinkel und Geschwindigkeit, kleinere Motorkraft auf den Torflügel

- Tor schließen, Halteplatte am Torflügel befestigen; vordere und hintere Halteplatte müssen waagrecht fluchten und das **Maß *E*** muss eingehalten werden.
- Halteschrauben lösen und Schutzgehäuse und Schaft entfernen.
- Antrieb an beide Halterungen befestigen.
- Anbringen und Einstellen der Endanschläge.
  - Motor entriegeln.
  - Im Zulauf: Torflügel an Toranschlag im Zulauf bringen.
  - Microschalter für „Halt bei Zulauf“ lösen und soweit schieben, dass der Endschalter (Microschalter) anspricht.
  - Im Auflauf: Torflügel in gewünschte max. Auflaufposition bringen.
  - Microschalter für „Halt bei Auflauf“ lösen und auf dem Haltestab soweit schieben, dass der Endschalter (Microschalter) anspricht.
- Getriebemotore, Befehlsgeber (Taster, Schlüsselschalter) und Zubehörteile (Lichtschranken, Schaltleisten, Elektroschloss usw.) an die Motorsteuerung anschließen.
- Einstellarbeiten an der Steuerung vornehmen, die die notwendigen Funktionen der Steuerung gewährleisten.

Umseitige Abbildung zeigt die wesentlichen Einstellarbeiten am Steuergerät, das in der Montageanleitung detailgetreu abgebildet und ausführlich beschrieben ist.

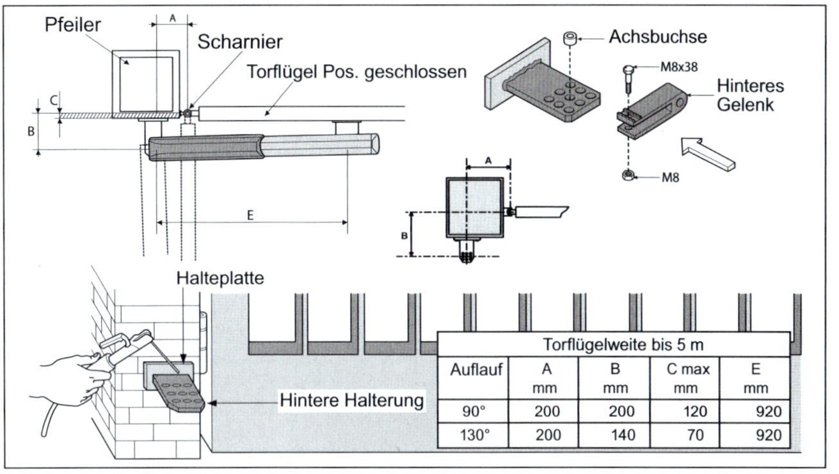

Torflügelweite bis 5 m				
Auflauf	A mm	B mm	C max mm	E mm
90°	200	200	120	920
130°	200	140	70	920

1 Montage der Halteplatten

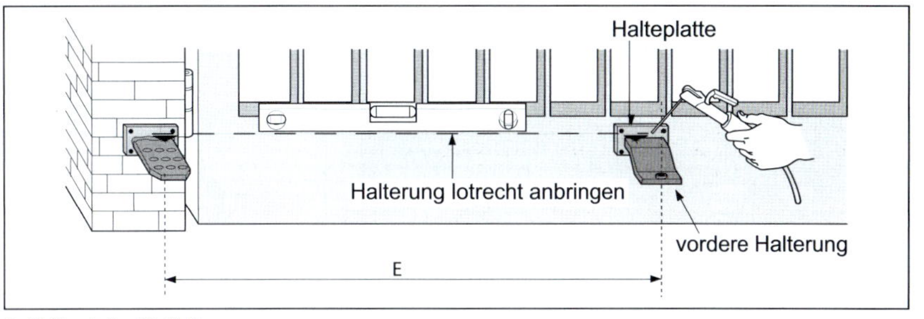

2 Halteplatte Maß *E*

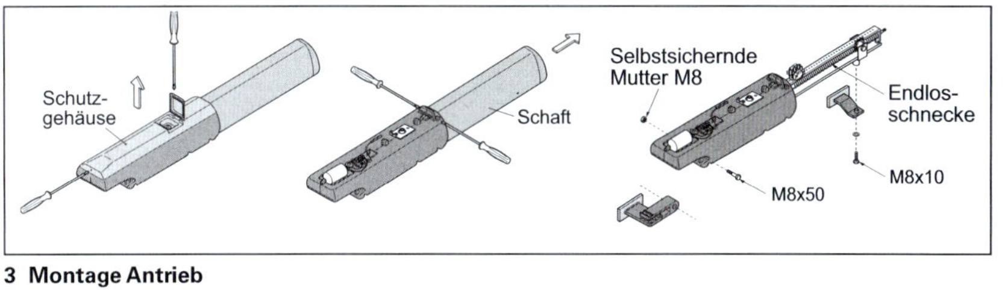

3 Montage Antrieb

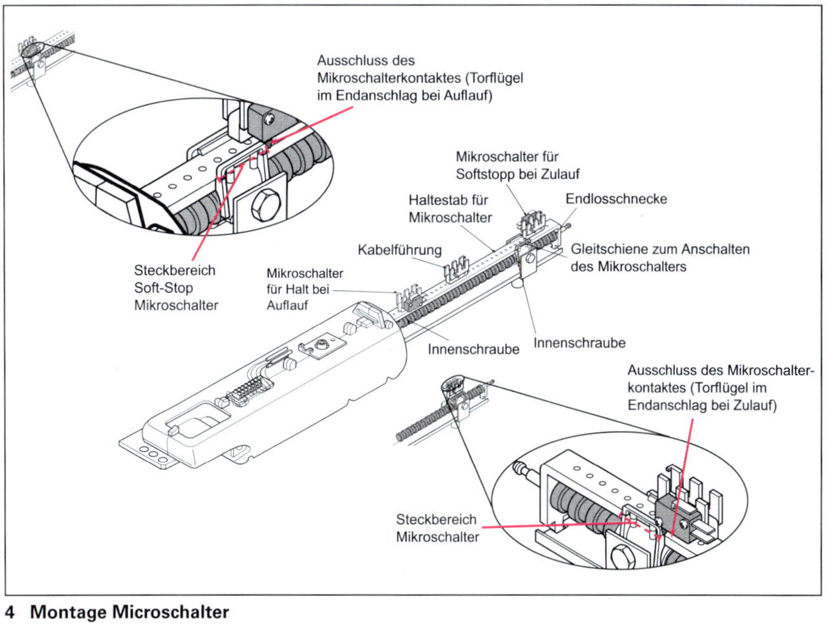

4 Montage Microschalter

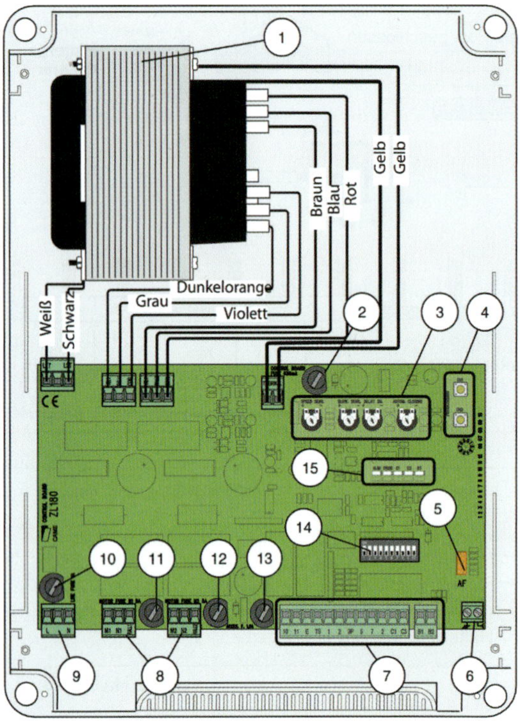

1 - Transformator
2 - Sicherung Steuereinheit
3 - Trimmer
4 - Taster zur Einspeicherung des Funkcodes
5 - Funksteckmodul für die Fernbedienung
6 - Klemmenleiste für den Anschluss der Antenne
7 - Klemmenleiste für den Anschluss von Zubehörteilen und Befehlsgeräten
8 - Klemmenleiste für den Anschluss des Getriebemotors
9 - Klemmenleiste für den Anschluss an das Stromnetz 230V a.c.
10 - Netzsicherung
11 - Motorsicherung M1
12 - Motorsicherung M2
13 - Sicherungen der Zubehörteile
14 - Funktionstaster
15 - Kontroll- und Signal-LEDs

(3) Trimmer-Einstellungen:

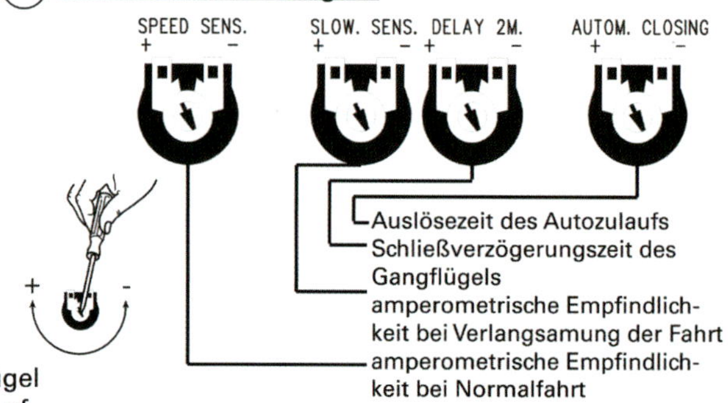

(8) Anschlüsse für Getriebemotoren:

M1 (links) für Standflügel zeitverögert im Torauflauf

M2 (rechts) für Gangflügel zeitverzögert im Torzulauf

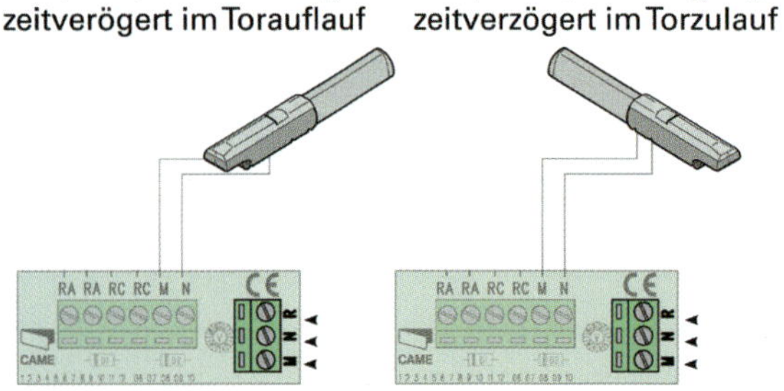

(14) Funktionenwahl:

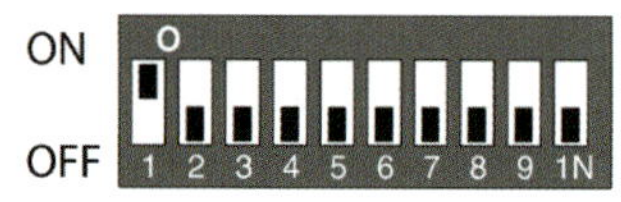

1 - Autozulauf
2 - Tor „AUF-STOPP - ZU-STOPP" oder „AUF-ZU"
3 - Nur Auflauf über Taster und Fernbedienung
4 - Blinken vor Au- und Zulauf
5 - Hindernisserfassung: jegliche Torbewegung wird bei Ansprechen der Lichtschranken in jeder Position verhindert
6 - Totmannbetrieb
7 - Reversierung beim Zulauf nach Hinderniserfassung durch Lichtschranken
8 - Teilstopp (Abbruch des Torlaufs) bei Hinderniserfassung durch Lichtschranken (Tor schließt, Autozulauf eingestellt ist).
9 - Funktionstest der Lichtschranken nach jedem AUF/ZU - Befehl
10 - Reaktionszeit der amperometrischen Reversierung

(7) Anschluss von Zubehör und Befehlsgeräten:

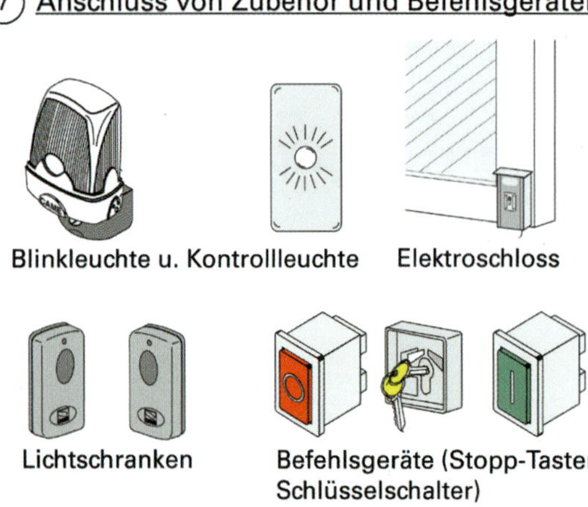

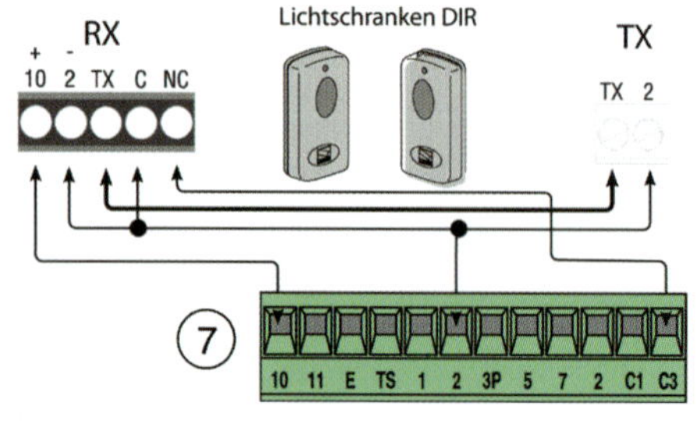

1 Motorsteuerung für Drehtorantrieb mit Spindelmechanik (Auszug)

Wartung

Der Betreiber der Toranlage hat regelmäßige Wartungsaufgaben zu übernehmen, um die einwandfreie Funktion der automatischen Toranlage und der wichtigen Sicherheitseinrichtungen zu gewährleisten. Vor jeder Wartungsmaßnahme ist der Strom abzuschalten, um etwaige Gefahrensituationen durch unbeabsichtigte Torbewegungen auszuschließen (Ausnahme: Prüfung der Lichtschranken und Kontaktleisten). Folgende Wartungsarbeiten sollten kontinuierlich vorgenommen werden:

Wartungsabstände	Wartungsarbeiten
Ständig	• Entfernen etwaiger Hindernisse, die den Betrieb stören
Monatlich	• Säubern der Lichtschranken (mit Wasser befeuchtetes Tuch, keine Chemikalien). • Überprüfen der Funktion der Sicherheitseinrichtungen wie Lichtschranken, Kontaktleisten.
Halbjährlich	• Torlager und Antriebslagerstellen schmieren, bei auffälligem Quietschen und Stottern bei der Torbewegung auch monatlich.
Jährlich	• Überprüfung der Betriebskräfte nach DIN EN 12453 durch einen Fachbetrieb (bei sehr großer Nutzungshäufigkeit kann eine halbjährliche Überprüfung sinnvoll sein!)

Aufgaben

1. Beim Öffnen und Schließen des zweiflügeligen Drehtores (S. 415) entstehen Unfallgefahren. Kennzeichnen Sie in der Abbildung die Gefahrenstellen durch einen Kreis und geben Sie an, welche Gefahr jeweils sich verbirgt (Q = Quetschen, S = Scheren, E = Elektrische Gefahr).
2. Welche Arten von Torantrieben kommen für dieses Tor in Frage, begründen Sie ihre Antwort.
3. Überzeugen Sie den Kunden, dass ein Antriebsmotor mit 24 Volt Betriebsspannung die bessere Alternative für seinen Antrieb darstellt.
4. Der Kunde hat sich bereits über Torantriebe informiert und weiß, dass diese mit Sicherheitskontaktleisten abgesichert werden können. Erklären Sie ihm, warum und unter welchen Bedingungen er auf diese verzichten kann.
5. Welche Sicherheitseinrichtungen sind in jedem Fall für ein automatisiertes, zweiflügeliges Drehtor notwendig?
6. Der Kunde wünscht keine Warnleuchte. Dies ist zwar zulässig, aber überzeugen Sie den Kunden, dass eine Warnleuchte in jedem Fall sinnvoll ist.
7. Muss der Spalt zwischen Torpfosten und Torrahmen abgesichert werden?
8. Die vorhandene Torkonstruktion hat folgende Maßverhältnisse:

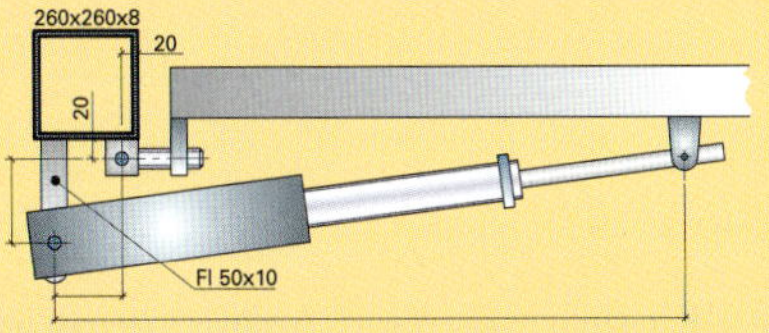

   Überprüfen Sie, ob der Torantrieb entsprechend der Montagevorschriften (vgl. Seite 435 ff.) so montiert werden kann, dass ein Öffnungswinkel von 90° erreicht wird (vgl. A/B/C–Maße). Tragen Sie die wichtigen Montagemaße in die Skizze ein und beschreiben Sie die Montage des Torantriebs inklusive wichtiger Einstellarbeiten am Motor.
9. Was müssen Sie beim Anschließen der einzelnen Geräte an die Motorsteuerung beachten?
10. Erläutern Sie dem Kunden, welche Einstellmöglichkeiten bei Verwendung der auf Seite 441 dargestellten Motorsteuerung vorgenommen werden können bzw. müssen.
11. Nach der Montage und den Einstellarbeiten an der Steuerung müssen die Betriebskräfte geprüft werden. Beschreiben Sie die Vorgehensweise bei dem zweiflügeligen Drehtor.
12. Welche Unterlagen müssen dem Kunden nach Durchführung der Montage und der Erstprüfung übergeben werden? Welche weiteren Anweisungen müssen dem Kunden gegeben werden?
13. Es müssen regelmäßige Wartungsaufgaben am Tor bzw. Torantrieb durchgeführt werden. Nennen sie die einzelnen Arbeiten und auch die Zeiträume, innerhalb derer diese Wartungsarbeiten durchgeführt werden müssen.
14. Überzeugen Sie den Kunden, dass es Sinn macht, mit der Metallbaufirma einen Wartungsvertrag abzuschließen.
15. Die Antriebsmotoren der Torsteuerung weisen folgende elektrische Anschlusskennwerte auf:

Betriebsspannung Steuerung/Motor	230 V/24 V
Leistung max.	120 W
Stromaufnahme max.	5 A
Leistungsaufnahme Stand by	3 W
Motorschutzart	IP 44
Temp. Bereich	–20 °C – 55 °C
Laufzeit	ca 19–24 Sek.
Selbsthemmung	Ja

   Überprüfen Sie durch Rechnung, ob es sinnvoll ist, während eines 3-wöchigen Urlaubs die Anlage auszuschalten, wenn für eine Kilowattstunde (kW · h) ein Preis von 25 Cent zu bezahlen ist.

8.4.5 Garagen- und Hallentore

Auftrag

Ein Transportunternehmen benötigt für seine Betriebserweiterung geeignete Hallen- und Garagentore, die in Absprache mit den Architekten und der Montagefirma zweckorientiert ausgewählt und fachgerecht montiert werden müssen.

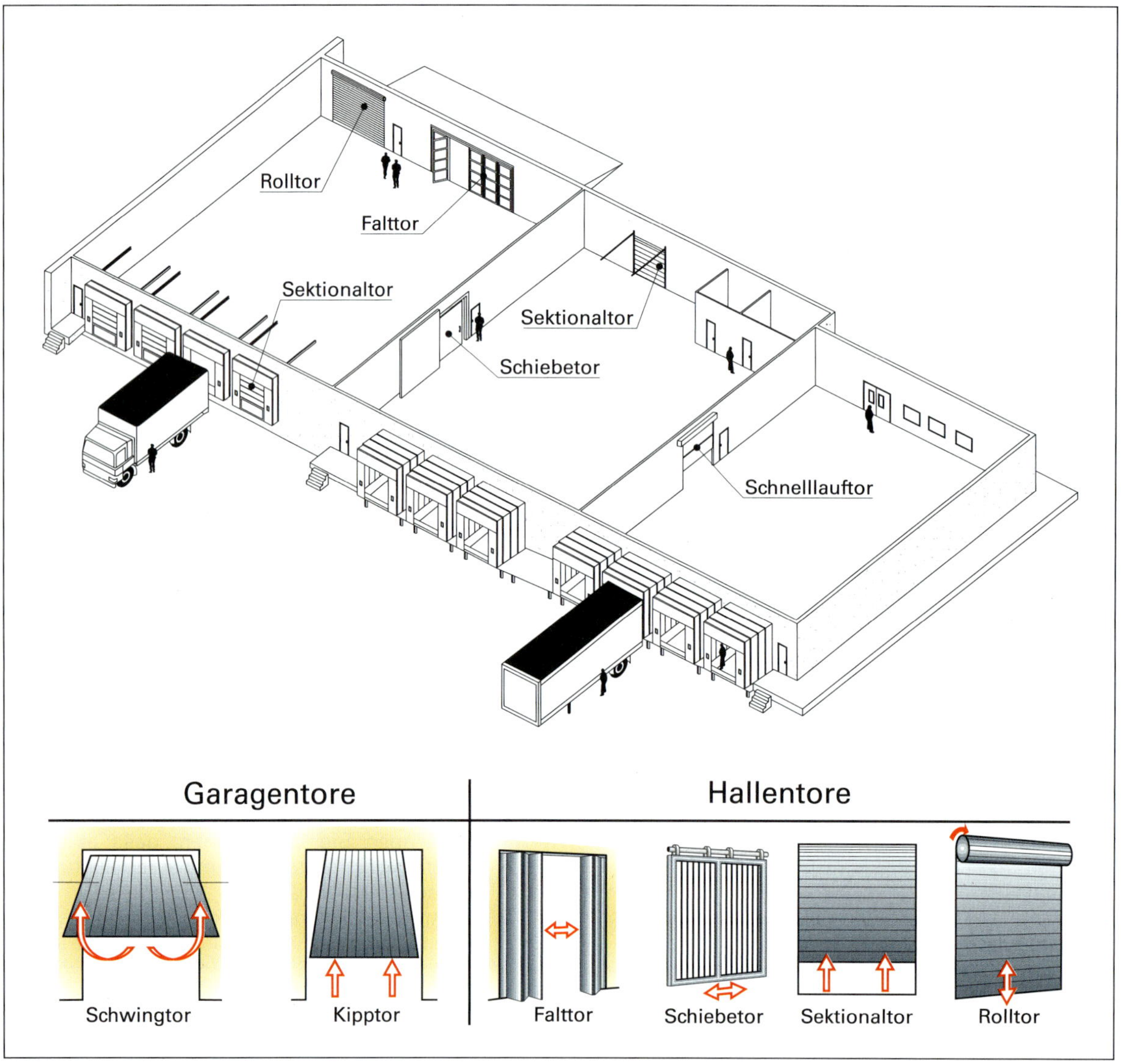

1 Garagen- und Hallentore

Auftragsanalyse

Garagen- und Hallentore werden in der Regel als Serienprodukte in genormten Größen, aber auch in Sondergrößen nach Wunsch industriell hergestellt und vom Metallbauer montiert. Schiebe- und Falttore werden ausschließlich für Hallenzugänge verwendet, Sektional- und Rolltore sowohl in Industriehallen als auch für Garagenabschlüsse. Typische Garagentore dagegen sind das Schwing- und das Kipptor. Je nach Anforderung des Torabschlusses werden diese Tore in einwandiger Bauart (Sickenbleche, Bleche mit diagonaler Kantung) oder als doppelwandige Tore (Sandwichbauweise mit Isolierfüllung aus Mineralwolle oder PUR-Hartschaum) hergestellt. Auch die Öffnungsrichtung, vertikal oder horizontal, dient als Unterscheidungsmerkmal für Garagen- und Hallentore.

8.4.5.1 Schwing- und Kipptore

gehören zu den vertikal öffnenden Toren. Sie werden unter die Garagendecke geschoben und sind deshalb sehr platzsparend. Das Torgewicht wird stets durch seitlich angebrachte Zugfedern in jeder Lage ausgeglichen. Dies erleichtert das Öffnen des Tores und verhindert das Zufallen. Durch die Verwendung von Federpaketen mit mehreren einzelnen Federn wird eine sehr große Absturzsicherheit gewährleistet. Federschutzhülsen verhindern ein versehentliches Hineingreifen und das Wegspringen von Teilstücken bei Federbrüchen. Die Federspannung ist dann richtig eingestellt, wenn das Tor in halber Höhe losgelassen wird und dabei stehen bleibt.

Das **Schwingtor** schwingt durch die beidseitig am Torblatt angebrachten Hebelarme aus der Einfahrtsebene nach außen. Eine Bauart bedient sich dabei zweier seitlich oben angebrachter Führungsschienen, die das Tor parallel unter die Decke bewegen (Schwingtor mit Deckenlaufschiene). Die andere Bauart verwendet beidseitig am Torblatt montierte Führungsschienen, in denen die Hebelarme beim Öffnen und Schließen gleiten. Ein sogenannter Stabilisator, der sich am unteren Bereich über das gesamte Torblatt spannt, sorgt für eine gleichmäßige Kraftübertragung.

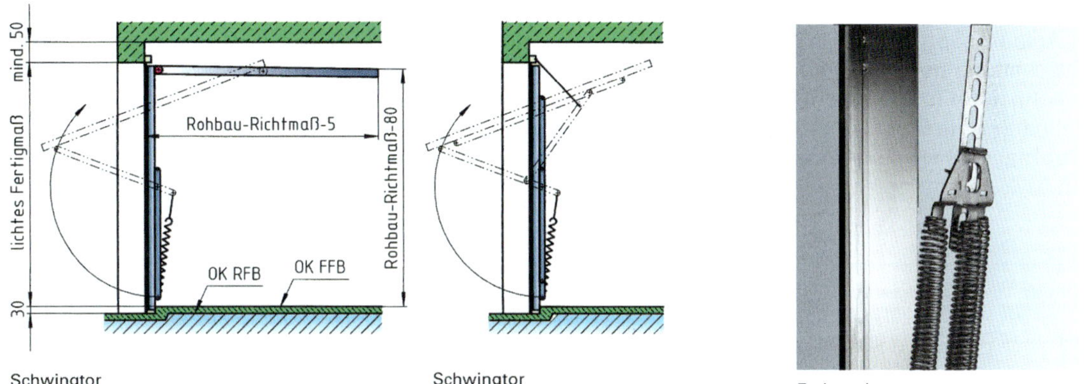

Schwingtor mit Deckenlaufschiene — Schwingtor ohne Deckenlaufschiene — Federpaket

1 Schwingtor mit und ohne Decken- Laufschienen

Die Verriegelung erfolgt durch einen Treibriegel, der in eine Bodenlaufschiene eingreift. Zusätzlich oder alternativ rasten Seitenverschlüsse ein, die über Horizontalstangen oder einen Seilzug bedient werden.

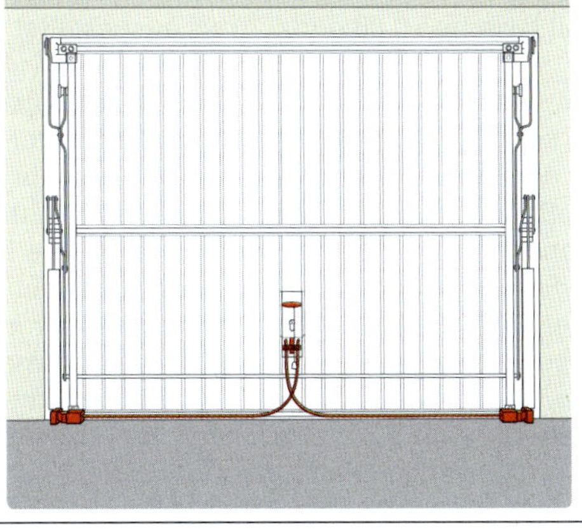

2 Zweipunkt-Verriegelung mit Seilzug

Das **Kipptor** schwingt im Gegensatz zum Schwingtor nicht nach vorne aus. Dies ist für Garagenzufahrten mit kleinem Vorplatz von Vorteil. Auch in Geräteräumen von Turnhallen finden Kipptore Verwendung. Die Unterkante des Torblatts läuft zwischen den beiden senkrechten Führungsschienen nach oben, gleichzeitig bewegt sich die Oberkante des Torblatts zwischen den beiden waagrechten Deckenlaufschienen nach hinten. Gegengewichte dienen als Gewichtsausgleich, eine Seilbruchsicherung und Torfangvorrichtung schützen gegen Torabsturz.

Automatisierte Garagentore werden sowohl im Privatbereich als auch im Tiefgarageneinsatz meist mit Deckenantrieben in 24-Volt-Gleichstromtechnolgie ausgestattet, die folgende Merkmale besitzen:

- Feinfühlige Kraftabschaltung, Reversierung bei Hindernisauflauf

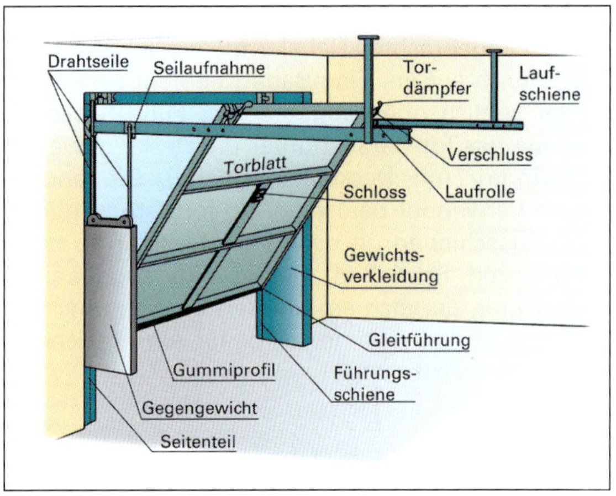

1 Kipptor (Sporthallentor)

- „Soft-Anlauf", „Soft-Stopp" in den Endlagen
- Schrittschaltung per Funk: AUF – STOPP – ZU
- Umschaltbar auf Totmannbetrieb
- einstellbarer Autozulauf: 0–120 Sekunden
- Bei Stromausfall mit Zusatzplatine über Akku zu öffnen bzw. notentriegelbar

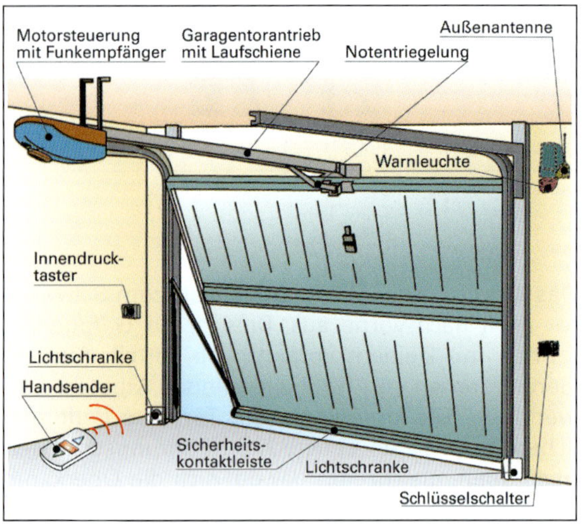

2 Garagentorantrieb

Aufgaben

1. Beschreiben Sie die Unterschiede, Vor- und Nachteile von Kipp- und Schwingtoren.
2. Wie erfolgt die Verriegelung von Kipptoren?
3. Nennen Sie wesentliche Sicherheitsvorkehrungen an Garagentoren zur Vermeidung von Unfällen.

8.4.5.2 Schiebetore

als horizontal öffnende Tore sind eine sehr kostengünstige Lösung für den Abschluss einer Halle. Das Torblatt hängt an Hangrollen oder Rollenlaufwerken, die in einer Führungsschiene laufen. Die Schiene wird an der Decke oder der Wand mit entsprechenden Halterungen befestigt. Eine zusätzliche Bodenschiene verhindert ein seitliches Ausschwingen und stabilisiert den Torlauf. Eine ähnliche Wirkung erzeugt eine seitlich am Boden angebrachte Andruckrolle. Schienenstopper in der Laufschiene begrenzen den Torweg, sind aber in keinem Fall zum Abfangen des Tores geeignet. Dazu werden auf der Höhe des Torschwerpunktes angebrachte Auffangpuffer benötigt.

Als **Torblatt** werden zwei verschiedene Varianten verwendet:

- Rahmenkonstruktionen aus Stahl- oder Aluminiumrohrprofilen mit einwandigen Blechfüllungen oder isolierten Füllelementen (Paneele oder Isolierglaselementen)
- Doppelwandige Stahl- oder Aluminiumpaneele in Sandwichbauweise mit Hartschaum- oder Mineralwollfüllungen

Das Torblatt wird je nach Größe als einteiliges Element oder in mehreren Segmenten hergestellt. Die Abdichtung des Torblattes zwischen einzelnen Segmenten ebenso wie die seitliche Abdichtung des Tores zum Baukörper erfolgt durch Gummidichtungen. Die Dichtungen müssen so gestaltet sein, dass ein Einklemmen der Finger verhindert wird. Für die Boden- und Sturzdichtungen werden auch Bürstendichtungen verwendet.

Da sich große Schiebetore nur mehr schwer von Hand bedienen lassen, wird für den manuellen Antrieb eine Haspelkette verwendet oder der Antrieb mit einem Elektromotor automatisiert. Schiebetore sind meist mit einer Torzulaufbremse (Radialdämpfer) zur stufenlosen Regelung der Schließgeschwindigkeit zwischen 0,08 und 0,2 m/s ausgestattet.

Feuer- und Rauchschutztore müssen selbstschließend sein. Ein manuell betätigtes Schiebetor wird nach dem Öffnen durch das seitlich angebrachte Schließgewicht sofort geschlossen. Bei motorgetriebenen Feuer- und Rauchschutztoren, die durch eine Feststellanlage (Haftmagnet) offengehalten werden, arbeitet der elektrische Antrieb nur in Öffnungsrichtung. Im Brandfall gibt der Haftmagnet das Tor frei und das Schließgewicht erzwingt den Schließvorgang. Hinweisschilder, die das Abstellen von Gegenständen und den Aufenthalt von Personen innerhalb des Öffnungsbereichs verbieten, sind sichtbar auf beiden Seiten des Tores an-

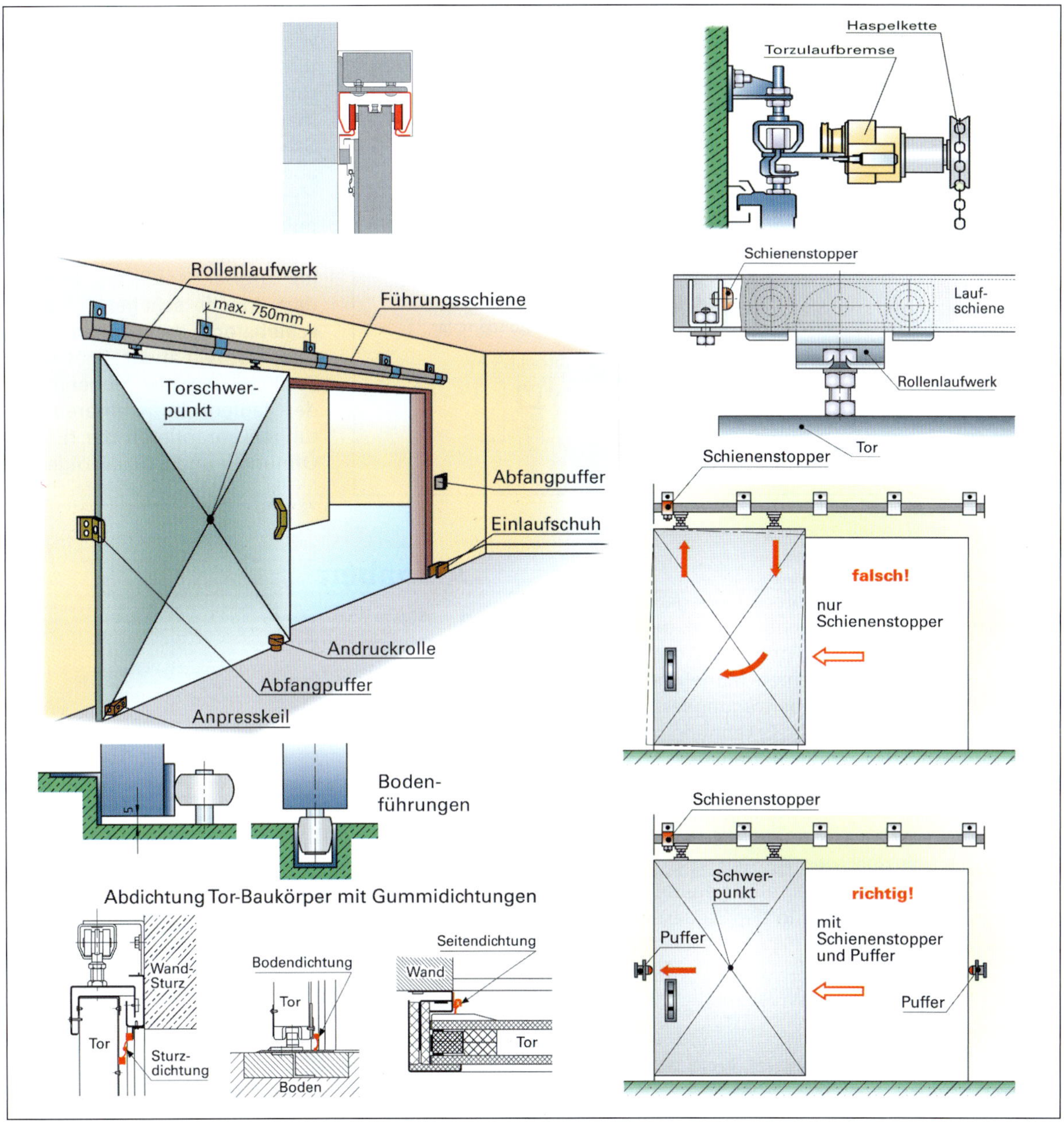

1 Schiebetor (oben geführt) mit einzelnen Bauelementen

zubringen und müssen auch im geöffneten Zustand des Tores sichtbar sein.

Eingebaute Schlupftüren, die erst ab einer Torbreite von 1500 mm und einer Torhöhe 2100 mm (lichter Durchgang) zulässig sind, verringern die Wärmeverluste beim Personenverkehr. Schlupftüren sind mit einem Obentürschließer ausgestattet. Wird das Tor motorbetrieben, so muss ein Kontaktschalter bei geöffneter Tür den Steuerstromkreis des Antriebes unterbrechen.

Aus Sicherheitsgründen sind die Öffnungsbeschläge so beschaffen, dass ein Hängenbleiben ausgeschlossen ist. Als Türdrücker werden deshalb meist in das Torblatt eingelassene Muschelgriffe oder „Bügelhandgriffe“ verwendet. Mit einem Hakenriegelschloss, das von außen mit dem Schlüssel zu betätigen ist, lässt sich das Schiebetor abschließen.

Schweißarbeiten an der Aufhängung dürfen nur von geprüften Schweißern durchgeführt werden (DIN EN ISO 9606-1). Die Schweißnähte müssen anschließend kaltverzinkt bzw. grundiert werden.

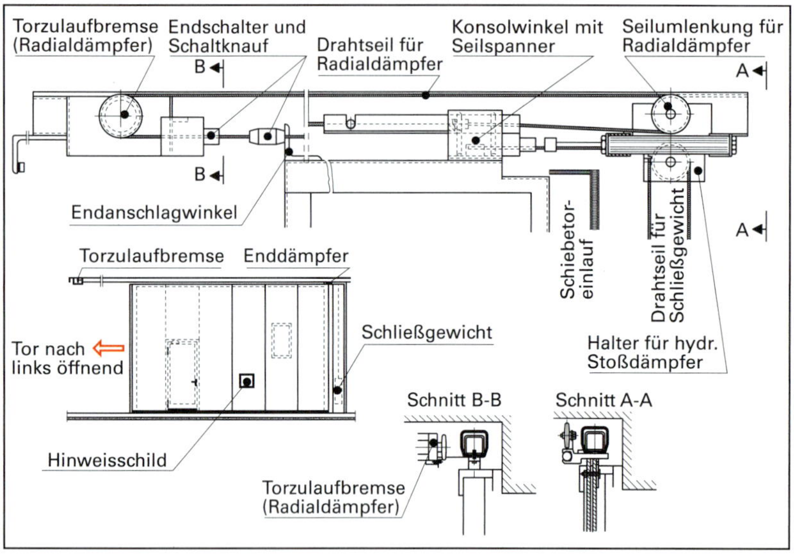

1 Schiebetor mit Schließgewicht

Lagegebern. Sie werden vorwiegend bei großen Schiebetoren eingesetzt. Die Steuerungen können sowohl im Totmannbetrieb (Öffnen und Schließen mit Dauerdruck) als auch in Selbsthaltefunktion (Öffnen und Schließen mit Impuls) bedient werden.

Nachteilig für Schiebetore ist ihr großer seitlicher Platzbedarf. Abhilfe schaffen Teleskopschiebetore, bei denen mehrere, voneinander getrennte Torflügel parallel nebeneinander laufen. Mitnehmereinrichtungen garantieren die richtige Öffnungs- und Schließfolge.

Antriebe für Schiebetore

Gleich- oder Drehstrommotore bewegen über ein umlaufendes Seil, Zahnriemen oder Kette, die unterhalb der Laufschiene montiert sind, den (oder die) Torflügel. Das Torblatt wird dabei über einen Mitnehmer angetrieben, der den Flügel mit dem Übertragungselement Seil oder Zahnriemen verbindet. Die Erkennung der Torposition muss aufgrund der relativ ungenauen Positioniermöglichkeit bei Seilantrieben (Seilschlupf!) mithilfe von je zwei Endschaltern in jeder Endlage erfolgen. Der jeweils erste Endschalter bewirkt das Umschalten auf Schleichfahrt, der letzte setzt den Antrieb still. Zahnriemenantriebe dagegen ermöglichen eine genaue Positionierung des Tores und arbeiten mit in der Steuerung integrierten

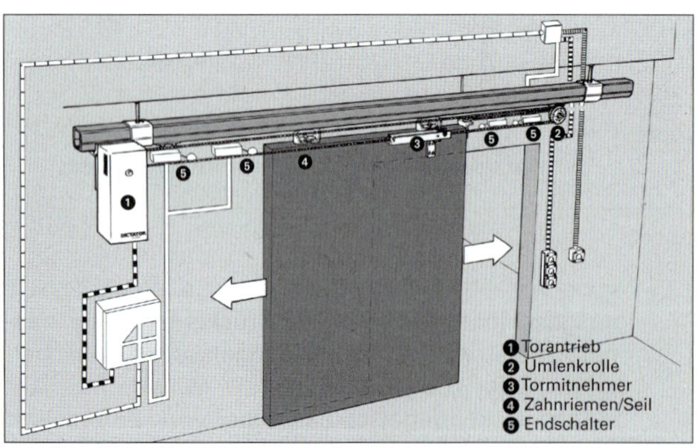

2 Schiebetorantrieb (Seilantrieb mit Endschaltern)

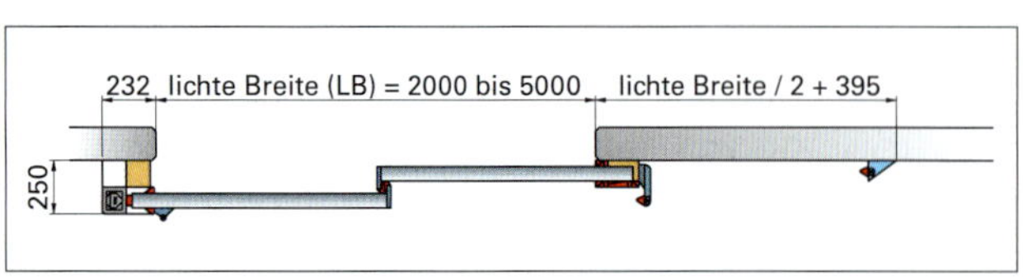

3 Teleskopschiebetor – 2-flügelig

Aufgaben

1. Als Schiebebeschläge werden meist Rollenlaufwerke aber auch Hangrollen verwendet. Welche Vorteile besitzen Rollenlaufwerke gegenüber Hangrollen?

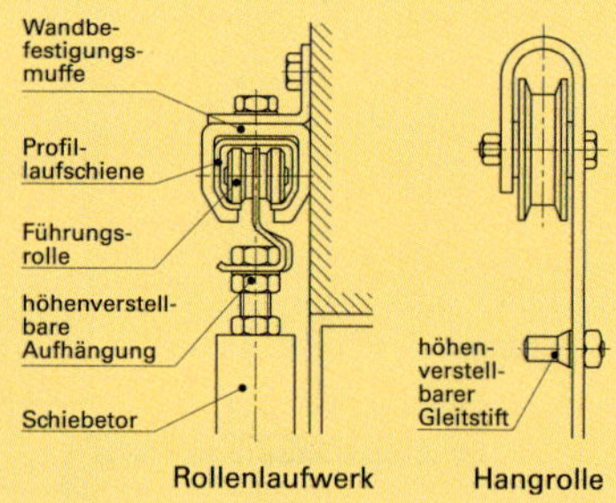

2. Warum benötigen obengeführte Tore noch eine zusätzliche Bodenführung? Beschreiben Sie die Möglichkeiten dafür.
3. Erklären Sie, wie und mit welchen Beschlägen ein Schiebetor abgefangen werden muss.
4. Wie können Schiebtore verriegelt werden?
5. Wie wird bei handbetätigten und bei motorisierten Feuer- und Rauchschutztoren die vorgeschriebene Selbstschließung bewerkstelligt?
6. Welche Sicherheitsbestimmung muss bei motorisierten Schiebetoren mit Schlupftür eingehalten werden?
7. Beschreiben Sie die Funktionsweise eines kraftbetriebenen Schiebtores.
8. Welchen Vorteil bietet ein Teleskop-Schiebetor? Unter welchen Bedingungen ist sein Einsatz sinnvoll? Beschreiben Sie den Torlauf eines Teleskop-Schiebetores.

8.4.5.3 Falttore

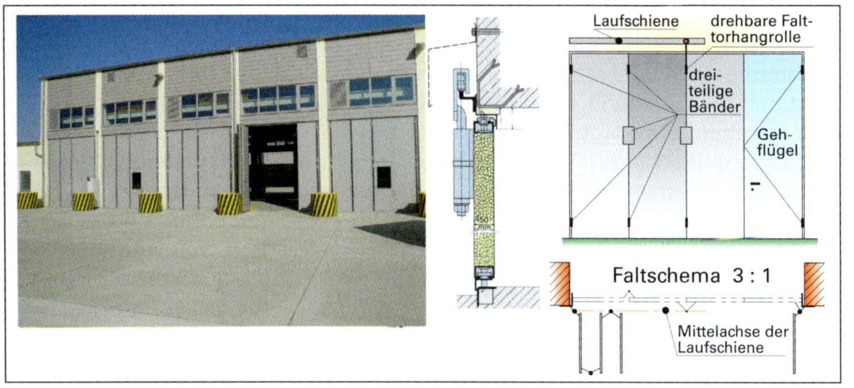

1 Falttor (Faltschema 3 : 1)

sind eine Kombination aus Schiebe- und Drehtorflügeln. Sie bestehen aus einzelnen Flügeln, die mit dreiteiligen Bändern drehbar miteinander verbunden sind und zugleich mit Hilfe von drehbaren Falttorhangrollen seitlich entlang einer oben geführten Laufschiene zu einem Flügelpaket zusammengeschoben werden können. Jeder zweite Flügel hängt an einer in der Laufschiene verschiebbaren, drehbaren Falttorhangrolle. Grundsätzlich sind beliebige Flügelanordnungen auf beiden Torseiten möglich. Das in Bild 1 abgebildete Falttor weist das Faltschema 3 : 1 (3 Flügel rechts – 1 Flügel links, von innen gesehen) auf, wobei der linke Flügel als Gehflügel dient. Die Torblätter bestehen entweder aus doppelwandigen Stahlblechen mit Isolierfüllungen oder aus Rahmenkonstruktionen, die mit Verglasungen und/oder Paneelen ausgestattet sind.

Um ein Einklemmen der Finger an Falttoren zu verhindern, werden besonders dicke und elastische Dichtprofile verwendet, bei denen ein Dazwischengreifen ohne Verletzungen möglich ist (Bild 2).

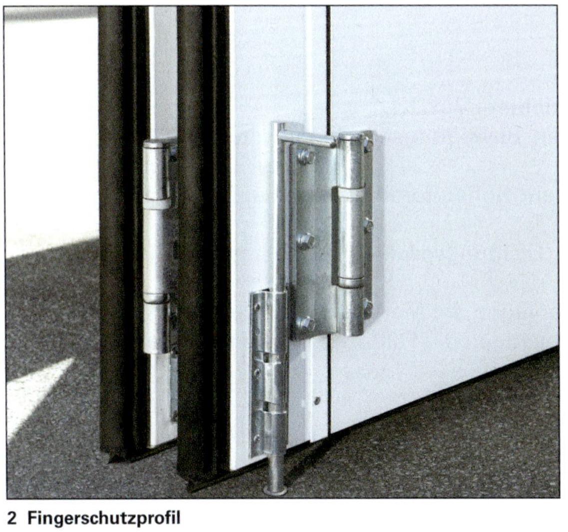

2 Fingerschutzprofil

Bei breiteren Toren mit mehreren Flügeln auf beiden Seiten (z.B. Faltschema 3 : 2) wird in einen Flügel meist eine Schlupftür integriert.

Falttore mit den Faltschemen 0 : 2, 2 : 0 und 2 : 2 können mit folgendem Torantrieb ausgestattet werden (Bild 1, Seite 445). Die leichte und schmale

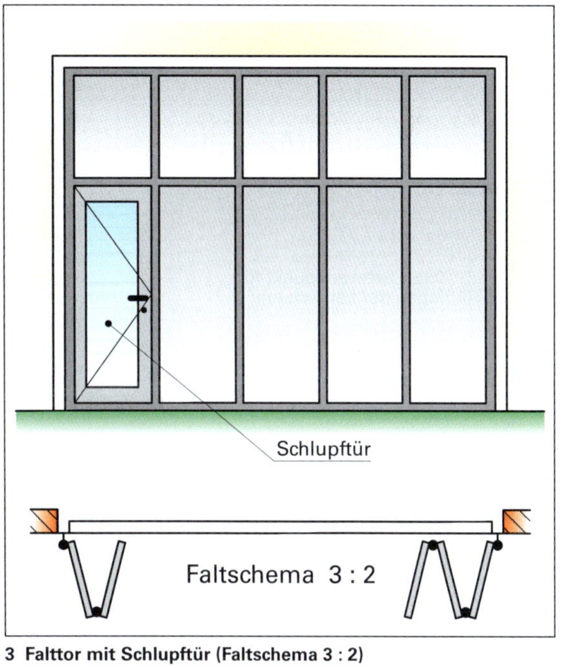

3 Falttor mit Schlupftür (Faltschema 3 : 2)

Bauart ermöglicht auch die Befestigung an schmalen, verglasten Rahmenprofilen und ist von außen nicht sichtbar. Der Antrieb kann auf jeder beliebigen Torhöhe montiert werden. Eine im Fingerschutzprofil untergebrachte Schließkantensicherung sorgt für die vorgeschriebene Sicherheit gegen Quetschen.

Falttore benötigen keinen seitlichen Platzbedarf wie Schiebetore, sie verringern aber im geöffneten Zustand die lichte Durchfahrt der Toröffnung. Ist dies unerwünscht, so muss die Laufschiene seitlich in einem Bogen aus der Verschiebeebene heraus geschwenkt werden, sodass sich die Flügel um 180° drehen und die Toröffnung ganz freigeben (vgl. Bild 2, nächste Seite).

Theoretisch erfolgt das Ausschwenken dabei um die Drehachse des Bandes, welches das Flügelpaket an der Zarge befestigt. Der notwendige Schwenkradius *R* ergibt sich dabei aus der Torblattdicke *t* und dem Abstand *a* der Bandachse zum Torblatt. Der sich daraus ergebende theoretische Schwenkpunkt für das Abbiegen der Laufschiene lässt sich in der Praxis aber nicht umsetzen. Vielmehr muss die Laufschiene allmählich und kontinuierlich auf den theoretischen Schwenkkreis hingeführt werden. Dazu wird sie, beginnend im Abstand *R* von dem theoretischen Schwenkbeginn, mit dem gleichen Schwenkradius ausgebogen. Der Einlaufbogen wird damit flach, entsprechend gering ist der Kraftaufwand für das Öffnen des Schiebefalttores.

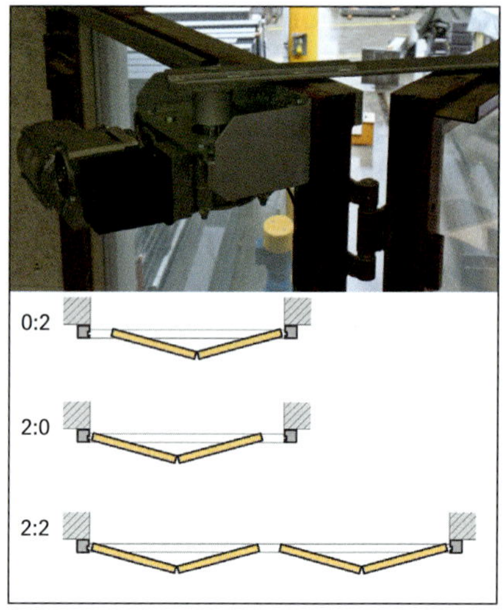

1 Falttorantrieb

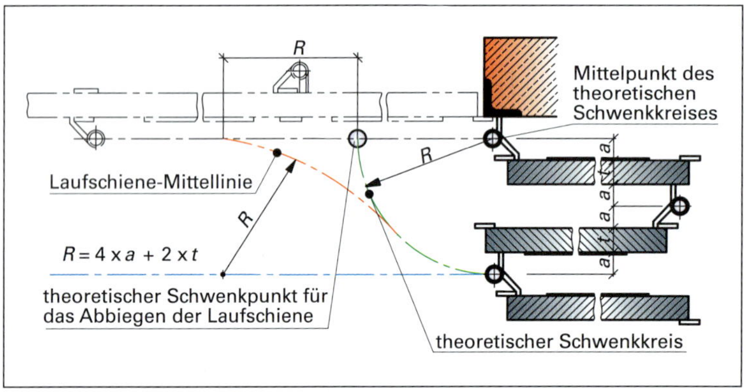

2 Falttorflügel um 180° geschwenkt (Tordurchfahrt ganz freigegeben)

Aufgaben

1. Welchen Vorteil hat ein Falttor gegenüber einem Schiebetor?
2. Welche Aufgaben erfüllen die beiden verschiedenen Bewegungsbeschläge (drehbare Falttorhangrolle und 3-teiliges Band)?
3. Falttüren besitzen i. d. R. einen Gehflügel oder bei sehr hohen Toren eine Schlupftür: Begründen Sie warum.
4. Die senkrechten Flügelkanten sind mit besonderen Dichtungsprofilen ausgestattet. Welchen Vorteil bieten diese besonderen Schutzprofile.
5. Geben Sie das Faltschema der abgebildeten Falttoranlagen an. Markieren Sie diejenigen Flügellagerungen, die 3-teilige Bänder erhalten mit „1“ und diejenigen die Falttorhangrollen erhalten mit „2“.

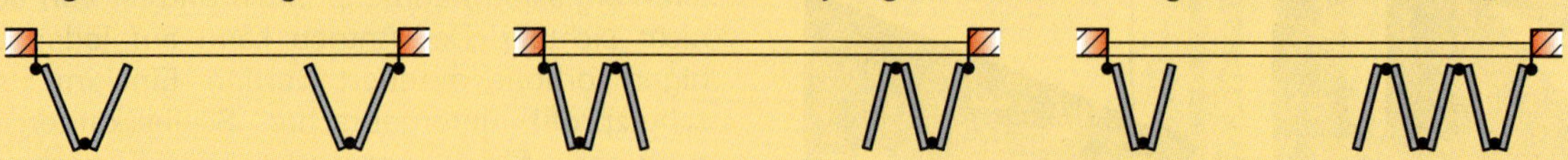

6. Erläutern Sie, wie ein Falttor die gesamte Toröffnung freigeben kann!

8.4.5.4 Sektionaltore

bestehen aus doppelwandigen Torsektionen, die über Scharniere drehbar mit einander verbunden sind und mittels Rollen in den Laufschienen bewegt werden. Das Tor wird hinter der Maueröffnung in der Halleninnenseite montiert. Man unterscheidet zwei grundsätzliche Bauarten, das Deckensektionaltor und das Seitensektionaltor.

Deckensektionaltor: Die waagerechten Torsektionen werden senkrecht nach oben geschoben, im 90°-Bogen umgelenkt und unter der Decke nach hinten geführt. Die Sektionen laufen in seitlichen Laufschienen, die im Bogen unter die Decke führen und das Tor von der senkrechten Lage im geschlossenen Zustand in die waagrechte Lage im geöffneten Zustand bringen.	**Seitensektionaltor:** Die Torsektionen laufen seitlich an der Hallen- oder Garagenwand entlang; das Tor wird auch als umgelenktes Schiebetor bezeichnet.
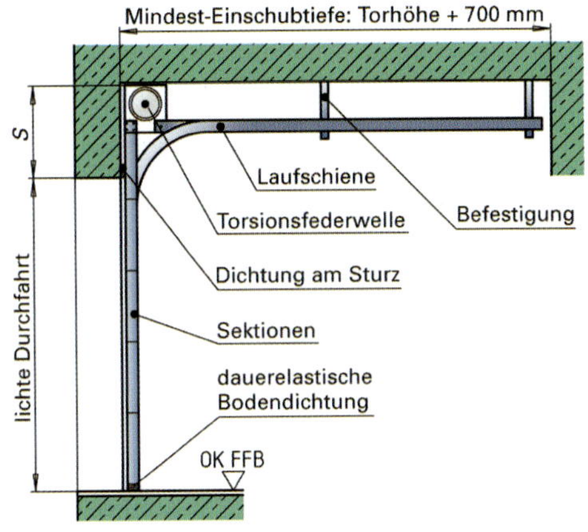	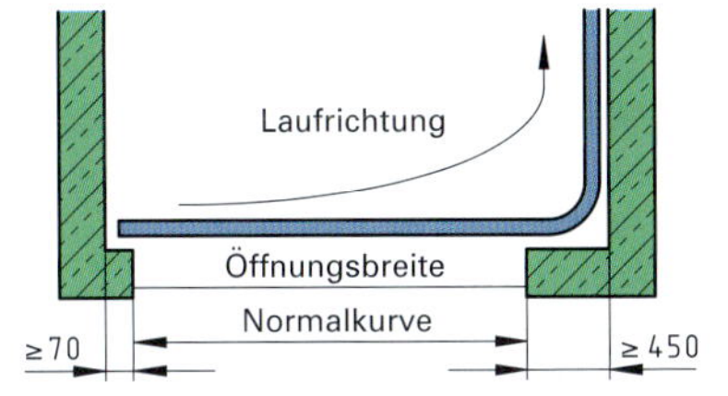

1 Decken- und Seitensektionaltor

Folgende Abbildung zeigt den Aufbau eines Deckensektionaltores mit den erforderlichen Bau- und Antriebselementen:

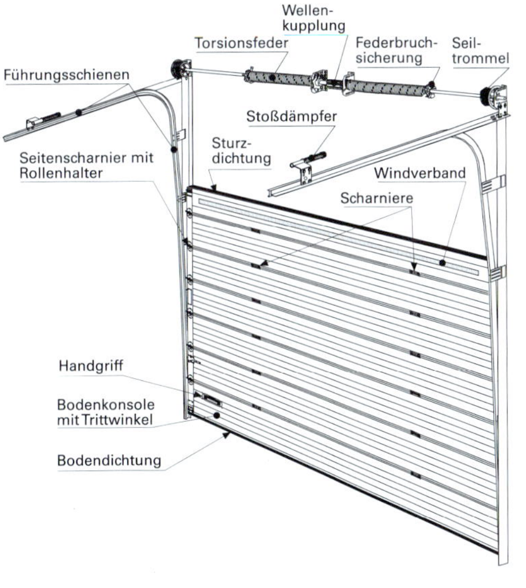

2 Bauelemente eines manuell betätigten Deckensektionaltores

Das Torblatt wird über ein Zugseil, das sich auf einer Seiltrommel aufwickelt, nach oben gezogen. Eine Torsionsfederwelle gleicht das Torgewicht aus, verringert den Kraftaufwand beim Öffnen und hält das Tor in jeder Lage im Gleichgewicht. Bei manueller Betätigung wird das Tor über den Handgriff nach oben geschoben, das Schließen erfolgt über ein seitlich angebrachtes Seil oder einer Haspelkette.

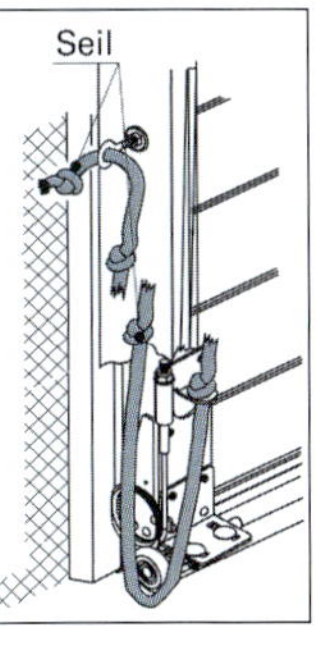

3 Seil zum Schließen des Tores von Hand

Durch ein allseitiges Dichtungssystem aus Neoprendichtungen wird das Tor gegen Wind und Schlagregen abgedichtet. Neben den wärmegedämmten doppelwandigen Sektionen von 40–80 mm Dicke bietet die Rundum-Abdichtung die besten Voraussetzungen für einen guten Wärmeschutz eines Sektionaltores. Die obere Sektion erhält eine Lippendichtung, die Bodensektion wird mit einem Gummiprofil mit drei Dichtlippen versehen. Zwischen den Sektionen ist eine Schlauchdichtung eingearbeitet. Seitlich wird das Torblatt in den Führungsschienen durch Dichtungsprofile abgedichtet.

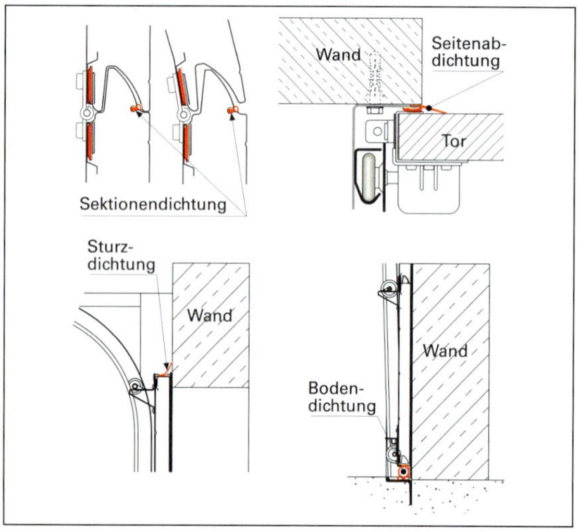

1 Abdichtung eines Sektionaltores

Sektionaltore benötigen Sicherheitseinrichtungen für einen gefahrlosen Betrieb. Ein Fingerklemmschutz ist notwendig zwischen den Sektionen, aber auch an den Laufrollen. Er muss bis zu einer Höhe von 2,50 m wirksam sein.

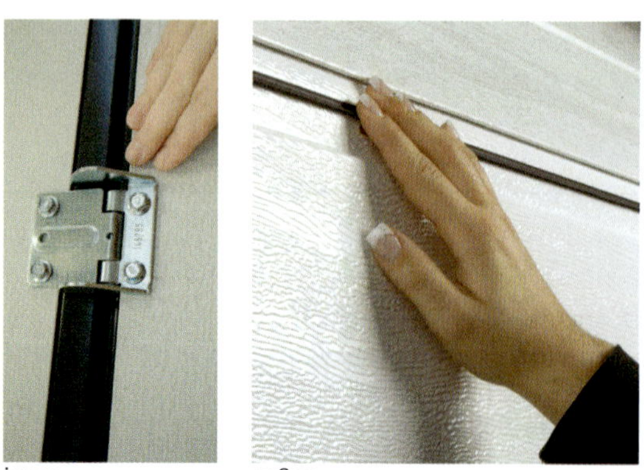

innen außen

Fingerklemmschutz zwischen den Torsektionen: sehr geringe Spaltmaße verhindern ein Eingreifen.

2 Fingerklemmschutz und Abdichtung zwischen den Sektionen

Ein Eingreifen in die Laufschiene wird beispielsweise durch Schutzscheiben vor den Laufrollen und eine Seil- und Laufschienenabdeckung verhindert.

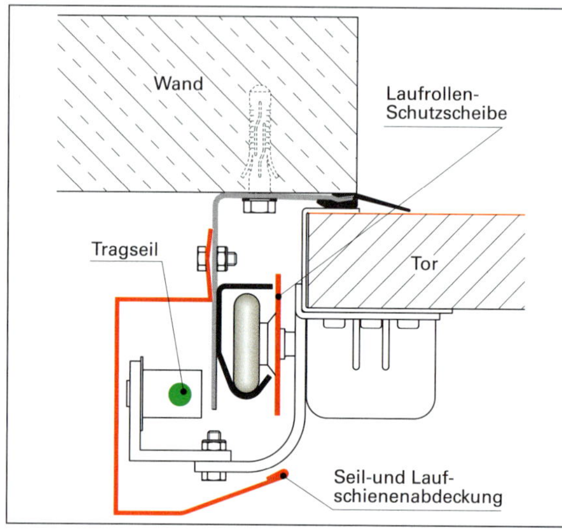

3 Fingerklemmschutz an der Laufschiene

Als Sicherung gegen das Abstürzen des Torblatts dienen eine Seilbruchsicherung für das Zugseil und eine Federbruchsicherung für die Torsionsfederwelle. Bei Bruch einer der beiden Antriebselemente wird der Torabsturz durch Einrasten von Sicherheitsbauteilen (Rasten, Klinken) verhindert.

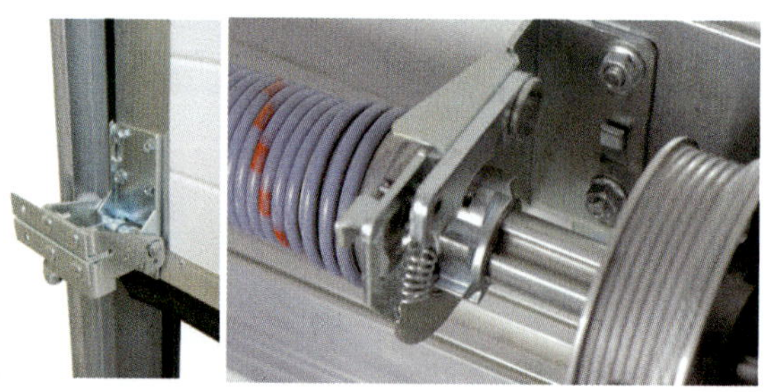

4 Seilbruch- und Federbruchsicherung

Antrieb von Deckensektionaltoren

Neben der manuellen Betätigung kleinerer Garagentore mit Handseilzug oder Haspelkette werden große Deckensektionaltore in Industriehallen mit einem 400-Volt-Drehstrommotor ausgestattet, der die Seiltrommel für das Zugseil zum Hochheben des Tores antreibt. Die Steuerung selbst arbeitet dabei mit einer Betriebsspannung von 24 oder 230 Volt. Das Tor mit Elektroantrieb und Steuerung wird entsprechend den Maschinenrichtlinien mit dem CE-Kennzeichen versehen. Je nach vorhandenem Platz sitzt der Motor seitlich neben dem Federpaket und der Seilrolle (Aufsteckmotor), oder er wird bei fehlendem seitlichen Platz als Ketten-

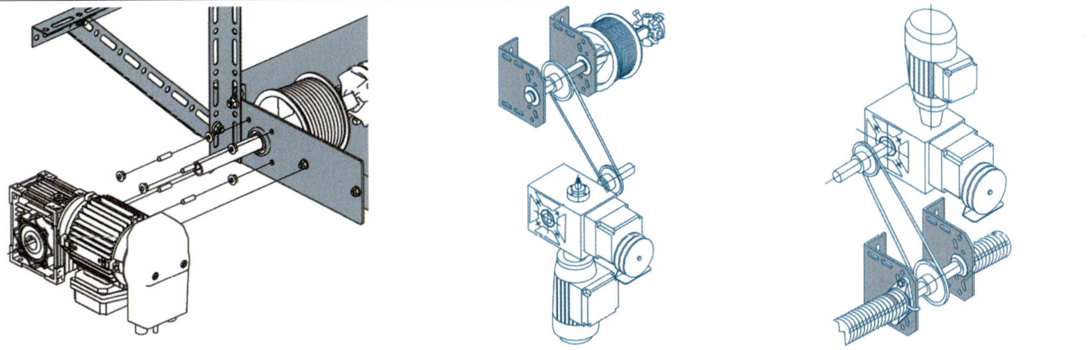

1 Motorantriebe für Deckensektionaltor

antrieb mittig zwischen den beiden Federpaketen (Mittelmotor) oder seitlich davon platziert.

Der Elektroantrieb ist mit folgenden Komponenten und Sicherungseinrichtungen ausgestattet:

- Regulierbare Rutschkupplung, die bei Motorüberlastung das Tor stoppt.
- Automatische Kraftanpassung (Reversieren in Zu-Fahrt, Stopp in Auf-Fahrt).
- Selbsthemmendes Schneckengetriebe im Ölbad: das Tor wird bei Stromausfall gestoppt → zusätzliche Absturzsicherung und Aufschubsicherung.
- Aufschubsicherung durch mechanische Verriegelung der oberen Torlaufrollen.
- Betriebs und Sicherheitsendschalter für beide Laufrichtungen.
- Not-Aus-Kupplung, die eine manuelle Bedienung des Tores bei Defekt oder Stromausfall ermöglicht.
- Optional: Elektroantrieb mit integrierter Notkette, zur manuellen Betätigung bei Stromausfall.
- Laufzeitüberwachung, die den Elektroantrieb nach Überschreitung einer bestimmten Zeit abschaltet (z. B. nach 90 Sekunden).
- Blockierschutz: zusätzlich zur Laufzeitbegrenzung wird Motorstillstand erkannt.
- Lichtschranken.

Sektionaltorantriebe für Feuerwehrtore müssen mit einer Mindestgeschwindigkeit von 25 cm/s öffnen. Der Antrieb muss deshalb mechanisch von der Federwelle getrennt werden können, damit bei Strom- oder Antriebsausfall das Tor mit dieser Mindestgeschwindigkeit auch manuell geöffnet werden kann.

Aufgaben

1. Benennen Sie die wichtigsten Baugruppen eines Sektionaltores und erläutern Sie damit den Aufbau und die Funktion dieser Torart.
2. Erläutern Sie die Wirkungsweise des Torsionsfedersystems für die Bewegung des Sektionaltores. Warum wird es auch bei elektromotorischem Antrieb verwendet?
3. Sektionaltore ermöglichen eine gute Abdichtung und Wärme- und Schalldämmung; erläutern Sie warum dies so ist.
4. Welche Sicherheitseinrichtungen sind an Sektionaltoren erforderlich?
5. Erklären Sie den Unterschied zwischen einem Decken-Sektionaltor (Sektionaltor) und einem Seiten-Sektionaltor.
6. Der Antrieb eines Sektionaltores besitzt folgende Daten:
   - Betriebsstrom: 2,5 A
   - Betriebsspannung: 24 V
   - Leistungsaufnahme Betrieb: 280 W
   - Leistungsaufnahme Ruhe: 4 W
   - Laufgeschwindigkeit: 15 cm/s
   - Zug-/Druckkraft 550 N
   - Schutzklasse: nur für trockene Räume

   a) Ein Betrieb will während der Betriebsferien (3 Wochen) den Antrieb für seine beiden Sektionaltore vom Stromnetz nehmen. Berechnen Sie die Einsparung an Stromkosten, wenn ein Strompreis von 0,18 €/kWh zu bezahlen ist und begründen Sie, ob diese Maßnahme sinnvoll ist.

   b) Berechnen Sie die Öffnungszeit, wenn das Tor eine Höhe von 3,50 m aufweist.

8.4.5.5 Rolltore

Rolltore sind vertikal bewegte Tore und bestehen aus ein- oder doppelwandigen Lamellen aus Aluminium oder Stahl, die scharnierartig miteinander verbunden sind und sich beim Öffnen zu einer Rolle aufwickeln. Die auf Konsolen gelagerte Wickelwelle (Rolltorwalze) wird manuell oder elektrisch betätigt. Vorteilhaft ist der geringe Raumbedarf über der Toröffnung und die relativ günstigen Anschaffungskosten. Nachteilig dagegen ist die im Vergleich zu anderen Torarten schlechtere Wärmedämmung, bedingt durch die schlechtere Abdichtung zum Baukörper und die konstruktiv bedingt geringere Dicke der wärmegedämmten, doppelwandigen Rolltorpanzer. Außerdem sind keine großflächigen Verglasungen möglich.

Rolltorpanzer, Rolltorwalze und Führungsschienen
Die Lamellen der doppelwandigen, wärmegedämmten Rolltorpanzer werden ausgeschäumt oder mit eingeschobenen Hartschaumfüllungen ausgestattet. Für Feuer-und Schallschutztore werden die Lamellen mit Mineralwolle ausgefüllt.
Der notwendige Durchmesser der Wickelwelle (Rolltorwalze) hängt von der Torhöhe und dem Torgewicht ab und muss ausreichend biegesteif sein. Die Rolltorwalze ist in wartungsfreien, leichtgängigen Pendelkugellagern fixiert und darf sich unter Last nicht mehr als 1/500 der Torbreite durchbiegen.
Rolltorpanzer mit gewölbten Lamellen ergeben aufgewickelt einen kleineren Ballendurchmesser und benötigen deshalb eine geringere Sturzhöhe für die Montage. Außerdem erzeugen sie einen ruhigeren Lauf mit geringeren Wickelgeräuschen als solche mit rechteckigem Querschnitt.

Die **Führungsschienen** aus Stahl oder Aluminium, mit verschleißmindernden Kunststoffeinlagen und zusätzlichen Dichtbürsten ausgestattet, übernehmen die Führung des Tores und stabilisieren es gegen Winddruck. Spezielle Sturmhaken an den Lamellen verhindern das Herausdrücken der Rolltorpanzer aus den Führungsschienen auch bei höheren Windlasten (bis Windklasse 2). Da sich der Ballendurchmesser bei der Torbewegung ständig ändert, sind die Schienen am oberen Ende zu einem Einlauftrichter aufgeweitet, sodass ein sicherer Einlauf garantiert und ein Verhaken der Lamellen verhindert wird.

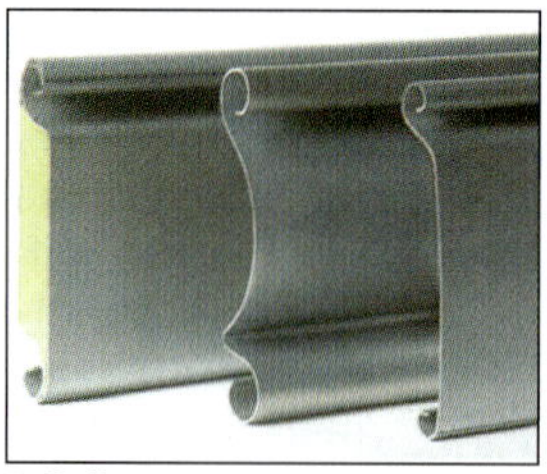
2 Rolltorpanzer

1 Rolltor

Anrollsystem
Der schräge Einlauf in die Schienen zu Beginn der Schließbewegung des geöffneten Tores erzeugt allerdings größeren Verschleiß an den oberen Lamellen bzw. dem Einlauftrichter und erhöht die Laufgeräusche. Abhilfe schafft hier ein sogenanntes Anrollsystem, das die Wickelwelle automatisch je nach Toröffnung so verschiebt, dass stets ein senkrechter Einlauf des Rolltorpanzers erreicht wird.

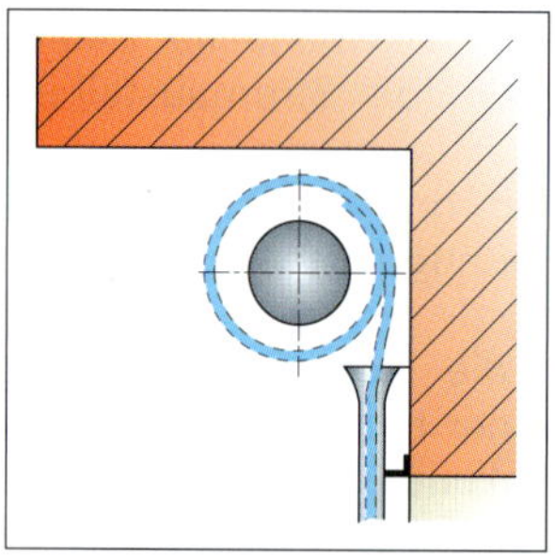
4 Einlauftrichter an den Führungsschienen

3 Lamellen mit Sturmhaken bei höheren Windlasten

Ohne Anrollsystem	Mit zwangsgeführtem Anrollsystem
Wickelwelle ändert ihre Position nicht → Schrägzug: • Mehr Abrieb und Reibung • Stärkere Laufgeräusche • Größerer Sturzbedarf	Welle und Antrieb sitzen kugelgelagert auf einem Aufsatzelement => Welle verschiebt sich soweit, dass senkrechter Einlauf des Torpanzers immer gewährleistet ist. Vorteil: geringerer Verschleiß, bessere Abdichtung.

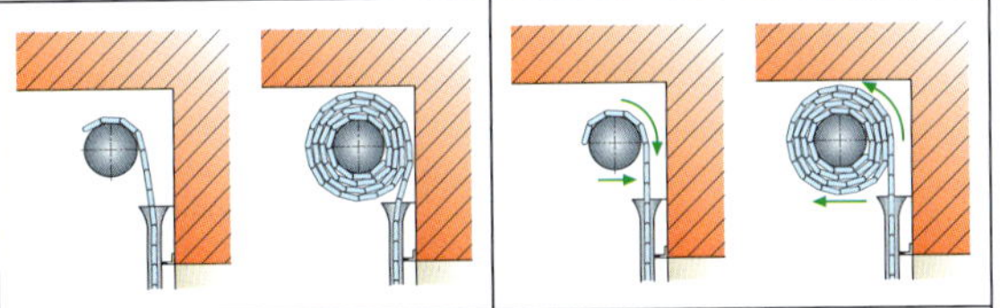

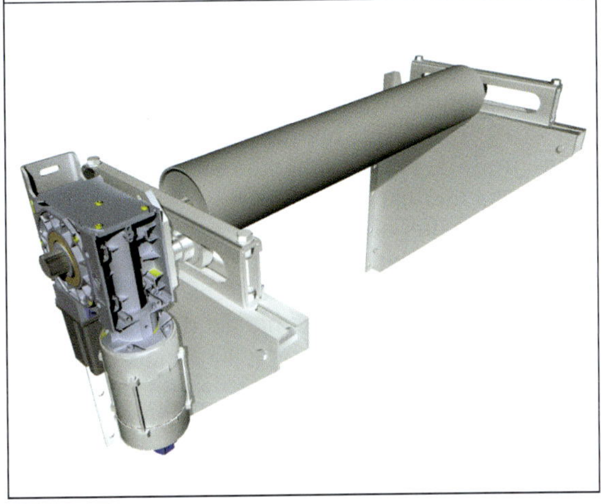

1 Anrollsystem für die Wickelwelle

Abdichtung des Rolltores

Die Abdichtung zum Fußboden wird mit Gummihohlprofilen, zum Sturz mithilfe von Dichtbürsten oder Dichtungslamellen und seitlich durch Bürstendichtungen in den Führungsschienen hergestellt.

Einbruchschutz durch Hochhebesicherung

Der geschlossene Rolltorpanzer wird durch Hebesicherungen gegen gewaltsame Öffnungsversuche von außen gesichert. Beim Hochschieben bilden die Lamellen eine Schlaufe und stoßen gegen einen Anschlag oder bei niedrigem Sturz direkt gegen die Decke.

Schubriegel oder Stangenschlösser am Boden-Abschlussprofil kommen ebenso als Hochhebesicherung zum Einsatz. Bei motorisiertem Antrieb sind diese mit Kontaktschaltern auszustatten, die den Steuerstromkreis des Antriebs zum Schutz der Toranlage unterbrechen.

3 Hebesicherung durch Schubriegel und Kontaktschalter

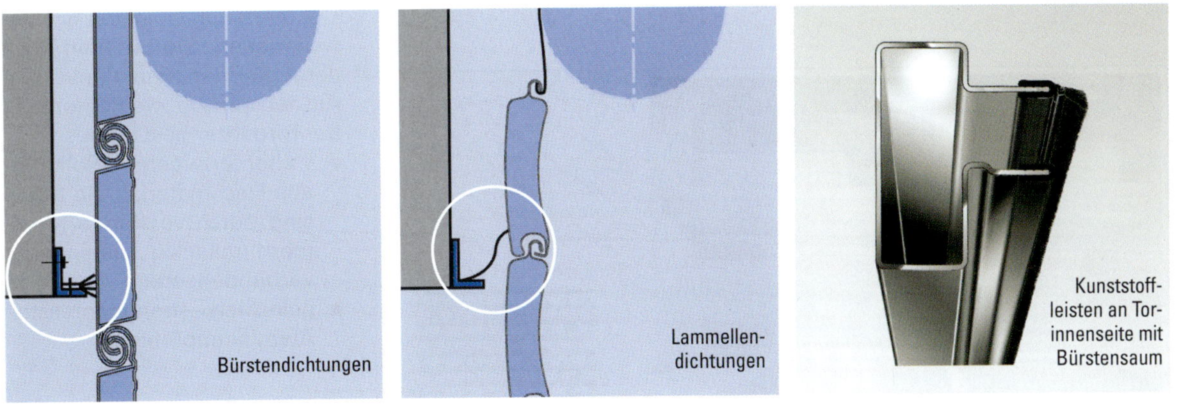

2 Abdichtung von Rolltoren

Automatische Verriegelungssysteme sichern den Rolltorpanzer bei jedem Schließvorgang durch automatisch ausfahrende Sicherungsbolzen.

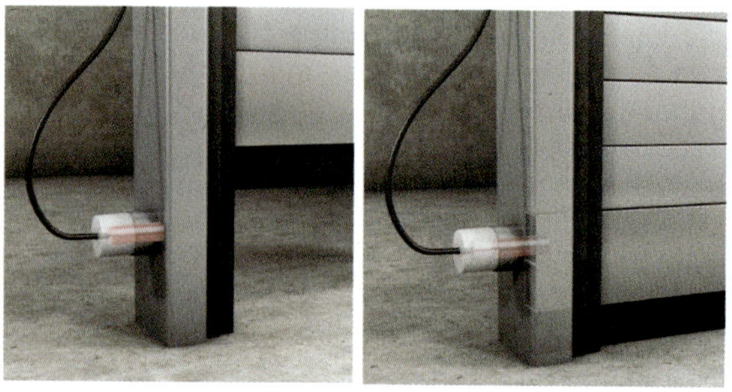

1 Automatische Bolzenverriegelung am Rolltor

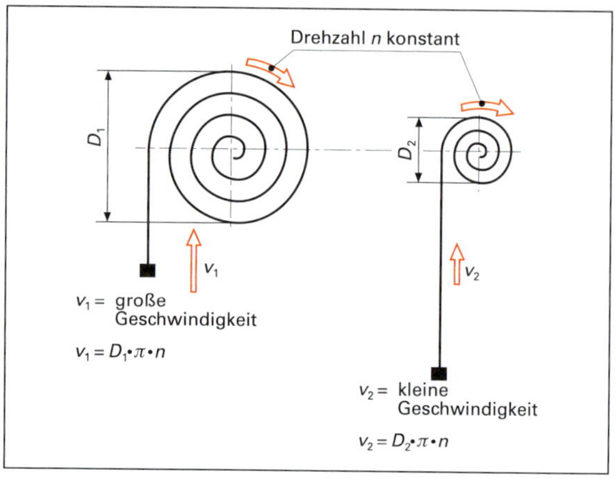

2 Ballendurchmesser und Öffnungsgeschwindigkeit

Antriebe für Rolltore

Kleinere Garagenrolltore werden meist von Hand mit einer Haspelkette oder Kurbel angetrieben. Als Gewichtsausgleich dienen Gegengewichte oder meist Torsionsfederwellen.

Für elektrisch angetriebene Rolltore werden i. d. R. folgende Motorarten ohne Gewichtsausgleich eingesetzt:

- Rohrmotor in der Wickelwelle – für Garagen- und kleine Industrietore
- Aufsteckmotor seitlich neben der Wickelwelle
- Kettenantrieb – für schwere Torpanzer oder bei fehlendem Seitenplatz

Bei gleichbleibender Antriebsdrehfrequenz der Wickelwelle vergrößert sich beim Öffnen des Rolltores die Geschwindigkeit, da der Durchmesser des aufgewickelten Rolltorpanzers kontinuierlich zunimmt (Bild 2). Bei Rolltoren wird daher nur eine mittlere Öffnungsgeschwindigkeit oder eine auf die Torhöhe bezogene Öffnungszeit angegeben.

Die durchschnittliche Öffnungsgeschwindigkeit bei Industrietoren liegt bei 12–18 cm/s. Verwendet man größere Wickelwellendurchmesser, so wird die Geschwindigkeit erhöht.

Bei Stromausfall oder defektem Antrieb können die Tore mit einer Kurbel notbedient werden. Am Antrieb befindet sich ein Kontaktschalter in der Nothandkurbeleinführung, der einen gleichzeitigen elektrischen Betrieb verhindert. Auch Haspelketten werden als Notbedienungselemente eingesetzt.

3 Notbedienung durch Haspelkette

Rollgitter

dienen insbesondere als einbruchshemmende Nachtabschlüsse bei Zufahrten bzw. Zugängen in Tiefgaragen und vor gefährdeten Objekten wie Juwelierläden. Sie arbeiten nach dem gleichen Funktions- und Antriebsprinzip wie Rolltore. Der Torpanzer besteht aus

- wabenförmigem Rollgitter aus Flachmaterial; die Stäbe sind durch verstärkte Klammern gelenkig miteinander verbunden; oder
- gelochten, stranggepressten Aluminiumprofilen.

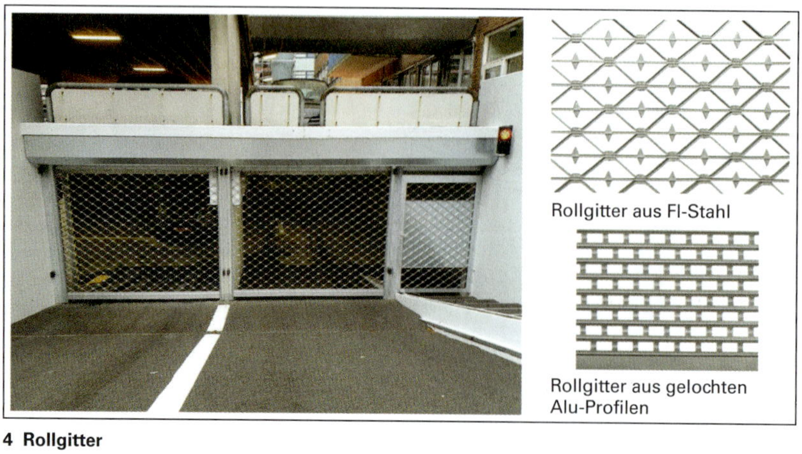

4 Rollgitter

Aufgaben

1. Nennen Sie die Bauteile und beschreiben Sie damit den Aufbau und die Funktion eines Rolltores.
2. Beschreiben Sie Vor- und Nachteile von Rolltoren.
3. Beschreiben Sie den Aufbau und die Gestaltungsmöglichkeiten von Rolltorpanzern.
4. Warum sind Rolltore weniger wärmedämmend als andere Hallentorbauarten?
5. Wie erfolgt die Abdichtung eines Rolltores seitlich und zum Boden hin?
6. Welche Vorteile besitzen Rolltorpanzer mit gewölbten Querschnittsformen?
7. Warum sind die oberen Enden der Führungsschienen aufgeweitet?
8. Welche Vorteile bringt ein sogenanntes Anrollsystem?
9. Beschreiben Sie die verschiedenen Antriebsmöglichkeiten für Rolltore.
10. Warum kann bei motorisierten Rolltoren nur eine durchschnittliche Öffnungsgeschwindigkeit angegeben werden?

8.4.5.6 Schnelllauftore

Schnelllauftore aus flexiblem PVC-Gewebe bewegen sich mit hohen Geschwindigkeiten von 1,5–3 m/s beim Öffnen und 0,4–0,8 m/s beim Schließen. Das Torblatt ist dementsprechend leicht und verformbar aus 2–4 mm dickem PVC-Gewebe gefertigt (Bild 1). Aufgrund der hohen Geschwindigkeiten und des konstruktiven Aufbaus ergeben sich folgende Vorteile:

- weniger Wärmeverluste und Zugluft
- hohe Flexibilität des Torkörpers und der Bodendichtung →
- weitgehend „crash-stabil", kaum Reparaturen bzw. „selbstreparierend"

Schnelllauftore aus doppelwandigen, thermisch getrennten Aluminium- bzw. Stahlprofilen werden als **Spiraltore** gebaut. Die doppelwandigen Lamellen werden dabei mit einer Geschwindigkeit von ca. 1–1,5 m/s in eine Spiralkonsole gezogen.

Diese Bauart weist folgende Vorteile auf:

- wärmegedämmtes Torblatt – geringe Wärmeverluste
- berührungsloses Aufwickeln des Torpanzers → geräuscharmer, schonender Lauf und lange Lebensdauer

1 Schnelllauftor aus PVC-Gewebe

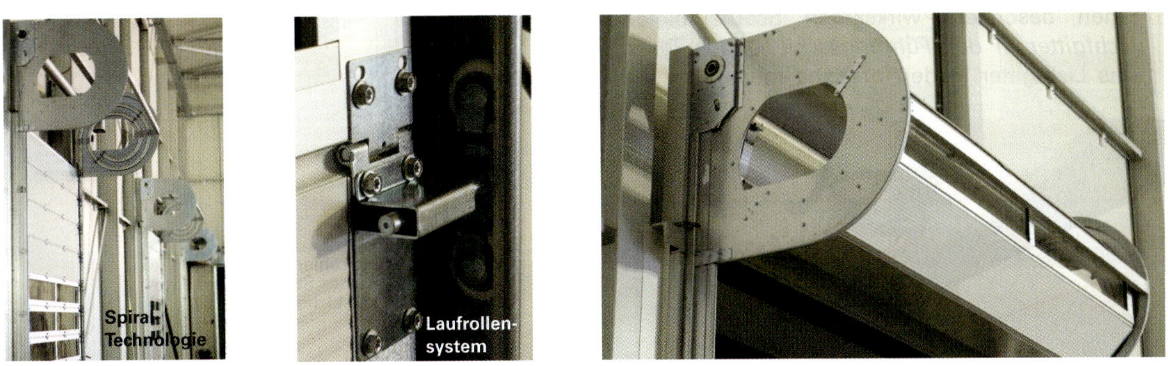

2 Spiraltor mit wärmegedämmten Aluminiumlamellen

Aufgaben

1. Welche Sicherheitsmaßnahmen müssen vor Instandhaltungsarbeiten an Toren durchgeführt werden?
2. Informieren Sie sich über Regeln beim Umgang und der Handhabung von Aufstiegshilfen.
3. Wie können Sie die Umgebung bei Wartungsarbeiten an einem Hallentor absichern?
4. Wie verhindern Sie, dass bei Instandhaltungsarbeiten das Tor versehentlich wieder eingeschaltet wird?
5. Nennen Sie wichtige Verschleißteile an einem Deckensektionaltor und geben Sie an, wie Sie den Zustand der Bauteile jeweils erkennen bzw. beurteilen können.
6. Welche Abnutzungsursachen können an den Verschleißteilen des Tores auftreten?
7. Welche Maßnahmen können Sie treffen, um vorzeitigen Verschleiß zu verhindern?
8. Welche Sicherheitseinrichtungen sind an einem Deckensektionaltor zu kontrollieren? Warum muss diese Prüfung von einer zertifizierten Fachkaraft durchhgeführt werden?
9. Welche Instandsetzungsarbeiten an einem Sektionaltor sind zeitabhängig, zustandsbedingt und welche sind schadensbedingt. Nennen Sie jeweils mögliche Beispiele.

8.5 Gitter

Gitter bieten vielfältige Möglichkeiten zu ihrer Gestaltung. Sie können in Extremfällen

- sehr schlicht ausschließlich aus Walzprofilen zusammengesetzt und durch Schweißen gefügt sein oder als
- kunstvolle Schmiedearbeit den ganzen Formenreichtum einer Stilepoche in sich vereinen.

Bis in das Mittelalter hinein wurden Gitter aus Holz, Stein, Kupfer oder Messing gefertigt. Arbeiten früherer Epochen aus Eisen sind uns nur wenig erhalten geblieben. Sie sind zum Teil durch Korrosion zerstört oder zu Gebrauchsgegenständen umgeschmiedet worden. Am Beispiel eines Fertigungsauftrags sollen die Gitterarten, die Planung, der Entwurf und die Gestaltung sowie Berechnung gezeigt werden.

8.5.1 Projekt Gittertür

Für einen Flurabschluss ist ein Rundbogengitter nach Skizze zu fertigen. Es liegt dazu ein Entwurf eines Metallgestalters mit Hinweisen zu Verbindungen und Arbeitstechniken vor (Bild 1). Die Gittertür soll ein Unikat und durch Freiformschmieden am Amboss gefertigt werden.

Skizzen für Schmiedearbeiten sollen primär das optische Erscheinungsbild in richtigen Proportionen vermitteln, sie enthalten keine Details. Die Verfeinerung, wie Profile, Verbindungen und weitere Attribute werden erst im Gespräch zusammen mit dem Kunden erarbeitet und dann in die Skizze eingetragen. Für die Arbeit in der Werkstatt ist es vorteilhaft, aus dem fertigen Entwurf Naturgrößen auf Karton heraus zu zeichnen, sie dienen dann als Schablone in der Werkstatt.

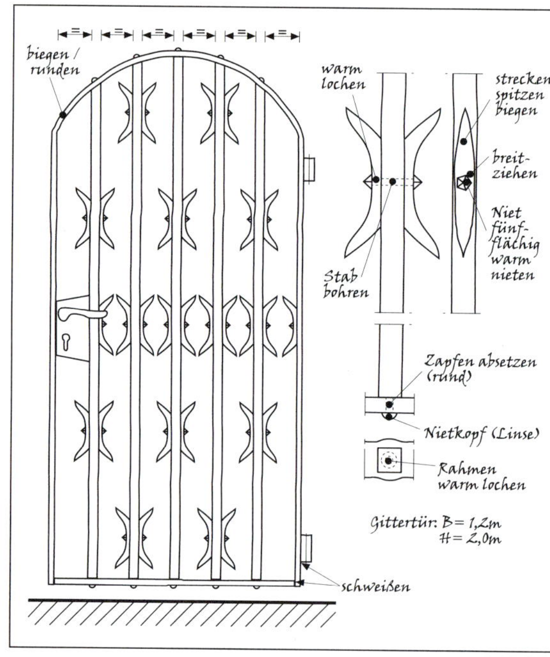

1 Gittertür

Wichtig für alle Schmiedearbeiten ist die Entscheidung für einen zum Bauwerk passenden Stil und das Einhalten von Proportionen – sie bestimmen die Wirkung auf den Betrachter ob abwehrend, trennend oder als primär dekorative Arbeit.

Aufgaben

1. Beschreiben Sie die Wirkung eines Gitters Ihres Umfeldes auf einen Betrachter und beurteilen Sie die Übereinstimmung von Bauwerk und Gitterentwurf.
2. Skizzieren Sie den Gitterentwurf (Bild 1) auf einen Karton in den richtigen Proportionen.

3. Wählen Sie geeignete Profile nach Art und Größe für den Rahmen, die Stäbe und die dekorativen Applikationen.
4. Wählen Sie aus einem Beschlagkatalog Bänder, Schloss und Türgriff.
5. Skizzieren Sie die stachelförmigen Applikationen in Maßstab 1 : 1 und planen Sie deren Fertigung durch Formen mit Knetmasse.
6. Skizzieren Sie Alternativen zur Verbindung von Stab und Rahmen und zur Befestigung der Füllelemente an den Stäben.
7. Schlagen Sie eine passende Gestaltung der Oberfläche vor und begründen Sie einen geeigneten Korrosionsschutz für das Gitter (Innenraum).

8.5.2 Gitterarten

Die Vielzahl an Formen fordern vom Metallgestalter, sich erst einen Überblick über Gitter zu verschaffen. Die Varianten sind so zahlreich wie die Geschichte der Metallkunst. Schon in der Gotik (vgl. Kap. 10) spalteten sich von den Grobschmieden die Gitterschmiede ab und genossen besonders in Frankreich und Spanien wegen ihrer großen Arbeiten in Sakral- und Profanbauten hohes Ansehen. Gitter lassen sich nach vielfältigen Kriterien einteilen (s. nachfolgende Tabelle).

Einteilung nach	Ausführung als	Beispiel
dem Zweck	• Fenstergitter: sie sind Einbruchschutz und optische Aufwertung der Fassade zugleich • Türgitter: schützen z. B. eine Ganz-Glastüre • Gittertür: eine Tür als Gitter gestaltet, trennt nur, soll aber nicht aus- oder einschließen • Füllungsgitter: schützen z. B. einen Ausschnitt einer Haustüre • Brüstungsgitter: dienen als Absturzsicherung z. B. an Terrassen • Geländerfeld: können Balkongitter zwischen zwei Pfosten sein • Trenngitter: sie gliedern einen gestaltlosen Raum, z. B. als Raumteiler in Restaurants • Kellerfenstergitter: der Einbruchschutz steht im Vordergrund • Verkleidungsgitter: sie entziehen Einbauten, z. B. Heizungskörper dem Blick	 Fenstergitter
dem Einbauort	• Profangitter im – öffentlichen Raum: z. B. Umfassungsgitter an Brunnen – privaten Raum: z. B. Fenstergitter • Sakralgitter: z. B. Kapellenabschlussgitter, Westgitter, Altarraumgitter; sie haben auch liturgische Funktionen	 Kapellengitter

Einteilung nach	Ausführung als	Beispiel
der bedeckten Fläche	• Vollgitter: die Stäbe stehen dicht an dicht, eine hohe Schutzfunktion ist gewünscht • Teilgitter: nur ein Teil der Fläche wird bedeckt, z. B. die eines Balkongeländers bei Stab-Glas-Bauweise oder Stab-Blech-Bauweise	
dem Aufbau	• Rahmengitter: die Stäbe sind in einen Rahmen eingesetzt • rahmenlose Gitter: die Einzelstäbe sind direkt in die Laibung eingesetzt	
der Anordnung der Stäbe	• senkrecht: das Gitter wirkt in der Höhe gestreckt, betont die Vertikale • waagerecht: das Gitter erscheint breiter, betont die Horizontale • schräg: dem Blick wird eine Richtung gegeben, z. B. zu einem Detail • gekreuzt: die „Vergitterungswirkung“ steht im Vordergrund • freie Formen: die Trennfunktion soll zurücktreten	
dem Stababstand	• dicht: die Schutzfunktion ist stark betont • offen: die dekorative Funktion steht im Vordergrund	
der Außenform	• rechteckig: betont ist die Fensterform, sie folgen meist dem goldenen Schnitt • quadratisch: sie wirken z. B. als Geländerfeld niedriger • rund: die Fensterform wird im Gitter wiederholt und verstärkt • oval: z. B. als Gitter vor einen oueil de beuf • freie Formen: ein Gitter soll seine trennende Wirkung verlieren	

Einteilung nach	Ausführung als	Beispiel
der Lage	• in der Laibung: ergeben glatte Außenflächen am Bauwerk • vor der Laibung: betonen die Schutzfunktion • Füllungsgitter: schützen nur einen Ausschnitt, z. B. ein Fenster in einer Außentüre	
der Befestigung	• geschraubt: einfache Montage, geringe Schutzwirkung • in das Mauerwerk eingelassen: die hohe Schutzwirkung soll betont werden • beweglich: z. B. als Rollgitter vor einem Ladeneingang	
dem Stil	• einer Stilepoche folgend: z. B. ein Renaissancegitter mit Unendlichkeitssymbolen • rein zweckorientiert: z. B. ein Kellerfenstergitter mit hohem Einbruchschutz	
dem Werkstoff	• Gusseisen: früher oft bei Brückengeländer üblich • Stahl: ein universeller Werkstoff für Gitter • Messing/Bronze: bei betont dekorativer Funktion üblich • EDELSTAHL Rostfrei®: kein Korrosionsschutz notwendig • Mischkonstruktion: z. B. bei Geländerfeldern aus Stäben – Glas	
der Art der Fertigung	• geschmiedet: freiform am Amboss oder aus vorgefertigten Bauteilen; eine zeitgemäße Gestaltung ist möglich, wichtig bei Restaurierungen • aus unbearbeiteten Profilen (= „geschlossert“): die geringen Kosten und die Zweckmäßigkeit stehen im Vordergrund	

8.5.2.1 Fenstergitter

Hier stehen Schutz vor Einbruch und Aufwertung bzw. Betonung der Fassade eines Bauwerks gleichrangig und müssen bei der Gestaltung berücksichtigt werden. Dabei ist der Stil des Bauwerks aufzunehmen. Bis zu Mitte des 20. Jahrhunderts waren Lochfenster typisch für die Fassadengestaltung. Das Bauwerk konnte durch repräsentativen Fenstergittern aufgewertet werden. Bei zeitgemäßen Stahl-Glas-Fassaden von Objektbauten ist diese Aufwertung nicht mehr vonnöten, sie brauchen auch keine Fenstergitter mehr.

Nach der Lage der Gitter an Wohnbauten unterscheidet man Gitter (Bild 1)

- hinter dem Fenster im Innenraum: Nur bei besonders schutzwürdigen Bauten üblich, z. B. bei Banken (a).
- direkt am Fensterflügel befestigt: Sie erlauben freie Sicht bei geöffneten Flügeln (b).
- in der Laibung verankert (c).
  - in Gestalt von Einzelstäben: Nur üblich bei kleineren Formaten; die Schutzwirkung ist hoch, allerdings sollten kräftige Stäbe verwendet werden.
  - mit einem Rahmen umschlossen, der im Mauerwerk mit Ankern oder Dübeln befestigt ist.
- vor der Laibung: Sie können eben oder an der Unterseite korbartig geformt sein oder als Kastengitter ganz heraustreten; das ergibt eine plastische Wirkung, die dekorative Funktion steht im Vordergrund; die Gitterfläche sollte einen Abstand von ca. 100 mm von der Fassadenebene haben um diese Wirkung entfalten zu können (d, e, f).
- als Sonderformen, z. B. Oberlichtgitter über einem Portal: Hier bildet das Gitter einen Raumabschluss, denn Oberlichte waren oft nicht verglast sondern zur Belüftung immer offen.

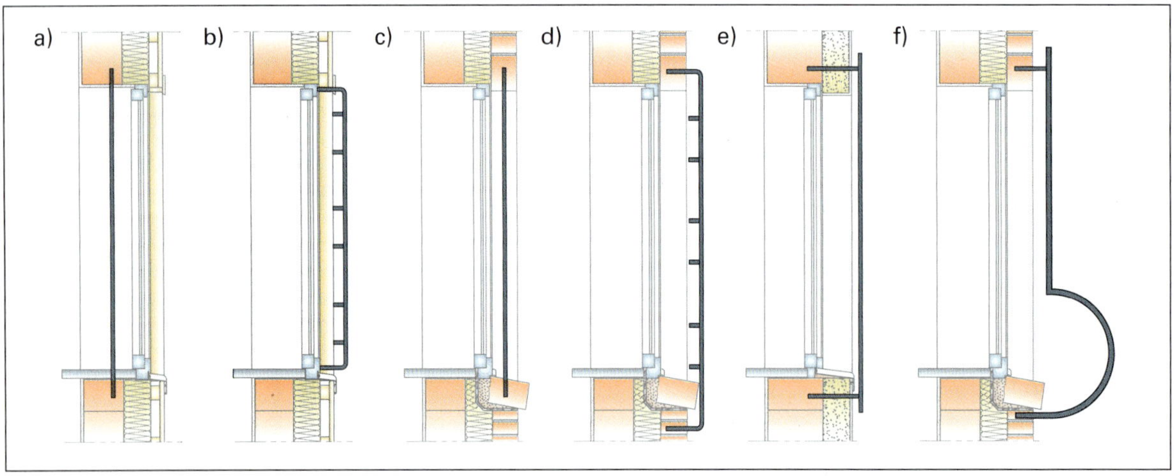

1 Lage von Fenstergittern

Für den Entwurf und die Fertigung eines Fenstergitters sind deshalb zu berücksichtigen:

1. Stil des Bauwerks,
2. Gewünschte Hauptfunktion,
3. Preis, den der Auftraggeber zu zahlen bereit ist.

Die Planung beginnt immer mit der Maßaufnahme am Objekt, dann wird nach den Wünschen des Auftraggebers ein Entwurf gefertigt und dieser in eine technische Zeichnung umgesetzt. Sie enthält nur die Ansicht und die wenigen Details, die für die Fertigung unbedingt notwendig sind.

Als Werkstoff setzt sich zunehmend EDELSTAHL Rostfrei® durch, da er keinen Korrosionsschutz braucht. Fenstergitter aus Baustahl sollten immer feuerverzinkt werden.

8.5.3 Türgitter

Türgitter begegnen uns in mehreren Varianten. Sie

- können einen Türausschnitt aus Glas schützen und eine Tür optisch aufwerten (Bild 1),
- der Träger für eine Glastüre sein: der Beschlag breitet sich über die ganze Fläche aus (Bild 2),
- ersetzen eine Tür komplett (Bild 3).

Bei der Gestaltung ist darauf zu achten, dass der Benutzer der Tür sehr nahe kommt. Die Stäbe und Ornamente dürfen deshalb nur wenig aus der Fläche hervortreten.

Türgitter entwickelten sich aus den reichen Beschlägen romanischer und gotischer Portale, mit den Zeitläufen wurden die Holzplanken (Bild 4) ganz weggelassen, übrig blieb nur das Gitter. Es erlaubt eine Durchsicht, öffnet einen sonst geschlossenen Raum nach außen und erlaubt den Einblick.

1 Türausschnitt – Gitter

2 Glas-Gitter-Tür

Alte Arbeiten findet man noch an den Kapellengittern in alten Kirchen, ebenso wie als Gitter an der Westseite von Kathedralen (Bild 5). In der zeitgenössischen Architektur findet man Gittertüren auch

3 Gittertür

4 Beschlag Maulbronn

5 West-Werk-Gitter, Kloster Waldsassen

als Trennung und Gliederung von sonst eintönig wirkenden Fluren, wenn geschlossene Türen den Raum optisch zu stark verkleinern würden. Das Projekt „Gittertür" (S. 459) ist ein typisches Beispiel für eine Trenntüre aus Profilen. Bei der Wahl des Schlosses ist darauf zu achten, dass sich die Tür nicht durch ein nach innen greifen öffnen lässt, ein fester Knauf an der Außenseite wäre sonst wirkungslos. Auch ist darauf zu achten, dass Türgitter leicht gereinigt werden können und bei Betätigung nicht flattern. Das können stabile Rahmen oder hochkant gestellte Flachprofile verhindern.

8.5.4 Brüstungsgitter

Brüstungsgitter leiten sich von den klassischen Steinbalustraden her und schützen an Balkonen, Treppenläufen, Terrassen, Galerien, Tribünen und Brücken vor Absturz. Folgende Tabelle zeigt Beispiele für Brüstungen mit den spezifischen Anforderungen. In jedem Fall müssen Anpralllasten aufgenommen und sicher in die Befestigung eingeleitet werden.

Brüstungsgitter an	**Anforderungen u.a.**	**Bespiele**
Tribünen	Verletzungsgefahr muss ausgeschlossen sein. In Stadien ist mit Vandalismus zu rechnen.	 **1 Stadionbrüstung**
Balkonen	Die Gitterfeldgestaltung darf nicht zum Klettern etc. einladen.	 **2 Balkongeländer**
Brücken	Das Gitterfeld sollte dicht sein. Es muss beim Anprall eine Resttragfähigkeit gesichert sein.	 **3 Brückengeländer**
Terrassen	Die Gestaltung sollte den Stil des Bauwerks aufnehmen und unterstreichen. Eine „Mauerwirkung" soll vermieden werden.	 **4 Brühlsche Terrasse Dresden**

Brüstungsgitter müssen deshalb statischen Erfordernissen genügen, sollen aber gleichzeitig durch ihre Gestaltung das Bauwerk oder -bauteil aufwerten. Sie sind nicht von Geländern abzugrenzen, ihre Beanspruchungen sind denen von Geländern sehr ähnlich. Bei der Gestaltung müssen deshalb erst die statischen Vorgaben bestimmt werden, erst dann kann das Gitterfeld zwischen den Pfosten entworfen werden. Für einige Anwendungsgebiete gibt es Technische Regeln, Normen und gesetzliche Vorschriften, so z. B. für

- Tribünen die Versammlungsstättenverordnung,
- Geländer die Geländerbaurichtlinien.

Die Berechnung der lastabtragenden Bauteile kann mit Formeln der Statik und mit Software erfolgen. Beim Entwurf müssen immer

1. die Einwirkungen erfasst,
2. die lastabtragenden Bauteile, z. B. Pfosten bemessen,
3. die Befestigung berechnet,
4. das Gitterfeld und dessen Befestigung an den Pfosten bestimmt werden.

In Bild 1 ist der Ablauf für die Herstellung eines Brüstungsgeländers als Mind Map dargestellt. Er ist bei allen Brüstungsgeländern ähnlich. Die Berechnungen müssen von einem Statiker vorgenommen werden und in der Regel den Baugenehmigungsbehörden vorgelegt werden.

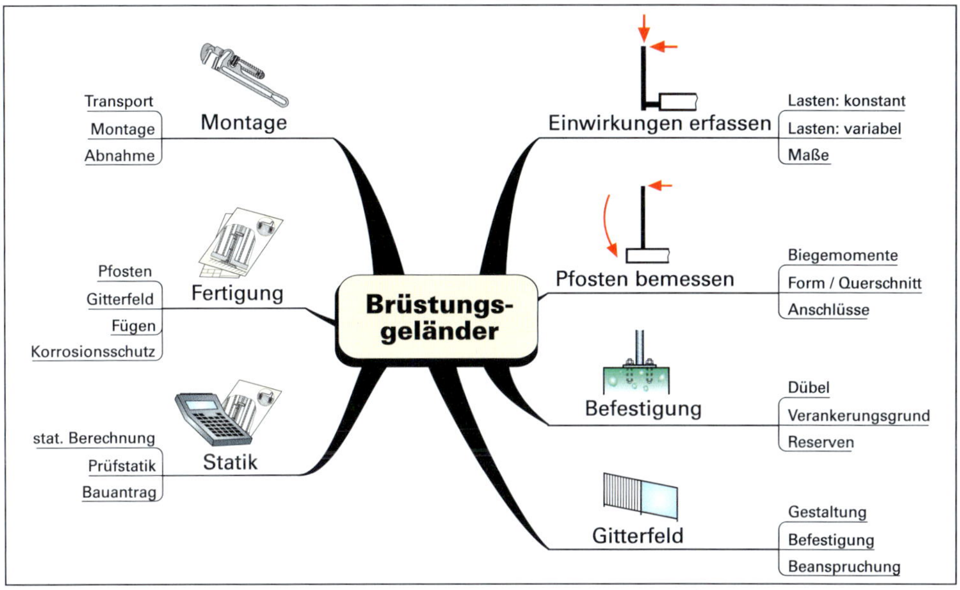

1 Mindmap: Brüstungsgeländer

8.5.5 Planungsaufgaben an Fenstergittern

Für die Fertigung jeder Art von Gitter müssen in der Entwurfs-, Planungs- und Fertigungsphase in Abhängigkeit von der Einbausituation zuerst bestimmt werden:

- Kostenrahmen (meist vom Auftraggeber vorgegeben),
- evtl. zu beachtende Vorschriften, z. B. für Banken die Vorgaben von Versicherungen,
- Maßaufnahme an der Baustelle bzw. Entnahme der Maße aus einem Bauplan,
- Größe und Form des Fensterrahmens (bei rahmenlosen Gittern wird ein „virtueller" Rahmen angenommen und dann weggelassen),
- Abstand Rahmen zur umgebenden Aussparung (Fenster oder Türe),
- Art und Abmessungen des Rahmens,
- Art, Größe und Stabteilung der Füllstäbe,
- Bearbeitung der Füllstäbe,
- Zusätzliche Füllungen, z. B. dekorative Bauteile,
- Bauteile zum Befestigen und Anschlagen, z. B. Dübel, Schrauben, Pratzen zum Einmauern, Bänder an einer Gittertüre),
- Maßnahmen zum Korrosionsschutz bzw. zur Oberflächengestaltung,
- Vorkalkulation des Gitters mit Angebot und Entwurfskizze/Zeichnung an den Auftraggeber,
- Fertigung von Rahmen, Füllstäben und weiteren Füllelementen,
- Fügen von Rahmen und Füllstäben und evtl. Füllelementen,
- Korrosionsschutz,
- Montage des Gitters.

Für ein einfaches Kellerfenstergitter mit senkrechten Füllstäben sollen die Planungs- und Berechnungsaufgaben an einem geschweißten und einem geschmiedeten Gitter nachvollzogen werden (Bild 1, Seite 467). Der Stababstand ist wichtig für die Fertigung, die Mittenteilung bestimmt die optische Wirkung. Es soll ein Stababstand von ca. 120 mm angestrebt werden. Das Gitter soll aus Kostengründen keine weiteren dekorativen Elemente enthalten. Der Auftraggeber erhält zwei Skizzen mit Hauptmaßen.

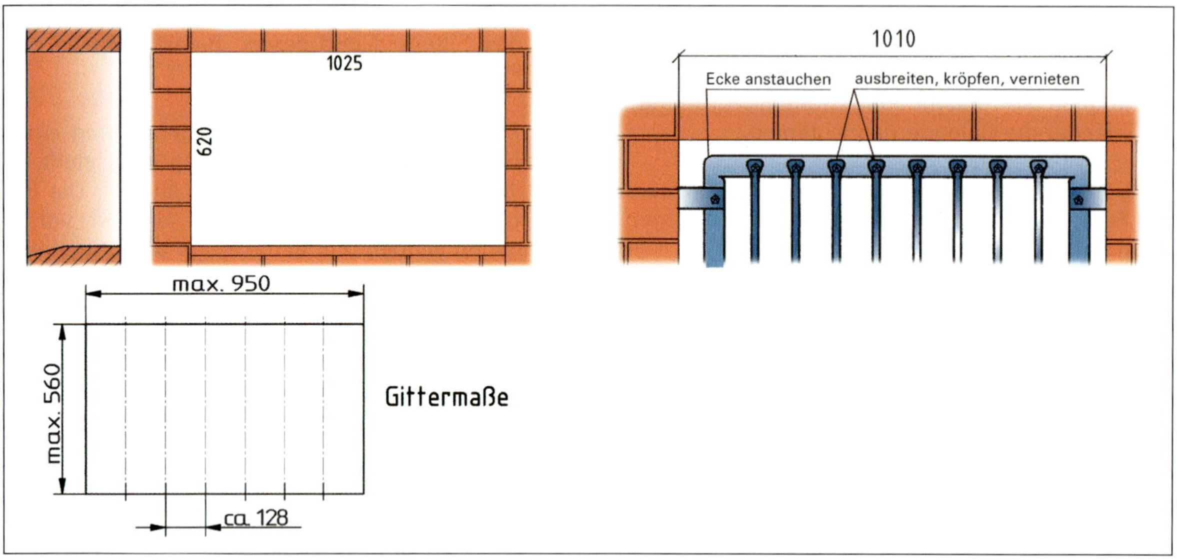

1 Fenstergitter und Lösungsvorschlag Einbausituation

In Abhängigkeit von der gewählten Lösung werden Profile aus dem Werkstoff S235 verwendet.

	Schweißkonstruktion	**Geschmiedetes Gitter**
	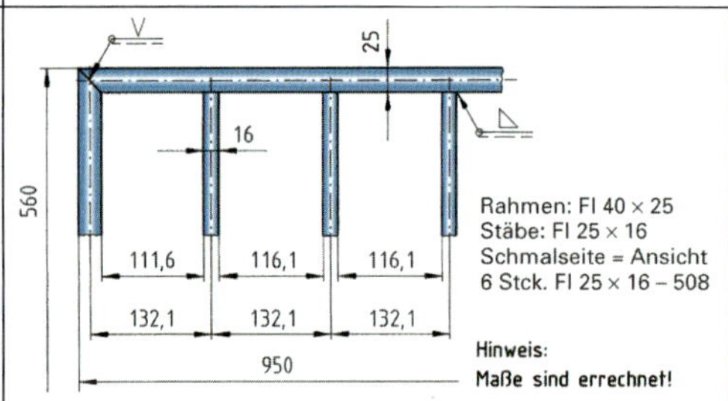	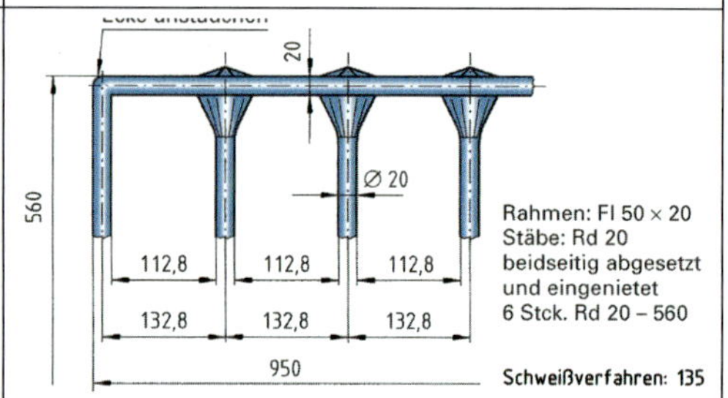
Außenmaße	Breite: 950 mm (Abstand zum Mauerwerk: jeweils ca. 37,5 mm Höhe: 560 mm (Abstand zum Mauerwerk: jeweils ca. 30 mm	
Rahmen	Fl 40 × 25 Schmalseite = Ansicht	Fl 50 × 20 Schmalseite = Ansicht
Berechnung Stablänge L der Füllstäbe	Stablänge L = Rahmenaußenmaß – 2 × Rahmendicke	Stablänge L = Rahmenaußenmaß – 2 × Rahmendicke + Zugabe für Stauchung und abgesetztem Zapfen (geschätzt: 50 mm)
	L = 560 mm – 2 × 25 mm L = 510 mm L = 508 mm (da eingeschweißt)	L = 560 mm – 2 × 25 mm L = 510 mm + 50 mm L = 560 mm
Füllstäbe	6 Stück Fl 25 × 16 – 508	6 Stück Rd 20 – 560, beidseitig abgesetzt und eingenietet,
Berechnung Mittenteilung t	Mittenteilung $t = \frac{\text{Rahmenaußenmaß – Rahmendicke}}{\text{7 (Abstände)}}$	
	$t = \frac{950\text{ mm} - 25\text{ mm}}{7}$ t = 132,1 mm	$t = \frac{950\text{ mm} - 20\text{ mm}}{7}$ t = 132,8 mm
Berechnung Stababstand l_i (= lichte Weite)	Stababstand l_i = Mittenteilung t – Stabdicke s	
	l_i = 132,1 mm – 16 mm l_i = 116,1 mm l_i = 116 mm (gerundet)	l_i = 132,8 mm – 20 mm l_i = 112,8 mm l_i = 113 mm (gerundet)

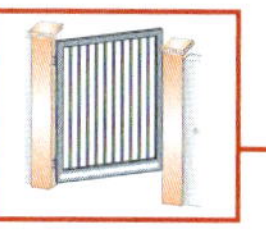

Für die Berechnung von einfachen Stabgittern sind Softwareprogramme auf dem Markt. Man kann sich auch mithilfe von EXCEL ein Berechnungsprogramm erstellen.

8.5.6 Herstellung und Montage

Die Herstellung eines Gitters teilt sich in
- Fertigung in der Werkstatt und
- Montage vor Ort an der Baustelle.

Je nach Entfernung des Kunden, Größe und Lage eines Gitters am Bauwerk können für die Montage höhere Kosten als für die Fertigung entstehen.

8.5.6.1 Fertigung

Die Herstellung eines Gitters in der Werkstatt folgt den Schritten
- Materialzuschnitt,
- Bearbeitung von Rahmen, Füllstäben und Füllungselementen,
- Fügen,
- Werterhaltungsmaßnahmen.

Besonders auf die Werterhaltung muss bei Gittern große Sorgfalt verwendet werden. Sie verbleiben oft jahrzehntelang am Standort, eine Erneuerung des Korrosionsschutzes ist nur mit hohen Kosten möglich, denn oft sind Gitter unlösbar am Bauwerk verankert, z.B. durch Einmauern. Bewährt hat sich bei einfachen Gittern das Feuerverzinken, bei repräsentativen Konstruktionen eine Duplexbeschichtung, Verzinken + Beschichten.

Da Gitter sehr oft in Serie gefertigt werden und bei einfachen Gittern ein starker Kostendruck herrscht, ist es wichtig, dass auch die Fertigungszeiten und sonstigen Hilfsmittel erfasst werden, um dem Kunden ein konkurrenzfähiges Angebot unterbreiten zu können. Bei Wiederholaufträgen kann auf den Arbeitsplan zurückgegriffen werden, wenn Form und Größe des Gitters ähnlich sind.

Am Beispiel des einfachen Kellerfensters lassen sich diese Schritte an einem Arbeitsplan nachvollziehen (Bild 1 und Bild 1 nächste Seite).

Betrieb Metallbau Huber		**Arbeitsplan:** Kellerfenstergitter – Schweißkonstruktion Breite ca. 1 m, Höhe ca. 0,6 m	**Zeichnungsnr.** Gitter 05 – 23K		
Ausgangsteile: Rahmen: Füllstäbe:		Rohform/Werkstoff/Abmessung Fl 40 × 25 – 3020 Fl 25 × 16 – 508	Rohgewicht 7,7 kg/m 3,08 kg/m	Fertiggewicht 23,25 kg 9,25 kg 32,50 kg	
Lf. Nr.	**Arb.-Platz-Gruppe**	**Arbeitsgang-Beschreibung**	**Fertigungshilfsmittel**	**Rüstzeit in min**	**Zeit/Stück in min**
010	Zuschnitt	Rahmenteile ablängen (4 ×)	Kreissäge	10	2
020	Zuschnitt	Füllstäbe ablängen (6 ×)		–	2
030	Schweißen	Rahmen schweißen, richten, prüfen	MAG	10	15
040	Schweißen	Füllstäbe einschweißen (6 ×)	MAG, Abstandhalter	–	5
050	Bohren	Befestigungslöcher für Schrauben bohren (4 ×)	Ständerbohrmaschine	15	2
060	Feuerverzinken	Fa. N,N.: Feuerverzinken 32,5 kg (0,80 €/kg)	–	–	–
070	Montage	Montage beim Kunden (Pauschalpreis)		–	–

1 Arbeitsplan: Schweißkonstruktion

Betrieb Metallbau Huber	**Arbeitsplan:** Kellerfenstergitter – geschmiedet Breite ca. 1 m, Höhe ca. 0,6 m	**Zeichnungsnr.** Gitter 05 – 23S	
Ausgangsteile: Rahmen: Füllstäbe:	Rohform/Werkstoff/Abmessung Fl 50 × 20 – 3050 (mit Zuschlag für Ecken stauchen) Rd 20 – 560	Rohgewicht 7,7 kg/m 2,47 kg/m	Fertiggewicht 24,50 kg 8,30 kg 33,10 kg

Lf. Nr.	**Arb.-Platz-Gruppe**	**Arbeitsgang-Beschreibung**	**Fertigungs-hilfsmittel**	**Rüstzeit in min**	**Zeit/Stück in min**
010	Zuschnitt	Rahmen (1 ×)	Kreissäge	10	2
020	Zuschnitt	Füllstäbe ablängen (6 ×)	Kreissäge	–	2
030	Schmiede	Rahmen stauchen, biegen (4 ×)	Amboss, Feuer	30	5
040	Schmiede	Rahmen feuerschweißen (1 ×)	Amboss, Feuer	–	10
050	Schmiede	Füllstäbe stauchen (12 ×)	Amboss, Feuer	–	8
060	Schmiede	Füllstäbe absetzen (12 ×)	Amboss, Feuer	–	5
070	Schmiede	Füllstäbe warm einnieten, Kopf formen (12 ×)	Amboss, Feuer	–	5
080	Bohren	Befestigungslöcher für Schrauben bohren (4 ×)	Ständerbohr-maschine	15	2
090	Lackieren	Gitter glühen, beizen, lackieren (1 ×)	Kabine	15	30
100	Montage	Montage beim Kunden (Pauschalpreis)	–	–	–

1 Arbeitsplan: Geschmiedetes Gitter

Der Vergleich der beiden Arbeitspläne zeigt: Für das individuell geschmiedete Gitter

1. ist ein aufwändiger Entwurf notwendig (meist eine Handskizze),
2. wird eine komplett eingerichtete Schmiede gebraucht,
3. muss eine Anlage zum Lackieren vorhanden sein,
4. beträgt die Herstellungszeit ein Vielfaches der einer Schweißkonstruktion,
5. ist ein Fachmann für die Bearbeitung und das Einnieten der Stäbe vonnöten; die Schweißkonstruktion kann auch von einer angelernten Hilfskraft hergestellt werden.

Damit wird deutlich, warum individuell gestaltete Schmiedearbeiten oft ein Mehrfaches einer „geschlosserten" Konstruktion kosten.

8.5.6.2 Montage

Zur Montage am Bauwerk bieten sich je nach Mauerwerk und Einbausituation an:

- Befestigung mit Dübeln bzw. Schrauben,
- Anschweißen an einen bestehenden Metallrahmen,
- Einmauern mit angeschweißten/angeschraubten Pratzen.

Für die beiden behandelten Gitterarten wurde aus gestalterischen Gründen bestimmt:

- Die Schweißkonstruktion wird mit vier Dübeln im Mauerwerk befestigt.
- Das geschmiedete Gitter erhält je zwei geschmiedete Pratzen (Fertigteile) an den beiden Schmalseiten, diese werden angenietet und dann durch einmauern mit rasch abbindendem synthetischem Mörtel im Mauerwerk verankert. Nach Richtwerten ist bei einer Masse bis 50 kg eine Einmauerungstiefe von 10 cm notwendig (siehe Tabellenbuch). Dafür müssen den Pratzen angepasste große Aussparungen gebohrt werden.

Eine Befestigung mit Dübeln hat nicht nur den Vorteil einer schnellen Montage, das Gitter ist auch sofort gebrauchsfähig. Gewählt werden vier Durchsteckanker M12–10 (M12 Befestigungsschraube, 110 mm Dübellänge). Durchsteckanker haben den Vorteil, dass von außen montiert werden kann. Die Bohrungen in den Rahmenseitenteilen werden zu Langlöchern unter 45° aufgefeilt, so ist ein passgenaues waagerechtes Justieren des Gitters in der Laibung möglich.

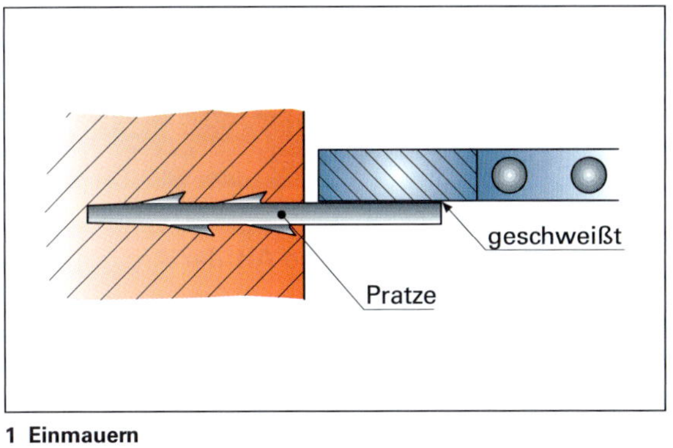

1 Einmauern

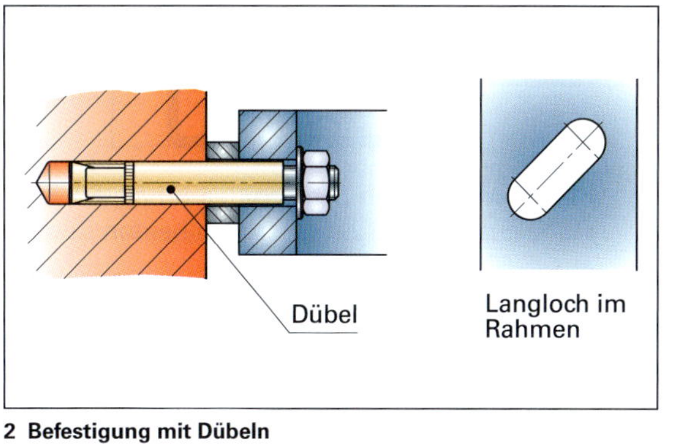

2 Befestigung mit Dübeln

Aufgaben

Berechnungen an Gittern

1. Bestimmen Sie für das Fenstergitter
   a) die Anzahl der Füllstäbe,
   b) die lichte Weite l_i zwischen den Stäben (max. 100 mm),
   c) die Mittenteilung t,
   d) die Masse m des Gitters in kg,
   e) die Kosten für das Verzinken (aktuelle kg-Preise ermitteln).

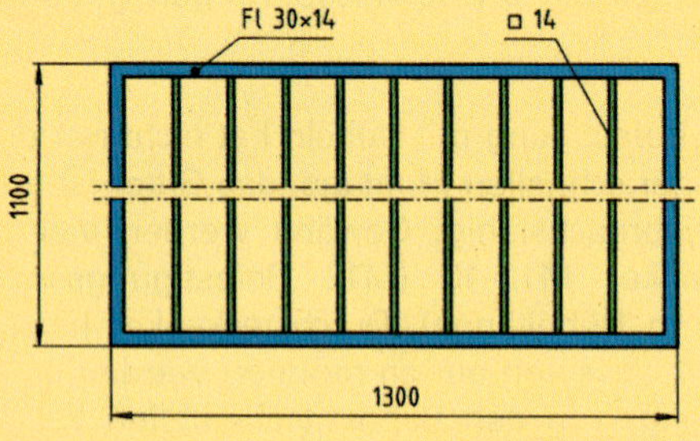

2. Ermitteln Sie für das skizzierte Gitter
   a) lichte Weite,
   b) Mittenabstand,
   c) Materialbedarf nach Art und Menge.

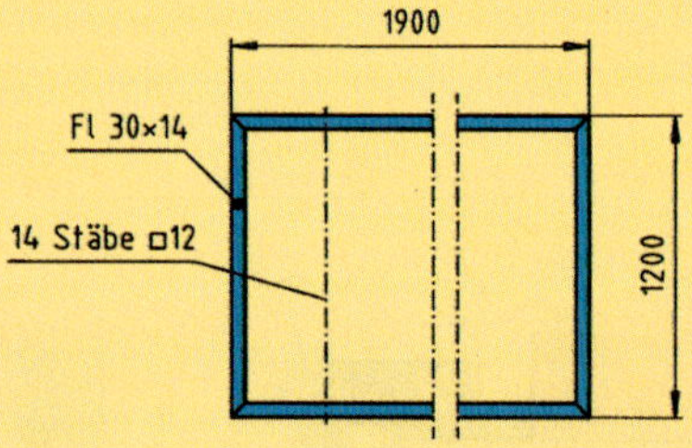

3. Ein Baumscheiben-Schutzgitter erhält 60 Füllstäbe aus Fl 30 × 8 zwischen den beiden Ringen aus Fl 50 × 12. Ermitteln Sie
   a) die lichten Weiten am Außen- und am Innenring,
   b) den Materialbedarf nach Art und Menge
   c) die Masse m des Gitters in kg.

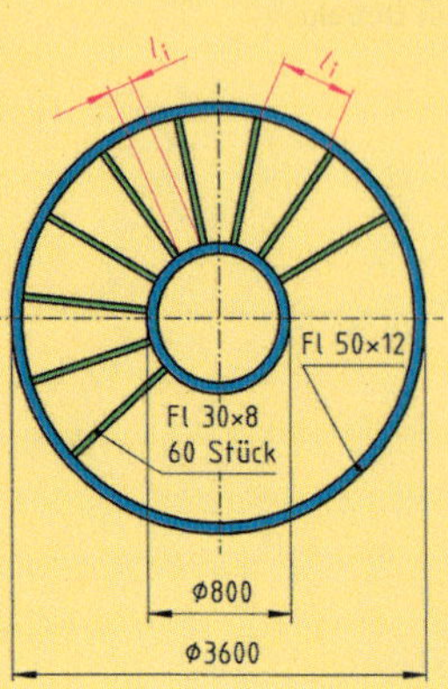

4. Ermitteln Sie für das Projekt Gittertür (S. 459)
   a) den Materialbedarf nach Art und Menge,
   b) die Masse m in kg (Schätzwert)
   c) die dafür benötigte Zeit; fertigen Sie dazu in Gruppenarbeit einen Arbeitsplan nach Muster (S. 468); und schätzen Sie die dafür benötigten Zeiten. Die Kosten für Werkstoff, Beschläge und Montage können Sie in Ihrem Ausbildungsbetrieb erfragen.

Gitter

1. Ordnen Sie ausgeführte Gitter der einer Stilepoche zu, beschreiben Sie Art und Anforderungen und beurteilen Sie, wie die jeweiligen Anforderungen erfüllt sind. Diese Aufgabe können Sie anhand von Bildbänden zur Metallgestaltung oder im Zuge einer Exkursion vor Ort bearbeiten.
2. Beschreiben Sie das ausgeführte Kellerfenstergitter. Mit welchen Methoden wurde das Gitter optisch aufgewertet?

3. Welche Vorteile bietet die Art der Anordnung von Fenstergitter
   a) direkt an den Flügeln,
   b) Einstäbe in der Laibung eingelassen,
   c) Flächenbündiges Gitter mit Rahmen,
   d) Gitter vor die Fassade gesetzt?
4. Nennen Sie drei Anforderungen an Terrassengeländer und beurteilen Sie an ausgeführten Geländern ob und wie diese Anforderungen erfüllt sind.
5. Erstellen Sie für das Gitter aus Übung 2 einen Fertigungsplan.
6. Beurteilen Sie an einem ausgeführten Fenstergitter mithilfe Ihres Tabellenbuches die Befestigungsarten Einmauern und Dübeln.

9 Instandhaltung

- Die **Instandhaltung** von technischen Systemen, Bauelementen, Geräten und Betriebsmittel soll sicherstellen, dass der funktionsfähige Zustand erhalten bleibt oder nach einem Ausfall wieder hergestellt wird.

9.1 Einführung

Eine CNC-Brennschneidmaschine (Bild 1) setzt sich aus mehreren Teilsystemen zusammen:
- Steuereinheit
- Verfahrbrücke mit Antriebseinheiten
- Schneidbrenner
- Brenntisch.

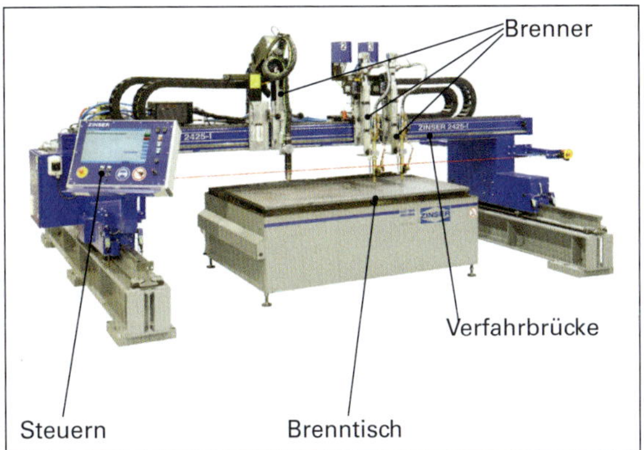

1 CNC-Brennschneidmaschine

Damit sich die hohen Investitionskosten lohnen und termingerecht gefertigt werden kann, muss gewährleistet sein, dass alle Komponenten zuverlässig arbeiten. Da beim thermischen Trennen große Belastungen auf die Teilkomponenten einwirken, müssen durch geeignete Instandhaltungsmaßnahmen Ausfallzeiten möglichst vermieden werden.

Die Zuverlässigkeit ist abhängig von
- der Konstruktion z. B. ausreichende Steifigkeit des Auflagetisches zur Aufnahme der Bleche
- geeigneter Werkstoffauswahl z. B. thermische Belastbarkeit des Gitterrostes
- richtigen Einstellparametern z. B. Schneidgeschwindigkeit und
- regelmäßiger Instandhaltung z. B. Reinigung der Brennschneiddüsen.

Ziele aller Instandhaltungsmaßnahmen sind Sicherheit, Verfügbarkeit, Wirtschaftlichkeit und lange Einsatzdauer einer Anlage.

9.2 Instandhaltungsmaßnahmen im Metall- und Stahlbau

Alle Instandhaltungsaufgaben lassen sich nach DIN 31051 in vier Teilaufgaben gliedern (Bild 2).

<table>
<tr><td colspan="4">Instandhaltung im Metall- und Stahlbau
Maßnahmen zur Erhaltung oder Wiederherstellung einer funktionsfähigen Metall- oder Stahlbaukonstruktion</td></tr>
<tr><td>Wartung</td><td>Inspektion</td><td>Instandsetzung</td><td>Verbesserung</td></tr>
<tr><td>Maßnahmen zur Verzögerung des Abbaus des vorhandenen Abnutzungsvorrats, z. B. Auswechseln eines Keilriemens einer Bohrmaschine
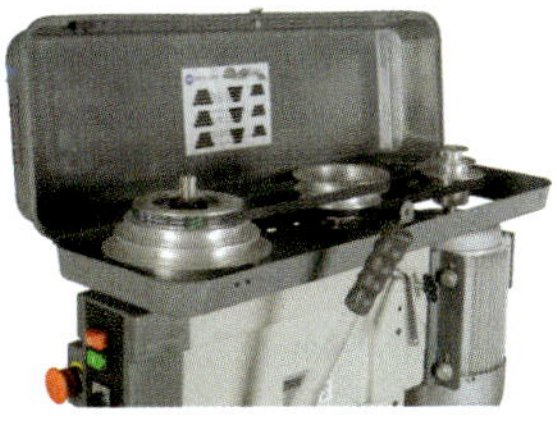</td><td>Feststellung und Beurteilung des Ist-Zustands, Ursachenanalyse von Abnutzungen und Ableitung von Maßnahmen für zukünftige Nutzung, z. B. Überprüfung des Zahnrads an einem Schiebetor
</td><td>Wiederherstellung von Abnutzungsvorräten ohne technische Verbesserung, z. B. Aufreißzahn für einen Bagger
</td><td>Technische Verbesserung bei wirtschaftlicher Vertretbarkeit, z. B. Einbau eines verzinkten Gartenzauns mit Edelstahlschrauben
</td></tr>
</table>

2 Instandhaltung

9.2.1 Formen der Instandhaltung

Es gibt verschiedene Strategien der Instandhaltung für Metallbau- und Stahlkonstruktionen; neben anderen haben sich folgende Strategien bewährt:

Art der Instandhaltung			
Ausfallinstandhaltung		**Vorteile**	**Nachteile**
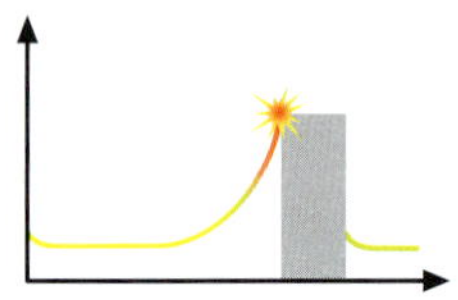	Die Baueinheit wird bis zu ihrem Versagen genutzt. Es fallen meist kaum Wartungskosten an. Sehr teuer. Beispiel: Büromöbel	• Volle Nutzung der Produktlebensdauer	• Kapitaler Schaden ist meist ein Totalschaden • Dauerhafte Bereitschaft vorhalten • Hohe Lagerkosten für Ersatzteile • Lange, unplanbare Ausfallzeiten
Periodisch vorbeugende Instandhaltung		**Vorteile**	
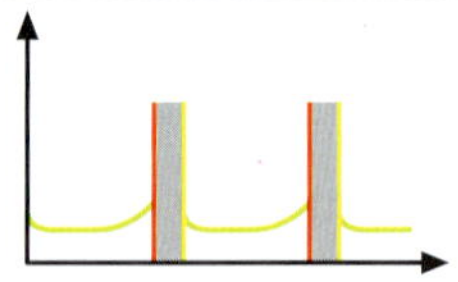	Eine Instandhaltung wird unabhängig von der Abnutzung durchgeführt. Beispiel: Hallenkran	• Geringe Ausfallzeiten zwischen den Instandhaltungsmaßnahmen • Planbare Stillstandszeiten	• Keine vollständige Nutzung des Abnutzungsvorrats • Unnötiger Austausch von Verschleißteilen
Instandhaltung nach Überprüfung		**Vorteile**	**Nachteile**
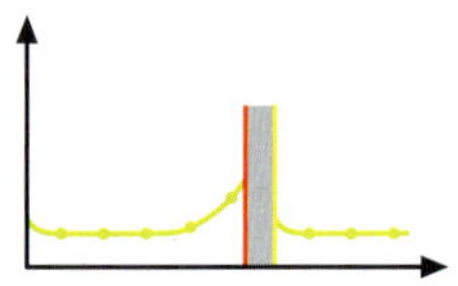	Die Instandhaltung wird nur dann durchgeführt, wenn bei einer Inspektion eine Schaden erfasst wird. Beispiel: defekte Glühlampe	• Auf lange Sicht sehr kostengünstig • Reparatur/Ersatzteile nur bei Bedarf nötig • Nutzung des Abnutzungsvorrates • Planbar • Nutzungssicherheit	• keine

9.2.2 Wartung

Um die Nutzungsdauer zu verlängern, werden regelmäßige Wartungen an Maschinen und Geräten durchgeführt, die einem Verschleiß unterliegen.
In den Bedienungsanweisungen der Maschinen- und Anlagenhersteller finden sich oft auch Hinweise zur Wartung:

- Beschreibung der zu wartenden Einheit
- Aufzählung und Beschreibung der Wartungsmaßnahmen
- Abbildungen und Beschreibungen der Wartungsstellen
- Wartungsintervalle und
- zu verwendende Hilfsmittel, Hilfsstoffe und Werkzeuge.

In einem Stahl- und Metallbaubetrieb werden Gabelhubwagen zum Transport von Blechen und Bauteilen eingesetzt. Wegen des meist robusten Umgangs muss mit unterschiedlichen Abnutzungserscheinungen am Gabelhubwagen gerechnet werden.
Die Mindmap (Bild 1) gibt eine Übersicht über mögliche Wartungsaufgaben am Gabelhubwagen.
Kleinere Schäden werden aus Kostengründen im Rahmen einer Wartung (kleine Instandsetzung) behoben.

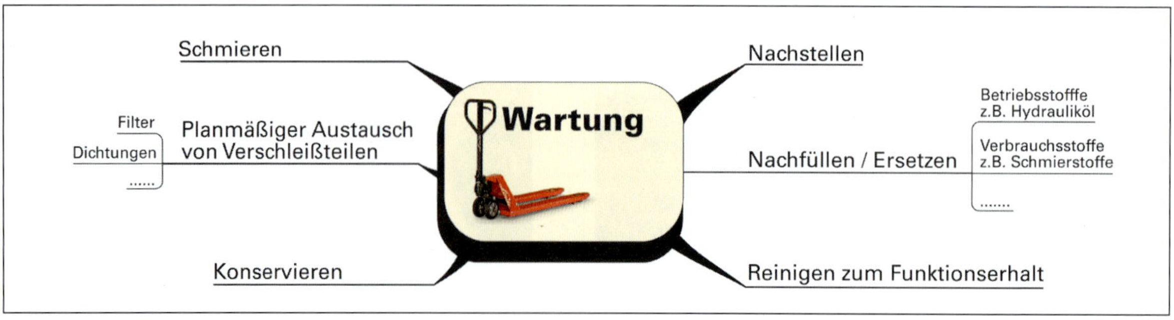

1 Wartungsaufgaben an Gabelhubwagen

An Gabelhubwagen fallen folgende Wartungsaufgaben an:

Maßnahmen	Merkmale
Prüfen	• Hauptfunktionen Heben, Senken und Fahren • Räder und Rollen • Ablassventil • 3-Wege-Steuerung • Ölstand • Maximale und minimale Hubhöhe • …
Reinigen	• Hydraulik, Lenkachse und Drehrohr • Rollenhalterung, Druckstangengelenk • Ablassventil • Chassis • ….
Nachfüllen/ Ersetzen	• Defekte Räder und Rollen • Öl/Fett • …
Einstellen	• Ablassventil
Dokumentation	• Wartungsaufkleber aufbringen • Protokoll mit Baunummer • Endprotokoll über alle Funktionen und Reinigung für den Kunden

Die regelmäßige Wartung verzögert die Abnutzung und es können erheblich verlängerte Nutzungszeiten erzielt werden (s. Bild 1).

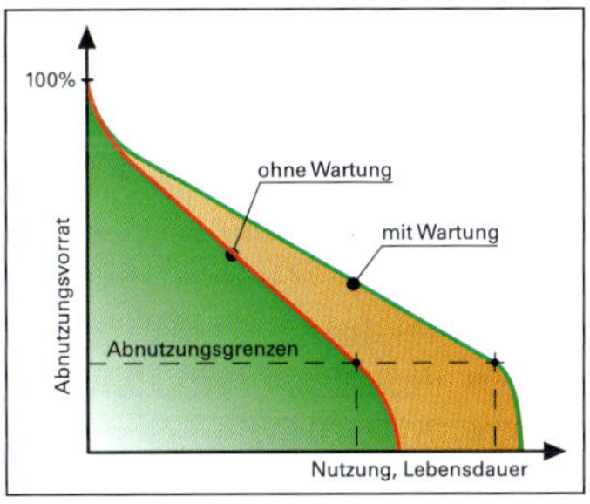

1 Abnutzungsvorrat, mit und ohne Wartung

Aufgaben

1. Erstellen Sie ein Wartungsprotokoll für einen Gabelhubwagen gemäß obiger Liste und führen Sie eine Wartung des Gabelhubwagens in der Schule/Betrieb dafür durch.
2. Messen Sie die aufgewendete Zeit.
3. Kalkulieren Sie überschlägig die anfallenden Kosten.
4. Berichten Sie von der Überprüfung den Mitschülern.
5. Erklären Sie den Begriff „Abnutzungsvorrat". Nennen Sie Beispiele aus Ihrer beruflichen Praxis.
6. Beschaffen Sie sich Unterlagen von Maschinen in der Werkstatt (Betrieb/Schule) und stellen Sie sich die dort beschriebenen Wartungsaufgaben gegenseitig vor.

9.2.3 Inspektion

Das Doppelflügeltor (Bild 2) soll durch eine Inspektion auf seine Funktionsfähigkeit überprüft werden. Im Rahmen der Inspektion fallen folgende Aufgaben an:

- Feststellen und Beurteilen des „Ist-Zustands"
- Erfassen von Abnutzungen
- Veranlassen von Maßnahmen.

Regelmäßige Inspektionen können durch Wartungsverträge geregelt werden.

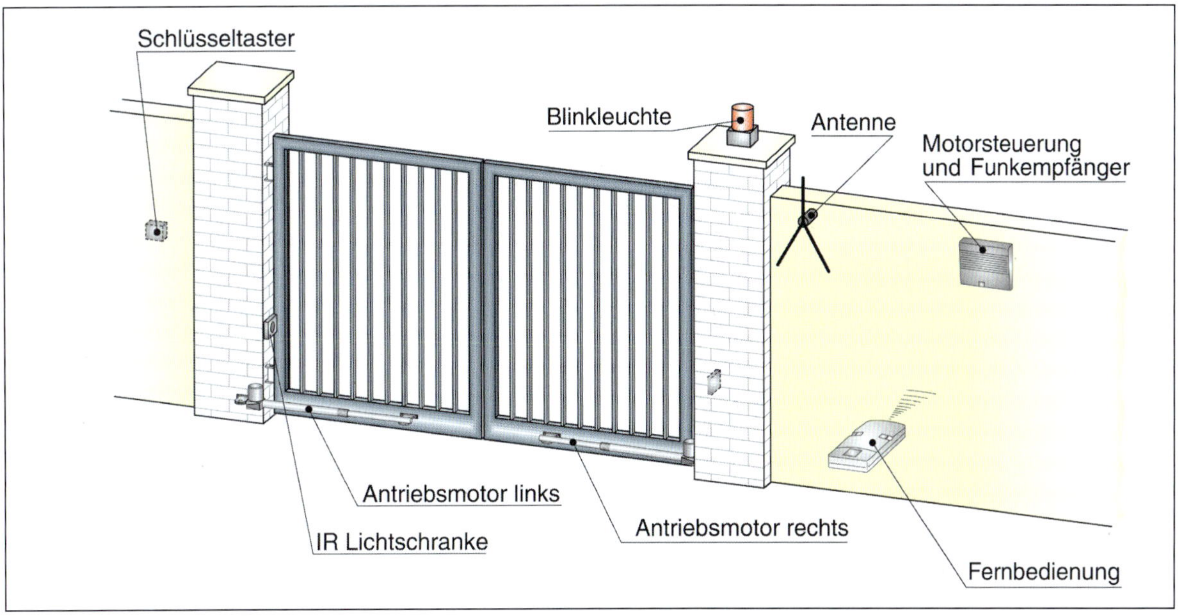

2 Toranlage

Folgende Mindmap gibt eine Übersicht von möglichen Inspektionsaufgaben für das Tor:

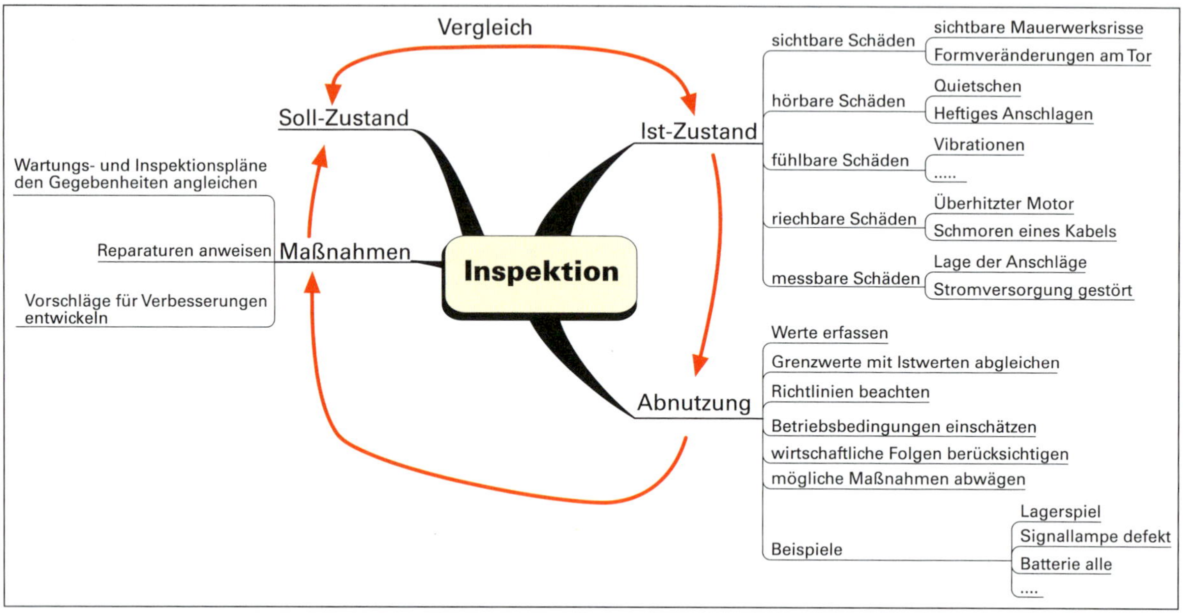

9.2.4 Instandsetzung/Reparatur

Die in Bild 1 abgebildeten Baggerzähne zeigen deutlichen Verschleiß. Die Beseitigung der Schäden ist nur durch eine Instandsetzung bzw. Reparatur möglich.

Durch die Instandsetzung bzw. Reparatur wird das defekte Bauteil in den ursprünglichen, funktionsfähigen Zustand zurückversetzt. Die Instandsetzung bzw. Reparatur kann durch den Austausch defekter oder zerstörter Teile erfolgen, es können neue Teile hinzugefügt werden oder die Teile können durch Kleben oder Schweißen neu geordnet werden.

Die Instandsetzung bzw. Reparatur der Baggerzähne kann durch

- Auftragsschweißen an den verschlissenen Bereichen (nur an nicht austauschbaren Baggerzähnen) oder
- Austausch gegen einen neuen Baggerzahn erfolgen.

1 Verschlissene Baggerzähne

Aufgaben

1. Das Treppenpodest (s. Abb.) zeigt folgende Schäden nach einer Inspektion:
   - Oberflächenkorrosion an der Podestplatte; Gebrauchstauglichkeit ist gewährleistet.
   - Rostlöcher im Handlauf.
   - Risse in den Schweißnähten am oberen Handlauf.

   Planen Sie Reparaturmaßnahmen.

2. Überprüfen Sie das Tor zu Ihrem Betrieb bzw. zur Schule nach den Vorgaben der Mindmap (siehe oben).

9.2.5 Verbesserung

Stark beanspruchte Bauteile z. B. Baggerzähne verschleißen. Werden keine Inspektionen durchgeführt, können die Baggerzähne so lange genutzt werden, bis eine Reparatur dringend notwendig wird (s. Bild 1 oben). Eine sehr späte Reparatur erzielt keinen Neuzustand; der erneut auftretende Verschleiß verkürzt die Nutzungsdauer, sodass eine restlose Zerstörung zu erwarten ist.

Wird in regelmäßigen Abständen eine Inspektion durchgeführt, werden mögliche Schäden frühzeitig erkannt und repariert. Der Neuzustand kann nach der Reparatur (z. B. durch Auftragschweißen beim Baggerzahn) wieder erreicht werden und die erwartbare Nutzungsdauer bleibt erhalten (s. Bild 1 unten links).

Immer wieder auftretende Mängel an Bauteilen, Baugruppen oder gesamten Anlagen führen in vielen Fällen zu einer konstruktiven Überprüfung. Nach erfolgter Analyse der Mängel kann entschieden werden, dass durch eine geänderte Konstruktion die Nutzungszeit verlängert werden kann. Beim Baggerzahn wird dies durch eine spezielle Panzerung mit hochlegiertem Zusatzwerkstoff erreicht (s. Bild 1 unten und Bild 1, nächste Seite). Seine Verschleißfestigkeit verbessert sich und die Nutzungsdauer verlängert sich deutlich.

In Metall- und Stahlbaukonstruktionen treten Verschleißerscheinungen meist durch Korrosion (siehe auch Kap. 9.4) auf.

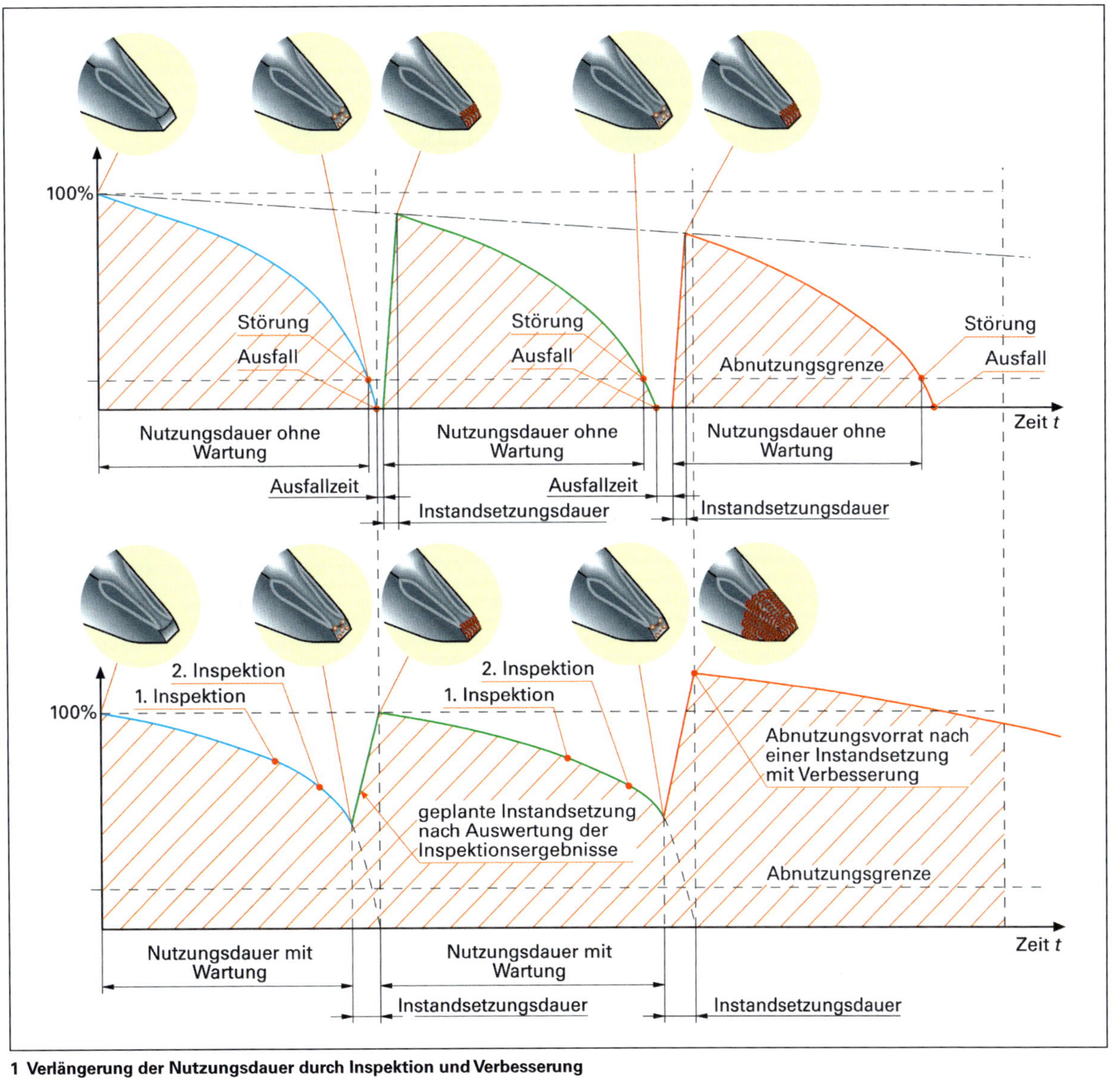

1 Verlängerung der Nutzungsdauer durch Inspektion und Verbesserung

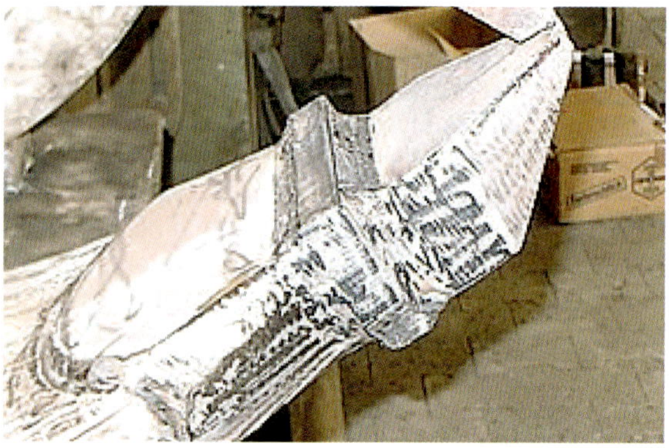

1 Aufgearbeiteter Baggerzahn

Fehleranalyse

Werden Fehler in einer Metallbau-/Stahlbaukonstruktion festgestellt, muss festgelegt werden, welche Maßnahmen zu erfolgen haben. Bild 2 gibt eine Übersicht über einen möglichen Analyse- und Entscheidungsweg. Auf der rechten Seite von Bild 2 ist die Struktur allgemein dargestellt, die linke Seite stellt eine mögliche Konkretisierung am Beispiel eines Schadens an einem Fußgänger-Schutzzaun dar.

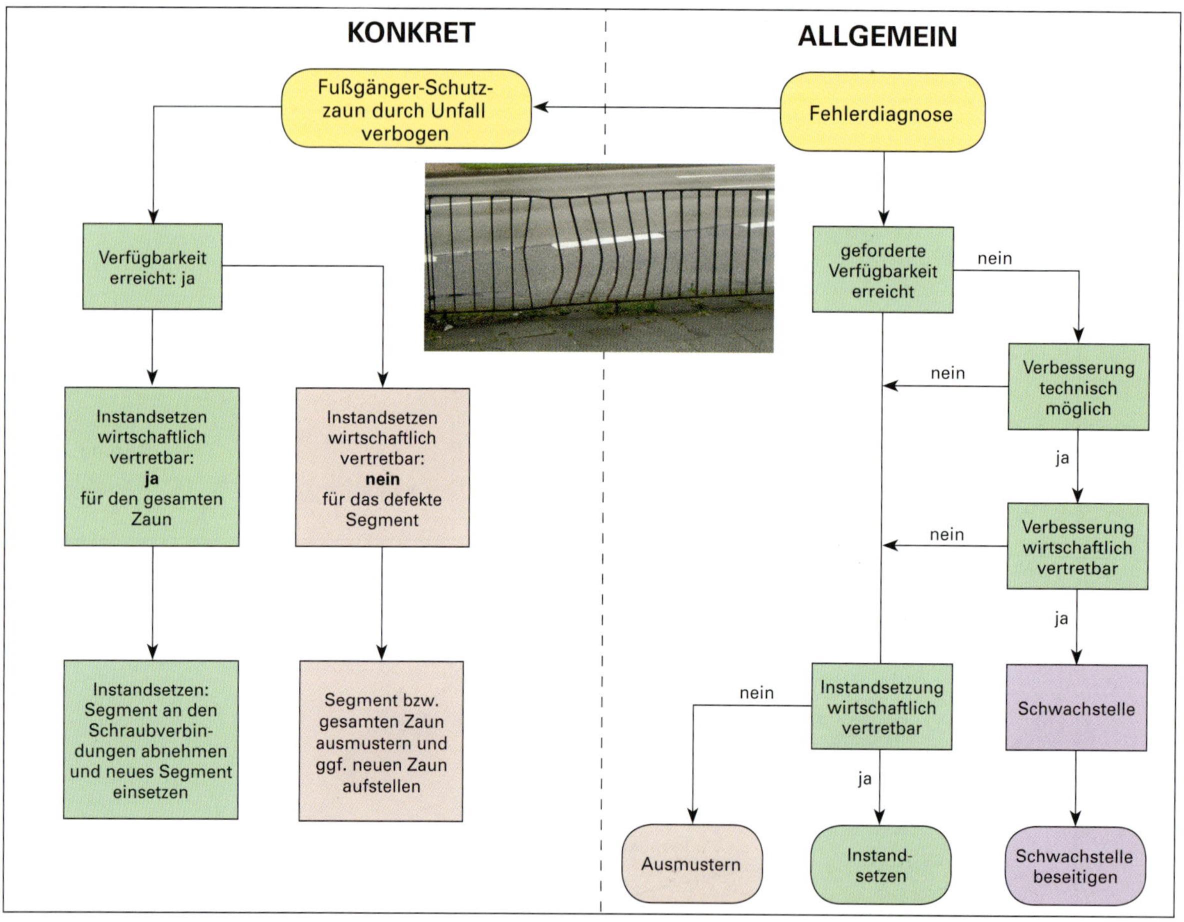

2 Analyse und Entscheidungsweg

Aufgabe

Ein Gartentor (siehe Bild) ist durch Korrosion teilweise zerstört.

- Analysieren Sie die möglichen Schäden.
- Entscheiden Sie mithilfe der Struktur für eine Fehleranalyse das weitere Vorgehen.

9.2.7 Instandhaltungskosten

Wartung, Inspektion, Instandsetzung/Reparatur und Verbesserungen von Konstruktionen oder Maschinen aller Art verursachen Kosten. Die zu erwartenden Kosten müssen mit dem zu erwartenden Nutzen abgeglichen werden.

Kosten können möglichst klein gehalten werden, wenn

- der erwartete Nutzen mit möglichst kleinem Aufwand erzielt wird oder
- der notwendige Aufwand sich rechtfertigt, da er den bestmöglichen Nutzen erbringt.

Kosten für Instandhaltung

bei **Wartung und Inspektion** durch	bei **Instandsetzung** durch	bei **Verbesserung** durch
• Häufigkeit • Komplexität der Konstruktion oder Maschine • Inspektionsgeräte • Personal • Hilfsstoffe • ...	• Ausfall von Bauteilen • Materialkosten der Bauteile • Personal • Hilfsstoffe • Maschinen • Ausfallzeiten • ...	• technischen Aufwand • ...

9.3 Instandhaltung von Werkzeugmaschinen

In Metallbau- und Stahlbaubetrieben werden verschiedene Werkzeuge und Maschinen für die Fertigung benötigt. Für einen reibungslosen Fertigungsablauf ist eine regelmäßige Wartung und Instandsetzung unerlässlich. Neben den Reinigungsaufgaben ist das regelmäßige Schmieren und Ölen die wichtigste Wartungsaufgabe. Instandsetzungsarbeiten werden meist durch geschultes Fachpersonal der Maschinen- und Anlagenhersteller durchgeführt.

An einer kombinierten Profilstahlschere sind in Bild 1 genannte Wartungs- und Instandsetzungsarbeiten durchzuführen. Geeignete Hilfsstoffe werden meist als Auswahl von verschiedenen Herstellern vorgeschrieben.

Wartung	**Kombinierte Profilstahlschere**	**Instandsetzung der Maschine**
• Fetten vor Inbetriebnahme • Fetten nach acht Betriebsstunden mit Fettpresse mit Nippel • Hydrauliköl wechseln nach 250 Betriebsstunden • Wechseln der Filterpatrone • Entlüften des Hydrauliksystems	Fetten an rot markierten Punkten Ölbehälter im Ständerfuß 	• Hubeinstellung • Nachstellen der Stanzschlittenführung an den Werkzeugen • Winzige Kerben, angeriebene Stellen und aufgeschweißte Werkstoffteilchen mit Ölstein entfernen • Stumpfe Schneidkanten rechtzeitig nachschleifen • Schleifen mit Edelkorund mit ausreichender Kühlung • Grat nach dem Schleifen mit Ölstein entfernen
Hilfsstoffe Es sind die von den Herstellern in der Wartungsanleitung vorgeschrieben Fette und Öle zu benutzen.		

1 Wartungs- und Instandsetzungsarbeiten für eine Kombinierte Profilstahlschere

Aufgaben

1. Unterscheiden Sie die Begriffe: Wartung, Inspektion, Instandsetzung und Verbesserung.
2. Suchen Sie in Ihrem Ausbildungsbetrieb Maschinen und Geräte an denen Wartungs-, Inspektions-, Instandsetzungs- und Verbesserungsmaßnahmen durchgeführt werden können und tragen Sie diese in der Klasse vor. Nutzen Sie dazu geeignete Präsentationsmöglichkeiten.
3. Suchen sie Beispiele aus Ihrem Ausbildungsbetrieb, wo Ausfallinstandhaltung, periodisch vorbeugende Instandhaltung und Instandhaltung nach Überprüfung angebracht sind. Tragen Sie die Ergebnisse in der Klasse vor.
4. Welche Wartungsaufgaben können an Werkzeugmaschinen notwendig sein? Beschaffen Sie sich die Bedienungsanleitung einer Werkzeugmaschine aus Ihrem Betrieb/der Schulwerkstatt und stellen Sie die Wartungsaufgabe auf einem Plakat zusammen.
5. Suchen Sie eine Stahlbaukonstruktion z.B. eine Brücke, eine im Freien stehende Krananlage und überprüfen Sie diese hinsichtlich einer erforderlichen Instandhaltung.
   Informieren Sie sich zusätzlich im Kapitel Korrosionsschutz.
   Beachten Sie dabei folgende Aspekte:
6. Untenstehendes Bild zeigt einen fahrbaren Portalkran im Außengelände eines Industriebetriebes. Erstellen Sie sich eine vergrößerte Fotokopie des Bildes und markieren Sie Bereiche die der Wartung, Inspektion oder Instandsetzung unterliegen können und erläutern Sie diese.

9.4 Korrosion und Korrosionsschutz

Einleitung

Unabhängig von der Werkstoffauswahl korrodieren alle Metallbaukonstruktionen. Die Veränderungen beginnen meist an der Werkstückoberfläche und setzen sich je nach Grundwerkstoff mit unterschiedlicher Geschwindigkeit fort; oft bis zur Zerstörung. Bild 1 auf der nächsten Seite gibt eine Übersicht über häufig auftretende Korrosionsarten.

Flächenkorrosion
Die Oberfläche korrodiert gleichförmig. Bei Stahl bildet sich eine **poröse Rostschicht**; die Zerstörung schreitet schnell voran.

Bei Al, Cr, Pb oder Cu bilden sich dagegen dichte Schichten; sie wirken wie ein Korrosionsschutz.

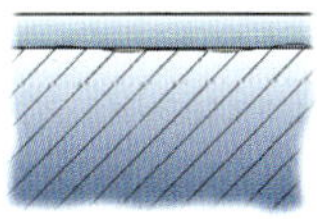

Fußknotenpunkt einer Gitterstütze

Mulden- und Lochfraßkorrosion
Die Oberfläche korrodiert ungleichmäßig stark; dies führt zu Mulden und Löchern. Lochfraßstellen in Behältern und Rohren können zur Durchlöcherung und damit zu Undichtigkeiten führen.

Selektive Korrosion
Gefügebestandteile werden zerstört

Interkristalline Korrosion
Die Korrosion entwickelt sich entlang der Korngrenzen und kann bei schlagartiger Beanspruchung zu Rissen bzw. Bruch des Bauteils führen.

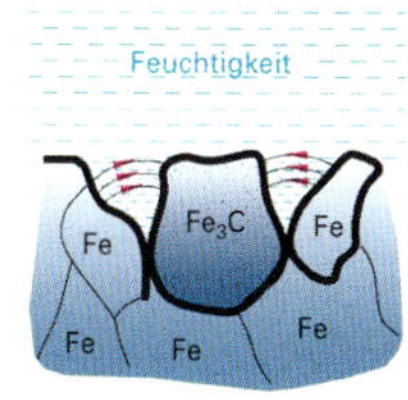

Spaltkorrosion
Korrosion, die sich in Spalten unter Niet- oder Schraubenköpfen und zwischen punktgeschweißten Blechen bildet.

Spannungsrisskorrosion

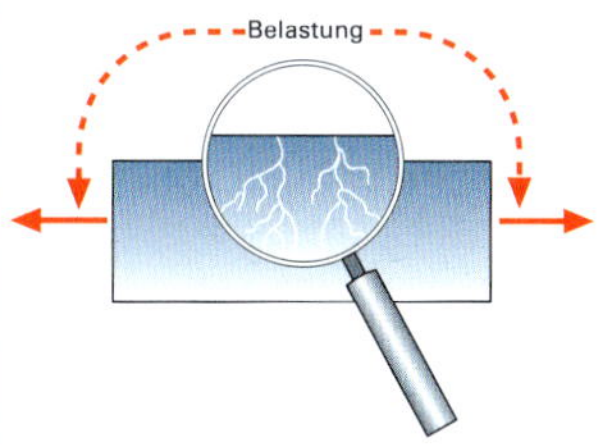

Transkristalline Korrosion
Korrosionslinien gehen durch die Körner; Spannungsrisse und Schwingungsrisse treten auf.

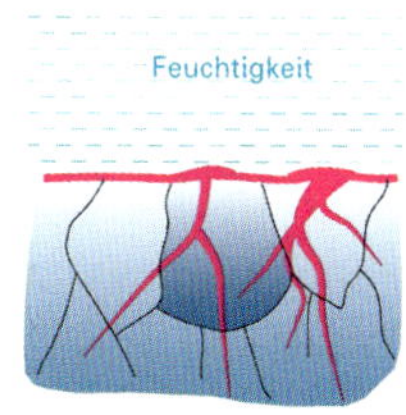

Kontaktkorrosion
Feuchtigkeit (Elektrolyt) fördert Korrosion an einer Verbindung aus zwei verschiedenen Metallen.
Das unedlere Metall wird zerstört.
Lagerung von Erzeugnissen aus verschiedenen Metallen ist unzulässig.

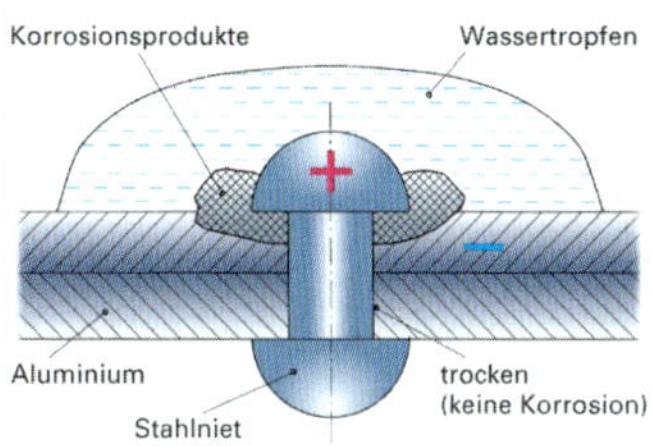

Autobleche werden durch Tiefziehen verformt. Die Feuchtigkeit dringt durch kleine Poren im Lack ein. Unter der Lackschicht beginnt transkristalline und interkristalline Korrosion; sichtbar wird sie erst durch abplatzende Lackschichten.

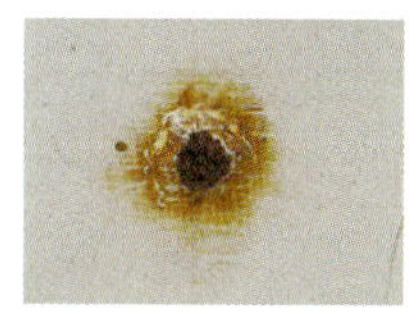

1 Korrosionsarten

Korrosionsvermeidung/Korrosionsschutz

Korrosion lässt sich nicht vermeiden. Durch geeignete Maßnahmen kann der Korrosionsvorgang jedoch so verlangsamt werden, dass er unkritisch wird und Metallbaukonstruktion die technische Lebensdauer erreichen. Bild 2 gibt einen Überblick über wichtige Methoden des Korrosionsschutzes (Auswahl).

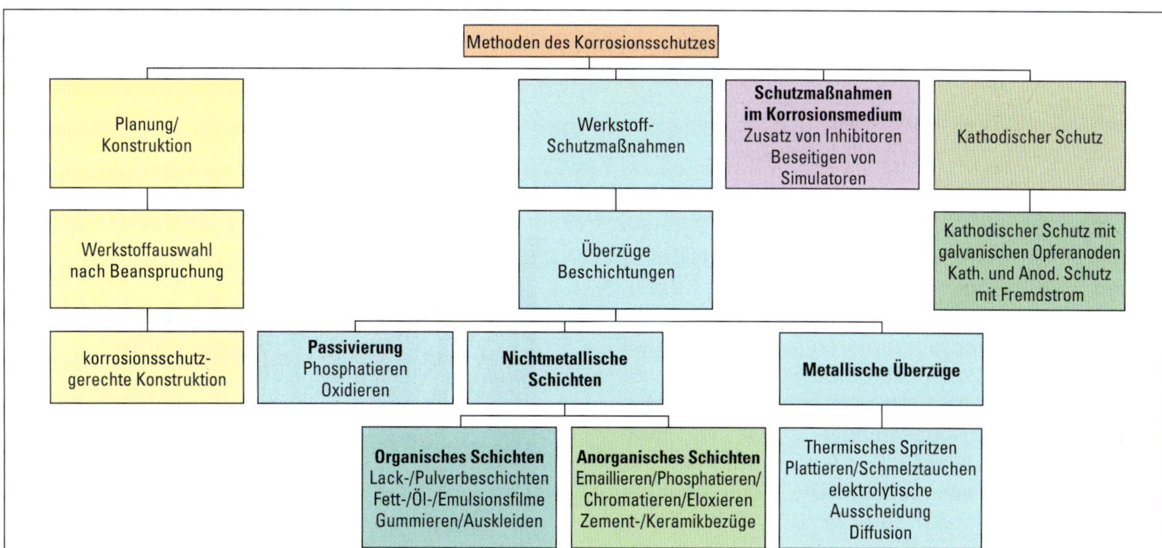

2 Methoden des Korrosionsschutzes

Um die Lebensdauer von Metallbaukonstruktionen zu verlängern, wird bereits in der Konstruktionsphase der Korrosionsschutz berücksichtigt. Das optimale Korrosionsschutzsystem orientiert sich dabei an folgenden Kriterien:

- Schutz der Gesundheit und Sicherheit des Menschen,
- ökologische Belastung der Umwelt,
- Aufgabe und Funktion der Konstruktion,
- geforderte bzw. zu erwartende Nutzungsdauer und Güteanforderung der Konstruktion,
- Umwelteinflüsse am vorgesehenen Einsatzort,
- Wirtschaftlichkeit des Korrosionsschutzes:
  1. Kosten für den Erstschutz und
  2. Folgekosten, sowie Betriebsunterbrechungen bei Instandhaltungsarbeiten,
  3. Schutzdauer des Überzuges bzw. des Beschichtungssystems und
  4. Zuverlässigkeitsgrad, mit dem das System aufgebracht werden kann.

Ein wirksamer Korrosionsschutz kann erreicht werden, wenn folgende Kriterien beachtet werden:

- Auswahl geeigneter Werkstoffe,
- sachgerechte Oberflächenvorbereitung,
- richtige Wahl der Beschichtungsstoffe,
- richtige Wahl der Überzüge,
- fachgerechte Ausführung des Korrosionsschutzes,
- Korrosionsschutzgerechte Gestaltung (Bild 1).

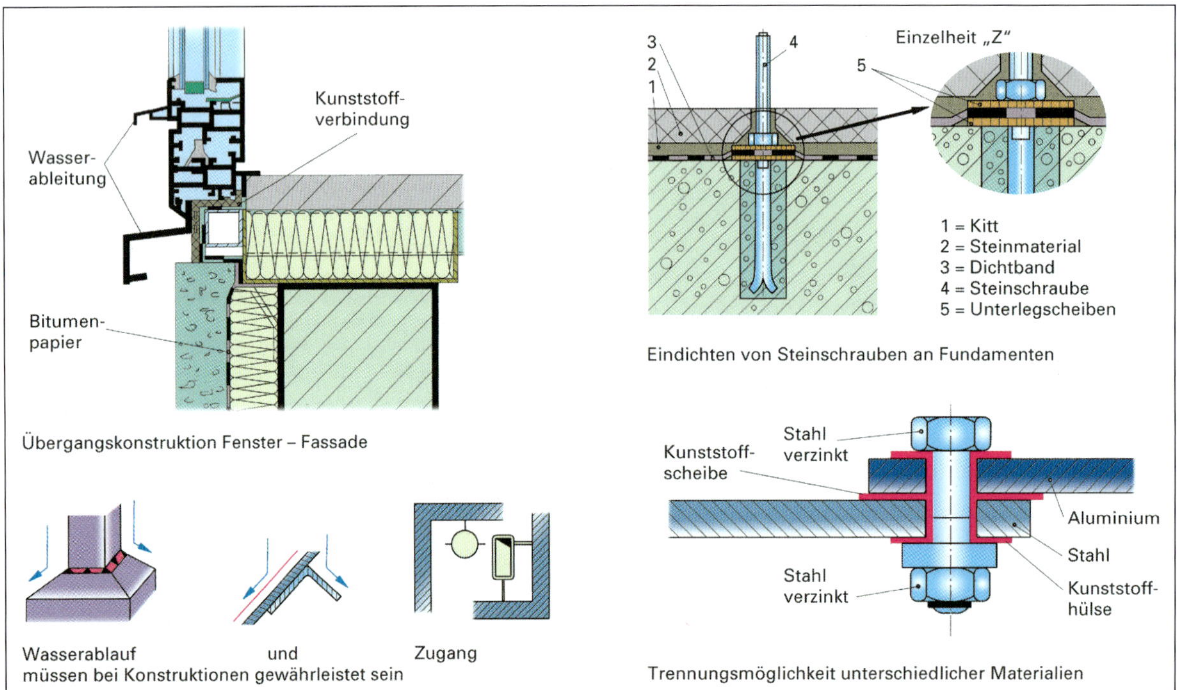

1 Korrosionsschutzgerechte Gestaltung

Wetterfester Baustahl

Eine Besonderheit ist der sogenannte Petinax-Stahl (Werkstoffnummer 1.8962 Güte: 9 CrNiCuP 3 24 und 1.8963 Güte: S235J0W.). Er ist mit Kupfer, Phosphor, Silizium, Nickel und Chrom legiert. Chrom und Kupfer diffundieren aus und bilden eine dichte korrosionsbeständige Schutzschicht. Er ist gut einsetzbar im Stahlhoch- und Brückenbau, Behälterbau, bei Abgasanlagen sowie im Fahrzeug- und Gerätebau. Cor-Ten Stahl ist gut schweißbar und schmiedbar. Die 1865 gebaute Griethausener Eisenbahnbrücke (Bild 2) bei Kleve zeigt keine Korrosionsschäden, obwohl kein Korrosionsschutz aufgetragen wurde.

2 Griethausener Eisenbahnbrücke bei Kleve

Man unterscheidet bei den Korrosionsschutzmaßnahmen zwischen **aktivem** und **passivem** Korrosionsschutz.

9.4.1 Aktiver Korrosionsschutz (Korrosionsschutzgerechtes Gestalten)

Aktiver Korrosionsschutz ist gegeben, wenn (siehe EN ISO 12944-3):

- Oberflächen möglichst klein sind.
- Unregelmäßigkeiten (z. B. Kanten, Ecken, Überlappungen) gering sind.
- Schweißverbindungen statt Schraub- und Nietverbindungen eingesetzt werden.
- Schweißnähte durchgängig sind
- ...

Zugänglichkeit und Erreichbarkeit

Bereits während der Konstruktionsphase muss der Konstrukteur die Zugänglichkeit und Erreichbarkeit sicher stellen, damit das Beschichtungssystem aufgetragen werden kann. Insbesondere bei großen Baugruppen wie Hallen oder Brücken können feste Stege, fahrbare Arbeitsbühnen oder Hilfseinrichtungen (z. B. Haken, Ösen, Verankerungen für Gerüste oder Laufschienen für Fahrzeuge) berücksichtigt werden. Weiterhin muss sich das Instandhaltungspersonal sicher bewegen können, der Arbeitsbereich muss gut belüftet und ausreichend beleuchtet sein.

Der Platzbedarf für Werkzeuge zum Ausführen von Korrosionsschutzarbeiten muss berücksichtigt werden:

	Werkzeuglänge in mm	Arbeitsabstand in mm	Arbeitwinkel in Grad
Strahlen	800	200 ... 400	60 ... 90
Reinigen mit Maschinen	100 ... 350	0	30 ... 90
Reinigen von Hand	100	0	0 ... 30
Thermischen Spritzen	300	150 ... 200	90
Beschichten	200 ... 300	0 ... 300	0 ... 90

Die Erreichbarkeit von Oberflächen ist gewährleistet, wenn folgende Mindestmaße eingehalten werden:

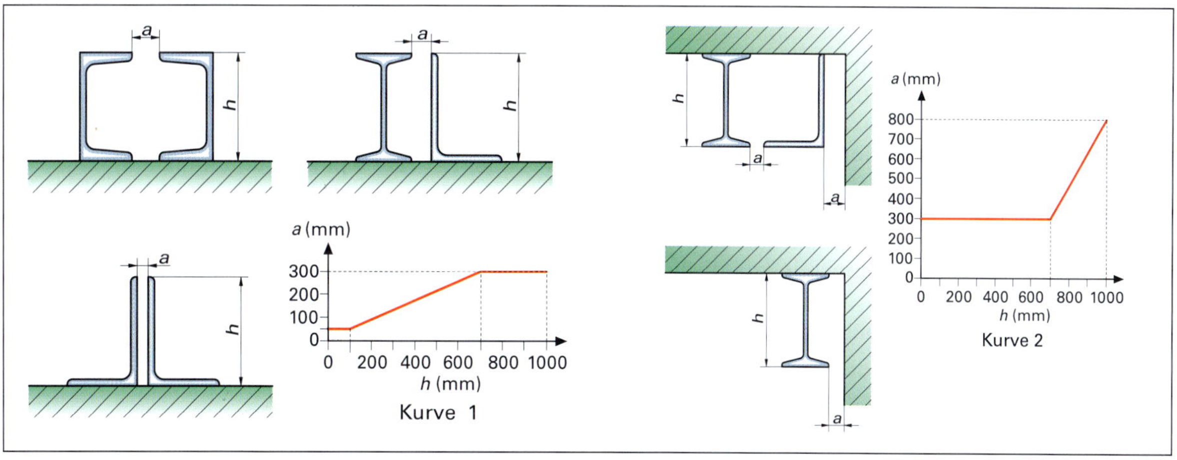

Ablagerungen und Wasseransammlungen können vermieden werden durch:

- nach oben geöffnete, mehrteilige Profile,
- Ablauföffnungen, Tropfnasen, Tropftüllen Unterbrechungen,
- Stumpfnähte statt Überlappnähte,
- Neigungen, Schrägen.

Spalten

In Spalten kann es unbemerkt zu Korrosion kommen, da diese meist nicht eingesehen werden können. Vermieden werden sie durch:

- Schließen von Spalten (Schweißnaht statt Schraubverbindung)
- Verwenden einteiliger Profile (T-Profil statt zwei verschraubter L-Profile)
- Spalten schließen bei Verbundbauten von Stahl und Beton

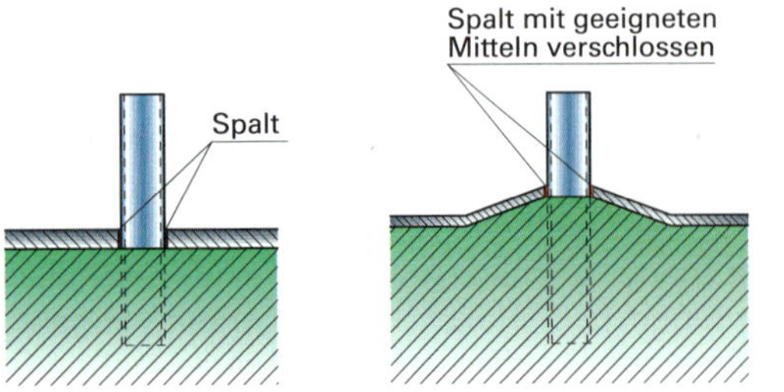

Kanten

Kanten finden sich an Blech- und Profilenden und entstehen durch Fertigungsprozesse wie Bohren. Das Beschichtungssystem erreicht an Kanten nur seine geforderte Schichtdicke, wenn die Kanten

- gebrochen (>1 × 45°) oder
- gerundet sind (R >2 mm).

Oberflächenfehler an Schweißnähten

Ein Beschichtungssystem kann eine Schweißnaht nur wirkungsvoll abdecken, wenn die Schweißnaht

- möglichst flach ausgeführt wird und
- keine Oberflächenfehler wie Einbrand, Poren, Krater und Spritzer vorhanden sind.

Schraubverbindungen

Bei gleitfesten Verbindungen (GV, GVP) darf ein Beschichtungssystem aufgetragen werden, wenn der Beschichtungsstoff einen geeigneten Reibbeiwert hat. Bei vorgespannten Schraubverbindungen (SLV, SLVP) ist die Beschichtung besonders sorgfältig aufzutragen.

Alle Verbindungselemente müssen ein dem Bauwerk entsprechenden Korrosionsschutz aufweisen.

Hohlkästen und Hohlbauteile

Offene Hohlbauteile und Hohlkästen werden mit einem geeigneten Beschichtungssystem geschützt und müssen Entwässerungsöffnungen und Belüftungsmöglichkeiten aufweisen.

Geschlossene Bauteile sind durch „Rundum-Schweißnähte" dicht zu verschließen; Öffnungen werden mit Dichtschotten verschlossen.

Aussparungen und Aussteifungen

Aussparungen sollen einen Mindestradius von R = 50 mm haben, damit ein Korrosionsschutz aufgetragen werden kann; Aussteifungen werden rundum dicht geschweißt.

Kathodischer Korrosionsschutz

Bei Behältern, erdverlegten Rohren, Stahlwasserbauten und Schiffen (s. Bild 1) wird ein kathodischer Korrosionsschutz bevorzugt.

1 Opferanoden

9.4.2 Passiver Korrosionsschutz

Beschichtungen („Anstreichen"), Überzüge (z.B. Folien) halten Sauerstoff und aggressive Medien von der zu schützenden Oberfläche fern. Bei manchen Metallen bilden sich von selbst dichte und feste Deckschichten, die den Grundwerkstoff schützen (s. Kap. 9.4.6):

- Patina auf Kupfer und Kupferlegierungen,
- Oxide auf Reinaluminium,
- „Edelrost" auf wetterfestem Baustahl,
- Zinkpatina.

9.4.2.1 Vorbehandlung der Oberflächen

Mit Deckschichten zu versehende Oberflächen müssen folgende Bedingungen erfüllen: trocken, metallisch blank, öl- und fettfrei und Rautiefe R_z = 70 … 80 µm.

Mechanische Entrostungsverfahren

Die Entrostung erfolgt durch:

- Handentrostung mit Pickhammer, Drahtbürste und Schaber (meist geringer Säuberungsgrad) oder
- mechanische Entrostung mit rotierender Drahtbürste, Schleifscheiben, Nadelpistole …
- Strahlentrostung (Bild 1, nächste Seite).

1 Strahlentrostung

Strahlmittel wie Stahlkies, Korund, Glasperlen u. a. mehr werden mit Pressluft und mit hoher Geschwindigkeit auf die zu reinigende Oberfläche geblasen, reinigen damit die Oberfläche und erzeugen gleichzeitig eine aufgeraute Oberfläche.

Merke
Quarzsand darf als Strahlmittel nicht eingesetzt werden. Quarzsand enthält Silizium und verursacht Silikose (Steinstaublunge).

Thermisches Entrosten

Ein hand- oder maschinengeführter Brenner lockert und verbrennt Rost und Zunder. Die nachgeführte Bürste entfernt die Reste mechanisch (Bild 2).

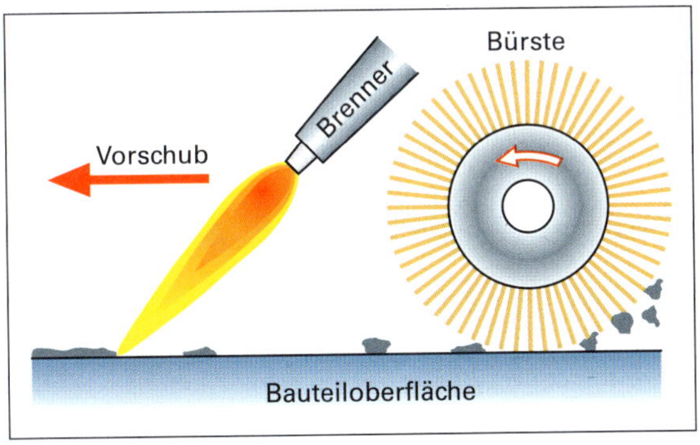

2 Thermisches Entrosten

Chemische Entrostung

Ein wirksames Verfahren für eine chemische Entrostung ist das Beizen. In stationären Anlagen wird mit Salzsäure, Schwefelsäure oder seltener mit Phosphorsäure im Tauch- oder Sprühverfahren die Oberfläche gereinigt. Nach dem Beizvorgang muss gründlich gespült und getrocknet werden, damit neue Korrosion vermieden wird. Für Stahl wird verdünnte Salzsäure als Beizmittel verwendet; Aluminium wird dagegen mit Laugen behandelt.

Fette und Öle sowie Reste von Salzen und Laugen werden mit Lösungsmitteln entfernt.

Mit einer Wasserbenetzungsprobe kann überprüft werden, ob die metallische Oberfläche sauber ist (Bild 3).

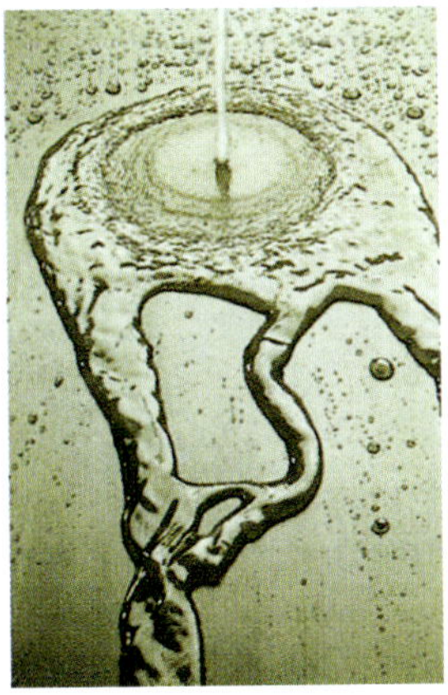

a) Fettige Oberfläche; Wasser perlt ab

b) fettfreie Oberfläche; Wasser verläuft

3 Wasserbenetzungstest

Beim Umgang mit Beiz- und Lösungsmitteln sind die Sicherheitsvorgaben im Umgang mit Gefahrstoffen zu beachten (BGI 546 Sicherheitslehrbrief Umgang mit Gefahrstoffen). Unter anderem sind zu beachten:

- Arbeitsschutzvorschriften und MAK-Werte
- Welche Lösungsmittel dürfen verwendet werden (z. B. Trichlorethylen verboten)?
- Schutzkleidung, z. B. Schutzmasken, Gummihandschuhe, Schürzen
- Einsatzbereite Notdusche
- Beseitigung von Abfällen nach dem Kreislaufwirtschafts- und Abfallgesetz (KrW-/AbfG)
- Hinweise auf den Gefahrstoffaufklebern beachten (Bild 4)

Schwefelsäure 96 %

Gefahrenhinweise:
Verursacht schwere Verätzungen

Sicherheitsratschläge:
Niemals Wasser in die Säure gießen.
Bei Berührung mit den Augen sofort gründlich mit Wasser abspülen und Arzt konsultieren.
Bei Unfall oder Unwohlsein sofort Arzt hinzuziehen (wenn möglich, dieses Etikett vorzeigen).

EWG-Nr. 231-639-5
EWG-Kennzeichnung

4 Musteraufkleber

9.4.2.2 Verfahren für passiven Korrosionsschutz

Die Auswahl der passiven Korrosionsschutzart hängt ab von der Wirtschaftlichkeit des Verfahrens und der gewünschten Schutzdauer. Es wird unterschieden in:

Beschichten	Metallische Überzüge
• Einölen, Einfetten (kurzzeitiger Schutz an Messzeugen, Gleitbahnen usw.) • Werkstattseitige Auftragung von Anstrichen oder Lackierungen • Kunststoffüberzüge • Gummierungen • …	• Tauchen in Metallschmelzen (z. B. Feuerverzinken) • Thermisches Spritzen • Auftragschweißen (Plattieren) • Bedampfen • Galvanisieren • Phosphatieren • Nitrieren

9.4.2.3 Nichtmetallische Beschichtungen (Anstriche, Lackierungen)

Der flüssige, pastenförmige oder pulverförmige Beschichtungsstoff setzt sich aus Bindemitteln, Pigmenten, Füllstoffen sowie Löse- und Verdünnungsmittel zusammen.

Bindemittel

- sind der nichtflüchtige Bestandteil des Beschichtungsstoffes
- dienen der Filmbildung (Kohäsion)
- dienen der Haftung auf dem Grundwerkstoff (Adhäsion)
- bieten eine Vielzahl von Kombinationsmöglichkeiten bzgl. Applikationsanforderungen und Korrosionsschutz.

Pigmente

- sind unterschiedlich große Teilchen in verschiedenen Formen (farbig oder farblos)
- hemmen oder verhindern Korrosion durch chemische oder physikalische Eigenschaften
- erzielen den gewünschten Farbton.

Füllstoffe bilden ein dichtes Gefüge als Barriere.

Löse- und Verdünnungsmittel

- verdunsten bei der Trocknung und
- sind das Bindemittel der verschiedenen Beschichtungsstoffe und
- können auch Teil wasserhaltiger Beschichtungsstoffe sein.

Folgende Tabelle gibt einen Überblick über die wichtigsten Einsatzgebiete von Bindemitteln und Pigmenten:

	Beschichtungen für Stadt-, Land- und Industrieluft		Beschichtungen für stark verunreinigte Luftbelastung	
Grund-Beschichtungsstoffe	Bindemittel	Pigmente	Bindemittel	Pigmente
	Leinöl	Bleimennige	Chlorkautschuk Venylharz (PVC)	Bleimennige
	Epoxidharzester	Zinkstaub	Polyurethan	Zinkstaub, Graphit
	PVC-Alkydharz-Kombination	Bleimennige, Zinkphosphat	Epoxidharz	Eisenglimmer, Bleistaub, Zinkstaub, Zinkphosphat, Bleimennige
	Epoxidharz	Zinkstaub		
Deck-beschichtungsstoffe	Leinöl	Eisenglimmer, Titandioxid	Chlorkautschuk	Eisenglimmer
	PVC-Alkydharz-Kombination	Eisenoxid, Aluminiumpigment	Epoxidharz, Polyurethan	Eisenoxide, Chromoxid grün
	Polyurethan	Kombinationen		

Im Bild 1 kann der Beschichtungs-Aufbau an einer Stützenkonstruktion nachvollzogen werden. Sie kann bestehen aus:

- 1 Grundbeschichtung aus Epoxidharzester-Zinkstaub (GB = 70–80 µm)
- 1 Grundbeschichtung aus PVC-Kombination (GB = 70–80 µm)
- 2 Deckbeschichtungen aus PVC-Kombination (DB = 70–80 µm/Schicht)
- Kantenschutz (K)
- Bodenzonenbeschichtung (BZ) mit Epoxidharz-Teer

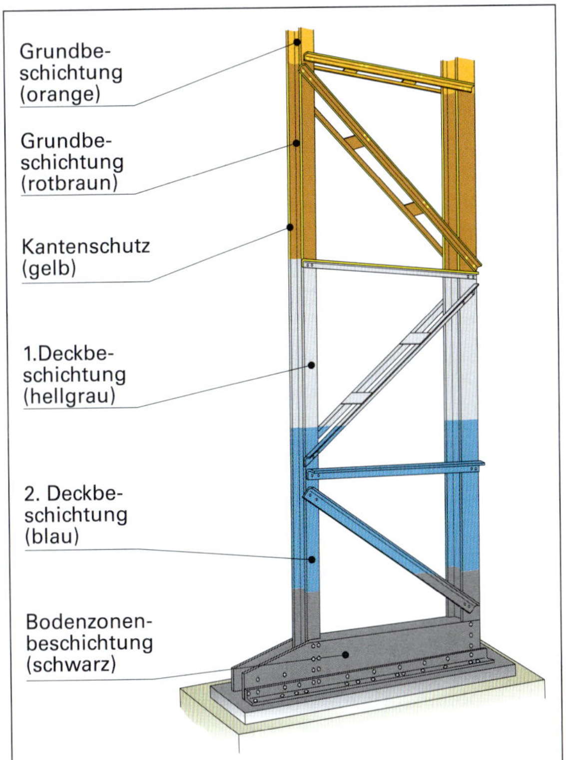

1 Beispiel für einen Beschichtungsaufbau

Die Schichtdicke wird nach der zu erwartenden Beanspruchung festgelegt. Für jede Schicht werden 70–80 µm Schichtdicke gefordert. Stahlkonstruktionen in Innenräumen erhalten meist 2 Schichten; bei Außenanlagen werden 3 bis 4 Schichten gefordert.

Der Auftrag der Beschichtungsstoffe (Bild 2) erfolgt durch Streichen, Rollen, Spritzen usw. Für schlecht zugängliche Bereiche wird ein Heizkörperpinsel verwendet. Zugängige Flächen lassen sich mit Winkelpinseln bearbeiten; große Flächen werden mit der Rolle bearbeitet. Der Beschichtungsstoff richtet sich nach dem Standort (Korrosionsbelastungshöhe) und den Kundenwünschen. Herstellerrichtlinien sind zu beachten.

Das Auftragen von Anstrichen erfolgt

- durch **Streichen** mit Pinsel oder Rolle,
- im **Tauchverfahren**,
- durch **Spritzpistole** im Nieder- oder Hochdruckspritzen bzw. elektrostatischem Verfahren

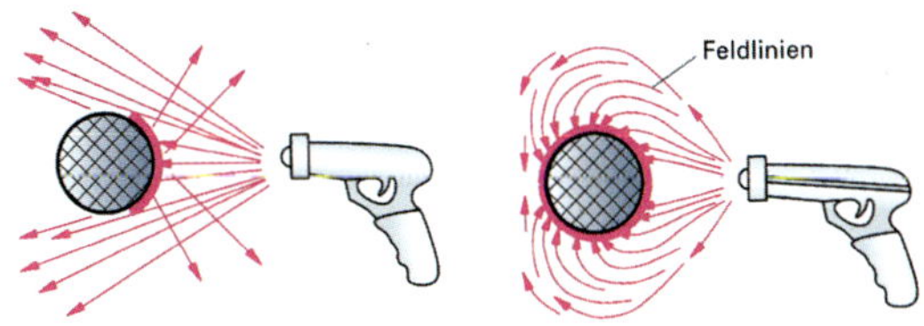

Spritzlackieren mit Hochdruckspritzpistole (Airless-Spritzen) | elektrostatisches Lackieren (Elektrospritzlackieren)

Die Auftragung nacheinanderfolgender Schichten soll in **entgegengesetzter Richtung** erfolgen:

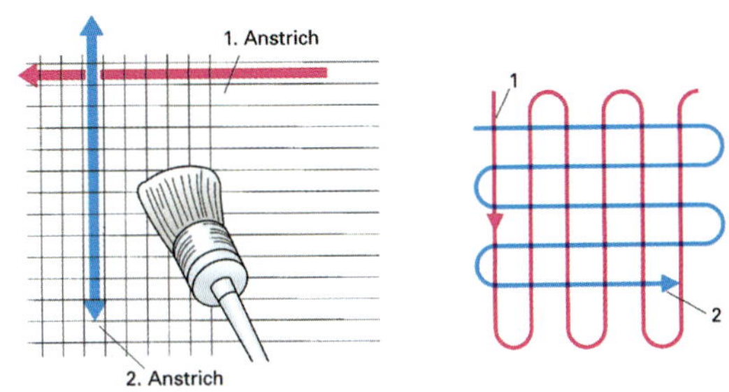

a) Auftragung mit dem Pinsel **b)** Aufspritzen im Kreuzgang

2 Auftragen von Anstrichen

Die Lebensdauer wird bei Schichtdicken von ca. 300 µm mit 15 bis 25 Jahren angenommen. Zwischeninspektionen und Reparaturarbeiten können deutlich verlängerte Lebenserwartungen bewirken.

Kunststoffbeschichtungen

Kunststoffbeschichtungen werden durch Tauchen, Spritzen, Wirbelsintern oder elektrostatisch auf Bauteile aufgetragen. Kunststoffbeschichtungen können sowohl auf Stahl als auch Aluminium aufgetragen werden. Es ersetzt beim Aluminium das Eloxieren, da es ökologisch und wirtschaftlich günstiger ist. Auch ist die Farbpalette nahezu unbegrenzt. Als Pulverlackbeschichtung eignen sich Epoxid- und Polyesterharze sowie Polyurethane und Acrylharze.

Prinzip der elektrostatischen Pulverbeschichtung

Die elektrostatische Pulverbeschichtung beruht auf dem Prinzip, dass sich die Lackpartikel mit entgegengesetzter elektrischer Ladung anziehen (U = 40 000 ... 120 000 Volt). Zwischen der Pulversprühpistole (Bild 1, nächste Seite) und dem geerdeten Werkstück bildet sich ein elektrisches Feld. Die Lackpartikel folgen den Feldlinien des elektrischen Feldes und bleiben aufgrund der Restladung auf

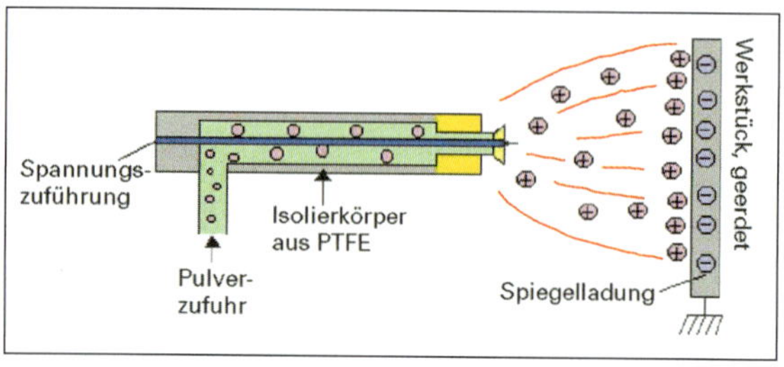

1 Schematischer Aufbau einer Pulversprühpistole

dem Werkstück haften. Die Lackpartikel setzen sich an der Oberfläche ab und dringen selbst in kleinste Unebenheiten der Oberfläche ein. Das Werkstück wird für 10 bis 30 Minuten in einem Ofen gelegt, damit die Lackpartikel eingebacken werden können (T = 160–280 °C). Pulverauswahl und Vorbehandlung bestimmen die Schlag- und Rostfestigkeit des Werkstücks.

Emaillieren
Bild 2 zeigt eine Fassade mit emaillierten Blechen. Auf einen Metalluntergrund wird ein zweischichtiger Überzug aus glasbildenden Stoffen aufgebracht; dieser wird bei ca. 900 °C erschmolzen. Die Emailleschicht schützt das Metall vor Korrosion. Sie kann nur auf Fertigteile aufgebracht werden, da eine nachträgliche Bearbeitung nicht möglich ist. Bei der Montage ist darauf zu achten, dass an den Kanten die Emailleschicht nicht abplatzt und dadurch sich Korrosion an den ungeschützten Löchern bildet und ausbreitet.

2 Fassade mit emaillierten Fassadenblechen

Schwarzbrennen
Schwarzbrennen war früher bei Schmiedeteilen für Innenräume üblich. Das fertige Erzeugnis z. B. ein Raumgitter wird mit einer Gasflamme erwärmt und mit Leinöl bestrichen. Die nach dem Abbrand verbleibende schwarze Ölkohle wird blankgerieben und bietet Schutz vor Korrosion. Schwarzbrennen als Korrosionsschutz wurde durch Schmiedelacke verdrängt.

9.4.2.4 Metallische Überzüge

Metallische Überzüge haben gegenüber Beschichtungen erhebliche Vorteile, da die Überzugsmetalle Zink, Zinn, Nickel, Kupfer und Chrom mit dem Stahl legieren. Die Schichten sind dicht und fest, und die Oxide der Überzugsmetalle sind weitestgehend korrosionsbeständig.

Der Auftrag der Überzüge erfolgt durch:
- Tauchen der Bauteile ins flüssige Metall (z. B. Feuerverzinken); siehe Kapitel 9.4.3,
- Thermisches Spritzen,
- Plattieren,
- Galvanisieren,
- Phosphatieren,
- Nitrieren und
- Eloxieren.

Thermisches Spritzen
In einer Spritzpistole werden das aufzutragenden Metallpulver oder Draht verflüssigt und mit Druckluft oder Plasmagas auf die Werkstückoberfläche gesprüht. Nach Art des Energieträgers unterscheidet man
- Flammspritzen,
- Lichtbogenspritzen und
- Lichtbogenplasmaspritzen.

Bild 1 auf der nächsten Seite zeigt die Wirkprinzipien.

Plattieren
Das Prinzip des Plattierens zeigt Bild 2, nächste Seite; auf den Trägerwerkstoff aus preiswertem Baustahl (z. B. S235JR) wird ein korrosionsbeständiger Werkstoff (z. B. X5CrNi18-8) als dünnes Blech (= „Platte“) aufgewalzt.

Durch hohe Press- und Reibungskräfte wird ein mechanischer Verbund erzeugt, bei dem das Auflageblech durch Adhäsion mit dem Stahl verbunden wird. Bei der anschließenden Wärmebehandlung geht die Adhäsionshaftung in Diffusionshaftung über; es tritt ein „Verschweißen“ auf.

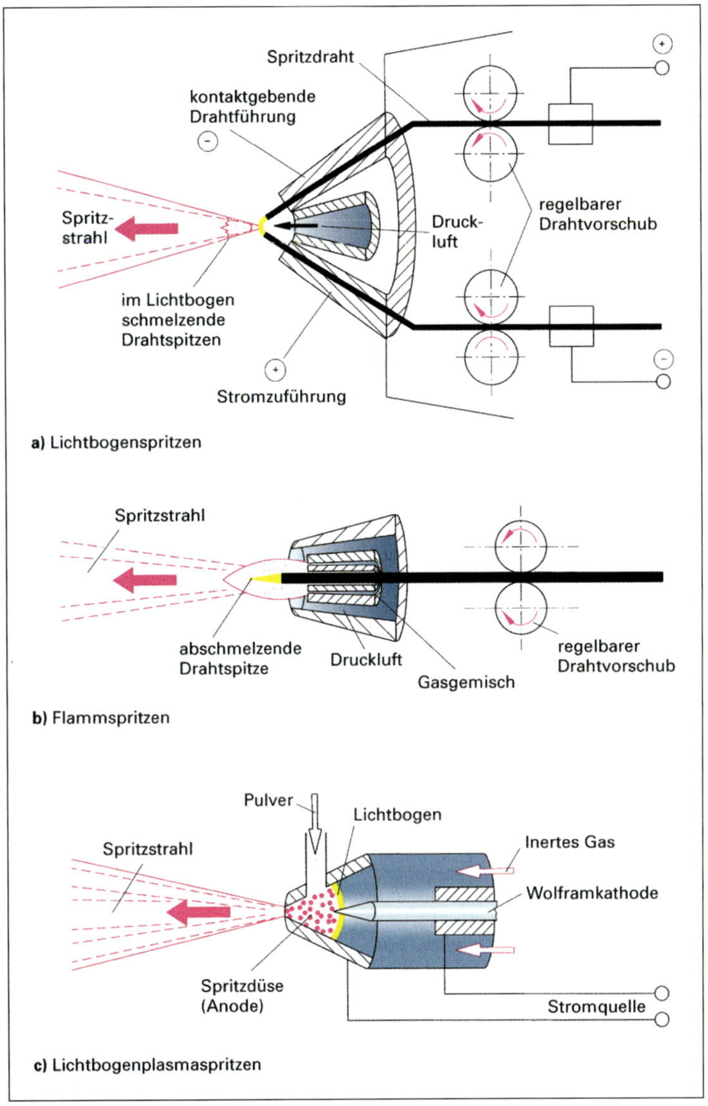

1 Thermisches Spritzen

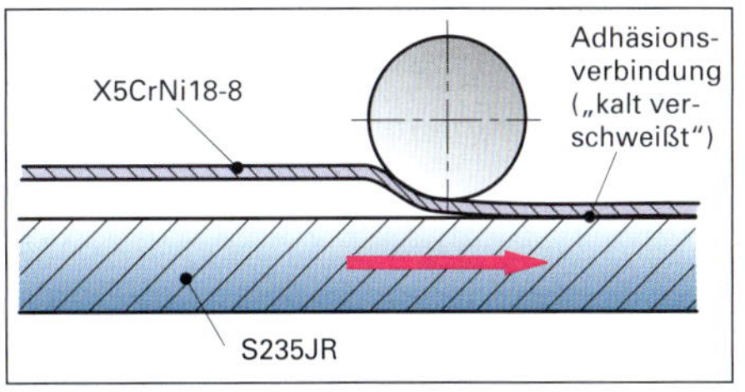

2 Plattieren

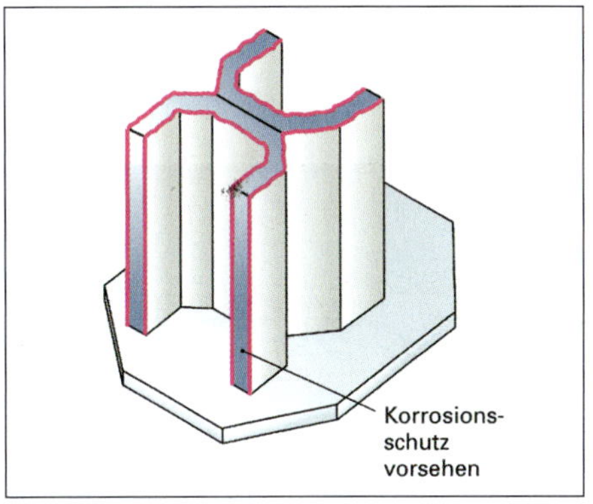

3 Plattierte Stütze

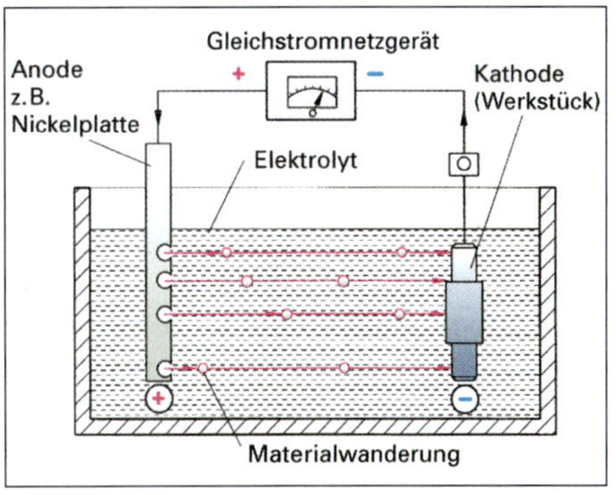

4 Wirkprinzip des Galvanisierens

Galvanisieren

Beim Galvanisieren werden Metalloberflächen durch Elektrolyse mit anderen Metallen überzogen. Galvanisierungen werden zum Vernickeln, Verkupfern, alkalischen Verkupfern sowie dem Hartverchromen von Tiefdruckzylindern, Prägewalzen und Prägewellen eingesetzt.

In einem Galvanobad (Elektrolyt) werden von der Anode (Schutzmetall) Schutzmetallionen gelöst; durch die angelegte Gleichspannung „wandern" die gelösten Metallionen auf die zu schützende Werkstückoberfläche. Die „Einwirkzeit" bestimmt die Dicke des Überzugs; meist beträgt die Dicke 10 ... 50 µm. Bild 4 zeigt das Wirkprinzip.

Phosphatieren

Beim **Phosphatieren** wird das Werkstück entweder in ein Metallphosphatbad getaucht oder mit Metallphosphatlösung besprüht. Dabei bildet sich auf der Oberfläche eine ca. 1–30 µm dünne, mit dem Grundwerkstoff fest verbundene Metallphosphatschicht. Diese ist korrosionsbeständig.

Nitrieren

Bei Temperaturen um 500–590 °C diffundiert Stickstoff in die Oberfläche des Werkstückes. Durch Beaufschlagung mit Dampf oxidieren die Eisenanteile und bilden so eine Korrosionsschutzschicht.

Eloxieren

Anodisation oder Eloxal bezeichnen beide das **el**ektrische **Ox**idieren von **Al**uminium.

Die sich natürlich bildende Oxidschicht des Aluminiums ist weich und wenig ansehnlich (Schichtdicke 0,1–0,5 μm).

Durch die anodische Oxidation entsteht eine dichte und sehr harte mit dem Grundwerkstoff verbundene Schicht. Die transparente Oxidschicht ist widerstandsfähig gegen mechanische Einflüsse, Witterung und Korrosion. Die Oxidschicht ist einfärbbar. Eloxierte Bauteile können problemlos recycelt werden.

1 Balkongeländer verzinkt und farbbeschichtet, Lochplatten und Blumenkästen Aluminium silberfarben eloxiert.

Die Qualität der Eloxalschicht ist abhängig von der Qualität der Vorbehandlung. Die Qualitätsstufen werden von E 0 bis E 6 klassifiziert und können Tabellenbüchern entnommen werden.

Die Eloxierung findet in einem verdünnten Schwefel- oder Oxalsäurebad statt. Das Werkstück bildet die Anode; am Badrand befinden sich die Kathoden. Durch Anlegen eines Gleichstroms entsteht in einer elektrochemischen Reaktion die Eloxalschicht (Al_2O_3). Auf dem Grundwerkstoff bildet sich zunächst eine dünne und geschlossene Sperrschicht, die dann weiter anwächst. Es entstehen kapillarähnliche Poren (s. Bild 2a).

In die kapillarähnlichen Poren können dann zum Einfärben Metalloxide eingelagert werden; durch einen Verdichtungsvorgang (Hydroxidbildung in salzfreiem Wasserbad von 100 °C) werden die Poren verschlossen und schützen so die Farbeinlagerungen (Bild 2b).

Das Pulverbeschichten hat in vielen Einsatzbereichen das Eloxieren abgelöst.

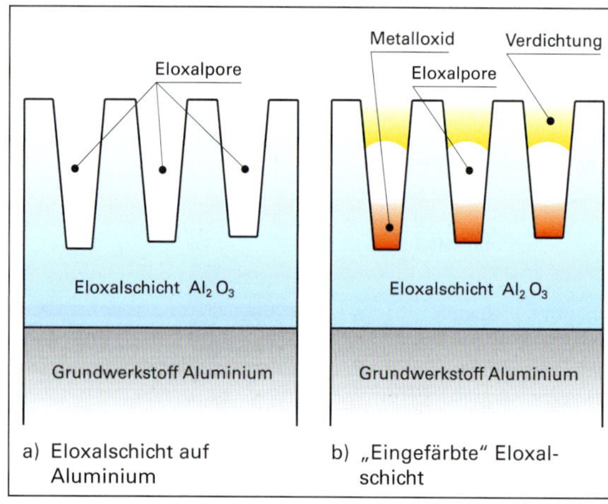

2 Eloxalschichten

9.4.3 Feuerverzinken

9.4.3.1 Verfahren

Das Feuerverzinken[1] hat sich als das weitest verbreitete und geeignetste Verfahren zum Korrosionsschutz von Stahlkonstruktionen entwickelt, weil es

- sehr wirtschaftlich ist,
- eine guten Langzeitschutz gewährleistet,
- dauerhafter als andere Beschichtungssysteme ist,
- für Neukonstruktionen und rekonstruierte Bauteile anwendbar ist.

Das Feuerverzinken findet seine Grenzen in den Badgrößen der Verzinkungsbetriebe.

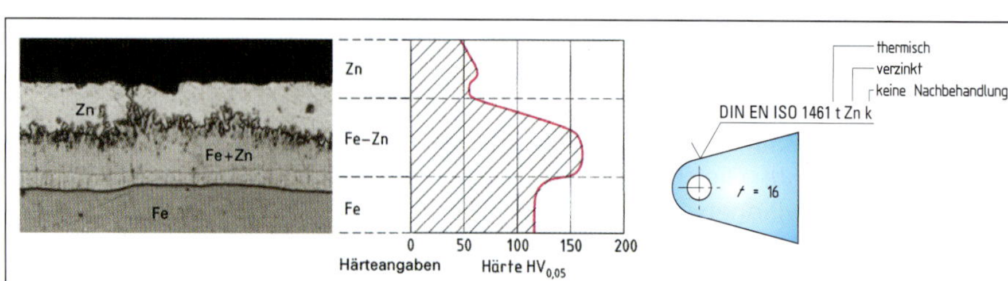

3 Schliffbild: verzinkte Stahloberfläche

[1] Der Name Feuerverzinken leitet sich von Zinkbädern ab, die früher durch offenes Feuer beheizt wurden.

Feuerverzinkte Oberflächen unterscheiden sich in ihrem Erscheinungsbild.

Beim Feuerverzinken kommt es zu Legierungsbildung zwischen Grundmetall und der aufgetragenen Zinkschicht. Die Schichtdicke soll nach DIN EN ISO 1461 ca. 50 ... 70 µm betragen, das entspricht 350 ... 500 g/m².

Man unterscheidet:

- Stückverzinken in Bädern für Einzelteile,
- Bandverzinken im Durchlaufverfahren für Bänder, Blechrollen und Drähte.

Vor dem Eintauchen in das 450 °C heiße, flüssige Zinkbad müssen die Teile entfettet und gebeizt werden, damit die Zinkschicht haften kann. Die frisch verzinkten Teile müssen trocken und bei guter Lüftung gelagert werden, damit sich eine Schutzschicht (Zinkcarbonat) bilden kann und Weißrost verhindert wird.

Feuerverzinken

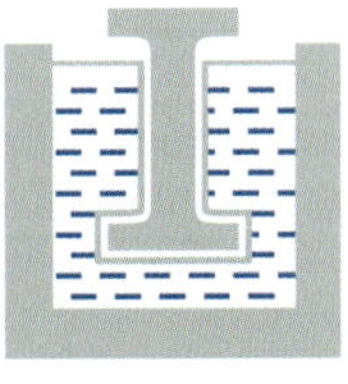

a) Stückverzinken. Diskontinuierliches Schutzverfahren, bei welchem die zu verzinkenden Teile einzeln in schmelzflüssiges Zink getaucht werden (Stückverzinken nach DIN EN ISO 1461/Rohrverzinken nach DIN EN 10 240).

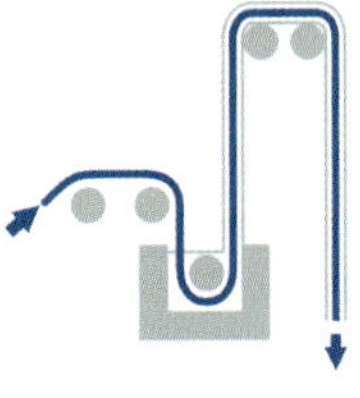

b) Im Durchlaufverfahren. Kontinuierliches Schutzverfahren für Stahlband (deshalb Bandverzinken nach DIN EN 10 143 und DIN EN 10 346). Bandstahl oder -draht (nach DIN EN 10 244), welche in automatisch betriebenen Anlagen einen Zinküberzug im Durchlaufverfahren durch schmelzflüssiges Zink erhalten.

1 Stückverzinken – Durchlaufverzinken

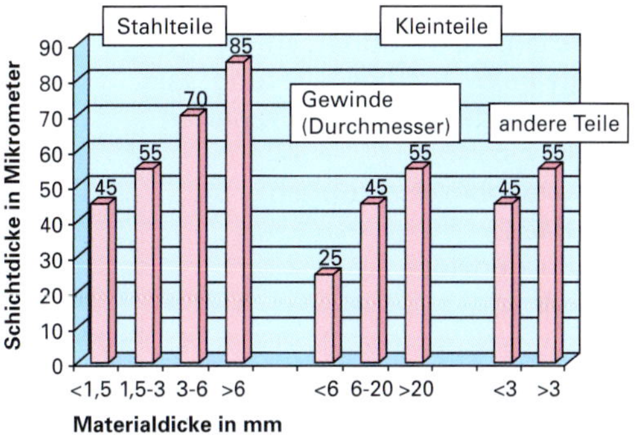

Kleinteile wie z. B. Schrauben, Muttern, Stifte usw. werden nach dem Verzinken in einer Zentrifuge geschleudert.

Mindestschichtdicken der Zinküberzüge nach DIN EN ISO 1461

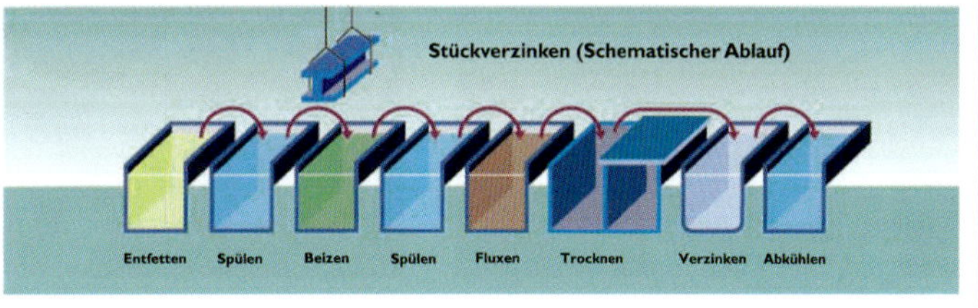

Darstellung des Verzinkungsvorganges

rostige Brückenteile

Baileybrücke im Zinkbad

Baileybrücke fertig montiert

Bailey-Brücke Bad Mertigheim vor und nach der Restaurierung

2 Feuerverzinken und Anwendungsbeispiele

Reparaturen von Schadstellen

Beschädigte Oberflächen, z. B. durch Transport, Montage oder mangelhafte Erstbeschichtung (s. Bild 1) können mit folgenden Verfahren repariert werden:

- Auftragen von Zinkstaubbeschichtungen
- Flammspritzen (s. Bild 2)
- Auftragen von Verzinkungslot
- Aufsprühen von Zink

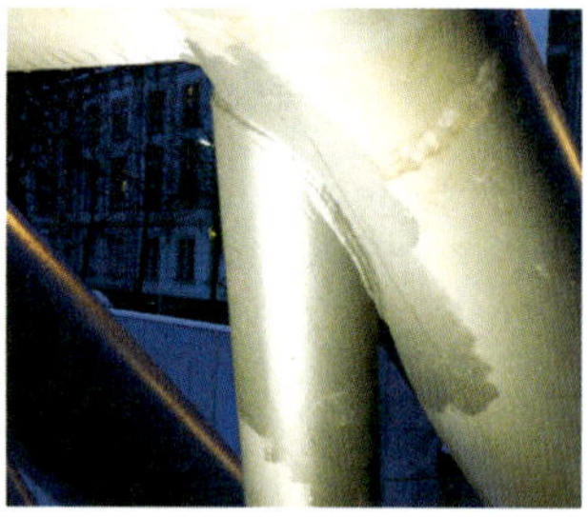

1 Beschichtungsreparatur an einem geschweißten Knotenpunkt einer Brücke

a) Fehlstelle einer Zinkschicht b) Sandstrahlen oder Schleifen c) Flammspritzen

2 Ausbessern von Zinküberzügen z. B. durch Flammspritzen

Bei den Reparaturen sind folgende Regeln unbedingt zu beachten (DIN EN ISO 1461):

- die größte Einzelausbesserungsstelle darf max. 10,0 cm^2 betragen;
- der Ausbesserungsbereich darf max. 0,5 % der Bauteiloberfläche nicht überschreiten;
- die Schichtdicke der Ausbesserungsschicht muss mind. 30 µm mehr als die geforderte Dicke sein (vgl. Bild 2, vorherige Seite).
- Die Ausbesserung muss fachgerecht durchgeführt werden.

Außerdem sind die Richtlinien der VOB (C) Metallbau zu beachten.

Geschweißte oder wärmebeeinflusste Baugruppen können sich während des Feuerverzinkens verformen, da die Badtemperatur so hoch ist, dass Eigenspannungen frei werden. Durch Kaltrichten lassen sich die Verformungen korrigieren.

Ungleichmäßige Schichtdicken oder Tropfnasen können mit einer weichen Gasflamme aufgeschmolzen und durch Abbürsten geglättet werden.

Kathodischer Korrosionsschutz bei verzinkten Bauteilen

Feuchtigkeit bildet in Oberflächenrissen ein Lokalelement. Das Zink als unedleres Metall zur Anode wird zerstört und der Stahl als Kathode bleib unversehrt. Risse in der Zinkschicht (≤ 1,5 mm) schließen sich durch „kathodische Fernschutzwirkung" selbst.

Zinn oder Kupfer sind edlere Metalle als Stahl. Werden sie als Beschichtung eingesetzt, besteht die Gefahr des Unterrostens. Der Stahl als Anode löst sich auf, die Beschichtung bleibt erhalten.

9.4.3.2 Duplexsystem

Das Duplexsystem übertrifft die Schutzdauer einer Feuerverzinkung deutlich. Auf die verzinkte Oberfläche wird eine zusätzliche Farbbeschichtung aufgetragen. Farbe und Verzinkung schützen sich gegenseitig, indem die Farbe vor Umwelteinflüssen schützt und die Feuerverzinkung verhindert ein Unterrosten der Farbbeschichtung. Neben verbesserten Schutz (Lebensdauer von über 70 Jahren) bietet die Farbbeschichtung Gestaltungsmöglichkeiten, wie sie in Bild 3 an einem Entlüftungssystem von Kanälen durchgeführt wurden.

3 Duplexbeschichtete Entlüftungsrohre in Düsseldorf

Beschichtungen auf Stahl und feuerverzinktem Stahl
(Schematische Darstellung)

Durch alterungsbedingte Schäden (Risse, Beschädigungen) an der Beschichtung im Laufe der Zeit kann Feuchtigkeit an die Stahloberfläche gelangen und Rost die Beschichtung abheben.

Die Beschichtung auf verzinktem Stahl bleibt selbst nach Korrosionsvorgängen auf der Oberfläche des Stahls haften, weil der Zinküberzug ein Unterrosten verhindert.

Möglichkeiten der Beschichtung von feuerverzinktem Stahl

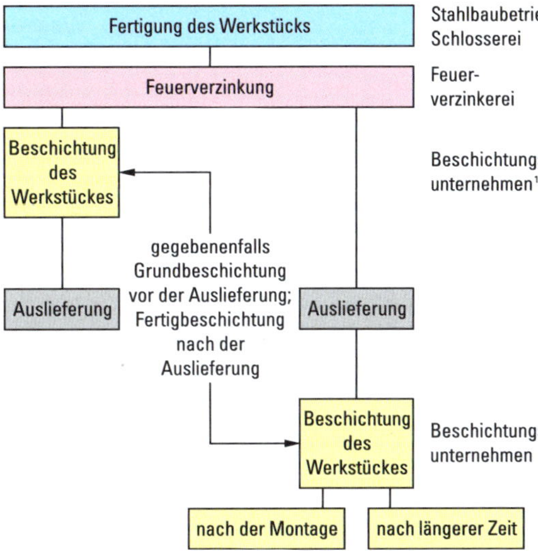

[1] Viele Verzinkereien bieten als Zusatzleistung das Beschichten in der eigenen Beschichtungsanlage an oder bei einem Partnerunternehmen. Beschichten auf der Baustelle oder nach längrer Zeit ist zwar generell noch möglich, muss aber hohe Anforderungen bzgl. der Vermeidung damit verbundener Umweltauswirkungen erfüllen.

Korrosionsschutz durch Feuerverzinkung und Duplex-Systeme in Industrieatmosphäre

Verfahren	Bezugsnorm	Mindestdicke [µm]	Augewählte Korrosivitätskategorien (ISO 9223), kürzeste/längste Schutzdauer (Jahre) und Schutzdauerklasse (VL, L, M, H,VH)							
			C3		C4		C5		CX	
Feuerverzinken (Stückverzinken)	DIN EN ISO 1461	85	40/>100	VH	20/40	VH	10/20	H	3/10	M
		140	67/>100	VH	33/67	VH	17/33	VH	6/17	H
		200	95/>100	VH	48/95	VH	24/48	VH	8/24	H

ANMERKUNG: Die Werte für die Schutzdauer wurden auf ganze Zahlen gerundet. Die Zuordnung der Schutzdauerklasse basiert auf dem Durchschnitt der kürzesten und längsten berechneten Schutzdauer bis zur ersten Instandsetzung. Lesebeispiel: 85 µm Zinkschichtdicke in Korrosivitätskategorie C4 (Korrosionsgeschwindigkeit für Zink zwischen 2, 1 µm und 4,2 µm je Jahr) ergibt eine erwartete Schutzdauer von 85/2, 1 = 40,746 Jahren (gerundet 40 Jahre) und 85/4,2 = 20,238 Jahren (gerundet 20 Jahre). Durchschnitt der Schutzdauer (20 + 40)/2 = 30 Jahre - gekennzeichnet mit „VH". Abkürzungen: VL = sehr niedrig (Schutzdauer Obis< 2 Jahre); L = niedrig (Schutzdauer 2 bis< 5 Jahre); M = mittel (Schutzdauer 5 bis< 10 Jahre); H = hoch (Schutzdauer 10 bis< 20 Jahre); VH = sehr hoch (Schutzdauer 2:: 20 Jahre).

1 Duplexsystem (Feuerverzinken + Beschichten)

Das Duplexsystem erreicht seine volle Wirkung, wenn die Dicke der Zinkschicht $t \geq 20$ µm beträgt und die Beschichtung auf der Zinkschicht gut haftet (Bild 1).

Ein weiterer Vorteil des Duplexsystems zeigt sich im Kantenschutz, der durch „Kantenflucht" beim Farbbeschichten eingeschränkt ist (Bild 2).

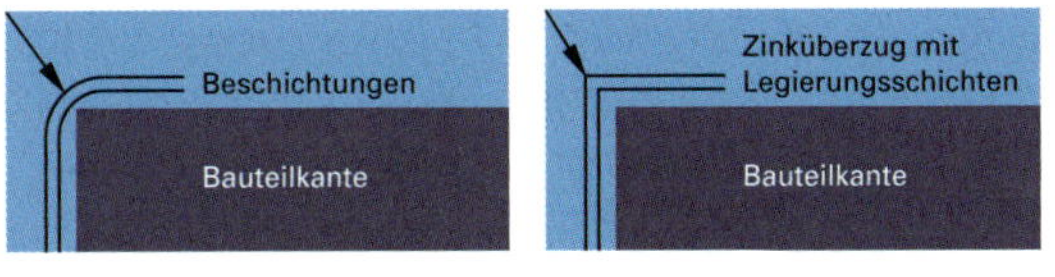

Durch Oberflächenspannung bei Flüssigkeiten ergibt sich stets eine geringere Schichtdicke an Bauteilkanten (Kantenflucht)

Durch Wachstum von Legierungsschichten parallel zur Oberfläche ergeben sich bei Zinküberzügen keine Minderschichtdicken an Kanten

2 Schematische Darstellung der „Kantenflucht"

Die Lebensdauer von Stahlkonstruktionen wird durch die Schichtdicke und den jährliche Zinkabtrag stark beeinflusst. Stückverzinkte Bauteile haben auf Grund der höheren Schichtdicke längere Lebenszeiten als bandverzinkte mit niedriger Schichtdicke. Daher werden Stahlbaukonstruktionen nach der Fertigung wenn möglich stückverzinkt. Für eine Duplexbeschichtung kann die Zinkauflage ungefähr halbiert werden ($T \approx 15$ Jahre, Zinkauflage 400 g/m² statt 800 g/m²). Außerdem wird die Umwelt durch reduzierte Verwitterung der Zinkauflage geschont.

Alter, Haltbarkeit und Rest-Lebensdauer eines Duplexsystems lassen sich nicht am Aussehen beurteilen, da Farbbeschichtungen abwittern und dünner werden. Das äußere Erscheinungsbild ist daher kein zuverlässiger Indikator.

1. Phase: Die Beschichtung ist völlig intakt.
2. Phase: Der Glanz geht verloren, Schmutz haftet.
3. Phase: Risse und Poren bilden sich. Wasser dringt ein.
4. Phase: Die Reinzinkschicht der Feuerverzinkung wird angegriffen, sich bildende Korrosionsprodukte dichten aber Risse und Poren ab.
5. Phase: Die Beschichtung verwittert an einigen Stellen; die Feuerverzinkung übernimmt dort den Korrosionsschutz.
6. Phase: Die Feuerverzinkung tritt punktuell an die Oberfläche, sichtbar an den grauen Flecken. Es entsteht jedoch keine Rostbildung am Grundmetall.
7. Phase: Rostpunkte an der Zinkoberfläche. Sind noch weniger als 5 % der Oberfläche verrostet, kann die Beschichtung nach Abbürsten und Entfetten wieder aufgetragen werden.

Das Duplexsystem findet eine breite Anwendung z. B. in der Kraftfahrzeugindustrie.

Dabei gilt die Bearbeitungsreihenfolge:
- Tiefziehen.
- Verzinken.
- Grundieren.
- Auftrag von Füllern.
- Endlackieren.

Problematisch sind Schweißarbeiten an verzinkten Karosserien, weil
- Zink mit giftigen Dämpfen verdampft und
- nachverzinkt werden muss, da sonst elektrochemische Korrosion auftreten kann.

Anstrichschäden auf verzinkten Oberflächen

Bei Duplexsystemen treten Schadensbilder wie z. B. abgeplatzte Anstriche auf (s. Bild 1). Die Ursachen liegen in

1 Abgeplatzte Anstriche

1. der unzulänglichen Vorbereitung der verzinkten Oberfläche,
2. der Verwendung nicht geeigneter Anstrichsysteme,
3. Applikationsmängeln.

Zu 1.
Mit einer ammoniakalischen Netzmittelwäsche[1] können die Oberflächen mittels eines Schleifschwamms gereinigt werden.
Zu 2.
Kunstharzlacke als oxidativ trocknendes Anstrichmittel sind für verzinkte Oberflächen ungeeignet.
Zu 3.
Unzureichende Vorreinigung führt auch bei Verwendung von Zweikomponentenanstrichen zum Abplatzen der Farbe.
Fachgerechter Beschichtungsverlauf von z. B. feuerverzinkten Geländern:
1. Entfetten mit Universalverdünnung
2. Trockenes Schleifen mit Schleifschwamm
3. Grundieren mit 2K-EP Primer
4. Decklackierung mit 2K-PUR

9.4.3.3 Verzinkungsgerechtes Gestalten

Bei der Planung und Fertigung von Stahlkonstruktionen müssen Gestaltungsregeln beachtet werden, damit einwandfreie Verzinkungsergebnisse erzielt werden können (s. Bild 1, nächste Seite). Weiterhin sind die entstehenden Kosten zu berücksichtigen; in manchen Fällen sind Spritzverzinken oder farbiges Pulverbeschichten eine kostengünstigere Alternative.

9.4.3.4 Schweißen von verzinkten Bauteilen

Ob ein Erzeugnis vor oder nach dem Schweißen verzinkt wird, ist abhängig von
- Art und Größe des Erzeugnisses
- Maße des Verzinkungsbades
- Transportmöglichkeiten
- Verwendung verzinkter Profile und
- den betrieblichen Gegebenheiten.

Schweißen vor dem Verzinken

Bereits in der Planungsphase muss die feuerverzinkungsgerechte Konstruktion von Stahlbauerzeugnissen berücksichtigt werden. Die thermische Belastung durch den Schweißprozess führt zu Schweißeigenspannungen. Wird das Werkstück in das Zinkbad eingetaucht, erwärmt es sich auf ca. 450 °C. In diesem Temperaturbereich haben die

[1] Auf 10 Liter Leitungswasser 0,5 Liter Ammoniakwasser (Salmiak 25%-ig) sowie 2 Teelöffel Spülmittel geben und dann die Lösung sorgfältig rühren.

Konstruktion

Keine sperrigen Bauteile

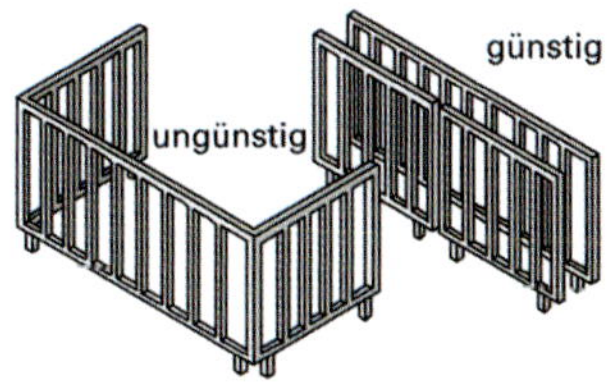

Sperrige Bauteile können zu Transport- und Verzinkungsproblemen führen; ebene Bauteile lassen sich qualitativ besser und wirtschaftlicher verzinken. Damit alle Bereiche bei übergroßen Stahlteilen verzinkt werden, muss man sie zwei oder mehrmalig tauchen. Durch die ungleichmäßige Erwärmung kann es zum Verzug oder zur Rissbildung duch die hohen Verformungskräfte kommen.

Tote Ecken und Winkel vermeiden –
Öffnungen an Überlappungen vorsehen

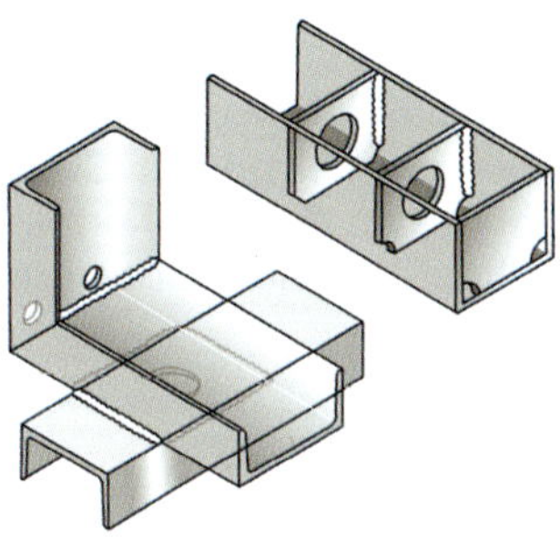

Auch bei Rahmenkonstruktionen aus offenen Profilen sind Entlüftungen und Ablaufmöglichkeiten vorzusehen.

Zulauf- und Entlüftungsöffnungen bei Hohlprofilen vorsehen

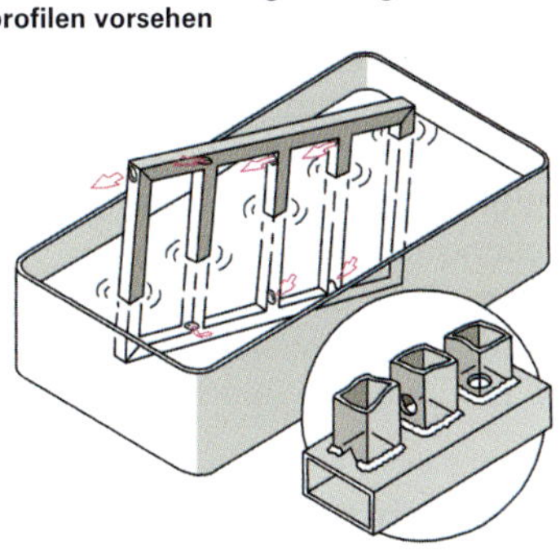

Hohlkörper müssen wegen **Explosionsgefahr** an geeigneten Stellen Öffnungen besitzen, die ein Ein- und Ausfließen aller Behandlungsmedien und ein Entweichen von Luft zulassen.

Bei Behältern sollen Anschlüsse bündig mit der Oberfläche des Behälters abschließen.

Verzug vermeiden

1. Geeignete Schweißfolge einhalten.
2. Möglichst symmetrische Querschnitt wählen.
3. Ausdehnungsmöglichkeiten schaffen, z. B. durch Radien, Sicken oder pyramidenförmige Aussteifung
4. Sehr unterschiedliche Materialdicken möglichst vermeiden.

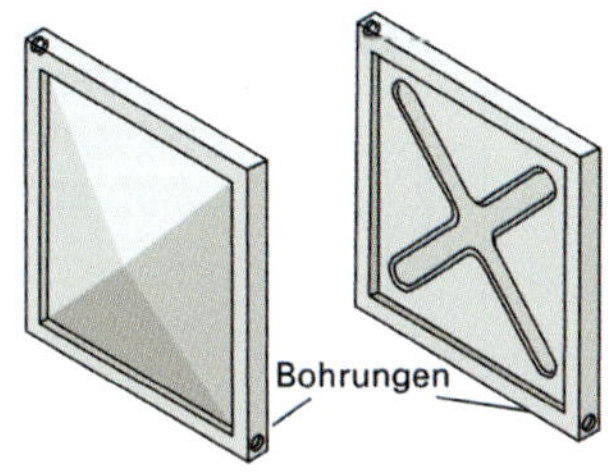

Profile nicht flächig verschweißen

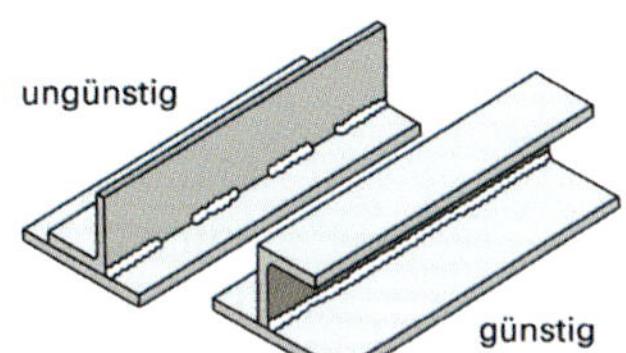

Auf ausreichende Größe und Anzahl von Zulauf- und Entlüftungsöffnungen achten

Hohlprofil-Abmessungen in mm ○ □ ▭ kleiner als			Mindest-Loch-∅ in mm bei einer jeweiligen Anzahl der Öffnungen von: 1	2	4
15	15	20 × 10	8		
20	20	30 × 15	10		
30	30	40 × 20	12	10	
40	40	50 × 30	14	12	
50	50	60 × 40	16	12	10
60	60	80 × 40	20	12	10
80	80	100 × 40	20	16	12
100	100	120 × 80	25	20	12
120	120	160 × 80	30	25	16
160	160	200 × 120	40	25	16
200	200	260˘140	50	30	16

Fertigung

Keine Farbe, keine Schweißschlacke

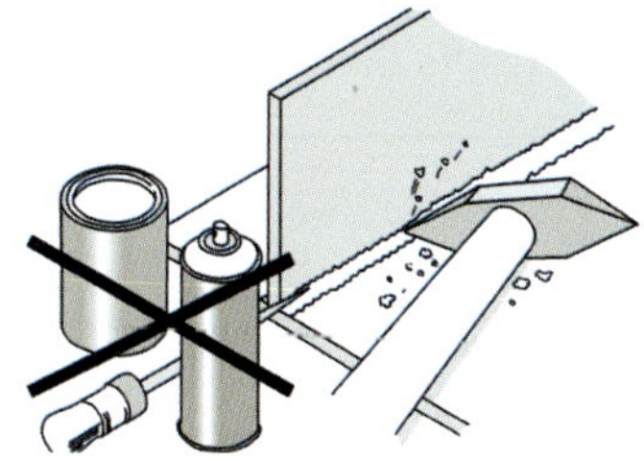

Bauteile sind frei von Öl, Fett, Farbe, Beschichtungen, Strahlmittelrückständen, Signierungen, Schweißschlacken bzw. -rückständen (z. B. Schweiß-Sprays, Rückstände vom Schutzgasschweißen) und Ähnlichem anzuliefern, da diese Substanzen beim Beizen nicht entfernt werden können und zu Fehlstellen führen.

Anhängen ermöglichen

Zulauf und Entlüftungsöffnungen möglichst senkrecht unter Anhängemöglichkeit.

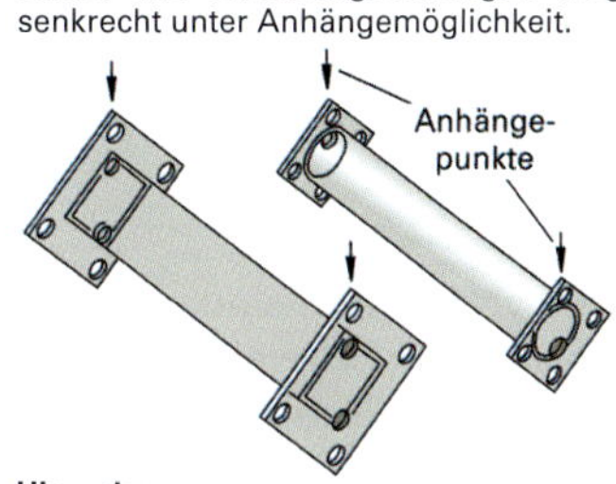

Hinweise

- DIN EN ISO 1461 „Feuerverzinken von Einzelteilen (Stückverzinken)" ist zu berücksichtigen.
- Zu feuerverzinkten Konstruktionen gehören feuerverzinkte Verbindungselemente, z.B. gem. DIN 267-10.
- Zur Vermeidung von Nacharbeit sollten Schraubenlöcher, falls möglich, 2 mm über Nenndurchmesser ausgeführt werden.
- Transport- oder Montageschäden am Korrosionsschutz sind fachgerecht auszubessern.
- Konstruktions- und/oder fertigungsbedingte Spalten und Poren, z.B. in Schweißverbindungen, sind zu vermeiden.
- Gewindeteile können nach dem Feuerverzinken durch Erwärmen und Ausbürsten des Zinks wieder gängig gemacht werden.

Kritische Gehalte von Silicium und Phosphor in Baustählen können Aussehen und Dicke des Zinküberzuges beeinflussen. Die Auswirkungen zeigt folgende Tabelle.

Silicium- + Phosphor-Gehalte in %	Zinküberzug
Si + P < 0,03 %	Normale Eisen-Zink-Reaktion, silbrig glänzender Überzug, normale Schichtdicke
Si + P ≥ 0,03 % ... ≤ 0,13 %	**Sandelin-Bereich,** beschleunigte Eisen-Zink-Reaktion, graue Zinkschicht, hohe Schichtdicke
Si + P > 0,13 % ... ≤ 0,28 %	**Sebisty-Bereich,** normale Eisen-Zink-Reaktion, silbrig mattes Aussehen, mittlere Schichtdicke
Si + P > 0,28 %	Beschleunigte Eisen-Zink-Reaktion, mattgrau, hohe Schichtdicke, mit zunehmendem Si-Gehalt, graues Aussehen

1 Verzinkungsgerechtes Gestalten

üblichen Baustähle nur noch etwa die Hälfte ihrer Zugfestigkeit. Das hat zur Folge, dass sich ein Teil der Schweißeigenspannungen durch Verformen abbaut (siehe Bild 1).

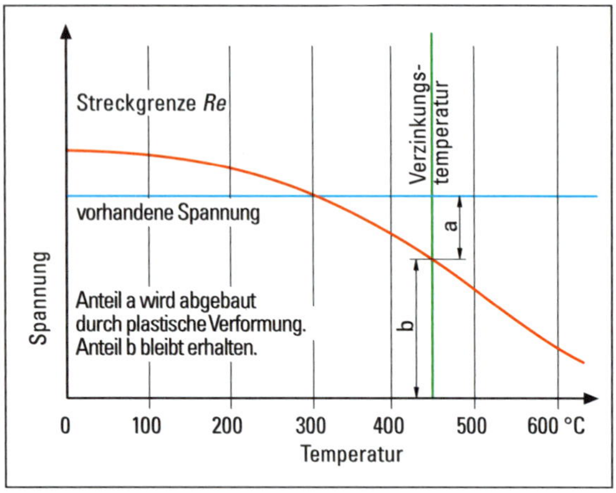

1 Streckgrenzenverlauf von Stahl in Abhängigkeit von der Temperatur

Konstruktive Abhilfen sind:

- Einsparen von Schweißnähten.
- Symmetrische Nahtanordnung.
- Möglichst kleine Nahtquerschnitte (z.B. Doppel-V-Naht statt V-Naht).
- Schweißnähte in spannungsärmere Zonen legen.

- Dickensprünge vermeiden.
- Schrumpfungen nicht behindern.
- Erst Quernähte und dann Längsnähte schweißen.
- Erst Stumpfnähte und dann Kehlnähte schweißen.
- Von der Mitte zu den Enden schweißen.
- Gegebenenfalls Pilgerschrittschweißen.

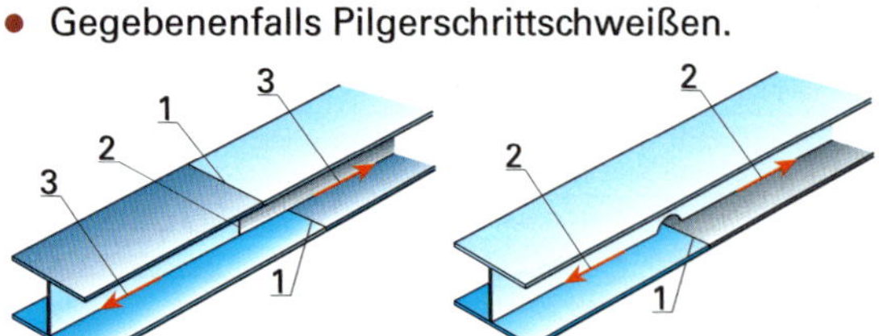

- Schweißfolgepläne erstellen.

Neben den konstruktiven Regeln müssen noch Regeln bei der Ausführung der Schweißnaht beachtet werden:

- Keine Poren und Einbrandkerben.
- Keine Spritzer- oder Schlackenreste.
- Keine Verwendung von Trennmittel-Sprays beim Schutzgasschweißen.
- Keine großen Legierungsabweichungen zwischen Grund- und Zusatzwerkstoff (hohe Silicium-Gehalte führen zu größeren Schichtdicken).
- Rundum dicht schweißen, damit unter der Zinkschicht keine Hohlräume entstehen, die zum Abplatzen der Zinkschicht führen.

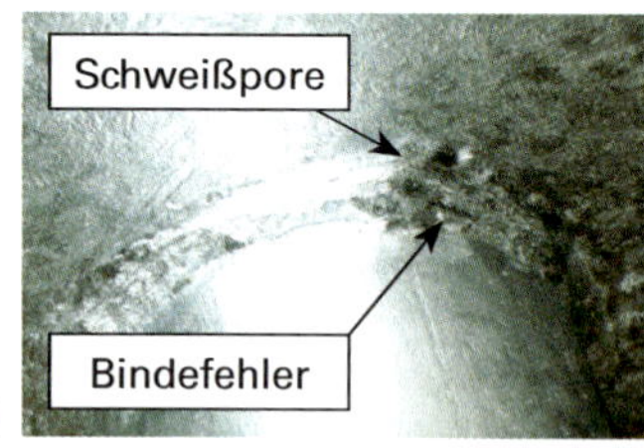

2 Fehlerhafte Verzinkung

Bild 2 zeigt ein fehlerhafte Verzinkung auf Grund von Poren und Einbrandkerben in der Schweißnaht. Die Zinkschicht platzt ab; der Korrosionsschutz ist nicht gewährleistet. Die Fehlstelle muss nachgebessert werden.

Schweißen nach dem Verzinken

Erzeugnisse lassen sich meist ohne Probleme mit dem Lichtbogenhandschweißen (111), Gasschmelzschweißen (311) oder Schutzgasschweißen mit Aktiv-/Mischgasschweißen verschweißen. Das Metall-Inert-Gasschweißen eignet sich weniger, da das Schutzgas Argon das Verdampfen und Oxidieren des Zinks behindert. Der Schweißprozess verläuft deutlich unruhiger und es treten vermehrt Spritzer auf; Ursache ist das verdampfende Zink.

Beim Schweißen verzinkter Bauteile muss eine gute Be- oder Entlüftung gewährleistet sein, da Zinkoxiddämpfe gesundheitsschädlich sind.

Nach dem Schweißen muss eine neue Zinkschicht z.B. durch Spitzen aufgebracht werden; diese neue Schicht muss den alten Überzug überlappen.

9.4.5 Korrosion bei nichtrostenden Stählen

Stähle können durch Legierungsmaßnahmen vor Korrosion geschützt werden. Chrom ist passiv, das heißt, es ist chemisch beständig. Diese Eigenschaft wird genutzt, indem man Chrom dem Stahl zulegiert. Bei einem Chromanteil von über 10,5 % in einer Stahllegierung überträgt sich die schützende Eigenschaft. Eine Verstärkung kann durch weitere Legierungselemente wie Nickel, Molybdän und Titan erzielt werden. Durch gleichmäßige Verteilung der Legierungselemente im Gefüge wird der Korrosionsschutz erzielt. Verändert sich die gleichmäßige Verteilung der Legierungselemente z.B. durch

Temperaturbeeinflussung ist der Korrosionsschutz nicht mehr gewährleistet. MIG-geschweißte nichtrostende Stahlrohre zeigen derartige Korrosionsprobleme (Bild 1).

1 **MIG-Schweißen von nichtrostenden Stahlrohren. Werden die Schweißnähte nicht beidseitig nachbehandelt, ergeben sich erhebliche Korrosionsprobleme**

Im Fassadenbau, Behälterbau, Apparatebau und Bestiftungen im Kesselbau werden Gewindebolzen aus CrNi-Stahl (z. B. X5CrNi18-10) vollflächig mit der Stirnfläche an „unlegierte" Bleche der Unterkonstruktion mit dem Bolzenschweißen angeschweißt.

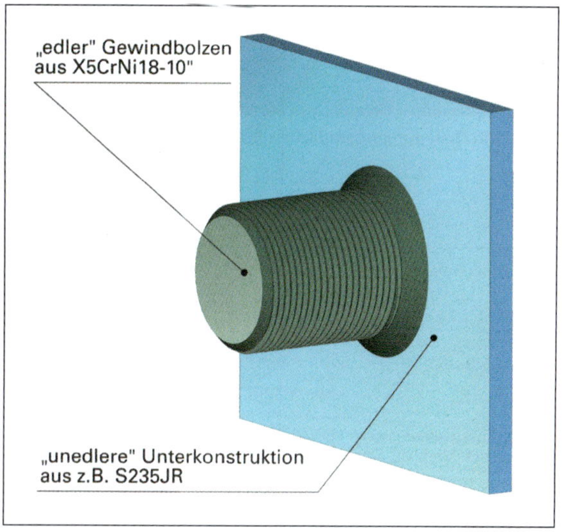

2 **Angeschweißter, korrosionsbeständiger Gewindebolzen**

9.4.5.1 Ursachen

Drei wesentliche Ursachen fördern die Korrosion an rostfreien Stählen:

- interkristalline Korrosion
- Kontaktkorrosion
- Lochfraß.

Interkristalline Korrosion und Spannungsrisskorrosion

Im Temperaturbereich 450 ... 650 °C scheiden sich in der Stahllegierung Chromkarbide aus. Durch ihre „Wanderung" an die Korngrenzen entsteht Chrommangel z. B. am Rand der Schweißnähte und es bildet sich Korrosion aus.
Die Chromausscheidungen werden unterbunden durch:

- Glühen im Schweißnahtbereich bei ca. 1000 °C und raschem Abkühlen
- Einsatz von Zusatzstoffen mit Niob- und Titanzusätzen, die Karbide binden.

Spannungsrisskorrosion wird auch nach dem Kaltverformen durch Gitterspannungen beobachtet.

Kontaktkorrosion

In Konstruktionen in denen rostfreie Stähle mit anderen Stählen kombiniert werden (Schwarz-Weiß-Verbindungen), sollten Isolierschichten die Bauteile trennen. Ist dies nicht möglich, werden sehr kleine edle (kathodische) Flächen mit großen unedleren (anodischen) Flächen kombiniert, z. B. Edelstahlschrauben in Beschlägen an Aluminiumfenstern.

Lochfraß (Lochkorrosion, Pitting)

Lochfraß entsteht durch Auflösung der Passivschicht. Verursacht wird dies durch Sauerstoffmangel in Verbindung mit Dampf und Kondenswasser, die mit Chlorionen angereichert sind. Verstärkt wird der Lochfraß durch mangelnde Belüftung.
Abhilfe wird erreicht durch:

- Verwendung von Duplex-Edelstahl.
- Entfernen von Ablagerungen.
- Polieren von Oberflächen.

Oberflächengüte und hoher Chromgehalt steigern die Korrosionsbeständigkeit von rostfreiem Stahl.

Konstruktionen aus rostfreiem Stahl (z. B. Behälter) sind nach der Fertigung mechanisch oder chemisch nachzubehandeln. Fest haftender Stahlstaub und durch Schweißen verursachte Anlauffarben führen zu verstärkter Korrosion.

1 Anlauffarben auf austenitischen CrNi-Stählen

9.4.5.2 Chemische und mechanische Oberflächennachbehandlung

Die chemische Nachbehandlung erfolgt über **Passivieren** oder **Beizen**. Passivierungs- und Beizbäder setzen sich aus Verdünnungen und Säuregemischen zusammen. Die Bauteile können getaucht, sprühgebeizt, nahtgebeizt oder anodisch gebeizt werden.
Vor dem Beizen werden Reste z. B. Bohröle, Farbe usw. mit Natriumhydroxid oder Sodalösungen bei ca. 100 °C entfernt.

Salpetersäure (50 %ig)	10 ... 30 Vol.-%
Flusssäure	2,5 ... 3 Vol.-%
Wasser	Rest
Badtemperatur	20 ... 40 °C
Beizdauer	etwa 20 Min.

Zusammensetzung einer gebräuchlichen Beizpaste. **Vorsicht Flusssäure!**

Durch Passivieren lassen sich farbige Schichten aus Chromoxiden aufbauen, die absolut beständig gegen Licht, Wetter und Alterung sind.

2 Beizen und Passivieren von nichtrostendem Stahl

Nach dem Beizvorgang sind die Bauteile gründlich mit Wasser zu spülen. Dabei sind zu beachten:
- Unfallverhütungsvorschriften und
- Umweltschutzvorschriften.

Neben der chemischen Nachbehandlung können Schweißnähte und Oberflächenfehler mechanisch nachgearbeitet werden oder mit einem einheitlichen Schliffbild versehen werden.

Beachten Sie folgende Arbeitsregeln:
- eisenoxidfreies Schleifmittel verwenden, z. B. Edelkorund, das vermeidet Fremdrost.
- Schleifmittel nur für rostfreien Stahl und nicht für andere Stähle verwenden.
- nur mit geringem Andruck schleifen, um Anlaufen und Verzug durch die geringe Wärmeleitfähigkeit zu vermeiden.
- Nassschliff ergibt feinere Oberflächen.
- Schleifgeschwindigkeit max. 40 m/s;
- Körnung des Schleifmittels:
  Vorschliff: 80 ... 180 Fertigschliff: 180 ... 240.
- EDELSTAHL Rostfrei® wird mit Glasperlen sandgestrahlt.

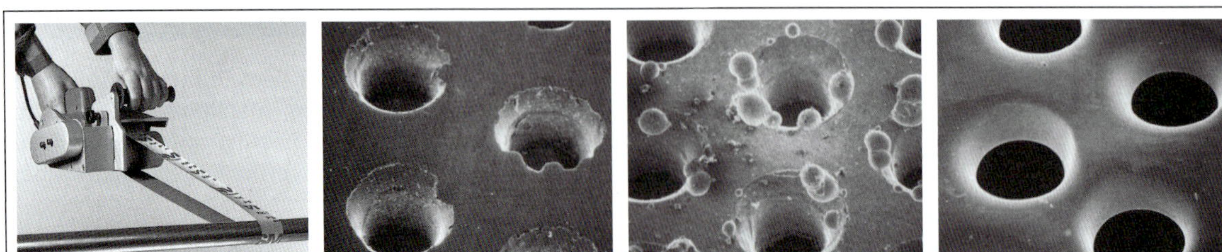

Bandschleifgerät für nichtrostende Stahlrohre | Geschliffen zur Grobentgratung | Ausgangszustand | 10 min elektropoliert

3 Korrosionsschutz und Oberflächengestaltung durch Schleifen und Polieren

9.4.6 Korrosion an Nichteisenmetallen

Kupfer bildet an der Luft eine festsitzende korrosionsbeständige Patina aus Kupfercarbonat, diese bildet den Korrosionsschutz. Schwefelsäure und Chloride verhindern die Patinabildung, sie greifen jedoch den Werkstoff stark an. Je nach Einsatz des Werkstoffs ist die Patina aus dekorativen Gründen z. B. Dächer von Gebäuden erwünscht. Im Rohrleitungsbau bildet die Patina eine erwünschte Schutzschicht.
Sie kann mit Schwefelsäure und Chloriden entfernt werden; dabei wird der Werkstoff aber sehr stark angegriffen.

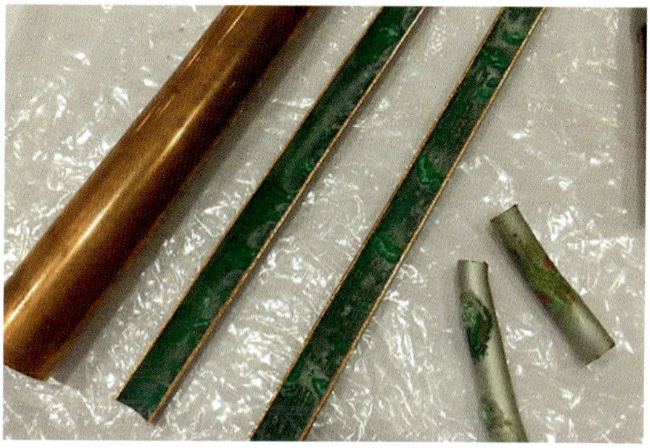

1 Korrodiertes Kupferrohr

Messing hat gegenüber Kupfer verbesserte mechanische Eigenschaften ist aber nicht so korrosionsbeständig, da die Legierungselemente Kupfer und Zink in der Spannungsreihe weit auseinander liegen. Das unedlere Zink zersetzt sich, es entsteht eine Entzinkung, welche zu interkristalliner Korrosion führt. Z. B. brechen Messingarmaturen durch Entzinkung.

2 Durch Korrosion zerstörte Messingarmatur

Aluminium als Reinaluminium weist auf Grund der Passivierbarkeit gute Korrosionseigenschaften auf. Die Oberfläche des reinen Aluminiums ist metallisch blank; die oxidierte Oberfläche ist matt. Zur Verbesserung der Korrosionseigenschaften wird Aluminium eloxiert. Aluminiumlegierungen mit Kupferanteilen sind auf Grund der großen Spannungsdifferenz korrosionsanfälliger als Reinaluminium.

Titan gehört zwar zu den unedleren Metallen, zeigt aber auf Grund der gut haftenden Oxidschicht eine gute Korrosionsbeständigkeit.

Aufgaben

1. Der abgebildete Portalkran auf einem Industriegelände zeigt Korrosionsschäden auf.

a) Welche besonderen Belastungen erwarten Sie auf einem Industriegelände?

b) Welches Korrosionsschutzverfahren wurde angewendet?

c) Welche Korrosionsarten erwarten Sie am Portalkran? Nennen Sie diese und nennen Sie mögliche Abhilfen.

d) Wann werden die einzelnen Bauteile/Baugruppen feuerverzinkt?

e) Ist eine Pulverbeschichtung für den Portalkran als Korrosionsschutz geeignet?

f) Was kann zum Abplatzen der Farbbeschichtung geführt haben?

2. Welche Korrosionsschäden können an einer Gitterstütze in einer Industrieanlage auftreten?

3. Welche Korrosionsschutzmaßnahmen können an einem Gartentor bereits in der Planungsphase ergriffen werden?

4. Was versteht man unter passivem Korrosionsschutz?

5. Nennen Sie Vor- und Nachteile einer Emaillierung.

6. Welcher Werkstoff eignet sich für das Eloxieren?

10 Thermisches Trennen und Thermisches Fügen

Lernfeld-übergreifend

10.1 Einführung

Schüttgüter werden zur Abfüllung über Kanäle zu der eigentlichen Abfüllung in z. B. Säcke geleitet. Zu Demonstrationszwecken auf Messen soll eine Modellanlage im Maßstab 1 : 5 erstellt werden. Für die Fertigung des Systems werden Gesamt- und Teilzeichnungen erstellt. Eine Teilzeichnung (mit erläuternder Darstellung von Schweißnähten) zeigt Bild 2. Es ist das Übergangstück (Bild 1 links) im mittleren Teil von Bild 1. Es besteht wiederum aus drei Baugruppen:

- Übergangsstück
- Stützen (12 x)
- Anschlussplatten (2 x)

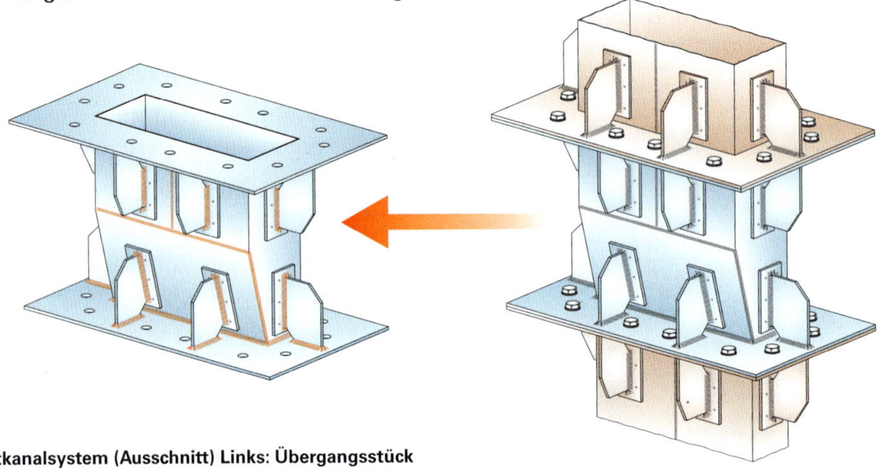

1 Rechts: Schüttkanalsystem (Ausschnitt) Links: Übergangsstück

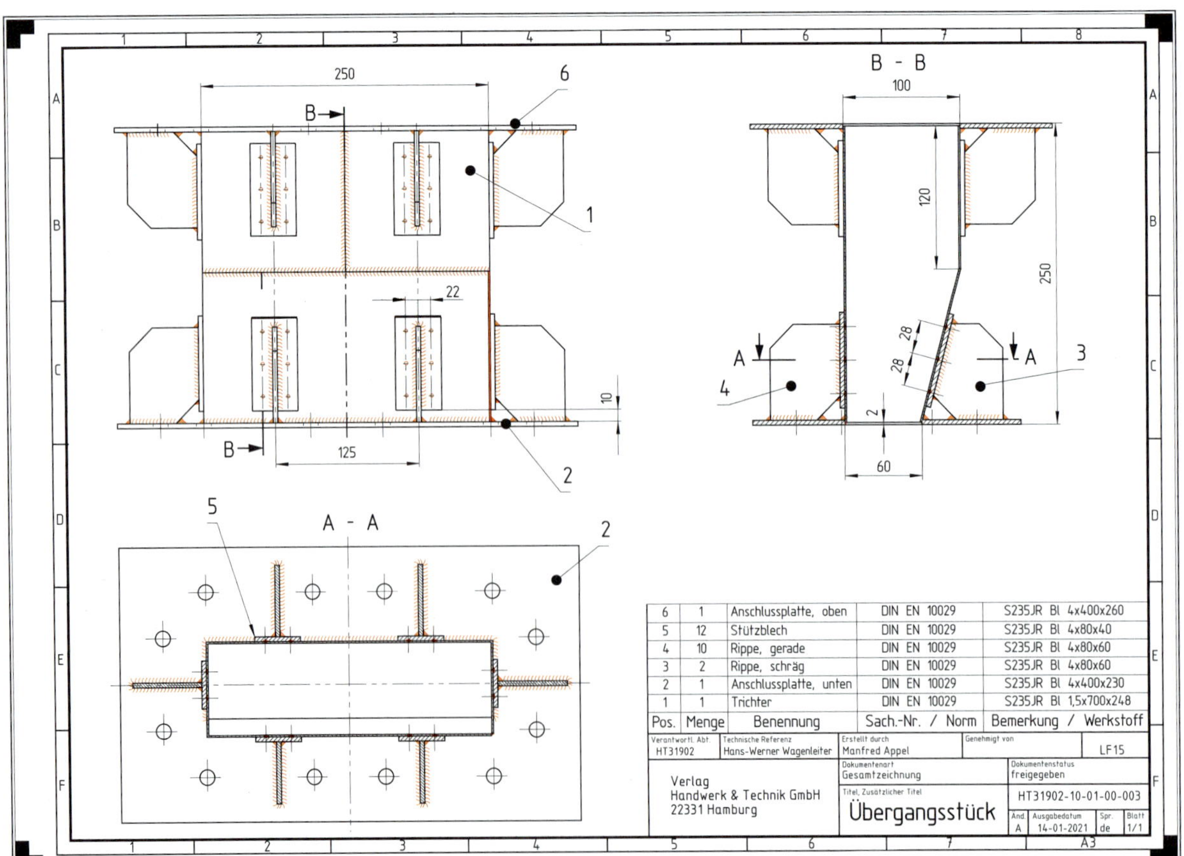

2 Übergangsstück Kanalsystem

Die Fertigung der gesamten Baugruppe umfasst folgende Arbeitsschritte:

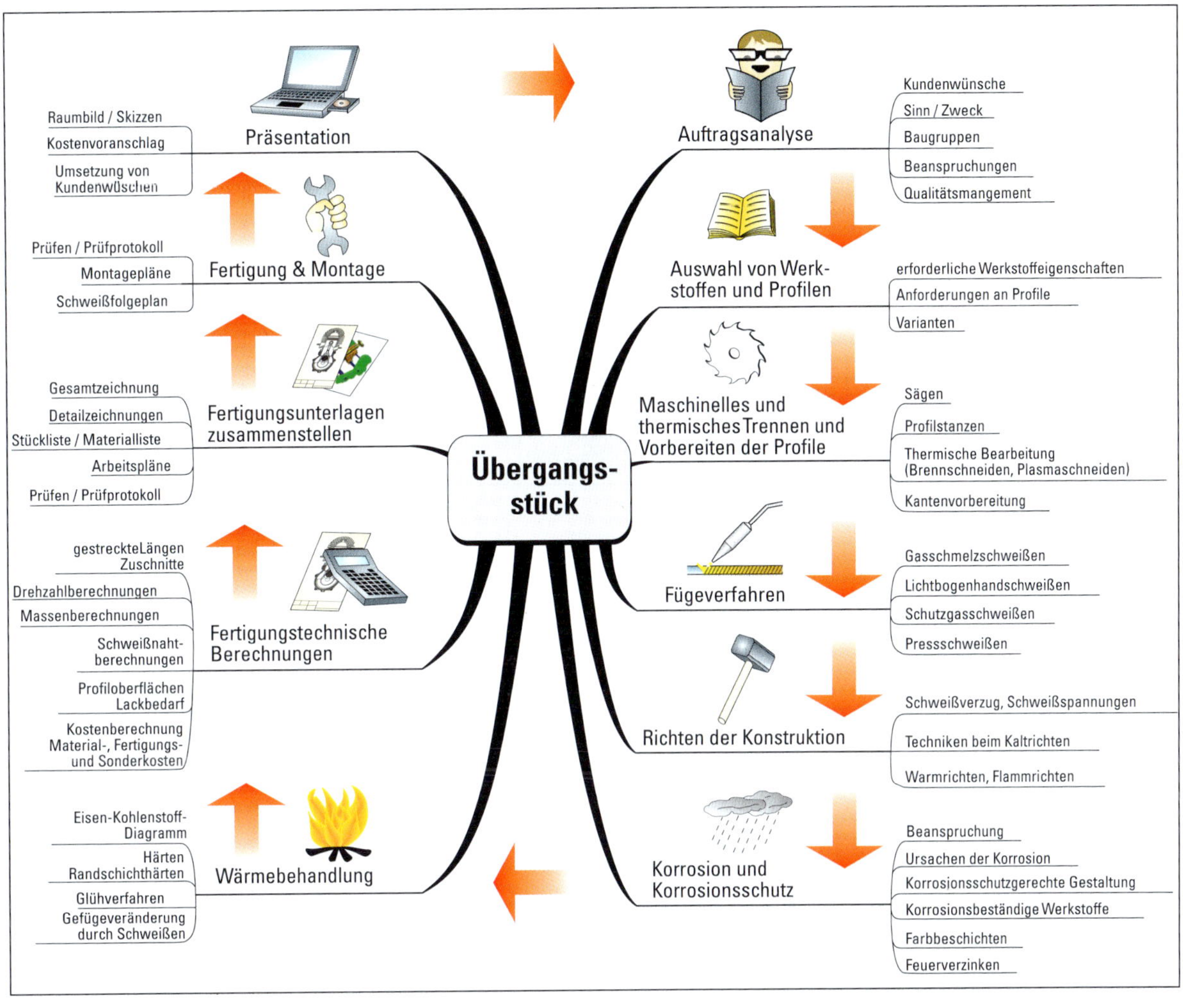

10.2 Thermisches Trennen

10.2.1 Verfahrensprinzip

Mithilfe des thermischen Trennens lassen sich Bauteile aller Formen von Hand, teilautomatisiert oder vollautomatisiert ausschneiden. Durch eine Wärmequelle z. B. Verbrennungswärme werden die zu trennenden Werkstoffe im Bereich der Schnittlinie aufgeschmolzen, verbrannt oder verdampft. Die so entstehende „Schlacke" wird durch den Gasstrahl aus der Trennfuge herausgeblasen.
Das Thermische Trennen wird für folgende Arbeitsaufgaben in Betrieben der Metallbau- und Konstruktionstechnik eingesetzt:

- Grobe und schnelle Trennarbeiten zum Verschrotten, Heraustrennen u. a. m.
- Ablängen von Flach- und Langerzeugnissen (z. B. Rohre, Profile ...) bei der Herstellung oder Bauteilevorbereitung
- Formschneiden wie z. B. Bild 1 Rippe Pos. 4

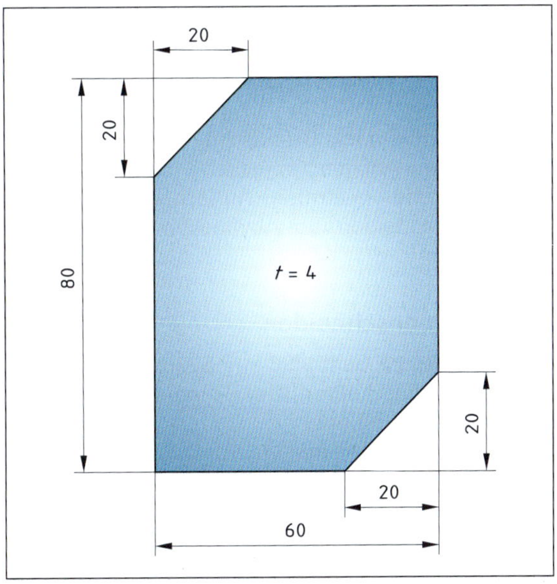

1 Rippe Pos. 4

- Schweißfugenvorbereitung
- Ausfugen von Nahtfehlern
- Oberflächenbearbeitung von Blechen durch Flammstrahlen (z. B. Zunderentfernung)
- Thermisches Bohren

Die Rippe aus Bild 1, S. 496 kann mit unterschiedlichen Verfahren aus einer Blechtafel herausgeschnitten werden. Die Auswahl des Verfahrens richtig sich dabei nach der betrieblichen Ausstattung und den Kosten.

Bild 1 gibt eine Übersicht verbreiteter thermischer Trennverfahren, Einsatz bzgl. Werkstoffart, Bauteilform und Fugenform.

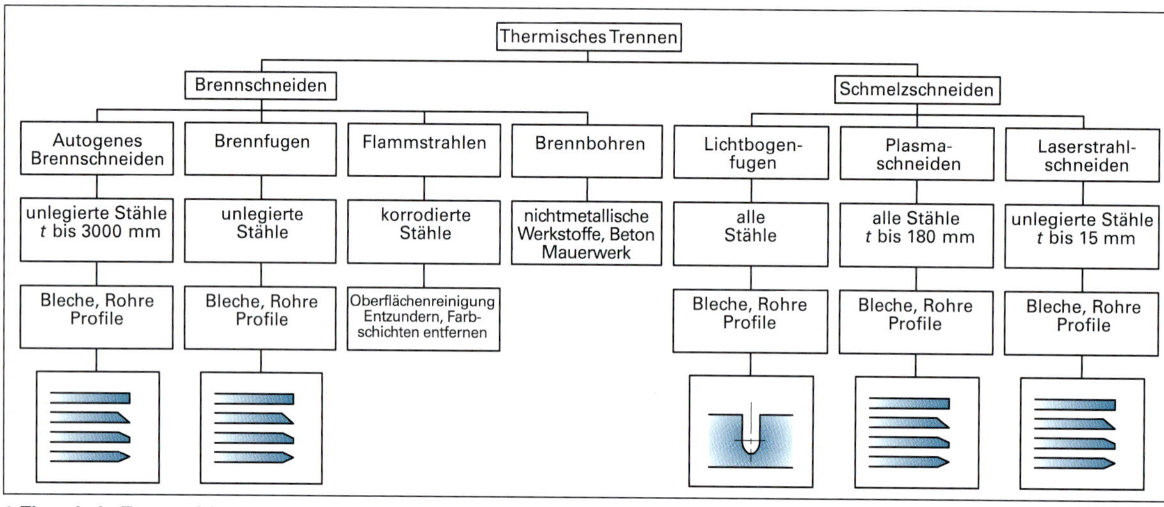

1 Thermische Trennverfahren

Brennschneiden:
Der zu trennende Werkstoff Stahl wird durch eine Heizflamme erwärmt, entzündet sich bei 1 100 °C und verbrennt im Sauerstoffstrahl. Der Sauerstoffstrahl bläst das Reaktionsprodukt „Schlacke" aus der Schnittfuge.

Schmelzschneiden:
Die Wärmequelle z. B. der Plasmastrahl schmilzt den Werkstoff örtlich begrenzt auf und bläst den verflüssigten Werkstoff aus der Schnittfuge.

Im Stahlbau wird das Brennschneiden meist an automatisierten Anlagen eingesetzt, da gleiche Formen wiederholt auftreten. Außerdem eignet sich das Brennschneiden zum Abwracken von Anlagen.

10.2.2 Brennschneiden

Die Rippe Bild 1 Seite 496 aus S235JR wird in der Regel brenngeschnitten. Der Schneidvorgang lässt wie folgt beschreiben:

1. Die Heizflamme (Acetylen und Sauerstoff) reinigt die Oberfläche von Rost, Zunder u. a. m. und erwärmt diese auf Zündtemperatur (ca. 1 100 °C).
2. Der Werkstoff verbrennt zu Schlacke. Der „wandernde" Brenner erzeugt die Schnittfuge.
3. Der Sauerstoffstrahl bläst die dünnflüssige Schlacke aus der Schnittfuge.

Nicht alle Werkstoffe lassen sich brennschneiden. Folgende Bedingungen müssen erfüllt sein:

1. Der Werkstoff muss im Sauerstoffstrahl verbrennen können.
2. Die Zündtemperatur muss niedriger als die Schmelztemperatur liegen (siehe Bild 1, nächste Seite).

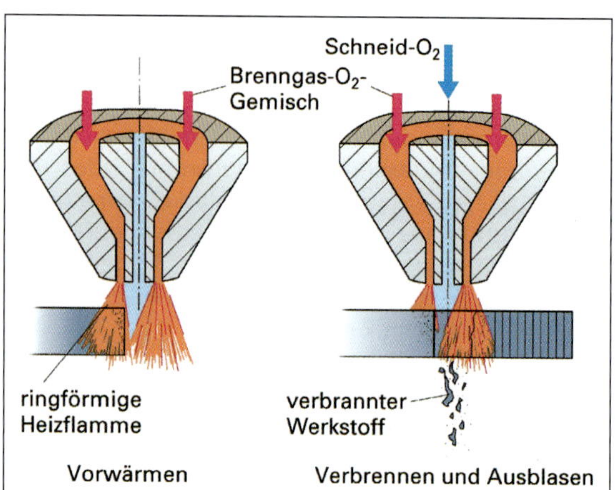

2 Prinzip Brennschneiden

3. Die aus der Verbrennung entstehenden Oxide müssen eine niedrigere Schmelztemperatur haben als die des Werkstoffs.
4. Die Schlacke muss dünnflüssig sein.
5. Die Wärmeleitfähigkeit soll gering sein.

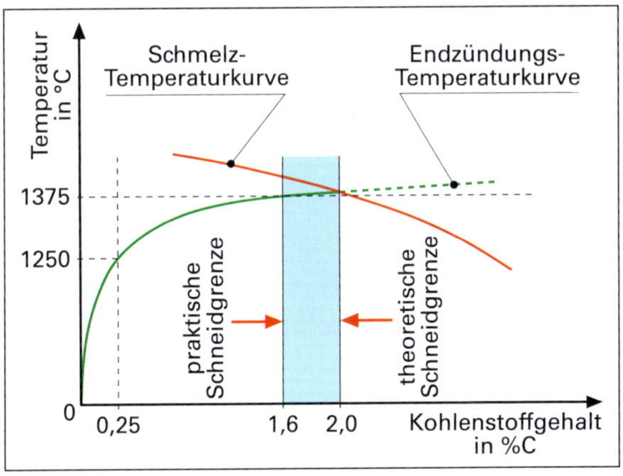

1 Schmelz- und Zündtemperaturen von Eisenwerkstoffen

Haupteinflussgröße für die Brennschneideignung ist der Kohlenstoffanteil, der die Zündtemperatur mit zunehmenden Anteil heraufsetzt, sodass ab ca. 1,6 % Kohlenstoffgehalt ein Brennschneiden praktisch nicht mehr möglich ist.

Weitere Legierungselemente wie Chrom, Nickel und Wolfram beeinflussen die Schmelztemperatur der Oxide (siehe Bild 2).

Legierungmetall	Obergrenze
Chrom (Cr)	1,5 %
Kohlenstoff (C)	1,6 %
Kupfer (Cu)	0,7 %
Mangan (Mn)	1,2 %
Molybdän (Mo)	0,8 %
Nickel (Ni)	7 %
Silizium (Si)	2,4 %
Wolfram (Wo)	10 %

2 Einfluss von Legierungsmetallen beim thermischen Trennen

Folgende Tabelle gibt eine Übersicht über die Brennschneideignung von häufig eingesetzten Werkstoffen.

Zum Brennschneiden geeignet	Zum Brennschneiden NICHT geeignet
Baustähle z. B. S235JR	Legierter Stahl ≥ 1,5 % Cr (erfüllt Bedingungen 3 und 4 nicht)
Legierte Stähle ≤ 1,5 % Cr	Grauguss (erfüllt Bedingung 2 nicht)
Stahlguss	Kupfer (erfüllt Bedingungen 2 und 4 nicht)
Titan trotz Schmelzpunkt von Titanoxiden (1 850–2 000 °C) > Titan (1 660 °C)	Aluminium (erfüllt Bedingungen 2, 3 und 4 nicht)

Durch die Wärmeeinbringung können härtbare Stähle (C > 0,3 %) Risse, Spannungen und Aufhärtungen zeigen. Vor- und nachlaufende Anwärmbrenner können die Erscheinungen verringern, da die Abkühlgeschwindigkeit kleiner wird.

10.2.3 Brennschneidegräte (Schneidbrenner)

Die Auswahl der Brennschneideinrichtung richtet sich nach der Form und der Stückzahl der auszuschneidenden Werkstücke. Der Brennschnitt erfolgt

- von Hand mit Vorrichtungen und Steuerungen
- teilautomatisiert
- vollautomatisiert

mit

- Handschneidbrennern oder
- Maschinenbrennern.

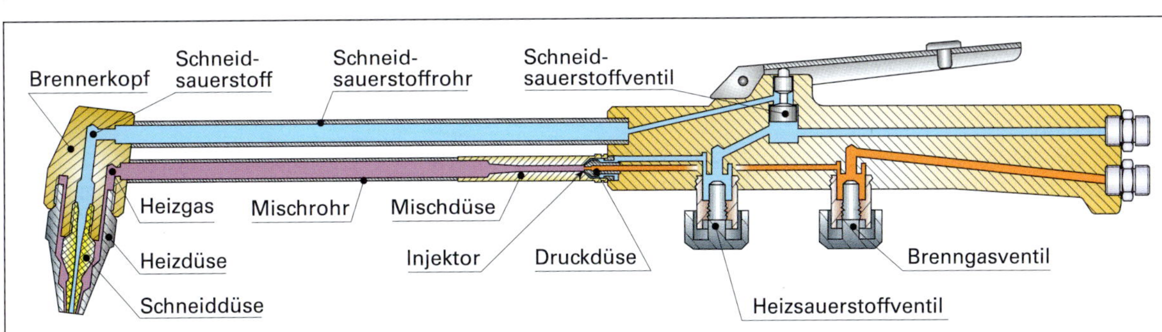

3 Einzelschneidbrenner mit Schnittbild

In der Regel sind die Handschneidbrenner als Injektorbrenner ausgeführt. Der Heizsauerstoff und das Brenngas (meist Acetylen oder Propan) mischen sich in der Mischdüse und Verbrennen beim Austritt am Brennerkopf.
Der Schneidsauerstoff wird durch ein getrenntes Rohr dem Brennerkopf zugeführt. Einstellung und Regelung erfolgt durch ein Handrad, Schneidsauerstoffventil oder seltener durch eine Flügelschraube.
Einzelschneidbrenner sind nur zum Brennschneiden geeignet. Hersteller bieten kombinierte Schweiß- und Schneidbrenner an. Der Schneideinsatz mit zusätzlichem Schneidsauerstoffventil wird statt des Schweißeinsatzes eingesetzt (Bild 1)

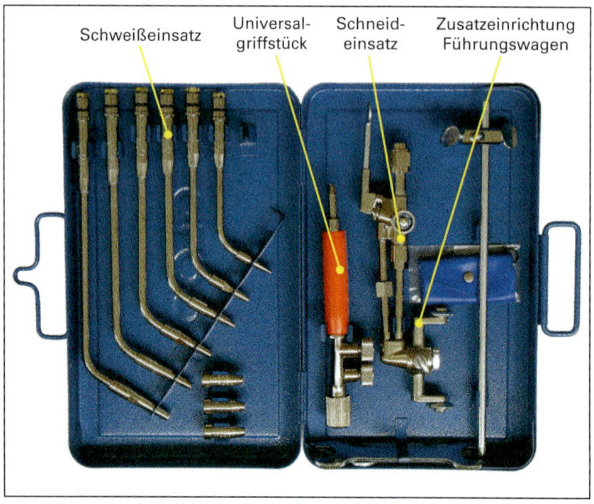

1 Kombinierter Schneid- und Schweißbrenner

Zur Erleichterung der Führung des Schneidbrenners werden Zusatzeinrichtungen angeboten, wie z.B. Führungswagen (Bild 2) und eine Zirkeleinrichtung handgeführt (Bild 3) oder motorgetrieben. Der Schneidbrenner kann an einen elektrisch betriebenen Motorwagen angeschlossen und durch Schienen oder Zirkel geführt werden (Bild 1 Seite 506); die Schnittgeschwindigkeit kann stufenlos eingestellt werden. Maschinenschneidbrenner werden als „Dreischlauchbrenner" ausgelegt; durch die Trennung von Heiz- und Schneidsauerstoff erleichtern sich die Einstellung und Konstanthaltung der Gasdrücke.
Damit der Werkstoff vor dem eigentlichen Schnittvorgang vorgewärmt werden kann, werden Zentraldüsen unterschiedlicher Bauformen eingesetzt (siehe Bild 4).
Der in der Mitte austretende Schneidsauerstoff wird von den unterschiedlich ausgeformten Heizflammen umschlossen. Die geschlossene Flamme an der Ringdüse ist gegenüber den längeren Einzelflammen kürzer; damit ist auch der Abstand zum Blech kürzer. Dies führt leichter zu Verschmutzung durch Spritzer; Abknallen oder Flammenrückschläge können die Folge sein.

2 Führungswagen

3 Zirkeleinrichtung handgeführt

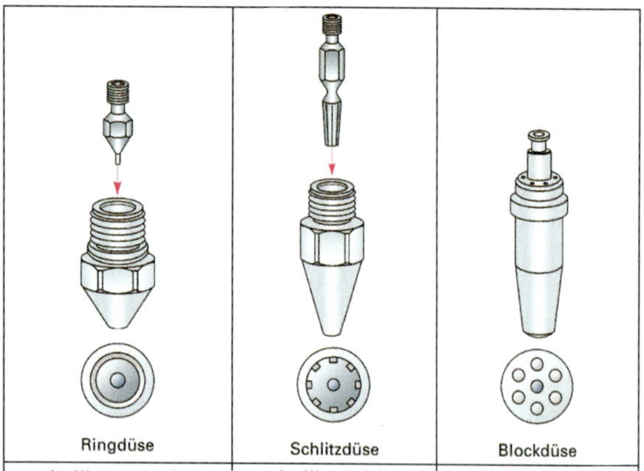

Ringdüse	Schlitzdüse	Blockdüse
zweiteilig; zerlegbar; leichtes Instandsetzen; schwieriges Zentrieren der Düsenteile; Abstand Heizflamme – Werkstück nur etwa 3 mm, spritzerempfindlich.	zweiteilig; leichtes Reinigen und Instandsetzen; Abstand Heizflamme – Werkstück etwa 7 mm; nicht spritzerempfindlich,	einteilig; Abstand Heizflamme – Werkstück etwa 7 mm; größerer Abstand; weniger Wärme; weniger spritzeranfällig

4 Brennschneiddüsen

Abknallen und Flammenrückschläge verursachen Verunreinigungen oder Beschädigungen in oder an den Düsen. Diese lassen sich beseitigen mit

- Messingbürsten für äußere Verschmutzungen
- Düsennadeln oder Schlitzreiniger für innere Verschmutzungen.

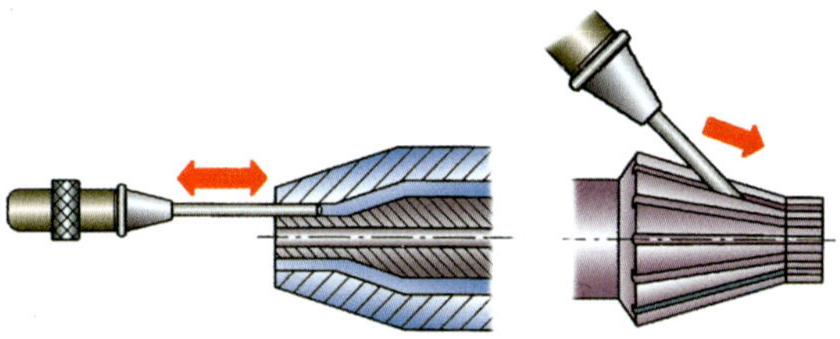

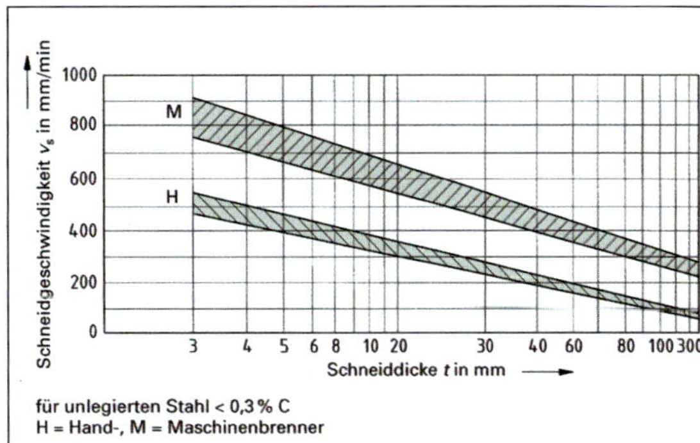

1 Geschwindigkeit beim Brennschneiden

Die Leistungsfähigkeit von Maschinenbrennern liegt über der von Handschneidbrennern (siehe Bild 1). Entsprechend müssen die Brennschneiddüsen ausgewählt werden. Abhängige Größen sind die Blechdicke, die verwendete Gasart und der Schneidsauerstoffdruck. Brennschneiddüsen zeigen folgende Einprägungen:

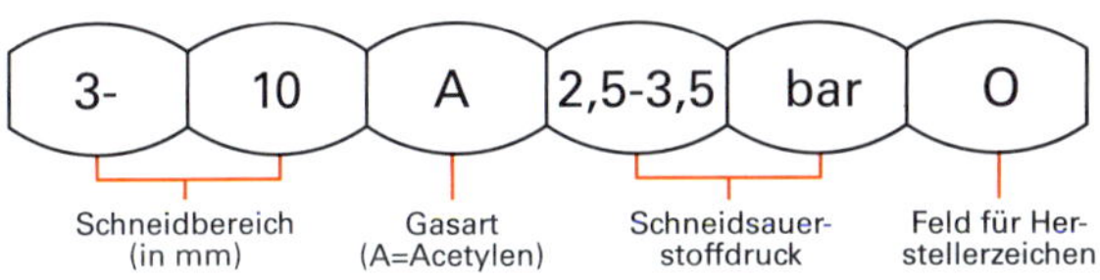

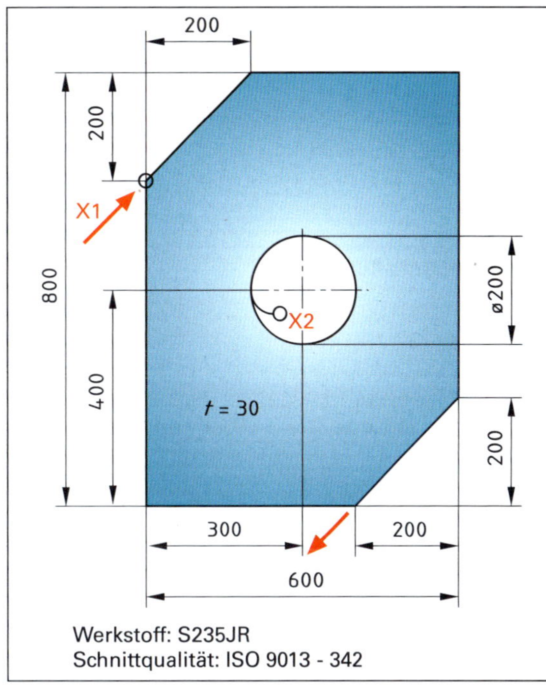

2 Vorlage zum Brennschneiden

10.2.4 Brennschneidvorgang

Die in Bild 2 abgebildete Rippe soll nach Zeichnung brenngeschnitten werden. Der Zeichnung können Form und Größe entnommen werden. Außerdem wird die Schnittqualität nach DIN EN ISO 9013-342 bestimmt; die zulässige Maßabweichung beträgt ± 2,3 mm (siehe Tabellenbuch).

Arbeitsablauf

1. Werkstück anreißen und körnen. Anrisslinie muss eventuell vorhandene Walzhaut „aufreißen". Durch Farbkennzeichnung markieren, ob der Brennschnitt links oder rechts von der Anrisslinie erfolgt. (Beachte: Fugenbreite berücksichtigen, wenn Bleche eine gemeinsame Schnittkante haben)
2. Brennschneiddüse auswählen (hier Schlitzdüse 25...40) und einsetzen. Düsenabstand (hier 7 mm) am Führungswagen einstellen.
3. Schneidsauerstoff nach Tabelle aus Tabellenbuch oder Herstellerunterlagen (hier 4,3 bar) bei geöffnetem Schneidsauerstoffventil einregulieren.
4. Heizflamme einregulieren (hier O_2 = 2,5 bar und C_2H_2 = 0,5 bar); Schneidsauerstoffventil öffnen und nachregulieren.

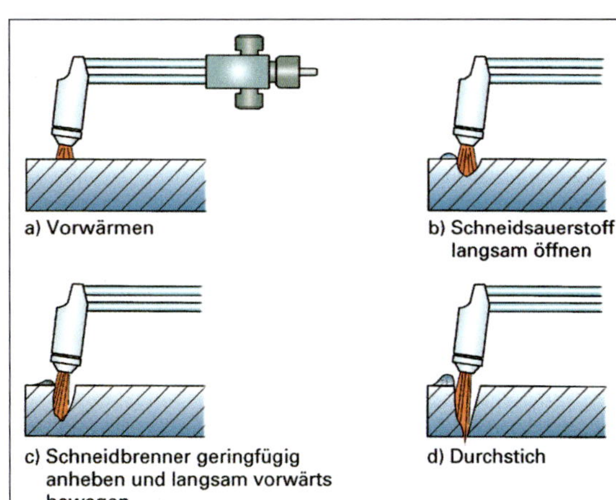

3 Lochstechen

5. Brenner mit Führungswagen an Pos. X1 aufsetzen und Werkstück auf Zündtemperatur von 1200 °C vorwärmen. Anschließend Schneidsauerstoffventil öffnen und gleichmäßig entlang der Anrisslinie bewegen.

6. Brenner an eingestellter Zirkelstange montieren und auf einem mittig sitzenden Körner aufsetzen. Anschnitt im Lochinneren an Pos. X2 durch Lochstechen (siehe Bild 3, Vorseite) oder Vorbohren durchführen und dann gleichmäßig den Brenner auf der Kreislinie führen.

Unregelmäßigkeiten beim Brennschneiden

Unregelmäßigkeit	Bild	Mögliche Ursache
Kantenanschmelzung	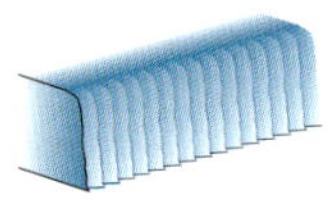	• Vorschub zu langsam • Düsenabstand zu niedrig • Heizflamme zu groß
Rillennachlauf	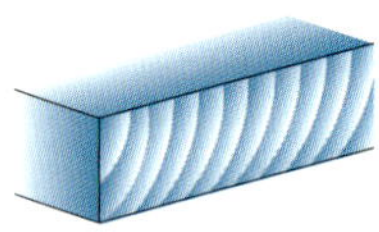	• Brennerhaltung falsch • Schneidsauerstoffdruck zu niedrig
Kolkung	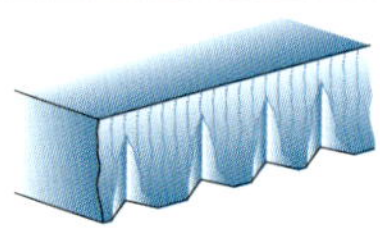	• Vorschub zu schnell • Düsenabstand zu niedrig • Heizflamme zu klein • Oberflächenrost
Schlackenanhaftung	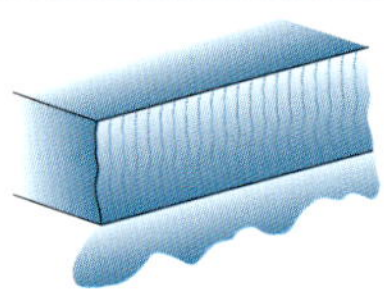	• Vorschub zu schnell • Heizflamme zu klein • Oberflächenrost
Schmelzperlenkette	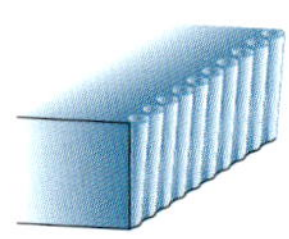	• Düsenabstand zu gering • Heizflamme zu klein • Oberflächenrost
Schnittfugenverengung	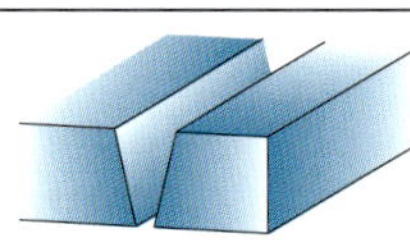	• Vorschub zu schnell • Düsenabstand zu groß • Düse verschmutzt
Winkelfehler		• Brennerhaltung falsch
Hohles Profil der Schnittfläche	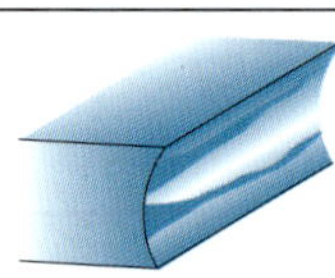	• Vorschub zu schnell • Düsenabstand zu groß • Düse verschmutzt
Ungleichmäßige Rillentiefen	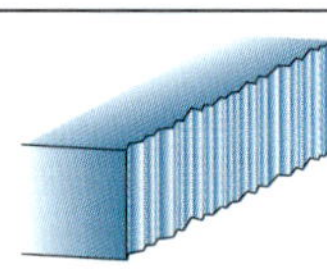	• Vorschub zu schnell • Vorschub ungleichmäßig • Düsenabstand zu gering • Heizflamme zu klein
Unterbrochener Schnittverlauf		• Vorschub zu schnell • Düsenabstand zu groß • Düse verschmutzt • Heizflamme zu klein • Oberflächenrost

Schnittführung

Die beim Brennschneiden anfallende Wärme führt zu Wärmeverzug. Damit Form und Maße der auszuschneidenden Teile gewährleistet sind, muss die Wärmeführung beachtet werden. Dabei sollte die Verformung möglichst nur im Abfallstück auftreten.

Bei Kreisen soll tangential angeschnitten werden. Beim Lochstechen muss die Stechstelle genügend weit von der endgültigen Schnittkante liegen, damit keine Anschmelzungen oder Spitzer auf dem fertigen Stück auftreten (Bild 1).

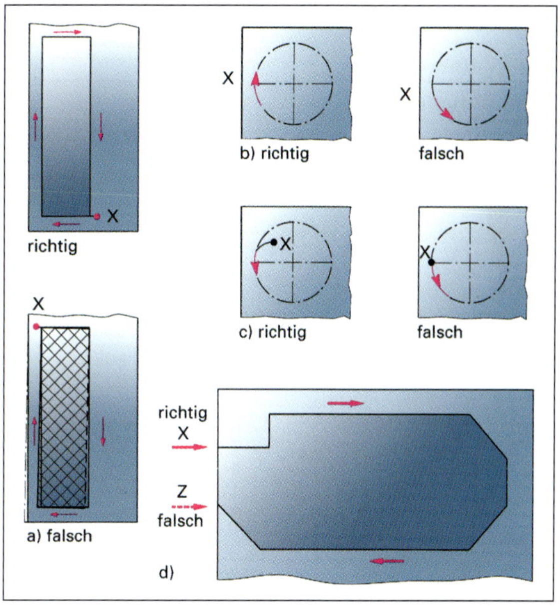

1 Schnittverlauf und Anschnittpunkte

Unfallverhütung beim Brennschneiden

Rechtliche Grundlage aller im Folgenden genannten Regeln (Auszug) ist die BRG 500 (Berufsgenossenschaftliche Regeln für Sicherheit und Gesundheit bei der Arbeit) „Betreiben von Arbeitsmitteln“, Oktober 2004, Kapitel 2.26 „Schweißen, Schneiden und verwandte Verfahren“ (ehemalige VGB 15).

- Unfallverhütungsvorschriften zur Nutzung von Gasflaschen, Druckminderer etc. siehe Kapitel Gasschmelzschweißen 10.3.3.
- Es dürfen nur versicherte Arbeitnehmer über 18 Jahre an Brennschneidanlagen beschäftigt werden, wenn sie mit der Einrichtung und dem Verfahren vertraut sind.
- Jugendliche dürfen dann beschäftigt werden, wenn
  - es im Rahmen der Ausbildung notwendig ist.
  - sie beaufsichtigt werden.
  - der Luftgrenzwert bei gesundheitsschädlichen Stoffen unterschritten ist.
- Gasführende Rohrleitungen müssen nach der Gasart farblich oder durch Aufschrift und dauerhaft gekennzeichnet sein.
- Schlauchleitung sicher verlegen und vor Überfahren mit druckfesten Überdeckungen schützen.
- Beim Brennschneiden besteht erhöhte Brandgefahr; daher hat der Arbeitsgeber darauf zu achten, dass durch geeignete Maßnahmen der Schutz vor Brandgefahr gegeben ist.
- Für feuergefährdete Bereiche muss ein Erlaubnisschein vorliegen.

10.2.5 Sonderformen des Brennschneidens

Fugenhobeln

Risse im Grundwerkstoff, Schweißfugenvorbereitung und Unregelmäßigkeiten in bereits gefertigten Schweißnähten können durch Fugenhobeln beseitigt werden. Bild 2 gibt eine Übersicht.

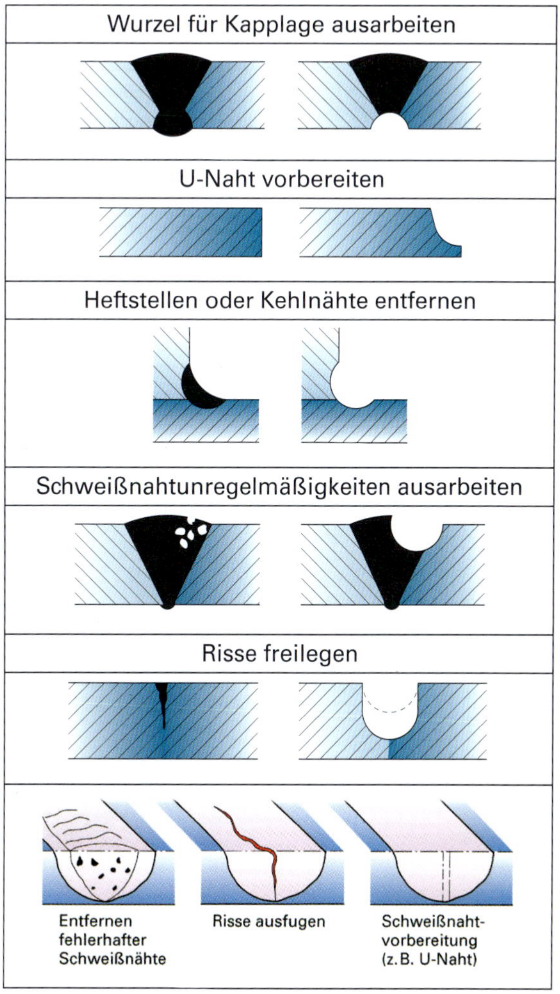

2 Arbeitstechnik beim Fugenhobeln

Es werden zwei Verfahrensarten eingesetzt:

Verfahrensarten

Brennfugen

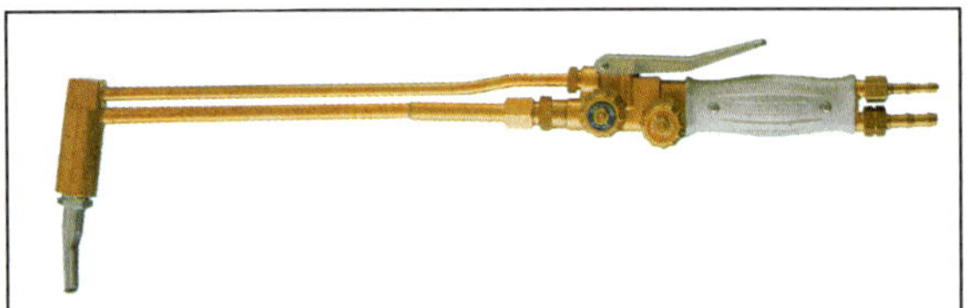

Düsengröße	Druck in bar O_2	Druck in bar C_2H_2	Hobelgeschwindigkeit m/min	Fugenbreite mm	Fugentiefe mm	Verbrauch m³/h O_2	Verbrauch m³/h C_2H_2
1	4 ... 5	0,6	0,5	7 ... 8	6	3 ... 4	1,0 ... 1,2
2	5 ... 6	0,7	bis	9 ... 10	8	5,5 ... 7	1,2 ... 1,5
3	6 ... 7	0,8	1,5	11 ... 12	10	9 ... 11	1,5 ... 1,6

Betriebsdaten für Hobeldüsen

Fugenhobeln

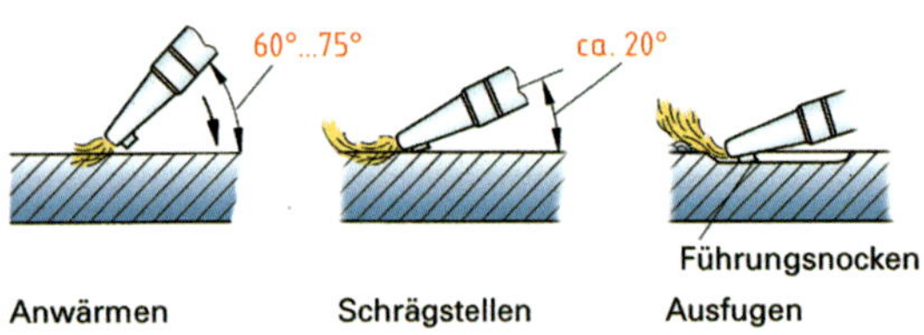

Lichtbogen-Druckluftfugen

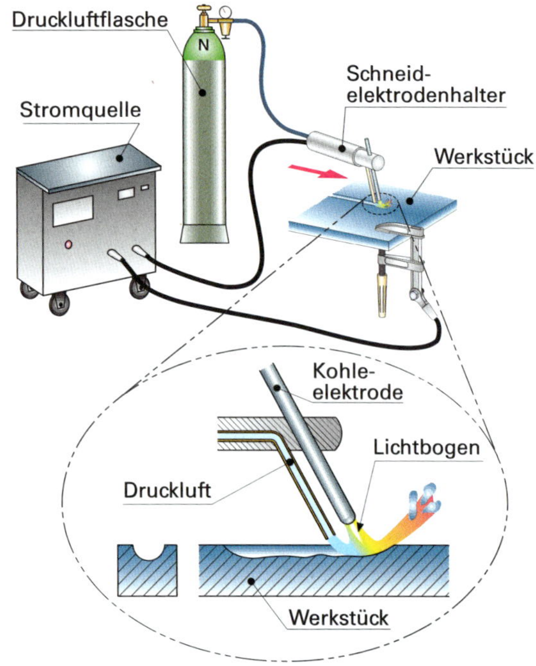

Flammstrahlen

Flammstrahlen ist ein thermisches Verfahren für die Reinigung und Korrosionsschutzvorbereitung von Stahl. Die Flamme beseitigt Rost- und Zunderschichten oder alte Anstriche. Der Flammenstrahlbrenner (Flachbrenner von 50...700 mm Breite) wird mit ca. 4 m/min Vorschub, evtl. mit einem Führungswagen, über die Werkstückoberfläche geführt. Rückstände auf der Oberfläche werden abgebürstet.

1 Flammstrahlen

10.2.6 Plasmaschmelzschneiden

Beim Schmelzschneiden wird der Werkstoff durch externe (von außen kommende) Wärmezufuhr **aufgeschmolzen** oder **verdampft**. Das Schmelzschneiden wird besonders eingesetzt für Werkstoffe, die nicht brenngeschnitten werden können, z.B. Aluminium.

Ein Plasmastrahl mit Temperaturen bis zu 30000 °C tritt aus einem Brenner aus und schmilzt oder verdampft den Grundwerkstoff. Das mit hoher Geschwindigkeit austretende Gas bläst den flüssigen Werkstoff aus der Schnittfuge.

Vorteile:

- Eignung für alle Metalle, Beton, Maschinenbaukeramik.
- Hohe Schnittgeschwindigkeit (bis zu 6 m/min).
- Durch geringere Wärmeeinbringung geringerer Verzug.
- Schmale Schnittfugen.
- Geringe Schlackebildung.

Nachteile:
- Werkstoffdickenbegrenzung (Stahl 5...30 mm, NE-Metalle 6...20 mm, Beton 50...250 mm).
- Höhere Anschaffungskosten.
- Geneigte Schnittfläche (1...3°).
- Höherer Energieverbrauch.
- Elektrische Gefährdung: U_{Leer} = 200...350 V, U_{Last} = 100 V, in engen Räumen nicht zugelassen.

Anlagenaufbau

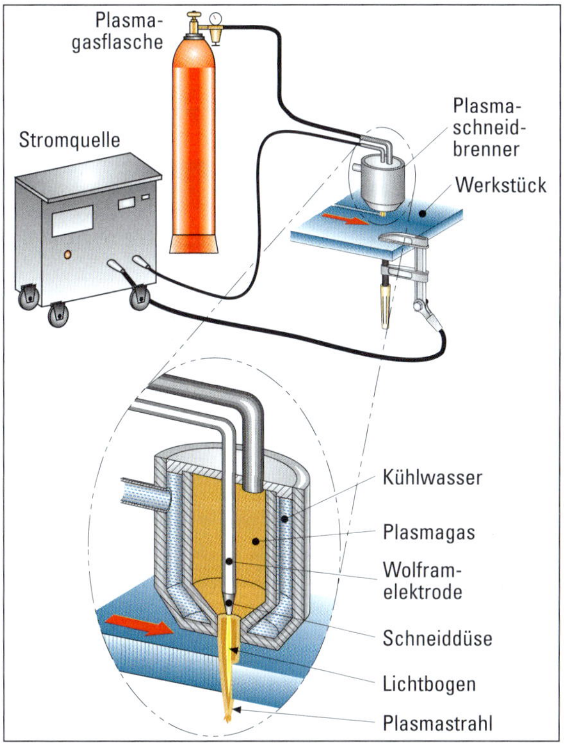

Handschneidbrenner sind winklig ausgeführt; Maschinenbrenner sind gestreckt gebaut. Sie werden von Hand, mit Hilfseinrichtungen wie beim Brennschneiden oder durch Maschinen geführt.
Die Auswahl des Plasmagases richtet sich nach den Grundwerkstoffen. Grundsätzlich eignen sich Luft, Argon, Wasserstoff, Sauerstoff und Stickstoff. Häufig werden Gasgemische eingesetzt, um die jeweiligen Vor- bzw. Nachteile zu nutzen oder zu mildern.
Die Spitzenelektrode wird meist aus Wolfram gefertigt und muss nach Herstellerangaben angeschliffen und eingesetzt werden. Beim Druckluft-Plasmaschneiden wird dagegen eine Spitzenelektrode aus einer Zirkonlegierung verwendet.
Das Druckluft-Plasmaschneiden eignet sich insbesondere in kleinen von Hand geführten Anlagen; sie sind preisgünstig und es können Baustähle bis 12 mm gratarm geschnitten werden. Nachteilig sind die Stickoxide und die Stickstoffanreicherung in der Schnittkante.

Wasser-Plasmaschneiden
Die oben beschriebenen Umweltbelastungen können durch Wasser-Plasmaschneiden weitestgehend aufgefangen werden. Je nach Anlage befinden sich Werkstoff und Schneidkopf beide oder nur der Werkstoff im Wasserbad.

Verfahrensprinzip
Ein ringförmiger Wasserstrahl (ca. 50 l/min) umgibt den Plasmastrahl. Ein Teil des Wassers (ca. 1...2 l/min) wird in den Plasmastrahl gespritzt und spaltet sich zu Sauerstoff und Wasserstoff. Als Plasmagas wird Stickstoff zugeführt; alle Gase zusammen bilden dann das Plasma. Der Werkstoff liegt auf einem Rost im Wasserbehälter. Der Schneidkopf befindet sich außerhalb oder innerhalb des Wassers.

Vorteile:
- Entstehende Gase werden im Wasser gelöst.
- Aufgeschmolzener Werkstoff erstarrt im Wasserbad und sammelt sich auf dem Beckenboden.
- Geräuschdämpfung durch das Wasser.
- Schwächung der UV-Belastung.
- Keine Wärmebelastung der Bauteile, die Verzug verursachen könnte.
- Durch Luftabschluss oxidieren CrNi-Stähle nicht.

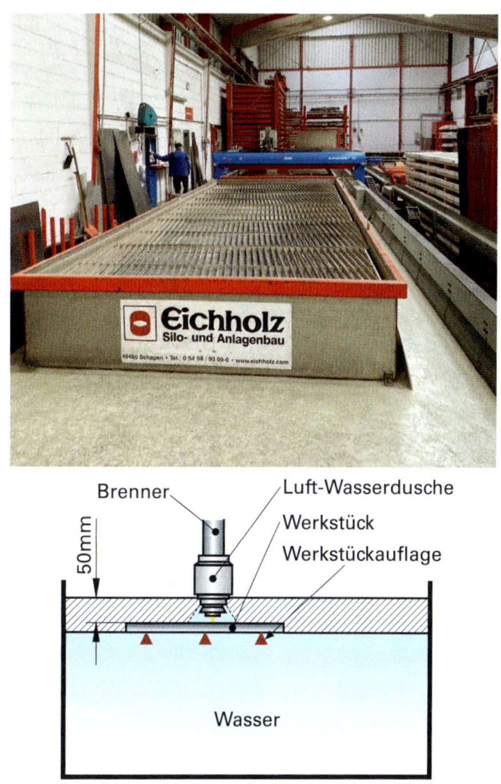

1 Aufbau einer Wasser-Plasmaschneidanalge

10.2.7 Laserstrahlschneiden

Verfahrensprinzip

Die Wärmeenergie eines stark gebündelten Lichtstrahls wird zum Aufschmelzen, Verbrennen oder Verdampfen des Werkstoffs genutzt. Der Laserstrahl dient dabei als „Heizflamme".

Ein zusätzlich zugeführter Sauerstoffstrahl verbrennt wie beim Brennschneiden den aufgeschmolzenen Werkstoff, dessen dünnflüssige Schlacke wird durch den Druck des Gasstroms aus der Schnittfuge geblasen.

In einer Verfahrensvariante kann auf Grund der hohen Temperaturen der Werkstoff auch direkt verdampfen und durch den Gasstrom ausgeblasen werden. Als Schneidgas wird meist Sauerstoff eingesetzt; bei brennbaren Stoffe wie z. B. Kunststoffe, Holz und Papier wird Stickstoff benutzt.

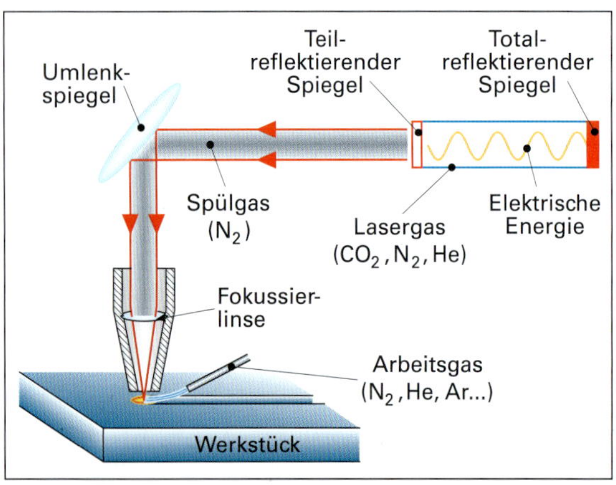

1 Prinzip des Laserstrahl-Schneidens

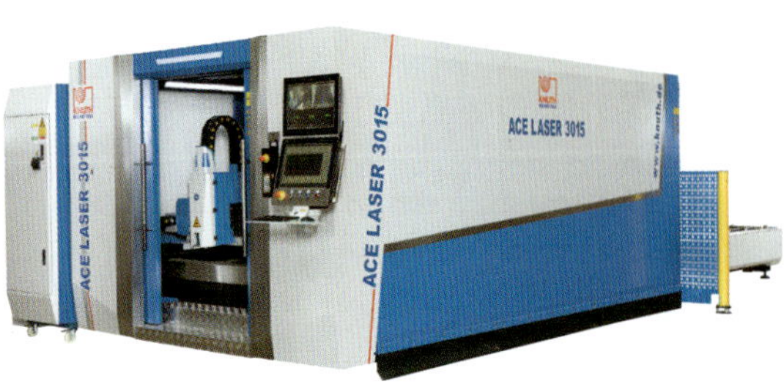

2 Laserstrahlschneidanlage

Vorteile

- Fast alle Werkstoffe können getrennt werden.
- Schmale Schneidspalte mit geraden Kanten und geringer Rautiefe.
- Hohe Schneidgeschwindigkeiten (Stahl bis 5 m/min, Kunststoffe bis 40 m/min).

Nachteile

- Blechdickenbegrenzung bei Stahl bis 10 mm.
- Metalle mit guter Wärmeleitfähigkeit eingeschränkt schneidbar.
- Reflektierende Werkstoffe wie z. B. Aluminium bereiten Schwierigkeiten wegen Lichtablenkung.
- Hohe Anlagenkosten.
- Umweltbelastung durch Lichtstrahlen.

3 Laserschneiden mit LASAL-Gasen[1]

10.2.8 Maschinen zum Thermischen Trennen

Von Hand ausgeführte Brennschnitte zeigen meist nicht ausreichende Schnittgüte und Schnittleistung. Mithilfe von teil- oder vollautomatisierten Brennschneidmaschinen kann die Brennschneidleistung und die Qualität deutlich verbessert werden.

Tragbare Handbrennschneidmaschinen

Der Schneidbrenner ist auf einem „Wagen" montiert, der durch einen Elektromotor angetrieben wird. Die Schnittgeschwindigkeit kann stufenlos eingestellt werden; ein Reibrad überträgt den Antrieb des Elektomotors auf das Blech. Tragbare Handbrennschneidmaschinen eignen sich für

- Geradschnitte durch ein Führungslinieal geführt,
- Kurvenschnitt mit Führung von Hand oder
- Kurverschnitte ($D \geq 60$ mm) mit Zirkeleinrichtung.
- Schrägschnitte zur Schweißnahtvorbereitung.
- Rohrschnitte mit Rohrschneidvorrichtung.

[1] Speziell für das Laserschneiden entwickelte Gase (Herstellerbezeichnung)

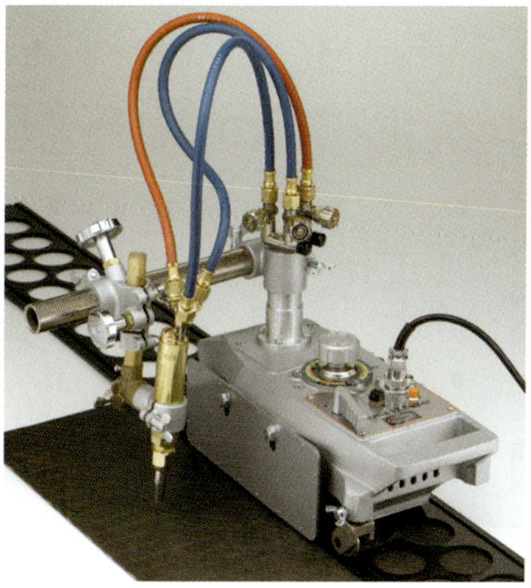

1 Tragbare Brennschneidmaschine

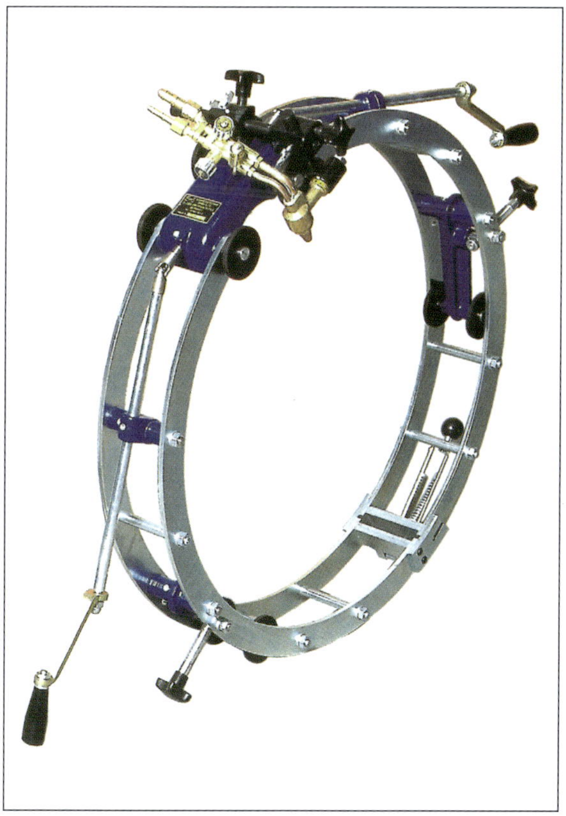

2 Rohrbrennschneidvorrichtung

Stationäre Brennschneidmaschinen

Stationäre Brennschneidmaschinen bestehen aus

- einem Tisch unterschiedlicher Größe,
- einer Trag- und Führungseinheit für einen oder mehrer Maschinenbrenner
- und einer Steuerung.

Verbreite Steuerungsarten sind die fotoelektrische und die CNC-Steuerung.

Bei der **fotoelektrischen Steuerung** tastet ein Lichtstrahl eine Zeichenschablone (M 1 : 1 oder Verkleinerungsmaßstab) ab und über Steuermotoren wird der Schneidbrenner in 2 Achsen verschoben. Bei der **CNC-Steuerung** wird der Brennschneidweg direkt aus CAD-Zeichnungen oder getrennten Programmen in die Steuerung eingespeist. Eine Steuerung über Standardfiguren, freie Programmierung mit Koordinaten durch den Bediener oder fotoelektrische Abtastung fertiger Zeichnungen ist ebenfalls möglich (siehe Bild 3 und Kapitel 14 CNC).

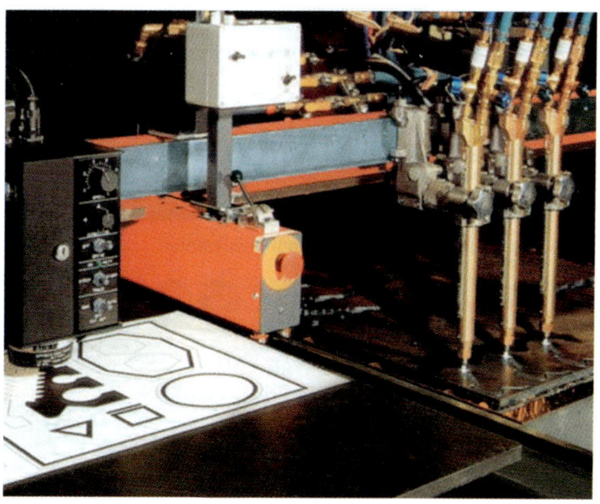

3 Die Brennerbewegung folgt der fotoelektrisch erfassten Kontur

a) Die Brennerbewegung folgt den einprogrammierten Koordinaten

b) Mehrfach-Brenneranlage für große Stückzahlen

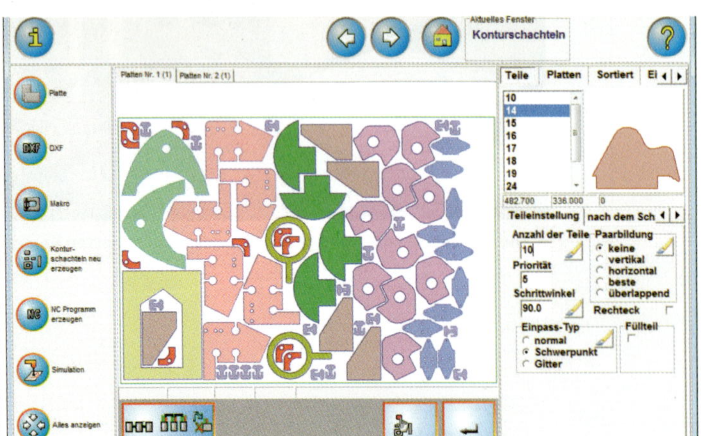

c) Schachtelprogramm

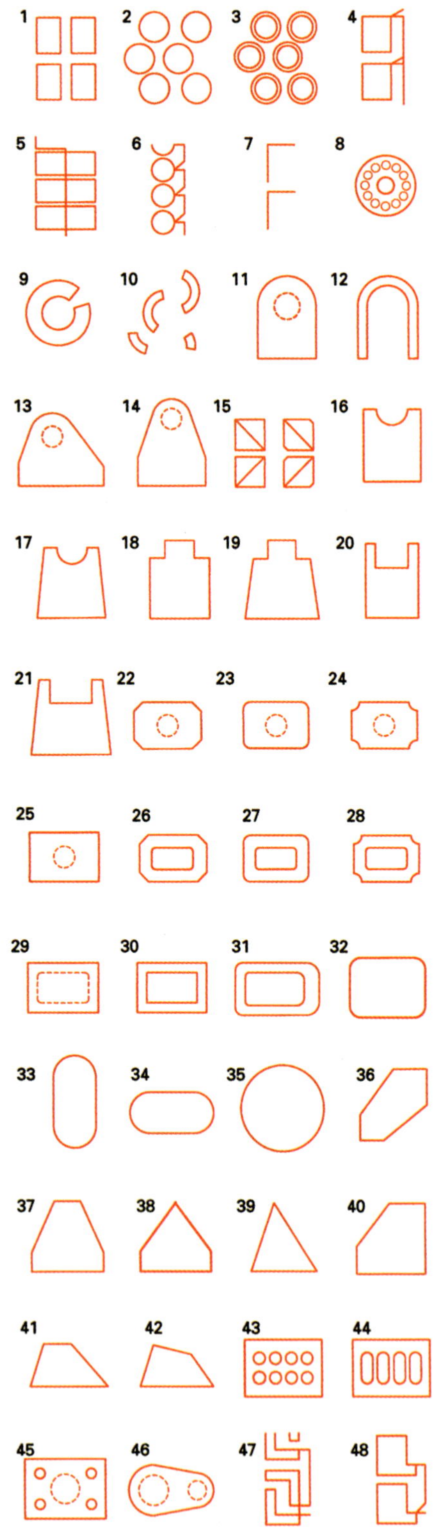

d) Standardfiguren einer Steuerung. Es muss nur noch die Größe und die Lage zueinander programmiert werden. Zahlen bezeichnen die Form der Figur.

1 Numerisch gesteuerter Schnitt

10.2.9 Wasserstrahlschneiden

Als Alternative zu mechanischen und thermischen Trennverfahren wird zunehmend das Wasserstrahlschneiden (auch „Jet-Cutting" genannt) eingesetzt. Mithilfe von Druckumsetzern wird ein Ölbetriebsdruck von ca. 200 bar auf einen Wasserdruck von bis zu 4000 bar verstärkt. Das Wasser wird in einer Saphirdüse ($d = 0{,}10 \ldots 0{,}35$ mm) fokussiert und tritt mit einer Geschwindigkeit von ca. 800 m/s aus. Je nach Werkstofffestigkeit werden zwei unterschiedliche Arten des Wasserstrahlschneidens eingesetzt.

Reines Wasserstrahlschneiden

Weichere und nachgiebigere Werkstoffe wie z. B. Faserverbundwerkstoffe, Schaumstoffe, Zellstoffe werden mit reinem Wasser geschnitten. Der Schneidspalt beträgt 0,25...0,4 mm

Abrasivwasserstrahlschneiden

Die Schnittleistung kann durch die Zugabe von Granitsand als abrasives Medium verbessert werden. Daher eignet es sich auch für härtere Werkstoffe wie Stahl, Edelstahl, alle Buntmetalle, Leichtmetalle (Aluminium, Titan), Glas, Stein, Kunststoffe und Verbundwerkstoffe. Der Wasserstrahl hat nur die Aufgabe, das Abrasivmittel zu beschleunigen. Der Schneidspalt beträgt ca. 0,8 mm.

Vorteile

- Kaltschneidprozess, d.h. es wird ein verzugsfreies Schneiden aller Materialien gewährleistet.
- Es lassen sich beliebige Konturen schneiden und der Schnitt kann an jeder beliebigen Stelle der Werkstückoberfläche beginnen und enden.
- Es entsteht kein direkter Anpressdruck auf den Werkstoff.
- Durch den haarfeinen Strahl ergibt sich eine präzise Schnittgenauigkeit und hohe Schnittqualität. Filigrane und komplizierte Schnittverläufe sind möglich.
- Problemmaterialien wie kunststoffbeschichtete Bleche, Aluminium, Kupfer, rostfreie Stähle lassen sich schneiden.
- Verbesserte Materialausnutzung und nahtloses Schachteln durch die schmale Schittfuge werden möglich. Werkstoffkosten werden gesenkt.
- Hohe Umweltverträglichkeit durch sauberen Schnitt ohne Schneid- oder Schleifstaub, Späne und chemische Luftverschmutzung.
- Schneidgenauigkeit von ca. 0,1 mm bei einer maximalen Werkstoffdicke von 100 mm.
- Kostenreduktion durch kostengünstige Einzelteil- und Prototypenfertigung.

Nachteile

- Werkstoffdickenbegrenzung ($t_{max} = 80 \ldots 100$ mm).
- Sehr hohe Anlagenkosten.
- Aufbereitung des Schneidwassers; Filtern der Schneidabfälle.

1 Wasserstrahlgeschnittene Werkstücke

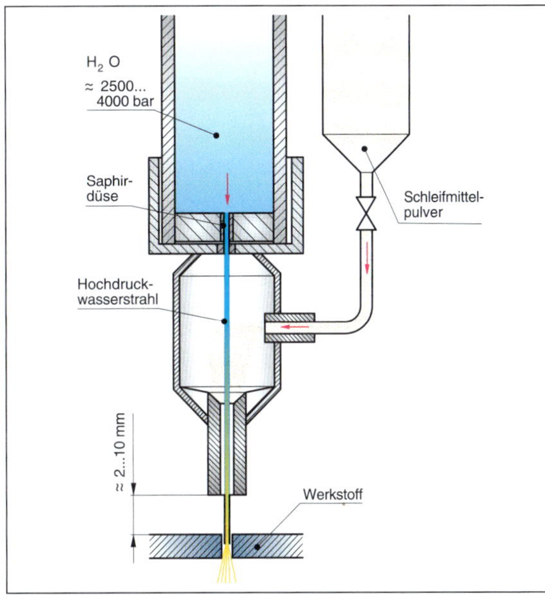

2 Prinzip Abrasivwasserstrahlschneiden

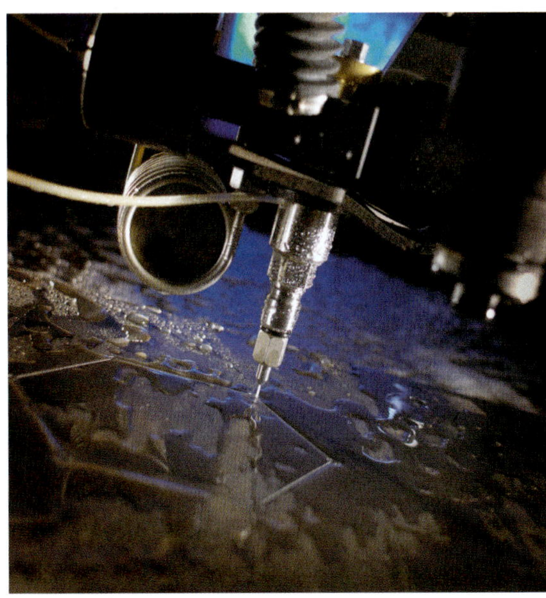

3 CNC-Wasserstrahlschneidanlage

Aufgaben

1. Welche Bedingungen müssen Werkstoffe erfüllen, damit man sie brennschneiden kann?
2. Nennen Sie vier im Stahlbau übliche Stahlsorten und beurteilen Sie deren Brennschneideignung.
3. Welche Aufgabe hat der Schneidsauerstoff beim Brennschneiden?
4. Wie sind Zentraldüsen angeordnet und für welche Arbeiten sind sie besonders geeignet?
5. Beschreiben Sie für das Knotenblech
   - Arbeitsgänge
   - Maschinen
   - Schneidparameter

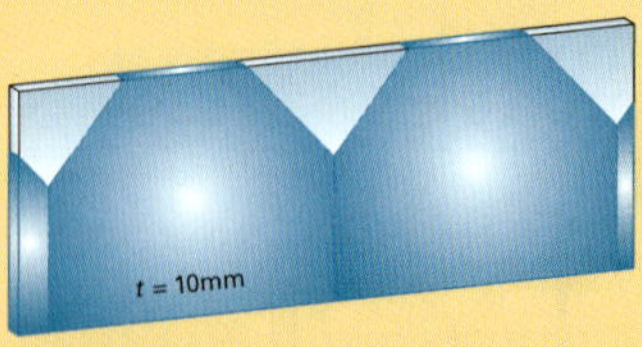

Knotenblech

6. Durch welche Maßnahmen kann der Wärmeverzug beim Brennschneiden gering gehalten werden?
7. Beschreiben Sie Prinzip und Anwendung von Brennbohren und Flammstrahlen.
8. Wodurch unterscheidet sich das Plasmaschneiden vom autogenen Brennschneiden?
9. Welche Möglichkeiten der Brennerführung an stationären Schneidanlagen gibt es?
10. Beschreiben Sie zwei Arten der Konturprogrammierung an CNC-gesteuerten Brennschneidmaschinen!
11. Welche Vorteile haben Schachtelprogramme an CNC-gesteuerten Brennschneidmaschinen?
12. Was ist zu beachten, wenn Bauteile mit Aussparungen geschnitten werden oder am Tafelrand gearbeitet wird?

10.3 Thermisches Fügen

10.3.1 Einführung

Während der Konstruktion des Trichteraufsatzes muss entschieden werden:

Welcher Werkstoff soll eingesetzt werden?
Für normale Belastungen eignet sich meist ein legierter Baustahl z. B. S235JR; Korrosionsbeständigkeit erzielt man durch den Einsatz von hoch legierten Stählen z. B. X6CrNiTi 18-10. Geringe Masse wird durch den Einsatz von Leichtmetallen z. B. Aluminium (EN AW-5754 früher AlMg3) möglich.

Wie sollen die einzelnen Bauteile gefügt werden?
Davon hängt letztlich die Form ab. Bei der Auswahl der Nahtart durch den Konstrukteur sind folgende Kriterien zu berücksichtigen:

- Werkstoffart z. B. Baustahl oder Aluminium,
- Schweißprozess z. B. Gasschmelzschweißen oder Lichtbogenhandschweißen,
- Werkstückdicke,
- Zugänglichkeit für die Schweißgeräte,
- Schweißposition z. B. Wannenlage oder Überkopfposition,
- Stoßart z. B. Stumpfstoß oder Überlappstoß.

Eine falsch gewählte Nahtart beeinflusst

- die Festigkeit,
- die Schweißzusatzmenge,
- die Schweißzeit und damit die Arbeitskosten,
- die Wärmeeinbringung und damit unerwünschter Verzug,
- die entstehenden Schweißeigenspannungen.

Der gesamte Schüttkanal kann z. B. je nach Einsatz in den Werkstoffvarianten S235JR und X6CrNiTi 18–10 ausgeführt werden. Das Übergangsstück soll geschweißt (thermisch gefügt) werden.
Nach der Vorbereitung der Einzelteile für das Übergangsstück (Bild 1), müssen diese an den farbig markierten Bereichen geschweißt werden. Es ergeben sich Stumpfnähte und Kehlnähte mit unterschiedlichen Blechdicken. Für den Konstrukteur ergeben sich unterschiedliche Schweißverfahren. Mögliche Beispiele sind im Bild 2, Seite 510, dargestellt.

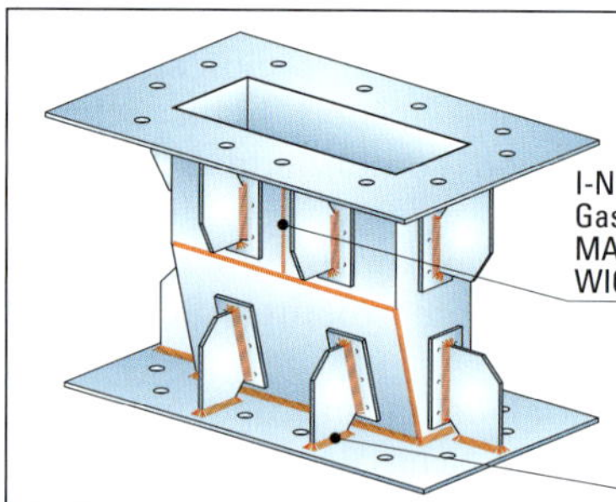

1 Trichteraufsatz

10.3.2 Schweißverfahren

Die Wahl des Schweißverfahrens hängt von folgenden Kriterien ab:

- Konstruktive Voraussetzungen, z. B. Zugänglichkeit für die Schweißgeräte, Werkstoffauswahl, Nahtarten, Handschweißung oder Maschinenschweißung.
- Wirtschaftlichkeit des Verfahrens.
- Vorhandene Einrichtungen im Betrieb.
- Ausbildung des vorhandenen Personals.

Wegen der konstruktiven Gegebenheiten müssen die auszuwählenden Schweißverfahren folgenden Anforderungen genügen:

- Dünnblechschweißen am Stumpfstoß.
- Mitteldicke Bleche am T-Stoß (Kehlnähte).
- Punktschweißen.

Bild 1 zeigt eine Einteilung der Schmelzschweißverfahren (Auswahl); zur vereinfachten Darstellung der Verfahren in Zeichnungen werden Kennziffern verwendet; z. B. 311 für Gasschmelzschweißen (siehe auch Kap. 10.4 Zeichnerische Darstellung von Schweißverbindungen). Bild 2 zeigt eine Einteilung der Pressschweißverfahren (Auswahl). Des Weiteren muss die Leistungsfähigkeit des Schweißverfahrens bezüglich Werkstoff, Blechdicke und Nahtart berücksichtigt werden. Bild 3 stellt diese Zusammenhänge für einige in Bild 2 genannte Schmelzschweißverfahren dar (vgl. DIN 1910–100, DIN EN ISO 4063).

Hinweis: Die Angaben in Bild 3 sind Erfahrungswerte, die unter besonderen Schweißgegebenheiten nach oben und unten abweichen können.

Schmelzschweißverfahren

- Gasschweißen mit Acetylen als Brenngas 311
- Lichtbogenschweißen
  - Lichtbogenhandschweißen 111
  - Metall-Lichtbogenschweißen mit Fülldrahtelektrode ohne Schutzgas 114
  - Unterpulverschweißen 12
  - Schutzgasschweißen
    - WIG 141
    - MIG 131
    - MAG 135
    - MAG mit Fülldrahtelektrode 136
    - MIG mit Fülldrahtelektrode 137
    - Plasmaschweißen 15
- Elektronenstrahlschweißen 26
- Lichtstrahlschweißen 75

1 Einteilung der Schmelzschweißverfahren (Auswahl)

Pressschweißverfahren

- Gaspressschweißen 47
- Lichtbogenpressschweißen
  - Lichtbogenbolzenschweißen 781
- Widerstandspressschweißen
  - Widerstands-Punktschweißen 21
  - Widerstands-Buckelschweißen 23
  - Widerstands-Rollennahtschweißen 22
  - Abbrennstumpfschweißen 24
- Reibschweißen 42
- Ultraschallschweißen 41

2 Einteilung der Pressschweißverfahren (Auswahl)

Schweißverfahren	Werkstoffe	Nahtarten	Werktoffdicken	Vorteile	Nachteile
Gasschmelzschweißen	unlegierte, niedriglegierte Stähle; GS; GG; NE-Metalle	I-Naht V-Naht Bördelnaht	1 mm ≤ t ≤ 5 mm 5 mm ≤ t ≤ 10 mm ≤ 2 mm	• Dünnblechschweißen • gut geeignet für alle • Positionen • kein Stromanschluss notwendig	• geringe Wirtschaftlichkeit bei größeren Blechdicken • starker Verzug aufgrund hoher Wärmemengen
Lichtbogenhandschweißen	Stähle: GG; GS; Kupferlegierungen	Bördelnaht, I-, V-, Doppel-V-, Y-Naht; Kehlnaht	2 mm ≤ t ≤ 12 mm	• geeignet für viele Werkstoffe • geringe Maschinenkosten • gute Ergebnisse bei fast allen Positionen • gut geeignet zum Heften	• häufige Schweißunterbrechungen • viele Zusatzwerkstoffreste (25...50 mm/Stück) • umfangreiche Nacharbeiten (Schlacke, Spritzer)
Wolfram-Inertgas-Schweißen (WIG)	Stähle; Al-, Cu-, Ni-, Ti-Legierungen	Bördelnaht, I-, V-, Doppel-V-Naht, Kehlnaht	0,5 mm ≤ t ≤ 12 mm ≥ 2 mm	• gute Ergebnisse bei allen Werkstoffen • geeignet für alle Positionen	• geringe Schweißgeschwindigkeit • teure Gase • teure Anlage
Metall-Inertgas-Schweißen (MIG)	Stähle; Al-, Cu-, Ni-Legierungen	I-, V-, Doppel-V-Naht, Kehlnaht	≥ 2 mm ≥ 3 mm	• gute Ergebnisse bei allen Stählen auf vielen NE-Metallen	• hohe Anlagekosten • teure Gase
Metall-Aktivgas-Schweißen (MAG)	Stähle	I-, V-, Doppel-V-, Y-Naht; Kehlnaht	≥ 0,8 m ≥ 3 mm	• Universalverfahren für alle Schweißaufgaben an un- und niedriglegierten Stählen • hohe Schweißgeschwindigkeit • geringe Gaskosten	• Ausbrand • Spritzerbildung
Plasmaschweißen	Stähle, Cu, Ni, Ti, Zr, Ag, Au, Pt, hochschmelzende Metalle, weniger Al und MG	I-Naht ohne Zusatzwerkstoff V-Naht einseitig Y-Naht beidseitig	0,08 ≤ t ≤ 8 mm 8 mm ≤ t ≤ 12 mm ≥ 12 mm	• geeignet für alle Werkstoffe • hohe Schweißgeschwindigkeit • schmale Wärmeeinflusszone	• teure Anlage • nicht alle Nahtarten

3 Leistungsmerkmale von ausgewählten Schmelzschweißverfahren

10.3.3 Gasschmelzschweißen (311)

Das Gasschmelzschweißen kann in allen Schweißpositionen für legierte Stähle, Nichteisenmetalle und Guss eingesetzt werden. Es wird heute überwiegend beim Rohrschweißen, in der Instandhaltung (z.B. Auftragschweißen) und in der Installationstechnik eingesetzt. Die einzusetzende Arbeitstechnik orientiert sich an der Blechdicke; der wirtschaftliche Einsatzbereich reicht bis 6 mm Blechdicke. Vorteilhaft ist die Unabhängigkeit vom Strom.

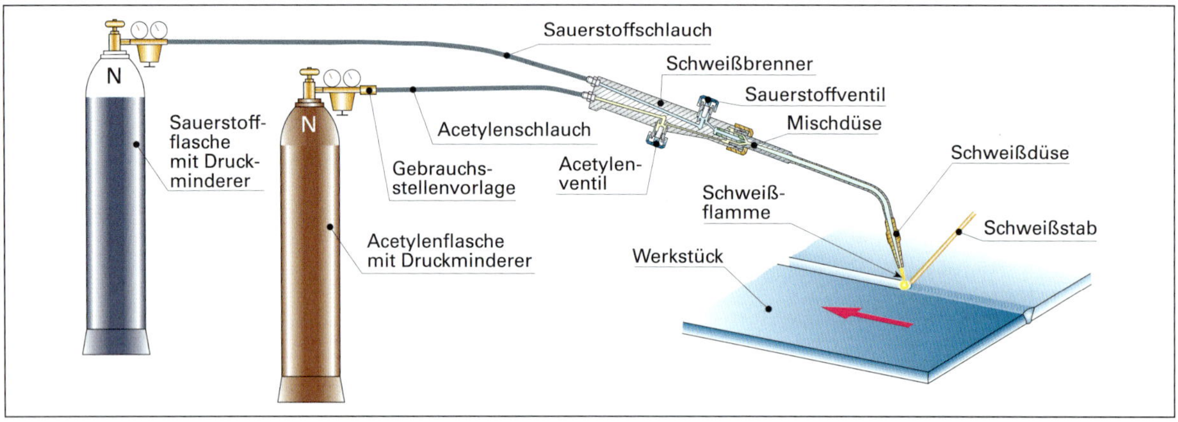

1 Gasschmelzschweißen

Dünne Bleche werden **nach links geschweißt.**
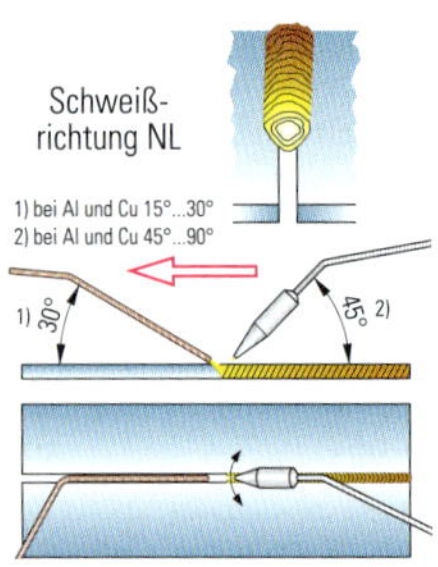
Nachlinksschweißen kommt bei Blechen bis 3 mm Stärke zur Anwendung, weil dünne Bleche beim Schweißen leicht durchbrennen können. Bei dieser Brennerhaltung wirkt die Flamme nicht voll auf die Schweißstelle, sondern auch auf die Blechränder vor der Naht. Nachteilig ist, dass das flüssige Schweißgut durch die Flamme in die noch nicht aufgeschmolzene Unterseite (Wurzel) gedrückt wird. An diesen Stellen kann die Schweißnaht fehlerhaft sein. Der Schweißstab wird vor der Flamme geführt und von Zeit zu Zeit in das Schmelzbad getaucht. Der Brenner führt eine leicht pendelnde Bewegung aus.
Dünnbleche, die nach links geschweißt werden, müssen mit einer weichen Flamme mit niedriger Gasgeschwindigkeit geschweißt werden.

Dicke Bleche werden **nach rechts geschweißt.**
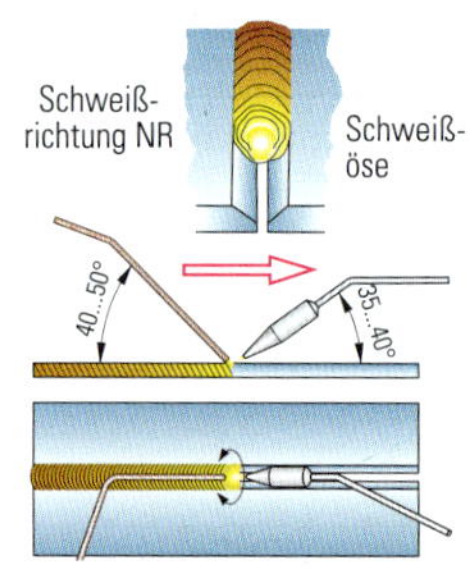
Beim **Nachrechtsschweißen** ist die Flamme unmittelbar auf die Schweißnaht gerichtet. Dadurch wird die Wärme auf die Schweißstelle konzentriert. So kann die Schweißnaht auch bei dickeren Blechen ab 3 mm Stärke bis zur Wurzel durchgeschweißt werden. Dies wird durch eine gut sichtbare Schweißöse angezeigt. Die Flamme drückt im Gegensatz zum Nachlinksschweißen auf das Schmelzbad, so dass das Schweißbad nicht vorlaufen kann. Beim Nachrechtsschweißen wird der Brenner geradlinig geführt, der Schweißstab kreisförmig.
Bauteile mit dicken Wandstärken, die nach rechts geschweißt werden, erfordern eine harte Flammeneinstellung mit hoher Gasgeschwindigkeit.

Wird das Übergangsstück aus dem Werkstoff S235JR gefertigt, lassen sich Nähte des Aufsatzes mit dem Gasschmelzschweißen gut schweißen. Stahl mit einem C-Gehalt ≥ 1,5 % ist nicht gasschweißgeeignet. Aluminiumblech lässt sich gasschweißen, jedoch ist der Schweißprozess auf Grund der Wärmeableitung langsam und es muss Flussmittel eingesetzt werden.

10.3.4 Lichtbogenhandschweißen

Das Lichtbogenhandschweißen kann in allen Schweißpositionen für legierte Stähle sowie Gusseisen ab 3 mm Blechdicke eingesetzt werden. Auftragschweißungen sind gut herstellbar.

Die Kehlnähte an den Stützen des Übergangsstücks lassen sich mit dem Lichtbogenhandschweißen gut fertigen, wenn der Grundwerkstoff aus Stahl ist. Der Trichter eignet sich für das Lichtbogenhandschweißen auf Grund der geringen Blechdicke nicht.

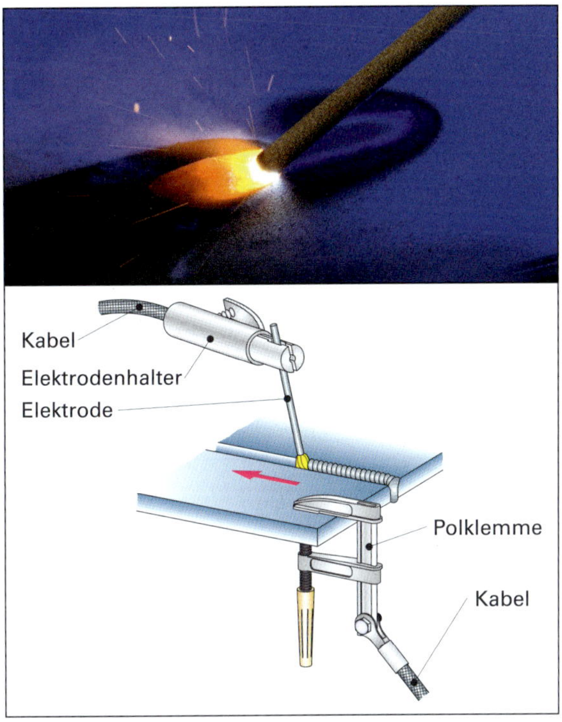

1 Lichtbogenhandschweißen

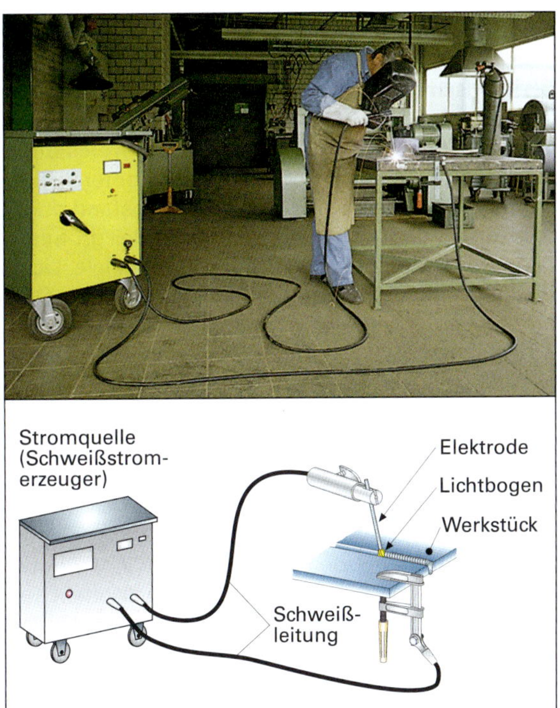

2 Stromkreis beim Lichtbogenschweißen

10.3.5 Unterpulverschweißen

Ein entscheidender Nachteil des in Kapitel 10.3.4 beschriebenen Lichtbogenhandschweißens ist die begrenzte Länge des Zusatzwerkstoffes. Sie beeinflusst negativ die Schweißnahtgüte durch die Schweißunterbrechungen und die Wirtschaftlichkeit bei langen Schweißnähten. Beim Unterpulverschweißen dagegen schmilzt ein endloser Draht oder ein Band unter einer Pulverschicht ab. Zwischen dem Zusatzwerkstoff und dem Grundwerkstoff brennt ein Lichtbogen. Um den Lichtbogen und das Schmelzbad herum bildet sich in der Pulverschicht eine Gaskaverne. Diese wird von flüssiger Schlacke umschlossen und schützt somit die Schweißzone.

3 Profilgeführtes UP-Schweißen an einem Behälter

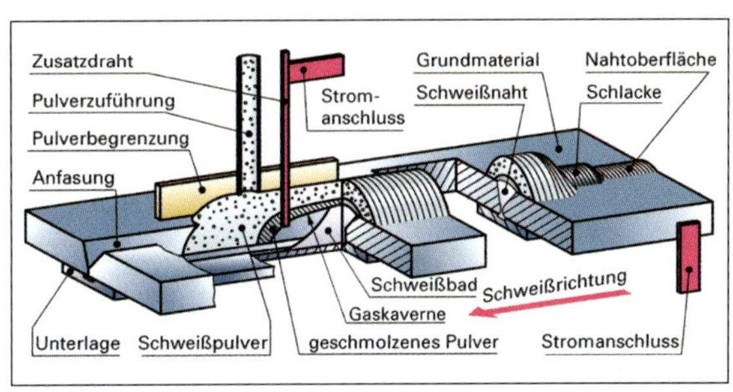

4 UP-Schweißung

Anwendungsbereiche
Dort, wo hohe Abschmelzleistungen in den Schweißpositionen waagerecht, horizontal und eingeschränkt quer erbracht werden sollen, ist das UP-Schweißen sinnvoll einsetzbar; wie im Behälterbau (Bild 4, Vorseite), Schiffsbau, Rohrleitungsbau und Metallbau.
Als Werkstoffgruppen kommen Baustähle, unlegierte Rohrstähle, warm- und hochfeste Stähle in Frage.
Das UP-Schweißen kann gut in halb- oder vollautomatisierten Fertigungsabläufen eingesetzt werden.
Es können alle Arten der Stumpfnähte (Blechdicken 3...45 mm, v_s = 55...20 cm/min) und einfache und Doppel-Kehlnaht (Blechdicken 3–14 mm, v_s = 55–25 cm/min) geschweißt werden. Alle Angaben beziehen sich auf das UP-Eindrahtschweißen.

UP-Verfahrensvarianten

UP-Doppeldrahtschweißen
Leistungssteigerungen werden durch den Einsatz des **UP-Doppeldrahtschweißens** möglich.
Bei den Verfahrensvarianten UP-Paralleldraht- oder -Doppeldrahtschweißen werden zwei Drahtelektroden mit geringem Durchmesser, z. B. 2 × 2,5 mm, anstelle eines Drahtes in einem gemeinsamen Lichtbogen abgeschmolzen. Der Abstand zwischen den beiden Drahtelektroden liegt zwischen 4 und 8 mm. Hierbei wird nur **eine** Schweißstromquelle eingesetzt.

Vorteile sind
- höheren Abschmelzleistung,
- gute Spaltüberbrückbarkeit und
- hohe Schweißgeschwindigkeit.

Es lassen sich stabilere Schweißprozesse bei geringeren Einbrandtiefen als bei der UP-Eindrahtschweißung realisieren.

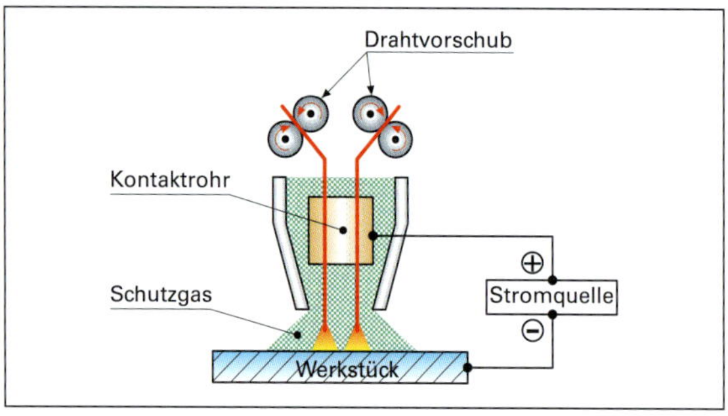

UP-Tandemschweißen
Noch höhere Abschmelzleistungen und Schweißgeschwindigkeiten lassen sich mit dem UP-Tandem- und Mehrdrahtschweißen erreichen. Gebräuchlich sind 2 bis 3 (möglich bis zu 6) hintereinander stehende Drahtelektroden. Die Abstände zwischen den Einzeldrähten liegen zwischen 15 und 100 mm. Die Drähte schmelzen in einer gemeinsamen Gaskaverne ab, wenn der Drahtabstand kurz ist. Bei großen Abständen schmilzt jeder Draht in einem eigenen Lichtbogen ab. Im Gegensatz zum UP-Mehrdrahtschweißen verfügt **jede** Drahtelektrode über eine **eigene** Schweißstromquelle und eine **eigene** Prozessregelung.

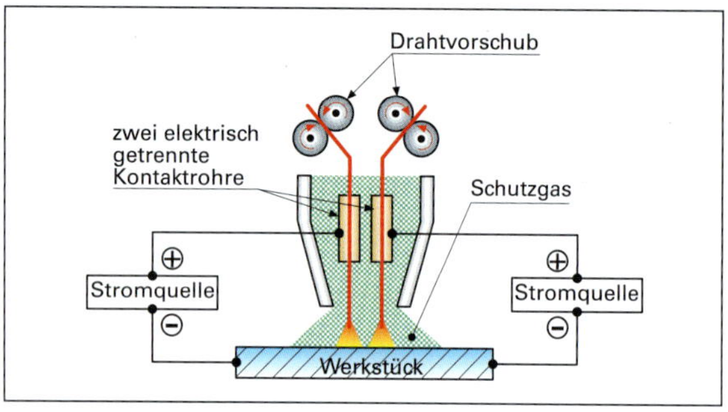

Vorteile
Mit der ersten Drahtelektrode wird durch einen hohen Schweißstrom ein großer Einbrand erreicht. Die nachfolgenden Drähte füllen die Nahtfuge. Die Decklage wird durch die letzte Drahtelektrode bei geringem Schweißstrom und hoher Schweißspannung geschweißt. Die Schweißnaht ist breit und zeigt eine glatte Oberfläche.

UP-Bandschweißen
Beim UP-Bandschweißen wird anstelle des Drahtes eine bandförmige Elektrode verwendet. Mit dem UP-Bandschweißen werden Auftragschweißungen durchgeführt. Es wird hauptsächlich zum großflächigen Plattieren mit hochlegierten Werkstoffen eingesetzt. Der Lichtbogen an der unteren abschmelzenden Kante pendelt, da der Abstand durch den Abbrand sich ständig verändert. Bei größeren Bandbreiten können auch mehrere parallele Lichtbögen brennen. Die Einbrandtiefe wird kleiner. Dies führt zu einer äußerst geringen Aufmischung des Schweißzusatzwerkstoffes mit dem Grundwerkstoff (< 20 %). Plattierungen mit einer Schichthöhe von 3,5 bis 5 mm sind in einer Lage möglich.

10.3.6 Schutzgasschweißen

Für die Fertigung des Kanalsystems in Originalgröße (Maßstab 5:1 gegenüber dem Modell) hat der Konstrukteur als Schweißverfahren für die Verbindung von Pos. 1 Trichter mit Pos. 2 Anschlussplatte das **Metall-Aktiv-Gas-Schweißen** vorgeschrieben (Bild 2, Seite 495). Folgende Gründe sprechen dafür:

- sehr lange Nähte zwischen Pos. 1 und Pos. 2,
- hohe Schweißgeschwindigkeit und
- große Abschmelzleistung.

Schutzgase beeinflussen die Lichtbogengeometrie. Der Lichtbogen wird je nach Wahl des Schutzgases verdichtet. Dies führt zu einer Wärmekonzentration und dadurch zu hohen Aufschmelzleistungen. Die wärmebeeinflusste Zone ist gegenüber dem Gasschmelzschweißen und Lichtbogenhandschweißen deutlich schmaler, was für bestimmte „wärmeempfindliche" Stähle von Vorteil ist.

Das Metall-Aktiv-Gas-Schweißen (MAG-Schweißen) kann die 2...3-fache Abschmelzleistung des Lichtbogenhandschweißens erreichen, z. B. 1,5 kg/h im Kurzlichtbogen und 6 kg/h im Sprühlichtbogen bei 1,2 mm Drahtdurchmesser.

Als weiterer Vorteil ist das „endlose" Schweißen durch den aufgerollten Schweißdraht oder Fülldraht zu nennen. Die Zahl der Anfangs- und Endkrater sowie Zündstellen verkleinert sich erheblich.

Die guten Leistungsdaten führen dazu, dass das Metall-Schutzgas-Schweißen (MSG-Schweißen) über 75 % Anteil am verarbeiteten Schweißgut hat.

10.3.6.1 Metall-Inert-Gas-Schweißen/ Metall-Aktiv-Gas-Schweißen

Das Metall-Schutzgasschweißen gliedert sich in drei Verfahrensvarianten:

Metall – Schutzgasschweißen			
Verfahren	Metall-Inert-Gasschweißen (MIG-Schweißen)	Metall-Aktiv-Gasschweißen (MAG-Schweißen)	Metall-Aktivgasschweißen mit Fülldrahtelektrode
Verfahrenskennzahl	131	135	136
Schutzgas	Inerte Gase: Helium, Argon und deren Gemische	Aktive Gase: CO_2, Gemische aus CO_2, Argon, O_2 u. a.	
Zusatzwerkstoffe	Massivdraht auf Drahtspulen		Fülldraht auf Drahtspulen

Verfahrensprinzip

Gemeinsames Prinzip ist, dass zwischen einer abschmelzenden bzw. nicht abschmelzenden Elektrode und dem Werkstück ein Lichtbogen brennt, der den Grund- und Zusatzwerkstoff aufschmilzt. Den Schutz der Schweißzone übernimmt ein **Schutzgas**, das durch den Brenner dem Schweißbereich zugeführt wird (Bild 1). Es umspült die Elektrode und das Schmelzbad. Das Schutzgas schützt nicht nur die Schweißzone, sondern beeinflusst:

- den Werkstoffübergang (grob- bis feintropfig),
- die Lichtbogenstruktur (wenig bis stark eingeschnürt),
- die chemische Zusammensetzung des Schweißgutes (reduzierend, oxidierend),
- die Viskosität (Zähigkeit) der Schmelze (dünnflüssig, zäh) und
- das Einbrandprofil (breit bis schmal, flach bis überhöht).

Alle drei Verfahren eignen sich für eine Teil- oder Vollautomatisierung, z. B. in der Automobilindustrie. Sie unterscheiden sich vom Einsatz des Schutzgases, wovon letztlich die Einsatzmöglichkeiten abhängen. Bild 1, nächste Seite, gibt eine Übersicht.

Schutzgase

Die Wahl des Schutzgases hängt von der Schweißaufgabe ab. Dabei kann zwischen verschiedenen Schutzgasarten gewählt werden:

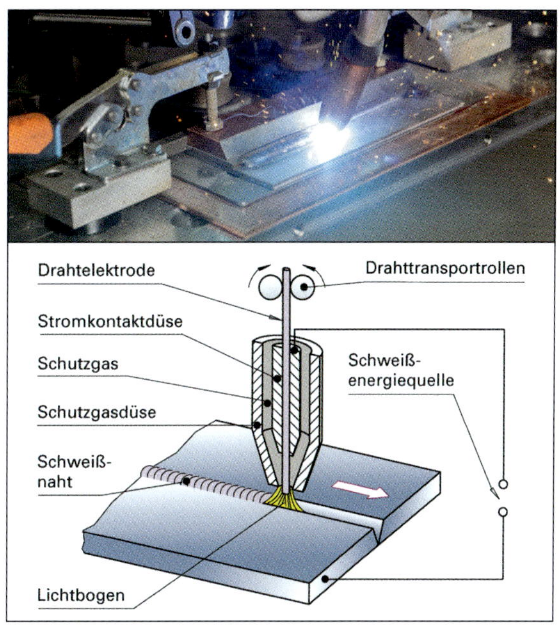

1 Metall-Schutzgasschweißen

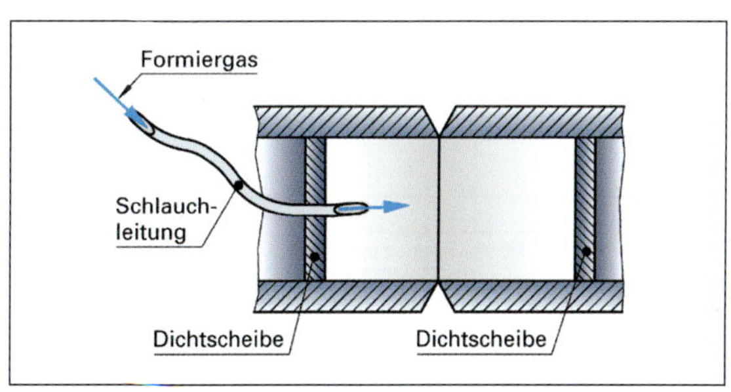

2 Einsatz von Wurzelschutzgas (Formiergas) in Rohren

I: inerte Gase und inerte Mischgase
M: oxidierende Mischgase mit Sauerstoff und/oder Kohlendioxid
C: stark oxidierende Gase und stark oxidierende Mischgase
R: reduzierende Mischgase
N: reaktionsträges Gas oder reaktionsträges Mischgas mit Stickstoff
O: Sauerstoff
Z: Mischgase mit Komponenten, die in Tabelle 2 nicht enthalten sind oder Mischgase, deren Zusammensetzung außerhalb der in Tabelle 2 aufgeführten Bereiche liegt.

Inerte Gase (Kurzbezeichnung I) nehmen am Schweißprozess nicht teil; es sind die Edelgase Argon (Ar) und Helium (He) und ihre Gemische. Helium ist erheblich teurer als Argon.
Ein **aktives Gas** (Kurzbezeichnung C, wie z. B. CO_2) nimmt am Schweißprozess teil. Als aktiver Gasanteil wirkt der Sauerstoff, er beeinflusst Lichtbogenbildung, Werkstoffverhalten (z. B. Ausbrand) und Schweißnahtbildung. Im Zusammenwirken mit Silizium und Mangan verstärkt sich die Entgasung der Schmelze und die Festigkeitseigenschaften verbessern sich. Die Freisetzung des Sauerstoffs erfolgt durch die Lichtbogenwärme.

$$2\,CO_2 = 2\,CO + O_2$$

Die oxidierende Wirkung beeinflusst den Schweißablauf. Es treten vermehrt Spritzer auf, der Lichtbogen brennt unruhiger und es entsteht ein knatterndes Geräusch.
Die guten Schweißeigenschaften bei den inerten Gasen und die geringen Kosten beim aktiven Gas haben zur Entwicklung von **Mischgasen** (Kurzbezeichnung M) geführt. Mischgase bestehen aus Argon, Kohlendioxid und Sauerstoff.

Reduzierende Gase (Kurzbezeichnung R) und **reaktionsträge** (Kurzbezeichnung N) Gase werden hauptsächlich beim Plasmaschweißen, Plasmaschneiden und Wurzelschutz eingesetzt.
Bei V-Nähten und Rohren wird häufig die Wurzelrückseite nicht ausreichend vom Schutzgas umspült, weil der Spalt zu eng ist. Insbesondere bei höher legierten Werkstoffen müssen Reaktionen mit der Atmosphäre verhindert werden; dies wird durch Anlauffarben sichtbar. Die Wurzelrückseite und Rohrinnenseiten werden daher mit Formiergas geschützt (Bild 2, Vorseite).

Kurzbezeichnung		Komponenten in Volumenprozent (%)						Schweißverfahren	Übliche Anwendung
Hauptgruppe	Nebengruppe	oxidierend		inert		reduzierend	reaktionsträge		
		CO_2	O_2	Ar	He	H_2	N_2		
I	1			100				WIG/MIG/WP	un-, hochlegierte Stähle
	2				100				
	3			Rest	$0{,}5 \le He \le 95$				Al, NE-Metalle
M1	1	$0{,}5 \le CO_2 \le 5$		Rest[1]		$> 0{,}5 \ldots 5$		MAG M	rostfreie/korrosionsbeständige Stähle
	2	$0{,}5 \le CO_2 \le 5$		Rest[1]					
	3		$0{,}5 \le O_2 \le 3$	Rest[1]					
	4	$0{,}5 \le CO_2 \le 5$	$0{,}5 \le O_2 \le 3$	Rest[1]					
M2	0	$>5 \le CO_2 \le 15$		Rest[1]					niedrig/mittellegierte Stähle
	1	$15 \le CO_2 \le 25$		Rest[1]					
	2		$3 \le O_2 \le 10$	Rest[1]					
	3	$0{,}5 \le CO_2 \le 5$	$3 \le O_2 \le 10$	Rest[1]					
	4	$5 \le CO_2 \le 15$	$0{,}5 \le O_2 \le 3$	Rest[1]					
	5	$5 \le CO_2 \le 15$	$3 \le O_2 \le 10$	Rest[1]					
	6	$15 \le CO_2 \le 25$	$0{,}5 \le O_2 \le 3$	Rest[1]					
	7	$15 \le CO_2 \le 25$	$3 \le O_2 \le 10$	Rest[1]					
M3	1	$25 \le CO_2 \le 50$		Rest[1]				MAG	un-/niedriglegierte Stähle
	2		$10 \le O_2 \le 15$	Rest[1]					
	3	$25 \le CO_2 \le 50$	$2 \le O_2 \le 10$	Rest[1]					
	4	$5 \le CO_2 \le 25$	$10 \le O_2 \le 15$	Rest[1]					
	5	$25 \le CO_2 \le 50$	$10 \le O_2 \le 15$	Rest[1]					
C	1	100							unlegierte Stähle
	2	Rest	$0{,}5 \le O_2 \le 30$						
R	1			Rest[1]		$0{,}5 \le H_2 \le 15$		WIG/WP	hochlegierte Stähle
	2			Rest[1]		$15 \le H_2 \le 50$			
N	1						100	Wurzelschutz	hochlegierte/niedriglegierte Stähle
	2			Rest[1]			$0{,}5 \le N_2 \le 5$		
	3			Rest[1]			$5 \le N_2 \le 50$		
	4			Rest[1]		$0{,}5 \le H_2 \le 10$	$0{,}5 \le N_2 \le 5$		
	5					$0{,}5 \le H_2 \le 50$	Rest		
O	1		100						
Z	Enthält ein Mischgas ausschließlich mit Komponenten, die nicht aufgeführt sind/oder außerhalb der benannten Konzentrationsbereiche liegen								

[1] Argon darf vollständig oder teilweise durch Helium ersetzt werden.

1 Schutzgase nach DIN EN ISO 14175 und ihre Anwendung (Auswahl)

Lieferformen von Schutzgas

Schutzgase werden flüssig für den Großverbraucher und gasförmig für den Kleinverbraucher geliefert.

Bild 1 zeigt eine Übersicht über verschiedene Lieferformen von Stahlflaschen für Inertgase und Mischgase.

Beachte: Die einzig verbindliche Kennzeichnung des Gasinhaltes erfolgt auf dem Gefahrgutkleber. Die Farbkennzeichnung der Flasche ist eine zusätzliche Information.

Gasart	Kennfarbe nach DIN EN 1089-3 (2011)		Anschlussgewinde	Flaschenvolumen in l	Fülldruck in bar	Füllmenge kg	Füllmenge l
Argon Ar		dunkelgrün grau (dunkelgrün)	W21,80 × 1/14 W21,80 × 1/14	10 50 50	200 200 300	– – –	2 000 10 000 ~ 16 000
Helium He		braun grau	W21,80 × 1/14 W21,80 × 1/14	10 50 50	200 200 300	– – –	2 000 10 000 ~ 13 000
Kohlendioxid CO_2		grau grau	W21,80 × 1/14 W21,80 × 1/14	10 50	58 58	7,5 20	580 2 900
Mischgase CO_2 + Ar in verschiedenen Mischungsverhältnissen		leuchtendgrün grau	W24,32 × 1/14 W24,32 × 1/14	10 20 50	200 200 200	– – –	2 000 4 000 10 000

1 Lieferformen von Gasflaschen Kennbuchstabe „N" schwarz

Gasbezeichnung: Schutzgase können nach ihrer Einteilung (siehe Übersicht 1, Seite 515) oder nach ihrer chemischen Zusammensetzung beschrieben sein.

Beispiel:

Bezeichnung nach der Einteilung	Bezeichnung nach der chemischen Zusammensetzung
ISO 14175 – M25	ISO 14175 – M25 – ArCO-7/4 → Mischgas mit 7 % Kohlendioxid, 4 % Sauerstoff und Rest Argon

Aufgaben

1. Welches Schutzgas wählen Sie, wenn der Trichter aus
   - S235JR,
   - EDELSTAHL Rostfrei® oder
   - Aluminium

   gefertigt werden soll, damit er verschiedenen Anforderungen gegenüber den Probenwerkstoffen gerecht werden kann? Verwenden Sie die Übersicht (Bild 2, Seite 519.)!

2. Entschlüsseln Sie folgende Schutzgasbezeichnungen:
   Schutzgas ISO 14175-I1
   Schutzgas ISO 14175-M22
   Schutzgas ISO 14175-N5
   Schutzgas ISO 14175 – I3 – ArHe-30

Schweißstromquellen für das MIG-/MAG-Schweißen

Hersteller bieten zwei Arten von Schweißstromquelle an:

- konventionelle Geräte mit einem Stufenschalter für die Einstellung der Schweißspannung,
- elektronische gesteuerte Geräte mit einer stufenlosen Einstellmöglichkeit der Schweißparameter.

Bild 2 zeigt eine Schweißstromquelle für das MIG-/MAG-Schweißen sowie ein Drahtvorschubgerät, Fernsteller und einem wassergekühlten Handschweißbrenner. Für dieses Gerät gilt:
Schweißstromeinstellbereich 50...400 A
Schweißspannung 16...34 V
Leerlaufspannung 17....44 V
Netzanschlussspannung 240/380/415/500 V

1 MIG/MAG-Schweißgerät

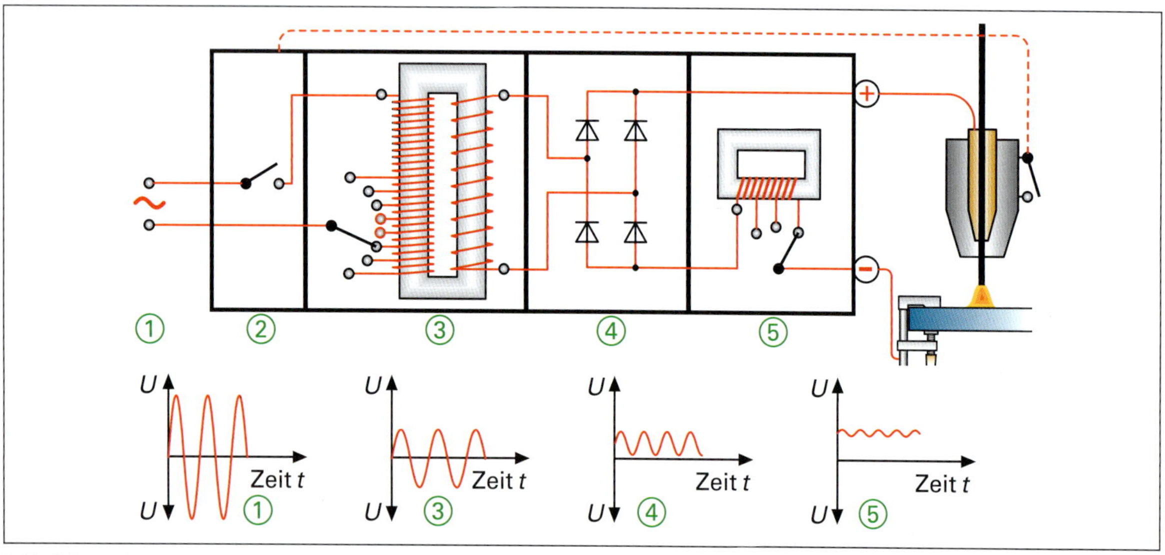

2 Funktionsprinzip eines MIG/MAG-Schweißgerätes

Funktionsbeschreibung:

Das MIG/MAG-Schweißgerät wird über den Netzanschluss ① an das Versorgungsnetz, z. B. 380 Volt angeschlossen. Über den Hauptschalter ② wird die Schweißstromquelle eingeschaltet. Im Transformator ③ wird die Netzspannung auf die niedrigere Schweißspannung umgeformt. Die Netzstromstärke wird auf die Schweißstromstärke erhöht. Am Stufenschalter können unterschiedliche Schweißkennlinien eingestellt werden. Der transformierte Wechsel- oder Drehstrom wird im Gleichrichtersatz ④ gleichgerichtet. Nach der Gleichrichtung weist der Gleichstrom noch starke Spannungsspitzen auf; durch eine Drossel ⑤ erfolgt eine weitestgehende Glättung.

Schlauchpakete/Drahtfördersystem

Schweißstrom, Schweißdraht und Schutzgase werden durch Schlauchpakete zur Schweißstelle geführt. Je nach Abstand zwischen Schweißstromquelle und Schweißstelle werden Schlauchpakete mit unterschiedlichen Drahtfördersystemen eingesetzt. Ein Übersicht verschiedener Drahtfördersysteme ist in Bild 1, nächste Seite, dargestellt.
Die Schlauchpakete werden in verschiedenen Längen angeboten, z. B. 3 m, 5 m ... 30 m.

Über 5 m Länge muss eine zusätzliche Drahtfördereinrichtung in der Nähe des Schweißbrenners angebracht werden, damit der Zusatzdraht knickfrei gefördert werden kann.

Kompaktanlage	**Universalanlage**
Drahtspule und Drahtfördersystem befinden sich im Schweißgerät 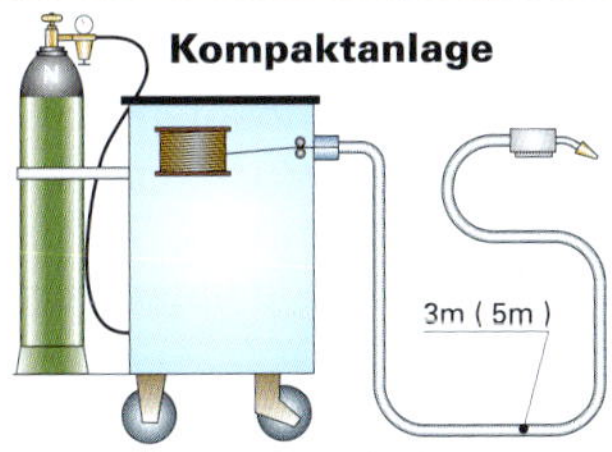 Drahtspule und Drahtfördersystem befinden sich im Schweißgerät	Drahtspule und Drahtfördersystem befinden sich außerhalb des Schweißgerätes 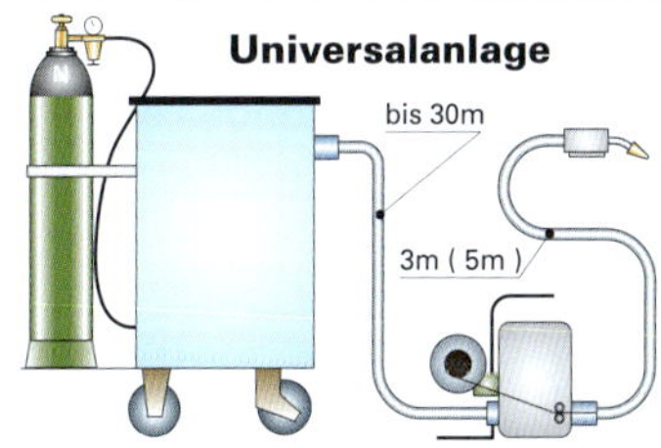 Drahtspule und Drahtfördersystem befinden sich außerhalb des Schweißgerätes
Kleinspulenanlage	**Push-Pull Anlage**
Drahtfördersystem befindet sich in Brennernähe 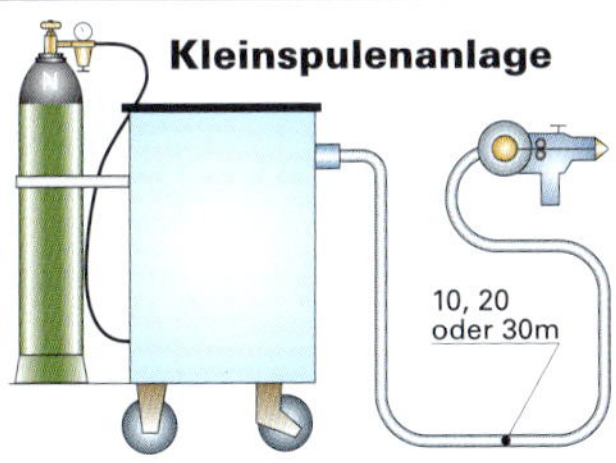 Drahtfördersystem befindet sich in Brennernähe	kombiniertes Drahtfördersystem im Schweißgerät und im Brenner 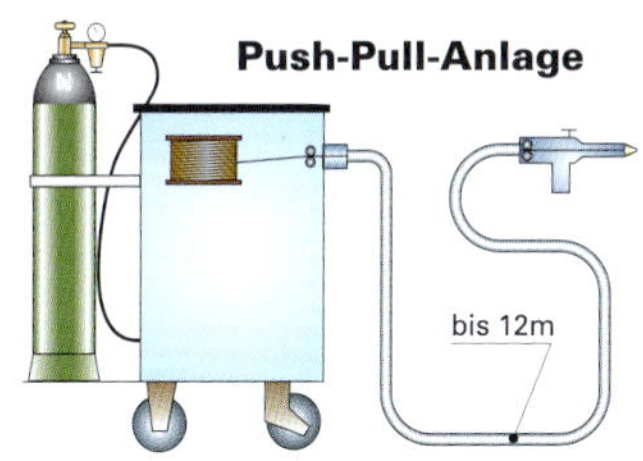 Drahtspule und Drahtfördersystem befinden sich im Schweißgerät

1 Drahtfördersysteme

Der Schweißdraht wird im Drahtfördersystem durch ein Zweirollen-, Vierrollen- oder Schrägrollenantrieb gefördert. Im Drahtfördersystem erfolgt zusätzlich ein Richten des auf der Spule aufgerollten Drahtes. Moderne Drahtfördersysteme verfügen über ein Vierrollensystem, siehe Bild 2.

2 Vierrollendrahtfördersystem

Die Drahtförderrollen müssen nach Durchmesser und der Werkstoffart ausgewählt werden.

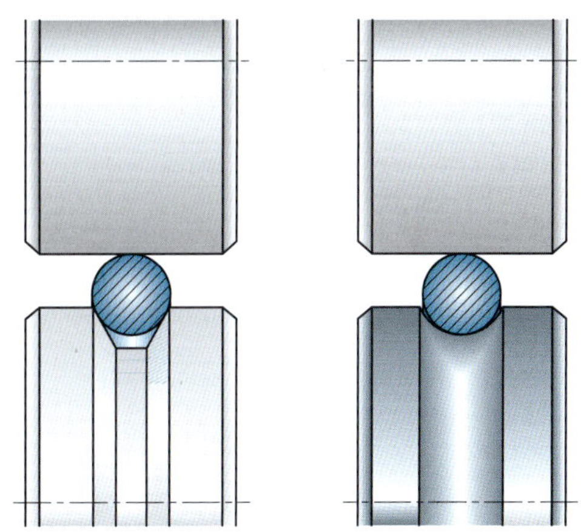

Eine ungestörte Drahtförderung verlangt eine regelmäßige Reinigung von Ablagerungen auf den Rollen.

Hinter den Drahtförderrollen ist die Drahteinlaufdüse angeordnet. Damit die Förderung des Drahtes ohne Störungen erfolgt, ist ihre richtige Lage wichtig. Folgende Fehler können auftreten:

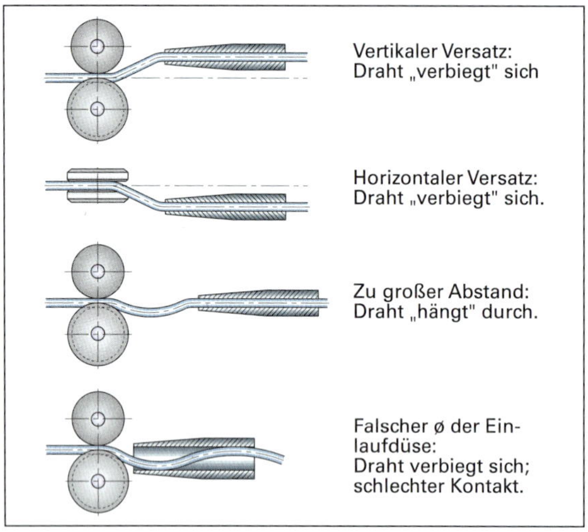

Einstellungen an der Schweißstromquelle

Wie aus Bild 2 Seite 517 „Funktionsprinzip einer MIG/MAG-Schweißstromquelle" zu ersehen ist, können am Stufenschalter unterschiedliche Schweißspannungen bzw. Schweißkennlinien eingestellt werden. Die Wahl der Schweißkennlinie ist abhängig von der benötigten Schweißstromstärke und dem Schutzgas. Zusätzlich beeinflusst die Nahtart die Schweißspannung, da der **Abstand x** zwischen der Drahtelektrode und dem Werkstoff unterschiedlich ist (siehe Bild 1).

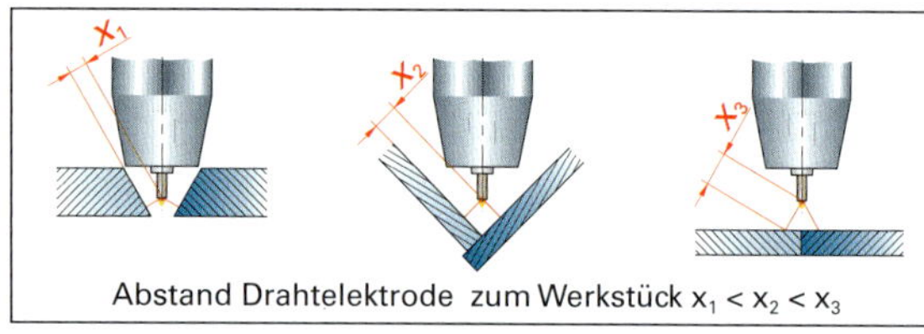

1 Einfluss der Nahtart auf Schweißspannung und Schweißstrom

Bei Messungen stellt man fest, dass der Schweißstrom abnimmt und die Schweißspannung steigt. Der Schweißer kann die Schweißspannung und den Drahtelektrodenvorschub durch Wahl der Kennlinie und der Vorschubgeschwindigkeit beeinflussen; die sich damit ergebenden Veränderungen können Bild 2 entnommen werden.

Veränderung der Schweißspannung	
Erhöhen ⇑	**Verringern ⇓**
• längerer Lichtbogen • weicheres Lichtbogengeräusch • breitere Naht • geringere Überhöhung • dünnflüssigeres Schweißbad • verstärkter Abbrand von Legierungsbestandteilen im Draht • stärkere Schlackebildung	• kürzerer Lichtbogen • härteres Lichtbogengeräusch • schmalere Naht • höhere Überhöhung • zähfließendes Schweißbad • geringerer Abbrand von Legierungsbestandteilen im Draht • geringere Schlackebildung

Die Änderung der Kennlinienwahl beeinflusst:
Lichtbogenlänge und Nahtprofil

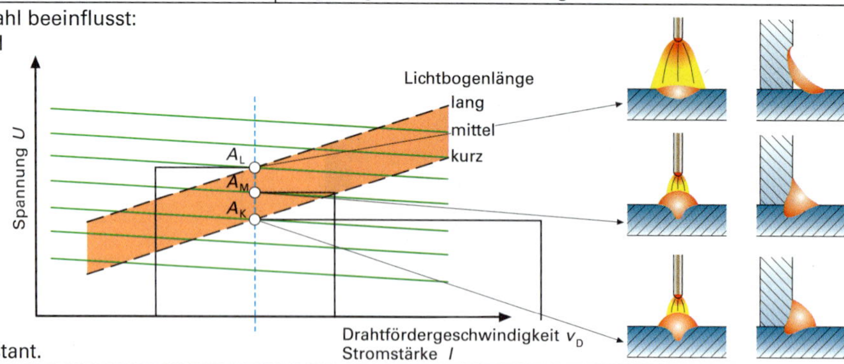

Drahtfördergeschwindigkeit
und Stromstärke sind hier konstant.

Veränderung des Schweißstroms (Drahtelektrodenvorschub konstant)	
Erhöhen ⇑	**Verringern ⇓**
• kürzerer Lichtbogen • härteres Lichtbogengeräusch • höhere Abschmelzleistung • stärkerer Einbrand • schmalere Naht • stärkere Überhöhung • geringerer Abbrand von Legierungsbestandteilen im Draht	• längerer Lichtbogen • weicheres Lichtbogengeräusch • geringere Abschmelzleistung • geringerer Einbrand • breitere Naht • geringere Überhöhung • verstärkter Abbrand von Legierungsbestandteilen im Draht

2 Einfluss von Schweißparametern auf den Lichtbogen beim MIG/MAG-Schweißen

Veränderung des Drahtvorschubs (Kennlinie konstant)	
Erhöhen ⇑	**Verringern ⇓**
• kürzerer Lichtbogen • höhere Stromstärke • höhere Abschmelzleitung	• längerer Lichtbogen • niedrigere Stromstärke • niedrigere Abschmelzleistung
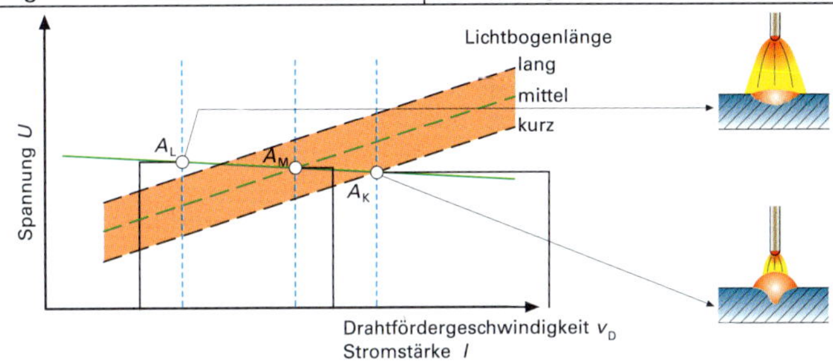	
Schweißgeschwindigkeit	
Erhöhen ⇑	**Verringern ⇓**
• Geringerer Einbrand • Schmalere Naht • Stärkere Überhöhung	• Stärkerer Einbrand • Breitere Naht • Geringere Überhöhung Bei zu geringer Schweißgeschwindigkeit treten u. U. Bindefehler, Badüberhitzung und Porosität auf.

Einfluss von Schweißparametern auf den Lichtbogen beim MIG/MAG-Schweißen – Fortsetzung

Neben den Einstellparametern kann der Schweißer durch die Haltung des Brenners das Schweißergebnis beeinflussen; der Brenner kann in Schweißrichtung oder quer zur Schweißrichtung in unterschiedlichen Positionen geführt werden (siehe Bild 1).

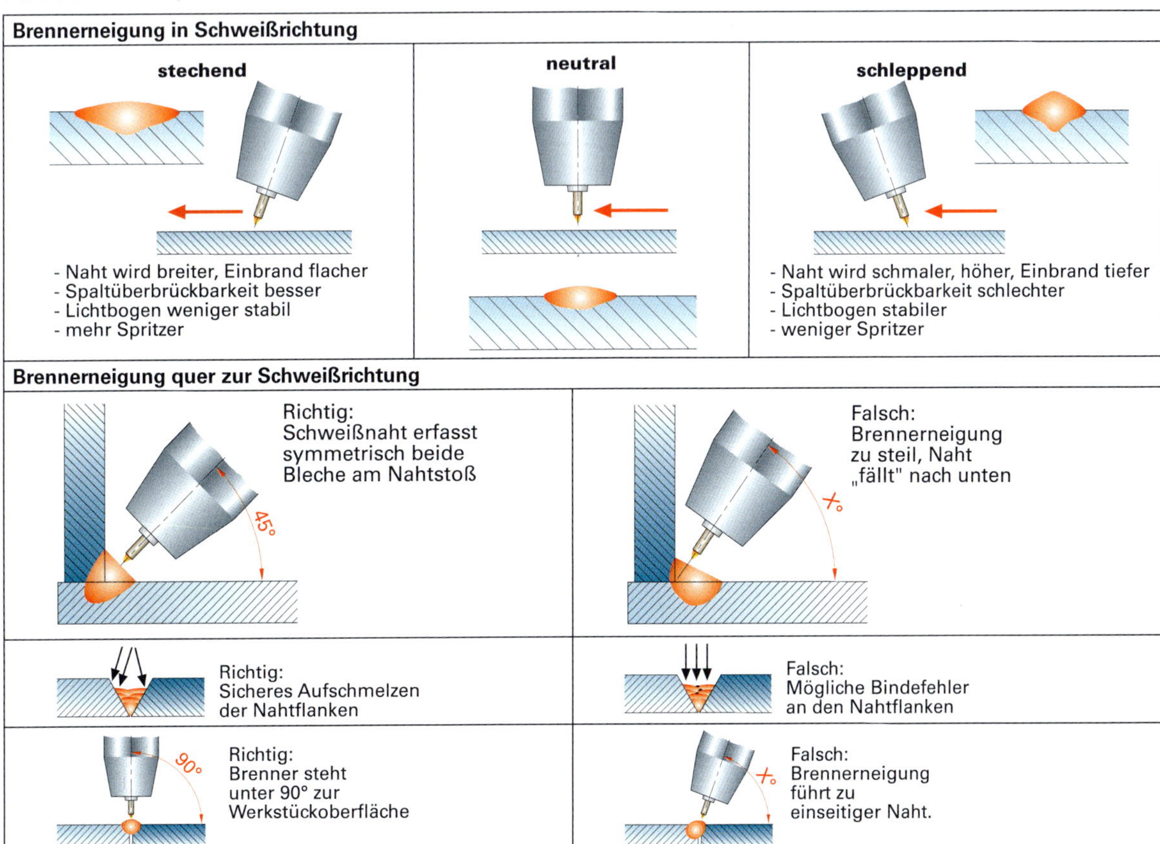

1 Einfluss der Brennerneigung

Lichtbogenarten

Die Einstellparameter an der Schweißstromquelle für das MSG-Schweißen und die Schutzgasart beeinflussen u. a. auch den Tropfenübergang von der Drahtelektrode zum Werkstück.

Lichtbogenart	Erklärungen
Kurzlichtbogen 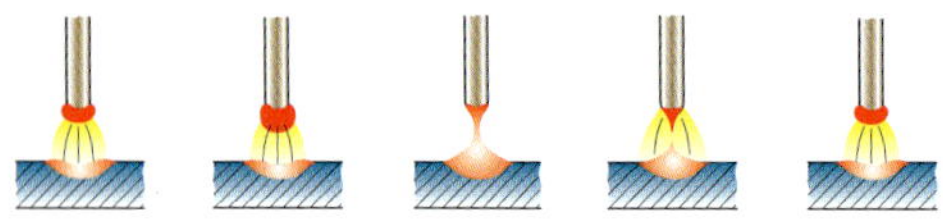	• Tropfenübergang im Kurzschluss, gleichmäßig, feintropfig • Zähes Schweißbad • Ca. 70 Tropfen/Sekunde • Mischgas mit hohen Argonanteilen • Spannung niedrig (ca. 20V) • Geeignet für Dünnblechschweißung, Wurzellagen und Zwangspositionen (PE, PF, PG und PC)
Sprühlichtbogen 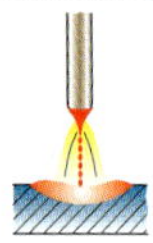	• Tropfenübergang kurzschlussfrei, gleichmäßig, fein- bzw. feinsttropfig • Dünnflüssiges Schweißbad • 100 … 300 Tropfen/Sekunde • Schutzgas Reinargon oder hohe Argonanteile • Spannung hoch (> 25 V) • Blechdicke > 4mm • Geeignet für Kehlnähte und für Füll- und Decklagen bei Stumpfnähten (PA und PB)
Langlichtbogen 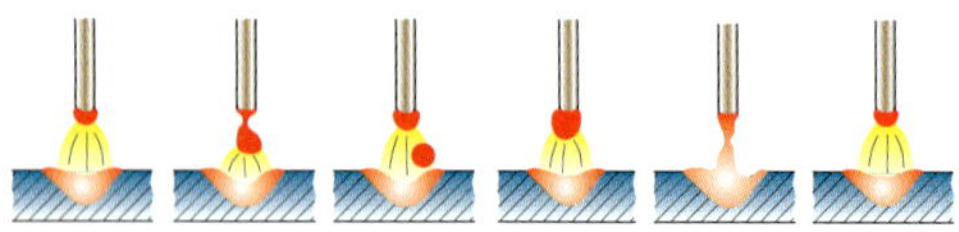	• Tropfenübergang in großen Tropfen, teilweise im Kurzschluss, ungleichmäßig • Dünnflüssiges Schweißbad • 100 Tropfen/Sekunde • Schutzgas CO_2, heute nicht mehr üblich • Spannung > 20 V • Blechdicke > 5 mm • Geeignet für Kehlnähte und für Füll- und Decklagen bei Stumpfnähten (PA und PB)
Impulslichtbogen 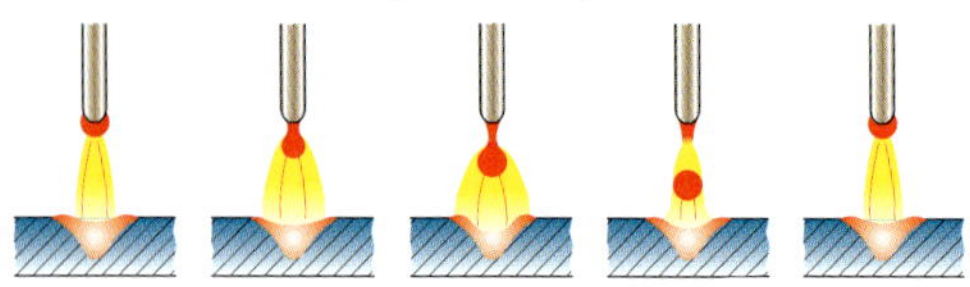	• Tropfenübergang kurzschlussfrei, gleichmäßig im Takt der Impulsfrequenz, feintropfig • Spritzerarm • Schutzgas Reinargon oder hohe Argonanteile Siehe auch Kapitel Impulsschweißstromquellen

Impuls-Schweißstromquellen

Bei den oben genannten Stromquellen ist der Tropfenübergang nur bedingt steuerbar. Über die Stromstärke und die Lichtbogenlänge sind Beeinflussungen z. B. der Tropfengröße und des Spritzerverhaltens möglich. Wünschenswert sind:

- genaue Einstellung der Abschmelzmenge in Bezug zur Blechdicke ⇒ keine überhöhten oder hohlen Nähte,
- möglichst geringe Wärmeeinbringung ⇒ geringer Verzug,
- optimale Wärmeausnutzung ⇒ gute Wirtschaftlichkeit,
- geringe Spritzerbildung ⇒ wenig Nacharbeit und geringere Korrosionsgefahr,
- Vermeiden des unruhigen Kurzlichtbogens ⇒ geringere Spritzerbildung und
- geringere Nachoxidation ⇒ geringere Korrosionsgefahr.

Diese Forderungen erfüllen impulsgesteuerte Schweißstromquellen (Bild 1). Der Grundstrom, der das Schweißbad aufrecht erhält, wird von Stromimpulsen von z. B. 25, 33 1/3, 50 oder 100 Hertz überlagert. Der hohe Impulsstrom führt zur Einschnürung und Ablösung des Tropfens (Bild 2, nächste Seite). Als Schutzgase müssen inerte oder argonreiche Mischgase eingesetzt werden.

1 Impulsgesteuerte Schweißstromquelle

Fehler beim Impulslichtbogen-Schweißen

Bild 1 (nächste Seite) zeigt mögliche Fehler beim Schweißen mit dem Impulslichtbogen.

Fehler	Ursache
knatternde Kurzschlussgeräusche	• Impulsstrom/Impulsspannung zu klein • Impulszeit zu klein • Impulsfrequenz größer einstellen • Grundstrom höher einstellen Stromübergang im Kontaktrohr überprüfen • Schutzgas mit geringerem CO_2-Gehalt einstellen
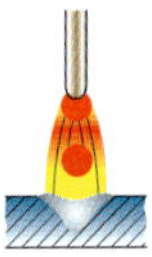 • große Tropfen • Tropfen nicht synchron mit der Impulsfrequenz	• Impulszeit kleiner einstellen • Grundstrom kleiner einstellen • Impulsfrequenz niedriger einstellen • freies Drahtende kurz halten • Impulsstrom größer einstellen
 Tropfenübergang außerhalb des Lichtbogens	• Grundstrom kleiner einstellen • Impulsfrequenz kleiner einstellen • Impulsstrom größer einstellen • Impulszeit kürzer einstellen (Schutzgas Argon) • Impulszeit größer einstellen (Mischgas, z. B. 18 % CO2 + Rest Argon) • weniger stechende Brennerhaltung • langsamer schweißen
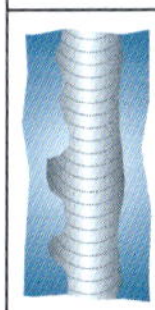 • unregelmäßige Nahtränder • Nahtlücken	• langsamer schweißen • Lichtbogen kürzer • Abschmelzvolumen vergrößern

1 Fehler beim Schweißen mit Impulslichtbogen

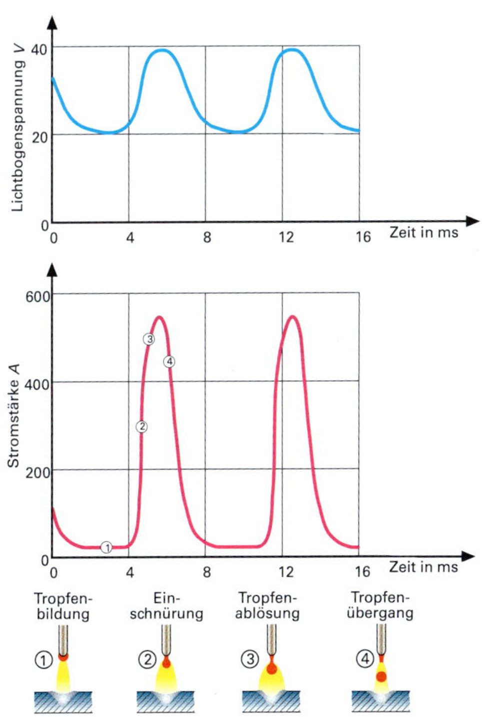

2 Tropfenübergang beim Impulslichtbogen

Zusatzwerkstoff

Der Zusatzwerkstoff wird als Endlosdraht eingesetzt. Zum Schutz vor Korrosion und für besseren Stromübergang ist er verkupfert. Er wird auf Spulen unterschiedlicher Größe geliefert. Die Auswahl richtet sich nach dem zu schweißenden Grundwerkstoff.

In DIN EN ISO 14341 werden die Drahtelektroden für unlegierte und Feinkornbaustähle durch fünf Kennzeichnungen unterschieden:

1. Schweißprozess, hier z. B. „G" für Metall-Schutzgas-Schweißen.
2. Mindeststreckgrenze und Mindestbruchdehnung, z. B. „35" für 355 N/mm² Mindeststreckgrenze bei 22 % Mindestbruchdehnung.
3. Mindestkerbschlagarbeit, z. B. „2" für 47 J Mindestkerbschlagarbeit bei –20 °C.
4. Schutzgas, z. B. „M" für Mischgas.
5. Chemische Zusammensetzung; Hauptelemente sind C, Si und Mn.

Für das Schweißen des Trichteraufsatzes sind die Typen G3 und G4 geeignet; sie unterscheiden sich in höheren Legierungswerten bei Mangan und Silizium. Sie können sowohl mit Kohlendioxid als auch mit Mischgas geschweißt werden. Im Schweißfolgeplan wird der Zusatzwerkstoff z. B. wie folgt eingetragen:

Aufgaben

1. Berechnen Sie die abzuschmelzende Schweißgutmenge für alle Kehlnähte von Pos. 4 an Pos. 2 und 5, wenn der Trichteraufsatz in Originalgröße (M 5 : 1) gebaut werden soll (Zuschlag 20 %); Blechdicke t = 6 mm; a = 3 mm; Ausschnitt 20 × 45°. Wie viele Meter Zusatzwerkstoff werden benötigt? Erstellen Sie dazu eine Skizze.
2. Welche Schweißzeit ergibt sich?
3. Wie viele Liter Schutzgas werden ca. benötigt?

Automatisiertes Schutzgasschweißen

Das MIG/MAG-Schweißen ist für automatisches Schweißen hervorragend geeignet, da hohe Schweißgeschwindigkeiten, ein sauberes Nahtbild und sichere Reproduzierbarkeit gewährleistet sind. Entscheidend für eine Automatisierung sind sehr lange Nähte, wie z.B. bei Großbehältern. Auch bei Baueinheiten mit großer Stückzahl (Bild 1) sowie bei der Serienfertigung von z.B. Gabelstaplerkabinen (Bild 2) ist die Automatisierung sinnvoll.

10.3.6.2 Wolfram-Inert-Gasschweißen (WIG)

Alle Bauteile des Übergangsstücks sind aus Baustahl gefertigt. Dieser Werkstoff ist nicht korrosionsbeständig. Für Anlagen, die aggressive Werkstoffe verarbeiten, muss ein anderer Werkstoff gewählt werden. Schutzanstriche gewährleisten aufgrund der mechanischen Belastung keinen ausreichenden Schutz. Als Alternativen bieten sich NE-Metalle (z. B. Aluminium, Kupfer, oder Nickellegierungen) oder hochlegierte Stähle an. Werden zusätzlich hohe Nahtgüten und/oder saubere Wurzeln verlangt, sind die oben genannten Schutzgasschweißverfahren wenig oder nicht geeignet. Insbesondere eine gut geschweißte Wurzel ist bei dünnen Blechen und auch Rohren von großer Bedeutung. Eine mechanische Nacharbeit ist kaum oder nicht möglich. Schlechte Wurzeln fördern Ablagerungen und damit Korrosion oder schwächen den Querschnitt und damit die Festigkeit.

Bei entsprechender Handfertigkeit des Schweißenden werden mit dem WIG-Schweißen Wurzeln hoher Qualität erzielt. Dies ist im Wesentlichen dadurch bedingt, dass der Schweißende durch die getrennte Zuführung des Zusatzwerkstoffes den Schweißprozess insbesondere in Zwangslagen beeinflussen kann.

Bild 3 zeigt ein Beispiel für das WIG-Schweißen; der Grundwerkstoff ist hochlegiert, es können alle Schweißpositionen auftreten und es wird eine glatte Nahtinnenseite erwartet.

2 Automatisiertes Schutzgasschweißen an einer Gabelstapler-Kabine

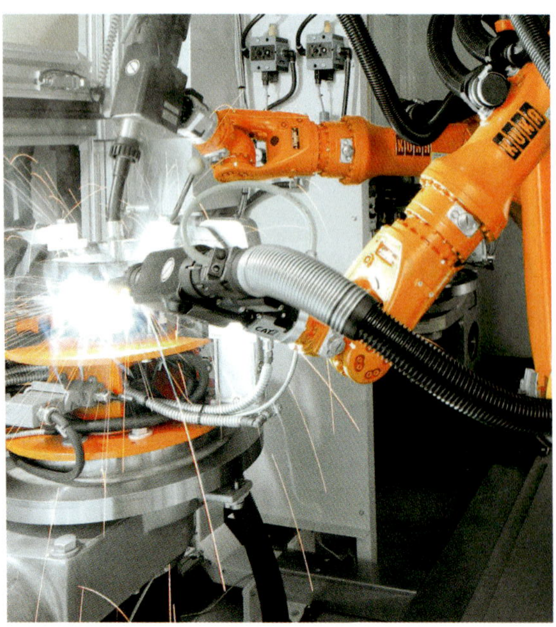

1 Automatisiertes Schutzgasschweißen

3 WIG-Schweißen einer Schale aus hochlegiertem Material

Verfahrensprinzip
Der Lichtbogen brennt zwischen der nicht abschmelzenden Wolfram-Elektrode und dem Werkstück (Bild 1). Neben reinen Wolfram-Elektroden kommen auch Wolfram-Elektroden mit Thoriumoxid (1 ... 4 %) zum Einsatz; sie sind zwar teurer, zeigen jedoch größere Standzeiten und vor allem bessere Zündeigenschaften.

Zum Schutz des Schmelzbades vor der Umgebungsluft werden Gase eingesetzt, die nicht am Schweißprozess teilnehmen. Diese Gase heißen **inerte** Gase (Edelgase).

Hauptsächlich wird reines Argon (Ar99,95) eingesetzt; es wird aus der Luft gewonnen.

Je nach Bedarf können auch Gemische aus Argon mit Wasserstoff oder Argon mit Helium verwendet werden. In besonderen Fällen wird auch nur Helium eingesetzt; wegen der geringen Vorkommen ist es sehr teuer.

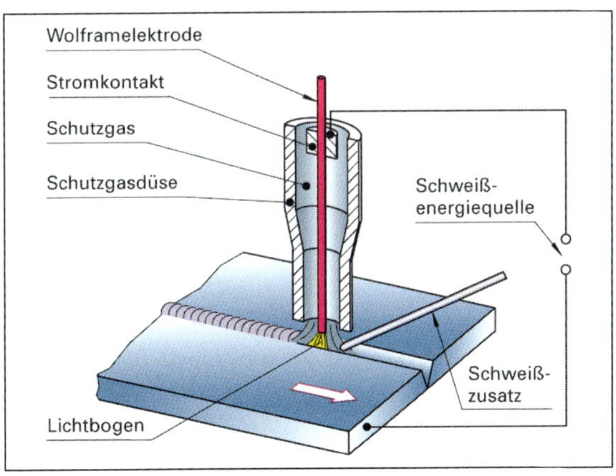

1 Wolfram-Inert-Gasschweißen

Das Schutzgas muss bereits vor Beginn der Schweißarbeit ausströmen, damit die Schweißzone geschützt ist; nach Abschluss des Schweißvorganges strömt das Schutzgas zur Kühlung der Wolfram-Elektrode und zum Schutz der noch heißen Naht noch kurz nach.

Gleichstrom wird hauptsächlich zum Schweißen von **legierten Stählen** und **NE-Metallen** sowie deren Legierungen eingesetzt. Hierbei wird die Elektrode am **Minus-Pol** angeschlossen.

Wechselstrom wird hauptsächlich zum Schweißen von Leichtmetallen verwendet, da hier die vorhandene hochschmelzende Oxidschicht besondere Probleme bereitet. Während der positiven Halbwelle des Wechselstroms fließen die Elektronen vom Grundwerkstoff zur Elektrode und reißen dabei die Oxidschicht auf. Während der negativen Halbwelle fließen die Elektronen in umgekehrter Richtung und erschmelzen den Grundwerkstoff.

Bei Wechselstrom wird die Elektrodenspitze wegen der höheren Wärmebelastung linsenförmig angeschliffen, bei Gleichstrom dagegen kegelig (Bild 2).

Wolframelektrode
Da beim WIG-Schweißen an der Elektrode Temperaturen bis ca. 4000 °C auftreten können, muss für die nicht abschmelzende Elektrode ein Elektrodenwerkstoff mit hohem Schmelzpunkt gewählt werden. Außerdem sind hohe Emissionen[1] von thermischen Ionen erwünscht. Der Werkstoff Wolfram erfüllt diese Anforderungen in hohem Maße. Neben reinen Wolfram-Elektroden bieten Hersteller mit Thorium-Oxid (ThO_2), Zirkon-Oxid (ZrO_2), Lanthan-Oxid (LaO_2) und Cer-Oxid (CeO_2) legierte

[1] Emission: Aussendung von elektromagnetischen Teilchen oder Wellen.

Stromart	Spitzenform	Stromstärke richtig eingestellt	Stromstärke falsch eingestellt	
Gleichstrom	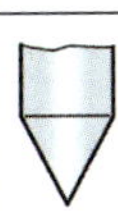		 zu niedrig	 zu hoch
Wechselstrom	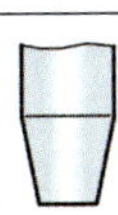	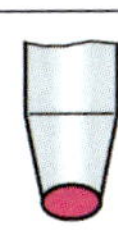	 zu niedrig	 zu hoch

2 Spitzenformen an einer Wolfram-Elektrode

Wolfram-Elektroden an. Die Legierungszusätze bewirken:

Vorteile
- eine höhere Lebensdauer wegen höherer Elektronenemission
- verbesserte Lichtbogenzündung
- stabilerer Lichtbogen
- höhere thermische Belastbarkeit
- geringere Gefahr der Wolfram-Verunreinigung im Schweißbad

Nachteile
- bei Wechselstrom Gleichrichterwirkung
- verringerte Lichtbogenstabilität
- besondere Arbeitssicherheitsregeln beim Schweißen von thoriumoxidlegierten Wolframelektroden

Bezeichnungsbeispiel

Elektrode ISO 6848 - 1.6 - 75 - WTh20

- Lieferform: Elektrode
- Normblatt: ISO 6848
- Elektroden-ø in mm: 1.6
- Elektrodenlänge in mm: 75
- Legierung Wolfram mit 1,7 ... 2,20% ThO_2: WTh20

Folgende Tabelle gibt eine Auswahl der Abmaße von lieferbaren Wolframelektroden

Elektroden-Durchmesser in mm	0,5 – 1,0 – 1,6 – 2,0 – 2,5 – 3,2 – 4,0 – 6,3 – 8 0
Elektrodenlänge in mm	50 – 70 – 150 – 175

Nachfolgende Übersicht beschreibt Aussehen, Einsatzbereich und chemische Zusammensetzung von Wolframelektroden.

Kurzzeichen	Oxidzusätze Anteile in Gewichts-%	Farbkennzeichnung[1]	Einsatzgebiete	
WP	–	grün	Schweißen	
WT 4	0,35 ... 0,55 Thoriumoxid	blau		
WT 10	0,8 ... 1,2 Thoriumoxid	Gelb		
WT 20	1,7 ... 2,2 Thoriumoxid	Rot		
WT 30	2,8 ... 3,2 Thoriumoxid	Violett		
WT 40	3,8 ... 4,2 Thoriumoxid	Orange		
WZ 3	0,15 ... 0,5 Zirkoniumoxid	Braun		Schneiden
WZ 8	0,7 ... 0,9 Zirkoniumoxid	weiß		
WL 10	0,9 ... 1,2 Lantanoxid	schwarz		
WC 20	1,8 ... 2,2 Ceroxid	grau		

Zusatzwerkstoff

Der Zusatzwerkstoff ist dem Grundwerkstoff ähnlich und wird per Hand mit tupfender Bewegung stromlos zugeführt.

Wird die Probenvorbereitungsanlage in der chemischen Industrie zum Einsatz kommen, muss der Grundwerkstoff korrosionsbeständig sein; es eignet sich z.B. der Werkstoff X5 CrNiMo 17-12-2. Der folgende Zusatzwerkstoff kann eingesetzt werden:

Schweißstab 3,0 x 350 ISO 14343-A - W 20 10 3

- Durchmesser: 3,0
- Stablänge: 350
- Normblattnummer: ISO 14343-A
- Schweißverfahren: W
- Zusammensetzung: 20 10 3

[1] Zeigen die Wolframelektroden einen rosa Ring sind die Elektroden aus einem Wolframkern und einer Oxidbeschichtung; Elektrode darf nicht kegelig sein.

Bild 1 (nächste Seite) enthält eine Auswahl von Schweißparametern für verschiedene Schweißaufgaben.

Schweißstromquellen

Die angebotenen Schweißstromquellen können entweder reine Wechsel- oder Gleichstromquellen als auch Universalgeräte (Bild 2, nächste Seite) mit Gleich- und Wechselstrom sein.

Beim Schweißen mit Wechselstrom kann mit einem Balancesteller die jeweilige Wirkung der positiven und negativen Halbwelle – je nach Anforderungen – verstärkt oder abgeschwächt werden. Diese Einrichtung hat folgende Vorteile:
- Verhindern von Verunreinigungen durch Oxideinschlüsse,
- bessere Anpassung an die Schweißaufgabe,
- gute Nahtformung,
- kein Abreißen des Lichtbogens beim Zwangslagenschweißen oder bei Nahtüberlappungen.

Werkstoff	Blechdicke *t* in mm	Nahtart	Zusatzdraht *d* in mm	Strom-stärke in A	Spannung in V	Schweiß-geschwindig-keit in $\frac{cm}{min}$	Ar-Verbrauch V_{Gas} in $\frac{l}{min}$
leg. Stahl	1	I-Naht	1,6	60	10 … 15	10 … 15	3
	2		2,0	105	10 … 15	20 … 25	3 … 4
	3		4	135	10 … 15	20 … 25	3 … 5
	5		4	195	15 … 20	15 … 20	4 … 5
Aluminium	1		2,0	45 … 50	20 … 25	≈ 20	3 … 4
	2		3	80 … 86	20 … 25	≈ 20	3 … 4
	4		3	160 … 180	20 … 25	≈ 16	4 … 5
Kupfer	1		1,5	70 … 100	20 … 25	≈ 32	4
	3		2	150 … 240	20 … 25	≈ 30	5
	5		3	220 … 350	25 … 30	≈ 24	5

1 Schweißparameter für das WIG-Schweißen für verschiedene Werkstoffe (Auswahl)

Schweißstromquellen unter 200 A Schweißstrom sind in der Regel luftgekühlt, bei höheren Schweißströmen ist eine Wasserkühlung notwendig. Bild 3 zeigt einen wassergekühlten WIG-Handschweißbrenner. Verschiedene Geräte bieten zusätzlich Ferneinsteller, wenn die Schweißstromquelle vom Arbeitsplatz weit entfernt ist, und können auch als Lichtbogenhandschweißgerät eingesetzt werden. Die Kennlinie ist steil fallend.

2 WIG-Stromquelle

10.3.6.3 Plasmaschweißen

Das Plasmaschweißen (Bild 1, nächste Seite) stellt eine Weiterentwicklung des WIG-Schweißens dar. Die Erfahrung hat gezeigt, dass es sich insbesondere für Bauteile mit geringen Wanddicken aus legierten Stählen (z. B. Chrom-Nickel) eignet. Die Schweißgeschwindigkeiten liegen etwa doppelt so hoch wie z. B. beim MIG-Schweißen. Bei Stumpfnähten kann in vielen Fällen ohne Zusatzwerkstoff geschweißt werden. Dies wird durch die hohe Energiedichte im Plasmastrahl ermöglicht. Zusatzwerkstoff wird von Hand zugeführt.

Funktionsprinzip

Das Plasmaschweißen (WP-Schweißen) gehört zu den Lichtbogenschweißverfahren. Beim Plasmaschweißen wird die Wärmewirkung des Plasma-

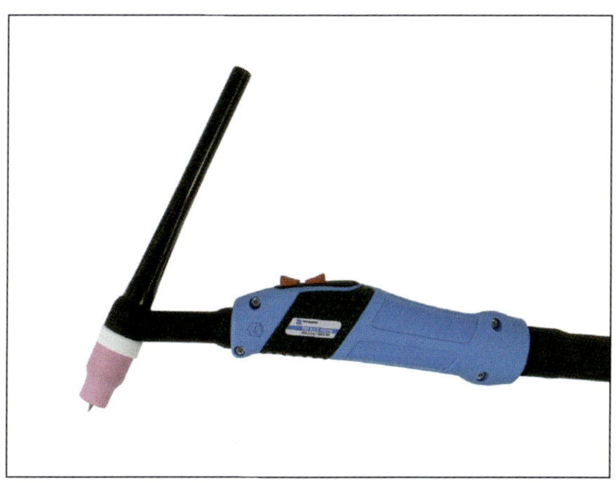

3 Wassergekühlter WIG-Handschweißbrenner

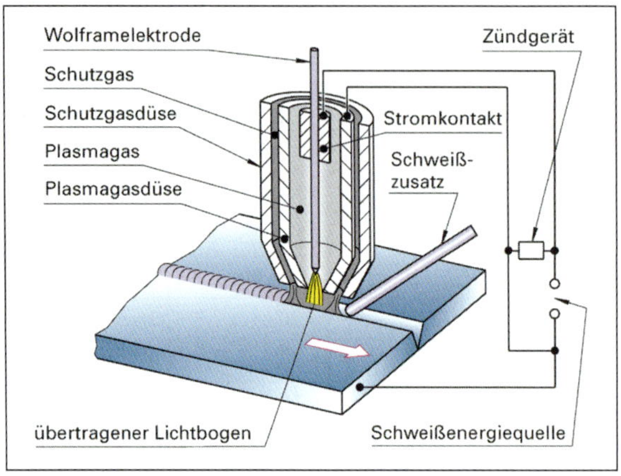

1 Plasmaschweißen

strahls zum Aufschmelzen von Grund- und Zusatzwerkstoff genutzt. Zur Bildung des Plasmas wird ein Lichtbogen gezündet, in dem Argon ionisiert und zweiatomige Gase, wie z.B. Wasserstoff, dissoziieren (Auflösen von H_2 in 2 H). Der Plasmastrahl muss stark gebündelt werden, um hohe Temperaturen von 5000 ... 30 000 °C zu erreichen. Dies wird durch eine konische Düsenform und ggf. durch durchströmendes Fokussiergas (Argon oder Gemische aus Argon mit Wasserstoff oder Stickstoff) erreicht. Die Düse wird durch eine Wasserkühlung vor Überhitzung geschützt. Das Schmelzbad wird zum Schutz vor der umgebenden Luft von einem zusätzlichen Gasmantel umgeben. Die Wahl des Schutzgases hängt von dem zu schweißenden Grundwerkstoff ab. Argon eignet sich in der Regel für alle Werkstoffe.

Schweißstromquellen

Schweißstromquellen für das Plasmaschweißen entsprechen im Grundaufbau den WIG-Schweißstromquellen. Durch eine zusätzliche Einrichtung kann ein Hilfslichtbogen für die Plasmabildung erzeugt werden. Außerdem sind Einrichtungen für die Prozesssteuerung und Gasbereitstellung vorhanden.

Zum Schweißen des Trichteraufsatzes ist es weniger geeignet. Eine Verfahrensvariante – das Plasmaschmelzschneiden – ist zum Trennen in der Vorbereitung der Bleche gut anwendbar, insbesondere wenn es sich um hochlegierte Stähle handelt. Siehe dazu Kapitel 10.2.6.

Fehler beim Schutzgasschweißen

Nach Abschluss der Schweißarbeit ist eine Nahtkontrolle durchzuführen. Im Bild 2 sind typische Fehler genannt, die beim Schutzgasschweißen auftreten können.

Fehler	Beschreibung	Ursache	Schweißverfahren
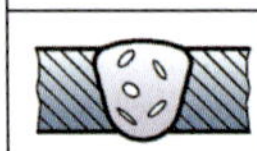	Poren	• Schutzgasmenge falsch eingestellt • Brennerneigung falsch ⇒ Schutzwirkung der Schutzgasglocke gestört • hohe Luftbewegung ⇒ keine Schutzgasglocke • mangelhafte Oberflächenvorbereitung ⇒ Rost, Zunder, Fett, Öl etc.	MIG/MAG/WIG
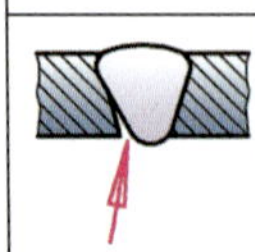	Bindefehler	• mangelhafte Nahtvorbereitung ⇒ Öffnungswinkel zu klein, Stegabstand zu klein, Steghöhe zu groß, Kantversatz • Schweißgeschwindigkeit zu niedrig ⇒ vorlaufendes Schweißbad • falsche Schweißparameter ⇒ Stromstärke falsch • Brennerführungsfehler	
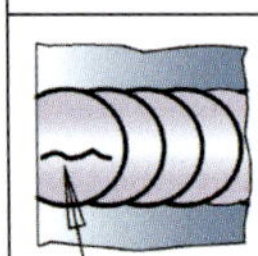 Riss	Risse im Endkrater	• Schweißparameter falsch ⇒ Schweißgeschwindigkeit, Stromstärke • unterwölbter Endkrater	WIG
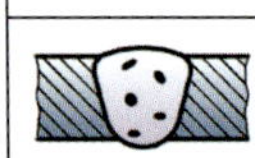	Wolfram-einschlüsse	• Kontakt der Wolframelektrode mit dem Grundwerkstoff oder Zusatzwerkstoff • zu hohe Stromstärke ⇒ Abschmelzen der Wolframelektrode	
	Einschlüsse	• mangelhafte Oberflächenvorbereitung ⇒ Fett, Öl, Rost, Zunder • oxidierte Schweißstäbe durch falsche Lagerung oder durch Oxidation außerhalb der Schutzglocke • mangelhaftes Reinigen der geschweißten Raupen	

2 Typische Fehler beim Schutzgasschweißen

10.3.7 Sonstige Schweißverfahren (Auswahl)

10.3.7.1 Widerstands-Pressschweißen

Vom Übergangsstück (Seite 495) sind inzwischen die Position 1 „Trichter", die Stützen aus Positionen 4 mit 5 bzw. 3 mit 5 sowie die Position 2 „Anschlussplatte" fertiggestellt. Vor dem endgültigen Zusammenbau von Trichter und Anschlussplatte sind die 6 Stützbleche am Trichter zu befestigen. Alle oben genannten Schweißverfahren eignen sich **nicht** für diese Verbindungsaufgabe an der Modellanlage, da aufgrund der hohen Wärmeeinbringung ein Verzug im dünnen Blech des Trichters erwartet werden muss. Dies behindert die Schweißarbeiten oder macht sie unmöglich. Nachträgliche Richtarbeiten sind kaum möglich. Als Alternative bietet sich das **Widerstands-Punktschweißen** an. Es entsteht eine nur punktuelle Erwärmung bis in den rot- bis weißglühenden Bereich und die Schweißzeit liegt unter einer Sekunde pro Punkt. Weiterhin lassen sich viele Stahlkombinationen als auch NE-Metallkombinationen gut verschweißen.

Aus Versuchen ist bekannt, dass Werkstücke gut widerstandsschweißbar sind, wenn

- die elektrische Leitfähigkeit,
- die Wärmeleitfähigkeit und
- die Schmelztemperatur klein sind.

Dies gilt für alle Stahlsorten, Kupferlegierungen und Aluminiumlegierungen. Auch mit metallischen Überzügen versehene Werkstücke (z. B. verzinkte Bleche) lassen sich gut widerstandsschweißen, da das Schweißverhalten der Grundwerkstoffe im allgemeinen überwiegt.
Haupteinsatzgebiete sind Fahrzeugbau, Waggonbau und blechverarbeitende Industrie (z. B. Stahlschränke, Verkleidungen u. a. m.)

10.3.7.2 Widerstands-Punktschweißen

Verfahrensprinzip
Ein großer Strom durchfließt die zu verbindenden Bauteile. Die Bauteile werden auf Grund von Übergangs- und Werkstoffwiderständen bis in den teigigen Zustand erwärmt und unter Druck geschweißt. Der Strom kann durch wassergekühlte Kupferelektroden oder berührungsfrei (induktiv) übertragen werden. In der Regel wird kein Zusatzwerkstoff benötigt (Bild 1). Nach dem Positionieren der zu verschweißenden Teile drücken die Elektroden die Bleche mit steigendem Druck aufeinander. Nach Erreichen des Maximaldruckes fließt der Schweißstrom. Der Schweißpunkt bildet sich. Nach Erkalten der Schweißstelle lösen sich die Schweißelektroden.

1 **Punktschweißzange mit Elektrodenarmen aus Vierkanthohlprofil**

Schweißstromquellen
Es werden Transformatoren verwendet, die kurzzeitige Schweißströme bis 100 000 A ermöglichen. Die Schweißspannungen liegen zwischen 0,5 … 20 V.
Da die Schweißströme sehr hoch sind und damit auch die Wärmebelastung der Schweißkabel, wird sinnvollerweise der Schweißtransformator so nah wie möglich an die Schweißzange gebracht. Bei stationären Einrichtungen sind die Werkstücke an die Schweißeinrichtung zu bringen, Bild 2. Dies trifft für die Schweißaufgabe der Stützenverbindung mit dem Trichter zu.

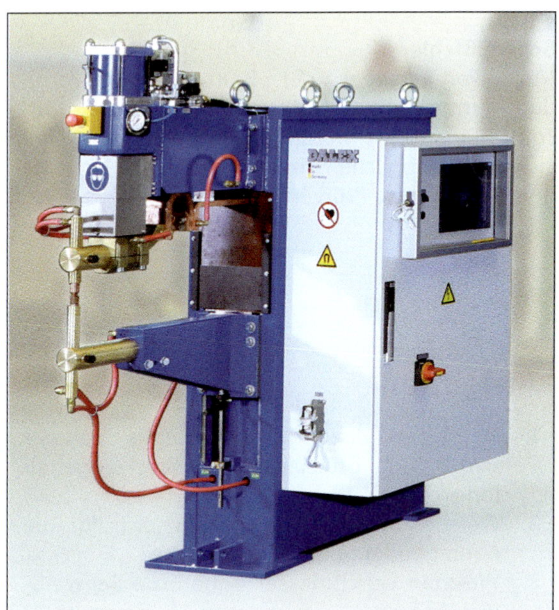

2 **Punktschweißmaschine**

Werkstoff	Schweißstrom I in A	Schweißzeit t in Perioden	Elektrodenkraft F in kN	Schweißpunktdurchmesser d in mm	Linsendurchmesser d_l in mm	Punktabstand in mm	Randabstand in mm
unlegierter Stahl	$9500 \cdot \sqrt{t}$[1]	$8 \cdot \sqrt{t}$	$2 \dots 2{,}5 \cdot \sqrt{t}$	$5 \dots 5{,}5 \cdot \sqrt{t}$	$0{,}7 \dots 0{,}8 \cdot d$	$4 \dots 5 \cdot d_l$	$\approx 1{,}5 \cdot d$
legierter Stahl	$8000 \cdot \sqrt{t}$	$5 \cdot \sqrt{t}$	$4 \cdot \sqrt{t}$	$3{,}5 \dots 4{,}5 \cdot \sqrt{t}$			
Aluminium	$30000 \cdot \sqrt{t}$	$7 \cdot \sqrt{t}$	$2{,}5 \cdot \sqrt{t}$	$10 \dots 11 \cdot \sqrt{t}$		$8 \dots 10 \cdot d_l$	

[1] t = Blechdicke in mm

1 Einstellwerte für das Widerstandspunktschweißen

Arbeitsregeln

Gute Arbeitsergebnisse werden erreicht, wenn

- die Oberflächen frei von Rost, Zunder, Oxiden, Farbe und Fett sind,
- die Oberfläche riefenfrei ist,
- das Dickenverhältnis kleiner als 3:1 ist.

Fett wird in Entfettungsbädern mit z.B. Trichlorethylen entfernt; Oxidhäute lassen sich mit Säuren, z.B. Salzsäure, Schwefelsäure oder Phosphorsäure, entfernen.

Die Einstellwerte können nach Richtwerten aus Herstellertabellen bestimmt werden. Liegen diese nicht vor, so können die Haupteinflussgrößen nach obiger Tabelle (Bild 1) ermittelt werden.
Die Einstellwerte sollen zunächst an Blechproben überprüft werden. Sie müssen so lange verändert werden, bis keine Schweißspritzer auftreten, die mechanischen Gütewerte erfüllt sind und die Elektrodeneindrücke in den notwendigen Grenzen liegen.

Schweißfehler

Nach Fertigstellung der Stützen-Trichter-Verbindung muss eine Gütesicherung durch Nahtkontrolle erreicht werden. Bild 2 gibt eine Übersicht über mögliche Schweißfehler, ihre Ursachen und angewandte Prüfverfahren.

Fehler	Ursache	Prüfverfahren
Keine Schweißung, schlechte Bindung	• Schweißstrom zu klein • Elektrodenkraft zu klein • unsaubere Oberflächen	• Meißelprobe • Scherversuch • Ausknöpfprobe
Schweißlinse zu groß Elektrodeneindruck zu groß	• Stromstärke zu hoch • Elektrodenkraft zu hoch	• Sichtprobe • Maßprüfung
Spritzer	• Schweißstrom zu hoch • Periodenzahl zu hoch • Elektrodenkraft zu klein	• Sichtprobe
Poren Risse	• Schweißstrom zu hoch • Elektrodenkraft zu hoch • Periodenzahl zu niedrig • verschmutzte Elektroden	• Sichtprüfung • Ultraschallprüfung • Röntgenprüfung • metallographische Prüfung

2 Fehler beim Widerstandsschweißen

Aufgaben

1. Ist das Werkstoffdickenverhältnis bei der Verbindung Stützblech – Trichter eingehalten worden?
2. Welche Einstellwerte ergeben sich für die oben genannte Schweißaufgabe?
3. Welchen Durchmesser haben die Schweißpunkte?

10.3.7.3 Widerstands-Rollennahtschweißen

Eine Variante des Widerstands-Punktschweißens ist das Widerstands-Rollennahtschweißen. Da beim „Punktschweißen" keine Dichtigkeit erzielt wird, müssen bei Rohren aus Dünnblechen die Punkte so eng gesetzt werden, dass eine geschlossene Naht entsteht. Die Schweißelektroden werden durch drehbare Elektrodenrollen ersetzt. Sie sorgen für den ausreichenden Anpressdruck und den Werkstücktransport. Die Elektrodenrollen übertragen einen kontinuierlichen oder unterbrochenen Schweißstrom. So kann eine dichte oder mit vielen engsitzenden Punkten versehene Naht gefertigt werden. Bild 1 (nächste Seite) zeigt das Längsnahtschweißen an einem aus Dünnblech gefertigtem Gehäuse.

1 Widerstandsrollennahtschweißen

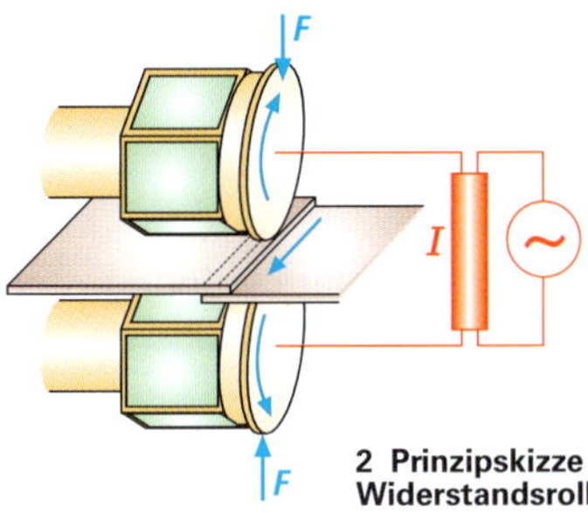

2 Prinzipskizze Widerstandsrollennahtschweißen

Aufgaben

1. Lässt sich der Trichter mit dem Widerstands-Rollennahtschweißen fertigen? Begründen Sie.
2. Sind Umkonstruktionen erforderlich? Begünden Sie.

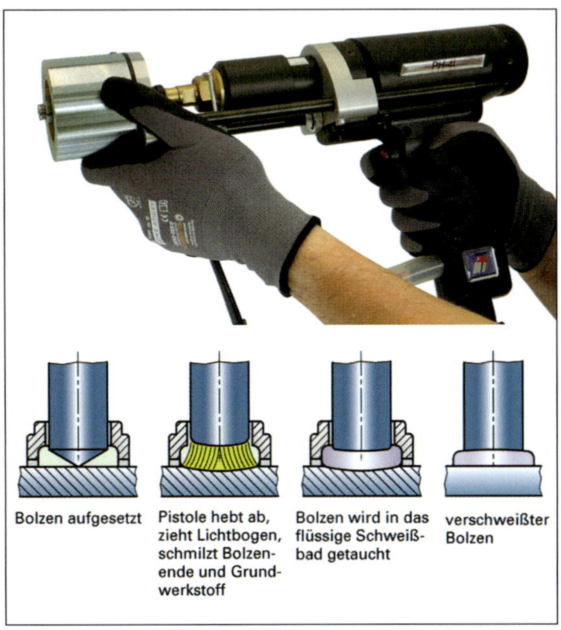

3 Bolzenschweißen mit Hubzündung

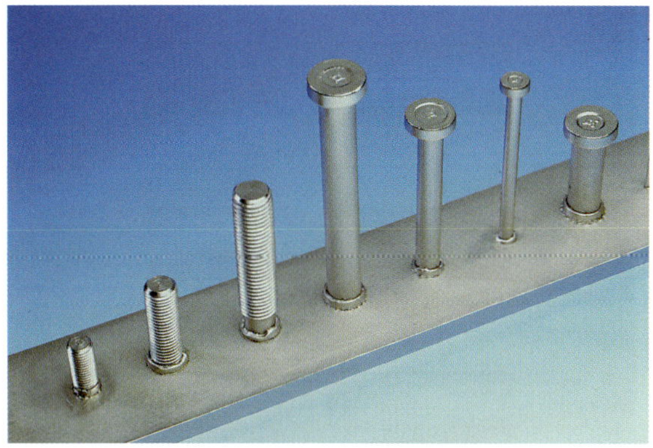

4 Anwendungsbeispiele für das Bolzenschweißen

10.3.7.4 Lichtbogenbolzenschweißen

Im Metallbau, Fahrzeug- und Waggonbau und auch im Behälterbau wird es häufig notwendig sein, Gewindebolzen oder Gewindestifte für Befestigungsaufgaben anzubringen. Diese Bauteile mit den konventionellen Schweißtechniken anzuschweißen ist aus wirtschaftlichen Gründen auszuschließen. Reichen andere Fügeverfahren, wie z.B. Kleben oder Löten u.a., aus Festigkeitsgründen nicht aus, kann das Lichtbogenbolzenschweißen eine geeignete Variante sein. Es ist preiswert in der Anschaffung und Durchführung und daher auch für Handwerksbetriebe gut geeignet. Die Schweißergebnisse sind unter Beachtung der richtigen Einstellwerte auch bei vielen Arbeitsfolgen gut. Bild 4 zeigt verschiedene Einsatzmöglichkeiten.

Es gibt zwei verschiedene Verfahrensvarianten:

- Bolzenschweißen mit **Hubzündung**, Bild 3
- Bolzenschweißung mit **Spitzenzündung**, Bild 5

Sie unterscheiden sich im Wesentlichen in der Bolzenform und dem sich daraus unterschiedlich ergebenden Schweißablauf.

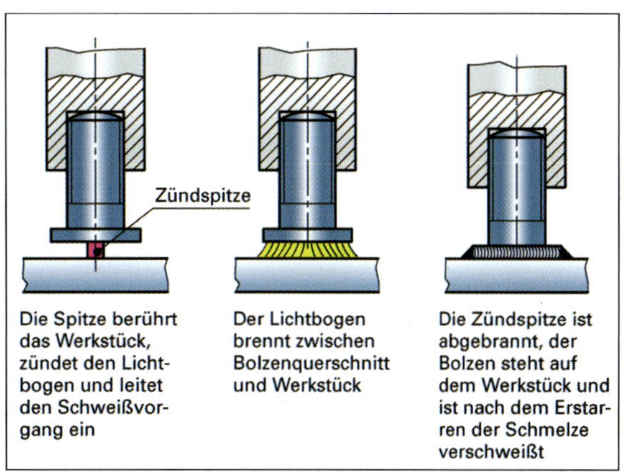

5 Bolzenschweißen mit Spitzenzündung

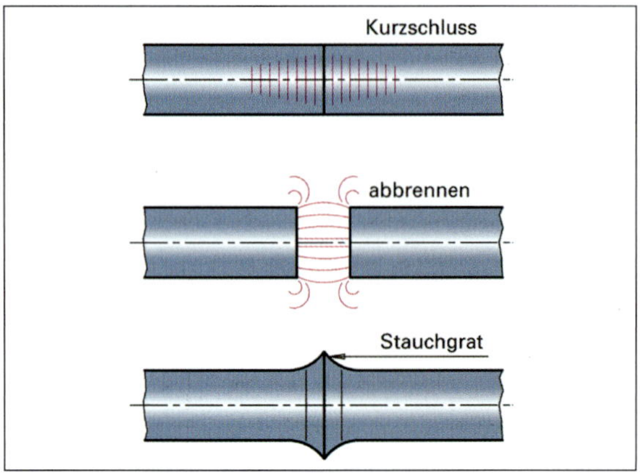

1 Abbrennstumpfschweißen (Prinzipdarstellung)

10.3.7.5 Abbrennstumpfschweißen

Im Metallbau werden zunehmend Profile verschiedenster Form verwendet. Ihr Vorteil ist die hohe Steifigkeit bei geringem Eigengewicht. Schwierigkeiten treten unter Umständen dann auf, wenn sie ohne Überlappung gefügt werden müssen, wie z.B. bei Rahmen. Kleb- und/oder Lötverbindungen fehlt meist die ausreichende Festigkeit oder sie bedürfen eines hohen Aufwandes in der Vorbereitung.

Eine preiswerte, schnelle Alternative stellt das Abbrennstumpfschweißen dar (Bild 1). Die durch Sägeschnitt vorbereiteten Profile werden in Spannbacken gehalten und aufeinander zugeführt. Die Stoßflächen werden durch den Stromfluss bis in den teigigen Zustand erwärmt und anschließend schlagartig aufeinander zugeführt. Der Stauchgrat muss anschließend entfernt werden.

Durch das Erwärmen und Stauchen treten Längenverkürzungen auf; diese sind beim Zuschneiden zu berücksichtigen.

10.3.8 Schweißbarkeit vom Metallen

Die Schweißbarkeit von Metallen hängt von den drei wesentlichen Einflussgrößen Konstruktion, Fertigung und Werkstoff ab.

Es müssen
- die Schweißeignung der Werkstoffe
- die Schweißsicherheit der Konstruktion und
- die Schweißmöglichkeiten in der Fertigung

berücksichtigt werden (siehe auch Bild 2).

Durch den Schweißprozess wird der Werkstoff örtlich von Raumtemperatur bis zum Schmelzpunkt erwärmt. Der Temperaturverlauf ist Bild 1 (nächste Seite) zu entnehmen. Je nach Temperatur verändert sich das Gefüge; verschiedene Gefüge weisen z.B. unterschiedliche Festigkeits- und Korrosionseigenschaften auf. Der Praktiker muss entscheiden, ob aus diesen Gründen eine Vorwärmung oder Wärmenachbehandlung erfolgen soll.

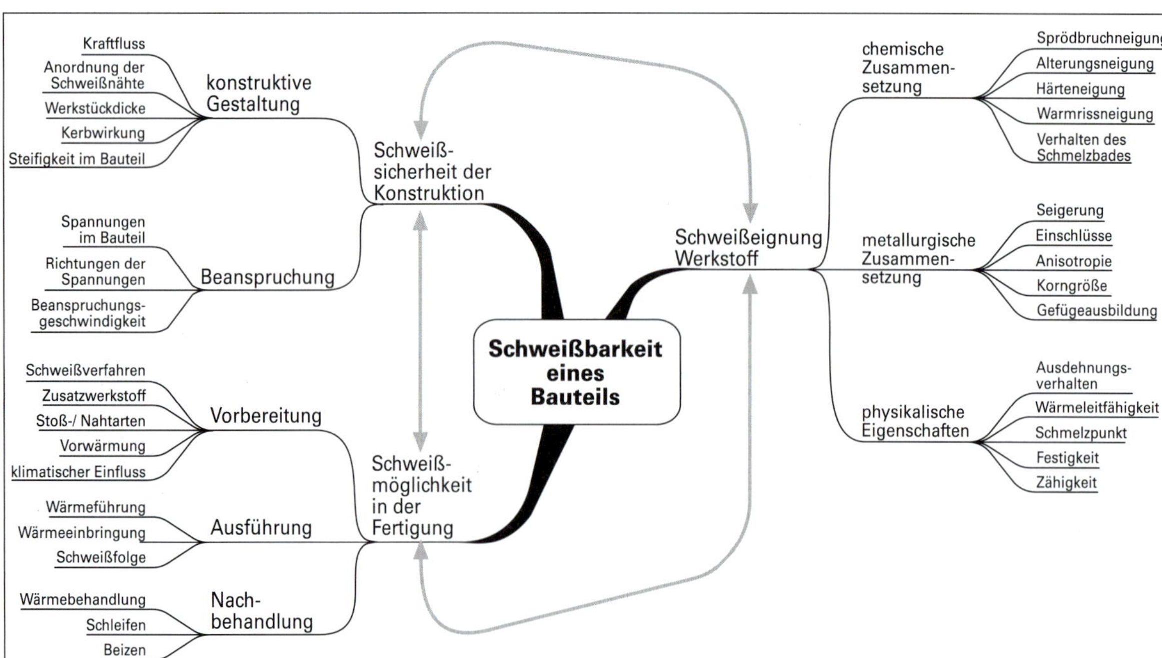

2 Einflussfaktoren auf die Schweißbarkeit eines Bauteils

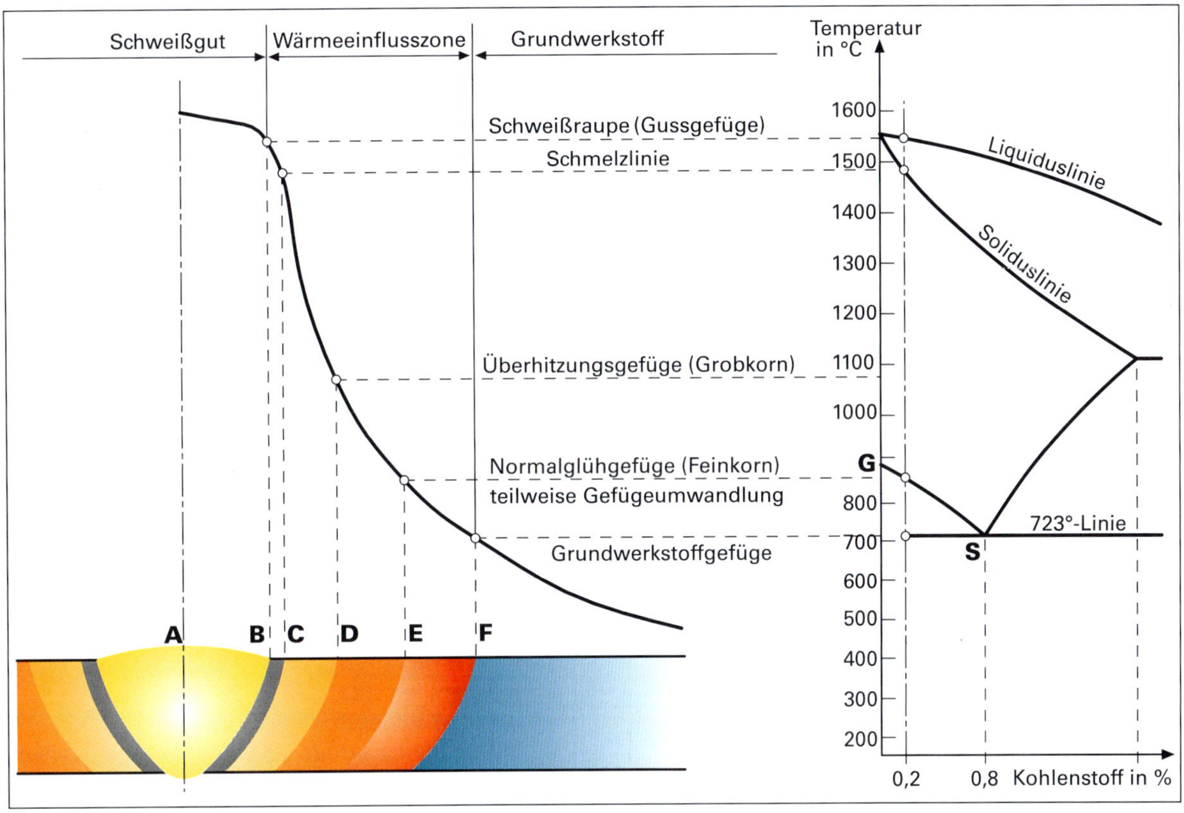

1 Temperaturverlauf in einer Schweißnaht

Da der Kohlenstoffgehalt einen wesentlichen Einfluss auf die Schweißbarkeit hat, sind seine Anteile in legierten Stählen begrenzt. Weitere Legierungselemente z.B. Mangan, Chrom beeinflussen die Schweißbarkeit deutlich geringer. Mithilfe des Kohlenstoffäquivalents (CEV) lässt sich die Schweißeignung berechnen:

$$CEV = C + \frac{Mn}{6} + \frac{Cr + Mo + V}{5} + \frac{Ni + Cu}{15}$$

für C ≤ 0,4 % , Mn ≤ 1,6 %, Cr ≤ 1,0 %, Ni ≤ 3,5 %, Mo ≤ 0,6 % und Cu ≤ 1,0 %

CEV in %	Schweißeignung	Vorwärmen	Werkstoffe (Auswahl)
0 … 0,40	gut	nicht notwendig	S235, S257, P235GH, P265GH, S275N, S355N, 13CrMo4-5, X6CrMo17-1, X6CrNiTi 18-10
0,40 … 0,45	bedingt geeignet	100 °C … 150 °C	S355, E295, E355, X12Cr13

Der Trichteraufsatz wird aus S235JR gefertigt und ist daher gut schweißbar.

Rissgefahr/Rissbildung im Grundwerkstoff

Nach dem Schweißen kühlt sich der Grundwerkstoff wieder ab; bei hoher Abkühlungsgeschwindigkeit steigt die Härte in den Zonen des Grundwerkstoffs, die über die G-S-Linie (siehe Bild 1) erwärmt wurden. Ursachen können sein

- höherer Kohlenstoffgehalt,
- höhere Konzentration von Legierungselementen,
- schnelle Abkühlungsgeschwindigkeit.

In dieser Erwärmungszone (ca. daumenbreit) sind Risse und verstärkte Korrosion durch Entlegierung zu erwarten. Das gleiche Phänomen ist neben Zündstellen zu beobachten, da dort die Abkühlgeschwindigkeit besonders hoch ist. Daher müssen Zündstellen auf dem Grundwerkstoff vermieden werden.

Rissbildung durch hohe Abkühlgeschwindigkeit nach dem Schweißen

Stumpfnähte

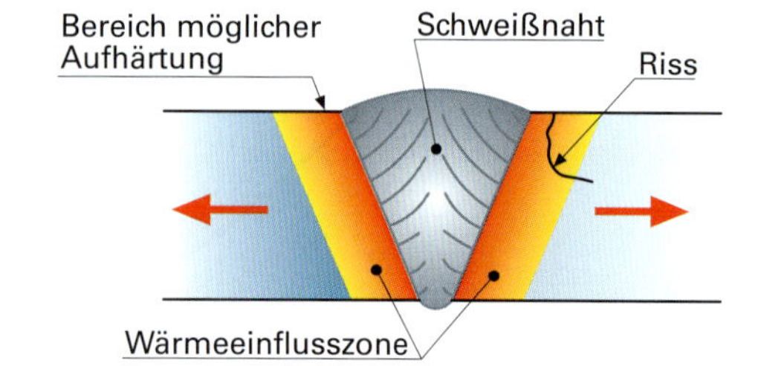

Kehlnähte

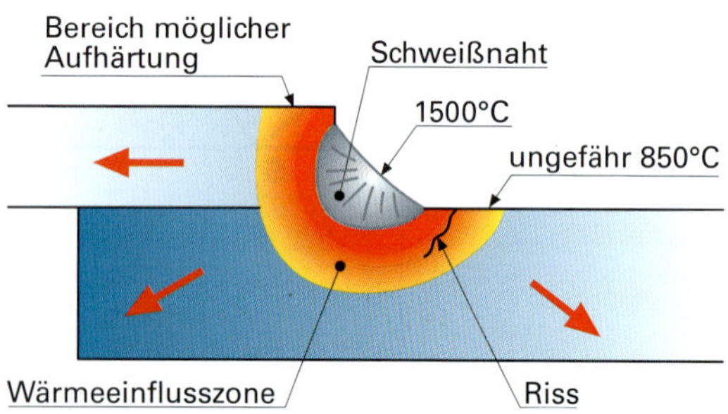

Zündstellen

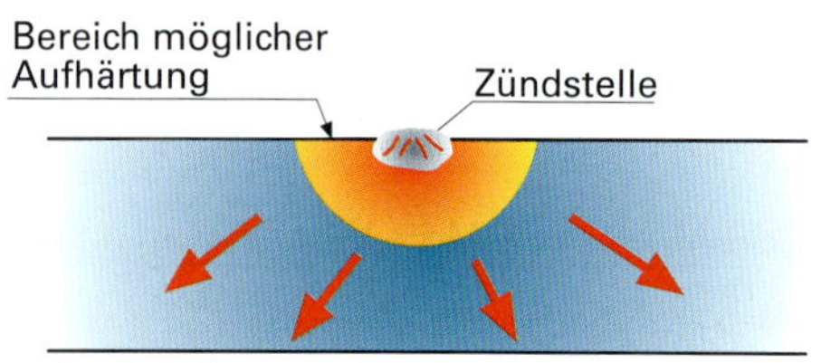

schnelle Wärmeableitung in Richtung der Pfeile

Rissbildung z. B. an Doppel-T-Profilen

Beim Walzvorgang bilden sich Seigerungszonen, in denen abweichende Legierungskonzentrationen möglich sind. Werden die Knotenbleche nicht ausgeschnitten, können die Seigerungszonen angeschmolzen werden. Durch das Aufschmelzen der Seigerungszone, des Grundwerkstoffs und des Zusatzwerkstoffs verändert sich der Legierungszustand und nach der Abkühlung oder bei Belastung können Risse auftreten.

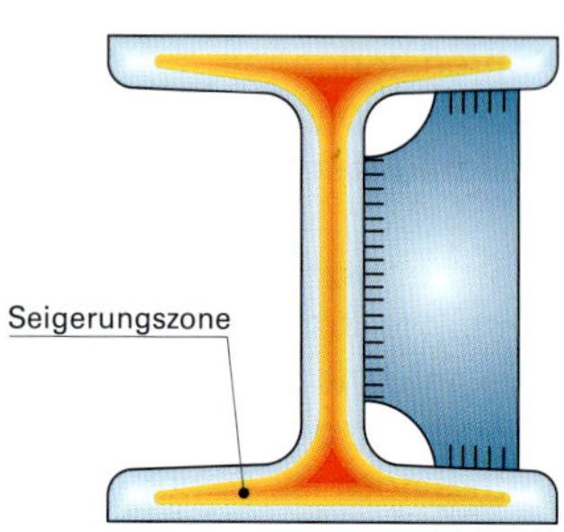

Vermeidung von Härterissen durch Vorwärmen

Der Baustahl S355 ist aufgrund seines hohen Kohlenstoffanteils nur bedingt schweißgeeignet. Damit er geschweißt werden kann, muss die Abkühlgeschwindigkeit deutlich verringert werden. Dies wird erreicht, indem der Grundwerkstoff neben der Schweißnaht vorgewärmt wird. Die Vorwärmtemperatur liegt zwischen 150 °C und 350 °C; sie wird durch die Schweißaufsicht bestimmt.

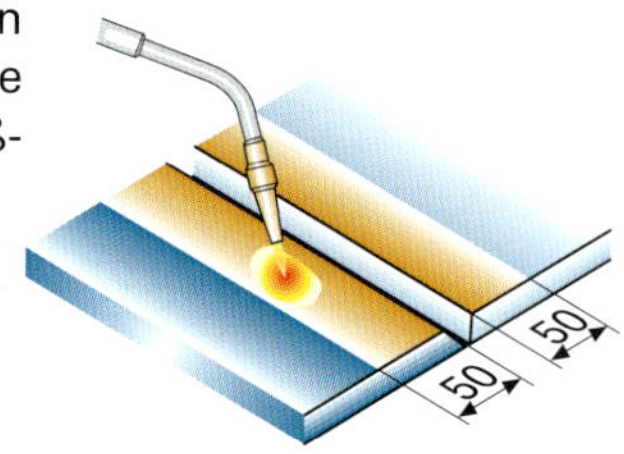

Schweißen von Feinkornbaustählen

Durch den Schweißprozess gehen teilweise die besonderen Eigenschaften von Feinkornbaustählen (hohe Festigkeit und Zähigkeit) in der Schweißzone verloren.

Beim Schweißen von Feinkornbaustählen soll unter anderem beachtet werden:

- hohe Abkühlgeschwindigkeiten
- richtige Stabelektrodenauswahl (meist basische)
- Vorwärmen
- Mehrlagenschweißen
- gegebenenfalls Glühen

Beachte
Beim Schweißen von Feinkornbaustählen/Edelstählen sind unbedingt die Vorschriften der Stahlhersteller und der Abnahmebehörden zu beachten.

Verzinkter Stahl

Verzinkte Bleche und Profile aus allgemeinem Baustahl lassen sich meist problemlos verarbeiten. Zu beachten sind Gefährdungen durch die aufsteigenden Zinkdämpfe. Eine geeignete Absaugung ist erforderlich. Die Schweißfugen werden 1 … 2 mm größer gewählt, damit die Sicht verbessert ist. Die Schweißströme liegen etwas höher als den Packungsbeilagen entnommen werden kann.

Beachte
Nach dem Schweißen verzinkter Bleche müssen die Schweißnahtbereiche nach erfolgter Schweißung wieder gegen Korrosion geschützt werden.

Schweißen legierter Stähle

Soll die Probenvorbereitungsanlage aus korrosionsbeständigem Werkstoff gefertigt werden, kann folgender Werkstoff eingesetzt werden: X6CrNiTi 18-10.

Der Werkstoff lässt sich gut schweißen. Seine Korrosionsbeständigkeit kann nur erhalten werden, wenn beim Schweißen folgende Regeln beachtet werden:

- Legierte Werkstoffe getrennt von z.B. Baustählen lagern und bearbeiten.
- Für Trennarbeiten dürfen Werkzeuge nur eingesetzt werden, wenn sie neu sind oder nicht mit fremden Werkstoffen verunreinigt sind.
- Verunreinigungen wie Staub oder Späne von Fremdwerkstoffen vor dem Schweißen entfernen.
- Wurzelschutz durch Formiergas sichern, da die Schutzgasglocke nicht ausreichend sein kann (Bild 1).
- Nach dem Schweißen Oxide z.B. durch Schleifen, Bürsten (Chrom-Nickel-Bürste) oder Beizen abtragen.

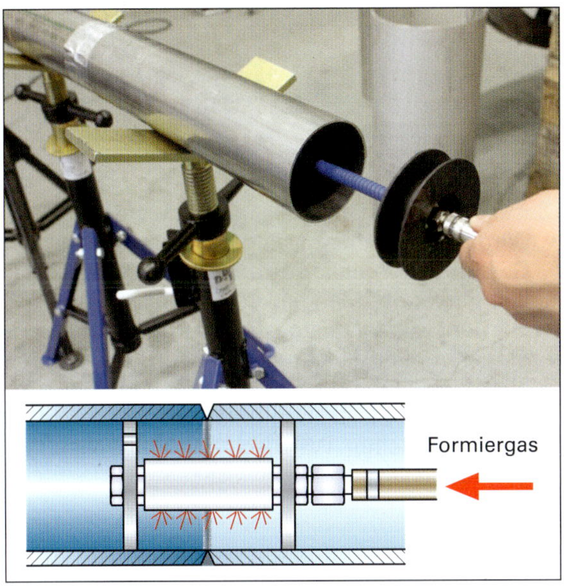

1 Formieren eines Edelstahlrohrs

Die Korrosionsbeständigkeit von legierten Stählen (C-Gehalt ≥ 0,05 %) kann durch die Wärmeeinbringung beim Schweißen beeinträchtigt werden. Ursache sind die Bildung von Chromcarbiden bei Temperaturen von 500 °C ... 900 °C und längere Erwärmungszeiten. Chromcarbide sind nicht korrosionsbeständig und an den Korngrenzen entsteht bei chemischem Angriff interkristalline Korrosion. Es bilden sich Risse.

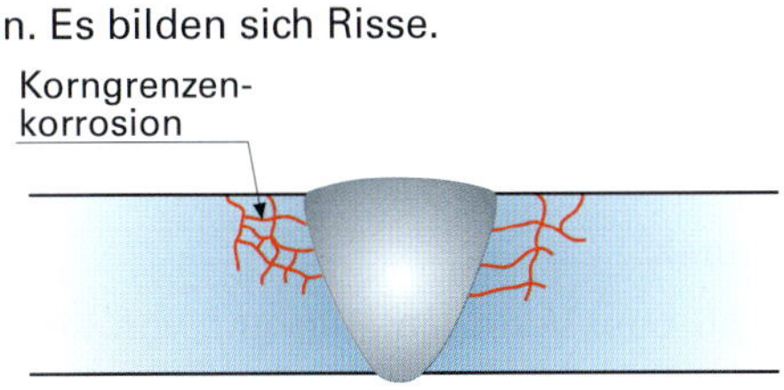

2 Risse an den Korngrenzen

Abhilfemaßnahmen sind reduzierte Wärmeeinbringung durch

- schnelles Schweißen
- ziehen von Strichraupen
- dünne Schweißaufträge
- ausreichende Kühlung durch längere Wartezeiten

und durch alternative Werkstoffauswahl z.B.

- legierte Stähle mit Anteilen von Titan und Niob (z.B. X6CrNiTi 18-10) oder
- legierte Stähle mit einem Kohlenstoffanteil < 0,0,5 % (z.B. X2CrNi 18-11).

Schwarz-Weiß-Verbindungen

Werden in Behältern aggressive Stoffe gelagert oder verarbeitet, muss der Werkstoff korrosionsbeständig sein. Aus diesem Grund werden legierte Stähle eingesetzt, die teuer sind. Deshalb werden Behälter entweder nur von innen beschichtet (z.B. UP-Auftragsschweißen) oder es werden geringe Wanddicken gewählt. Damit die Festigkeit gewährleistet ist, werden Versteifungsrippen aus niedriglegiertem Baustahl angeschweißt.

Die Zusatzwerkstoffe und deren Verarbeitung können den Herstellerunterlagen entnommen oder dort erfragt werden.

3 Treppengeländer als Schwarz-Weiß-Verbindung

Bei Treppengeländern (Bild 1, Seite 538) wird der Handlauf häufig aus Edelstahl ROSTFREI® gefertigt. Der Rest wird aus Kosten- und Fertigungsgründen aus Baustahl hergestellt.

Aluminium

Aluminium wird fast ausschließlich mit dem MIG- oder WIG-Schweißverfahren gefügt. Im Wechselstromlichtbogen wird die Oxidhaut aufgerissen und durch das Schutzgas eine Neubildung verhindert. Das WIG-Schweißen wird bis 5 mm Blechdicke und bei schwer zugänglichen Nähten eingesetzt. Bei dickeren Blechen und längeren Nähten ist das MIG-Impulsschweißen wirtschaftlicher. Der Tropfenübergang ist im Sprühlichtbogen.

Bei Leichtmetallen tritt verstärkt Porenbildung auf; durch sorgfältig eingestellte Schweißdaten und saubere Nahtvorbereitung kann dies vermieden werden.

Arbeitsregeln

- Aluminium separat von anderen Werkstoffen lagern.
- Unmittelbar vor dem Schweißen die Oxidschichten mechanisch entfernen. Die Blechoberfläche und die Schweißnahtflanken müssen metallisch rein sein.
- Vorwärmen bei langen Schweißnähten und dicken Nähten.

Werkstoff	Blechdicken		Vorwärm-temperatur
	WIG-Schweißen	MIG-Schweißen	
EN AW – 6060 (AlMgSi)	≥ 5mm	≥ 20 mm	150 °C … 220 °C
EN AW – 7020 (AlZn4, 5Mg1)	≥ 4mm	≥ 16 mm	100 °C … 150 °C
EN AW – 5754 (AlMg3)	≥ 6 mm	≥ 16 mm	150 °C … 200 °C

- Herstellerangaben beachten

Schweißeignung von Aluminiumwerkstoffen (Auswahl)

Gut schweißgeeignet	Nicht schweißgeeignet
EN AW –3103 (AlMn1) EN AW – 5754 (AlMg3) EN AW – 6060 (AlMgSi) EN AW – 1050 A (Al99,5)	EN AW – 2017A (AlCuMg1)

Kupfer

Kupfer und seine Legierungen (z. B. Messing) werden mit dem Gasschmelzschweißen oder WIG-Schweißen verschweißt. Der Verfahrensverlauf entspricht den Angaben in den Kapiteln 10.3.3 und 10.3.6.2.

Beachte
Beim Gasschmelzschweißen von Kupfer soll die Flamme neutral sein und Flussmittel verwendet werden, um Veränderungen im Grundwerkstoff zu vermeiden.

10.3.9 Gestaltung und Reparatur von Schweißverbindungen

Gestaltungshinweise

In Bild 1 ist ein Ausschnitt der Verbindung Trichter mit der Anschlussplatte dargestellt. Diese Verbindung ist sehr aufwendig hergestellt worden. Zum einen werden **zwei Nähte** (eine von innen und eine von außen) geschweißt, zum anderen muss die Anschlussplatte an einer Längsseite **angeschrägt** werden.

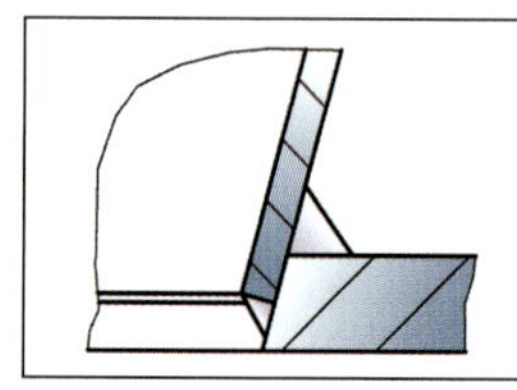

1 Verbindung Trichter – Anschlussplatte

Dieser Aufwand kann so begründet werden:

- Wird auf die innere Naht verzichtet, besteht die Gefahr der Spaltkorrosion. Die Naht verrostet von innen; der Mangel kann erst nach Versagen der Konstruktion festgestellt werden.
- Ein stumpfes Aufsetzen des Trichters (Bild 2) birgt die Gefahr, dass beim Schweißen die Naht wegen der Blechdickenunterschiede durchfällt bzw. bei kleiner Wärmeeinbringung nicht die geforderte Festigkeit aufweist.

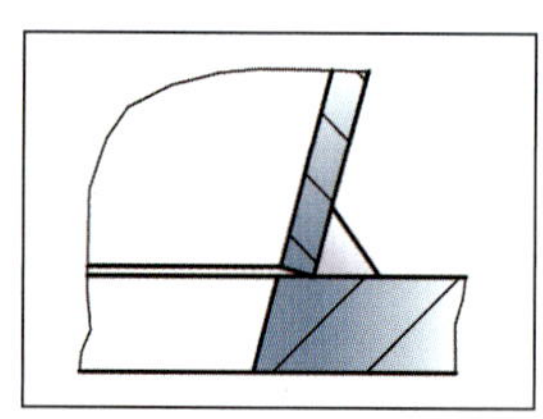

2 Stumpfe Verbindung Trichter – Anschlussplatte

Weiter bedacht werden müssen z. B. (vgl. Bild 1, nächste Seite und Seite 541, Bilder 1 und 2):

- Maßnahmen zum Ausgleich von Winkelschrumpfungen an Kehlnähten,
- Schweißverzug durch Längsschrumpfung
- Krafteinleitung in Profile
- Schweißfolge nach Schweißfolgeplan

Reparaturen

Verschleiß oder Versagen aufgrund von Korrosion o. ä. zwingen in vielen Fällen zu Reparaturen an Schweißkonstruktionen. Dies kann ein wichtiger

Gut	Schlecht	Bemerkung
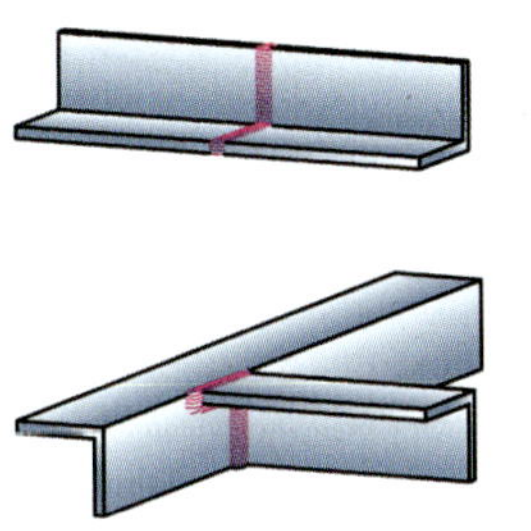	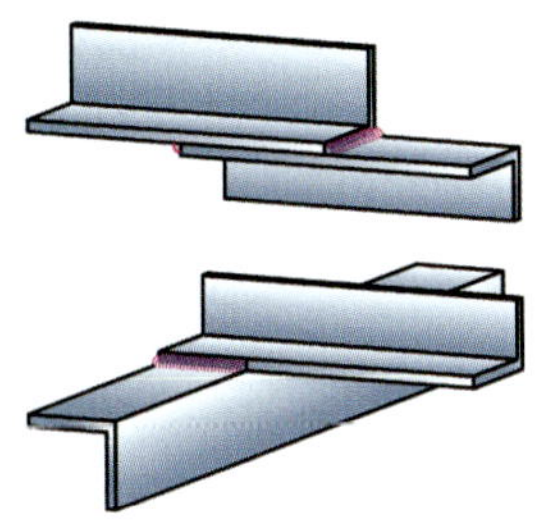	– ungestörter Kraftlinienfluss – weniger Korrosionsangriff
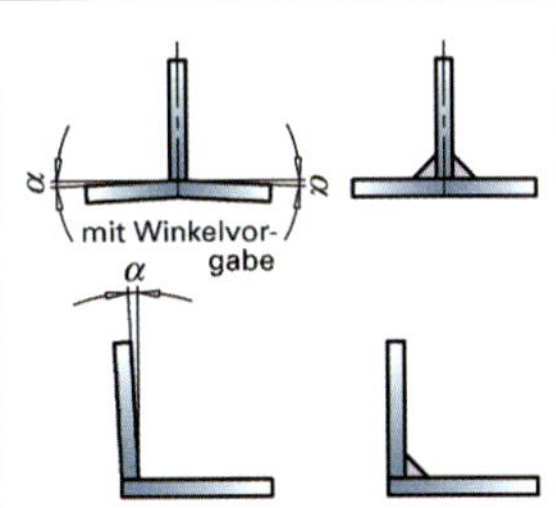	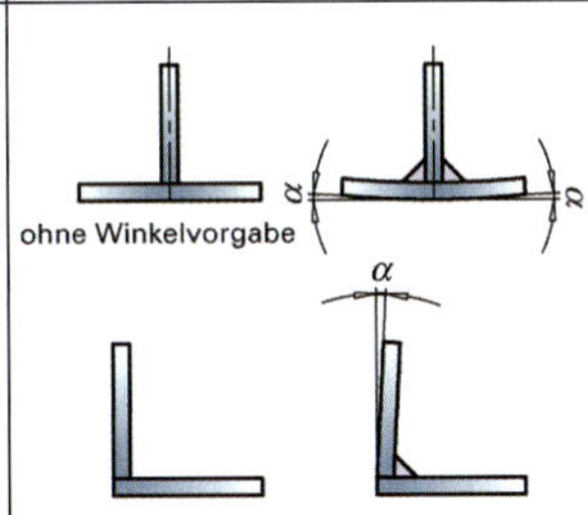	– Ausgleich von Winkelschrumpfung an Kehlnähten
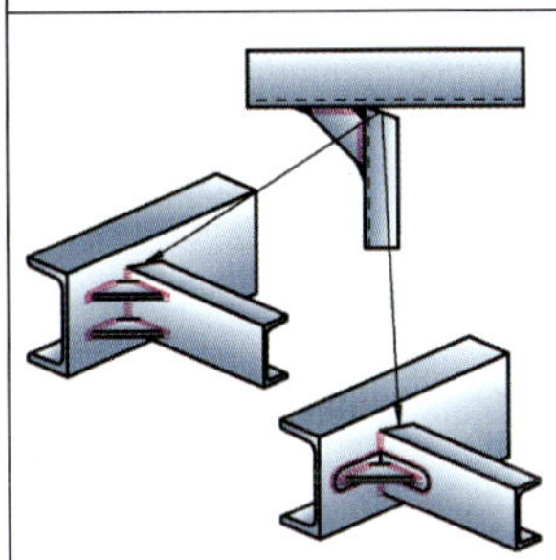	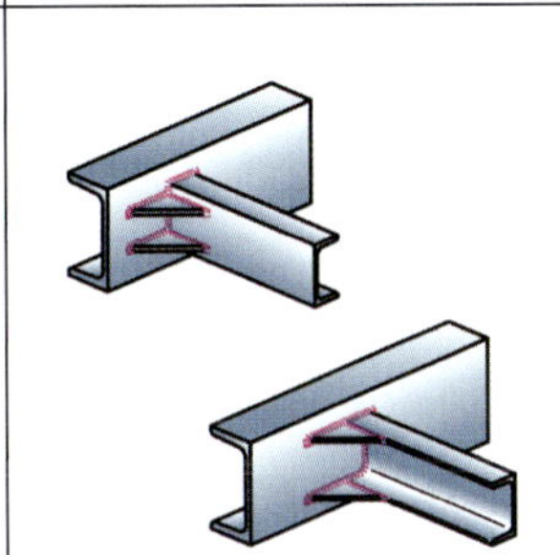	– Vermeiden von Rissen – freies Wölben
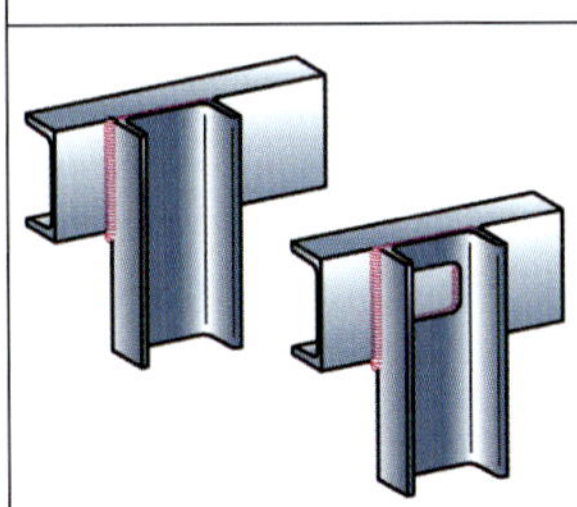		– Einleiten von senkrechten Kräften in Längsträger ohne Stegverformung

1 Gestaltung von Schweißverbindungen (Auswahl)

Aufgabenbereich der Handwerksbetriebe sein. Großbetriebe sind dazu wegen ihrer Organisationsform meist nicht oder nur bedingt in der Lage. Bild 2 b zeigt eine richtig durchgeführte Rohrverstärkung. Die Krafteinleitung in das durchgehende Rohr muss aus der Rissebene herausgelegt werden, damit der Riss sich unter dem Reparaturblech nicht vergrößert. Dies ist durch die besondere Formgebung des Reparaturbleches gewährleistet (Hebelgesetz beachten).

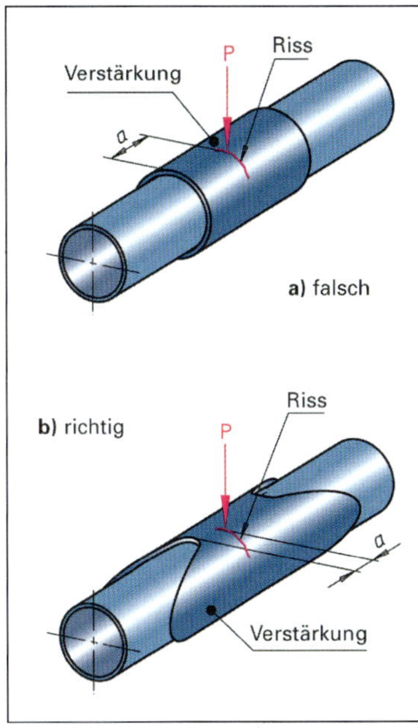

2 Herstellung und richtige Anordnung einer Rohrverstärkung

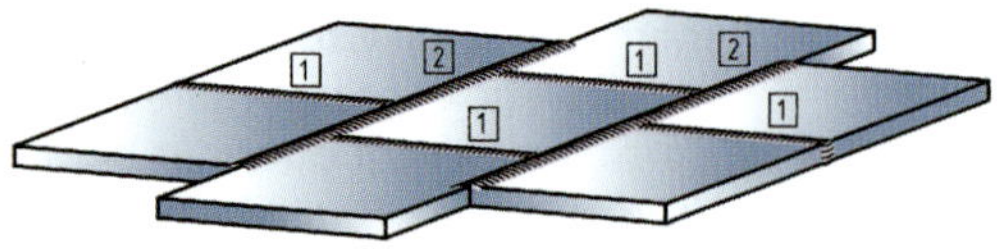

Zuerst die Stöße [1] und dann die Längsnähte [2] schweißen

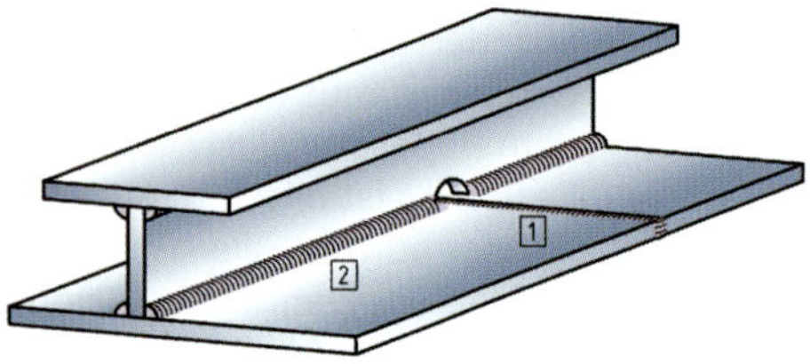

Zuerst die Stumpfnaht [1] und dann die Kehlnähte [2] schweißen

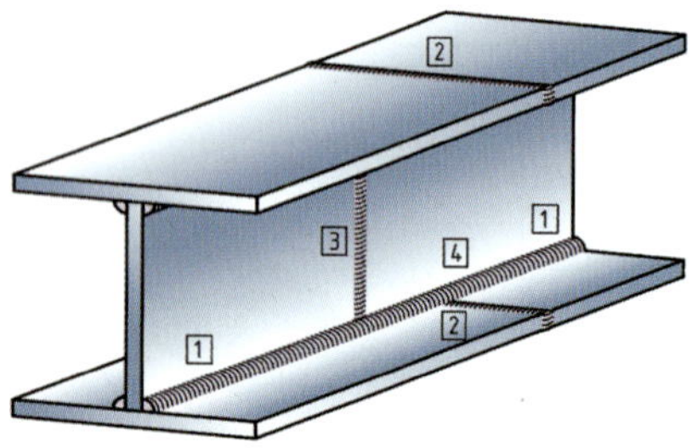

Träger aus Blechen

1 Vermeiden von Querschrumpfungen durch richtig gewählte Schweißfolge

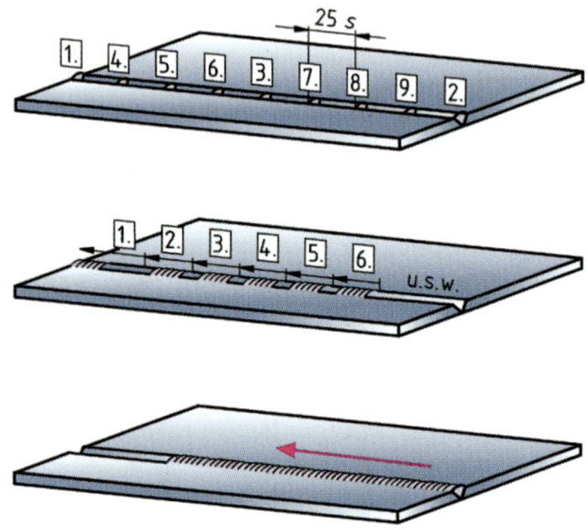

1. Heften, Abstand der Heftstellen: 25-mal Blechdicke.
2. Erste Schweißlage im Pilgerschritt von Heftstelle zu Heftstelle.
3. Weitere Schweißlagen durchlaufend. Bei jeder Lage Schweißrichtung umkehren.

2 Lichtbogenschweißen ebener Blechtafeln im Pilgerschritt

10.3.10 Schweißunregelmäßigkeiten

Trotz größter Sorgfalt bei der Vorbereitung, Durchführung und Nachbehandlung einer Schweißnaht treten Schweißunregelmäßigkeiten (Schweißfehler) auf. Grundsätzlich unterscheidet man zwischen werkstoffabhängigen und verfahrensabhängigen Schweißunregelmäßigkeiten.

Schweißunregelmäßigkeiten	
werkstoffabhängig	**verfahrensabhängig**
• Heißrisse Heißrisse entstehen in der Schweißnaht aufgrund der Temperaturdifferenzen. Der Film um die Restschmelze reißt durch die Schrumpfung; es bildet sich ein **interkristalliner** Heißriss. 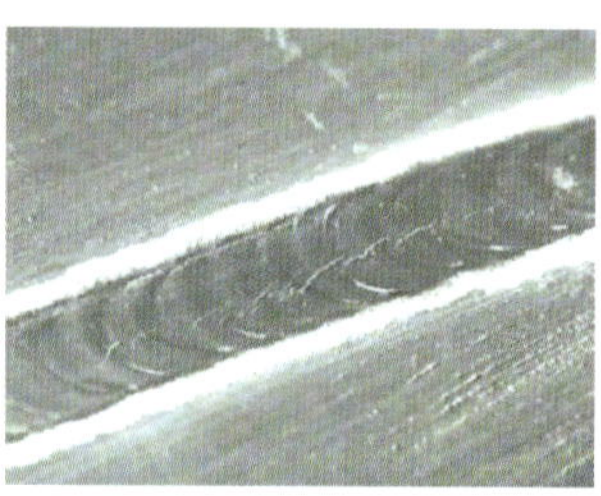 • Kaltrisse Kaltrisse verlaufen in der Regel **transkristallin**. Sie treten bei niedrigen Temperaturen und im Betrieb des Bauteils auf. Sie bilden sich in der Wärmeeinflusszone in unmittelbarer Nähe der Schmelzgrenze. Heiß- und Kaltrisse lassen sich meist durch Vorwärmen oder Wärmenachbehandlung vermeiden.	Ursachen für verfahrensbedingte Fehler können sein: • Ungeeignetes Schweißverfahren • Ungeeigneter Zusatzwerkstoff • Zu hohe Wärmeeinbringung • Falsche Flammeneinstellung • Fehlerhafte Einstellung an den Schweißmaschinen • Ungenügende Wurzelerfassung • Unzureichende Zugänglichkeit

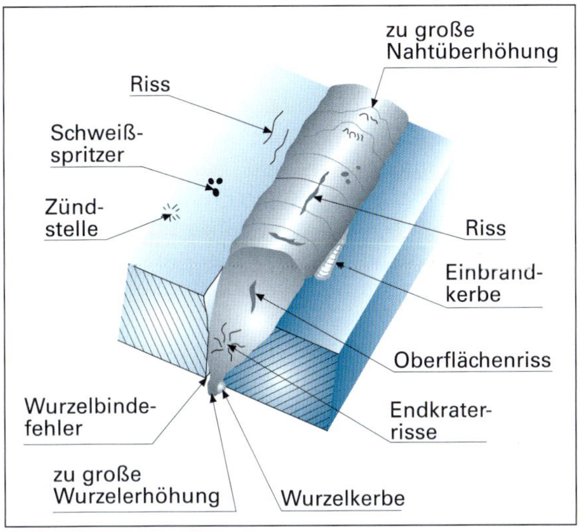

1 Äußere Schweißunregelmäßigkeiten

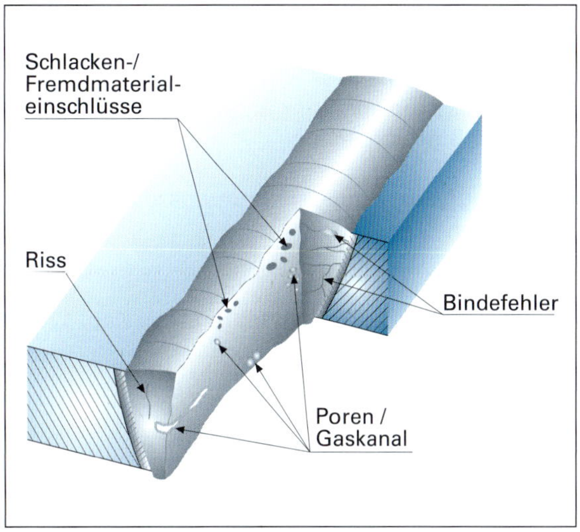

2 Innere Schweißunregelmäßigkeiten

Äußere Unregelmäßigkeiten (Beispiele in Bild 1) können häufig durch eine Sichtprüfung erfasst werden und durch den Schweißer meist selbst behoben werden.

Innere Schweißunregelmäßigkeiten (Beispiele in Bild 2) müssen durch nachgeschaltete Werkstoffprüfverfahren z. B. Ultraschallprüfung, Röntgenprüfung erfasst werden (siehe Kap. 17).

Die Bewertung dieser Unregelmäßigkeiten (DIN EN ISO 5817) erfolgt in den drei Bewertungsgruppen B, C, und D. Die zulässigen Fehlergrößen für z. B. Poren, Einbrandkerben und Kantenversatz steigen von der Bewertungsgruppe B zur Bewertungsgruppe D (siehe Auswahl in Bild 3). Gravierende Fehler können in allen Bewertungsgruppen nicht oder nur teilweise zugelassen sein.

Schweißunregelmäßigkeiten	**Größe in mm**	**Bewertungsgruppe D**	**C**	**B**
Risse	≥ 0,5	nicht zulässig	nicht zulässig	nicht zulässig
Bindefehler (unvollständige Bindung)	≥ 0,5	nicht zulässig	nicht zulässig	nicht zulässig
Zündstellen	≥ 0,5	zulässig	nicht zulässig	nicht zulässig
Pore für Stumpfnähte	≥ 0,5	$d \leq 0{,}4 \cdot s$, max. 5 mm	$d \leq 0{,}3 \cdot s$, max. 4 mm	$d \leq 0{,}2 \cdot s$, max. 3 mm
Pore für Kehlnähte	≥ 0,5	$d \leq 0{,}4 \cdot a$, max. 5 mm	$d \leq 0{,}3 \cdot a$, max. 4 mm	$d \leq 0{,}2 \cdot a$, max. 3 mm

3 Bewertungsgruppen von Schweißunregelmäßigkeiten (beispielhafte Auswahl)

10.3.11 Schweißausbildung, Gütesicherung von Schweißverbindungen

EN ISO 5817 legt die Anforderungen an die Güte der Schweißnähte fest.

Die gewünschten Güten werden erreicht, wenn eine geeignete Ausbildung des Schweißpersonals erfolgt ist. Die praktische Fertigkeit kann durch Lehrgänge z. B. beim **Deutschen Verband für Schweißtechnik (DVS)** erworben werden; Grundlage sind DIN EN ISO 9606-1 und DIN EN ISO 9606-2 für die Prüfung von Schweißern für Schmelzschweißen von Stahl und Aluminium sowie DIN EN ISO 14732 zur Prüfung von Bedienern für vollmechanisches und automatisches Schweißen von metallischen Werkstoffen. Alle Schweißprüfungen werden in den Schweißerpass eingetragen.

Vorschriften für die sachgerechte Fertigung und die Bedingungen der Eignungsnachweise von Schweißarbeiten im Stahlbau sind in DIN 18 800-7 festgelegt. Der **große Eignungsnachweis** muss für Schweißarbeiten höchster Ansprüche vorliegen; der **kleine Eignungsnachweis** berechtigt u. a. zur Fertigung einfacher Stahlbauten aus S235 mit Spannungen aus Verkehrslasten bis zu 500 N/mm².

Die Schweißaufsicht können übernehmen:

- Lehrschweißer
- Schweißfachmann
- Schweißtechniker
- Schweißfachingenieur

Die Befugnisse sind den Prüfungszeugnissen zu entnehmen.

Ob die gewünschten Gütewerte erreicht wurden, kann mit folgenden Prüfverfahren (vgl. Kap. 17) ermittelt werden (Auswahl):

- Sichtprüfung,
- Ultraschallprüfung,
- Eindringverfahren,
- Durchstrahlungsverfahren,
- Zugversuch.

Schweißerprüfung

Die Schweißerprüfung setzt sich aus einer fachkundlichen und praktischen Prüfung zusammen und ist vor einer autorisierten Prüfstelle abzulegen. Ihre Gültigkeit beträgt zwei Jahre und kann unter bestimmten Bedingungen verlängert werden. Im Schweißerpass werden die abgelegten Prüfungen dokumentiert.
Die Schweißerprüfung erfasst den Schweißprozess, den Werkstoff, die Prüfstückabmessungen und die Schweißbedingungen nach 8 verschiedenen Merkmalen. Ein Bezeichnungsbeispiel zeigt Bild 1.

	Schweiß-verfahren	Prüf-stück	Naht-art	Schweiß-zusatzgruppe	Schweiß-zusatztyp	Abmessungen Prüfstück	Schweiß-position	Schweißnaht-einzelheiten
DIN EN ISO 9606-1:2014	111	P	BW	FM2	B	s12	PA	ss nb
	135	P	FW	FM1	S	t10	PB	ml
	141	T	BW	FM4	S	s3,6 D60	PH	ss nb

Schweißverfahren: 111, 114, 121, 125, 131, 135, 136, 138, 141, 142, 143, 145, 15, 311

Siehe F2

Blech	Kehlnaht	P	FW
	Stumpfstoß	P	BW
Rohr	Kehlnaht	T	FW
	Stumpfstoß	T	BW

FM1	unlegierte Stähle, Feinkornstähle
FM2	hochfeste Stähle
FM3	Warmfeste Stähle mit Cr < 3,75 %
FM4	Warmfeste Stähle mit 3,75 % < Cr < 12 %
FM5	nichtrostende u. hitzebeständige Stähle
FM6	Ni und Ni-Legierungen

Stabelektroden	
A	saurer Typ
B	basischer Typ
C	Zellulosetyp
R	Rutiltyp mit langsam erstarrender Schlacke
RA	rutilsaurer Typ
RB	rutilbasischer Typ
RC	Rutilzellulosetyp
RR	dickumhüllter Typ
Fülldrähte	
B	basischer Typ
M	Metallpulvertyp
P	Rutiltyp mit schnell erstarrender Schlacke
R	Rutiltyp mit langsam erstarrender Schlacke
V	Rutiltyp oder fluorid-basischer Typ
W	fluoridbasischer Typ mit langsam erstarrender Schlacke
Y	mit fluoridbasischer Typ schnell erstarrender Schlacke
Z	andere Typen

s	Schweißgutdicke in mm
t	Werkstückdicke in mm
D	Außendurchmesser in mm

Schweißposition: PA, PB, PC, PD, PE, PF, PG, H-L045, J-L045, PH, PJ

Nachlinksschweißen	lw		nur bei 311
Nachrechtsschweißen	nr		
Einlagig	sl		nur bei Kehlnähten
Mehrlagig	ml		
Einseitiges Schweißen	ss	nb	ohne Badsicherung
		mb	mit Badsicherung
Beidseitiges Schweißen	bs		

1 Bezeichnungsbeispiel für eine Schweißerprüfung gemäß DIN EN ISO 9606-1

Aufgaben

1. Nennen Sie verschiedene Stoßarten.
2. Welches „a"-Maß wählen Sie für eine Kehlnaht bei folgenden Blechdicken: 4; 6; 8; 10 und 12 mm?
3. Nennen Sie verschiedene Schweißpositionen.
4. Wie heißen die verschiedenen Lagen einer Mehrlagenschweißung?
5. Welches Schweißverfahren wird mit der folgenden Kennziffer (nach DIN ISO 4063) in einer Zeichnung abgekürzt: 311, 141, 781, 21, 111, 141, 135, 15?
6. Für welche Schweißaufgaben eignet sich das Gasschmelzschweißen?
7. Warum wird Acetylen als Brenngas verwendet?
8. Beschreiben Sie die wichtigen Kenngrößen einer Sauerstoff- und Acetylengasflasche.
9. Warum wird der maximale Druck für Acetylen auf 1,5 bar festgelegt?
10. Beschreiben Sie das Funktionsprinzip eines Injektorbrenners.
11. Welche Aufgaben haben Druckminderer?
12. Unterscheiden Sie „Nachlinksschweißen" und „Nachrechtsschweißen".
13. Wie stellt man am Schweißbrenner folgende Flammen ein: harte Flamme, weiche Flamme, Flamme mit Sauerstoffüberschuss?
14. Welchen Gasschweißstab wählen Sie zum Schweißen von 3 mm Blech aus S235JR? Begründen Sie Ihre Aussage.
15. Welche Unfallverhütungsmaßnahmen kennen Sie für das Gasschmelzschweißen?
16. Welche Regeln sind beim Heften zu beachten?
17. Was beinhaltet ein Schweißplan?
18. Beschreiben Sie den Zündvorgang beim Lichtbogenhandschweißen.
19. Nennen Sie mögliche Maßnahmen zur Verminderung der Blaswirkung.
20. Beschreiben Sie die Funktionsweise von Schweißmaschinen und nennen Sie Ihre Vor- und Nachteile.
21. Welche Aufgaben hat die Umhüllung einer Stabelektrode?
22. Welche Umhüllungstypen kennen Sie?
23. Unter welchen Bedingungen wird der Minus-Pol an die Elektrode gelegt?
24. Skizzieren Sie fünf typische Schweißfehler beim Lichtbogenhandschweißen und ihre Ursachen.
25. Welche Unfallverhütungsvorschriften kennen Sie für das Lichtbogenhandschweißen?
26. Welche Aufgabe hat ein Schutzgas?
27. Erläutern Sie den Unterschied zwischen einem inerten und aktiven Schutzgas.
28. Worin unterscheidet sich das Plasmaschweißen von den anderen Schutzgasschweißverfahren?
29. Nennen Sie Einsatzgebiete für das Plasmaschweißen.
30. Beschreiben Sie drei verschiedene Widerstandsschweißverfahren.
31. Welche Besonderheiten müssen beim Schweißen von verzinkten Blechen beachtet werden?
32. Was versteht man unter einer „Schwarz-Weiß-Verbindung"?

10.3.12 Auftragschweißen

Werkzeuge mit einem hohen Verschleiß wie der Baggerzahn (siehe Bild) werden mit dem Auftragschweißen wieder einsatzfähig gemacht. Als Verschleißschutz können auch Panzerungen aufgetragen werden. Geeignete Schweißverfahren sind 311, 111, alle Schutzgasverfahren und das Metallspritzen. Zusatzwerkstoff können Pulver, Stäbe, massive und gefüllte Stäbe sowie Fülldrahtelektroden sein (siehe auch DIN EN 14700). Folgendes Bild zeigt ein Beispiel für die zeichnerische Darstellung einer Auftragschweißung:

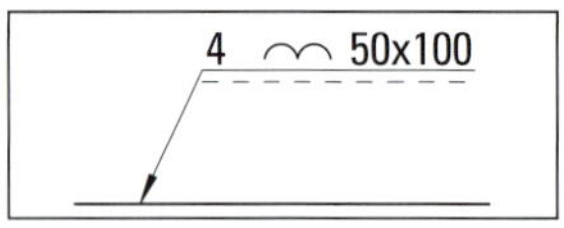

10.3.13 Montageplan, Schweißplan, Schweißfolgeplan

Fertigungsqualität und niedrige Fertigungskosten sind wesentliche Merkmale einer modernen Produktion. Daher müssen bereits in der Planungsphase in der Konstruktion die Fertigungsbedingungen berücksichtigt werden. Man erstellt ergänzend zu den Zeichnungen Montagepläne, Schweißpläne bzw. Schweißfolgepläne.

Der **Montageplan** beinhaltet
- die Auflistung aller einzelnen Arbeitsschritte zur Montage von vorgefertigten Bauelementen auf der Baustelle oder/und
- die Fertigungsabläufe von Bauelementen in der Werkstatt.

Der **Schweißplan** enthält die schweißtechnischen Rahmenbedingungen, z. B.
- Angaben zum Bauteil, wie Benennung, Masse u. a. m.
- Grundwerkstoff, Schweißverfahren, Zusatzwerkstoff
- Nahtvorbereitung, Vorrichtungen, Qualifikation der Schweißer u. a. m.
- Schweißfolge im Schweißfolgeplan
- Wärmenachbehandlung
- Gütesicherung wie Ultraschallprüfung, Röntgenprüfung u. a. m.

Der **Schweißfolgeplan** ist Bestandteil des Schweißplanes und legt die Schweißreihenfolge fest, um Verzug zu minimieren.
Im Folgenden sind Zeichnung, Stückliste und Montageplan für die Werkstattfertigung eines Dachbinders dargestellt. Der Montageplan beinhaltet alle schweißtechnischen Angaben, da keine besonderen Schweißbedingungen beachtet werden müssen.

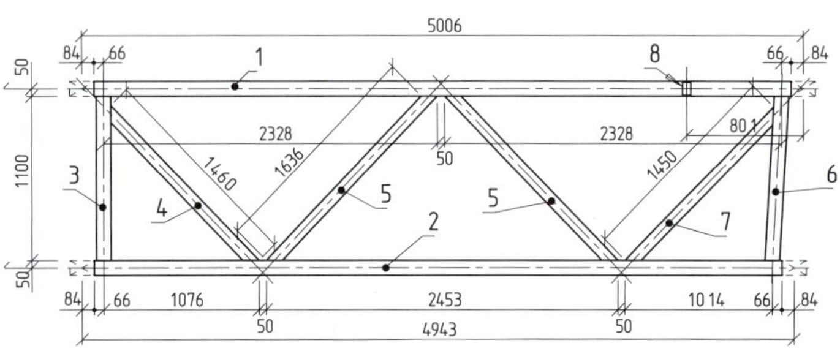

8	2	DIN EN 10058	Fl 90x60 - 88 S235JRG 1
7	1	DIN EN 10219-2	□ 80x4 - 1450 S235JRG 2
6	1	DIN EN 10219-2	□ 80x6 - 1101 S235JRG 2
5	2	DIN EN 10219-2	□ 80x4 - 1636 S235JRG 2
4	1	DIN EN 10219-2	□ 80x4 - 1460 S235JRG 2
3	1	DIN EN 10219-2	□ 100x6 - 1100 S235JRG 2
2	1	DIN EN 10219-2	□ 100x6 - 4777 S235JRG 2
1	1	DIN EN 10219-2	□ 100 x6 - 4840 S235JRG 2
Pos.	Menge	Sach-Nr. /Norm	Bemerkung/Werkstoff

Montageplan

Arbeitsschritt	Nahtart	Position	Verfahren	Anweisung
1 Pos. 1-7				Sägen, Entgraten, Kontrolle Längenmaße und Winkel (Winkelschablone 12)
2 Pos. 8				Brennschneiden auf CNC-Brennschneidanlage
3 Pos. 1,2,3,6				In Vorrichtung einlegen und ausrichten
4 Pos. 1,2,3,6	Heftnaht	PA, PE, PG	111	Heften ohne Luftspalt, Stabelektrode $d = 3{,}25$ mm
5 Pos. 1,2,3,6				Prüfen
6 Pos. 4,5,7				In Vorrichtung einlegen und ausrichten
7 Pos. 4,5,7	Heftnaht	PA, PE, PG	111	Heften ohne Luftspalt, Stabelektrode $d = 3{,}25$ mm
8 Pos. 4,5,7				Prüfen
9 Pos. 1-7	Kehlnaht $a = 3$ mm, rundum	PA, PE, PG	135	Zusatzwerkstoff 1,2 mm, ISO 14341-A-G3 Si 1 Schutzgas ISO 14157-M1
10 Pos. 8	Heftnaht	PA, PE, PG	111	Heften ohne Luftspalt, Stabelektrode $d = 3{,}25$ mm
11 Pos. 8	Kehlnaht $a = 3$ mm, rundum	PA, PE, PG	135	Zusatzwerkstoff 1,2 mm, ISO 14341-A-G3 Si 1 Schutzgas ISO 14157-M1
12 Pos. 1-8				Form- und Maßkontrolle, Schweißnahtkontrolle, Reinigen

Aufgaben

1. Entschlüsseln Sie die Angaben auf den Schweißzeichen:

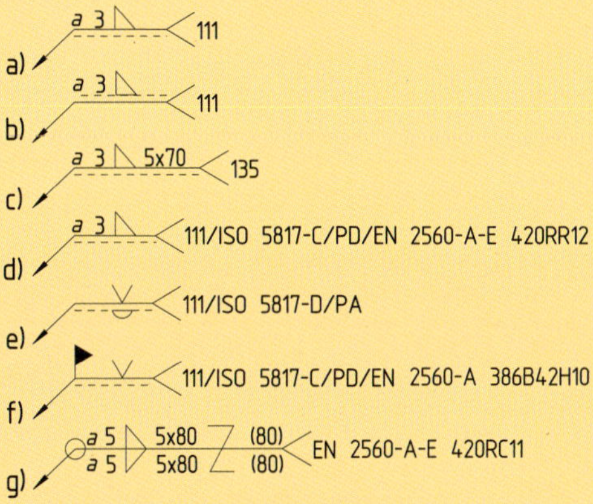

2. Zeichnen Sie zwei Bleche (200 × 100) in zwei Ansichten und geben Sie die Schweißnaht symbolhaft an. Die Blechdicke ist sinnvoll selbst zu bestimmen.
   a) Bördelnaht
   b) I-Naht
   c) I-Naht von der Werkstückgegenseite geschweißt
   d) V-Naht
   e) Halbe V-Naht
   f) V-Naht mit Gegenlage
   g) Kehlnaht, $a = 4$, einseitig
   h) Doppelkehlnaht, $a = 4$
   i) Kehlnaht, $a = 6$, von der Werkstückgegenseite geschweißt
   j) Unterbrochene I-Naht, zwei Nahtstücke mit 70 mm Länge, Zwischenraumlänge 60 mm
   k) Unterbrochene V-Naht, zwei Nahtstücke mit 70 mm Länge, Zwischenraumlänge 60 mm, Nahtdicke $s = 3$ mm
   l) Unterbrochene gegenüberliegende Kehlnaht mit $a = 3$, zwei Nahtstücke mit 70 mm Länge, 15 mm Vormaß auf beiden Seiten, Zwischenraumlänge 45 mm

10.4 Berechnungen von Schweißverbindungen und thermischen Schnitten

10.4.1 Brennzeiten

Zur Berechnung der Brennzeit t_h müssen die Brennweglänge l und die Schneidgeschwindigkeit v_s bekannt sein. Die Brennweglänge kann aus der Zeichnung errechnet werden. Die Schneidgeschwindigkeit hängt von der Blechdicke und der Schneidmaschine ab und wird aus Tabellen abgelesen.

Es gilt:

$$t_h = \frac{l}{v_s}$$

t_h: Brennzeit in min
l: Brennweg in mm
v_s: Schneidgeschwindigkeit in mm/min

Beispiel:
Von der abgebildeten Rippe des Trichters müssen 400 Stück gebrannt werden ($v_s = 650$ mm/min).
Gesucht: Brennzeit t_h in min für 400 Stück.
Lösung:

$$t_h = \frac{l}{v_s}$$

$$l = 2 \cdot l_1 + 2 \cdot l_2 + 2 \cdot l_3$$

$$l_2 = \sqrt{2 \cdot (20\ \text{mm})^2} = 28{,}3\ \text{mm}$$

$$l = 2 \cdot 60\ \text{mm} + 2 \cdot 28{,}3\ \text{mm} + 2 \cdot 40\ \text{mm} = 256{,}6\ \text{mm}$$

$$l_{ges} = \mathbf{102\,640\ mm}$$

$$t_h = \frac{102\,640\ \text{mm}}{650\ \frac{\text{mm}}{\text{min}}}$$

$$t_h \approx \underline{\mathbf{158\ min}}$$

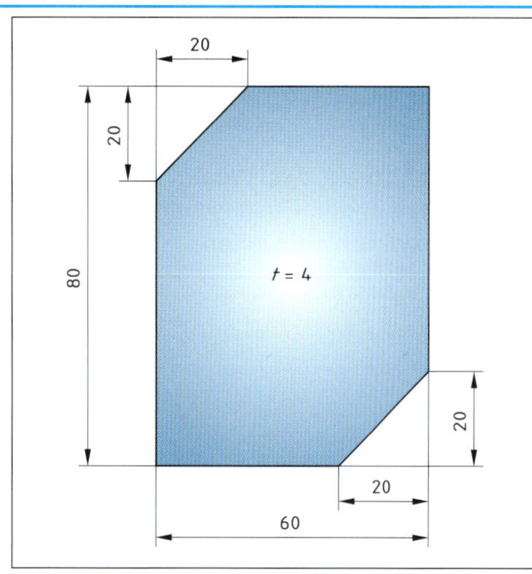

Schneiddicke a in mm	O_2-Druck Heizen	O_2-Druck Schneiden (p_e in bar)	Schneidgeschwindigkeit v_s in mm/min	Fugenbreite f in mm	Acetylenverbrauch in l/min	Sauerstoffverbrauch Heizen in l/min	Sauerstoffverbrauch Schneiden in l/min	Sauerstoffverbrauch gesamt in l/min
3 … 5	2,5	2 … 3	850 … 700	0,8 … 0,9	… 6	… 6	… 25	… 31
6 … 10	3,5	7 … 8	700 … 600	1,5 … 0,9	… 9	… 9	… 50	… 59
11 … 25	3,5	8 … 11	600 … 410	2,0 … 2,1	… 16	… 16	… 114	… 130
26 … 40	4,5	8 … 11	410 … 340	2,0 … 2,1	… 22	… 22	… 116	… 188
41 … 60	4,5	8 … 11	340 … 310	2,0 … 2,2	… 28	… 28	… 285	… 213
61 … 100	5,5	8 … 11	310 … 260	2,2 … 2,5	… 43	… 43	… 595	… 638

Gasverbrauch beim Brennschneiden mit Acetylen und Sauerstoff

Aufgaben

1. Zur Abdeckung von Baugruben im Straßenbau werden 50 Blechtafeln 10 × 1300 × 700 allseitig ausgebrannt. Berechnen Sie die Brennzeit t_h in Minuten und Stunden.

2. 60 Blindflansche müssen aus 6 mm dickem Blech ausgebrannt werden.
Wie groß ist die Brennzeit in Minuten?

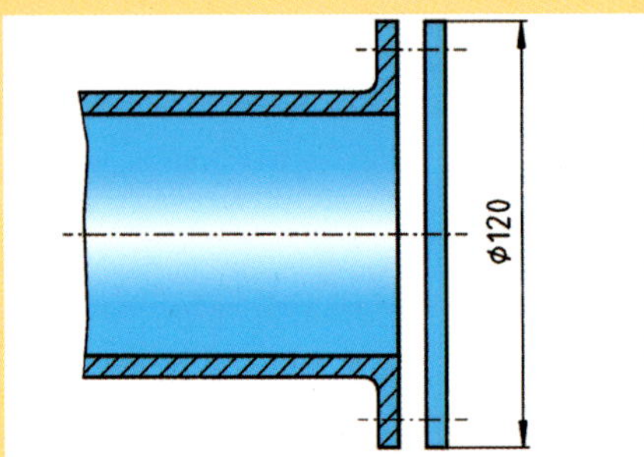

3. In der Abteilung „Zurichten und Montieren" sind Bleche auszubrennen. Berechnen Sie die Brennschneidzeit t_h in Minuten. (Stückzahlen beachten!)

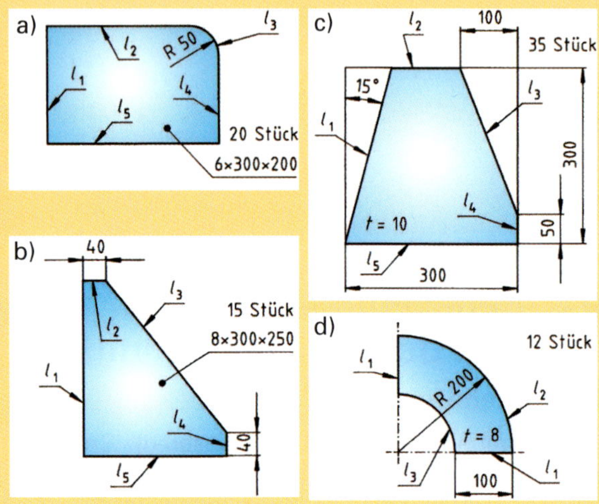

10.4.2 Gasverbrauch für Brennschneiden

Es soll der Gasverbrauch für das Brennschneiden der 400 Rippen (siehe Kap. 10.4.1) bestimmt werden.

Dieser lässt sich auf zwei Wegen bestimmen:
- Druckabfall in den Gasflaschen,
- Brenn- bzw. Schweißzeiten.

Hinweis: Die Abweichungen in den Ergebnissen sind auf Anzeige- und Ableseungenauigkeiten zurückzuführen.

Die Berechnung des Gasverbrauchs über die Brennzeiten erfolgt meist in der Arbeitsvorbereitung, während der tatsächliche Gasverbrauch erst nach ausgeführter Arbeit ermittelt werden kann.

Druckabfall in Gasflaschen

Sauerstoffverbrauch ΔV_{Gas}:

$$\Delta V_{Gas} \cdot p_{amb} = V_{Fl} \cdot (p_{e1} - p_{e2})$$

Acetylenverbrauch ΔV_{Gas}:

$$\Delta V_{Gas} = (p_{e1} - p_{e2}) \cdot \frac{400\ \text{l}}{1\ \text{bar}}$$

ΔV_{Gas}: verbrauchtes Gasvolumen
p_{amb}: Luftdruck, ca. 1 bar
V_{Fl}: Volumen des Innenraums der Flasche in l
p_{e1}: Anfangsdruck in bar
p_{e2}: Enddruck in bar

Gegeben: Angaben nach Fertigung:

Sauerstoffflasche	**Acetylenflasche**
$V_{Fl} = 50$ l	$p_{e1} = 19$ bar
$p_{e1} = 200$ bar	$p_{e2} = 17$ bar
$p_{e2} = 112$ bar	

Gesucht: verbrauchtes Gasvolumen ΔV_{Gas} für Sauerstoff und Acetylen

Sauerstoffverbrauch

$$\Delta V_{Gas} \cdot p_{amb} = V_{Fl} \cdot (p_{e1} - p_{e2})$$

$$\Delta V_{Gas} = \frac{V_{Fl} \cdot (p_{e1} - p_{e2})}{p_{amb}}$$

$$\Delta V_{Gas} = \frac{50\ \text{l}\ (200\ \text{bar} - 112\ \text{bar})}{1\ \text{bar}}$$

$$\underline{\underline{\Delta V_{Gas} = 4400\ \text{l für 400 Rippen}}}$$

Acetylenverbrauch

$$\Delta V_{Gas} = (p_{e1} - p_{e2}) \cdot \frac{400\ \text{l}}{1\ \text{bar}}$$

$$\Delta V_{Gas} = (19\ \text{bar} - 17\ \text{bar}) \cdot \frac{400\ \text{l}}{1\ \text{bar}}$$

$$\underline{\underline{\Delta V_{Gas} = 800\ \text{l für 400 Rippen}}}$$

Brennzeiten

Gegeben: 400 Rippenbleche,
Brennzeit für 400 Rippen:
$t_h = 158$ min (vgl. Kap. 10.4.1)

Gasverbrauch Sauerstoff:

$$\dot{V} = 1{,}69\ \frac{\text{m}^3}{\text{h}} \mathrel{\hat{=}} 28{,}2\ \frac{\text{l}}{\text{min}}$$

(Werte aus Tabellenbuch)

Gasverbrauch Acetylen:

$$\dot{V} = 0{,}3\ \frac{\text{m}^3}{\text{h}} \mathrel{\hat{=}} 5\ \frac{\text{l}}{\text{min}}$$

(Werte aus Tabellenbuch)

Gesucht: verbrauchtes Gasvolumen ΔV_{Gas} für Sauerstoff und Acetylen

Sauerstoffverbrauch

$$\Delta V_{Gas} = t_h \cdot \dot{V}$$

$$\Delta V_{Gas} = 158\ \text{min} \cdot \frac{28{,}2\ \text{l}}{\text{min}}$$

$$\underline{\underline{\Delta V_{Gas} = 4457\ \text{l für 400 Rippen}}}$$

Acetylenverbrauch

$$\Delta V_{Gas} = t_h \cdot \dot{V}$$

$$\Delta V_{Gas} = 158\ \text{min} \cdot \frac{5\ \text{l}}{\text{min}}$$

$$\underline{\underline{\Delta V_{Gas} = 790\ \text{l für 400 Rippen}}}$$

Anmerkung:
p_{amb}: umgebender (ambiens) Druck
p_e: überschreitender (excedens) Druck oder Überdruck

Aufgaben

1. Bestimmen Sie den Gasverbrauch (Acetylen und Sauerstoff) für folgende Brennschneidaufgaben:

	a)	b)	c)	d)	e)
t_h	15 min	20 min	0,5 h	1 h 7 min	1,4 h
Acetylenverbrauch in l/min	6	9	16	6	22
Sauerstoffverbrauch in l/min	31	59	130	31	188

2. Für eine Gasschmelzschweißarbeit werden 12 min benötigt. Wieviel Sauerstoff und Acetylen werden verbraucht, wenn das Stahlblech 2 mm dick ist?

3. Wieviel Liter wurden einer 40-l-Sauerstoffflasche entnommen, wenn der Anfangsdruck 125 bar und der Enddruck 98 bar betrug?

4. Das Manometer einer Acetylenflasche zeigt 12 bar/9 bar/3,5 bar an. Bestimmen Sie den Gasinhalt.

5. Der Druck einer Acetylenflasche sank in 320 min von 13,6 bar auf 8,4 bar. Prüfen Sie, ob die maximal zulässige Entnahmemenge von 500 l/h eingehalten wurde.

Hinweis:
Zur Lösung der Übung 2 verwenden Sie das Tabellenbuch.

11 Befestigungstechnik

11.1 Grundlagen der Befestigungstechnik

Typische Metallbaukonstruktionen, wie zum Beispiel Treppen, Geländer, Zäune, Tore, Türen, Vordächer, Fenster, Fenstergitter und Fassaden müssen fest mit dem Untergrund verankert werden. Für die verschiedenen Befestigungsaufgaben stehen eine Vielzahl von Befestigungstechniken zur Verfügung. Grundsätzlich werden heute im Metallbau

- das Verankern (Einmauern, Einbetonieren),
- das Dübeln und
- das Bolzensetzen angewendet.

11.1.1 Vorüberlegungen

Für die Auswahl der richtigen Befestigungstechnik sind wichtige Vorüberlegungen anzustellen. Folgende Übersicht zeigt die Fragen, die vor der Auswahl des richtigen Befestigungselementes beantwortet werden müssen:

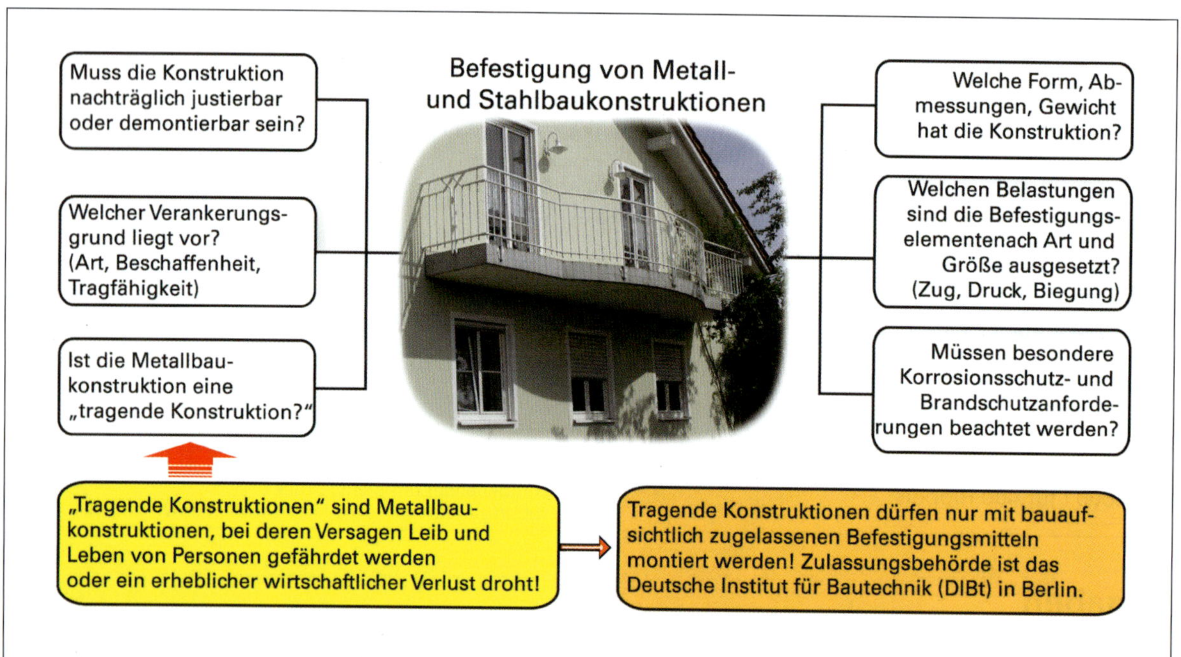

1 Befestigung von Metallbaukonstruktionen – Vorüberlegungen

Muss die Konstruktion nachjustierbar sein oder demontiert werden können, so scheidet in jedem Fall das Einmauern oder Einbetonieren von vorne herein aus. Dagegen kann es durchaus sinnvoll sein, beispielsweise Fenstergitter oder Gittertüren vor Balkontüren aus Sicherheitsgründen einzumauern. Metallbaukonstruktionen wie z.B. Vordächer oder Markisen können sowohl an Betonwänden (-decken) als auch an Mauerwerk befestigt werden. So müssen aber für jeden Untergrund geeignete Dübel gewählt werden, die zudem bauaufsichtlich zugelassen sind, weil es sich hierbei um **tragende Konstruktionen** handelt (vgl. Bild 1). Die Tragfähigkeit der Befestigungsmittel hängt daneben auch von der Größe und dem Gewicht der Konstruktion ab. Für spezielle Ausbauelemente des Metallbaus, wie z.B. Fenster oder Türen müssen oftmals besondere Brandschutzanforderungen erfüllt werden. Auch die Frage nach erhöhtem Korrosionsangriff beeinflusst die Auswahl geeigneter Befestigungsmittel. So dürfen beispielsweise für Befestigungen im Außenbereich ausschließlich Dübel aus nicht rostendem Stahl verwendet werden.

11.1.2 Haftungsfragen

Für alle mittelbaren Schäden an Sachen und Personen, die durch Versagen tragender Konstruktionen entstehen, haftet grundsätzlich der Unternehmer. Im Falle von Personenschäden können aber auch die Mitarbeiter des Unternehmens strafrechtlich haftbar gemacht werden (Geld und Freiheitsstrafen). Bei Unfällen gilt die so genannte **Beweislastumkehr**. Nicht der Geschädigte muss das Verschulden des Metallbaubetriebs nachweisen, sondern viel mehr muss die Firma selbst nachweisen, dass sie keinen Fehler begangen hat bzw. der Fehler nicht in ihrem Verantwortungsbereich entstanden ist. So muss beispielsweise der Monteur nachweisen, dass er die Ausführungen des Zulassungsbescheides sowie die Montageanweisungen des Befestigungsmittelherstellers genau befolgt hat. Daher ist es enorm wichtig, dass er die Befestigungsaufgaben mithilfe eines ohnehin vorgeschriebenen **Montageprotokolls** dokumentiert.

11.1.3 Verankerungsuntergründe

Baustoffe können massiv, porös, sehr hart oder weich sein, d.h. sie besitzen stark unterschiedliche Rohdichten und Festigkeiten. Die Art und Beschaffenheit des Verankerungsgrunds bestimmen maßgeblich die Auswahl des Befestigungssystems und sein Tragverhalten. Grundsätzlich unterscheidet man bei den Baustoffen zwischen Beton, Mauerwerk und Plattenbauelementen. Folgende Grafik gibt einen Überblick über die heute üblichen Befestigungsuntergründe.

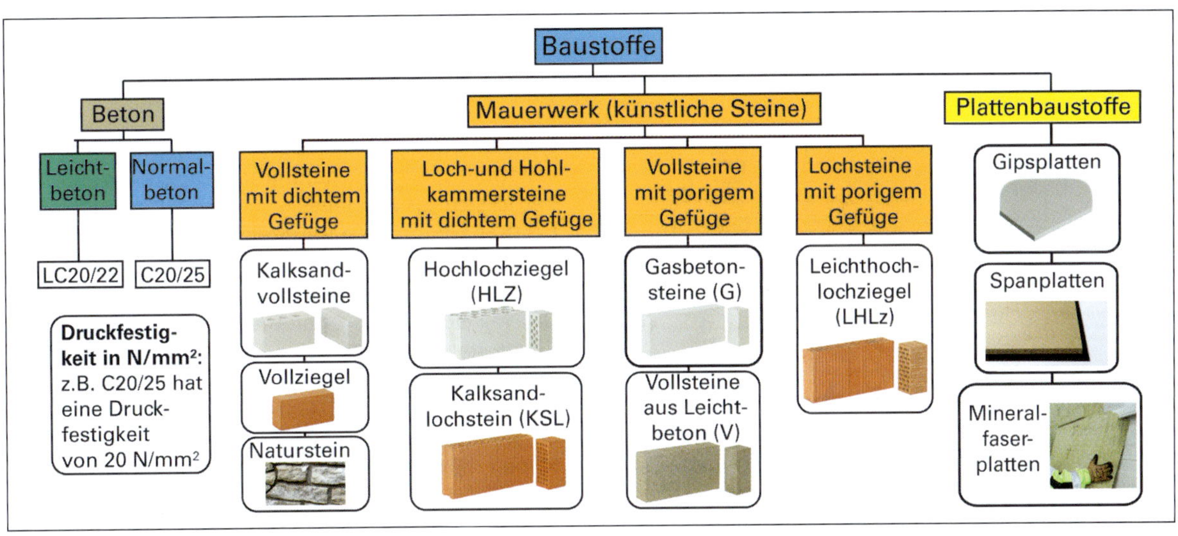

1 Übersicht gebräuchliche Verankerungsgründe

Beton

ist ein mineralischer Baustoff und besteht aus einem Gemisch von Zement, Zuschlägen und Wasser. Nach der Rohdichte unterscheidet man Leichtbeton (0,8 bis 2,0 kg/dm³), Normalbeton (2,0 bis 2,6 kg/dm³) und Schwerbeton (über 2,6 kg/dm³). Als Zuschlag werden hauptsächlich Sand, Kies und Split für Normalbeton und Schwerbeton verwendet. Bims oder auch Styropor werden im Leichtbeton zugemischt. Nach dem Abbindeprozess von 28 Tagen besitzt Beton eine hohe Druckfestigkeit, weshalb er sich als hervorragender Verankerungsgrund bewährt hat. In den Normen wird Beton nach seiner Druckfestigkeit klassifiziert. Allerdings ist die Zugfestigkeit von Beton nur sehr gering (ca. 10 bis 15 % der Druckfestigkeit), weshalb meist bewehrter Beton (Beton mit Stahleinlagen = Stahlbeton) verwendet wird. In der Zugzone des Betonbauteils treten dabei Risse bis zu einer Breite von circa 0,3 mm auf. Man spricht hierbei von der **gerissenen Zugzone**. Die Stahleinlagen übernehmen dabei die Zugkräfte, die der Beton selbst nicht mehr übertragen könnte. Risse entstehen jedoch nicht nur durch die Belastung von Betonbauteilen, sondern auch durch zu schnelles Austrocknen, durch Wärmedehnung (Sonneneinstrahlung) und Bauwerkssetzungen. Selbst nach vielen Jahren können in Betonbauteilen durch veränderte Lastverhältnisse wieder neue Risse auftreten.

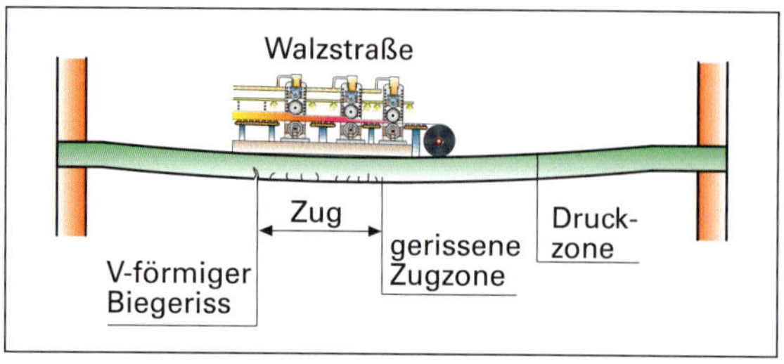

1 Gerissene Zugzone in Beton

Mauerwerk aus künstlichen oder natürlichen Steinen

Unter einem Mauerwerk versteht man alle in einem Verband übereinander geschichteten natürlichen oder künstlichen Steine. Die Fugen können dabei mit Mörtel verfüllt sein. Horizontale Fugen werden als Lagerfugen, Fertigteilefugen als Stoßfugen bezeichnet. Lagerfugen sind üblicherweise vermörtelt (circa 10 mm dick), bei Stoßfugen hingegen sind die Steine häufig nur gegeneinander gestoßen und nicht vermörtelt. Deshalb darf in Stoßfugen im allgemeinen nicht befestigt werden, in Lagerfugen nur mit Einschränkungen (Zulassungsbescheide beachten).

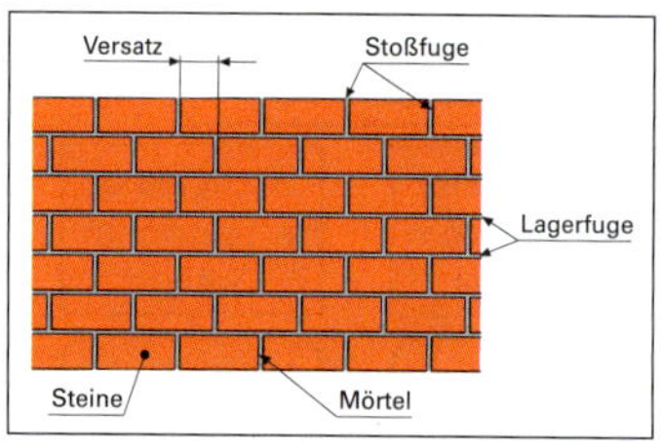

2 Gemauerte Wand mit Fugen

Natürliche Steine

streuen sehr stark hinsichtlich Gefüge und Festigkeit. Daher existieren beispielsweise keine bauaufsichtlichen Zulassungen für die Dübelbefestigung in natürlichen Steinen (z. B. Granit, Marmor). Das Tragverhalten der Befestigungselemente muss hier durch Auszugsversuche am Bauteil direkt ermittelt und durch einen Sachverständigen die zulässige Kraglast abgeleitet werden.

Künstliche Steine

sind in ihrer Festigkeit, ihren Abmessungen sowie der Geometrie der Löcher und Stege meist in Normen festgelegt. Für solche Untergründe werden Befestigungen bauaufsichtlich zugelassen. Hohe Druckfestigkeiten sind im allgemeinen nur bei Steinen mit hoher Rohdichte zu erreichen. Vollsteine mit dichtem Gefüge eignen sich daher gut für Befestigungsaufgaben. Demgegenüber besitzen Steine nur bei niedriger Rohdichte gute Wärmedämmungseigenschaften. Diese Steine mit ihrem porigem Gefüge besitzen nur geringe Druckfestigkeiten und erweisen sich für Befestigungsaufgaben weitaus problematischer. Hier sind meist spezielle Dübel (z. B. **Gasbetondübel**) zu verwenden. Loch- und Hohlkammersteine, insbesondere bei porigem Gefüge, sind aufgrund der Hohlkammern für die Befestigung schwerer Lasten nur in Verbindung mit speziellen Dübeln geeignet. Generell dürfen zur Verankerung in Mauerwerk Schwerlastdübel mit hohen Spreizkräften nicht verwendet werden. Die Steine werden sonst aufgrund ihrer geringen Abmessungen beziehungsweise geringen Druckfestigkeit bereits während des Montagevorganges gespalten. Deshalb kommen hier nur spreizdruckarme Systeme, z. B. **Injektionsdübel** zum Einsatz.

Plattenbauelemente

in Form von Gipskanton oder Spanplatten werden für den Trockenausbau verwendet und besitzen nur sehr geringe Festigkeiten. Die Befestigung von Bauteilen ist nun mit sogenannten Hohlkammerdübeln möglich.

11.1.4 Lastabhängige und lastunabhängige Einwirkungen auf die Befestigungsmittel

Bei der Auswahl der Befestigungsmittel müssen lastabhängige und lastunabhängige Einwirkungen berücksichtigt werden:

Lastabhängige Einwirkungen sind die Belastungsarten, wie **statische** und/oder **dynamische Kräfte** sowie die **Belastungsrichtungen**, wie z. B. Zug-, Druck-, Querlasten oder Biegung (vgl. Bild 1 und Bild 2, nächste Seite).

Lastunabhängige Einwirkungen sind **klimatische Einflüsse**, denen die Befestigungsmittel und der Verankerungsgrund ausgesetzt sind (vgl. Bild 3). Neben der Korrosion oder Zwängungen infolge Wärmedehnung können durch die direkte Sonneneinstrahlung an Befestigungen Temperaturen in Höhe von 80 °C und höher auftreten. Der Kunststoff eines Kunststoffdübels oder der Reaktionsharzmörtel eines chemischen Dübels muss auch diesen Einwirkungen widerstehen können.

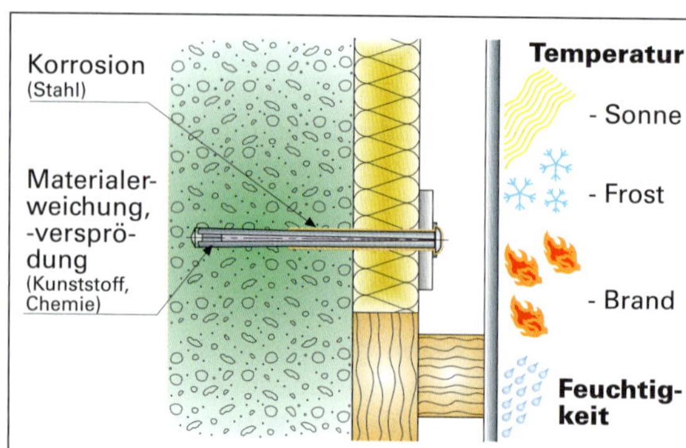

3 Lastunabhängige Einwirkungen

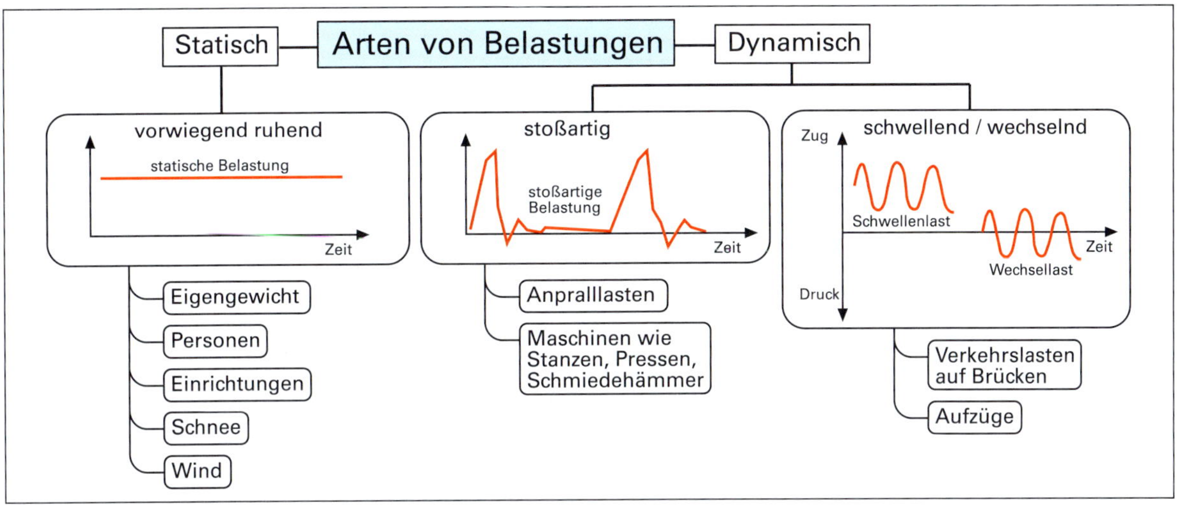

1 Belastungsarten

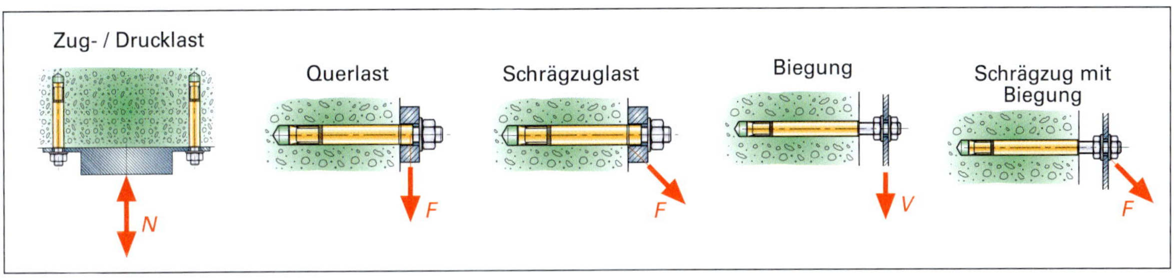

2 Belastungsrichtungen

11.2 Befestigen mit Dübeln

Dübel sind die vielseitigsten Befestigungsmittel im Metallbau, die fast für alle Befestigungsaufgaben eine passende Lösung anbieten. Trotz der Vielfalt sind die meisten Dübel im Prinzip Hülsen aus Metall oder Kunststoff mit einer dazu passenden Schraube. Für alle bauaufsichtlich zugelassenen Dübel bilden der Dübel und die Schraube ein Befestigungssystem, das heißt, beide dürfen nur zusammen verbaut werden. Bei Verwendung eines Dübels mit einer nicht zugehörigen Schraube erlischt die Zulassung.

Wesentliche Vorteile der Montage mit Dübeln sind:

- Die Befestigung der Anbauteile (z. B. Geländer, Vordach) muss während der Rohbauphase nicht vorgeplant werden.
- Die Konstruktion kann jederzeit demontiert werden.
- Maßtoleranzen und Unebenheiten lassen sich sehr einfach ausgleichen.
- Für fast jeden Anwendungsfall stehen standardisierte und auf viele Spezialfälle zugeschnittene Dübel und Befestigungseinheiten zur Verfügung.

11.2.1 Wirkmechanismen von Dübelsystemen

Abhängig von der Art und den Abmessungen des Befestigungsuntergrunds, den Belastungen und etwaigen besonderen Vorschriften bezüglich Brandschutz, Korrosionsschutz usw. muss ein geeignetes Dübelsystem ausgewählt werden. Die Befestigungseinheit muss die auftretenden Kräfte dabei sicher in den Verankerungsgrund ableiten. Dies kann je nach Untergrund kraftschlüssig, formschlüssig oder durch Stoffschluss geschehen (Bild 1, nächste Seite).

- **Kraftschluss durch Spreizung:** Der Dübel spreizt sich beim Eindrehen der Schraube, drückt gegen die Bohrlochwand und erzeugt dadurch Reibungskräfte, die das Herausziehen unter Last verhindern.
  Eignung: nur für druckfeste Baustoffe, z. B. Beton, Mauerwerk (mit Einschränkung), die den Spreizkräften widerstehen.
- **Stoffschluss durch Verbund:** Der Dübel und der Untergrund werden durch ein Verbundmedium, z. B. einen Spezialmörtel oder Kunstharz miteinander „verklebt".
  Eignung: prinzipiell für alle Baustoffe wie Beton, Mauerwerk (Voll- und Hohlkammersteine,

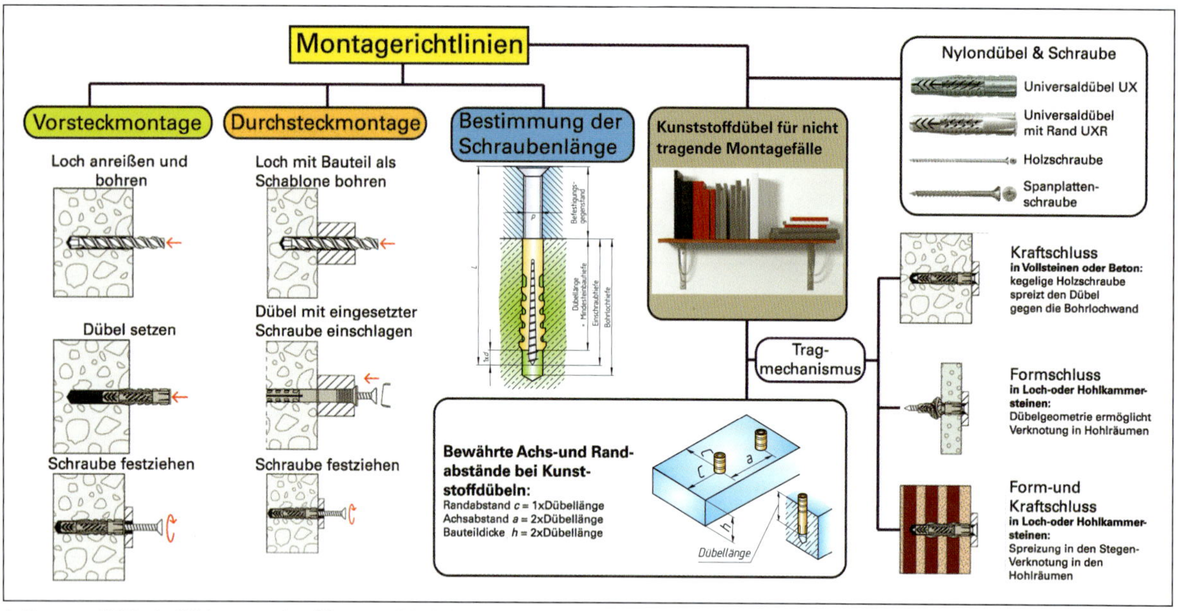

1 Kunststoffdübel – Wirkungsweise, Montagerichtlinien

druckfeste aber auch porige Steine). Mit Kunstharz verklebte Dübel eignen sich allerdings nur für Vollsteine oder Beton, weil das Kunstharz dünnflüssig ist.

- **Formschluss durch Anpassung:** Der Dübel ist so geartet, dass er sich dem Untergrund bzw. dem Bohrloch anpasst und somit durch seine erzeugte Form die befestigten Bauteile trägt.
  Eignung: in fast allen Baustoffen

Merke: Stoff- und formschlüssige Dübel wirken spreizdruckfrei (spreizdruckarm)! Im Gegensatz zu kraftschlüssigen Spreizdübeln sind bei der Montage geringere Rand- und Achsabstände möglich, ohne dass der Untergrund gesprengt wird oder Abplatzungen auftreten.

11.2.2 Kunststoffdübel

Für leichte Befestigungen nicht tragender Konstruktionen (Lampen, kleine Bücherregale, Wand-Handläufe) werden in der Regel Kunststoffdübel aus Polyamid verwendet, die zur Aufnahme von Dübel-, Holz- oder Spanplattenschrauben geeignet sind. Je nach Verankerungsgrund wirken sie dabei kraft- und/ oder formschlüssig.

11.2.3 Schwerlastdübel für tragende Metallbaukonstruktionen

Schwerlastdübel sind **Befestigungselemente für tragende Konstruktionen**, deren Wirksamkeit in jedem Fall gesichert sein muss (Geländer, Vordächer, Treppen, Markisen usw.). Die Tragfähigkeit des Dübelsystems hängt in erster Linie von der Auswahl des richtigen Dübels – passend zum Untergrund und der Belastung – und einer sorgfältigen und richtigen Montage ab. Bild 2 zeigt die Etappen bei der Ausführung und die Einflussfaktoren bei der Dübelbefestigung.

Dübelauswahl

Abhängig vom Untergrund und den äußeren Belastungen müssen zunächst geeignete und zugelassene Dübel, die mit einem Prüfzeichen verse-

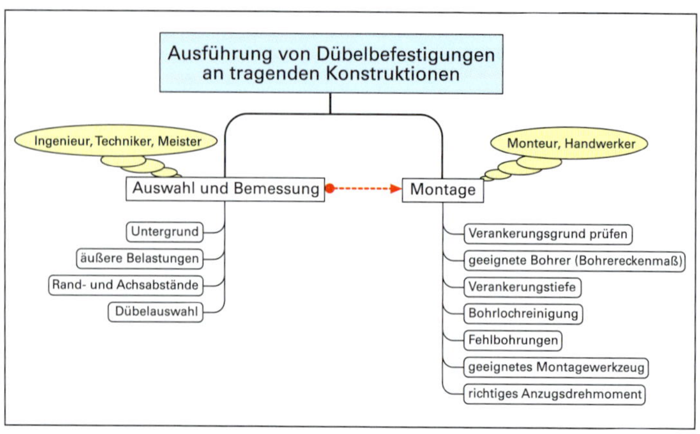

2 Etappen bei der Dübelbefestigung

hen sind, gefunden werden. Auch wirtschaftliche und montagetechnische Einflüsse spielen dabei eine Rolle. Diese Leistung wird meist von Ingenieuren, Technikern oder Meistern erledigt. Die meisten Dübelhersteller bieten mittlerweile Berechnungsprogramme auf CD oder Online an, mithilfe derer man sehr rasch und bequem für die meisten Befestigungsaufgaben passende Dübel finden kann. Dabei bieten diese Programme für viele Befestigungsfälle im Metallbau eigene Berechnungsmodule an, so z.B. für die Geländerbefestigung (vgl. Bild 1), für Markisen, Vordächer und Stützen oder abgehängte Decken.

Schritt 1:
Verankerungsgrund und Geländertyp wird ausgewählt bzw. festgelegt

Schritt 2:
Die geometrischen Daten der Anschlussplatten, die Höhe und der Abstand der Geländerpfosten müssen eingegeben sowie die Befestigungsart des Geländers erfasst werden.

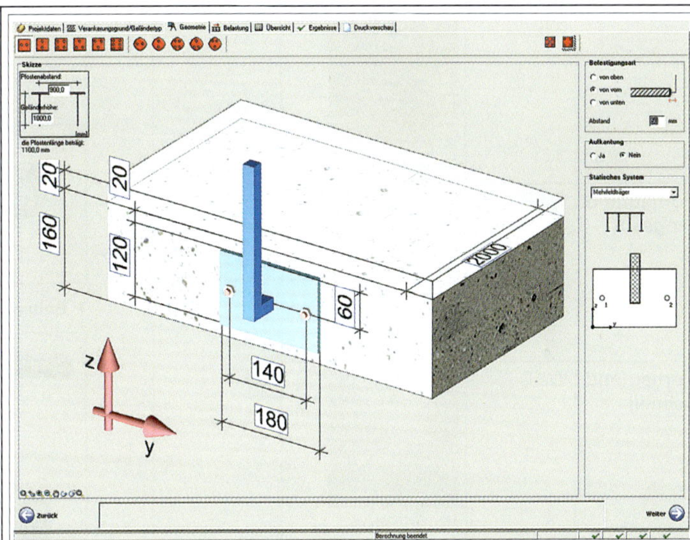

Schritt 3:
Hier werden die zu erwartenden äußeren Belastungen auf das Geländer erfasst (Windlast, Anlehnlast, Last aus Blumenkästen, Eigenlasten).

Schritt 4:
Berechnung: das Programm zeigt geeignete Dübel an.

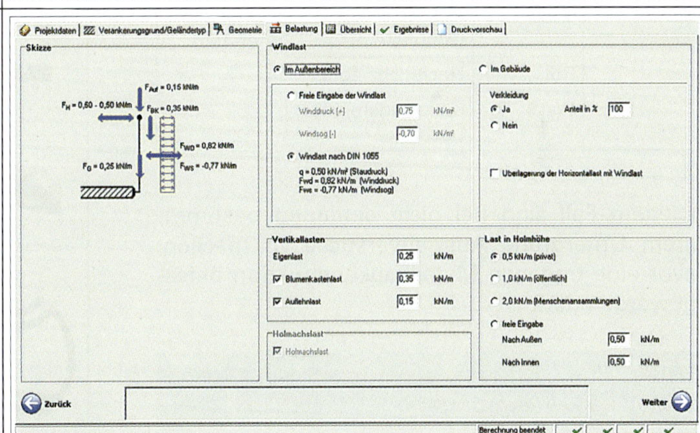

1 Dübelbemessungsprogramm – Beispiel: Befestigung eines Balkongeländers

Grundsätzliche Regeln für die Montage

Am Beispiel typischer Metallbaukonstruktionen werden die Montagerichtlinien und Wirkmechanismen der wichtigsten, bauaufsichtlich zugelassenen Dübelsysteme vorgestellt.

- **Art und Aufbau des Verankerungsgrundes prüfen**

Liegen keine genauen Angaben über den Befestigungsuntergrund vor oder ist dieser aufgrund einer Putzschicht verdeckt, so kann eine Grobbestimmung durch Bohrproben vorgenommen werden.

Bohrfortschritt (Drehbohren)	Farbe des Bohrmehls	Untergrund	
		Baustoff	Beschaffenheit
Fortlaufend langsam	Grau	 Beton, Betonstein	Vollmaterial
	Rot	 Ziegel, Klinker	
Fortlaufend langsam	Weiß	 Kalksandstein	Vollmaterial
Fortlaufend schnell	Weiß	 Porenbeton	
Ruckartig	Grau	Hohlblockstein (Betonstein)	Hohlkammerstein
	Rot	Hochlochziegel	
	Weiß	Kalksandstein mit Löchern	

In jedem Fall sind bei nicht eindeutig bestimmbarem Untergrund Ausziehversuche zu machen, bevor eine tragende Metallbaukonstruktion befestigt werden darf.

Merke: Putz, Fliesen, Isolierungen sind keine tragfähigen Untergründe!

- **Richtiges Bohrverfahren auswählen**

Abhängig vom Untergrund muss das geeignete Bohrverfahren gewählt werden, damit einerseits das Bohrloch nicht unzulässig groß ausfällt und andererseits ein kraftsparender Bohrfortschritt möglich ist (vgl. Bild 1). So dürfen beispielsweise Lochziegel nur im Drehbohrgang bearbeitet werden, da durch die Schläge die Stege der Hohlkammern ausbrechen können, d.h. der Verankerungsgrund zertrümmert würde.

- **Fachgerechte Dübelbohrungen herstellen**

Die Bohrungen sind immer senkrecht zum Verankerungsgrund zu setzen. **Bohrungsdurchmesser,**

Bohrverfahren		Baustoff
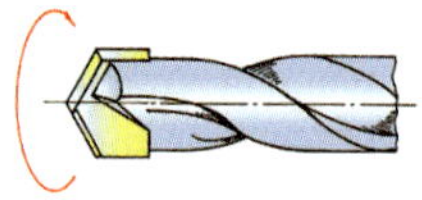	**Drehbohren** schnelle Rotation, ohne Schlag, nur im Drehgang, nicht durch Schaben	• Hohlsteine • Baustoffe mit porigem Gefüge und geringer Festigkeit • Plattenelemente
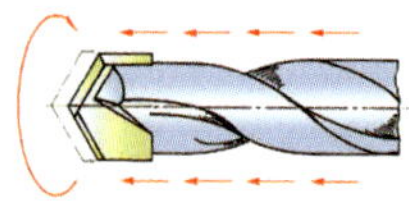	**Schlagbohren** schnelle Rotation, viele Schläge mit geringer Schlagenergie, nicht durch Zertrümmern	Vollstein mit dichtem Gefüge
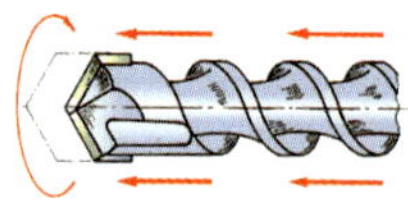	**Hammerbohren** wenig Schläge mit hoher Schlagenergie, nicht durch Zertrümern	Beton und andere

1 Bohrverfahren und Baustoffe

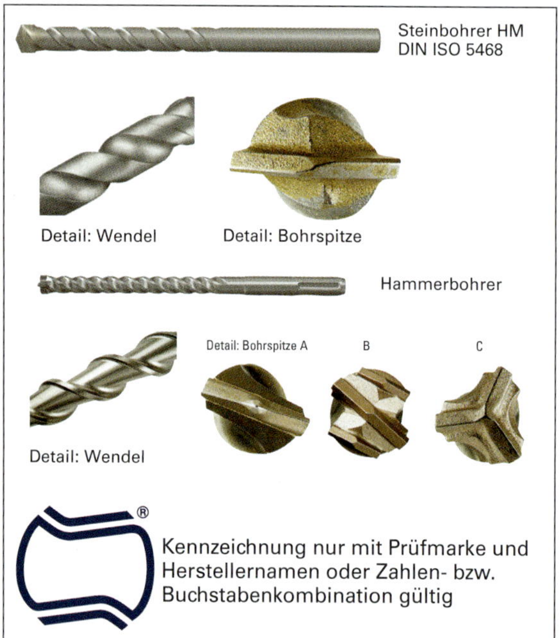

2 Mauerbohrer mit der Prüfmarke der Prüfgemeinschaft für Mauerbohrer

Bohrungstiefe sowie die **Rand- und Achsabstände** sind den **Montagevorschriften der Dübelhersteller** zu entnehmen. Bohrlöcher für Schwerlastdübel müssen außerdem Toleranzen einhalten. Bei Bohrern mit der PGM®-Prüfmarke der Prüfgemeinschaft Mauerbohrer ist dies gewährleistet (vgl. Bild 2). Bohrer ohne Prüfmarke sollten weder für zulassungspflichtige noch für zulassungsfreie Dübelverbindungen verwendet werden, um Personen- und Sachschäden zu vermeiden.

Alle Bohrungen sind entsprechend den Montagevorschriften **gründlich** zu **reinigen** (Ausblasen, oftmals auch Ausbürsten mit speziellen Reinigungsbürsten). An der Lochwand anhaftender Bohrstaub verhindert bei stoffschlüssigen Dübeln den Verbund zwischen Dübel und Untergrund und mindert bei kraftschlüssigen Dübeln erheblich die Reibungskräfte.
Bei Fehlbohrungen ist in einem Mindestabstand entsprechend den Zulassungsbestimmungen eine neue Bohrung zu setzen. Fehlbohrungen sind Bohrungen, die entweder falsch platziert wurden, oder die wegen Auftreffens auf die Bewehrungsstäbe in Beton nicht die erforderliche Tiefe erreichen. In Fehlbohrungen darf nicht befestigt werden. Allgemein sollen folgende Richtlinien beachtet werden:

Dübeltyp	Mindestabstand der neuen Bohrung/ Maßnahme
Kunststoffdübel	Abstand größer 1 × Bohrungstiefe oder größer 5 × Dübeldurchmesser
Metallspreizdübel	Abstand größer 2 × Bohrungstiefe
Verbunddübel	Vermörtelung der Fehlbohrung

Genaue Regelungen müssen den Produktinformationen entnommen werden.

Dübel und Anbauteil vorschriftsmäßig montieren

Eine Gewährleistung für die Tragfähigkeit gibt es nur, wenn die Dübel und das Bauteil nach Zulassung bzw. Montageanleitung fachgerecht montiert werden. Die Montage ist bei tragenden Konstruktionen aus Haftungsgründen durch ein Montageprotokoll zu dokumentieren (Nachweis für fachgerechte Montage!). So sind z.B. beim Anziehen von Metallspreizdübeln geeichte Drehmomentschlüssel zu verwenden. Auch die Durchgangslöcher im Anbauteil müssen den vorgeschriebenen Durchmesser aufweisen.

Die Montage der Dübel erfolgt entweder in Vorsteck- oder in Durchsteckmontage (Bild 1).
Bei der **Vorsteckmontage** wird nach der Bestimmung der Dübelposition das Bohrloch im Untergrund angerissen und gebohrt, anschließend der Dübel gesetzt und das Bauteil befestigt.
Durchsteckmontage heißt: Durch das vorgebohrte und richtig positionierte Bauteil hindurch werden die Bohrungen im Verankerungsgrund erstellt und danach die Dübel durch das Bauteil in den Untergrund eingebracht und endgültig montiert. Die Durchsteckmontage erspart das vorherige exakte (und oft fehlerbehaftete) Anzeichnen jedes Dübelloches. Das zu befestigende Bauteil dient somit als Schablone.

Vorsteckmontage
z.B. Hängeschrank an Gasbetonwand

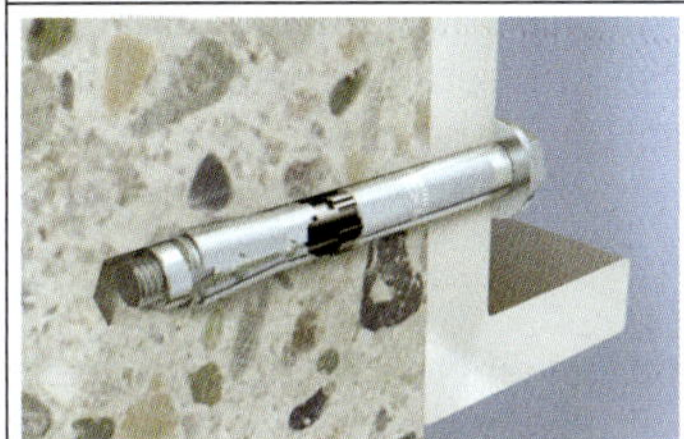

Durchsteckmontage
z.B. Lattenunterkonstruktionen an Mauerwerk oder Decken

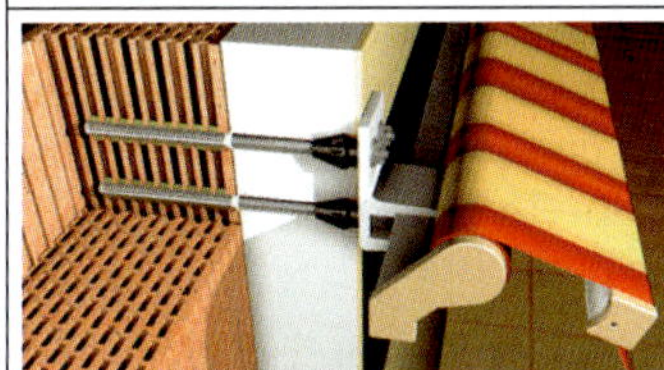

Abstandsmontage
z.B. vor vorgehängte Fassaden oder Markisen

1 Montagearten von Dübelsystemen

Die **Abstandsmontage** wird häufig bei der Fenster-, Türen und Fassadenbefestigung angewendet. Dabei liegt das Bauteil in einem bestimmten Abstand vor dem Verankerungsgrund. Die Befestigungsmittel werden zusätzlich auf Biegung belastet.

Im Außenbereich nur Edelstahldübel montieren

Galvanisch verzinkte Stahldübel sind 5 bis 10 µm stark mit Zink beschichtet. Verzinkte Stähle bilden an der Luft eine schützende Schicht, die aber unter dem Einfluss der Bewitterung gleichmäßig abgetragen wird: bei Landluft etwa ein bis 3 µm pro Jahr, in aggressiver Industrieluft sogar bis zu 14 µm. Damit ist bereits nach einem Jahr kein Korrosionsschutz mehr vorhanden. **Galvanisch verzinkte Stahldübel** dürfen **nur in trockenen Innenräumen** eingesetzt werden. Entgegen der oft angewandten Praxis sind in Feuchträumen und im Freien ausschließlich Befestigungselemente aus nicht rostendem Stahl z.B. mit der Werkstoffnummer 1.4401 (A4) u.a. zulässig. Die Zulassungen der Dübel sind den Herstellerunterlagen zu entnehmen. In chlorhaltiger Atmosphäre (Hallenschwimmbad) aber auch in Straßentunnels, Kraftwerken und Kläranlagen können sich auch an den Oberflächen von Bauteilen aus nicht rostendem Stahl dennoch Korrosionsbelastungen entwickeln, die zu Schäden führen. Einen dauerhaften Schutz vor aggressiven Atmosphären bietet nur ein hochkorrosionsbeständiger Werkstoff, beispielsweise Stahl mit der Werkstoffnummer 1.4529.

Arten von Schwerlastdübeln
Die Befestigung von Metallbaukonstruktionen erfolgt mit Schwerlastdübeln, die eine bauaufsichtliche Zulassung aufweisen müssen. Sinnvollerweise sollte diese auch für die „gerissene Zugzone" (vgl Seite 550) gelten. Andernfalls müsste ausdrücklich statisch nachgewiesen werden, dass im Befestigungsuntergrund nur Druckspannungsbereiche herrschen. Zugzonentaugliche Dübel gleichen die durch Risse auftretende Vergrößerung des Bohrloches in der Zugzone des Befestigungsgrundes und die damit verbundene Minderung der Tragfähigkeit wieder aus.

Metallspreizdübel aus galvanisch verzinktem Stahl (Innenräume) oder nichtrostendem Stahl A4 (Feuchträume, Außenbereich) dürfen aufgrund ihrer großen Spreizkräfte nur in Beton oder Naturstein verankert werden. Man unterscheidet zwischen

- Kraftkontrollierten Spreizdübeln und
- Wegkontrollierten Spreizdübeln.

Kraftkontrollierte Dübel leiten die äußeren Zugkräfte durch Reibung zwischen Spreizhülse und Bohrlochwand in den Verankerungsgrund ein. Übersteigen die äußeren Kräfte die Reibkräfte, so spreizt der Konus die Spreizhülse weiter auf. Dadurch wird die Haltekraft des Dübels aufrecht erhalten. Dies nennt man **Nachspreizen**. Diese Dübel sind **zugzonentauglich** und werden meist in Durchsteckmontage gesetzt (Bild 1).

Wegkontrollierte Spreizdübel, auch **Einschlaganker** genannt, sind Innengewindedübel, die nur in Vorsteckmontage gesetzt werden können. Der in der Dübelhülse befindliche Konus wird mit einem speziellen Setzwerkzeug eingeschlagen und die Hülse damit gespreizt.
Die Spreizwirkung ist auf die Höhe des Konus beschränkt. Wegkontrollierte Dübel können daher nicht nachspreizen und sind auch **nicht zugzonentauglich**.
Aufgrund der Schlagspreizung sind die Spreizkräfte auf den Untergrund wesentlich größer als bei kraftkontrollierten Dübeln. Dies bedingt entsprechend größere Rand- und Achsabstände. Einschlagdübel sind empfindlich gegenüber Bohrlochtoleranzen und ungenauen Bohrlochtiefen, weil sie eine ordnungsgemäße Spreizung verhindern.

Spreizdruckfreie Dübel werden vorwiegend dort gesetzt, wo kleine Rand- und Achsabstände benötigt werden. Hierbei wird der Untergrund durch keine oder nur geringe Spreizkräfte belastet. Man unterscheidet dabei:

- Verbunddübel – stoffschlüssig wirkend
- Schraubanker (Betonschraube) – formschlüssig wirkend

Verbunddübel sind Verankerungen von Gewindestangen mit oder ohne Konusbolzen (Verbundankern) oder Innengewindehülsen mit einem Ver-

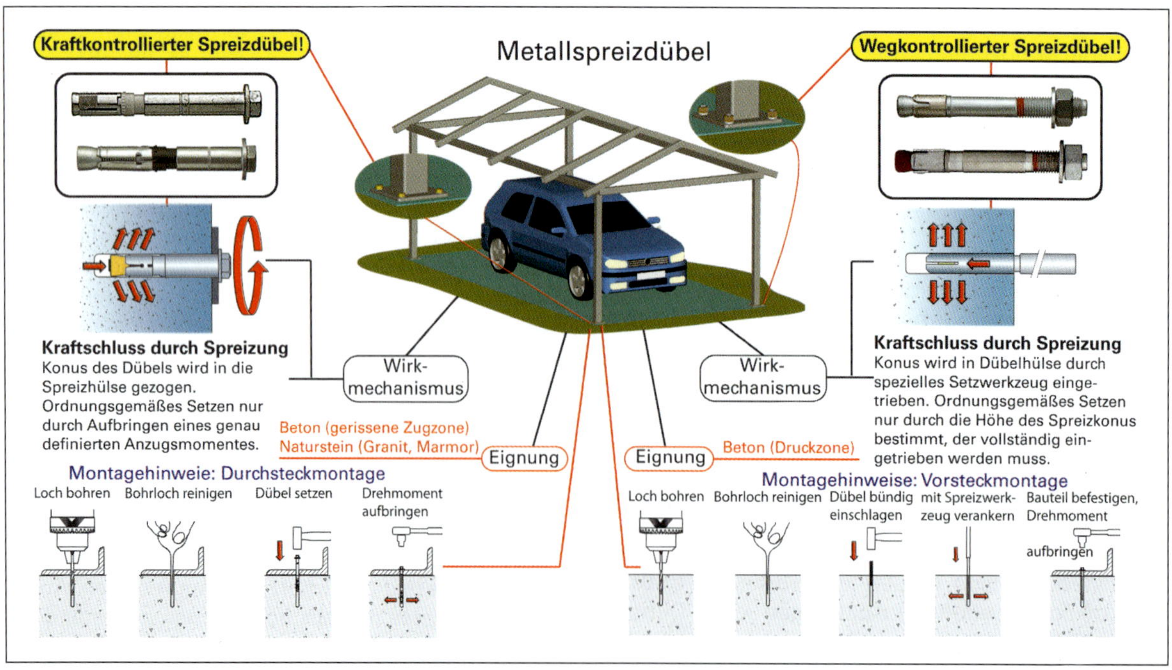

1 Metallspreizdübel

bundmörtel. Das Setzen erfolgt in Vorsteck- oder systemabhängig auch in Durchsteckmontage. Je nach Verankerungstemperatur muss eine bestimmte Aushärtezeit eingehalten werden, bevor der Dübel belastet werden darf.

Genauere Angaben sind den jeweiligen Herstellerunterlagen bzw. Montageanweisungen zu entnehmen. Beim Vorspannen und Belasten des Verbunddübels entstehen gewisse Spaltkräfte, die aber im Vergleich zu den Metallspreizdübeln wesentlich geringer sind. Daher kann mit kleineren Rand- und Achsabständen befestigt werden.

Verbundanker mit einfacher Gewindestange sind immer für den Einsatz in ungerissenem Beton (Druckzone) sowie teilweise auch für den Einsatz in gerissenem Beton (Zugzone) zugelassen. Sie besitzen kein Nachspreizverhalten und wirken bei der Montage völlig spreizdruckfrei.

Verbundanker mit Konusbolzen sind risstaugliche Verbundanker mit Zulassung für die gerissene Zugzone in Beton. Mit zunehmender Belastung werden die Konen in den Mörtel gezogen, der dabei als Spreizhülse wirkt. Damit wird das für die Zugzone wichtige Nachspreizen gewährleistet. Die Spreizkräfte sind dabei aber wesentlich geringer als bei Metallspreizdübeln, wodurch geringere Rand- und Achsabstände zulässig sind.

Sowohl der Konusverbundanker als auch die einfache Gewindestange wird je nach Dübelhersteller als Patronensystem und/oder Injektionssystem angeboten.

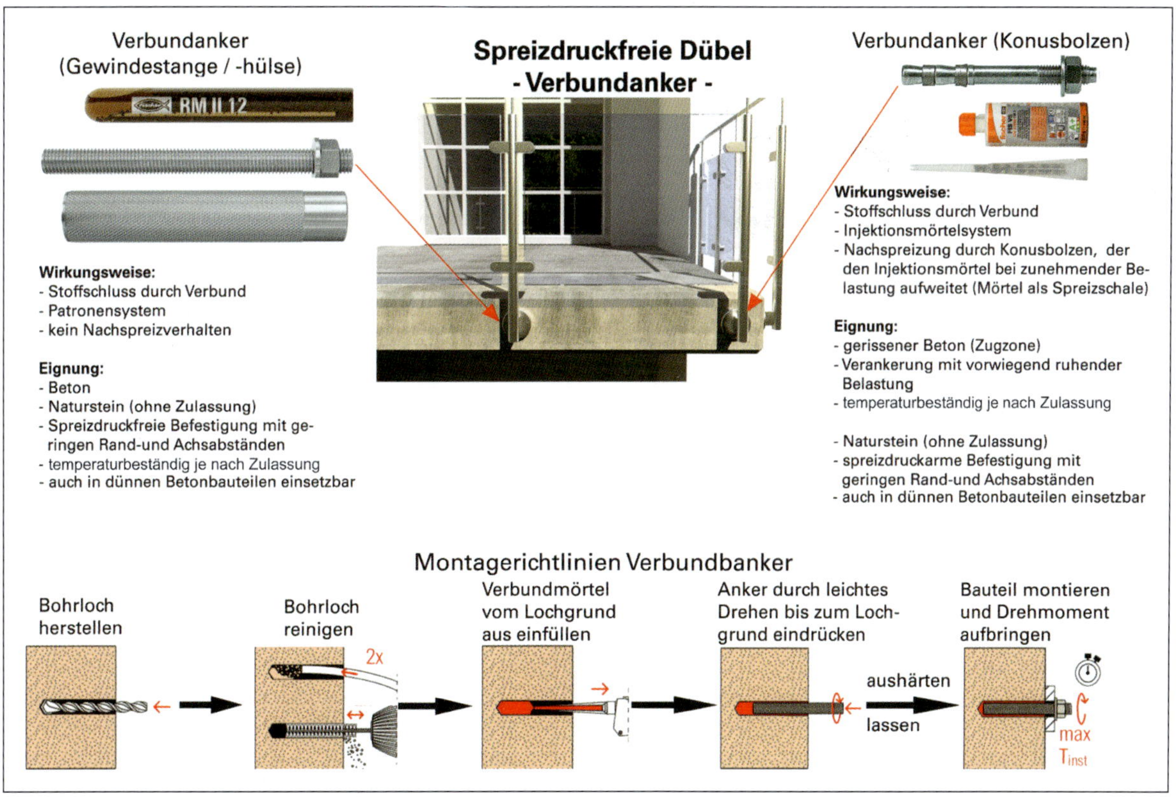

1 Verbundanker

Patronensysteme

Eine Mörtelpatrone aus Glas, die ein Reaktionsharz, Härter sowie Quarzzuschlag enthält, wird in das vorbereitete Bohrloch gesteckt. Anschließend wird eine an der Spitze abgeschrägte Gewindestange oder eine Gewindehülse unter Dreh-Schlag-Bewegungen des Bohrhammers eingeführt. Dabei wird die Glaspatrone zerstört und ihr Inhalt gut durchmischt. Die Mörtelmenge ist so bemessen, dass bei Erreichen der erforderlichen Setztiefe etwas überschüssiger Mörtel an der Betonoberfläche herausquillt (Setzkontrolle). Das exakte Einhalten des vorgeschriebenen Lochdurchmessers und Lochtiefe ist Voraussetzung für die Tragfähigkeit der Verankerung. Nach Einhalten der erforderlichen Aushärtezeit kann die Konstruktion mit vorgeschriebenem Drehmoment befestigt werden.

Injektionssysteme
Der Verbundanker wird mit einem speziellen Injektionsmörtel verankert, der mit einer Kartusche in das Bohrloch gefüllt wird.
Vor allem die für Befestigung von Schwerlasten in Mauerwerk (z. B. Vordächer, Markisen) werden meist Injektionsdübelsysteme verwendet. In Vollsteinen erfolgt die Lastübertragung wie in Beton durch Stoffschluss. In Hohlkammersteinen bildet der in die Kammern eingepresst Mörtel eine formschlüssige Verbindung mit den Stegen.

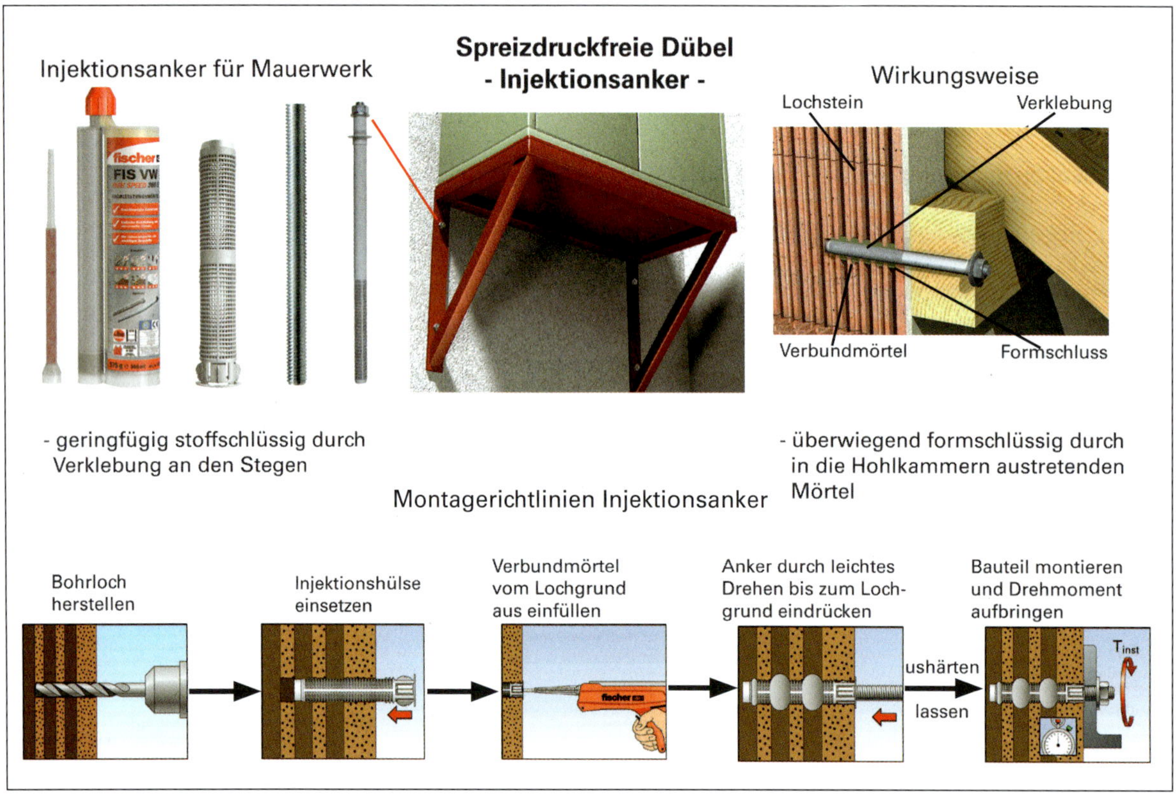

1 Injektionsanker für Mauerwerk

Schraubanker (Betonschraube) sind rein formschlüssig wirkende Verankerungen, bei denen eine „Verzahnung" des Dübels mit dem Untergrund erzielt wird. Beim Einschrauben mit dem Schlagschrauber schneidet der Schraubanker sein Innengewinde im Beton selbst. Dadurch entsteht ein Hinterschnitt mit formschlüssigem Halt.

Das Schneidengewinde von Schraubankern ist nur für einen einmaligen Einsatz ausgelegt. Das Gewinde würde bei einem zweiten Schnitt mit der selben Schraube nicht mehr korrekt geschnitten und die volle Belastung wäre nicht mehr übertragbar. Die Schraube darf auch kein zweitesmal in das selbe Bohrloch gedreht werden. Es könnte ein zweiter Gewindegang in das Bohrloch geschnitten werden, was wiederum zu einer erheblichen Herabsetzung der übertragbaren Lasten führen würde.

Merke: Für temporäre Befestigungen können speziell hierfür zugelassene Schraubanker mehrfach wiederverwendet werden, jedoch niemals im gleichen Bohrloch.

Schraubanker (Betonschraube)

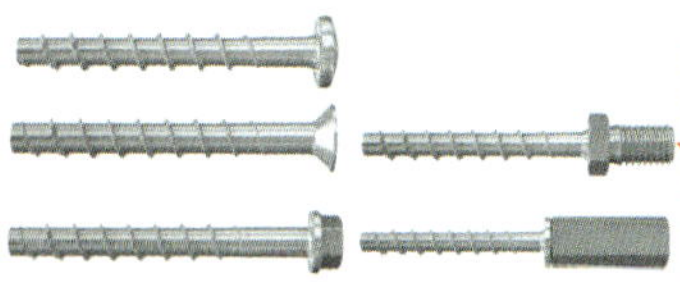

Eignung:
- gerissener Beton (Zugzone) und ungerissener Beton (Druckzone)
- Naturstein

Spreizdruckfreie Dübel
- Schraubanker -

Wirkungsweise Schraubanker

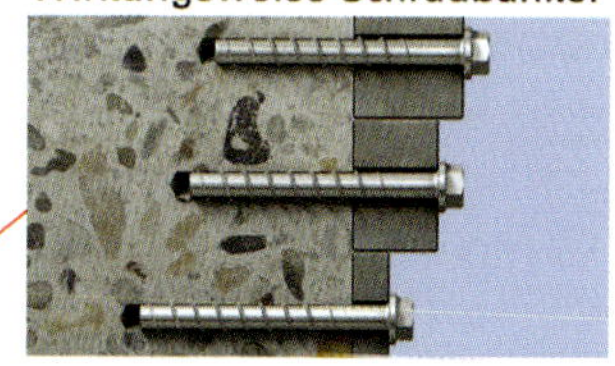

Wirkungsweise:
- Formschluss durch Verzahnung aufgrund des selbstgeschnittenen Gewindes
- spreizdruckfreie Verankerung

Montagerichtlinien Schraubanker

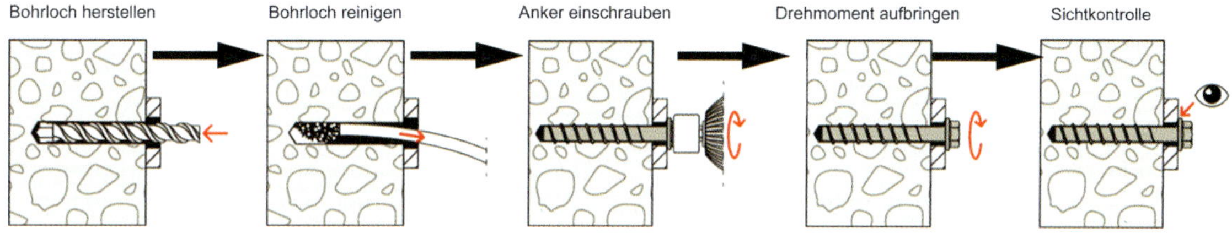

1 Schraubanker (Betonschraube)

Folgende Tabelle zeigt eine Zusammenfassung der zugelassenen Dübelsysteme in Abhängigkeit vom Untergrund:

Verankerungsgrund			Dübelart				
			Metallspreizanker Hinterschnittdübel Schraubanker	Verbunddübel (Patronensystem)	Verbunddübel Injektionssystem Mit Siebhülse	Verbunddübel Injektionssystem Ohne Siebhülse	Kunststoffdübel
Normalbeton			■	■		■	■
Mauerwerk	Ziegel	Vollstein					■
		Lochstein			■		■
	Kalksandstein	Vollstein				□	■
		Lochstein			■		■
	Leichtbeton	Vollstein				□	■
		Hohlblockstein			■		■
	Normalbeton	Hohlblockstein					
Porenbeton					■	□	

■ zugelassene Systeme □ vom Hersteller empfohlen

11.2.4 Versagen von Dübelsystemen

Überbeanspruchung von Ankerpunkten, fasche Montage und nicht ausreichend tragfähige Untergründe können zum Versagen von Dübelsystemen führen (vgl. Bild 1).

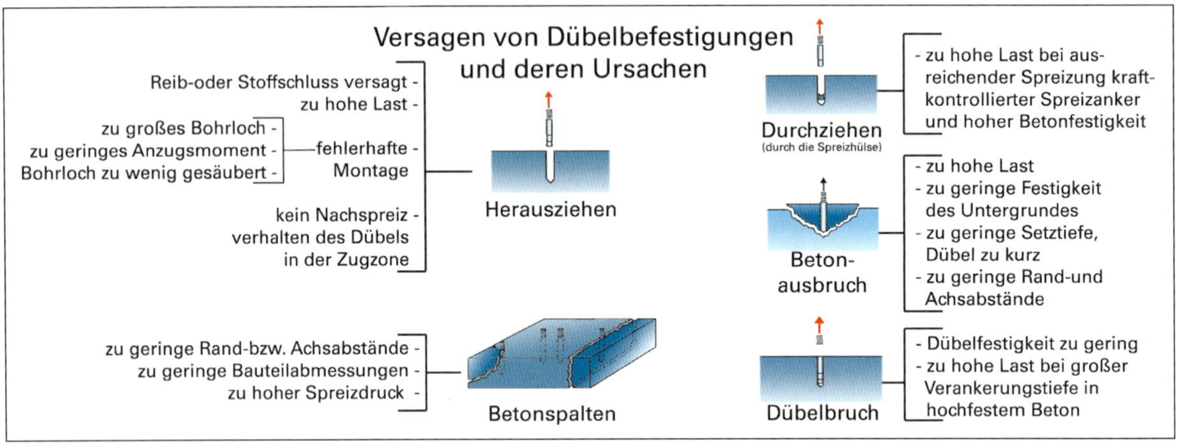

1 Versagen von Dübelbefestigungen – Ursachen

Einfluss von Rand- und Achsabständen auf Betonausbruch oder Betonspalten

Ein Betonausbruch erfolgt i. d. R. unter einem Ausbruchskegel von ca. 35° gegen die Betonoberfläche. Der Durchmesser des Ausbruchskegels beträgt dabei ca. das Dreifache der Verankerungstiefe. Werden nun zwei Dübel nebeneinander gesetzt, so muss deren Mindestabstand ca. das Dreifache der Verankerungstiefe betragen, damit sich ihre Ausbruchskegel nicht überschneiden; nur unter diesen Bedingungen kann jeder Dübel seine volle Tragkraft entfalten. Verringert sich jedoch der Achsabstand, so überschneiden sich die beiden Ausbruchskegel. Dadurch wird die übertragbare Last jedes einzelnen Dübels und damit die Tragfähigkeit der gesamten Dübelgruppe verringert. Ähnliche Verhältnisse gelten bei zu geringen Randabständen.

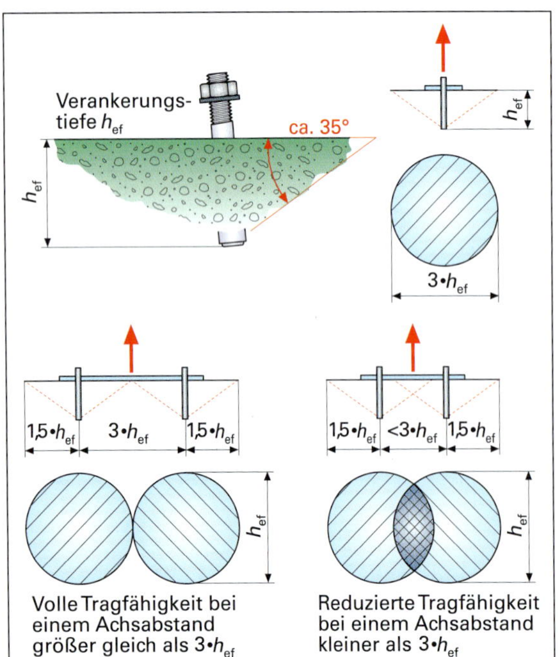

2 Rand- und Achsabstände – Betonausbruch

11.2.5 Beispiele fehlerhafter Dübelbefestigungen

In der Praxis treten häufig fehlerhafte Dübelbefestigung auf, weil

- nicht sorgfältig genug geplant wurde (z. B. Vordach versagt infolge zu gering bemessener Schneelast oder aufgrund der falschen Dübelauswahl),
- die Montage fehlerhaft ausgeführt wurde (z. B. nicht fachgerechte Bohrlochherstellung) oder
- die Nutzung der Konstruktion sich geändert hat (z. B. Versagen einer abgehängten Decke infolge einer Höherbelastung durch eine schallschluckende Verkleidung).

Bei der Planung und der Montage können dabei offensichtliche aber auch versteckte Mängel auftreten. Gerade versteckte Mängel sind tückisch, da sie meist erst durch einen auftretenden Schadensfall (Unfall) nachgewiesen werden; in jedem Fall aber strafrechtliche Folgen und/oder wirtschaftliche Regressansprüche nach sich ziehen.

Offensichtliche Mängel	Versteckte Mängel
Spaltrisse oder Abplatzungen im Untergrund	Falsche Verankerungstiefe
Fehlbohrungen	Falscher Dübeltyp
Falsche Materialauswahl beim Dübel beispielsweise für Außenbereiche	Zu frühzeitige Belastung bei stoffschlüssigen Dübeln
	Falsches Bohrverfahren im Hohlmauerwerk
	Ungenügende Bohrlochreinigung
	Anziehen mit falschem Drehmoment
	Ungenügende Verspreizung

Folgende Abbildungen zeigen typische Mängel:

Zu geringe Randabstände

Schräg eingebaute Bolzenanker

Ungünstige Wahl der möglichen Befestigungspunkte

Befestigung an der Fase

Aufgaben

1. Welche beiden Arten von Metallspreizdübeln gibt es? Beschreiben Sie die unterschiedliche Wirkungsweise und Handhabung bei der Montage.
2. Warum dürfen Metallspreizdübel nur in Beton oder Naturstein verwendet werden?
3. Was versteht man unter spreizdruckfreien Befestigungen? Welche Vorteile besitzen sie?
4. Welche Dübel wirken spreizdruckfrei?
5. Welche Dübel wirken stoffschlüssig, welche formschlüssig?
6. Wie oft dürfen Schraubanker verwendet werden? Begründen Sie.
7. Wodurch unterscheiden sich Verbundanker im Patronensystem gegenüber Injektionsankern?
8. Welche allgemeinen Grundsätze gelten bei der Montage von Dübeln?
9. Was versteht man unter „tragenden Konstruktionen"? Welche Voraussetzungen müssen gegeben sein, damit „tragende Konstruktionen" mit Dübeln befestigt werden dürfen?
10. Beschreiben Sie die unterschiedlichen Montagearten von Dübeln; welche Vor- und Nachteile haben sie jeweils?
11. Welche unterschiedlichen Bohrverfahren werden bei der Herstellung der Dübelbohrungen angewendet? Nennen Sie jeweils typische Einsatzbereiche.
12. Warum dürfen im Außenbereich nur Dübel aus nicht rostendem Stahl verwendet werden und keine galvanisch verzinkten Dübel?
13. Beschreiben Sie mögliche Versagensursachen für Dübelbefestigungen.

11.3 Befestigen mit Maueranken und Bindemitteln

Obwohl heute für viele Metallbaukonstruktionen moderne Befestigungstechniken wie Dübeln oder die Direktbefestigung mittels Setzbolzen verwendet werden, stirbt die herkömmliche Befestigungsart, das Einmauern mit Bindemitteln, dennoch nicht aus. So macht es beispielsweise keinen Sinn,

1 Fenstergitter angedübelt (nicht einbruchsicher)

1 Fenstergitter eingemauert (richtig)

ein Fenstergitter, das Einbrechern Einhalt gebieten soll, mit Dübeln im Mauerwerk zu befestigen, weil das Gitter mit einfachen Werkzeugen wie einem Schraubenschlüssel von jedermann ohne weiteres entfernt werden kann. Hier muss auf die altbewährte Befestigungstechnik, dem Einmauern, zurückgegriffen werden.

Zum Einmauern von Metallbaukonstruktionen müssen diese mit entsprechenden Maueranker versehen sein, die dann mithilfe von speziellen Bindemitteln, Zementmörtel oder Schnellzement befestigt werden. Dazu müssen passende Löcher im Mauerwerk ausgestemmt werden. Besser ist es aber, bereits entsprechende Aussparungen bei der Erstellung des Mauerwerks einzuplanen.

Die Verankerungslöcher müssen dabei konisch nach hinten ausgeweitet, sorgfältig gereinigt und angefeuchtet werden. Die Konstruktion wird anschließend eingerichtet, abgestützt und verkeilt, bevor man die Löcher mit einem geeigneten Bindemittel, z.B. Zementmörtel oder schnell bindendem Montagezement ausgießt. Erst nach der vorgeschriebenen Abbindezeit dürfen die Bauteile bewegt beziehungsweise Erschütterungen ausgesetzt werden.

Zementmörtel ist eine Mischung von Sand und Zement im Verhältnis 3 zu 1. Nachteilig ist seine lange Abbindezeit, sodass die Konstruktion frühestens nach 48 Stunden voll belastet werden darf.
Deshalb werden heute in der Regel sogenannte Schnell- oder Montagezemente verwendet, die fertig angemischt, nur noch mit Wasser angerührt werden müssen und danach innerhalb weniger Minuten aushärten. Zugabe von scharfkörnigem Sand vergrößert dabei die Menge, ohne dass die Aushärtezeit erhöht und die endgültige Festigkeit verringert würde.

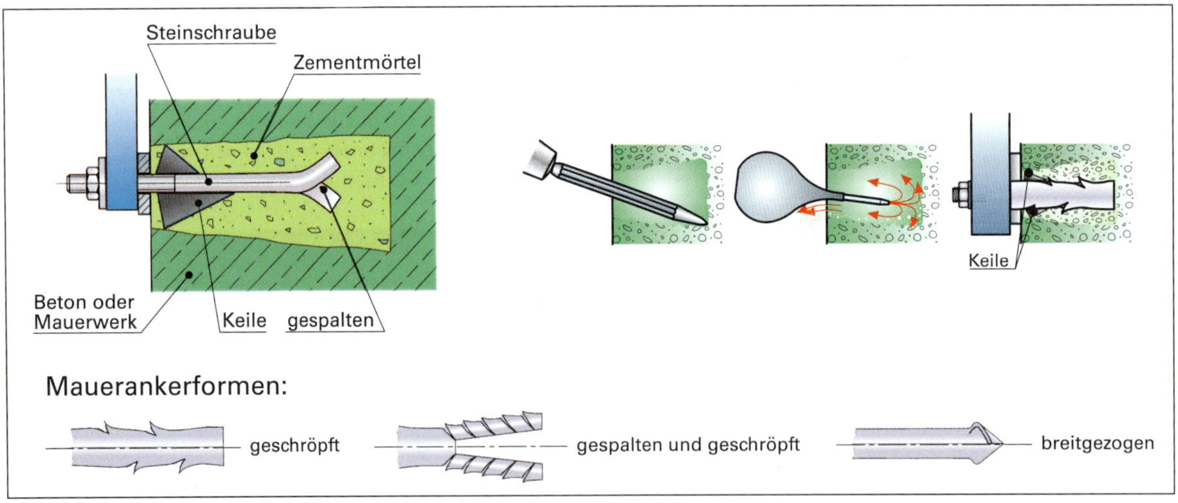

1 Montage eines Mauerankers

Aufgaben

1. Welche Metallbaukonstruktionen werden sinnvollerweise eingemauert? Suchen Sie Beispiele aus Ihrem Umfeld.
2. Welche Bindemittel werden für das Einmauern verwendet? Vergleichen Sie die Bindemittel untereinander. Wie werden sie hergestellt?
3. Nennen Sie wichtige Vorraussetzungen für ein erfolgreiches Befestigen eines Fenstergitters durch Einmauern.

11.4 Befestigen mit einbetonierten Vorrichtungen

Wird bei der Planung eines Bauwerks die spätere Montage einer anzuschließenden Metallbaukonstruktion bereits berücksichtigt, so geschieht dies meist durch Einbetonieren von speziellen Vorrichtungen, an die dann die jeweilige Konstruktion (z.B. Gitter, Tor, Geländer, Fassadenhalterung usw.) angeschraubt oder angeschweißt werden kann. So können beispielsweise die Bänder eines Einfahrtstores an einer im Torpfosten einbetonierten Ankerplatte später angeschweißt oder angeschraubt werden.

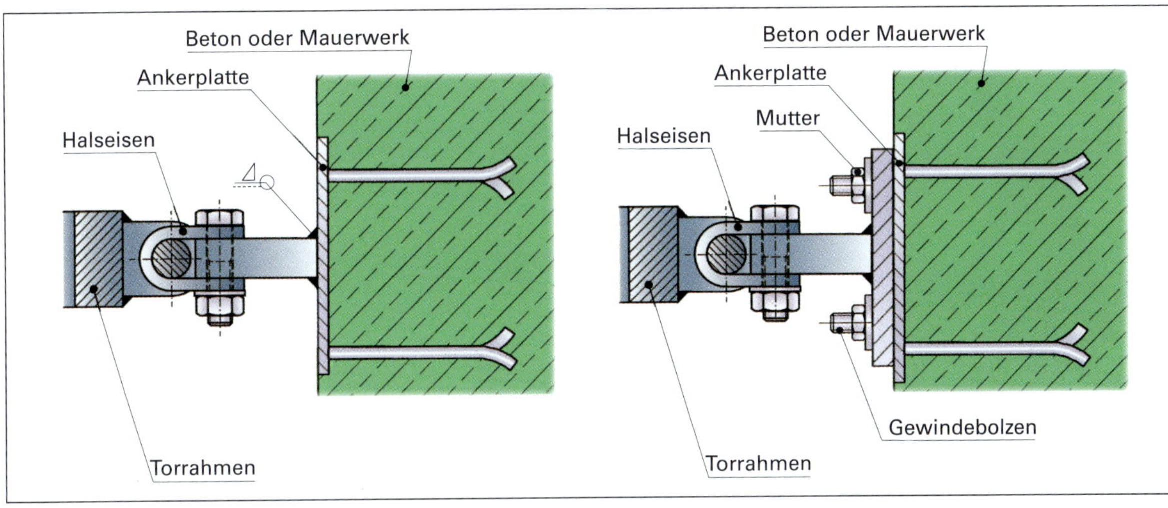

1 Einbetonierte Verankerungen am Beispiel eines Hoftores

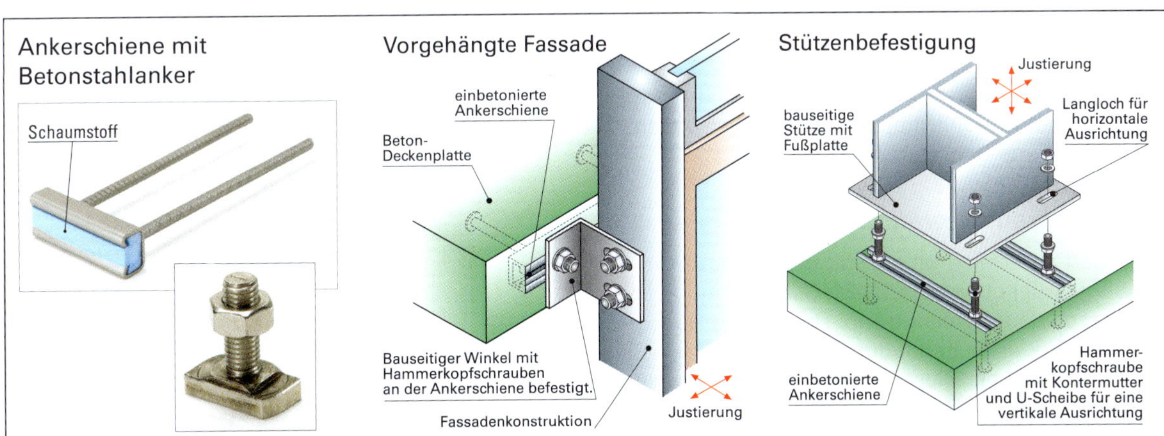

2 Anwendung von einbetonierten Ankerschienen im Stahl- und Metallbau

Eine sehr elegante Möglichkeit der Befestigung bieten so genannte **Ankerschienen** in Verbindung mit Hammerkopfschrauben. Ankerschienen sind warm oder kalt gewalzte C-Profile, die in den Beton eingegossen werden (Bild 2). Sie sind mit Schaumstoff ausgefüllt, damit beim Ausgießen des Bauteils kein Beton in die Schiene eindringen kann. Nach dem Ausschalen des Betonbauteils wird der Schaumstoff heraus gekratzt und die Metallbauteile können sofort mit den Hammerkopfschrauben befestigt werden. Die Schrauben werden dabei in die Ankerschienen eingeführt und durch eine 90° Drehung gegen Herausziehen gesichert. Bild 2 zeigt typische Anwendungsfälle für Befestigungen im Stahl- und Metallbau mithilfe von Ankerschienen.

Eine besonders vorteilhafte Befestigung von Geländern an der Stirnseite der Balkondecke ist mit Ankerschienen möglich (siehe Kap. 5.9). Die übliche Befestigung mit Dübeln gestaltet sich hier sehr schwierig, da aufgrund der sehr geringen Dicken der Betondecke die für Dübel üblichen Achs-

und Randabstände nicht mehr eingehalten werden können und die Dübel die auf das Geländer wirkenden äußeren Belastungen durch Anlehnen oder Windkräfte nicht übertragen können. Die einbetonierten Ankerschienen gestatten eine problemlose stirnseitige Geländerbefestigung an Balkondecken bis zu 10 cm Mindestdicke. Die Betondecke wird dabei durch keinerlei Spreizkräfte, wie sie bei Dübeln entstehen, belastet.

11.5 Befestigen mit Setzbolzen

Beim Bolzensetzen wirkt der Setzbolzen mit einem speziellen Werkzeug, dem Setzwerkzeug direkt ohne weitere Vorarbeiten in den Verankerungsgrund eingetrieben. Diese Art der Direktmontage wird üblicherweise im Fassadenbau und Gebäudeausbau zur Befestigung von Decken, Rohren, Lüftungskanälen oder Fassadenelementen in Stahl oder Beton angewendet. Die Direktmontage ergibt für den Anwender einen wesentlichen Zeitvorteil, da aufwändige Anreiß- und Bohrvorgänge entfallen.

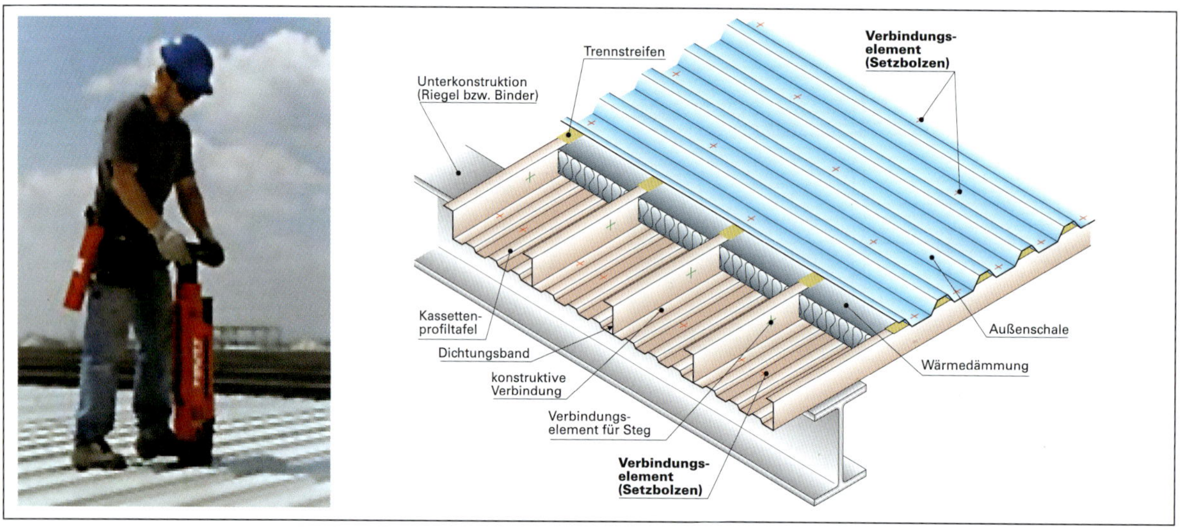

1 Befestigen von Trapezblechen an Stahlträgern

11.5.1 Bolzensetzwerkzeuge

Heute darf ausschließlich nur mit Bolzenschubwerkzeugen gearbeitet werden. Diese Setzwerkzeuge arbeiten nach dem Kolbenprinzip. Dabei wirkt der Explosionsdruck einer Treibladung, der Kartusche, auf einen Schubkolben. Dieser überträgt die Ladungsenergie auf den Setzbolzen. Durch die Zwischenschaltung dieses Schubkolbens wird die Mündungsgeschwindigkeit des Setzbolzens im Vergleich zu den früher üblichen Bolzenschusswerkzeugen wesentlich verringert. Trotzdem wird eine hohe Eintreibkraft erreicht, weil der Setzbolzen mit einer höheren Wucht (größere Masse des Schubkolbens) in den Verankerungsgrund getrieben wird.

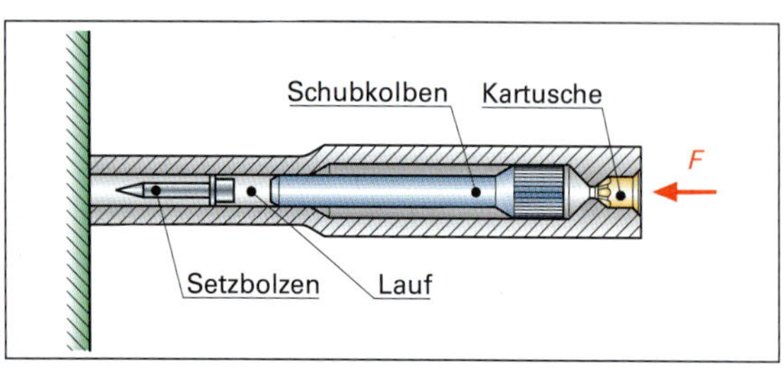

2 Bolzenschubwerkzeug (Realabbildung und Funktionsprinzip)

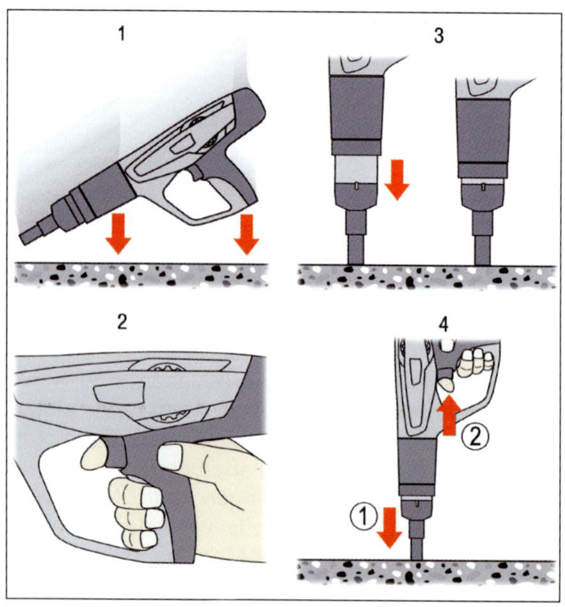

3 Anwendungssicherheit von Bolzensetzwerkzeugen

Merke: Zum Setzen von Bolzen dürfen nur Bolzenschubwerkzeuge verwendet werden. Bolzenschusswerkzeuge, bei denen die Treibladung direkt auf den Setzbolzen wirkt, sind verboten!

Bolzenschubwerkzeuge (Bild 3, Seite 565) sind anwendungssicher konstruiert. Sie verfügen über
- eine Abzugssicherung (2),
- eine Anpresssicherung (3),
- eine Fallsicherung (1),
- eine Auslösesicherung (4).

Daraus folgt, dass zugelassene Geräte nur dann ausgelöst werden können, wenn das Gerät mit einer genau definierten Anpresskraft (50 N) senkrecht auf den Untergrund gedrückt (Anpresssicherung) und **erst dann** der Abzug betätigt wird. Das bedeutet, dass sich bei betätigtem Abzug kein Schuss lösen kann, wenn das Gerät erst hinterher auf den Untergrund gepresst wird (Auslösesicherung). Das freihändige Auslösen oder das zufällige Auslösen durch Herabfallen des Gerätes sind ausgeschlossen (Fallsicherung, Abzugssicherung).

Bolzenschubgeräte dürfen nur verwendet werden, wenn an ihnen vorliegende Angaben deutlich erkennbar und dauerhaft angebracht sind:
- Zulassungszeichen
- Name oder Warenzeichen des Herstellers
- Typenbezeichnung
- Bezeichnung der vorgeschriebenen Munition
- Seriennummer
- Prüfzeichen

Alle zwei Jahre ist das Bolzenschubwerkzeug dem Hersteller zur Wiederholungsprüfung vorzulegen, bei wesentlichen Funktionsmängeln muss dies unverzüglich geschehen.

Bolzenschubwerkzeuge werden heute üblicherweise in drei Varianten angeboten:

Einzelsetzgeräte: nach jedem „Schuss" muss ein neuer Setzbolzen eingelegt und, falls die Kartusche nicht magaziniert ist, diese ebenfalls nachgeladen werden.

Halbautomaten: für diese Geräte gibt es magazinierte Setzbolzen und Kartuschen. Nach jedem Setzvorgang muss aber der Kolben manuell zurückgezogen werden.

Vollautomaten: die magazinierten Setzbolzen und Kartuschen werden automatisch nachgeladen und der Schubkolben automatisch in seine hintere Ausgangslage zurückgeführt.

11.5.2 Setzbolzentypen

Es gibt heute eine Vielzahl von verschiedenen Setzbolzentypen. Man unterscheidet:

1. Nägel

Nagel

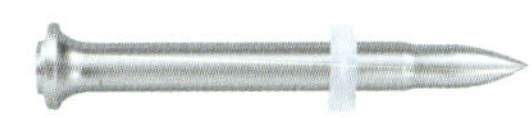

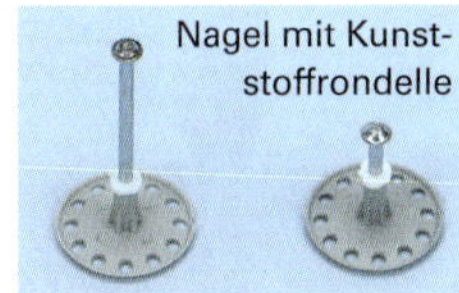

2. Gewindebolzen mit verschiedenen Schaft- und Gewindelängen

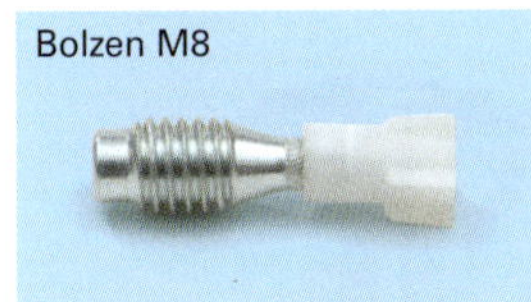

3. Spezialbolzen, z. B. Dämmstoffhalter

Dämmstoffhalter

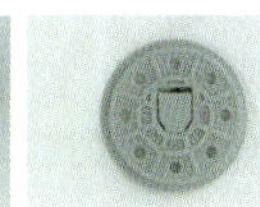

1 Setzbolzentypen

Es dürfen nur Setzbolzen verwendet werden, die zum Bolzenschubwerkzeug passen und die mit dem Herstellerkennzeichen versehen sind.

11.5.3 Kartuschen

Die Kartuschen enthalten die Treibladung, deren Stärke hauptsächlich vom Verankerungsgrund abhängt. Es darf nur Munition verwendet werden, die auf das Bolzenschubgerät angepasst ist, in der Betriebsanleitung angegeben ist und ein Herstellerkennzeichen trägt und mit dem Stärkegrad der Ladung gekennzeichnet ist.

11.5.4 Tragverhalten von Setzbolzen in Stahl und Beton

Beim Eindringen des Bolzens wird der Untergrund verdrängt und verdichtet. Es entstehen hohe Druckkräfte und Temperaturen, die den Setzbolzen mit dem Stahluntergrund verschweißen. In Beton kommt es zu einer teilweisen Versinterung mit dem Setzbolzen. In beiden Fällen wird die Tragfähigkeit enorm erhöht. In Beton kann der Setzbolzen durch harte Kiesel oder bei Eintreiben unter einem ungünstigen Winkel abgelenkt werden. Dies lässt Betonteilchen abplatzen und kann zu Setzausfällen führen. Mit zunehmender Betondruckfestigkeit und Korngröße der Zuschläge steigt der Anteil der Setzausfälle. Setzausfälle können vermieden werden, wenn ein Loch mit circa 5 mm Durchmesser und 20 mm Tiefe vorgebohrt wird.

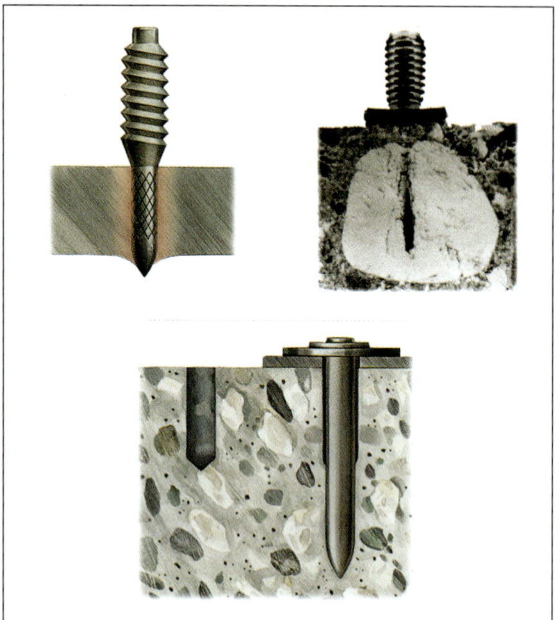

1 Wirkungsweise der Verankerung

11.5.5 Montage und Anwendungsbedingungen

Beachte: Grundsätzlich sind alle Anwendungshinweise, Bedienungsanleitungen der Hersteller und Zulassungen unbedingt zu beachten.

Der Monteur wählt entsprechend dem vorliegenden Untergrund die erforderliche Treibladungsstärke:

Farbkennzeichnung	Ladungsstärke	Verankerungsgrund
Grün	Schwach	Grüner Beton (Aushärtungszeit < 28 Tage) (Erklärung: Beton, der unmittelbar nach dem Verdichten, ohne dass die Erhärtung eingesetzt hat, eine Standfestigkeit (siehe Grünstandfestigkeit) zum Entschalen aufweist)
Gelb	Mittel	Beton C12/15 bis C30/37
Rot	Sehr stark	Stahl bis 450 N/mm² Zugfestigkeit Beton C30/37 bis C40/50

Anschließend wird die erforderliche Nagellänge bestimmt. Sie errechnet sich abhängig vom Untergrund (Stahl oder Beton) nach folgenden Richtlinien.

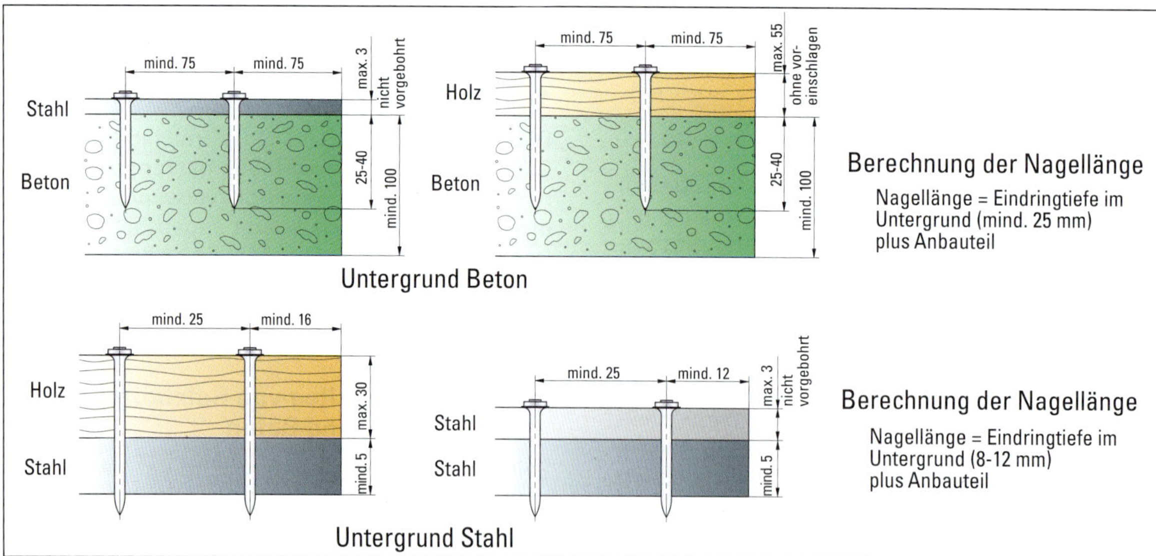

Beim Einschießen muss die Mündung des Bolzensetzgerätes senkrecht gegen den Untergrund gepresst werden.

Monteur und Helfer müssen Schutzbrille, Schutzhelm sowie Gehörschutz tragen und einen sicheren Standort wählen.

Der Monteur muss über 18 Jahre alt sein. Auszubildende unter 18 Jahren dürfen nur unter Aufsicht eines volljährigen fachkundigen Monteurs Bolzensetzgeräte bedienen.

Das Setzgerät kann heiß werden! Gerät vor dem Demontieren abkühlen lassen!

Das Gerät darf nie gegen Körperteile gepresst werden (z. B. Hand), da es dadurch „scharf" gemacht werden kann!

Lernfeld-übergreifend

12 Stoffeigenschaften ändern – Werkstoffprüfung

12.1 Stoffeigenschaften ändern

Eigenschaften von Stählen, wie Härte, Dehnung oder Verschleißfestigkeit, können verändert werden durch:

- die Änderung der **chemischen Zusammensetzung** (= Legieren mit anderen Metallen),
- **Wärmebehandlung** (= gezieltes Einbringen von Wärme).

Die wichtigsten Wärmebehandlungsverfahren sind:

Glühen und **Härten**

Solide Kenntnisse von Vorgängen im Stahlgefüge erleichtern die fach- und sachgerechte Durchführung von Wärmebehandlungen in der Werkstatt, z. B.:

- Die Gefügeverfestigung nach dem Schmieden muss in manchen Fällen beseitigt werden,
- selbstgefertigte Werkzeuge wie Hilfshämmer und Gesenke können nur im gehärteten Zustand ihre Funktion erfüllen,
- Konstruktionsteile, die aufeinander gleiten oder rollen, sollen eine verschleißfeste Oberfläche bei zähem Kern besitzen.

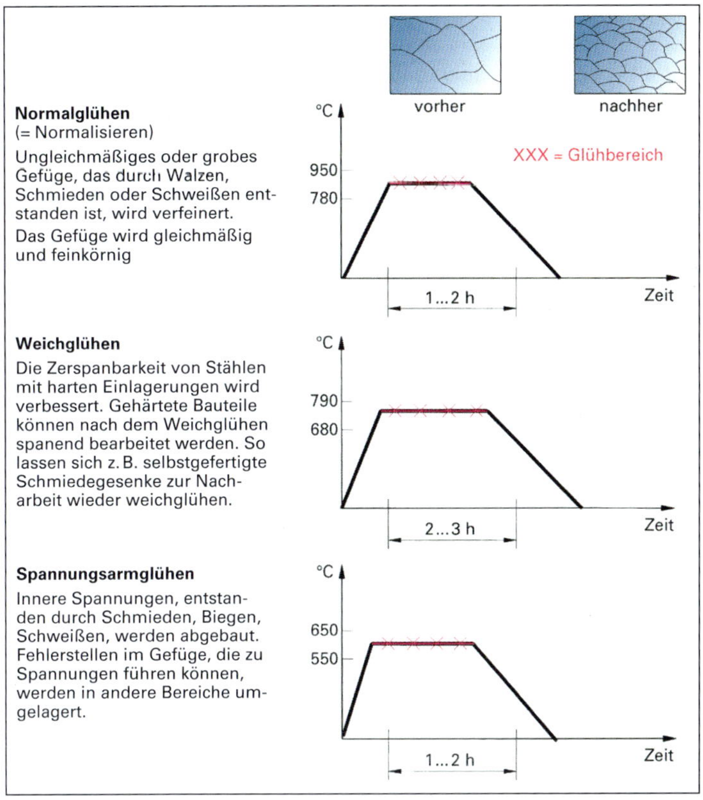

1 Glühverfahren

12.1.1 Glühen

Glühen hat die Aufgabe, das Stahlgefüge zu verfeinern, in einen gleichmäßigen und weniger dichten Zustand zu bringen und Spannungen abzubauen. Für alle Glühverfahren gilt:

- langsames Erwärmen,
- Halten auf Temperatur (abhängig vom C-Gehalt),
- langsames Abkühlen.

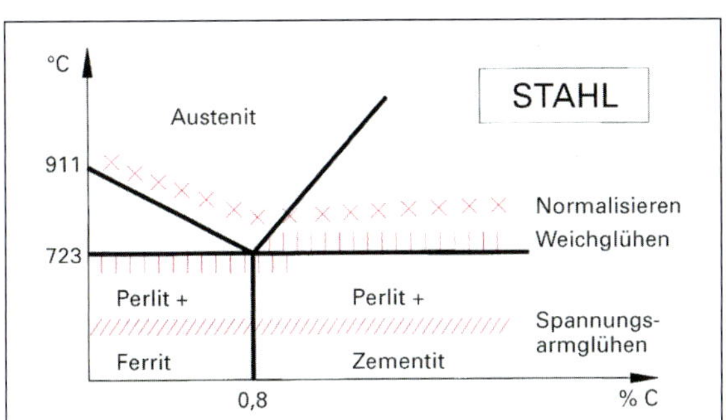

2 C-Gehalt, Glühverfahren und -temperaturen

Im einzelnen unterscheidet man je nach Zweck **Normal-**, **Weich-** und **Spannungsarmglühen** (Bild 1).

Ein besonderes Problem im Metallbau ist die beim Treiben oder Bördeln zu beobachtende **Kaltverfestigung** von Stahl, Kupfer und Aluminium. Sie macht eine weitere Bearbeitung unmöglich, der Werkstoff bricht. Diese Erscheinung kann durch **Rekristallisationsglühen** beseitigt werden:

- Stahlteile werden langsam auf 500 ... 600 °C erwärmt und ebenso abgekühlt.
- Werkstücke aus Kupfer und Aluminium müssen nach dem Erwärmen auf ca. 400 °C noch in Wasser abgeschreckt werden.

12.1.2 Martensithärten

Härten hat den Zweck, den Widerstand des Stahls gegen Eindringen eines anderen Körpers zu erhöhen. Im Gefüge laufen folgende Vorgänge ab (Bild 1):
Stahl mit rund 0,8 % **Kohlenstoff** hat bei Raumtemperatur ein kubisch raumzentriertes Gitter. Erwärmt man den Stahl über 723 °C, so „klappt" das Gitter in ein kubisch flächenzentriertes um, das Kohlenstoffatom „wandert" in die Mitte der Gitterzelle. Beim raschen Abschrecken klappt zwar die Gitterzelle in ihren ursprünglichen Zustand zurück, das Kohlenstoffatom kann aber nicht mehr die Mitte der Gitterzelle verlassen, da seine „Wanderungsgeschwindigkeit" kleiner als die Abkühlgeschwindigkeit des Gefüges ist. Dieser Zwangszustand stellt sich nach außen als Härte dar, und man nennt das Gefüge jetzt **martensitisch**.
Durch das folgende Anlassen kann das Kohlenstoffatom von der Mitte etwas zur Seite wandern, da der Abstand zum Eisenatom größer wird, Härte und Sprödigkeit verringern sich, die Zähigkeit

Stahl
Elementarzelle

kalt	**erwärmt**	**abgeschreckt**	**angelassen**
Raumtemperatur	über 723 °C	Raumtemperatur	200 ... 300 °C
raumzentriert	flächenzentriert	raumzentriert	raumzentriert

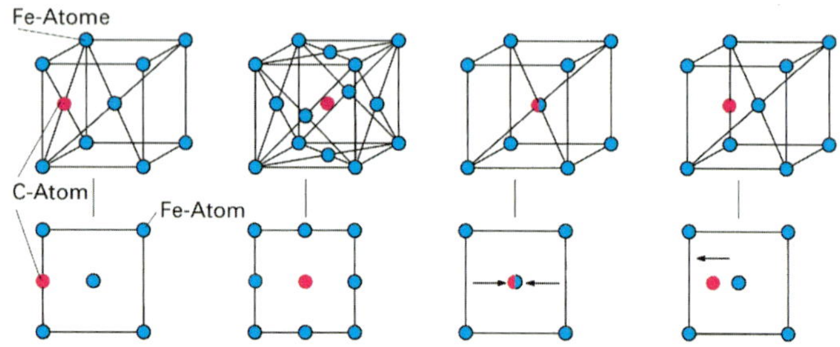

Fe-Atom in der Mitte C-Atom außen	Fe-Atom an den Flächen C-Atom in der Mitte	Fe-Atom in der Mitte C-Atom in der Mitte	Fe-Atom in der Mitte C-Atom etwas seitlich
Perlit-Gefüge	Kohlenstoff gelöst im Austenit-Gefüge	Zwangszustand mit Spannungen im Martensit-Gefüge Stahl ist glashart und spröde	Spannungen und Sprödigkeit geringer, Zähigkeit größer, feinkörniges Martensit-Perlit-Gefüge, Gebrauchshärte

1 Vorgänge im Metallgitter beim Härten

Erwärmen

Mindestens 30 ... 50 °C über Umwandlungstemperatur günstig im Muffelofen bei eingestellter Temperatur im Schmiedefeuer Glühfarben beachten:

Dunkelkirschrot = 740 °C
Kirschrot = 780 °C
Weißgelb = 950 °C

Bis zum Kern durchwärmen

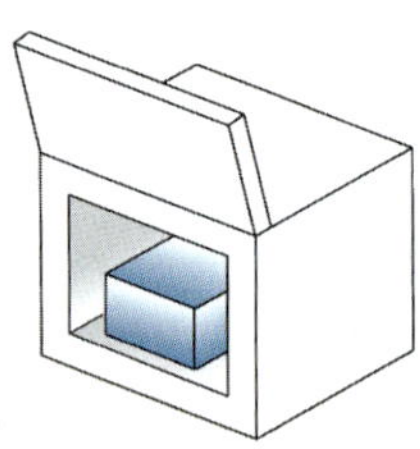

Beispiel:

geschmiedeten Hammer auf 850 °C erwärmen, in Asche langsam abkühlen = Normalglühen. Im Muffelofen langsam auf Härtetemperatur erwärmen

Abschrecken

Je nach Stahlart rasches Eintauchen in Wasser oder Öl.

Schwenken, um Gasblasenbildung zu vermeiden.

Zugabe von Salz erhöht die Abschreckwirkung, Öl vermindert sie.

unlegierter Stahl
z. B. C80: Wasserhärter

niedrig legierter Stahl
z. B. 100Cr6: Ölhärter

hochlegierter Stahl
z. B. X155CrVMo12-1: Lufthärter

Beispiel:

zuerst Hammerfinne 20 mm tief eintauchen und bewegen, dann Hammerbahn ebenso abschrecken, Mittelteil muss warm bleiben

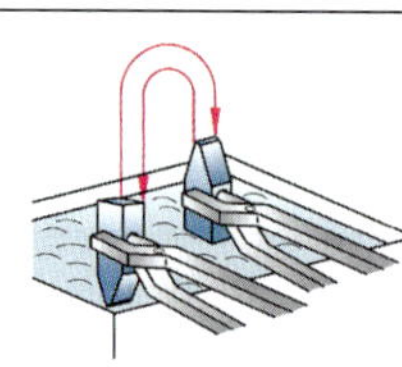

Anlassen

von innen durch die Restwärme im Werkstück oder von außen durch Fremdwärme.

Die blankgemachte Oberfläche des Stahls oxidiert beim Anlassen: Je höher die Anlasstemperatur, desto dicker die Oxidschicht und desto dunkler die Anlassfarbe

weißgelb	ca. 200 °C
braunrot	ca. 250 °C
kornblumenblau	ca. 320 °C

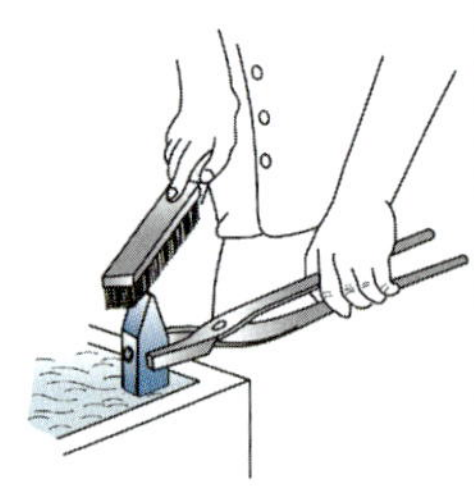

Beispiel:

Finne und Bahn blankreiben, beim Erwärmen gelbbraune Farbe abwarten.

Dauernd schwenken, damit Mittelstück langsam abkühlen kann

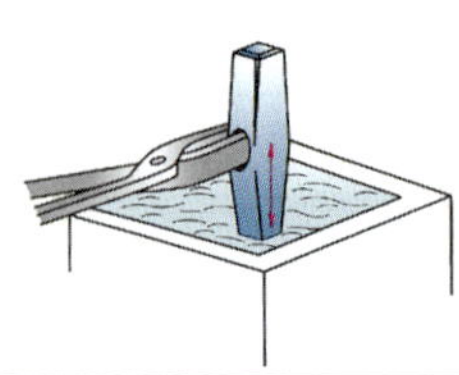

2 Arbeitsgänge beim Härten

steigt. Die Vollhärte wird zur Gebrauchshärte gemindert.
Das **Martensithärten** läuft also in drei Stufen ab: **Erwärmen** – **Abschrecken** – **Anlassen** (Bild 2, Seite 569).
In jedem Falle sind die Angaben der Stahlhersteller zu beachten, die spezielle Wärmebehandlungsdiagramme zur Verfügung stellen.
Erwärmt man beim Anlassen auf höhere Temperaturen, ca. 500 ... 650 °C, so wird bei bestimmten unlegierten und niedrig legierten Stählen eine stark erhöhte Zugfestigkeit bei verminderter Härte erreicht: Stahl ist vergütet. Es wird bei hochbeanspruchten Konstruktionsteilen wie Zugankern, Federn, Schrauben oder Schlagwerkzeugen angewendet.
Dabei lassen sich z. B. bei C40 Zugfestigkeiten bis 1100 N/mm^2 erzielen. Bei legierten Vergütungsstählen wie 30CrNiMo8 kann man Zugfestigkeiten von 1500 N/mm^2 erreichen, wie sie für hochwertige Schrauben im Stahlbau nötig sind.

12.1.3 Oberflächenhärten

Werkstücke, die eine harte verschleißfeste Oberfläche, aber einen zähen Kern haben müssen, dürfen nur in ihrer Randschicht gehärtet sein. Verwendet werden dafür Stähle mit einem C-Gehalt von 0,2 ... 0,5 %.
Die fertigen Werkstücke werden nur kurz an der Oberfläche erwärmt und mit einem nachfolgenden Brausebrenner abgeschreckt, ehe die Wärme das Werkstückinnere erreichen kann. Die Brennergeschwindigkeit bestimmt hier die Härtetiefe.
Man unterscheidet:
- Flammhärten und
- Induktionshärten

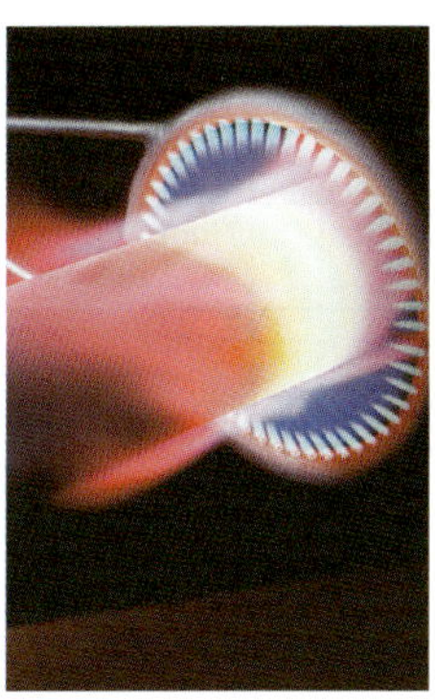

1 Flammhärtungsanlage

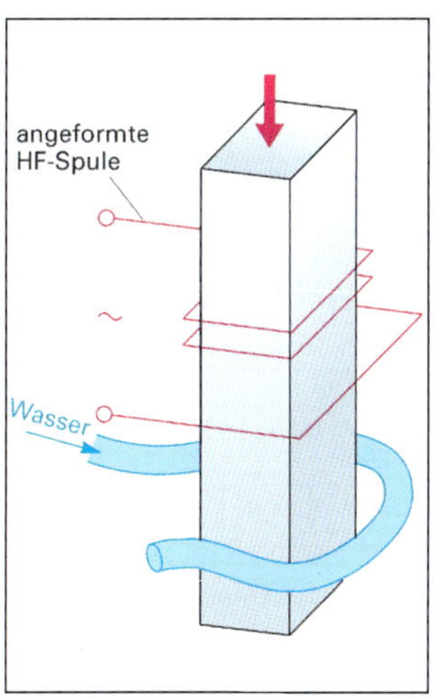

2 Prinzip des Induktionshärtens

3 Induktionshärten

Beim **Flammhärten** fährt eine mit Brenngas und Sauerstoff befeuerte Ringdüse über das Werkstück (Bild 1). Beim **Induktionshärten** erwärmen hochfrequente Wirbelströme das Werkstück. Sie fließen durch eine der Werkstückform angepasste Ringspule. In beiden Fällen wird mit fester Koppelung Brause – Wasserring gekühlt. Die im Werkstück noch vorhandene Restwärme sorgt für die richtige Anlasstemperatur (Bild 2 und 3).

Die Randschichthärte ist bis zu einer Temperatur von 200 °C beständig.

Wegen der geringen Einhärtetiefe sind die üblichen Werkstattprüfverfahren zur Bestimmung der Härte, wie Feilprobe, ungeeignet.

Die dünne Härteschicht beim Nitrieren neigt auch zum „Abplatzen", eine Erscheinung, die sich insbesondere bei Schlossbauteilen unangenehm bemerkbar macht. Die abgeplatzten Teile können zu erheblichen Funktionsstörungen führen.

Nitrieren

Beim Nitrieren (= „Aufsticken") ist das härtebildende Element nicht Kohlenstoff, sondern **Stickstoff**. Er dringt durch Diffusion in die Stahloberfläche ein und bildet harte, spannungsarme Eisennitride. Die Härtetiefe ist zwar mit nur max. 0,8 mm gering, dafür aber bis 500 °C beständig.

Zum Nitrieren geeignet sind Stähle, legiert mit Chrom, Nickel und Molybdaen, z. B. 39 CrMo 13 9 oder 34 CrAlNi 7. Bild 1, Seite 567, zeigt das Verfahren.

Nach jeder Wärmebehandlung ist die Härte zu prüfen. Dazu sind besondere Prüfeinrichtungen notwendig.

Gasnitrieren

Die Werkstücke werden 50 ... 100 h (!) in gasdichten Öfen in 500 °C heißem Ammoniakstrom geglüht;

Abkühlung in sauerstofffreier Atmosphäre oder Öl;

kein Verzug, sehr gute Beständigkeit der Härteschicht, Korrosionsbeständigkeit ist verbessert.

Salzbadnitrieren

Werkstücke müssen auf 500 °C vorgewärmt und dann 10 ... 100 min in ein cyanhaltiges Salzbad getaucht werden;

Abkühlen an Luft,

Werkstücke sorgfältig reinigen, da durch Cyanide korrosionsgefährdet, Cyanide sind sehr giftig und umweltbelastend!

Carbonitrieren

Kombination von Aufkohlen und Nitrieren. Werkstücke werden bei 600 ... 800 °C in einer Mischung aus Methan (aufkohlend) und Ammoniak (aufstickend) geglüht und anschließend in Wasser oder Öl abgeschreckt.

Die Randzone erhält ihre Härte durch Martensit- und Nitrid-bildung.

1 Übersicht: Nitrierverfahren

12.1.4 Wärmebehandlung von Aluminium

Aluminium ist für viele Konstruktionen im Metall-Leichtbau der ideale Konstruktionswerkstoff. Es ist

- durch Strangpressen einfach zu Fertigprofilen zu formen,
- gut spanend zu bearbeiten,
- korrosionsbeständig,
- durch Eloxieren oder Pulverbeschichten dem Kundenwunsch anzupassen.

Nachteilig ist die geringe Festigkeit. So hat Reinaluminium Al 99,9 nur eine Bruchgrenze von ca. 60 N/mm². Konstruktionen aus Reinaluminium müssten also eine viermal größere Abmessung als die von Baustahl haben. Durch Legieren mit Magnesium und Silizium lässt sich eine Festigkeitssteigerung bis zu 220 N/mm² erreichen. Diese Festigkeit wird aber nur dann erreicht, wenn das so legierte Aluminium einer Wärmebehandlung durch Aushärten unterzogen wird. Dieses Wärmebehandlungsverfahren findet immer vor der Herstellung einer Konstruktion aus Profilen statt. Aluminiumprofile dürfen deshalb nie durch Schweißen gefügt werden, denn dann ginge die durch Aushärten gewonnene Festigkeit wieder verloren.

Das Aushärten von Aluminiumlegierungen erfolgt in drei Stufen

- **Lösungsglühen**: die Legierungsbestandteile bilden Mischkristalle
- **Abschrecken in kaltem Wasser**: die beim Glühen entstandenen Mischkristalle werden im Gitter „festgehalten"
- **Auslagern**: die Legierungsbestandteile wandern an die Gitterränder und werden zu Härtebildnern Kaltauslagern über mehrere Stunden bei 20 °C oder Warmauslagern im Glühofen bei ca. 200 °C

Voraussetzung für die Wärmebehandlung von Aluminium sind sie Legierungsbestandteile Silizium, Kupfer, Magnesium oder Zink.

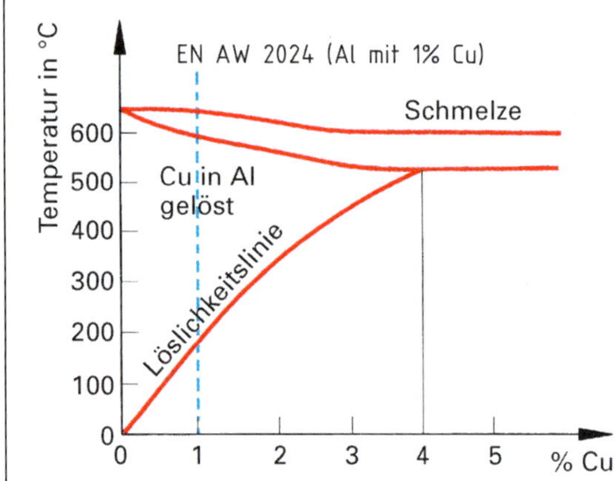

2 Cu-Gehalt und Aushärtung

	Auslagen	Zugfestigkeit R_m	Dehnung %	Verwendung
EN AW-6060 (AlMgSi0,5 F-30)	kalt	200	15	Systemprofile Bleche
EN AW-6082 (AlMgSi1)	warm	300	10	Rohre
EN AW-2024 (AlCuMg 1)	kalt	400	12	Flugzeugteile
EN AW-7020 (AlZn4)	warm	350	10	Rohre
EN AW-2024pl (AlCuMg1pl)	kalt	300	15	Bleche

3 Al-Konstruktionswerkstoffe; Werte für R_m nach dem Aushärten

12.1.5 Fehler bei der Wärmebehandlung von Stahl

Der Erfolg des Härtens hängt neben der Wahl der geeigneten Stahlsorte vor allem vom gewissenhaften Ausführen der einzelnen Arbeitsgänge ab. Unsachgemäß gehärtete Bauteile und Werkzeuge können zu schweren Verletzungen durch Absplitterungen oder zu Regressansprüchen des Kunden führen. Ursachen für Härtefehler können im Erwärmen, Abschrecken oder Anlassen liegen.

Bild 1 zeigt die häufigsten Fehler:

Fehler	Ursache		
	Erwärmen	Abschrecken	Anlassen
Härte ungenügend	zu niedrig erwärmt zu lang erwärmt und deshalb entkohlt	Abschreckmittel zu mild Abschrecken zu kurz	zu hoch angelassen
Werkstück hat weiche „Flecken“	Schwefelaufnahme bei Erwärmung im Schmiedefeuer	Dampfblasenbildung wegen ungenügender Bewegung	Oberfläche stellenweise zu hoch erwärmt, z. B. mit Schweißbrenner
Härte zu hoch		Abschreckmittel zu schroff	zu wenig angelassen
Werkstück hat Härterisse und Verzug	zu hoch erwärmt ungleichmäßig erwärmt vor dem Härten waren Spannungen vorhanden	Abschreckmittel zu schroff falsch eingetaucht	

1 Fehler bei der Wärmebehandlung

12.2 Werkstoffprüfung

Im Stahl- und Metallbau werden für die Einzelfertigung oft Werkstoffreste mit unbekannten Eigenschaften aus dem Materiallager verwendet. Ihre Eignung für den Verwendungszweck muss mit einfachen Prüfverfahren rasch beurteilt werden können, das geht mit Erfahrung und Übung und durch einfache Werkstoffuntersuchungen in der Werkstatt. Die Farbe des Profils bzw. des Blechs ermöglichen eine erste grobe Zuordnung, ob z. B. ein Stahl-, Kupfer- oder Aluminiumwerkstoff vorliegt. Die Oberflächenausführung und die Profilkanten erlauben Rückschlüsse auf die Herstellung, ob das Material gewalzt, gezogen oder gegossen wurde. Weitere Erkenntnisse, z. B. die Eignung zum Umformen oder Schweißen, lassen sich nur durch spezielle Prüfverfahren gewinnen.

Für die Praxis gilt: Es darf nie aus einem Prüfverfahren alleine auf die Eigenschaften von Werkstoffen und Werkstücken geschlossen werden

Die Werkstoffprüfung hat drei Aufgaben:

Erkennen und Bestimmen der Werkstoffeigenschaften	Prüfen fertiger Werkstücke auf	Ermitteln von Schadensursachen für
z. B. Schweißbarkeit Festigkeit Härte Bearbeitbarkeit	z. B. Risse Schlackeneinschlüsse Bindefehler	z. B. Gewaltbruch Dauerbruch Werkstoffermüdung
verhindert die Wahl ungeeigneter Werkstoffe und gibt Hinweise für ihre Verwendbarkeit	zeigt Fehler an der Konstruktion durch die Wahl ungeeigneter Fügeverfahren	zeigt Fehler durch die Wahl ungeeigneter Werkstoffe bei gegebener Belastung

2 Übersicht: Werkstoffprüfung

Die einzelnen Werkstoffprüfverfahren lassen sich unterteilen in

Einfache Werkstattprüfverfahren	Mechanisch-technologische Verfahren	Metallographische Verfahren	Zerstörungsfreie Verfahren
z. B. Sichtprüfung, Klang-, Feil-, Biege- Schmiede-, Schleiffunkenprobe, Tüpfelprobe	z. B. standardisierte Bearbeitung, Zugversuch, Kerbschlagbiegeversuch, Härteprüfverfahren	z. B. Durchstrahlungsprüfung, Farbeindringverfahren, Fluoreszenzverfahren, Baumann-Abdruck	z. B. Schleifen und Ätzen der Oberfläche/Bruchfläche, Durchstrahlungsprüfung, Ultraschallprüfung
liefern keine Zahlenwerte sondern erste Erkenntnisse zu Art und Verwendbarkeit des Werkstoffs	ergeben Zahlenwerte zur Beanspruchbarkeit des Werkstoffs	erlauben das Erkennen von Fehlern ohne die Zerstörung des Werkstücks	zeigen die Feinstruktur des Werkstoffs und lassen Rückschlüsse auf Eignung und Schäden zu

3 Werkstoffprüfverfahren

12.2.1 Werkstattprüfverfahren

Sie lassen sich rasch und ohne großen Aufwand an Geräten in der Metallbauwerkstatt mit einfachen Mitteln durchführen. Der Fachmann erhält jedoch nur erste Erkenntnisse zur Art und Verwendbarkeit des Werkstoffs, keine Daten und Zahlenwerte, sondern nur Hinweise auf die Eignung und das Verhalten bei der Bearbeitung.

Beurteilung des Aussehens

Farbe, Oberflächenart, Klang und Schwingungsdauer zeigen dem Fachmann, welche Werkstoff vorliegt (Bild 1).

Aussehen	
Stahl hellgrau bis glänzend Walzstahl: meist verzundert Kanten gerundet gezogener Stahl: blank, maßgenau, Kanten scharf	**Grauguss** dunkelgrau und matt Gussteile je nach Gießverfahren mit harter, körniger oder glatter Gusshaut. Hände beim Berühren geschwärzt
Anschlagen eines frei aufgehängten Werkstücks mit einem leichten Handhammer	
Beobachtung	**Werkstoff**
Reiner, heller Klang lange Schwingungen	Baustahl und gehärtete Stähle
dumpfer, kurzer Ton	Grauguss, Temperguss
klirrender, sehr kurzer Ton	Risse in Werkstücken aus Stahl

1 Sicht- und Klangproben

Klangprobe

Man hängt ein Probewerkstoff an einer Schnur auf und schlägt leicht mit dem Hammer an. Aus Tonhöhe und Schwingungsdauer lässt sich auf den Werkstoff schließen, ebenso auf Risse im Werkstoff.

Feilprobe

Der Probewerkstoff wird mit einer Vorfeile bearbeitet, Die Art der Späne gibt Auskunft über den Werkstoff, der Widerstand beim Feilen lässt auf die Härte schließen (Bild 2).

Werkstoff	Späne
Stahl	hellgrau bis blau, glänzend, gerollt
Grauguss	schwarz bis grau, körnig, glanzlos
Temperguss	schwarz bis grau, mattglänzend, gerollt

2 Feilproben

Biegeprobe

Sie gibt Auskunft über das Verhalten des Werkstoffs beim Biegen, ein wichtiges Umformverfahren im Metallbau. Gebogen wird im Schraubstock, der Widerstand beim Biegen und die mögliche Zahl der Hin- und Herbiegevorgänge bis zum Bruch lässt auf das Verhalten beim Biegen schließen (Bild 3).

Faltversuch zeigt das Formänderungsverhalten z. B. beim Kaltbiegen

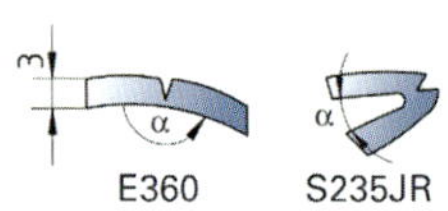

erster Riss bei 150° | erster Riss bei 30°

Die Hin- und Herbiegeprobe lässt auf das Verhalten des Werkstoffs beim mehrmaligen Biegen schließen

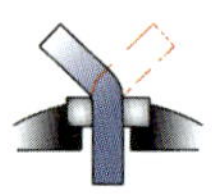

gemessen wird die Anzahl der Hin-/Herbewegungen

Die Schweißbiegeprobe gibt Auskunft über das Verhalten der Schweißnaht bei Biegebeanspruchung

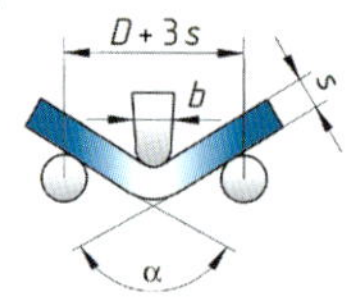

gemessen wird der Winkel, bei dem der erste Riss auftritt

3 Biegeproben

Ausbreitprobe
Der Werkstoff soll beim Ausbreiten unter Hellrotglut keine Risse bekommen

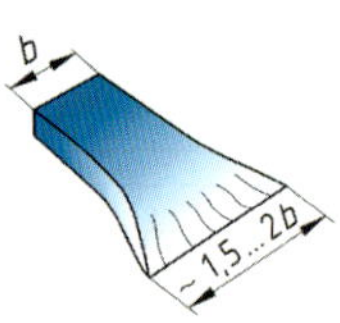

Warmstauchprobe
Beim Warmstauchen, wie es während des Warmnietens auftritt, darf der Werkstoff bei Dunkelrotglut nicht reißen

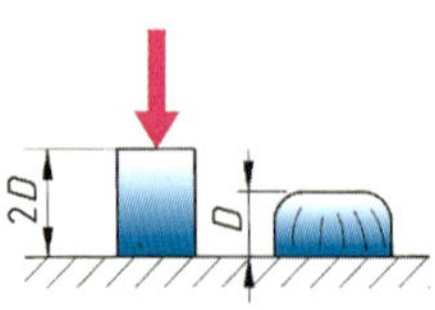

Aufdornprobe
Der durch Warmlochen hergestellte Durchbruch darf an den Stegen nicht reißen

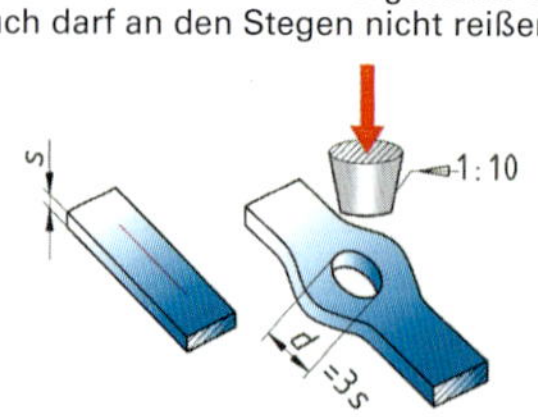

4 Schmiedeproben

Schmiedeprobe

Beim Warmumformen durch Schmieden darf der Werkstoff nicht blau- und „faulbrüchig" sein, eine Schmiedeprobe mit der geforderten Schmiedetechnik bei unterschiedlichen Temperaturen zeigt die Eignung des Werkstoffs zum Schmieden. Üblich sind Ausbreit-, Warmstauch- und Aufdornprobe (Bild 4).

Aufweitversuch
Rohranschlüsse werden oft durch Überlappung hergestellt, dazu müssen Rohre I aufgeweitet werden. Ein kegeliger Dorn zeigt, ob sich der Rohrwerkstoff dazu eignet (Bild 1).

Bördelprobe
Die Bördelprobe ist üblich vor der Anfertigung von Blechformteilen und beim Bau von Rohrnetzanlagen geringer Wandstärke. Bei den angegebenen Werkstücken dürfen noch keine Risse auftreten (Bild 2).

Schleiffunkenprobe
Das Funkenbild von **Stählen** wird in erster Linie vom Kohlenstoffgehalt bestimmt. Mit steigendem Kohlenstoffgehalt nehmen die allgemeinen Verästelungen (Kohlenstoffexplosionen) und die Helligkeit der Funkengarbe zu. Das Strahlenbild wird auch durch weitere Legierungsmetalle, den Anpressdruck und die Art des Schleifkorns beeinflusst (Bild 3). Liegt eine Vergleichsprobe mit bekannter Stahlsorte vor, so ist die Schleiffunkenprobe eine sehr zuverlässige Stahlbestimmungsmethode (Bild 4).

Zugversuch
Hier wird unter Laborbedingungen das Verhalten eines Werkstoffs bei Zugbeanspruchung geprüft.

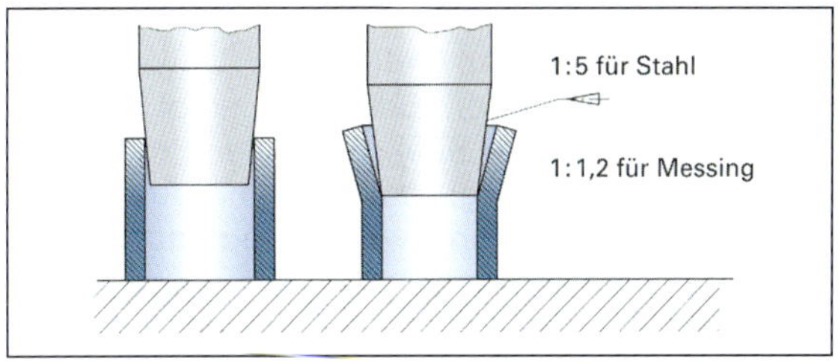

1 Aufweitversuch

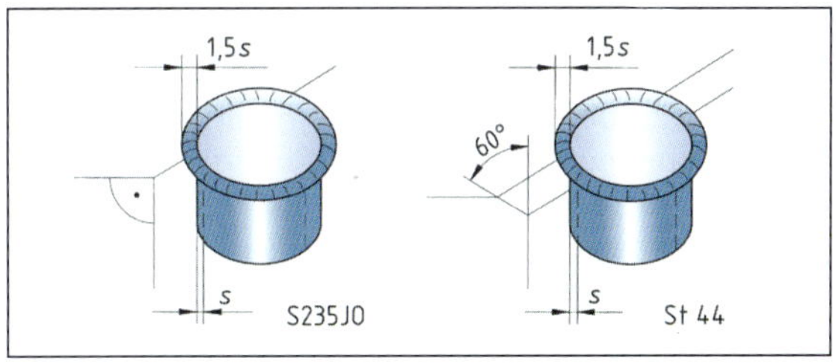

2 Bördelproben

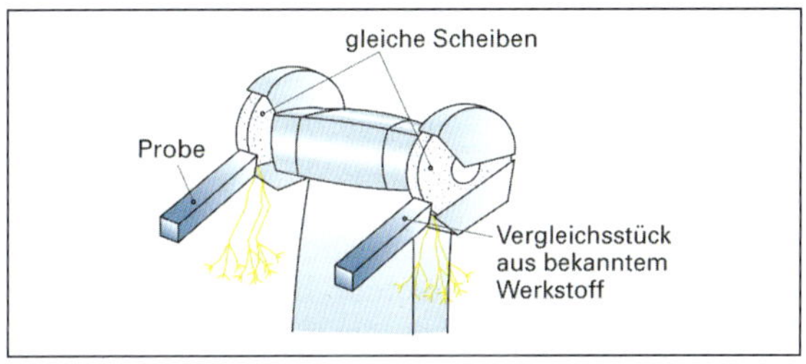

3 Anordnung der Proben bei der Funkenprobe

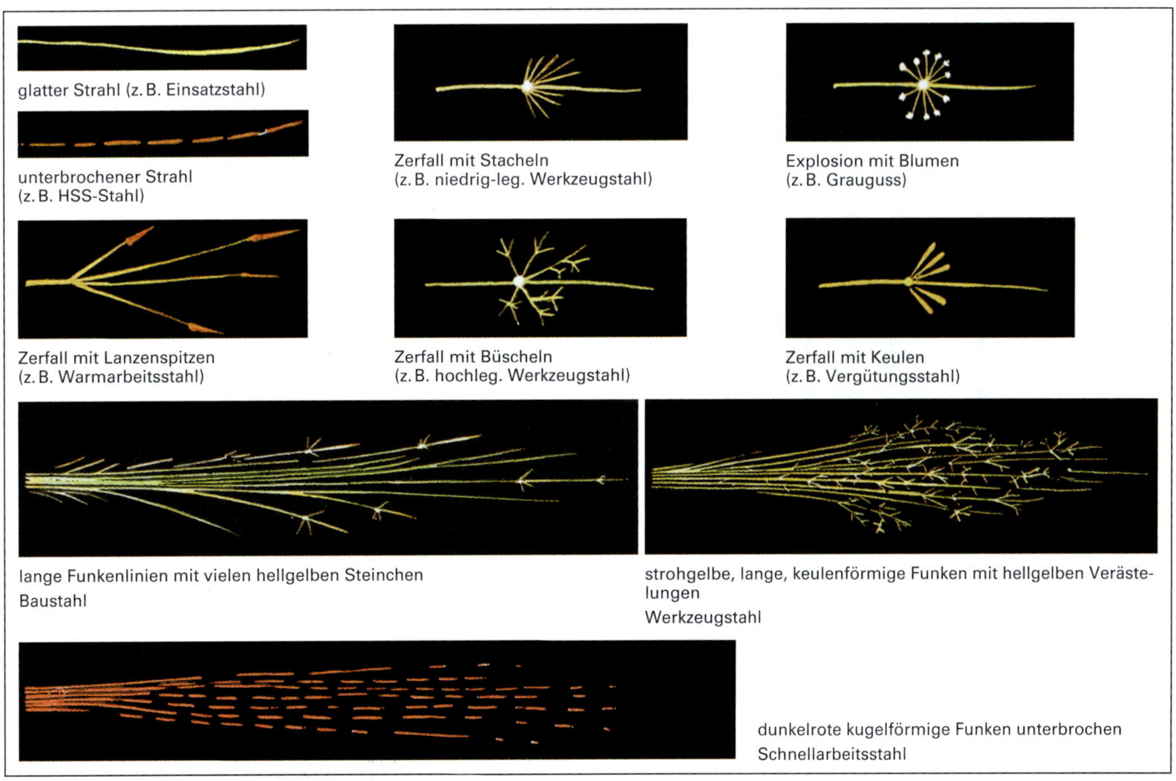

4 Funkenbilder

Aus dem zu prüfenden Werkstoff wird ein genormter Probestab gedreht und in eine Universalmaschine eingespannt Der obere Spannkopf fährt hydraulisch nach oben, damit wird der Probebstab einer wachsenden Zugbeanspruchung ausgesetzt. Belastung und Dehnung werden laufend gemessen, in Spannungen und Dehnungen umgerechnet und auf einem Diagramm aufgezeichnet (Bild 1).
Bei grober Vereinfachung lässt sich das Verhalten eines weichen Stahls, z. B. S235JR, in einem Spannungs-Dehungs-Diagramm wie folgt beschreiben (Bild 2):

- Bis zur Proportionalitätsgrenze R_p sind Spannung und Dehnung gleichmäßig (= proportional).
- Ab der Streckgrenze R_E beginnt der Probestab ohne weitere Belastung zu „fließen".
- Die maximale Spannung R_m entspricht der Mindestzugfestigkeit.
- Unter der Wirkung der zunehmenden Belastung schnürt schließlich der Stab ein und zerreißt.

Erkenntnisse

- Der Werkstoff einer Metall- und Stahlbaukonstruktion darf nur bis knapp vor die Streckgrenze belastet werden, R_E ist die maximale Beanspruchbarkeit der Konstruktion.
- Ein verbogenes Werkstück oder umgeformtes Werkstück wurde über die Streckgrenze R_E hinaus beansprucht.

1 Universalprüfmaschine

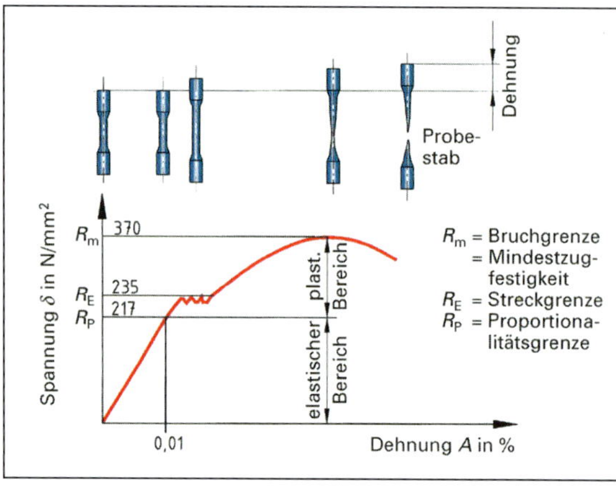

2 Spannungs-Dehnungs-Diagramm

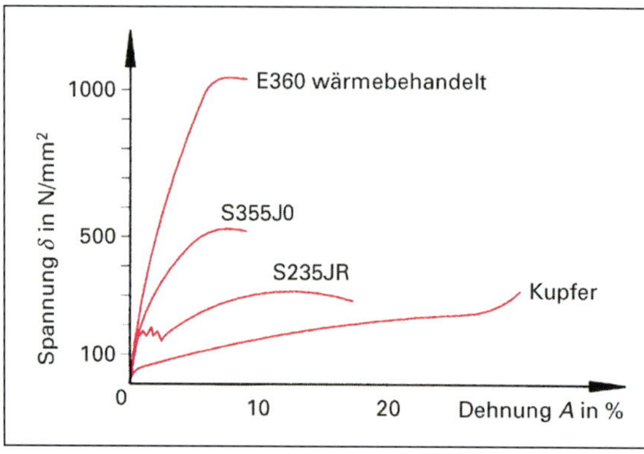

3 Spannungs-Dehnungs-Diagramm für Metallbauwerkstoffe

- Der Kurvenverlauf des Spannungs-Dehnungs-Diagramms gibt sehr gute Aufschlüsse über Art und Beanspruchbarkeit des Werkstoffs (Bild 3).

Aus den Daten des Dehnungsversuchs lässt sich die Festigkeit eines Werkstoffs berechnen:

Beispiel 1
Ein Probestab aus Stahl mit d = 25 mm Durchmesser reißt bei einer Zugkraft von F = 255 kN. Welche Stahlsorte könnte vorliegen?

Maximale Spannung α = Bruchspannung α_B = Zugfestigkeit R_m

$$R_m = \frac{F}{S} \qquad S = \frac{\pi \cdot d^2}{4}$$

$$R_m = \frac{255\,000\ \text{N}}{491\ \text{mm}^2} \qquad S = \frac{\pi \cdot 25^2\ \text{mm}^2}{4}$$

$$\underline{\underline{R_m = 520\ \text{N/mm}^2}} \qquad \underline{S = 491\ \text{mm}^2}$$

Es handelt sich mit Sicherheit um Baustahl der Qualität S355J0.

Beispiel 2
Ein Probestab mit einer Ausgangslänge von 120 mm hat sich bis zum Bruch auf 145 mm gedehnt. Wie groß ist die Dehnung ε in %?

$$\text{Dehnung} = \frac{\text{Endlänge} - \text{Ausgangslänge}}{\text{Ausgangslänge}} \cdot 100 \text{ in } \%$$

$$\varepsilon = \frac{L_u - L_o}{L_o} \cdot 100\ \%$$

$$\varepsilon = \frac{145\ \text{mm} - 120\ \text{mm}}{120\ \text{mm}} \cdot 100\ \%$$

$$\underline{\underline{\varepsilon = 20{,}8\ \%}}$$

Die Dehnung des Stabes bis zum Bruch beträgt ca. 21 %

Im Proportionalbereich (unterhalb R_p) besteht zwischen der Dehnung ε und der Spannung σ ein wichtiger Zusammenhang (Hookesches Gesetz):

Spannung σ = Elastizitätsmodul E · Dehnung ε

$$\sigma = E \cdot \varepsilon$$

Der **Elastizitätsmodul** ist ein Maß für die Steifigkeit eines Werkstoffs.
$E_{St} = 210\,000\ \text{N/mm}^2$
$E_{Al} = 60\,000\ \text{N/mm}^2$.

Das bedeutet, eine Konstruktion aus Stahl ist dreimal steifer als die gleiche aus Aluminium. Soll die Beanspruchbarkeit in beiden Fällen gleich sein, so müssen für eine Aluminiumkonstruktion die dreifachen Querschnitte der Profile gewählt werden.

Kerbschlag-Biegevesuch nach Charpy

Bei diesem Versuch wird eine gekerbte Probe bei unterschiedlichen Temperaturen mit einem Pendelschlagwerk zerstört. Aus der Schlagarbeit $W = F \cdot h$ lässt sich die Kerbschlagzähigkeit direkt ermitteln. Die Kerbschlagarbeit ist ein wichtiges Kriterium bei der Eignung von Stählen für das Schweißen. So bedeutet beim meist verwendeten Konstruktionsstahl S235JR: Der Stahl wird bei einer Prüftemperatur von 20 °C erst von einer Kerbschlagarbeit von 27 J durchschlagen.

Beispiel
$F_g = 200$ N
$h_1 = 200$ mm
$h_2 = 50$ mm

$W = F_g\,(h_1 - h_2)$
$W = 200\ \text{N} \cdot (200\ \text{mm} - 50\ \text{mm})$
$W = 200\ \text{N} \cdot 150\ \text{mm}$
$W = 30\,000\ \text{N} \cdot \text{mm}$ (= 30 N · m; 1 N · m = 1 J)
$\underline{\underline{W = 30\ \text{J}}}$

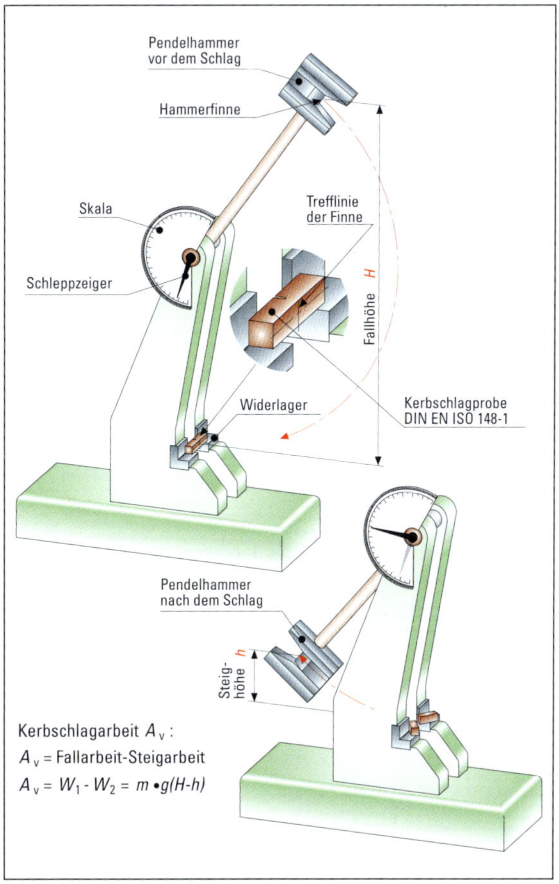

1 Versuchsaufbau Kerbschlagarbeit

Wichtig für die Anwendung von Stählen unter extremen Bedingungen, z. B. bei Permafrost sind die Kerbschlagarbeiten bei tiefen Temperaturen durchzuführen. Die Kerbschlagarbeit ist eine den Zugversuch ergänzende Materialprüfung, denn aus der Festigkeit alleine lässt sich die Sprödbrüchigkeit nicht ableiten.

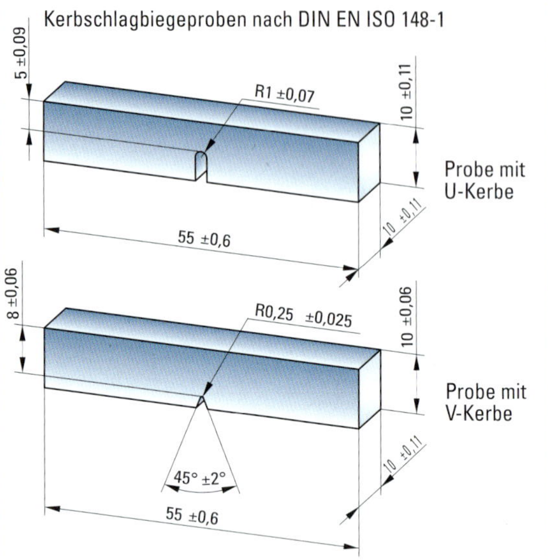

Kerbschlagarbeit in Joule			Prüftemp. in °C
27	40	60	
JR	KR	LR	+20
J0	K0	L0	0
J2	K2	L2	–20
J4	K4	L4	–40
J6	K6	L6	–60

1 Angabe der Kerbschlagarbeit in J

Härteprüfung

Die Härte eines Werkstoffs ist sein Widerstand gegen das Eindringen eines härteren Körpers.

Die einfachste Härteprüfung in der Werkstatt ist das Ritzen der Oberfläche mit einer Reißnadel:

> Von zwei Werkstoffen ist derjenige härter, der den anderen ritzt.

Der härteste Stoff ist Diamant, er kann deshalb nur in seinem eigenen Pulver geschliffen werden.

Zur exakten Bestimmung der Härte drückt man an einer Universalprüfmaschine einen Probekörper genormter Größe mit einer definierten Kraft in die Werkstückoberfläche ein

Für die praktische Härteprüfung in Labors sind drei genormte Verfahren üblich: Härteprüfung nach Brinell, Vickers und Rockwell (Bild 2).

Im Stahl- und Metallbau ist die Härte des Konstruktionswerkstoffs kein entscheidendes Kriterium, allerdings ist die Aufhärtung von kohlenstoffreichen Stählen, z.B. von S355 nach dem Schweißen zu beachten. Sie muss geprüft und durch Glühen beseitigt werden.

Tiefungsversuch nach Erichsen

Mit diesem genormten Verfahren werden dünne Bleche von 0,2 bis 3 mm geprüft, die zum Tiefziehen verwendet werden. Sie müssen sehr dehnbar und kalt umformbar sein, ohne dass Risse auftreten. Dabei wird ein Kugelstempel in ein eingespanntes Blech gedrückt bis sich erste Risse zeigen. Die Eindrücktiefe bis kurz vor der ersten Rissbildung ist ein Maß für die Eignung des Blechs zum Tiefziehen (Bild 1, nächste Seite)

Ermüdungsversuch nach Wöhler

Beim Bau der ersten Eisenbahnlinien im 18 Jahrhundert stellte man fest, dass Schienen brachen,

Verfahren	Härteprüfung nach Brinell	Härteprüfung nach Vickers	Härteprüfung nach Rockwell
	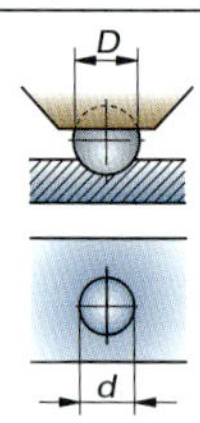	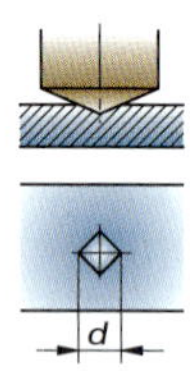	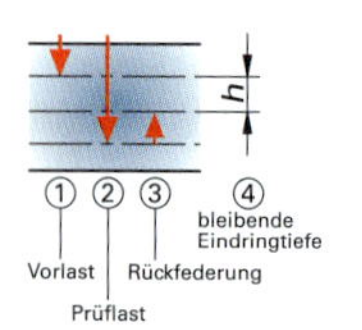
Prinzip	gehärtete Stahl- oder Hartmetallkugel wird in den Prüfkörper eingedrückt; der Durchmesser *d* ist ein Maß für die Härte des Prüfkörpers	Diamantpyramide wird in den Prüfkörper eingedrückt; Länge *d* der Diagonale ist ein Maß für die Härte des Prüfkörpers	Diamantkegel oder gehärtete Stahlkugel wird nach dem Aufbringen einer Vorlast in den Prüfkörper eingedrückt; bleibende Eindringtiefe *h* ist ein Maß für die Härte des Prüfkörpers
Bezeichnungsbeispiel	**149 HBS-5/250/20** 140 = Brinell-Härtewert HBS = ... mit Stahlkugel 5 = Kugeldurchmesser *D* 250 = Prüfkraft 250 · 9,81 = 2452 N 20 = Einwirkdauer 20 s	**240HV20/25** 240 = Vickershärte HV = Verfahren Vickers 20 = Prüfkraft 20 · 9,81 = 196 N 25 = Einwirkdauer 20 s	**65 HRC** 65 = Rockwellhärte HRC = Verfahren mit Diamantkegel (C wie cone = Kegel)

2 Härteprüfverfahren

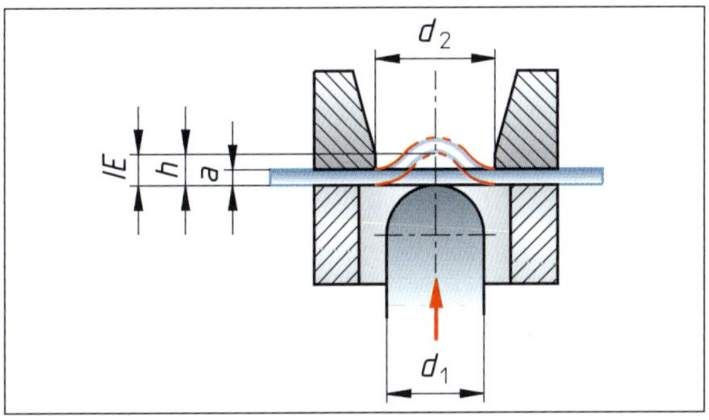

1 Tiefungsversuch

obwohl die Festigkeit des Stahl ausreichend war. Die Ursache waren die Lastwechsel der Schienen zwischen den Schwellen. Man stellte fest, dass Stahl bei häufigen Lastwechseln an Festigkeit verliert. Die Wöhlerkurve zeigt dieses Verhalten

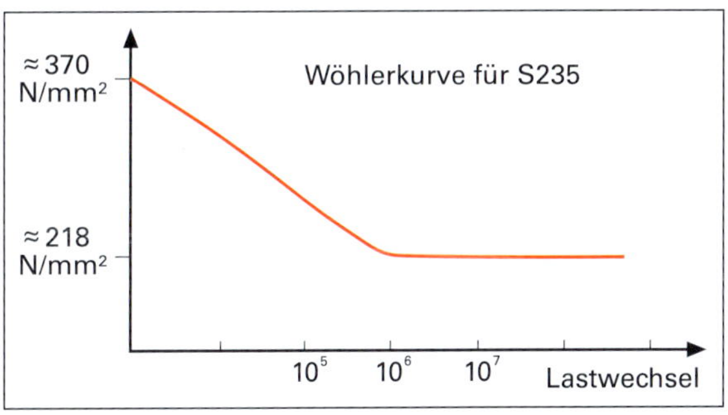

2 Wöhlerkurve

Die Erkenntnisse aus diesem Verhalten von Stahl sind bei der Bemessung von Stahl- und Metallbaukonstruktionen zu berücksichtigen. So rechnet man im Metalllbau bei S235 mit einer auf Dauer zuläsigen Spannung von 140 bzw. 160 N/mm².

Im Stahlbau gibt es standardisierte Abminderungsfaktoren γ_M für den Werkstoff, üblich ist nach den gültigen Stahlbaunormen DIN 18800 und EUROCODE 3 ein $\gamma_M = 1{,}1$. Der für eine Konstruktion verwendete Stahl S235 darf also nur mit $\frac{240\ \text{N/mm}^2}{1{,}1} = 218\ \text{N/mm}^2$ beansprucht werden.

12.2.2 Zerstörungsfreie Verfahren

Durchstrahlungsprüfung

Die Durchstrahlungsprüfung zeigt Fehler im Inneren eines Werkstoffs oder Werkstücks, z. B. Risse oder Schlackeneininschlüsse nach dem Schweißen. Dazu wird das fertige Werkstück mit Röntgen- oder Gammastrahlen durchstrahlt, die Fehler zeigen sich auf dem Film als helle Flecke, denn je dicker oder dichter ein Bereich wie z. B. ein Schlackeneinschluss ist, desto weniger Strahlung kann ihn durchdringen und umso heller erscheint der Röntgenfilm. Bild 3 zeigt die Aufnahmeanordnung bei verschiedenen Prüfaufgaben. Gemeinsam mit dem Werkstück wird ein Bildgüteprüfkörper belichtet. Man benötigt ihn zur Auswertung und Abschätzung der Fehler. Das Durchstrahlungsverfahren ist sehr genau und zuverlässig – es ist zur Prüfung von Schweißnähten an hochbelasteten Konstruktionen mit erhöhten Sicherheitsanforderungen, wie Eisenbahnbrücken, durch Standards vorgeschrieben.

> Achtung:
> Bei unsachgemäßer Bedienung der Anlage besteht Gefahr für Leben und Gesundheit durch Strahlenschäden. Nur besonders geschulte und eingewiesene Mitarbeiter dürfen Durchstrahlungsprüfungen vornehmen.

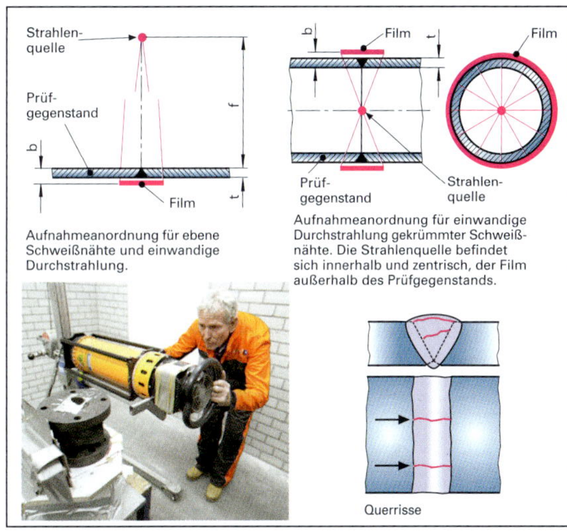

3 Durchstrahlungsprüfung

Fluoreszenzverfahren

Damit werden vor allem Schweißnähte an dünnen Bauteilen untersucht. Eine fluoreszierende Flüssigkeit wird aufgesprüht, Risse und Poren saugen sich damit voll und werden nach dem abwischen der Oberfläche mit einem UV-Licht sichtbar gemacht. Die fluoreszierende Flüssigkeit zeigt Größe und Lage von Rissen und Poren. Dieses Verfahren kann auch in der Werkstatt durchgeführt werden.

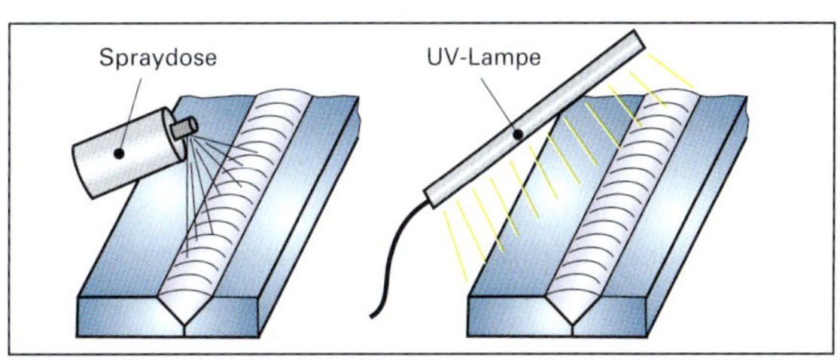

4 Fluoreszenzverfahren; schematische Darstellung

1 Fluoreszenzverfahren

Farbeindringverfahren

Es ist eine Standardmethode zur Feststellung von Rissen und Materialfehlern bei allen Metallen.

Das Verfahren besteht aus vier Arbeitsgängen:

1. Reinigung der Oberfläche,
2. Auftragen der Kontrastfarbe, die in Risse eindringt,
3. Entfernen der Kontrastfarbe, Reinigen der Oberfläche,
4. Auftragen des Entwicklers – Risse werden sichtbar.

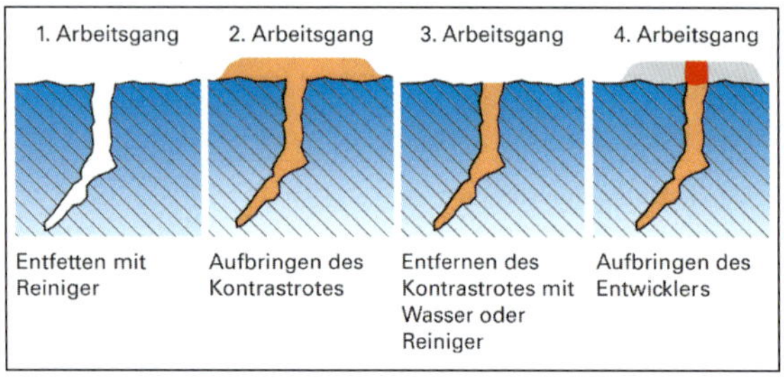

2 Farbeindringverfahren

Ultraschallprüfung

Das Verfahren beruht auf dem Prinzip der **Laufzeitmessung** des **Schalls**. Fehler im Werkstückinneren, wie Risse, Lunker in Gussteilen und Gasblasen, aber vor allem Bindefehler in Schweißnähten, kann man nach Lage und Größe auf einem Bildschirm als Resonanzwelle sichtbar machen. Bei fehlerfreiem Werkstück dürfen keine Resonanzwellen auftreten.

Die Schallwellen, ausgesendet von einem Schallkopf, werden nämlich an der Werkstückrückwand, aber auch an Fehlerstellen reflektiert (Bild 3).

Durch Versetzen des Schallkopfes können Größe und Lage des Fehlers im Werkstück lokalisiert werden. Nach demselben Prinzip lässt sich auch die Dicke von Werkstücken, z. B. Blechdicke von Behältern, Rohrwandstärke am gefährdeten Knie, bestimmen. Die Eichung und Bedienung von Ultra-Schall-Geräten verlangt viel Geschick und Erfahrung.

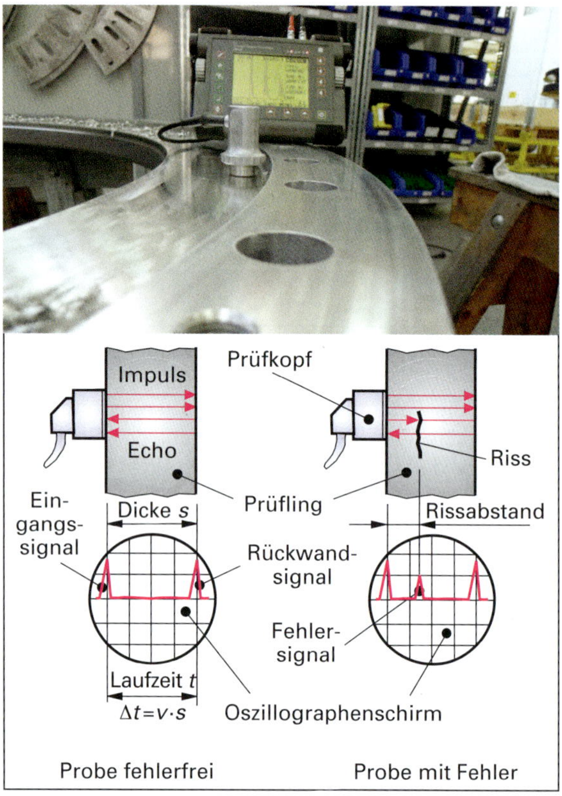

3 Ultraschallprüfung

Metallographische Verfahren

Die Metallographie beschäftigt sich mit dem Gefügeaufbau von Metallen. Durch Schleifen, Polieren und Ätzen einer Schnittprobe wird diese Feinstruktur sichtbar gemacht.

Photopapier, getränkt mit Schwefelsäure und auf die vorbereitete Schnittfläche eines Profils gedrückt, zeigt als Schwärzung Seigerungszonen an (Bild 4). Das sind Bereiche der Entmischung, die beim Abkühlen entstehen und in denen nicht geschweißt werden soll.

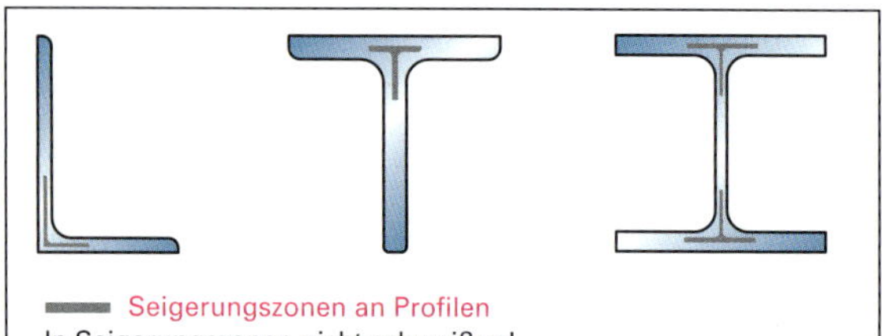

4 Seigerungszonen an Profilen

Lernfeld-übergreifend

13 Steuerungs- und Regelungstechnik

Bei der Fertigung von Metall- und Stahlbaukonstruktionen werden wo immer möglich Maschinen und Anlagen mit Steuerungs- und Regelungsprozessen eingesetzt, die die Mitarbeiter von schwerer körperlicher Arbeit entlasten, die Fertigungszeiten verringern und eine gleichbleibende Produktqualität garantieren. So findet man verschiedene Steuerungs- und Regelungsvorgänge an allen für den Metallbau wichtigen Arbeitsmaschinen wie CNC-gesteuerten Brennschneidanlagen, Schweißgleichrichtern, Gesenkbiegepressen, Profilstahlscheren, Bohranlagen usw. Die Bedienung, Wartung und Pflege dieser Anlagen erfordern auch Kenntnisse in der Steuerungs- und Regelungstechnik.
Nicht nur bei der Fertigung von Konstruktionen kommt der Metallbauer und Konstruktionsmechaniker mit gesteuerten Systemen in Berührung, sondern auch die Montage gesteuerter Anlagen gehört zu seinem Aufgabenbereich, sei es die Montage gesteuerter Türelemente, kompletter Sonneschutzeinrichtungen für Wintergärten oder Fassadenkonstruktionen oder die Montage angetriebener Hallentore oder Einfahrtstore.

13.1 Steuern und Regeln – zwei unterschiedliche Vorgänge

Wintergärten benötigen für die Sommermonate in jedem Fall eine Beschattungseinrichtung, die eine unzulässige Aufheizung des Wintergartens verhindert. Eine mögliche Beschattung liefert beispielsweise eine automatisierte Markisensteuerung.

Steuerung der Wintergartenbeschattung

Jede Steuerung funktioniert nach dem sogenannten **EVA**-Prinzip (Bild 1):

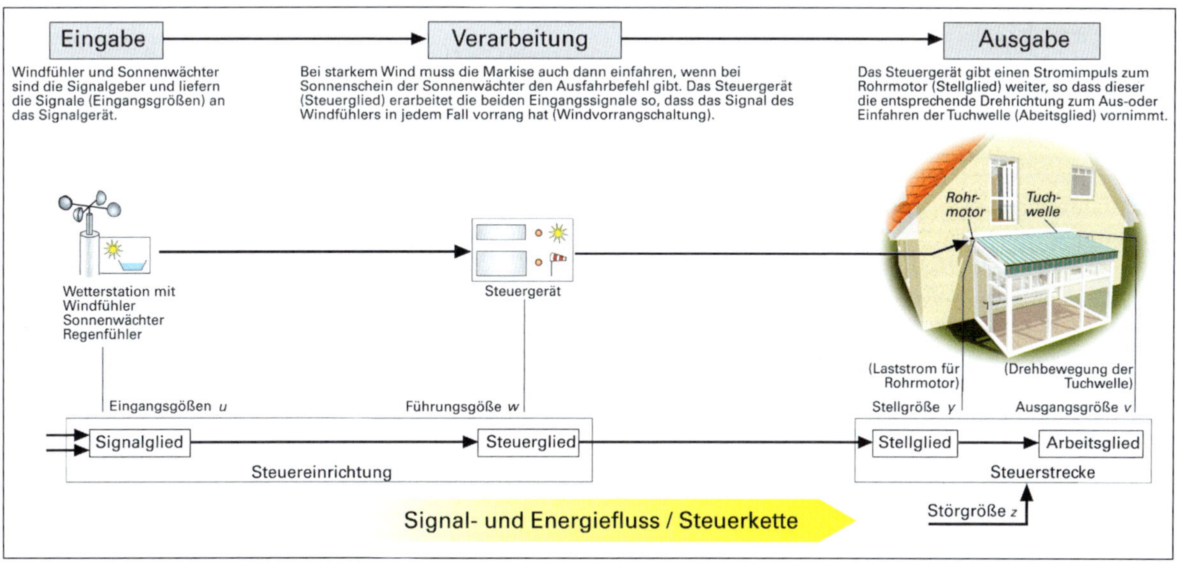

1 Steuerung am Beispiel einer Wintergartenbeschattung

Dieser Wirkungszusammenhang zwischen den Eingangsgrößen (Signale von Wind- und Sonnenfühler) und der Ausgangsgröße (Drehbewegung der Tuchwelle) wird Steuern genannt. Störeinflüsse (Störgrößen) können von der Steuerung nicht erfasst werden und bleiben unberücksichtigt. So bleibt beispielsweise ein in der Tuchwelle durchrutschender Rohrmotor von der Steuerung selbst unentdeckt und die Markise fährt nicht vollständig aus. Nur der Bediener kann diese Störung erkennen und beheben.

In einer Steuerung hat die Ausgangsgröße **keine** Rückwirkung auf die Eingangsgröße. Der Signalfluss läuft stets nur in einer Richtung, der Steuerkette. Der Wirkungsablauf ist offen.

Regelung des Raumklimas

Mit obiger Steuerung wird der Wintergarten zwar beschattet und die größte Wärmeentwicklung vermieden, jedoch eine angenehme Raumtemperatur auch an heißen Sommertagen lässt sich mit einer Steuerung dieser Art nicht erzielen. Hierzu benötigt man eine Regelung, die mithilfe von Sensoren zusätzlich die Raumtemperatur und Luftfeuchtigkeit im Raum erfasst und die übermäßig erwärmte Raumluft abtransportiert (Bild 1).

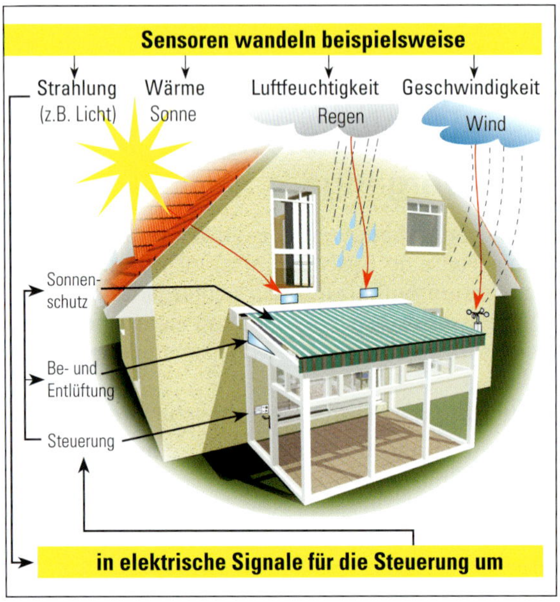

1 Regelung des Raumklimas in einem Wintergarten

Steigen Raumtemperatur und Luftfeuchtigkeit trotz ausgefahrener Beschattungseinrichtung über einen eingestellten Wert, so setzt eine Lüftungsanlage ein, die die warme und feuchte Luft solange aus dem Wintergarten abtransportiert, bis die gewünschte Raumtemperatur erreicht ist. Sinkt die Raumtemperatur unter den vorgegeben Wert, so schaltet die Lüftungsanlage wieder aus. Es erfolgt also eine ständige Abfrage der Raumtemperatur, die vom Steuergerät gemessen und mit dem voreingestellten Wert verglichen wird (Bild 2).

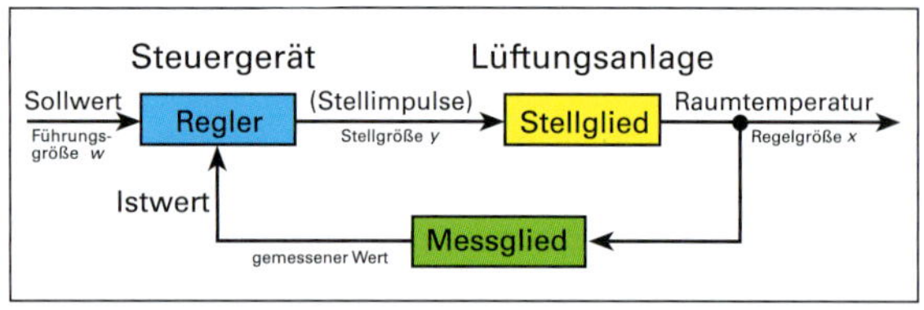

2 Schema einer Regelung

Eine Regelung misst ständig den Istwert der Regelgröße und vergleicht ihn mit dem Sollwert. Solange eine Abweichung zwischen beiden Werte vorliegt, wird nachreguliert, d.h. der Istwert dem Sollwert angenähert. Der Wirkungsablauf einer Regelung ist geschlossen. Man spricht von einem Regelkreislauf.

Ohne die Steuerungs- und Regelungstechnik wäre auch der Einsatz moderner Werkzeugmaschinen nicht denkbar. Als Beispiel seien hier die umfangreichen Regelungsaufgaben an einer CNC-Brennschneidanlage wie die Lageregelung oder die Geschwindigkeitsregelung genannt (vgl. Kapitel 14 – CNC-Technik).

13.2. Arten von Steuerungen – Übersicht

Steuerungen lassen sich unter folgenden verschiedenen Gesichtspunkten klassifizieren, nach der:

- Aufgabe der Steuerung,
- Art der verarbeiteten Signale,
- Art der Programmierung und
- Art der Energie, derer sich die Steuerung bedient.

Folgende Übersicht zeigt die Merkmale dieser Steuerungen und entsprechende Beispiele dazu.

	Verknüpfungssteuerungen	**Ablaufsteuerungen**
Steuerungsaufgabe	nennt man Steuerungen, bei denen Befehle erst dann ausgeführt werden, wenn mehrere **Eingangssignale unter bestimmten Bedingungen verknüpft** (kombiniert) werden. So kann z.B. ein Zylinder eine Dose erst dann platt pressen, wenn ein *Druckknopf betätigt* **und** die *Pressentüre geschlossen* wurde. 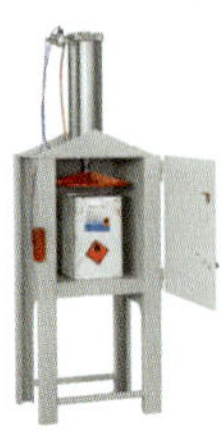	lassen Steuervorgänge Schritt für Schritt ablaufen. Der Übergang von einem zum nächsten Arbeitsschritt kann ***prozessabhängig*** oder ***zeitabhängig*** sein. Der nachfolgende Arbeitsschritt kann erst erfolgen, wenn der vorangegangene Arbeitsschritt abgeschlossen wurde. So kann bei folgender prozessabhängiger Stempelvorrichtung der Zylinder 2-MM1 erst dann ausfahren, wenn der Zylinder 1-MM1 die Werkstücke gestempelt hat und wieder eingefahren ist. Zeitabhängig könnte der Zylinder 1-MM1 erst nach einer bestimmten einstellbaren Zeitdauer wieder in seine Ausgangsstellung zurückfahren. 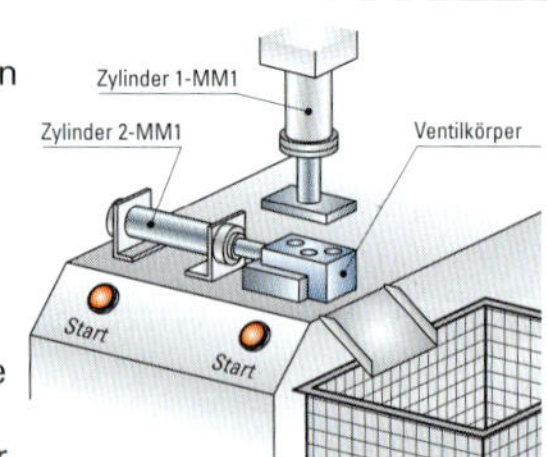

	Analog	Binär
Steuersignale	Analoge Steuerungen werden mit stetig wirkenden und sich verändernden Signalen gespeist. Dazu benötigt man z. B. analoge Sensoren. So liefert beispielsweise der Windwächter einer Markisensteuerung ein stetig sich veränderndes Spannungssignal an das Steuergerät.	Binäre Steuerungen werden mit zweiwertigen (binären) Signalen gesteuert. Es existieren nur zwei Zustände: EIN oder AUS bzw. 0 oder 1. So liefert z. B. die Lichtschranke für eine Torsteuerung nur diese beiden Zustände: 1 = Lichtschranke nicht unterbrochen 0 = Lichtschranke unterbrochen

	Verbindungsprogrammiert	Speicherprogrammiert
Programmierung	sind alle pneumatischen, hydraulischen und elektrischen Steuerungen, da die einzelnen Bauteile mit entsprechenden Leitungen fest verbunden (verschlaucht bzw. verdrahtet) sind. Die Art und Weise der Verbindung der Bauelemente bestimmt die Funktion der Steuerung. 	sind Steuerungen, die einen elektronischen Programmspeicher besitzen. Muss bei einer Steuerung die Funktion geändert werden, so wird mit relativ geringem Aufwand nur das Programm und somit der Ablauf der Steuerung umgeschrieben. Bei einer verbindungsprogrammierten Steuerung kann dies nur durch eine arbeitsaufwendige Umverdrahtung der Bauteile erfolgen. In der Gebäudetechnik sind SPS-Steuerungen heute bereits Standard. So können damit beispielsweise die komplette Beschattungs- und Beleuchtungseinrichtung oder die Heizungsanlage für ein Gebäude gesteuert werden. 

	Mechanisch	Pneumatisch	Hydraulisch	Elektrisch
Energieform	Mechanische Steuerungen bestehen überwiegend aus mechanischen Bauelementen. So bilden in Getrieben entsprechende Zahnräder oder Riemenscheiben und Keilriemen die Bauelemente zur Übertragung der Steuerungsaufgaben. Ein handelsübliches Zylinderschloss stellt eine komplexe mechanische Steuerung dar. Der Schlüssel steuert über passende Bartaussparungen die Zuhaltungsstifte und betätigt damit die Schließnase des Profilzylinders, wodurch der Riegel im Türschloss gesperrt werden kann. 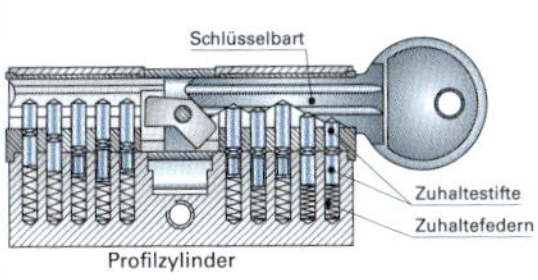	In vielen Bereichen der betrieblichen Praxis, wie z. B. für einfache Spannvorgänge an Werkzeugmaschinen findet man pneumatische Steuerungen. Die Druckluft (6–10 bar) transportiert dabei die Steuerungsinformationen (z. B. Start des Spannvorgangs) und liefert zugleich die Energie zum Festpannen des Werkstücks (Spannzylinder fährt aus).  **Vorteile:** • Druckluft ist umweltfreundlich und steht überall zur Verfügung • Anlagen arbeiten meist einfach, wartungsarm und betriebssicher **Nachteile:** • Komprimierbarkeit der Luft, (nur begrenzte Kräfte übertragbar) • bei wechselnden Belastungen keine gleichförmigen Bewegungen möglich erzeugen Lärm, wenn sich die Druckluft beim Ausströmen entspannt.	Vor allem dort, wo große Kräfte übertragen werden müssen, werden hydraulische Steuerungen eingesetzt. Der Grund liegt darin, dass Drucköl im Gegensatz zur Druckluft nicht (kaum) komprimierbar ist. So werden z. B. Abkantpressen oder Tafelscheren für Bleche mit Drucköl angetrieben. Wie in der Pneumatik dient das Hydrauliköl nicht nur zur Steuerung der einzelnen Bewegungsabläufe, sondern liefert auch die Energie für das Umsetzen der Arbeitsaufgabe, z. B. das Trennen einer Blechtafel mit dem Schermesser. Wegen der Inkompressibilität von Hydrauliköl sind gleichförmige Vorschubbewegungen trotz unterschiedlicher Belastungen möglich, so dass hydraulische Vorschubantriebe auch an Werkzeugmaschinen zu finden sind. 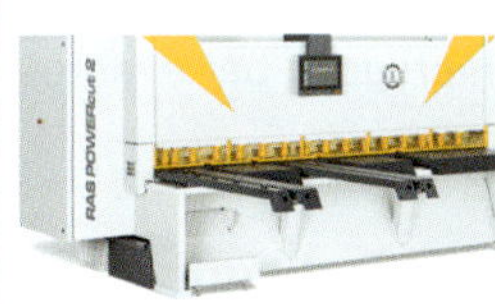	Keine Werkzeugmaschine ist heute ohne eine elektrische Steuerung mehr vorstellbar. Selbst einfachste Elektrohandwerkzeug sind einfache elektrische Steuerungen, wie z. B. der Winkelschleifer oder die Handbohrmaschine. Steuerungen mit elektrischen Eingabe- und Verarbeitungsbauteilen haben folgende Vorteile: • Geringer Raum- bzw. Platzbedarf, • geringer Energiebedarf, • geringe Wartungskosten und • große Verarbeitungsgeschwindigkeit der elektrischen Signale. In der Regel findet man kombinierte Anlagen mit pneumatischen oder hydraulischen Arbeitszylindern und Ventilen, die jedoch elektrisch oder elektronisch angesteuert werden. Die elektrischen Bauteile übernehmen dabei die Steuerungsaufgabe, die fluidtechnischen (pneumatischen, hydraulischen) Bauteile übertragen die erforderliche Energie **(elektropneumatische bzw. elektrohydraulische Steuerungen)**.

13.3 Pneumatische Steuerungen

Druckluft steht heute in jeder Werkstatt zur Verfügung. Die Bauelemente pneumatischer Steuerungen sind einfach und relativ preiswert. Pneumatische Steuerungen und Bauteile werden daher vielfach im täglichen Werkstattbetrieb verwendet, beispielsweise für Spannvorrichtungen, druckluftbetriebene Handwerkzeuge und auch einfache Pressvorgänge, bei denen keine allzu großen Kräfte benötigt werden. Braucht man große Kräfte, z. B. an Biegevorrichtungen, Hämmern oder Scheren, so eignet sich dafür am besten eine hydraulische Anlage. Ihr Arbeitsmedium ist Öl, das sich nicht (kaum) zusammendrücken lässt (inkompressibel) und deshalb sehr große Kräfte zulässt.

Auftrag: Aufbau einer pneumatischen Ablaufsteuerung zum Stempeln von Ventilkörpern

In einem Metallbetrieb sollen Pneumatikventile mit den Kennungen für die Anschlussleitungen geprägt werden. Für die Umsetzung und Herstellung dieser Baugruppe mit einer steuerungstechnischen Funktion sind grundlegende Analyse- und Planungsüberlegungen anzustellen, bevor mit der Montage und Inbetriebnahme der Baugruppe begonnen werden kann.

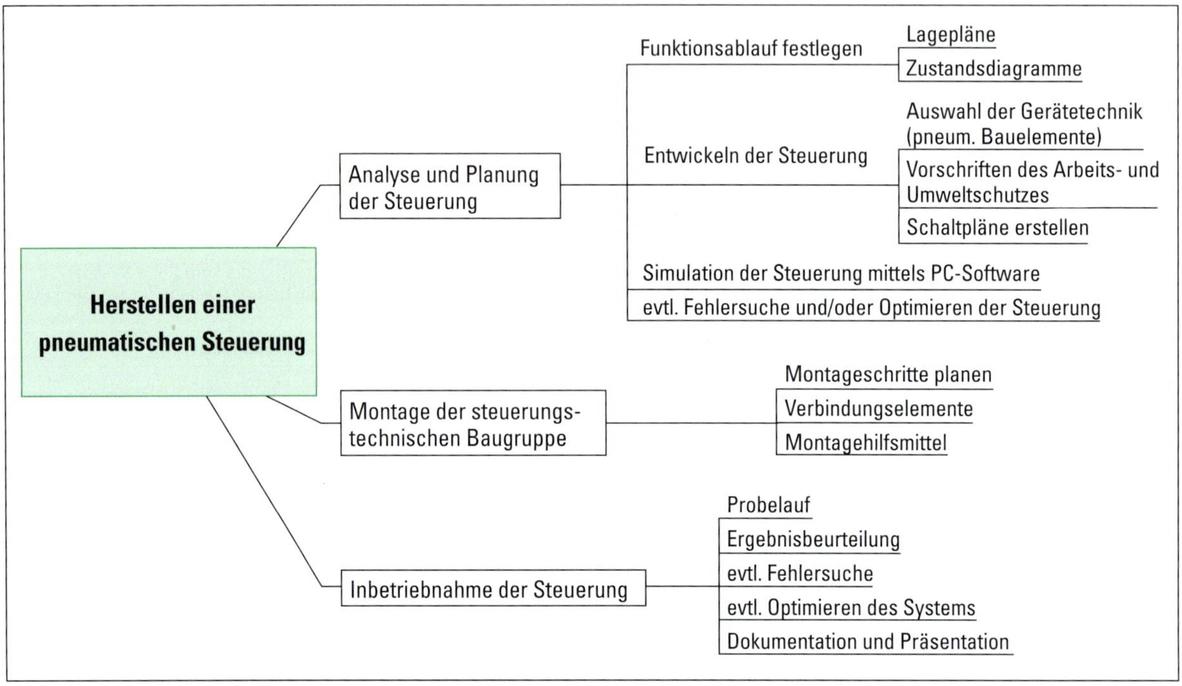

1 Ablaufschema zur Herstellung einer pneumatischen Steuerung

Bei Ablaufsteuerungen handelt es sich meist um komplexere Steuerungen mit zwei oder mehr Arbeitsgliedern (Zylindern). Zur Veranschaulichung der Schaltzustände, der Bewegungsabläufe und zum Aufbau der Steuerungen werden verschiedene Pläne bzw. Diagramme benötigt und verwendet. Diese erleichtern auch dem Wartungspersonal im Betrieb der Anlage die Fehlersuche bei eventuellen Störfällen.

13.3.1 Festlegen des Funktionsablaufes

Eine **Textbeschreibung mit Schemaskizze bzw. Lageplan** beschreibt die Steuerungsfunktionen. Der Lageplan ist dabei eine Ergänzung zu den Schaltplänen und zeigt schematisch die Lage der Antriebs- und Signalglieder im Gesamtsystem.

Die Ventilkörper werden in die Aufnahme gelegt. Der Zylinder 1-MM1 stempelt die Buchstaben ein, der Zylinder 2-MM1 schiebt die Ventilkörper in den Korb. Der Prägezylinder 1-MM1 soll nur dann ausfahren, wenn der Starttaster 1-SJ1 und der Werkstückkontrolltaster 1-SJ2 betätigt sind. Durch das Betätigen von 2-SJ3 fährt der Prägezylinder nach einer Einwirkzeit von 5 Sekunden wieder zurück. Das Ausschieben der Ventilkörper in den Aufnahmekorb geschieht dadurch, dass der Zylinder 1-MM1 den Taster 2-SJ1 beim Rückhub betätigt. Nach dem Ausfahren des Zylinders 2-MM1 wird dieser durch das Signalglied 2-SJ2 wieder in seine Ausgangslage zurückbefördert. Die Ausfahrgeschwindigkeit beider Zylinder soll einstellbar sein.

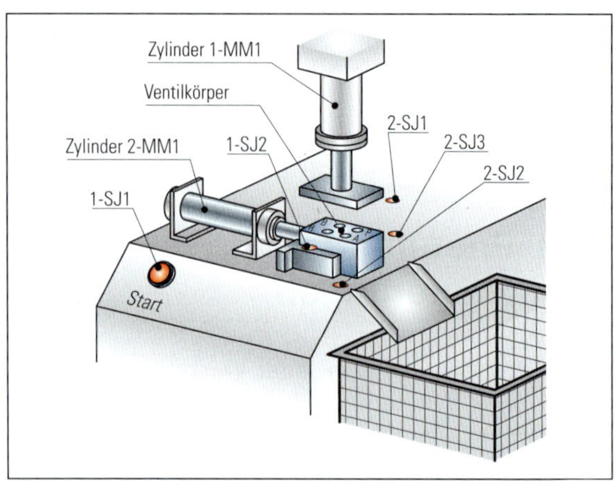

2 Lageplan der Stempelvorrichtung

Die Bewegungsabläufe können einfacher und kürzer auf unterschiedliche Art und Weise dargestellt werden:

Bewegungsablauf in Tabellenform

Schritt	Zylinder 1-MM1	Zylinder 2-MM1
1	fährt aus	
2	fährt ein	
3		fährt aus
4		fährt ein

Bewegungsabläufe in Kurzschreibweise
Das Ausfahren wird mit „+", das Einfahren mit „-" gekennzeichnet. Für die obige Steuerungsaufgabe gilt also:

1-MM1+	1-MM1–	2-MM1+	2-MM1–

Das Funktionsdiagramm (Weg/Schritt-Diagramm – Zustandsdiagramm)
Das Funktionsdiagramm ist die grafische Darstellung der Arbeitsbewegungen der Zylinder und der Schaltzustände der einzelnen Ventile in einer pneumatischen Ablaufsteuerung. Im einfachen **Weg/Schritt-Diagramm** werden nur die Zylinderbewegungen dargestellt. Sind auch die verschiedenen Schaltzustände der sie auslösenden Signal- und/oder Stellglieder aufgezeichnet **(Zustandsdiagramm)**, so liegt ein ausführliches **Funktionsdiagramm** vor (Bild 1).

Die Funktionslinien beschreiben grafisch die Wege der Zylinder bzw. das Umschalten der Ventile in ihre Schaltstellungen. Schräg verlaufende Funktionslinien verdeutlichen die länger dauernden Ein- und Ausfahrbewegungen der Zylinder zwischen den einzelnen Arbeitsschritten, senkrecht verlaufende Funktionslinien dagegen die nur sehr kurzen Umschaltzeiten der Ventile.

Die Signalglieder der Steuerung werden durch Angabe der Bauteilnummern im Funktionsdiagramm gekennzeichnet. Außerdem wird durch entsprechende Symbole festgelegt, wie sie betätigt werden, entweder manuell durch Tippen oder Aus-/Einschalten oder mechanisch als Grenztaster durch den Zylinderkolben (vgl. Bild 1). Die Signallinien, als schmale Volllinien mit Pfeil, zeigen die Verknüpfung zwischen den Signal-, Stell- und Arbeitsgliedern der Steuerung.

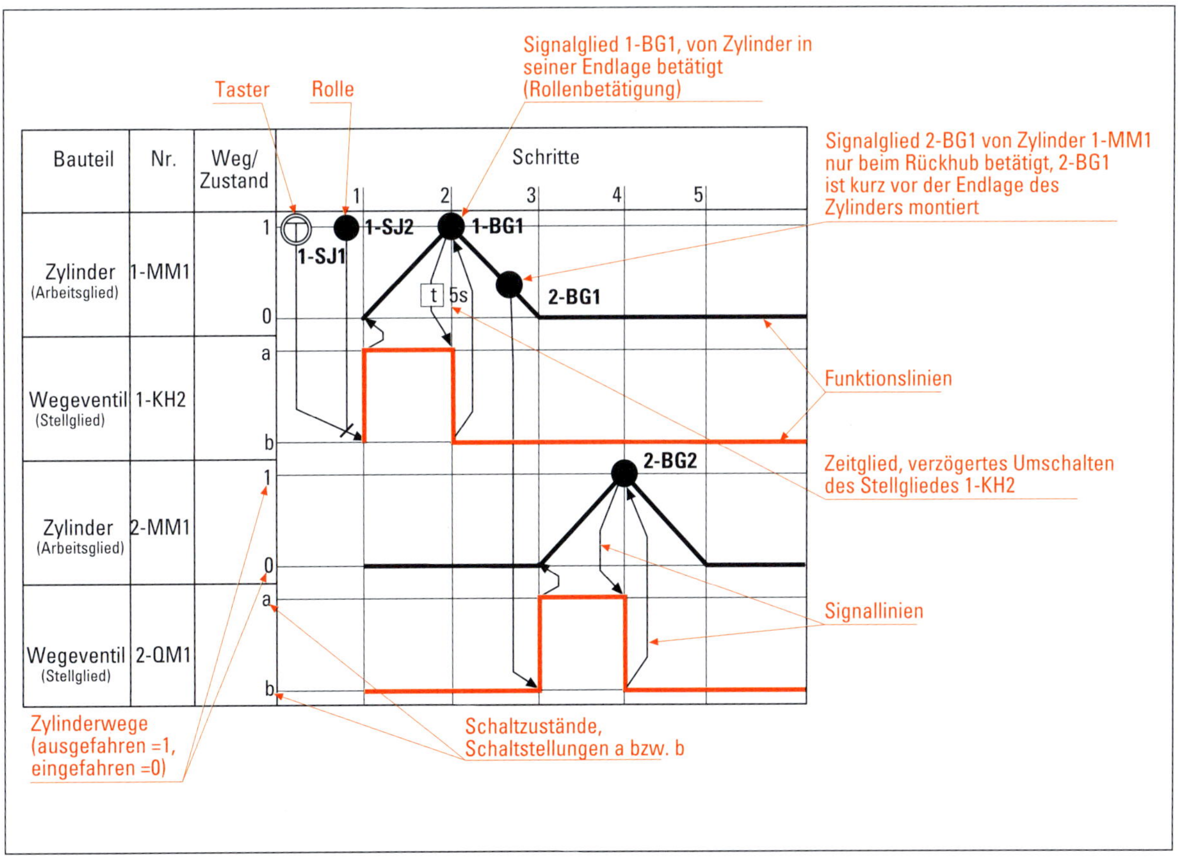

1 Funktionsdiagramm (Weg/Schritt-Diagramm mit Zustandsdiagrammen der Stellglieder)

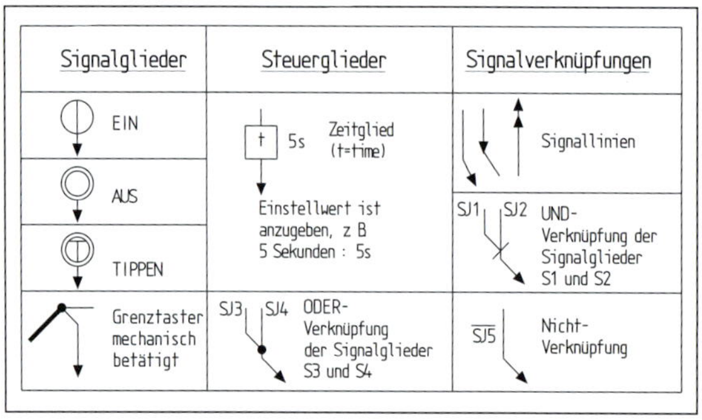

1 Symbole für Funktionsdiagramme

Aufgaben

1. Beschreiben Sie anhand des Funktionsdiagramms den Bewegungsablauf der Stempelsteuerung.
2. Die Stempelvorrichtung ist sowohl eine *prozessabhängige* als auch eine *zeitabhängige* Ablaufsteuerung. Erklären Sie diese Aussage anhand des Funktionsdiagramms.

13.3.2 Entwickeln der Steuerung/des Schaltplans

Der **Schaltplan** ist die gerätetechnische Umsetzung der Steuerungsaufgabe durch Verbinden der einzelnen pneumatischen Bauteile (Zylinder, Ventile). Mit folgender Vorgehensweise kommt man zu einem funktionsfähigen Schaltplan:

- Auswahl der pneumatischen Bauteile (Zylinder, Stell- und Signalglieder zur Ansteuerung der einzelnen Zylinder, Verarbeitungsglieder) und Aufstellen der Geräteliste
- Zeichnen des Schaltplans
- Aufbauen der Schaltung nach Schaltplan unter Beachtung der Sicherheitsvorschriften
- Überprüfen der Schaltung und ihrer Funktion, ggf. Fehlersuche bzw. Optimierung und Nachbesserung der Steuerung

Auswahl der pneumatischen Geräte/Aufstellen der Geräteliste:

Für die Stempelvorrichtung wird folgende Geräteliste zusammengestellt, die für den Schaltplan (Bild 1, nächste Seite) benötigt wird:

0-AZ	Wartungseinheit	1-RZ1	Drosselrückschlagventil
0-QM1	Hauptventil	1-MM1	Doppeltwirkender Zylinder mit Endlagendämpfung
1-SJ1	3/2 Wegeventil mit Federrückstellung in Sperr-Ruhestellung, Taster	2-BG1	3/2 Wegeventil mit Federrückstellung in Sperr-Ruhestellung, Rollenbetätigt mit Kipphebel
1-SJ2	3/2 Wegeventil mit Federrückstellung in Sperr-Ruhestellung, Rollenbetätigt	2-BG2	3/2 Wegeventil mit Federrückstellung in Sperr-Ruhestellung, Rollenbetätigt
1-BG1	3/2 Wegeventil mit Federrückstellung in Sperr-Ruhestellung, Rollenbetätigt	2-QM1	5/2 Wegeventil, beidseitig druckluftbetätigt (Impulsventil)
1-KH1	Zweidruckventil (UND-Ventil)	2-RZ1	Drosselrückschlagventil
1-KH2	Zeitverzögerungsventil (einschaltverzögert)	2-MM1	Doppeltwirkender Zylinder mit Endlagendämpfung
1-QM1	5/2 Wegeventil, beidseitig druckluftbetätigt (Impulsventil)		

2 Geräteliste

Die Darstellung der fluidtechnischen Schaltzeichen nach ISO 1219 sowie deren Bezeichnungen und Anschlüsse gemäß DIN EN 81346 finden Sie in Ihrem Tabellenbuch.

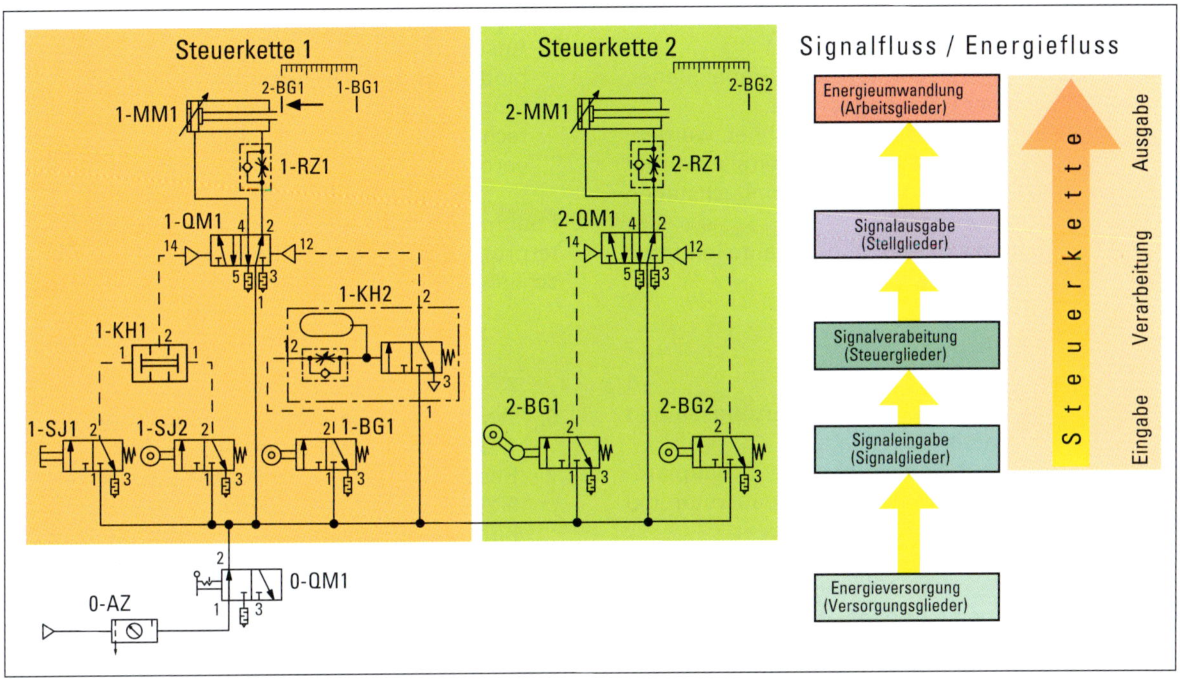

1 Pneumatischer Schaltplan der Stempelvorrichtung

Als Arbeitselemente werden *doppeltwirkende Zylinder mit beidseitiger Endlagendämpfung* gewählt. Dies schont neben den zu prägenden Ventilkörpern auch die Zylinder selbst, da sie sanft in ihre Endlagen einfahren.

Doppeltwirkende Zylinder werden standardmäßig durch *5/2-Wegeventile* angesteuert (Stellglieder), die den Durchfluss in beide Richtungen umkehren können. Die Signaleingabe erfolgt durch *3/2-Wegeventile in Sperr-Ruhe-Stellung*, die nur bei Betätigung ein Signal (Druckluft) weitergeben, in Ruhestellung den Durchfluss demnach sperren. Im unbetätigten Zustand werden sie durch eine Feder in ihre Ausgangsstellung (Ruhestellung) zurückgestellt.

Die Betätigung der 3/2-Wegeventile (Signalglieder) erfolgt einmal durch einen Taster (1-SJ1); drei Ventile werden durch eine Rolle betätigt (1-SJ2, 1-BG1, 2-BG2) und ein Ventil ist mit einer Rolle mit Kipphebel (2-BG1) ausgestattet.

Da das Startsignal erst dann erfolgen darf, wenn der Werkstückkontrolltaster 1-SJ2 und der Startknopf 1-SJ1 gedrückt sind, wird noch ein Zweidruckventil (1-KH1) benötigt, das erst das Signal weiterleitet, wenn an beiden Eingängen bedingt durch Betätigung von 1-SJ1 und 1-SJ2 Druckluft anliegt.

Da das Einfahren des Zylinders 1-MM1 zeitverzögert erfolgen soll, wird ein Zeitverzögerungsventil (1-KH2) benötigt, das das Einfahrsignal von 1-BG1 erst nach einer einzustellenden Zeitdauer weiterleitet (Zeitventil mit Einschaltverzögerung).

Die Signale gelangen jeweils an einen Steueranschluss der *5/2-Wegeventile* (Stellglieder 1-QM1 und 2-QM1), weshalb man hier 5/2-Wegeventile benötigt, die beidseitig mit Druckluft angesteuert werden. Diese Ventile werden auch als *Impulsventile* bezeichnet, weil zum Schalten nur ein kurzes Signal, ein Impuls nötig ist. Die eingenommene Schaltstellung bleibt erhalten, auch wenn das Umschaltsignal nicht mehr vorhanden ist. Impulsventile speichern damit die Schaltzustände bzw. die zum Schalten notwendigen Eingangssignale. Erst ein Gegensignal am anderen Steuereingang setzt den Speicher zurück und schaltet das 5/2-Wegeventil um.

Die Druckluftversorgung geschieht dabei über eine zentrale Druckluftversorgung oder über einen separaten Kompressor. Die Wartungseinheit (0-AZ) sorgt für die Filterung und Schmierung der Druckluft und ermöglicht die Einstellung eines geeigneten Systemdrucks von ca. 6–8 bar.

Erstellen des Schaltplans

Beim Zeichnen des Schaltplans ist folgendes zu beachten:

- Gesamtsteuerung ist in einzelne, nebeneinanderliegende Steuerketten zu unterteilen (von links nach rechts); zu jedem Zylinder gehört eine separate Steuerkette mit Signal- und Stellgliedern.
- Die fluidtechnischen Bauteile sind in Ruhestellung bzw. in Ausgangsstellung einzuzeichnen;

dies erfolgt in Richtung des Signal- bzw. Energieflusses von unten nach oben.

- Gleichartige Bauglieder, z.B. alle Signalglieder, werden auf einer Höhe angeordnet.
- Bauelemente müssen gekennzeichnet werden, d.h. jedes Bauteil mit einer Schaltkreisnummer (Steuerkettennummer), mit Kennbuchstaben und einer Ordnungszahl.
- Alle Druckluftanschlüsse an den Bauteilen müssen gekennzeichnet werden.
- Die einzelnen pneumatischen Bauteile sind mit Anschluss, Arbeits- und Steuerleitungen zu verbinden (Steuerleitungen als Strichlinien); Leitungen dürfen nur waagrecht und/oder senkrecht verlaufen und sich nicht kreuzen; Leitungsverbindungen erhalten einen Punkt.

Pneumatischen Schaltungen werden mit Computerprogrammen gezeichnet und lassen sich anschließend simulieren.

Aufgaben

1. Welche Aufgaben erfüllt die Wartungseinheit einer pneumatischen Anlage?
2. Wie viele Steuerketten hat dieser Schaltplan?
3. Kennzeichnen Sie in jeder Steuerkette die Signal-, Steuer- und Stellglieder.
4. Welche Bedingung wird mit dem Ventil 1-KH1 realisiert, wie nennt man dieses Ventil?
5. Welche Aufgabe erfüllen die beiden Ventile 1-RZ1 und 2-RZ1, wie werden sie bezeichnet?
6. Welche Aufgabe erfüllen die 5/2-Wegeventile 1-QM1 und 2-QM1 in der Steuerung?
7. Beschreiben Sie die Funktionsweise eines 5/2-Wegeventils. Was bedeutet diese Bezeichnung?
8. Was bewirkt das Ventil 1-KH2 im Steuerkreis 1 der Stempelvorrichtung? Erläutern Sie die Funktionsweise dieses Ventils.
9. Wie und wann wird das Ventil 2-BG1 betätigt?

Signalüberschneidung/Signalabschaltung

Das 3/2-Wegeventil Ventil 2-BG1 darf nur beim Rückhub des Zylinder 1-MM1 betätigt werden und muss dafür mit einem Rollenkipphebel ausgestattet sein (Rollentaster mit Leerrückhub). Im Schaltplan wird die Betätigungsrichtung durch einen Pfeil angegeben. Das Ventil darf zudem nicht in der Endlage des Kolbens positioniert werden, da der Zylinderkolben dabei ständig auf dem Signalglied 2-BG1 läge und ein Dauersignal erzeugte. Es käme so zu einer *Signalüberschneidung*, der Zylinder 2-MM1 ließe sich durch das Signal von 2-BG2 nicht mehr einfahren, da am Stellglied 2-QM1 an beiden Seiten Druck anläge.

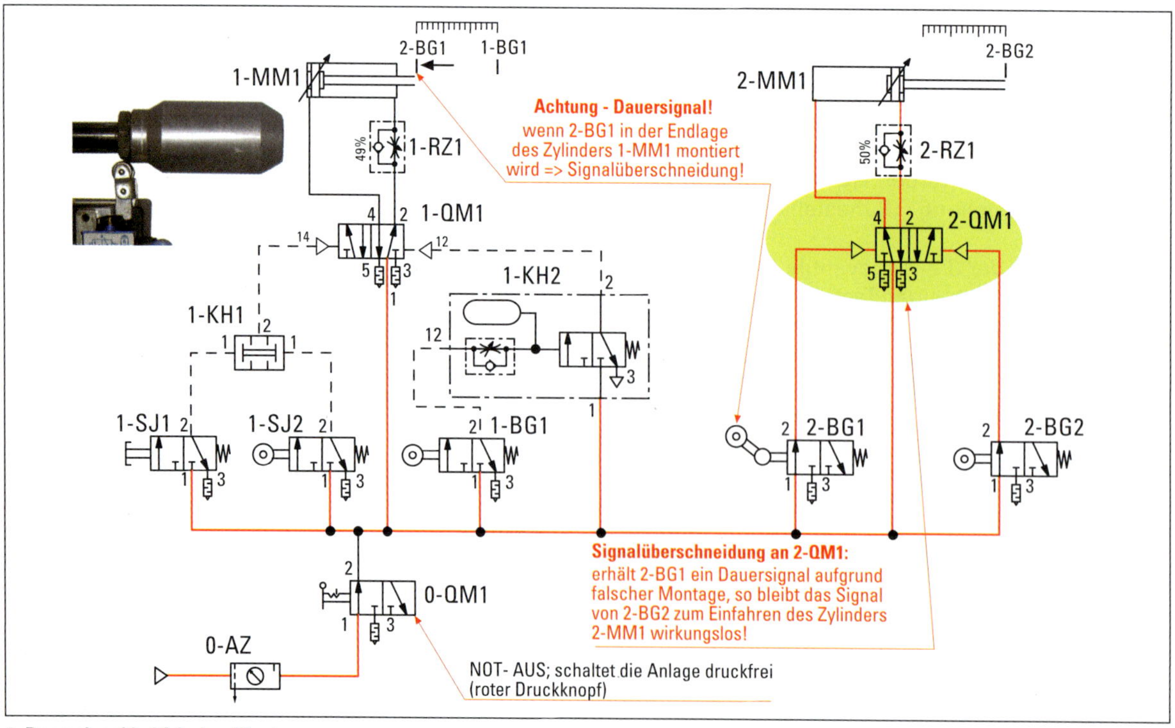

1 Dauersignal bei falscher Montage

Bei der Montage ist also sicherzustellen, dass die Rolle entsprechend der Darstellung im Schaltplan richtig eingebaut wird und in Pfeilrichtung schaltet. Der Zylinder muss den Rollentaster dabei vollständig überfahren; nur so wird gewährleistet, dass das Signal von 2-BG1 nur impulshaft gegeben und abgeschaltet wird. Eine Signalüberschneidung wird vermieden.

Aufgabe

Was würde geschehen, wenn man für das 3/2-Wegeventil 2-BG1 statt eines Rollenhebels mit Kipphebel ein Ventil mit fester Rolle einbauen würde?

13.3.3 Optimieren der Steuerung

Der Schaltplan aus Bild 1, Seite 650, kann noch durch verschiedene Maßnahmen verbessert werden:

- Signalabschaltung durch Verzögerungsventile → verhindert eine Signalüberschneidung wirkungsvoller und präziser
- Verriegelung von Signalen → garantiert einen sicheren Steuerungsablauf auch bei unzulässiger Eingabe eines Startsignals

Signalabschaltung durch Verzögerungsventile:
Die Signalabschaltung durch das Rollenventil mit Kipphebel 2-BG1 (Bild 1, Seite 651) ist keine optimale Lösung gegen eine Signalüberschneidung. Steuerungen, bei denen Kipphebel verwendet werden, sind störungsanfälliger und nicht so betriebssicher. Außerdem kann hierbei auch die Zylinderendlage nicht exakt abgefragt werden, weil diese Ventile vor der Kolbenendlage positioniert werden müssen. So fährt der Zylinder 2-MM1 zum Ausschieben der gestempelten Ventile bereits aus, bevor der erste Zylinder seine hintere Endlage wirklich erreicht hat.

Eine sinnvollere Lösung lässt sich mit **Verzögerungsventilen** realisieren (Bild 1). Als Signalglied kann dabei ein einfaches rollenbetätigtes **3/2-Wegeventil** direkt an die hintere Endlage des Stempelzylinders 1-MM1 gesetzt werden.

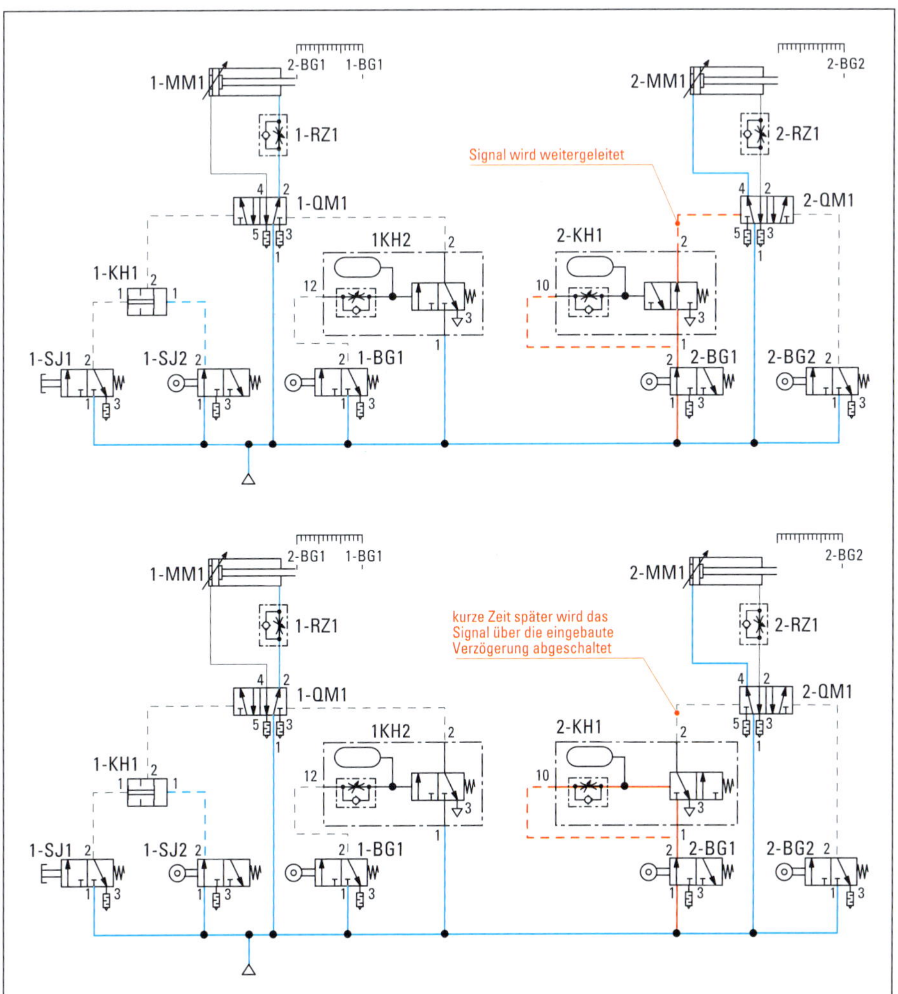

1 Signalabschaltung mit Verzögerungsventilen

Erhält das Signalglied 2-BG1 Druckluft, so gelangt diese durch das ***ausschaltverzögerte*** Zeitventil weiter zum Stellglied 2-KH1. Kurze Zeit später, je nach Einstellung der internen Drossel im Zeitventil, wird das Signal abgeschaltet **(Zeitventil mit Ausschaltverzögerung)**.

Das entsprechende Weg/Schritt-Diagramm ändert sich gegenüber der ersten Steuerung wie folgt:

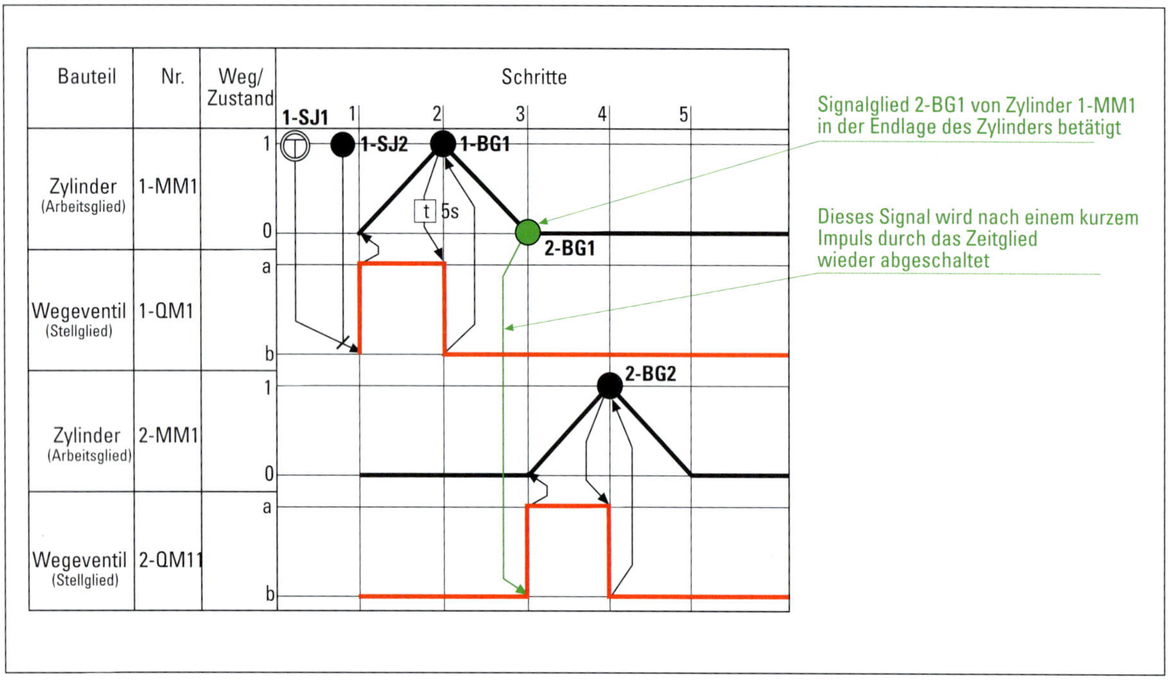

1 Weg/Schritt-Diagramm für Stempelvorrichtung mit Signalabschaltung durch Verzögerungsventil

Verriegelung von Signalen

Für einen einwandfreien Ablauf der Steuerung muss sichergestellt sein, dass das Startsignal durch 1-SJ1 nur dann ausgelöst werden kann, wenn ein kompletter Arbeitszyklus abgelaufen ist und beide Zylinder wieder ihre hintere Endlage erreicht haben. Die Signale müssen verriegelt werden. Selbst ein Dauersignal auf den Starttaster 1-SJ1 darf nicht zu weiteren Abläufen führen. Dazu wird ein zusätzlicher Rollentaster 2-BG3 an die hintere Endlage des Arbeitszylinders 2-MM1 montiert. Ein Startsignal darf also erst erfolgen, wenn am Startsignalgeber 1-SJ1 **und** an beiden Signalgliedern 2-BG1 **und** 2-BG3 ein Signal anliegt. Die Signalgeber 1-SJ1, 2-BG1 und 2-BG3 müssen mit den Zweidruckventilen 1-KH4 bzw. 1-KH3 zu zwei **UND-Schaltungen** verknüpft werden.

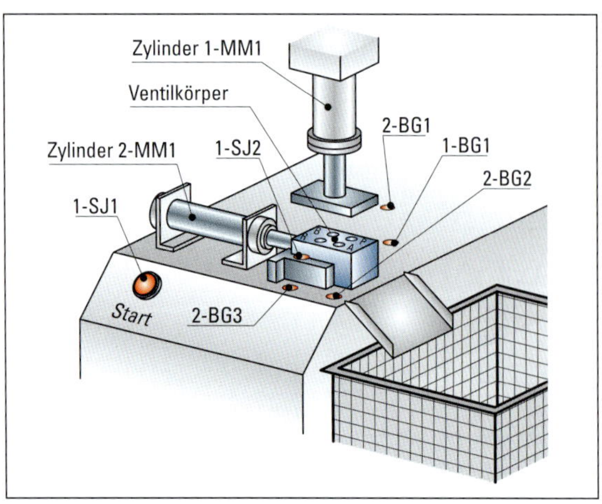

2 Zusätzlicher Rollentaster 2-BG3 an der hinteren Zylinderendlage

Hierbei ergibt sich aber das Problem, dass bereits nach dem ersten Zurückfahren des Zylinders 1-MM1 der Fall eintritt, dass an beiden Signalglieder 2-BG1 und 2-BG3 wieder ein Signal anliegt. Ein fehlerhaftes Dauersignal am Starttaster würde also dazu führen, dass der erste Zylinder wieder zusammen mit dem zweiten ausfährt (vgl. Bild 1, Seite 590).

Dieser Fehler kann dadurch behoben werden, dass das Umschaltsignal für das Stellglied 1-QM1, das durch die Signale an 2-BG1 und 2-BG3 und das fehlerhafte Dauersignal an 1-SJ1 entsteht, solange nicht weitergeleitet werden darf, bis der 2. Zylinder ausfährt und somit das Signal an 2-BG3 unterbricht. Damit wird das Umschaltsignal für das

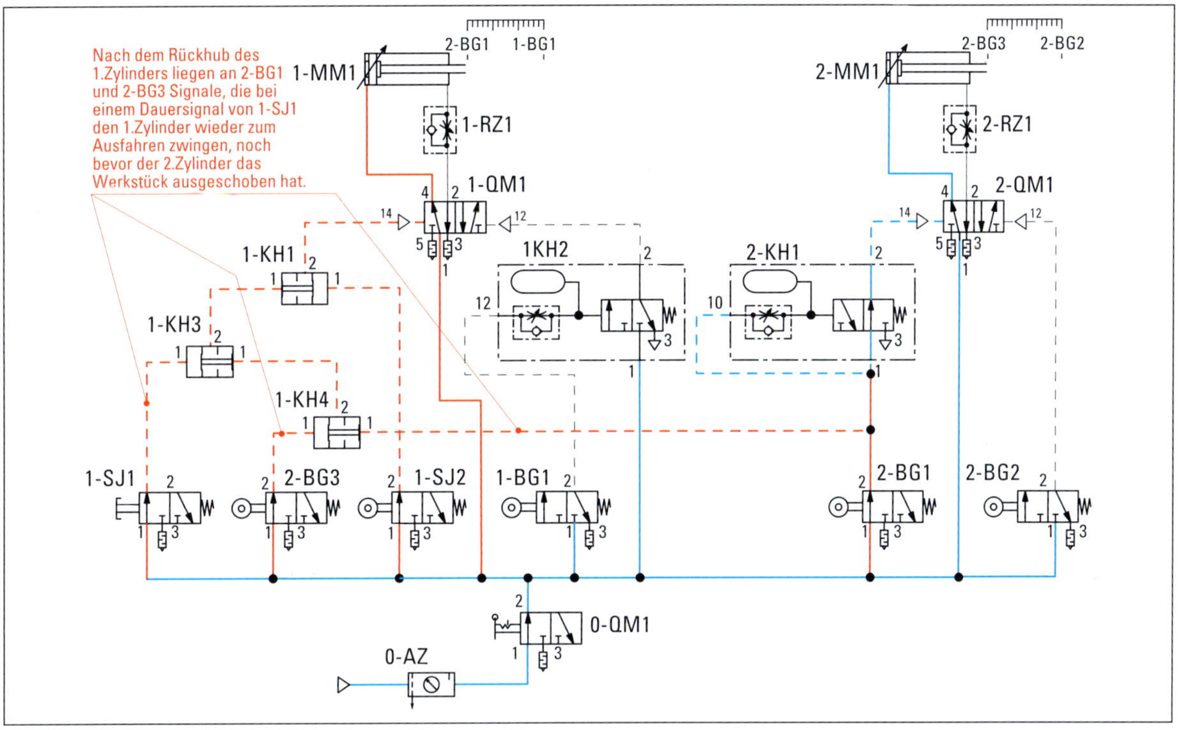

1 Problem: Zylinder 1-MM1 fährt zugleich mit Zylinder 2-MM1 wieder aus

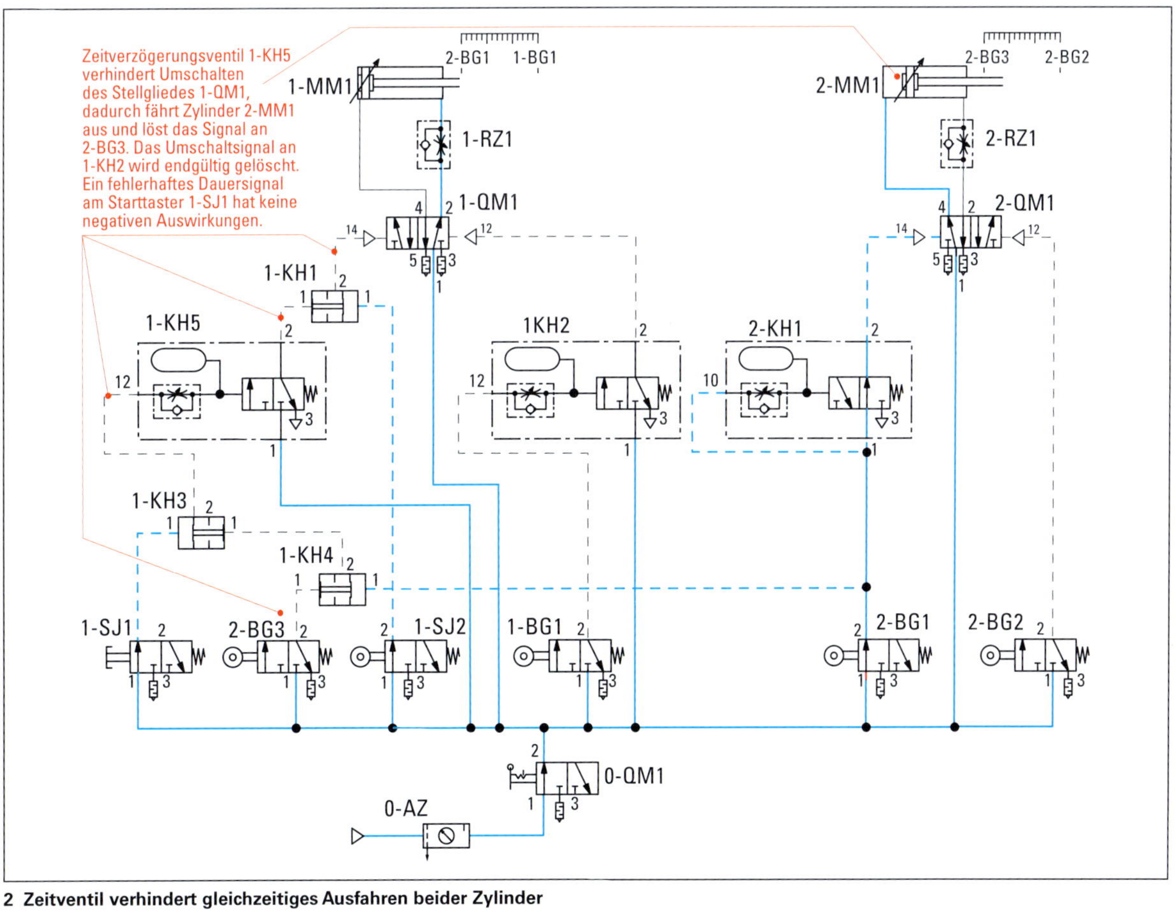

2 Zeitventil verhindert gleichzeitiges Ausfahren beider Zylinder

Stellglied 1-QM1 wieder gelöscht. Zu diesem Zweck wird das **Zeitventil 1-KH5** hinter dem UND-Ventil 1-KH3 eingebaut (vgl. Bild 2, Seite 590). Dieses muss so eingestellt werden, dass es zeitverzögert erst durchschaltet, wenn der Zylinder 2-MM1 seine hintere Endlage verlassen hat und das Signal an 2-BG3 gelöst ist **(Zeitventil mit Einschaltverzögerung)**.

Folgende Abbildung zeigt den endgültigen und optimierten Schaltplan in der Grundstellung:

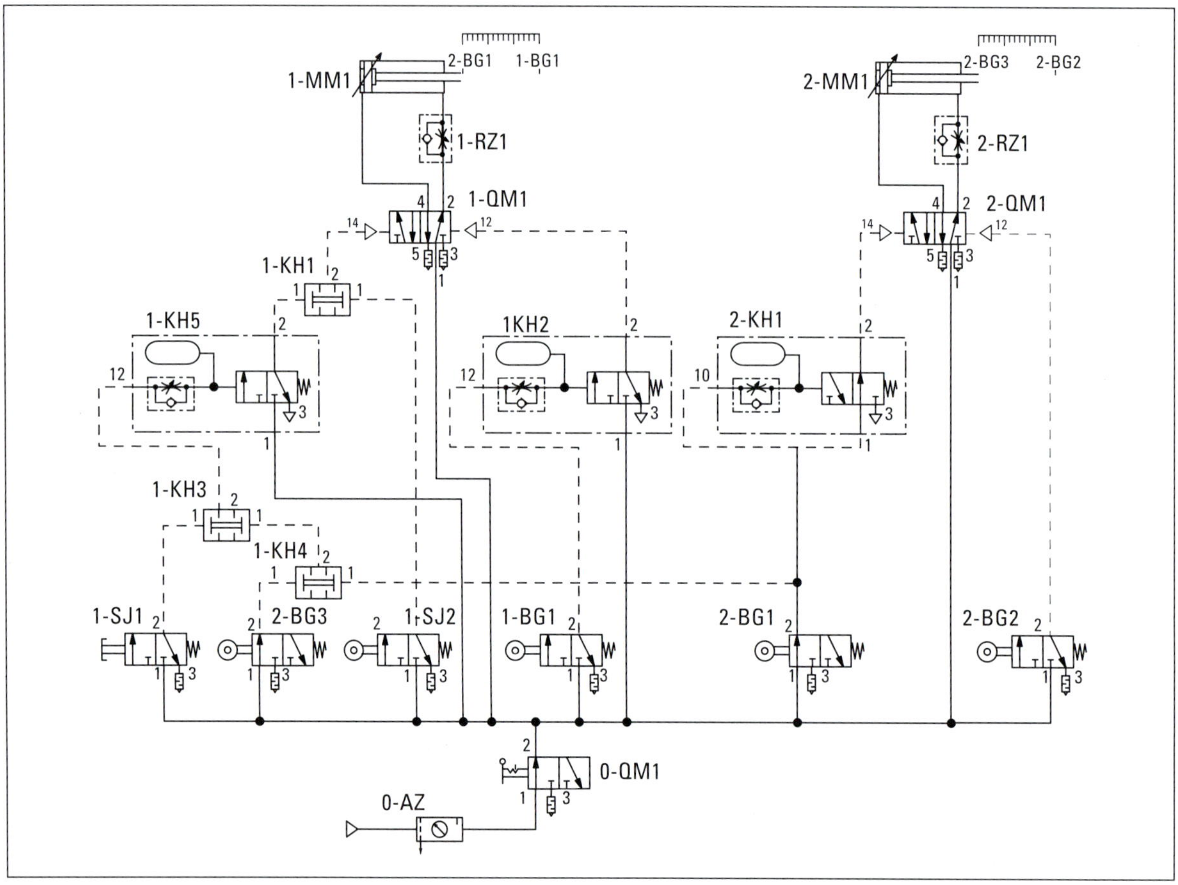

1 Optimierter Schaltplan für die Stempelvorrichtung

13.3.4 Montage und Inbetriebnahme der Steuerung

Bei der Montage und Inbetriebnahme sind nachfolgende Punkte zu beachten:

1. Beschaffung der pneumatischen Bauteile laut Geräteliste, Sichtkontrolle.
2. Montagereihenfolge überlegen (ausgehend von der Druckluftverteilung über die Ventile zu den Zylindern).
3. Bauteile übersichtlich anordnen und fest verankern.
4. Bei der Zylindermontage darauf achten, dass die Kolbenwege frei sind.
5. Grenztaster so vorjustieren, dass sie seitlich von den Zylindern durch die Schaltnocke angefahren werden.
6. Rohr- und Schlauchverbindungen übersichtlich anordnen und festmachen; lose Schläuche verursachen Unfallgefahr, Geräusche und Druckverluste.
7. Steuerung in Grundstellung bringen.
8. Steuerung bei geringerem Arbeitsdruck als üblich in Betrieb nehmen (Schutz von Mensch und Material vor Kollisionen).
9. Vor dem Belüften alle Drosselventile schließen, dann langsam öffnen und Steuerung testen.
10. Bei mehreren Steuerketten diese einzeln testen; die Signalauslösung von der einen zur anderen Steuerkette dabei manuell mit einem Schraubendreher auslösen.
11. Arbeitsdruck langsam auf den richtigen Wert erhöhen.
12. Leckagen beseitigen.

13. Endgültiges Justieren der Grenztaster und Einstellen der Drosselventile
14. Bei auftretenden Fehlern die Anlage entlüften
15. Fehlersuche durch Verfolgung des Druckluftweges von einem zum anderen Bauteil.
16. Erneuter Testlauf wie ab Punkt 7.

Erfolgt der Testlauf ohne Fehler, kann die Anlage dem Kunden übergeben werden. Dabei müssen folgende Unterlagen übergeben werden:

- Konformitätserklärung
- Schaltpläne
- Funktions- und Weg/Schritt-Diagramme
- Einstellwerte
- Gerätelisten
- Wartungs- und Inspektionspläne.

Das Wartung- und Bedienungspersonal muss entsprechend in die Anlage eingewiesen werden.

13.3.5 Wartung pneumatischer Anlagen

Die Wartung und Kontrolle einer Steuerung wird durch eine Aufteilung in die Teilbereiche Druckluftversorgung, Leitungssystem und Bauelemente systematisiert und erleichtert. Dabei sind wichtige regelmäßige Wartungs- und Instandhaltungsarbeiten in verschiedenen Zeitabständen vorzunehmen:

Wartungsintervall	Maßnahmen
Täglich	Kondensat ablassen (bei nicht automatischen Geräten) Öler der Wartungseinheit kontrollieren
Wöchentlich	Funktion der Signalglieder überprüfen Druckmessgeräte nachprüfen; Ölmenge der Wartungseinheit kontrollieren
Vierteljährlich	Leitungen und Anschlüsse auf Dichtheit prüfen Filterpatronen in der Wartungseinheit reinigen Automatischen Kondensatablass kontrollieren Bauteilbefestigungen nachprüfen
Halbjährlich	Kolbenstangenführungen auf Verschleiß untersuchen Ggf. Dichtungen erneuern

Aufgaben

1. Testen Sie den optimierten Schaltplan der Stempelvorrichtung mit einer Simulationssoftware.

2. **Förderband**
   Auf einem Rollenband ankommende Pakete werden durch den Zylinder 1-MM1 angehoben und durch einen zweiten Zylinder 2-MM1 auf ein anderes Band geschoben. Der Zylinder 2-MM1 fährt erst zurück, wenn der Zylinder 1-MM1 die hintere Endlage wieder erreicht hat.
   a) Jede einzelne Steuerkette funktioniert nach dem „EVA"-Prinzip. Erklären Sie dieses Prinzip.
   b) Welche Bauarten von Ventilen werden für die Signal- und Stellglieder verwendet? Wie werden sie betätigt? Stellen Sie eine entsprechende Geräteliste auf!

Lageplan

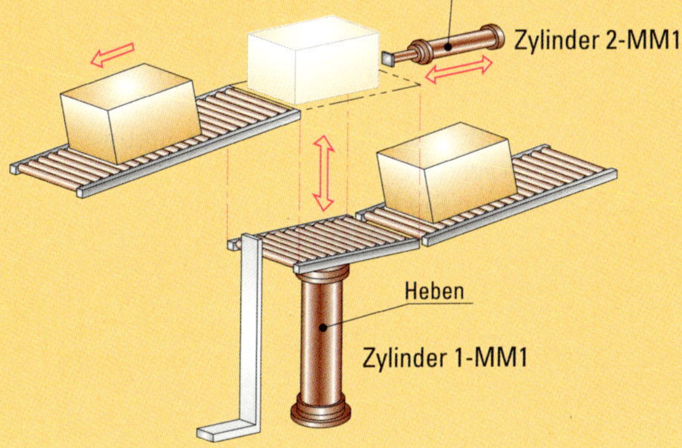

c) Welche Funktion erfüllen die Bauteile 0-AZ und 0-QM1 im Schaltplan?
d) Beschreiben Sie die Steuerungsabläufe (= voneinander abhängige Bewegungen und Betätigungen der Ventile usw.) anhand des Schaltplans!
e) Erstellen Sie ein einfaches Weg/Schritt-Diagramm sowie eine Funktionsdiagramm mit den Stellgliedern für diese Steuerung.
f) Erstellen Sie mithilfe eines Simulationsprogramms diese Steuerung; bauen Sie die Steuerung auch an einem Versuchsstand auf.

Pneumatischer Schaltplan

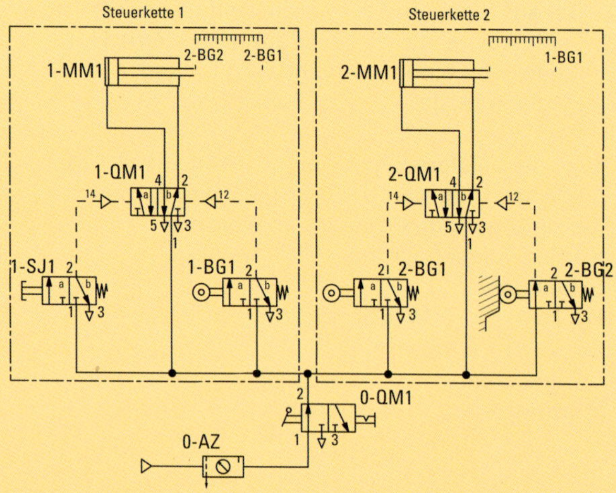

3. Biegevorrichtung

Eine pneumatische Biegevorrichtung soll nach folgender Beschreibung funktionieren: Das Blech wird von Hand in die Vorrichtung eingelegt. Wahlweises Betätigen einer der beiden Drucktaster leitet den Biegevorgang ein. Die Arbeitszylinder fahren aus, wobei die Aus- und Einfahrgeschwindigkeit beider Arbeitszylinder separat fein einstellbar sein soll.

Das Blech wird gebogen. In der Endstellung bleiben sie 5 Sekunden stehen, bis sie automatisch langsam wieder einfahren. Das umgeformte Blech wird nun von Hand wieder entnommen. Der Zyklus kann erneut beginnen.

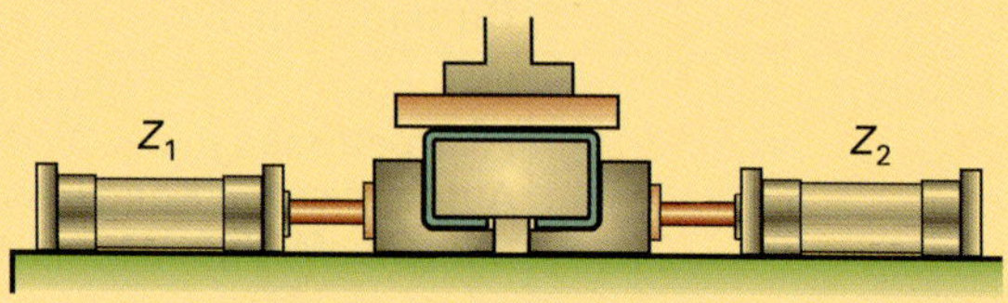

a) Stellen Sie eine Geräteliste anhand des Schaltplanes auf.
b) Wie wird die in der Steuerung kombinierte Anordnung der Ventile 1-SJ1, 1-SJ2 und 1-KH1 genannt, und wann wird diese Schaltung in der Regel eingesetzt?
c) Welche Aufgabe hat das Ventil 2-KH2 in der Biegesteuerung? Beschreiben Sie seine Funktionsweise!
d) Wie reagiert die Ablaufsteuerung der Biegevorrichtung auf ein zu langes Betätigen der beiden Ventile 1-SJ1 bzw. 1-SJ2? Wie wird diese Situation genannt?
e) Wie erreichen Sie, dass beide Zylinder gleichzeitig das Blech von beiden Seiten biegen?
f) Beschreiben Sie den Ablauf der Steuerung in Worten.
g) Entwickeln Sie für die abgebildete Steuerung einer Biegevorrichtung das Weg-Schritt-Diagramm.
h) Erstellen Sie mithilfe eines Simulationsprogramms diese Steuerung; bauen Sie die Steuerung auch an einem Versuchsstand auf.

Pneumatischer Schaltplan

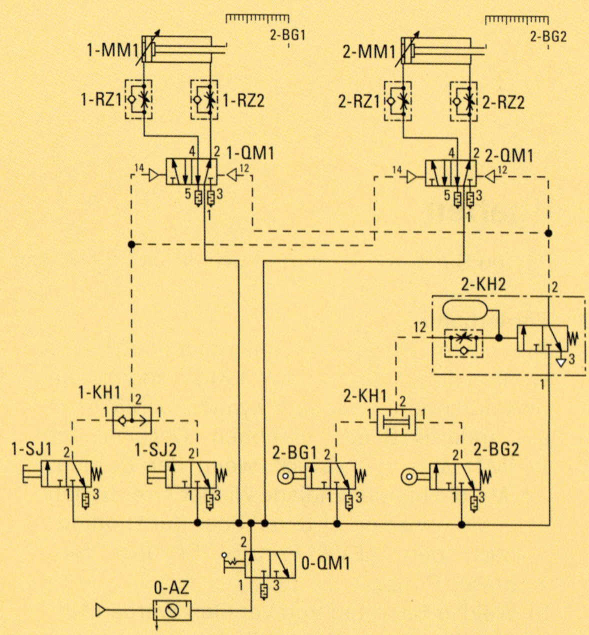

13.4 Elektrische (elektropneumatische) Steuerungen

In einem Fertigungsbetrieb werden die Hallenschiebetore elektropneumatisch betrieben. Folgende Abbildung zeigt den Lageplan der Torsteuerung, den Logikplan und die Funktionstabelle, die die Bedingungen in graphischer bzw. tabellarischer Weise aufzeigen, unter denen das Tor geöffnet bzw. geschlossen wird:

Das Tor wird entweder durch die Taster SF1 oder SF2 geöffnet, aber nur dann, wenn auch der Kontrolltaster von einer zweiten Person betätigt wird. Ist das Tor vollständig geöffnet, betätigt der Zylinderkolben an der hinteren Endlage den Reedschalter (Näherungsschalter) BG2, der zeitgesteuert nach 5 Sekunden den Einfahrbefehl gibt. Bei geschlossenem Tor brennt eine Signalleuchte, die während des Torbetriebes (Öffnen/Schließen) erlischt.

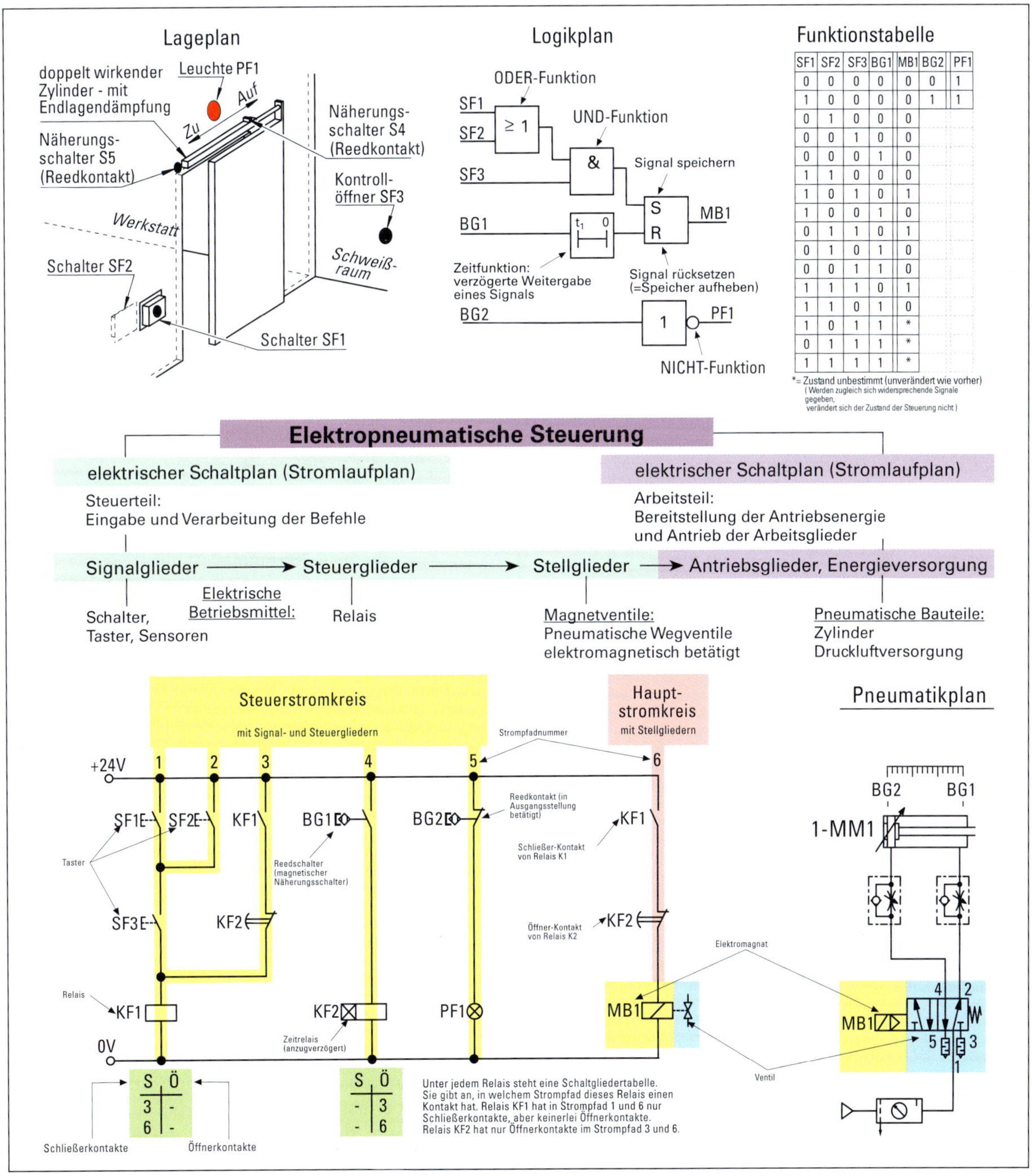

SF1	SF2	SF3	BG1	MB1	BG2	PF1
0	0	0	0	0	0	1
1	0	0	0	0	1	1
0	1	0	0	0		
0	0	1	0	0		
0	0	0	1	0		
1	1	0	0	0		
1	0	1	0	1		
1	0	0	1	0		
0	1	1	0	1		
0	1	0	1	0		
0	0	1	1	0		
1	1	1	0	1		
1	1	0	1	0		
1	0	1	1	*		
0	1	1	1	*		
1	1	1	1	*		

1 Grundsätzliche Struktur elektropneumatischer Steuerungen

13.4.1 Elektrische Betriebsmittel

Die **Signaleingabe und Signalverarbeitung** erfolgt dabei **durch elektrische Betriebsmittel** (Schalter, Taster, Relais), die Energieumsetzung, d.h. die **Ausführung der Steuerbefehle** wird **durch pneumatische Bauelemente** (Zylinder, Motore) erledigt. Insbesondere in explosionsgefährdeten Bereichen kommen pneumatisch betätigte Antriebe zum Einsatz, da hier elektrische Antriebe durch mögliche Funkenbildung zu gefährlich wären. In elektropneumatischen Steuerungen existieren also zwei getrennte Systeme und deren Schaltpläne:

- der **elektrische** Schaltplan (Stromlaufplan) für die Signaleingabe und -verarbeitung mit 24 Volt Gleichspannung (Niederspannung),
- der **pneumatische** Schaltplan für die Befehlsausgabe an die Arbeitsglieder.

Im **Stromlaufplan** ist die Verdrahtung der elektrischen Betriebsmittel (Taster, Schalter, Sensoren, Relais, Magnetventile usw.) dargestellt. Eine Auswahl solcher Betriebsmittel und deren Darstellung im Stromlaufplan finden Sie ich Ihrem Tabellenbuch.

Elektrische Signalglieder sind **Kontakte**, die

- einen Stromkreis schließen **(Schließer)** → Stromfluss – Signalzustand „1",
- einen Stromkreis öffnen **(Öffner)** → Stromfluss unterbrochen – Signalzustand „0" oder
- einen Stromkreis öffnen und zugleich einen anderen schließen **(Wechsler)**.

Die Wirkungsweise von Öffner-, Schließer- und Wechslerkontakten zeigt die folgende Abbildung:

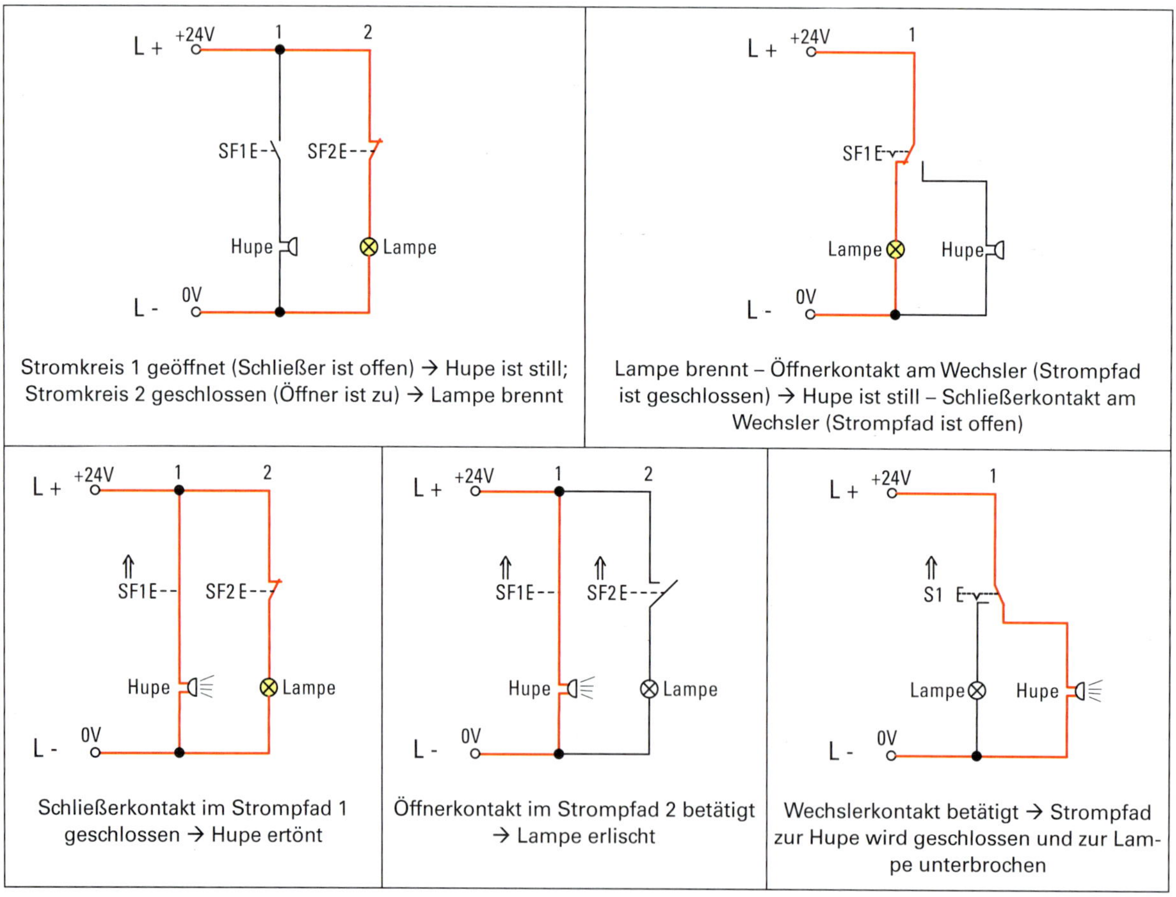

Stromkreis 1 geöffnet (Schließer ist offen) → Hupe ist still; Stromkreis 2 geschlossen (Öffner ist zu) → Lampe brennt

Lampe brennt – Öffnerkontakt am Wechsler (Strompfad ist geschlossen) → Hupe ist still – Schließerkontakt am Wechsler (Strompfad ist offen)

Schließerkontakt im Strompfad 1 geschlossen → Hupe ertönt

Öffnerkontakt im Strompfad 2 betätigt → Lampe erlischt

Wechslerkontakt betätigt → Strompfad zur Hupe wird geschlossen und zur Lampe unterbrochen

1 Schließer-, Öffner- und Wechsler-Funktionen

Während Schalter und Taster von Hand bedient werden, stellen **Sensoren eine „Tuchfühlung" mit der Umwelt** her. Je nach Steuerungsaufgabe erfassen Sensoren beispielsweise physikalische Größen wie Lichtstärke, Windgeschwindigkeit und Temperatur zur Steuerung eines Wintergartens.

Mit magnetischen Näherungsschaltern (Reedkontakten) können die Positionen von pneumatischen Zylindern erfasst werden. Andere Sensoren wiederum dienen der Sicherheit von automatischen Steuerungen wie z.B. Lichtschranken bzw. Lichtvorhänge.

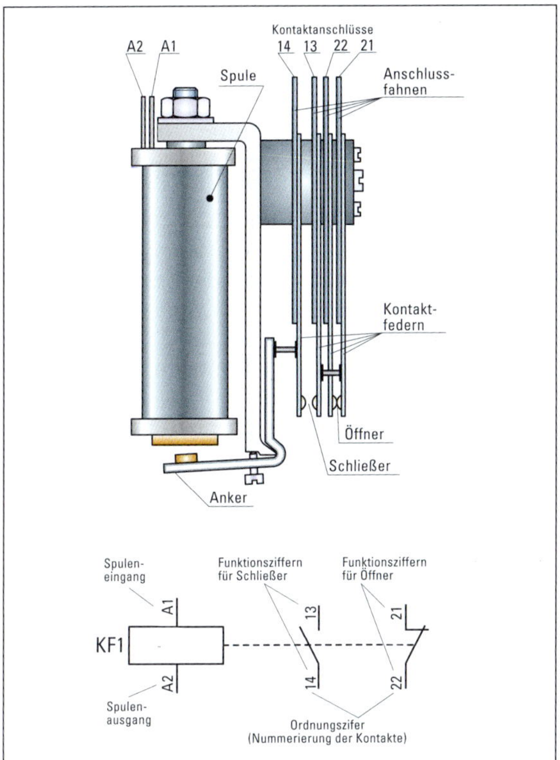

1 Relais mit Schaltzeichen

Relais

Sie bestehen aus einer Magnetspule und besitzen mehrere Öffner- und Schließerkontakte (vgl. Bild 1). Sie werden elektromagnetisch betätigt und können mehrere Stromkreise gleichzeitig schalten. Mit einem Relais kann man also **Signale vervielfältigen und umkehren** (vgl. Bild 2).

Bild 2 zeigt die Funktionen der Signalvervielfältigung und Signalumkehr mittels Relais-Schaltungen.

Im Stromlaufplan der Torsteuerung (Bild 1, Seite 594) werden zwei Schließerkontakte des Relais KF1 in den Strompfaden 3 und 6 benötigt. Kontakt KF1 im Strompfad 3 realisiert die „Selbsthaltung" (= elektrische Speicherung) des Toröffnungssignals, KF1 im Strompfad 6 schaltet das Magnetventil. Dadurch wird das Toröffnungssignal vervielfältigt.

Beachte:
Elektrische Schalter, Kontakte und Sensoren dürfen ohne Zwischenschalten einer Last nicht durchgeschaltet werden (Kurzschluss!). Relais und Magnetspulen sind solche Lasten.

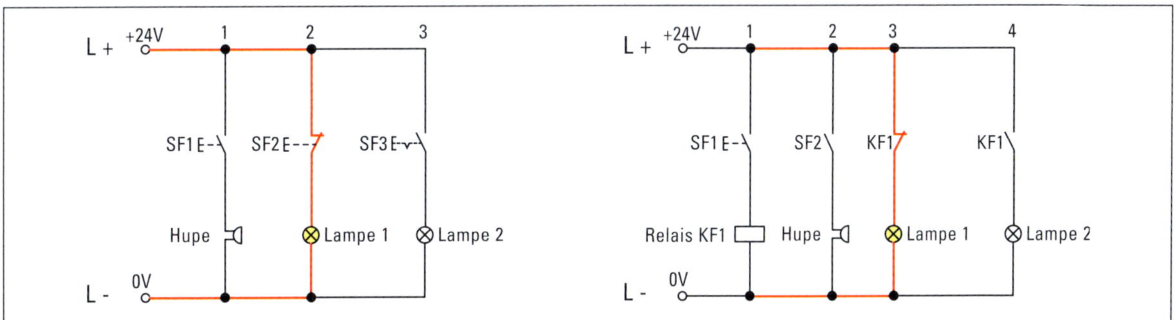

Steuerungsaufgabe: Hupe soll ertönen und Lampe 2 brennen (Vervielfältigung) und Lampe 1 erlöschen (Signalumkehr)

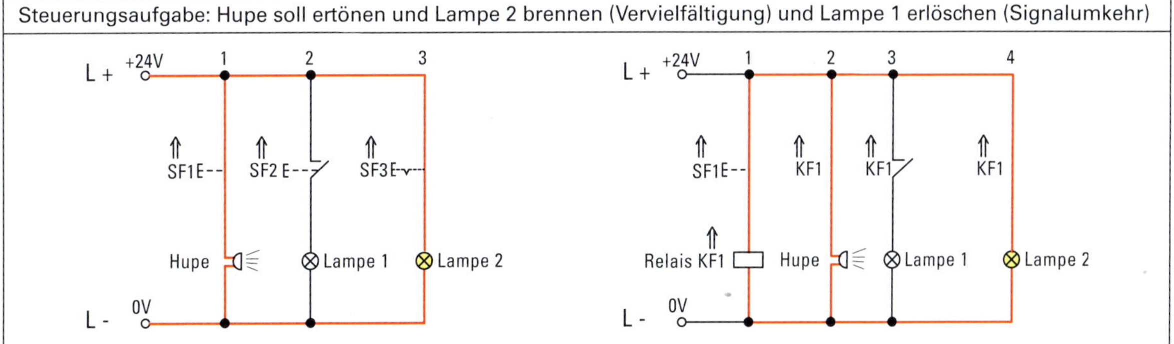

Steuerung ohne Relais: Zum Betätigen der Hupe, dem Ausschalten der Lampe1 und dem Einschalten der Lampe 2 werden 3 Taster benötigt.	Steuerung mit Relais: Es wird nur ein Signalgeber SF1 benötigt. Signalumkehr durch Öffnerkontakte (Signal an SF1 bewirkt kein Signal an Lampe 1 = NICHT- Funktion)

2 Signalvervielfältigung und Signalumkehr mit und ohne Relaisschaltung

Magnetventile

Sie sind die Stellglieder elektropneumatischer Steuerungen und damit die Bindeglieder zwischen den Systemgrenzen Elektrik und Pneumatik (vgl. Bild 1, Seite 594). Magnetventile sind pneumatische Wegeventile, die durch einen Elektromagneten (Magnetspule), also ein elektrisches Betriebsmittel, angesteuert und in die entsprechende Schaltstellung verschoben werden.

Der Elektromagnet kann den Kolben des Wegeventils direkt umschalten oder erst ein Vorsteuerventil umschalten, das die Druckluft so umleitet, dass der Kolben des Wegeventils durch die Druckluft verschoben wird. Vorgesteuerte Magnetventile dienen zum Steuern großer Durchflussmengen (Bild 1). Die hierfür erforderlichen größeren Schaltkräfte (größere Ventile → höhere Kolben-Reibungskräfte) können durch die magnetische Anziehungskraft allein nicht mehr bewältigt werden; sie werden daher durch interne, im Ventil verlaufende Strömungskanäle, pneumatisch unterstützt (vorgesteuert).

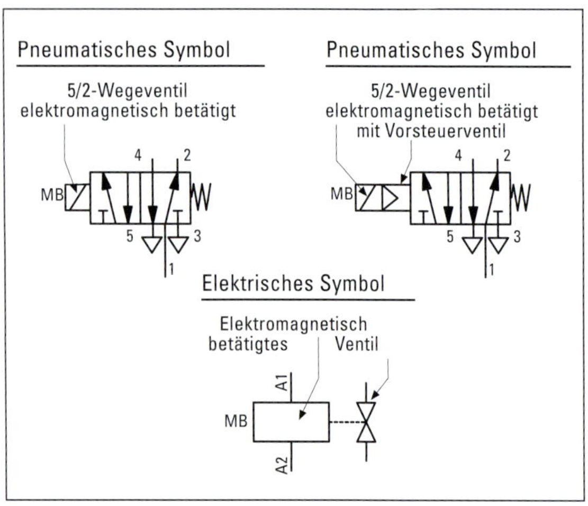

1 Elektromagnetisch betätigte Wegeventile – Schaltsymbole

13.4.2 Der Stromlaufplan – elektrische Grundschaltungen

Der Stromlaufplan

Bild1, Seite 594 zeigt den Stromlaufplan der Torsteuerung. Durch eine entsprechende Verdrahtung der elektrischen Betriebsmittel wird die jeweilige Steuerungsaufgabe realisiert.

Für das Erstellen und Lesen von Stromlaufplänen sind folgende Regeln zu beachten:

- Der **Steuerstromkreis** und der **Haupt-(Last-)stromkreis** werden üblicherweise getrennt gezeichnet. Im Steuerstromkreis sind alle Signal- und Steuerglieder (Schalter und Sensoren) miteinander „verdrahtet"; der Hauptstromkreis zeigt den Anschluss der Stellglieder (Magnetventile).
- Alle Bauteile werden ohne Rücksicht auf die tatsächliche Anordnung in der Anlage dargestellt und mit den entsprechenden Gerätebezeichnungen S für Schalter, K für Relais usw. versehen.
- Relais und zugehörige Kontakte erhalten die gleichen Bezeichnungen.
- Der Signalfluss erfolgt von oben nach unten in durchnummerierten Strompfaden.
- Die Strompfade sind geradlinig, senkrecht und im Verlauf parallel zu zeichnen.
- Der Stromlaufplan ist grundsätzlich im stromlosen Zustand und die Schalter im mechanisch nicht betätigten Zustand darzustellen.

Elektrische Grundschaltungen

Die Signalgeber (Taster) SF1, SF2 und SF3 der Torsteuerung müssen zu einer UND- bzw. einer ODER-Verknüpfung kombiniert werden. Diese Grundschaltungen müssen nun durch eine entsprechende Verdrahtung der elektrischen Taster hergestellt werden (Bild 1, Seite 598).

UND-Verknüpfung

Schaltet man die beiden Schließerkontakte SF1 und SF3 in Reihe (= ***Reihenschaltung***), so erhält das Relais KF1 nur dann Strom, wenn beide Taster SF1 ***UND*** SF3 gedrückt werden. Das Relais KF1 zieht an und schließt den zu ihm gehörenden Schließerkontakt KF1 im Strompfad 6. Dadurch wird das Magnetventil MB erregt und schaltet in die andere Schaltstellung um. Der Zylinder 1-MM1 fährt aus.

ODER-Verknüpfung

Die Steuerung muss aber auch durch Betätigen von SF2 und SF3 ablaufen können. Dies geschieht durch eine ***Parallelschaltung***. Der Taster SF2 wird parallel zum Strompfad der beiden Taster SF1 und SF3 geschaltet. Strompfad 2 muss vor dem Taster SF3 mit dem Strompfad 1 verbunden werden. So wird sichergestellt, dass das Relais KF1 Strom entweder durch die Taster SF1 *und* SF3 ***ODER*** durch den Taster SF2 *und* SF3 erhält.

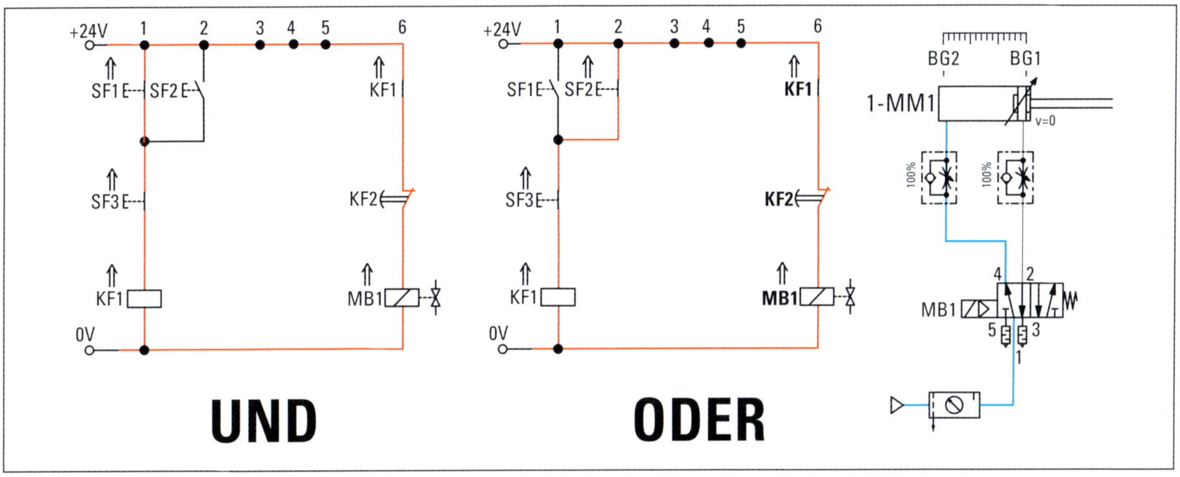

1 UND bzw. ODER Verknüpfung (SF1 und SF3 oder SF2 und SF3) – Schaltzustände am Relais

NICHT-Verknüpfung
Die Torsteuerung enthält auch eine NICHT-Funktion. Die Leuchte soll dann brennen, wenn das Tor nicht mehr verschlossen ist, also der Reedschalter BG2 **nicht** mehr **betätigt** ist. Dies erreicht man durch einen Reedschalter mit Öffnerkontakt im Strompfad 5.

Die Beschreibung der wichtigsten Grundfunktionen von Verknüpfungen im Logikplan und der Funktionstabelle sowie in pneumatischer und elektropneumatischer Ausführung sind in Ihrem Tabellenbuch dargestellt.

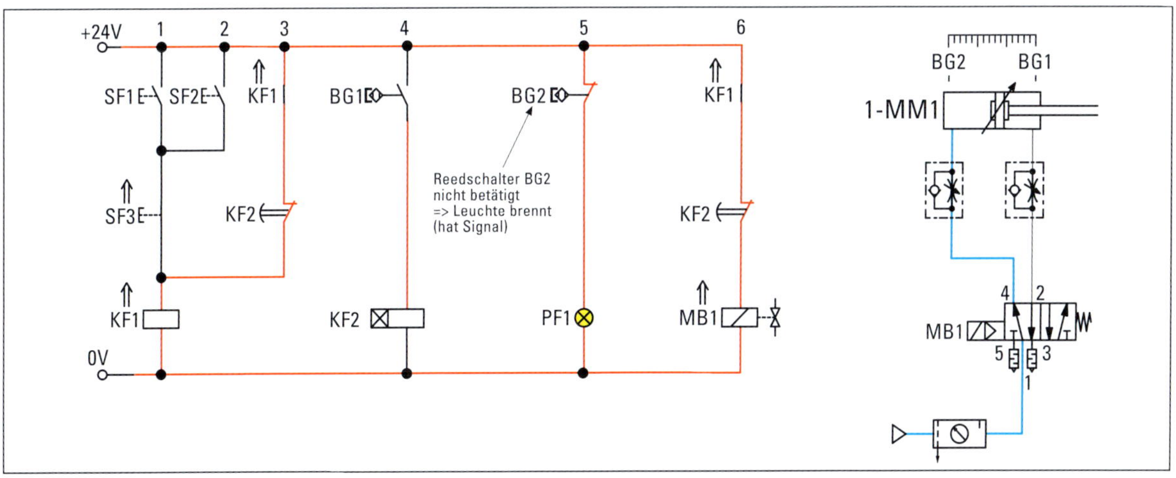

2 NICHT-Funktion der Bereitschaftslampe

Signalspeicherung (Elektrische Selbsthaltung)
Die Befehle zum Ausfahren des Tores sollen gespeichert werden, damit man nicht ständig die Taster gedrückt halten muss. Die Signalspeicherung (elektrische Selbsthaltung) geschieht mithilfe eines Schließerkontaktes von Relais KF1 im Strompfad 3, der hinter dem Taster SF3 mit dem Strompfad 1 verzweigen muss. Erhält das Relais Strom, so schließt der Kontakt KF1 im Strompfad 3 und überbrückt den Strompfad 1 und 2, so dass nach dem Loslassen von Taster SF1 oder SF2 und SF3 der Strom weiter zum Relais KF1 fließt. Damit wird der Stromfluss zum Pfad 6 des Magnetventils nicht unterbrochen.

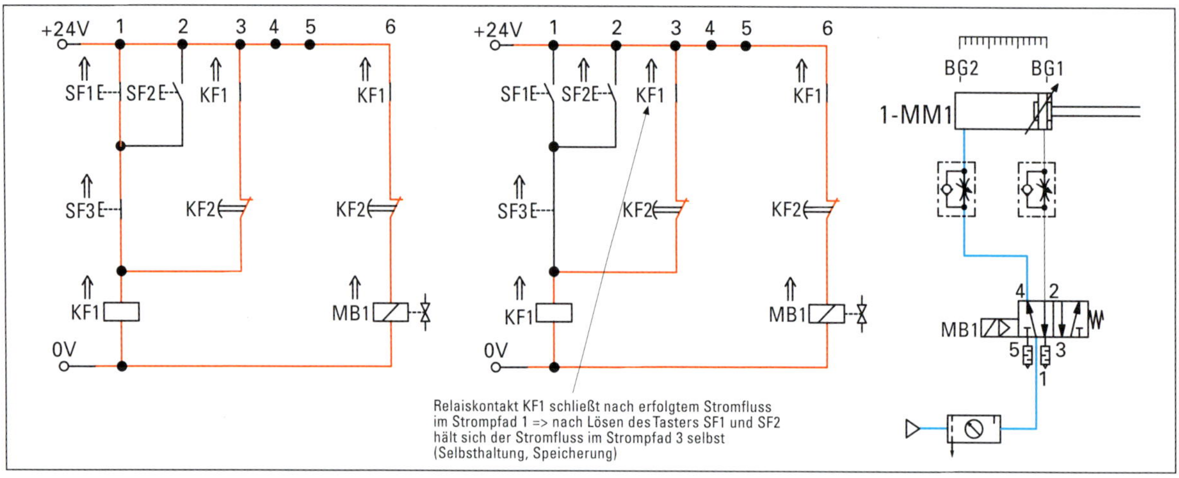

1 Elektrische Signalspeicherung der Torsteuerung

Zeitverzögertes selbstauslösendes Einfahren des Zylinders

Mithilfe eines magnetischen Grenztasters (Reed-Schalter) wird die Endlage von Zylindern abgefragt. Diese Sensoren reagieren auf sich verändernde Magnetfelder, wenn ein magnetsicher Werkstoff sich ihnen nähert (hier der Zylinderkolben). Man nennt sie daher auch Näherungsschalter. An der hinteren Endlage des Zylinders angebracht, gibt der Reedschalter den Einfahrbefehl.

Ist der Zylinder ausgefahren, schließt der Reedkontakt den Strompfad 4. Dadurch erhält das Zeitrelais KF2 Strom und öffnet zeitverzögert den Öffnerkontakt KF2 im Strompfad 6. Die Magnetspule des Wegeventils MB1 wird stromlos und der Zylinder fährt bedingt durch die Federrückstellung des Wegeventils wieder in seine Ausgangslage zurück. Zeitgleich öffnet ein Öffnerkontakt von KF2 im Strompfad 3 die Selbsthaltung. Ohne dies wäre ein Umschalten des Magnetventils nicht möglich.

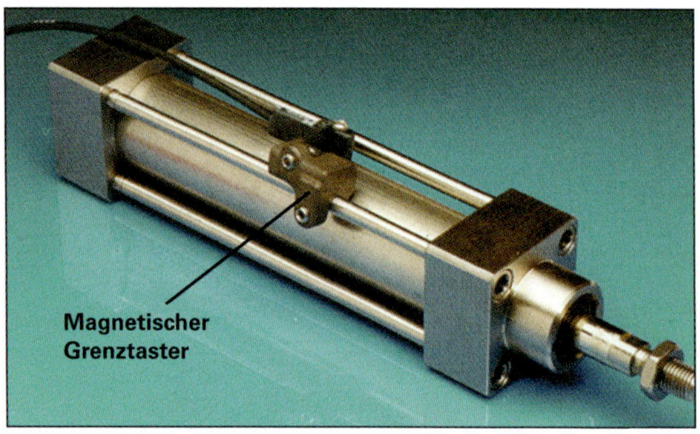

2 Doppeltwirkender Zylinder mit Reedschalter

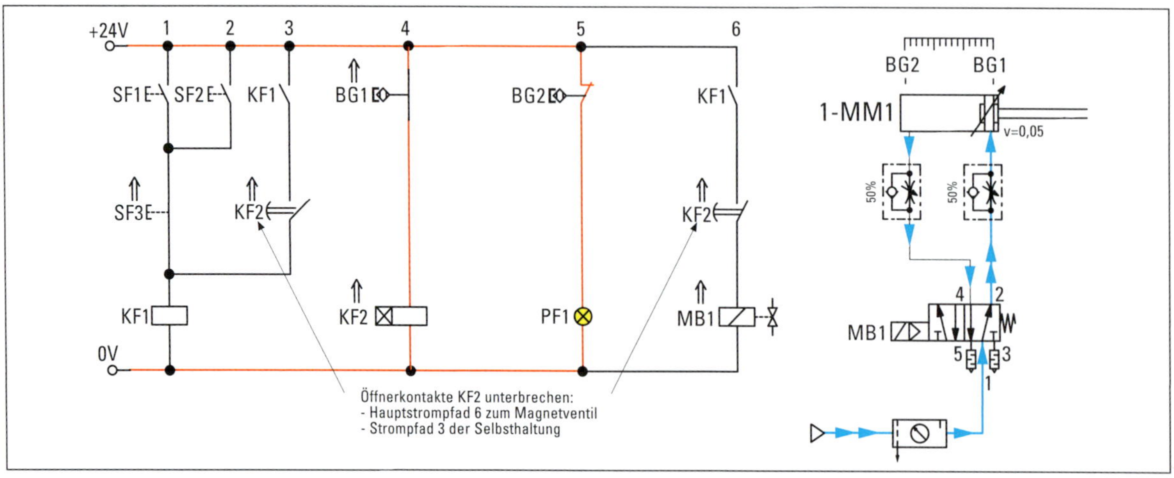

3 Zeitverzögertes Einfahren durch Zeitventil

Zeitfunktionen

Ein Relais schaltet die Kontakte sofort um, wenn Spannung an der Spule liegt. Sogenannte ***Zeitrelais*** dagegen schalten die Kontakte erst zeitverzögert. Man unterscheidet dabei

- ***Anzugsverzögertes Zeitrelais:*** erhält die Magnetspule Strom, schalten die Kontakte zeitverzögert um.
- ***Abfallverzögertes Zeitrelais:*** schaltet das Relais ab (Stromfluss durch die Spule unterbrochen), schalten die Kontakte zeitverzögert um.

Für diese Steuerungsaufgabe wird ein anzugsverzögertes Zeitrelais verwendet. Ist der Endlagenschalter BG1 betätigt, erhält die Magnetspule des Relais KF2 Strom. Die Kontakte dieses Relais schalten aber erst nach einer festgelegten Zeitspanne die vorgesehenen Strompfade 3 und 6.

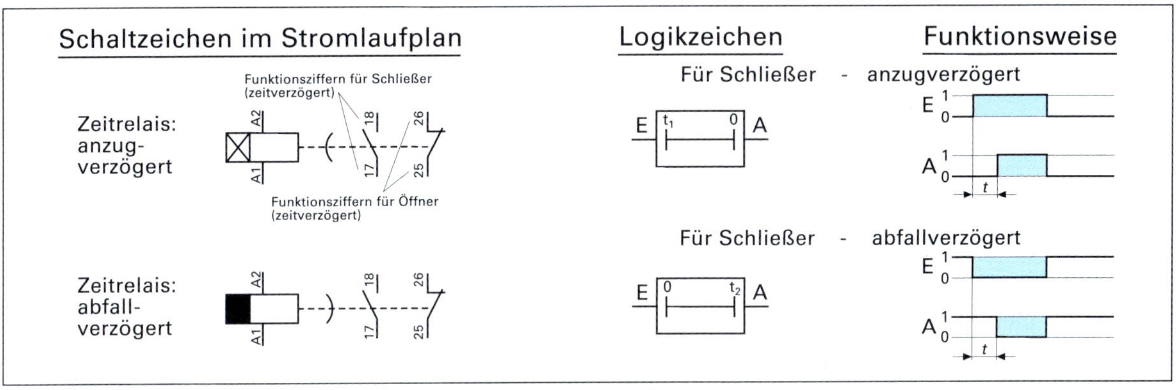

1 Zeitrelais – Darstellung im Stromlaufplan, Logikzeichen und Funktionsweise

13.4.3 Planung, Installation und Inbetriebnahme einer elektropneumatischen Steuerung

Für die Planung, Installation und Inbetriebnahme einer elektropneumatischen Anlage empfiehlt sich folgende Vorgehensweise:

Planung der Steuerung (Schaltpläne):

1. Aufstellen der notwendigen pneumatischen Bauteile und des pneumatischen Schaltplans (Zylinder, Wegeventile, Stromventile; Druckluftversorgung).
2. Aufstellen der benötigten elektrischen Betriebsmittel und Entwickeln des elektrischen Stromlaufplanes:
   a) Elektrische Energieversorgung, Schalter und Sensoren.
   b) Notwendige Relais für die Signalglieder.
   c) Magnetventile und sonstige Verbraucher (Lampen, Hupen ...).
3. Aufstellen der Geräteliste (Pneumatik, Elektrik).
4. Umsetzen der Signalverknüpfungen und Steuerungsbedingungen im Steuerstromkreis durch Verbinden der einzelnen Schalter und Sensoren (Reihen-, Parallelschaltungen).
5. Umsetzen der Steuerbefehle des Steuerstromkreises mithilfe der Relaiskontakte im Hauptstromkreis (Leistungsteil).

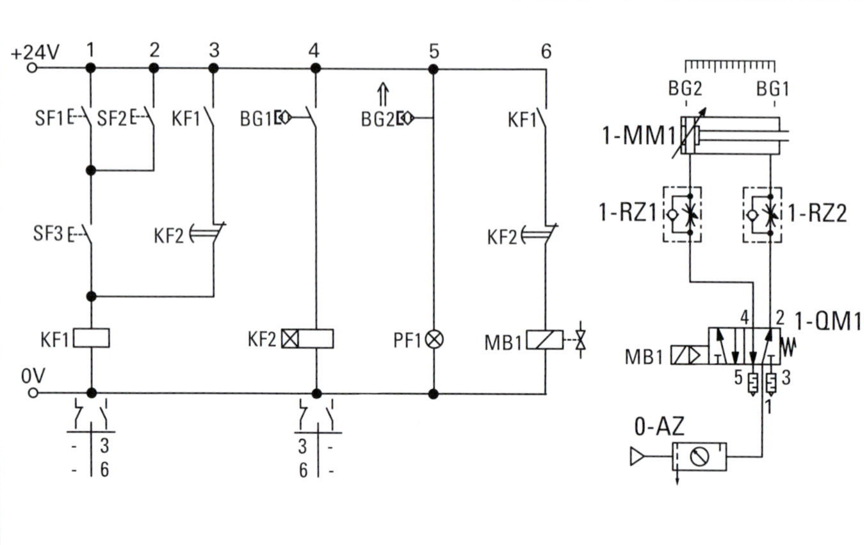

Kennung	Komponentenbezeichnung
0-AZ	Wartungseinheit
1-MM1	Zylinder, doppeltwirkend
SF1	Taster (Schließer)
SF2	Taster (Schließer)
SF3	Taster (Schließer)
BG1	Taster (Schließer)
BG2	Taster (Schließer)
PF1	Leuchtmelder
KF1	Schließer
KF2	Öffner
KJF1	Relais
KF2	Relais (anzugverzögert)
1-QM1	5/2-Wege-Magnetventil
1-RZ1	Drosselrückschlagventil
1-RZ2	Drosselrückschlagventil
MB1	Ventilmagnet

1 Schaltplan mit Geräteliste

Installation und Inbetriebnahme – der Klemmenanschlussplan

Bei der Installation elektropneumatischer Steuerungen werden neben pneumatischen Bauelementen auch elektrische Betriebsmittel installiert. Meist sind die Bauteile räumlich weit voneinander getrennt. Die Sensoren befinden sich häufig an den Antriebsgliedern, die Schalter und Taster an Bedienpulten oder anderen zentralen Stellen. Die Relais, die die Signale weiterverarbeiten, sind meist in Schaltschränken untergebracht. Die Verdrahtung der Betriebsmittel soll kostengünstig erfolgen und übersichtlich sein, damit eine schnelle Fehlersuche und Instandhaltung erreicht wird. Mithilfe von **Klemmleisten** können diese Anforderungen erfüllt werden.

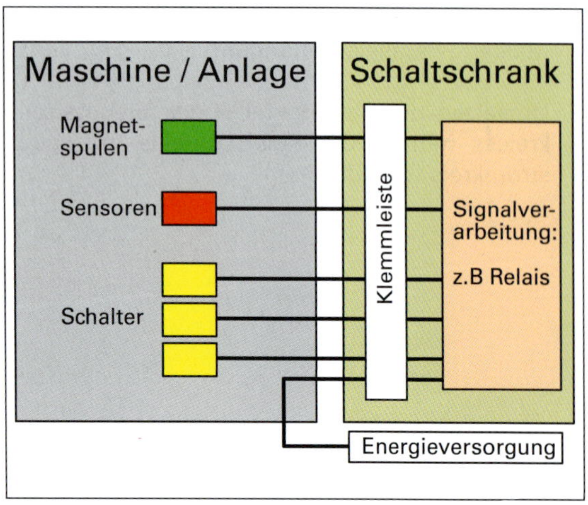

2 Installationsprinzip: Klemmleisten/Schaltschrank

Die Leitungen der Signalglieder wie Schalter und Sensoren verlaufen über Klemmleisten zu den Relais. Klemmleisten und Relais befinden sich in einem Schaltschrank. Die Leitungen von den Relais aus dem Schaltschrank heraus zu den Stellgliedern verlaufen dabei wiederum über Klemmleisten. Wird beispielsweise ein Relais defekt, so kann es schnell von der Klemmleiste abgeklemmt und ersetzt werden (vgl. Bild 2).

Eine Klemmleiste besteht aus mehreren nebeneinanderliegenden Klemmen. Die beiden Anschlüsse der Klemme sind leitend miteinander verbunden. Mithilfe von Brücken können nebeneinander liegende Klemmen leitend verbunden werden. Der **Klemmenanschlussplan** (Bild 1, nächste Seite) dokumentiert die Verdrahtung einer elektropneumatischen Steuerung. Zum Klemmenanschlussplan gehört der **Stromlaufplan** und der **Klemmenbelegungsplan**. Die Klemmen werden mit **X** bezeichnet und durchnummeriert (X1, X2, ...). Bei Verwendung mehrerer Klemmleisten hat jede Leiste eine eigene Nummer; so bedeutet X2-6: Klemme 6 auf der Leiste 2.

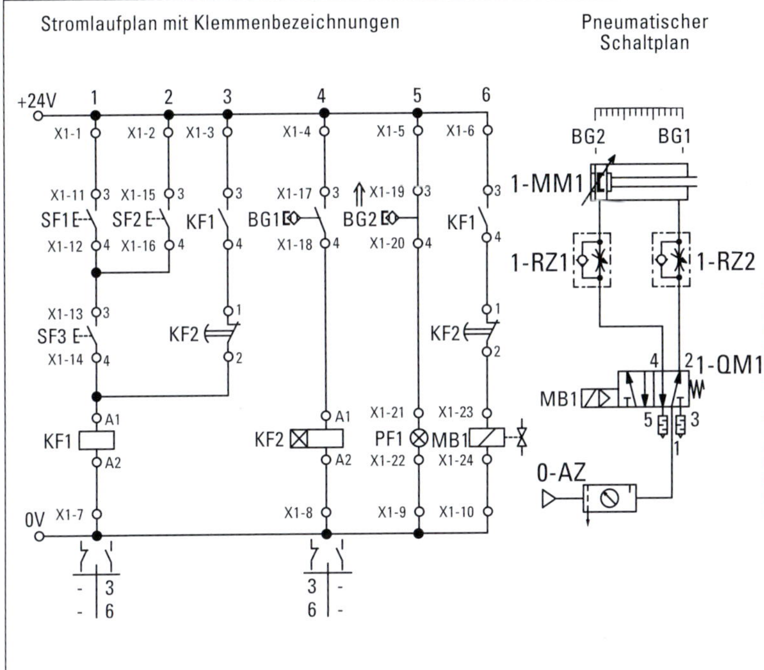

Klemmenbelegungsliste

Anlage / Maschine		Verbindungsbrücke	Klemmen-Nr. X1	Schaltschrank	
Bauteil-bezeichnung	Anschlussl-bezeichnung			Bauteil-bezeichnung	Anschlussl-bezeichnung
	+24V	○	1	X1	11
		○	2	X1	15
		○	3	K1	3
		○	4	X1	17
		○	5	X1	19
		○	6	K1	3
	0V	○	7	K1	A2
		○	8	K2	A2
		○	9	X1	22
		○	10	X1	24
SF1	3	○	11	X1	1
SF1	4	○	12	X1	16
SF3	3	○	13		
SF3	4	○	14	K1	A1
SF2	3	○	15	X1	2
SF2	4	○	16	X1	12
BG1	3	○	17	X1	4
BG1	4	○	18	K2	A1
BG2	3	○	19	X1	5
BG2	4	○	20		
PF1		○	21		
PF1		○	22	X1	9
MB1		○	23	K2	2
MB1		○	24	X1	10

Spannungsversorgung

Brücken

Anschluss 3 des Tasters SF1 ist anlagenseitig an der Klemme X1-11 angeschlossen

Anschluss 4 des Tasters SF1 ist anlagenseitig an der Klemme X1-16 angesclossen

Freie Klemmenanschlüsse entsprechend Stromlaufplan verbinden

Anschluss 3 eines Relaiskontaktes KF1 ist schaltschrankseitig an der Klemme X1-6 angeschlossen

1 Klemmenanschlussplan

Die Nummerierung der Klemmen und Klemmenanschlüsse erfolgt dabei nach folgenden Regeln:

1. Kennzeichnung der Strompfade im Stromlaufplan:
   - Zuerst am Pluspol: X1-1 bis X1-6
   - Dann am Minuspol: X1-7 bis X1-10
   - Kennzeichnung der Klemmenanschlüsse aller Bauelemente außerhalb des Schaltschranks:
     - Beginnend bei Strompfad 1 alle Schalter, Sensoren und Magnetspulen von oben nach unten durchnummerieren (z. B. Strompfad 1: Taster SF1 erhält die Klemmenbezeichnungen X1-11 und X1-12; Taster SF3 erhält X1-13 und X1-14 usw.).
     Verdrahtungen innerhalb des Schaltschranks, also Relais und Relaiskontakte, werden nicht gekennzeichnet (vgl. Strompfad 1: Relais KF1 oder Strompfad 3: Relaiskontakte KF1 und KF2)
2. Eintrag in den Klemmenbelegungsplan:
   - Übertragen aller Betriebsmittel und Anschlüsse auf der Anlagen- bzw. Maschinenseite.
   - Übertragen aller Betriebsmittel und Anschlüsse auf die Schaltschrankseite.
   - Eintragen der Brücken, die die Versorgungsspannung für die Strompfade sicherstellen (X1-1 bis X1-6; X1-7bis X1-10).
   - Verbindungen zwischen den Anschlüssen verschiedener Klemmen eintragen (z. B. Klemme X1-11 mit X1-1).

Merke:
Die Verwendung von Klemmleisten bei der Installation ist instandhaltungsfreundlich und minimiert den Montageaufwand. Klemmenanschlusspläne bzw. Klemmenbelegungslisten können bei der computerunterstützten Planung von elektropneumatischen Steuerungen bereits durch „Knopfdruck“ erzeugt werden.

Aufgaben

1. **Torsteuerung mit Lichtschranke**:
Folgende Schaltpläne (Stromlaufplan und Pneumatik-Schaltplan) zeigen die Torsteuerung mit einer Lichtschranke (Dreileiter-Sensor = Sensor mit 3 Leiteranschlüssen).
   a) Warum sind die Taster SF1 und SF2 parallel geschaltet, beide aber in Reihe zum Taster SF3?
   b) Wozu dient der Schließer-Kontakt KF1 des Relais im Strompfad 3?
   c) Weshalb sind im Strompfad 3 und 9 Öffner-Kontakte von Relais KF2 geschaltet?
   d) Beschreiben Sie anhand des Stromlaufplans die Folgen für den Steuerablauf und die einzelnen Bauteile der Steuerung, wenn die Lichtschranke aktiviert wird.
   e) Welche Bedeutung hat der Schließerkontakt des Relais K3 im Strompfad 8 für die Steuerung?

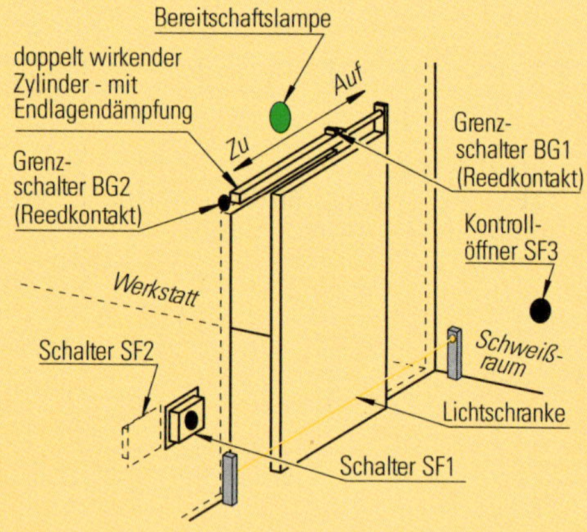

Lageplan: Torsteuerung mit Lichtschranke

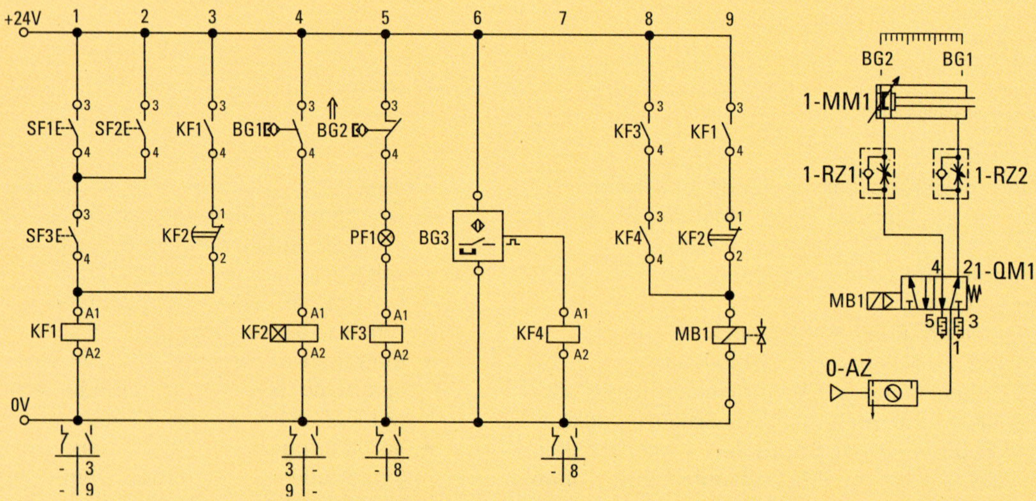

Stromlaufplan und Pneumatik-Schaltplan – Torsteuerung mit Lichtschranke

2. Ergänzen Sie den Stromlaufplan für folgende, abgeänderte Torsteuerung:
Die grüne Lampe brennt bei geschlossener Tür (Breitschaftslampe). Öffnet die Tür, so brennt die gelbe Lampe; schließt die Tür, so soll ein Warnsignal ertönen und die rote Lampe aufleuchten. Bei Unterbrechung der Lichtschranke öffnet das Tor in jedem Fall wieder.

Lageplan

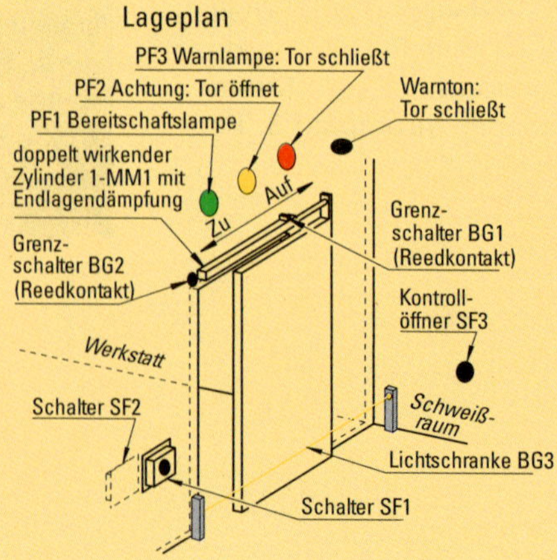

Pneumatischer Schaltplan

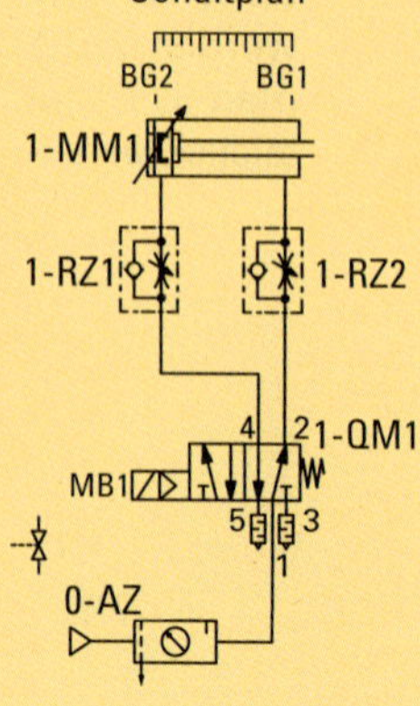

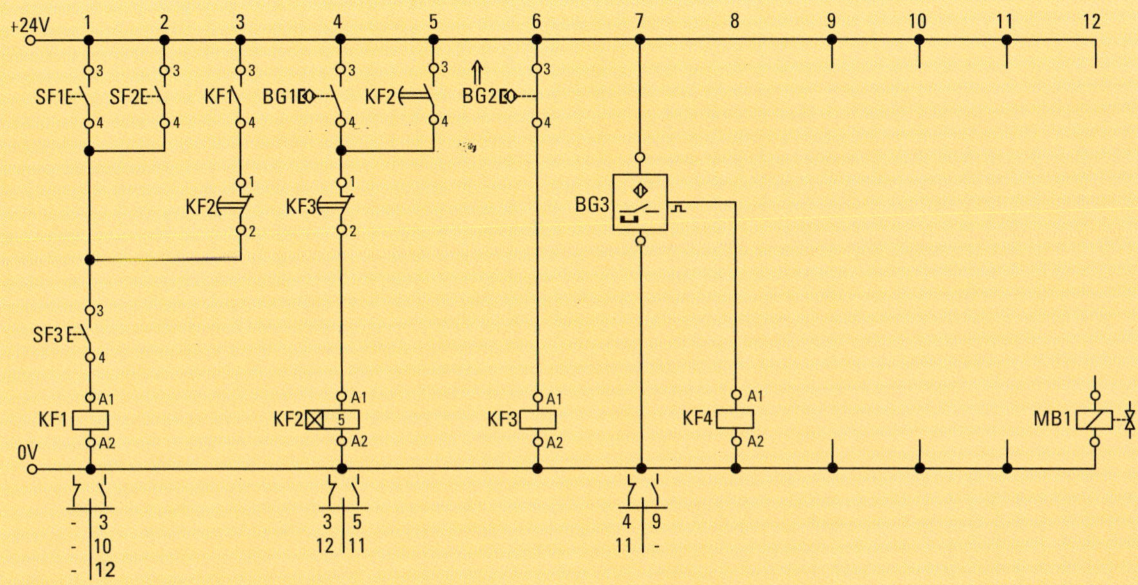

3. **Torsteuerung mit einem Impulsventil:**
Der Pneumatikzylinder wird von einem Impulsventil angesteuert, das beidseitig von je einem Elektromagneten angesteuert wird. Die Signalspeicherung erfolgt hier durch die Impulsventile (keine elektrische Selbsthaltung notwendig!).

Stellen Sie eine Geräteliste auf und ergänzen Sie den Stromlaufplan. Fertigen Sie dazu auch eine Klemmenbelegungsliste für diese Steuerung an.

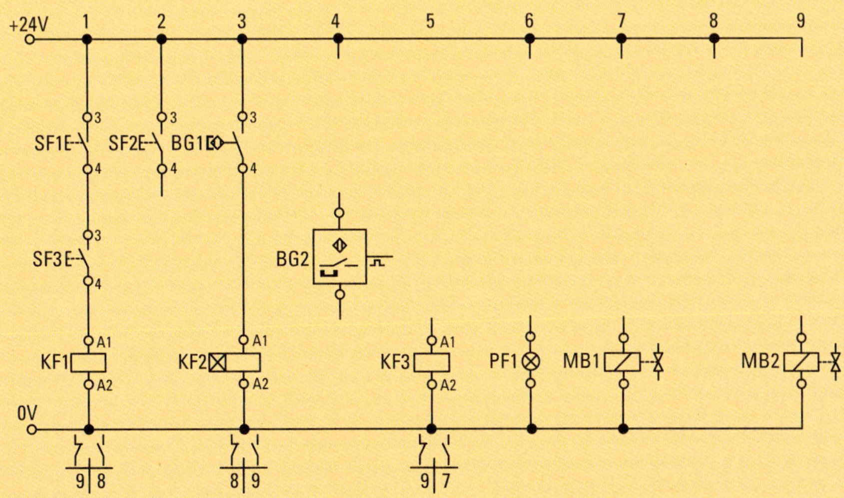

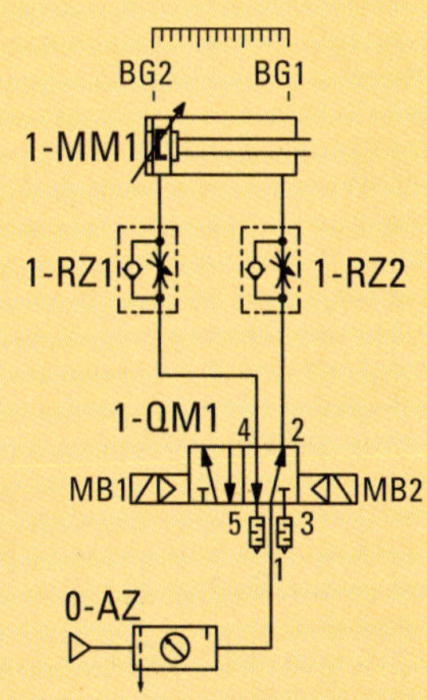

14 CNC-Technik

Auch im Metallbau hat die CNC-Technik in der Fertigung Einzug gehalten und ist in vielen Bereichen aus wirtschaftlichen Gesichtspunkten unverzichtbar geworden. Beginnend mit einfachen CNC-gesteuerten Kreissägemaschinen erstreckt sich der Einsatz der CNC-Technik über Blechbiegepressen, Rohr- und Profilbiegezentren bis hin zu Brennschneid- oder Laserschneidanlagen im Stahlbau oder Stanz- und Nippelanlagen im Feinblechbau. Moderne Bearbeitungszentren für die Fenster- und Fassadenproduktion sind ebenso CNC-gesteuerte Anlagen, mit denen die entsprechenden Profilbearbeitungsschritte ohne Umspannen auf einer Maschine durchgeführt werden können.
Die Abkürzung „CNC" steht für „computerized numerical control" und bedeutet computerunterstützte numerische Steuerung. Alle für die Herstellung eines Werkstückes notwendigen Informationen werden dabei der Steuerung der Maschine durch Zahlen (numerisch) eingegeben. Dazu muss die gesamte Bearbeitung eines Werkstückes vorher geplant, in Einzelschritte zerlegt und anschließend in ein Programm umgesetzt werden.

Am Beispiel einer Aufhängeöse soll das Prinzip und die Vorgehensweise der CNC-Fertigung näher erläutert werden.

14.1 Der Informationsfluss

Das folgende Blockschaubild verdeutlicht das Prinzip der CNC-Fertigung und zeigt den Informationsfluss von der Planung, zur Programmierung und Fertigung. Wie bei allen computerunterstützen Vorgängen führt der Weg über die Grundstruktur der elektronischen Datenverarbeitung, das sogenannte EVA-Prinzip. Der Maschinenbediener gibt die notwendigen geometrischen und technologischen Daten ein (Eingabe). Der Prozessor der Maschinensteuerung setzt diese Daten um (Verarbeitung) und gibt die verarbeiteten Signale die entsprechenden Ausgabeeinheiten (Elektromotore, Magnetventile usw.) als Verfahrwege und Schaltanweisungen weiter.

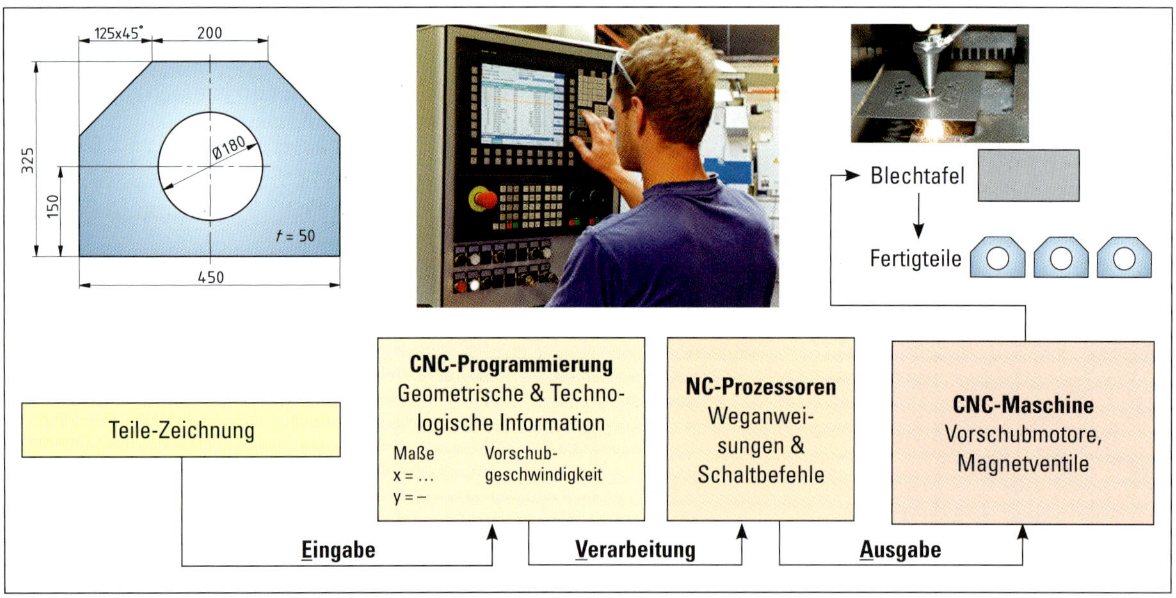

1 Informationsfluss in der CNC-Technik

14.2 Aufbau und Funktionsweise von CNC-Maschinen

CNC-Maschinen unterscheiden sich naturgemäß von herkömmlichen Fertigungsanlagen. Zur Realisierung des EVA-Prinzips benötigen CNC-Maschinen entsprechende

- Eingabeeinheiten wie das Bedienfeld mit Tastatur oder ein CD-ROM-Laufwerk,
- den Prozessor (Rechner) als Verarbeitungseinheit und die damit verbundenen
- Ausgabeeinheiten wie verschiedene Vorschub- und Stellmotoren und/oder Magnetventile.

Die werkstattorientierte Programmierung am Bedienfeld wird mittlerweile durch eine separate Programmierung in der Arbeitsvorbereitung an entfernten Rechnern ersetzt. Dadurch wird die Maschine während der zeitaufwändigen Eingabe nicht blockiert. Die mithilfe von CAD-Programmen generierten CNC-Programme werden dann entweder mittels einer Standleitung direkt oder über Speichermedien wie z. B. CD oder Diskette an die Maschine übertragen.
Die **Mikroprozessoren** der Steuerung (Verarbeitungseinheit) übernehmen im Wesentlichen folgende Aufgaben:

- Verarbeitung der Geometriedaten zu den entsprechenden Verfahrwegen.
- Verarbeitung der Technologiedaten für die Geschwindigkeitsregelung der Vorschubmotoren.
- Lageregelung durch einen ständigen SOLL-IST-Wert-Vergleich der bereits gefahrenen Wegstrecke mit der noch zurückzulegenden Wegstrecke.

Am Beispiel einer CNC-Brennschneidmaschine werden die oben beschriebenen Aufgaben der Steuerung näher erläutert. Die Steuerung der CNC-Brennschneidmaschine muss die Verfahrwege und -richtungen durch ein klar definiertes Koordinatensystem mit Null- und Ausgangspunkten erfassen können. Folgende Übersicht zeigt die nach DIN 66217 getroffenen Vereinbarungen, wie sie für Brennschneidmaschinen gültig sind:

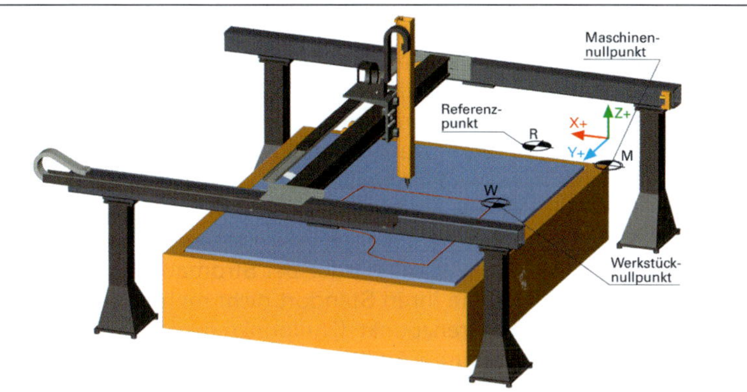

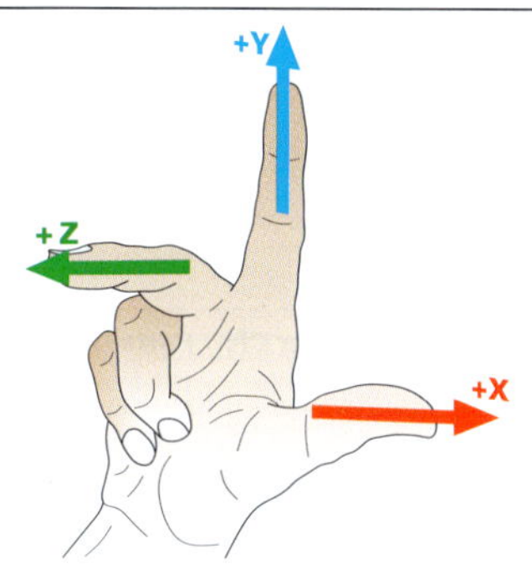

Achsenbestimmung mit „Rechter-Hand-Regel“

Z-Achse: Achse der Arbeitsspindel bzw. Brennerachse; positive Richtung vom Werkstück zum Werkzeug	Mittelfinger
X-Achse: liegt parallel zur Auflagefläche in Richtung der Längsachse	Daumen
Y-Achse: steht senkrecht auf der XZ-Ebene	Zeigefinger

Maschinennullpunkt: wird vom Hersteller festgelegt; Arbeitsbeginn für das Wegmesssystem
Referenzpunkt: „Ersatz-Maschinennullpunkt“, wenn der Werkstücknullpunkt nicht angefahren werden kann, weil beispielsweise ein Werkstück aufgespannt ist
Werkstücknullpunkt: frei wählbarer Ausgangspunkt für die Programmierung der Werkstückkontur

1 Koordinatensystem und Bezugspunkte für Brennschneidmaschinen

14.2.1 Geschwindigkeits- und Lageregelung

Damit eine CNC-Portalbrennschneidmaschine die gewünschte Kontur abfahren kann, muss jede Achse mit einem spielfreien Antrieb (Arbeitsspindel), einem stufenlos regelbarem Vorschubmotor und einem Wegmesssystem ausgestattet sein. Mit Hilfe des Computers wird eine Geschwindigkeits- und Lageregelung in den Achsen und somit eine genaue Positionierung des Brenners möglich.

Lageregelung (Bild 1, nächste Seite): Der Computer erhält ständig die Brennerposition (Istwert) durch die Wegmesssysteme der Achsen. Er vergleicht diese Werte mit der im Programm hinterlegten Sollposition (Sollwert). Solange zwischen der tatsächlichen Brennerposition und der Sollposition eine Abweichung besteht, erhalten die Vorschubmotoren entsprechende Verfahrimpulse. Ist die Sollposition erreicht, wird die Vorschubbewegung unterbrochen.

Geschwindigkeitsregelung: In ähnlicher Weise wie die Lagereglung erfolgt die Regelung der Vorschubgeschwindigkeiten. In die Vorschubmotoren sind Tachogeneratoren eingebaut, die ständig deren Drehzahlen ermitteln. Der Rechner erkennt aus der Drehzahl die tatsächliche Vorschubgeschwindigkeit (Istwert) und vergleicht sie mit der programmierten Geschwindigkeit (Sollwert). Bei Abweichungen dieser Werte regelt der Computer die Drehzahl des Vorschubmotors nach.

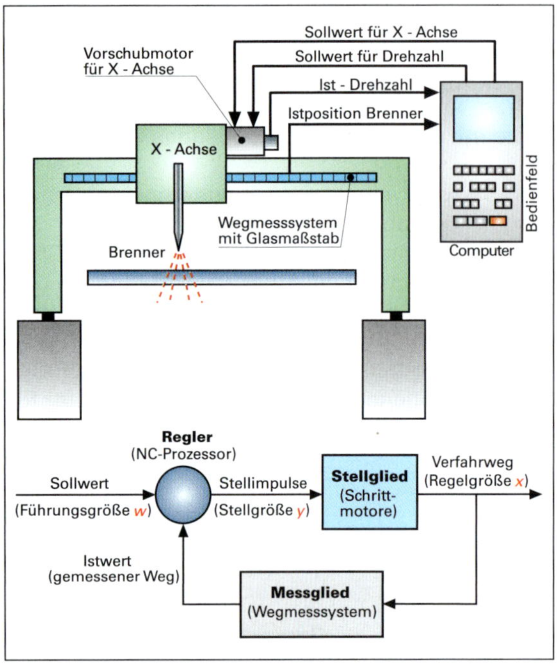

1 Lageregelung einer CNC-Portalbrennschneidmaschine

14.2.2 Interpolation des Verfahrweges

Um einen beliebigen Verfahrweg des Schneidbrenners zu erhalten, müssen beide Vorschubantriebe sowohl für die X-Richtung als auch die Y-Richtung der Brennschneidmaschine gleichzeitig arbeiten. Da bei der Eingabe der technologischen Daten nur eine für die gesamte Anlage gültige Vorschubgeschwindigkeit festgelegt werden kann, sind naturgemäß die Vorschübe in X- und Y-Richtung gleich groß. Somit kann der Brenner bei gleichzeitigem Einsatz beider Antriebe nur eine gerade Strecke im 45°-Winkel zurücklegen. Ist jeweils nur ein Achsantrieb in Betrieb, so werden achsparallele Wege zurückgelegt. Alle anderen Verfahrwege müssen durch Koppelung vieler Wegabschnitte in achsparalleler und 45°-Richtung erzeugt werden. Dieses Verfahren nennt man Interpolation (= Annäherung)

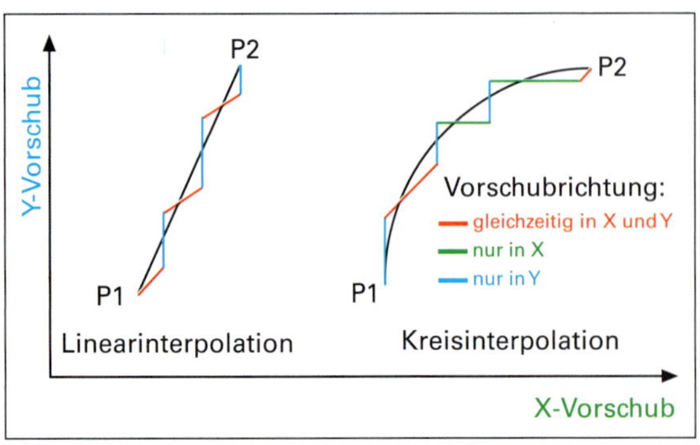

2 Linear- und Kreisinterpolation von Verfahrwegen

des Verfahrweges an die ideale Kurve (Bild 2). Die kleinsten Wegabschnitte (Inkremente) sind dabei 0,01 mm lang. Die dadurch entstehende „Treppenlinie" ist bei einer Brennschneidkontur gar nicht erkennbar bzw. ausreichend genau.

14.2.3 Das Wegmesssystem

beeinflusst entscheidend die Genauigkeit der CNC-Maschine. Es meldet ständig die IST-Position des Werkzeugs (Brenners) an den Rechner und ermöglicht die exakte Positionierung.

Bei den meisten Werkzeugmaschinen geschieht die Wegmessung auf fotoelektrische Art (Bild 3). Die von einer Lichtquelle ausgehenden Strahlen werden parallelisiert und durch einen Glasmaßstab mit Strichgitter gesandt. Der Glasmaßstab besteht aus abwechselnd lichtundurchlässigen (schwarzen) und lichtdurchlässigen (weißen) Strichen. Die Abtasteinrichtung zählt beim Vorbeifahren die einzelnen Wegabschnitte (Inkremente); es wird also nur schrittweise von einem bis zum nächsten Strich gemessen. Diese Messmethode nennt man inkrementelles Messverfahren. Beim Einschalten der Maschine oder bei Stromausfall kennt die Maschine ihren Standort nicht mehr; es muss erst der Referenzpunkt (Nullpunkt des Glasmaßstabs) angefahren werden, von dem aus das Wegmesssystem zu zählen beginnen kann.

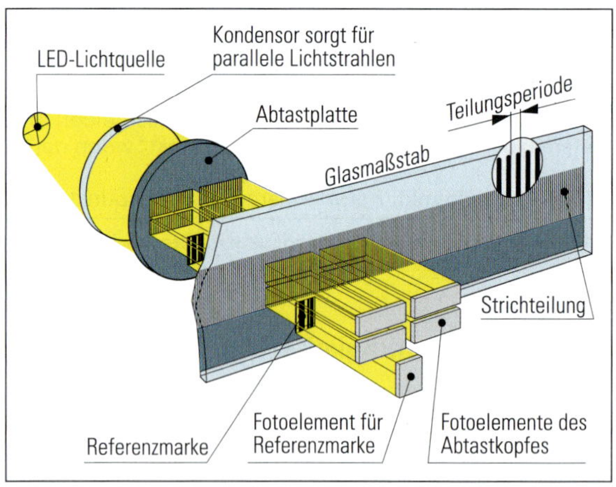

3 Inkrementales Wegmesssystem mit Glasmaßstab

Die Wegmessung kann dabei direkt oder indirekt erfolgen. Bei direkt arbeitenden Systemen sind die Glasmaßstäbe unmittelbar an der Maschinenführung angebracht und die am Führungsschlitten befestigte optische Abtasteinrichtung ermittelt den zurückgelegten Weg unmittelbar. Bei der indirekten Messung wird der zurückgelegte Weg mithilfe von Drehgebern unter Berücksichtigung der Anzahl der

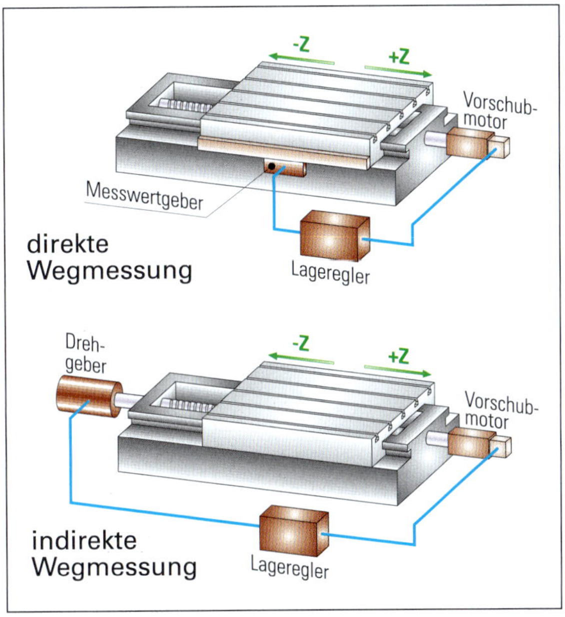

1 Direkte und indirekte Wegmessung

Umdrehungen und der Steigung der Antriebsspindel berechnet (Bild 1).
Indirekte Wegmesssysteme sind bei großen Verfahrstrecken vergleichsweise billig und platzsparend.

14.2.4 Vorschubantriebe, Führungen und Spindeln

Die Vorschubantriebe müssen die Stellbefehle schnell und sehr genau in einem großen Drehzahl-

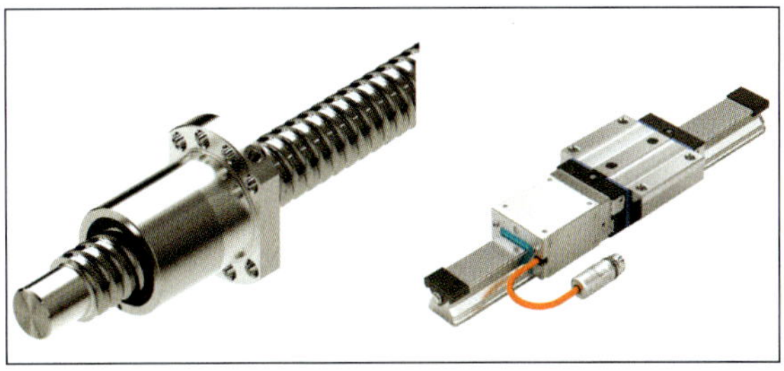

2 Kugelgewindetrieb und Profilschienenführung mit integriertem Messsystem

bereich ausführen. Neben einer langen Lebensdauer sollen sie auch wartungsfrei sein. Für eine genaue Positionierung müssen die Führungen und Spindeln an den Antriebseinheiten von CNC-Maschinen möglichst spielfrei und reibungsarm sein. Vorgespannte Kugelgewindetriebe und Profilschienenführungen, optional mit integriertem Messsystem für die direkte Wegmessung, erfüllen die geforderten Bedingungen (Bild 2).

14.2.5 Steuerungsarten

An CNC-Maschinen sind die Verfahrwege der Werkzeuge oder Werkstücke durch programmierte Weganweisungen vorgegeben. Je nach Art und weise des Zustandekommens der Verfahrwege unterscheidet man Punkt-, Strecken- und Bahnsteuerungen.

Punktsteuerung oder Positioniersteuerung	Streckensteuerung	Bahnsteuerung
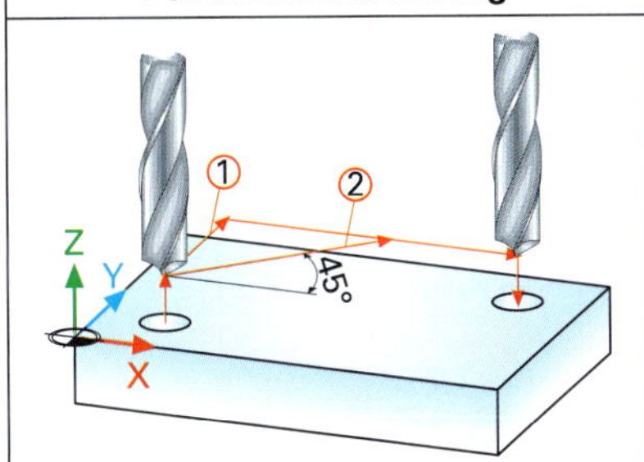	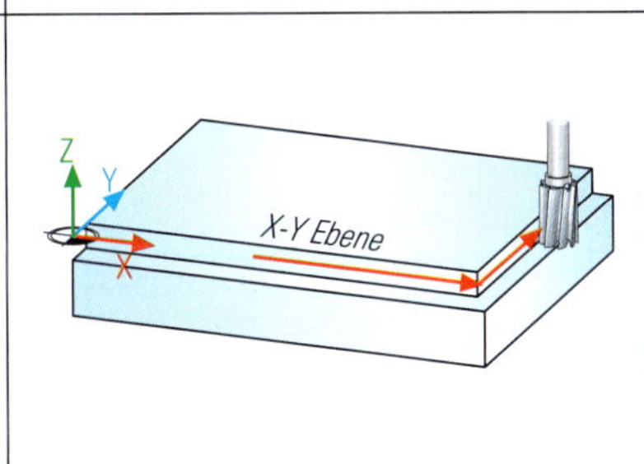	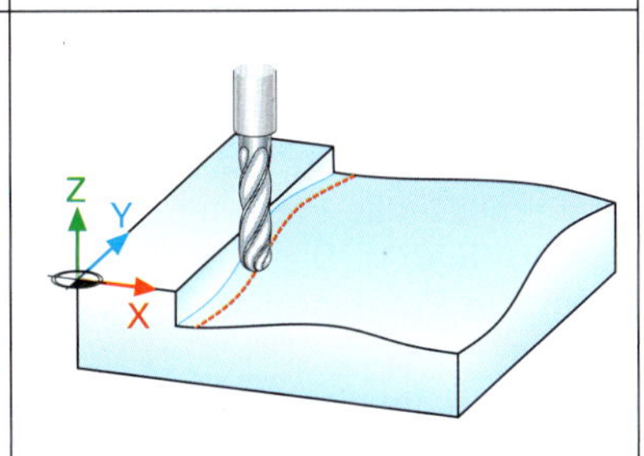
• Einfach, kostengünstig • Werkzeug beim Verfahren nicht im Eingriff und alle Achsantriebe laufen im Eilgang (Positionieren) • Für Bohr- und Punktschweißautomaten	• Nur achsparallele Verfahrwege möglich (nur jeweils ein Achsantrieb in Betrieb), • Einfachste Dreh- und Fräsmaschinen	• Gleichzeitige Bewegung aller Achsantriebe ermöglicht beliebige Bahnen in der Ebene (2D-Steuerung) oder im Raum (3D-Steuerung) • Dreh-, Fräs-, Brennschneidmaschinen usw.

14.3 Erstellen von CNC-Programmen

Die Fertigung mit CNC-Maschinen senkt nicht nur die Fertigungskosten, sondern ermöglicht einen computergesteuerten Verbund von der Auftragsannahme, über die Konstruktion, die Fertigung, Materialverwaltung bis hin zur Auslieferung und Abrechnung.

So werden bereits bei der Konstruktion der Bauteile mithilfe von CAD-Programmen die Grundlagen für die CNC-Fertigung gelegt. Aus den fertigen CAD-Zeichnungen lassen sich mit entsprechenden Zusatzmodulen die fertigen CNC-Programme automatisch erzeugen, die im kompletten System der jeweiligen CNC-Maschine per Standleitung bereit gestellt werden. Wenngleich der Maschinenbediener von der früher üblichen Programmierung immer mehr befreit wird, so ist es für ihn aber trotzdem wichtig, Kenntnisse der Programmiersprache zu besitzen, um bei Störungen und/oder Problemen selbst eingreifen zu können.

Am Beispiel der Aufhängeöse für eine KFZ-Fertigungsstraße wird der grundsätzliche Aufbau und die Vorgehensweise bei der Programmierung eines CNC-Brennschneidprogramms erläutert.

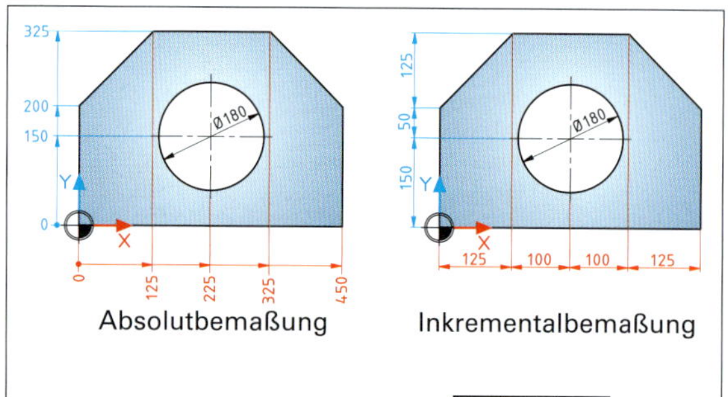

	X	Y
P0	0	0
P1	0	200
P2	125	325
P3	325	325
P4	450	200
P5	450	0
P6	225	150

1 CNC-gerechte Bemaßung der Aufhängeöse

14.3.1 CNC-gerechte Bemaßung im Koordinatensystem

Das CNC-Programm zum Trennen der Aufhängeöse muss alle geometrischen und technologischen Informationen für die Fertigung enthalten. Die gesamte Bearbeitung wird in Einzelschritte zerlegt und jeder Schritt als einzelner Programmsatz in die Steuerung eingegeben. Die Steuerung „liest" die einzelnen Sätze aus und verarbeitet sie zu den entsprechenden Werkzeugbewegungen und Schaltanweisungen. Um aber die einzelnen Bearbeitungsschritte als Programmsätze eingeben kann, muss das Werkstück CNC-gerecht bemaßt werden (Bild 1). Die Bemaßungsart gibt auch zugleich die Programmierart vor. Dabei unterscheidet man:

- **Absolutbemaßung/Absolutprogrammierung**: Alle X- und Y-Maße der einzelnen Werkstückkonturpunkte beziehen sich auf den Werkstücknullpunkt, der vom Programmierer selbst festgelegt werden kann. Meist wird er an eine günstige Werkstückecke platziert.
- **Inkrementalbemaßung/Inkrementalprogrammierung:** Die X- und Y-Maße für jeden einzelnen Werkstückkonturpunkt werden immer vom vorangehenden Konturpunkt aus berechnet. Der vorangehende Konturpunkt ist demnach stets der neue Werkstücknullpunkt (Werkstücknullpunkt wird „mitgeschleppt").
- **Tabellenbemaßung**: Anstelle von Maßen werden die Positionsnummer der einzelnen Konturpunkte in die Zeichnung eingetragen und deren Koordinaten in einer Tabelle aufgelistet.

14.3.2 Programmaufbau

Ein CNC-Programm gliedert sich nach DIN 66025 in einzelne Sätze, die die für den jeweiligen Arbeitsschritt erforderlichen Weg- und Schaltinformationen enthalten. Ein Programmsatz beginnt mit einer Satznummer, darauf folgen ein oder mehrere Wörter. Jedes Wort selbst besteht aus einer Adresse und dem Inhalt (Bild 2). Die Sätze werden in 10er-Schritte nummeriert, so können bei Korrekturbedarf nachträglich noch Sätze eingefügt werden.

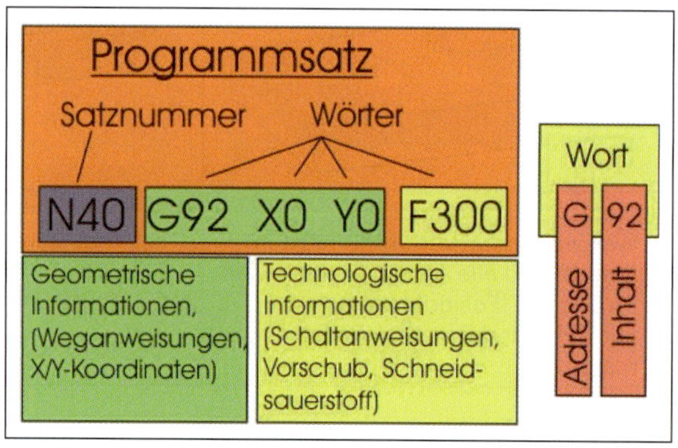

2 Aufbau eines Programmsatzes

Die Abkürzungen für Satzanweisungen sind englischen Fachausdrücken entlehnt. So steht z.B. in der Weganweisung F300 der Adressbuchstabe F für „Feed", was im englischen Vorschub heißt.

Eine Auswahl wichtiger Abkürzungen für Wegbedingungen (geometrische Informationen) und Schaltanweisungen (technologische Informationen) zeigt folgende Tabelle.

Zeichen	Bedeutung	Zeichen	Bedeutung
G	Wegbedingung („go")	X	X-Koordinaten
F	Vorschub („feed")	Y	Y-Koordinaten
M	Maschinenfunktionen („machine"), Zusatzfunktion	I	Kreisinterpolation (Kreismittelpunktslage bezüglich der X-Achse)
N	Satznummer („number")	J	Kreisinterpolation (Kreismittelpunktslage bezüglich der Y-Achse)
T	Werkzeug („tool")		
Wegbedingungen	**Bedeutung**	**Zusatzfunktion**	**Bedeutung**
G00	Verfahren im Eilgang (Punktsteuerverhalten)	M00	Halt
G01	Geradeninterpolation (in Vorschubgeschwindigkeit)	M02	Programmende
G02	Kreisinterpolation im Uhrzeigersinn	M03*	Schneidsauerstoff AUS
G03	Kreisinterpolation gegen Uhrzeigersinn	M04	Schneidsauerstoff EIN
G04	Verweilzeit (z.B. zum Vorwärmen)	M08	Vorwärmen EIN
G40*	Werkzeugbahnkorrektur ENDE	M09*	Vorwärmen AUS
G41	Werkzeugbahnkorrektur links	M12	Unterprogramm ENDE
G42	Werkzeugbahnkorrektur rechts	M30	Programmende mit Rücksetzen
G90	Absolute Maßangabe für X-/Y-Koordinaten		
G91	Inkrementale Maßangabe der Koordinaten		
G92	Speicher setzen (z.B. Werkstücknullpunkt)		* Wirksam am Satzende

Eine **Weganweisung** beginnt mit der Wegbedingung G (steht für „go") und den Werten für den Verfahrweg in beide Achsrichtungen X und Y. Das Vorzeichen der X-/Y-Koordinaten gibt dabei die Bewegungsrichtung an, d.h. entweder in Richtung der Achsen (+) oder entgegengesetzt der Achsrichtung (–). So wird beispielsweise im Satz N50 des Programms für die Aufhängeöse der Durchstechpunkt angefahren. Da dieser außerhalb des Werkstückes liegt, muss der Brenner ausgehend vom Werkstücknullpunkt 20 mm entgegen die X-Achse und die Y-Achse fahren, also: X-20 und Y-20 (Bild 1).

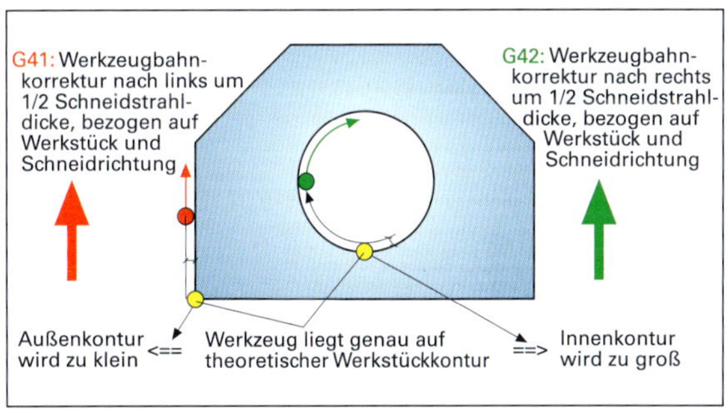

1 Werkzeugbahnkorrektur links oder rechts

Die **Schaltanweisungen** beinhalten technologische Informationen, z.B. mit welchem Vorschub (F = Feed) gefahren werden soll oder welches Werkzeug (T = Tool) bzw. Brenner verwendet wird.

Die **Zusatzinformationen** steuern spezielle Maschinenfunktionen, z.B. M04 „Schneidsauerstoff zuschalten" oder M09 „Vorwärmen ausschalten". Zusatzfunktionen erhalten den Adressbuchstaben M.

Eine wichtige Weganweisung ist die sogenannte **Werkzeugbahnkorrektur** (G41 oder G42). Würde der Brenner entlang der theoretischen Werkstückkonturpunkte verfahren, so erhielte das Werkstück nicht die korrekten Maße, denn der Schneidsauerstoffstrahl besitzt eine gewisse Dicke. Deshalb muss der Steuerung mitgeteilt werden, in welche Richtung der Brenner bezogen auf die Werkstückkontur und Fahrtrichtung versetzt werden muss (Bild 1).

Im Folgenden werden die einzelnen CNC-Programmsätze der Aufhängeöse beschrieben und erläutert: Dieses CNC-Programm besteht aus einem Haupt- und einem Unterprogramm.

Unterprogramme

vereinfachen die Programmierarbeit, wenn bestimmte Teile oder Abschnitte eines Programms immer wiederholt werden müssen. Die wiederkehrenden Programmsätze werden in einem Unterprogramm zusammengefasst und an geeigneter Stelle unter der Adresse U1... usw. im Hauptprogramm wieder aufgerufen.

Programm	Erläuterung
N10 G90 F200 T1	Satz 1; absolute Maßangabe; Vorschub 200 mm/min; Brenner 1
N20 G92 X0 Y0	Satz 2; Werkstücknullpunkt speichern; Festlegen der Nullpunkt-Koordinaten
N30 G00 X225 Y150 U1	Satz 3; Anfahren des Kreismittelpunktes im Eilgang (X = 225, Y = 150); Aufruf des Unterprogramms U1 (steht am Programmende!)
N40 G00 X-20 Y-20	Satz 4; Anfahren des Durchstechpunktes im Eilgang (Koordinaten liegen bezogen auf den Werkstücknullpunkt im negativen Bereich)
N50 G04 F50 M08	Satz 5; Verweilen am Durchstechpunkt; 50 Sekunden; Vorwärmen EIN
N60 G01 X0 Y0 M04 M09 G41	Satz 6; Geradliniger Vorschub; Koordinaten des Werkstücknullpunktes P0; Schneidsauersoff EIN; Vorwärmen AUS; Werkezugbahnkorrektur links
N70 X0 Y200 N80 X125 Y325 N90 X325 Y325 N100 X450 Y200 N110 X 450 Y0 N120 X0 Y0	Satz 7 – Satz 12; Geradliniger Vorschub zu den Punkten P1 bis P0 (Brennschneiden der Außenkontur) Beachte: Die Weganweisung G01 fehlt, weil sie aus Satz 6 noch solange gültig ist, bis sie durch einen anderen Befehl aufgehoben wird
N130 X-10 Y0 M03 G40	Satz 13; Brenner fährt über den Werkstücknullpunkt hinaus (kreuzt den Anfahrweg), damit das Teil vollständig ausgeschnitten wird; Schneidsauerstoff AUS; Werkzeugbahnkorrektur AUS
N140 M30	Satz 14; Programmende
U1	Unterprogramm U1 (für das Kreisschneiden)
N10 G91	Satz 1; Inkrementale Maßangabe
N20 G00 X0 Y-70	Satz 2; Anfahren des Durchstechpunktes im Eilgang
N30 G04 F50 M08	Satz 3; Verweilen am Durchstechpunkt; 50 Sekunden lang; Vorwärmen EIN
N40 G01 X0 Y-20 M04 M09 G42	Satz 4; Geradliniger Vorschub an die Kreiskante; Schneiden EIN; Vorwärmen AUS; Werkzeugbahnkorrektur rechts
N50 G02 I0 J90 M03 G40	Satz 5; Kreisschneiden (Kreisinterpolation); Koordinaten des Kreismittelpunktes **immer** inkremental zum Kreis-Startpunkt (I _ X, J _ Y); Schneiden AUS; Werkzeugbahnkorrektur AUS
N60 M12	Satz 6; Ende des Unterprogramms

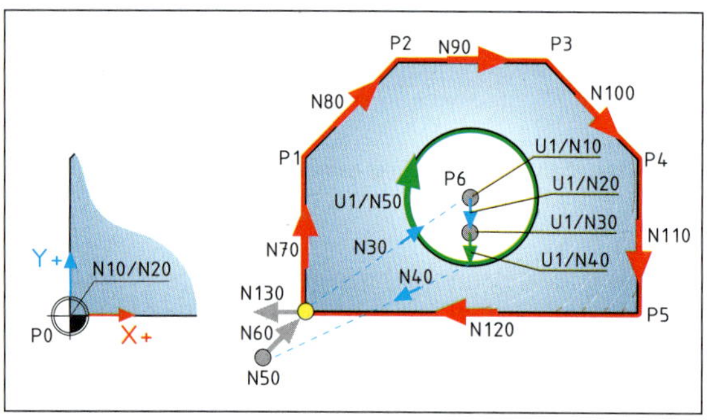

1 CNC-Programm der Aufhängeöse

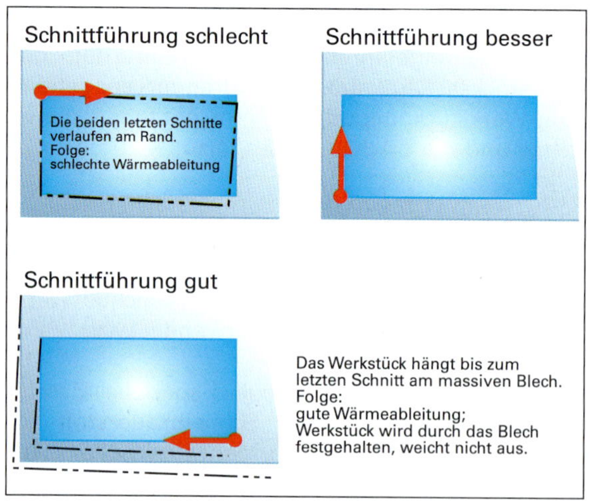

2 Schnittführung an gesteuerten Brennschneidmaschinen

Wärmeverzug beim programmgesteuerten Brennschneiden

Die eingebrachte Wärme kann das Blech zum „Wandern" bringen, es wäre keine Maßgenauigkeit mehr gegeben. Deshalb muss das Blech festgespannt werden.

Eine günstige Schnittführung kann ebenso zur Maßhaltigkeit beitragen. Man achtet darauf, dass nicht das Werkstück selbst, sondern die Abfallstücke durch den Wärmeverzug „auswandern" (Bild 2). Grundregel dabei ist, dass das Werkstück solange wie möglich an der übrigbleibenden Blechtafel hängt und die Wärme möglichst gut abgeleitet werden kann.

Festprogramme (Bearbeitungszyklen)

Bestimmte häufig vorkommende Bearbeitungszyklen wie z. B. das Ausschneiden von Kreisen, Rechteckkonturen oder Ovalen sind in der Steuerung als „Festprogramme" hinterlegt, die der Maschinenbediener nach dem Aufruf mit den notwendigen geometrischen Daten „füttert" (z. B. Kreisdurchmesser, Länge, Breite usw.). Einfache Formen lassen sich auf diese Weise schnell an der Maschine direkt programmieren.

Teach-in-Programmierung

Viele CNC-Steuerungen von Brennschneidanlagen ermöglichen durch fotoelektrische Abtastung einer Fertigungszeichnung das Abspeichern der abgefahrenen Kontur als CNC-Programm (= „Teach-in").

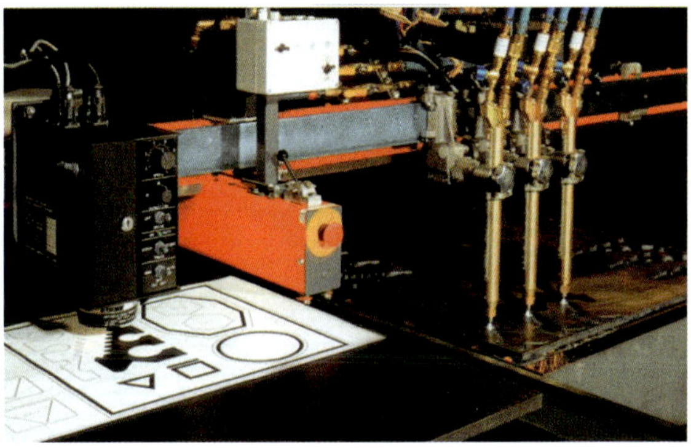

1 Fotoelektrische Abtastung einer Fertigungszeichnung

CAD-unterstützte Programmierung mit Schachtel- bzw. Verschnittoptimierung

Üblicherweise werden heute in der Arbeitsvorbereitung die Geometriedaten der Werkstücke per CAD am Computer erzeugt und mithilfe eines Verschachtelungsprogramms verschnittoptimiert angeordnet. Schachtelprogramme erlauben alle Teile so auf der Blechtafel zu platzieren, dass der Verschnitt minimal wird. Dabei können unterschiedliche Werkstücke miteinander verschachtelt werden. Mit einem dazu gehörenden Simulationsmodul kann die Bearbeitung der einzelnen Werkstücke am Bildschirm parallel oder vorab zu Testzwecken visualisiert werden.

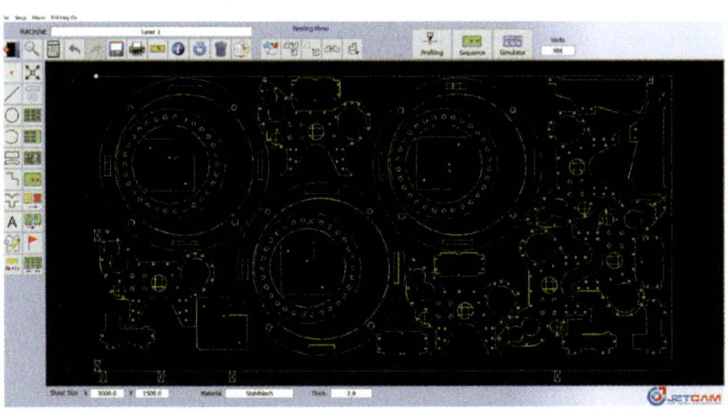

2 Verschnittoptimierung

14.4 Profilbearbeitungszentren im Leichtmetallbau

In der Fenster- und Fassadenproduktion werden 5-Achs-Profilbearbeitungszentren eingesetzt, auf denen aufgrund eines modernen Werkzeugwechselsystems viele Bearbeitungsschritte zugleich durchgeführt werden können, wie z. B. das Sägen auf Länge, Herstellen von Ausklinkungen oder Ausfräsungen, ebenso das Herstellen von Bohrungen.

Die Programmierung der Bearbeitungszentren erfolgt durch geeignete 5-Achs-Programmier-Systeme mit 2-D- oder 3-D-Fähigkeit.

3 Profilbearbeitszentrum

15 Baurecht

Wie Vieles in Staat und Gesellschaft, so ist auch das Bauen in Gesetzen und Verordnungen geregelt. Erhält z. B. ein Metalllbaubetrieb den Auftrag für einen Anbaubalkon, so muss er erst prüfen, ob der örtlich gültige Bebauungsplan überhaupt Anbaubalkone zulässt (Bild 1). Es ist evtl. sogar eine Baugenehmigung notwendig.

Ein Stahlbaubetrieb, der von einer Stadtverwaltung einen Auftrag über eine Stahlhalle erhalten möchte,

- muss sich an einer öffentlichen Ausschreibung beteiligen,
- ein Leistungsverzeichnis ausfüllen,
- hoffen, dass er als günstigster Bieter den Zuschlag erhält,
- mit den Werkplänen auch eine prüffähige statische Berechnung, eine „Statik", vorlegen (Bild 2).

Im Rahmen Ihrer Berufsaus- und Weiterbildung sollen Sie einen kleinen Einblick in das Baurecht erhalten, dann werden viele Beziehungen zwischen Ihrem Ausbildungsbetrieb, und den Kunden bzw. zu den Behörden verständlicher.

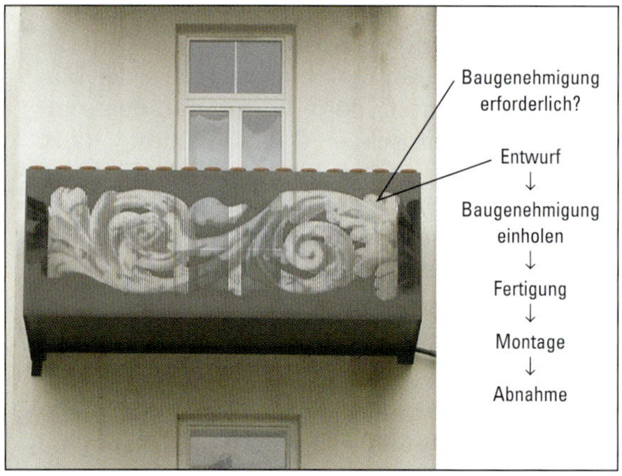

1 Anbaubalkon

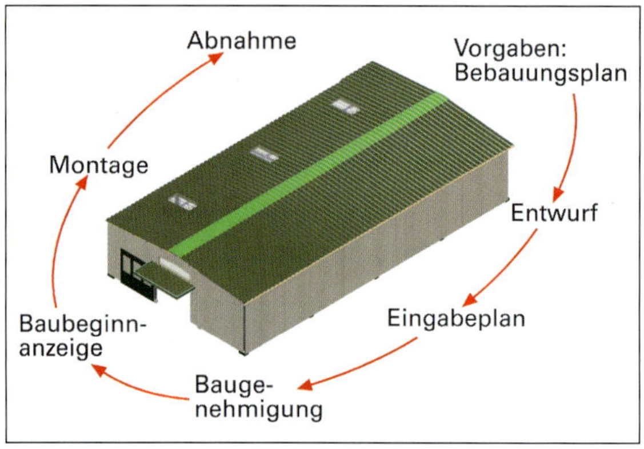

2 Stahlhalle

15.1 Übersicht: Baurecht

Das Baurecht hat sich über viele Jahrzehnte entwickelt und gliedert sich in zwei große Rechtsbereiche (Bild 3). Dazu kommt noch das Gewohnheitsrecht, das stillschweigend respektiert wird, ohne dass es in Gesetzen und Verordnungen fest geschrieben ist.

Baurecht			**Gewohnheitsrecht**
Öffentliches Baurecht		**Privates Baurecht**	
Bauplanungsrecht	Bauordnungsrecht		
Alle Gesetze und Verordnungen, die		Alle Rechtsbeziehungen	Konventionen, die sich oft über Jahrhunderte zwischen den am Bau Beteiligten entwickelt haben
die örtliche und überörtliche Nutzung und Bebauung von Grundstücken regeln	das Grundstück und Gebäude unmittelbar betreffen	zwischen den am Bauen Beteiligten	
Bebauungspläne, Planfeststellungsverfahren, u. a.	Musterbauordnung, Landesbauordnungen, Denkmalschutzgesetze, allgemein anerkannte Regeln der Technik wie TRAV, u. a.	Bürgerliches Gesetzbuch (BGB), VOB A/B/C, u. a.	Richtfest, Betretungsrecht von Nachbargrundstücken während der Montage u. a.

3 Rechtsbereiche im Baurecht

Am Beispiel eines Privatkundenauftrags „Herstellen, Liefern und Montieren eines Anbaubalkons" lässt sich der Einfluss und das Zusammenwirken dieser Rechtsbereiche auf eine Bauaufgabe erkennen (Bild 1).

Öffentliches Recht	Privates Recht
1. Der Metallbaubetrieb muss vor der Planung die Zulässigkeit prüfen, Auskunft erteilt die Baugenehmigungsbehörde. Es ist evtl. eine Baugenehmigung notwendig, die der Bauherr (Kunde) zu beantragen hat. 2. Das Tragwerk des Balkons muss vom Metallbaubetrieb statisch nachgewiesen werden, z. B. die Dübel, Geländerpfosten, das verlangen Verordnungen. 3. Es dürfen nur bauaufsichtlich zugelassene Bauteile und Bauarten verwendet werden. 4. Besonders bei der Montage müssen die geltenden Unfallverhütungsvorschriften eingehalten werden.	1. Der Metallbaubetrieb unterbreitet dem Kunden ein Angebot, der Kunde stimmt zu. 2. Betrieb und Kunde schließen einen Werkvertrag nach BGB. 3. Nach der Montage erfolgt eine formale Abnahme des Anbaubalkons. 4. Der Betrieb stellt dem Kunden eine Rechnung nach VOB/B Grundsätzen. 5. Der Kunde reklamiert Verfärbungen, es gilt die Gewährleistung nach BGB (5 Jahre).

Verweigert die Baugenehmigungsbehörde die Zustimmung, so kann der Kunde gegen diesen Bescheid bei einem Verwaltungsgericht klagen. Für Streitigkeiten zwischen Kunde und Betrieb ist ein Zivilgericht zuständig, sofern sich diese nicht gütlich regeln lassen.

- Auskragung vor die Fassade
- zulässige Größe
- statischer Nachweis
- Gestaltungsauflagen
- Bauteile und Bauarten
- Auflagen während der Montage, z. B. Absperrungen, Gerüste

1 Anbaubalkon mit Pfeilen: Rechtliches

15.2 Landesbauordnung (LBO)

Ein wichtige Quelle für das Baurecht sind die Landesbauordnungen der Länder. Sie regeln alle Anforderungen, die gestellt werden an ein Grundstück (z. B. Entwässerung), das Bauwerk, (z. B. die Lage auf dem Grundstück).
Alle sechzehn Landesbauordnungen enthalten Vorschriften, z. B. zu

- Größe, Lage und Erschließung eines Bauwerks,
- Standsicherheit und Tragfähigkeit,
- Treppen und Wänden,
- Fenster, Belichtung und Belüftung,
- Schall-, Wärme- und Feuchte- und Brandschutz,
- Verkehrssicherheit bei der Nutzung.

Im Fall des Anbaubalkons sind beispielsweise die Handlaufhöhe und die Teilung der Füllstäbe festgelegt, oft unterschiedlich in den einzelnen Bundesländern. Auch machen die Landesbauordnung Auflagen zur Gestaltung von Bauwerken und Bauteilen, z. B. die BayBauO im Art. 11:

Art. 11
Schutz gegen Einwirkungen
Bauliche Anlagen sind so anzuordnen, zu errichten, zu ändern und in Stand zu halten, dass durch Wasser, Feuchtigkeit, pflanzliche und tierische Schädlinge sowie andere chemische, physikalische oder biologische Einflüsse Gefahren oder unzumutbare Belästigungen nicht entstehen.

Der Metallbaubetrieb ist also angehalten, sich an der Architektur der Umgebung und an die regional übliche Bauweise zu halten, z. B. keine Stahl-Glas-Konstruktion nach TRAV in einer sehr ländlich geprägten Gegend in Oberbayern. Will er von den Vorgaben von der für den Ort des Bauwerks gültigen LBO abweichen, muss er eine „Zustimmung im Einzelfall beantragen". Will der Bauherr beispielsweise einen Glasboden für seinen Balkon, so muss der Betrieb diesen statisch nachweisen, eventuell sogar ein Muster herstellen und ein Gutachten von einer staatlich anerkannten Prüfstelle einholen. Erst dann kann er im Einzelfall bei der obersten Baubehörde des Bundeslandes eine Zustimmung erhalten.

15.3 Vergabe- und Vertragsordnung für Bauleistungen (VOB)

15.3.1 Übersicht

Ein wichtiger Teil des Baubetriebs ist die Vergabe von Bauleistungen und die Abrechnung der vom Handwerker erstellten Leistung. Grundlage dafür ist die **Vergabe- und Vertragsordnung für Bauleistungen** (VOB). Sie gliedert sich in drei Teile:

- **Teil A** enthält die allgemeinen Bestimmungen für die Vergabe von Bauleistungen sowie die europäischen Vergaberichtlinien; sie ist bei öffentlichen Auftraggebern verbindlich, z. B. wenn Bund, Land oder Gemeinde einen Auftrag an einen Handwerker vergeben.
- **Teil B** enthält die allgemeinen Vertragsbedingungen und ist nur verbindlich, wenn die Vertragspartner, Bauherr und Handwerker, das vereinbart haben.
- **Teil C** enthält die allgemeinen technischen Vertragsbedingungen (ATV), das sind DIN-Normen, die die Ausführung regeln und die vom Handwerker beachtet werden müssen, sonst kann der Bauherr die Abnahme der Leistung und damit die Bezahlung verweigern.

Jeder Bauausführung geht die **Vergabe** voraus, darunter versteht man nicht nur die Auftragserteilung, sondern das gesamte Verfahren, welches Ausschreibung, Angebot und Vertragsabschluss beinhaltet.

Der Auftraggeber, Bauherr oder Architekt

- erstellt ein Leistungsverzeichnis, das die einzelnen Gewerke beschreibt, z. B. die Metallbauarbeiten an einem Gebäude,
- führt eine sog. Ausschreibung durch, das ist die Aufforderung an Handwerker, Angebote einzureichen; sie kann öffentlich, beschränkt oder freihändig sein,
- wertet die eingegangenen Angebote nach wirtschaftlichen Gesichtspunkten aus,
- vergibt den Auftrag entweder nach Einheitspreis, als Pauschalpreis oder im Stundenlohnvertrag („in Regie"),
- überwacht die Ausführung der Leistung,
- nimmt die Leistung ab,
- rechnet mit dem Auftragnehmer nach den Abrechnungsgrundsätzen der VOB-C ab.

Mit der Abnahme beginnt die Gewährleistungsfrist. Sie beträgt nach VOB 2 Jahre, nach BGB (= bürgerliches Gesetzbuch) 5 Jahre.
Entscheidend für die Vergabe ist das Leistungsverzeichnis. Für die Formulierung wurden Standardleistungsbücher und dazu EDV-Programme entwickelt, die es erlauben, den Text zur Beschreibung einer Teilleistung aus „Bausteinen" zusammenzusetzen. Über Standardleistungsnummern werden die Textbausteine von der DV-Anlage in den Positionstext kopiert. Frei formulierte Ergänzungen sind möglich.
Den Auszug aus einer Leistungsbeschreibung für Fenster und Fensterelemente aus dem Leistungsbereich Metallbau-Schlosserarbeiten zeigt Bild 1.

T1	T2	T3	T4	T5	Einh.		
						2 Fenster und Fensterelemente	
						2.1 Leitbeschreibung	
01						Fenster	
02						Fenstertür	
...							
1						als Einfachfenster	für Einfachverglasung
2							für Isolierverglasung
...							
	00					einteilig	
	1					zweiteilig	
	2						
	...						
	8						
		01				Rohbaurichtmaß (B × H)	300 mm ×
		02					375 mm ×
		...					
		12					1250 mm
		...					
			01			300 mm	
			...				
			12			1250 mm	
				0			
				1		Rahmenmaterial	Stahl
				2			nichtrostender Stahl
				...			
				1	St	Ausführung	
				2	St		gemäß Zeichnung
				...	...		

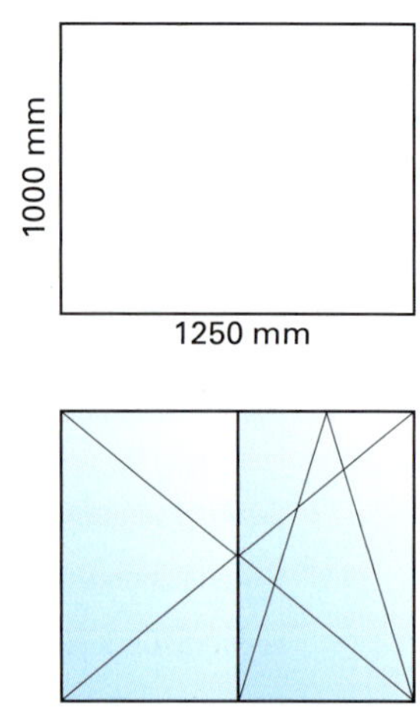

Stahl
Beschichtung : weiß
Rahmenmaterialgruppe : 2.0
Ausführung: : gemäß Verarbeitungsrichtlinien des Herstellers
Isolierverglasung : $u_w = 1{,}5$

1 Auszug aus einer Leistungsbeschreibung für Metallfenster

15.3.2 VOB-C

Der Teil C der VOB besteht aus einer Sammlung von Ausführungsnormen zu den einzelnen Gewerken, wie Maurer-, Metallbau-, Stahlbauarbeiten usw. Die für alle Gewerke geltenden Regelungen sind in DIN 18 299 zusammengefasst.

Diese gliedert sich in:
0 Hinweise für das Aufstellen der Leistungsbeschreibung
1 Geltungsbereich
2 Stoffe, Bauteile (allgemein)
3 Ausführung (allgemein)
4 Nebenleistungen, Besondere Leistungen
5 Abrechnung (allgemein)

Nach gleichem Gliederungsschema sind auch die Normen für die Einzelgewerke aufgebaut. Für die Metallbautechnik und die in diesem Bereich auftretenden Arbeiten sind folgende Normen der VOB-C wichtig:
- DIN 18 335: Stahlbauarbeiten
- DIN 18 357: Beschlagarbeiten
- DIN 18 358: Rollladenarbeiten
- DIN 18 360: Metallbauarbeiten, Schlosserarbeiten
- DIN 18 361: Verglasungsarbeiten
- DIN 18 364: Korrosionsschutzarbeiten an Stahl- und Aluminiumbauten

Auszug: DIN 18 360:

...

3.2 Metallbauarbeiten

...

3.2.1 Fenster

3.2.1.1 Fensterflügel sind so einzupassen, dass sie dicht schließen und schon vor der Verglasung gut gangbar sind, später aufzubringende Anstriche sind dabei zu berücksichtigen.

3.2.1.2 Fenster müssen Vorrichtungen – z.B. Glashalter, Glasleisten, Stiftlöcher –, haben, mit denen die Glasscheiben an allen Seiten sicher befestigt werden können.
Die Vorrichtungen müssen auf die vorgesehene Glasdicke und die Dicke des Dichtstoffbettes oder – bei Einglasung mit Dichtstreifen oder bei Druckverglasung – des Dichtstreifens oder des Druckverglasungsstreifens abgestellt sein.

...

3.2.1.4 Klemmleisten dürfen zur Halterung von Scheiben nur verwendet werden, wenn die Art der Konstruktion des Metallbauteils Gewähr bietet, dass der Halt der Scheibe trotz der Belastung des Metallbauteils durch die Scheibe nicht gefährdet ist. Bei großflächigen Scheiben dürfen Klemmleisten durch die Halterung der Scheiben nicht beansprucht werden.

...

3.2.1.5 Die Falze müssen der Verglasung entsprechend wie folgt bemessen sein:

größte Scheibenlänge mm		Mindestfalzhöhe mm
	bis zu 1000	10
über 1000	bis zu 2500	12
über 2500	bis zu 4000	15
über 4000	bis zu 6000	17
über 6000		20

Bei geraden Scheiben setzt sich die Mindestfalzbreite zusammen aus der Glasdicke und 2 mm × 3 mm für die Abdichtung. Für gebogene Scheiben sind der Glasdicke für den Falz mindestens 20 mm zuzuschlagen.
Bei Sonderverglasungen sind die Angaben der Scheibenhersteller zu berücksichtigen.
...

Auszug: DIN 18 335:

3.3 Herstellung

3.3.1 Der Auftraggeber hat dem Auftragnehmer die für die Aufnahme der Stahlkonstruktion hergerichteten Unterbauten in richtiger Lage und Höhe zur vereinbarten Zeit zur Verfügung zu stellen. Dabei hat er eine Höhenmarke, die Mittellinien des Bauwerks und die Widerlager-, Pfeiler- oder Säulenachsen zu kennzeichnen.
Der Auftragnehmer hat sich vor Beginn der Montage von der richtigen Lage und Kennzeichnung der Unterbauten zu überzeugen. Er hat dem Auftraggeber Bedenken unverzüglich mitzuteilen (siehe B§4 Nr. 3).

3.3.2 Der Auftragnehmer hat die Stahlbauten auszurichten und die Lager, Stützenfüße und Verankerungen zu unterstopfen oder zu verpressen.
Mit dem Unterstopfen und Verpressen darf erst begonnen werden, nachdem Auftragnehmer und Auftraggeber gemeinsam die vertragsgemäße Lage der Lager, Stützenfüße und Verankerungen festgestellt haben. Die Feststellung ist in einer gemeinsamen Niederschrift zu erklären; sie gilt nicht als Abnahme.
Im Endausbau störende Hilfseinrichtungen zur Herstellung der planmäßigen Lage der Lager, Stützenfüße und Verankerungen während des Einbaus, z.B. Keile, hat der Auftragnehmer zu entfernen, sobald die Unterlage die erforderliche Festigkeit erreicht hat

Jedem Metallbaubetrieb sollten die einschlägigen Normentexte der VOB-C vorliegen und Metallbauer und Konstruktionsmechaniker sollten die Inhalte kennen, denn sie sind verbindliche Normen für die Ausführung von Metallbauarbeiten.

16 Qualitätsmanagement

Lernfeld-übergreifend

Kunden verlangen von einem Metall- oder Stahlbaubetrieb technisch einwandfreie, langlebige und funktionsgerecht gestaltete Erzeugnisse und sind dann auch bereit, angemessene Preise dafür zu bezahlen. Damit ein Betrieb das auch leisten kann, muss er nicht nur in der Fertigung auf Qualität und Genauigkeit seiner Erzeugnisse achten, sondern auch in seinen internen Abläufe auf Qualitätsstandards achten. Dabei ist ein Qualitätsmanagement System nach DIN EN ISO 9001: 2015 sehr hilfreich.

Mit Anleitung dieser Norm lassen sich alle Prozesse (= Abläufe) im Betrieb planen, kostengünstig gestalten und dann von einem externen Fachmann überprüfen.

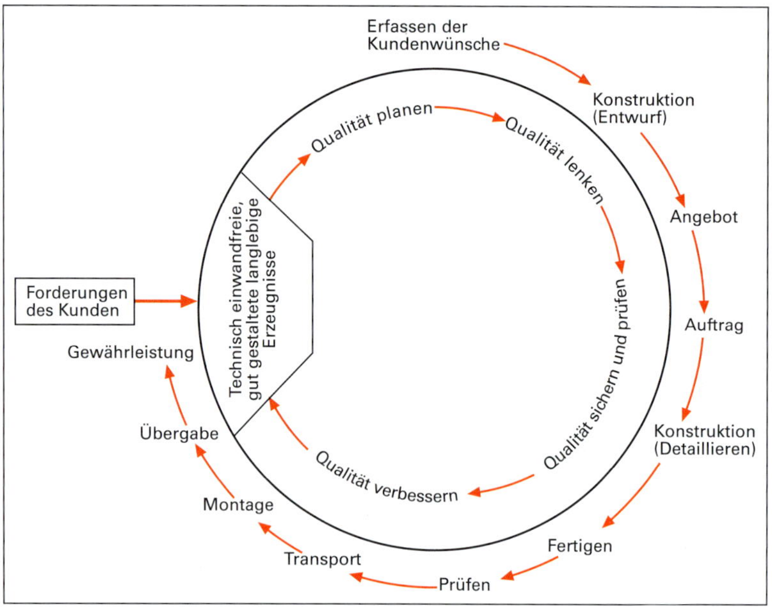

1 Qualitätsregelkreis

Dieser Vorgang läuft in mehreren Stufen ab:

1. das Unternehmen in einem Qualitätsmanagement-Handbuch (QMH) beschreiben;
2. alle Abläufe im Betrieb untersuchen und in Verfahrens- und Arbeitsanweisungen beschreiben,
3. die schriftlich oder in Dateien festgehaltenen Abläufe selbst überprüfen (= auditieren);
4. die Übereinstimmung der im Qualitätsmanagement-Handbuch beschriebenen Abläufe mit der Realität im Betrieb durch einen externen Fachmann überprüfen lassen (= zertifizieren).

Es gilt der Grundsatz:
Ein Qualitätsmanagementsystem in einem Betrieb funktioniert dann, wenn die Kunden wiederkommen und nicht das Erzeugnis.

Ein Betrieb, der den Anforderungen der Norm DIN EN ISO 9001: 2015 erfüllen will, muss für alle seine Abläufe einen Regelkreis einhalten:

Qualität planen – Qualität lenken – Qualität sichern – Qualität prüfen – Qualität ständig verbessern

Das lässt sich nicht allein durch Erzeugnisse erreichen, die am Markt nachgefragt sind, dazu müssen auch alle internen Abläufe auf Qualität ausgerichtet sein.

16.1 Qualitätsmaßnahmen

Ein Qualitätsmanagement-System (QM-System) unterstützt den Betrieb, sich gezielt auf die Wünsche der Kunden einzustellen und sie auch erfüllen zu können. Ehe es in einem Handbuch schriftlich fixiert wird, sind aber eine Reihe von aufeinander abgestimmten Maßnahmen zum Leiten und Lenken des Betriebs und des Auftragsdurchlaufs notwendig. Sie sind eine Präzisierung und Verfeinerung des Qualitätsregelkreises und müssen in konkrete Aussagen umgesetzt werden. Am Beispiel des Muster-Metallbaubetriebs „Windows and more" sind dazu folgende Aufgaben zu lösen:

1. **Definition einer Qualitätspolitik:**
   Beispiel: *Die Fa. Windows and more ist der führende Anbieter von Fenstern und Türen aus Aluminium und EDELSTAHL Rostfrei®.*
2. **Definition von Qualitätszielen**
   Beispiel: *Die Fa. Windows and more entwickelt in den nächsten fünf Jahren Metallfenster mit einem u-Wert 1,0 W/m² K.*
3. **Durchführen einer Qualitätsplanung**
   Beispiel: *Die Fa. Windows and more führt für alle Mitarbeiter zweimal jährlich eine Schulung Umgang mit Kunden durch.*
4. **Lenkung der Qualität während der Fertigung und Montage**

Beispiel: *Die Fa. Windows and more führt bei allen montierten Erzeugnissen vor Übergabe an den Kunden eine Sicht- und Funktionsprüfung durch.*

5. **Sicherung der erreichten Qualität**
   Beispiel: *Die Fa. Windows and more fragt bei ihren Kunden jährlich einmal deren Zufriedenheit mit den gelieferten Erzeugnissen schriftlich ab.*
6. **Kontinuierliche Qualitätsverbesserung.**
   Beispiel: *Die Fa. Windows and more erstellt für ihre Kunden ein Merkblatt: „Fensterpflege – aber richtig!"*

Werden diese Maßnahmen im Betrieb planmäßig in Gang gesetzt, so entsteht eine Spirale der ständigen Verbesserung (Bild 1). Das zeigt sich besonders im wirtschaftlichen Erfolg eines Betrieb, seine Erzeugnisse sind am Markt erfolgreich.

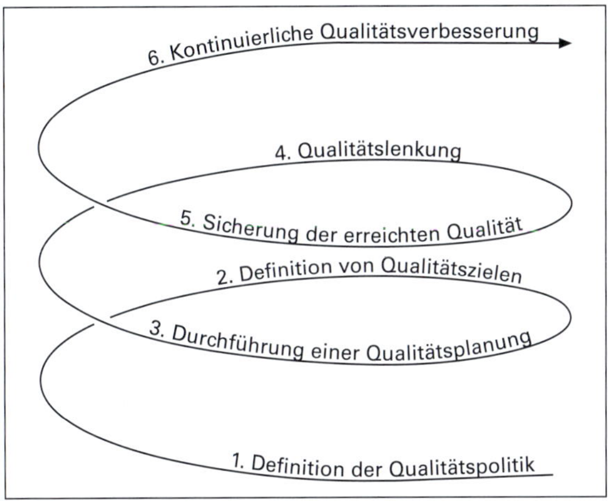

1 Qualitätsmanagement als Spirale der ständigen Verbesserung

Man kann feststellen: In Betrieben, die ein Qualitäts-Managementsystem (QM-System) eingeführt haben, werden nicht nur die Erzeugnisse besser, sondern auch die Dienstleistungen, und es entwickelt sich eine interne Unternehmenskultur auf höherem Niveau (Bild 2). Dieser Prozess ist aber nie beendet, es sind immer noch weitere Qualitätsverbesserungen möglich.

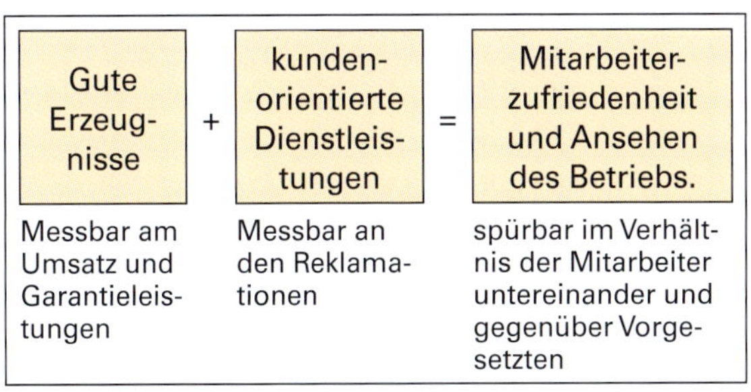

2 Entwicklung einer Unternehmenskultur

Ehe aber ein Betrieb die Vorteile eines eingeführten QM-Systems nutzen kann, sind die Maßnahmen 1–6 durchzuführen und in ein QM-Handbuch umzusetzen.

16.2 QM-Handbuch

In einem QM-Handbuch ist das QM-System eines Unternehmens schriftlich festgehalten. Es hat zwei Ziele:

1. Bei Kunden und Lieferanten Vertrauen in die Leistungsfähigkeit des Betriebs schaffen und sichern.
2. Für die Mitarbeiter die Strukturen im Betrieb darzustellen.

Es gibt viele Formen von QM-Handbüchern, es sollten aber immer die folgenden Inhalte enthalten sein:

1. Unternehmensziele,
2. Unternehmensentwicklung bzw. -geschichte,
3. Struktur und Aufbau des Unternehmens,
4. Übersicht über die Erzeugnisse.

Dieser Teil ist für die Öffentlichkeit bestimmt. Ergänzt wird es von den Verfahrensanweisungen und den Arbeitsanweisungen. Sie sind nur betriebsintern für die Mitarbeiter zugänglich, die damit befasst sind.

Die **Verfahrensanweisungen** enthalten die grundsätzlichen Prozesse im Unternehmen, z. B.

- Wie wird die Reklamation eines Kunden behandelt?
- Wie läuft der Einkauf von Material ab?
- Wie werden neue Mitarbeiter gewonnen?

Die **Arbeitsanweisungen** beschreiben konkret die Herstellung eines Bauteils oder eines kompletten Erzeugnisses, z. B. Fassadenelemente. Sie befinden sich immer am Arbeitsplatz der damit befassten Mitarbeiter und müssen laufend dem aktuellen Arbeitsablauf angepasst werden.

Es sind drei Formen von Arbeitsanweisungen üblich: Beschreibung in

- Textform,
- Tabellenform,
- in Form eines Flussdiagramms.

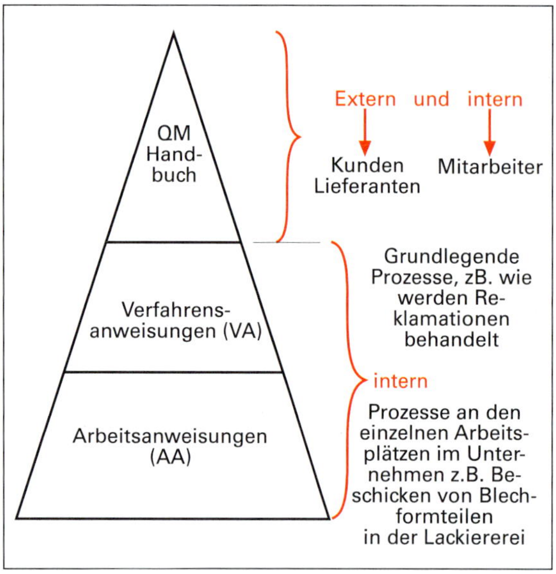

1 Hierarchie der Qualitäsbeschreibungen

Die folgenden Bilder zeigen die verschiedenen Formen von Arbeitsanweisungen am Beispiel: Beschichten von Blechformteilen.

HT	**Prozessbeschreibung**	Bezeichnung:
Stand 01.02.2021	**Lackieren von Blechformteilen**	Seite 1 (1)

Ziel dieser Prozessbeschreibung ist die fachgerechte Lackierung von Blechformteilen nach Vorgaben des Betriebs, der Kunden und der Hersteller von Beschichtungsstoffen. Sie gilt für alle Abteilungen und Mitarbeiter, die mit dem Lackieren von Blechformteilen befasst sind. Beteiligte sind Meister, Mitarbeiter der Lackiererei und der Arbeitsvorbereitung.
Das Beschichten beginnt mit der Übergabe von Auftrag, Bauteil und Zeichnung von der Fertigung an die Lackiererei. Der Mitarbeiter hat das Teil je nach Größe mit Dampfstrahler oder Lösungsmittel zu reinigen, evtl. abzukleben und zu grundieren. Nach einer Sichtprüfung und evtl. Ausbessern von Fehlstellen erfolgt die Deckbeschichtung. Sollten bei einer anschließenden Sichtprüfung Fehler vorhanden sein, so sind diese auszubessern. Alle Aufzeichnungen und die Verantwortung obliegt dem Meister. Er gibt beschichtete Bauteile an die Montage oder den Versand.
Der Meister unterweist die Mitarbeiten in den geltenden Unfallverhütungsvorschriften, überprüft die vorgeschriebene Ausstattung der Lackierer und verantwortet die Einhaltung von ISO 14001 in der Lackiererei.
Ein Prozesscontrolling erfolgt nach den Vorgaben der dafür gültigen Verfahrensanweisung.

2 Arbeitsanweisung in Textform

HT	**Prozessbeschreibung**	Bezeichnung:
Stand 01.02.2021	**Lackieren von Blechformteilen**	Seite 1

1. Ziele des Prozesses:
Lackierung von Blechformteilen nach Vorgaben des Betriebs, der Kunden und der Hersteller von Beschichtungsstoffen.

2. Geltungsbereich
Gültig für alle Abteilungen und Mitarbeiter, die mit dem Lackieren von Blechformteilen befasst sind.

3. Begriffe und Abkürzungen

M = Meister
ML = Mitarbeiter in der Lackiererei
MAV= Mitarbeiter in der Arbeitsvorbereitung

D = Durchführung
V = Verantwortung
VI = Veranlassen

4. Prozessablauf
Vorgelagerter Prozess: Fertigung

Nr.	Ablauf der Aufgaben	← Input → Output	ML	M	MAV	Nachfolgender Prozess
START	Auftragsübergabe an Lackiererei Großes Bauteil? Kleines Bauteil?	← Auftrag ← Zeichnung ← Bauteil		D	D	 10 20
10	Strahlen mit Dampfstrahler		D	V		20
20	Reinigen mit Verdünnung		D	V		30
30	Abkleben von bestimmten Flächen – notwendig – nicht notwendig	← Zeichnung	D	V VI		40
40	Sichtprüfung: Beschädigung – vorhanden – nicht vorhanden		D	V VI		 50 60

3 Arbeitsanweisung: tabellarisch

	Prozessbeschreibung	Bezeichnung:
Stand 01.02.2021	**Lackieren von Blechformteilen**	Seite 2

Nr.	Ablauf der Aufgaben	← Input → Output	ML	M	MAV	Nachfolgender Prozess
50	Beschädigungen ausbessern: spachteln		D	V		60
60	Grundierung auftragen, anschleifen		D	V		70
70	Deckbeschichtung auftragen		D	V		80
80	Sichtprüfung: Lackfehler – vorhanden – nicht vorhanden		D	V VI		 90 100
90	Lackschäden ausbessern		D	V		100
100	Lackierung dokumentieren	→ Zeichnung		D		110
110	Weitergabe an: nachgelagerter Prozess	→ Bauteil → Auftrag		D		END

Nachgelagerter Prozess: Montage *oder* Verpackung und Versand

5. Arbeitsschutz/Arbeitssicherheit

Arbeiten mit Lösungsmitteln und Beschichtungsstoffen sind gesundheitsgefährdend. Dazu existiert ein Sicherheits-Datenblatt, das immer in der Lackiererei deutlich sichtbar ausliegt.

Beim Lackieren sind vom Mitarbeiter zu tragen

- Atemschutzgerät,
- Schutzhandschuhe,
- Schutzbrille,
- antistatische Kleidung aus Naturfaser.

Diese Auflagen sind vom Meister zu überwachen.

6. Umweltschutz

Lösungsmittel und Beschichtungsstoffe gefährden die Umwelt, deshalb sollen nur lösungsmittelfreie Lacke verwendet werden. Die Lagerung und Entsorgung hat nach den Vorgaben von ISO 14001 zu erfolgen. Darüber sind die Mitarbeiter einmal jährlich zu unterweisen.

7. Prozesscontrollung (= Prozesssteuerung)

Prozesskennzahlen	Datenermittlung durch	Speicherung in	Häufigkeit
Produktivität/Leistung	Zählung der Gut-Teile	EXCEL-Tabelle	1 × wöchentlich
Zeit je Auftrag	Stempeln	PPS-System	Bei jedem Auftrag
Reklamationen	Erfassung der Reklamationen	EXCEL-Tabelle	4 × jährlich
Entsorgungunsgmenge Beschichtungsstoffe	Annahmeschein des Entsorgers	Buchhaltung	1 × jährlich
Prozessbewertung	Audit	EXCEL-Tabelle	1 × jährlich

8. Mitgeltende Unterlagen:

- Interner Auftrag
- Zeichnung
- Beschichtungspläne
- Sicherheitsdatenblätter
- Gefahrstoffverordnung
- DIN ISO 14001

3 Arbeitsanweisung: tabellarisch (Fortsetzung)

Bei der grafischen Darstellung wird Nr. 4 Prozessablauf durch ein Flussdiagramm ersetzt. Alle anderen Stichpunkte der Prozessbeschreibung bleiben gleich.

HT	**Prozessbeschreibung**	Bezeichnung:
Stand 01.02.2021	**Lackieren von Blechformteilen**	Seite 1

1. Ziele des Prozesse:
Fachgerechte Lackierung von Blechformteilen nach Vorgaben des Betriebs, der Kunden und der Hersteller von Beschichtungsstoffen.
…

4. Prozessablauf
Vorgelagerter Prozess: Fertigung

Dokumente	**Ablauf der Aufgaben**

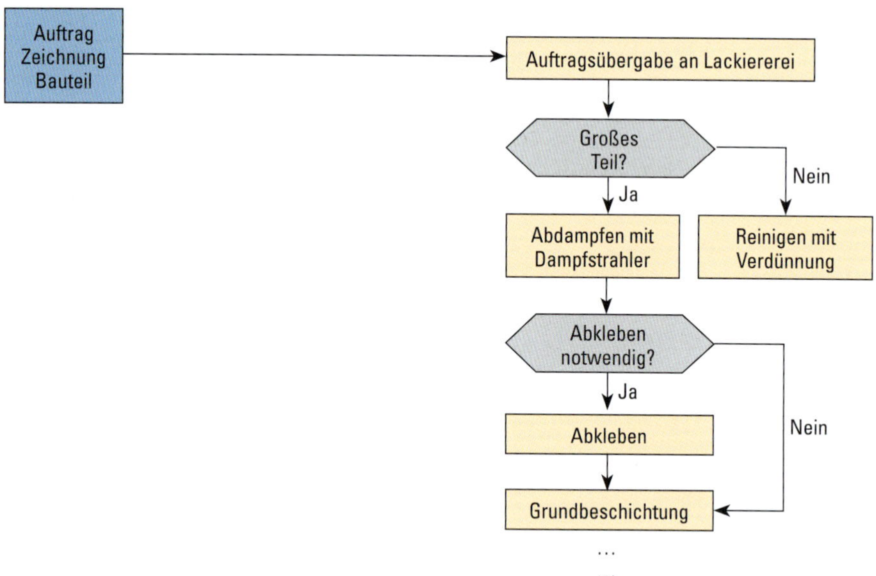

Nachgelagerter Prozess: Montage *oder* Verpackung und Versand

5. Arbeitsschutz/Arbeitssicherheit
…

1 Arbeitsanweisung: grafisch

Welche Beschreibung gewählt wird hängt von den Besonderheiten des Betriebs ab und wie genau die Beschreibung sein muss. Arbeitsanweisungen dürfen nicht mit Arbeitsplänen gleichgesetzt werden, sie enthalten insbesondere Hinweise zum sogenannten Prozesscontrolling (= Steuerung eines Prozesses). Es dient

- zur Ermittlung von Kennzahlen, z. B. Prozentsatz der Gutteile,
- Prozessverbesserung, z. B. Vermeidung von Fehlern,
- Weiterentwicklung des QM-Systems.

Ein Betrieb, der über ein gut funktionierendes Qualitätsmanagementsystem verfügt, kann auf Anforderungen und Reklamationen der Kunden schnell reagieren, bei Ausfall eines Mitarbeiters diesen sehr schnell ersetzen, die Kosten für neue Mitarbeiter gering halten.

Die Kosten für die Einführung eines QM-Systems werden damit mehr als ausgeglichen. Besondere Formen von Verfahrens- und Arbeitsanweisungen sind Übergabeprotokolle und Merkblätter für die Kundeneinweisung an gelieferten Erzeugnissen, z. B. Markisen. Übergabeprotokolle sind in der VOB B geregelt, sie sind wichtig für die Gewährleistung.

Merkblätter und Bedienungsanleitungen sind ein Service des Betriebs für die Kunden. Sie helfen mögliche Fehlbedienungen oder Beschädigungen und damit Reklamationen der Kunden zu vermeiden.

Englisch im Metallbau

Chapter 1 Structural elements produced from sheet metal

Translate into german, please.

Flat products made from rolled steel or from nonferrous metals of little thickness are referred to as sheet metal. They come either as sheets or plates or rolled into coils. Sheets made of structural steel are used for instance for tanks, reservoirs and containers, for roof coverings and wall claddings, or for balcony infills. Aluminium and copper sheets are processed into roof coverings and façade linings. For vessels used in the food industry or in the chemical industry stainless steel sheets are required. Tanks exposed to high thermal stress such as reactor vessels are manufactured from what is called boiler plate which is able to resist high temperature loads.

Before shaped parts like for instance a cylindrical vessel can be manufactured from sheet metal, a layout of the surface area has to be generated in the way of a cutting pattern. This procedure is called preparing a development. The layout represents the developed view. This view is then transferred to the metal sheet. In metal fabrication shops templates and suitable marking tools are normally used. In industrial production however CAD drawings of the layouts are created in the work preparation department and output as cutting programs by the CNC systems controlling the plate shears.

To cut out the developments plate shears of various types are available. Small patches are usually cut with hand-guided plate shears. Larger pieces are cut on big gate shears or laser cutting tables.

The sheet cut-outs are given their final shape on sheet metal bending rolls and folding presses or slewing-bending machines. When sheet structures are manufactured from several pieces, these are connected using mechanical or thermal joining techniques. The most common mechanical joining methods are lock-seaming and blind riveting. Thermal methods include TIG (tungsten inert gas) welding for thin sheets and MAG (metal active gas) welding or submerged arc welding for thick sheets (plates) of the type required for reactor construction or in structural steel engineering.

Chapter 1 Structural elements produced from sheet metal

structural element	Bauteil
sheet metal	Blech
to produce, manufacture, make	herstellen
flat product	Flacherzeugnis
to roll	walzen
steel	Stahl
nonferrous metal	Nichteisenmetall
thickness	Dicke
to refer to (as)	bezeichnen (als)
to come as	geliefert werden als
sheet	dünnes Blech
plate	dickes Blech, Blechtafel
coil	Rolle, Coil
structural steel	Baustahl
for instance	beispielsweise
tank, container, reservoir	Behälter
roof covering	Dacheindeckung
wall cladding	Wandverkleidung
infill	Füllung
copper	Kupfer
to process into	verarbeiten zu
façade lining	Fassadenbekleidung
vessel	Behälter
food industry	Lebensmittelindustrie
chemical industry	chemische Industrie
thermal stress	thermische Beanspruchung
reactor vessel	Reaktorbehälter
boiler plate	Kesselblech
to manufacture	fertigen
to resist	widerstehen
temperature load	Temperaturbelastung
shaped part	Formteil
cylindrical	zylindrisch
layout	Abwicklung einer krummen Fläche
to generate	erzeugen
cutting pattern	Schnittmuster
development	Abwicklung einer Fläche
to develop	abwickeln
developed view	Abwicklung (als Ansicht)
layout	Zuschnittplan
to transfer	übertragen
metal sheet	Blechtafel
metal fabrication shop	Metallbaubetrieb
template	Schablone
marking tool	Anreißwerkzeug
to use	verwenden, einsetzen
industrial production	industrielle Fertigung
drawing	Zeichnung
to create, prepare	erstellen
work preparation department	Arbeitsvorbereitung
to output	ausgeben
cutting program	Schneidprogramm
CNC system	CNC-Steuerung
to control	steuern
plate shears	Blechschere
to cut out	zuschneiden
to be available	zur Verfügung stehen
patch (of a surface)	Ausschnitt (aus einer Fläche)
gate shears	Tafelschere
laser cutting table	Laserschneidanlage
sheet cut-out	Blechzuschnitt, -abwicklung
shape	Form

final	endgültig
sheet metal bending roll	Walzenrundmaschine
folding press	Abkantpresse
slewing-bending machine	Schwenkbiegemaschine
sheet structure	Blechkonstruktion
piece (part)	Einzelteil
to connect	verbinden
joining technique	Fügeverfahren
common	gebräuchlich
lock-seaming	Falzen
blind-riveting	Blindnieten
method, technique	Verfahren
to weld	schweißen
TIG welding	WIG-Schweißen
tungsten inert gas welding	Wolfram-Inertgas-Schweißen
MAG welding	MAG-Schweißen
metal active gas welding	Metall-Aktivgas-Schweißen
submerged arc welding	UP-Schweißen, Unter-Pulver-Schweißen
reactor construction	Reaktorbau
structural steel engineering	Stahlbau

Chapter 2 Shaping parts without cutting

Translate into german, please.

Typical metal structures such as gates, gratings, railings, stairs etc. are produced by reshaping sections and steel bars with no cutting being involved. With the preferred forming techniques such as bending, folding, rounding, rolling, forging etc. all of the material is processed, none of it is wasted – a distinct economic benefit. Besides in most cases the production time is short. What is more, the structure of the material is even improved in the shaping process.

To calculate the cutting contours of bending parts the length of the neutral line is taken as a basis. It may coincide with the centre-of-gravity line depending on which kind of section is processed and is neither stretched nor upset in the course of bending. In other words the length of the neutral line remains the same all through the process.

To deal with the great variety of parts required in metal construction, a similarly great variety of tools and machines to shape them is available. In order to reshape for instance web members for railings or gates, simple hand-operated Vee bending tools or special bending tools for ornamental design will usually do the job. Handrails of spiral or newelled staircases have to be bent on special three-roll rounding machines with pitch setting equipment to ensure that the required degree of spiralling of the handrail is achieved.

Usually shaping parts are cold-bent. On the other hand if the sweeps are very small or the material is very thick, the workpieces need to be warmed up so as to minimize the bending forces required and to prevent the material from going brittle as it would if processed in a cold state.

Chapter 2 Shaping parts without cutting

(re)shaped part	Umformteil
metal structure	Metallbaukonstruktion
gate	Tor
grating	Gitter
railing	Geländer
stairs	Treppe
to reshape	umformen
section	Profil
steel bars	Stabstahl
to prefer	bevorzugen
forming technique	Umformverfahren
to bend	biegen
to fold	kanten
to round	runden
to roll	walzen
to forge	schmieden
to waste	verschwenden
benefit	Vorteil
economic	wirtschaftlich
to improve	verbessern
material structure	Werkstoffgefüge
to calculate	berechnen
cutting contours	Umrisslinien, Zuschnitt
bending parts	Biegeteile
neutral line	neutrale Faser
centre-of-gravity line	Schwerpunktlinie
depending on	abhängig von
to coincide with	sich decken mit
to stretch	strecken
to upset	stauchen
in the course of	im Verlauf von
metal fabrication and construction	Metallbau
tool	Werkzeug
web member	Füllstab
hand-operated	handbetätigt
Vee-bending tool	Winkelbieger
bending tool for ornamental design	Schnörkelbieger
handrail	Handlauf
spiral staircase	Wendeltreppe
newelled staircase	Spindeltreppe
three-roll rounding machine	Dreiwalzenrundmaschine
pitch setting equipment	Steigungseinrichtung
to ensure	sicherstellen
spiralling	Wendelung
to achieve	erreichen
to cold-bend	kalt biegen
sweep	Biegeradius
workpiece	Werkstück
bending force	Biegekraft
to minimize	gering halten
to go brittle	kaltverspröden
state	Zustand

Chapter 3 Structures assembled from sections

Translate into german, please.

Steel and metal construction products are assembled from various sections. Apart from deciding which type of section will fit the purpose best, engineers have to select the most suitable material as well. In either case selection will have to take into account the forces effective, the material properties, the shape of the section, the overall size and the design requirements. In most cases structural steels and rustproof steels are used for this kind of application. Types of section include sheets with or without a pattern, pipes, or sectional steel such as channel bars. Aluminium is suited for many fields of application because of its light weight and corrosion resistance.
Drawings are prepared of both the structures as a whole and of the various pieces which are part of them. The drawing of the complete structural unit is used for assembling whereas the drawings of the piece parts are required for the manufacturing process.
To cut the sections to the desired lengths, saws of various types and sizes are available. The selection of the respective saw blade depends on which material has to be cut and on the respective cutting conditions. Although grinding is a typical surface finishing method it can also be employed for cutting.

Chapter 3 Structures assembled from sections

to assemble	zusammenbauen, montieren
to fit a purpose	einem Zweck dienen
engineer	Techniker, Ingenieur
to select	auswählen
suitable	geeignet
to take into account	berücksichtigen
effective	wirkend, wirksam
material property	Werkstoffeigenschaft
shape of section	Profilform
overall size	Größe insgesamt, Baugröße
design	Gestaltung, Entwurf, Konstruktion
requirements	Anforderungen
rustproof	nichtrostend
application	Anwendung
pattern	Muster
pipe	Rohr
sectional steel	Profilstahl
channel bars	U-Stahl
corrosion resistance	Korrosionsbeständigkeit
structural unit	Baugruppe
to cut to length	ablängen
desired	gewünscht
saw	Säge
type	Bauart
size	Größe
saw blade	Sägeblatt
cutting conditions	Schneidbedingungen
although	obwohl
to grind	schleifen
surface finishing	Oberflächenbearbeitung
to employ	anwenden

Chapter 4 Mounting structural assemblies

Translate into german, please.

Gates are a typical metal working product. In the example shown a gate is supposed to secure a car park after shop closing time. All of the individual parts are prepared in the metal construction shop and pre-assembled where appropriate before being carried to the site. For this purpose general drawings and special detail drawings are prepared which show the way the saw cut has to be performed. The angle size and the cutting position are defined. For special jobs which involve customizing, production drawings are prepared including for instance the cutting information relevant for the drilling or sawing opera-tions. Single parts are pre-assembled in the metal fabrication shop to such an extent that only the structures as such are left to be assembled on the site. Final assembly on the site is based on assembly schedules. Assembly schedules ensure that assembly proceeds in a workmanlike and economic manner. They usually show illustrated sequences which correspond to the order in which assembly should proceed. Important dimensions, assembly notes and checking specifications are entered as symbols or as concise instructions.
To move heavy assembly units special lifting gear is often indispensable. Both in metal fabrication shops and in industrial facilities various crane types are used for conveying. A number of hand signals has been established allowing skilled workers and crane operators to communicate safely without the risk of a misunderstanding. The loads are suspended on crane hooks with chains, belts or ropes.
Small-type hoisting gear and industrial trucks such as fork lifts are used for local transport on the assembly site.

Chapter 4 Mounting structural assemblies

mount	montieren
structural assembly	Baugruppe
metal working product	Erzeugnis des Metallbaus
secure	absichern
car park	Parkplatz

shop closing time	Geschäftsschluss
to pre-assemble	vormontieren
appropriate	zweckmäßig
to carry	transportieren
site	Montageort
general drawing	Gesamtzeichnung
detail drawing	Teilzeichnung
to perform	durchführen
angle size	Winkelgröße
cutting position	Schnittlage
to define	festlegen
to customize	nach Kundenwunsch fertigen
to involve	beinhalten
production drawing	Fertigungsplan
cutting information	Schnittdaten
to drill	bohren
extent	Ausmaß
final assembly	Endmontage
assembly schedule	Montageplan
to proceed	vonstatten gehen
workmanlike	fachgerecht
sequence	Folge
order	Reihenfolge
to correspond	entsprechen
dimensions	Maße
assembly notes	Montagehinweise
check	Kontrolle
specifications	Vorgaben
instruction	Anweisung
concise	kurz
lifting gear	Hebezeuge
metal fabrication shop	Metallbaubetrieb
industrial facility	Industrieanlage
to convey	befördern
crane	Kran
skilled worker	Facharbeiter
crane operator	Kranführer
to communicate	sich verständigen
hand signals	Handzeichen
to establish	festlegen
to allow	ermöglichen
to suspend on	einhängen
chain	Kette
belt	Gurt
rope	Seil
local transport	Transport vor Ort
small-type hoisting gear	Kleinhebezeuge
industrial trucks	Flurförderfahrzeuge
fork lift (truck)	Gabelstapler

Chapter 5 Metal and steel structures: stairs and railings

Translate into german, please.

Stairs ensure transition between and access to the various floors of a building or compensate for level differences on the same floor. Often an architect or the metal fitter himself will design the stairway along with the handrail. Both the design and the construction have to match the architectural style of the building.

Owing to its high tensile strength and the high dimensional stability of the sections made of it, steel is especially suitable as a material for the load-bearing structures of a stairway. While wood is still the material predominantly used for the stair treads in the interior of buildings, there is a growing tendency towards using glass steps as well. As a basic and indispensable requirement all treads must be slip-proof and dimensionally stable. That is why gratings are preferred for outdoor staircases as they do not allow moisture or water pools to form.

Today special CAD programs are increasingly used to plan and design stairs. These programs will generate complete production drawings and lists of cut-to-size components after certain parameters have been set.

The stairway handrail allows people to hold on to it and prevents injurious falls. For the fabrication of railings a number of important protective regulations must be observed. Thus the spacing of vertical web members must not be less than 12cm to prevent little children from slipping through. The spacing of horizontal bars must be sufficiently narrow to ensure that little children cannot climb over the rail. The same regulations apply to balcony railings and balustrades which are also supposed to protect people from falling.

Design and planning of railings and especially of the web member style and arrangement offer the metal worker a wide range of options. Open web member structures can be arranged and attached in so many ways that any wishes a client may have can be taken into account. The web members can for instance be given a decorative appearance by forging, they may be curved or designed to ensure a barring function, and they may be made to allow passers-by to look in or else to obstruct their view.

Chapter 5 Metal and steel structures: stairs and railings

transition	Übergang
floor	Stockwerk
to compensate for	ausgleichen
access	Zugang
level difference	Höhenunterschied
metal fitter	Metallbauer
stairway	Treppe, Treppenhaus
construction	bauliche Ausführung
to match	passen zu
owing to	dank
tensile strength	Zugfestigkeit
dimensional stability	Formsteife
load-bearing structure	tragende Teile
stair tread	Trittstufe
predominant	überwiegend

indispensable	unerlässlich
slip-proof	rutschfest
dimensionally stable	formstabil
outdoor staircase	Treppe im Außenbereich
moisture	Feuchtigkeit
water pool	Wasserpfütze
to form	sich bilden
increasingly	zunehmend
cut-to-size components	Zuschnitt-Teile
to set parameters	Parameter eingeben
to hold on to	sich festhalten an
to prevent	verhindern
injurious	mit Verletzungsrisiko
protective regulation	Schutzvorschrift
to observe	einhalten, befolgen
spacing	Abstände
narrow	eng
to apply	gelten für
balustrade	Brüstungsgeländer
to be supposed to	sollen
to protect	schützen
arrangement	Anordnung
metal worker	Metallbauer
options	Möglichkeiten
range	Bereich
to attach	befestigen
appearance	Aussehen
curved	ausschwingend
to bar	versperren
passers-by	Passanten
to obstruct the view	Einblick versperren

Chapter 6 Metal and steel structures: steel structural engineering

Translate into german, please.

Structural steelwork is used in huge quantities in the field of steel structural engineering. The latter includes hall construction, bridge construction, heavy machine construction and hydraulic engineering. While the basic materials are the same as with metal construction, project dimensions are many times larger. Standardization has led to immensely versatile systems to be available for instance for hall construction. That is why hall construction can be varied to suit any customer's specification, and subsequent extension is possible any time.

Halls are provided with foundations on which girders are erected which are anchored in the foundation with anchor bolts. The roof is placed on the girders. It consists of the main truss, the purlins, the roof covering and other structural elements. For rigidity and stability under load to be ensured, suspension rods and/or bay rails are installed between the girders. Windows, doors and gates are fitted in between the girders, too. The girders are capable of taking additional loads such as intermediate storeys or even crane runways for travelling bridges. As the halls are heated in winter, effective insula tion is an essential feature. A great variety of insulation systems is available on the market.

Steel structural engineering is involved in bridge construction as well. While in the past the sections used to be riveted, the joints are now screwed or welded. Suspension bridges are built where the bay spans are very wide. For lesser span widths lots of design options are available – looking at the bridges in your area you will find that indeed there is a great variety of designs.

Whenever steel structures are assembled and installed, on-the-job safety is a major concern. Mobile cranes move the various structural elements to the required position where they will be screwed together. The construction mechanics must be secured against falling with safety belts, or a scaffold must be provided.

Chapter 6 Metal and steel structures: steel structural engineering

steel structural engineering	Stahlhochbau
structural steelwork	Stahlbauten
hall construction	Hallenbau
heavy machine construction	Großmaschinenbau
steel hydraulic engineering	Stahlwasserbau
versatile	flexibel
to vary	verändern
subsequent	später, nachfolgend
extension	Ausbau, Erweiterung
foundation	Fundament
girder	Stütze
to erect	errichten
to anchor	verankern
anchor bolt	Ankerschraube
main truss	Dachbinder
purlins	Pfetten
roof covering	Dachhaut
rigidity	Steifigkeit
stability under load	Standfestigkeit
suspension rod	Zugstange
bay rail	Wandriegel
take a load	Last aufnehmen
intermediate storey	Zwischenetage
crane runway	Kranbahn
travelling bridge	Portalkran
insulation	Isolierung
feature	Merkmal
to rivet	nieten
joint	Verbindung
to screw	verschrauben
to weld	verschweißen
suspension bridge	Hängebrücke
bay span	Spannweite
on-the-job safety	Arbeitssicherheit
concern	Angelegenheit
construction mechanic	Konstruktionsmechaniker
scaffold	Gerüst

Chapter 7 Metal fabrication structures: windows, façades, glass annexes

Translate into german, please.

The production of glazed metal structures has become a major line of business in metal fabrication over the years. Metal workers use drawn steel sections or extruded aluminium sections to manufacture glazed structural elements such as windows and doors, façades, winter gardens and glass shopping arcades. When such structural elements are used, the supporting steel oraluminium structure is rendered less conspicuous while the glazed shell of the building produces an effect of lightness and transparency. However glazed structural elements could not be used until special glass types referred to as "functional" were developed which depending on their structure provide excellent heat-insulating and/or sound-absorbing properties.
Façades are parts of a multi-storey building which either provide a lining to existing external walls or even completely replace them. A combination of girders and beams transmits the wind forces and the dead load to the floor slabs. As extremely high wind forces may develop around tall buildings, sun control by means of awnings or Venetian blinds is impossible. That is why the glazing is usually supposed not only to afford heat protection but sun control as well. Anti-sun glasses are often used in winter gardens, too. A winter garden or conservatory is a glass annex adjoined to an existing building which not only adds to the available living space but also transmits solar heat to the interior of the building.
The glazed metal structures most often requested are of course the windows. They cover and seal the openings of a building and allow for the admission of ventilation and light. Also called "the eyes of a building" they are a major feature of architectural design.
Companies designing and manufacturing glazed metal structures frequently use manufacturer-specific EDP programs. When the applicable parameters have been set, the programs produce complete working and assembly drawings as well as lists of pieces and fittings. Computer-assisted production also allows semi-skilled workers to be employed.

Chapter 7 Metal fabrication structures: windows, façades, glass annexes

annex	Anbau
glazed	verglast
metal structures	Metallbaukonstruktionen
line of business	Geschäftsbereich
metal fabrication	Metallbau
drawn steel sections	gezogene Stahlprofile
extruded	stranggepresst
shopping arcade	Einkaufspassage
supporting	tragend
to render	machen, erscheinen lassen
conspicuous	auffällig
shell of a building	Gebäudehülle
transparency	Durchsichtigkeit, Lichtdurchlässigkeit
heat-insulating	wärmeisolierend
sound-absorbing	schalldämmend
property	Eigenschaft
multi-storey	mehrgeschossig
to provide a lining to	verkleiden
external wall	Außenwand
to replace	ersetzen
beam	Träger
to transmit to	einleiten in
wind force	Windkraft
dead load	Eigenlast
floor slab	Geschossdecke
to develop	sich entwickeln
sun control	Sonnenschutz
awning	Markise
Venetian blind	Jalousie
to afford	bieten
anti-sun glasses	Sonnenschutzgläser
conservatory	Wintergarten
to adjoin	hinzufügen
living space	Wohnraum
solar heat	Sonnenwärme
requested	nachgefragt, gewünscht
to cover	bedecken
to seal	abdichten, verschließen
admission of light	Belichtung
ventilation	Belüftung
manufacturer-specific	herstellerabhängig
applicable	anwendbar, in Frage kommend
list of pieces	Stücklisten
list of fittings	Beschlaglisten
computer-assisted	EDV-gestützt
semi-skilled workers	angelernte Fachkräfte
to employ	einstellen, einsetzen

Chapter 8 Metal fabrication structures: doors, gates, and gratings

Translate into german, please.

Doors cover openings in buildings, rooms, or enclosures. Smaller than hall gates, they only allow people and maybe small vehicles such as wheelchairs or prams to pass through. Gates on the other hand are large and wide enough to allow the passage of vehicles. They act as a barrier between large buildings or properties and their surroundings and give access to automobiles or trucks. Depending on where they are installed gates are classified as hall doors, garage doors or outdoor gates.

The following types of hall doors are available: single-wing or more often double-wing swing gates, sliding gates, concertina doors, sectional doors and rolling shutter gates. The sectional gate and the rolling shutter gate are raised to open them, the other gate types open sideways. Garage doors are usually roll-up or up-and-over types or sectional doors which are guided sideways when opened.
Most outdoor gates are swing gates and sliding gates opening sideways. In those elements it is primarily the infill panels where the metalworker has a chance to be creative and contribute to the design.
The great majority of hall gates and above all the larger external gates are driven automatically. Driving is usually ensured by electric motors which are controlled by specific systems either via radio or manually with buttons and switches. It is essential for the gate control systems to be equipped with reliable safety devices which will immediately inhibit the magnetic flux as soon as the gate runs against an obstacle. Besides it must be ensured that any objects which could provoke shearing or crushing in the gate are covered or cleared out of the way.
Very often today state-of-the-art hall gates ensure more or less the same functions as doors. Depending on their purpose, doors are supposed to be heat insulating, sound absorbing, burglary-resistant, or fire-resistant. Escape doors for instance are often designed as fireproof doors and/or smoke control doors which if a fire breaks out will keep the escape routes leading to the emergency exits free from smoke and fire for a certain time. Front doors and doors of flats should always be made burglary-resistant as most burglars break in through entrance doors. It goes without saying that in those doors heat insulation should be particularly effective for energy losses to be reduced to a minimum. The sound-absorbing effect of doors reduces noise disturbance and increases the inhabitants' quality of living.
Doors and gates must always be lockable to ensure that no unauthorized person will get in. Unlike private homes for which plain commercial locks are normally sufficient, public authorities and big companies often use so-called master-keyed systems or access control systems respectively. There are many different types of locks meeting various security standards. A single tumbler lock for instance can only be used for room doors. Safes on the other hand are locked with elaborate Chubb locks. The keys that go with them have got a two-way key bit and very effectively prevent opening or locking with false keys.
Conventional mechanical locking systems enable different individuals to be provided with restricted access authorizations for selected areas. State-of-the-art electronic access control systems even allow for logging and saving each access and entry made. In contrast to mechanical locking systems where lost keys meant high replacement costs, electronic control allows lost key cards to be replaced at a cost of only a few cents, and a new access code for the affected lock is generated in no time.

Chapter 8 Metal fabrication structures: doors, gates, and gratings

vehicle	Fahrzeug
wheelchair	Rollstuhl
pram	Kinderwagen
passage	Durchgang, Durchfahrt
barrier	Grenze
property	Grundstück
surroundings	Umgebung
to classify	einteilen, bezeichnen
outdoor gate	Tor für Außenbereich
single-wing	einflügelig
double-wing	zweiflügelig
swing gate	Drehtor
sliding gate	Schiebetor
concertina door	Falttor
sectional door	Sektionaltor
rolling shutter gate	Rolltor
to raise	nach oben bewegen
up-and-over type	nach oben kippend zu öffnen
to guide	führen
infill panel	Torfüllung
to contribute to	beitragen zu
majority	Mehrzahl
external gate	Außentor
to drive	antreiben
electric motor	Elektromotor
control system	Steuerung
radio	Funk
button	Taster
switch	Schalter
to equip with	ausrüsten mit
reliable	zuverlässig
safety device	Sicherheitseinrichtung
to inhibit	hemmen, unterbinden
magnetic flux	magnetischer Kraftfluss
obstacle	Hindernis
shearing	Scheren
crushing	Quetschen
to clear out of the way	aus dem Weg räumen
state-of-the-art	modern, hochentwickelt
burglary-resistant	einbruchhemmend
fire-resistant	feuerbeständig
escape door	Fluchttür
fire-proof door	Brandschutztür
smoke control door	Rauchschutztür
escape route	Fluchtweg

emergency exit	Notausgang
flat	Wohnung
entrance door	Haustür, Eingangstür
effective	wirksam
to reduce	vermindern
noise disturbance	Lärmbelästigung
inhabitant	Bewohner
quality of living	Wohnqualität
lockable	abschließbar
unauthorized person	unbefugte Person
private home	Privathaus
plain	einfach
commercial	handelsüblich
sufficient	ausreichend
public authorities	Behörden
master-keyed system	Schließanlage
access control system	Zutrittskontrollanlage
lock	Schloss
type	Bauart
single tumbler lock	Buntbartschloss
elaborate	aufwendig
two-way key bit	Doppelbart
conventional	herkömmlich
restricted access authorization	eingeschränkte Zutrittsberechtigung
to allow for	ermöglichen
to log	aufzeichnen
to save	speichern, dokumentieren
key card	Schlüsselkarte
affected	betroffen

Chapter 9 Maintenance and repair

Translate into german, please.

Metal fabrication products require appropriate measures for long-term maintenance of value or for repair. Keeping structures in good condition involves maintenance, inspection, repair, and revision. Maintenance jobs on machines include for instance changing the transmission lubricant or replacing toothed belts. With inspection only the actual condition is checked, for instance the degree to which a digging tooth is worn. If the wear of a digging tooth is not acceptable, build-up welding will have to be performed as a repair measure. If the same defects occur over and over again, the design or the making should be revised.

Metal structures may corrode. To ensure corrosion protection, metal structures are protected by hot-galvanizing. It depends on the overall size whether the complete structure or only parts of it are galvanized at a time. If an additional paint coat is applied, corrosion protection will be effective for a much longer period of time. Such measures are called passive corrosion protection. Active corrosion protection refers to those measures which are taken duringthe design stage. Selection of the optimal material is one of them. Aluminium and corrosion-resistant steels do not require any extra corrosion protection. On the other hand the strength properties of aluminium may be inadequate for certain applications, and corrosion-resistant steels are more expensive and harder to process.

Chapter 9 Maintenance and repair

maintenance	Wartung
repair	Reparatur
measure	Maßnahme
appropriate	geeignet
long-term	langfristig
maintenance of value	Werterhaltung
condition	Verfassung, Zustand
inspection	Inspektion
revision	Überarbeitung
transmission lubricant	Schmieröl
toothed belt	Zahnriemen
actual condition	Ist-Zustand
degree	Ausmaß
worn	abgenutzt
digging tooth	Baggerzahn
acceptable	hinnehmbar, in Ordnung
build-up welding	Auftragschweißen
defect	Mangel
to occur	auftreten
making	Machart, Bauart
to corrode	rosten
corrosion protection	Korrosionsschutz
hot-galvanize	feuerverzinken
paint coat	Farbschicht
to apply	auftragen
to refer to	sich beziehen auf
design stage	Konstruktionsphase
corrosion-resistant	korrosionsbeständig
strength properties	Festigkeitseigenschaften
inadequate	unzureichend
application	Anwendung
expensive	teuer

Chapter 10 Thermal cutting and thermal joining

Translate into german, please.

The various parts going into steel structures can be cut by machining or by thermal cutting. Among other factors it is especially the carbon content of a structural steel which makes it possible or not possible for thermal cutting to be employed. The material to be cut, let us say steel, is heated to kindling temperature (1,100 °C) with a flame supplied by a cutting torch. Burning in the oxygen stream it flows out of the cut as an oxide slag. This process can be performed by hand, or in a semi-automated or fully automated fashion.

For the joining of piece parts welding is the method most commonly employed. The required heat is obtained either from the combustion of acetylene and oxygen or supplied by an electric source. Oxyacetelene welding is chiefly used in craftman's workshops and on construction sites to join pipes or tubing. Manual metalarc welding (MMAW, informally: stick welding) and the gas-shielded metal arc welding techniques (GMAW) allow for a considerably lower welding time however. There are three subtypes of gas-shielded metal arc welding: metal active gas welding (MAG), metal inert gas welding (MIG), and tungsten inert gas welding (TIG).

In electric arc welding a rod electrode is used which in fusing produces the weld deposit. The coating material of the rod electrode ensures protection of the weld pool.

With the gas-shielded arc welding techniques, CO_2, argon, helium, and mixed gases are used to protect the weld seam. In the course of tungsten inert gas welding the filler metal is fed to the joint from a wire or manually. A high welding rate is achieved if the MAG (metal active-gas welding) or the TIG welding (tungsten inert gas welding) methods are employed. TIG welding is especially suitable for alloyed and high-alloy steels and for root passes.

Quality is assured by way of visual inspection, destructive or non-destructive testing. Visual inspection enables external flaws such as spatters to be detected. Porosity in the interior of the welded joint is revealed in ultrasonic or radiographic testing. It depends on the number and the size of the flaws whether any reworking is required. Flawed seams are ground down to the root and re-welded again afterwards. Heat is a particular problem because it may result in warping. Welding procedure specifications (WPS) point out suitable welding sequences which help to minimize this effect.

Engineering drawings include special welding symbols which represent the instructions to be followed in welding.

Chapter 10 Thermal cutting and thermal joining

to machine	spanend bearbeiten
carbon content	Kohlenstoffanteil
structural steel	Baustahl
kindling temperature	(Selbst-) Entzündungs-temperatur
cutting torch	Schneidflamme
oxygen stream	Sauerstoffstrahl
cut	Schnittkerbe
slag	Schlacke
semi-automated	halbautomatisch
fully automated	vollautomatisch
fashion	Art und Weise
combustion heat	Verbrennungswärme
acetylene	Acetylen
oxygen	Sauerstoff
to supply	liefern, versorgen
electric source	Stromquelle
oxyacetylene welding	Gasschmelzschweißen
craftman's workshop	handwerklicher Betrieb
construction site	Baustelle
pipes, tubing	Rohre
manual metal arc welding	Lichtbogenhand-schweißen
gas-shielded metal arc welding	Schutzgasschweißen
subtype	Untergruppe
metal active gas welding	Metall-Aktivgas-Schweißen
metal inert gas welding	Metall-Inertgas-Schweißen
tungsten inert gas welding	Wolfram-Inertgas-Schweißen
electric arc welding	Lichtbogenschweißen
rod electrode	Stabelektrode
to fuse	abschmelzen
weld deposit	Schweißgut
coating material	Umhüllung
weld pool	Schweißbad
weld seam	Schweißnaht
filler metal	Zusatzwerkstoff
wire	Draht
to feed	zuführen
welding rate	Schweißgeschwindigkeit
to achieve	erzielen
alloyed	legiert
high-alloy material	hochlegierter Werkstoff
root pass	Wurzellage
quality assurance	Qualitätssicherung
visual inspection	Sichtprüfung
destructive testing	zerstörende Prüfung
non-destructive testing	zerstörungsfreie Prüfung
external flaws	äußerliche Fehler
spatter	Spritzer
to detect	festellen, erkennen
porosity	Poren
welded joint	Schweißnaht
to be revealed	sichtbar werden
ultrasonic testing	Ultraschallprüfung
radiographic testing	Röntgenprüfung
reworking	Nachbearbeitung
to be required	erforderlich sein
flawed	fehlerhaft
to grind down to the root	ausschleifen
to reweld	neu verschweißen
warping	Verzug
welding procedure specification	Schweißplan
welding sequence	Schweißfolge
engineering drawings	technische Zeichnungen
welding symbol	Schweißzeichen

Sachwortverzeichnis

A

B

C

D

E

F

G

H

I

Q

R

S

Z

Bildquellen

Autoren und Verlag danken den genannten Firmen, Institutionen und Personen für die Überlassung von Vorlagen bzw. Abdruckgenehmigungen folgender Abbildungen:

A. Wendt GmbH, Bergheim: S. 380.1b+c, f – **ABUS Kransysteme GmbH**, Gummersbach: S. 133.1 – **ABUS Security Center GmbH & Co. KG**, Affing: S. 390.Betriebsarten a-c – **Adolf Würth GmbH & Co. KG**, Künzelsau: S. 563.1a+b, 2, 3a-c – **Hubert Aigner**, Landau (Isar): S. 584.1 oben links – **AJG Ingenieure GmbH**, München: S. 235.3 – **Albert D I E M E R GLAS + METALL**, Architekt Peter Heilmaier, Hettenshausen: S. 209.1 – **alfer® aluminium Gesellschaft mbH**, Wutöschingen: S. 38.3 – **ALMI Machinefabriek B.V.**, NL-Vriezenveen: S. 108.1a – **Applus RTD Deutschland Inspektionsgesellschaft mbH**, Bochum: S. 575.3 unten links – **Artz u. Serwe GmbH**, Hügelsheim: S. 469.2c – **ASSA ABLOY Global Solutions**: S. 391.1 – **ASSA ABLOY Sicherheitstechnik GmbH**, Albstadt: S. 370.1-4; 372.1i+l; 378.3a-d; 381.2a+b; 385.2; 386.1; 387.1; 388.1; 390.Zutrittskontrollsysteme a-c, j-m; 397.1-4 – **Astron Buildings GmbH**, Mainz: S. 254.2 – **August Friedberg GmbH**, Gelsenkierchen: S. 248.2 – **August Rüggeberg GmbH & Co. KG PFERD-Werkzeuge**, Marienheide: S. 105.1e-i – **AUTO-CAM-Informationstechnik GmbH**, Dortmund: S. 94.1 – **AWS Schäfer Technologie GmbH**, Siegen: S. 66.2a+b, 3 – **Baier GmbH**, Renchen-Ulm: S. 301.3b – **Balluff GmbH**, Neuhausen: S. 596.2 – **BANG Kransysteme GmbH & Co. KG**, Oelsnitz/Vogtland: S. 253.1 – **bavius technologie GmbH**, Baienfurt: S. 609.3a-e – **Bayerwald Fenster Haustüren GmbH & Co. KG**, Neukirchen v. Wald: S. 339.2 – **BEHRINGER GmbH**, Maschinenfabrik und Eisengießerei, Kirchardt: S. 95.2-4; 100.3a+b – **Belz Treppenbau GmbH & Co. KG**, Schwanewede: S. 155.1 – **Berg & Schmid GmbH**, Remseck: S. 99.1 – **Betting und Buss GbR**, Rhede: S. 316.1, 2 – **Bosch Rexroth AG**, Lohr am Main: S. 605.2a+b – **Boschert GmbH + Co. KG**, Lörrach: S. 17.6 – **Braselmann GmbH**, Halver: S. 451.1e – **Bystronic Laser AG**, CH-Niederönz: S. 31.oben links+rechts – **C. & E. FEIN GmbH**, Schwäbisch-Gmünd-Bargau: S. 11.1; 13.4; 14.3, 4, 5, 6; 15.1, 2 – **CAME GmbH**, **Werneuchen OT Seefeld**: S. 429.1, 2, 3; 430.1; 431.1; 433.1a-c; 2a+b; 434.1, 2, 3; 436.3; 437.1, 2, 3, 4; 438.1 – **Carl Cloos Schweißtechnik GmbH**, Haiger: S. 518.1, 2; 522.1; 524.2 – **Carl Wittkopp GmbH**, Velbert: S. 377.1 unten links – **cassani-scherenarm-markisen GmbH**, www. markisen-cassani.de: S. 311.3, 4b – **CIDAN/Forstner**, A-Feldkirch: S. 12.5 – **Colt International GmbH**, Kleve www.colt-info.de: S. 296.1, 3b, 3c©Lars Gruber; 300.1a, 2 – **Columbus McKinnon Industrial Products GmbH**, Wuppertal: S. 133.2 – **CREAMETAL AG**, CH-Kappelen: S. 192.1; 323.3 – **CREAMETAL innovative Werkzeuge GmbH**, Rückholz: S. 280.3 – **DALEX-Schweißmaschinen GmbH & Co. KG**, Wissen www.dalex.de: S. 529.1, 2; 531.1 – **DenglerLang Tube Tec GmbH**, Witten: S. 66.4 – **DER LASERMANN GMBH**, Hanau: S. 506.3; 602.1c – **DEUTSCHE ROCKWOOL GmbH & Co. KG**, Gladbeck: S. 259.1a-d; 547.1k – **DICTATOR TECHNIK GMBH**, Neusäß: S. 367.2, 3a+b, 4; 444.2 – **Dillinger Fabrik Vertriebs GmbH**, Dillingen: S. 17.2 – **DOM Sicherheitstechnik GmbH & Co. KG**, Brühl: S. 372.1m+n; 382.1, 4a+b – **Donges SteelTec GmbH**, Darmstadt: S. 121.1 – **dormakaba Deutschland GmbH**, Ennepetal: S. 334.1b; 339.1b; 364.1a+b, 2; 365.1; 366 alle; 382.3a+b – **Dr. Hahn GmbH & Co. KG**, Mönchengladbach: S. 358.1f, g, h, i; 359.alle; 360.alle; 361 alle; 362.1a-d – **Dr. Johannes Heidenhain GmbH**, Traunreut: S. 604.3 – **DWT GmbH**, Bottrop: S. 535.1a – **easyFenster Göpper**, Willstätt-Legelshurst: S. 290.2 – **Eckelmann IBE Software GmbH**, Wilhelmshaven: S. 508.1c – **ECKOLD AG**, CH-Trimmis: S. 24.1 – **Eckold GmbH & Co. KG**, St. Andreasberg: S. 27.3a – **EControl-Glas GmbH & Co. KG**, Plauen: S. 294.1a-c – **EDEN DESIGN GmbH**, Iserlohn: S. 54.oben links, oben rechts; 55.Mitte 4 – **EGE GmbH & Siegenia**: S. 277.1 – **Eichholz Silo- und Anlagenbau GmbH**, Schapen: S. 505.1a – **EJOT Baubefestigungen GmbH**, Bad Laasphe: S. 559.links 4x – **Element Materials Technology Aalen GmbH**, Ahlen: S. 576.1 – **Elemente aus Edelstahl Inh. Norbert Dürr**, Heimsheim: S. 195.2a+c – **elero GmbH**, Schlierbach: S. 300.1e – **elkosta Security Systems GmbH & Co. KG**, Salzgitter: S. 403.2 – **ELMAG Entwicklungs und Handels GmbH**, A-Ried/Tumeltsham: S. 106.2a – **elumatec AG**, Mühlacker: S. 109.1, 2 – **Emmegi Deutschland GmbH**, Azell unter Eichelberg: S. 99.2, 3 – **ENGEL CANESSA**, Düsseldorf,: S. 208.1 – **Engel Oberflächentechnik GmbH**, Pohlheim: S. 55.Mitte 2 – **Ernst Schweizer AG**, CH-Hedingen: S. 333.2a – **EVVA Sicherheitstechnologie GmbH**, A-Wien: S. 383.1; 390 Identmedien 3x – **EWM AG**, Mündersbach: S. 527.2 – **FACCIN GmbH**, Sprockhövel: S. 41.1a+b, 3, 4; 63.1; 70.links unten; 71.1, 5; 72.2 – **ferobau** – **Franz X. Steigenberger**, Aichach: S. 313.1b – **Finstral AG**, I-Unterinn/Ritten: S. 338.3 – **fischerwerke GmbH & Co. KG**, Walmdachtal: S. 550.1a-f, h, j-p; 552.2a-h; 553.1a-c; 555.1a-l; 556.1a-l; 557.1a-l – **FLEX-Elektrowerkzeuge GmbH**, Steinheim: S. 104.Tabelle Bild 2, 3a, 3d; 105.1a – **FlexiForce Group B.V.**, NL-Barneveld: S. 448.4a+b – **©Fraunhofer ISE/Peter Nitz**: S. 295.1a – **Freund Metallbau GmbH**, Kubschütz: S. 298.2a – **Fronius International GmbH**, A-Wels: S. 519.2 – **Fuchs-Treppen**, Herbertingen: S. 159.1b-e – **GAULHOFER Deutschland GmbH & Co KG**, Anzing: S. 339.3 – **GCE GmbH**, Fulda: S. 507.3; 609.1 – **Gebr. DOLLE GmbH**, Bremen: S. 148.1b links+rechts – **GEBR. GLOOR AG**, CH-Burgdorf: S. 500.1 – **Gebr. Lennartz GmbH & Co.KG**, Remscheid: S. 99.4 – **Gebr. Meiser GmbH**, Schmelz-Limbach: S. 146.1; 298.3a-d – **GEDORE Tool Center KG**, Remscheid: S. 62.1a – **Geländersysteme Weber e. K.**, Neukirchen b. Hl. Blut: S. 195.2b; 204.1a+b – **Gelber-Bieger GmbH**, Lockweiler: S. 64.4b; 65.links 5 – **GEZE GmbH**, Leonberg: S. 331.1a; 332.1 – **GfS-Gesellschaft für Sicherheitstechnik mbH** , Hamburg: S. 395.2a-d; 396.1, 2a+b – **glas strack innovations GmbH & Co. KG**, Bochum: S. 273.unten rechts; 275.2 – **GLASER GmbH & Co. KG**, Bamberg: S. 58.2; 60.1, 4; 76.1; 78.1a+b; 189.1a-c – **GLUNZ Technik GmbH**, Recklinghausen: S. 114.1d – **Greggersen Gasetechnik GmbH**, Hamburg: S. 504.oben links – **Greifzug Gesellschaft für Hebezeugbau mbH**, Bergisch Gladbach: S. 133.3 – **Gretsch-Unitas GmbH**, Ditzingen: S. 330.1c; 372.1h; 373.1; 378.1; 380.1d+e, 2a, 3a+b; 382.2; 383.2d; 384.1a-d; 385.1; 390.Zutrittskontrollsysteme e+h – **Großewinkelmann GmbH & CO. KG**, Rietberg: S. 427.1b – **GTE Industrieelektronik GmbH**, Viersen: S. 436.1a-d – **Günther Tore GmbH**, A-Kuchl: S. 447.2a – **Gust. Alberts GmbH & Co. KG**, Herscheid: S. 408.1c+d – **H&B Stroet**, Rhede: S. 427.1a – **H.-P. Junginger (Moradelli-Archiv)**: S. 16.mitte oben links+rechts; 90.2 – **haacon hebetechnik gmbh**, Freudenberg: S. 131.10 – **HAANE welding systems**, Borken-Weseke: S. 513.3 – **HAEUSLER AG**, CH-Duggingen: S. 70.2a; 72.1, 4 – **HALFEN GmbH** (Teil von Leviat), Langenfeld: S. 203.2a-f – **Hans Kohler AG**, CH-Zürich: S. 53.2a-f – **Harald Baumgarten Trenn- und Schleifmaschinen**, Northeim: S. 105.Tabelle Bild 2 – **HARRIS Deutschland eine Betriebsstätte der Lincoln Electric GmbH**, Berkheim: S. 507.1 – **Härterei Tandler GmbH & Co. KG**, Bremen: S. 567.3 – **Heinz Soyer Bolzenschweißtechnik GmbH**, Wörthsee: S. 531.3a, 4 – **HERAS Deutschland GmbH**, Rhede: S. 126.1 – **HESSE+CO Maschinenfabrik GmbH**, A-Wiener Neudorf: S. 41.1c-f; 107.2a-f – **HEWI Heinrich Wilke GmbH**, Bad Arolsen: S. 393.Mitte rechts – **Hilti Deutschland AG**, Kaufering: S. 554.1; 562.1a, 3; 564.1a-c – **Hörmann KG**, Steinhagen: S. 352.1a; 454.2 – **Hösl Hebetechnik**, Grafenhausen: S. 131.7 – **H-O-T Härte- und Oberflächentechnik GmbH & Co.KG**, Nürnberg: S. 568.1 – **Sara Hoymann**, Kleve: S. 478.2 – **HPS-Hydraulik & Pneumatik Service GmbH**, Düren: S. 579. oben links – **Hubert Karnasch GmbH**, Heddesheim: S. 60.5 – **IBEDA Sicherheitsgeräte und Gastechnik GmbH & Co. KG**, Neustadt/Wied: S. 567.1 – **Industrieverband Feuerverzinken e.V.**, Düsseldorf: S. 487.1a+b, 2b-d; 489.1a+c – **INOX-COLOR GmbH & Co.KG**, Walldürn: S. 494.3a-d – **Internorm International GmbH**, A-Traun: S. 340.1 – **INTERPANE GLAS INDUSTRIE AG**, Lauenfoerde: S. 265.2; 275.3; 293.1; 339.1a; 356.2 – **iStockphoto**, Berlin: S. 146.2a©Nikada; 147.1a unten©largeformat4x5; 147.1b unten©George Mayer; 148.1a©clu; 182.1a©Dragan Trifunovic – **J. Neu GmbH**, Maschinenbau & Handel, Grünstadt: S. 65.rechts 4, 5 – **JETCAM GmbH**, Unterföhrung: S. 609.2 – **JORDAHL GmbH**, Berlin: S. 561.2a+b – **JUDO Wasseraufbereitung GmbH**, Winnenden: S. 495.2 – **Jungheinrich AG**, Fotograf: Carsten Dickes: S. 209.2 – **Jungheinrich PROFISHOP AG & Co. KG**, Hamburg: S. 131.4 – **Jürgen Matt, Fensterläden aus Aluminium und Holz**, Friesenheim: S. 301.2, 3a; 302.1 – **JUTEC Biegesysteme GmbH & Co. KG**, Limburg: S. 65.rechts 1 – **KALTENBACH GmbH + Co. KG**, Lörrach: S. 109.3a+b – **KASTO Maschinenbau GmbH & Co. KG**, Achern- Gamshurst: S. 579.Mitte – **Keller & Kalmbach GmbH**, Fotograf: Carsten Dickes: S. 209.2 – **Keroll Kerger GmbH**, Wuppertal: S. 452.4a-c – **Kito Europe GmbH**, Düsseldorf: S. 133.4 – **Klingspor AG**, Haiger: S. 101.2; 102.1a+b – **Kneer GmbH**, Westerheim: S. 332.2a – **KNUTH Werkzeugmaschinen GmbH**, Wasbek: S. 506.2 – **Kölner Zaunsysteme – Klassik-Zaun**, Köln: S. 421.1b; 428.2 – **KÖNIG + CO. GmbH**, Netphen: S. 41.2 – **KTS GmbH & Co. KG**, Karlsdorf-Neuthard: S. 508.1b – **KUKA**: S. 524.1 – **KULI-Hebezeuge, Helmut Kempkes GmbH**, Remscheid: S. 236.2a – **Kurt Schilske Korrosionsschutz GmbH & Co. KG**, Hamburg: S. 481.1 – **Wolfgang Kurzweil**, Hamburg: S. 462.4 – **Landeshauptstadt Stuttgart, Amt für Umweltschutz**, Stuttgart: S. 305.2 – **Langegg Treppen-**

bau, CH-Wil SG: S. 150.2a+b – **LEHMANN KRAN AG**, CH-Schüpfen: S. 143.1 – **Leifeld Metal Spinning GmbH**, Ahlen: S. 27.1a, 2a-c; 39.1e – **Leyendecker HolzLand GmbH & Co. KG**, Trier: S. 547.1j – **Linde Material Handling GmbH**, Aschaffenburg: S. 133.5a-f; 470.1 – **LSM Ingenieure für Tragwerksplanung PartG mbB**, Hannover: S. 241.1a – **LTG Aktiengesellschaft**, Stuttgart: S. 42.1 – **Makita Werkzeug GmbH**, Ratingen www.makita.de: S. 106.2b – **Marantec Antriebs- und Steuerungstechnik GmbH & Co. KG**, Marienfried: S. 426.3 – **MASCHINENFABRIK RUDOLF SCHÖBERL Gesellschaft m.b.H. & Co. KG.**, A-Perg: S. 578.unten links – **MAURER SE**, München: S. 86.4 – **MBinox GmbH**, Jülich: S. 494.1 – **Meister Stahlbau AG**, CH-Wittenbach: S. 33.1, 2; 63.3, 4; 66.1; 70.2b; 71.4; 72.3a-c; 242.3 – **MERO-TSK International GmbH & Co. KG**, Würzburg: S. 239.rechts a-d – **Messer Cutting Systems GmbH**, Groß-Umstadt: S. 119.1; 504.1 – **Metabowerke GmbH**, Nürtingen: S. 104.Tabelle Bild 3b; 105.Tabelle Bild 1, 5 – **Metallbau Kokisch**, Großenhain: S. 205.1 – **Metallbau Kreiterling**, Köln: S. 405.1b – **METANO Velten Metalltechnik GmbH**, Velten: S. 54.a – **Michael Glatt Maschinenbau GmbH**, Abensberg: S. 55.Mitte 3 – **Josef Moos**, Eching: S. 2.2; 57.1; 74.1; 260.1; 265.1; 328.1a+b; 457.1, 2; 458.1-5; 459.1-5; 461.1-3, 4a+b, 5; 462.1-3; 610.1; 611.1 – **Nedo GmbH & Co. KG**, Dornstetten: S. 114.1b – **Niederhoff und Dellenbusch GmbH & Co. KG**, Heiligenhaus: S. 329.2a+b; 330.1b – **Normstahl GmbH**, Moosburg: S. 441.2 – **Novoferm GmbH**, Isselburg: S. 441.1b; 443.1 oben links; 451.2a-c, 3; 452.1a+b, 3; 453.1a-d, 2a-c – **Oerlikon Schweißtechnik GmbH** (Unternehmen der Lincoln Electric Gruppe), Eisenberg: S. 513.1a – **Gunter-Offterdinger**, Niefern-Öschelbronn: S. 513.2a – **OKALUX Glastechnik GmbH**, Marktheidenfeld-Altfeld: S. 295.1b – **OMAX / INNOMAX**: S. 509.3 – **Optimum Maschinen Germany GmbH**, Hallstadt: S. 469.2a – **Paul Ferdinand Peddinghaus GmbH**, Gevelsberg: S. 10.b+d; 475.1 – **PaX AG**, Ingelheim am Rhein: S. 277.2a-g – **PEIMANN METALLBAU GMBH & CO. KG**, Basdahl: S. 84.2 – **Pellini/ScreenLine**: S. 298.1 – **Peter Prinzing GmbH**, Lonsee-Urspring: S. 39.1g+h; 71.2a+b – **Pfister & Co. GmbH**, Hofheim: S. 408.1b – **PLANETA-Hebetechnik GmbH**, Herne: S. 131.1; 134.1a – **POLIFILM PROTECTION GmbH**, Wipperfürth: S. 54.b – **Pollmann & Sohn GmbH & Co. KG**, Kierspe: S. 406.3b – **Pro Lift- Mayska**, Viersen: S. 10e – **PROXXON S.A.**, L-Wecker: S. 105.Tabelle Bild 4 – **Prüfgemeinschaft Mauerbohrer e. V.**, Remscheid: S. 552.2i – **André Pumm**, Wuppertal: S. 488.2a-c – **PWA HandelsgesmbH**, A-Linz: S. 10.a; 105.1b – **PWT – Prüf- und Werkstofftechnik**, Heidenheim: S. 576.3a – **R & S Metalldesign GmbH & Co. KG**, Lennestadt,: S. 16.mitte unten; 174.2d; 486.1 – **RADEMACHER Geräte-Elektronik GmbH & Co. KG**, Rhede: S. 307.3 – **RAL gemeinnützige GmbH**, Bonn: S. 55.oben rechts – **RAS Reinhardt Maschinenbau GmbH**, Sindelfingen: S. 28.1, 2, 3a+b, 4; 29.1a-c, 2a-c, 3a-c; 32.1; 42.2, 3g; 579.unten rechts – **RASI Maschinenbau GmbH**, Illingen: S. 189.2 – **Rhodius Schleifwerkzeuge GmbH & Co. KG**, Burgbrohl: S. 104.1b; 105.Mitte – **Robert Bosch Power Tools GmbH**, Leinfelden-Echterdingen: S. 104.Tabelle Bild 1, 4; 105.1c+d; 114.1c – **Roetmann Tore**, Nordhorn: S. 450.2 – **Rofam Lasertechnik GmbH**, CH-Leimbach/ AG: S. 55.Mitte 1 – **ROMA KG**, Burgau: S. 455.1 – **Rothenberger Werkzeuge AG**, Kelkheim: S. 64.4a – **ROWI-TECH AG**, Ballwill: S. 446.1a – **Rudolf Kunkel Maschinenbau GmbH**, Bessenbach: S. 116.2 – **SAINT-GOBAIN GLASS DEUTSCHLAND**, Stolberg: S. 295.2a-c – **Salzgitter AG**: S. 235.2 – **Schechtl Maschinenbau GmbH**, Edling: S. 12.6; 20.2b – **Jörg Schieck**, Meldorf: S. 56.oben rechts; 61.2; 63.2 – **SCHLEIFSTEIN Maschinentechnik GmbH**, Siegen: S. 12.4; 40.4 – **Michael Schmidt**, Westendorf: S. 42.3f – **Schmirler Metallbau GmbH**, Berngau: S. 405.1a – **Schneidwerk Hohl GmbH & Co. KG**, Esslingen: S. 509.1a+b – **SCHÜCO International KG**, Bielefeld: S. 108.2; 290.3; 298.2b; 300.1b-d; 332.3a+b; 338.2 – **Schuler AG**, Göppingen: S. 38.2 – **Schuster & Co. GmbH**, Mannheim: S. 66.5 – **Schwebel-Metallbau**, Groß-Bieberau: S. 176.1 – **seele holding GmbH**, Gersthofen: S. 264.2 – **Shutterstock Images LLC**, New York, USA: S. 47.1©Gordon Bell; 106.2c©Dimik_777; 174.2b©Sinn P. Photography; 174.2c©somsak nitimongkolchai; 195.2d©Butus; 208.2©Nanisimova; 209.4©guentermanaus; 260.3©Dirk Koebernik; 261.1©PLoY W; 291.1©Petr Pavlica; 306.unten rechts©Blue Corner Studio; 312.1©Tara-Patta; 331.2a©Jozef Sowa; 468.Mitte rechts©HelenkaNNN; 480.1; 493.1©Matej Kastelic; 524.3©industryviews; 560.1©Elena Ostankova – **SIEBTECHNIK GmbH**, Mülheim a. d. Ruhr: S. 210.1 – **SMG-Treppen**, Berlin: S. 146.2b; 147.1a+b oben – **Somfy GmbH**, Rottenburg: S. 315.3 – **SPETTMANN GMBH / ROLLO RIEPER SONNENSCHUTZSYSTEME**: S. 309.2 – **Spiro International SA**, CH-Bösingen: S. 12.7 – **Stadtwerke Solingen GmbH**, Solingen: S. 500.2, 3 – **Stahl-Informations-Zentrum**, Düsseldorf: S. 74.2a-c; 481.3a+b – **STEELDESIGN GmbH**, Troisdorf: S. 55. unten 1-3 – **Stefan Metallkonstruktionen GmbH**, Langenmosen: S. 508.1a – **Stierli Bieger AG**, CH-Sursee: S. 59.1a-e; 65.links 3 – **stock.adobe.com**: S. 23.2©FreeProd ; 24.4©FreeProd ; 155.2©Thomas Dutour ; 209.3©thomasagstenkemp ; 209.5©Ernst-P.; 235.4©Tilo Grellmann ; 239.1©zhang yongxin ; 289.1©js-photo ; 292.2©ii-graphics; 602.1b©Ingo Bartussek – **Stöckli Metall AG Blechbearbeitungszentrum**, CH-Netsal / GL: S. 36.1 – **Stürmer Maschinen GmbH**, Hallstadt: S. 22.2b; 60.2a+b, 3a+b, 6 – **Sunshine Wintergarten GmbH**, Stadtlohn: S. 297.1 – **SWM Maschinen**, Mosbach: S. 26.1a; 105.Tabelle Bild 3 – **TBi Industries GmbH**, Fernwald-Steinbach: S. 527.3 – **Teckentrup GmbH & Co. KG**, Verl: S. 345.1; 346 oben; 445.2; 448.2a+b; 450.1, 3 – **Thoman Biegemaschinen GmbH**, Breisach-Oberrimsingen: S. 59.2a+b; 65.links 1, 2, 4 – **© thyssenkrupp Steel Europe AG**: S. 83.3 – **© thyssenkrupp Steel Europe AG**, Fotograf: Rainer Kaysers: S. 515.1a – **Toralf Mertin GmbH**, Bauschlosserei & Metallbau, Berlin: S. 174.2a; 182.1b – **TorTec GmbH**, Büren: S. 422.2; 423.1; 424.1 – **TOX® PRESSOTECHNIK GmbH & Co. KG**, Weingarten: S. 49.1a-c; 50.1a-e – **TOX-Dübel-Technik GmbH**, Krauchenwies: S. 552. links 4x – **TRUMPF GmbH + Co. KG**, Ditzingen: S. 13.2, 3, 5; 14.2, 7; 15.3, 4; 17.3, 4, 5; 22.2a; 26.2; 30.1; 32.3, 4; 42.3d; 43.oben rechts – **Unger Stahlbau Ges.m.b.H**, Oberwart: S. 240.2, 3 – **VDI Verein Deutscher Ingenieure e.V.**, Düsseldorf: S. 495.1 – **VETROTECH SAINT-GOBAIN International**, CH-Flamatt: S. 346.1 – **VOLZ Maschinenhandel GmbH & Co. KG**, Witten: S. 11.2 – **Hans Werner Wagenleiter**, Mülheim a. d. Ruhr: S. 83.2; 89.2; 110.1a+b, 2, 3; 121.2; 122.2, 3; 125.3; 127.2; 128.1a, 2a; 129.oben links, 2; 209.6a+b; 216.2; 236.3; 257.unten rechts; 469.2b+d; 472.1, 2; 474 alle; 476.1; 477.1c; 484.2; 488.1, 3; 490.1; 492.2; 495.rechts; 535.3; 538.unten; 542.oben links – **Wagner Sicherheitstechnik GmbH & Schlüssel Wagner GmbH**, Gerbrunn: S. 383.2a – **Reinhold Wagner**, A-Bad Vöslau: S. 24.5 – **Roger Wanner**, CH-Wölflinswil: S. 24.2a+b, 3 – **WAREMA Renkhoff SE**, Marktheidenfeld: S. 301.1a+b; 306.unten links – **Warenzeichenverband Edelstahl Rostfrei e.V.**, Düsseldorf: S. 84.1 – **Weiß Maschinenbau-Metallbau**, Inh. Willi Weiß, Sengkofen: S. 421.1a – **WESTFALIA Werkzeugcompany GmbH & Co. KG**, Hagen: S. 104.Tabelle Bild 3c – **WICON Industrietore GmbH**, Anröchte: S. 445.1 links – **Wieland-Werke AG**, Ulm: S. 36.2; 91.1 – **Peter Wollinger**, Winzer: S. 164.1; 188.2a+b; 308.3; 313.1a; 327.1; 334.1a; 344.2a+b; 368.1 rechts ; 383.2b ; 402.1; 407.2; 408.1a; 546.1 – **Zeman & Co GmbH**, A-Wien: S. 47.2, 3, 4 – **ZINSER GmbH**, Albershausen: S. 469.1; 507.2 – **Zopf Biegemaschinen GmbH**, Haldenwang: S. 62.1b; 65.rechts 2 – **ZwickRoell GmbH & Co. KG**, Ulm: S. 572.1

Hinweis: Es war uns nicht in allen Fällen möglich, den Rechteinhaber der Abbildung ausfindig zu machen. Berechtigte Ansprüche werden selbstverständlich im Rahmen der üblichen Vereinbarungen abgegolten.

Zuordnung der Lernfelder Konstruktionsmechaniker/Metallbauer zu den Kapiteln der Fachkenntnisse

direkter Bezug ⟺
ergänzender Bezug ——
optionaler Bezug - - - -

Lernfelder Konstruktionsmechaniker	Kapitel Fachkenntnisse	Lernfelder Metallbauer
LF 5 Herstellen von Baugruppen aus Blechen **LF 9** Herstellen von Konstruktionen aus Blechbauteilen	**1** Herstellen von Blechbauteilen	**LF 5** Herstellen von Blechbauteilen
LF 7 Umformen von Profilen	**2** Herstellen von Umformteilen	**LF 7** Herstellen von Umformteilen
LF 8 Herstellen von Baugruppen aus Profilen	**3** Herstellen von Konstruktionen aus Profilen	**LF 6** Herstellen von Konstruktionen aus Profilen
LF 6 Demontieren von Baugruppen	**4** Montieren und Demontieren von Baugruppen	**LF 8** Demontieren und Montieren von Baugruppen in der Werkstatt
	5 Konstruktionen des Metall- und Stahlbaus: Treppen und Geländer	**LF 12a** Herstellen von Treppen und Geländern **LF 12b** Herstellen von Treppen und Geländern
LF 10 Herstellen von Konstruktionen aus Profilen **LF 11** Montieren und Demontieren von Metallkonstruktionen	**6** Konstruktionen des Metall- und Stahlbaus: Stahlhochbau	**LF 9a** Herstellen von Stahl- und Metallbaukonstruktionen
	7 Konstruktionen des Metall- und Stahlbaus: Fenster und Fassaden	**LF 11a** Herstellen von Fenstern, Fassaden und Glasbauten
	8 Konstruktionen des Metall- und Stahlbaus: Türen, Tore und Gitter; Schließtechnik	**LF 10a** Herstellen von Türen, Toren und Gittern **LF 11b** Herstellen von Türen, Toren und Gittern
LF 12 Instandhalten von Produkten der Konstruktionstechnik	**9** Instandhaltung	**LF 13a** Instandhalten von Systemen des Stahl- und Metallbaus
	* Metallgestaltung: Herstellen von Schmiedeteilen	**LF 9b** Herstellen von Schmiedeteilen
LF 13 Herstellen von Produkten der Konstruktionstechnik	* Dokumentieren und Rekonstruieren denkmalgeschützter Metallarbeiten	**LF 13b** Dokumentieren und Rekonstruieren denkmalgeschützter Bauteile
LF 14 Änderung und Anpassen von Produkten der Konstruktionstechnik	* Herstellen von Gebrauchsgegenständen	**LF 10b** Herstellen von Gebrauchsgegenständen
	* Metallgestaltung: Tor, Geländer und Gitter	
	* Schiffbau	

* nicht Bestandteil dieses Werkes

Lernfeldübergreifende Kapitel

Kapitelnummer	10	11	12	13	14	15	16
Thema	Trennen und thermisches Fügen	Befestigungstechnik	Stoffeigenschaften ändern/Werkstoffprüfung	Steuerungs- und Regelungstechnik	CNC-Technik	Baurecht	Qualitätsmanagement
Bezug der lernfeldübergreifenden Kapitel zu den Lernfeldern:							
LF – Konstruktionsmechaniker	5, 8, 10, 13, 14	5, 8, 10, 13, 14	7, 8	12, 13, 14	10, 13, 14	13, 14	Indirekter Bezug zu jedem LF
LF – Metallbauer	5, 6, 7, 8, 9, 10, 11, 12	6, 7, 8, 9, 10, 11, 12	6, 7	10, 11, 13	9, 10, 11, 12, 13	9, 10, 11, 12, 13	Indirekter Bezug zu jedem LF

Notizen

Notizen

Notizen